영양화학 · 영양 · 사료 용어사전

맹원재 · 김대진 · 홍희옥 공저

유한문화사

머 리 말

전문서적을 읽다 보면 생소한 용어에 직면하게 된다. 또한 우리말을 영어로, 영어를 우리말로 표현할 때 적절한 용어가 생각나지 않을 뿐 아니라 통일되지 않은 용어를 접하면서 당황할 때가 종종 있다. 이런 문제를 해결하기 위하여 본 용어사전을 집필하기에 이르렀다.

본 용어사전은 영양화학 및 영양학 분야의 전문 용어와 축산·사료 분야의 전문 용어를 총 망라하여 이해하기 쉽게 자세한 설명과 각종 화학물질의 구조식을 일목요연하게 나타내고 있으므로 손닿는 책상 위에 놓고 필요할 때 언제든지 펼쳐 볼 수 있는 필요불가결한 참고 서적임을 확신한다.

따라서 본 사전이 인체 및 동물 영양학 분야는 물론 축산·사료 분야에 종사하는 모든 분들에게 귀중한 참고서가 되기를 기대한다.

끝으로 여러 가지 어려운 여건을 극복하면서 본 용어사전을 출간해 주신 유한문화사 천승배 사장과 모든 직원 분들께 감사를 드린다.

2007년 12월

저자 맹원재
김대진
홍희옥

ㄱ

가금 家禽 poultry 가금이란 식용으로 필요한 난(卵)과 고기의 생산과 기타의 목적으로 인간에 의해서 사육되고 있는 조류의 총칭이지만, 일반적으로 축산의 일부로서 닭·오리·거위·칠면조·메추리 등을 가리키는 경우가 많다.

가금지방 家禽脂肪 poultry fat 도계장에서 나오는 닭이나 오리와 같은 가금류의 지방조직으로부터 나오는 지방을 정제한 것이며 가축사료용으로 많이 쓰인다. 가금지방의 융점(t)은 31～35℃, 요오드가는 77～80이다. 닭에 있어 대사에너지는 8,199 kcal/kg, 그리고 불포화지방산과 포화지방산의 비율(u/s) 비는 2 : 1이다.

가금처리 부산물분 家禽處理 副産物粉 poultry by-product meal 가금처리 공장에서 나오는 식용이 안 되는 부위, 즉 닭의 머리·발·내장 등을 섞어서 건조한 분말이며, 미국의 공정규격에는 계분 등 이물이 미량으로 혼입되는 것 외에는 이물이 존재해서는 안 된다고 규정하고 있다. 단백질 함량이 약 60%, 지방이 10% 이상이며, 양질의 것은 육골분 대신으로 사용될 수 있다.

가당연유 加糖煉乳 sweetened condensed milk 우유를 1/3 이하의 용적으로 농축하고 보존료(保存料)로 설탕을 첨가한 것인데, 전지와 탈지의 두 가지 것이 있다. Porden이 1856년에 미국과 영국의 특허를 얻었다. 우유를 80℃ 가량으로 약 10분간 저온살균하고, 15～16%의 설탕을 넣어 진공솥(약 100 mmHg 압력)에서 55℃로 농축한다. 전지 가당연유는 수분 27% 이하, 지방 8% 이상, 고형분 28% 이상이며, 탈지 가당연유는 수분 29% 이하, 고형분 25% 이상, 당분은 어느 것이나 58% 이하이다. 성분은 원료와 제법에 따라 차이가 심한데 예를 들면 다음과 같다.

전지 가당연유 ; 수분 25.5%, 단백질 7.9%, 지방 8.4%, 당분 56.3%(lactose 12.%, sucrose 44.0%), 회분 1.9%, 100 g당 232 kcal., 비타민 A 220 I.U., 비타민 B_1 80 mcg%, 비타민 B_2 400 mcg%, 비타민 C 2 mg%를 함유한다. 연유는 빵·과자·아이스크림 등의 원료로 널리 쓰인다.

가루 粉 flour 곡류나 기타 종실을 도정하여 얻어진 것을 부드럽고 미세하게 분쇄된 가루로 전분과 글루텐으로 구성된다.

가루먹이 粉餌 meal, mash 가축에 급여하는 분말상의 사료를 분이(粉餌)라고 하는데 외국에서는 일반적으로 가축사료를 미일(meal), 가금사료를 매쉬(mash)라고 한다. 이것은 입자가 곱고 또 대체로 균일하므로 항상 영양소를 골고루 공급할 수 있다. 더욱이 이와 같은 가금용의 배합사료를 올 매쉬(all mash)라고도 한다.

가산법 加酸法 method of acid addition 사일리지 조제법의 일종이다. 원료의 pH가 3.6～4.0이 되도록 산을 첨가하여 불량 발효를 억제함으로써 원료 중에 함유된 영양소의 분해를 방지하는 방법이다. 핀란드의 버타넨(A. I. Virtanen)이 조제한 AIV액은 염산・황산의 혼합액으로서 2 N(규정)액이다. 가산법은 사일리지 조제기구의 손모를 일으킬 가능성이 있고, 인체에도 충분한 주의가 필요하며 또한 사일리지 pH를 3 이하로 할 경우 가축에게 유해하므로 권장되지 않고 있다.

가설검정 假說檢定 test of hypothesis 두 종류의 사료 A와 B의 우열을 비교하는 경우 각각 n_1, n_2 두의 가축에 급여하여 그 성적으로부터 평균치 $\bar{X}_1$, $\bar{X}_2$를 구해서 이를 비교한다. 이 경우 A = B_1 곧 $\bar{X}_1$, $\bar{X}_2$는 같은 모집단에서 집어낸 두 개의 표본평균이라고 하는 귀무가설(歸無假說 ; null hypothesis)을 세운다. 동일 모집단에서 집어낸 표본평균은 특정의 분포법칙에 따라서 분포하는 것이므로 $\bar{X}_1$과 $\bar{X}_2$의 차가 현저히 커지는 일은 드물다. 여기서 전체의 a%를 점하는 데 지나지 않는 것 같은 극단으로 큰 차가 얻어졌을 경우는 귀무가설을 포기하는 것으로 한다. 곧 위험률 a%로서 A와 B는 같지 않다고 판정한다. 이와 같이 귀무가설을 채택하느냐 않느냐를 판정하는 것을 가설검정이라고 한다.

귀무가설이 올바른 경우에도 가끔 큰 차가 얻어지는 일도 있으며, 이 경우는 올바른 가설을 포기하는 일이 된다(제 1종 오류). 또 귀무가설이 그릇되어 있는 경우라도 가끔 평균치의 차가 작은 일이 있고, 이 경우는 그릇된 가설을 올바르다고 오인하는 일이 된다(제 2종 오류).

가성결석 假性結石 pseudocalculus 여러 가지 원인으로 성분이나 형태가 각기 다르게 이루어진 결석상태의 물질이다. 결핵에 걸린 소의 확장 기관지강 안의 주먹만한 농결석(膿結石)이나 이와 유사한 기관지 결석이 있다. 동맥 및 정맥 결석은 혈전이 석회화 한 것이다. 소가 삼킨 털이 제 1위에서 엉켜 구상(球狀)의 덩어리를 만드는 경우도 있다.

가성소다처리 짚 NaOH-treated straw 소화율과 기호성을 향상시키기 위해 가성소다처리를 한 짚을 말한다.

가소화(可消化) **에너지** digestible energy(DE) 섭취사료의 총 에너지로부터 그에 상당하는 분(糞)의 에너지를 감한 것을 가소화 에너지라고 한다. 가소화 에너지는 TDN과 높은 상관이 있으며, TDN과 비교해서 닭 이외의 가축에서는 측정이 간단하다. 그러나 닭에서는 분(糞)과 요(尿)가 함께 배설되므로 인공항문을 시술한 닭을 이용하는 방법을 취하지 않으면 측정이 곤란하다.

가소화영양소 可消化營養素 digestible nutrient 사료 중에서 소화 흡수되는 성분을 말한다. 이 경우 보통은 외견상의 소화율에 의해 계산한 것을 표시하고 있다. 가소화영양소 함량은 사료뿐만 아니라 가축의 종류나 사료 가공에 의해 변화될 수 있다. 이것은 소화시험에 의해 측정하고 각 성분 명을 붙여서 가소화조단백질, 가소화조지방 등으로 불려진다. 또 가소화영양소는 가소화성분으로 불려지기도 한다.

가소화영양소 총량 可消化營養素 總量 total digestible nutrients(TDN) 사료의 에너지 함량을 나타내는 단위의 하나로서 오래 전부터 쓰이고 있으며, 가금이나 돼지에서는 약간의 문제를 지니고 있지만 현재 대가축에서는 가장 널리 쓰여지고 있다. 사료의 소화시험의 성적을 기초로 해서 다음과 같은 공식에 의해 산출한다.

$$\text{가소화영양소 총량} = \text{가소화조단백질} + \text{가소화가용무질소물} + \text{가소화조섬유} + (\text{가소화조지방} \times 2.25)$$

가소화조단백질 可消化粗蛋白質 digestible crude protein(DCP) 사료 중의 소화되는 조단백질을 가소화조단백질이라고 한다. 가소화조단백질 함량은 사료 중의 조단백질량에 그 소화율을 곱한 것이다. 조사료에서는 종류에 따라서 단백질 소화율의 변동 폭이 크므로 소와 같은 초식가축의 사양표준에서는 단백질의 필요량을 DCP로서 표시하는 경우가 많다. 닭 등에서는 단백질사료의 질이 비교적 일정하므로 간단히 조단백질로 표시되어 있다. 영국에서는 비단백태질소의 영양가를 순단백질의 50%로 간주한 단백질 당량(protein equivalent)이라는 수치를 쓰고 있지만 다른 나라에서는 별로 쓰지 않고 있다.

가수분해 加水分解 hydrolysis 물질을 둘로 분해하여 한쪽에 물의 OH를, 다른 쪽에 H를 가하는 반응, 즉 수분이 첨가되면서 더욱 간단한 물질로 분해되는 화학반응이다. 예를 들면 수크로오스($C_{12}H_{22}O_{11}$)는 가수분해되면 글루코오스($C_6H_{12}O_6$)와 프락토오스($C_6H_{12}O_6$)로 되며, 단백질은 가수분해되면 아미노산으로 된다. 보통 촉매로서는 산·알칼리가 필요하다.

가수분해 단백질 加水分解 蛋白質 hydrolyzed protein 단백질을 산 또는 효소로 처리하여 유리아미노산과 펩티드를 생성되게 하는 것이다.

가수분해 산물 加水分解 産物 hydrolysate 단백질의 가수분해 산물은 아미노산의 혼합물이다.

가수분해 지방 加水分解 脂肪(**사료용**) hydrolyzed fat 식용유 또는 비누의 제조공정 중에 얻어지는 것인데 그 주성분은 지방산이고, 미국의 사료공정 규격에는 전 지방산 함량 85% 이상, 불검화물 6% 이하, 불용성 물질 1% 이하로 규정하고 있다. 가수분해 유지는 탤로우(tallow) 같은 유지에 비교해서 사료가치는 떨어지지만 브로일러용 사료 등에 배합하여 쓸 수 있다.

가스 대사(代謝) gaseous metabolism 동물에 있어서 기체물질의 출입 등의 변화를 총괄하여 가스대사라고 한다. 가스대사의 주요한 변화는 폐에서 산소의 유입과 물질대사의 산물인 탄산가스를 폐와 피부로부터 배설하는 것이다. 이 과정은 전체적으로 산화이고 또 에너지대사와 연관되어 있다. 탄산가스 이외에도 기체로서 수증기·메탄·수소 등이 체외로 방출된다.

가스 저장(貯藏) gas storage 과실이나 채소를 신선한 상태로 저장하는 방법인데 사과나 배에 흔히 적용된다. 5℃로 가스 저장을 하면 과실은 같은 온도에서 저장한 것보다 2배나 신선도를 연장시킬 수 있다. 가스의 혼합 조성은 과실의 종류에 따라 다르다. 특히 발아기의 식물에선 호흡에 의한 영향을 고려하여야 한다. Cox's orange pippin은 2.5% O_2, 5% CO_2, 92% N_2가 쓰인다. 식물의 종류에 따라서 환기를 잘 하여야 하는 것과 가스 저장에 부적당한 것도 있다. 동물성 식품의 경우에는 미생물의 번식을 억제하기 위해 가스 저장을 한다. 곰팡이 같은 편성 호기성균은 N 혹은 진공저장으로 그 생육을 막을 수 있고, 저장세균은 CO_2 가스 혼합기체 중에서의 저온저장으로 그 번식을 억제시킬 수 있다. 난류(卵類)는 60% CO_2 중에서 9개월간, 냉동 beef는 10% CO_2 가스 중에서 60～70일 간의 저장이 가능하다. 난류나 조직이 연한 과실의 저장에 ozone을 사용하는 일이 있는데 그 농도는 2～3 ppm이 유효하다.

가스트린 gastrin 위(胃)의 벽세포(parietal cell)로 하여금 위산(염산, HCl)과 pepsin을 분비하도록 자극하는 소화기관의 호르몬이다. 위의 유문부의 유문선(pyloric gland)에서의 가스트린 생성은 위의 수축운동과 위액의 분비를 촉진한다.

가압박편 加壓薄片 pressure flaking 곡류를 증기로 가온·가압 조절 후 롤러로 눌러 박편화하는 가공법을 말한다.

가열 송풍건조 加熱送風乾燥 fan air dried with heat 더운 공기를 불어넣어 수분을 감소시켜서 건조가 가능하게 하는 공정이다.

가용(可用) **리신** available lysine 단백질 원료를 장기간 저장 또는 가공처리(특히 열처리)를 하게 되면 리신의 ε-amino group이 환원당, 산화된 지방, glutamic acid나 aspartic acid의 free carboxyl group 등과 결합하는데 이렇게 결합된 리신은 소화효소에 의해 분해되지 않는다. 따라서 리신의 ε-amino group이 유리(free)한 상태에 있는 것만 생물체에 이용되는데 이를 가용 리신(available lysine)이라고 한다.

가용무질소물 可溶無窒素物 nitrogen free extract(NFE) 사료의 일반 성분의 하나로 ① 수분, ② 조단백질, ③ 조지방, ④ 조섬유, ⑤ 조회분의 다섯 성분을 총합한 수치(%)를 가지고 100에서 감한 것을 말한다. 전분·당·펜토산 등 가축의 에너지원으로서 중요한 성분이 여기에 포함된다. 그러나 조사료의 경우는 lignin과 hemicellulose의 일부가 NFE 중에 함유된다.

가용물 可溶物 extractive 곡류를 물에 담가서 얻는 추출물이며, 전분 추출공정에서 주로 생성된다.

가인산분해 加燐酸分解 phosphorolysis 가수분해와 비슷하게 결합이 잘려진 곳에 인산이 부가하는 것이다. 실례로 효소 포스포릴라아제(phosphorylase)는 글리코겐을 가수분해하여 글루코오스-1-인산(glucose-1-phosphate)으로 변화시킨다.

가인산분해효소 加燐酸分解酵素 phosphorylase 글리코겐의 분해를 촉진하는 효소이다.

가중평균 加重平均 weighted mean 신뢰성과 정보량이 다른 자료를 평균하는 경우 자료의 신뢰성을 갖고 있는 정보량에 상응해서 각 자료에 비중(weight)을 붙여서 평균을 얻어 낼 필요가 있다. 비중으로서는 측정수, 자유도, 분산 등 각각의 자료에 응해서 이용한다. 예로서 100두의 평균치 $\bar{X}_1$과 10두의 평균치 $\bar{X}_2$로부터 총 평균치를 얻으려는 경우는 두수를 비중으로 해서 $100\bar{X}_1 + 10\bar{X}_2 / 110$을 구하면 된다.

가축 家畜 livestock 사람이 길들여 사육하고 사람의 보호 하에서 자유로이 번식하고 개량되며, 인간에게는 유용한 동물을 광의(廣義)의 가축이라고 한다. 가축에는 식용·역용(役用)·원료용의 것 외에도 관상용·애완용·경기용의 것도 포함된다. 이 중에서 협의(狹義)의 가축으로는 농업의 생산에 유용한 동물만 한정되고, 또 사람의 보호 하에서는 번식을 안 하는 것과 사람에게 길들여지지 않는 것은 제외된다. 우리나라에서 보통 가축이라고 하는 것은 유우·한우(육우)·말·돼지·산양·면양·사슴·토끼·닭·오리·칠면조·메추리·밀봉(蜜蜂) 등이다. 특히 조류에 속하는 것을 구분해서 가금이라 한다.

가축단위 家畜單位 animal unit 사료 총 소요량의 추정이나 통계는 조사상 가축간 크기의 비교 단위로서 대가축(소·말)은 한 마리를 1단위로 하고, 돼지는 0.2(5마리를 1단위), 면·산양은 0.1, 닭은 0.01, 토끼는 0.01로 정하고 있다. 이 수치는 체중의 비율이나 사료의 소요량으로 보아 개략적이지만 이용하기 간편한 단위로서 국가 또는 광역 농업지대의 가축사양 밀도 조사나 농업경영 입안(立案) 등에 사용된다.

가축분사료 家畜糞飼料 animal manure feed 현재까지 가축사료로 사용되는 가축분은 우분과 계분 두 가지를 들 수 있다. 분에는 가축이 섭취한 사료 중 소화 흡수하지 못한 영양소가 다량 들어 있고, 이들 영양소는 장내에서 어느 정도 소화액의 분비작용과 물리적인 소화작용 등을 받았으나 적절한 가공처리를 하면 좋은 사료자원이 될 수 있다. 특히 계분의 영양가는 닭의 연령, 급여한 사료의 종류, 분의 보관방법 등에 따라 달라지는데 대체적으로 건조된 신선한 분 중에는 5～6%의 질소가 함유되어 있어 이는 35% 정도의 조단백질량에 해당된다. 그러나 계분의 총 질소 중 66～89%가 비단백태질소화합물(NPN)인 요산(63% 정도)이나 암모니아염(8.9%)으로 결합되어 있어 실제 질소 이용성이 극히 제한되어 있다.

가축의 조산(早産) premature birth 정상적인 임신기간 전에 분만되었으나 태아가 생명유지나 생산능력을 지니는 경우를 말한다. 각 가축의 최저 임신기간은 소 8개월, 말 9개월, 면양 및 염소가 4개월 반으로 되어 있다.

가축 인공수정 家畜人工授精 artificial insemination 1780년 이탈리아의 생물학자 스

팔란자니(Spallanzani)가 수캐의 정액을 채취하여 암캐에게 주입한 것이 시초이며, 이것을 가축에게 보급·실용화한 것은 소련의 이바노프(Ivanoff)였다. 처음 가축 인공수정 대상은 말·면양 등이었으나 근래에는 소와 돼지 등에서 널리 이용되고 있다.

가해성 단백질 可解性 蛋白質 rumen degradable protein(RDP) 반추동물이 섭취하는 사료 중의 단백질은 반추위 내에서 미생물에 의해서 아미노산 및 암모니아로 분해되고, 이것이 다시 미생물단백질로 합성된 후 소장에서 소화 흡수된다. 이와 같이 반추위 내에서 분해되는 단백질을 가해성 단백질이라 하고, 분해되지 않고 소장으로 이전되는 단백질을 불해성 단백질(不解性 蛋白質, rumen undegradable protein)이라고 한다. 가해성 단백질의 함량은 단백질의 용해도와 밀접한 관계를 가지고 있다. 용해도가 높은 카제인(casein)은 반추위 내에서 90%가 분해되는 반면 비교적 불용성인 옥수수 단백질(zein)은 40%만이 분해된다.

각기 脚氣 beriberi 비타민 B_1의 결핍으로 야기되는 질환이며, 정백미(精白米)를 주식으로 하는 극동지역에 많다. 또한 임신, 산욕(產褥), 만성의 각종 질환, 특히 결핵에 이 증상이 오기 쉽다. 증상으로는 전신의 권태감, 다리의 피로, 식욕감퇴 등으로 시작하여 ① 신경계의 장해(다발성 신경염), ② 순환기 증상(심장비대 확장, 항진), ③ 소화기 증상(복부팽만, 변비), ④ 부종(浮腫) 등이 생긴다.

각막 角膜 cornea 눈동자(eyeball)의 전면을 덮고 있는 투명한 둥근 막이다. 좋은 영양 상태가 각막의 기능에 매우 중요하다. 영양결핍은 각막 끝에 실핏줄이 나타나는 등의 비정상적인 상태를 나타낸다.

각막연화증 角膜軟化症 keratomalacia 어린아이 또는 인공 영양유아에 많은 각막질환의 하나이다. 비타민 A의 결핍으로 인하여 우선 결막건조증이 일어나고, 차차 각막의 혼탁, 각막궤양이 생기고, 그대로 방치하면 각막이 파괴되고 홍채가 돌출하여 눈이 멀게 된다.

각약증 脚弱症 leg weakness, perosis 다리를 쓰지 못 하고 앉아 있거나 걷지 못 하는 상태를 말한다. 일명 페로시스(perosis) 또는 스립텐돈(slipped tendon)이라고 한다. 각약의 원인은 여러 가지가 있지만 질병적인 것과 영양성 각약증으로 모든 가축에 많이 있다. 닭에서는 백혈병, 뇌척수염, 뉴캣슬병, 포도상구균증, 전염성 관절염, 비타민(A·B·C·D·E)과 무기물(Ca·P·Mn) 결핍, 기타 콕시듐, 기생충증, 통풍증 등으로도 각약증세를 보이는 수가 있다.

각질화 角質化 keratinization 주로 피부, 소화기관과 호흡기 등의 상피세포에 케라틴(keratin) 단백질이 축적되는 것이다. 각질화된 상피세포는 건조하고 딱딱하다. 비타민 A 결핍시에 점막의 상피세포는 파괴되고 케라틴이 점액(mucus) 대신에 생성된다.

각투 角鬪 agonistic 소가 뿔로 싸우는 것을 각투라고 하며, 각투에 의해 다른 소의 뿔과 격돌하였을 경우 각탈(角脫) 혹은 각돌기(角突起)가 부러지는 수도 있다. 뿔이 약간 흔들거릴 정도의 부상일 때에는 목(木)이나 타르 포대로 고정시키고, 뿔이 부러졌을 경우에는 톱으로 절단하여 정형(整形), 아크리플라빈 냉습포로 처치한 다음 급성 염증이 없어지면 목(木)이나 타르 포대로 고정시킨다.

각투순위 角鬪順位 order of agonistic 우군(牛群) 내에서 유형·무형의 투쟁에서 빚어지는 소의 각 개체 간의 사회적 순위가 존재한다. 이것을 각투순위라고 하며, 이 순위가 1위인 것이 우두머리가 되고 채식(採食) 및 기타 행동에 있어서 우위를 차지한다. 반대로 그 순위가 하위의 소는 채식순위가 처질뿐만 아니라 앉는 장소조차도 제한을 받는다. 이를 방치하면 하위우(下位牛)의 발육과 생산이 저하되고, 투쟁에 따른 부상도 발생하므로 군사육(群飼育)을 할 경우에는 반드시 제각(除角)을 실시하여 순위 의식이 강하게 나타나는 것을 예방하도록 하여야 한다.

각피 角皮 shell 식물성 또는 동물성 산물의 단단한 섬유질 또는 석회질의 외부 껍질을 말한다.

간 肝臟 liver 간(肝臟)은 소화계의 중요한 기관으로서 담즙을 분비한다. 간의 생리작용은 당의 합성 또는 분해, 단백질(아미노산)의 합성과 분해, 기타 지방산과 요소의 합성 등을 한다. 또 간은 유독물질을 해독한다든지 배설하기 쉬운 형태로 바꾸기도 하고, 조혈에 필요한 철, 비타민 B_{12}, 비타민 A를 저장하는 일을 한다. 그리고 간은 가치 있는 영양원이다. 물고기의 간유(肝油)는 비타민 A 및 D원이다. 동물간의 조성(조리 후)은 단백질 30%, 지방질 16%, 탄수화물 4%, 100 g당 280 kcal., Fe 20 mg, 비타민 A 45,000 I.U., 비타민 B_1 0.3 mg, 비타민 B_2 3.5 mg, 니코틴산 15 mg, 비타민 C 20 mg, 비타민 D 20 I.U.를 함유하고 있다.

간경화 cirrhosis 간세포의 기능이 소실된 상태로 세포가 결체 조직화되어 기능을 못한다.

간농양 肝膿瘍 hepatic abscess, liver abscess 소에 있어서 제1위염에서 제1위 점막의 손상을 일으키고, 제1위 내에 상존하는 화농균(*Corynebacterium*균, *Fueiformis*균 등)이 혈류 중에 침입해서 문맥으로부터 간 등의 장기에 도달하여 형성되는 것으로 보이는 농양이다. 비육우에 곡류 등의 농후사료를 다급(多給)하는 경우 직경 2~5 cm의 농양(膿瘍)이 1~10개가 간장(肝臟) 표면 가까이 발생하는 일도 있다. 이 증상은 불현성(不顯性)이므로 도살 후에 비로소 발견되는 일이 많다. 집약적 방법에 의한 비육의 경우 도살우의 20~40%의 발생률이 있다고 한다. 농양이 발견된 간은 폐기되며, 또 농양의 발생수가 많은 경우에는 사료효율이 저하되고 증체량이 저하하는 경향이 있다. 사양환경의 개선은 세균감염의 기회를 감소시키고, 소의 저항력을 증가하는 점에서 이러한 증세의 방지에 유효하다. 조사료의 급여 및 항생물질 또는 비타민 A의 투여도 이 증세의 예방에 유효하다.

간상균 桿狀菌 *Bacillus* 막대처럼 생긴 세균의 총칭이다.

간성 間性 bastard 보통 잡종이라고 하는 것은 다른 품종 간의 교배에 의해서 생긴 것이지만 이와는 달리 동물 분류상의 다른 종간에 교배하는 경우가 있다. 여기서 생긴 새끼를 간성 또는 종간잡종(種間雜種, inter-species crossing)이라고 한다. 이것은 동속(同屬)이어야 하고, 근연(近緣)이 아니면 교잡이 되지 않으며, 또 태어난 새끼(間性)는 대부분 번식에 이용할 수 없다. 가축에서 가장 많이 이용되고 있는 간성은 암말과 숫나귀를 교배한 노새(mule)를 생산하는 것이다. 노새는 거친 사료에 잘 견디고 인내력이 강하며, 더욱이 수명이 길 뿐만 아니라 더위가 극심한 지역의 사역(使役)에 이용된다. 이것은 1대(代) 뿐이고, 2대(代)를 얻기는 불가능하다.

간세포 肝細胞 hepatocyte 간세포(liver cell)를 뜻한다.

간유 肝油 liver oil 간, 특히 물고기 간으로부터 추출한 기름을 말한다.

간유 찌꺼기 liver oil residue 간에서 기름을 추출한 나머지 잔여물이다.

간장분 肝臟粉 liver meal 가축의 간을 건조하여 분말로 한 것이며, 단백질 함량은 65% 이상이고, 리신(lysine)・메치오닌(methionine)・시스틴(cystine) 등의 함량도 높다. 각종 비타민을 다량 포함하고 있으며, 닭・개・모피가축 등 사료의 비타민원으로 이용되고 있다. 일부 외국에서는 간장분 외에 간에서 비타민, 무기물의 대부분을 제거한 추출 간장분 및 간과 다른 장기의 혼합물을 건조하여 분말로 한 간장분(건물 중 간장분이 50% 이상이라고 규정하고 있다)이 제조・시판되고 있다.

간장지방 침윤 肝臟脂肪浸潤 fatty infiltration of liver 간이 독소의 작용을 받거나 식이 중에 메틸기를 가진 물질이 결핍될 때 간에 지방이 축적된다(이른 바 지방간). 이것은 choline, methionine 등 지방 친화성 물질에 의하여 방지된다. 그러므로 이들은 간지방 전향인자(lipotropic factors)라고 한다. 지방의 침윤은 고지방 식이(食餌)에서 증대된다.

간접 열량측정 間接熱量測定 indirect calorimetry 에너지 방출을 산소 소비와 탄소가스 방출로부터 계산한다.

간질 間質 stroma 어떤 장기의 구조를 이루는 성분으로서 해부학적으로는 기능적 실질과 구별하여 기질・뼈대 등을 이루는 조직을 나타내는 일반적인 용어이다.

간질 肝蛭 fasciola hepatica 간질은 간과 담관에 기생하는 기생충으로서 소에는 간질 메타셀카리아에 오염된 볏짚을 급여하기 때문에 간질증(fascioliasis)의 피해가 많고 지역성도 있지만 그 기생률은 매우 높은 것으로 보고 있다. 간질증의 증상은 기생충의 수에 비례한다고 하며, 보통은 만성 경과를 나타내고 영양불량, 유량의 감소, 발육장해가 나타난다. 또 도축장에서 간 폐기에 의한 손해도 적지 않다. 또 소에서는 250마리 이상이 기생하게 되면 현저한 증상을 나타낸다. 간질 구제에는 헥사클로로에탄, 벤트나이트제제 등이 쓰여진다. 중간 숙주가 되는 himemonoaragai를 박멸할 것과 메타셀카리아를 사멸시킨 볏짚을 급여하고, 우분(牛糞) 내의 간질충란의 박멸을 위한 퇴비의 처리 등이 예방을 위해 간접적으로 실시되고 있다.

간척제 肝剔除 hepatectomy 간장(肝臟)을 전부 외과적으로 제거하는 것을 말한다. 제거 후 동물은 단시간 생존하지만 그 동안 요소(尿素)의 생성이 되지 않는다. 이는 간장이 요소합성의 장소임을 나타내는 것이다.

갈락토오스 galactose 6탄당의 일종이며, 4번째의 탄소에 붙은 수산기의 위치가 글루코오스와 다르다. lactose 가수분해해서 glucose와 더불어 얻는다. 주로 글루코오스와 결합해서 유당으로 존재하며, 신경조직에는 갈락토리피드(galactolipid)로서 존재한다. 자당의 32%의 감미를 갖는다.

갈락토오스 혈증(血症) galactosaemia 유전적 갈락토오스 대사장애증으로서 혈액 중에 갈락토오스가 축적되는 것이며, 갈락토오스가 인산화되는 과정이 결손되기 때문에 갈락토오스 함유 식품을 섭취하면 지능저하・발육부전・구토・간장종대・황달 등이 일어난다.

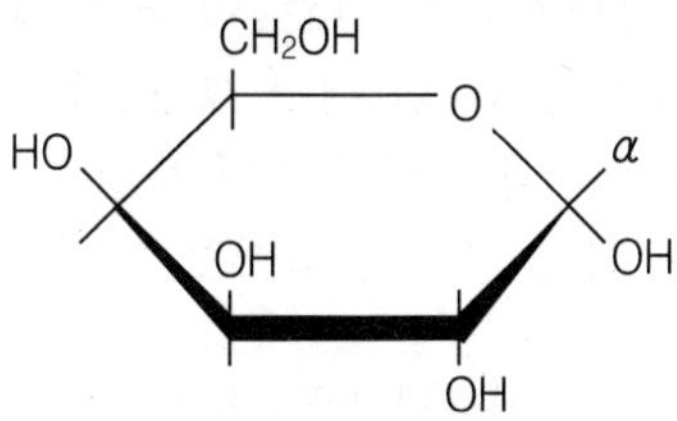

Galactose

갈론 gallon 액체를 측정하는 단위이다.

(英)갈론 = 4.546리터 (美)갈론 = 3.7853리터
(英)갈론 = (美)갈론 × 1.2이다. (韓)갈론 = 4리터

갈변반응 褐變反應 browning reaction 식품의 조리 가공중 또는 저장 중에 색소의 변색에 의하지 않고 갈색으로 착색되는 현상을 식품의 갈변이라고 한다. 갈변반응은 식품의 색깔뿐만 아니라 향미에도 영향을 준다. 갈변에는 효소가 직접 관여하는 효소적 갈변과 비효소적 갈변이 있다. 전자의 갈변기구는 식물성 식품에 함유되는 polyphenol류가 phenoloxidase 등의 효소에 의해 산화되어 중합해서 갈색의 색소를 생성하는 것이다. 이것의 방지에는 효소의 불활성화(blanching)이나 환원제인 ascorbic acid 등이 사용된다. 후자에는 amino carbony1 반응 또는 그 발견자의 이름을 딴 Maillard 반응과 Caramel화 반응이 있다. Maillard 반응은 다음과 같은 원리에 의해서 일어난다. 유리아미노산・peptide・amine류 등의 아미노기와 aldehyde 또는 ketone기를 갖는 당질이나 지질의 분해물에서 비롯되는 carbonyl 화합물이 반응해서 축합(縮合)・전위(轉位) 등의 반응을

되풀이해서 분자량이 큰 착색물질인 melanoidine이 생성되는 것으로 생각되고 있다. 이 갈변은 pH · 온도 · 금속이온의 영향을 받기 쉽다.

갈산염 喝酸鹽 gallates 갈산(gallic acid)으로부터 온 유기화합물이며 잉크와 종이, 염료 제조에 이용된다. 식품산업에서는 propyl, octyl과 dodecyl gallates과 항산화제(antioxidant)로 이용된다.

갈색건초 褐色乾草 brown hay 발효열을 이용해서 조제된 건초는 갈색을 나타내므로 갈색건초라고 한다. 이런 건초를 만들기에는 재료를 예건(豫乾)한 후 또는 생초를 그냥 원추형으로 퇴적해서 가마니 거적으로 덮어서 2~3일간 발효시키는데, 퇴적 중의 온도를 60~70℃로 올린 다음 맑은 날을 택하여 퇴적을 넓게 풀어헤쳐 말린다. 이 방법에 의하면 건초를 조제하는 도중에 비가 오더라도 피해는 그다지 크지 않다. 그러나 온도가 80℃ 이상으로 오르게 되면 흑색을 띠어 사료가치가 현저하게 떨어질 염려가 있다. 이러한 점은 퇴적할 때 삼각가(三脚架) 같은 것을 속에다 넣고 풀더미를 쌓아 두는 방법 등으로 해서 발효의 정도가 적게 하여 만들 경우에 좋은 갈색건초가 된다.

감귤껍질 陳皮 orange peel 오렌지주스, 감귤통조림을 제조할 때에 나오는 부산물이다. 건조해서 시트러스 펄프로서 이용되지만 생것 그대로를 사일리지로 하거나 가금사료의 밀기울 대치 효과에 관한 연구가 되어 있다. 가용무질소물이 많고 TDN이 상당히 높다. 다만 여름 감귤의 껍질에는 약간 쓴맛이 있으므로 기호성에 문제가 있다.

감귤류 柑橘類 citrus 레몬(citrus limonum), lime(c. aurantifolia), sour orange(c. aurantium), sweet orange(c. cinensis), citron(c. medica), grape fruit(c. mahima), bergamot(c. bergamia), pomelo(c. grandis) 등이 여기에 속한다.

감귤종자박 citrus seed meal 감귤류의 주스, 통조림 등을 가공할 때에 분리되는 종자로부터 채유(採油)하고 난 찌꺼기이다. 이것은 단백질이 35% 정도 있고, 비육우에 대해서는 면실박에 가까운 가치가 있다. 그러나 닭에는 유독하고 또 돼지에게는 급여하지 않는 것이 좋다.

감량 shrinkage 저장 중 또는 가공과정에서의 중량 또는 용적의 감소를 뜻한다. 이는 주로 수분의 감소와 발효작용에 의해서 야기된다.

감마 글로불린 gamma globulin 혈청 단백질의 일종으로 항체로서(antibody) 작용한다.

감마선 조사 γ線 照射 gamma irradiation 식품이나 사료의 효율적인 보존과 오염방지를 위해서 사용된다. 화학적 처리와 물리적 처리 중의 가열, 건조, 자외선 조사, 초단파 처리보다 살균효과는 물론 식품이나 사료의 품질에 영향을 주지 않고 에너지 소비가 가장 적은 방법의 하나이다. 축산물의 장기 저장, 사료의 장기 수송저장에 사용될 수 있는 방법으로서 미래의 모든 식품과 사료에 응용한다면 획기적인 품질의 보존에 기여할 것이다. 1984년 현재 28개국에서 45개 감마선 조사(照射) 식품과 사료가 허가되어 산업화되었거나 특수 목적에 이용되고 있다. 1983년 7월 미국 FDA에서는 분말식품의 방사선 살균법을 공인하였고, 1984년 2월에 미국 후생성에서는 방사선에 의한 발아억제 및 살균법에 관한 법령을 공포한 바 있다.

감마 아미노부틸레이트 gamma aminobutyrate(γ-aminobutyrate, GABA) 비타민 B_6 의존효소인 glutamate decarboxylase에 의해 신경조직에서 glutamate의 탈카르복실로 생성되는 물질이며, 뉴론(neuron)의 흥분을 가라앉혀 신경전달물질을 저해하는 역할을 한다. 저수준의 GABA는 경련과도 연관이 있다.

감미료 甘味料 sweetening agent 3가지 종류가 있는데 ① 가장 일반적인 설탕은 자당(sucrose)이다. 과당은 자당의 110～175%의 감미도를 지니고 있고, 포도당은 75%, 갈락토오스는 35～70%, 락토오스는 15～30%이다. ② 합성 비영양적 감미제로서 예를 들면 saccharine(자당의 550배), dulcin(250배 ; 사용 금지), cyclamate(30배 ; 사용 금지), ③ 글리세린, 글리신(자당의 70%)과 같은 여러 가지 다른 화학제품이 있다.

감염 感染 infection 병원성 미생물의 체내 침입과 미생물이 내는 독성에 대한 조직의 반응을 말한다.

감자 馬鈴薯 potato 우리나라에서는 특히 강원도에서 대량으로 생산되고 있다. 이것은 주로 그대로를 식용으로 하든지 전분의 원료로 사용된다. 생것은 수분이 70～80%나 되고, 건조한 것은 주성분이 전분이고 에너지가가 높다. 단백질 함량은 낮고 그 소화율도 낮다. 감자는 생것 그대로는 소화가 나쁘므로 쪄서 급여하는 것이 좋다. 또 감자눈이나 경엽(莖葉)에는 "솔라닌"이라고 불리는 알칼로이드를 함유하지만 가축에 대해서는 그다지 독성은 강하지 않으므로 다량으로 주지 않는 한 중독의 걱정은 없다.

감자단백질 사료 馬鈴薯 蛋白質飼料 potato protein feed 압착탈즙 방법에 의한 감자 전분 제조공정에 따라 생성된 탈즙 속에 함유된 단백질을 분리・농축・건조한 것이 감자단백질이고, 여기에 전분박을 혼합한 것을 감자단백질 사료라고 한다. 감자단백질은 조단백질 함량이 75% 정도로서 높지만 그 영양가는 그다지 높지 않다. 감자단백질 사료는 조단백질 함량을 18% 정도로 조정한 것이 많다. 이것은 배합사료 원료로서 이용될 수 있지만 너무 다량을 사용하지 않는 것이 좋다.

감자 사일리지 potato silage 감자를 저장하기 위해서 사일리지로 한 것이다. 조제할 때는 잘 씻어서 흙을 털고 세절 또는 분쇄해서 볏짚, 분쇄 옥수수, 보리 같은 것을 섞어서 채워 넣으면 좋다. 또 찐 감자를 사용하면 발효의 상태도 좋게 되고, 즙액의 유출도 적고, 따라서 영양소의 손실이 경감된다. 그러나 감자는 사료용으로 너무 비싸기 때문에 식용으로 사용되고 있다.

감자 전분박 potato pomace, potato pulp 감자로부터 전분을 뽑아내고 남은 찌꺼기를 말려서 분쇄한 것이다.

감지 수분손실 sensible water loss　소변이나 발한과 같이 쉽게 감지되는 수분손실이다.

갑상선 甲狀腺 thyroid gland　목에 위치하고 있는 내분비선으로서 4종류의 호르몬, 즉 thyroxine(가장 많다), diiodothyronine, 2종류의 triiodothyronine을 분비한다. 체내의 기초대사를 조절하는데 결핍되면 기초대사가 저하되며(갑장선 기능저하증), 갑상선의 기능이 지나치게 되면 대사속도가 빨라진다(갑상선 기능항진증). 따라서 갑상선 추출물의 사용이 체중 감소의 도움이 된다. Cretinism은 어린 시절에 일어나는 갑상선 부전증이다. 식사 중의 요오드의 부족으로 갑상선종이 되는데 갑성선의 이상증식을 일으킨다.

갑상선 기능감퇴증 甲狀腺 機能感退症 hypothyroidism　갑상선의 활동 저하일 때 다음과 같은 두 가지 장애가 일어난다. ① 크레틴병 즉, 갑상샘 난쟁이(cretinism)로 선천성 결함이고, ② 점액부종(myxedema), 즉 출생 후 분비부족에 기인된 것이다.

갑상선 기능항진증 甲狀腺 機能亢進症 hyperthyroidism　갑상선 기능이 과도하여 기초대사의 속도가 증대되는 질병을 말한다.

갑상선(甲狀腺) **자극호르몬** thyroid-stimulating hormone(TSH)　뇌하수체 전엽선(anterior pituitary gland)에서 분비되는 호르몬으로 갑상선에서 요오드의 흡수와 티록신(thyroxine) 합성을 조절한다.

갑상선종 甲狀腺腫 goiter　갑상선 비대증, 요오드 결핍이 원인이 된다. 요오드 강화염을 사용하고 있는 나라도 많다.

갑상선종(甲狀腺腫) **유발물질** goitrogen　케일(kale), 양배추싹눈(brussels sprout), 캐비지(cabbage), 순무(turnip), 겨자와 같은 음식에 들어 있는 물질로서 체내에서 옥도(iodine)의 이용을 저해하는 물질이며 갑상선에서 옥도의 유입을 못하게 한다.

갑상선(甲狀腺) **호르몬** thyroid hormone　갑상선에서 티록신(thyroxine)이라는 호르몬이 분비된다. 이밖에도 갑상선 호르몬에는 요오드 티록신도 있다. 티록신은 동물의 신진대사를 왕성하게 하는 작용이 있고, 티록신을 투여하면 유즙의 분비가 좋아진다고 한다. 사료 중에 요오드가 결핍되든지 항타이로이드 물질(antithyroid, goitrogenic substance)이 존재하면 티록신의 분비는 저하한다.

강글리오시드 ganglioside　신경조직과 비장(지라)의 세포막에 존재하는 glycosphingolipid이다.

강낭콩 field bean　강낭콩은 종류가 많고 식용으로 사용하는 것만 해도 50여 종이나 된다. 그러나 종류에 따른 성분의 차가 적고 단백질 함량은 20% 이상으로서 상당히 많다. 조섬유 함량은 4% 정도로서 적으며 전분 함량이 많다. 미국에서는 식용으로 부적합 것을 컬비인(cull bean)이라고 하여 사료에 이용되고 있다. 강낭콩은 생것은 가축이 좋아하지 않으므로 삶아서 먹이는 것이 좋다. 생강낭콩은 배합사료에 20% 이하가 좋고, 또 가열처리한 것도 30% 이하로 하는 것이 좋다.

강유 糠油 bran oil 겨로부터 추출한 액체기름을 말하는데, 쌀겨에서 착유한 것은 미(米)강유라고 한다.

강정사양 强精飼養 flushing 종부전 2~3주간 영양소를 많이 급여하는 사양방법을 의미하며, 일반적으로 배란수 증가, 발정 촉진, 임신율 증가 등의 효과가 있다.

강제급식 强制給食 force-feeding, gavage 자유 의지와 관계없이 강제로 급여하는 것으로서, ① 거위나 오리에게 튜브를 이용하여 사료를 강제로 많이 급식시킴으로써 과비하게 하여 간의 무게를 늘린다. ② 닭에서 진정대사 열량(TME)나 진정아미노산 이용률(TAAA)을 측정하기 위해서는 깔대기와 plunger를 이용하여 강제 급식시킨다. → 정밀급식(precision feeding).

강직 tetany 근육이 강하게 수축되어 이완되지 않은 상태로 비정상적인 칼슘대사에 의한 증상이다.

강피류 糠皮類 brans 쌀겨, 밀기울 등으로서 곡류를 정미·제분·정맥할 경우의 부산물이며, 가축사료로서 널리 사용된다. 강피류는 일반적으로 단백질이 많지만 아미노산 조성이 불량하며, 인산이 많고 반대로 칼슘이 적다. 또한 비타민 B는 많지만 비타민 A·D가 적으며, 가축의 기호성은 전반적으로 높다. 가축에게 급여할 경우 너무 많이 주거나 단일 급여를 오랫동안 계속하면 인산 과잉으로 골연증(骨軟症)이 발생하므로 칼슘제를 보급할 필요가 있다. 지방은 불포화지방산 함량이 많기 때문에 육·유제품의 지방을 연화(軟化)시킨다.

강화 强化 fortification 식품에 영양소를 인위적으로 첨가하는 것이다. 예로서 마가린에 비타민 A와 D를, 과즙에 다량의 비타민 C를, 식탁염에 요오드를 강화한다. = Ennoblement, Enrichment.

개구호흡 開口呼吸 panting 피부의 땀구멍이 퇴화된 가축과 가금에 있어서는 고온시에 체온을 조절할 때에 발한(發汗)에 의한 조절이 불가능하다. 이와 같은 경우 호흡기의 표면을 통하여 수분의 증산(蒸散)을 왕성하게 하고, 이때 손실된 칼로리(calorie)를 가지고 체온을 조절하며, 이 경우 입을 벌리고 허덕이는 것 같은 호흡을 한다. 일반적으로 성계에서는 29℃ 전후부터 개구호흡을 한다.

개미산 formic acid 가장 간단한 유기산(HCOOH)이며, 개미와 기타 곤충에 들어 있는 산(acid)으로 약간의 독이 있어 물리면 가렵고 부어 오른다. 개미산은 정상적으로 우리 몸에서도 생성되며, 단백질 합성에 중요하고 비타민인 폴라신(folacin) 합성에도 관여한다.

개방우상식 우사 free stall barn 개방우상식 우사는 1960년대 이후 미국에서 사용되기 시작한 축사 개념으로서 계류식 우사처럼 칸을 진 우상이 시설되어 있지만 소를 매어 두지 않으며, 여기에는 옥외급사식과 유폐사육식이 있다. → 프리반, 프리스톨반.

개의 질병 diseases of canine 개의 질병도 다른 가축처럼 그 종류가 매우 많으며, 그 발병원인 또는 발생빈도도 대단히 복잡하다. 개의 대표적인 질병으로서는 바이러스균성 전염병인 개・디스템퍼(canine distemper) 및 전염성 간염(infectious hepatitis)이 폐사율이 높은 자견기(仔犬期)의 질병이다. 그러나 예방백신의 보급에 의해서 발생률이 점점 저하되고 있다. 또 개・렙토스피라증(canine leptospirosis)은 폐사율이 높은 세균성의 사람과 가축의 공통 전염병으로서 사람에 감염된 경우는 와일병(Weil's disease)이라고 하는 질환을 일으킨다. 성견(成犬)・노견(老犬)의 폐사 원인의 대부분을 차지하는 견심장사상충증(犬心臟絲狀蟲症, heart worm disease)은 사상충(絲狀蟲, dirofilaria immitis)이 심장이나 심관에 기생에서 일어나는 병으로서 현재 개에 있어서는 가장 위험한 질병이다. 개의 질병에서 유명한 광견병은 철저한 예방접종의 실시와 엄격한 검역으로 인하여 우리나라에서 발생빈도가 크게 줄어들고 있다. 기타 각종 피부병, 종양(腫瘍), 치조농루(齒槽濃漏) 및 당뇨병 등이 근년 개의 병으로서 증가하고 있다.

개화 성기 開花盛期 full bloom 군락의 3/4 이상이 개화한 시기를 말한다. 군락의 3/4 정도가 꽃이 피고, 나머지는 수잉기 후기가 지속되는 기간이다.

개화 중기 開化中期 mid bloom 식물이 1/2～2/3가 개화하기까지의 시기를 말한다. 대부분의 화본과는 수잉기 성기(盛期)의 기간 개화기, 군락의 반 정도가 꽃이 피고, 나머지 반은 수잉기가 계속되는 기간이다.

개화 초기 開花初期 early bloom 개화가 시작되어 군락 전체의 1/10이 개화하는 시기까지의 기간이며, 화본과에서는 수잉기 초기, 첫 꽃시기, 출수 후기 1/10 개화기까지의 시기가 이에 해당한다.

개화 후기 開花後期 late bloom 꽃이 말라서 떨어지며 종자가 형성되기 시작하기 직전의 시기이다. 꽃술이 나온 지 10～15일 이후에서부터 종자의 내부에 유즙성 물질이 축적되기 이전까지의 시기, 개화 말기에서부터 종피 형성기까지의 시기를 말한다. 수잉기 후기 이후의 시기를 말한다.

갱년기 更年期 climacterium, climacteric 생리중지(menopause) 후에 여성의 번식기능의 중지와 남성의 성기능 감소현상이다.

거대적혈구 巨大赤血球 macrocytes 악성 빈혈의 혈중에서 볼 수 있는 큰 적혈구이며, 적혈구의 발육장해가 기인이 된다. 이것을 거대적혈구성 빈혈이라 한다.

거대적혈구 모세포 巨大赤血球 母細胞 megaloblast 직경 11 μ 이상의 큰 적아(赤芽)세포 혹은 원형 적혈구, 악성 빈혈(vitamin B_{12} 결핍)이나 엽산결핍증때 골수에 나타난다.

거대적혈구성 빈혈 macrocytic anemia 혈액에 비정상적으로 거대한 적혈구가 존재함으로써 생기는 빈혈이다.

거세 去勢 castration 거세를 하는 주된 목적은 각 가축의 웅축(雄畜)에 대해서 능력 개량을 위해 형질이 불량한 것은 번식에 쓰지 않도록 하고 성질을 온순하게 해서 관리를 쉽게 하거나 또는 육축(肉畜)으로서 육질을 개선하는 것 등에 있다. 거세의 방법은 정소(고환)와 정소상체(부고환)를 외과적으로 절제 또는 무혈적(無血的)으로 절단하는 완전 거세법과 정소(精巢)만을 제거하는 부분거세법이 있다. 소와 면양은 부분거세법이 좋다는 보고도 있다. 육축(肉畜)의 거세시기는 소는 생후 4～6개월령, 돼지는 생후 3～4개월령이 좋다. 또한 육우에서는 거세하면 육질은 개선되지만 거세우는 비거세우보다 증체율이 저하하고, 사료요구율이 높아지고 적육(赤肉)의 비율이 적어지는 경향이 있다.

거세계 去勢鷄 capon 고환 또는 난소를 수술에 의해 제거한 닭으로서 주로 수탉(雄鷄)에 대해서 육질을 유연하게 하고 살코기 생산을 높이기 위해 8주령에 고환을 제거한 것을 말한다. 그러나 실제로 닭을 거세하는 일은 거의 없다.

거친분쇄 coarse ground 중간 크기의 체눈을 통과할 수 있는 입자 크기로 여러 가지 크기의 물질을 분쇄하는 공정이다.

건(腱), **힘줄** tendons 골격근에서 뼈에 힘을 전달하는 탄력성의 결체조직의 끈이다.

건물 乾物 dry matter(DM) 시료를 100～105℃에서 건조할 때에 증발되어 소실되는 것을 수분(moisture)이라 하고, 남는 것을 건물이라고 한다. 따라서 건물은 100%에서 수분함량을 차감한 수치로서 나타낸다. 시료를 건조해서 공기중에 방치해 두면 수분함량이 10～15%로 된다. 이와 같은 건조상태의 것을 풍건물(風乾物, air dry matter)이라고 한다. 사료의 수분함량은 그 사료의 영양가, 가격 및 저장과 밀접한 관계가 있고, 수분함량이 많은 것은 건물이 적고 사료적 가치도 적으며, 그대로는 저장이 곤란하다.

건성유 乾性油 drying oil 고도불포화유(高度不飽和油)로서 O_2를 흡수하기 쉬워 얇게 펴놓으면 지방산의 탄소 2중결합에 산소가 중합해서 피막을 만든다. 아마인유나 동유(桐油)가 여기에 속하고 paint나 linolium의 제조 원료가 된다. 영양적으로는 보통 식용유와 비슷하나 중합 산화된 지방은 독성이 있으며 발암성 물질이다.

건식도정 乾式搗精(건식제분 ; dry milled) 약간의 물이나 증기를 처리하여 부드럽게 만든 다음 도정하거나 제분 등의 과정을 거치는 공정이다.

건유 乾乳 dry up 비유능력이 낮은 가축에서는 태아의 발육을 위해서 또는 임신하지 않더라도 분만 후 어느 기간이 경과하게 되면 최유(催乳) 호르몬의 분비가 차츰 감소되므로 비유량이 급속히 감소해지고 얼마 안가서 자연히 건유가 된다. 그러나 특히 능력이 높은 유우는 자연스럽게는 건유가 되지 않는다. 그래서 차기 비유와 분만에 대비하는 영양소 비축을 위해서 비유기 중에 손상된 유선조직의 회복을 목적으로 차기 분만 약 1～2

개월 전에 인위적으로 건유하는 것이 필요하다. 건유의 방법에는 불완전 착유, 간헐 착유, 착유 정지 등이 있지만 건유 전의 유량과 유방염 등에 따라서 적당한 방법을 선택해야 한다.

건이 乾餌 dry feed 사료를 마른 상태에서 급여할 경우에 이것을 건이라고 한다. 보통 건이는 분상(粉狀) 또는 입상(粒狀)으로 준다. 이 사료의 특징은 노동력이 많이 필요치 않으며, 그대로 급이기에 주어도 변질되지 않고, 겨울에 얼지 않고 여름에는 곰팡이가 피지도 않아 변질할 우려가 없다. 더욱이 대가축 등에 대해서는 건이에 의한 사양을 생사(生飼)라고 하는 경우가 있다.

건조 乾燥 dry 시료가 함유하고 있는 수분이 완전히 제거될 때까지 105℃의 송풍건조기 내에서 건조된 상태를 말한다. 일반적으로 시료의 분석이 풍건 또는 부분건조 상태에서 실시되었을 때에는 완전건조 상태에서의 분석치를 계산해야 하고, 완전건조 상태에서 분석된 시료도 풍건 또는 부분건조 상태에서의 분석치를 함께 제시하여 주는 것이 바람직하다.

건조기 乾燥機 dryer 로터리 루브르 드라이어, 냉동건조기, 고온열풍 건조기, 분무건조기, 기류 건조기, 로울러형 건조기 등이 있다.

건조 난 乾燥卵 dried egg 건조 난(卵)은 난을 분말상 또는 입상(粒狀)으로 건조한 것의 총칭으로서 다음과 같은 세 종류가 있다.

① 전란분(全卵粉, dried whole egg 또는 whole egg powder)
② 난황분(卵黃粉, dried yolk 또는 yolk powder)
③ 건조 난백(dried albumin)

전란분의 제조에는 분무식 또는 벨트식 건조법이 쓰여지고, 난황분의 제조에는 분무식 건조법이 쓰여지고, 건조 난백(卵白)의 제조에는 천반식(淺盤式) 건조법이 쓰여진다. 이와 같은 건조 난은 저장·수송이 용이하기 때문에 제과원료 등의 가공용으로 이용된다. 건조 난은 사용 목적에 따라서 색깔이 농후한 것을 좋아하는 경우가 많다.

건조 맥주박 乾燥麥酒粕 brewers dried grains 맥주제조 과정에서 나오는 맥주보리와 기타 곡물의 발효부산물을 건조시킨 것으로서 조단백질 22~28%, 조지방 6~8%로 밀기울과 비교해서 높지만 조섬유 15%로 에너지 함량이 낮다. 주로 젖소사료의 농후사료로 1/3 정도 사용한다.

건조 알코올효모(酵母) distiller's dried yeast 알코올 또는 증류주 제조공정 중 알코올 증류액을 증류하기 전 또는 증류 후에 분리하는 *Saccharomyces* 속의 효모를 건조한 것을 말한다.

건조 어즙 乾燥魚汁 dried fish soluble 어즙을 탈수시킨 후 말린 것이다. 어즙은 어류 내장의 소화단백액 또는 어분 제조시의 어즙을 농축해서 반죽(paste) 상으로 만든 것을 말한다.

건조 유장 乾燥乳漿 dried whey 전유에서 치즈 제조공정 또는 탈지유에서 카제인을 제조하는 공정에서 부산물로 얻어지는 유장(whey)을 건조한 것이다. 주성분이 유당으로서 70% 가까이나 되고, 기타는 약 13%의 단백질, 약 10%의 회분을 함유하며, 비타민 B군의 함유량도 많다. 건조 유장은 주로 어린 가축이나 닭의 사료에 쓰여지지만 다량 급여하면 딱딱한 변이 되기 쉬우므로 10% 이하의 배합이 좋다. 미국 등지에서는 유장에서 유당의 일부를 제거해서 건조한 dried whey product, 유장에서 알부민과 유당의 일부를 제거해서 건조한 dried whey soluble도 생산되며 다 함께 사료로서 이용되고 있다. 또 유장에서 비교적 많은 수분을 제거하여 농축유장(condensed whole whey)도 생산되고 있다.

건조 탈지유 乾燥脫脂乳 dried skim milk 탈지 후 건조시킨 우유로서 약 34% 단백질을 함유한다. 아미노산 조성이 우수하며, 소화율이 높고 비타민 B군도 풍부히 함유하여 송아지나 자돈의 조기이유 사료에 사용한다.

건초 乾草 hay 초류(草類)를 건조해서 수분함량을 13% 내외로 하여 저장이 용이하도록 한 것이다. 건초에는 조제방법에 따라서 자연건초와 인공건초가 있다. 자연건초는 조제할 때 세심한 주의를 하지 않으면 영양소 손실이 많이 생긴다. 인공건초는 영양가가 높고 양질의 것이지만 조제하는 데 경비가 많이 든다. 또 재료에 따라서 야건초(野乾草), 목건초(牧乾草)로 불려질 뿐만 아니라 재료 명칭을 덧붙여 부르기도 한다.

건초 당량 乾草當量 hay equivalent(HE) 1톤의 건초에 함유되어 있는 에너지 함량(1 HE = 800 Mcal, NE)이다.

건초 수확시기 乾草收穫時期 harvest time of hay 건초 제조시 단위 면적당 가소화영양소가 최고에 달하는 알맞는 시기로서 두과는 만개시이며, 화본과는 개화 직전에 수확한다.

건초 조제용 기계 乾草調製用機械 hay making machinery 수확기계(mower)로 수확한 풀이 헤이 컨디셔너(hay conditioner)에 의해서 줄기를 으깨어 건조가 빠르게 하고, 테더(tedder)를 이용하여 뒤집어서 건조가 덜 된 부분을 겉으로 들어내 바람에 의하여 건조가 끝나면 레이크(rake)로 긁어 모으고, 헤이 베일러(hay baler)를 가지고 압축·곤포(梱包)한다. 이것을 베일 로우더(bale loader)에 의해서 트레일러(trailer)에 겹쳐 싣고 운반하여 건초저장 장소에서 헤이 엘리베이터(hay elevator)로 쌓아 저장한다.

건초 큐브 hay cube 건초를 세절하여 단단한 입방체의 모양으로 성형화(成形化) 한 것이다.

건초 펠렛 hay pellet, pelleted hay 건초 또는 목초 분말을 가압하고 펠렛기로 성형한 것이다.

건초 품질 乾草品質 quality of hay 건초의 품질은 재료의 종류와 그 성숙도, 조제법의 적합 여부 및 저장 중의 변질 등에 의해서 결정된다. 따라서 건초 품질의 등급을 나타내는 기준으로서는 다음과 같은 항목을 들 수 있다. 즉 이물의 혼입, 색상, 녹색도, 풀의 성숙도, 줄기와 잎 비율 및 화학적 성분 등이 있다. 미국에 있어서 알팔파 및 이것을 주체로 하는 혼파목초의 등급 규격으로서 줄기와 잎 비율, 녹색도, 이물 혼입도에 의해 1~3등급과 등외로 구분한다. 또 클로버 및 티머시의 규격으로서 조단백질, 조섬유 및 카로틴의 함량에 의해 1~3등급과 등외로 구분한 것이 있다.

건포도 乾葡萄 raisin 씨 없는 포도를 건조시킨 것이다. 스페인 포도에서 만든 Valencia 건포도는 목회(木灰)의 알칼리 용액에 포도를 담그고 사탕수수 접시에 담아 햇볕에 건조시킨다. 씨 없는 Thompson 건포도는 주로 Californaia에서 sultanina 포도(껍질이 sultana보다 거칠다)로 만들고 있으며, 오스트레일리아, 남아프리카, 미국에서도 다량 생산되고 있다.

검 gum 식물의 줄기 삼출액에 함유되어 있으며 갈락토오스, 글루쿠론산과 다른 단당류들이 결합된 식이섬유질의 일종이다.

검당계 檢糖計 saccharimeter 설탕의 순도를 측정하는 데 사용되는 선광계이다. 국제당 표준으로 당도가 표시되어 있다. 순자당의 26% 용액은 200 mm 관 중에서 100°의 당도가 표시되어 있도록 만들어져 있다.

검정뱀장어 黑子鰻 large elver 실뱀장어에 검은 색소가 출현된 시기의 뱀장어 치어를 말하며, 체중은 0.3~0.8 g 정도이다. 실뱀장어가 하천에서 소하(溯河) 후 2주 정도 경과하면 흑색으로 변하지만 이 시기는 실뱀장어보다 크기가 조금 줄어드는 일도 있다. 실뱀장어의 어획이 5월경 검정뱀장어 혼합율이 증가되지만 천연산 검정뱀장어는 양식된 검정뱀장어와 구별된다. 실뱀장어가 검정뱀장어가 되면서 물체에 접촉하기를 좋아하는 성질(물체 뒤에 숨은 성질), 야광성(배광성)이 강해진다.

검화 鹼化 saponification 지방을 알칼리와 끓여 그의 구성성분인 글리세린과 지방산으로 분해하는 것을 말한다. 지방산이 소다염으로 된 것을 소다비누라고도 한다. 기름에서 비타민 A를 농축하는 방법으로는 비타민은 검화되지 않으므로 소위 불검화물 중 나머지의 기름에서 분리된다. 불검화물에는 광물유와 콜레스테롤 같은 고급 알코올이 함유되어 있다.

검화가 鹼化價 saponification value 검화가(비누화가)는 유지의 성상(性狀)을 표시하는 방법의 하나인데, 유지 1 g을 완전히 비누화하는 데 요하는 수산화칼륨(KOH)의 mg 수이다. 보통의 유지 비누화가는 185~200 정도이지만 야자유나 버터와 같이 저급지방산을 함유하는 것은 비누화가가 높고, 채종유와 같은 분자량이 큰 지방산을 함유하는 것과 불검화물(不鹼化物)이 많은 납류(蠟類)에서는 비누화가가 낮게 된다.

게가루 蟹粉 crab meal 게의 통조림 등을 만들 때 나오는 찌꺼기를 건조해서 분쇄한 것으로 게의 껍질, 내장 및 소량의 육질부 등으로 이루어진다. 주성분은 단백질과 회분이고, 특히 칼슘이 많아서 40%나 함유하는 것도 있다. 미국의 공정규격에서는 조단백질 25% 이상, 식염 7% 이하로 하고 식염이 3% 이상인 것은 명시할 것을 규정하고 있다. 게가루의 단백질의 일부는 키틴태 질소이고, 그의 영양가는 높지 않지만 다른 양질의 단백질 사료와 병용하면 그 일부를 대체할 수 있다. 게가루는 원료나 가공방법이 좋지 않은 것은 변질하기 쉬우므로 주의를 요한다.

게르버 시험(試驗) gerber test　유지방의 정량적 시험법이다. 우유에 황산을 가하면 발열하여 지방 이외의 유기물이 녹기 때문에 아밀 알코올을 넣어 지방을 추출하여 측정한다. 게르버관이라는 특정한 초자기구를 사용하여 행한다.

게실 diverticula　대장 외벽으로 돌출된 주머니이다.

게실염 diverticulitis　박테리아 대사에 의해 생성된 산으로 인해 게실에 염증이 생긴 증상이다.

게실증 diverticulosis　대장에 게실을 많이 가지고 있는 증상이다.

게임 반탐 game bantam　원산지는 말레이시아이며, 투계용으로서 ♀ 2.5 kg, ♂ 2.8～3.0 kg으로 보기보다는 체중이 많이 나간다. 산란능력은 80～100개 정도이며, 다리가 길고 목이 길며 벼슬은 거의 없다. 본 종을 잉글리쉬게임종과 교잡하여 영국에서 삼매관을 가지고 있는 육용종 코니쉬를 작출하였다. 게임 반탐종의 내종에는 백색(white), 파일(pyle), 버클링(buckling) 등이 있으며, 세 가지 내종이 전부 나와 있다.

겨 bran　곡류나 종실류의 도정이나 제분시 제거되는 외피와 약간의 호분층을 포함하는 부산물이다.

겨자 芥子 mustard　흑색 또는 갈색인 Brassica nigra의 종자와 황색 또는 백색인 Sinapsis alba의 종자와의 혼합물 분말이다. 활성이 있는 것은 배당체인데, 검은 겨자체에선 sinigrin, 흰 겨자체에선 sinablin이다. 습기가 있는 데에서 효소 myrosinase가 sinigrin를 분해시켜 매운 자극성 있는 특징적인 향기가 있는 기름을 유리시킨다. Sinablin은 매운 맛이 강하지 않다. 법규상 겨자 양념은 37℃에서 2시간 물에 담근 경우 0.35% 이상의 allylisocyanate를 생성하지 않으면 안 되게 되어 있다. 20% 이상의 밀가루가 포함되면 안 된다. 영국의 일부에선 1720년에 그 종자를 빻아 향신료로 사용했다고 알려진 Durham 부인의 이름을 따서 Durham 겨자라고 하는데 요즈음은 고추냉이의 땅속줄기를 채취해서 겨자를 생산한다.

겨자박 芥子粕 mustard seed meal　겨자 종자에서 기름을 짠 깨묵으로서 조단백질 함량은 20% 정도이고, 가축사료의 단백질원의 일부로서 이용할 수가 있다. 육성중의 육우나 우유에서는 면실박·대두박의 대용이 될 수 있고, 돼지·닭에 대해서는 단백질사료의 일부로서 사용할 수 있다.

겨 포함 그릿트 grit with bran　그릿트에 같은 곡류의 겨를 포함한 것을 말한다.

견과류 堅果類 nuts　여러 가지 종류의 딱딱한 껍질로 둘러싸인 열매를 말한다. 편도(扁桃, prunus amygdalis), brasil nut(bertholletsia excelsa), cashew nut(anacardium occidentale), 호두(fuglans regia) 등이 여기에 속하는데 이들은 모두 높은 지방함량(45～60%)과 단백질 함량(15～20%)을 지니며, 15～20%의 탄수화물을 갖는다. 탄수화물의 대부분은 pentosan이다.

결막건피증 結膜乾皮症 xerosis conjunctivae　수분 방출이 없어 비정상적으로 안구가 마르고 윤기가 없어지며, 위축을 동반하는 결막염으로 비타민 A의 부족에서 발병된다.

결석 結石 calculus　신장, 담관 같은 조직 중에 생기는 결석이다. 신장결석은 요산(尿酸), 요산염, 수산칼슘탄산염, 인산염 등으로 되어 있다.

신장결석 : 신장과 요도에 생기는 결석
방광석　: 방광에 생기는 결석
담석　　: 담낭에 생기는 결석

결장 結腸 colon　장(腸)의 맨 끝부분이다. 상행 · 횡행 · 하행의 세 부분으로 구성되며 직장(直腸)에서 끝난다.

결핍증 缺乏症 aporinosis　영양결핍성 질환의 일환으로 사료 중의 어떠한 요소의 결핍으로 인하여 생기는 질환을 말한다.

결합조직 結合組織 connective tissue　물고기에서는 결합조직이 근육의 절(myotomes) 사이에 있으며 단백질과 콜라겐으로 되어 있다. 육(肉)에서의 결합조직은 근육 중에 흩어져 있으며 결합섬유가 뭉치로 정돈되어 있다. 또한 혈관을 받쳐 주고 있으며 콜라겐과 엘라스틴으로 되어 있다. 결합조직이 많으면 단단한 고기가 된다.

겸상혈구성 빈혈 鎌狀血球性貧血 sickle-cell anemia　Hemoglobin의 베타체인의 변형이 원인인 유전병으로 적혈구가 산소를 운반하는 기능이 떨어져서 생긴다. 병명은 적혈구의 모양이 낫(sickle) 또는 초승달 모양으로 생겼기 때문에 붙여진 이름이다. Hemoglobin의 양이 적고, 황달, 임파계가 붓고, 신장 손상, 피로, 심장비대, 림프절 팽대 등의

구성상 hemoglobin	Val —	His —	Leu —	Thr —	Pro —	Glu —	Glu
	(1)	(2)	(3)	(4)	(5)	(6)	(7)
sickle-cell hemoglobin	Val —	His —	Leu —	Thr —	Pro —	Val —	Glu
	(1)	(2)	(3)	(4)	(5)	(6)	(7)

헤모글로빈의 β-chain 6번째의 glutamate가
valine으로 대체되면 sickle-cell anemia가 된다.

증상을 나타낸다. 적혈구에 산소운반 단백질인 hemoglobin은 4개의 사슬로 되어 있다. 즉, 2개의 α-chain과 2개의 β-chain이다. 겸상혈구형 빈혈환자는 hemoglobin의 β-chain의 6번째 아미노산인 glutamate가 valine으로 바뀐 것이며, 이는 DNA의 돌연변이 때문이다.

경단백질 硬蛋白質 albuminoid Scleroproteins과 동일하다. 섬유상 단백질로서 동물체를 지지(支持) 또는 보호하는 기능을 가지며(식물에서는 셀룰로오스가 이 기능을 하고 있음) 3가지 종류가 있다.

① 콜라겐(collagen) : 피부 및 연골에 있으며 펩신, 트립신으로써 분해되지 않는다.
② 엘라스틴(elastin) : 건(腱)과 동맥에 있으며 젤라틴으로 변화되지 않는다.
③ 케라틴(kelatin) : 약산・약알칼리에 불용이며, 동물의 소화효소에 작용을 받지 않는다. 뿔, 우모(羽毛), 손톱에 존재한다.

경변증 硬變症 cirrhosis 간세포의 점차적인 파괴에 수반하여 간에 혈액 순환이 저해되어 간 실질의 재생과 결체조직의 미만성 증식을 동반하는 만성 간질환의 일종이다. 장기간의 지나친 음주를 비롯한 여러 가지 원인에 의해서 일어난다.

경사비 정량법 傾斜比定量法 slope ratio assay 성장 정량법의 일종으로서 측정 대상(가령 사료에너지 함량 또는 비타민이나 항생물질의 역가 등)의 양과 그것을 먹인 생물의 반응(가령 증체량 같은 것)과의 사이에 직선관계가 인정되는 경우에 표준물질을 급여한 때의 반응곡선의 경사 정도와 공시품을 급여한 때의 경사 정도와의 비율에서 공시품의 양과 역가를 측정하는 방법이다. 표준품과 공시품의 용량을 계별적으로 규정한 5점법, 3점법 등이 연구되어 있으므로 정량법의 우열을 검토하면서 간단한 계산방법에 의해 정량될 수 있도록 되어 있다.

경수 hard water 칼슘(Ca)과 마그네슘(Mg) 등의 무기질이 녹아 있는 물을 뜻하며, 일명 선물이라고도 한다.

경운초지 耕耘草地 ploughed grassland 초지 갱신이나 단시일 내에 조성하기 위한 초지로서 경사도가 높지 않고 자갈 함량이 낮으면서 토심이 깊고 경운방법을 사용하는 집약적으로 초지 조성을 할 수 있다. → 집약초지.

경쟁적 배제 競爭的排除 competitive exclusion 생균제의 기본적인 작용기전으로서 유익한 세균이 장내(腸內)에서 우점(優占)함으로써 유해한 세균이 번식하는 것을 경쟁적으로 억제하는 것을 뜻한다.

경쟁적 저해 競爭的沮害 competitive inhibition 효소가 그 기질과 화학구조가 유사한 물질에 의해서 저해되는 것을 말하며, 산소의 활성 표면과의 결합에 있어서 기질과 그것의 유사물질이 서로 경합함으로써 일어난다. 그러나 기질량을 충분히 많이 하면 이 저해는 해소된다.

경주마 競走馬 race horse 경마를 목적으로 하는 것으로서 주로 샤브렛종과 일부의 아랍종이 사용되고, 속보경쟁용으로 중간 종도 일부 사용되고 있다. 샤브렛종(Thorough bred)은 17세기 이래 영국의 왕실과 귀족에 의해서 당초에는 재래마를 기초로 아랍종의 혈통을 섞고 그 이후에는 순수번식에 의해서 개량되었다. 그 특징은 경주 능력을 발휘하는 데 알맞은 체형, 체격과 체질을 갖추어 기질이 우수하고 유전력이 강한 점이다.

경질 소맥 硬質小麥 hard wheat 글루텐(gluten) 성분이 많아 단백질 함량(13～15%)이 높은 밀의 품종으로서 점도(粘度)를 요하는 제빵용으로 주로 사용된다.

경화 硬化 sclerosis 딱딱해지는 것을 뜻하며, 특히 염증이나 간장의 병변으로 어떤 부분이 딱딱해진 것을 말한다.

계급치 階級値 class value 데이터의 집단적 특성을 이해하기 위해서 10～20 정도의 계급으로 구분해서 각 계급마다 자료의 출현도수를 계산하고, 이것을 막대그래프상에 나타내어 도수분포도를 작성하는 경우가 있다. 이 경우 각 계급이 나타내는 수치를 계급치라고 하고, 보통은 각 계급의 중앙치를 잡는다. 예를 들어 인간의 체중에 관해서 5 kg 간격으로 구분한다고 하면 42.5～47.5, 47.5～52.5, 52.5～57.5…와 같은 계급이 되고, 각각의 계급치는 45, 50, 55…와 같이 된다.

계두 鷄痘 fowl pox 닭에서 비교적 많이 발생되는 질병으로 그 병원체는 바이러스이며, 천연두 및 우두와 유사한 성질을 가지고 있지만 인체에는 감염이 안 된다. 닭이 이 병에 감염되면 6～14일의 잠복기간이 있고 이어서 감염 부위에 높게 두드러진 결절(結節) 모양의 흉터가 생겨서 때로는 수포를 형성하다가 차차 건조되어 가피(痂皮)로 되어 벗겨진다. 폐사하는 일은 없으나 산란계는 산란 정지, 성장기에는 발육불량을 일으키고 경제적으로 손실이 크다. 예방법으로는 계두예방 백신을 접종하면 좋다. 이 예방법은 극히 간단해서 20개 정도의 우모(羽毛)를 뽑고 소형 브러쉬로 문질러 주면 된다.

계란 鷄卵 chicken egg 달걀의 중량은 주로 닭의 품종 및 계통에 따라 다르지만 대체로 50～65 g이다. 또 초산의 계란은 30～40 g로서 작지만 그 뒤 점점 커져서 2～3개월 뒤에는 거의 일정한 중량이 된다. 계란은 대체로 다음과 같은 것으로 되어 있다.

① 난각(shell) : 알의 외곽을 형성하는 것으로 0.28～0.36 mm의 두께이고, 계란 전체의 약 9～12%를 차지한다. 색은 품종에 따라 백색, 갈색 또는 이들의 중간색을 나타낸다. 이의 주성분은 탄산칼슘이다.

② 난백(egg albumin, egg white) : 난황의 주위에 있는 담황색의 점조(粘稠)한 것으로 알 전체의 약 60%를 차지한다. 이것은 90%가 수분이고, 나머지는 거의 모두가 알부민이라는 단백질이다.

③ 난황(egg yolk) : 황색으로 구상(球狀)을 나타내고 표면은 난황막으로 싸여져 있다. 이것은 계란 전체의 30～33%를 차지한다. 난황은 약 50%가 수분이며, 약 30%가 지방이고, 나머지는 주로 단백질이다.

④ 기실(air space) : 난의 둔단(鈍端)에 생기는 난막간의 간극이다.
⑤ 커레이저(chalaza) : 유백색의 점조하고 나선으로 돌돌 틀어진 조직으로서 난황을 알의 장축방향으로 평행되게 끌어당기고 있는 단백질의 일종으로 알끈이라고 한다.

계란 거래규격 鷄卵去來規格 egg grading 달걀을 거래하는 경우의 규격으로서 현재는 일반적으로 계란의 무게에 의해서 분류되어 있다.

규 격	1개의 계란 무게 범위(g)	평균 중량(g)
특 란	60 이상	–
대 란	54～60	56
중 란	47～54	50
소 란	42～47	44
경 란	42 미만	–

(한국의 양계, 1993)

계면활성제 界面活性劑 surfactant 기본적으로는 유화제와 동일하다. 즉, 표면장력을 저하시키는 물질을 말한다. 이 효과가 두 가지 액체 사이 또는 액체와 고체 사이에 생기게 될 때 계면활성제는 유화와 분말의 흡수를 촉진하게 된다. 이 종류의 것으로는 mono 또는 diglyceride, polyethylene 유도체, 알긴산(alginic acid), gum질, gelatin, lecithin 등이 알려져 있다. 또 jelly의 경화속도를 더디게 하며 caramel의 연화를 감소시킨다.

계분 鷄糞 poultry manure, poultry waste 닭의 배설물은 분과 뇨의 혼합물이고, 수분 함량은 60～70% 정도이다. 건조 계분에는 질소 5%, 인 2%, 칼륨 1.5% 정도가 함유되어 있다. 최근에 일부에서 가열건조한 계분이 가축 및 가금의 사료로서 재이용(recycling) 되고 있지만 이의 순단백질 함량은 약 10%, 유효에너지 함량은 닭에서 약 0.90 kcal/g (ME), 소에서 약 28%(TDN)로서 그 사료가치는 극히 낮다.

계육 鷄肉 chicken meat 계육으로 널리 이용되고 있는 것은 산란계의 폐계(廢鷄)와 브로일러이다. 폐계는 살코기가 단단해서 품질은 떨어지지만 브로일러는 육질이 좋아 구미(歐美)에서는 그 소비가 현저하게 많다. 최근 우리나라에서도 브로일러의 소비가 증대되고 있다. 일반적으로 계육 중에 넓적다리살(腿部)은 적미(赤味)라고 해서 붉은색이고, 가슴살 및 기타는 백미(白味)라고 해서 백색을 띠고 있다. 지방은 연하고 융점은 낮다. 피부조직은 지방이 많고 유연하며, 살코기와 같이 조리에 적합하다.

고간류 苦稈類 straws 우리나라에서는 볏짚이 가축의 사료로서 중요한 용도로 쓰여지고 있다. 고간류로서 사료로 쓰여지는 것은 벼, 보리, 밀, 조, 땅콩, 팥 같은 짚대이다. 다만 콩·팥은 종실을 거둔 부분을 영어로는 'straw'라고 하지만 우리 말로는 '콩깍지'라고 하는 것이 보통이다. 콩깍지는 일반적으로 소화율이 낮고 주로 조섬유와 가용무질소물이 이용되는데 지나지 않고 조단백질, 조지방, 비타민류의 함량은 적고 사료가치는 낮다. 그러나 최근에 와서는 여기에 산과 알칼리처리나 암모니아 처리 등의 가공방법이 개발되어 사료가치 증진방안이 모색되어 이용되고 있다.

고결방지제 固結防止劑 anti-caking agent 분말 식품이 굳어지지 않게 첨가하는 물질을 말한다. 예를 들면 소금, 설탕에 소량의 Na_2HPO_4(무수)를 가한다. 식초염에 소량의 $CaAl_2Si_4O_{12} \cdot 6H_2O$ 또는 $Ca_2\ Si_2O_6$ 또는 $Mg_3Si_4O_{12}\ (OH)_2$를 가하기도 한다. Baking powder에는 $Ca_2Si_2O_6$을 가하는 일도 있다.

고구마 甘藷 sweet potato 고구마는 비교적 따뜻한 기후를 좋아한다. 우리나라에서도 재배되고 있고, 단위 면적당의 생산 열량은 작물 중에서 가장 많다. 고구마(根部) 뿐만 아니라 잎줄기도 좋은 사료가 되므로 중요한 사료작물이다. 고구마의 생것은 수분함량이 70% 정도이고 건물(乾物)의 주성분은 전분이므로 가축에 급여할 때는 단백질, 무기물, 비타민 등을 보충해서 급여해야 한다. 고구마는 모든 가축에 급여할 수가 있지만 병아리나 돼지에 대해서는 삶아서 급여하는 편이 좋다. 병아리에 생것을 먹이면 소화가 나쁘므로 낭비가 된다. 이것은 생전분의 소화가 잘 안 되기 때문이다. 소나 돼지에는 상당 수준을 먹여도 좋다.

고구마 덩굴 甘藷莖葉 sweet potato vine 고구마 덩굴의 생것은 수분함량이 약 90%이고, 건물(乾物) 중에는 가용무질소물 및 조단백질의 함량이 높고 사료가치도 높다. 이것은 건초 또는 사일리지로서 이용하는 것도 좋다. 다만 건조할 때 잎의 부분이 떨어지기 쉽고 잎이 탈락(脫落)되면 사료가치가 저하된다. 대체로 단위 면적당 덩굴의 생산량은 고구마와 동등하다.

고구마 사일리지 sweet potato silage 고구마는 수량은 많지만 겨울에 저장해 둘 때 부패되기 쉬우므로 저장에는 여러 가지 방법이 있다. 그 한 가지 방법이 사일리지이다. 사일리지를 만들기 위해서는 먼저 물에다 씻은 것을 마쇄(磨碎)하든지 세절(細切)해서 고구마의 6~10%에 해당하는 썰은 짚을 고구마와 섞어서 채워 담고 스며 나오는 물기를 짚에 흡수시킨다. 또 삶은 고구마를 그대로 사일로에 채워 담아도 좋다. 이렇게 만들어진 사일리지는 돼지나 소의 사료로서 알맞다. 급여량은 생고구마에 준해서 급여하면 된다.

고기 부산물 肉類副産物 meat by-product 도살된 동물로부터 얻어지는 고기 부스러기가 아니라 깨끗하고 선별하지 않은 전체 부분을 말한다. 허파, 이자, 콩팥, 뇌, 간, 혈액, 골격, 저온에서 일부 탈지한 지방조직, 내용물을 제거한 위와 내장이 이에 포함되며 털, 뿔, 이빨 및 발굽은 포함되지 않는다. → 육분.

고기의 숙성 肉熟成 conditioning of meat 도살 후 근육의 글리코겐(glycogen)은 젖산으로 변하는데, 이로 인해 고기의 조직과 보수성(保水性)이 점차로 개선하게 된다. 이 변화가 모두 일어났을 때 고기는 숙성되었다(conditioned)고 한다. → 사후경직.

고기의 해동(解凍) thawing of meat 냉동육은 일반적으로 -20℃에 보관된다. 이 상태의 것을 곧바로 더운 곳에 옮기면 육질이 크게 손상을 받는다. 현재 비교적 좋은 방법으로 고려되는 해동법은 냉동실에서 -10℃의 냉장실에 옮기고 48시간 둔 다음 다시 -1℃ 전후의 냉장실로 옮겨 48시간 두고, 마지막으로 +5℃의 방으로 옮겨 해동시키는 방법이다.

고농축 사료첨가제 高濃縮飼料添加劑 feed additive premix FDA가 정의한 바에 의하면 고농축 사료첨가제는 희석하여 농축사료 첨가제, 일반사료 첨가제, 배합사료 등의 생산에 사용되는 1종 이상의 고도로 농축된 사료첨가제이다. 고농축 사료첨가제는 일반적으로 배합사료 1톤당 5 kg(0.5%) 이내로 사용되는 첨가제로서 동물에게 직접 급여하거나 과량 급여하면 이를 섭취하는 동물이나 이런 동물이 생산한 축산물을 사람이 이용할 때 해를 끼칠 수 있으므로 주의를 기울여야 한다.

고뇨산혈증 高尿酸血症 hyperuricemia 혈청 뇨산의 수준이 증가되는 것이다. 퓨린분해에 연관된 여러 가지 이상에 의해 고뇨산혈증이 일어난다. 뇨산의 수준이 증가되면 관절의 통증이 수반된다. 통풍(gout)의 특징이다.

고단백질 사료원 高蛋白質飼料源 high protein feeds 원료에 따라서는 동물성 및 식물성으로 구분하며, 원료의 채유방법에 따라 ① 압력 추출, ② expeller기 추출, ③ 용제 추출, ④ pre-press solvent 추출로 지방을 제거한 단백질원으로 분류한다.

고단위 용량 megadose 일반적으로 필요량의 10배 이상이 되는 용량이다.

고도불포화지방산 高度不飽和脂肪酸 polyunsaturated fatty acid 지방산 중에서 2개 또는 그 이상의 2중결합을 가지고 있는 지방산이다.

고래육분 鯨肉紛 whale meal 고래 고기에서 기름을 짜내고 나머지를 건조한 것으로서 뼈가 혼입하는 정도에 따라 단백질과 무기물의 함량이 다르다. 뼈가 혼입이 안 된 것은 단백질 함량이 75～80%이고 소화율도 높으며, 돼지와 닭에 대한 TDN은 각각 77%와 72%로서 사료가치가 높다. 뼈가 포함된 고래육분은 무기질 함량이 25%나 되고, 단백질 함량은 50% 정도이다. 사료로서는 어분이나 육골분 대신 사용된다. 다만 변질된 것을 원료로 사용하거나 처리방법이 좋지 않으면 품질이 떨어지므로 주의를 요한다. 고래 육즙(whale souble)은 고래 고기 부산물과 내장을 어즙과 같은 방법으로 제조한 것으로서 수분 50%, 단백질 32% 정도이다.

고무 종실박(種實粕) rubberseed meal 이것은 파라 고무나무(para rubber tree)의 종실을 채유한 찌꺼기를 건조 분쇄한 것이다. 단백질 함량은 29% 정도 있지만 조섬유가 많아 약 10%나 된다. 따라서 소나 면양의 사료로서는 이용될 수 있지만 기호성이 좋지 않으므로 다른 기호성이 높은 사료와 병용할 필요가 있다.

고무질 gums 물에 분산하여 점조한 괴상물(塊狀物)을 만드는 물질의 다당류의 총칭이다. 종자 또는 해조의 추출물이며 대부분 다당류이다. 합성고무는 전분 또는 섬유질을 화학적으로 변화시킨 것이며 methylcellulose, hydroxy-ethyl-cellulose, carboxy-methyl-cellulose 등이 있다. 특히 완전 합성고무라고 할 때에는 폴리비닐, 피롤리돈 등의 비닐 중합체를 말한다.

고밀도 지방단백질 高密度脂肪蛋白質 high density lipoprotein(HDL)(α-lipoprotein)
  체내 혈액 중에서 지방을 운반하는 지방단백질의 하나이며, 간과 소장에서 합성되고 단백질과 인지질, 콜레스테롤을 포함하고 있다. 콜레스테롤을 말초조직에서 간으로 운반하여 산화시키고, 이의 혈중 농도는 동맥경화증의 발병과 역관계를 나타낸다. → α-lipoprotein.

고삐방목 tethering, tether grazing 순환방목의 일종으로 매우 집약적인 방목 방식이다. 초지에 박은 말뚝에 길이 수 미터의 고삐를 매어 놓고 하루 수회씩 말뚝을 이동하면서 목초지의 목초를 채식시킨다. 이 방법에 의하면 가축에게 항상 영양소가 많은 풀을 채식시킬 수가 있고, 초지는 소 발굽에 밟힘으로 인한 장해가 적고 목책도 필요가 없다. 이 방식은 비교적 단시간에 말뚝을 이동해서 불식과번지(不食過繁地, urine patch)의 형성을 피하기 위해서 배분(排糞)은 반전(反轉) 매몰해야 하므로 보다 노력이 많이 드는 결점이 있으며, 다두(多頭) 사육경영에서는 이용하기 어렵다.

고사리 蕨菜 bracken 고사리과에 속하는 식물로서 산야에 자생한다. 보통 어린 잎을 따서 그냥 삶아서 먹거나 건조시켜 저장한다. 뿌리에서 전분을 얻는데 이것을 고사리 가루라 하여 과자나 풀 등에 사용된다. 고사리에는 비타민 B_1을 분해하는 aneurinase가 들어 있다. 고사리에는 이밖에도 내열성인 비타민 B_1 분해인자가 공존한다.

고수분 곡류 高水分穀類 high moisture grain 완숙한 곡류는 통상 30% 내외의 수분을 함유하고 있는데 이것을 건조하지 않고 저장한 것을 고수분 곡류라고 한다. 즉, 고수분 옥수수(high moisture corn), 고수분 보리(high moisture barley) 등이 이것이다. 수분함량이 많은 곡류를 그대로 방치하여 저장하는 것은 불가능하므로 두 종류의 방법이 적용된다. 그 하나는 기밀사일로에 밀봉해서 혐기적 조건에서 저장하는 방법이고, 다른 하나는 프로피온산(propionate) 또는 이것과 초산(acetate)의 혼합물 등을 첨가해서 곰팡이의 발생을 억제해서 저장하는 방법이다. 후자를 산처리 곡류(acid treated grain)라고 한다. 옥수수의 경우는 속대에 붙은 그대로 저장하는 방법과 알곡만을 저장하는 방법이 있다. 고수분 곡류는 건조를 위한 경비와 노력이 절약되고, 동시에 소화율과 기호성이 건조한 것보다 높다고 하는 보도가 있으며, 건조 곡류에다 물을 가해서 급여하는 일도 있다. 이와 같은 것을 수분 재첨가 곡류(reconstituted grain)라고 한다.

고수분(高水分) 사일리지 high moisture silage 수분함량이 높은 목초나 사료작물로 조제한 사일리지를 가리킨다. 수분의 범위는 엄밀한 규정은 없지만 대체로 80% 이상이라고 생각해도 좋다. 예취한 재료를 예건시키지 않고 그대로 채워 담그면 일반적으로 고수분 사일리지가 된다. 수분함량이 높으면 미생물의 활동에 좋은 조건으로 되어 발효는 왕성해지지만 바람직스러운 유산발효가 지배적으로 이루어지는지 또는 바라지 않는 낙산 발효가 지배적으로 이루어지는지에 따라서 품질이 결정된다. 유산발효가 왕성하게 되도록 하기 위해서는 가용성 탄수화물이 충분히 있어야 한다. 따라서 고수분에서 품질이 양호한 사일리지는 유산이 많고 pH가 낮다고 하는 특징을 지닌다.

고시폴 gossypol 면실의 종자 중에 있는 독성 물질을 말하며, 이것을 제거한 종자는 사료로 이용된다. 고시폴은 종자의 색소선에 있는 황색색소이며, 이것을 먹인 닭의 알은 저장 중에 변질되는데 염화제철이나 황산제철을 보충 급여하면 독성을 줄일 수 있다.

고압솥 高壓釜 autoclave 고압을 얻을 수 있게 한 용기를 말하며, 가정용 압력솥은 그 한 가지이다. 물은 대기압 하에서는 100℃(212°F)에서 끓으나 입방센치당(cm^3) 가해지는 압력이 약 4.5 kg 가압으로 끓는 점이 115℃(239°F), 6.75 kg 가압으로 121℃(250°F), 약 9 kg 가압으로 126℃(259°F)로 변하게 된다. 고압솥은 두 가지 목적으로 이용된다. 하나는 가정용 압력솥의 경우와 같이 고온에서 조리시간을 단축하기 위한 것이고, 다른 하나는 멸균이다. 이와 같은 고온에서는 세균류를 사멸시키기 쉽기 때문에 통조림류의 멸균과 외과용 기자재의 소독에 사용된다. 또한 우모(羽毛) 등의 가수분해시에도 사용되고 있다.

고양이 질병(疾病) disease of feline 일반 가정에서 사육되고 있는 고양이에서 많이 발생하는 질병으로는 요위(腰萎, 구루병 포함), 치조농루(齒槽膿漏), 악성 종양, 번식기의 외상 및 황색 지방종(脂肪腫) 등을 들 수 있다. 그러나 이런 질병의 발생은 적정한 사양법을 지키면 예방된다. 전염병에는 바이러스가 원인이 되는 것이 많다. 개에 비교해서 종류도 많고 또 잘 알려지지 않는 것이 많다. 대표적인 전염병으로는 범백혈구 감소증(panleukopenia), 비기관염(rhinotracheitis), 전염성 복막염(infectious peritonitis) 및 백혈병(leukewia) 등이 있으며, 거의 모두가 심한 증상을 나타내고 폐사율도 높다. 예방 백신은 우리나라에는 범백혈구 감소증(고양이・이데스란퍼) 밖에는 없으므로 전염병이 유행할 때나 유행지역의 경우는 밖에 내보내지 않도록 해서 다른 고양이와 접촉을 피하여 감염의 기회를 피하도록 해야 할 것이다.

고에너지 화합물 high-energy compound 가수분해될 때 높은 에너지를 방출하는 물질이며, 표준상태에서 -5 kcal/mol 이상의 부자유에너지 변화($\Delta G°'$)를 나타낸다. 가장 잘 알려진 고에너지 화합물은 ATP이며, 끝인산염군의 가수분해시에 $\Delta G°'$가 -8.8 kcal/mol을 나타낸다. 가수분해시에 ATP 보다도 더 높은 부자유에너지(negative free energy)를 가지고 있는 화합물은 PEP(phosphoenol pyruvate)로서 $\Delta G°'$가 -14.8 kcal/mol이다. PEP는 포도당신생(gluconeogenesis) 과정에서 가장 중요한 중간대사물질이며 pyruvate로부터 포도당을 합성하는 과정이다.

고온 고압처리 高溫高壓處理 autoclaved 발효를 억제시키거나 미생물의 포자를 죽이기 위해서 초고온의 증기로 처리하는 공정을 말한다. → 고압솥.

고장성 탈수 高張性脫水 hypertonic dehydration 고장성(과다한 용질로 인한 고삼투

압)의 결과로 세포로부터 수분이 손실되는 것이다.

고장액 高張液 hypertonic solution 한 화합물 또는 용액이 다른 용액보다 삼투압이 높을 때이다.

고지종 高地種 highland breed 고지나 산악지대의 원산 품종의 총칭이다. 예를 들면 브라운 스위스종, 시멘탈종 등이 이 품종에 든다. 일반적인 특성으로 험준한 산악지에서 생활하는 활발한 행동력, 기상변화와 사료의 결핍이나 조악한 저질사료에도 견디는 강인성을 지닌 것이 많다.

고지혈증 hyperlipidemia 혈액에 비정상적으로 지질이 많은 상태이다.

고창 鼓脹 flatulence 위와 장에 지나친 가스로 불안, 고창증, 소리가 나며(rumbling) 입(트림) 또는 항문을 통해 가스가 배출된다. 사과, 콩, 양배추, 순무, 탄산음료 등이 이를 유발시킨다. 식사할 때 공기를 삼키는 습관도 이의 원인이 된다.

고창증 鼓脹症 bloat 반추가축의 제 1위에 가스가 충만되는 것으로 인해 일어나며, 농후사료의 과식에 의한 feedlot bloat와 봄철에 두과목초 급여로 급변한 경우 등에 일어나는 legume bloat로 구별된다. 어린 양질의 두과목초지에 방목한 경우에 일어나는 포말성의 것(frothy bloat)은 특히 급성으로서 위험하다. 증상으로서는 호흡곤란과 복부의 팽창, 특히 좌측 복부의 팽창을 볼 수 있다. 응급조치로는 투관침으로 가스를 빼내든지 또는 카테터(catheter)를 입으로 넣어 제 1위 내의 가스를 빼어내면 된다. 예방법으로는 두과의 풀과 화본과의 풀을 섞어서 급여하는 것과 방목 전에 짚이나 건초를 급여하는 것이 좋다. 또한 처치로서 유지라든가 표면활성제의 급여 등이 유효하다.

고초기 枯草期 stem cured 줄기가 마르는 시기로서 대부분의 종자가 지상으로 흩어지며 식물체가 태양광선과 바람에 의해서 마르는 시기이다. 종자가 휴면을 개시한 시기로서 태양광선을 이용한 광합성을 멈춘 상태이다.

고추씨박 red pepper seed oil meal 고추씨에서 기름을 짜고 남는 찌꺼기로서 우리나라에서만 사용되고 있다. 조단백질 함량이 23%로 낮으며, 조섬유 함량이 약 30%로 에너지 함량도 매우 낮다. 산란계 사료에 6～9%까지 사용해도 산란 성적에 영향이 없으나 적혈구 및 백혈구 수가 감소했다는 연구보고가 있다.

고카로틴혈증 hypercarotenemia 당근이나 호박 함량이 높은 식사 또는 베타카로틴 보충제를 섭취하여 혈액 중 카로티노이드 함량이 높은 상태이다.

고혈당증 hyperglycemia 공복시 혈당이 125 mg/day 이상일 때의 증상이다.

고혈압 hypertension 혈압이 높게 유지되는 상태이다.

고형물 보정유 固形物補正乳 solid-corrected milk(SCM) 비유능력(泌乳能力)과 비유성적을 비교하는 경우 조성이 다른 우유를 일정한 에너지가의 것으로 환산해서 나타낼 필요가 있다. 종래부터 쓰여지고 있는 FCM (4% 지방 보정유)에 의하면 정상 범위에서 벗어나서 유지율이 낮고 SNF(무지고형물)가 많은 우유는 에너지 함량을 적절하게 예상을 하지 않는 결점이 있으므로 1965년 Tyrrell과 Reid는 유지율 1.6～6.4% 범위의 우유 600개 시료에 대해서 전 고형물, SNF, 지방, 단백질, 유당 및 회분과 총 에너지와의 관계식을 구하고, 이것에 근거하여 고형물 보정유의 산출식은 다음과 같이 계산하였다.

$$SCM(kg) = 12.3\,F + 6.56\,SNF - 0.0752\,M$$

F : 지방(kg) SNF : 무지고형물(kg) M : 유량(kg)

곡류 穀類 grain 주요한 농후사료이며, 배합사료에 가장 많이 사용하는 원료이다. 곡류에는 종류가 많지만 주요한 것은 옥수수와 수수로서 그 대부분을 수입하고 있다. 곡류는 주성분이 전분이고, 섬유가 적고 에너지원이 된다. 단백질은 적고 그 품질도 일반적으로 좋지 않다. 무기물 중에 인은 높지만 칼슘은 적다. 비타민은 종류에 따라 함량이 다르며, 곡류는 그 종류에 따라서 에너지 함량, 가축에 대한 기호성, 육질 등에 미치는 영향이 다르다.

곡류 정선기 穀類精選機 grain separator 곡류같은 원료에 혼입되어 있는 토사협잡물(土砂挾雜物)을 기계 내에 조립되어 있는 선별채(shifter)나 진공장치(aspirator)에 의해서 분리하는 데 이용되는 장치이다. 특히 원료나 제품인 배합사료 중에 혼입되어 있는 철편이나 못, 철물 파편 등을 분리하기 위해서 자석을 이용한 분리기를 철 수거장치(magnetic separator)라고 한다. 이것은 분쇄기에 원료를 넣기 직전 및 사료가 배합된 직후에 쓰여지고, 분쇄기나 배합기의 파손이라든지 가축이 사료에 혼입된 철편으로 인해 손상되는 것을 방지하기 위하여 이용되고 있다.

곡립 穀粒 kernel 곡류의 전체(whole grain)를 말한다.

곡물단위 중량 穀物單位重量 test weight 규정된 부피의 곡물이 가지는 중량(주로 ton/m^3, 1b/bu 또는 kg/100 ℓ)으로 표기한다.

곡물의 열처리(초조; 炒燥) parching 곡류를 건열로서 가열하면 세균, 곰팡이, 벌레 같은 것이 죽어서 저장이 용이하고 동시에 영양소의 이용률이 개선된다. 옥수수・수수・대맥・소맥 등 전분질 사료는 전분의 일부가 호화(gelatinigation)되어 소화율이 개선된다. 단지 이 효과는 가축에 따라서는 효과가 없는 경우도 있다. 그러나 향기가 좋아지고 소화가 용이하게 되기 때문에 일부에서는 사료원료에 적용하고 대두를 가열한 것은 가열된 대두라고 불려진다. 가열된 대두는 urease(요소분해효소)가 불활성화되고 생대두에 비교해서 단백질의 소화율이 개선된다. 건열처리의 방법은 볶기(roasting), 마이크로나이징(micronizing), 익스플로딩(exploding), 포핑(popping) 등이 있다. 또 처리는 130℃ 이상의 고온에서 단시간에 이루어진다.

곡물정선 부산물 穀物精選副産物 grain screening 곡물 사일로에서 곡물을 정선

(cleening)하는 공정에서 얻어지는 물질로서 쇄곡(碎穀), 미숙곡(未熟穀), 잡초씨 등이 여기에 포함된다. 그 영양소 함량은 변화가 심하다.

곡물정선 부산물 펠렛 grain screening pellet(GSP) 곡류를 정선하면 알곡과 grain screening으로 분리되고, 이때 발생하는 가루와 먼지들을 모아 펠렛화시킨 것으로 사료적 가치는 일정치 않고 강피류보다 높지 않다.

골감소증 osteopenia 암, 갑상선 기능항진이나 다른 원인으로 골 질량이 감소하는 상태이다.

골격근 骨格筋 skeletal muscle 일반적으로 뼈와 연결되어 있는 근육이다.

골격 불소침착증 skeletal fluorosis 과량의 불소 섭취에 의해 뼈가 약화된 증상이다.

골다공증 骨多空症 osteoporosis 뼈 기질에 골아(骨芽) 세포에 Ca의 침착이 안 됨으로써 뼈의 치밀질이 감소되고 뼈의 빈 공간이 확대되는 상태를 말한다.

골단 骨端 epiphysis 긴 뼈(長骨)의 말단 부위를 말한다. 뼈대보다는 보통 넓고, 완전히 연골화되었거나 또는 연골판에 의해 뼈대와는 분리된다.

골밀도 骨密度 bone density 뼈의 단단함(hardness)과 강직성(rigidity)을 주는 뼈의 무기물 밀집상태이다.

골분 骨粉 bone meal 도축장에서 나오는 가축의 뼈를 가압증기 처리해서 부착되어 있는 단백질이나 지방을 최대한으로 제거한 후 압착해서 기름을 제거한 것을 건조・분쇄한 것이다. 이것은 증기처리 골분(steamed bone meal)이라고 부르고 골분의 대부분은 이것이 차지한다. 골분은 칼슘을 약 32%, 인을 약 15% 함유하고 있어 무기물의 좋은 급원이 된다.

골수 骨髓 bone marrow 골조직 내강을 채우고 있는 성분이다. 이는 그물처럼 연결된 결체조직으로 구성되어 있으며, 그 속에 혈액 중 세포성분의 모세포 및 지방세포가 들어있어 조혈기능이 있다.

골연화증 骨軟化症 osteomalacia 사료 중의 인과 칼슘의 부족 또는 비율이 부적당한 경우나 비타민 D가 부족한 경우에 자축(仔畜)에서는 구루병(ricket)이 되고, 성축(成畜)에서는 골연화증이 생긴다. 골연화증의 경우는 뼈 중의 칼슘의 용출이 일어나고, 뼈는 연약하며 골절을 일으키기 쉽고 지나치면 보행곤란, 기립불능이 된다. 또 2등유(等乳)의 원인이 되는 일도 있다. 골연화증의 발생은 말에 많이 일어나고, 또 유우나 면양 등에도 일어난다.

골 재형성 bone remodeling 파골세포에 의해서 뼈가 용출된 다음 조골세포에 의해 다시 형성되는 과정이다.

골 질량 bone mass　골 단면도에서 총 무기질(칼슘, 인)의 양. g/cm으로 나타낸다.

골탄 骨炭 bone charcoal　지방을 제거한 뼈를 적당한 크기로 잘라서 밀폐한 고압솥에서 가열하면 유기물이 탄화하여 10%의 탄소가 인산칼슘의 골격 위에 침착하며 남는다. 착색물질이나 불순물을 흡착하는 성질이 있으므로 용액의 정제에 사용된다.

골화 骨化 ossification　뼈가 형성되는 과정을 골화(ossification)라고 한다. 연골(cartilage)은 골화의 과정에서 뼈로 된다. 즉 무기물, 특히 칼슘과 인이 연골에 축적되면 뼈가 된다.

곰팡이 mold, fungus　분지된 섬유상 세포균계를 만드는 균이며, 포자에 의하여 번식된다. 좋은 조건하에서는 매우 생육이 빠르고, 포자에서 포자까지의 번식 사이클은 24시간 내에 완결된다. 대부분의 흰곰팡이는 독성이 없으나 푸른곰팡이는 독이 있으며, 음식에 오염되면 보기가 좋지 않다. 엽록소(chlorophyll)가 없는 식물성 미생물이며, 크기는 단세포에서 버섯에 이르기까지 다양하다. 어떤 것은 질병을 야기시키고 공기, 토양 및 물에도 존재한다. 백색의 Mucor, 회녹색의 *Penicillium*, 흑색의 *Aspergillus*, 버섯, 독버섯 등이다. 프로피온산염(sodium propionate) 또는 sorbic acid에 의하여 생육이 저지된다. 공업적인 용도로서 *Aspergillus niger*는 구연산 제조에 이용되고, 각종 *Penicillia*는 치즈의 숙성 또는 항생물질 제조에 이용된다.

곰팡이 독소, 마이코톡신 mycotoxin　이스트와 곰팡이가 분비하는 중독물질이며, 간암 또는 간경화를 일으키기도 한다. 그러나 모든 이스트나 곰팡이가 독소를 분비하는 것은 아니다.

곰팡이 오염에 의한 중독 poisoning by moldy feed　곰팡이가 피어 있는 사료를 먹임으로써 생기는 중독이다. 유독한 곰팡이로는 고구마 흑반병균(黑斑病菌), 흑수병균(黑水病菌), 맥각균(麥角菌), 벼 깜부기, 붉은 곰팡이균(赤黴病菌) 등이 있다. 곰팡이 종류에 따라서 독성은 다르며, 물이나 소금물에 씻으면 제거되는 것도 있다. 중독증상과 치료법은 곰팡이 종류, 가축의 종류에 따라서 다르지만 중독을 일으켰을 때는 제일 먼저 사료를 바꾸는 것이 중요하다. 또한 땅콩깻묵 등에 생기는 *Aspergillus flavus*균군 중에는 아플라톡신(aflatoxin)이라고 하는 독소를 생산해서 강한 독성을 나타내는 것도 있다.

공복성 저혈당증 fasting hypoglycemia　공복시 혈당이 떨어지는 증상이다.

공분산분석 共分散分析 covariance analysis　2조(組) 이상의 직선관계의 상이성을 검토하는 방법인데, 이것들이 동일한 것인지, 높이가 다른 평행선의 관계인지, 상호관계가 없는 것인지를 판단한다. 이의 응용의 하나로서 초기값을 일정하게 또는 균일하게 할 수 없는 경우에는 측정치에 미치는 초기 값의 차의 영향을 소거해서 실험조건의 효과를 바르게 판단될 수 있도록 하는 통계적 방법이 있다. 이를 간략한 의미로 공분산분석이라고 부른다. 가령 돼지에 대한 사료효과를 조사하는 실험에서 초기 체중 X를 일정하게 할 수 없을 경우 최종 체중 Y와 X와의 직선적 관계를 이용해서 통계적인 방법으로 X의 차에 따른 Y에 대한 영향을 소거해서 마치 초기 체중을 일정하게 한 실험같이 하고 사료만으로 인한 차를 구해서 이것으로부터 사료의 효과를 판단하는 방법이다. 초기 조건을 일정하게 맞추기가 곤란한 경우에는 이 방법이 유효하게 이용될 수 있다.

공수성 恐水性 hydrophobe 분자가 비극성(nonpolor)이고, 물분자를 배척함을 나타내는 것이다.

공장 空腸 jejunum 소장의 중간 부위, 즉 두번째의 부위이다. 십이지장과 회장과의 사이를 가리킨다.

과당 fructose 과일과 꿀에 많은 육탄당으로서 산소와 오각형 또는 육각형의 고리를 형성한다.

과르박 guar meal 가뭄에 강한 두과식물(荳科植物)인 인도산 과르(cyamopsis tetra-onoloba)의 열매에서 내배유(內胚乳, endosperm)를 제거한 후 남은 찌꺼기 또는 아이스크림 등 식품에 쓰기 위한 manogalactan을 뽑고 남은 물질을 지칭하며, 사료로 쓰기 위해서 열처리를 한다.

과립세포 顆粒細胞 granular cell 레닌(renin)을 분비하는 세동맥벽의 특수세포이며, 일명 사구체옆 장치세포(juxtaglomerular cell)라 한다.

과방목 過放牧 over grazing, heavy grazing 방목 가능의 면적에 비하여 많은 수의 가축을 투입하여 방목하는 것을 말한다.

과산화 過酸化 peroxidation Lipid peroxide(LOOH)와 hydrogen peroxide(H_2O_2)와 같은 과산화물(peroxide)의 생성을 의미한다.

과산화 라디칼 peroxyl radical -O-O-를 함유하고 있는 화합물은 과산화물로서 전자 하나를 잃어버려 라디칼이 되면 R-O-O′로 표시한다.

과산화물가 過酸化物價 peroxide value(PV) 지방이 산화되어 변패하는 경우는 이중결합의 p^{+++}로서 인근(隣近)의 위치에 과산화물이 생겨서 다시 그의 위치에서 떨어져 분해한다. 이 과산화물의 양을 측정하는 것으로부터 지방의 변패의 과정을 알 수 있다. 이것은 지방에 요오드칼륨을 첨가하여 사료 1 kg에 대한 mg수로 나타낸다.

과산화물 전위효소 superoxide dismutase(SOD) Superoxide negative 프리라디칼(O_2^-)을 제지할 수 있는(불활성화시킬 수 있는) 효소이다. 이 효소는 미량 무기질인 구리, 아연 및 망간을 함유한다.

과산화수소 過酸化水素 hydrogen peroxide(H_2O_2) 그 자체는 자유라디칼(free radical)이 아닌 물질로서 자유라디칼을 생성 또는 반응할 수 있는 활성이 매우 높아 세포환경을 손상을 입힌다. Glutathione peroxidase, catalase와 기타 효소는 세포로부터 과산화수소의 제거를 촉매한다. 멸균제로서 우유의 변질을 방지하기 위하여 0.1% 정도의 첨가가 가능하지만 비타민 C, 메치오닌, tryptophan 등을 분해시키는 결점이 있다. 대부분의 나라에서는 사용을 허가하지 않고 있다. 분자식은 H_2O_2이며 쉽게 멸균효과를 낸다. 발생기 산소를 방출하며, 나머지는 물을 형성한다.

과실 果實 fruit 식물의 종자와 그것을 둘러싸고 있는 과육을 말한다(토마토는 과실이기는 하나 보통 채소로 취급된다). 단백질과 지방은 거의 없으며 탄수화물은 멜론이 3%, 바나나가 25% 등 다양하다. 탄수화물은 주로 포도당, 과당, 설탕, 녹말, pectin, 각종 유기산, 섬유소 등이다. 섬유소는 부피가 나가게 하며, pectin은 과실에 jelly 강도를 높여준다. 과실은 숙성 중 녹말이 당류로 변하게 되며 K와 비타민 C를 공급한다. Fe나 carotene의 공급원으로 유용한 것도 있다. 풍우에 의해 떨어진 과실, 사과나 다른 과실류는 가축의 사료로서 이용하면 유익하다. 사과, 복숭아, 배 등은 수분은 많지만 당분도 많다. 사과는 유우나 면양 등에는 꽤 많이 급여될 수 있으며, 또 복숭아도 사과와 같이 사료화 할 수 있다. 돼지에 대해서도 사과나 복숭아는 급여될 수 있는 것으로 생각된다.

과육 果肉 fruit flesh 씨를 포함한 껍질을 제외한 열매의 가식부를 말한다.

과잉배란 過剩排卵 superovulation 한 발정기에 2개 이상의 난자가 난소로부터 배출되는 것으로 개・고양이・돼지 등은 보통이지만 소의 경우는 비교적 드물다. 이 경우 각각의 난자가 정자와 결합하면 다태(多胎) 임신이 되지만 보통 배출된 난자 수보다 태아의 수는 적게 된다. 원인은 난자가 수정되지 못하거나 수정되었어도 발육 도중에 사멸되기 때문이다.

과자반죽 부산물 cookies dough residue 굽기 전에 보통 설탕을 넣거나 발효제를 가한 얇은 바삭바삭한 과자원료 중 변질된 부분을 제거한 나머지 것을 말한다.

과피 果皮 pericarp 곡류는 2～4의 섬유층으로 구성되어 있으며, 외측은 외피(外皮)와 접해 있고, 내측은 종피(種皮)와 접해 있다. 소화되기 어려우며 제분 중에 제거된다. 밀겨나 쌀겨의 주요 성분이다.

과학사료 科學飼料 scientific feed 이것은 과학적인 연구의 결과로서 비로소 생산과 이용의 길이 열린 사료이며, 공업적으로 고도의 기술을 응용해서 만들어지는 것이다. 따라서 비타민, 아미노산, 효소, 향미료, 항생물질 및 광물질 등과 같이 특수한 영양적인 효과를 목적으로 하는 것이 많다. 이러한 사료첨가제 외에도 종래 이용되지 못하고 폐기되고 있는 아황산펄프 폐액, 알코올 폐액, 수산 폐액 등의 이용하지 못한 사료자원을 합리적으로 회수 또는 사료화한 것이라든지 공업적으로 제조된 요소 등도 과학사료에 속한다. 이러한 과학사료의 대부분은 특수사료이다. 최근에 와서 능력이 높은 가축, 가금을 합리적으로 사양하기 위해서는 각각의 목적에 알맞는 과학사료를 합리적으로 이용하는 것이 매우 중요하다.

관능검사 官能檢査 sensory test, panel test 시각・미각・후각・촉각 등의 인간의 감각기관에 의한 지각반응의 강도와 질에 의해서 품질을 평가하는 방법을 관능검사라고 한다. 관능검사의 영역은 두 종류의 유형으로 구분할 수 있다. 하나는 사람이 직접 색 등의 판정을 하는 형이고, 적당한 장치가 있어서 활용하면 좋지만 관능검사에 따르는 것은 신속하고 값싸게 이용할 수 있는 장점이 있다. 이것과는 다른 방향에서 냄새・맛 등 인간의 감각에는 영상으로서 비로소 잡혀지는 특성을 평가하는 형이 있으며, 이 양자를 구별해서 취급해야 한다. 생물정량법의 일종이라고도 할 수 있지만 인간의 감각을 측정 수단으로 하기 때문에 심리적인 문제를 비롯해서 특유의 문제가 있다. 이에 대응해서 여러 가지 방법이 고찰되어 있으며, 생물정량법과는 구별해서 취급하고 있다. 측정 담당자(panel test)의 선택과 훈련 정도 등의 관점에서 볼 때 목적에 상응해서 고려할 필요가 있다. 그러나 시간과 반복에 의해 정확성이 감소될 수 있다.

관상동맥 심장병 冠狀動脈心臟病 coronary heart disease 관상동맥이 막혀서 심근육에 혈액순환이 감소되어 나타나는 심장병이다.

관세 일괄 인하교섭 關稅-括引下交涉 negotiation for a linear tariff reduction GATT 세율의 대상이 되는 전 상품에 일률적으로 일정률만큼 인하해서 무역상의 관세 장벽을 감축하고자 하는 취지에서 시작된 시책이다. 지금까지의 인하방식은 국별, 품목별로 시행된데 대해서 1963년 5월의 GATT 각료회의에서 미국이 이 일괄 인하방식을 강력하게 주장했다. 일괄 인하하기에는 특히 EEC 국가들이 반대해서 어려웠지만 결국 구체적인 일괄 인하교섭이 1965년 5월에 개시되었고, 1967년 5월에 체결되어서 54개국이 서명하였다. 또한 이것을 케네디 라운드(Kennedy round)라고도 한다.

관세 잠정조치법 關稅暫定措置法 customs temporary measure law 관세 정률법 별표의 관세율 표에서는 수입화물에 대해 과세해야 할 세율이 정해져 있지만 이 세율은 장래를 전망해서 정하여진 항구적인 것이고, 당면의 경제정세 하에서는 꼭 적절하지 않은 것도 있다. 그래서 특정 품목의 세율을 정책적으로 특별한 조정을 하기 위해 관세 정률법 및 관세법의 잠정적 특례를 규정한 것이 이 법률이다. 이 법의 별표에서 정해 놓은 세율은 잠정적인 것이므로 잠정세율이라고 하고, 그 유효기간 중에는 기본 세율에 대신에서 적용된다.

관세 정률법 關稅定率法 custom tariff law 관세법과 함께 관세제도의 근간을 이루는 것으로서 관계법이 세법인 동시에 통관법이라는 성격을 가진데 대하여 관세 정률법은 수입 금지품에 관한 규정의 일부를 제외하고는 순수한 세법으로서의 성격을 띠고 있다. 곧 이 법은 수입물질에 대해서 관세의 세율, 관세를 부과할 경우의 과세표준 및 관세의 감면 기타 관세제도에 대해서 규정하고 있다. 사료제조용 원료로서 수입되는 옥수수, 수수, 대두박, 밀, 보리, 타피오카 등은 관세 정률법 별표의 관세율 표에 규정된 것에 따라서 관세를 부과하도록 되어 있지만, 축산진흥의 견지에서 이들 원료를 사용해서 승인공장에서 특정의 배합사료를 제조하는 경우에는 관세가 감면될 수 있도록 해 놓았다. 이 때에 이들 사료의 관세 감면, 승인공장의 승인 및 감독, 사료원료의 지정, 배합사료의 규격 설정, 제품의 검사 등은 모두 관세 정률법의 규정에 근거하여 실시되고 있다.

관세 할당제 關稅割當制 tariff quota 특정 상품에 대해서 두 종의 다른 관세율을 적용하도록 하는 것에 따라서 수입 제한을 행하도록 한 것인데, 미리 정해진 할당량에는 저율(低率)을 부과해서 국내 수요자 측의 요청에 응하는 것으로 하고, 이 할당을 넘는 부분에 대해서는 고율 관세를 부과하는 것에 의해서 일정량 이상의 수입을 억제하고, 국산품의 국내 시장을 확보하려는 제도이다.

괄약근(括約筋), **조임근** sphincter 신체의 구멍 또는 채널(항문)을 수축 또는 여닫을 수 있는 주위 근육이다.

광물성유(鑛物性油), **광유**(鑛油) mineral oil 석유로부터 얻은 액상 탄화수소의 혼합물이다. 무미・무취하고 칼로리가 없다. 과거에는 윤활 성질이 있기 때문에 설사제로서 이용되었으나 지금은 사용하지 않는다. 그 이유는 ① 흡입했을 때 지질성 폐렴(lipid pneumonia)을 일으키고, ② 항문에서 누출(드립)되고, ③ 지용성 비타민 A, D, E와 K의 흡수를 방해하기 때문이다.

광물질 사료 鑛物質飼料 mineral feed 사료를 주성분에 의해서 분류할 경우 주성분이 광물질(무기물・미네랄)인 것을 총칭해서 광물질 사료라고 한다. 여기에는 탄산칼슘, 인산칼슘, 골분, 식염 등이 있다.

광수용체 光受容體 photoreceptor 빛의 파장을 검출하는 눈의 망막에 있는 세포이다. 여기에는 희미한 빛을 검출해서 흑백시력을 나타내는 간상체(rod)와 밝은 빛을 검출해서 색상시력을 나타내는 추상체(cone)가 포함된다.

광자 photon 망막에서 양초 1개의 밝기를 지닌 빛의 강도를 표시하는 단위이다.

광학활성 光學活性 optical activity 당(糖) 또는 산(酸) 등의 물질은 편광을 회전시키는 능력을 가지고 있어 광학활성을 가졌다고 한다. 회전이 오른쪽으로 될 때 그 물질은 우선성(右旋性)이며 (+)로 표시하고, 왼쪽으로 회전될 때는 좌선성(左旋性)이며 (-)로 표시한다. 옛날 명명법으로는 *d* 및 *l*이 사용되었지만 이것은 대문자의 D 및 L와 혼동해서는 안 된다. 광학활성은 비대칭적 분자에 의한 것이며, (+)형과 (-)형의 혼합물(합성의 경우 생긴다)은 광학적으로 불활성이며 racemi체라고 한다. 편광계를 이용해서 광학활성물질의 정량 또는 순도의 측정을 할 수 있다. 자당은 우선성이며 가수분해에 의하여 glucose (+)와 강한 (-)인 fructose를 만든다. 따라서 가수분해에 의하여 우선성이 좌선성으로 변화되기 때문에 자당의 가수분해를 전화(轉化)라고 부르며, 여기서 생긴 glucose와 fructose의 혼합물을 전화당(轉化糖)이라고 한다.

광합성 光合成 photosynthesis 식물은 태양에너지와 엽록소만 존재하면 탄산가스와 H_2O를 가지고 에너지원인 탄수화물을 만들어 내는데, 이것을 광합성이라 한다.

괴경 塊莖 tubers 보통 땅 속에 있는 전분함량이 많은 지하에서 발육하는 식물로서 사탕무, 순무 그리고 고구마와 감자, 타피오카 등이 있다.

괴사 壞死 necrosis 생체조직을 이루고 있는 세포의 일부가 병적으로 죽는 현상을 말한다.

괴혈병 scurvy 비타민 C 결핍으로 나타나는 질병이며 주로 빈혈, 위축 감염, 잇몸 출혈, 치아가 잘 빠지고, 근육의 쇠약과 통증, 뼈가 잘 부러지고 상처가 잘 낫지 않는다.

교락 交絡 confounding 몇 개의 요인효과가 복합되어서 분별할 수 없는 상태에 있는 경우를 교락하고 있다고 말한다. 가령 사료의 가치를 비교하기 위해서 가축에 급여하는 시험의 시기를 바꾸어서 수회 실시하는 난괴법 실험의 경우 각 시기마다 가축의 품종을 바꾸어서 실험을 할 수가 있지만, 이 경우 시험시기의 차와 품종 간의 차는 교락되어 있어서 구별이 안 된다. 실험을 계획할 때에 주목적이 있는 각 인자의 효과에 따른 인자의 효과가 교락되지 않도록 배려할 것과, 함께 중요치 않은 인자는 적극적으로 교락해서 실험 규모를 절약하고 최소의 비용과 노력으로 많은 정보를 얻을 계획을 입안하는 것이 좋다.

교질삼투압 膠質滲透壓 colloid osmotic pressure 혈장 속에 포함된 교질(膠質), 즉 단백질 특히 분자량이 적은 알부민은 혈액의 교질삼투압을 유지하고 모세혈관부에서의 수분 이동 조절에 관여한다. 혈장 성분은 혈압에 의해 혈관 밖으로 여과되려는 경향이 있는데 대해 교질삼투압은 이를 방해하는 방향으로 작용한다. 통상 모세혈관의 동맥단(動脈端)에서는 혈압 쪽이 높고, 정맥단(靜脈端)에서는 교질삼투압 쪽이 높으므로 전자에서는 혈장 수분이 모세혈관 밖으로 유출되고, 후자에서는 혈관 외부의 조직액으로부터 수분을 혈관 안으로 흡수하게 된다.

교호작용 交互作用 interaction 두 종 이상의 인자를 조합한 효과라고 한다. 가령 사료의 에너지 함량 A와 단백질 함량 B에 대해서 표준량에 보다 각각 높여 주는 실험을 실시할 경우를 생각한다. A만을 높이면 가축의 성적은 a만큼만 좋아지고, B만을 높이면 b만큼만 좋아진다고 하면 A와 B를 동시에 높여 주면 a+b 만큼만 성적이 좋아진다고 할 때 양쪽 효과는 상가적(相加的)이고 상호 독립적이며, 교호작용은 없지만 a+b+c 만큼 좋게 되는 경우는 교호작용이 인정된다. C가 '正'의 경우는 상승작용이고, c가 '負'의 경우는 상쇄작용(相殺作用)이다. 교호작용이 인정되는 경우는 각 인자의 주 효과를 말하는 것은 무의미하고, 상대인자의 수준마다 효과를 검토하지 않으면 안 된다. 교호작용이 인정이 안 되면 인자의 수준마다 그 효과를 검토하면 좋다. 즉 교호작용의 유무에 의해 데이터의 취급방법이 각기 다르다.

구간추정 區間推定 interval estimation 표본의 측정치에서 통계적 방법에 의해서 모수(母數)를 측정하는 경우 편재하지 않고 일정치를 가지고 추정하는 경우와 어떤 신뢰도를 가지고 어떤 범위 내에 있어도 추정하고 싶은 때가 있다. 전자를 점추정(點推定,

point estimation), 후자가 구간추정이다. 구간추정의 경우는 어떤 신뢰도 곧 1-위험률을 써서 설정되는 신뢰구간을 나타내고, 그 상한치 및 하한치를 신뢰한계(fiducial limits)라고 한다.

구강 口腔 mouth 소화기의 입구에 해당하는 것인데 가축에 따라서 형상을 달리 한다. 구강의 소화작용은 기계적 소화와 화학적 소화로 나누어진다. 전자는 이빨, 혀, 턱 등에 의해 마쇄·혼화작용(混和作用)을 하고, 후자로서는 타액의 분비작용 등이 있다.

구균 球菌 cocci 구형의 박테리아이다. *Streptococci, staphylococci, gonococci* 등 인체에 질병을 유발하는 구균의 종류가 많다. 비위생적인 식품의 취급이 이들 미생물의 오염을 가져온다.

구루병 佝僂病 rickets 비타민 D의 결핍에 의해 Ca 대사가 순조롭지 못하여 골격이 정상 발육을 못하는 병, 칼슘 또는 인의 결핍으로 어린이에게 나타나는 질병으로 뼈의 기형(畸型)이다. 즉 가슴과 다리의 뼈가 바깥쪽으로 활처럼 휘어 안짱다리(knock-knee) 모양으로 된다. → 비타민 D.

구리 銅 copper(Cu) 구리는 미량 무기물이고, 혈구 중의 헤모글로빈 조성에는 철과 함께 소량의 구리가 필요하다. 구리는 헤모글로빈의 성분은 아니지만 혈구의 조성에 관계하는 효소의 성분으로서 2차적으로 혈구의 조성에 관여하는 것으로 생각된다. 따라서 사료에 구리가 부족하면 빈혈을 일으킨다. 구리는 유즙 중에는 적지만 일반 사료에는 충분히 함유되어 있어 가축의 요구량을 충족시키고 있다. 그러나 특수한 지역에서는 소, 면양 등에 결핍증이 나타나는 일이 있다. 사료첨가제로서 황산염의 형태로도 사용되고 있다. 그러나 과다 급여시 중독 증상이 우려된다.

구리 저혈증 銅低血症 hypocupremia 혈중 구리(Cu) 함량이 낮은 것이며, ceruloplasmin(혈장의 구리결합 단백질)의 뇨중 배설과 구리흡수 장애가 원인이다.

구비 廐肥 manure 가축의 분과 뇨와 깔짚을 섞어 퇴적해서 자연 발효시킨 것을 구비라고 한다. 배설물은 가축이 섭취한 사료에 따라 다르지만 대체로 성우는 1일 30~40kg, 성돈은 6~8 kg 정도 배설한다. 구비의 효과는 작물의 종류, 토질 등에 따라 다르지만 보통 질소, 인산, 칼슘이 많은 것 외에도 지력(地力)의 유지, 부식(腐植)의 증가에 유효하다.

구상단백질 球狀蛋白質 globular protein 단백질의 역할에 기초하여 분류된 단백질로서 둥근 모형의 분자로 이뤄져 있다. 길고 가는 형태의 것은 반면에 섬유상 단백질(fibrous protein)이라 한다. 동물과 식물의 조직액에서 발견되고 콜로이드 형성과 용해성이 있다. 영양적 견지에서 구상단백질은 우유의 카제인 물질, 난백에서의 알부민 혈액에서의 글로불린과 알부민이 중요하고, 쉽게 소화될 뿐만 아니라 필수아미노산의 좋은 공급원이다.

구상무역 求償貿易 compensation trade 본래는 두 나라 사이에서 특수 상품의 물물 교환의 무역제도, 즉 바터(barter)제이다. 그러나 이것은 실행 범위가 좁으므로 양국간에서 그 수출 총액과 수입 총액과의 균형이 잡히도록 수출·입 품목과 그 가격을 결정해서 실화(實貨)의 국제 이동을 일으킬 필요가 없도록 협정한 것이다. 말하자면 구상협정제로 대체되었으므로 이 명칭이 생겼다.

구심성 신경세포 求心性神經細胞 afferent neuron 감각정보(sensory information) 또는 내장정보(visceral information)를 중추신경계에 전달하는 신경세포이다.

구아노신 guanosine Guanine과 ribose가 결합된 nucleoside이다.

구아노신 삼인산 guanosine triphosphate(GTP) Guanine과 ribose와 3개의 phosphate가 결합된 분자이다.

구아노신 이인산 guanosine diphosphate(GDP) Guanine과 ribose 그리고 2개의 phosphate가 결합된 것이다.

구아닌 guanine 핵산(DNA, RNA)을 구성하는 퓨린 중의 한 가지 물질로서 이것은 간, 비장, 신장과 같은 동물조직에 들어 있으며 매우 선택적인 탈아미노 효소인 구아나제에 의해 크산틴과 암모니아로 가수분해된다.

구아르 guar 가뭄에 강한 두과작물로서 인도에서는 여러 해에 걸쳐서 재배되고, 그 종실은 식용 또는 사료로 이용되고 있으나 사료로서 이용하는 연구는 적다. 이것은 육우의 사료로서 이용되고 있으나 닭의 사료로서는 좋지 않다. 종자에서 추출한 검(guar gum)은 유화제, 안정제 및 부형제로서 식품가공에 이용된다.

구연산 枸櫞酸 citric acid 3염기성 산의 하나($C_6H_8O_7$)이다. 자연계에 널리 존재하며, 산미(酸味)가 있는 과실에 많다. 신체의 정상 대사물질의 하나이므로 체내에 들어간 것은 완전히 대사된다. 음료 및 과자의 맛을 돕는 데 널리 사용된다. 공업적으로는 곰팡이를 사용하여 발효시키든지 레몬류로부터 추출한다. 또한 나트륨염은 혈액응고 저지제로서 사용된다.

구연산박 拘櫞酸粕 citric acid by-product feed 전분박, 미강 등의 원료를 사용하여 발효법에 의해 구연산을 제조할 때에 얻어지는 부산물로서 구연산을 추출하고 남은 찌꺼기이다. 생것은 수분함량이 85% 전후이나 건조한 것은 볏짚 정도의 섬유를 함유하고 있으며, 사료가치도 볏짚과 거의 같다. 구연산박은 주로 생채로 소의 사료로 이용되고 있다.

구연산회로 拘櫞酸代謝經路 citric acid cycle 탄수화물 대사의 산화단계이며, 지방과 아미노산도 여기에서 산화된다. 이 사이클은 oxaloacetic acid가 아세틸기와 결합하여 구연산을 만들고 이어서 시스아코니틴산, 이소구연산, 케토글루타린산, 푸마린산, 사과산으로 변화하여 도중에 탄산가스가 물을 잃고 최후로 oxaloacetic acid에 돌아가는 반응의 계열을 말한다. 이 사이클이 한 번 돌 때마다 1몰의 초산이 산화되어 ATP 에너지가 유리된다. 일명 'Krebs 사이클' 또는 'TCA 사이클'이라고도 한다.

구제역 口蹄疫 foot and mouth disease 소・면양・산양・돼지에 발생하는 바이러스성 병원체에 의한 급성 열성(熱性) 전염병이며, 입의 점막과 제관부(蹄冠部) 등에 수포가 생기므로 이 명칭이 붙었다. 폐사율이 높지는 않지만 전염성이 강하므로 한꺼번에 여러 마리 수의 소가 비유량(泌乳量)이 격감하거나 고기의 이용이 불가능하게 된다. 남아, 남미, 구주(歐洲)에 상재(常在)하므로 이 지역에서 수입한 육류로 인해서 발생한다. 병원체인 바이러스는 여러 가지 형이 있고, 또 변이성이 많으므로 백신에 의한 예방주사의 효과에도 한도가 있다. 따라서 비상재국에서 발생한 경우에는 발병한 소 뿐만 아니라 직접 접촉한 가축 또는 사람과 물체를 통하여 간접적으로 접촉한 것까지 광범위하게 가축을 신속히 도살하여 사체를 처리하지 않으면 그 피해는 크게 확대된다. 1967년 영국에서 크게 발생한 것과, 1997년 대만과 중국에서 대량으로 발생한 예는 유명하다.

구조탄수화물 構造炭水化物 structural carbohydrate 식물체의 세포벽을 구성하고 있는 탄수화물을 구조탄수화물이라고 하며 여기에는 펙틴(pectin), 헤미셀룰로오스(hemicelluose), 셀룰로오스 등이 포함된다. 이 중에서 펙틴은 갈락트론산을 주로 하는 중합체 및 갈락토오스와 아라비노스의 중합체로 구성되어 있고 열수(熱水), 희산(稀酸), 수산암모니움의 열 용액 등에 용해된다. 펙틴은 neutral detergent fiber(NDF)에는 함유되어 있지 않는다. 헤미셀룰로오스는 크실로오스와 아라비노오스의 중합체인 펜토산과 글루코오스, 만노오스, 갈락토오스의 중합체인 헥소산(hexosan)으로 구성되어 있고, 1N(1노말)의 산으로 2～3시간 가열하면 가수분해되며 또 알칼리에도 용해된다. 셀룰로오스는 글루코오스의 7,000～10,000 분자가 중합한 것이다. 작물의 경부(莖部)는 엽부(葉部)에 비교해서 구조탄수화물이 총량과 함께 셀룰로오스를 많이 함유하고 있다. 따라서 생육단계에 따라 경엽(莖葉) 전체에 이들의 함량이 증가하게 된다. 세포벽은 구조탄수화물 외에도 리그닌을 함유하고 있으며, 리그닌과 결합한 탄수화물은 가축의 소화가 극히 어렵다.

국소빈혈 局所貧血 ischemia 국소적인 혈액결핍 상태이며 동맥이 좁아져서 생긴다.

국수부산물 麵副產物 farninaceous waste 국수를 만들고 남은 찌꺼기 부산물을 말한다.

국제단위 國際單位 international unit(I.U.) 생물학적 방법에 의해 비타민의 활성을 측정하는 단위이다. 지용성 비타민(A・D・E)과 호르몬, 효소 및 생물물질(biologicals)의 양을 나타내는 단위이며, 중량의 표시가 아니라 역가(potency)를 기준으로 나타내는 단위이다. 현재에는 중량법 측정이 가능해졌지만 비타민 A 0.3 mcg, 비타민 D 0.025mcg을 각각 1 I.U.로 하고 있다.

굴껍질 貝粉 oyster shell 굴껍질 및 조개껍질은 석회석과 같이 주성분이 탄산칼슘으로 되어 있어서 칼슘급원으로서 이용될 수 있다. 낟알이 굵은 것이 많도록 거칠게 분쇄한 것은 산란계의 난각(卵殼)의 품질 개선을 위한 목적으로 배합사료와는 별도로 자유로이 섭취되도록 종종 사용된다. 분쇄한 것은 탄산칼슘의 순도가 석회석보다 뒤떨어지지만 칼슘원으로서 이용된다.

궤양 潰瘍 ulcer　조직이 궤사하는 것으로서 위장(위궤양)이나 소장 윗부분(십이지장궤양)에 주로 발생한다.

귀리 燕麥 oat　Avena종(가장 잘 알려져 있는 것은 A. sativa, Steritis, Strigosa의 3종류)에서 얻어지는 곡립(穀粒)이다. 단백질 13%, 지방 7.5%, 100 g당 385 kcal., Ca 56 mg, Fe 4 mg, 비타민 B_1 0.6 mg, 비타민 B_2 0.1 mg, niacin 0.9 mg를 함유한다. Ca의 흡수를 방해하는 phytin산을 많이 가지고 있으므로 여분의 Ca과 비타민 D를 섭취하지 않으면 구루병을 일으키게 된다.

① Oat meal : 귀리를 바순 것
② Oat flour : 바수어 기울을 제거한 것
③ Groats : 외피를 벗긴 귀리
④ Embden : groats를 짓누른 것
⑤ Scotch oat : 여러 가지 크기의 입자로 groats를 자른 것
⑥ Sussex ground oats : oat를 아주 잘게 바순 것
⑦ Rolled oat : roller로 짓눌러 미리 일부를 가공한 것

귀무가설 歸無假說 null hypothesis　통계적인 유의성의 검정에 있어서 세우는 가설인데, 검정할 표본이 동일 모집단에서 집어낸 표본이라고 하는 가설, 즉 표본 간에 "차가 없다"라는 가설이다. 이 가설이 바른지 아닌지를 통계적으로 검정하지만 표본 간에 차가 인정되고 동일 모집단에서 집어낸 두 개의 표본이라고는 인정되지 않고, 따라서 각각 별개의 모집단에서 집어낸 표본이라고 판단되는 경우에는 이 가설을 포기하게 되므로 귀무가설이라고 한다.

규정식 規程食 diet　동물에게 규칙적으로 제공되거나 급여하는 사료의 총칭을 말한다.

균교대증 菌交代症 superinfection　항생물질 및 기타 화학요법제를 다량 투여할 경우 병소 부위의 감수균이 죽는 반면 이들 약제에 감수성이 있는 다른 부위의 상재균에도 감소나 소멸이 발생하여 대신 다른 세균의 이상증식이 일어나는데 이것을 균교대증이라고 한다. 구균 감염치료 후에 진균 감염이 일어나는 경우가 이것이다.

균류(菌類) **곰팡이** fungi　클로로필, 꽃 또는 잎이 없는 식물이다. 넓은 의미로는 세균류를 포함하는 은화식물(隱花植物)의 일군을 말하며, 좁은 의미로는 곰팡이 · 효모 · 버섯 등의 진균류를 뜻한다. 즉 엽록소(chlorophyll)가 없는 식물성 미생물이며, 크기는 단세포에서 버섯에 이르기까지 다양하다. 어떤 것은 질병을 야기시키고 공기, 토양 및 물 중에도 존재한다. 필요한 영양소는 살아 있는 또는 죽은 유기물로부터 얻는다.

균사 菌絲 mycelium 곰팡이의 생장 부위를 말하며, 영양소의 흡수를 위해 뿌리 역할을 하는 곰팡이의 실 같은 구조이다.

균질화 均質化 homogenization 혼합물이 적은 균일한 입자가 되도록 하는 것이다. 유화액은 보통 여러 크기의 입자가 현탁(縣濁)되어 있는 것이나, 이것에 균질화 처리를 하면 입자는 작고 균일한 크기로 된다. Homogenized milk에서는 소립자가 잘 안정화되어 크림이 분리되지 않는다.

균질화 우유 homogenized milk 우유를 호모게나이저(균질기, homogenizer)로 고압하여 작은 구멍으로 분출시켜 지방구(脂肪球)를 미세하게 분쇄한 음용우유를 균질화 우유라 한다. 균질화 우유는 크림의 분리가 발생하지 않고 진한 느낌이 생기며 소화 흡수가 좋아지는 이점이 있다. 요즘의 우유(시유)는 대부분 균질화처리가 된 것으로 균질유 또는 호모밀크라고 불린다.

균학 菌學 mycology 버섯을 비롯한 균류(fungi)에 대해 연구하는 학문을 뜻한다.

균형사료 均衡飼料 balanced feed 공인된 동물영양 연구기간에 의해 설정된 동물의 생리적 영양소 요구량을 양적 또는 비율 면에서 충족시킬 수 있는 즉, 균형사료란 동물의 품종 및 생리적 기능(성장, 임신, 육 생산, 유 생산, 알 생산, 털 생산, 노동 등)이 고려되고, 이에 요구되는 영양소를 골고루 적당한 비율로써 함유되는 사료를 말한다.

그라스 generally recognized as safe(GRAS) 미국 FDA에서 일반적으로 안전하다고 인정하는 식품 첨가제이다. 약리학자와 독성학자들이 여러 자료를 검토하여 평가한다.

그라스 사일리지 grass silage 목초류를 재료로 해서 조제된 사일리지이다. 옥수수 사일리지보다 품질이 좋은 것을 조제하기는 어렵다. 이것의 목초류는 가용성 탄수화물의 함량이 비교적 적은 반면 조단백질이 많이 함유되어 있기 때문이다. 또 수분이 많은 것도 좋지 못한 요인의 하나이다. 특히 일찍 벤 어린 풀, 비료를 많이 시비한 풀, 두과(荳科)의 비율이 많은 것 등은 그대로 채워 담으면 품질이 떨어지기 쉽다. 따라서 예건처리를 해서 수분함량을 감소시키든가 또는 당밀 같은 탄수화물을 첨가해서 만들게 되면 양질의 그라스 사일리지를 만들 수가 있다.

그라스 테타니 grass tetany 반추가축에 일어나며, 혈액 중에 마그네슘 함량이 저하하는 장해의 일반적인 명칭이다. 이것은 어린 풀이 무성한 초지에 소를 방목할 초기 무렵에 발생할 수가 있다. 증상으로는 식욕 상실, 허탈, 타액 분비량의 증가 등이 있고, 더 진행되면 근육의 경련, 혼수상태, 경풍을 일으켜서 사망한다. 이런 증상은 사료 중의 마그네슘 함량이 낮은 경우 이외에 제1위내 발효의 이상으로 인하여 암모니아가 과잉으로 생산되고, 인(P)과 함께 불용성의 인산마그네슘, 암모니움을 생성하고, 2차적으로 마그네슘 결핍이 되는 일종의 대사질환이라고도 보여지고 있다. 치료에는 마그네슘염과 글루콘산 칼슘의 단독 또는 병용 투여 혹은 정맥주사가 효과가 있다.

그라프 난포(卵胞) graafian follicle　배란 직전의 완전 성숙한 난포이다.

그램 gram　이것은 인도, 남아프리카, 남구주(南歐洲), 미국 남부 등의 온난지역에서 식용 또는 사료용으로 널리 재배되고 있고, chick pea 또는 garbanzos라고 불려지는 작물이다. 종실은 단백질이 약 20%, 조지방이 4% 정도 있으며, 에너지가도 높고 사료로서 이용성이 높다. 그러나 경엽(莖葉)은 유독물질을 함유하므로 그대로는 사료로 이용하지 않는 것이 좋다.

그램음성(陰性), **그램양성**(陽性) gram-negative, gram-positive　세균은 진한 자색의 크리스탈 바이올렛 용액으로 처리 후 알코올로 세척할 때 착색이 남느냐 없어지느냐에 따라 그램양성균은 염색된 채로 남지만 그램음성균은 탈색된다. 덴마크의 식물학자 Gram의 이름을 딴 것이다.

그로우트 groats　껍질을 완전히 제거한 곡물(귀리, 보리)을 말하는데, 이것을 분쇄한 것을 embden groat라고 한다.

그로우트 부산물 groats by-product　도정 부산물로서 외피, 겨, 부서진 알곡 등을 말한다.

그리스 grease　그리스는 본래 돼지의 처리부산물에서 얻어지는 지방으로서 그 품질은 색상, 산도, 불순물 등에 따라 정해진다. 양질의 것으로부터 차례는 백색 초이스(choice, white), 백색 A(A, white), 백색 B(B, white), 황색(yellow), 하우스(house), 갈색(brown), 피그 푸드(pigs foot) 등으로 부른다. 원래 비누의 원료로서 이용되었지만 지금은 사료, 특히 브로일러용 사료에 첨가하여 사료의 칼로리를 높이는 데 사용되고 있다. 최근에는 동물성 지방 중 응고온도가 40℃ 이하의 것을 그리스라고 하고, 40℃ 이상의 것을 탤로우(tallow)라고 한다.

그리트 grit　겨와 배아가 제거되고 일정한 입자로 거칠게 분쇄된 곡물이다. 닭에 급여하는 작은 모래 등을 말하며, 닭이 입자사료를 섭취한 경우 근위(筋胃)에서 사료를 부드럽게 부수는 일을 돕는 효과가 있다. 어린병아리(幼雛) 및 중병아리(中雛)에서는 그리트 첨가의 효과는 인정되지 않고 큰병아리(大雛)에게 입자사료(粒餌)를 급여할 때에 그리트의 효과를 인정하는 연구가 있다. 산란계에서는 all mash를 사용하는 경우는 효과가 없고 입자와 가루사료 혼용의 경우에 산란율이 다소 향상된다고 한다. 건조 호미니(dried hominy)를 분쇄한 것을 뜻하기도 한다.

그리트 부산물 grit by-product　알곡으로부터 겨와 배아를 제거한 도정 부산물로서 호밀은 조섬유 4.1～6%, 밀은 5～10%, 옥수수 3.5% 이하이다.

그리트 착유부산물 grit by-product oil residue　그리트 부산물로부터 착유하고 난 부산물을 뜻한다.

그린 패닉 green panic, fine stemmed guinea grass　기니아 그라스의 한 변종인데,

열대 및 아열대 지역의 온난한 지형 목초이다. 파니컴류(panicum SPP.)에 속한다. 온난한 지역에서 봄에 무성하게 자라고, 초장(草長)이 1.5 m에 달하는 약간 거치른 다엽성 목초인데 통상 7월 중순~하순에 출수한다. 내건성은 탁월한 편이고, 1년생이며 채초용(採草用)으로 알맞다. 토양 적응성은 넓지만 중성~미산성(微酸性)의 비옥토에서 최고의 생육을 나타내고, 질소 시비(施肥)로 현저한 증수(增收)가 기대된다. 초기 생장은 꽤 빠르고, 생육이 진행되어도 높은 기호성이 있다고 한다.

극성 極性 polar 한 쪽이 다른 쪽보다 더 높은 부전기(negative charge)를 띄는 화합물이다.

근교 퇴화 近交退化 inbreeding depression 근친 교배를 하여 근교(近交) 계수가 높아지면 번식성, 활력에 관계하는 양적 형질에서의 능력 저하가 생긴다. 번식능력이 특히 뛰어난 계통을 선정하여 약간 근친 교배를 실시함으로써 차츰 근교도(近交度)를 높이면 양적 형질의 저하를 방지할 수 있는 경우도 있다. 이밖의 성적에 의하면 젖소에서 근교계수가 1% 증가할 때마다 유량 34.5 kg, 유지방량 1 kg, 다른 집단에서는 1% 증가에 따라 유량 95.4 kg, 유지방량 2.2 kg이 감량되는 근교 퇴화가 관찰된 경우가 있다.

홀스타인종에 있어서의 근교 퇴화

세 대	근교 계수	생시 체중(kg)	유지방량(kg)/년
F_1	0.25	37.2	207.3
F_2	0.375	37.2	202.3
F_3	0.500	34.0	195.5
F_4	0.594	32.7	176.0

근류균 접종 根瘤菌接種 nodulation 초지에 사용하는 질소질 비료를 절약하기 위해서 두과목초(荳科牧草)에 대한 근류균의 접종은 중요하다. 목초는 종류에 따라서 알맞은 근류균이 다르므로 상호 접종이 가능한 근류균을 선택하여 접종하는 것이 필요하다. 우리나라에서는 아직 근류균을 배양하여 판매하는 곳이 없기 때문에 쉽게 쓸 수 있는 방법은 종토접종방법(種土接種方法)이 있다. 이 접종방법은 상호 접종이 가능한 두과작물이 자라고 있는 뿌리 부근의 흙을 떠서 종자의 2~3배 정도로 섞어서 햇볕이 없는 날 뿌려 준다.

근운동 실조증 筋運動失調症 ataxia 각 근육작용의 조절 장애 혹은 실조(失調)를 뜻한다. 대뇌, 연수, 척수, 신경 병변에 의해서 나타나며 영양결핍, 중독, 선천성 문제로 야기된다.

근원섬유 筋原纖維 myofibril 각 근원섬유에 들어 있는 수백 개의 적은 수축성 세포단위이다. → 근육.

근류균의 종류와 상호 접종 가능 두과작물

종 류	상호접종 가능 작물
알팔파군	알팔파, 클로버(개자리), 스위트클로버
클로버군	레드, 화이트, 라디노, 알사이크, 크림손 및 서브클로버류
완두와 베치군	완두류, 베치류
강남콩군	강남콩
콩군	콩, 덩굴콩
동부군	동부, 매듭풀류(레스페데자류), 크로달라리아, 칡, 땅콩, 팥
루우핀군	루우핀
벌노랑이군	벌노랑이, 버어즈풋트리포일
자운영군	자운영

근위 筋胃 gizzard　가금의 제 2위이며, 전위(前胃)에 이어지는 부위에 있다. 이것은 두꺼운 근육과 각질막으로 되어 있고 모래입자(grit)를 급여한 경우에는 비교적 긴 시간을 여기에 머물러 있으므로 모래주머니(砂囊)라고도 불려진다. 근위에서는 근육의 운동과 모래조각(砂粒)에 의해서 사료를 마쇄하는 것과 함께 전위에서 보내진 소화액에 의해서 소화작용이 행해지고 있다.

근육 筋肉 muscle　골격 근육의 수축성 세포 단위는 근섬유이다. 이것은 긴 원통모양의 형태이며, 많은 근원섬유(筋原纖維)로 되어 있다. 화학적으로 근섬유는 미오신(myosin)을 주성분으로 하는 몇 가지 단백질로 되어 있다. 근육조직은 구성성분으로서 collagen과 elastin 등을 포함하고 있다.

근채류 根菜類 root crops　근채류에는 고구마, 감자, 돼지감자, 사탕무우, 순무, 무우, 루타바가 등이 있다. 이것들은 어느 것이나 모두 가축의 기호에 알맞는 다즙질(多汁質) 사료이다. 신선한 것은 약 70～90%의 수분을 함유하고 있으며, 건물 중의 주요 성분은 전분과 당분이고, 지방 및 조섬유 함량은 낮다. 건조한 것은 농후사료로서 취급되는 것이 많다.

글라이세믹 지수(指數) glycemic index　음식 섭취 후 혈당 농도를 상승시키는 정도를 나타내는 음식의 순위이다.

글로불린 globulin　혈액 단백질이며 또 근육과 여러 식물에도 들어 있다. 물에 녹지 않고 식염 등의 염류 용액에 녹는 단백질을 말하며, 열에 응고된다. 혈청 globulin, lactoglobulin, edestin 등이 여기에 속한다.

글루시드 glucide　다당류의 한 가지 성분이다.

글루시톨 glucitol　Sorbitol의 별명으로서 연소성(燃燒性), 흡수성의 백색 화합물로서 단맛이 있다. 화장용 크림로션, 크림치약, 아스코르빈산 발효 등에 쓰인다.

글루카곤 glucagon 췌장에서 분비되는 폴리펩티드호르몬이며, 인슐린과는 반대로 간장에서 cyclic AMP을 활성화하며 glycogen의 분해를 촉진하기 때문에 혈당 농도를 상승시킨다. 췌장의 α-cell에서 합성된다.

글루코사민 glucosamine 글루코오스의 아미노 유도체이며, glycoprotein 합성을 위한 골격을 구성한다. 많은 복합 다당류로 구성되어 있다.

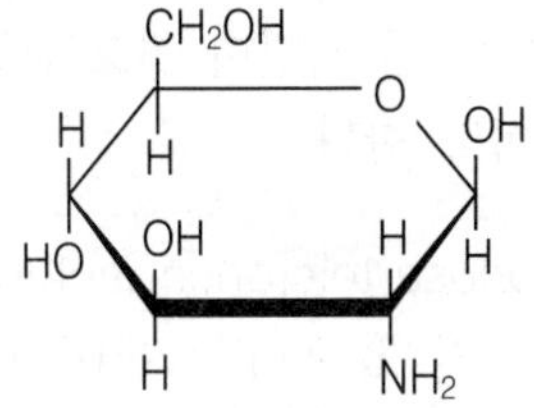

Glucosamine

글루코산 glucosan 글루코오스의 중합체이다. 예를 들면 전분, 섬유질, cellulose, 글리코겐 등이다. 이눌린은 프룩토오스의 중합체이기 때문에 fructosan이라 한다. 단순한 hexose로 구성된 다당류를 일반적으로 hexosan이라 한다.

글루코시놀레이트 glucosinolates 유채・겨자・배추・무 등 십자화과(brassica)속에 속하는 식물체들에 함유되어 있는 배당체 화합물로서 효소에 의해 가수분해되면 포도당과 aglycon인 isothiocyanates, thiocyanates 그리고 nitrile을 생성한다.

글루코시드 glucosides 글루코오스의 배당체, 특히 당의 종류를 지정하지 않은 배당체를 glycosides라고 한다.

글루코오스 葡萄糖 glucose 포도당, dextrose이라고도 하며 육탄당의 일종이다($C_6H_{12}O_6$). 식물조직에서 생합성 되며, 전분의 가수분해에 의하여 생성된다. 소장에서는 탄수화물의 소화물 중의 주생성물이며, 쉽게 흡수되어 혈액 속에 들어간다. 자당은 소화되면 글루코오스와 프룩토오스로 되며, 유당은 글루코오스와 갈락토오스로, 전분과 맥아당은 모두 글루코오스로 분해된다. 정상인의 글루코오스의 혈중 농도는 100 mℓ당 80~100 mg가 표준이며, 과잉분은 glycogen으로 되어 간장 또는 근육에 저장된다. Glycogen은 필요에 따라 글루코오스로 분해된다. 글루코오스가 분해되어 탄산가스와 물로 될 때

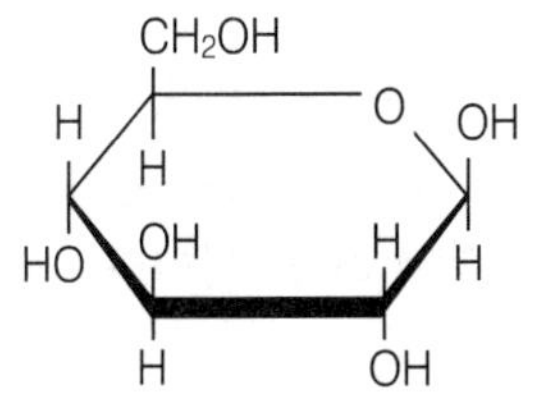

Glucose

1 g당 약 4 kcal의 에너지를 방출한다. 제과 방면에서는 글루코오스와 프록토오스의 혼합물을 자당에 섞어서 자당의 결정석출을 막고 있다. 감미도는 자당의 74%이다.

글루코오스 내성(耐性) 검사 glucose tolerance test(GTT) 글루코오스를 대량 투여했을 때 이를 신체가 처리하는 능력을 말하며, 당뇨병(糖尿病)의 검사에 이용된다. 절식(絕食) 후에 50 g의 글루코오스를 주사하고 혈당량을 측정한다. 절식 중의 혈당 농도는 혈액 100 mℓ당 평균 80~100 mg이지만 주사 직후 건강체에서는 150 mg로 상승하고, 1~1.5시간 후에 원래의 혈당 농도로 돌아간다. 당뇨병 환자의 경우에는 정상 이상으로 상승하고 정상 농도로 돌아오려면 더 긴 시간이 필요하다. 혈당량의 변화를 도시한 것을 글루코오스 내성혈선(耐性血線)이라 한다.

글루코오스 내성인자(內性因子) glucose tolerance factor(GTF) 호르몬과 유사한 이물질의 실체는 완전히 규명되어 있지 않으나 크롬(Cr)과 비타민 niacin, 아미노산인 glycine, glutamic acid나 cysteine으로 구성되어 있음을 밝혔다. 이 인자는 크롬을 저장하고 있는 간, 신장 또는 기타 조직에서 혈액으로 분비되며, 특히 혈당 또는 insulin 수준이 높을 때 분비된다. 그리고 insulin과 더불어 아미노산, 지방산과 당이 혈액에서 여러 조직으로 운반되는 것을 촉진시키고 세포 내에서 영양소의 대사를 증가시킨다. GTF가 부족할 때는 이와 같은 대사작용을 하는 데 insulin의 요구량이 높아지는 반면 insulin이 없을 때는 GTF의 효과가 없다.

글루코오스 뇨증 glucosuria(glycosuria) 뇨 중에 glucose가 배설되는 것이며, 건강한 사람에게는 정상적인 경우 뇨로 glucose가 거의 배설되지 않는다. 그러나 ① 신장 이상, ② phlorhizin과 같은 약물 복용, ③ 지나친 당 섭취, ④ 과도한 스트레스, ⑤ 감염 등의 경우에 뇨로 당이 배설된다. 가장 흔한 글루코오스 뇨증은 당뇨병(diabetes mellitus)에 걸린 경우이다.

글루코오스 산화효소(酸化酵素) glucose oxidase 균류(fungi)에서 생성되는 효소이며, glucose를 산소와 gluconic acid로의 전환을 촉매한다. 이 효소는 glucose만을 산화시키고 다른 육탄당에는 작용하지 않는다. 상업적으로는 *Aspergillus niger*로부터 얻으며, 계란을 건조 전에 glucose를 제거하는 데 쓰인다. 저장기간에 비효소적 갈변작용을 방지하여 건조계란 산물의 안정을 가져올 수 있다. 또한 음료, 통조림, 건조 또는 탈수식품과 마요네즈 등에서 산소를 제거하는 데 쓰인다. 이렇게 함으로써 저장중 향미와 색깔이 변하는 것을 최소화 할 수 있다.

글루코오스 신생 gluconeogenesis 체내에서 탄수화물이 아닌 물질로부터 글루코오스를 합성하는 것을 뜻한다. 즉 젖산(lactic acid), 글리세롤(glycerol), 아미노산, 지방산, 프로피온산으로부터 글루코오스를 합성하는 것이다. ↔ glycogenolysis(글루코오스 분해).

글루코제닉 아미노산 glucogenic amino acid, glycogenic amino acid 아미노산이 체내

에서 분해될 때 pyruvic acid 또는 TCA회로 중간 생성물(oxaloacetic acid, succinyl CoA, α-ketoglutaric acid)로 들어옴으로써 글루코오스(glucose)를 합성할 수 있는 아미노산이다. 즉 glycine, serine, aspartic acid, arginine, histidine, glutamic acid, systeine, methionine, proline, threonine, valine 등이다.

글루코코오티코이드 glucocorticoid 부신피질에서 분비되는 스테로이드 호르몬이며, 탄수화물, 단백질 및 지방 대사에 관여한다. Cortisol, corticosterone과 cortisone이 여기에 속한다.

글루쿠론산 glucuronic acid($C_6H_{10}O_7$) Glucose로부터 유도된 산(酸)이다. 자연적으로는 뇨 중에서 여러 화학물질과 결합해서 일어난다. 몸 안에 정상적으로 존재하는 물질, 즉 호르몬이나 약품으로 독성물질이 들어오면 해독제로서 작용한다. 간에서 이들 물질과 글루쿠론산이 결합하여 수용성 물질로 되어 뇨로 배설시킨다.

글루타민 glutamine 글루타민산 아미드로서 글루타민산에 암모니아가 부착되어 생산된다. 식물에서는 암모니아의 저장형태이며, 동물에서는 뇌에서 암모니아 중독을 방지하는 데 중요하다.

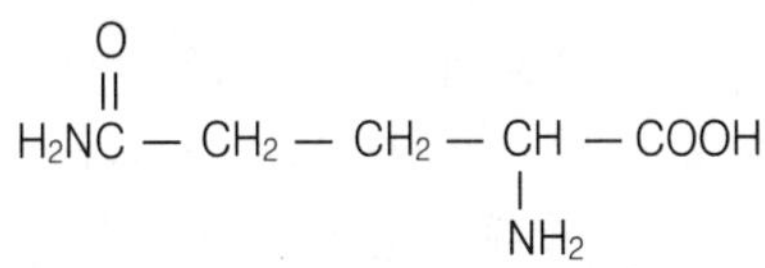

Glutamine

글루타민산 glutamic acid 아스파틴산(aspartic acid)과 함께 모노아미노디칼본산에 속하는 산성 아미노산이다. 닭의 경우 필수아미노산은 아니지만 고도의 산란율 및 성장률을 유지하기 위해서 필요하므로 준필수아미노산이라고 한다. 곡물에 많이 함유되어 있으며, 특히 맥류에는 전 아미노산의 20% 이상을 차지한다. 최근에는 자돈의 식욕을 증진하고 성장을 빠르게 하기 위해서 사료에 글루타민산 나트륨을 첨가하는 일이 있다.

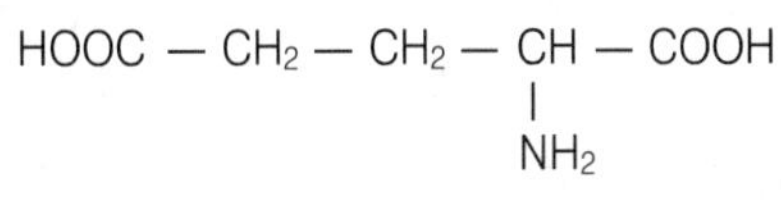

Glutamic acid

글루타민산 발효부산물 glutamic acid fermentation product 발효에 의해 글루타민산 제조시 배양액에서 글루타민산을 뽑아내고 남은 액상 잔류물질로서 corynebacterium lilium세포를 포함하고 있다. 고농도로 농축시켜 사용한다. → 당밀발효 농축액.

글루타티온 glutathione Glycine, cysteine과 glutamate로 이루어진 tripeptide이며, 자유 sulfhydryl기를 가지고 있고 수소 송용과 수소 기증자로서 작용한다.

글루타티온 퍼옥시다아제 glutathione peroxidase(GPX) 셀레늄(Se)을 함유한 효소로 과산화물을 파괴시키며, 비타민 E와 함께 자유기로 인한 세포의 손상도 감소시킨다.

글루탐산 glutamic acid 비필수아미노산이다.

글루탐산 나트륨 glutamate, sodium, monosodium glutamate(MSG) 이 화학물질은 MSG 또는 아미노산 glutamic acid와의 나트륨염인 monosodium glutamate로 더 알려져 있다. 향미 강화제(flavor enhancer)로 널리 쓰인다. 상업적으로는 ① 사탕수수에서 설탕정제 부산물, ② 밀 또는 옥수수 gluten의 가수분해, ③ 유기합성에 의해서 얻는다.

글루텐 gluten 밀단백질 명칭으로서 제빵에 필요한 밀가루의 점성(粘性)과 탄력성에 관계가 있다. 글루텐 함량이 많은 반죽은 강도가 크나 효소 또는 효소함량이 많은 맥아로 처리해서 글루텐을 부분 분해하면 밀가루 반죽의 강도는 작아진다. 이러한 처리를 한 밀가루를 박력분(薄力粉)이라고 한다. 밀가루를 물로 씻어 녹말을 제거하면 탄력성이 많은 글루텐이 얻어지는데, 이것을 특히 활성 글루텐이라고 하여 가열처리로 탄력을 잃게 한 불활성화 글루텐과 구별한다. 밀 단백질의 75%는 gluten(gliadin과 glutenin)으로 구성되며, 배유부(胚乳部)의 글루텐 함유량은 외층부일수록 많다.

글루텐 밀 gluten meal 옥수수 전분 제조시에 남는 것으로서 글루텐만으로 이루어진 것이다. 단백질 함량은 아주 높아 40% 이상 된다. 그러나 아미노산 조성이 불량하고 리신, 트립토판이 결핍되기 때문에 가축에게 급여할 때는 동물성 단백질과 함께 주어야 하며, 단일 급여는 좋지 않다.

글루텔린 glutelin 물에 불용성이고, 중성염 용액에도 불용성이다. 약산 또는 알칼리에 가용성인 단백질이다. 예로서 소맥 글루텔린이 여기에 속한다.

글리세로스 glycerose 알코올, 글리세롤로부터 유도되는 간단한 3탄당이다. CHO · CHOH · CH_2OH.

글리세롤 glycerol, glycerin 3가 알코올이며, 화학적으로는 2, 2, 3-propan-tri-ol-(CH_2OH · CHOH · CH_2OH)이다. 글리세린이라고도 하며, 중성지방은 글리세롤과 3분자의 지방산의 에스테르이다. 무색 투명, 무취의 끈적거리는 액체이며 감미가 있다. 지방을 알칼리로 가수분해(검화)해서 만든다. 글리세롤은 수산기를 3개 지니므로 3분자의 지방산과 결합하여 triglyceride(중성지방)나 단순지방의 형성이 가능하다. 매우 중요한 생화학적 대사기능과 식품첨가제로 쓰인다.

글리세리드 glyceride 글리세롤과 지방산의 에스테르(ester)이며 글리세롤기 하나 또는 그 이상의 수산기(hydroxyl group)에 지방산이 대체된 것이다. 글리세리드는 글리세롤에 하나의 지방산(monoglyceride), 2개의 지방산(diglyceride), 또는 3개의 지방산(triglyceride)이 결합된 3가 알코올로서 중성지방을 형성한다.

글리신 glycine 비필수아미노산의 일종으로 아미노 초산(CH_2NH_2 · COOH)이다. 위산

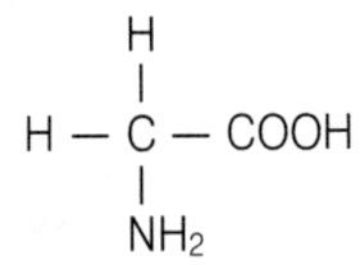

Glycine

완화제로서 임상에 사용된다. 자당의 70%의 감미가 있으며, 사카린과 섞어서 감미료로 사용된다. 지방족 모노아미노, 모노카본산에 속하는 아미노산으로서 아미노산 중에는 가장 간단한 구조를 갖고 있다. 체내에서 합성되지만 빠른 성장에 필요한 양을 합성할 수가 없으므로 병아리의 경우는 필수아미노산이라고도 한다. 특히 사료 중의 단백질 함량이 낮은 경우 효과는 크다. 이것은 젤라틴 중에 많이 함유된다. 사료첨가제로서 아미노초산이라는 화학명으로 인정받고 있다.

글리아딘 gliadin 소맥 단백질의 일종으로서 70% 알코올에 가용성이다. 일종의 프롤라민(prolamines)이다. 이것은 리신이 부족하여 부분적으로 불완전단백질로 분류된다. → gluten.

글리코겐 glycogen 탄수화물의 저장형태로서 간장 또는 근육에 있다. 글루코오스로 된 다당류이며, 혈당으로부터 합성된다. 필요에 따라 분해되어서 혈당으로 되돌아온다. 동물 체내에 있기 때문에 동물성 전분(animal starch)이라고도 한다. 성인의 글리코겐 저장량은 근육 중에 약 250 g, 간장에 약 100 g 정도 있다. 동물이 죽으면 글리코겐은 빨리 분해되어 글루코오스로 되기 때문에 식육 또는 식육 간장 속에는 글리코겐이 없다. 생조개류(生具類)에는 약 5%의 글리코겐이 들어 있다.

글리코겐 분해(分解) glycogenolysis 에너지가 필요하게 될 때 글리코겐이 분해되어 글루코오스로 되는 것을 뜻한다. 간의 글리코겐은 혈당 농도 저하시에 분해되어 혈당 유지에 이용되나, 근육 글리코겐은 운동시에만 분해되어 에너지원으로 이용된다.

글리코겐 축적질환 glycogenosis 선천성 당질대사 이상증, 당질대사에 관여하는 효소 결핍이 원인이 되는 질환으로 글루코오스-6-인산가수분해 효소의 결손에 의해 간과 신장장해를 초래하는 von Gierke's disease를 비롯하여 여러 종류가 있지만 모두 드문 경우이다. 확실한 진단을 위해서는 조직 중 효소활성의 측정이 필요하다.

글리코겐 합성(合成) glycogenesis 탄수화물과 단백질 음식을 섭취했을 때 이들로부터 포도당이 합성되어 간과 근육에 글리코겐으로 축적되는 것이다.

글리코겐 합성 아미노산 glycogenic amino acid → glucogenic amino acid.

글리코시드, 배당체(配糖體) glycoside 당과 다른 화합물이 결합된 물질이며 식물체에 포함된 독성물질(toxicant) 또는 중독물질이다. 당이 글루코오스인 경우에는 글루코시드(glucoside), mannoside(mannose), galactoside(galactose)라고 한다. 식물에 함유되어 있

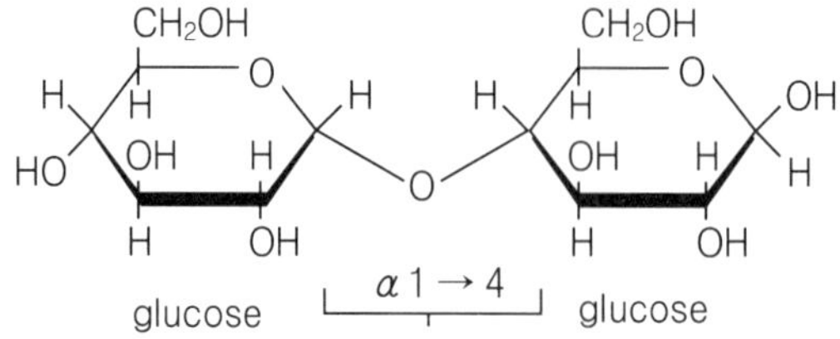

α-1,4 Glucosidic linkase

으며, digitalis 또는 rutin과 같이 심장치료 의약품으로 쓰여지는 것도 있다. 중독성 글리코시드는 cyanogenetic glycoside(청산), goitrogenic(goiter), coumarin glycoside, steroid glycoside 등이 있다.

글리코시딕 결합 glycosidic linkage 단당류의 카보닐기(carbonyl group)와 다른 화합물의 알코올기(alcoholic group) 간에 결합이다. 2개의 단당류도 글리코시딕 결합으로 연결될 수 있다. 즉 말토오스(maltose)는 2개의 글루코오스(glucose)가 α-1.4 연결을 하므로 글루코시딕 연결(glucosidic linkage)이라고 한다.

글리코실화(반응 反應) glycosylation 체내에서 glucose가 다른 화합물과 결합하는 과정이다. 예를 들면 glucose가 세포막 수용체에서 아미노산과 결합하거나 헤모글로빈에서 아미노산에 부착되는 것이다.

글리코콜산 glycocholic acid 아미노산 glycine과 cholic acid로 구성된 담즙산이며 지방의 소화에 작용한다. 글리코콜산의 나트륨염이 담즙의 정상 구성성분이며 지방소화의 유화제로 작용한다. 유화제로서 식품첨가제로도 쓰인다.

글리콜 glycol 알코올의 일종이지만 보통의 알코올은 수산기 한 개를 갖는데 비해 글리콜은 두 개를 가지므로 2가 알코올이라고도 한다. 석유를 원료로 하는 에틸렌옥시드, 프로필렌옥시드 등에서 합성된다. 프로필렌글리콜은 식품가공, 화장품 및 담배 등의 습윤제, 부동액 등에 사용되고 또한 소의 케토시스의 치료제로서 사용되고 있다. 최근 이것을 에너지 급원으로서 사료에 이용하는 것이 연구되고 있으며, 1.2-프로필렌글리콜(5.7 kcal/g), 1.3-부틸렌글리콜(6.4 kcal/g)은 쥐나 병아리에 의해 거의 완전히 이용되지만 수산기의 위치가 다르면 이용될 수 없는 것으로 알려져 있다.

금속단백 金屬蛋白 metalloproteins 헤모글로빈, cytochromes, peroxidase 등 금속과 결합한 단백질을 말한다. 주로 철을 함유하지만 어떤 것은 구리를 지닌다.

금속 티오닌 metallothionein 아연과 구리 그리고 카드뮴과 수은과 결합된 높은 수준의 cysteine(약 1/3)을 포함하고 있고, 대부분의 체조직에서 발견되는 단백질이다. 이들 무기물의 저장단백질로서의 작용하는 것과 더불어 금속 티오닌은 자유라디칼을 없애는 기능도 한다.

금속함유 효소(酵素) metalloenzyme 구조상으로 일부 무기물을 함유하고 있는 효소이다. 이 무기물은 효소의 구조성분이거나 또는 효소의 활성에 기여한다.

급성 제1위 확장 急性 第1胃擴張 ditatio acute ruminic of ingestis 소의 소화기병으로서 농후사료를 많이 섭취하든지 양호한 사료라도 과식 후 다량의 음수(飮水)를 하는 것이 주원인으로 되어 일어난다. 경우에 따라서는 가스로 인해 고창증을 일으킨다. 증상으로는 복부의 팽대, 제1위 내용물의 포만으로(고창증에서는 딱딱하지 않음) 호흡곤란이 된다. 예방법으로는 두과목초 등을 많이 섭취하지 않도록 하고 또 사료를 갑작스럽게 변경하여 급여하지 않도록 주의한다.

급여상태 기준 給與狀態基準 as-fed basis 사료의 성분을 계산할 때 수분함량을 고려하여 가축에 급여하는 상태로의 기준이다. → 풍건 기준.

기각검정 棄却檢定 test of outlying observation 1군의 자료 중에서 예외적으로 크거나 작은 자료가 얻어졌을 경우에는 이것을 이상한 것으로 보아서 객관적으로 포기하는 방법이다. 종전에는 Thompson의 방법이 쓰여졌으나 이것은 전제조건이 적당하지 않다는 것이 밝혀져서 최근에는 Smirnoff의 방법이 쓰여지고 있다. 그것은 위의 식과 같이 해서 T_N을 구하고, T_N 표의 수치보다 크면 그 데이터를 포기하는 것으로 되어 있다. 단지 Xn은 문제로 되어 있는 측정치이고, $\bar{X}$, S/n는 각각 표본평균과 표본분산이다.

$$T_N = \sqrt{(Xn - \bar{X})^2 / S/n}$$

기계추출 機械抽出 mechanical extraction 열과 기계적인 압착에 의하여 유실류나 기타 지방함량이 높은 물질로부터 유지를 채유하거나 추출하는 공정이다.

기능성 섬유질 functional fiber 건강을 위해 식품에 첨가하는 섬유질이다.

기니아 그라스 colored guinea grass 기니아 그라스, 그리인파닉과 함께 파니쿰류(Panicum spp.)에 속한다. 남아프리카 원산의 온난한 지형 목초로서 미국, 호주 등지에서 도입·선발되어 방목초로서 이용되고 있다. 거의 모든 품종이 초장(草丈)이 1.5~2m나 되고 재생력이 강하며, 도복(倒伏)이 잘 안 된다. 배수가 양호한 비옥토가 가장 좋고 내건성(耐乾性)은 강하다. 예취는 4~6회 정도 가능하고, 기호성은 열대형 목초로서 양호하다고 한다. 발아, 초기 생장이 불안정하기 때문에 잡초와의 경합에 약한 것이 결점으로 되어 있다.

기류 건조기 氣流乾燥機 pneumatic dryer 가열한 공기의 강한 흐름 속에서 물체를 거의 순간적으로 건조시키는 동시에 운반하는 장치로서는 움직이는 분체(粉體), 입체(粒體) 및 박편상(薄片狀) 물질에 이용된다. → 송풍건조.

기름 잔사(油滓) oil residue 식용유 정제공정의 부산물인데, 원료의 종류와 상태 혹은 제조방법이나 제조과정에 따라서 그 조성과 성질, 나아가 그 사료가치는 상당히 달라진다. 이것은 지방을 많이 함유하고 있으며, 그밖에 레시틴 등의 함량도 높다. 영양가는 주로 함유되어 있는 지방의 영양가에 의한 것이고, 지방이 산패되어 있지 않는 이상 에너지원으로서 유효하게 이용될 수 있다. 가축에 대한 효과로서는 사료의 에너지가 높아서 성장촉진, 사료효율 개선 등을 들 수 있다. 산패가 진행된 지방을 함유하는 것은 유해작용을 나타내는 경우가 있다. → 유박류.

기름정제 부산물 油精製副産物 oil refinery lipid 식물성 유지를 정제할 때 생기는 부산물로서 질이 나쁜 유지를 말한다.

기밀(氣密) **사일로** air tight silo 우리나라에서는 하베스토아(harvestore)라는 상품명으로 수입되고 있다. 이것은 표면에 화학비닐(그라스 울)을 녹여 입힌 강철로써 만들어진 탑형 사일로인데, 저수분 사일리지의 조제를 위해서는 이상적인 형태이다. 이 사일로는 완전한 기밀이 유지되고 breather bag에 의해서 사일로 내의 압력의 변화를 조절하며, bottom unloader에 의해서 저부(低部)에서 끄집어 내는 기구로 되어 있다. 따라서 채워 담기와 끄집어 내기를 병행해서 할 수 있으므로 사일로 이용효율을 높일 수가 있다. 이런 종류의 기밀사일로는 그 후 여러 업자에 의해서도 제조되었으며, 재질도 강철만이 아니라 강화 플라스틱 등으로 만들어진 것도 있다. 다만 경비가 고가인 것이 결점이다. 또 채워 넣는 재료는 짧게 자른 것이어야 된다. 이런 형의 사일로에서 조제된 수분함량이 낮은 사일리지를 헤일리지(haylage)라고 한다. 또 이것은 고수분 곡류(high moisture grain)의 저장에도 이용될 수 있다.

기별사양 期別飼養 phase feeding 동물의 생산능력, 시기(비유시기 또는 산란시기 등) 단계에 따라 영양소의 요구량이 달라지므로 사육단계 또는 기별로 사료내 영양소의 함량을 조절하면서 가축 및 가금을 사양하는 방법이다.

기수지방산 奇數脂肪酸 odd-numbered fatty acid 지방의 구성성분인 지방산(fatty acid)은 탄소가 쇠사슬 모양으로 연결된 것이 골격을 이루고 있는데, 이 탄소 수가 기수(홀수)인 경우를 말한다. 천연의 지방은 주로 탄소 수가 우수(짝수)인 우수(짝수) 지방산(even numbered fatty acid)으로 되어 있으므로 종래는 자연계에는 기수(홀수) 지방산은 없는 것으로 생각되어 왔다. 그러나 크로마토그래프법 등에 의한 최근의 경우에 따르면 기수지방산도 자연계에 널리 분포되어 있고, 생체 내에서도 우수(짝수)의 경우와 같이 합성되고 분해된다는 것이 밝혀졌다. 분해는 주로 β-산화에 의해 탄소 2개씩 끊어지고, 최종에는 기수(홀수)에서는 프로피온산(탄소 3개), 우수(짝수)에서는 초산(탄소 2개)으로 되고, 모두 다 에너지로서 완전히 이용된다.

기이 ghee 버팔로, 소, 양 및 산양의 젖으로 만든 반고체 상태의 버터이다. 거의 100% 유지방이고, 주로 아세아와 아프리카에서 이용한다.

기질 基質 substrate 효소에서 효소가 작용하는 물질을 말한다. 따라서 아밀라아제에 대한 기질은 전분이며 말토오스로 가수분해된다. 또 substrate는 미생물이 번식하는 배지를 의미할 때도 있다.

기질수준 인산화 基質水準燐酸化 substrate-level phosphorylation 효소가 기질로부터 인산염군을 ADP에 전환함으로써 ATP를 합성하는 것이다.

기초대사율 基礎代謝率 basal metabolic rate(BMR) 쾌적한 환경조건 아래 동물을 안정상태로 두고 또 음식물을 전혀 급여하지 않으면서 근육이나 소화기관의 활동을 최대한 억제한 경우라도 동물 체내에서는 항상 심장, 호흡기, 순환기, 분비선 등의 활동이 계속되며, 아울러 체세포에서의 합성 분해작용이 이루어진다. 따라서 이와 같은 상태에서도 체내에서는 끊임없이 에너지 소비와 열의 발생이 이루어진다. 이때 발생하는 열량은 동물이 생체를 유지시켜 나가는 데 최소한의 필요 불가결한 것으로 고려된다. 이런 상태에서의 동물체 에너지 대사를 기초대사라고 하며, 이에 수반한 발생 열량을 기초대사량이라고 한다. 기초대사량은 여러 상태에서의 동물에너지 대사 실태를 조사하는 데 기초를 이루는 중요한 의의를 갖는다. 그러나 소화기관이 특이하며, 절대 안정상태를 유지하기 어려운 소의 경우는 기초대사량 측정을 위한 조건설정이 아주 곤란하여 통상 절식(絕食) 시의 대사량 또는 안정 시의 대사량으로 추정적인 수치를 얻을 뿐이다.

기초식품군 基礎食品群 basic food group 식품군에는 ① 우유와 유제품, ② 육류와 어육, ③ 과일과 채소, ④ 곡류(빵과 화곡류)로 구분되는 4가지 기초식품군이 있다. 이 4가지 기초식품군은 영양소를 공급해 주는데 다음과 같은 것이 고려된다. ㉠ 갓난 아이에게 공급할 수 없는 식품도 있고, ㉡ 필수영양소를 포함하는 식품과 그렇지 않은 보조식품, ㉢ 어떤 한 가지 식품군만으로는 필수영양소를 충족시키지 못하고 결핍을 야기시킨다. 따라서 4가지의 식품군을 골고루 섭취해야 영양소의 불균형을 막을 수 있다.

기타사마이신 kitasamycin 1953년 호우(奉) 등(일본)에 의해서 발견된 항생물질로서 *Streptomyces kitasatoensis*를 배양해서 생산된다. 발견 당초에는 류코마이신(leucomycin)이라고 불렸지만, 1969년에 기타사마이신이라고 개명 통일되었다. 마크로라이드계 항생물질에 속하며, 그 항균성은 다른 마크로라이드계 항생물질과 거의 비슷하다. 사료첨가제로서 지정되어 있고, 또 동물용으로 쓰여지고 있다.

기호성 嗜好性 palatability 동물이 어떤 사료를 즐겨 먹느냐 안 먹느냐 하는 판단 기준인데, 이는 사료가 갖는 특성 중의 하나이다. 기호성은 대단히 특이성이 있으며, 가축의 종류, 개체에 따라 다르다. 또 동일한 개체라도 길들이기에 따라 기호성이 변하는 경우가 있다. 사료의 기호성을 향상시키기 위해서 여러 가지 향미제(flavor)가 이용되고 있다. 기호성을 나타내는 단위로는 여러 가지가 고려되어 있지만, 일반적으로 단위 시간당의 채식량으로서 나타낸다.

기호성 시험 嗜好性 試驗 palatability trial 사료의 기호성을 조사하기 위해서 시행하는 시험을 뜻한다. 사료의 경우 관능검사에 의해 그 맛의 좋고・나쁨을 여러 가지 각도에서 검토하는 다양한 방법이 고려되고 있다. 가축의 경우에는 일정하게 확립된 방법은 없으며, 일정 시간 중의 채식량을 측정한다든지 혹은 여러 종류의 표본을 고려해서 가축의 자유 선택에 맡겨서 각 표본의 채식량을 측정하는 방법 등이 이용되고 있다. 객관적인 결론을 유도하기 위해서는 시험방법이나 시험결과의 판정에 세심한 주의가 필요하다.

기회비용 機會費用 opportunity cost 일정량의 생산 요소를 이용하여 두 종류의 생산물 생산이 가능한데도 그것을 한쪽 재화의 생산에만 이용한다면 다른 재화를 생산할 기회를 희생하게 된다. 이런 경우 한쪽 재화의 생산비를 희생되는 다른 재화의 생산량으로 나타낸 것을 그 재화의 기회비용이라고 한다. 예를 들어 논에 벼를 심지 않고 목초를 심었을 때 그 목초가 무시가물(無市價物)이라면 그 목초의 생산비는 희생된 쌀의 생산액과 같은 것으로 간주할 수 있다는 것이다.

긴장골절, **피로골절** stress fracture 반복적인 탈골로 생긴 골절로서 발 뼈에 많이 발생한다.

길항작용 拮抗作用 antagonism 가축의 생리는 요구하는 영양소가 골고루 균형을 이루고 있어야 정상적인 성장과 생산을 할 수 있는데, 이 영양소가 과잉일 경우 처음에는 그 영양소가 필요한 효력을 나타내지만 차차 정상적인 때보다는 효력이 떨어지는 것을 길항작용이라 한다. 예를 들면 젖 생산에 있어서 단백질이 과잉일 때 처음에는 비유량이 증가되지만 차차 비유량이 감소되고 비만해져서 비유능력이 떨어지게 된다. 이와 같이 되는 것을 비유와 비만 간에 있어서의 길항작용이라 한다.

깃털이 羽蟲 lice 깃털이는 속칭으로 우충이라고도 하는데, 닭의 외부 기생충 중에서 가장 많이 보이는 것이다. 깃털이는 1.7～1.8 mm의 크기로서 닭의 복부, 날개 및 등의 부드러운 털(軟羽)의 밑부위에 기생해서 우모, 표피, 분비물을 먹고 일생 동안 닭의 체표(體表)에 기생해서 그 일생을 마친다. 닭에 깃털이가 붙으면 체표(體表)를 돌아다녀서 닭에게 스트레스를 주고, 닭은 항상 침착하지 못하고 부리로 깃털의 사이나 몸 전체를 긁고 심하면 잠을 못 자서 활기를 잃고 발육과 산란율이 떨어진다. 특히 어린 병아리는 성계에 비해서 피해가 더 크다. 예방 및 구제에는 살충제 살포 또는 예방약제의 분무가 널리 실행되고 있다.

깍지 chaff 곡류의 알곡을 제외한 머리부분, 짚, 외피 등을 말하며, 주로 두류에 존재한다.

깍지 또는 먼지 chaff and / or dust 보통의 정선과정에서 알곡이나 종실로부터 분리된 물질로서 외피, 짚, 도정기계의 먼지, 바닥을 쓸어모은 것 등의 모래, 먼지, 알곡 또는 잡초씨를 포함한다.

깻묵 油粕 expeller cake 면실, 코코넛, 땅콩, 해바라기, 깨, 콩 등을 압착해서 기름을 제거한 것이다. 단백질의 우수한 공급원이다.

껍질(外皮) **또는 깍지**(種皮) husk or hull 곡류의 외면을 둘러싸는 목질(木質) 섬유의 덮개이다. 밀의 껍질은 도리깨질을 하면 쉽게 벗겨지나 쌀은 단단해서 벗겨지지 않는다. 조섬유 함량이 많으며 가축사료에 사용된다.

껍질류 殼類 hull, chaff 종실(種實)의 껍질이며, 조섬유 함량이 높고 단백질이 적으며 사료가치가 낮으므로 사료로서 많이는 쓰여지지 않는다. 또 왕겨(rice hull), 땅콩 껍질(peanut hull) 같은 것은 오히려 사료의 협잡물로 보고 있다. 콩 껍질(soybean chaff), 완두 껍질(pea chaff), 잠두콩 껍질(horse bean pod) 같은 것은 단백질 함량과 소화율이 약간 높지만 대량으로는 좋지 않다. 이밖에 메밀 껍질(buckwheat hull), 채종 껍질(rape seed hull), 맥류의 각(殼) 등이 있지만 모두 다 사료가치는 낮다.

꼬투리 boll 목화와 같은 식물의 꼬투리 또는 껍질을 말한다.

꽈시오커 kwashiorkor 탄수화물의 섭취가 높은데 비하여 단백질의 섭취량이 부족하여 생기는 일종의 단백질 영양불량증이다. 이유(離乳) 후 저단백 식이(食餌)인 유아에서 많이 볼 수 있다. 증상은 발육부전, 수종(水腫), 근육 소모, 정신박약, 간장(肝臟)의 지방 침윤, 피부염 등이다.

ㄴ

나고야종(種) Nagoya breed 일본에서 오래 전부터 사육되고 있는 닭의 품종이며, 전에는 '나고야 코오친(Nagoya cochin)'이라고 하였다. 나고야 지방에서 많이 사육되며, 난육(卵肉) 겸용종으로서 개량되었다. 이 품종의 특징은 체질이 강건하고 성질이 극히 온순하며, 우모 색은 꼬리와 날개의 일부가 흑색이고, 나머지는 갈색으로 되어 있다. 또 숫닭은 붉은 빛을 띤 광택이 있다. 육질은 양호하지만 다리색이 회색인 점, 피부가 회색인 점에서 브로일러 또는 육용계로서 이용할 경우에 불리하다. 근년에 나고야종의 사육 수는 감소하고 있지만 일부에서는 육질의 좋은 점이 인정되고 있다.

나이아신 당량 niacin equivalent(NE) 기존 niacin과 아미노산인 trytophan으로부터 합성된 niacin을 합한 총 niacin이다. 1 NE는 60 mg trytophan 또는 1 mg niacin에 해당된다.

나이카바진 nicarbazin 1955년 Cucker(미국) 등에 의해 보고된 피리미딘, 카바니릿드 분자화합물의 항콕시듐제이다. 화학명은 4.4'-dinitrocarbanilid와 2-hydroxy-4.6-dimethyl pyrimidine과의 화학물이다. 이 물질은 각종의 원충에 작용해서 널리 닭의 콕시듐병의 예방효과가 있다. 나이카바진의 사료 중 첨가량은 100~200 ppm이고 사료첨가제로서 지정되어 있다.

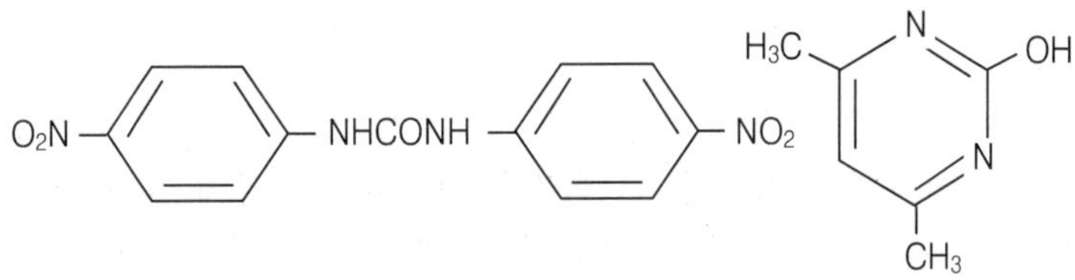

Nicarbazin

나이트로스아민 nitrosamine 유기질소 화합물의 일종으로 일반적인 구조는 $R_2C=N=O$이다. 항박테리아제제로 식품에 첨가하는 nitrits는 가열에 의해 증가되고 세포의 돌연변이를 일으키는 물질이다.

나트륨 sodium(Na) 동물체내의 세포 외액에 들어 있는 주요 양이온으로 전해질을 구성하는 매우 중요한 무기물이며, 액체 평형과 신경전달, 근육수축 작용을 하는 무기물이다. 동물의 혈액이나 임파액 같은 데에 많이 함유되어 있으며, 이것을 안정화하고 또 소화액의 알칼리성을 유지한다. 나트륨은 보통의 사료 중에는 적으므로 염소와 결합된 식염의 형태로 가축에 보급할 필요가 있다. 섭취된 나트륨의 배설은 극히 빠르며, 24시간 이내에 90% 이상이 배설된다. 특히 사료 중에 칼륨이 많은 경우와 지방이 많은 경우에는 지나치게 배설되기 쉬우므로 주의할 필요가 있다. 가축에 나트륨이 부족하게 되면 보통 성장이 억제되고 영양소의 이용률이 저하된다. 또 닭에는 산란 성적이 나빠지고, 가축에는 번식장애가 일어난다. 과다하게 섭취하면 사람의 경우 고혈압을 야기시킨다.

나트륨-칼륨 비(比) sodium-potassium ratio, Na : K ratio 인체는 나트륨을 칼륨의 약 3배 정도 함유하고 있다. 채소와 과실은 많은 K를 포함하고 있다. 예를 들면 감자는 80 : 1로 Na 양이 적지만 소금과 같이 끓이면 이 비를 3 : 1까지 감소시킬 수 있다.

나트륨-칼륨 펌프 sodium-potassium pump, Na^+-K^+ pump 에너지(ATP)와 더불어 나트륨과 칼륨을 요구하는 세포막의 능동운반 시스템이다.

나프토퀴논 naphthoquinone 비타민 K의 기본적인 부분이며, 비타민 K의 여러 형태로 치환된 나프토퀴논류이다.

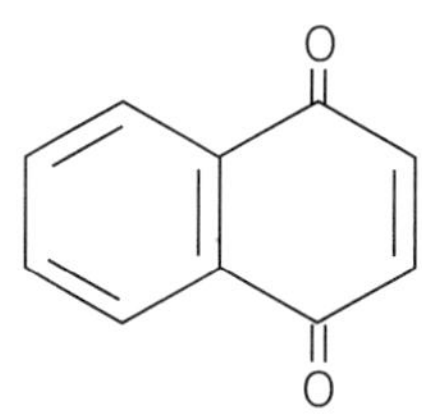

Naphthoquinone

낙산 酪酸 butyric acid $CH_2CH_2CH_2COOH$의 화학식을 가진 단쇄(短鎖)의 지방산이다. 트리글리세리드로서 버터지방 중에 5～6% 존재하며, 다른 지방에도 소량 포함되어 있다.

난각 卵殼 egg shell 알의 외각을 형성한 것으로서 0.26～0.36 mm의 두께이다. 알 전체 중량의 약 10～30%를 차지하며, 그 색깔은 가금류의 종류에 따라 백색, 갈색 또는 이들의 중간색을 나타내는데 그 성분은 대부분이(99%) 탄산칼슘이다.

난각분 卵殼粉 egg shell meal, poultry egg shell meal 난 가공 공장에서 알을 깨어 난백과 난황을 이용하고 남은 알 껍질을 말한다. 점막과 점막에 묻어 있는 내용물을 섞어 말린 후 분쇄한 것으로서 주성분이 탄산칼슘이고, 칼슘 함량이 약 37%이다.

난관폐색 卵管閉塞 atrelic oviduct 가축의 난관이 선천적으로 또는 염증, 이물 등의 원인으로 막혀 있는 상태를 말한다. 자궁에 질환이 있는 경우에 2차적으로 발생하는 경우가 많다. 진단과 치료가 모두 곤란하다.

난괴법 亂塊法 randomized complete block design 농업 관련의 시험(試驗)에서 처리(시비량, 품종 등)의 효과를 지역 차를 극복하여 바르게 검정하기 위해서 지역이 대략 같은 구획(block)을 몇 개 설정하고, 이것을 다시 분할해서 처리 수만큼은 시험구(plot)를 만들고, 각 시험구에 무작위로 각 처리를 할당하는 실험계획법이 쓰여지고 있다. 블록간에는 차가 있더라도 블록 내는 조건이 가급적 균일하게 되도록 국소(局所) 관리되고 있으므로 처리효과는 정확하게 검출되는 특징이 있다. 이와 같은 배경에서 이런 종류의 실험계획은 난괴법이라고 불려지는데 이는 2원배치법의 일종이며, 사료에 관한 실험에서도 대단히 유효한 방법이다. 난괴법 실험에서는 각 블록에 처리의 각 수준을 1조(組)씩 할당해서 블록마다 반복실험을 하고, 블록에 따라서 각 수준의 효과의 상대적인 관계는 변하지 않는 교호작용 없는 것이 특징이다.

난단백 卵蛋白 egg protein 오보알부민(ovoalbumin), 오보뮤신(ovomusin), 오보뮤코이드(ovomucoid), 오보글로불린(ovoglobulin), 콘알부민(conalbumin), 비테린(vitellin) 등으로 구성되어 있다.

난백 卵白 egg white 수분 87.8%, 단백질 10.8%, 회분 0.6%, 엷은 외층과 ovomucin이 많은 두꺼운 층과 내층은 얇은 층으로 노른자를 둘러싸고 있다. 각층의 두께 비율은 닭의 개체 차에 따라 다르다. Ovomucin이 많은 층이 큰 것은 프라이(fry)나 삶을 때에 알맞다(응고성이 좋아 형태 유지를 잘 한다). 외층부는 휘저으면 거품이 일어난다. 단백질은 ovomucin, ovoalbumin, ovomucoid, ovoglobulin과 conalbumin으로부터 구성되고 있다.

난소낭종 卵巢囊腫 ovarian cyst 소에게 농후사료를 다량 급여하게 되면 난소에 작은 난포(卵胞)들이 수많이 나타나거나 혹은 그 수는 적지만 큰 난포(직경 2.0 cm 이상)가 출현함으로써 난소가 달걀 크기 내지 사과 크기로 늘어남과 동시에 물렁물렁하게 된다. 이와 같은 상태가 되는 증상이 난소낭종이다. 발정(發情)은 지속성형, 무발정형 및 중간형 등의 세 가지가 있다. 이와 같은 질환을 일으키는 체질은 흔히 유전에 의한 것으로 알려져 있으므로 젖소를 구입할 때 난소낭종을 앓은 일이 있는가를 친자매 소에 걸쳐서 확실히 조사해 둘 필요가 있다. 또한 체질적으로 이 병이 걸리기 쉬운 소에게는 급여사료에 대한 세심한 배려가 필요하다.

난소제거 卵巢除去 ovariectomy 착유(搾乳)를 마친 젖소의 육질 향상과 비육을 위하여 흔히 행하여지지만 난소낭종(卵巢囊腫) 등의 질환에 대해서도 난소를 제거하기 위해 행하는 경우가 있다. 시술은 질 제거법(膣除去法)을 사용하는 것이 상식이다.

난소주기 卵巢週期 ovarian cycle 난소의 구조와 기능에 따른 주기 변화이며, 한 주기는 난포기(follicular phase)이고, 또 하나는 황체기(luteal phase)이다.

난소(卵巢)**호르몬(여성호르몬)** ovarian hormone 난소에서 분비되는 호르몬의 총칭으로서 여포(濾胞)호르몬(estrogen)과 황체(黃體)호르몬(progesteron)으로 대별된다. 여포호르몬에는 에스트론(estrone), 에스트리올(estriol) 및 에스트라디올(estradiol)이 있다.

난수표 亂數表 random table　0에서 9까지의 숫자가 무작위로 늘어선 수표(數表)인데, 0에서 9까지의 숫자를 카드에 기입하여 잘 섞어서 그 중 한 장을 추출해서 그 숫자를 기록하고, 그 카드를 되돌려서 재차 잘 섞어서 한 장을 추출하는 조작을 되풀이함으로써 작성할 수가 있다. 난수표는 모집단에서 표본을 무작위로 추출하는 경우 또는 시험구에 시험용 사료를 무작위로 할당하는 경우 등에 이용된다.

난(卵) **알부민** ovalbumin, egg albumin　난백의 알부민이며, 전 고형분의 55%를 차지하고 있다.

난용종 卵用種 egg type breed　주로 채란을 목적으로 하는 품종이지만 이것은 실용적인 용도에 따라 분류할 경우에 사용하는 구분이다. 엄밀한 의미로는 대부분이 난육(卵肉) 겸용종이라고 하는 것이 타당하다. 이와 같이 분류하는 경우 레그혼종, 특히 단관백색 레그혼종이 그 대표적인 예이며 가장 널리 사육되고 있다. ↔ 육용종.

난(卵)**의 기실**(氣室) air cell of egg　신선한 난(卵)의 여부를 알기 위해서 기실의 높이를 측정하여 평가하는 방법으로 다음과 같이 측정한다.

$$\text{기실 높이} = \frac{h1 + h2}{2} = \frac{5 + 13}{2} = \frac{18}{2} = 8(\text{mm})$$

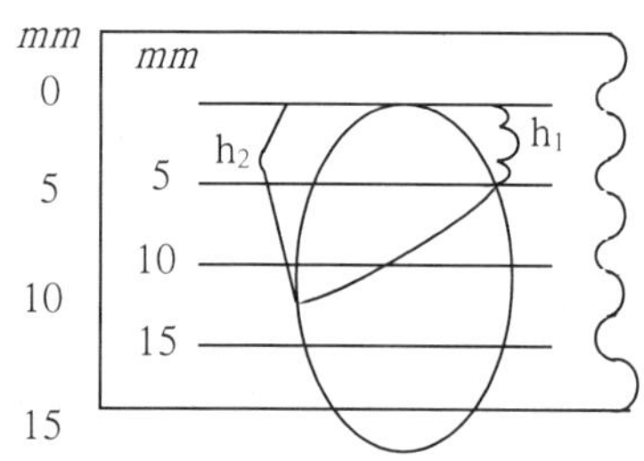

이 달걀의 기실의 높이가 8 mm이며, 난의 저장 일수에 따라 기실의 높이가 커지므로 이러한 방법에 의해 난의 상품가치를 측정한다. 이 방법에는 트레싱 종이와 전구 켄들이 이용된다. 미국 농무성에서는 기실의 높이가 1/8인치 이하를 AA, 1/8～3/8인치를 A, 2/8～3/8인치를 B, 3/8인치 이상을 C등급으로 분류하고 있다.

난자발생 卵子發生 growth of ovum　생식선의 발생과정에서 배아(胚芽) 상피(上皮)로부터 나온 원시란(原始卵), 곧 난소세포가 생겨난 후에 난포(卵胞) 안에서 발육・성숙하여 난모세포(卵母細胞), 난랑세포(卵娘細胞)를 거쳐 성숙한 난자가 되는 형성과정을 일컫는다. 난소세포는 태생 중간기에서 출생 직전까지 분열증식이 계속되고(증식기) 마침내 성장기에 들어가 영양소를 저장하여 난모세포가 된다. 배란이 가까워지면 난모세포는 두 차례에 걸친 성숙분열이 이루어지며, 첫 번째 분열로서 염색체가 반감된 커다란 난랑세포 및 거의 핵물질로 이루어진 제 1극체로 된다. 난랑세포는 두 번째 성숙분열의 결과 제 2 극체를 방출함으로써 비로소 성숙한 1개의 난자로 완성된다.

난중 卵重 egg weight　닭은 품종과 계통에 따라 고유의 크기가 있다. 또 알을 시판하는 경우에는 그 크기가 난의 간격을 결정하는 큰 요인으로 되어 있다. 종란의 경우에는 부화한 병아리의 크기가 문제인데, 작은 알의 병아리는 작으므로 상품가치가 낮아지게 된다. 따라서 일반적으로 종란의 난중(卵重)은 53 g 이상이 바람직하다.

난중등급 卵重等級 egg weight grade 현재 우리나라에서 시판되고 있는 달걀에 대하여 품질에 관한 등급 기준은 없으나 난의 무게에 따라서 분류 판매하도록 대한양계협회에서 1974년에 제정하여 유통되고 있다. 특대란(特大卵)은 60 g 이상, 대란(大卵)은 54～60 g 미만, 중란(中卵)은 47～54g 미만, 소란(小卵)은 42～47 g 미만, 경란(輕卵)은 42 g 미만으로 분류하고 있다. 일반적으로 양계농가에서 1등급 차이인 대란과 특란 가격의 차이는 보통 3원 정도 차이가 있으나 소비자 가격은 일정하지가 않다.

난질 卵質 egg quality 계란의 품질 문제는 외국에서는 오래 전부터 되어 왔지만, 최근 우리나라에서도 문제로 삼을 만큼 관심사가 되고 있다. 일반적으로 다음과 같은 난이 좋다고 한다. ① 신선한 알로서 더럽지 않은 것, ② 알 껍질이 두텁고 단단한 것, ③ 농후한 난백이 충분히 있고 알의 크기가 일정한 것, ④ 혈반(blood spot), 육반(meat spot)이 들어 있지 않은 것, ⑤ 난황의 색이 좋은 것 등이다. 또한 난질의 검사법으로서는 ① 식염수를 사용하여 비중을 측정하고 난각의 신선도를 측정하는 방법, ② 계기를 사용하여 직접 난각의 두께 또는 강도를 측정하는 방법, ③ 하우 단위(haugh unit)로서 농후 난백의 양, 빛의 투시(candeing)로써 선도·혈반·육반 등을 측정하는 방법 등이 있다.

난 추락 卵墜落 internal ovulation 난자가 자궁부에서 나팔관으로 역류하여 복강 내로 떨어지기 때문에 일어나는 것인데, 닭은 산란을 중지한다. 이 원인에 대해서는 닭의 자궁질환이나 이동 등의 생리적 쇼크 또는 스트레스에 의한 것이 비교적 많은 것 같지만 불명한 것도 많다.

난포기 卵胞期 follicular phase 난포세포의 성숙과 배란이 끝나는 난소주기(ovarian cycle)의 시작기이다.

난포자극(卵胞刺戟)호르몬 follicle-stimulating hormone(FSH) 생식발생(gametogenesis)을 자극하고 생식기능을 조절하는 생식선자극호르몬(gonadotropic hormone)이다.

난황 卵黃 egg yolk 계란의 노란 부위이며, 계란 중의 모든 지방과 칼로리, 무기물, 비타민(riboflavin 제외)과 레시틴이 들어 있다.

난황지표 卵黃指標 yolk index 계란 신선도의 지표, 즉 일정 조건하에서 난황의 직경에 대한 높이의 비율을 말한다. 계란이 오래 되면 난황지표는 감소된다. 즉 난황의 직경은 좁으면서 난황의 높이가 높은 것이 신선도가 높다.

납 lead 납(鉛)은 원래 토양 중에 있는 유해 미량 원소이며, 살충제로 사용된 비산납(砒酸鉛), 해수(海水)에서 이것을 흡수한 갑각류(甲殼類), 조리기구의 납 등이 식품에 오염될 수 있다. 미량의 경우에는 오줌으로 배설된다.

ㄴ

낭포성 섬유증 cystic fibrosis 점액이 과잉 생성되는 질병으로 췌장으로 점액이 침투하면 효소 분비가 감소된다.

내배유 內胚乳 endosperm 배아를 싸고 있는 종실의 전분층이다. 곡실류 내부의 대부분(소맥에서는 83%)을 차지하며, 주로 전분과 단백질로 되어 있다. 전립분(全粒粉)에 대해서 티아민의 약 10%, 리보플라빈의 35%, 니코틴산의 40%, 피리독신과 판토텐산의 50%를 지니고 있다.

내분비선 內分泌線 endocrine glands 관이 없는 선(腺)으로 혈액에 직접 호르몬을 분비한다. 혈액을 타고 필요 기관 또는 조직으로 운반된다. 모든 내분비선은 신체가 필요로 하는 물질 분비를 목적으로 여러 조직에 의해서 만들어진 기관에 있다. 내분비선은 분비선과 분비관이 없이 분비물을 분비한다. 내분비선은 그들의 분비물을 혈관으로 직접 방출시킨다. 내분비 물질은 순환계에 의해서 호르몬이라는 물질을 몸의 표적기관에 보낸다. 호르몬 생성 근원은 몸 여러 곳에 있는 세포・조직・기관의 기능과 특성에 따라서 내분비선은 많은 영향을 받는다. 따라서 내분비선은 호르몬 생성에 있어서 ① 분비선의 특이성, ② 신체를 통한 혈관의 분포, ③ 조직이나 기관에 관계되는 몸의 특정 부분에 특이적으로 영향을 미친다.

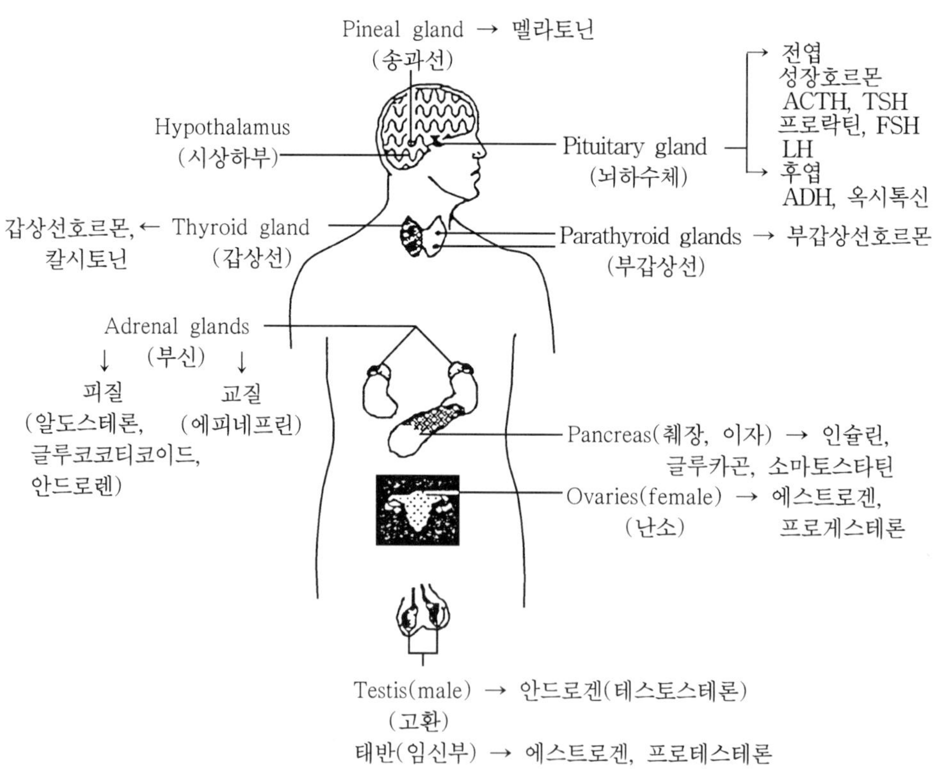

Endocrine gland

내삽입법 內揷入法 interpolation 변수간의 회귀관계를 응용하는 경우, 예를 들면 생물 정량법에 있어서 검량곡선으로부터 정량하는 경우에 회귀관계를 검토한 실측범위 내에서 이것을 이용하는 경우를 내삽입(內插入)이라고 한다. 이에 대해서 실측범위 외에까지 확대해서 이용하는 경우는 외삽입법(extraplation)이라고 한다. 외삽입, 특히 실측 범위로부터 멀리 떨어진 영역에까지 확대한 외삽입은 보통은 위험하다. 그것은 실측범위 외에 있어서 회귀관계가 성립한다고 하는 보증이 없는 경우가 많고, 또 보증이 있다고 하더라도 외삽입에 의한 추정의 오차는 내삽입의 경우와 비교해서 크게 되기 때문이다.

내서성 耐暑性(**젖소**) heat resistance(dairy cattle) 소는 항온동물이므로 외기의 온도가 높아지면 체온 상승을 막는 생리작용으로서 땀선(汗線)을 통한 수분의 증산(蒸散) 증가, 호흡수 증가, 심박수 증가, 식욕감퇴 등이 나타나고, 열의 발산을 증가시킴과 동시에 체내의 열 발생을 감소시킨다. 젖소는 거의가 북유럽이 원산지이므로 대개 더위에는 약하여 기온이 15~20℃를 넘으면 호흡수가 증가하기 시작하며, 27℃ 이상이 되면 현저하게 나타난다. 또한 식욕도 27℃에서 85%, 30℃에서 70%, 32℃에서는 55%로 떨어진다. 비유량에 대한 영양도 27℃ 이상이 되면 현저히 감소하게 된다.

내서성과 관련이 깊은 요인은 품종(저지종은 홀스타인종보다 내서성이 크다), 털 빛깔(복사열의 평균 흡수율은 흑색 90, 적갈색 80, 백색 또는 크림색 50으로서 흰 빛깔에 가까운 소일수록 더위에 강하다), 적응(같은 품종일지라도 고온지 태생의 소가 한랭지 태생보다 내서성이 크다), 개체차(個體差, 유전력 0.5~0.8) 등이다.

내압성 효모 耐壓性酵母 osmophilic yeast 잼이나 소금절이 등과 같이 당이나 염류를 고농도로 용해한 것은 삼투압이 매우 높기 때문에 대개의 생물은 생육하지 못한다. 그런데 이와 같은 조건 하에서도 생육할 수 있는 효모를 내압성 효모라고 한다. Zygosaccharomyces는 80%의 당 함량까지 견딘다.

내열성 세균 耐熱性細菌 heat resistance bacteria 내열성 세균(thermoduric bacteria)이란 살균온도에서는 생육하지 않으나 살아 남는 포자 형성균(胞子形成菌)이다. 이는 45℃ 정도에서 발육하고, 저온상태에서 저장한 것에는 적게 나타난다. 내열성 세균이 많다는 것은 우유처리법이 위생적으로 불충분하다는 것을 나타내지만 병원균에는 관계가 없다. 대개 토양, 분(糞), 깔짚, 건초, 물 등에 항상 존재하며 기구의 불충분한 살균과 세척 등이 이 균의 오염을 초래한다.

내인성 질소 內因性窒素 endogenous nitrogen 동물체는 생활과정에서 끊임없이 체단백질을 분해하고 또 분해 최종 생산물을 오줌으로 배설하고 있다. 이와 같이 체내에서 분해되는 질소를 내인성 질소(또는 내생질소)라고 하고, 무질소사료로서 유지량 또는 그 이상의 에너지를 함유하는 사료를 급여한 후 오줌으로 배설되는 질소를 정량하여 구하게 된다. 내인성 질소를 측정하는 것은 이론적으로는 간단하지만 이의 수치가 변동하기 쉬운 것과 수치가 항량(恒量)에 도달하기까지 일수가 많이 걸리는 등, 가축에 무질소사료를 장기간 충분히 급여하는 일이 쉽지 않으므로 신뢰될 수 있는 수치를 구하는 것이 어렵다.

내인자 內因子 intrinsic factor 위장세포(gastric cell)에서 분비되는 단백질이며 비타민 B_{12}의 흡수에 요구된다. 비타민 B_{12}는 위점막에서 분비되는 내인자와 결합해서 일종의 복합체를 형성한다. 이것은 간장 중에 저장되어 적혈구의 핵단백 합성에 꼭 필요한 물질이다. 악성 빈혈증은 이 내인자가 결핍되어 비타민 B_{12}의 흡수가 불가능하기 때문에 생긴다. 치료방법으로는 주사에 의한 비타민 B_{12}를 투여하거나 돼지 위점막(내인자를 함유)의 건조물과 함께 경구적인 비타민 B_{12}의 보급 등이 있다.

내장 內臟 viscera 신체의 내부기관(internal organ)을 의미한다.

내한성 耐寒性 cold resistance 소에게 있어 알맞은 기온은 0～20℃, 최적 온도는 5～15℃로서 적온대(適溫帶)가 낮고 내한성이 큰 동물이라 할 수 있다. 내한성은 품종에 따라서도 차이가 난다. 한랭할 때 동물은 체열 생산량을 증가시켜 체온을 유지시키게 되는데, 가령 영상 22℃에서 영하 14℃로 기온을 낮추면 홀스타인종은 2%, 저지종은 30%, 인도우(印度牛)의 경우 60%나 체열 생산량을 증가시킨다. 또한 비유량은 홀스타인종이 영하 15℃, 저지종은 0℃ 이하가 되면 감소되기 시작한다. 일반적으로 몸집이 큰 품종일수록 내한성이 강하며, 홀스타인종이 저지종보다 내한성이 큰 것으로도 쉽사리 알 수 있다. 영양상태도 내한성에 영향을 미치며, 여윈 소는 살찐 소보다 추위에 약하다. 송아지는 성우보다도 특히 보온에 신경을 써야 하는데, 그 까닭은 체중에 비해 체표면적이 커서 열의 방산(放散)이 많고 체지방이 적기 때문이다. 적응 또한 내한성과 관련이 있으며, 서서히 추위에 익숙해지는 경우나 어릴 때부터 한랭지에 사육시킨 경우는 내한성이 크다.

내호흡 內呼吸 internal respiration 미토콘드리아 내에서 일어나는 세포호흡이다.

냉동건조 冷凍乾燥 freeze drying 냉동한 물질을 높은 진공상태 하에 두면 수분은 얼음의 승화에 의해서 차츰 제거되지만, 그 동안 승화열을 빼앗기기 때문에 물질은 동결상태를 유지하여 차차로 건조된다. 냉동건조에서의 물질은 거의 손상을 입지 않기 때문에 페니실린, 혈청 등 불완전한 물질에 적용된다. 건조된 물질은 다공질(多孔質) 등으로 체적은 원래와 그다지 변화가 없다. 냉동건조 식품은 물을 가할 때 빨리 원상태로 되돌아오며 풍미 또는 조직의 손상이 아주 적다.

냉동농축 冷凍濃縮 freeze concentration 용액으로부터 순수한 얼음을 석출(析出)시켜 농축액을 만드는 것이며, 과즙·식초·맥주 등에 응용된다.

네슬러 시약(試藥) nessler regent 옥화칼륨과 옥화제2수은은 알칼리성 용액에서 암모니아와 반응하여 등갈색을 나타내므로 성분의 정량에 쓰인다.

네오마이신 neomycin 1949년에 *Streptomyces fradii*에서 분리된 항생물질이며, 양조공업에서는 세균 감염의 조절에 사용되고 있다.

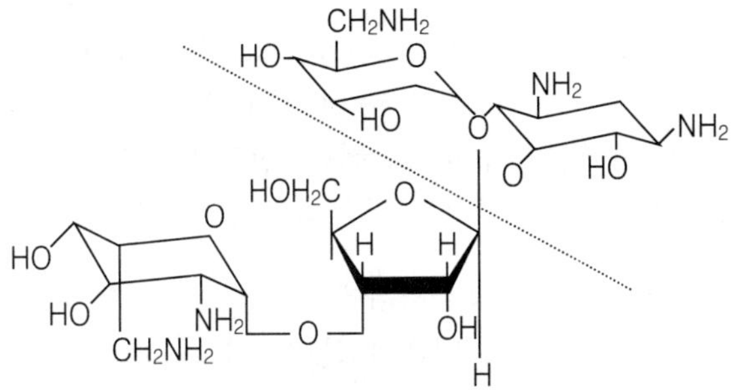

Neomycin

네오탐 neotame 설탕보다 7,000~13,000배 더 단맛을 내는 대체 감미료, 아스파탐과 구조가 비슷하다.

네이피어 그라스 napier grass 엘리펀트 그라스(elephant grass)라고도 한다. 열대 아프리카의 1000 mm 이상의 강우 지방이 원산인 다년산 화본과 목초인데, 고온다습의 기후에 적합하고, 재생력이 강하며, 건조에도 잘 견딘다. 다비(多肥)에 의해 다수확을 올릴 수 있으며 생초, 사일리지, 건초로서 이용된다. 조섬유가 많고 단백질은 적으므로 사료가치는 그다지 좋지 않다.

네프론, 신단위(腎單位) nephron 세뇨관(콩팥세관, renal tubule)에 붙어 있는 사구(glomerulus)로서 알려진 모세혈관의 방상으로 구성된 신장의 구조 및 기능상 단위이다.

노르 nor- 메틸기가 한 개 적은 화합물을 표시하는 화학에서 사용되는 접두어이다. 예로서 noradrenalin은 adrenalin보다 메틸기가 한 개 적다. Norleucine, norvaline도 마찬가지다.

노르말 농도 normality 노르말 농도(규정 온도)는 용액 1,000 mℓ 속에 녹아 있는 용질의 g당량수로 정의한다.

$$\text{노르말 농도} = \frac{\text{용액 1,000 mℓ 중의 용질의 g수}}{\text{용질 1g 당량}}$$

또는 N = 몰농도 × 염기도(산도)

H_2SO_4는 2 염기산이므로 황상 1 M = 2 N이 된다. 따라서 1 N = 1 / 2 M = 0.5 M이다. 1 g 당량은 금속과 치환할 수 있는 수소원자 1.008 g을 포함하든가 또는 치환하는 양을 g으로 표시한 것이다. 염산은 순 HCl 36.465 g 중에 금속과 치환할 수 있는 H가 1.008g 이므로 염산 1 g 당량은 36.465 g(≒36 g)이다. 그러므로 염산 1 N은 1 M과 같다. 그러나 H_2SO_4의 경우는 1 M의 1,000 mℓ 속에 순 H_2SO_4를 98 g 포함하고 있는데 H가 2 g 들어 있으므로 2 N이 된다. 따라서 1 N 용액은 용액 1,000 mℓ 가운데 98 g의 1/2인 49g 의 황산을 포함하고 있어 0.5 M에 해당한다. → 규정농도.

ㄴ

노르아드레날린 noradrenaline 아드레날린(adrenaline)과 함께 부신(副腎)의 중심부(수질)에서 분비되는 호르몬이며 norepinephrine이라고도 한다. 생리적 효과는 아드레날린과 동일하며 화학적으로는 메틸기가 한 개 적다. 신경계통의 어느 부분에서는 신경의 말단에서 노르아드레날린이 근육의 화학적 자극제로서 유리된다.

노르에피네프린 norepinephrine 교감신경계에서 tyrosine으로부터 생성된 신경전달물질인 cathecholamine이며, 신경자극에 의해서 분비된다. → 노르아드레날린.

노화 老化 retrogradation 저장 중에 일어나는 호화(糊化) 전분의 변화와 용해도의 감소, 또한 품질, 조직감(texture)의 변화를 가져온다. 건조 감자, 빵 제품과 같은 제품에 있어서 중요한 현상이다. 호화되지 않은(날것) 전분은 일정한 형태를 취하고 있으나 전분은 가열되어 호화되면 그 형태가 변형된다. 호화된 전분은 저장 중에 전분입자에 천천히 어떤 형태를 만들어 서로 결합하기 시작한다. 따라서 gel을 파괴하고 아밀로오스가 불용성인 선상의 덩어리가 되어 침전된다. 이 결정화(結晶化, crystallization)가 노화인 것이다. 이 현상은 빵의 속(외피가 아닌)을 방치해 두면 일어나며, 폴리옥시에틸렌과 지방산의 모노글리세라이드 유도체는 노화를 더디게 하는 작용이 있다.

녹두 綠豆 small green peas 팥의 일종으로서 그 빛깔이 녹색이기 때문에 녹두라 한다. 녹두의 성분은 비슷하나 탄수화물에 조금 차이가 있어서 pentosan, galactan, dextrin, hemicellulose가 많다. 이들은 녹두의 점성에 관계가 있으며, 이 점성(粘性)으로 말미암아 당면제조에 쓰인다. 또 녹두로서 숙주나물, 녹두묵(淸泡)을 만들고, 빈대떡의 원료가 된다. 당면은 녹두 전분으로 만드는 것이 가장 좋지만 시장에 나오는 것에는 감자녹말로 만든 것이 많다. 이것은 1919년에 황해도 사리원에 살고 있던 중국인이 천연 동결에 의한 제조법을 우리나라에 처음 전한 것으로 되어 있다.

녹두박 綠豆粕 small green pea meal 녹두(phaseolus radiatus)에서 전분을 뽑아 당면, 녹두묵 등을 제조하는 과정에서 생기는 부산물로서 사료로 이용할 수 있는 자원이다.

녹말당(綠末糖), **전분당**(澱粉糖) starch sugar 효소나 산 또는 열에 의해서 전분이 완전히 가수분해되어 결정화에 의해서 정제된 glucose를 생산하는 것이다.

녹사료 錄飼料 green feed 초류(草類)와 같이 녹색을 띤 사료로서 조사료에 속하는 생초, 건초 및 초류의 사일리지 등을 닭이나 돼지에 급여하는 경우에 이것을 녹사료라고 한다. 녹사료는 가축의 식욕을 증진하는 효과가 있고 또 비타민 A 및 B군 혹은 섬유소, 무기물 등을 보급하는 효과가 있다. 닭의 경우에는 특히 양질의 풀을 선택해 줄 필요가 있고, 그 급여량은 생초로서 줄 때는 농후사료의 20～30% 정도, 건초로는 5% 이하가 좋다고 한다. 녹사료에는 보통 알팔파, 아카시아, 싸리잎, 칡잎 등이 사용되고 있다.

녹색야계 綠色野鷄 green jungle fowl 이 품종은 이전에는 갈루스 훠카투스(gallus furcatus)라고 불려진 것으로 자바 및 롬버그 섬 등에서 발견되어 적색 야계, 세일론 야계, 회색 야계와는 다른 형태를 가지고 있다. 이 3종은 어느 것이나 꼬리털이 14매로서 벼슬(볏)에는 톱니모양으로 들어간 곳이 있으며, 2개의 고기수염을 가지고 있다. 그러나 녹색 야계는 꼬리털이 16매로서 톱니같은 굴곡이 없고, 고기수염은 1개이다. 현재 닭들이 4종의 야계 중 어느 것에서 가금화된 것인지는 정설이 없다. 모든 닭이 갈루스(적색 야계) 한 종에서 유래했다는 일원설과 2종 이상의 조상이 있다는 다원설이 있으나 어느 것이 더 확실한지는 분명하지 않다.

농도계측(濃度計測), **밀도계측**(密度計測) densitometry 물질 또는 사람의 밀도를 측정하는 것이다. 사람의 밀도 측정법은 수중에서와 공기중에서 체중을 측정하고 공기중에서의 체중을 수중에서의 체중 감소로 나누어 체밀도를 계산한다. 이때 폐중에 들어 있는 공기와 소화기관 내에 들어 있는 가스를 보정해야 된다. 소화기관 내의 가스량(GIGV)은 약 50～300 ㎖ 정도이고, 폐중의 잔존 공기(RLV)는 폐용량의 24%로 계산한다.

$$\text{체 비중} = \frac{\text{체중(공기중)}}{\dfrac{\text{체중(공기)} - \text{체중(수중)}}{\text{물의 비중}} - \text{RLV} - \text{GIGV}}$$

농도의 희석 dilution of solution 의약품이나 특수 사료를 희석할 때 주로 이용될 수 있다. 일반적으로 A%의 용액을 B%(물일 때는 B = 0)로 희석시켜서 X%의 물질을 만들려면 다음과 같이 계산하면 편리하다.

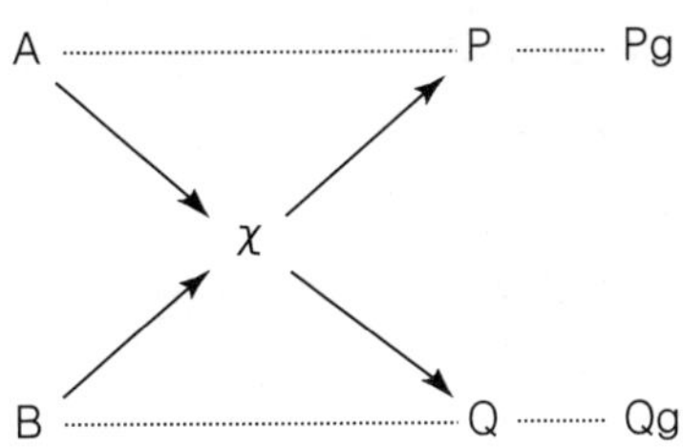

A : 농도가 큰 용액의 %
B : 농도가 작은 용액의 %
x : 만들려는 용액의 %
P = B - x이다. Q = A - X이다.
Pg : A%의 액을 P만큼 취한다.
Qg : B%액을 Q만큼 취한다.

90%의 H_2SO_4를 희석하여 30%의 H_2SO_4를 만들려면,

A = 90, B = 0, X = 30이므로
P = (0 - 30) = 30, Q = (90 - 30) = 60,

$$\text{Pg} = \frac{30}{90} \times 100 = 66.70\%, \qquad \text{Qg} = \frac{60}{90} \times 100 = 33.30$$

따라서 90%의 H_2SO_4와 물의 혼합은 30 : 60로서 1 : 2가 되어 황산 1, 물 2의 비로 희석한다. 농후사료의 배합도 이와 같이 응용하여 계산하는데, 이것을 방형법(square method) 혹은 피어슨의 사각법(Pearson's method)이라 한다.

농약중독 農藥中毒 poisoning by agricultural chemicals 벼나 밭작물의 병충해라든지 병원균을 방지하기 위해서 많은 농약이 살포되고 있는데, 작물에 잔류하는 농약을 가축

이 많은 양을 섭취할 경우에 중독이 일어난다. 특히 소의 피해는 가장 크다고 생각된다. 농약은 보통 살충 및 살균의 동시 효과를 노려서 2～3종을 혼합해서 분제로 쓰여지고 있다. 수제나 유제의 형태로서는 피부로 침투되어 해를 주는 경우도 염려되기 때문이다. 또 최근에는 규제에 따라서 독성이 강한 농약은 사용될 수 없도록 되어 있다. 농약에는 제충균(除蟲菌)같은 천연 살충제 말고도 유기인제, 유기불소제, 유기염소제, 카아버메이트계제 등의 합성 살충제가 있다. 또 합성 살균제에는 무기 및 유기태의 동제(銅劑)라든가 유황제, 유기수은제, 비소제, 인제(隣 劑), 염소제 등이 있다. 이러한 농약의 중독증상은 그 종류와 양에 따라서 가지각색이고, 적절한 대증요법(對症療法)을 강구할 필요가 있다. 예로서 디메트에이트, 바이지트, 스미티온 등의 유기인제는 다량의 흡입에 의해 설사, 복통, 구토, 기타 심장기능 장애가 일어난다. 더 심하면 신경에 작용하여 경련이라든지 호흡장애를 일으킨다. 치료요법으로서는 위 세척이 있으며, 해독제로서는 PAM(2-pyridine, aldoxine methodine)과 아트로핀을 피하에 병용 주사하면 유효하다. 우리나라에는 근년에 제초제가 꽤 많이 쓰여지고 있고 벼룩, 이, 쥐 등의 구제약도 있다. 이러한 약제 때문에 가축의 중독도 일어날 수 있는 염려가 있다.

농축사료 濃縮飼料 concentrate feed 전체 사료의 영양 균형을 맞추기 위하여 사용되는 사료로 더욱 희석하든가 배합하여 보충사료(supplement feed)나 완전배합사료를 만들기 위해 사용되는 사료이다. → 농후사료.

농축사료 첨가제 濃縮飼料添加劑 feed additive concentrate FDA에 따르면 농축사료 첨가제란 배합사료 및 일반사료 첨가제에 희석되어 사용되어야만 하며, 동물에게 직접 급여할 수 없는 고농도의 사료용 첨가제로 정의하고 있다. 즉 농축사료 첨가제는 1톤의 배합사료에 약 0.5～5.0 kg 정도 첨가하여 사용하는 사료첨가제이다. 농축사료 첨가제는 동물에게 직접 급여하거나 과량 급여하면 가축에게 해를 끼치거나 그 생산물을 이용하는 사람에게 해를 끼칠 가능성이 있으므로 사용에 주의를 요한다. → 사료첨가제.

농축어류단백질 濃縮魚類蛋白質 fish protein concentrate 식용으로 가공한 어류단백질이며, 일반적으로 식용으로 사용하는 물고기가 아닌 물고기로부터 제조한다. 기름을 짜고 건조시켜 분쇄한 것으로 단백질이 80%, 지방 0.2% 그리고 무기물이 13%이다.

농후사료 濃厚飼料 concentrate 가소화영양소 함량(TDN)이 60% 이상인 것을 농후사료라고 한다. 농후사료는 보통 용적이 적고 조섬유 함량이 적은 것인데 곡실류, 당류, 제조 부산물, 유박류 및 동물성 사료 등이 있다. 건물(乾物) 중의 영양분이 농후할지라도 수분함량이 많은 고구마 등은 보통 농후사료에는 넣지 않는다. 농후사료라는 명칭은 조사료에 비유해서 사용되지만 성분 함량에 의한 구별은 명확치 않다.

농후사료 다급 濃厚飼料多給 high concentrate feeding 닭・돼지는 일반적으로 농후사료에 의해서 사양되고 있고, 특히 농후사료 급여 비율이 문제가 되는 일은 없다. 이것에 반하여 반추가축은 본래는 초식성의 것이지만 특히 착유우, 비육우에서는 그 유전적 능력의 개량에 따른 필요 영양소의 증가와 축산경영의 입지조건의 변화 및 집약적인 생산 등에 의해 에너지원으로서 곡류・박류(粕類) 등 단백질, 무기물, 비타민원으로서 여러 가지 보조사료와 첨가물 등으로 이루어진 농후사료를 다급하는 사양방식도 실시되고 있다. 조사료를 주체로 해서 급여해야 할 생리조건을 가진 소에 대한 농후사료 다급 방식에 있어서는 제 1 위내의 활성 저하라든지 발효의 이상(異常), 유지율과 수태율의 저하, 간장해의 다발, 그밖에 일반적 건강상태의 이상 등의 문제가 발생한다. 이러한 것들에 대해서는 완충제(buffer제)의 급여, 비타민 A의 다급 등이 유효하고, 급여사료 중의 무기물의 균형이라든지 조섬유 함량의 최소 필요수준 등에 대해서 연구가 현재 진행되고 있다. 이러한 연구의 진전에 따라서 대가축 사료로서의 조사료의 중요성이 증대되고, 조사료가 갖는 물리성을 제조박류라든지 농산 부산물 등에 의해서 어느 정도까지는 대체할 수 있는 것이 가능해지고 있다. 이에 따라서 조사료 혹은 그 대체물의 필요 최소 한도량을 농후사료 주체의 사료 중에 합리적으로 배합해서 단일 급여도 가능한 대가축용의 '일량 사료(all in one ration)'도 연구되고 있다. → TMR 사료.

뇌 腦 brain 뇌는 주요 3부위로 구성되어 있다. 즉 전뇌(forebrain), 소뇌(cerebellum)와 뇌간(brain stem)이다. 전뇌는 가장 크고 또 두뇌의 가장 중요한 부위이며, 좌우로 구

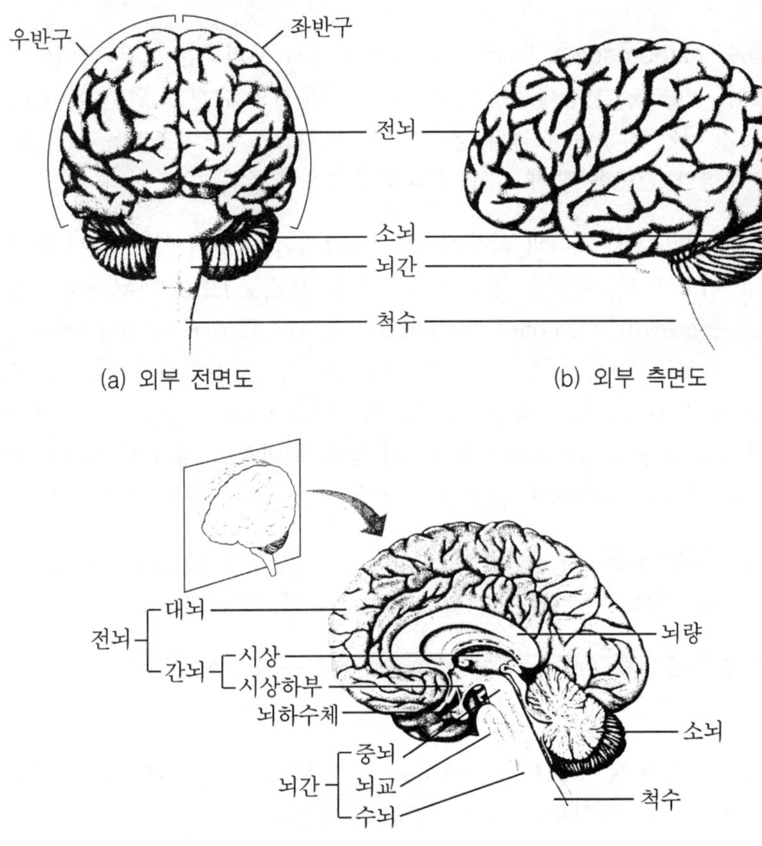

(c) 시상절단

Brain

분되어 대뇌(cerebrum)와 간뇌(diencephalon)로 구성된다. 대뇌는 크고 C형이고 회색질(gray matter)과 백색질(white matter)로 되어 있다. 간뇌는 시상(thalamus)과 시상하부(hypothalamus)로 구성되어 있다. 소뇌(cerebellum)는 좌우 양측의 대칭구조이고 전뇌의 아래쪽과 뇌간의 뒤쪽에 있다. 뇌간(brain stem)은 뇌의 꼬리쪽에 위치하고 전뇌와 소뇌를 척수에 연결시킨다. 뇌간은 주요 3부위로 구분된다. 즉 ① 전뇌와 연결되고 가장 입문쪽에 있는 중뇌(midbrain), ② 소뇌와 연결된 중간부위의 뇌교(pons), ③ 척수와 연결된 가장 입문 부위인 수뇌(medulla oblongata)이다.

뇌교 腦橋 pons 뇌간(brain stem)의 중심부위이며 소뇌(cerebellum)와 연결된다.

뇌연화증 腦軟化症 encephalomalacia 사람의 경우보다 가축에 주로 나타나지만 비타민 E가 결핍된 음식과 다량의 식용유를 급여한 유아에 나타난 경우가 있다. 뇌가 병적으로 연화되는 것이며, 대부분의 경우 뇌혈관이 막힘으로써 생기는 뇌경색증의 결과이다.

뇌졸중 腦卒中 stroke, apoplexy 뇌로 가는 정상 혈액순환 장애로 갑자기 의식을 잃거나 다소의 마비를 일으킨다. 이는 뇌세포에 산소공급의 정도에 따라 일시적 또는 영구적일 수 있다.

뇌척수액 腦脊髓液 cerebrospinal fluid 뇌의 뇌실에서 분비되는 맑은 액이며 뇌와 척추를 적시고 있다. 이는 ① 신경세포에 영양소와 대사물질의 교환을 위한 매질(medium)로서 작용하고, ② 뇌와 척추내의 액의 양과 압을 조절하고, ③ 뇌조직을 보호하는 역할을 한다. 특정 질병의 진단을 위해 다소의 뇌척추액을 뽑아내기도 한다.

뇌하수체 腦下垂體 pituitary 뇌의 하부에 있는 조그마한 내분비기관으로서 내분비계의 중심적인 역할을 하고 있다. 이것은 전엽(前葉)과 후엽(後葉)으로 나뉘어져 있고, 전엽에서는 성장호르몬(growth hormone), 최유호르몬(LTH : lactogenic hormone, prolactin), 갑상선자극호르몬(TTH : thyrotropic hormone), 부신피질자극호르몬(ACTH : adrenocorticotropic hormone), 황체형성호르몬(LH : luteinizing hormone), 여포(濾胞)자극호르몬(FSH : follicle stimulating hormone) 등을 분비하며, 후엽에서는 항이뇨호르몬(ADH : antiduretic hormone)과 자궁수축호르몬(oxytocin) 등을 분비한다.

뇌하수체 전엽 腦下垂體前葉 anterior pituitary 뇌하수체(pituitary gland)의 전엽(anterior lobe)이며, 주로 자극호르몬(tropic hormone)을 분비한다.

뇌하수체 절제 腦下垂體切除 hypophysectomy 뇌하수체선(腦下垂體腺)을 외과적으로 제거하는 것을 말한다.

뇌하수체 후엽 腦下垂體後葉 posterior pituitary 뇌하수체의 후엽으로 항이뇨호르몬(antidiuretic hormone)과 옥시토신(oxytocin)을 분비한다.

뇌하수체 후엽(腦下垂體後葉)호르몬 posterior pituitary hormone 뇌하수체 후엽에서 분비되는 호르몬으로 평활근 수축, 혈압상승, 항이뇨작용 등이 있는 것으로 알려져 있는

데, 가축의 경우 평활근 수축작용이 실용적으로 응용되고 있다. 즉 분만시 자궁 수축이 약하기(진통 미약) 때문에 태아가 나오기 어려울 경우나 유방 안의 잔유(殘乳)를 배출시킬 필요가 있을 때 사용되고 있다.

뇌혈관질환 cerebrovascular accident(CVA) 일반적으로 혈전에 의한 뇌조직의 부분적인 죽음이다.

누대 사양시험 累代飼養試驗 multi-generation feeding test 사료를 비롯한 사양조건이 가축의 번식에 미치는 영향을 검토하기 위해서 수세대의 세대를 걸쳐서 가축을 사육하고, 그 성적을 대조구의 성적과 비교하는 방법을 말한다. 일반적으로 신세대로부터 시작해서 그 자손세대에 미치는 영향, 특히 번식능력에 미치는 영향을 조사하기 위해서 수세대를 조사하는 데까지 사육한다. 만성 독성, 최기(催奇) 형성 등을 통합적으로 판단함으로써 중요한 정보를 얻을 수 있다.

누룩사료 麴飼料 "koji" feed 여러 가지 배지에 누룩균(*Aspergillius*)을 배양해서 사료로 한 것이다. 사료로서의 가치가 낮은 공장폐기물 등에 누룩균을 배양해서 사료가치를 높이는 것을 목적으로 하는 경우와 적극적으로 적당한 탄수화물원, 즉 전분박 같은 데에 유안(硫安)을 질소원으로 해서 누룩균을 배양하여 그 균체를 단백질원으로 이용하는 경우가 있다. 누룩의 균체는 양질의 단백질을 풍부하게 함유하는 것 이외에도 비타민류를 많이 함유한다. 사료가치를 높이는 목적으로 공장 폐기물에 누룩균을 배양하는 것은 그 원료나 가공처리법에 따라 사료가치가 크게 다르다.

누에 인공사료 蚕人工飼料 artificial diet for silkworm 누에 사육에 있어서 뽕잎 대신에 급여해서 영양소를 보급하는 사료를 인공사료라고 한다. 누에는 다양한 초류를 이용하지 못하는 협식성(挾食性)이고, 수분을 사료 중에 다량 함유하지 않으면 안 되는 점 등 가축의 사료와는 다른 성질이 요구된다. 사료의 내용에 따라서 배합사료, 준합성사료, 합성사료 등이 있다.

뉴우매틱 링 드라이어 pneumatic ring dryer Pueumatic dryer의 일종으로서 물체가 가열공기에 따라 몇 번 고리모양의 도관을 이동하는 중에 온도, 물체의 유속, 건조시간 등이 조절된다. 전분, 감자입자, 곡류, 소맥분, 분말스프 등에 사용된다.

뉴캐슬병 newcastle disease 닭에서 가장 위험한 전염병의 하나이다. 이 병원체는 바이러스성인데 아시아형과 아메리카형으로 구분된다. 폐사율을 보면 아시아형이 거의 100%에 가까운데 비해서 아메리카형은 10～15% 정도이다. 감염에서 발병까지는 짧은 것은 3～4일, 긴 경우에는 15일 정도이다. 급성의 경우에는 녹변(綠便)이 섞인 연변(軟便)에서 수양성(水樣性)의 설사변으로 된다. 병상(病狀)이 진행되면 계사의 한쪽 구석에 웅크리고 혼수상태를 나타내며, 때때로 머리를 흔들고 비강에서 콧물을 내는 증상을 나타낸다. 아시아형의 특징은 급성이고 병변은 소화관에서 발견된다. 즉 선위(腺胃) 및 장의 출혈이 이 병의 뚜렷한 특징으로 되어 있다. 이 병에 대한 예방법으로는 사독백신 및 생독백신이 있으며, 병아리에서 성계기 동안에 일정한 프로그램에 의해서 접종하면 유효하다. 그러나 예방백신의 결점은 어느 쪽도 다 면역기간이 짧은 점이다.

뉴클레오시드류 nucleosides 퓨린 또는 피리미딘 염기와 당의 화합물이며, 예로서 아데닌과 리보스의 화합물은 아데노신이라고 하는 뉴클레오시드이다. 여기에 인산이 결합

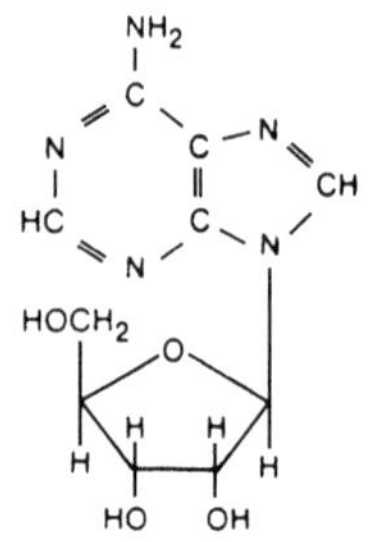

Adenosine

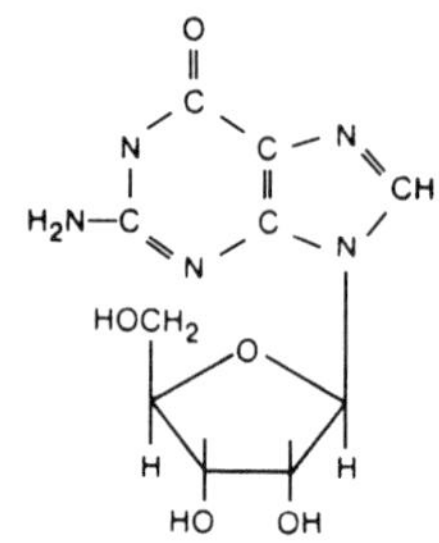

Guanosine

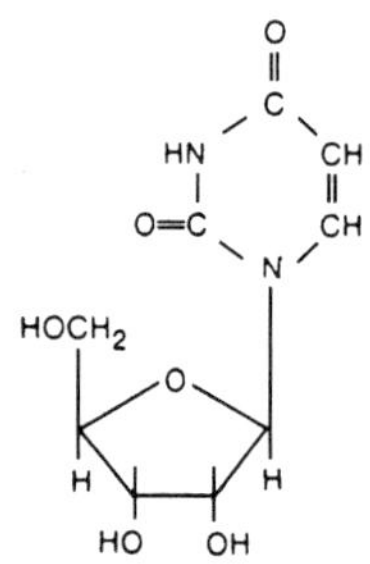

Uridine

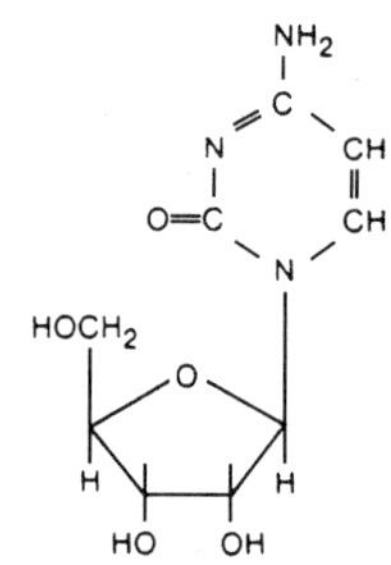

Cytidine

퓨린 또는 피리미딘 염기와 ribose의 결합

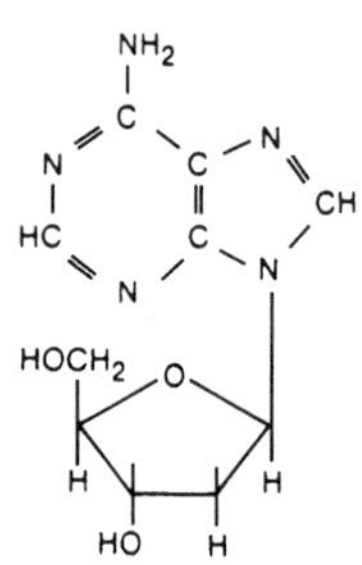

Deoxyadenosine

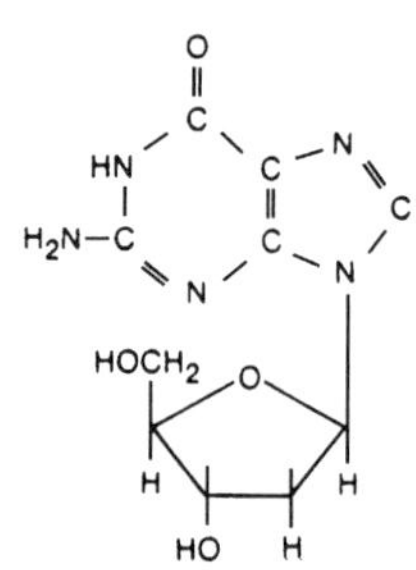

Deoxyguanosine

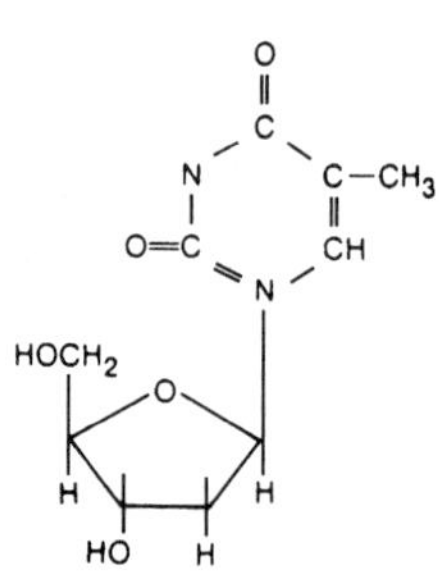

Deoxythymidine

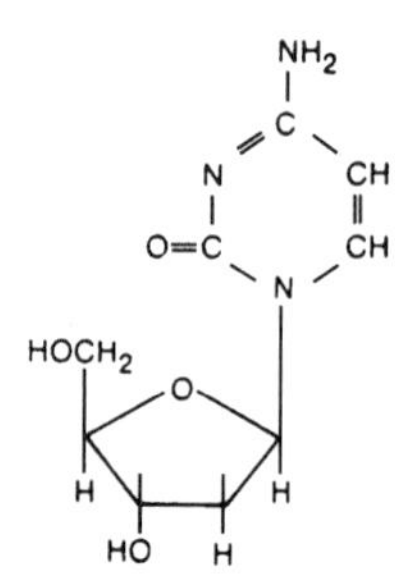

Deoxycytidine

퓨린 또는 피리미딘과 deoxyribose의 결합

되면 뉴클레오티드가 생성된다.

뉴클레오티드류 nucleotides　퓨린 또는 피리미딘 염기와 당, 인산이 결합된 것이다.

뉴트럴 디터전트 화이버 neutral detergent fiber(NDF)　분쇄사료에 neutral detergent solution(라우릴산 나트륨, 에칠렌디아민 4초산 2나트륨, 붕산 나트륨, 인산 2나트륨, 에틸렌글리콜, 모노에틸에테르를 함유한다. pH 6.9～7.1)을 가하여 1시간 끓이고(煮沸) 여과해서 얻어진 잔사에서 뺀 것을 NDF라고 한다. 즉, 사료(특히 조사료)의 성분은 다음과 같이 분획된다.

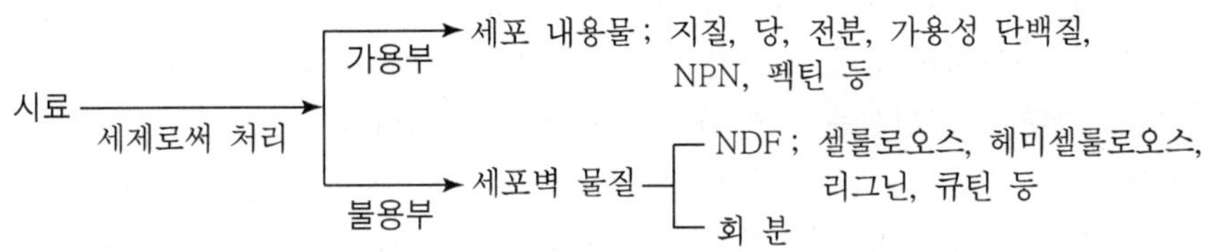

NDF는 헤미셀룰로오스, 셀룰로오스, 리그닌 및 열변성 단백질로서 이루어진다. 종래의 일반 분석법에 의하면 가용무질소물 중에 당류, 전분과 같은 소화가능 물질과 함께 리그닌과 같은 소화가 어려운 물질이 함유됨으로써 특히 조사료의 영양가를 화학분석만을 의지해서 추정하는 것은 편리하지 못했다. 그러나 NDF를 정량하는 방법에 의하면 소화가 용이한 세포 내용물과 소화가 어려운 세포벽 물질과를 분리할 수 있는 점이 뛰어나다. 또한 NDF는 조사료의 섭취량에도 영향을 미치고 있다. → 중성세제 불용성 섬유.

뉴햄프셔 new hampshire　원산지는 미국 뉴햄프셔 지방이며, 우리나라에는 1952년경에 들어온 역사가 비교적 짧은 품종이다. 뉴햄프셔는 로드 아일렌드 레드(Rhode Island Red)를 기초로 30여 년간 서서히 개량하여 1935년에 비로소 하나의 품종으로 공인되었다. 표준 체중은 ♂ 3.8 kg, ♀ 2.9 kg이며, 볏은 비교적 큰 단관이다. 체질은 강건하고, 성질이 온순하며, 취소성(broodness)이 적고, 난중은 60 g 전후이며, 난각은 갈색이다. 산란능력은 다산이나 그 성립이 짧아 프리머스록, 로드 아일랜드 레드와 같이 고정되어 있지 않고 보통 180개 정도 낳는다. 육질이 매우 양호하고 조숙성이며, 우모 발생이 빠르므로 브로일러용 생산에 교잡하는 데 이용되고 있다. 이 닭의 특징은 성질이 매우 온순하고 발육이 빠르며, 알 껍질은 갈색, 우모 색은 로드 아일랜드 레드종이 농암적색인 것에 비해 약간 담색이다.

능동운반 能動運搬 active transport　한 분자가 다른 분자에 의해서 세포막을 통해 운반되는 과정이며, 이때 영양소의 대사로 인해 생긴 에너지를 필요로 한다.

니신 nisin　자연상태의 항생물질이며, 때로는 우유에도 들어 있다. 여러 나라에서 식품 방부제로 니신을 사용한다.

니켈 nickel(Ni)　여러 가지 생물학적 기능을 가진 미량 무기물이며, 단백질의 구성성분

ㄴ

이기도 하다. 가열된 수증기에서 수소발생 능력이 있기 때문에 마가린의 수소화 과정에서 촉매로 사용되며, 또한 식품 가공때 사용되는 도금용기에 사용된다.

니코티나마이드 nicotinamide　Niacin의 활성화 형태이다.

니코틴산(酸) nicotinic acid(niacin)　나이아신(niacin)이라고도 한다. 비타민 B군의 일종인데 인체 내에서 항펠라그라(antipellagra) 인자이다. 보효소인 DPN, TPN에 함유되어 있으며, 당분해라든지 에너지 생성 같은 생체내의 기본적인 대사에 관여하고 있다. Niacin은 생리적으로 활성화 형태인 nicotinamide로 쉽게 전환된다. 이것이 결핍되면 돼지에는 체중 감소, 설사, 구토, 피부염 같은 것이 생기고, 닭에는 성장저하, 구강염, 볏과 다리에 피부염, 산란저하 등을 일으킨다. 반추가축에는 제 1 위내에서 합성되므로 결핍이 일어난 예는 없다. 니코틴산은 생체 내에서 트립토판(tryptophan)으로부터 합성된다. 밀기울, 쌀겨, 효모, 어분, 알팔파밀에 많이 함유되어 있고, 곡류라든지 유박류에는 적으며, 이것들을 주체로 하는 사료에는 부족할 우려가 있다. 사료첨가물로서는 니코틴산 또는 니코틴산 아미드의 형태가 이용된다.

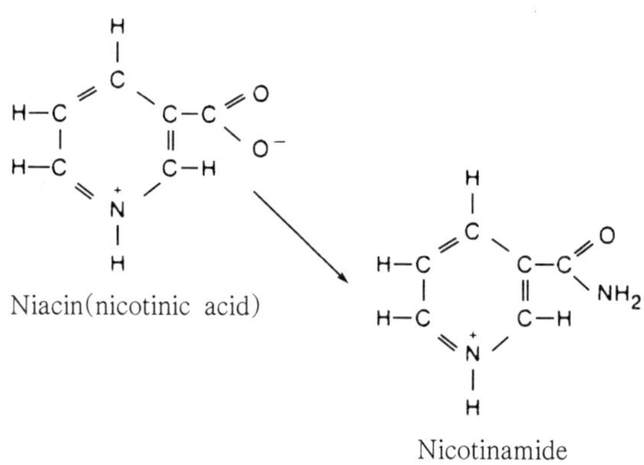

Niacin의 nicotinamide로의 전환
nicotinic acid(niacin)

니코틴아미드 아데닌 다이뉴클레오티드 nicotinamide adenine dinucleotide(NAD, NADH)　Coenzyme I의 정식 명칭이며, 비타민 niacin의 조효소 형태이다.

니코틴아미드 아데닌 다이뉴클레오티드 포스페이트 nicotinamide adenine dinucleotide phosphate(NADP, NADPH)　Coenzyme II의 정식 명칭이며, 비타민 niacin의 조효소 형태이다.

니트로사민 nitrosamine　이산화질소(NO_2), 즉 nitrite와 다른 화합물의 아민기(NH_2)와의 결합으로 생성된 화학물질이다. 많은 니트로사민은 강력한 발암물질(carcinogen)이다.

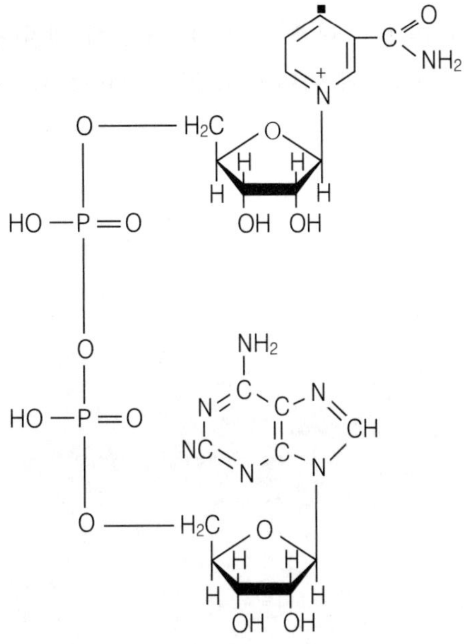

Nicotinamide adenine dinucleotide

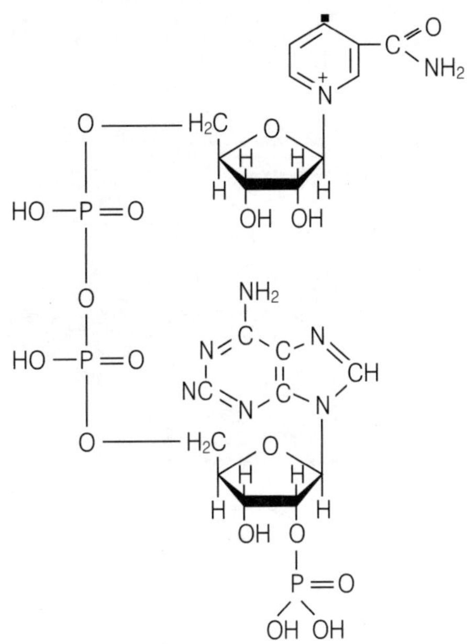

Nicotinamide adenine dinucleotide phosphate

니트로소미오글로빈 nitrosomyoglobin 숙성육(cured meat)의 붉은 색을 띠게 하는 화학물질이며, nitrite의 분해로 nitric oxide(NO)가 되면서 근육 중의 myoglobin과 작용하여 생긴다.

ㄴ

닌히드린 시험(試驗) ninhydrin test 단백질 및 아미노산에 대한(실제는 아미노기에 대한) 정량 분석용 시약이다. 닌히드린과 아미노산, 또는 peptide와 반응하면 청색 내지 자색을 생성한다.

ㄷ

다가불포화지방산 polyunsaturated fatty acid 탄소 이중결합을 2개 이상 함유한 지방산이다.

다년생 화본과목초 多年生 禾本科牧草 perennial grass 여러 해 동안 연속적으로 이용할 수 있도록 자라는 화분과 목초로서 오처드 그래스, 티모시, 켄터기 블루 그래스 등이 여기에 속한다.

다뇨증 多尿症 polyuria 과다한 뇨의 생성과 배설을 의미하는 의학용어이며, 어떤 질병의 증세이다. 즉 다뇨증은 당뇨병(diabete)의 증상이다.

다당류 多糖類 polysaccharides 다수의 단당류(구성 단위)가 축합(縮合)되어 형성된 복합탄수화물을 뜻한다. 전분, 글리코겐, 셀룰로오스, 덱스트린, 이눌린 등이 여기에 속하며, 이들은 가수분해되면 단당류로 분리된다.

다량 무기물 多量無機物 macromineral 그 요구량이 하루에 100 mg 이상 요구되며, 칼슘, 인, 나트륨, 마그네슘, 칼륨, 유황이 여기에 속한다.

다량 영양소 多量營養素 macronutrient 체내 또는 음식물 중의 요구량이 0.1～1 g 또는 그 이상인 영양소이며, 여기에는 지방, 물, 단백질, 칼슘, 인, 나트륨, 염소, 마그네슘, 칼륨, 밀, 유황이 속한다.

다발성 신경염 polyneuropathy 다수의 말초신경과 관련된 질병이다.

다변량 분석 多變量分析 multivariate statistical analysis 영양상태가 좋은 가축과 영양장애 가축을 비교하는 예를 생각하면 혈중의 칼슘양만으로써 판단하는 경우에는 1변량(變量)을 취급하므로 처리는 비교적 단순하다. 만약 비타민 A도 동시에 측정한다고 하면 2변량을 취급하는 일이 되고 해석은 복잡하게 된다. 그러나 영양상태의 판정에는 보통 여러 종류의 자료를 이용하여 총합적으로 판단하는 일이 시행된다. 이것을 다변량 분석이라고 한다. 변량의 수보다 적은 몇 개의 주성분으로 요약해서 자료를 정리하는 주성분 분석(principal component analysis), 어떤 모델을 설정하여 예측될 수 있도록 하는 중회귀(重回歸) 분석이라든지 판별관수법(判別關水法, statistical discrinant analysis) 등이 있다.

다이아포라아제 diaphorase 세포 호흡계(미토콘드리아)에 관계하는 플라보 단백효소이다. 코엔자임 I 로부터 수소를 수용하는 기능을 가진다.

다이유레이도 아이소부탄 diureido isobutane, dibu 비단백태 질소화합물의 일종인데, 요소와 아이소부틸알데히드를 황산 산성(H_2SO_4)으로써 반응시켜서 만들어진다. 요소, 다이유레이도 아이소부탄 등의 비단백태 질소화합물은 반추가축의 제 1 위내에서 분해되면 암모니아를 생성하고, 그 일부는 미생물단백질의 합성에 이용되며, 제 4 위와 소장으로 이행되는 단계에서 소화되어 가축에 이용된다. 다이유레이도 아이소부탄은 요소와 비교해서 서서히 분해되기 때문에 암모니아에 중독될 염려는 적다. 비단백태 질소원은 배합사료의 원료로서 이용하는 경우 착유우 이외의 6개월령을 초과한 축우용의 사료에 한해서 1.5%까지 배합할 수 있다.

다이쿠마롤 dicoumarol 부패한 스위트 클로버 건초나 또는 합성에 의해 생산된 화학물질로서 가축이 섭취할 경우 혈액의 항응고나 내부 출혈을 초래한다. 비타민 K와 길항작용을 한다. 의학적으로 항응고제로서 이용되며, 상품명은 dicoumarol이다. → 다이쿠마린(dicoumarin).

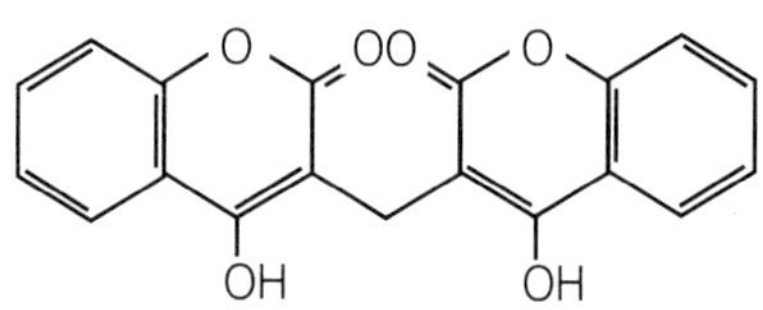

Dicoumarol

다이쿠마린 dicoumarin, dicoumarol Sweet clover가 부패하면 생기는 독성물질로서 간에서의 prothrombin의 생합성을 저해하여 출혈의 원인이 되는데(출혈성 sweet clover증), 즉 다이쿠마린은 항비타민 K 활성을 가진다. 임상적으로 수술 후의 혈전을 방지하는 즉, 혈액응고 방지제로 사용된다.

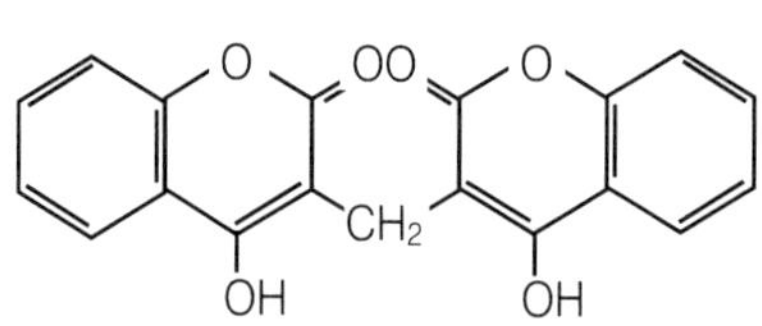

Dicoumarol

다즙사료 多汁飼料 succulent feed 사료 중에서 수분함량이 70～90% 정도 되는 사료를 다즙사료라고 한다. 여기에는 근채류, 엽채류, 과채류, 생초, 사일리지 등이 포함된다. 일반적으로 가축의 식욕을 증진시키고 분변 완하제 작용이 있다. 특히 젖소에는 다즙질사료를 급여하면 유량이 증가한다고 한다.

다태 多胎 polytocous 두 마리 이상의 새끼를 임신 혹은 분만하는 것으로서 개, 고양이, 돼지의 경우는 일반적이나 소와 말에 있어서는 드물다. 다태는 발정시에 2개 이상의 배란이 있고, 교배에 의하여 2개 이상의 수정란이 생겼을 경우에 발생한다. 근래에는 임신한 말의 혈청성 성선자극호르몬 사용에 의하여, 소의 경우에는 쌍태아를 분만하는 기술이 개발되고 있다.

단당류 單糖類 monosaccharides 더 이상 간단한 당으로 가수분해 될 수 없는 탄수화물이며, 탄소원자 3개의 것(triose), 4개의 것(tetrose), 5개의 것(pentose), 6개의 것(hexose), 7개의 것(heptose) 등이 있다. 또는 monosaccharose라고도 한다.

단미사료 單味飼料 singlecomponent feed 배합사료나 혼합사료와 같이 각종의 원료를 섞은 사료가 아니고 배합·혼합사료의 원료가 되는 개개의 사료를 단미사료라고 한다. 보통 사용되고 있는 단미사료는 성분 또는 제조방법 등에 의해 다음과 같이 구분될 수 있다. → 원료사료, 단일사료.

① 곡류 : 옥수수, 수수, 밀, 보리, 귀리, 호밀, 현미, 밀가루, 볶은 콩가루
② 강피류 : 쌀겨, 탈지미강, 보릿겨, 밀기울, 말분(末分)
③ 식물성 유박류 : 대두박, 아마인박, 면실박, 땅콩박, 야자박, 파암핵유박, 참깻묵, 채종박, 카포크박, 들깻묵
④ 동물성 사료 : 어분, 어즙, 육분, 육골분, 혈분, 우모분, 번데기유박, 탈지분유, 건조 whey, 피혁분
⑤ 기타 : 사료용 효모, 알팔파미일, 전분박, 장유박 등

단백가 蛋白價 protein value 단백질의 영양가를 나타내는 방법의 하나인데, 공시(供試) 단백질을 급여한 병아리의 발육과 표준 단백질을 급여한 병아리의 발육을 비교하는 것인데, 처음에 조단백질 8%의 기초사료에 카제인 또는 공시단백질을 3% 배합한 3종류의 시험사료를 주는 방법이 제창되었다. 최근 이 방법이 상세히 검토되고 있는데 표준단백질로서 카제인·아미노산 혼합물을 사용하며, 공시단백질 배합량을 최고 10%로 하고, 자료의 해석을 경사비(傾斜比) 정량법에 의해 하도록 개선되었다. 이에 따라서 측정 결과의 신뢰성, 재현성이 현저히 높아졌다. 단백질의 축적량에 근거하여 측정하는 정미단백질 이용률(net protein utilization)과의 단백질 상관은 높다. 이 방법은 단백질의 평가법으로서 우수한 방법 중의 하나이다.

단백뇨 albuminuria, proteinuria 혈액 중의 알부민(단백질)이 신장을 통해서 뇨로 배설되는 것이다. 신장질환이 있을 때 일어난다.

단백질 蛋白質 protein 단백질은 생물체를 구성하는 고분자의 질소화합물인데, 아미노산이 peptide bond에 의해 연결되어 있다. 따라서 가수분해를 하면 여러 가지 아미노산이 생성된다. 단백질은 질소를 평균 16% 함유하고, 기타 탄소·산소·수소 이외에도 황(S)·인(P)·철(Fe)·동(Cu) 등을 함유하고 있다. 단백질은 그 특성에 따라서 알부민, 글로불린, 글루테린 등 많은 종류로 분류된다. 단백질의 영양가는 소화율 및 구성 아미노산의 종류와 양에 의해서 좌우된다. 단백질은 가축의 체구성의 중요 성분이며, 근육·가

축·털·혈액·조직 등의 주성분일 뿐만 아니라 우유·고기·알(卵) 등의 생산물에도 많이 함유되어 있다. 가축의 생명의 유지나 축산물 생산을 위해서는 매우 중요한 기능을 지니고 있다. 또한 단백질은 항체로 불리는 immunoglobulin을 구성하고 호르몬과 혈액의 산·염기 평형조절, 혈액과 세포막을 통한 이온과 분자의 운반, 헤모글로빈을 통한 산소의 운반 등 그 기능이 다양하다.

단백질 가수분해 蛋白質加水分解 proteolysis 산·알칼리·효소 등에 의한 가수분해를 말하며, 최종적으로 아미노산이 생성된다.

단백질 당량 蛋白質當量 protein equivalent(PE) 가소화조단백질과 가소화순단백질의 장단점을 보완하기 위해 영국에서는 단백질 당량(protein equivalent ; PE)이라고 하는 단위를 사용하고 있다. 이것은 비단백태 질소화합물이 가소화순단백질의 1/2에 상당하는 영양가치를 지니고 있다는 데 근거를 둔 것이다. 그 식은 다음과 같다.

$$\text{단백질 당량(PE)} = \text{가소화순단백질} + 1/2 \ \text{비단백태 질소화합물}$$

$$= \frac{1}{2}(\text{가소화단백질} + \text{가소화순단백질})$$

단백질 대체가 蛋白質代替價 protein replacement value(PRV) 공시단백질을 급여했을 때와 기준 단백질을 급여했을 때의 질소 출납의 수치를 비교하여 그 대체 가치를 정한 것을 단백질 대체가(protein replacement value ; PRV)라고 하며, 다음과 같은 식으로 산출할 수 있다.

$$\text{단백질 대체가(PRV)} =$$

$$100 - \frac{\text{기준 단백질 급여시의 질소 출납} - \text{공시단백질 급여시의 질소 출납}}{\text{섭취한 질소(양쪽 단백질이 동량)}} \times 100$$

예를 들면 기준 단백질로는 전란(全卵)을 사용하며, 전란의 단백질을 50 g 급여한 구와 대두박의 단백질을 50 g 급여한 구의 질소 출납을 측정한 결과 전자가 +20 g, 후자가 +16 g이라고 하면 단백질 대체가는 다음과 같다.

$$\text{대두박 단백질의 단백질 대체가} = 100 - \left(\frac{20-16}{50} \times 100\right) - 92(\%)$$

즉, 대두박 단백질은 전란(全卵) 단백질의 92%에 해당하는 가치가 있는 셈이 된다.

단백질 분해효소 蛋白質分解酵素(**프로테아제**) protease 단백질 및 그 유도체에 작용해서 펩톤 및 펩티드 등의 단계를 거쳐 아미노산으로까지 분해시키는 효소의 총칭이다. 즉, 단백질의 아미노산 간의 peptide bond를 잘라 주는 효소이다. 단백질 분해효소는 다음의 두 가지로 구분된다.

① 프로테이나아제(proteinase) : 이것은 단백질을 소화해서 주로 프로테아제, 펩톤 등으로 분해하는 효소군인데, 펩신·트립신·파파인(papain) 등이 있다.
② 펩티다아제(peptidase) : 이것은 프로테아제로부터 생성된 중간 분해물에 작용해서 아미노산까지 완전히 분해하는 효소군인데, 아미노펩티다아제·카르복시펩티다아제 등이 있다.

단백질사료 蛋白質飼料 protein supplement feed 사료를 그 주성분에 따라서 분류하는 경우 단백질이 20% 이상인 것을 총칭해서 일명 단백질사료라고 한다. 여기에는 대두박·면실박·땅콩박 등의 유박류와 어분 등의 단백질 함량이 높은 동물성 사료가 포함된다.

단백질의 생물가(生物價) biological value(BV) 성장하는 가축의 체내에 축적된 단백질은 사료 중의 단백질에서 유래된다. 즉, 사료 중의 단백질은 체내의 소화기관에서 아미노산으로 분해된 후 흡수되어 기관과 조직에서 가축 특유의 체단백질로 전환된다. 그러므로 가축체(家畜體)를 구성하는 체단백질의 아미노산과 사료 중의 단백질을 구성하는 아미노산의 종류 및 그 함유 비율이 가까울수록 사료 중의 단백질은 그 이용성이 높아진다. 한편, 사료 중의 단백질이 체단백질로 합성되지 못한 것은 산화되어 에너지원으로 이용되거나 체지방으로 체내에 축적되는데, 이와 같은 경우 아미노산은 탈아미노산 반응(deamination)에 의해 질소가 오줌으로 배설된다. 그러므로 섭취한 질소와 분뇨로 배설된 질소의 양을 알면 체내에 축적된(체단백질로 합성된) 아미노산의 질소량을 구할 수 있다. 이와 같이 체내에 축적된 질소(단백질)와 섭취한 질소의 비율을 Thomas는 단백질의 생물가(biological value ; BV)라고 하였다. 그 후 Mitchell에 의하여 재확인되었고, 또한 그 측정방법도 보완 개선되었다. 현재 널리 알려져 사용되고 있는 단백질의 생물가는 Mitchell의 것이며, 다음과 같은 식으로 구할 수 있다.

$$\text{생물가(BV)} = \frac{\text{체내에 축적된 질소}}{\text{흡수한 질소}} \times 100 =$$

$$\frac{[\text{섭취한 질소} - (\text{분의 질소} - \text{대사성 분의 질소})] - (\text{뇨의 질소} - \text{내생뇨의 질소})}{\text{섭취한 질소} - (\text{변의 질소} - \text{대사성 분의 질소})} \times 100$$

단백질-열량 영양불량 protein-energy malnutrition(PEM) 열량과 단백질을 불충분하게 섭취한 상태이다. 체중이 감소하며 감염에 대한 민감성이 증가한다.

단백질 효율 蛋白質效率 protein efficiency ratio(PER) 단백질 이외의 다른 영양소가 완전히 함유되어 있는 기초사료에 공시할 단백질을 첨가하여 일정기간 사육하고, 전 기간 중에 섭취한 단백질에 대한 체중 증가량의 비를 단백질 효율(protein efficiency ratio ; PER)이라고 한다.

$$단백질\ 효율(PER) = \frac{체중의\ 증가량(g)}{단백질의\ 섭취량(g)}$$

ㄷ

이 효율은 사료 중의 단백질 함량에 따라 다르므로 기초사료와 공시사료가 보통 10% 정도 단백질이 함유되어 있는 것으로 측정한다.

단세포 단백질 單細胞蛋白質 single-cell protein(SCP) 하나의 세포를 가지고 있는 효모, 박테리아, 해조류, 곰팡이 등에서 얻는 단백질을 말한다. 산업적으로 가장 널리 생산 이용되는 것은 효모인데, 제지산업 폐기물을 배지로 생산되는 sulfite yeast(*Torula*속), 탄화수소 효모(*Candida*속), whey yeast나 식품 발효 등에 사용하는 탄수화물 효모(*Saccharomyces*속) 등이 있다.

단순단백질 單純蛋白質 simple protein 아미노산만으로 구성되어 있는 것으로 이것은 물・염류・알칼리・알코올에 의한 용해도에 따라 알부민, 글로불린, 글루텔린, 프로라민, 알부미노이드, 히스톤 등으로 분류된다.

단순당 單純糖 simple sugar 단당류(monosaccharide)이다.

단순지방 單純脂肪 simple lipid 유지, 밀납(wax)과 같은 지방을 구성하는 것으로 지방산과 알코올의 에스테르로 이루어지는 것이다.

단순확산 單純擴散 simple diffusion 화학적 또는 전기적 힘에 의해서 분자가 수동운동을 나타내는 것이다.

단위동물 單位動物 monogastric animal 위를 하나만 가진 동물을 말하며, 일반적으로 위에서 염산 분비량이 많으므로 산도가 높다. 여기에는 말・돼지・토끼 등이 포함된다.

단일불포화지방산 monounsaturated fatty acid 이중결합이 1개인 지방산이다.

단핵 백혈구 單核白血球 monocyte 단지 수시간 동안만 혈액과 더불어 순환하는 식세포작용을 하는 백혈구이며, 조직으로 옮겨 가서 대식세포(macrohage)로 불리는 식세포(phagocytic cell)가 된다.

달걀 鷄卵 egg 단백질 11%, 지방 10.4%, 100 g당 144 cal., Ca 44 mg, Fe 2.2 mg, 비타민 A 890 I.U., 비타민 B_1 0.09 mg, 비타민 B_2 0.27 mg, Niacin 0.1 mg, 비타민 C 없음.

① 노른자 : 수분 49%, 지방 31.6%, 단백질 16.7%, 회분 1.5%
② 흰자 : 수분 87.8%, 단백질 10.8%, 지방과 탄수화물 없음. 회분 0.6%

달걀은 단백질, 철, 지방, 비타민 A・B_1・B_2의 좋은 공급원이나 Ca, niacin, 비타민 C가 적다. 식품적 가치와는 별도로 달걀은 chicken custard나 sauce의 유화제, sponge cake의 공기 보유제, croquette의 binder로서도 유용하다.

달리스 그라스 dallis grass 남미가 원산으로 더운 지형의 화본과 목초이다. 한발에 강하고 생육기간이 긴 것이 특징이다. 영양가가 높은 목초이며 가축에게 기호성도 좋고, 또 방목시 발굽에 밟혀도 잘 견디므로 방목용으로서 이용되는 일이 많다. 보통 두과목초와 혼파하는 것이 좋다.

닭 鷄 chicken 가금으로서 어린 병아리로부터 큰 닭까지의 닭의 총칭이다. 영국에서는 닭의 용도와 연령에 따라 다음과 같이 불려지고 있다.

(1) 일반적인 산란 닭

① Day old chick : 부화해서 72시간 이전의 병아리로서 모이를 공급하지 않아도 된다.
② Chick : 부화 후 8주까지의 닭
③ Grower : 8주부터 20주까지의 닭
④ Developed pullet : 20주~18개월까지의 햇암탉
⑤ Hen : 18개월 이상의 알 낳는 닭
⑥ Cockerel : 20주~18개월의 수탉
⑦ Cock : 18개월 이상 된 수탉

(2) 육용 닭

① Poussion : 약 7주 정도의 식육할 수 있는 영계
② Broiler : 약 5~6주에 1.6~1.8 kg(3.5~4 lb) 정도의 식육 닭
③ Rooster : 약 5~6주에 생체중 3.6 kg(8 lb) 정도의 큰 수탉
④ Capon : 거세한 수탉
⑤ Boiler : 노폐계로서 경제성이 없을 때 출하하는 hen이나 pullet을 의미한다.

이상의 명칭 이외에 각 국가나 지역에 따라서 불려지는 명칭이 각양각색이다.

닭뇌척수염 鷄腦脊髓炎 avian encephalomyelitis 이것은 세계 각지에서 발생되고 있으며, 우리나라에서도 최근에 발생이 확인되어 있다. 이 질병은 주로 병아리(7주령경까지)에 발생되고, 보행의 이상, 서 있는 채로 잠자는 것 같은 증상을 나타낸다. 큰 병아리(大雛)나 큰 닭이 감염한 경우에는 거의 병적증상을 나타내지 않는다. 그러나 산란 닭에는 일시적으로 산란율이 저하한다. 이 병은 바이러스성의 질병인데, 최근에 백신이 개발되어 있다. 발생한 이후의 유효한 치료법은 지금으로서는 없다. 그러나 발병된 계군(鷄群)일지라도 전부를 도태할 필요는 없지만 한 차례 증상 없이 지나간 병아리일지라도 그 뒤에 발육 불량같은 이상계(異常鷄)가 나타나기 쉬우므로 이후의 도태는 엄격히 할 필요가 있다.

닭디프테리아 fowl diphtheria 닭에 비교적 많이 나타나는 병인데, 그 병원체는 계두(鷄痘)바이러스, 헤모러루스속 세균, 구간균 등이 있다. 이 증상은 최초 입막(粒膜)의 카다르성 염증을 일으켜서 감기와 같은 증상을 나타내고, 뒤따라서 디프테리아 특유인 비강

에서 수양성 액을 누출하며, 경과가 더해짐에 따라서 황백색부터 황갈색의 의막(義膜)을 형성하게 된다. 다시 이 장해가 후두・기관 등에 생기게 되면 쌕쌕하는 호흡곤란의 소리를 내게 된다. 이 병은 습도가 높고 환기가 나쁜 경우에 일어나기 쉽고, 따라서 계사를 건조하게 하고, 환기에 주의하여 위생관리에 주의해야 한다. 적극적인 예방법으로서는 디프테리아 예방액 또는 면역혈청을 사용한다. 치료에는 마이신의 주사 또는 설퍼제의 투여가 유효하다.

닭백혈병 鷄白血病 fowl leukemia 우리나라에도 발생하고 있으며, 양계장에 커다란 피해를 주고 있는 질병의 하나이다. 최근에는 미키소형 바이러스에 의해 발병한 것을 림프성 백혈병, 헬퍼스형 바이러스에 의해 발병한 것을 마랙크병이라 하고, 이것을 총칭하여 닭백혈병군이라고도 한다. 림프성 백혈병은 대체로 120일령 이상의 닭에 나타나고, 간이 뚜렷하게 비대해지지만 말초신경의 조직병변이 보이지 않는 것이 특징이다. 감염은 종란에 의해서 감염되며, 효과적인 예방・치료법은 아직 확립되어 있지 않다.

닭비브리오 간염(肝炎) avian vibrionic hepatitis 이 병의 증상으로서 가벼운 경우는 볏이 위축하지만 사료 섭취량은 그다지 감소하지 않는다. 중병이 되면 외견상 무기력 하고, 집단에서 고립되고, 때로는 운동을 시키면 갑자기 폐사하는 일이 있다. 중병아리가 걸리면 초산일령이 늦어지고, 산란계가 걸리면 산란율이 25～35% 정도 저하된다. 해부 소견을 보면 간의 변성과 출혈성 변화가 특징이다. 예방과 치료법으로서는 클레로테트라사이클린이나 옥시테트라사이클린 등도 어느 정도는 병세를 억제하는 효과가 있다.

닭 수종성 질환 鷄水腫性疾患 fowl edema disease 배터리 육추(育雛) 중의 병아리, 특히 60～70일령의 브로일러에 발생하는 일이 많고, 배터리병(battery disease)이라고 한다. 이 병은 포도상구균의 증식에 의한 것이다. 이 병의 특징은 부종성 피부염인데, 발생부위는 주로 날개 안쪽의 피부이지만 흉부 또는 복부에 파급된다. 증상은 최초 피부 표면에 장액성(漿液性)의 삼출액(滲出液)이고, 피부가 손상되며, 마침내는 삼출액의 일부는 피부에 유출해서 악취를 낸다. 이 병을 예방하기에는 포도상구균의 오염을 막는 것이 중요하다. 발생한 경우에는 배터리에서 평사(平飼) 또는 방사(放飼)하면 좋다. 이 경우 설퍼제의 투여는 효과가 있으며, 또 2차감염을 막기 위해서는 항생물질의 사용도 효과가 있다.

닭의 경제능력 검정 鷄經濟能力檢定 random sample egg production test 경제성이 높은 계군(鷄群)을 선정해서 양계경영의 향상을 도모하는 목적으로 하고 있는 것인데, 우리나라에서도 육용계는 연간 2회, 산란계는 1회씩 시행되어서 그 검정성적이 발표되고 있다. 이 방법은 종계장으로부터 종란(種卵)을 무작위로 채택해서 이것으로부터 부화한 병아리의 육성률과 사료비 등을 기록하는 것과 함께 초산 후 일정기간(많은 경우는 12개월)의 산란율, 폐사율, 계란의 무게, 사료비 등을 기록하는 것이다.

닭의 1대잡종 鷄一代雜種 hybrid, single cross 닭은 품종에 따라 고유의 좋은 성질을 지닌다. 두 품종간의 좋은 성질을 이용하여 목적에 맞는 좋은 닭을 얻기 위해서 각기 다른 품종을 교배시켜 얻은 것을 1대잡종이라 하고, 이와 같은 것을 잡종강세(heterosis)라고 한다. 과거에 우리나라는 록혼(rock horn)종, 햄프혼(hamp horn)종, 로드 혼(rhode horn)종 등이 사육되는데, 이들은 각각 백색 레그혼종과 프리마스록종, 뉴햄프샤종, 로드 아일랜드종을 교배해서 얻은 1대잡종이었으나 최근에는 합성종(4원교잡 등)이 대부분이다.

닭이 fowl mite 0.5～0.6 mm의 회백색 타원형의 작은 외부 기생충으로서 경우에 따라서 닭에게 큰 피해를 준다. 닭의 몸에서 피를 흡혈하여 회백색의 이는 적색 또는 적갈색이 된다. 충란은 날씨가 따뜻하면 2～3일 이내에 부화하고, 10일에 성충이 된다. 닭이의 전염은 접촉에 의하여 장마철에 많이 발생한다. 낮에는 주로 계사의 틈새에 숨어 있기 때문에 틈새에 중점적으로 살충제를 살포할 필요가 있다. 살충제로서는 1%의 마라치온 유제, 0.25%의 다이아지논 등이 있지만 완전하게 구제하려면 1주일간 계속 살포하는 것이 유효하다.

닭 전염성 기관지염 鷄 傳染性 氣管支炎 fowl infectious bronchitis 닭의 전염병 중에서 전파가 가장 빠른 급성의 호흡기병인데 세계적으로 분포되어 있으며, 우리나라에도 발생되고 있다. 병원체는 바이러스인데 건조에는 강하지만 크레졸, 석회산 등의 소독액에 접촉되면 사멸한다. 이 병에 걸리면 잠복기가 짧고 발열, 급격한 이상 호흡음을 볼 수 있고, 식욕 · 성장 · 산란율의 저하, 설사 및 회복 후에 기형란을 생산하는 것을 볼 수 있다. 이 증상이 디프테리아와 유사하므로 오진하기 쉽다. 그러나 예방백신이 개발되어 널리 이용되고 있다.

닭 전염성 설사증 鷄 傳染性 下痢症 fowl infectious diarrhea 우리나라의 닭에도 발생하는 질병인데 병원체는 바이러스이다. 이 증상은 산란계의 경우에는 급격한 산란 감퇴를 나타내며, 초기에는 볏의 언저리가 자색으로 되고, 더 진행되면 전체가 자적색으로 변한다. 이 경우 볏의 빛이 변하기 전부터 연변(軟便)이 되고, 수양성(水様性)의 회백색의 설사로 이어지며, 점액 및 젤라틴 모양의 것을 섞게 된다. 그러나 혈변 같은 것을 볼 수 없는 것이 특징으로 되어 있다. 이 병의 예방법으로는 위생관리를 적절히 해서 감염을 막는 것 밖에 없다. 또 2차감염을 방지하기 위해서는 항생물질이나 설퍼제가 유효하다.

닭 전염성(鷄傳染性) 코라이저 infectious coryza 이 병은 *Haemophilus gallinarum*이라고 하는 세균에 의해서 발병되는 닭의 급성 호흡기병이다(일종의 코감기). 감염된 닭은 투명한 많은 콧물을 흘리고, 눈 밑을 중심으로 퉁퉁 붓고, 눈물을 흘리며, 체온이 오르고, 식욕이 감퇴하고, 이상 호흡음, 설사, 연변(緣便) 등을 보인다. 이 병을 예방하려면 소독을 하고, 밀사(密飼)를 피하고, 환기에 주의하여야 한다. 백신을 이용하면 유효하다.

닭조충증 鷄條蟲症 fowl tapeworm 가금에 기생하는 조충에는 많은 종류가 있지만 모두 중간 숙주를 필요로 한다. 닭조충의 중간 숙주는 개미류이고, 모양이 편평(扁平)하며, 유백색의 가늘고 긴 충으로서 주로 닭의 소장에 기생한다. 여러 마리가 기생하면 근위와 맹장에도 병변을 볼 수가 있다. 이 기생충이 많아지면 식욕이 감퇴되고 발육이 저하된다.

또 만성 장카타르성, 황백색 점액상의 설사를 일으키고, 출혈 때문에 분변은 황갈색이 된다. 조충의 감염을 방지하려면 중간 숙주를 근절할 필요가 있기 때문에 계사를 완전하게 소독해야 한다. 또 약물에 의한 구충도 많은 효과가 있지만 이를 완전히 근절하기는 힘들다. 케이지와 배터리로 사육할 경우에는 감염률이 비교적 적다.

닭지루증 鷄趾瘤症 bumble foot 이 병은 발이 지면에 닿는 닭 발바닥의 부드러운 부분에 혹(류)이 생기는 것인데, 봄부터 여름에 걸쳐서 많이 발생한다. 계사의 흙 속에 상재하는 세균이 발바닥의 상처부위로 침입한다. 발병 초기에는 종장의 정도도 적고 아물지만 병증이 진행되면 크게 붓고 발가락 사이도 벌겋게 부어서 열이 나게 된다. 이 병은 발가락의 상처가 발병의 동기가 되므로 이것을 막는 데는 거칠은 땅에서나 딱딱한 자갈이 있는 운동장에서는 깔짚 같은 것을 넣어 주면 좋다. 환부의 치료에는 환부를 절개해서 농액을 잘라 내고 과산화수소로서 씻어 낸 다음 머큐롬을 발라서 붕대를 감아 두면 좋다. 또 두터운 피막은 충분히 제거한 후에 세척하는 것이 중요하다.

닭진드기 fowl tick 닭진드기는 주간에는 계사의 틈새, 구조물의 밑부분 혹은 건조한 계분 사이에 숨어 있고, 야간에는 닭의 몸에 기어올라서 흡혈한다. 이 때문에 닭은 잠을 못 자고 흡혈로 인하여 빈혈을 일으켜서 체중과 산란율의 저하를 초래하게 된다. 닭진드기의 발생은 눈에 보이지 않는 일이 많고, 가끔 발생을 해서 관리인에 의하여 겨우 알아차리게 되는 일이 많다. 닭진드기의 구제는 닭진드기가 숨기 쉬운 장소를 중점적으로 살충제를 살포하는 것이 중요하다. 살충제로서는 1% 마라티온 유제, 0.25% 다이아지논 유제 등이 있다.

담낭(쓸개) 膽囊 gallbladder 간의 오른쪽 엽 밑에 들어 있는 한 기관이며, 유화제인 담즙(bile)을 저장, 농축 및 분비하는 기능을 한다. 말, 사슴, 엘크, 무스, 기린, 낙타, 코끼리, 비둘기, 쥐 등은 담낭이 없다.

담낭관 膽囊管 cystic duct 담낭과 담관 사이의 관이며, 담낭은 담즙을 소장으로 내보낸다. 때로는 담석이 담낭관을 막아서 담낭으로부터 담즙의 배출을 막는다.

담석 膽石 gall stone, biliary calculi 담낭(gallbladder)에서 담즙(bile)이 칼슘과 결합하거나 콜레스테롤 농도가 높아서 생긴 여러 가지 크기의 결석이다. 담낭에 콜레스테롤 농도가 지나치게 높아서 결정화되어 담석을 형성한다. 따라서 담관을 타고 통과하는 과정에서 심한 통증을 가져온다. 이를 담낭통증(gallbladder colic)이라 한다. 치료에는 저지방 식이를 요한다.

담즙 膽汁 bile 간장에서 분비되어 담낭(gallbladder)에 저장되었다가 십이지장으로 분비되는 액체로서 황갈색으로부터 연황색에 이르는 다양한 색상을 나타낸다. 장에서 지방의 유화, 흡수와 그 부패를 방지하는 역할이 있다. 담즙의 주요 구성성분은 담즙산 염류, 담즙 색소류, 콜레스테롤 및 뮤신 등이다. 담즙은 간에서 cholesterol로부터 합성되며, 지방과 지용성 비타민의 소화 흡수시에 소장으로 분비된다.

담즙산 bile acid　간에서 합성되고 담낭에서 배설되는 유화제이다.

담즙산 염류 膽汁酸鹽類 bile salts　Taurocholic산 나트륨과 glycocholic산 나트륨이며, 담즙 중에 있다. 지방의 유화를 돕는다.

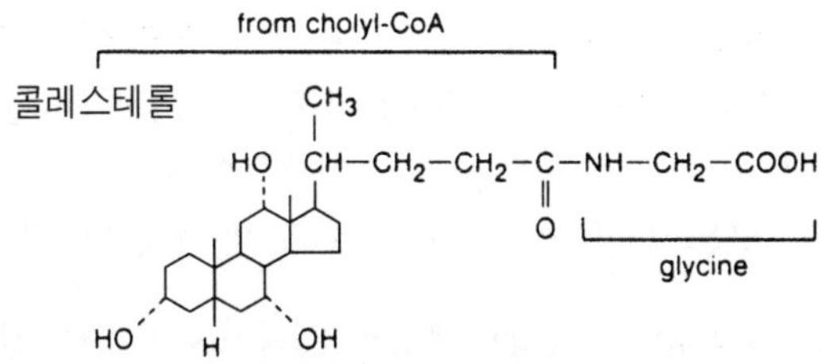

Glycocholic acid

콜레스테롤로부터 담즙산염의 생성

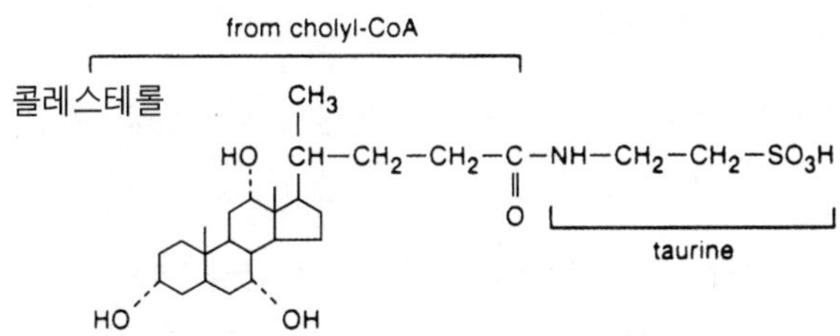

Taurocholic acid

콜레스테롤로부터 담즙산염의 생성

담즙색소 膽汁色素 bile pigment　적혈구의 분해산물이며 담즙과 분으로 배설된다. 담즙의 색깔을 나타내는 색소로서 bilirubin, biliverdin 등이 그 주요 성분이다. 담즙으로서 배설작용이 문제가 생기면 피부가 황색을 띠며, 이를 황달(jaundice)이라고 한다.

담즙성 간경변 膽汁性肝硬變 biliary cirrhosis　담관이 막히든가 간과 혈액에 담즙이 축적되어 간에 이상이 생기는 것이며, 발열, 복통, 황달, 가스, 오심, 가려움과 혈액에 백혈구가 증가한다. 즉각적인 수술을 해서 치료해야 한다.

당 sugar　단당류 또는 2당류로 구성된 탄수화물이며, 자연상태로 과일이나 꿀에 들어 있으며 감미가 있고, 쉽게 용해되어 흡수되므로 에너지원으로 이용된다.

당근 唐根, 胡蘿葍 carrot　Dacus carota의 뿌리로서 우수한 비타민 A의 공급원이며, 그 전구체인 carotene으로 존재한다. Carotene은 모두 흡수되지 않으며, 흡수량은 입자 크기에 달려 있다. 단백질 1.0%, 지방 0.2%, 100 g당 37 kcal., Ca 31 mg, Fe 0.7 mg, 비타민 A 1,840 I.U, 비타민 B_1 0.06 mg, 비타민 B_2 0.04 mg, niacin 0.6 mg, 비타민 C 6 mg(FAO)이다.

당뇨 糖尿 glycosuria　당뇨병 환자의 경우와 같이 글루코오스가 요중에 배설되는 현상을 말한다. 신장기능의 한계를 넘어 phlorrhizin을 투여할 때도 당뇨현상이 일어난다.

당뇨병 糖尿病 diabetes mellitus 대사성 질환으로서 탄수화물 대사가 순조롭지 못하여 글루코오스가 대사되지 않아 혈중에 축적되어 고혈당증(hyperglycemia)을 야기시키고, 이것은 또한 당뇨병(glycosuria)을 유발하여 다뇨증, 갈증, 몸이 야위어지는 여러 증상을 동반하게 된다. 이것은 인슐린(insulin) 분비가 결여되어 야기되는 질환이다. 글루코오스 대사장애로 과도의 지방이 이용되어 분해됨에 따라 지방산의 산화로 발생하는 케톤체(ketonbodies)인 아세토초산, 베타히드록시 낙산 및 아세톤의 축적이 일어나며, 산혈증(acidosis)이 심해지며, 당뇨성 혼수(diabetic coma)의 원인이 된다.

당단백질 糖蛋白質 glycoprotein 복합단백질의 일종으로서 단백질(polypeptide)과 올리고당(약 8~10개의 단당류)이 공유결합된 것이다. 당으로선 우론산, 글루코사민 등의 당 유도체가 있다. 당단백질은 세포 표면의 수용체, lubricant, 비타민의 운반체, 지방, 호르몬, 효소의 구조물질로 작용한다.

당류 sugar $(CH_2O)_n$의 구조를 가진 단순 탄수화물로 단당류와 이당류가 있으며, 수용액에서는 고리형태로 존재한다.

당밀 糖蜜 molasses 제당공장(설당)에서 생기는 부산물인데, 그 원료에 따라서 사탕수수 당밀(cane molasses)과 사탕무우 당밀(beet molasses)로 불려진다. 당밀은 수분이 20~30% 정도 들어 있고, 주성분은 당분이며, 에너지가는 높지만 가소화단백질은 거의 함유되어 있지 않다. 또 회분, 특히 칼륨이 많다. 당밀은 점도가 매우 높기 때문에 다른 사료와 배합하는 경우에는 당밀을 가열할 필요가 있다. 그러나 이 점착력은 펠렛트 제조시에 결착제로서의 효과가 있다. 당밀은 에너지가가 상당히 높은 것 외에도 풍미가 좋으므로 모든 가축과 가금이 이용할 수 있다. 그러나 다량 급여하면 연변(軟便)으로 되기 쉬우므로 사료 중에 5% 정도 배합하는 것이 좋다. 또 당밀은 알팔파미일, 비트 펄프, 또는 요소 등과 혼합한 제품이 제조되고, 주로 소의 사료로서 이용된다.

당밀발효 농축액 糖蜜醱酵 濃縮液 condensed molasses fermentation solubles(CMS) Monosodium glutamate(MSG)를 생산하기 위해 원당 또는 당밀을 원료로 하여 미생물 발효를 거친 다음 부산물로 생산되는 잔류 배지를 농축정제 가공한다. 비단백태질소와 S 및 P가 다량 함유되어 있다. → 글루타민산 발효부산물.

당밀(糖蜜) 첨가 사일리지 molassesed silage 화본과 목초나 두과목초와 같은 당분이 적은 것을 재료로 해서 사일리지를 만드는 경우에 당분을 첨가해서 유산발효를 왕성하게 하고 유산생성을 높일 목적으로 당밀을 첨가한다. 당밀을 첨가한 사일리지는 영양소의 손실이 적고 카로틴 함량이 높으며, 또 당밀 자체도 유산이나 초산의 형태로 존재한다. 첨가량은 재료의 2~4%가 좋고, 온수에 풀어서 살포하든지 또는 당밀을 겨와 같은 것에 흡착시킨 것을 이용하면 좋다.

당밀효모즙액 糖蜜酵母汁液 molasses yeast soluble 당밀에 효모를 배양하여 발효시킬 때 생성되는 액체에 용해된 물질(미세한 고형물 포함)이다.

당산 糖酸 saccharic acid 포도당에서 유도되는 2염기성 산(dicarboxy sugar acid)이다.

당지질 糖脂質 glycolipid 지방산과 탄수화물로 구성된 화합물이며, 질소도 포함되어 있다. 당지질은 수초(myelin sheath)에 존재하며 신경을 보호한다.

당질부하(법) carbohydrate loading 경기 전 6일간 고당질 섭취로 훈련을 하면서 근육 내 글리코겐 저장량을 증가시키는 방법이다.

당화 糖化 saccharified 산이나 효소에 의하여 전분, 셀룰로오스 및 기타 다당류를 당(sugar)으로 변화시키는 공정이다.

대구 간유(肝油) cod liver oil 대구류의 간으로부터 얻어지는 기름이며, 비타민 A와 D의 공급원으로 쓰이고, 그 유효성은 비타민 발견의 훨씬 이전부터 알려져 있었다. 1 mg 당 400~4,000 I.U의 비타민 A와 40~400 I.U의 비타민 D를 함유한다. 쉽게 산화되고 파괴될 가능성이 높으므로 강한 빛을 피하고 진공포장에 저장한다.

대기방목 待期放牧 deferred grazing 연속방목으로 황폐된 방목지의 식생(植生)을 회복하기 의하여 방목지의 일부를 목책으로 막고 방목시키지 않는 방목법이다.

대동맥 大動脈 aorta 전신성 동맥계의 기간으로서 심장과 주요 동맥간의 큰 동맥을 뜻한다.

대두 大豆 soybean 대두는 보통 그대로 또는 가공해서 식용으로 이용한다. 사료로서는 기름을 추출 후 대두박(soybean oil meal)이 많이 사용되지만 대두도 사료로서 이용될 수 있다. 대두는 조단백질 함량이 35% 이상, 조지방 함량은 15% 이상이나 되어 사료가 에너지 함량이 매우 높다. 유우・육우・말 등에 급여할 때는 그대로 주는 것보다 물에 담그어 연하게 불려 주든지 또는 삶아서 급여하는 것이 좋다. 생대두 속에는 돼지・닭에 대한 영양 저해인자(antinutritive factor)로서 트립신 억제물질(trypsin inhibitor), 혈구 응집소, 사포닌(saponin), 갑상선종 유발인자 등이 있으며, 이들은 일반적으로 열에 불안정한 것이 많으므로 적절히 가열처리를 할 필요가 있다.

대두단백 압편 大豆蛋白壓片 soy protein flakes 대두껍질을 벗기고 압편하여 hexane으로 지방을 추출한 것으로서 단백질 함량이 건물 기준으로 56%이다. 지방은 1%, 회분은 6% 정도이다.

대두대 大豆稈 soybean straw 완숙한 대두의 종실을 채취하고 남은 부분인데, 이것은 청예대두보다 조단백질 함량이 낮지만 가축의 사료로서 이용할 수가 있다. 그러나 그 영양가는 남은 잎의 많고 적음에 따라 좌우된다. 보통 이것은 다른 양질의 두과목초 또는 사일리지와 함께 주는 것이 좋다.

대두박 大豆粕 soybean meal　가장 대표적인 식물성 단백질사료이다. 대두에서 기름을 추출하고 난 깻묵으로서 우리나라에서는 소량밖에 재배하고 있지 않으므로 대부분은 외국에서 수입하고 있다. 대두박은 크게 구분해서 추출박과 압착박으로 구별된다. 앞의 것은 헥산(hexan)을 용제로 이용하여 기름을 채취한 찌꺼기이며, 현재 우리나라에서는 주로 추출대두박이 사료로 이용되고 있다. 추출대두박은 압착대두박보다 수분 · 지방 함량이 낮고, 단백질 함량은 높으며, 저장성도 좋다. 또 껍질을 벗긴 탈피대두박(dehulled soybean meal)도 생산된다. 대두박의 조단백질 함량은 보통 추출대두박에서 44～48%, 또 탈피대두박에는 약 50%로서 높고, 적당한 가열처리를 한 것은 영양가가 높다. 대두박은 단백질원으로서 소 · 돼지 · 닭 등에 널리 이용되고 있다. 그러나 가축에 과다 급여시키면 체지방이 연하게 된다. 또 닭의 경우 대두박만으로는 메치오니(methionine) 등이 충분하지 못하므로 어분과 같은 다른 단백질원이나 메치오닌첨가물 등과 함께 배합하는 것이 좋다. 그러나 비타민 A · D · K와 무기물이 적으므로 주의할 필요가 있다.

대두피 大豆皮 soybean hull　최근 대두를 착유할 때에 탈피하는 방법이 실행되는데, 특별히 탈피를 안 하더라도 제조공정에서 껍질부분이 탈락 · 분리되는 것이 있다. 대두피는 조섬유 함량이 약 30% 정도 되지만 조단백질 함량은 12% 정도 밖에 되지 않고, 이것은 유우나 육우 사료로서는 충분히 이용될 수 있지만 돼지 · 닭에는 급여하지 않는 것이 좋다. 미국 등지에서는 soybean meal feed라고 불려지고 있다.

대마박 大麻粕 hempseed meal　대마박은 종실에서 기름을 짜고 난 잔유물이다. 단백질 함량은 30% 정도, 그리고 조섬유 함량은 20%로서 높은 편이다. 대마박은 가축에 있어 풍미가 좋지 않으므로 기호성이 좋은 사료와 혼합해서 사용해야 한다. 그러나 대마박은 어떤 종류의 마취성 물질을 함유하므로 다량을 급여하면 좋지 않다. 급여량은 젖소에는 1일 1두당 0.5 kg 이하, 말과 육우에는 1.5 kg 이하, 면양은 0.1 kg 이하가 좋다. 양계사료에는 2.5～5.0% 정도 배합할 수 있다.

대마종실 大麻種實 hemp seed　대마는 대에서 섬유를 얻기 위해서 재배된다. 대마종실은 단백질 함량이 약 2%, 조지방 함량이 25% 이상 되며, 그대로 사료로서 이용될 수 있지만 보통은 기름을 짠 후에 나오는 대마박이 사료로서 이용된다.

대사 代謝 metabolism　생물체의 세포 내에서 진행되는 화학변화의 과정이다. 즉 새로운 조직의 성장, 노후 세포의 분해, 에너지의 생성 등이다. 동화작용(anabolism)은 생합성 하는 것을 뜻하며, 이화작용(catabolism)은 분해하는 것을 뜻한다. 중간대사는 예로서 글루코오스가 탄산가스와 물로 변화하는 데 있어서 생화학적인 각 단계를 말한다. → 신진대사.

대사물질 代謝物質 metabolite　생물학적 물질의 분해에 의해 생성된 중간대사 물질이다. 예를 들면 pyruvate는 glucose의 분해대사 물질이다.

대사성 길항물질 代謝性 拮抗物質 metabolic inhibitors　대사작용에 꼭 필요한 어떤

물질의 이용을 방해하는 물질들을 뜻한다.

대사성 질소 代謝性 窒素 metabolic nitrogen 동물이 매일 배출하는 질소 중에는 사료 중의 불소화물 또는 비흡수물에 포함되는 질소 이외에 담즙, 기타 소화액 또는 장관막 상피의 탈락 등에 포함되는 질소가 있으며, 후자의 질소, 즉 직접 사료에서 유래하지 않은 분(糞) 중의 질소를 대사성 질소라고 한다. 사료에서 유래한 질소는 사료 중에 포함된 질소 성분의 소화성에 의해 좌우되지만, 대사성 질소는 이와는 무관하여 섭취사료의 건물 총량과 건물 전체의 소화성 또는 동물체의 크기 등에 의해 배출량이 결정된다. 대사성 질소의 배출량은 질소를 전혀 포함하지 않은 사료 또는 소화율이 100%라고 간주할 수 있는 기존의 단백질을 소량 포함하는 사료를 급여했을 때의 분(糞) 중 질소량을 측정함으로써 구할 수 있다.

대사수 代謝水 metabolic water 체내의 세포에서 영양소의 산화로 생성된 물이다. 우리가 흔히 먹는 음식에서 100 kcal의 대사에너지가 생성될 때 13 ㎖의 대사수가 생성된다. 100 g의 지방은 107.1 g의 물을 만들며, 100g의 전분은 55.1 g의 물을 만든다. 100 g의 단백질은 41.3 g의 물을 만든다.

대사시험 장치 代謝試驗 裝置 metabolism cage, metabolism stall 소화시험 또는 대사시험을 하는 경우에는 가축의 사료섭취량, 음수량 및 배분, 배뇨량을 정확하게 측정하는 일이 필요하게 된다. 그러므로 가축 또는 가금의 습성을 충분히 고려해서 위에서 말한 물질량 등을 측정하기에 알맞은 장치를 사용한다. 이러한 장치를 대사시험 장치라고 한다. 이 장치의 적부는 직접 시험성적에 영향을 미치므로 제작 또는 구입을 할 때는 주의하는 것이 중요하다. 중・소 동물용의 대사시험 장치는 대사틀(metabolism stall) 또는 대사케이지(metabolism cage)라고 불려진다.

대사에너지 metabolizable energy(ME) 사료의 총 에너지로부터 분뇨 및 가스로서 상실되는 에너지를 뺀 에너지 값(値)을 뜻한다. 사료가 지니는 총 에너지 중에서 가축에게 유효하게 사용될 수 있는 에너지를 의미하며, 이것을 유효에너지라 한다. 손실에너지 중에서 그 대부분을 차지하는 것은 분(糞) 중 에너지이지만, 반추가축인 경우 위내(胃內) 발효에 의해 발생한 가연성 가스(주로 메탄가스)의 토출(吐出)에 따르는 에너지 손실도 상당한 양에 달하므로(총 섭취에너지의 5～8%) 대사에너지의 정확한 측정은 엄밀한 호흡대사 실험에 따라야만 된다. 따라서 그 실측에는 많은 경비와 일손이 필요하게 되며, 따라서 그것이 사료의 가치평가 단위로서는 가소화영양소 총량(TDN), 가소화에너지 등보다도 이론적으로 우수한 것이지만, 오늘날까지는 아직 모든 가축과 사료에 대해 이 에너지량을 적용할 수는 없게 되어 있다. 공식은 다음과 같다.

$$ME = Ed - Eex - 8.22N$$

Ed = 사료의 총 에너지
Eex : 배설물의 총 에너지
N : 축적 질소(g)

대사원 代謝源 metabolic pool 체내에 있는 유동적으로 반응하는 물질의 총량이다. 많은 물질들이 끊임없이 이 곳을 통해 나가거나 들어오거나 한다.

대사율 代謝率 metabolic rate 체내에서 열 생산율을 측정하는 것이다. 이것은 칼로리(kcal)로 나타내며 칼로리 메터에서 측정한다. 에너지의 이용률이다. → 기초대사율.

대사작용 代謝作用 metabolism 동물이 사료를 섭취해서 분해와 합성의 과정을 통해서 생체를 유지하고 성장・번식을 하며, 불필요한 것을 배설하는 생리화학적 과정을 대사작용이라고 한다. 대사작용은 이화작용(catabolism)과 동화작용(anabolism)으로 나누어진다. 물질 전체의 대사를 물질대사라고 하고, 대사를 에너지의 측면에서 보는 경우에도 에너지대사라고 한다. 또 특정의 물질 혹은 물질군의 대사과정을 목적으로 하는 경우는 그 물질명을 붙여서 당대사, 지방대사, 아미노산대사 등으로 말할 때도 있다. → 대사.

대사증후군 metabolic syndrome 인슐린 저항성, 고혈압, 고중성지질혈증, 저HDL-콜레스테롤을 가진 사람의 증상이다. 이러한 증상은 비만, 운동결핍, 정제된 탄수화물의 과잉 섭취로 X증후군이라고도 한다.

대상방목 帶狀放牧 strip grazing 방목법의 일종으로 가축의 1일 채식량을 설정하여 적은 목구를 설정하고 가축의 선택 채식, 제상(蹄傷)을 줄이는 방식이다. 일종의 제한방목이며, 불식과번초(不食過繁草)를 방지하고 토양의 화학성 개선에 효과적이다.

대수기 對數期 logarithmic phase 세균의 수가 기하급수적으로 증가되는 가장 생육도(生育度)가 빠른 시간을 말한다. 이상적 조건하에서는 세균은 매 20분에 그 수가 2배로 된다.

대식세포 大食細胞 macrophage 림프와 체조직에서 박테리아와 기타 이물질을 포함한 입자를 걸르거나 제거하는 식세포이다.

대용유 代用乳 milk replacer 포유 초기의 어린 가축에 급여하는 모유 대용품이다. 탈지분유, 건조유청, 건조 버터밀크 등의 유성분을 주성분으로 하고, 이밖에도 양질의 곡분, 단백질 사료, 미량 영양소 등도 배합되어 있다. 또 우유성분으로서 가장 널리 쓰여지는 것이 탈지분유인데, 보통의 대용유에는 60～90% 정도 배합되어 있다. 대용유는 온수에 용해시켜서 사용하는 것이 보통이며, 초유를 급여시킨 후에 송아지나 돼지새끼에도 급여된다.

대장 大腸 large intestine 대장은 소화기관 중의 하나로서 맹장(caecum), 결장(colon), 직장(rectum)으로 나누어져 있다. 소장에서 소화되지 않은 물질의 발효작용과 대장에서는 주로 수분과 일부 무기물을 흡수한다.

대장염 大腸炎 colitis 대장(colon)이 화농된 것이며 복통, 변비, 설사, 혈변, 체중 감소 등을 초래한다. 치료가 너무 늦어지면 출혈, 영양결핍, 기타 장애가 생긴다.

대정맥 大靜脈 vena cava 우심방(right atrium)으로 혈액을 운반하는 2개의 대정맥 중의 하나이다.

대조군 control group 테스트하고자 하는 처치를 받지 않는 집단이다.

더껭이 beeswings 옥수수의 대공에 붙어서 알곡을 둘러싸는 엷은 껍질을 말한다.

덤핑 증후군(症候群) dumping syndrome 위를 제거한(gastrectomy) 사람이 식사 후 10~15분에 나타나는 생리적 반응으로 맥박과 호흡이 빨라지고 전율, 창백(pallor), 식은 땀(cold sweating), 복부 충만과 팽창 등의 증상이 나타난다. 경우에 따라서는 오심, 구토, 창백해진다. 2시간 후에 저혈당에 의해 정신혼란, 2중 시력, 연약, 배고픔, 어지러움, 두통, 발한, 졸음, 전율 및 맥박이 빨라진다. 이를 또한 jejunal hyperosmolic syndrome이라고도 한다.

데스토마이신 destomycin A 1965년 일본에서 개발된 항생물질이며, *Streptomyces rimofaciens*를 배양하여 생산한다. 아미노글리코시드계 항생물질에 속하는 동물 전용의 항생물질인데 닭・돼지 등의 내부 기생충의 구제를 목적으로 사료에 미량 첨가해서 사용되며, 사료첨가제로서 지정되어 있다. 데스토마인신 A의 가격은 역가(力價)로서 나타내며, 1 μg(역가)은 표준 데스토마이신 A 1 μg(중량) 중에 함유되는 데스토마이신 A의 양을 말한다.

데어리 비프 肉用乳牛 dairy beef 초유만을 급여한 유용종인 홀스타인종의 숫송아지를 이용해서 대용유, 젖먹이 사료, 건초, 볏짚을 급여하여 생후 3월령에서 조기 이유하고, 그 후 농후사료를 많이 급여하여 정육용으로 육성, 비육한 것이다. 이 비육에는 여러 가지 조건에 따라 여러 방식이 있지만 유용우 조기육성 비육과 유용우 육성 비육 2종으로 분류될 수 있다.

데코퀴네이트 decoquinate 1956년 Ball(영국) 등에 의해서 개발된 퀴노린계의 유도체에 속하는 항콕시듐제이다. 화학명은 ethyl 6-(n-decyloxy)-7-ethoxy-4-hydroxyquinoline-3-carboxylate이다. 넓은 범위의 닭의 콕시듐병 예방제로서 사용되고 있다. 데코퀴네이트의 사료에의 첨가량은 20~40 ppm이다. 사료첨가제로서 지정되어 있다.

덱스트란 dextran 글루코오스가 중합하여 된 고분자(평균 MW 75,000)의 가용성 다당류로서 제당공장에서는 제당공정의 장해가 되므로 골칫거리가 되고 있지만, 임상의학에서는 이것이 우수한 대용 혈장이 되므로 수액용(輸液用)으로서 사용된다. 미생물 *Leuconostoc mesenteroides*가 자당에 작용하여 만들어진다.

덱스트란 철 iron dextran 이것은 빈혈방지, 특히 돼지의 빈혈방지 목적으로 주사하는 약제이다. 3~4일령의 새끼돼지에게 150~200 mg 주사하면 혈액 중의 헤모글로빈(hemoglobin) 양이 증가한다. 일반적으로 축사 내에서 사육한 봄철 새끼돼지의 경우에는 빈혈이 일어나기 쉽다. 덱스트란(dextran)은 starch, dextrin, cellulose 등과 같이 포도당이 모여서 된 고분자 화합물이지만 dextrin과는 다른 것으로 미생물에 의하여 만들어지는 것이다.

ㄷ

덱스트로스 dextrose 글루코오스의 별명이다. 즉 옥수수 전분을 열, 산 그리고 효소에 의해서 가수분해시켜 생성한 글루코오스(포도당)이다. 공업적으로 글루코오스라는 말은 콘시럽(글루코오스, 자당, 텍스트린의 혼합물)의 의미로 사용되는 수가 있으므로 순수한 글루코오스를 특히 덱스트로스라 불러 구별하고 있다.

덱스트로스 당량(當量) dextrose equivalent 당류 및 전분 가수분해 산물의 환원력을 텍스트로스로 계산한 것으로 건물당 백분율로 표시한다.

덱스트린류(類) dextrins 전분을 가열, 산 또는 효소 등으로 부분적으로 분해해서 생기는 수용성 화합물의 총칭(완전히 분해되면 말토오스가 됨)이다. 빵을 굽는 정도의 가열로 전분으로부터 텍스트린이 생기며, 영양적으로는 전분과 동등하다. 공업적으로는 종이나 직물의 접착제에 사용된다.

덴마크식 돈사(豚舍) danish style pig house 덴마크에서 사용되고 있는 돈사(豚舍)는 돼지를 키우기 쉽다고 해서 우리나라에서도 이 형식의 돈사가 도입된 적이 있다. 이것을 덴마크식 돈사라고 한다. 이 덴마크식 돈사의 장점은 군사 돈방의 한쪽 구석에 벽을 만들어 변소(便所)로 마련하고 또 사조(飼槽)를 앞쪽에 일렬로 통하게 하고 각 돈사의 뒤쪽 부분에 문짝을 달아서 배설물을 제거하기 쉽도록 되어 있다.

덴트 콘 馬齒種 dent corn 잡종 강세를 이용하여 재래종에 비해 수확량이 2배 이상이 되는 사료용 옥수수 품종으로 가장 널리 재배되고 있다. 알곡이 익은 후 건조시키면 알갱이의 머리부분이 말(馬)의 이(齒)처럼 굵고 길며, 움푹 들어가기 때문에 'dent corn'이라 하며, 만생종으로서 식물체가 크고 소출이 많기 때문에 사료 및 공업용으로 많이 재배되고 있다.

델타 G, delta G(ΔG) 일(work)을 하는데 이용되는 자유에너지(free energy)이다.

델타 G°, delta G°(ΔG°) 화학반응에 있어 표준 자유에너지(standard free energy)이다.

델타 G°′, delta G°′($\Delta G^{\circ\prime}$) 생화학적 반응에 있어서의 표준 자유에너지이다.

도미니크 dominique 겸용종의 닭으로서 피부색이 황색이고 알은 갈색이다. 아메리칸 도미니크의 기원은 확실하지 않으나 뉴잉글랜드 지방에서 흑갈색이나 회색계통의 재래종에서 선발된 것으로 보이며, 혈통으로 보아 아시아종이나 뉴햄버그종과 관련이 있는 것으로 보인다. 벼슬은 장미관이며, 부리나 눈을 덮을 정도로 크지는 않다. 벼슬은 꼿꼿하게 뒤로 솟아 있으며, 가슴은 넓고 둥글며, 체형이 잘 잡혀 있다. 성계 체중은 ♂ 3.2kg, ♀ 2.3 kg이다.

도유관 導乳管 galactophore 유두관 또는 유조점막에 이상이 생기거나 동통(疼痛)으로 말미암아 착유가 어려운 경우 유조 내의 유즙을 유출시키기 위해 사용하는 금속제 또는 합성수지제의 도관을 뜻한다. 이것을 사용한 때에는 특히 세균감염에 유의해야 하며, 철저한 소독을 한 뒤에 사용할 것은 물론 난폭한 조작은 절대로 금물이다.

도정 搗精 milling 알곡의 껍질을 벗기고 깎아서 작고 매끄러운 것으로 만드는 작업이다.

도착항도 가격 到着港渡價格 C & F, cost and freight 외국 무역상의 거래조건의 하나인데, 가격을 결정하는 당사자 간에 사료를 인수도하는 장소라든지 운임의 부담방법 등에 대해서 명확히 나타내고 있다. 이 도착항도 가격은 F・O・B 가격에다 선박운임을 가산한 것인데, 도착까지의 운임은 판매주의 부담으로 해서 인도하는 방법이다. 단지 해상보험료는 여기에 포함되지 않는다. 통상의 무역업자가 해외에서 현품을 수입하는 경우의 거래방법이다.

도체 屠體 carcass 내장(viscera)을 제거한 후의 동물의 몸체이며, 일반적으로 머리, 피부와 다리 아랫부위(lower leg)는 포함시키지 않는다.

도체부산물 屠體副産物 carcass residue 포유동물을 도살할 때 나오는 부산물을 말한다. 연조직, 근육을 둘러싸고 있는 지방, 피부, 힘줄, 내장, 신경, 혈관을 포함하며, 털, 발굽, 뿔, 소화관 내용물, 뼈, 피는 제외된다.

도체시험 屠體試驗 slaughter experiment 주어진 사료의 효과를 조사하기 위해서 실험동물을 시험기간의 일정 시기 또는 시험 종료시에 도살해서 전도체 또는 도체 각 부위의 성분을 정량하고, 시험개시 때에 도살하여 측정한 성분량과 비교한다든지 사료의 차이에 의한 성분량의 변화를 검토하는 시험방법이다. 이 시험에서는 급여한 영양소 함량, 분(糞), 요(尿) 중에 배설된 양 및 도체 중에 축적된 영양소를 측정하는 것으로부터 영양소의 대사, 축적에 관한 효과에 대해서 대사시험 장치를 사용하지 않고도 연구할 수가 있다. 어린병아리・쥐・자돈 등에 적용하지만 대가축에서는 경비, 노력이 너무 많이 들며, 육우나 돼지 등의 육용축의 생산시험 등에 적용된다.

도킹 Dorking 이탈리아 원산의 닭으로서 영국에서 개량되었다. 원종은 서섹스 혈연관계가 있으며, 영국이 로마에 지배받고 있을 때 수입 개량된 것이다. 단관과 장미관이 있으며 성질이 온순하고 취소성이 있다. 육용종으로서 비교적 조숙한 편이며, 체중은 ♂ 3.4~4.0 kg, ♀ 2.7~3.7 kg이다. 정강이와 다리는 짧고 굵으며, 난각색은 백색이고, 피부・육질은 우량한 편이다. 내종으로는 레드・버프・화이트 세 종류가 있다.

도태 淘汰 culling 가축이나 가금이 질병・외상 등의 사고의 경우나 성장・산란・비유 등의 생산이 정도 이하로 나쁘게 된 경우에 사료의 낭비를 방지하기 위해서 가축이나 가금을 없애는 것을 '도태'라고 하고, 닭의 경우는 '타계 도태'라 한다. 하나의 계군을 새로 갈아넣는 것을 '도태 갱신'이라 한다. 닭을 도태했을 경우의 이점으로서는 다음과 같은 것이 있다. 즉 사료비·노동력의 절약, 병계의 조기발견에 의해 전체 계군의 질병을 방지하고 환경을 좋게 하며, 능력을 충분히 발휘시키는 것 등이다.

ㄷ

도파 dopa 에피네프린과 멜라닌 합성의 중간 생산물로서 티로신의 산화에 의해 생기는 3, 4 이염화 페닐알라닌의 세칭이다.

도파민 dopamine 두뇌에 있는 신경전달 물질이며 결핍시에 파킨슨병(Parkinson's disease)을 일으킨다. 아미노산인 tyrosine으로부터 합성되며 또한 두뇌에서 noradrenaline(norepinephrine)과 adrenaline(epinephrine)으로 전환된다.

독성 毒性 toxicity 유독한 성질, 특히 유독한 미생물이나 독소의 악성 정도를 뜻한다.

독소 毒素 toxin 미생물이 분비한 화학물질로서 일반적으로 고분자(당류 및 단백질) 물질이며 항원성을 지니고 있다. 인간과 동물의 체조직 내에서 매우 강한 독성을 나타낸다.

독소제거 종실 毒素除去種實 seed without toxin 독소를 추출해낸 종실이다.

돈단독 豚丹毒 swine erysipelas 돈원독균이 주로 구강을 통하여 일어나는 전염병인데, 병형은 3종으로 대별된다. 많이 발생되는 것은 두드러기형인데, 식욕이 떨어지면서 고열을 내고 1～2일 뒤에 하복부와 내복부 등에 편평한 두드러기가 나타나고 담적색에서 암적색으로 변한다. 이 형은 치사율이 5% 이하이다. 특히 치사율이 높은 급성의 패혈증형은 돈콜레라와 유사한 증상을 나타내고, 약한 돼지의 약 50%는 폐사하게 된다. 만성형에서는 단독의 증상은 빨리 진행하지는 않으나 관절염이 생긴다든지 발육부진을 초래한다. 이 병은 5월에서 10월에 걸쳐서 많이 발생한다. 치료에는 페니실린 주사를 놓으면 유효하고 예방용 백신이 있다.

돌연변이원(突然變異原), **돌연변이유발원**(突然變異誘發原) mutagen DNA와 세포 내에서 돌연변이(유전인자의 변화)를 일으킬 수 있는 화학물질이다.

동결건조 凍結乾燥 freeze-drying 급속 동결 후 감압상태에서 수분을 증발시키는 건조의 한 가지 방법으로서 주로 높은 부가가치를 가지는 식품의 건조에 이용된다. → 냉동건조.

동료비평을 거친 잡지 peer-reviewed journal 해당 연구에 참여하지 않은 2～3명의 과학자가 연구 결과에 동의한 후 출간하는 잡지이다.

동맥경화증 動脈硬化症 atherosclerosis 동맥의 벽에 비정상적인 플라크(plaque) 축적이 일어나는 퇴화성 질병이다.

동물 모델 animal model 인간 질병을 복제한 실험실 동물로서 인간 질병을 더 잘 이해하기 위해 동물 모델을 사용한다.

동물성 단백인자 動物性蛋白因子 animal protein factor 이 명칭은 동물성 단백질에 함유되지만, 식물성 단백질에는 포함되지 않는 미지성장인자(UGF)에 근거하여 사용되었는데 비타민 B_{12}는 그 하나로 확인되었다.

동물성 사료 動物性飼料 animal by-product feed 동물체 및 동물의 생산물 중에 사료로서 이용되는 것을 동물성 사료라고 한다. 그 종류는 매우 많고 특질이나 성분도 각각 다르다. 그 중에서 어분 등과 같이 단백질을 많이 함유하고 있는 것은 동물성 단백질 사료(animal protein feed)라고 불려지고 있다. 이것은 단백질의 아미노산 조성이 우수하고, 특히 메치오닌(methionine)과 리신(lysine) 함량이 많고, 또 미지성장인자(UGF)를 함유하고 있기 때문에 닭・돼지의 사료에 배합하는 것이 유리하다.

동물성 전분 動物性澱粉 animal starch → 글리코겐.

동물성 지방 動物性脂肪 animal fat 도축장, 육가공장 등에서 가축・가금의 체조직 중의 지방을 제거하여 얻어지는 지방인데, 비누원료 외에도 사료로서도 많이 이용되고 있다. 미국 등에서 사료에 사용되는 동물성 지방은 총칭해서 텔로우(tallow)라고 불리는 일도 있지만, 보편적으로 사료용 동물성 지방(feed grade animal fat)이라 불려지고 있다. 주성분은 지방산과 글리세롤의 에스테르이고, 미국의 사료공정 규격에는 전 지방산 함량 90% 이상, 불검화물 2.5% 이하, 불용성 물질 1% 이하라고 규정하고 있다. 유지를 사료에 배합하면 사료의 에너지를 높이는 것 외에도 사료의 광택을 좋게 하고 가루사료의 먼지를 방지하는 효과가 있다. 또 사료용 유지에는 일반적으로 항산화제가 첨가되어 있다. 미국의 유지 정제업계에서 생산하는 것으로서 사람이 먹지 못하는 지방은 기본적으로 다섯 가지가 있으며, 이것들을 서로 섞은 제품도 있고, 이들과 식물성 유지 부산물을 혼합한 제품도 있다.

① 혼합 정제지방(mixed rendered fat) : 자연상태로 혼합되어 있는 지방으로서, 여러 축종에서 나온 지방을 혼합한 것을 정제한 제품이다. 최종적으로 생산된 제품의 지방구조를 보면 각 원료지방이 어떤 비율로 섞여 있음을 알 수 있다. 소의 부산물이 많이 들어 있으면 지방이 더 단단하다. 이것을 구매할 때는 응고점의 최상치와 최저치, 요오드가 및 지방산 구성비의 범위에 대한 미국의 기준치 등을 알아야 한다. 많은 정제업자들은 100%의 우지라고 하는 말은 언제나 쓰는 말이다. 이들이 유통될 때 쓰이고 있는 명칭은 choice, white grease, tallow 및 poultry fat 등이다.

② 식당 그리스(restaurant grease) : 미국에서는 대중음식점에서 나오는 동・식물성 지방을 이용하여 황색 그리스를 만들어 내는 데 쓰이는 주원료이다. 정제업체에서 식당으로부터 수거하는 지방의 양은 하루에 약 4백만 kg이며, 연간 10억 3천만 kg에 달한다. 이와 같은 원료지방의 60～65%가 황색 그리스로 가공된다. 식당에서 폐기되는 그리스에는 일부 수소첨가를 한(경화한) 식물성 지방 또는 동물성 지방이 포함되어 있다. 1985년도까지 많은 간편식 체인점에서는 식용 텔로우 90%와 식물성 유지 10%로 구성되어 있는 튀김용 기름을 사용하였다. 오늘날에는 포화지방이 사람의 건강에 좋지

않다는 우려가 대중화됨에 따라 사용되는 지방은 대부분 부분적으로 시스(cis)형이 아닌 경화된 식물성 기름으로서 트랜스(trans)형의 지방산이 들어 있는 것이다.

동물용 의약품 動物用醫藥品 drugs for animal use 의약법에 의해서 의약품에 대한 규정은 다음과 같다.

① 약전에 수록되어 있을 것
② 사람 또는 동물의 질병의 진단, 치료 또는 예방에 사용되는 것을 목적으로 되어 있는 것으로서 기구기계가 아닌 것(의약부외품을 제외함)
③ 사람 또는 동물의 신체의 구조 또는 기능에 영향을 미치는 것이 목적으로 되어 있는 것으로서 기구기계가 아닌 것(의약부외품 및 화장품을 제외함)

동물용 의약품이란 위의 정의에서 다만 동물을 위해서 사용하는 것을 목적으로 하고 있는 의약품을 말한다.

동실박 桐實粕 tung meal 동유는 중국을 비롯하여 미국, 아르헨티나, 브라질 등에서 많이 생산되고 있다. 동실에서 동유를 착유할 때 부산물로서 동실박이 얻어지는데, 동실박은 독성이 있으므로 현재로서는 비료로서 쓰여지고 사료로서는 이용되지 않는다. 동실박은 단백질 함량이 적고 아미노산 조성도 좋지 않으며, 장래 그 독성이 경제적인 방법으로 제거될 수 있으면 양질의 사료로서 이용될 수 있을 것이다. → 피마자박.

동위원소 同位元素 isotope 화학적 성질은 같으나 원자량이 다른 원소이다. 탄소에는 원자량이 11・12・13・14의 4개 동위원소가 있다. ^{12}C와 ^{13}C은 안정 동위원소이며 질량분석으로 검출되고, ^{11}C와 ^{14}C는 방사성이며 항상 방사능 입자 또는 방사선을 방출하면서 분해되기 때문에 이 방사능에 의하여 검출된다. 아미노산과 같은 생체물질에 동위원소를 붙이면 이 물질이 생체 내에서 어떻게 반응하는가를 추적할 수 있다.

동적평형 動的平衡 homeostasis, dynamic equilibrium 생물체내에서 기능과 화학적 구성성분의 균형에 의해서 이루어지는 생리학적 평형상태이다. 다시 말하면 조직에 스트레스가 가해지면 조직은 그 자체가 정상상태를 회복하도록 된다. 생체조직은 끊임없이 분해와 합성을 반복하며 늘 같은 구성을 유지한다. 이와 같은 과정을 동적평형이라 한다. 충분히 발육한 성인에 있어서도 생체조직의 구성을 보호 유지하기 위해서는 새로운 물질이 공급되어야 한다. 영양소는 동적 평형률을 유지하기 위하여 필요한 것이다.

동화작용 同化作用 anabolism 체조직을 만드는 것, 또는 체성분을 합성하는 것을 뜻한다. 즉 단순화합물을 살아 있는 세포의 복합화합물로 전환시키는 과정이며 에너지를 요구한다. → 대사작용.

돼지 豚 swine, pig, hog 돼지의 원종은 산돼지(야돈)라고 한다. 돼지는 농후사료를 효율적으로 고기로 전환하는 가축이고 또 잡식가축이라는 점에서 다른 가축에 비교해서 각종의 부산물이나 폐기물이 잘 이용된다. 그밖에 산자수가 많고 연 2회 이상의 번식이

가능하고 기후 풍토에 대한 적응성이 강한 것 등의 장점이 있다. 더욱이 돼지가 육축으로서 주요시 되는 이유로서는 그 도체의 가식부(可食部)의 비율이 가축 중에서 최대량이고, 또 돼지고기는 영양가가 높고 일반의 기호에 알맞으며 가공이용의 방법이 많이 개발된 것을 들 수 있다. 돼지는 일부 번식용으로도 사육되지만 그 대부분은 비육용으로 사육된다.

돼지고기 豚肉 pork 1년 미만의 돼지를 도살하여 얻은 살코기이다. 부위별 구분은 국가에 따라 차이가 있으며, 갈비살(belly) 부위를 우리나라에서는 갈비, 삼겹살 그리고 안심으로 구분하고 있다.

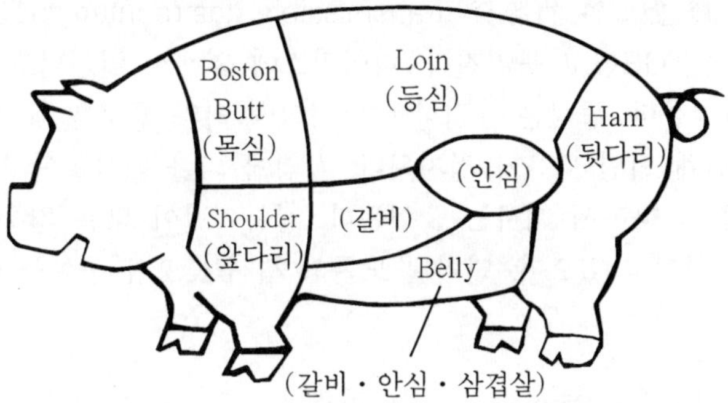

돼지부표 豚付票 ear-notching 돼지의 표시에는 여러 가지 방법이 있다. 즉 숫자가 찍힌 알루미늄 귀표를 붙이기도 한다. 다음 그림의 방법은 우측이 개체번호이고, 좌측은 어미번호로서, 예를 들면 우측의 10은 새끼가 10마리 이상일 때 사용한다.

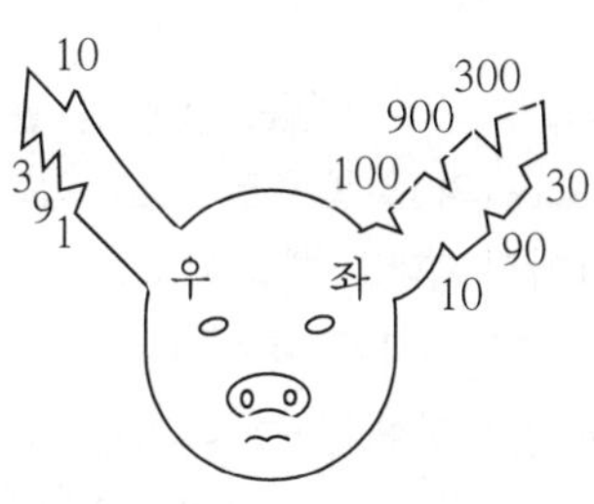

돼지신생아 황달증 豚新生兒黃疸症 hemolytic disease of new born pig 돼지새끼의 신생아 황달증은 부돈과 모돈의 혈액형이 다른 점에 의해 발생한다. 즉 모유를 통해서 모돈의 항체가 자돈에 이행되고 자돈의 적혈구와 반응한 결과에 의한 것인데, 임상적으로는 빈혈, 황달을 일으켜서 폐사한다. 인간의 생리적 황달과는 발병의 원인이 다르다. 또 이 병 또는 이런 병력을 가진 모돈 새끼의 생명을 구하려면 출생 후 곧 양자로 보내든지 인공포유에 의해서 육성하여 초유를 빨리지 않도록 한다.

돼지 유행성 폐렴 豚流行性肺炎 swine engootic penumonia(SEP) 돼지의 유행성 폐렴은 SEP라고도 불린다. 병원체는 마이코플라스마균이 주역으로 보이고, 그 증상은 여러 가지로서 기침이나 재체기가 심해서 분명히 폐염이라고 인정되는 개체도 있지만 단순히 활력이 없는 상태로 밖에 보이지 않는 개체도 적지 않다. 감염의 경로로서는 포유기에 감염모돈과의 접촉에 의한 경우가 많다고 한다. 자돈이 걸리기 쉽고, 걸린 자돈은 증체량과 사료효율의 저하가 일어나지만 폐사까지는 가지 않는다. 단지 2차적으로 각종의 세균에 감염되어 늑막염 같은 것이 발병할 염려가 있다. 이 병의 치료에는 항생물질이나 설퍼제가 유효하지만 크게는 기대되지 않는다. 문제점은 이 병에 걸렸던 돼지는 완전히 회복되지 않고 만성의 증상으로 되고 만다.

돼지 전염성 위장염 豚 傳染性 胃腸炎 transmissible gastroenteritis(TGE) 돼지의 바이러스성 하리증 또는 TGE라고 불려진다. 바이러스에 의해서 일어나고 유돈・성돈을 가리지 않고 감염 발병한다. 증상은 급격한 수양성의 하리와 구토를 특징으로 한다. 또 모돈이 이것에 감염하게 되면 비유가 정지된다. 감염에 의한 폐사율이 가장 높은 것은 어린돼지이고, 발육함에 따라서 폐사는 줄어든다. 잠복기간이 많은 경우에서는 2～4일이다. 현재 백신이 시판되고 있으며, 면역된 모돈의 새끼는 포유 중에는 이 질병에 걸리는 일이 없다.

돼지콜레라 swine fever, hog cholera 바이러스의 감염으로 일어나는 돼지의 급성 전염병인데, 잠복기간은 3～21일 정도이다. 이 질병의 대부분은 급성이고, 식욕부진과 고열을 발생하게 되며, 뒤이어 기립 곤란, 사지 경련 등의 신경증상을 겸하고, 말기에는 피부에 반점이 나타난다. 돼지콜레라는 여름과 가을에 많고 치료는 극히 곤란하다(치사율 80～90%). 따라서 예방에 치중해야 할 필요가 있으며, 근년에는 부작용이 없는 유효한 생백신이 널리 이용되고 있다. 접종 후 약 3일간에 효과가 나타나는데, 다만 그 유효기간이 약 1년으로 되어 있다.

돼지하리 豚下痢 swine dysentery 이 질병은 돼지의 전염성, 출혈성 대장염인데, 병원체는 스파이어러키이터(spirochaeta)의 일종으로 보고 있다. 변의 색은 대개 초콜릿색 또는 암적색으로 이는 혈액과 점액의 혼입 때문이다. 봄에서 가을에 걸쳐서 체중 20～30kg의 돼지에 많이 발생한다. 자연 치유돈 또는 배균돈(排菌豚)의 도입에 의해서 발생된다고 보고 있고, 한 번 발병된 양돈장에는 그 이후로 장기간 발병하는 일이 많다. 폐사율은 5% 이하이다. 이 병의 예방과 치료에는 카바독스 또는 항생물질의 경구적 투여 또는 주사가 유효하다. 더욱이 자연 치유된 것도 30일 전후에 재발하기 쉬우므로 주의할 필요가 있다.

돼지회충증 豚回虫症 swine ascariasis 회충은 대표적인 기생충인데, 이것에 의한 돼지회충증의 분포는 넓어서 그 피해가 크다. 생후 1.5～4개월의 자돈에 다발한다. 사람에 감염될 염려도 있으므로 이것의 구제는 공중위생상에서도 중요한 일이다. 충란은 입으로 들어가게 되고, 부화후 유충은 장벽으로 해서 내부에 들어가서 간장, 폐장을 거쳐서 성충이 되고 소장에 기생한다. 이 기간은 약 3개월을 소요한다. 돼지회충에 의한 증상은 발육 부진, 빈혈, 황달 등이 있다. 치료에는 불화소디엄, 피페라진 등의 제제가 사용되고, 또한 사료첨가제로서는 특정의 항생물질(하이그로마이신 B, 데스토마이신 A)도 효과가 있다.

두과건초 荳科乾草 legume hay 클로버류, 알팔파 등의 두과목초로써 만든 건초이다. 양질의 두과건초는 단백질, 칼슘(Ca)이 풍부하고 사료가치가 높다. 다만 두과건초는 건초를 조제할 때에 영양소 함량이 높은 잎 부위가 탈락하기 쉬우므로 주의할 필요가 있다.

두과목초 荳科牧草 legume 두과목초는 일반적으로 단백질 및 칼슘(Ca)의 함량이 높고 사료가치가 높다. 또한 생초에는 프로비타민 A(provitamin A, carotene)가 많이 함유되어 있고, 일광건조 건초에는 비타민 D가 함유되어 있다. 두과목초의 뿌리에 공생하는 근류 균은 질소를 고정하는 작용이 있으므로 초지의 비옥도를 유지하는 데 효과가 있다. 화본과목초와 혼파함으로써 영양소 수량을 올릴 수가 있다. 두과목초에는 클로버류・알파파・매듭풀류(레스페데저)・류핀류・버드푸트트레포일・베취류・자운영(紫雲英)・칡 등이 있다.

두록종(種) duroc 미국이 원산인의 두록과 붉은 저어지 돼지를 교배해서 만든 붉은색 돼지인데, 종전에는 두록저어지종이라고 불려졌었다. 두록종은 성돈 체중 350～380 kg의 대형 돈(豚)인데 체질은 강건하고 또 산자수도 많고 방목도 적합하다. 본래는 라드 타잎(lard type)의 돼지이지만, 근년에 미트 타입(meat type)으로 개량되었다. 우리나라에도 이 돼지로 1대잡이나 3원교잡하여 잡종돈의 생산에 이용되고 있다.

두루마리 건초(乾草) round bale hay 풀을 건조하여 두루마리 형태로 만든 건초이다.

두류 荳類 beans 두과식물의 종실인 두류에는 종류가 많이 있으며 대두, 땅콩, 완두 등은 사료로서 이용될 수 있다. 두류는 일반적으로 단백질이 많고 지방도 많으므로 사료가치는 높다. 대두나 땅콩처럼 유지함량이 많은 것은 보통 채유한 뒤에 얻어지는 깻묵(유박)이 단백질사료로서 이용된다. 두류는 반추가축에 있어서는 생것을 그대로 급여해도 문제가 없지만 비반추가축에 대해서는 적절한 가열처리를 하지 않으면 영양소 이용률이 저하된다.

두부박 豆腐粕 soybean curd cake 두부를 제조할 때 생기는 부산물, 즉 콩비지로서 생것은 수분이 83～85% 정도이며, 조단백질 5%, 조섬유 2.5% 정도 함유되어 있다. → 비지박, 콩비지박.

드라이 아이스 dry ice 고체형 탄산가스이다. 온도는 -79℃로 수송 중의 식품의 냉장, 액체에 탄산 불어넣기(carbonation) 실험에서의 cold trap 등에 사용된다. 고체형태에서 액상을 거치지 않고 기체상태로 되고(승화), 열 1b당 246 B.T.U(British thermal unit)이고, 유효 냉장능력은 동량의 물의 두 배에 가깝다.

드럼 소맥(小麥) durum wheat 경질형 밀로서 tricitum durum에 속하며(빵에 쓰는 밀

은 대부분 tricitum vulgae), macaroni를 만드는 데 주로 쓰인다. Glutenin과 gliadin 함량이 높은 매우 단단한 밀이다.

드리프유(油) dripping 소나 염소의 지방조직 또는 뼈에서 채취한 적갈색 미처리 지방을 말한다.

등외 밀가루 等外 小麥粉 feed grade wheat flour 밀가루는 색을 띠는 정도에 따라 제일 하얀색으로부터 1등분, 2등분, 3등분 및 등외로 구분짓는데, 이 중 질이 낮고 가격이 저렴한 등외 밀가루가 사료로 사용된다. 그러나 시장상황에 따라서 3등분도 사료용으로 이용되므로 등외 밀가루를 3등분부터 포함하는 경우도 있다.

등장성 等張性 isotonic 두 개의 용액이 같은 삼투압을 가질 때 2개의 용액은 등장성이다. 특정한 반투막을 통한 2개의 등장성 용액은 상호 이동이 일어나지 않으며, 이때 이를 등장성(isotonic)이라고 한다. 예로서 사람의 혈장은 염화나트륨(NaCl) 0.945% 용액과 등삼투압(isoosmotic)이며, 0.935% 용액과 등장성이다.

등전점 等電點 isoelectric point(IEP) 단백질이 음이온과 양이온을 같은 양을 가지고 있을 때의 용량의 pH이다. 단백질과 아미노산은 양이온과 음이온 양전하를 분자 안에 동시에 지니고 있기 때문에 양성(兩性) 화합물이라고 한다. 단백질 또는 아미노산의 종류에 따라 다르지만 일정한 산도에서 그 물질이 전기적으로 중성으로 된다. 이때 용액의 pH를 등전점이라 한다. 단백질은 일반적으로 등전점에서 가장 용해도가 낮으며 IEP(등전점)에서 용액으로부터 침전한다.

등지방의 두께 back fat thickness 돼지처럼 지방축적이 매우 많은 가축에 있어서는 등지방에 의해서 지육(枝肉)의 품질을 평가할 필요가 있다. 등지방의 두께는 돼지의 지방육 생산량의 지표가 되는 측정 항목이며, 시장에서도 지육의 등급을 주로 하여 그 중량과 등지방의 두께에 따라 가격이 결정되고 있다. 등지방의 측정부위는 각국에 따라 약간 다르지만 어깨 · 등 · 허리의 3부위의 등지방층 두께의 평균치로서 표시하는 것이 보통이다. 돼지의 등지방 두께는 사양관리, 특히 사료에 의한 영향이 크다. 육우에서도 등지방의 두께는 중요시되고 있다.

디스틸러즈 드라이드 그레인 distiller's dried grain 알코올 발효공장의 증류 잔액을 체로 쳐서 분류한 고형분을 건조한 것이다. 그 성분은 발효원료의 종류에 따라 다소 다르지만 조단백질 함량은 20~30% 정도이고, TDN은 상당히 높다. 단백질은 원료의 단백질과 균체 단백질로 되어 있고, 그 영양가는 매우 높다. 그러나 비타민 B군이나 무기물은 적으며, 따라서 반추가축에 대해서는 사료가치가 높지만 닭 · 돼지의 사료로서는 가치가 그다지 높지 않다. → 주정박.

디스틸러즈 드라이드 그레인 솔류블 distiller's dried grain with soluble 알코올 발효공장의 증류 잔액의 전부를 그대로 모두 건조한 것, 또는 증류 잔액 중의 고형분을 건조하고 농축한 가용부분을 흡착시킨 것인데, distiller's dried grain과 distiller's dried soluble의 양자의 특성을 함께 지니고 있다. 이것은 단백질원인 동시에 비타민, 미네랄, 미지성장인자(UGF)를 풍부하게 함유하고 있고 사료가치도 높으므로 돼지・닭 사료로도 사용된다. → 주정혼합박.

디스틸러즈 드라이드 솔류블 distiller's dried soluble 알코올 발효공장의 증류 잔액을 체로 쳐서 얻어진 가용성 성분 및 미립자 성분을 농축해서 건조한 것이다. 성분은 발효원료나 제조방법들에 의해서 약간 다르지만 단백질 함량은 20～30%로서 비교적 높고, 또 비타민군과 무기물의 함량도 많으며, 미지성장인자(UGF)도 지니고 있다. 보통 닭・돼지의 사료에 2.5～5% 배합되고, 많이 급여하면 닭에서는 연변(軟便)이 되기 쉽다. → 주정잔액박.

디스틸러즈 피드 distiller's feed 미국 등지에서 알코올공장에서 나오는 증류 잔액을 건조한 것의 총칭인데, 발효원료에 따라서 옥수수가 원료일 때는 콘디스틸러즈 피드 등으로 불려진다. 단백질, 비타민, 무기물, 미지성장인자(UGF)가 함유되어 있으므로 사료로서 유효하게 이용된다. 미국에서는 증류 잔액을 체질해서 불용성 고형분과 가용성 성분 및 미립자상의 성분으로 나누고 있다. 고형분의 부분을 distiller's dried grain이라고 부르고, 가용성 성분쪽을 distiller's dried soluble이라고 부른다. 증류 잔액을 그냥 그대로 건조한 것, 또는 건조한 고형분에다 농축한 가용성 성분을 혼합한 것을 distiller's dried grain with soluble이라고 부른다. 우리나라에서 알코올박이라고 불려지는 것은 이와 같은 구별은 없다. → 주정박, 알코올박.

디아세틸 diacetyl $CH_3COCOCH_3$, 버터의 풍미 성분인데, 미생물 *Streptococcus lactis cremoris*에 의해 숙성 중에 생성된다. 마가린에 버터의 풍미를 주기 위해 인위적으로 합성품이 첨가된다.

디아스타아제 diastase 전분을 저분자 탄수화물로 소화시키는 효소의 일반 명칭이다. 전분을 덱스트린과 말토오스로 분해하는 전분 분해효소(α-amylase와 β-amylase)와 엿기름(malt) 중에 들어 있는 혼합효소이며, 가용성 전분(soluble starch)을 만들 때 이용된다.

디아스타아제 활성(活性) diastatic activity 곡류 전분이 자체의 디아스타아제로 자체의 전분을 분해하여 환원당을 만들어 내는 능력의 척도를 말한다. 생성된 환원당은 발효 중의 효모의 증식용에 사용된다. 디아스타아제 활성은 맥아당가라는 값으로 표시된다. → 아밀로그래프.

디펩티다아제 dipeptidase 디펩티드(dipeptide)를 각각의 아미노산으로 가수분해시키는 효소이다.

디펩티드 dipeptide 2개의 아미노산이 펩타이결합(-CO-NH-)으로 연결되어 있는 화합물이다.

땅콩 落花生 peanut Arachis hypogea의 종자로서 groundnuts 또는 earthnuts라고도 한다. 이것에서 얻는 기름이 arachis oil이다. 깍지를 벗긴 것은 단백질 25.6%, 지방 43.3%, 100 g당 546 kcal., Ca 52 mg, Fe 1.9 mg, 비타민 A 30 I.U, 비타민 B_1 0.84 mg, 비타민 B_2 0.12 mg, Niacin 16 mg, 비타민 C는 없다(FAO).

땅콩경엽 落花生莖葉 peanut vine 땅콩의 종실을 채취하는 시기에는 잎은 아직 녹색으로서 고갈이 안 되어 있으므로 경엽을 사료로서 이용할 수 있다. 곧 그대로 또는 사일리지로 해서 가축에 줄 수가 있다. 땅콩경엽을 건조해서 이용하면 가축의 기호성도 좋고 양질의 것은 알팔파보다는 조단백질은 적지만 가용무질소물이 많고 조섬유가 적다.

땅콩박 落花生粕 peanut meal 땅콩의 종실은 탈각을 해서 채유(採油)하지만 껍질을 벗기지 않고 채유하는 경우도 있다. 미국에서는 껍질을 벗기지 않고 채유한 깻묵을 특히 구분해서 'peanut meal and hull'이라 해서 시판하도록 되어 있다. Peanut meal and hull은 보통의 땅콩박에 비교하면 단백질이 적고 섬유소가 많지만 소와 같은 반추가축의 단백질 급원으로 이용되고 있다.

ㄹ

라놀린 lanolin　양모 중의 유지로서 콜레스테롤의 palmitate, oleate 및 sterate의 혼합물이며, 식용에는 사용치 않는다. 여러 화장품에 사용되고 있으며, wool fat이라고도 한다.

라누고 lanugo　굶주림으로 많은 양의 체지방이 소실된 후 자란 솜털들이 곤두서서 공기를 포함하여 체지방의 절연체 기능을 대신하는 현상이다.

라디노 클로버 ladine clover　우리나라에서 널리 재배되고 있는 다년생의 두과목초이다. 라디노 클로버는 이탈리아의 Lodi(밀라노 근처)에서 19세기 말경에 발견된 자색 클로버의 한 품종이다. 생육은 보통의 화이트 클로버(white clover)의 2～4배의 크기로 자라는데 화이트 크로버만큼 개화가 많지 않다. 이것은 모든 가축에 알맞는 우수한 목초이다. 그러나 소는 다식하면 고창증을 일으키기 쉬우므로 화본과 조사료와 함께 주도록 하는 것이 좋다. 또 돼지에 주어도 좋고, 닭의 녹사료로서도 이용할 수가 있다.

라살로시드 lasalocid　*Streptomyces lasaliensis*의 배양으로 생산되는 항생물질인데, 미국에서는 FDA에 의해 닭의 콕시듐제로서 승인되어 있다. 브로일러용 사료에의 첨가량은 75 ppm이다.

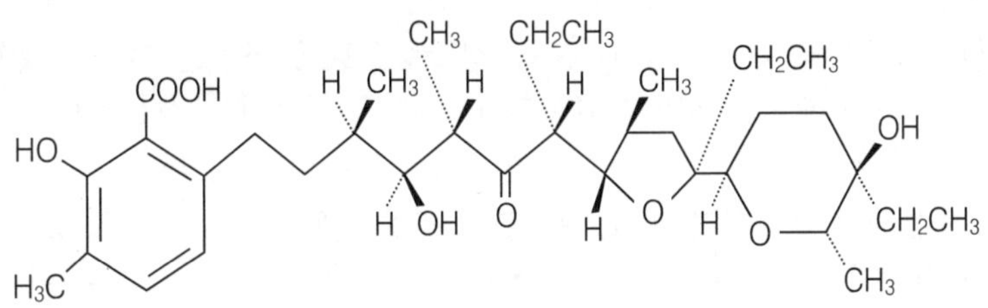

Lasalocid

라아드 lard　최상품은 돼지의 위와 콩팥 주위의 지방에서 뺀 것인데, 소나 염소의 지방도 사용된다.

① 중성 lard(neutral lard No.1) : 콩팥이나 장의 지방을 50℃ 이하로 녹여서 정제한 것이다.
② 중성 lard(No. 2) : 등에 붙은 지방을 50℃ 이하로 녹여서 정제한 것이다.
③ Prime steam lard : 부위를 가리지 않고 어느 곳에서나 얻어지는 것으로 autoclave 중에서 녹여 정제한 것이다. → 돼지 유지.

라우르산(酸) lauric acid 장쇄지방산의 하나이며 $CH_3(CH_2)_{10}COOH$이다. 우유, 버터, 코코넛유, 팜유 등에 소량 지니고 있으며 dodecanoic acid이다.

라운드 rounds 둥글게 잘라 낸 포유동물 넙적다리의 좋은 고기를 말한다.

라이그라스류(類) ryegrasses 라이그라스류 중 중요한 것은 이탈리안 라이그라스, 페러니얼 라이그라스인데 이밖에 다음과 같은 것들이 있다.

① 컴먼 라이그라스(common ryegrass) : 쇼트 로우테이션 라이그라스(short rotation ryegrass)라고 하며, 페러니얼과 이탈리안의 잡종이다. 뉴질랜드에서는 H-1 라이그라스라고도 불려지는데 널리 이용되고 있다.
② 웨스터 월스 라이그라스(wester wolths ryegrass) : 뉴질랜드에서 이용되고 있는 1년생이다.
③ 이탈리안 라이그라스 : 이모작이나 답리작(畓裏作) 사료작물용 목초로서 추운 지방에서는 1년생이고, 더운 곳에서는 월년생인 양질의 풀이다.

이밖에 위메라 라이그라스(wimmera ryegrass), 다아넬(darmel) 등이 있지만 우리나라에서는 이용되지 않는다.

라이머콩 lima bean 브라질, 과테말라 등 남부 아메리카 대륙에 널리 재배되고 있는 열대성 콩과식물의 열매이다. 흰꽃송이로 맺히며, 꼬투리는 길이가 7~13 cm, 폭 2.5 cm 가량으로 두껍고, 서너 개의 큰 콩알이 들어 있다. 우리나라에서는 흔히 리마콩 또는 리마빈이라고 한다.

라틴방각법(方角法) latin square design 몇 개의 알파벳 A, B, C, ...를 가로로서 보든지 세로로서 보든지 꼭 1회씩 나타나도록 정방형으로 늘어놓은 것을 라틴방각이라고 한다. 글자가 n개 있을 때 n × n방각이라 하고, 이것을 이용하는 실험계획이 라틴방각법이다. 가령 3종류의 사료 A・B・C를 3군의 젖소에 주어서 비유량을 측정하는 경우 비유기를 3기로 구분해서 유우군과 비유기를 조합한 방각에 사료 A・B・C를 가지고 유우군으로 보든지 비유기를 보든지 꼭 1회씩 할당하도록 계획할 수가 있다. 난괴법의 경우와 같이 각 인자에서는 사료・유우・비유기의 3인자 사이의 교호작용이 무시될 수가 있고, 또 전식(前食)의 잔효(殘效)도 무시되고 있다.

라 플레쉬 La Fleche 겸용종 닭으로서 프랑스의 라 플레쉬 지방에 있는 라사르 계곡에서 다년간 육종되어 왔다. 이 품종은 크레브코에스, 드만스, 블렉스페니쉬 사이의 교배종으로서 V자형의 육수(볏) 형태를 가지고 있다. 큰 체중과 육질이 특징이다. 알의 색깔은 백색이며 피부도 백색이다. 정강이는 검으며 가슴이 넓다. 체중은 ♂ 3.6 kg, ♀ 2.8 kg 이다.

라피노오스 raffinose 세 종류의 육탄당, 즉 glucose, fructose와 galactose로 구성된 3당류(trisaccharide)이다. 면실, 사탕무, 당밀, 오스트레일리아 만나(Australian manna) 등

에서 볼 수 있다. Melitose, melitriose로서도 알려져 있으며 프룩토오스(과당)와 메리비오스로 가수분해되는데 메리비오스는 다시 포도당과 갈락토오스로 가수분해된다. 자당의 23%의 감미도를 갖는다.

락타아제 lactase 유당(lactose)을 glucose와 galactose로 분해하는 장세포에 분비되는 효소이며 장액 속에 있다. β-D-galactosidase라고도 한다.

락토글로불린 lactoglobulin 우유 중에 들어 있는 글로불린이며, 소의 유청단백질(bovine whey protein)의 50~60%를 차지한다.

ㄹ

락토미터 lactometer 우유의 비중(1.027~1.035) 측정에 사용되는 부평식 비중계(浮枰式比重計)를 말한다.

락토바실러스 불가리스 *Lactobacillus bulgarius* 유당의 소화를 돕는 요구르트 중에 들어 있는 박테리아이다.

락토바실러스 애시도필러스 *Lactobacillus acidophilus* 유당의 소화를 돕는 요구르트 중에 들어 있는 박테리아이다.

락토베제타리안 lactovegetarion 고기, 계란, 생선을 먹지 않으나 유제품만은 섭취하는 채식주의자이다.

락토수리아 lactosuria 오줌으로 유당(lactose)이 배설되는 것이며, 임신 중 또는 비유 중에 흔히 일어나고, 또한 갖난 어린아기에게서도 볼 수 있다.

락토오스 lactose 유당(유의 약 4.8%)을 뜻한다. Glucose와 galactose로 구성된 2당류의 일종이며 낙농제품에 많이 들어 있다. 산 또는 lactase에 의하여 glucose와 galactose로 가수분해된다. 미생물(유산균 등)에 의하여 발효되며, 유산으로 되어 우유에 산미(酸味)를 부여한다. 약제에서는 정제의 충진제로 사용되며, 또한 미생물 생육용의 배지에도 사용된다. 보통은 α-lactose(자당의 16%의 감미)이며, 93℃ 이상에서 결정화시키면 β-lactose로 된다. β-형은 α-형보다 용해성이 좋으며 감미도 높다. → 젖당.

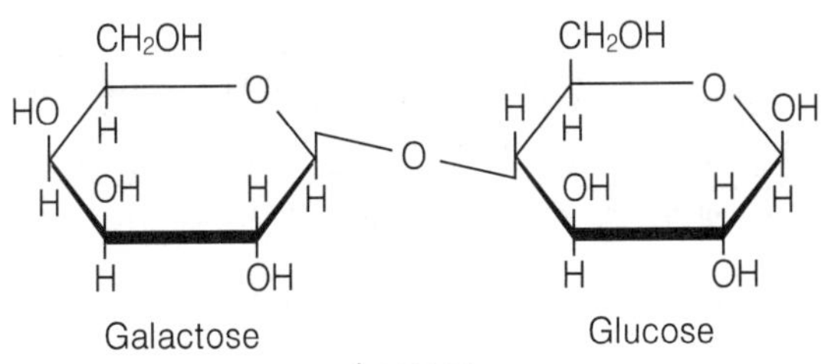

Lactose

락토페린 lactoferrin 여러 포유동물의 유즙(乳汁)에 들어 있는 트랜스페린(transferrin)이며, 적혈구로 철분(Fe) 운반에 관여한다. 특히 사람의 유즙 중에 많이 들어 있다.

락트알부민 lactalbumin 유단백질의 일종으로서 우유에는 카세인 3%, 락트글로불린 0.25%와 함께 0.5% 포함되어 있다. 카제인과 달리 산성용액에서 침전하지 않기 때문에 치즈를 만들 때 유리되는 whey 속에 락트글로불린과 함께 이행된다. 이 양자는 열로서도 침전되기 때문에 이 성질을 이용하여 whey 치즈를 만든다.

람노오스 rhamnose Galactose, glucose와 fructose로 구성된 삼당류이며 사탕무, 대두박, 면실박에 들어 있고 효소에 의해 소화되지 않는다.

랑게르한스섬 islets of Langerhans 췌장의 일부이며, 인슐린과 글루카곤이 분비되어 혈당을 조절한다. 사람은 1~2백만의 소도 세포(islet cell)가 있고, 이것은 다시 α-cell과 β-cell로 구분되며, α-cell은 glucagon이 분비되고, β-cell은 insulin이 분비된다.

랑샨 Langshan 원산지는 북부 중국이며 그다지 알려지지 않은 육용종 닭이다. 1872년에 영국으로 수입되어 처음에는 큰 관심을 얻지 못하다가 점차 개량되어 오늘의 랑샨종을 얻게 되었다. 특징은 비육성이 좋고 육량도 많으며, 육질은 연하며 맛이 좋고 백색이다. 피부도 백색이며, 체중은 ♂ 4.3 kg, ♀ 3.4 kg, 체질은 강건하고 추위에 강하며, 연간 120~130개의 짙은 갈색란을 낳는다. 성질은 온화하고 거동이 활발하며 방사에 적합하다. 본종은 코친종보다 키가 좀 크고 몸은 가늘고 긴 편이다. 흉부의 발육이 좋고 중등대의 단관을 갖고 있으며, 몸은 길며 꼬리털은 길게 나와 있다. 취소성이 있어 모계로 적당하며, 흑색과 백색의 두 내종이 있으나 일반적으로 흑색이 사육된다. 랑샨이란 이름은 원산지의 산악 이름이며, 이 종은 국내에는 없다.

랜드레이스(豚) Landrace 덴마크의 재래종이다. 베이컨 타잎(bacon type)에 속하는 백색의 대형 돈인데 약해서 L종이라 불려진다. 개량된 결과 현재로는 산자수가 많고 육성률이 높으며 비만성도 높아지고 있다. 다만 다리와 발굽은 비교적 약하고, 또 번식장해가 약간 많은 것 같다. 덴마크의 돼지 대부분은 이 종류인데 유럽과 미국에도 널리 분포되어 있다. 우리나라에도 근년에 미국, 스웨덴, 네델란드산의 것이 수입되어 증식되어서 많은 두수를 사육하게 되었다. 또 타품종과의 교배에 의한 1대 잡종 및 3원교배 잡종의 작출에 사용되고 있다. 배 지방층은 비교적 얇고 적육이 많으며, 요크셔종과 여러 가지 점에서 비슷하다.

러시안 캄프리 Russian comfery 원산지는 소련 코카서스 지방으로서 19세기에 약용·관상용으로 영국에 옮겨진 다음 식용·사료용으로 개량되었다. 초장 1.0~1.5 m, 경엽에는 흰 가는털이 밀생하고, 계란모양 피침형의 대형 잎을 지니며, 7월경에 출수하여 이삭에 다수의 담자색 꽃이 핀다. 반불임성으로 아주 드물게 흑갈색 종자가 생긴다. 다년생으로 생육은 극히 왕성하고, 심근성으로 비옥한 약알칼리성 토양이 적합하지만 그다지 토양을 가리지 않는다. 번식은 뿌리 나누어 심기에 의하며 병이나 해충에 강하고, 21%의 단백질을 함유하고 있다. 주로 청예사료로 쓰는데, 소는 별로 좋아하지 않지만 돼지는 아주 좋아한다. 사일리지에 적합한 것으로 알려져 있으며, 혼파목초와 함께 담그면 양질의 사일리지가 얻어진다.

레구민 legumin　완두콩 등에 들어 있는 글로불린 단백질이다.

레그혼종 Leghorn　원산지는 지중해 연안 이탈리아이며, 그 뒤 각지로 퍼져서 많은 내품종이 작출되고 난용종으로 개량되어 있다. 이 품종은 관형(冠形)에 따라서 단관과 색미관으로 분류하고, 다시 볏과 우모색에 따라서 6개의 내종이 있다. 우모색은 백색, 농갈색, 담갈색 등이 있다. 레그혼종의 특징으로서는 일반적으로 체구가 작고 산란능력이 높으며, 따라서 사료효율도 높고 취소성(broodlness)도 없으므로 난용종의 상징으로 되어 있다. 결점으로는 성질이 예민하고 육질이 떨어지는 점이다. 피부와 정갱이 색은 황색이고, 난각은 백색이다.

단관 백색 레그혼종(single comb white Leghorn) : 레그혼종 중에서 가장 대표적이며, 특징으로는 볏이 선적색으로서 비교적 크다. 수탉의 볏은 직립하고, 암탉의 볏은 한쪽으로 구부러져 있다. 초산이 다른 품종보다 빠르고 더위에도 강하다. 연간 산란수는 300개 이상의 것도 적지 않다. 성계의 암탉은 체중이 약 2 kg이지만 사료효율 면에서 너무 대형의 것은 환영받지 못하는 경향이다.

레네트 rennet　송아지의 제 4위에서 분비되는 우유응고 효소인 렌닌(rennin)을 포함하는 효소로서 치즈제조시 응고제로서 사용된다. 송아지(생후 1～2주경의 포유 중인 것)의 제 4위를 절개하고 위점막을 긁어 내어 신속하게 건조한 다음 분말로서 저장한다(위를 풍선처럼 팽창시켜 건조하는 경우도 있다). 이것을 5～10% 정도의 식염수 또는 염화칼슘액에 넣어(방부제로서 붕산을 사용) 4～6일간 30～40℃로 유지하면 렌닌이 추출되며, 이로부터 레네트액을 얻을 수 있다. 이 액체는 응고력이 지나치게 강하여 실제 사용할 때는 희석시켜 사용한다. 레네트는 액상 외에 분말상의 레네트 분말과 정제의 레네트정이 있으며, 치즈를 만들 때는 보통 시판되는 레네트 분말 또는 정제가 사용된다.

레네트(식물성) rennet, vegetable　식물에서 유래된 단백질 분해효소이다.

레닌 renin　신장에서 합성되는 효소로서 저혈압에 반응하여 분비되며, 고혈압의 원인이 되는 신장내의 단백질 분해효소이다.

레드 정글 화울 red jungle fowl　이 품종은 gallus bankiva 혹은 gallus ferrugineus로 알려진 것으로서 닭의 조상으로 알고 있던 것이다. 인도 동부, 북중앙부, 버마, 샴, 필리핀, 수마트라, 말레이반도 등에 널리 분포되어 있었기 때문에 많은 지방형태를 지니고 있다. 암수 모두 외관은 갈색 레그혼, 혹은 흉적색 샤머(shame)를 닮았다. 수컷은 동적색의 가는 목털을 가지고 있으며, 날개와 가슴색은 흑색이다. 암놈은 적갈색 우모를 가지고 있다. 6, 7월경에 지상에 둥지를 짓고 황백색의 알을 8～12개 낳는다. 지금까지 닭의 조상이라 알려진 야계(野鷄)로서는 적색 야계 이외에도 세일론 야계, 회색 야계, 녹색 야계 등 4종이다. 또한 broiler 작출용 원종계라는 설도 있다.

레드 클로버 red clover　레드 클로버는 두과목초 중 알팔파 다음 가는 우수한 목초이다. 다년생이고, 토질은 그다지 가리지 않지만 석회질의 토양으로 pH 5.8～8.0 정도의 토지가 좋다. 일반적으로 배수가 불량한 곳은 생육이 불량하다. 또 내한성은 강하지만 여름철의 고온과 건조에는 약하다. 레드 클로버는 많은 품종이 있으며, 각각 기후와 토질에 대한 적응성이 다르다. 레드 클로버의 수량은 많고 또 건물 중의 단백질 함량이 많아 우수한 목초로서 가축의 기호에도 알맞다. 특히 화본과 목초와의 혼파로도 이용된다. 레드 클로버 건초는 겨울철 사료로서 좋지만 잎부분이 떨어지면 사료가치가 저하된다. → 2년생 두과목초.

ㄹ

레드 톱 red top 화본과의 다년생 목초로서 잎이 가늘고 줄기는 원형이며, 이삭이 다른 화본과 보다 약간 늦게 나온다. 수량 및 단백질 함량이 높으며, 두과목초와의 혼파로 이용된다. 내한성은 강하나 습한 토양에서는 생육이 불량하다. 점차적으로 재배가 기피되는 목초로서 방목지에 적합한 하번초이다.

레비틴 levitin 난황 단백질의 하나인데, 전체의 1/5을 차지하고 있으며, 나머지는 vittelin이다. 유황을 많이 함유하며, 난황 중의 유황함량의 절반을 차지한다.

레스큐 그라스 rescue grass 남미가 원산으로서 1년생 내지 단년생의 화본과 목초이다. 겨울이 온화하고 다습한 아열대에 적합하다. 재생력이 강하고, 1년에 3회의 예취가 가능하다. 일반적으로 이른 봄에 이용되고 있으며, 사료가치는 비교적 높다. 우리나라에서는 '개보리'라고 불려진다.

레스페데자 lespedezas 두과목초로서 종류는 지극히 많다. 현재 중요시되고 있는 것은 동아시아가 원산이다. 줄기는 조강(粗剛)하고 잎은 매듭풀형의 3소엽으로 되어 있다. 클로버류라든지 알팔파의 생육이 안 되는 척박한 산성 토양에 잘 자라고 한발에 견딘다. 품종으로는 코리안 레스페데자(Korean lespedeza, wild), 클라이맥스(climax), 오오디너리(ordinary), 로완(rowan), 도오베(dobe), 오오번(auburn) 등이 있다. 일명 매듭풀이다.

레시틴 lecithin 인지질의 일종이며, 글리세린 · 지방산 · 인산 · 콜린으로 되어 있으며 정확한 명칭은 phosphatidyl choline이다. 체내 지방질의 운반에 중요한 역할을 한다. 유화제로 사용되며, 난황 · 대두 · 낙화생 · 옥수수로부터 추출 정제되어 시판되고 있다. 레시틴은 극성지방(polar lipid)이고 세포막의 주요 구성성분이다.

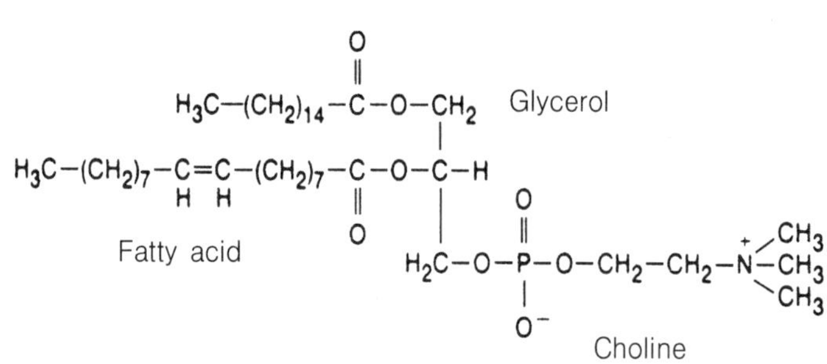

Lecithin(phosphatidylcholine)

레티날 retinal 비타민 A 알데히드이며, 알코올이 결합된 것을 retinol이라 하며 또한 retinene이라고도 한다.

레티넨 retinene 비타민 A 알데히드의 별명이며, 레티날(retinal)이라고도 한다.

레티노이드 retinoid 활성형 비타민 A의 총칭으로 레티놀, 레티날 그리고 레티노인산 모두 포함된다.

레티노익산(酸) retinoic acid 체내에서 retinol 또는 retinal로부터 합성된 비타민 A의 산성형태이다. 즉 비타민 A의 끝 알데히드(CHO)가 산(COOH)으로 된 것이다.

레티놀 retinol 비타민 A_1 알코올이며, 비타민 A_2 알코올은 3-디히드로레티놀이라고 불리운다.

레티놀 당량 retinol equivalent(RE) 비타민 A의 활성 측정 단위이다.

$$1\ \text{RE} = 1\ \mu g\ \text{retinol} = 6\ \mu g\ \beta\text{-carotene}$$

렌닌 rennin 위액 중에 들어 있는 효소로서 우유를 응고시킨다. 렌닌은 우유를 먹는 어린애 또는 어린가축의 위액에 다량 들어 있고 위산(HCl)을 분비하는 어른에게는 크게 중요하지 않다. 렌닌(rennin)은 신장에서 분비되는 효소인 레닌(renin)과 혼동하지 않기를 바란다.

렌더링 rendering 지방을 녹여 내는 공정이다. 지방조직을 구성하고 있는 지방세포에서 지방을 분리시키는 공정으로 건식법과 습식법 등이 있다.

렌더 탈로우 rendered tallow 콩팥 이외의 부분을 가압용기(autoclave)에서 물과 끓여 만들어진 소나 양의 지방이다. 압착하면 액체부분은 분리되고, 고체부분은 오레오스테아린으로 비누와 양초제조에 사용된다.

로돕신, 시홍 rhodopsin 11 cis-retinal과 옵신으로 구성된 간상세포내 광수용기이다. 시홍은 흐린 빛에서도 볼 수 있게 하는 감광색소이며, 망막의 간상세포에서 발견된다. 빛에 노출되면 일련의 생성물을 내면서 퇴색되는데, 마지막에는 옵신과 레틴알데히드를 내게 된다.

로드 아일랜드 레드 Rhode Island Red 유명한 겸용종으로서 원산지는 미국의 동부 로드 아일랜드주 해안의 지방이다. 원산지에서 옛날부터 사육했던 체질이 강건하고 조방적 사육에 견디는 재래종 닭에 partridge cochin maley종, 갈색 레그혼종, 와이안 도트종을 교잡하여 1904년에 하나의 독립된 품종으로 인정되었다. 체구는 깊고 길며, 장방형으로서 성질은 온순하고 초산 월령이 6～7개월이며, 55～60 g의 암갈색 난을 연 200～250개 생산한다. 육량과 육질이 좋으며, 표준 체중은 ♂ 3.9 kg, ♀ 3.0 kg이다. 단관 또는 장미볏을 가지고 있으며, 부리는 적색이고 피부는 황색이다. 그리고 우모색은 날개털과 꼬리털은 대부분 흑색이지만 몸 전체는 농적갈색이다.

로베니딘 robenidine 1970년 Kantor(미국) 등에 의해 보고된 구아니딘 화합물의 콕시듐 치료제이다. 염산염이 콕시듐제로서 사용되고 있고, 화학명은 1.3-bis(pchlorobenzylideneamino)-guanidine hydrochloride이다. 염산 로베니딘(robenidine hydrochloride)은 닭의 콕시듐 원충에 널리 작용하고, 콕시듐병 예방제로서 사용된다. 사료에 첨가량은 33 ppm이고, 사료첨가제로 지정되어 있다.

로셸염(鹽) rochelle salt 주석산 카리소오다이며, 환원당 추정을 위한 fehling 시험용으로 구리(Cu)와 함께 사용된다.

로즈 그라스 Rhodes grass 아프리카가 원산인 열대형 화본과 목초로서 원래 영년생의 것이지만 추운 겨울에서는 월동이 안 되므로 1년생과 같이 말라 죽는다. 습윤한 토양에서 가장 좋은 생육을 하지만 사질토에서도 생육하고 상당한 가뭄에도 견딜 수가 있다. 사료성분으로는 단백질이 많지 않지만 기호성이 좋고 방목용 및 건초용으로 이용된다.

롤러 건조(乾燥) dehydrated on roller 내부가 뜨거운 수증기에 의해 가열된 로울러에 액체를 얇은 피막형태로 흘러내려서 수분함량을 낮추는 데 사용하는 공정이다. 이렇게 하여 건조된 물질은 긁어서 떼어 낸다.

롤러 밀 roller mill 한쌍의 수평면을 늘어놓은 원통형의 롤러로 이루어진다. 롤러는 서로 조금 떨어져 있고 다른 속도로 회전한다. 물질은 1회의 조작으로 갈아져서 분쇄된다.

롤러형 건조기 roller dryer 건조될 물질이 가열된 롤러의 표면에 펼쳐져 건조는 수초간에 완전하게 된다. 롤러는 건조필름을 만드는 동시에 밀어내는 나이프의 방향으로 회전한다. 이 방법으로 만드는 제품은 거의 손상을 받지 않는다. 예를 들면 롤러로 건조된 우유는 타지 않으나 비타민 B_1 · C의 손실이 분무건조보다 다소 크다.

롤링 rolling, rolled 미국의 규격에 의하면 롤링은 롤러의 사이에서 압축되는 것에 의해서 사료 입자의 크기 및 형태의 한쪽 또는 양쪽을 바뀌게 하는 것이다. 이 경우 컨디셔닝(수분, 온도의 조절)이 필요하다.

루미놀로지, 반추위학 反芻胃學 ruminology 가축영양 생리학의 한 분야로서 반추동물의 제 1위(rumen)를 중심으로 반추위의 기능을 직접 연구목적으로 하는 것을 특히 루미놀로지(ruminology)라고 한다. 반추동물은 주로 제 1위 안에 무수히 살고 있는 미생물과 공생관계를 유지함으로써 사료의 각 성분을 영양원으로서 고도로 이용하는 능력을 갖추고 있다. 반추동물의 사료 소화 메커니즘과 영양소 대사의 기능은 단위동물의 것과 본질적으로 다른 면이 많기 때문에 연구가 진전됨에 따라 독자적인 분야가 형성되어 있다.

루선 lucerne, alfalfa 자주개자리(Medicage Sativa L)로서 원래는 목축용 목초로 알려져 있으며 알팔파라고도 한다. → 알팔파.

루터베거 rutabaga 스웨덴 순무라고도 불려지는데, 내한성이 있고 저장성이 좋으며, 겨울에도 그대로 밭에 둘 수가 있다. 더운 지역에서는 병해를 받기 쉬우므로 북방지역에서 재배되고 있으며 영국·캐나다·미국의 북부 등지에서 널리 이용되고 있다. 우리나라에서 재배되는 품종에는 화이트·프레숏드·레크레스·마제스틱·세이다이 순무 등이 있다.

루핀류(類) lupines 1년생의 두과목초인데, 서늘한 기후에 알맞으므로 북부에서는 여름작물로서 남부에서는 겨울작물로서 재배된다. 이것은 수백 종의 품종이 있으며, 종실의 대부분은 알칼로이드를 함유해서 유독하지만 사료용으로서는 무독계통(sweet lupin) 종실이 육종되어 단백질사료로 사용된다. 황화루핀·청화루핀·백화루핀 등이 있으며, 일반적으로 단백질 함량은 높다.

류신 leucine(Leu, L) 지방족 모노아미노 모노칼본산에 속하는 필수아미노산인데, 거의 모든 동물에 있어서 필요하다. 류신은 케톤산 생성 아미노산으로서의 작용이 있으며, 같은 작용을 지닌 아이소루신과 길항적으로 작용한다. 옥수수 구루텐(corn gluten)이나 카제인에 많이 함유되어 있다. 그리고 globulin과 albumin에 특히 많이 들어 있다.

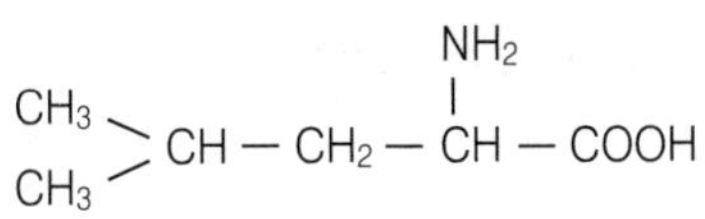

Leucine

류코사이트준병(病) leucoytozoon disease Akiba caulleryi라고 하는 원충에 의해서 발병하는 닭의 질병인데, 닭모기에 의해 매개되어 감염된다고 알려져 있다. 이 병에 감염되더라도 당분간은 식욕 등에 이상이 나타나지 않지만 13일경에 돌연히 복강내 출혈 또는 피를 토하면서 폐사하는 경우가 있다. 폐사하지 않은 것은 식욕부진과 침울상태로 되고 빈혈이나 연변(軟便)을 한다. 이 병의 발생을 막으려면 그 원충을 매개하는 닭모기를 방제하는 것이 중요하지만, 이 흡혈곤충의 생태는 불명한 점이 많고 효과적인 방제가 곤란하다. 이 병의 예방에는 피리메타민, 썰퍼디메톡신 등이 유효하다. 그러나 이러한 약제가 사료안전법의 규제를 받고 있다.

리간드, **배위자**(配位子) ligand 다른 화합물과 결합할 수 있는 화합물이다.

리그노세린산(酸) lignoceric acid $CH_3(CH_2)_{22}COOH$의 장쇄지방산이며, 24개의 탄소 원자를 가지고 있다. Cerebrosides 및 sphingomyelin 중에 존재하며, n-teracosanoic acid 이다.

리그노셀룰로오스 lignocellulose 리그닌과 셀룰로오스의 여러 가지 화합물로서 식물의 세포벽인 구성 탄수화물 조직을 이루는 성분이다.

리그닌 lignin 리그닌은 셀룰로오스(cellulose)와 함께 식물의 목질부(木質部)를 형성하고 있으며, 식물의 생육이 진행됨에 따라 그 함량도 많아진다. 리그닌은 동물에 의해 거의 소화되지 않으며, 자신은 물론 타영양소의 소화작용을 방해하므로 리그닌 함량이 많은 것은 영양가가 떨어진다. 이 때문에 리그닌은 소화율 측정 시에 지시물질(inolicator)로서도 쓰여지는 경우도 있다. 리그닌의 화학적 구조는 불명한 점이 많지만 약 14～21%의 메칠기를 함유하고, 알칼리에는 불안정하지만 염산과 황산에서는 안정하다.

ㄹ

리놀렌산(酸) linolenic acid　3개의 이중결합을 가진 탄소수 18의 직쇄지방산이다. 구조식은 $CH_3(CH_2CH{=}CH)_3(CH_2)_7COOH$이며, 이중결합은 9-10, 12-13, 15-16 탄소 사이에 있다. 즉 9, 12, 15-octadecatrienoic acid이다. 아마인유의 주성분이며, 높은 불포화성 때문에 기름의 건성에 관여하며 필수지방산이다. 반면에 γ-inolenic acid는 6, 9, 12-octadecatrienoic acid이다(C18:3, ω3).

리놀산(酸) linoleic acid　탄소 18의 직쇄지방산이며, 두 개의 이중결합을 가진 필수지방산이다. 구조식은 $CH_3(CH_2CH{=}CH)_2(CH_2H)_7COOH$이고, 이중결합은 탄소 9-10 및 12-13 사이에 있다. 즉 9, 12-octadecatrienoic acid이다(C18:2, ω6). → 필수지방산.

$$CH_3 - (CH_2)_4 - CH - CH - CH_2 - CH - CH - (CH_2)_7COOH$$

Linoleic acid

리드 캐너리 그라스 reed canary grass　유럽 및 북미의 온대지역에서 널리 분포하는 다년생 화본과 목초이다. 경엽의 형태는 갈대와 닮았고, 초장 100～150 cm에 이르고, 실한 지하경에 의해 증식되는 건조지나 습지에 모두 잘 적응하는 목초로서 사방사업에 적합하다. 특히 내한성에 강하다(-30℃에서도 월동한다). 이른 봄부터 장기간에 걸쳐서 생육하고 수량도 많다. 방목, 건초, 사일리지에 알맞지만 과방목에는 견디지 못한다. 기호성은 나쁘지 않지만 어린 것은 청산배당체(靑酸配糖體)를 함유하므로 주의할 필요가 있다.

리베르만 버어차아드 반응 liebermann-burchard reaction　불포화 스테롤류의 반응이며, 클로로 폼・무수초산・농황산(濃黃酸) 등과 함께 처리하면 연색이 된다.

리보오스 ribose, **디옥시리보오스** deoxyribose　Pentose phosphate pathway 과정에서 생성되는 5개의 탄소를 가진 당이다. 생리학적으로 특히 중요한 5탄당이다. 비타민 B_2, coenzyme I, coenzyme II의 일부이며, 또 디옥시리보오스와 더불어서 핵단백질, 즉 RNA와 DNA에 포함되어 있다.

리보좀 ribosome　세포질에 존재하며 RNA와 단백질 분자로 이루어진 기관이다. 세포 내에서 단백질의 생성에 중요하다.

리보플라빈 riboflavin, vitamin B_2　빛과 방사선 조사에 의해 불가역적으로 변질되는 유일한 비타민 B군의 하나인데, 비타민 B_2(vitamin B_2)라고도 불려진다. 이것이 부족하면

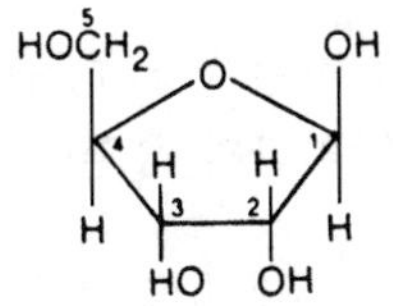

D-ribose

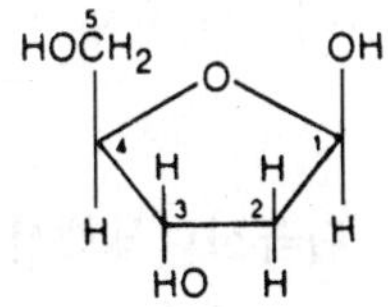

2-deoxy-D-ribose

D-ribose는 RNA를 구성하는 5탄당이며
2-deoxy-D-ribose는 DNA를 구성하는 5탄당이다.

닭에서는 발가락이 구부러지는 각약증(curled toe paralysis)을 일으키는 것이 특징인데, 그밖에 설사, 성장장해, 좌골신경의 종대, 산란율, 부화율의 저하 등의 장해를 일으킨다. 돼지에서는 다리가 움직일 수 없게 되고, 피부가 트고, 눈의 백내장, 성장저해, 번식장해 등을 볼 수 있다. 생체 내에서는 인산과 결합해서 황색효소를 구성하고 혹은 플라빈, 아데닌, 디뉴클레오티드(FAD)라고 해서 산화환원반응에 중요한 역할을 하고 있다. 효모, 탈지유, 어분, 양질 건초 등에 많지만 사료 중에서 가장 부족하기 쉬운 비타민의 하나이다. 반추가축에서는 제 1위내에서 합성되므로 부족한 일은 없으나 어릴 때에는 제 1위가 발달되지 않은 상태이므로 부족되는 일이 있다. 사료첨가제로서는 리보플라빈 또는 리보플라빈낙산 에스테르의 형태가 사용된다.

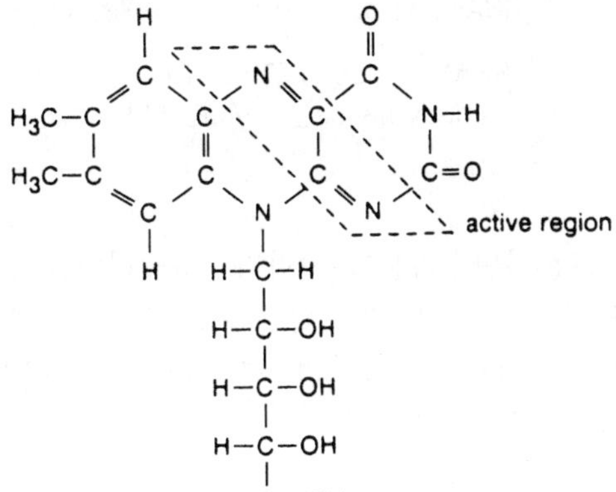

Riboflavin

리보플라빈 결핍증(缺乏症) riboflavinosis 비타민 B_2 결핍으로 인하여 생기는 증상을 뜻한다. 증상으로는 입 가장자리의 염증(cheilosis), 구강의 횡렬을 동반하는 구강염이 특이하며(angular stomatitis) magenta색(자적색)으로 된 혀의 염증(glossitis), 빛에 대한 눈의 피곤(hypersensitive)에 의한 결막혈관의 충혈(conjunctivitis) 등이 특징이다.

리보플라빈 결핍증 징후군(缺乏症徵候群) burning feet syndrome 발끝의 동통과 떨림으로 시작하여 후에 상부에 번져서 무릎까지 올라간다. 장기간의 단백질과 비타민 B군 부족 사료에 의하여 야기된다. 판토텐산이 치료효과가 있다고 하지만 불확실하며, 전 비타민 B 복합체가 필요한 것 같다.

ㄹ

리보핵산(核酸) ribonucleic acid(RNA), **디옥시리보핵산** deoxyribonucleic acid(DNA) → 핵산.

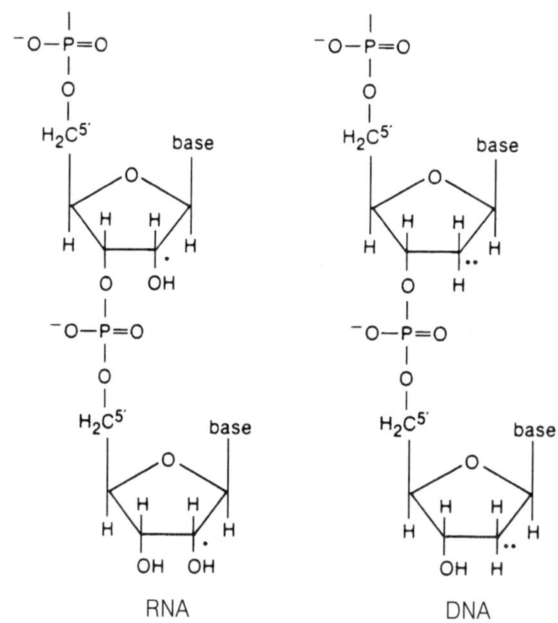

RNA는 D-ribose 그리고 DNA는 D-deoxyribose를 가지고 있다.

리소자임 lysozyme 고분자탄수화물과 그람양성박테리아를 소화시키는 효소이며 타액, 눈물, 계란흰자질에 들어 있다. 이들 탄수화물을 세포벽의 일부로 가지고 있는 박테리아는 리소자임의 작용으로 붕괴하여 용해한다. 널리 분포되어 있으며, 특히 난백에는 전 고형분의 2.5%를 함유하고 있다.

리소좀 lysosome 소화효소를 함유하고 있는 세포질의 구조이다.

리신 lysine 아미노기 2개를 지닌 염기성 아미노산으로서 필수아미노산이다. 리신은 근육단백질(collagen과 elastin)에 많이 함유되고, 사료 중에는 동물성 사료와 대두박에 많이 함유되어 있다. 또 참깻묵·면실박·맥류에는 적고, 이런 사료를 이용하는 경우에는 리신이 부족하지 않도록 주의할 필요가 있다. 최근에 리신은 발효법 등에 의해 비교적 저렴한 가격으로 생산되어서 사료에 첨가되고 있다. 사료첨가물로서는 염산 리신(순도 98% 이상)이 이용된다. 일반적으로 사료 중의 리신은 사료를 가열·건조하는 과정에서 sugar 화합물이나 carbonyl 화합물 혹은 aspartic이나 glutamic acid와 결합하여 소위 maillard 반응을 일으켜 이용성이 저하되는 경향이 있어서 최근에는 급여하는 사료에 유효 리신(avalilable lysine)이 얼마나 되는냐에 관심이 집중되고 있다.

$$H_2N-CH_2-CH_2-CH_2-CH_2-\underset{}{\overset{NH_2}{\overset{|}{CH}}}-COOH$$

Lysine

리터당 밀리당량 milliequivalent per liter(mEq/L) 주어진 용량의 양에 대한 전해질의 농도이며 다음과 같이 계산한다.

$$mEq/\ell = \frac{mg/\ell \times \text{원자가(valence)}}{\text{분자량}}$$

리파아제(지방 가수분해효소) lipase 지방질을 glycerol과 지방산으로 분해시키는 효소이며, 특이성이 적어서 어느 triglycerides나 장쇄 에스테르에 작용된다. 주로 췌장액 중에 존재하며 또한 종자, 곡류 중에도 있다. 때로는 식품의 저장 중 산패의 진행에도 관여한다. 리파아제는 그 출처가 다르더라도(예로서, 소화액 또는 종자 중) 거의 같으며, 단지 기질에 작용하는 속도만이 다르다.

리포비텔레닌 lipovitellenine 난황 중의 지방단백질(lipoprotein)이며, 난황 고형분의 1/6을 차지한다.

리포익산(酸) lipoic acid, thioctic acid 각종 미생물에 대하여 필수적인 성장인자이며 효모, 간 추출물 중에 있다. 연구자에 따라 여러 이름이 있으며 초산 치환인자, pyruvate 산화인자, thioctic acid, 프로토겐 등으로 불리어진다. 비타민 B_1·인산·조효소 A와 결합해서 리포익산은 lipothiamide를 형성한다. 이것은 탄수화물의 대사에 있어서 산화적 탈탄산에 필수적이다. 지용성, 함유황물질이며, 체내에서 합성되기 때문에 순비타민은 아니나 그 작용은 비타민 B군과 여러 면에서 같다.

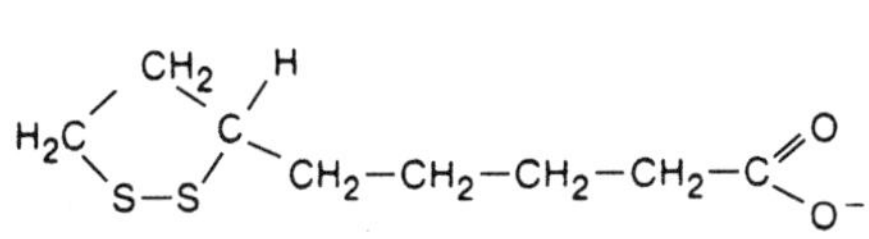

Lipoic acid(thioctic acid)

리폴리시스 lipolysis 지방이 지방산과 글리세롤로 분해되는 것을 말한다. → 지방분해.

리피트 브리더 repeat breeder 경산우 가운데 질과 직장검사 결과가 이상이 없는데도 3~4회 이상 교배하여도 수태되지 않으면서 계속 발정이 반복되는 번식장해에 있는 소를 뜻한다.

린 보디 매스 lean body mass 저장지방(storage fat)을 제외한 모든 체조직을 말하며, 필수지방(골수와 중추신경, 내부기관과 연관된 지방)은 포함된다. 즉 세포, 세포외액, 골격을 말한다. → 무지방 신체 질량.

ㄹ

린트너가(價) lintner value 가용성 전분을 기질로 해서 사용할 때의 디아스타아제 활성의 척도이며, fehling 용액으로 효력을 측정한다. 소맥분, 맥아추출물 등에 사용된다.

림프 淋巴 lymph 임파관으로부터 나오는 액으로서 몸 안을 순환하는 체액 중의 한 물질이다. 노란색을 띠며 반응에서는 알칼리성이다. 때에 따라서는 약간의 적혈구로 인하여 분홍색을 띠기도 한다. 지방 소구체가 있을 시는 뿌옇게 된다. 임파는 무색의 세포인 임파구(lymphocytes)가 들어 있고, 단백질 함량이 낮다는 점을 제외하고는 그 모양과 구성이 혈장과 비슷하다. 임파의 주기능은 혈액으로부터 조직 안으로 성분율을 순환시킴으로써 세포에 영양을 공급해 준다. 또한 지방흡수에 중요한 것으로 여겨진다.

링게르용액 Ringer's solution Na・K・Ca의 염화물로 만들어진 용액으로서 이식수술 시 각 장기의 조직은 이 용액 중에서 보존이 가능하다. 이 용액은 0.154 M NaCl 960㎖, 0.154 M KCl 20 ㎖, 0.11 M $CaCl_2$ 20 ㎖의 혼합액이다.

ㅁ

마그네슘 magnesium(Mg) 체내에서 ATP와 ADP를 가수분해하는 효소의 보조인자로 작용하는 2가를 띤 무기물이다. 동물체내에는 소량이 존재하지만 그 분포와 대사는 칼슘(Ca) 및 인(P)과 밀접한 관계가 있다. 마그네슘이 결핍되면 혈청 중에 마그네슘 함량이 저하하고 흥분하기 쉬우며, 경련을 일으켜서 폐사한다. 보통 사료 중에는 적어도 0.1% 이상의 마그네슘이 함유되어 있으므로 특별히 사료에 첨가할 필요 없지만, 최근 소에서 그라스 테타니(grass tetany)의 발생과 관련하여 사료 중 마그네슘의 적정 함량에 관심을 갖게 되었다. 그러나 사료 중의 함량보다도 체내 이용률에서 어린 풀은 성숙한 풀보다 낮아서 15% 정도 밖에 안 된다고 한다.

마라스머스 marasmus 전체적인 영양소의 결함에 의한 신체의 현저한 쇠약(소모)을 말하며, 전반적인 영양불량이라고도 한다. 증상은 근육 및 피하지방이 위축해서 주름살이 생기지만 카시오커(kwashiorkor)와 달라서 부종 또는 간지방 침윤은 생기지 않는다.

마레크병 Marek's disease 마레크병의 병원은 허피스형 바이러스인데 그 전염경로는 공기, 우모, 깔짚 등으로 되어 있다. 이 병 가운데는 말초신경과 난소에 병변이 보이는 것을 정형마레크병, 기타 내장의 병변이 주로 보이는 것을 급성마레크병으로 구별되고 있다. 마레크병의 발병은 전 연령층에 미치고 있는데 증상으로는 식욕부진, 녹색설사, 볏의 위축 등이 보인다. 그러나 간의 비대는 비교적 가벼우며, 이 병에 대한 백신이 개발되어 널리 이용되고 있다. 바이러스에 의한 종양성 질병으로 주요한 임상증상은 쇠약과 신경제의 마비이며, 부화 직후 피하 또는 근육내에 백신을 접종해야 면역기능이 형성된다.

마블링 marbling 비육한 가축의 도체시에 지방의 침착상태는 비육도와 고급육을 나타내는 것인데, 그 중 근육 속이나 근육과 근육 사이의 지방의 축적은 식육의 품질을 정하는 중요한 인자이다. 비육이 잘 된 소는 근육 속에서 근육섬유의 사이로 지방이 들어 있으며, 살코기의 단면이 대리석 같은 모양을 나타내는데 이것을 마블링(marbling)이라고 한다. 일반적으로 그 형질은 유전적인 것이고, 암소는 황소(웅)보다 많지만 거세나 사양관리 등에 의해서 개선된다. 그러나 돼지고기의 마블링은 쇠고기보다 분명하지 않다.

마스트 세포 mast cell 신체의 결체조직에 퍼져 있는 세포이며, 히스타민 분비로 인한 화농 초기에 시그날을 보낸다.

마이셀 micelle 레시틴과 담즙산에 의해 형성된 수용성 구형 구조로서 소수성 부분은 안쪽으로 향하고, 친수성 부분은 바깥쪽으로 향해 있다.

마이크로사이트 microcyte 작은 적혈구를 뜻한다.

마이크로좀 에탄올 산화계 microsomal ethanol oxidizing system(MEOS) 간에서 알코올 농도가 높을 때 알코올을 대사시키는 경로이다.

마카보마이신 macarbomycin 1964년 우메자와(梅澤, 일본) 등이 스위스 제네바의 토양에서 분리, 발견한 항생물질인데 *Streptomyces phaeochromogenes*를 배양해서 생산된다. 인을 함유한 다당류계 항생물질에 속하고, 주로 그람양성균에 항균작용을 가진 동물 전용의 항생물질이다. 사료첨가제로서 지정되어 있고, 동물용 의약품으로서는 사료첨가제로서만이 경구적으로 사용되고 있다.

ㅁ

만노오스 mannose 음식물에는 존재하지 않고 이스트, 곰팡이, 박테리아 등에서 유래된다. 글루코오스와 관련성 있는 6탄당이지만 화학적으로 입체배치가 약간 다르다.

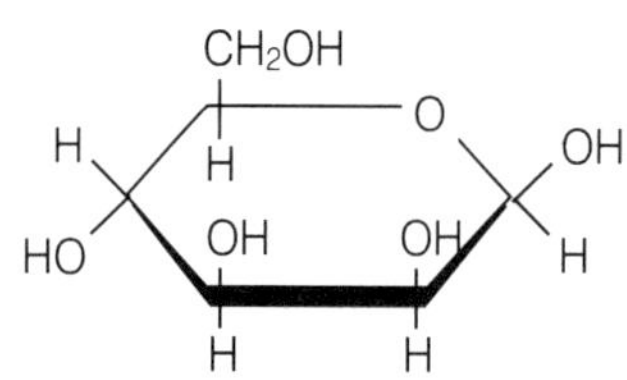

Mannose

만니톨 mannitol 과일에 들어 있는 당알코올(sugar alcohol)이며 sucrose의 70%의 감미를 가진다. 즉 6탄당인 mannose 말단의 aldehyde(–CHO)기를 $-CH_2OH$기로 환원시킨 것이며, 포도당으로도 만든다. 상업용으로는 해조(laminaria)에서 추출된다. 식품첨가제로서 응고를 방지하고 윤활제, 보존제, 감미제, 향미제 안정제 등으로 캔디나 디저트용 식품 등에 쓰인다. 특히 입 안의 박테리아가 만니톨을 분해하여 산을 만들지 못하므로 이빨이 상하는 것을 방지할 수 있다. 그리고 소장에서는 천천히 그리고 완전히 소화되지 않기 때문에 glucose에 비해 에너지의 50%만이 이용된다.

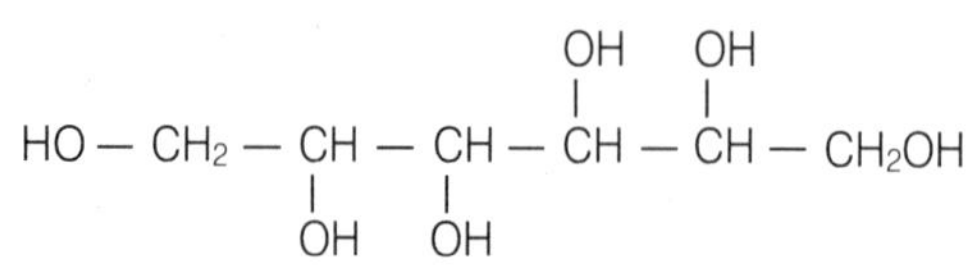

Mannitol

만성 호흡기성 마이코플라스마병 chronic respiratory disease(CRD) 닭의 호흡기성 마이코플라스마병은 *Mycoplasma gallisepticum*의 감염에 의해서 생기는 것이다. 이 병은 세계 각국에서 발생되고 있다. 닭이 이 병원균에 단독으로 감염된 경우 임상적으로는 거의 증상을 나타내지 않으나 불량한 위생환경에서 사양되고 있을 경우에는 2차감염을 입어서 콧물의 유출, 식욕의 감퇴, 체중 감소가 일어나고 또 야간에 기침, 재채기 또는 이상

호흡음이 들린다. 또 성장과 산란율도 저하한다. 감염경로는 병계와의 접촉 외에 알을 통해서 모계로부터도 전파된다. 이 병에 대해서는 아직 유효한 예방액이나 항혈청은 없으며, 예방으로서는 이 병원균의 전염경로를 단절하는 이외는 방법이 없다.

말 馬 horse 말의 분류법은 여러 가지가 있다. 그 용도에 따라 경종・중간종・중종으로 구별되는 것이 보통이다. 경종으로는 아랍종・서러브렛드종 같은 승마종(乘馬種)으로서 승용종(乘用種)이라고도 한다. 중간종으로는 하크니종・앵글로노르만종 같은 경만용(輕輓用)과 승용을 겸한 말로서 경만용종이라고도 한다. 중종은 펠슈론종 같은 농경 등의 중만용으로서 중만용종이라고 한다.

ㅁ

말단비대증 末端肥大症 acromegaly 뼈의 성장이 완성된 후에 뇌하수체에서 호르몬의 과다분비로 생기는 것으로 얼굴, 손과 발의 뼈가 과다 성장하게 된다. 그리고 당뇨병과 기타 비정상적인 상태를 초래한다.

말단 신경병증 peripheral neuropathy 감각, 운동, 반사 기능의 저해, 팔다리에 영향을 미치고, 근육이 약화되며, 웅크린 자세로 서 있기가 힘들게 된다.

말분 末粉 wheat middling 제분과정에서 밀가루를 빼내고 채에 남은 부산물을 다시 분쇄하여 입자도에 따라 다시 분리하는데, 여기서 밀기울과 등외 밀가루의 중간 크기를 가진 것들을 말분이라 한다. 말분은 전체 원료 소맥의 약 7～8%를 차지한다. 미국의 경우 말분은 wheat red dog(조섬유 함량 4% 이하)나 wheat shorts(조섬유 함량 7% 이하)로 구분한다.

말산 malate TCA 회로에서 탄수화물의 중간 생성물이다.

말초 림프조직 peripheral lymphoid tissues 비장, 림프절, 편도선(tonsil), 아데노이드(adenoid), 충수(appendix) 등을 포함한 혈액 내에 존재하는 이물질을 포착하는 조직이다.

말초신경계 末梢神經系 peripheral nervous system 신경세포를 가지고 있는 신경계로서 중추신경계와 기관 간의 정보전달을 맡는다.

말타아제 maltase 장세포에서 만들어지는 효소로서 맥아당(말토오스)을 2분자의 글루코오스로 분해한다.

말토오스, 맥아당 maltose 2분자의 글루코오스가 α-1,4 연결로 된 2당류이며, 글루코오스는 산 가수분해 또는 소화 중에 유리된다. 조직 중에는 유리형으로는 존재하지 않으며, 전분에서 글루코오스로 분해되는 과정에서 중간체로 생성된다. 감미는 자당의 33%이다.

맛과 맛봉오리(미뢰) taste and taste bud 맛은 입에 있는 화학수용체(chemoreceptor)가 음식에 들어 있는 화학물질에 반응하기 때문이다. 맛을 느끼는 화학수용체는 맛봉오

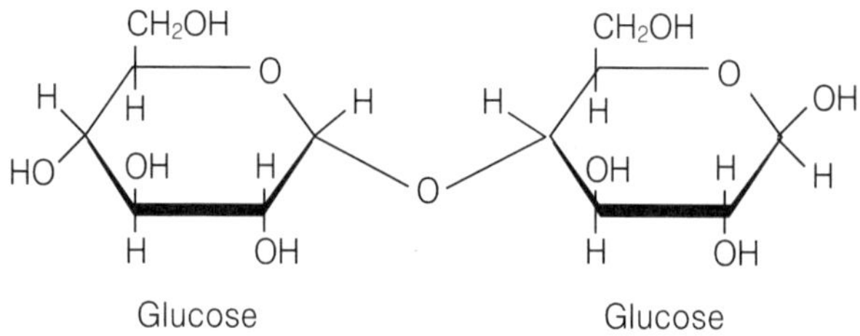

리(taste bud)라고 부르는 구조에 들어 있으며, 10,000개 이상의 맛봉오리를 주로 혀와 입천장에 가지고 있고 인두에도 있다. 맛에는 4가지 종류, 즉 신맛(sour), 짠맛(salty), 단맛(sweet) 그리고 쓴맛(bitter)이 있다. 신맛은 음식에 수소이온(산)이 있기 때문이며, 짠맛은 나트륨 이온, 단맛은 설탕(sucrose)과 유사한 구조를 가진 유기분자의 존재, 그리고 쓴맛은 여러 종류의 질소화합물과 연관되어 있다. → 혀.

망간 manganese(Mn)　무기원소의 하나이며, arginase 또는 알칼리성 phosphatase 등의 효소를 활성화시키는 activator로 작용한다. 사료에 있어서는 필수적인 원소이다. 이것이 결핍되면 닭에서는 perosis(각약증), 쥐에서는 불임증, 토끼에서는 골격의 기형을 가져온다. 식물에도 필수적이다. 녹색식품과 홍차(紅茶)는 풍부한 망간원이다.

망간 설페이트 manganese sulfate　망간은 가축에게 필요한 무기물이다. 이것을 사료에 첨가할 경우 황산망간($MnSO_4$)의 형태로 첨가하는 것이 보통이다. 사료 중에 망간이 결핍되면 닭에는 각약증(perosis)의 원인이 된다는 것이 알려져 있다. 겨나 밀기울류는 망간을 충분히 포함하고 좋은 급원이 되지만, 현재 사료 중의 겨나 밀기울류는 종래에 비교해서 줄이는 경향이 있기 때문에 이와 같은 경우에 실제의 조건으로도 망간결핍이 일어날 가능성이 많아졌다. 황산망간과 다른 미량무기물과 혼합된 소위 종합 광물질제로 시판되고 있다.

망고핵박 mango kernel meal, mango kernel cake　남아시아가 원산으로 더운 지방에서 자생하는 망고나무의 열매는 적황색을 띠는 과실로서 이 열매의 핵 속에 있는 씨를 말려 분쇄한 것을 말한다.

망상 적혈구 網狀赤血球 reticulocyte　적혈구(정상 적혈구 또는 적혈구)의 미성숙형, 즉 젊은 적혈구(young red blood cell)로서 핵의 나머지가 망상으로 보인다. 정상 혈액에는 거의 볼 수 없으며 완숙까지 골수 중에 머무는데 빈혈이 날 때에 생성이 빠르게 일어나므로 망상 적혈구가 혈액 중에 나타난다(망상 적혈구 증대증, reticulocytosis).

매개운반 媒介運搬 mediated transport　막횡단단백질(transmembrane protein)을 이용하여 세포막을 통과해서 분자를 운반하는 것이다.

매쉬 mash　미국의 규격에 의하면 매쉬는 분상(meal)의 혼합사료인데, 매쉬 피이드(mash feed)와 동의어이다. 일반적으로 가금사료에는 meal 보다는 mash로 표기되며, 입자도, 입자의 굵기 관계를 나타낼 때도 사용된다.

매트릭스 Gla **단백질** Matrix Gla Protein(MGP) 뼈, 치아, 연골에 들어 있는 단백질로서 비타민 K에 의해 카르복실화된 glutamic acid residue을 포함하고 있다. Gla는 단백질에 칼슘이 결합되도록 한다.

매플시럽 뇨증 maple syrup urine disease, branched chain ketoacidosis 신생아에게 나타나는 선천성 대사장애증으로 출생 후 바로 사망하거나 먹지 못하고 구토를 일으킨다. 또는 경련, 혼수와 불규칙적인 호흡증세를 나타낸다. 분지 아미노산인 leucine, isoleucine, valine과 이들의 α-ketoacid가 혈액과 뇨 중에 증가된다. 이같은 명칭은 환자뇨의 냄새, 색깔과 점도에 의해 붙여진 것이다.

ㅁ

맥각균 麥角菌 ergot 잡초나 곡류에 생육하는 곰팡이로서 호밀에 생육하는 claviceps purpurea는 의학상 문제가 된다. 이것에 오염된 나맥(裸麥)은 유해하며 St. Anthony's fire라는 질병의 원인이 되고 때로는 치명적이다. 맥각균이 생산하는 활성물질은 에루고지닌・에루고도기신・에루고도아민・에루고메도린 등의 알칼로이드류인데, 이것은 평활근 특히 임산부의 자궁 수축작용을 활발하게 하는 것으로, 자궁출혈 특히 분만 후의 조산술에서 이용되고 있다.

맥각중독 麥角中毒 ergotism 호밀에 발생된 곰팡이가 번식하기 때문에 생기는 중독이다. 맥각균 호밀빵을 주식으로 하는 사람에게 자주 일어난다. 맥각균에 오염된 호밀이 1% 함유된 것을 식용하면 맥각중독으로 된다. 이것은 맥각에 함유된 알칼로이드 때문이며, 위장장애와 지각마비 증상을 초래한다.

맥아근 麥芽根 malt sprout 맥주나 위스키를 양조하는 경우에는 맥아가 필요하다. 맥류를 발아시키면 처음에는 하얀 잔뿌리가 다수 자라 나온다. 이 잔뿌리는 맥아를 건조할 때에 분리되는데 이것을 사료로 쓸 수 있다. 원료에 따라서 성분에 차가 있지만 조단백질 함량은 20～28% 정도이고, 그 1/3은 아미드류인데 영양가는 그다지 높지 않다. 조섬유 함량은 약 10% 정도이다. 일종의 알칼로이드(홀데닌)를 함유하고 있으므로 다량은 이용할 수 없다. 젖소에는 1일 1두당 건조한 것 2 kg 정도를 급여하면 좋다. 돼지는 1kg 이하가 좋고, 어린 가축이나 임신 중의 가축에는 주지 않는 것이 좋다. 맥아근은 방향(芳香)이 있고 담갈색의 것이 양질의 품종이다. 흡습성이 강하므로 저장에 주의를 해야 한다.

맥아당 maltose 포도당과 포도당이 결합된 이당류이다.

맥아(麥芽) **및 맥아추출액**(麥芽抽出液) malt, malt extract 밀 또는 보리에서 만들어지는 녹말 분해물의 혼합물인데 맥아당이 주성분이다. 곡립이 발아되면 효소 diastase(또는 amylase)가 작용하여 녹말을 맥아당으로 가수분해된다. 그 혼합물을 뜨거운 물로 추출하는데, 이것은 녹말 분해물의 용액으로 diastase를 함유한다. 맥아 익스트랙트는 농축용액이나 또는 증발시켜 굳힌 것 두 가지가 있다. 양조에는 단백질이 좋고 diastase가 많은 보리가 사용되는데, 이것은 효모발효에 더 많은 녹말을 공급하기 위하여 맥아가 아닌 보리와 섞어서 사용한다.

맥아분(麥芽粉) **및 소맥맥아분**(小麥麥芽粉) malt flour, wheat malt flour 밀이나 보리를 발아시킨 것을 건조하여 가루로 만든 것이다. Diastase를 많이 가지고 있는데 diastase 함량이 낮은 밀가루로 제빵할 때 첨가한다(127 kg당 0.1134 kg～0.9 kg 첨가). 맥아당을 만들 때 쓰이기도 한다.

맥아즙 부산물 麥芽汁副産物 brewer's soluble 맥아즙을 생산하는데 부산물로 나오는 액체이다.

ㅁ

맥주박 麥酒粕 brewer's grain 맥주를 제조할 때에 맥아의 당화액(맥즙)을 여과하고 난 찌꺼기가 맥주박인데, 생것은 수분함량이 많아서 약 80% 정도나 있고 주로 생것 그대로 젖소나 돼지의 사료로 쓰여진다. 맥주박의 생것은 부패하기 쉽지만 건조하면 오랜 저장이 가능하다. 건조 맥주박은 조단백질 함량이 22～28%, 조지방은 6～8%나 되어 밀기울에 비교하면 상당히 높다. 조섬유 함량도 높아서 약 15% 정도 있으나 에너지 함량은 밀기울보다 낮다. 맥주박은 주로 소, 특히 젖소사료로서 쓰여지고 있다. 젖소사료의 농후사료로 1/3 정도까지 충분히 배합할 수 있다. 돼지・닭에 있어서는 대량을 급여하면 좋지 않지만 소량이면 강피류 대용으로 이용할 수가 있다.

맥주효모 麥酒酵母 brewer's dried yeast 맥주 제조의 공정중 맥주의 발효가 끝난 후 맥주를 여과한 뒤에 분리되는 *Saccharomyces*속의 효모를 건조한 것인데 45% 정도의 단백질을 함유하고 있으며, 비타민 B군과 인의 함량도 많다. 미국의 사료공정 규격에는 조단백질 40% 이상으로 규정되어 있다. 이것은 미국에서는 양계용 사료로 많이 사용되고 있다.

맹장 盲腸 caecum 맹장은 대장의 일부로서 대장과 소장의 접합부에 있는 맹낭이다. 말, 토끼같은 비반추 초식가축에는 맹장이 대단히 크고, 이 부위에서 미생물에 의해 조섬유의 소화 흡수가 이루어지고 있다. 반추위에 있어서와 마찬가지로 섬유는 발효에 의해서 저급지방산으로 되어 흡수된다. 닭에는 한 쌍의 맹장이 있으며 맹장분이라고 할 수 있는 특이한 분을 배설한다. 그러나 닭에는 섭취사료의 일부가 소장에서 소화된 후 맹장에 들어가는 것 뿐이므로 맹장이 소화에 점유하는 역할은 의미가 없다.

메가칼로리 mcal 100만 칼로리(1,000,000 kcal)를 말한다.

메밀 buckwheat 메밀은 산성 토양같이 일반 곡식이 잘 자라지 않는 토지에서도 생육하고, 그 생육기간이 짧은 것이 특징이다. 메밀은 가루를 식용으로 하기 위해서 재배하지만 사료로도 이용할 수가 있다. 메밀의 주성분은 전분이고, 조단백질 함량은 다른 곡류와 같이 10% 정도이다. 또 단단한 껍질을 지니고 있으므로 조섬유도 많아서 10% 이상이나 된다. 메밀은 닭 이외 다른 가축에 주는 경우에는 가급적 분쇄해서 급여하는 것이 좋다. 닭의 경우도 분쇄하든지 껍질을 제거한 것을 주는 것이 유리하다. 다른 곡류보다 기호성이 떨어지므로 메밀의 배합한도는 사료 중의 1/3 이하로 하는 것이 좋다.

메일라아드반응 褐變反應 maillard reaction　식품 중에서 갈색 색소가 생성되는 과정에는 두 가지가 있다. 하나는 사과 절단면에서 볼 수 있는 것과 같은 phenol성 물질의 효소적 산화이고, 다른 하나는 당질과 아미노산과의 반응인데 이것을 maillard 반응 또는 갈변반응, 비효소적 갈변반응이라 한다. 이 반응은 가열한 경우나 장기간 보존한 경우에 일어나는데, 저장식품 중에서 일어나는 변질의 한 가지 원인이기도 하다. 당과 반응하는 단백질 부분은 lysine의 유리아미노기이므로 영양가의 저하도 초래하게 된다. 그 복합체가 소화되지 않기 때문에 생물학적으로 유효한 lysine의 감소를 가져오는 것이다.

메추리 quail　메추리에는 많은 종류가 있다. 미국 등지에서는 실험동물로서 사용되며, 알의 식용으로 사육되고 있는 것은 일본메추리(Japanese quail)이다. 메추리는 부화시의 체중은 5～6 g 정도이지만, 약 6주령에서 산란을 개시하고 체중도 130～160 g 정도로 된다. 또 산란율도 꽤 높아서 70～80%까지 기대된다. 알의 이용을 목적으로 사육하며 산업적으로도 중요시되고 있다. 메추리는 몸집이 작고 단기간에 성장, 성숙하므로 유전이나 영양 분야의 연구용 실험동물로서 적합하다. 이것은 메추리가 구입이 쉽고 또 경제적인 동물실험이 될 수 있기 때문이다.

메치오닌 methionine(Met, M)　필수아미노산의 일종이며, 유황(S)을 함유하는 glucogenic 아미노산이다. Cystine, cysteine도 유황을 지니고 있는데 cystine은 필수아미노산은 아니지만 사료 중의 메치오닌의 일부와 치환할 수 있다. 그 때문에 유황을 가지고 있는 아미노산은 언제나 같이 취급된다. 이들 함유황아미노산은 사료 중 제한아미노산이기 때문에 단백질 영양상 특별한 위치를 차지하고 있다. 예로서 사료 중에 이들 아미노산(특히 메치오닌)을 첨가해서 단백질의 영양가를 높이는 수가 많다. 유황과 methyl기를 가지고 있기 때문에 여러 가지 화합물을 합성하는 데 methyl기 기증자 역할을 한다. 이처럼 메치오닌과 시스테인은 많은 황함유 단백질, 즉 연골, 건, 뼈, 모발과 인슐린, 헤파린 등의 유황 기증자로서 작용한다. 메치오닌은 상업적 규모로 생산되며, 동물의 사료 등에서도 제한아미노산인 경우에는 첨가되고 있다.

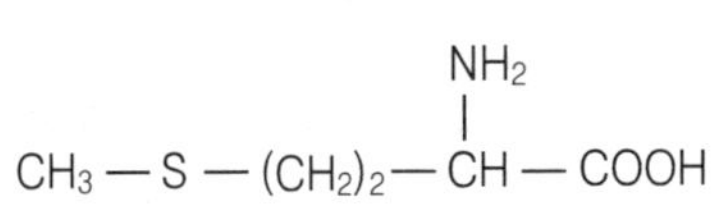

Methionine

메치오닌 설폭시민 methionine sulphoximine　소맥분에 표백제로서 3염화질소(agene)를 작용시킨 경우 메치오닌과 agene 간의 화학반응의 결과로 생성되는 물질이다. 개(犬)의 경우에는 연속적인 발작을 일으킨다. 사람의 경우에는 독성을 일으킨다는 증명은 없지만, 영국에서는 1955년에 agene을 빵의 개량제로 사용하는 것을 불허하고 있다.

메탄생성 박테리아 methanogenic bacteria, methonogen　반추위에서 발견되는 메탄

생성 박테리아는 *Methanosarcina*, *Methanomicrobium*, *Methanobrevibacter ruminantium*, *Methanobrevibacter*, *Methunobacferium formicium* 등이며, 주로 H_2/CO_2를 기질로 이용한다. 그리고 대부분은 formate(HCOOH)를, 그리고 일부는 acetate를 기질로 이용하여 메탄가스(CH_4)를 생성한다. 성우의 경우 1일 생성량이 200 ℓ 정도 되어 사료에너지의 15%에 해당된다.

메트헤모글로빈 methemoglobin　헤모글로빈의 산화형(산소와 가볍게 결합하고 있는 oxyhemoglobin과는 다르다)이다. 정상 혈액 중에서 소량 존재하지만, 특별한 약제 투여 후 그 증가를 볼 수 있다. 메트헤모글로빈 혈증이라고 알려져 있는 선천적 기형도 간혹 볼 수 있다. 헤모글로빈이 CO가스 또는 질산 중독으로 산소의 운반기능을 상실한 상태로서 혈액은 검붉은 암적색을 띠게 된다.

ㅁ

메틸글루코시드 지방에스테르 methyl glucoside oil ester　코코넛기름의 에스테르이다.

메틸렌 블루 methylene blue　환원되어 이른바 leuco형으로 되면 무색으로 되는 청색 색소이다. 세포호흡 실험에서 산소의 소비 여부를 측정하기 위하여 사용된다.

메틸셀룰로오스 methylcellulose → 카르복시메틸 셀룰로오스.

메틸알코올 methyl alcohol　알코올 계열(系例) 중 제일 먼저 위치하는 알코올이다. 매우 유해한 물질이며 음용시 정신장해, 실명, 사망을 일으킨다. 분자식은 CH_3OH이다. 변성 주정 중에 있다. → 공업용 알코올.

메틸에스테르태 지방산 fatty acid with methyl ester　메틸에스테르 형태의 지방, 왁스, 필수지방에 있는 포화지방산으로 가스분해시 메틸알코올을 생산하는 화합물을 뜻한다.

멜라닌 melanin　동물의 몸, 피부, 머리카락에 있는 흑색 또는 흑갈색의 색소로서 아미노산인 tyrosine이 멜라닌의 전구물질이다. Tyrosine 대사의 부조화로 머리와 피부 그리고 눈의 색소 결핍이 albinism의 원인이 된다. 태양 광선에 노출시키면 멜라논이 생성되고, 과다 노출시는 피부암을 일으킬 수도 있다.

멜라토닌 melatonin　송과선(pineal gland)에 분비되는 호르몬으로서 성호르몬의 분비를 저해한다. 멜라토닌은 생체시계(biological clock)에 영향을 주어 시차적용(jet lag)에 도움을 주고 또 강력한 항상화제의 기능을 한다는 보고도 있다.

멜렝게스트롤 아세테이트 melengestrol acetate(MGA)　비육중인 육성우(암소)에 유효한 합성황체 호르몬인데, 약자로 MGA로 표시한다. 이것은 암소의 발정을 억제하는 작용이 있으나 숫소나 거세우에는 효과가 없다. 미국에서는 암소에 1일 1두당 0.25~0.5 mg의 급여가 인정되고 있다. 이 정도로 급여하면 증체를 10~15%, 사료효율이 10% 정도 개선되며, 육질에 대한 영향은 없다. 또 권장량의 0.4 mg을 급여한 경우에는 급여 중지 후 2일이 지나면 도살 후의 조직내 잔류가 없다고 한다.

면실 綿實 cotton seed 면실의 식품 이용에 두 가지 방법이 있다. 하나는 채유하여 조리용 또는 경화유(硬化油)를 만들어 margarine 제조에 사용하는 것이고, 다른 하나는 깻묵을 동물사료의 단백질 자원으로 이용하든가 인조육 원료로 사용하는 것이다.

면실 껍질 綿實殼 cotton seed hull 면실을 채유할 적에 나오는 것인데, 껍질류 중에는 비교적 사료가치가 높은 것으로서 미국 남부에서는 조사료로서 이용되고 있다. 면실껍질의 TDN 함량은 품질이 좋지 않은 건초라든지 연맥짚과 같은 정도이지만 DCP는 거의 없고 칼슘, 인, 카로틴 등의 함량은 극히 적다. 유우, 육우, 면양에 대한 기호성도 낮지 않으므로 건초 대용으로 이용된다. 면실 껍질에는 면실섬유의 면화가 붙어 있는데 이것을 뜯어내어 파쇄한 것을 면실 껍질(cotton seed hull bran)이라 한다. 이것은 당밀의 흡착재료로 이용될 수 있다.

면실박 綿實粕 cotton seed meal 면실에서 솜이나 껍질을 제거한 후 압착법에 의해서 기름을 착유한 깻묵인데 암흑색을 지니고 있다. 품질은 껍질을 제거하는 정도에 따라서 다르지만 가급적 껍질이 혼입되지 않는 것이 좋다. 조단백질 함량은 35~45%나 되고, 조섬유 함량은 13~17% 정도로 많고, 지방함량은 적으므로 에너지가는 그다지 높지 않다. 미국 등지에서는 면실박은 단백질사료로서 유우・육우・돼지 등의 사료에 많이 사용되고 있다. 면실박을 젖소나 돼지에 많이 급여하면 버터나 돼지고기의 기름이 단단해지기 쉬우므로 대두박과 같은 다른 단백질사료와 병용하는 것이 좋다. 또 면실박에는 고시폴(gossypol) 및 시크로프로펜 화합물질이 있으므로 이것을 닭에 다량 급여하면 성장, 산란률, 수정률, 부화율 등이 저하하고 더욱이 알의 품질이 떨어질 염려가 있으므로 특히 종계에는 급여하지 않는 것이 안전하다. 보통의 면실박은 0.030~0.208%, 평균 0.093%의 유리고시폴(free gossypol)을 함유하는데, 사료로서 안전하게 사용하기 위해서는 0.04% 이하 특히, 가금의 경우에는 0.03% 이하로 낮추어야 할 필요가 있다. 면실박에 함유되는 유리고시폴이 낮은 품종을 육종하든지 파괴든지 또는 불활성으로 하는 처리를 해서 유리고시폴이 현저하게 적은 것도 생산되고 있다. 이러한 것을 탈고시폴 면실박(degossypolized cotton seed meal)이라고 한다.

면양 緬羊 sheep 면양은 반추동물인데, 용도에 따라서 모용종・육용종・겸용종 등으로 대별된다. 모용종의 품종은 현재 여러 품종이 있는데, 그 원종은 메리노(merino)종에서 유래되어 있으므로 모용종이라면 곧 메리노계라고도 할 수 있다. 육용종은 장모종과 단모종으로 분리된다. 장모종에는 레스터(leicester)와 지나양(支那羊)이 있다. 단모종에는 다운종이라고 불려지는 사우스 다운종(south down), 슈롭셔 다운종(shropshire down)이 있다. 모육 겸용종으로서 코리델종(corriedale)이 있고, 우리나라에서 사육되고 있는 면양의 주요한 품종이다. 사료는 소와 거의 같은 것이 좋다. 면양은 사료를 선택하는 일이 적고, 짧은 풀도 즐겨 섭취하므로 짧은 풀의 방목지나 작물을 수확한 뒤에 밭에 방목하기에도 적합하다.

면역 免疫 immunity 감염에 저항하고 이겨내는 생체의 상태를 말한다. 감염인자에 반응할 수 있는 특수 항원을 숙주 내에서 만들도록 자극하는 상태이다.

면역단백질 免疫蛋白質 immunoprotein, antibody, immunoglobulin 혈장의 감마 글로불린(gamma globulin)에 있는 단백질이며, 항원(antigen, 박테리아 또는 독소)에 반응하여 항체를 생성하고, 항원이 병원성일 때는 이를 불활성화시킨다.

면역체 免疫體 immune body 항원의 자극에 의하여 생체에 생기는 면역성 항체를 뜻한다.

ㅁ

멸균 滅菌 sterilization 모든 미생물, 즉 세균・곰팡이・효모 등을 함유하지 않는 상태를 뜻한다. 통조림과 같이 식품이 멸균되면 식품은 깡통 속에서 오염으로부터 보호되므로 오랫동안 보존된다. 또 화학적 및 효소적 변질에서도 보호된다.

멸균우유 滅菌牛乳 sterilized milk 여과 후 균질화하고, 100℃ 이상에서 탁도(濁度) 시험에 합격할 때까지 가열 유지시킨 것을 뜻한다.

멸치 背黑鰮 anchovy 큰 멸치는 과거에 대량 어획 시는 어분으로 가공되어 사료로도 사용하였으나 현재는 그렇지 못한다. 보통은 10～12%의 소금(때로는 안식향산을 사용하기도 한다)으로 절여 젓을 만든다. 말린 멸치의 성분은 다음과 같다. 단백질 36%, 지방 30.8%, 회분 11.1%, Ca 1,431 mg%, P 1,271 mg%, Fe 5.8 mg%, 100 g당 421 kcal., 비타민 B_1 0.07 mg, 비타민 B_2 0.06 mg 등을 함유한다. → 어분.

모넨신 monensin 1967년 Haney(미국) 등에 의해 발표된 폴리에텔 항생물질인데 *Streptomyces cinnamonensis*를 배양해서 생산한다. 그 뒤 항원충 작용이 있는 것이 발견되어 항생물질로서는 처음으로 실용화된 닭의 콕시듐제로서 미국을 비롯하여 세계 각국에서 사용되고 있다. 우리나라에서도 동물용 의약품으로서 승인되어 있고, 사료에의 첨가량은 80 ～100 ppm이다. 또 최근 미국에서 육용우의 비육 및 사료효율의 개선효과가 있다는 것이 확인되어 미국의 FDA에서 승인되었다. 육용우에 사용하는 것은 루멘신(rumensin)이라 한다. 사료 첨가량은 5.5～33 ppm이고, 1일 1두당의 급여량은 50～360 mg로 되어 있다.

모노글리세리드 monoglyceride 중성지방의 분해산물로 글리세롤에 지방산 1분자가 결합한 형태이다.

모노불포화지방산(不飽化脂肪酸) monounsaturated fatty acid 탄소원자 간에 2중결합(double bond)을 한 개 가지고 있는 지방산이다.

모노아실글리세롤 monoacylglycerol, monoglyceride 글리세롤의 한 개의 히드록실기가 지방산으로 대체된 것이다.

모돈 母豚 saw 성숙한 어미돼지(adult female swine)를 뜻한다.

모레아 morea 알코올을 주원료로 한 반추동물의 배합사료이며, 미국 앤더슨(T. C.

Anderson)의 특허 사료이다. 알코올 함량 7~10%, 기타 요소, 인산, 미네랄, 당밀 등이 배합된 액상사료인데 가축에 대해 기호성이 높다. Morea는 molasses와 urea의 합성어이다. 가축에 급여하는 방법은 자유채식법도 있지만 조사료에 흡착시켜 사료가치를 높이는 방법도 있다.

모빌리페린 mobiliferrin 소장세포에 있는 철분과 결합된 단백질이며, 철분을 소장세포의 세포질에서 혈액으로 운반하는 역할을 한다.

모세혈관계 capillary bed 동맥과 정맥 순환 사이의 모세혈관 합류점이다. 체세포와 혈액 사이에 가스와 영양소를 교환하는 장소이다.

모수 母數 parameter 모집단의 특성을 나타내는 정수를 모수라고 한다. 가령 정규분포에 있는 모집단의 특성은 평균치와 분산을 가지고 나타낼 수가 있지만 이들이 모수이고, 표본의 평균치나 분산과 구별하기 위해서 모평균, 모분산 등으로 '모'자를 앞에 붙여서 부르고 있다. 표본의 측정치에서 모수를 추정하는 것이 통계적 방법에서 하나의 과제이다. 어떤 사료를 주는 일에서 대조구에 비교해서 체중이 일정치 만큼 증가하는 경우 이의 증가율도 그 사료를 급여한 그 가축의 모집단의 특성을 나타내는 모수의 추정치라고 생각된다.

모집단 母集團 population 실험이나 조사를 할 때에 측정한 값(수치)에서 추론하고자 하고 있는 대상의 전 집단을 모집단이라고 한다. 가령 어떤 사료를 급여하는 어떤 종류의 가축이 전 두수(장래 사육될 것도 포함해서)가 모집단이고, 모집단의 특성을 알고 그 지견(知見)에 관련하여 사료의 개선을 도모하기 위해서 전 두수에 대해서 조사할 수가 없든가 실행하기가 대단히 곤란한 경우가 있다. 그래서 표본을 집어내어서 이것을 연구 대상으로 하여 실험을 하고 얻어진 측정치에서 모집단에 관한 결론을 끌어낸다. 이와 같은 방법이 통계적 방법이다.

목건초 牧乾草 grass hay 목초로서 조제한 건초를 목건초라고 한다. 특히 두과와 화본과를 혼파한 목초로서 조제한 건초를 혼합 목건초(grass and legume hay)라고 한다. 일반적으로 목건초는 야건초보다 영양가가 높고, 특히 혼합목초는 단백질 함량이 높아 겨울철의 사료로서 중요하다.

목야 牧野 grassland range 목야의 정의로서 행정적으로는 가축의 방목 또는 채초(採草)의 목적으로 제공되고 있는 토지인데, 임목 육성을 주목적으로 하지 않고 또 수관(樹冠)의 소밀도가 0.3 미만의 것을 목야라고 하고 있다. 이것은 자연초를 대상으로 하고 아무런 개량을 가하지 않는 천연목야, 한우, 말 및 면양의 사료 생초 기반으로서 이용효율을 높이는 방안을 강구 지원하는 개량목야 그리고 또 인공적으로 파종 재배된 초류를 이용하는 집약목야로 분류된다. 보통 목야는 초지와 동의어로 생각해도 좋다.

목양력 牧養力 grazing capacity 방목지 단위 면적당 사육할 수 있는 가축사육 마리수를 뜻한다.

목재당밀 木材唐蜜 wood molasses 임산물 가공 시에 생기는 목재 조각이나 부스러기를 높은 온도와 압력 하에서 산과 알칼리로 처리하여 농축된 5탄당과 6탄당으로 전환시킨 것이다. 총 탄수화물 55% 이상, 고형물 65% 이상이어야 한다. Brix가 65로 낮기 때문에 다른 종류의 당밀과 혼합하여 brix를 낮추는 데 이용하기도 한다. 수수당밀이나 무당밀에 비해 기호성이 떨어지며, 단위동물에 2~2.5% 이상 사용하면 소화장애가 발생한다. 일명 hemicellulose extract라 한다.

목질화 木質化 lignification 식물조직(세포벽)에 리그닌 함량이 증가하면서 단단해지는 현상을 뜻하며, 조사료가 성숙할수록 목질화되면서 사료가치가 낮아진다.

ㅁ

목초 牧草 pasture plant, Grass 잎줄기를 사료로 할 목적으로 재배하는 초류(草類)를 목초라고 한다. 원래 가축의 사료로 쓰여진 야초 가운데서 기호성이 좋고 영양가와 수량이 많은 것을 선발해서 개량한 것이다. 목초의 종류는 대단히 많지만 대부분은 화본과(좁은 의미의 grass)와 두과(legume)이고, 1년생, 단년생, 다년생 등이 있다. 또 원산지로 보아서 북방형 목초(temperate grasses)와 남방형 목초(tropical grasses)로 나뉘어진다. 한편, 이용상으로는 직립성으로 키가 크고 다수확으로 잎이 탈락되지 않기 때문에 예취에 적당한 것과 포복성으로서 키가 낮고 발굽에 밟히는데 대한 저항성이 있기 때문에 방목에 적합한 것 등으로 분류된다.

목초 사일리지 grass silage 목초로 제조한 사일리지이다. → 사일리지.

목초의 경합(競合) pasture competition 초류는 혼파하면 초기 생육이 먼저 자라는 것과 늦게 자라는 생리적 단계를 달리하여 우점률(優占率)에 영향을 미치는데 이것을 경합이라고 한다. 이러한 초류의 경합으로 혼파시의 초종 배합비율이 초지 생산성에 큰 영향을 미친다. 경합이 현저한 것은 이탈리안 라이그라스와 레드클로버, 페레니얼 라이그라스와 오처드 그라스, 레드클로버와 알사이크 클로버 등이다.

몰 mole, gram molecular weight, g **분자량** 그 물질의 양(g)이 그 물질의 분자량과 동량인 것이다. 예를 들면 1몰의 glucose($C_6H_{12}O_6$)는 180 g(6×12+12×1+6×12)이다. 1몰의 물(H_2O)은 18 g(2×1+1×16)이다.

몰리브덴 molybdenum(Mo) 무기원소의 일종이며 주로 고기, 생선, 가금육, 두과 및 곡물에 들어 있다. 혈액에는 molybdate(MoO_4^{2-}) 형태로 존재한다. Xanthine oxidase의 일부를 이루고 있는 점으로 보아 아마도 그 미량은 사료에 꼭 필요한 것으로 보인다. 소량을 투여할 때에도 독성이 있으며, 소의 Teart병은 이 원소를 가지고 있는 목초를 섭취할 때 생긴다. 식물에는 질소고정을 위해 필수적이다. 몰리브덴은 xanthine oxidase, aldehyde oxidase, sulfite oxidase 등의 효소의 보조인자 역할을 한다.

몰리브도프테린 molybdopterin 2개의 유황원자가 유기 프테린(pterin)에 부착된 몰리브덴기 보조인자이다.

몰리쉬 반응 molisch reaction 탄수화물의 시험에 쓰인다. 시약은 α-나프톨(5%)과 알코올 용액이며, 이 용액 두 방울을 시험관에 넣어 농황산이 시험관 벽을 타고 흐르도록 가하여 상층을 형성한다. 경계에 자색의 띠가 생긴다.

무균돈 無菌豚 specific pathogen free pig(SPF) 건강한 모체 내의 태자(胎仔)는 유해균을 보유하지 않는다는 원칙에 근거하여 출산 직전의 건강한 모돈에서 제왕절개 수술에 의해 새끼를 분만시키고, 특정한 병원미생물에서 격리해서 사육한 돼지를 말한다. 이것은 최초에 실험적으로 이루어졌지만, 최근 미국에서는 무균돈끼리 교배해서 얻은 제2대, 제3대의 무균돈을 분만시키고 있다. 우리나라에서도 최근에 무균돈이 일부에서 실험적으로 생산되고 있으며, 보통의 돼지에 비교하면 발육과 사료 이용성이 높다. 또 출생 직후의 자돈을 모돈으로부터 격리해서 자동 포육기에 의해 인공 포유하여 위생적으로 육성한 돼지를 청정돈이라고 한다.

ㅁ

무기 無機 inorganic 동물 및 식물에서 유래하는 물질과 구별되는 광물질로서 동·식물에 유래되지 않는 원소 또는 화합물이다. 탄산염과 시안화물은 예외이나 모든 무기화합물은 탄소를 함유하지 않는다.

무기물 無機物 mineral 무기원소(inorganic element)를 뜻하며 무기물은 '광물질'이라고도 한다. 가축의 영양상으로는 무기태 염류를 가리키는 경우도 있다. 사료 및 동물체에 존재하는 무기원소는 다수가 있지만, 이 중에서 칼슘(Ca), 인(P), 나트륨(Na), 칼륨(K), 염소(Cl), 마그네슘(Mg), 황(S), 철(Fe), 염소(I), 망간(Mn), 동(Cu), 코발트(Co) 및 아연(Zn)은 영양상 필수무기물(essential mineral)이라고 한다. 또 텅스텐(W), 몰리브덴(Mo), 셀레늄(Se), 크롬(Cr) 등도 어느 정도 영양상의 의의를 지니는 것으로 보고 있다. 영양적으로 체내에서 뼈와 치아의 구성성분일 뿐만 아니라 체액의 산염기 균형과 여러 가지 효소의 활성화 등 다양한 기능을 가지고 있다. 무기물은 체내에서 합성이 되지 않기 때문에 반드시 섭취하여야 되는데, 주로 토양을 통해 흡수한 식물성 사료와 그러한 식물성을 섭취해서 얻는 동물성 사료(식품)를 섭취함으로써 공급받을 수 있다.

무기물(無機物) **코르티코이드** mineral corticoids 부신피질에서 분비되는 스테로이드 호르몬이며, 신장에서 나트륨과 칼륨의 재흡수를 조절한다. Aldosterone이다.

무기염류 無機鹽類 mineral salts 무기태 염류이며 Na·K·Ca·염화물·인산염·황산염 등을 말한다. 산과 염기의 화학반응에 의해서 생성되며 가장 흔한 것이 NaCl(소금)이다.

무기영양소 無機營養素 inorganic nutrient 무기물이 아닌 즉 동물성과 식물성이 아닌 영양소로서 광물질, 수분 그리고 산소가 여기에 속한다.

무기음용수 無機水分 mineral water 철저하게 보호를 받은 지하수로부터 얻은 음용수(drinking water)로서 칼슘 등의 총 용해성 물질(dissolved solid)이 250 ppm 이하인 것을 뜻한다.

무기질 사료 mineral feed 각종 무기태 영양소 중 한 가지 또는 그 이상의 성분을 가지고 있는 사료를 뜻하며, 소금·패분·골분·인산칼슘제·무기물 첨가제 등이 여기에 속한다. 이밖에 특정한 비타민을 공급할 목적으로 사용되는 비타민 사료, 항생제 공급을 위한 항생물질 사료, 특정 아미노산을 공급하는 아미노산 사료 등이 있다.

무단백질 순수사료 無蛋白質純粹飼料 nitrogen-free purified diet 단백질(질소)이 함유되지 않은 정제사료로서 단백질사료의 생물가나 아미노산 이용률 측정시 실험동물에게 급여하여 공시사료와 비교하여 사용된다.

무담즙증 無膽汁症 acholic 간에서 담즙분비가 제대로 이루어지지 않는 비정상적인 상태이다. 따라서 지방과 지용성 비타민의 흡수가 잘 안 된다.

무발정 無發精 anaphrodisia 수태우나 분만 직후의 소는 대부분 발정이 나타나지 않지만 이 밖의 성빈우는 난소나 자궁에 이상이 없는 한 약 21일의 주기로 발정이 반복된다. 또한 생후 15개월 미만의 어린 암소는 발정이 약간 불규칙하지만 전혀 발정 징후가 나타나지 않을 때는 난소에 선천적 이상이 있거나 기형인 경우이다.

무배란 발정 無排卵發情 anovulatory estrus 외부적인 발정 징후는 아주 정상인데 배란이 없는 이상발정으로 교배시켜도 수태되지 않는다. 사양관리에 결함이 있는 소에게서 많이 볼 수 있다. 또한 몇 차례 교배시켜도 수태되지 않는 소는 교배 후 7~10일째에 직장검사로서 어느 한쪽 난소에 새로운 황체가 존재하는지 여부(배란이 있었다는 증거)를 검사해 보아야 한다.

무산소증 無酸素症 anoxia 혈액 또는 조직에 산소의 부족 또는 저산소증(hypoxia)이며, 여러 형태의 빈혈과 조직에 혈액공급 감소 등을 초래한다.

무산증 無酸症 anacidity 나이가 들어감에 따라 위산 생성세포의 소실로 인하여 위산생성(HCl)이 감소된 상태이다.

무역 및 관세에 관한 일반협정 general agreement on tariffs and trade(GATT) 국제적 시장에 있어서 국제통상의 자유를 촉진하고 세계경제의 확대 균형을 도모하는 국제협정의 하나인데 GATT라고 통칭되고 있다. 이 협정은 관세 수량제한 기타 무역상의 여러 가지 장해를 경감하고 또 제거하는 것을 주요한 목적으로 하는 협정인데, 현재 가맹 각국의 공법적 규제는 이러한 국제법에 의한 규제에 의해서 적지 않게 좌우되고 있는 경우가 많다. 그밖에 국제법에 의한 규제로서는 각종의 국제 상품협정, 2개국간 지불 및 무역협정 등이 있다.

무위산증 無胃酸症 achrohydria 위액 중에 염산(HCl)이 없는 상태이다. 이는 악성빈혈환자와 노인층에서 자주 나타난다. 위내의 산 분비세포를 파괴하는 항체가 혈액 중에 있어서 이들 세포를 퇴화시켜 기능이 상실되기 때문에 발병된다. 무위산증은 철분, 나이아신, 비타민 B_6의 결핍에 의해서도 유발되고 심한 경우는 칼슘, 마그네슘, 구리, 철분, 아연 등의 필수무기물의 흡수를 저해한다. 경우에 따라서는 무기물과 비타민 보충으로 치유할 수 있다.

무잎(무청) radish leaves 시들기 전에 채취해서 이용하면 좋은 사료가 된다. 수분함량은 88～93% 정도이지만 건물 중에는 조단백질과 가용무질소물이 많고, 다즙질 사료로서 모든 가축의 기호에 알맞으며, 사료가치는 양질의 초류와 같이 높다. 어린 것은 질산염의 함량이 많은 것이 있어 급여량을 제한할 필요가 있다. 보통 생것 그대로 또는 그늘에 말려서 이용되고 있으며, 사일리지로 제조되기도 한다.

무작위 추출 無作爲抽出 random sampling 모집단에서 표본을 추출하는 방법의 일종인데, 표본에서 모집단을 바르게 추론될 수 있도록 서로 독립해서 균일한 추출확률을 근거로 해서 추출하는 것을 말한다. 실제로는 무작위로 추출하기 위해서 난수표, 주사위, 카드 등이 이용된다. 이와 같은 단순한 무작위 추출법에 대하여 문제에 따라서는 이것을 수정한 계층화(단계화) 추출법(stratified sampling), 비례추출법(proportional sampling). 집락추출법(cluster sampling), 다단추출법(multistage sampling) 등이 있다.

무제한 급이 無制限給餌(自由攝取) ad libitum feeding(AD LIB) 제한 없이 마음대로 섭취하게 하는 것이다. 가축·가금을 사양하는 경우 급이기(給餌器) 중에는 항상 사료가 들어 있도록 해서 가축·가금이 먹고 싶을 때는 언제든지 자유로이 사료를 섭취할 수 있도록 하는 방법이다. 이 경우에는 셀프 피더(self feeder), 자동급이기(automatic feeder), 호퍼(hopper) 등을 이용하는 것이 보통이다. 이와 같이 해서 가축이 항상 충분한 사료를 섭취할 수 있도록 해서 사양하는 방법을 풀 피이딩(포식, full feeding)이라고도 한다. 이 사양법의 특징은 노동력이 적게 들고, 생산성을 높이는 이점이 있어서 대규모 경영에 적합하다.

무지개송어 rainbow trout 무지개송어는 소위 냉수성 양식어이다. 양식법은 하천, 용수에 의한 유수식 양식법이 일반적인데, 15℃ 이하의 대량으로 키울 수 있는 물을 필요로 한다. 인공종묘 생산기술은 확립되어 있다. 사료는 배합사료가 보급되고 있으며, 배합사료는 동물성인 어분과 대두박 같은 식물성 단백질원 및 밀가루를 주체로 한 것인데 조단백질 함량 43% 이상이 일반적이다. 형태는 고기 체중 10 g 이하에 급여하는 치어 육성용 크럼블(crumble), 그 이상에 급여하는 육성용 펠렛트가 있으며, 각각 3～4종류의 규격으로 제조하여 시판되고 있다.

무지고형분 無脂固形分 solid-not-fat(S.N.F) 지방을 제거한 우유의 고형성분을 말한다. 즉 단백질, 유당, 무기물을 가리킨다. S.N.F는 우유 품질의 지표로 사용되는데 우유즙으로 비중을 측정하여 정량한다. 정상 비중은 15.5℃(60°F)에서 1.032이다.

$$\text{전고형분}(\%) = 0.25 \times \text{비중} + 1.2 \times \text{지방}(\%) + 0.14$$

무창계사 無窓鷄舍 windowless house 닭을 사양하는 경우 그 계사는 값이 저렴하고 내구성이 좋은 것이 바람직하다. 그러나 온도 차가 심한 지방이라든지 질병의 예방 및 단위 면적당 수용(收容) 수를 늘려서 생산효율을 높이기 위한 계사에는 창을 만들지 않고 양압(陽壓) 혹은 음압(陰壓) 형식의 환기장치를 붙인 환경 자동조절장치 계사가 경쟁력을 지닌 전업농가에서 채택하고 있다. 이 계사는 외견상 창이 없으므로 이와 같이 불리고 있다. 사양관리상의 주의점은 일반적인 평사 및 케이지 방식의 경우와 같다. 결점으로는 계사의 건축비가 비싸게 드는 것이다. 장점으로는 가금사육시 스트레스가 적어 생산성이 향상된다.

물 경도(硬度) water hardness 경수(hard water)는 주로 칼슘과 마그네슘염을 이룬 중탄산염(HCO_3)과 황산염(SO_4)을 포함하고 있고, 때로는 알루미늄과 철염도 포함하고 있다. 칼슘과 마그네슘으로 이루어진 중탄산염에 의한 물 경도는 끓이면 분리되어 탄산칼슘과 마그네슘 또는 수산화물로 침전되기 때문에 일시적이지만 황산칼슘 및 마그네슘은 끓여도 변화가 없다. 따라서 황산염에 의한 물의 경도는 영구적이다. 화학분석에 의해서 물 경도는 탄산칼슘의 동량의 ppm으로 나타낸다. 탄산칼슘에 의한 총 경도가 100 ppm 이하일 때는 연수(soft)로 취급되고, 300 ppm 이상일 때는 심한 경수로 취급된다.

물엿, 전분시럽 starch syrup 쌀・감자・옥수수 등의 전분을 약산과 열 또는 효소에 의해서 가수분해한 것으로 dextrin, maltotetrose, maltotriose, maltose, glucose가 포함되어 있는 시럽이다.

뮤신 mucin 소화기관의 분비세포에서 분비되는 당단백질(glycoprotein)이며, ① 소화기관 내로 음식이 잘 내려가도록 하고, ② 위와 장점막을 감싸서 염산(HCl)으로부터 보호기능을 한다. 또한 매우 점성이 높은 천연에서 볼 수 있는 단백질과 탄수화물의 복합체이기도 하다.

뮤실리지 mucilage 해초에 함유되어 있으며 갈락토오스, 만노오스와 다른 단당들로 결합된 식이섬유질이다.

뮤코단백질 mucoprotein 이당류와 단백질의 복합체이며 눈, 호흡기관, 장관 등에서 윤활제로 작용한다.

미각감퇴증 味覺減退症 hypogeusia 감소된 미각이다.

미국 농무성 육질등급 USDA meat guality grades 미국 농무성이 소・양・돼지 및 송아지의 연령, 육색, 근육의 조직 그리고 마블링 정도에 따라 등급을 결정한 것으로서 소비자에게 고기의 품질에 대한 정보를 제공하기 위한 것이다.

미국사료제조자협회 美國飼料製造者協會 American Feed Manufacture's Association (AFMA) 주소는 1701 N. Ft, Myer Drive, Arlington, Virginia 22209 U.S.A이며, 전국적인 사료제조자들이 구성한 기구로서 ① 배합사료의 품질 향상과 이용증진, ② 회원의 자질 수준 향상, ③ 사료 제조업자와 양축가의 최선의 이익을 보호하기 위해서 결성된 조직이다.

미국식품의약국 美國食品醫藥局 Food and Drug Administration(FDA) 미국 보건복지부

산하 식품의약국으로서 식품, 의약이 국민보건에 미칠 수 있는 각종 효과와 영향을 시험, 연구 검토하여 인·허가를 승인하기도 하고, 식품의약품이 부적절 시는 언제든지 승인을 취소하여 세계보건기구와 상호 정보교환을 한다.

미꾸라지 秋魚 loach 우리나라에 널리 분포된 담수어로서 연못·하천·논 등의 진흙 속에 살며, 길이가 20 cm에 이르는 것도 있다. 수분 76.0%, 단백질 19.3%, 지방 1.9%, 당질 0.3%, 회분 2.55%(Ca 640 mg%, P 890 mg%, Fe 8 mg%), 100 g당 101 kcal., 비타민 A 100 I.U., 비타민 B_1 30 r%, 비타민 B_2 440 r% 함유하고 표피의 액체물질에는 비타민 B_1 파괴효소(aneurinase)가 있지만 열처리에 의해서 불활성화되므로 비타민 B_1의 파괴는 일어나지 않는다.

ㅁ

미네랄로코르티코이드 mineralocorticoid 부신피질(adrenal cortex)에서 분비되는 호르몬이며, 무기물인 나트륨(Na)과 칼륨(K) 대사를 조절한다. 대표적인 호르몬은 알도스테론(aldosterone)이다.

미니 테스트 mini-test 병아리에 의한 생물정량법의 하나인데, 5～50g 정도 소량의 표본에 대해서 병아리 같은 소동물을 사용한 단기간의 시험에 의해서 그의 증체량을 판정하는 방법이다. 초생추를 제한 급여해서 1주일 이상 육성하고, 이것에 표준사료 또는 시험사료를 6일 간 급여한다. 표준 사료구의 병아리 증체량은 사료에너지와 정비례하도록 계획되어 있으므로 그 관계를 나타내는 표준 직선을 구하고, 시험사료를 급여한 병아리의 증체량에 상당하는 에너지를 이 직선상에서 관계를 나타낸다. 이 방법은 소량의 샘플로서 마치도록 측정의 정밀도를 희생시키고 있지만, 가령 샘플의 에너지를 kcal 단위로 나타내고 샘플에 대한 기호성, 건강상태 등을 동시에 관찰해서 종합적 판단을 할 수 있는 이점이 있다.

미량 무기물 trace minerals, microminerals 하루 100 mg 미만 섭취하는 무기질이며 사람의 체내에 0.5 g 이내로 존재하는 무기영양소로서 크롬(Cr)·코발트(Co)·구리(Cu)·불소(F)·요오드(I)·철(Fe)·망간(Mn)·몰리브렌(Mo)·니켈(Ni)·셀레늄(Se)·실리콘(Si)·주석(Sn)·바나디움(Vi)·아연(Zn) 등이며, 비소(As)·수은(Hg)·카드뮴(Cd)·납(Pb) 등과 같이 식품, 음료수 등에 혼입되면 생체에 유해한 미량원소도 있다.

미량 무기물 사료첨가제 微量無機物 飼料添加劑 trace mineral feed addi-tive 가축·가금에 있어서 미량으로 필요한 무기물을 적당한 비율로 배합한 일종의 프리믹스(premix)로서 그대로 사료에 배합하기에 편리하다. 가축·가금의 종류 혹은 사양목적에 따라서 함유되어 있는 무기물의 종류나 함량은 다르지만 망간, 구리, 아연, 철, 코발트, 요오드 등을 배합한 것이 많다. 최근에는 사료의 에너지 함량을 높일 목적으로 강피류의 배합량이 적은 사료가 만들어지는 경향이 있는데, 이와 같은 사료에는 무기물, 특히 미량 무기물의 균형이 무너지기 쉬우므로 주의할 필요가 있다.

미량 무기질 공급제 微量無機質供給劑 trace mineral supplements 필수무기질 이외

에 동물체내에 미량으로 필요로 하는 것을 공급해 주는 원소로서 아연, 코발트, 철, 구리, 망간, 요오드, 마그네슘, 비소, 셀레늄, 크롬 등이 포함된다. 이들의 함량은 대개의 경우 mg 또는 ppm으로 표시된다.

미량 영양소 微量營養素 micronutrient 체내에 존재하는 영양소로서 그 요구량이 0.1 ~1 mg 정도이다. 예를 들면 비타민 B_{12}, 판토텐산, 크롬, 코발트, 구리, 불소, 요오드, 철, 망간, 몰리브덴, 셀레늄, 아연 등이다.

미량원소 微量元素 trace elements, trace mineral 신체상 극히 소량을 필요로 하는 무기염류(요오드・구리・망간・코발트・아연・크롬・불소・철분・몰리브덴・니켈・셀레늄・실리콘・주석・바나듐 등)를 말하며, 비교적 다량이 요구되는 칼슘・염소・나트륨 등과 구별된다. 특히 인체의 경우 5 g 이내로 들어 있는 무기물이다.

ㅁ

미리스틴산(酸) myristic acid 탄소수가 14인 장쇄포화지방산의 일종이며, $CH_3(CH_2)_{12}COOH$이다. Triglyceride로서 버터・라이드 등에 들어 있다.

미생물 微生物 microorganism 박테리아・곰팡이・효모 등을 포함하는 용어이다.

미생물검정 微生物檢定 microbiological assay 미생물을 사용하는 생물학적 검정법이며, 특히 비타민 또는 아미노산에 이용된다. 그 원리는 시험하려고 하는 것을 제외한 다른 모든 성장인 원자(영양소)를 함유한 배지에 미생물을 배양하면 생육속도는 시료 중의 그 특정 인자의 양에 비례한다. 생육속도는 탁도(濁度) 또는 2~3일 간 배양 후 생성된 산(酸)을 적정하여 측정한다.

미세물 微細物 fines 작은 입자의 크럼블이나 펠렛트 등이 통과할 수 없고 가는 체를 통과할 수 있는 미세한 입자도를 가지는 물질의 총칭이다. 즉, 특정 최소 크기의 체의 구멍을 통과하는 물질이다.

미셀 micelle 유화된 극성 지방과 담즙의 작고 구형, 실린더형 또는 원판형의 콜로이드 현탁액이다.

미숙 未熟 immature 알곡・종실・열매 등이나 잎 등의 성숙 정도가 덜 완성된 상태의 성숙 정도를 표시할 때 쓰인다.

미식광 美食狂 opsomania 어떤 특수음식에 대해 탐욕하는 것이다.

미엘린, 수초(髓鞘) myelin 신경섬유 주위에 외피를 형성하는 희고 지방같은 물질이다.

미오겐 myogen 근육의 단백질, 즉 알부민이며 근육세포의 세포질에 들어 있다. 그러나 액틴(actin)과 굵은 근육 미세섬유(myosin filament) 단백질은 아니다. 근육단백질 전체의 20%를 차지한다.

미오글로빈 myoglobin 근육에 풍부한 헴(heme) 단백질이다. 4개의 철원자를 가지고 있으며, hemoglobin과는 달리 미오글로빈은 단지 한 개의 철원자를 가지고 있다. 미오글로빈은 천천히 수축하는 근육에 많이 들어 있고, 반면에 단기간에 극열한 운동을 하는 근육에는 적게 들어 있다. 구조와 기능이 혈액 중의 헤모글로빈과 같은(단, 분자량은 1/4이지만) 근육 중의 복합단백질이며, 철을 함유한 색소(헴)와 단백질(글로빈)로 되어 있다. 산소와 가역적으로 결합하여 oxymyoglobin을 형성하기 때문에 세포를 위한 산소 운반작용을 한다. 미오글로빈은 열에 의하여 변성해서 갈색 색소로 되는데, 이것이 조리에 따른 고기(육) 변색의 원인이다. 고기의 숙성을 아질산염으로 하면 미오글로빈은 선홍색의 nitrosomyoglobin으로 된다.

미오신 myosin 근육의 수축과 탄성에 중요 역할을 하는 근육단백질의 하나이며(또 하나는 액틴이다), 약 2/5를 차지한다. 글로불린의 일종이며, 물에는 녹지 않으나 염용액에는 녹는다. 단백질 actin과 결합해서 actomyosin으로 된다. 이 복합체는 ATP의 존재 하에서 해리된다.

미일 meal 미국의 규격에 의하면 미일(meal)은 분쇄 또는 입자를 작게 한 단미의 사료(원료)로 되어 있다. 일반적으로 가금을 제외한 가축사료를 'meal'로 표기된다. → mash(가루입자).

미정제 未精製 uncleaned 도정중 체를 통과된 물질 그대로의 상태를 뜻한다.

미지성장인자 未知成長因子 unidentified growth factor(UGF) 단백질・지방・탄수화물・비타민・무기물 등의 영양소를 순수사료의 형태로 잘 배합해 주면 어린가축은 제대로 성장할 수 있으나, 이러한 순수사료에 어떠한 자연물질을 넣어 주면 성장이 촉진된다. 이러한 성장촉진에 유효한 성분은 그 구조나 성질을 잘 모르고 있기 때문에 이런 물질을 통털어서 미지성장인자(unknown growth factor, unidentified growth fator, UGF)라고 한다. 이러한 UGF는 병아리와 새끼돼지에게는 상당한 효과가 있다. 따라서 UGF는 주로 병아리와 어린돼지를 대상 동물로 발전되었고 연구된 것이다. 그러나 어린병아리에 대한 성장촉진 효과뿐만 아니라 산란계에서도 산란율이나 부화율을 향상시키는 효과도 있다. UGF는 천연사료 중에 극히 소량이 들어 있기 때문에 이를 추출해서 사료에 첨가하려면 막대한 비용이 든다. 따라서 일반적으로 UGF를 비교적 많이 함유하고 있는 원료를 사료로 그대로 사용하고 있다. 이들 UGF는 건조유청(dried whey), 해양 및 동물성 식품, 알코올 박즙(distiller's soluble), 항생제 발효 잔유물, 이스트, 알파파밀 그리고 푸른잎 야채 등에 들어 있다.

미카엘리스-멘텐식 Michaelis-Menten equation 포화기질 농도에서 Vmax가 최고일 때 기질의 농도(S)에 따른 효소의 활력(V) 관계를 나타낸 것이다. K_m은 미카엘리스-멘텐 항수이고, 1/2 Vmax일 때의 기질농도이다.

$$Vo = V\max \frac{[S]}{[S] + K_m}$$

미카엘리스 항수(恒數) Michaelis constant 효소반응의 한 동력학적 척도이다. 반응의 최대 반응속도의 1/2로 되어 반응속도를 나타낼 때 기질의 농도라고 정의된다. 이것은 효소 특유의 것이며, 효소 정제의 각 단계를 추적하는 데 유용한 수단이다.

미호기성 微好氣性 micro-aerophiles 산소농도가 매우 낮은 조건하에서 생육하는 미생물이다. 따라서 공기가 없는 조건하에서도 미량 남아 있는 경우에는 저장되고 있는 식품의 품질을 저하시킨다.

민어 民魚 croaker 서울 상인들에 의하면 민어의 두 뼘 이내의 것을 보굴치, 두 뼘 반 정도인 것을 가리, 세 뼘 정도의 것을 어스레기, 세 뼘 반 정도의 것을 상민어, 네 뼘 이상의 것을 민어라 한다. 중복 때에 가장 맛이 있다. 학명은 Nibea imbricata이다. 몸빛은 등쪽이 회청색이고, 배쪽은 담색이다. 우리나라의 서남 연해, 동남 지방해, 일본 중부 이남에 분포되어 있다.

밀 小麥 wheat 밀가루의 원료로서 주로 식용으로 이용되지만 사료로서도 가치가 높고 곡류로서 옥수수, 수수에 이어 널리 사용되고 있다. 밀은 통밀 그대로 또는 부수어서 이용된다. 밀은 전분이 많고 조단백질 함량은 12% 정도, 조섬유 함량은 3% 이하로서 적다. 이제까지 사료로서는 밀싸래기, 벌레 먹은 밀같은 품질이 좋지 않은 것, 제분할 때 나오는 쇄맥 등이 주로 이용되었지만, 근년에 캐나다 등지에서 수량이 보통 소맥보다 40% 이상 많은 유틸리티 소맥(utility wheat)이 생산되어 사료로서 이용되고 있다. 이 밀의 단백질 함량은 약 15%로서 보통 밀보다 높으므로 단백질사료를 절약할 수 있는 이점을 가지고 있다.

밀가루 小麥粉 wheat flour 밀가루는 색이 하얀 순으로 1등분, 2등분, 3등분 및 말분으로 구분되고, 배합사료 원료로서는 가격이 싼 3등분 및 말분이 이용된다. 그러나 3등분과 말분의 구분은 명확치 않으나 따져 보면 메쉬(입도 ; mash)의 차 정도이다. 또 사료성분에서 보면 말분은 3등분보다 조단백질이 약간 많아서 18.0～20.0%이며 조지방, 조섬유, 조회분도 약간 있다. 3등분은 조섬유가 1.5% 이하, 조회분이 2.0% 이하이고, 말분은 조섬유가 5.0% 이하, 조회분이 4.0% 이하이다. 말분에 대해서는 제분업자에 따라서 그 구분이 조금씩 다르지만, 미국에서 쓰여지고 있는 wheat middlings, wheat shorts, wheat red dog의 혼합물로서 구성되었다고 생각된다. 따라서 말분은 밀가루에다 밀기울, 배아분말, 제분공정의 종말에 나오는 불식용분 등이 혼합된 것이다.

밀 글루텐 wheat gluten 밀에서 전분을 생산할 때 분리되는 부산물로서 단백질의 함량이 50～60%로 높다.

밀기울 wheat bran 밀을 제분할 때에 얻어지는 부산물인데, 원료 소맥에 대해서 제분율(77～78%)을 차감한 22～23% 정도 된다. 밀기울의 성분 및 사료가치는 밀의 종류 및 제분율에 따라서 다르다. 밀기울은 쌀겨와 같이 우리나라에서 대량으로 생산되고 있는 중요한 사료이며 널리 쓰여지고 있다. 곡류에 비교하여 섬유소가 많고 에너지는 낮으나 용적(부피)을 지니고 있기 때문에 소와 같은 반추가축에 많이 급여된다. 돼지·닭의 사료에 많이 배합하면 성장과 사료효율이 저하되므로 피하는 것이 좋다.

밀기울의 품질 grade of wheat bran 밀기울은 그 제조공정의 단계에 따라 외관이나 가치가 다르기 때문에 외국에서는 그 공정에 따라 몇 등급으로 구분하고 있다. 최근 미국에서는 미들링(middings), 숄트(shorts), 레드 독(red dog) 등으로 구분하고 있다. 미국 사료품질관리협회의 규정에 의하면 midding은 미분상의 밀가루 내지 제분껍질로 된 것이고, 조섬유 함량은 9.5% 이하이다. Shorts은 미분상의 밀껍질, 배아, 가루 및 제분껍질로서 조섬유 함량은 7.5% 이하이다. Red dog은 제분껍질이 주체이고, 그밖에 소량의 미분상의 밀껍질과 배아 내지 가루로 되어 조섬유 4% 이하로 되어 있다. → 말분(末粉).

밀(小麥) **레드 독** wheat red dog 밀제분 부산물로서 등외분과 가는 입자의 밀기울, 밀배아, 밀가루 등이 혼합된 것으로 조섬유 함량이 4% 이하라야 한다. 우리나라의 고운 말분에 해당된다. → 말분, 정강.

밀론시험 Millon's test 단백질의 시험이며 실제로 hydroxy, phenyl기, 즉 tyrosine에 대한 시험이지만 tyrosine은 어떤 단백질이든 조금씩 포함되어 있기 때문에 일반적인 단백질의 시험법으로서 사용된다. 시약은 수은을 질산에 녹인 것이며, 단백질과 반응하여 백침을 만들고 가열하면 적색으로 된다.

밀리당량, 밀리그램당량 milliequivalent(mEq) 물질의 밀리그램을 그 물질의 분자량으로 나누고 다시 그 물질의 원자가를 곱한 것이다. 예를 들면 나트륨(Na)의 경우는 원자량이 24이고 원자가(valence)는 1이다.

밀(小麥) **밀런** wheat millrun 밀가루 제분 부산물로서 굵은 입자의 밀기울, 말분, 밀배아, 밀가루 등이 혼입되어 있으며, 미국 공정규격에 따르면 조섬유 함량이 9.5%를 넘어서는 안 된다. 소맥 밀런, 휘트 밀런 또는 폴라드(pollard)라고도 한다. 때로는 wheat bran, wheat shorts, wheat middling을 한 가지로 혼합하여 생산된 것을 millrun millfeed라 하여 pellet으로 생산 유통되기도 한다. → 말분(末粉).

밀배아분 小麥胚芽粉 wheat germ meal 밀배아분은 밀배아에 밀기울 등의 일부가 혼입된 것으로서 미국의 공정규격에는 조단백질 25% 이상, 조지방 7% 이상으로 규정되어 있다. 이것은 단백질, 지방 외에 리보플라빈 B_2, 비타민 E, 망간 등이 많으므로 닭 및 돼지사료로 이용하면 좋다. 밀배아박에서 유지를 압착해서 제거한 것이 탈지 밀 배아박(defatted wheat germ meal)이고, 미국의 공정규격에는 조단백질 30% 이상으로 규정해 놓고 있다. 이것은 단백질원으로서 이용된다.

밀(小麥) **쇼오츠** wheat shorts 밀가루 제분공정에서 나오는 부산물로서 입자가 고운 밀기울, 밀배아, 그리고 밀가루가 혼입되어 있다. 미국 공정규격에는 조섬유 함량을 7% 이하로 규정하고 있다. 우리나라의 중간 정도 거친 말분에 해당된다. → 말분(末粉).

밀트 milt　어류의 정액을 뜻한다.

밀(小麥) **피드** wheat feed　밀을 제분하여 밀가루를 만들었을 때의 찌꺼기 또는 miller's offal(제분자의 기울), wheat offal(밀기울)로 알려져 있다. 기울은 곡립의 껍질(husk)인데, 거기에는 아직도 배유부가 붙어 있다. 껍질량(husk)이 적고, 배유부가 더 많은 입자로 구성된 것을 middling, sharps, toppings이라고 한다. 이들의 여러 가지 명칭을 통일하여 다음과 같이 세 가지로 크게 구별하고 있다.

① Weatings : 5.75% 이상의 섬유를 함유하지 않은 middlings 또는 sharps.
② Superfine weatings : 4.5% 이상의 섬유를 함유하지 않은 middlings이 많은 것.
③ 밀기울 : 약 10%의 섬유를 갖는다.

이상의 세 가지는 단백질 약 15%, 지방 3～4%, 탄수화물 60～70%를 함유하고 있다.

밍크 mink　족제비과에 속하는 모피동물로서 원산지는 캐나다와 미국 북부이다. 털은 면모(棉毛)와 자모(刺毛)로 구분되고 모색은 여러 색이 있다. 밍크에는 사파이어(saphire)종, 다크(dark)종, 파스텔(pastel)종, 바이오렛종 등이 있다. 밍크는 3월에 교배해서 5월에 분만하고, 8월 중순～10월에는 털갈이, 11～12월에 도살 박피한다. 1년 동안에 번식과 모피생산을 되풀이한다. 성주기는 7～9일, 임신기간은 평균 약 51일 간이고, 1회와 5～9두를 분만하지만 분만 수일간에 폐사가 많고, 종자(種雌) 1두당의 모피 생산 수는 3～4매이다. 사료는 생이(生餌)와 배합사료 2가지 종류가 있는데, 현재 생이(生餌)가 대부분이다. 따라서 사료는 대부분 잡어(주로 가자미, 명태)를 주고, 여기에 도축장 부산물, 도계처리 부산물, 시판의 곡류를 주로 하는 배합사료 등을 혼합한 반죽먹이를 주게 된다. 배합사료는 어분이 주체이고, 10～20%의 유지를 첨가한 고단백·고에너지 사료이다.

ㅂ

바랭이 Crab grass　팽골라 그라스(Pangola grass)와 같은 digitaria속에 속한다. 우리나라에서는 경작지, 뚝(제방), 황무지 등에 널리 자생하는 잡초이다. 1년생이고 마디에서도 뿌리가 돋아서 뻗어 나가며, 종자가 떨어져서 재생하기도 쉬우므로 번식력이 왕성하다. 산성 토양에 대해서 강한 저항력을 가진다. 최근에는 전작물의 수확 후에 방치된 밭에서 자연히 생육한 것을 생초, 건초, 혹은 방목용으로서 이용된다. 개화 전의 것은 경엽이 모두 부드럽고, 가축의 기호에도 적합하다. 수량도 비교적 많으므로 사료로서 이용하면 좋다.

바소프레신, **혈관수축 호르몬** vasopressin　뇌하수체 후엽에서 분비되는 호르몬이며, 신장에서 뇨배설을 조절하고, 신장에서 수분 재흡수를 촉진하며, 신경세포에서 신경전달물질로서의 기능과 또한 항이뇨호르몬(antidiuretic hormone)으로 알려져 있다.

바시트라신 bacitracin　1943년 Johnson(미국)에 의해 발견된 항생물질이다. *Bacillus liheniformis* 또는 *Bacillus subtilis var. tracy*를 배양해서 생산하고, 아연초염 또는 망간초염으로서 제조된 것이 아연 바시트라신(zinc bacitracin), 망간 바시트라신(manganese bacitracin)이다. 펩티드계 항생물질에 속하고, 주로 그람양성균에서 항균작용을 갖는다. 사료첨가제로서 지정되어 있다. 바시트라신의 역가는 바시트라신 A($C_{66}H_{103}O_{15}N_{17}S$)로서의 양을 단위로 나타내도록 되어 있다. 1단위는 표준 바시트라신 23.8 μg이다.

바아포드시험 Barfoed's test　모든 단당류에 적용된다. Barfoed 용액은 초산구리를 초산에 용해시킨 것으로 단당류와 반응하여 아산화구리의 적색 침전을 띠게 된다.

바이러스 virus　크기가 대략 0.3 μ 이하의 미세한 미생물체로서 광학현미경으로도 뚜렷이 관찰할 수 없기 때문에 초현미경적 미생체 또는 여과성(濾過性) 병원체라고도 불린다. 활력이 왕성한 세포 안에서만 발육 증식하는 것이 특징이다.

바이오스 bios　효모 생육에 필요한 인자를 연구하던 초기에 효모에서 얻은 물질을 배지에 첨가할 필요가 있음이 알려졌다. 이것을 bios라고 명명하였는데, 후에 bios I (inositol)과 bios II (biotion)로 분리되었다.

바이오틴 biotin　비타민 B군의 하나인데 비타민 H라고도 불려진다. 부족하게 되면 병아리의 발바닥이 갈라지게 되고, 부리나 눈 주위 부스럼딱지가 생기는 피부염이 생기며, 또 각약증(perosis)의 발병 원인이 된다. 종계에서는 부화율이 저하된다. 돼지에서도 피부염,

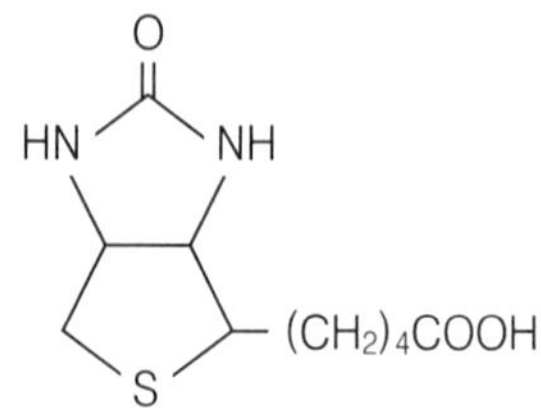

Biotin

피부의 건조, 성장저해 등을 들 수 있다. 생체 내에서는 탄산가스 고정의 반응에 관여하고 있으며, 아미노산이나 지방의 합성·대사에 중요하다. 일반적으로 사료에 널리 분포해 있으므로 보통은 결핍되는 일이 없지만 생난백을 주면 그 속의 단백질 아비딘(avidin)이 바이오틴과 결합해서 부족하게 된다. 우리나라에서는 사료첨가제로서 α-biotin이 쓰여지고 있다.

바이올렛 violet(B.N.P) 영국에서 허가된 식용색소의 하나이다. 다른 나라에서는 거의 허가되지 않고 있다.

바타리 battery 닭을 입체적 선반식으로 몇 단이나 포개어서 사양하는 상자를 말한다. 1마리의 단위로서 선반식으로 포갠 것을 단사 바타리(individual battery), 2마리 이상을 단위로서 선반식으로 포갠 것을 군사 바타리(group battery)라 한다. 또 이와 같은 바타리를 놓는 장소가 옥외의 경우는 옥외 바타리, 옥내의 경우에는 옥내 바타리라고 한다. 이 사양법의 이점으로는 ① 위생적인 점, ② 병계를 빨리 발견할 수 있는 점, ③ 계분을 완전히 채취할 수 있는 점, ④ 단위 면적당 닭의 수용력이 큰 점 등이지만, 결점으로는 개(犬) 등의 외적을 방어할 필요가 있고, 환경의 영향을 받기 쉬운 점이다.

박동량 stroke volume 한 번의 심장박동으로 각 심실에서 품어 나오는 혈액량이다.

박테리아 성장 감소기 decline phage 박테리아의 왕성한 성장 이후에 영양소, 공간, 수분 등의 부족으로 박테리아가 사멸되는 시기이다.

박테리아 성장기 log phage 박테리아의 성장 휴지기 이후에 왕성하게 성장하는 기간이며, 성장 공간, 영양소, 수분 등이 상호 경합으로 성장이 늦추어질 때까지 계속된다.

박테리아 성장 휴지기 lag phage 박테리아의 배양시에 성장이 거의 일어나지 않는 기간이며, 일반적으로 새로운 배지에 옮겼을 때 새 환경에 적응하기 위한 기간으로서 1시간~4시간 정도이다.

박테리아파지 bacteriophage 박테리아를 잡아먹는다는(bacteria eater) 뜻이다. 세균바이러스(bacterial virus)라고도 명명되며, 세균을 공격하는 생물의 1군을 말한다. 핵단백질로 되어 있어 증식능력이 강하고, 열 또는 화학약품에 대해 강한 저항성을 가지며, 세균보다 적고 세균여과기를 통과한다. 파지는 특이성이 있어 파지에 따라 공격하는 세균이 서로 다르다. 세균 배양액에 중대한 장해를 일으키는 원인이 된다. 예 : 유제품 starter 배양액(파지의 오염을 받기 쉬움).

박편 薄片 flake 플레이크는 사료를 납작하게 압편한 것을 뜻한다. 플레이크에는 곡류를 단순히 로울러로써 압편한 것, 스팀으로 삶아 가지고 압편한 것, 건열가열 후 압편한 것 등이 있다. 플레이크로 한 곡류는 분(糞) 중에 곡류의 낱알(입)이 배설되는 일이 없고 증체나 사료효율이 개선된다고 알려져 있다. 그러나 대상으로 하는 가축, 처리하는 곡류, 가열방법 등에 따라서 다르기 때문에 효과와 비용을 잘 검토해서 사용할 필요가 있다. 현재 스팀 또는 적외선을 가열한 뒤에 압편한 옥수수·수수·보리 등이 비육우의 일부에 사용되고 있다. 압편하는 두께는 소의 경우 0.8 mm 정도이다. → 압편.

반감기 半減期 half life(t 1/2) 물질의 절반이 없어지는 데 소요되는 시간이다. 방사성 동위원소의 분야에서는 원래 물질의 반량이 분해되는 데 요하는 시간을 뜻하고, 생화학에서는 체조직의 반이 교체되는 데 요하는 시간을 뜻한다. 조직은 성인의 경우에도 끊임없이 분해와 재구성이 계속되고 있으며, 반감기는 동적평형의 정량적 측정에 쓰여진다. 사람의 간장과 혈청단백질의 반감기는 10일, 체단백질은 80일 정도이다.

ㅂ

반건(시들림) 半乾 wilted 일부의 수분을 증발시켜 원물의 수분함량을 낮추는 것을 뜻한다. 수분이 많은 청예사료 작물의 경우 예건시킨 후 사일리지를 조제하는 것이 품질을 보존하는 데 용이하다. → 예건.

반데르발스 결합 van der Waals bond 원자 간의 거리에 따른 두 원자 간의 약한 인력을 나타내며, 정전결합(electrostatic bond) 또는 수소결합(hydrogen bond)보다는 약하지만 생물계에서는 매우 중요하다.

반복 反復 replication 검사계측법에서는 되풀이라고도 하며, 같은 조건 가령 어떤 인자의 어떤 기준에 대해서 2회 이상 혹은 2구 이상에서 시험을 하는 때에 반복이 있는 실험을 뜻한다. 반복의 횟수를 반복수라고 한다. 이 경우 반복 측정치가 서로 독립해 있고 상호간의 변동이 우연하게 일어나는 것만을 유래하는 것같이 하지 않으면 안 된다. 예로서 1군으로서 사육한 가축의 각 개체의 성적을 반복 측정치로서 취급하는 것은 통상은 올바르다고는 할 수 없다.

반습식사료 半濕式飼料 semimoist food 수분함량이 25～35%인 동물용 사료를 뜻한다. 동물성 원료와 지방의 함량이 높으며, 보습을 위해 설탕, 소금, propylene glycol 같은 보습제(humectants)를 첨가하고, 안전성을 높이기 위해 pH를 4.0～5.0이 되도록 하여 extruder로 제조한다. 주로 애완동물용으로 이용된다.

반신불수 半身不隨 hemiplegia 마비가 되는 가장 흔한 형태이며 팔, 다리와 때로는 같은 쪽의 얼굴에 힘이 없어진다. 뇌혈관 질병, 상해, 뇌종양, 뇌염, 탈수초증, 임질 등이 원인이다.

반응성 저혈당증 reactive hypoglycemia 단순당 섭취 후 혈당이 떨어지는 증상이다. 불안, 초조, 두통, 발한, 혼돈 증상을 보인다. 식후 저혈당증이라고도 한다.

반전시험법 反轉試驗法 double reversal trial, switch-back trial 젖소의 비유시험에 잘 이용되는 시험법인데, 시험동물 수가 많지 않은 대동물의 실험에서 동일 개체를 되풀이 해서 공시(供試)될 수 있는 실험의 경우에 적용되고 있다. 실험에 당면해서는 동일 개체에 대해서 대조처리와 시험처리를 교호(交互)로 실시하고, 더욱이 대조처리부터 시작하는 편조(編組)와 시험처리부터 시작하는 편조와를 각각 동수씩 미리 준비한다. 개체간의 차와 시험시기 간의 차를 감안하지 않고 처리 효과만을 검토할 수 있는 특징이 있다. 그러나 이들의 교호작용 및 전기(前期)의 처리 효과의 잔효가 후기(後期)까지 있을 경우에 정밀도는 저하된다.

ㅂ

반죽먹이법 練餌法 fluid mash feeding 사료에 많은 물을 타서 휘저어 죽처럼 된 상태로 가축에게 급여하는 연이법(wet feeding, paste feeding)의 일종이다. 이것은 돼지나 소를 비육시키는 경우에 흔히 볼 수 있고, 별명으로 반죽먹이로 불려지고 있다. 이와 같은 사료의 급여법은 사용하는 조사료의 품질과 기호성이 나쁠 경우에 급여하는 사료를 균일하게 채식시키려고 할 때에 효과적이다. 반면에 가축이 건물량을 충분히 섭취할 수 없을 우려가 있다. 반죽먹이의 일종으로 사료 전체를 증자(蒸煮)하는 숙사(熟飼 ; steamed ration feeding)를 병용한 형태로 채택되는 일도 있다. → 죽상사료, 액상사료.

반추가축 反芻家畜 ruminant 소나 양과 같이 반추위(rumen, reticulorumen)를 가진 가축을 반추가축이라고 한다. 반추가축에는 다른 가축에 없는 제1위, 제2위, 제3위가 있고, 반추위 내에는 여러 종류의 미생물이 무수히 서식하고 있다. 반추가축의 영양상의 특징은 탄수화물의 휘발성 지방산으로의 분해, 미생물에 의한 균체 단백질의 합성, 비타민 B군의 합성 등이다. 미생물의 작용에 의해 다른 가축에서는 이용되기 어려운 조사료의 조섬유도 에너지원으로서 비단백태 질소화합물을 단백질원으로서 이용할 수 있다.

반추동물위 反芻動物胃 ruminant stomach 반추동물은 다른 포유동물과는 달리 크고 복잡한 위의 구조를 가지고 있는데, 이는 섭취한 사료를 발효시켜 최대한으로 많은 양의 발효 최종산물을 흡수하기 위함이다. 우리가 믿고 있는 것처럼 반추동물은 4개의 위(stomach)를 가지고 있는 것이 아니라 4개의 부위(compartment)로 나뉘어진 한 개의 위(single stomach)를 가지고 있다. 즉 첫 번째 부위가 reticalum으로 식도와 연결되어 있고, 두 번째가 rumen, 세 번째는 omasum, 그리고 네 번째가 abomasum이다.

반추위 미생물 성장효율 rumen microbial growth efficency 반추위 미생물의 성장효율은 다음과 같이 계산한다.

Y_{ATP} = g microbial cell(DM)/몰$_{ATP}$

즉, 1몰의 ATP 생성량당 미생물(건물량)의 성장량이다.

Y_M = g microbial cell(DM)/몰glucose

즉, 1몰의 glucose가 분해될 때 성장한 미생물의 양(건물)이다.

g microbial cell/kg DOMR 또는 g microbial N/kg DOMR

즉, 반추위에서 발효된 유기물 kg당 미생물의 성장량(건물)이다.

Y_{ATP}는 8～22 g범위이고, Y_M은 32～88 g 범위이며, g microbial N/kg DOMR은 평균 30이다.

반추위 발효조정제 反芻胃醱酵調整劑 rumen additive　Monensin과 같은 반추동물의 제1위내 발효산물을 유효하게 변화시켜 사료효율을 개선시키는 제제이다. MgO, sodiumbicarbonate 등도 위액의 pH를 조정하는 완충제로 사용되고 있다.

반추위 융모 rumen papillae　반추위의 점막 표면에 돌기처럼 나와 있는 영양소의 흡수기관이며, 이 융모의 분포, 크기 그리고 수는 조사료와 농후사료의 급여 비율, 사료섭취습관, 조사료의 종류 및 소화율에 따라 다르다. 조사료의 급여수준이 높으면 융모의 발달이 잘 되고, 반대로 농후사료의 지나친 급여로 반추위의 pH가 지나치게 낮아지면(6 이하) 융모가 손상을 입는다.

반투막 半透膜 membrane, semipemeable　작은 분자는 통과하지만 큰 분자는 통과하지 못하는 막이며, 예로서 돼지의 방광은 물은 통과하지만 염류는 통과 안 되며, 또한 염소이온의 염류는 통과하지만 단백질분자는 통과하지 못한다. 적혈구와 체조직 간의 물 및 염류의 교환은 이들 벽의 반투막성에 의하여 가능하다.

발리 비프 barley beef　보리 같은 것을 많이 급여해서 집약적으로 비육한 육우를 말한다. 젖소 비육(dairy beet) 생산방식의 하나인데, 영국에서 발달하여 보급되고 있다. 주로 유용종(乳用種) 황송아지 또는 육용종과 유용종(乳用種)의 1대 잡종을 사용하고, 모유 또는 유모우(乳母牛)에 의해서 자연포유 혹은 대용유로써 인공포유하고, 생후 3～4개월령에 이유하며, 축사에 가두어 기르는 방식으로 12～13개월령에서 체중 약 400 kg 정도로 비육된다. 비육사료로서는 압편대맥을 급여하는 데서 이 이름이 붙여졌다.

발린 valine(Val, V)　탄화수소 측쇄(hydrocarbon side chain)를 가진 glycogenic인 5개의 탄소를 가진 필수아미노산이다. 병아리나 자돈 등의 모든 가축에서 부족하기 쉬운 없어서는 안 될 필수아미노산인데 지방족 모노아미노, 모노카복실산에 속한다. 발린이 결핍되면 동물에게 신경장해가 일어난다고 알려져 있다. 아마인씨의 단백질과 카제인에 많이 함유되어 있다.

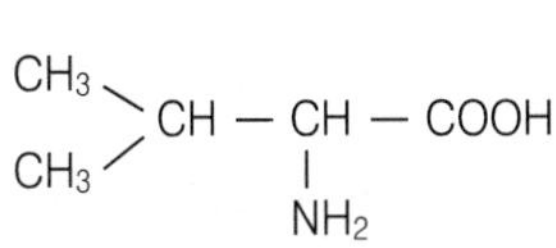

Valine

발아 發芽 germinated　종실의 배아가 휴면기를 지나고 새로운 생장을 개시하는 시기를 뜻하며, 일반적으로 싹이 트는 현상이다.

발아사료 發芽飼料 sprouting grain　주로 보리, 귀리같은 곡류를 물 또는 온수에 담가서 약 30℃ 정도의 온도로 유지해서 발아시킨 것을 발아사료 또는 질금이라고 한다. 곡류가 발아할 때에는 효소가 작용해서 단백질이나 전분 등의 일부가 분해되어 풍미가 좋아지고, 또 비타민 B·C 등의 함량이 많아진다. 그러나 발아에 의해서 영양소가 15% 이상이나 손실하는 일이 많고, 또한 발아처리에는 많은 노력이 소요되므로 곡물의 발아처리는 거의 실행되지 않고 있다.

발암물질 發癌物質 carcinogen　암을 일으킬 수 있는 물질이며, 현재 400여 종 이상의 발암물질이 밝혀지고 있다.

ㅂ

발열 發熱 exergonic　생체내의 화학반응에서 에너지를 방출하는 반응이다. 탄수화물 또는 지방이 체내에서 산화되는 반응도 이것이다. 즉, 체온의 상승을 뜻한다.

발열인자 發熱因子 pyrogens　체온 상승을 위해 뇌하수체에 작용하는 물질이다.

발육표준 發育標準 growth standard　가축의 발육 표준치를 나타낸 것이 발육표준인데, 생육 일수와 체중 또는 체고(体高), 흉위 등의 관계가 품종 및 성별에 의해 표시되는 것이 보통이다. 이것은 대단히 많은 가축을 대상으로 조사한 결과로서 얻어진 것인데, 외국에 있어서는 각각 권위 있는 발육 표준이 각 가축에 대해서 표시되어 있다. 이것에 의해서 사양법의 정상 여부 등을 대략 비교 판단할 수가 있다.

발정주기 發情週期 estrus cycle　성성숙(性成熟)에 달한 소가 20～21일마다 발정을 되풀이함을 뜻한다. 흔히 그 1주기를 발정 전기(3일), 발정기(2일), 발정 후기(10일), 발정 휴지기(5일)로서 4기로 나누고 있는데, 겉으로 보아서는 발정이 나타나 있는 때와 그렇지 않은 때의 구별 밖에는 할 수가 없다. 그러나 질(膣) 검사나 직장(直腸) 검사를 하면 대충 그 시기를 알아낼 수 있다.

발정 지속기간 發情持續期間 duration of estrus　발정이 시작되어 끝날 때까지의 시간을 뜻한다. 소의 발정은 밤중 또는 아침 일찍 시작되는 경우가 많으므로 발정 지속기간을 정확히 측정하기는 어렵지만 트린베르거(Trinberger)는 평균 16.9시간, 혹자는 평균 21.6시간 등으로 학자에 따라 약간씩 의견이 다르다. 또한 대체로 늙은 소는 젊은 소보다 약간 길고, 영양불량인 소가 양호한 소보다 약간 길다.

발진 發疹 hives　피부 밑 또는 피부 내의 작은 종창이다. 몸의 전신에 갑자기 나타나고 식품 알레르기가 원인이 된다.

발톱 자르기 斷趾 detoeing　닭의 발톱에 의해 다른 닭에 상처를 입히는 것을 막기 위하여 평사사육의 종계 후보 병아리 때에 제1 및 제2 지열(趾列)의 선단부 제1 골절 밑 부위를 자르는 것을 말한다. 이와 같은 발톱 자르기는 발톱이 뾰족하게 뻗어 나오면 다른 닭에게 상처를 주어 화농하게 하거나 혹은 상처를 쪼아서 출혈하게 되는 것 등을 방지하기 위함이다. 산란용 종계는 거의 안 하고 있지만, 육용 종계는 숫놈의 체중이 무거우므로 교미할 때에 암놈의 등에 상처를 내는 일이 있으므로 발톱 자르기를 해 두는 것이 바람직하다.

발효 fermentation 효모(yeast)에 의해 당이 산소가 없는 상태에서 분해되는 것이며, 알코올과 탄산가스로 전환된다.

발효건초 醱酵乾草 fermented hay 수확한 풀을 곧바로 햇볕에 의해서 건초로 조제할 수 없을 경우, 즉 비가 잦은 지역조건에서 실행되는 방법이다. 예로서 예취한 풀을 지면에 펴서 수분이 50% 정도로 건조한 뒤 한 곳에 모아서 발효시키고, 이 온도를 이용해서 재차 땅바닥에 펴서 건조하는 방법이다. 발열 때문에 색깔은 갈색 또는 흑갈색으로 되고, 영양소의 소화율은 저하된다. 따라서 때로는 가축에게 기호성을 높이는 경우도 있지만 바람직한 방법은 되지 못한다. → 갈색건초.

ㅂ

발효계 醱酵計 eymometer 발효액에서 발효 정도를 측정하는 기구이다.

발효부산물 醱酵副産物 fermentation residue Corymebacterium lilium의 세포와 연결되어 있는 글루타민산을 추출하고 남은 액 등을 뜻한다.

발효산물 醱酵産物 fermentation product 효소를 생산하기 위해서 적당한 배지 위에 미생물을 배양할 때 생기는 물질이다.

발효압착(醱酵壓搾) 케이크 fermented residue cake 발효시킬 때 생기는 미세입자를 압착 건조시킨 것이다.

발효유 醱酵乳 fermented milk 노새・말・소・염소・들소 등에서 얻은 젖은 세균이나 효모의 혼합물에 의해 젖산으로 바뀌는데 때로는 알코올로까지 변하게 된다. Busa(터어키), cieddu(이탈리아), dadhi(인도), kefir (발칸), kumiss(시베리아 및 아시아의 대초원지대), leben(이집트), mazun(아르메니아), skyr(아이슬랜드), mast(이란), crowdies (스코틀란드), kuban, yorghurt 등이 발효유에 해당하는 것이다.

발효즙액 醱酵汁液 fermentation soluble 주정이나 알코올을 발효한 후 체를 통과하는 부분으로 주로 물, 수용성 물질, 발효과정에서 생성된 고운 입자로 구성된다.

발효처리 醱酵處理 treatment by fermentation 전분이 많은 사료에 누룩곰팡이나 효모 등의 미생물을 번식시켜서 발효를 일으키면 사료의 풍미를 증진시키는 효과가 있다. 또 이러한 미생물에 따라서는 첨가해 주는 무기태의 질소를 유효한 단백질로 바꾸기도 하는 효과도 있다. 그러나 보통 전분 이외의 다른 유효한 영양소가 발효에 의해서 많은 손실을 보는 것은 면할 수가 없다. 사료의 발효처리 방법은 여러 가지 있지만 이러한 미생물이 번식한 사료가 가축에 대해서 특수한 효과가 있는지 여부는 확실하지 않다. 또

값싼 재료를 이용한다고 해도 설비와 노력을 고려하여 경제적으로 채산이 맞아야 할 것이다.

밤 栗 chestnut　밤은 우리나라에서 예로부터 제전에 올리는 중요한 삼색 과실(감·밤·대추)의 하나이다. 품종으로는 구라파종·미국종·중국종·재래종·일본종 등이 있으나 우리나라에서는 재래종과 중국종이 많다. 단백질 함유량은 쌀과 같은 정도인데, 그 65%는 가용성이다. 탄수화물은 매우 많고, 그 과반은 전분이다. 당분은 자당이 주가 되고, 이밖에 포도당, galactose도 있다. 무기물은 거의 반이 칼륨이고, 다음으로 많은 것이 인(P) 24 mg, 황산 13 mg, Mg 8 mg% 등이다. 이 외는 매우 적어 비타민 B_1 130 mg%, 비타민 B_2 50 γ %이고, 비타민 C가 20 mg% 들어 있다. 이밖에 tannin이 소량 있다.

밥콕시험(試驗) Babcock test　우유지방의 시험법이다. 시료를 밥콕관에 넣고 황산과 섞어 원심분리한다. 이어서 희석하여 다시 원심분리한 후에 관의 목부분에 모인 지방의 높이를 읽는다.

ㅂ

방목 放牧 grazing　방목은 가축영양 및 경제적인 생산성으로 비추어 볼 때 가장 바람직한 초지 이용법이다. 방목과 가축영양의 관계는 가축이 스스로 좋아하는 풀을 채식함으로써 목초 중에 풍부하게 함유된 단백질, 비타민, 무기물이 자유로운 운동과 자외선 아래서 공급되는 것이다. 또한 경제성과의 관계는 수확하는 데 필요한 예취기가 필요로 하지 않을 뿐더러 이에 필요한 노력조차 전혀 필요치 않아 경영상 매우 유리하다. 방목할 경우 동일 단위의 영양량을 생산하는 데 드는 경비는 건초·사일리지의 1/2, 근채(根菜)의 1/3, 배합사료의 1/5~1/6.5이며, 여름철에 방목 이용이 많은 지역일수록 사료비가 경감된다는 보고가 많이 있다. 그러나 토지 값이 높고 토지가 협소한 국가에서는 방목이 반드시 경제성을 지닌다고는 할 수 없다.

방목법 放牧法 grazing methods　방목방법은 초지의 생산성, 노동력 등에 따라서 여러 가지 방식이 채택되는데, 다음의 세 가지 방법이 있다.

① 고정 또는 연속방목법(set grazing or continuous garzing)
② 윤환방목법(rotational grazing)
③ 스트립 방목법(strip grazing)

이들 방목법은 일기, 토지조건, 재배관리, 방목밀도 등에 따라 결과가 크게 영향을 받게 되므로 그 생산성의 우열을 비교하는 것은 곤란하다. 또 근래에 조절방목법(control grazing)이라 해서 스트립 방목법과 약간 다른 방법도 개발되었다.

방목용(放牧用) **케이크** range cake　방목 시 급여하는 일정한 형을 가지고 있고, 방목지에서 부족되는 광물질 성분으로 구성되어 있는 보충사료를 뜻한다.

방목용(放牧用) **큐브** range cube　방목 시 급여되는 크기가 큰 큐브형으로 만든 사료이다.

방목지 放牧地 grazing area 가축을 방목할 장소를 방목지라고 한다. 외국에서는 흔히 방목지를 축사에 부속된 것(paddock), 목초를 재배하고 있는 것(pasture) 또는 들풀이 나 있는 것(range) 등에 따라 각각 명칭이 다르다. 우리나라에서는 나 있는 풀에는 관계없이 단순히 가축을 방목하는 곳을 방목지라고 한다.

방미제 防黴劑 mold inhibitor, fungicide 식품 또는 사료의 저장성을 높이기 위해서 첨가하며, 가축에는 악영향이 없고 곰팡이의 발생이 방지되는 첨가물이 이용되고 있다. 고온다습 시기의 배합사료, 펠렛사료 등에 이용되고 있는 것에 프로피온산 칼슘(calcium propionate), 프로피온산 나트륨(sodium propionate)이 있으며 사료첨가제로서 지정되어 있다. 이와 같은 작용을 가진 물질을 항균제(antimicrobials)라 한다.

방부성 防腐性 antiseptic 세균의 성장 및 발육을 억제하는 성질(반드시 세균의 파괴를 요하지는 않는다)을 말한다.

ㅂ

방사능 放射能 radioactivity 여러 가지 원소의 동위원소는 방사선을 방출하면서 감소(반감)된다. 화합물 중에 방사성 탄소, 또는 수소 혹은 다른 원소를 가진 생리학적으로 의의 깊은 물질을 만드는 데 사용되며, 이것을 실험재료로서 사용하면 이런 물질의 대사기전을 관찰할 수 있다. 치료용으로는 갑상선 기능을 저하시키기 위하여 방사선 요오드를 사용한다. 방사선 물질은 또한 식품 중의 효소, 미생물을 저해시키는 데도 사용된다. 냉멸균(cold sterilization)의 효과를 갖는다.

방사능 오염 放射能汚染 fall-out contamination 핵폭발에 의해 대기 중에 방출된 방사성 물질에 의해 오염되는 현상을 말한다. 현재 그 발생량, 반감기 및 그 생물작용 등에서 특히 조사의 대상으로 되어 있는 것에는 요오드(I^{131}), 스트론티움(Sr^{90}), 세시움(Cs^{137}) 등이 있다. I^{131}은 생산량이 많으며 갑상선에 축적되고, Sr^{90}은 반감기가 길고 뼈에 침착된다. 또 Cs^{137}은 생식선에 축적된다고 알려져 있다. 축산물은 식물보다 오염되는 일이 적고, 또한 농후사료는 조사료보다도 오염되는 일은 더 희박하다.

방사살균 放射殺菌 radiopasteurization 식품을 방사선으로 살균하면 가끔 원치 않는 맛, 냄새의 변화를 일으키게 된다. 이 현상은 저선량(低線量)의 조사(照射)와 가열에 의해서 피할 수 있다. 20만~30만 라드(rads)의 조사와 가열을 조합하여 고기의 저장기간을 5~10배 연장시킬 수 있다.

방사선 멸균 放射線滅菌 radappertisation 검출량 이하로 미생물의 수를 감소시키는 데 충분한 방사선 양으로 조사함으로써 식품을 처리하는 것을 뜻한다.

방어 魴魚 young yellow tail 일반적으로 양식어로서의 유통은 조금 어린 것이 많다. 보통 큰 것은 3 kg 이상의 것이고, 양식해서 거래되는 것은 1 kg 이상의 것이다. 사료의 거의 모두가 생선 또는 냉동어이고 배합사료는 거의 조금밖에 안 된다. 일반적으로 배합사료의 조단백질 양은 45% 이상이다. 형태는 고형의 것도 있지만 거의 모두가 분말이며, 사용할 때에 생이(生餌)와 혼합하여 급여되는 것이 일반적이다. 양식방법에는 축제식 ·

가두리식 양식이 있지만 대부분은 가두리 양식이다. 종묘는 하천에서 새끼고기(치어)를 잡아서 양식어에 의존하고 있다.

방한대책(소) 防寒對策 protection against the cold 소들의 방한대책으로는 다음과 같은 여러 가지 방법이 채택되고 있다.

① 겨울철의 찬 바람을 막는다 : 겨울에는 북·서풍이 불어오므로 우사의 북·서쪽 입구, 창, 벽으로부터의 외풍을 막는다. 특히 송아지에는 세심한 주의가 요한다.
② 사내의 열손실을 막는다 : 환기량을 줄이고(환기구·환기팬의 조절), 천장을 낮춘다.
③ 깔개 : 건조한 깔개를 충분히 넣어 주고 열의 전도 손실을 적게 한다.
④ 사료량의 증가 : 소화시의 열 생성을 늘리고, 체내의 열 생성 증가에 따른 영양소 손실을 보충해 준다(유지 필요 열량의 약 20% 증가).
⑤ 급수 : 냉수 급여를 피한다.
⑥ 운동 : 운동을 자유롭게 하도록 함으로써 체내 열 생성량을 늘린다.
⑦ 군사(群飼) : 추울 때는 몸을 서로 맞대고, 또한 따뜻한 장소를 스스로 택하도록 해서 추위를 막는다.

방해석 方解石 calcite 칼슘 공급원의 하나로서 3방각(방각)의 육면체형 결정을 한 결정형 탄산칼슘($CaCO_3$)이다.

방향제 芳香劑 flavoring agent 사료의 풍미를 좋게 하고 그 기호성을 개선하기 위하여 포유동물 사료에 첨가하는 향료로서 많이 사용되는 것은 모유(母乳)향, 캬라멜향, 당밀향, 사과향, 치즈향 등이 있다.

방향족(芳香族) 아미노산 aromatic amino acid 아미노산의 측쇄에 환(고리)구조를 가진 아미노산이다. 페닐알라닌(phenylalanine), 트립토판(tryptophan), 티로신(tyrosine)이 여기에 속한다.

배뇨량 排尿量 urination size 가축의 오줌 배설량은 수분 섭취량과 기온 및 비유량 등과 관계가 있으며, 수분이 많은 사료를 많이 급여하면 증가하고, 같은 수분 섭취량일지라도 비유량이 많으면 배뇨량은 적다. 가축별로 1일 배뇨량은 대략 다음과 같다.

① 젖소(홀스타인종) ; 8～13 ℓ(건초를 주로 급여하였을 때), 15～25 ℓ(목초를 주로 급여하였을 때), ② 말 ; 8～12 ℓ, ③ 돼지 ; 2～4 ℓ, ④ 면양 ; 1～1.5 ℓ.

배버수박(粕) babassu meal 브라질에 야생하는 배버수 야자의 종실의 핵에서 압착 등에 의해서 채유하고 난 뒤에 남는 잔사이다. 핵에는 60～70%의 유지를 함유하고 있는데 이 잔사는 5% 정도의 유지를 함유하고, 단백질은 20～25%, 조섬유는 10～15%를 함유한다. 이것은 향기가 있고 야자박보다 약간 엷은 색을 지니고 있다. 또 영양 성분, 모습, 향기 등이 야자박과 아주 비슷하며, 미국에서는 야자박과 같이 주로 젖소사료로서 이용되고 있다. 양계사료에도 10% 정도까지 배합된다.

배상세포 杯狀細胞 goblet cell 점액(mucus)을 생산하는 점막의 분비세포이다.

배수 排水 drained 체 또는 천을 이용하여 물을 빼거나 탈수하여 용액을 제거하는 공정을 말한다. → 탈수.

배아 胚芽 germ 종자의 일부로서 발아에 관여하는 부분을 말한다. 배(유아, 유근)·배반·막으로부터 구성되어 있고, 건조 종자의 2.5~3.5%를 차지한다(옥수수는 8%). 지방 6~11%, 단백질 17~27%, 회분 4~5%, 섬유 2~4%이고, 비타민 B와 E의 함량이 높다. 배반은 특히 비타민 B_1이 많아 전체의 약 50%나 된다. 비타민 B_2와 niacin 함량은 적다.

배아박 胚芽粕 germ oil meal 열매에서 싹이 나오는 기능을 가진 부위를 배아(胚芽, germ)라고 하며, 배아를 종실에서 분리한 후 배아에 함유된 기름을 짜고 남은 것을 건조 분쇄한 것을 배아박이라 한다. 종실의 종류에 따라 밀배아박, 옥수수배아박 등으로 구분된다.

배장근육 背長筋肉 eye muscle 배 최장근육, 소위 로스트(roast)근은 소나 돼지의 최대의 근육인데, 도체를 특정의 척추뼈에서 등선을 직각으로 절단, 분할하는 경우 그 단면이 노출된다. 배장근육이란 이 노출된 근육의 단면을 뜻하는데, 그 면적은 적육의 생산량의 지표가 되는 의미로서 중요하다. 배장근육의 측정부위는 소와 돼지에서는 다르며, 또 각국에서 약간씩 다르게 측정하고 있다. 가령 돼지의 배장근육의 면적은 일본에서는 제 5~6 흉추간의 단면에 대해서 측정하지만, 우리나라와 미국 등지에서는 제 10~11 흉추간의 단면을 측정한다.

배장근육 단면적 背長筋肉斷面積 rib eye area 쇠고기 및 돼지고기 같은 것은 정육으로서 배장근육이라고 부르는 배 최장근육의 부분이 가장 높은 등급을 매겨서 거래되기 때문에 이 배장근육이 길고 굵은 것은 지육으로서의 가치가 높은 것이 된다. 따라서 육질의 품질을 판정하는 데는 로우스트의 지방교잡 등과 함께 그 단면적이 중요한 측정 항목이 된다. 배장근육의 면적을 측정하자면 드레싱 페퍼(불투명) 같은 것을 로우스트의 단면에 밀착시켜서 연필 같은 것으로 베껴서 오려 가지고 그 면적을 프라니미터나 식물의 엽 면적을 측정기로 측정한다. 또 소의 경우는 지육(枝肉)을 4분체로 하는 경우에는 어깨등과 허리 등의 절단 부위를 제 5~6 흉추 간, 혹은 제 7~8 흉추 간으로 하고 있어 지역에 따라서 다르다. 이 측정한 부위를 분명히 규정해 둘 필요가 있다. → 등심부위 단면근육.

배주심층 胚珠心層 nucelear layer 소맥에서는 배유를 둘러쌓아 수분이 못 들어가게 한 세포층을 말한다.

배지 培地 culture media 특정 미생물군을 배양할 수 있는 영양소가 함유된 미생물 배양물질이다.

배합 配合 mixing 미국의 규격에 의하면 배합은 2종 또는 그 이상의 물질(원료)을 교반해서 어떤 특정의 비율(분산의 정도)로 혼합하는 것이다. 혼합의 방법에는 중량방식에 의한 혼합과 용량방식에 의한 혼합이 있다.

배합사료 配合飼料 compound feed, formula feed 가축의 종류나 용도에 따라 급여할 수 있으며, 농후사료로서 충분한 영양소가 함유되도록 원료를 과학적으로 배합한 사료이다. 이를 완전배합사료(compound feed)라고도 일컬으며, 그 원료가 되는 것은 매우 광범위하다. 특히 곡류·유박 등 주원료에 비해 부원료가 되는 것은 매우 다양화하는 추세에 있다.

배합사료 가격안정 기금제도 配合飼料價格安定基金制度 우리나라는 배합사료 원료의 대부분을 해외로부터의 수입에 의존하고 있으며, 사료곡물의 국제수급의 변동 등에 의한 수입원료 가격의 상승에 기인한 배합사료 가격의 인상 때문에 축산경영이 영향을 받게 된다. 따라서 배합사료 가격이 상승할 때는 가격보전을 해서 영향을 완화해 줄 필요가 있다. 배합사료 가격 안정기금의 제도는 이러한 관점에서 일정한 요건을 근거로 해서 일정액의 가격차 보전금을 축산농가에 교부에 주는 것에 의해서 축산경영의 안정을 도모하고 나아가 축산의 건전한 발전을 지원해 주기 위한 목적으로 만들어진 제도이다.

ㅂ

배료합사용 원료의 감면세 규격(減免稅規格) 배합사료 제조허가 공장에 있어서 배합사료를 제조하는 경우 옥수수·수수·콩 등의 관세가 면제되는 것으로 되어 있지만, 이 경우 그 배합사료가 관세정률법 시행규칙에 정해진 규격에 합치해야 하는 조건으로 되어 있다. 이 규정의 목적은 제조된 배합사료가 사료 이외의 용도에 전용되는 것을 방지하기 위한 것이지만, 물론 가축·가금의 생리·영양의 측면도 고려해서 정해진 것이다. 이 규정에서는 원료의 가공조건이라든지 성분 함유량, 배합비율, 배합사료의 형상(形狀) 등도 정해져 있다. 특히 배합 비율에 대해서는 일반적으로 '점수제'라는 독특한 계산방법이 적용되고 있으며, 타용도에의 유출을 방지하면서 각각의 용도에 적응할 배합사료를 폭넓게 제조되도록 배려되어 있다.

배합상태에 의한 사료의 분류 classification of mixture feeds

① 단미사료(單味飼料) : 배합사료의 원료가 되는 개개의 사료를 뜻하는 것으로 때로는 원료사료라고도 한다. 옥수수·밀기울·쌀겨·대두박·채종박·어분 등이 여기에 속한다.

② 혼합사료(混合飼料) : 혼합사료란 2～4종의 단미사료를 혼합한 것으로 단백질 함량이 25～40%가 되게 섞은 것, TDN(가소화양분 총량) 80% 정도가 되게 만든 사료로서 때로는 이것을 농축사료라고도 한다.

③ 배합사료(配合飼料) : 사양표준에 의하여 가축이 필요로 하는 에너지·단백질·비타민·광물질 등의 영양소는 물론 성장 촉진제 질병 예방제 등이 고루 들어 있는 거의 완전한 사료를 말한다.

백근증 白筋症 white muscle disease 근육이 어육같은 모습으로 변하는 질병이다. 단면은 건조감이 있고 광택이 없으며 육질은 무르고 담홍색 또는 회백황색을 띠고 있다. 따라서 병변 부위는 정상 부위와 한계가 뚜렷이 드러난다. 송아지에게 옛날부터 있었던 질병으로 원인에 대해서는 여러 설이 있지만, 근래 영·미·일의 학자들 간에는 비타민 E 부족증에 주목하는 연구자가 많다.

백내장 白內障 cataract 어떤 형태의 결정체 형성으로 눈의 렌즈가 흐려지는 것이며, 완전히 불투명해지면 더 이상 망막으로 빛이 통과할 수 없게 되어 시력을 잃는다. 유전적으로 오는 경우도 있고, 특정 영양소의 결핍과 당뇨병, 약물중독, 방사선에 의해 야기되기도 한다. 외과수술로 눈의 흐린 렌즈를 제거해서 효과적으로 치료할 수 있다.

백미 白米 white rice → 쌀.

백색증(白色症), **백화현상**(白化現象) albinism 정상적으로 색소세포(멜라닌세포, melanocyte)에 존재하는 효소인 tyrosinase가 유전적으로 결함이 있어 존재하지 않는 경우이다. 알비노(albino, 백색종)는 흰털, 창백한 피부 그리고 핑크눈을 가진다.

ㅂ

백운석 白雲石 dolomite 백운석회암(dolomitic limestone)으로도 알려져 있으며, 여러 가지 제산제(antacid)의 성분을 가지고 있고, 가축사료의 칼슘과 마그네슘의 급원으로 이용된다. 동량의 calcium carbonate와 magnesium carbonate의 혼합물이며, 일반 석회석보다 마그네슘이 5배, 그리고 칼슘이 5~8배나 높다.

백혈구 白血球 leucocyte 사람의 백혈구 수는 보통 5,000~9,000/cm^3이다. 다핵형 중성구(中性球), 임파세포, 단구(單球), 다핵형 산성구(酸性球) 및 다핵형 염기성구(鹽基性球) 등을 포함한다. '백혈구 계수법'은 이들 전체를 세는 것이며, '종류별 세포계수법(백혈구 백분율)'은 각 형을 따로따로 세는 것을 말한다. 고열·출혈·심한 운동은 백혈구를 증가시키며(백혈구 증가증), 기아 및 쇠약의 경우에는 백혈구가 감소된다(백혈구 감소증).

백혈구 감소증 白血球 減少症 leucopenia 혈중의 백혈구가 감소되는 것을 말한다.

백혈병 白血病 leukemia 악성 혈액암(blood cancer)으로 혈중에 백혈구와 그 전구세포의 수가 굉장히 증가하고, 비장·임파선·골수 등의 임파 부위의 조직이 비대되고 증가되는 조혈기관의 악성 종양이다. → 혈액암.

뱀장어 eel 뱀장어는 근래에 많이 양식되고 있다. 양식방법은 종래의 조방적인 지수식 양식법에서 하우스 양식 등 집약적인 양식법이 개발되어 주목되고 있다. 사료는 신선어, 냉동어가 많이 쓰여졌으나, 1980년경부터 배합사료가 개발되어 보급되었다. 배합사료는 일반적으로 체중 10 g 이상 때에 급여하는 육성용 사료와 그 이하의 뱀장어에게 급여하는 치어 육성용 사료로 대별되고, 단백질원으로서 어분을 주원료로 하며, 알파화 전분(α-starch)을 결착제로 해서 만들어진 분말상의 연이(練餌)로서 조단백질 함량이 45% 이상되는 것이 보급되고 있다. 종묘(種苗)의 공급은 천연 종묘에 의존하고 있으므로 그 해의 종묘 채포량(採捕量)에 따라 경영이 좌우된다.

버개스 bagasse 사탕수수의 착즙박으로 으깨진 줄기로 구성된다. Cellulose 50%,

hemicellulose 25%, lignin 25%가 함유되어 있다. Bagasse는 다른 식물(사탕무 등)의 착즙박을 가리키기도 한다. 연료, 가축사료, 종이 또는 fiber board류의 제조, furfural의 제조에 이용된다. → 부산물 잔사.

버뮤다 그라스 Bermuda grass 열대·아열대 및 온대에 자생해 있고, 원산지는 인도라고도 하고, 아프리카라고도 한다. 난지형 영년생목인데 지하경 및 종자로도 번식한다. 초장은 10~80 cm, 평균 기온 24℃ 이상에서 가장 번성하고, 서리에 의한 지상부는 고사한다. 수분과 영양분이 충분히 있으면 어떤 종류의 토양에도 생육하고, 산성 토양에도 석회를 과잉 시용한 토양에도 잘 생육한다. 가축의 기호성 또는 영양소 함량도 높고 유용한 난지형 목초로 되어 있다. 몇 가지 품종이 있는데, 그 하나로 코우스틀 버뮤다 그라스(coastal bermuda grass)는 미국에서 상당히 이용되고 있다.

버어지니아마이신 virginiamycin 1955년 벨기에에서 발견된 항생물질인데, *Steptomyces virginiae*를 배양해서 생산한다. 펩티드계 항생물질에 속하고, 주로 그람양성균에서 항균작용을 갖는다. 인체용으로서의 제제는 없고 사료첨가제로서 만이 사용되고, 사료첨가제로 지정되어 있다.

버어크셔종(돼지) Berkshire 영국의 버어크셔 지방이 원산인 흑색돈인데 줄여서 B종이라고도 불려진다. 이 돼지의 특성은 사료의 이용성이 우수하고 체질은 대단히 강건하여 방목과 단기 비육에 적합하다. 성돈의 크기는 중 요크셔종과 같은 정도이다. 지방은 붙기 쉽지만 육질은 부드러워 맛이 좋고 지방분포도 적당하여 생육용으로 적합하다. 산자수는 약간 적지만 키우기 쉬운 돼지로 알려져서 우리나라에도 이전부터 다수를 사육했으나 지금은 사육을 하지 않고 있다.

버터 butter 크림에 유산균의 starter 배양액을 넣어 산미를 내게 하고 버터 제조기에서 응고시킨다. 생성된 버터는 85%의 지방과 14%의 물에 미량의 단백질을 지닌다. 이어서 소금첨가와 착색을 실시한다. 비타민 A의 풍부한 급원(1,100 I.U. /oz.)이나 비타민 D는 적다(17 I.U. /oz.). 이 두 가지 비타민은 모두 겨울철보다 여름철에 젖소의 우유에서 만들어지는 것이 많다. Butter fat는 미량의 단백질(약 0.4%)과 물을 버터에서 제거한 것인데 버터보다 보존성이 크다.

버터밀크 butter milk 버터 제조시에 크림에서 버터를 분리한 나머지의 액상부분을 버터밀크라고 한다. 그 성분은 탈지유와 매우 비슷하여 지방함량은 탈지유보다 약 0.4% 정도 높다. 유당에서 변화한 유산을 함유하고 있으므로 신맛을 띠고 있다. 이것은 음용으로 제공하는 일도 있지만 송아지의 사료로서도 이용한다. 버터밀크를 건조한 것을 건조 버터밀크(dried butter milk)라고 하고, 그 조성의 일례는 수분 7.0%, 조단백질 32.0%, 조지방 5.8%, 가용무질소물 45.6%, 조회분 9.6%로 되어 있다.

버퍼제(사료용 완충제) buffer 버퍼제는 산이나 알칼리의 첨가에도 pH 변화에 별 영향을 받지 않는 물질을 말하며, 이와 같이 pH가 어느 정도 일정하게 지속하려고 하는 현상을 완충작용(buffer action)이라고 한다. 가축은 생리적 기능을 원활하게 발휘하기 위하여 혈액 및 각종 체액에 완충물질을 함유하고 있어서 체액의 pH 변화를 방지한다. 그러나 반추가축의 경우 사료의 종류에 따라서 반추위내 pH가 변화하는데, 조사료의 급여량이 적고 농후사료의 급여량이 많을 경우 농후사료 내 전분이 급속하게 분해되어 젖산과 휘발성 지방산을 생성하여 pH가 떨어지며, 반추위의 기능이 약화되어 결국 산독증(acidosis) 및 소화장애, 젖소의 경우 유지율 감소현상까지 초래한다. 따라서 이러한 현상을 예방하기 위하여 버퍼제를 사료에 첨가하는 것이 필요하다. 사료첨가용으로 사용하는 버퍼제에는 중탄산 나트륨($NaHCO_3$), 산화마그네슘(MgO), 중탄산 칼륨($KHCO_3$), 벤토나이트 석회석($CaCO_3$), 소석회[$Ca(OH)_2$] 등이 있으며, 두 가지 이상을 혼합한 버퍼제도 있다.

버프 오핑톤(닭) buff orpington 원산지는 영국이며, 19세기 후반기 당시 미국의 겸용종이 황색인데 반하여 영국인들은 백색을 좋아하여 백피백색(白皮白色)의 겸용종 흑색 오핑톤을 개량하였다. 본종은 푸리마스록 ♀×미노르카 ♂에서 얻은 흑색 랑샨을 교배하여 성립시켰으며 버프, 화이트, 블루 반점의 내종이 생겼다. 체형은 크고 단관이며, 크기는 중등대(中等大)이다. 다리는 짧고 흑색종은 다리도 흑색이다. 성질은 극히 온순하고 책사(柵飼)에 적당하며, 취소성은 있으나 체중은 둔중하므로 모계로서는 부적당하다. 만숙종으로서 초산월령은 7개월, 난(卵)의 무게는 58～60 g, 연산 160개 정도이며, 난(卵)의 색은 농 또는 담갈색이다. 육질과 육량은 좋다.

버히어 그라스 bahia grass 서인도 제도 및 남미가 원산인 난지형 목초인데 중부 및 남미의 자연초지의 주요한 야초로서 분포되어 있다. 초장은 품종에 따라 다르지만 20 cm 정도 것으로부터 90 cm 정도까지 있다. 포복형, 심근성이고 굵고 짧은 지하경이 번져 나가며 수년생의 초지를 형성한다. 한여름에 잘 생장하고 내건성이 지극히 강하다. 내상성(耐霜性)은 달리스 그라스보다 못하지만 버뮤다 그라스보다는 우수하다. 품종으로서는 저위도지대 또는 고지의 방목용 또는 잔디밭용으로 적합한 파라과이, 방목용의 윌민턴, 방목·청초·건초용의 펜사코라, 알젠틴, 코몬, 디푸톤 등이 있다.

번데기 蛹蛹 silkworm pupa 제사공장(製絲工場)에서 다량 얻는다. 주성분은 단백질과 지방이다. 단백질에는 cystine, tryptophan이 많아서 우수한 편이다. 고치를 삶아서 실을 뽑아 내고 남은 것을 그냥 먹거나 기름을 짜낸 잔체(殘体)를 건조하여 먹는다. 이 번데기의 잔사는 수분 8%, 단백질 60%, 지방 16%, 회분 3% 정도이다. 이 번데기 가루에는 비타민 B_2가 10 mg% 가량 들어 있다.

번데기박(粕) silkworm pupa meal 누에고치로 명주실을 뽑는 공정(제사)에서 얻어지는 부산물인데, 그대로 건조하거나 압착 또는 추출법으로 채유하고 남은 것이다. 건조번데기나 압착번데기박에는 조지방 함량이 10% 이상으로 변패되기 쉽고, 악취가 계란이나 고기에 이전되어 생산물의 가치를 저하시킨다. 특히 돼지에게 과다 급여하면 이른바 고기색이 황색인 황돈이란 것이 되므로 가급적 탈지한 것을 사료로 주는 것이 좋다. 추출

번데기박은 지방함량이 0.5%, 양질의 동물성 단백질 70% 이상을 함유하고 있으며, 비타민, 특히 리보플라빈(비타민 B_2)의 함량이 높다. 이것은 물고기·돼지·닭의 사료로서 이용된다.

번식계절 繁殖季節 breeding season 가축 가운데는 특정 계절에 한해 암컷의 발정이 왕성하여 수태하기 쉬운 시기가 있다. 즉 말은 3~7월, 면양·산양은 9~11월이 번식계절이다. 말이나 면양·산양에는 왜 번식계절이 있는지에 대해 여러 가지 이유를 들고 있는데, 광선으로부터 받는 영향의 강약이 뇌하수체로부터 산출·방출되는 성선자극호르몬의 양을 조절하는 것으로 알려져 있다. 장일성 가축으로는 말이 있고, 단일성 가축으로는 면양이 있다.

ㅂ

번식장해 繁殖障害 reproductive disturbance 가축의 번식이 정상으로 실행되지 않는 현상을 번식장해라고 하는데, 그 중에서 수태를 못하는 현상을 불임(sterility)이라고 한다. 번식장해는 수컷과 암컷을 나누어서 생각하지 않으면 안 된다. 유전요인이 관여해 있는 것도 있지만 실제로 문제가 되는 것은 2차적인 것이 많다. 암컷의 번식장해는 비전염성인 원인으로서 사양관리가 적절치 않기 때문에 생기는 영양소의 과부족을 들고 있다. 그밖에 젖소에는 비유와 번식에 관여하는 호르몬의 관계는 상반되는 작용이 있는 것으로서, 일반적으로 비유량이 높은 소는 번식능력이 저하하는 경향이 인정되고 있다. 번식장해의 초기에는 가벼운 원인에 의해서 임신하지 않는 소가 점차로 원인이 겹쳐져서 본격적인 번식장해가 되는 일이 많으므로 조기진단, 치료가 중요하다.

벌크 카 bulk car 사료공업의 발달에 따라서 사료를 산물 그대로(포장 안한 상태)를 트럭의 탱크에 넣어서 목적지까지 수송하는 일이 실행되고 있다. 이것은 사료의 싣고 내리는 노력을 덜어 주고 또 포장에 소요되는 경비를 절감하는 데 효과가 있다. 이러한 트럭을 벌크카라고 한다. 사료의 산물수송은 벌크카에 의해서 배합사료 공장에서 직접 축산농가까지 수송되는 경우와 배합사료 공장에서 중간기지(하치장)에 일단 30톤 가량 적재화차로 수송하고 다시 축산물 생산농장까지 수송되는 경우가 있다. 최근 배합사료 공장을 임해에 건설하는 경향이 있는데, 축산생산 단지의 원격화(遠隔化)가 이뤄지고 있으므로 중간기지(하치장, 지점)의 역할이 커지고 있다.

벌크 쿨러 bulk cooler 우유생산 농가에서 원료유를 저장하기 위한 탱크로서 스테인리스로 된 탱크의 바깥쪽을 방열(防熱)하고 1~2 PS냉동기를 이용한 냉각장치와 소형교반기를 갖추고 있으며, 용량은 500~900 ℓ 이다. 이제까지 해 오던 집유방식, 즉 착유한 우유를 우유통에 담아 냉각하고 트럭으로 집유소로 운반하여 냉각 저장한 다음 밀크탱크 차량으로 공장까지 수송하는 방법과 비교하여 벌크 쿨러를 사용하는 집유방식은 다음의 이점이 있다. 즉 ① 착유 후 즉시 냉각기가 달린 벌크 쿨러에 담아 5℃ 이하의 저온으로 유지하므로 세균이 적은 양질의 우유를 얻을 수 있다. ② 우유통을 사용하지 않기 때문에 우유의 손모가 적다. ③ 유량에 따라 격일로 집유하더라도 유질이 떨어지지 않으므로 집유계획을 합리적으로 세울 수 있다. ④ 집유소나 공장의 냉각장치를 절약할 수 있다.

벙커 사일로 bunker silo 양면 또는 세 면을 콘크리이트의 벽으로 한 수평형 사일로이다. 트랙터를 이용해서 채워넣기 및 밟기를 용이하게 할 수가 있다. 또 꺼내는 노동력도 탑형에 비교해서 경감되며, 특히 가축이 직접 사일로에서 채식할 수가 있다. 다만 탑형에 비교해서 표면이 크기 때문에 주의를 하지 않으면 표면의 폐기부분이 많아지고, 또 공기 유입이 쉽게 되므로 2차발효의 위험성이 그만큼 큰 결점이 있다.

베이컨 bacon 돼지고기를 소금에 절이고 훈연한 것을 말한다. 보통 돼지고기보다 피하지방이 적은 갈비고기가 이용된다. Strecky bacon, cammon bacon이 있으며, 돼지고기는 비타민 B_1이 풍부하여 다른 고기보다 약 2배나 더 많다. Green bacon은 소금에 절이고 훈연은 하지 않은 것이다. Mild cure는 소금량을 적게 한 것이다.

베이킹 파우더 baking powder 가열하든가 수분을 주었을 때 CO_2를 발생하는 혼합물이다. $NaHCO_3$가 CO_2원(源)이 되며, 여기에 산성 물질이 필요하게 된다(예 ; 주석산 또는 산성 염류, 산성 인산석회, 피로인산나트륨, 황산나트륨, 알루미늄 등). 속효성(速效性) 파우더는 주석산을 갖지 않으며, 반죽을 가열하기 전에 CO_2를 발생한다. 지효성(遲效性) 파우더는 인산염을 함유하며, 가열 중의 대부분은 CO_2가 발생한다. CO_2량을 유효량 8% 이상, 잔류량 1.5% 이하로 규정하고 있다. Golden raising powder(황색 착색을 제거한 것도 마찬가지이며, 이전에 난(卵) 대용품이라고 불리운 것)는 유효 CO_2량 6% 이상, 잔류량 1.5% 이하로 정하고 있다.

베일 bale 반추가축의 겨울용 조사료로 이용하기 위해 만든 압축된 건초다발을 말하며, 형태에 따라 4각형(rectangular type, 25～50 kg)과 원통형(round type, 35～80 kg) 베일이 있다.

베일건초 梱包乾草 baled hay 헤이베일러나 압착베일러를 이용하여 장방형의 입방체로 압축시켜 만든 건초다발이다.

베취류 vetch 베취류는 두과목초로서 양질의 것이다. 덩굴손에 의해서 다른 물체를 감아 잡고서 자체(덩굴)를 지탱한다. 주요한 것은 다음의 두 종이 있다. 컴몬 베취(common vetch)는 쟈트비켄(saatwicken)이라고도 불려지는 1년초생인데, 유럽 동남부 또는 아시아 서부가 원산지이고, 우리나라에는 약 60년 전에 녹비작물로서 도입되었다. 차갑고 서늘한 기후를 좋아하고 내한성은 그다지 강하지 않다. 수량이 많고 단백질 함량이 높다. 헤어리 베취(hairy vetch)는 컴몬 베취보다 내한성이 강하고, 여러 가지 토양에 적응하지만 우리나라에서는 그다지 보급되지 않았다. 이밖에 빅플라워 베취, 위이리포드 베취, 항가리안 베취 등이 있다.

베타 결합 β-bond C⌒O‿O로 표시하는 섬유질내 포도당 분자의 결합으로, 소장 소화효소에 의해 분해되지 않고 결합한다.

베타 산화(酸化) beta-oxidation, β-oxidation 지방산 대사의 한 경로이다. 지방산의 카르복실기의 β-위치(2번째 탄소)의 탄소원자가 산화되는 것, 즉 카르복실기의 하나 건너에 있는 탄소가 산화되어 β-케토산이 생긴다. 이것으로부터 초산이 절단되어 최초의 것보다 탄소원자가 2개 적은 지방산이 남는다.

베타-아드레너직 에고니스트 β-adrenergic agonist Repartitioning agents의 일종으로 β-adrenergic receptor에 작용하는 물질이기 때문에 β-adrenergic agonist라 불리는데, 보통 지방축적을 억제하고 단백질 합성을 증가시키는 물질로서 부신피질호르몬인 에피네프린의 유사체들이다. 에피네프린의 여러 side chain을 다른 것으로 치환하여 합성한 물질들로서, 예를 들어 isoprenaline, clenbuterol, dobutamine, orciprenaline, salbutanol, cimaterol 등이 있다.

베타-아포-8′-카로틴산 에스테르 β-apo-8′-carotenoic ethyl ester 브러일러의 피부 혹은 난황(卵黃)의 색을 개선하기 위하여 사료에 첨가되는 색소 강화제로서 널리 사용되는 카로티노이드인데, 황색미(黃色味)를 강화하는 효과가 있다. 첨가량을 증가하면 상당한 정도까지 직선적으로 난황 중의 카로티노이드 함량이 증가하고 색소는 강화된다. 시판의 사료첨가물은 1～3 ppm 정도가 첨가되어 있다.

베타 알라닌 β-alanine 단백질을 구성하고 있지 않는 자연상태의 아미노산이며 조효소 A(coenzyme A), 판토텐산(pantothenic acid)과 카르노신(carnosine)의 구성성분이다.

$$NH_2 - CH_2 - CH_2 - COOH$$

β-Alanine

베타인 betaine Choline과 매우 유사하고 체내에서 choline을 합성할 수 있는 물질이다. trimethyl glycine인데 사탕무우의 뿌리 또는 면실 중에 존재하며, lycine 또는 oxyneurine이라고도 불린 적이 있다. Choline과 관계가 깊으며, 불안정한 methyl기를 가지고 있으므로 choline 생성의 경우에 전이한다.

베타-지방단백질(脂肪蛋白質) beta-lipoprotein 간에서 생성되는 특수 지방운반 단백질이며, 일명 저밀도 지방단백질(low density lipoprotein, LDL)이라고도 한다. 정상적으로 10～50%의 triglyceride, 22～46% cholesterol, 18～22% phospholipid, 9～21% protein을 함유한다. 혈액 중에 함량이 높은 것은 바람직하지 않으며, 이는 cholesterol이 혈관벽에 축적되기 때문이다.

베타-카로틴 beta-carotene 체내에서 비타민 A로 전환되는 식물의 황색-오렌지 색소이다. 베타-카로틴 함량이 높은 식품은 황색, 오렌지색, 또는 붉은색을 띠는 과일과 야채 또는 잎이 많은 녹색야채이다.

베네딕트시험 Benedict's test 환원당, 즉 glucose와 maltose 등의 존재를 결정하는 화학적 검사법이다. 환원당 작용을 이용한 것으로서 시약용액을 안정화 할 수 있도록

Fehling 시험법을 개량한 것이다. 황산구리 용액에 구연산나트륨과 탄산나트륨을 첨가한 것이다. 환원당과 가열하면 함유량에 따라 적・황・연색을 나타낸다. 베네딕트 정량시약에는 이외의 치오시안산 칼륨과 페로시안 칼륨을 포함하고 있다.

벤스-존스 단백질(蛋白質) Bence-Jones protein 골수종증, 백혈병, 습진 등의 환자의 소변 중에 배설된 이상단백질을 뜻한다. 55℃에서 응고하며, 끓이면 다시 풀린다.

벤토나이트 bentonite 미국・캐나다에서 생성되는 일종의 콜로이드상 점토(粘土)인데, 이산화규산(50～63%), 산화알루미늄(12～27%), 산화철(2.5～4%), 산화칼슘(0.6～5%), 산화마그네슘(1～3%), 산화나트륨(0.7～5%) 등으로 구성되어 있다. 물과 접촉하면 겔상(gel 상)이 되며, 일본에서도 일부 지방에서 많이 출토되고 있다. 우리나라에서도 동해안 지역에서 생산되고 있으며, 계분의 냄새 제거와 연변(軟便)의 방지를 위해 사료에 사용하기도 하고, 첨가제의 부형제로 사용되기도 한다.

ㅂ

벨베트 비인 velvet bean 외국에서는 청예작물용으로서 재배되고 있지만, 우리나라에서는 채소용으로 재배되고 있다. 종실은 잠두(horse bean) 정도의 크기인데 단백질이 약 23%, 조지방이 5.7%나 되고 사료가치는 높다. 더욱이 깍지가 붙은 그대로를 부수어서 사료로 하는 일이 있지만, 이 경우는 종실에 비교해서 사료가치는 떨어진다.

벼 稻 paddy rice 외피를 지니며 탈각시키면 쌀이다. 벼는 배유가 한 개 있으며, 꽃잎은 없고, 꽃술을 싸주는 안껍질과 속껍질의 이삭이 있으며, 가시랭이가 있는 것과 없는 것이 있다. 열매는 가을에 이삭이 익는데 이것을 벼라고 하며, 찧은 것을 쌀이라 한다. 중국・인도・아프리카가 원산지이며 품종이 많다.

벽세포 壁細胞 parietal cell 염산(HCl)을 분비하는 위의 위선(gastric gland) 세포이다.

변량모형 變量模型 random model 통계적 방법에 있어서 채택한 각 인자의 수준마다의 측정치가 어떤 모집단에서 무작위로 집어낸 표본이라고 생각되는 경우 이것을 변량모형 인자라고 한다. 인자의 각 수준마다 측정치에 각각 일정 크기의 영향을 미친다고 생각되는 경우 이것을 모수모형(parametric model)이라 한다. 가령 자돈의 증체량을 측정하는 경우, 임의로 설정한 소정의 단백질 함량을 함유하는 사료를 급여하는 실험에서는 증체량은 단백질 함량에 상응한 일정 크기의 효과와 개체차 부분과의 조화라고 생각되므로 단백질 인자는 모수모형이다. 한편, 동일 조건에서 사육한 이복(異腹) 자돈(仔豚)간의 비교에서는 돈복(豚腹)마다의 차는 각 모돈(母豚)의 영향력에 대응하는 부분과 개별차 부분과의 조화라고 생각되며, 모돈에 대한 영향력에 대해서는 모돈의 모집단에서 무작위로 집어낸 몇 두의 표본에 대해서 측정한 것이라고 생각된다. 따라서 모돈인자는 변량모형이다.

변비 便祕 costiveness 일종의 변비로 분(糞)에 수분 부족으로 야기된다. 음식물의 함수력 부족으로 일어나며, 음식물의 섬유함량을 높이거나 음수량을 높이면 해결된다.

변성 變性 denaturation ① 단백질이 응고(coagulation)하기에 앞서 일어나는 일종의 가역적 변화이다. 용해도는 감소하며, 유리의 SH기가 출현하는 현상이다. pH의 변화, 가열, 자외선 조사, 심한 교반 등이 원인이다. ② 알코올의 용어로 음용 알코올로서의 소비를 막기 위하여 이것에 메틸바이올레트나 피리딘 등의 변성 용제를 첨가하여 불결한 알코올로 만드는 것이다.

변성(變性) **알코올** methylated spirit 메틸알코올을 함유한 에틸알코올이며, 색소로 착색시키고 피리딘을 첨가해서 나쁜 냄새를 내게 한다. 이것의 독성은 메틸알코올에서 기인된다. 알코올에 불쾌한 물질을 첨가하여 음용되지 않게 한 것이다. 예를 들면 변성 메탄올은 10% 메탄올, 청색 색소, 불쾌취의 피리딘을 첨가시킨 것이다. 변성 알코올은 공업용이다.

ㅂ

변온동물 變溫動物 poikiotherm 외계의 온도에 따라 체온이 달라지는 냉혈동물이다. 겨울에는 체온이 내려가 생활력이 약해지므로 땅 속에서 동면하게 된다.

변이계수 變異係數 coefficient of variation(C.V) 표준편차의 평균치에 대한 비를 변이계수라 한다. 가령 가축의 체중이 각각인 것처럼 가축의 종류에 따라서 소는 kg 단위이고, 병아리는 g 단위인 것과 같이 크기는 다르지만 변이계수로 나타내면 어느 것이나 모두 약 10%이고 대차는 없다. 이와 같이 변이계수는 개개의 다른 정도를 상대적으로 나타낸 것이고, 여기에 관한 지식은 실험을 계획한다든지 성과를 평가할 경우에 유효하다. CV라고 약칭할 때가 많다.

변이원성 變異原性 mutagenicity 돌연변이를 일으켜서 유전적 특성에 변화를 일으키는 특질(特質)을 말하며 유전독성이라고도 한다. X-선이라든지 골지체(golgi body) 등의 변이원성을 육종에 이용하는 일이 실행되고 있지만, 동시에 변이원성을 가진 약제 등을 사료에 첨가해서 가축에 급여하여 생산된 축산물에 잔류하는 약제 등이 인간에 미치는 영향이 우려되고 있다. 변이원성을 조사할 방법으로서는 특수한 유전적 특성을 갖는 미생물을 이용하는 방법, 가축의 염색체를 조사하는 방법 등이 연구되고 있다. 화학물질의 변이원성과 발암성과의 사이에는 높은 상관이 있다고 한다.

볏자르기, **단관**(斷冠) dubbing 닭의 볏을 예리한 가위로 잘라내는 것을 뜻한다. 이것은 볏의 동상을 방지하고 또 볏으로부터의 열손실을 막는 효과가 있지만 성장한 닭을 한 마리씩 붙잡아서 처리하는 것은 노력이 많이 들고, 또 닭에 있어서도 커다란 스트레스의 원인이 된다. 그래서 취급하기 쉬운 병아리 시기에 처리하면 거의 출혈도 않고 또 오랫동안 유효하다.

볏짚 rices traw 고간류 중 가장 널리 쓰여지고 있는 볏짚은 일반적으로 보리짚이나 밀짚보다 기호성이 높지만 건초에 비교하면 영양가가 많이 떨어진다. 그래서 볏짚은 가축에 급여할 때에는 단백질, 칼슘, 인, 비타민 A 등을 충분히 공급할 필요가 있다. 한우에 많이 급여되고 있으며, 그밖에 유우・면양・말 등에도 사용된다. 급여에 있어서는 보통 세절해서 그대로 또는 수침해서 농후사료를 혼합하여 급여한다. 기호성과 사료가치를 증가하기 위해서 석회짚, 가성소다 또는 암모니아를 처리하는 경우도 있다. 또 고수분의 재료로 사일리지를 조제할 때에 볏짚을 수분조절용으로 혼합하는 일도 있다. 최근 수확기술의 변화에 따라서 경엽이 녹색을 간직하면서 수분함량이 높은 볏짚이 생산되기 때문에 저장이 문제가 되어 암모니아처리 사일리지로 조제하는 방법이 행해지고 있다.

볏짚계분 발효사료(鷄糞醱酵飼料) bran-manure-treated rice straw 볏짚을 강피류 및 계분과 혼합하여 발효시켜 제조한 사료이다. 계분의 수분조절과 계분내의 N가 볏짚과 함께 발효되어 반추가축에게 부족되는 N성분을 공급할 수 있는 장점을 지니고 있으나, 계분의 구성성분이 동물과 사람에게 유해하지 않은 물질로 구성되어 있어야 한다. 특히 계분으로 배설된 항생물질의 잔유량이 많을 경우 우유에 잔유되어 바라지 않은 항생제 오염우유를 섭취할 수 있기 때문이다.

병렬사양시험법 竝列飼養試驗法 equalized paired feeding trial 두 종류 이상의 사료의 가치를 비교하는 사양시험에 있어서 각 사료를 급여하는 가축의 군을 여러 군 만들고, 그 각각의 군에 대해서 사양시험을 실행하여 그 성적을 비교하는 방법이다. 이 시험법에서는 각 군 내의 동물의 연령, 크기 혹은 전력 등이 같은 것을 사용해야 하지만 군이 다른 동물의 조건은 꼭 같지 않아도 좋다. 이 시험법은 각 군을 각각 블럭으로 하는 난괴법 실험계측이라고도 말할 수 있다. 동일 조건하의 동물을 다수 고르게 갖추는 것이 곤란한 대가축의 경우에도 유효한 방법이고, 각 군간의 조건의 상위(相違)를 블록 효과로서 구분해서 사료간의 비교를 정밀하게 검토할 수가 있다.

병아리 雛 chick 부화 후에서 산란 개시까지의 닭을 병아리라고 한다. 부화 직후의 병아리를 초생추(day-old chick), 부화 후 약 6주령까지를 어린병아리(幼雛), 6~12주령 정도를 중병아리(中雛), 약 12주령 이후 산란 개시시(20주령)까지를 큰병아리(大雛)라고 하고, 각각 조성이 다른 사료를 급여하고 있다. 미국에서는 병아리를 성계로 육성하는 경우 리플레이스먼트 풀렛(replacement pullets)라고 하고, 0~6주, 6~14주, 14~20주로 구분해서 각각 조성분이 다른 사료를 급여하고 있다. 또 경우에 따라서는 스타아팅 치크(starting chick)와 그로우잉 치크(growing chick)로 구별하는 경우도 있다.

병원균 病原菌 pathogen 병원성 박테리아로서 무해의 박테리아와 구별된다.

병원성 미생물 病原性 微生物 pathogenic microorganism 가축·가금에 질병을 발생하게 한다든지 또는 축산물을 통해서 사람의 건강을 해치게 하는 원인이 되는 미생물을 총칭해서 병원성 미생물이라고 한다. 곰팡이류·살모넬라균과 같은 세균류, 리케치아·바이러스 같은 것 외에도 콕시듐병, 류코사이토준병을 일으키는 원충은 이러한 병원미생물의 예이다.

병적 소인 病的素因 diathesi 조직으로 하여금 어떤 외부 자극에 대하여 특별하게 반응하게 함으로써 어떤 병에 대해선 보통보다 더 예민하게 반응하는 체형을 말한다.

볕 말리기 sun-cured 야외에서 직접 햇볕으로 말리는 것이다.

보결원자단(補缺原子團), **보결분자단**(補缺分子團) prosthetic group 단백질의 생물학적 활성에 필요한 단백질에 부착되어 있는 비단백질 화합물이다. 보결원자단이 없는 분자는 아포단백질(apoprotein)로 간주된다. 예를 들면 gluconeogenesis과정에서 oxaloacetate를 형성하기 위해서 pyruvate carboxyl기를 부착시키는 효소인 pyruvate carboxylase는 biotin이 없이는 불활성 상태이고 반드시 이 보결원자단이 부착되어 있어야 한다. 보결원자단은 조효소와 동일하게 고려되기도 하지만 엄격한 의미로는 차이가 있다. Biotin과 같은 보결원자단은 공유결합으로 연결되어 있지만 pyridoxal phosphate와 같은 조효소는 그렇지 않기 때문에 쉽게 분리된다.

보리 大麥 barley 보리는 미국 등지에서는 사료곡물로서 많이 이용되고 있고, 우리나라에서는 배합사료 원료로 이용되고 있다. 보리는 많은 품종이 있지만 우리나라에서 보통 보리라고 불려지는 것은 종피가 벗겨지기 어려운 것으로 대맥 또는 피맥이라고 불려진다. 이에 비해서 종피가 잘 벗겨지는 것은 쌀보리(裸麥)라고 한다. 사료로서 보통 쓰여지는 것은 대맥이고, 이것은 약 15%의 종피가 있다. 대맥은 단백질이 약 11% 정도로서 연맥보다 많으며, 또 조섬유 함량은 4% 정도로서 연맥보다 적다. 에너지가는 소맥보다 낮지만 연맥보다 높다. 사료로 쓰이는 보리의 영양가는 가축의 종류에 따라서 다르다. 또한 보리를 돼지나 닭에 급여할 경우에는 소화를 잘 되게 하기 위해서 분쇄할 필요가 있다. 육우·육돈에 보리를 먹이면 지방색이 희고 단단하여 육질이 좋아진다. 닭에 대해서는 보리는 옥수수보다 에너지가가 떨어지므로 20% 이상은 안 쓰는 것이 좋다.

보리새우 prawn 동물학상의 아목(亞目) macrura에 속하는 갑각류로서 작은 새우 shrimps와 근연(近緣)의 것이다. Caridea족에는 보통 보리새우류와 영국산의 작은 새우류가 있다. Leander serratus는 보통의 보리새우류다. Pandalus montagui는 분홍색의 작은 새우(pink shrimp)로서 비교적 흔한 것인데 보리새우보다는 조금 적다. Crangon vulgasis는 영국 주변의 해안에 많은 작은 새우다. 영양소 함량은 단백질 21%, 지방 1.8%, 탄수화물은 없으며, 100 g당 45 kcal., Fe 1.1 mg이 포함되어 있다.

보릿겨 麥糠 barley bran 대맥 또는 나맥을 도정할 때 생기는 보릿겨는 대맥의 경우 원료에 대해 46～48%, 쌀보릿겨는 40% 정도 생산된다. 보릿겨는 도정공정에 따라서 거친겨(荒糠)와 고운겨(精糠)로 구분된다. 대맥겨(barley bran with hull)는 1번겨라고도 불려지며, 도정 중의 초기에 나오는 종피로서 섬유함량이 높은 부분이고, 고운겨(barley bran with po-lish)는 2번겨라고도 부르는데 껍질을 걷어 내고 난 뒤에 나오는 것으로 거친 겨보다는 섬유가 적고 단백질이 많다. 그러나 시판되고 있는 보릿겨의 대부분은 둘을 섞은 대맥혼합겨(barley bran with hull and polish)이다. 보릿겨의 사료성분은 원료맥의 종류, 정백도(精白度)에 따라서 다르다. 일반적으로 대맥혼합겨는 쌀보리 혼합겨보다 단백질은 적고 섬유는 두 배 이상이나 되어 사료가치가 떨어진다. 쌀보리 혼합겨는 특수 밀기울의 대용으로서 모든 가축·가금의 사료로 이용된다. 또 양질의 대맥혼합겨도 탈지미강을 대용해서 이용될 수 있다.

보릿짚류 barley straw, wheat straw etc. 보리, 밀, 연맥 기타의 맥류의 짚을 총칭해서 보릿짚류이라 한다. 보릿짚류는 보통 볏짚에 비해 조직이 단단하여 가축이 좋아하지 않으므로 사료로서 쓰여지는 일은 드물고 주로 깔짚으로 이용된다. 그러나 암모니아나 가성소다처리한 저질조사료로서 조사료가 부족할 경우는 섬유질 사료로 사용하고 있는 국가도 있다.

보상성장 補償成長 compensatory growth 사료 섭취량이 제한되어 있을 때 또는 사료가 귀한 겨울철에 값싼 사료를 제공하여 성장률을 최소로 유지하다가 봄에 풍부한 목초나 고에너지 사료를 급여함으로써 그 동안 부진하였던 증체를 최대로 향상시키는 것이다. 즉 이들 가축에게 고에너지 사료를 급여하면 겨울 동안에 잘 먹인 가축보다 증체율이 높고 사료효율도 훨씬 높아지기 때문에 겨울 동안 부진했던 증체를 극복하게 된다. 그러나 세포가 활발하게 증식하는 태아일 때 또는 너무 어린 시기에 영양소의 결핍으로 성장에 지장을 받으면 이것은 영구적인 장해를 일으킨다.

보세공장 保稅工場 bonded factory 본래는 가공무역을 진흥하고자 하는 목적으로 설치된 것인데, 외국산의 원료를 수입하여 관세법에 의거 보세지역에서 세관 감독하에 관세를 납부하지 않고 가공・제조(혼합을 포함) 등의 작업을 할 수 있는 장소로서 관세청장이 허가한 곳을 말한다. 그러나 보세공장에서 제조된 것을 국내로 인수할 때에는 제품에 따라서 관세가 부과된다. 사료의 경우 본래는 수입관세를 납부하는 옥수수, 수수, 대두박 등의 수입원료를 사용하여 보세공장에서 미리 정해진 규격에 맞추어 배합사료를 제조한 경우에는 우리나라의 축산진흥을 위해서 면세로 통관하고 있다.

보습제 保濕劑 humectant 식품이 건조되는 것을 방지하기 위한 첨가제이다. 즉 습기를 흡수하여 물질의 수분함량을 유지시키는 물질이다. 담배, 풀, 잉크, 제과류, 비누, 섬유 등에 첨가되며, 예로서 글루코오스시럽・전화당・꿀・글리세린・소르비톨 등이 있다. 수분함량이 적은 원료에 자당을 가할 때 이들을 첨가해 놓으면 물을 많이 쓰지 않아도 좋으며, 곰팡이의 생육도 방지된다.

보오메 Baume' 염용액에 사용되는 비중표이다. 1보다 큰 비중에서는 비중 = 145÷(145 - Baume'도), 1보다 작은 비중에서는 비중 = 140÷(130 + Baume'도)이다. 약자로 Be'라고 표시한다.

보올 밀 ball mill 용기 안에서 묵직한 둥근 쇠뭉치를 굴려서 그 속에 있는 물체를 분쇄하는 기계로서 경질재료를 분쇄하는 데 사용하는 batch법이다.

보조 라이페이즈 colipase 췌장에서 분비되어 라이페이즈의 구조를 변화시켜 작용을 용이하게 하는 단백질이다.

보조인자 補助因子 cofactor 효소의 활성에 필요한 소량의 무기 및 유기물질이다.

보존료 保存料 preservative 발효나 산성화 또는 그밖의 식품의 분해과정을 더디게 한다든가 저지시키든가 또는 부패작용을 방지할 수 있는 물질을 보존료라고 정의한다. 허가 품목을 보면 아황산, 안식향산, para-hydroxy benzoic acid의 methyl 또는 propyl ester, sorbic acid, 항생제 nisin 등이 있는데 사용 식품과 사용량이 규제되어 있다. 그러나 소금, 초석, 설탕, 젖산, 초산, glycerin, 알코올, 향신료, 정유, 약용식물 등에는 별다른 규제가 없다.

보충단백질 complementary protein 특정 아미노산의 부족을 서로 보완해 줄 수 있는 2가지 식품단백질이다.

보충사료 補充飼料 supplement feed 미국의 규격에 의하면 보충사료는 사료 전체의 영양소 균형을 개선시키기 위해서 사용되는 사료이다. → 사료첨가제.

보툴리누스 중독(中毒) botulism *Clostridium botulinus*균이 생산하는 균체외 독소에 기인하여 생기는 식중독이며, 이 독소는 극히 미량이라도 치명적이다. 증상은 구토, 복통, 시력장애, 산동(散瞳), 안검하수(眼瞼下垂), 연동(連動) 장애 등이 온다. 이 균은 혐기적이며, 포자는 3시간 끓여도 견디므로 살균하려면 120℃나 4.5 이하의 pH가 필요하다. 소시지 기타 통조림 또는 염지식품으로부터 오염되어 중독을 일으킬 수 있다.

보호단백질 保護蛋白質 protected protein 반추위 미생물의 분해작용을 받지 않은 단백질이다. → 우회단백질, 불해성단백질(by pass protein).

보호아미노산 제제 protected amino acid supplements 보호 lysine이나 보호 methionine과 같은 반추동물의 반추위 내에서 분해되지 않고 바로 장내로 이동되어 흡수 이용될 수 있게 만든 제제로서, 피복은 주로 gelatin으로 하여 반추위에서 분해를 피하고 소장에서 분해되도록 하여 고능력우의 필수아미노산 공급을 하기 위해 실시되고 있다.

보호지방 保護脂肪 protected fat 지방사료에 단백질 등을 코팅하여 반추위 내에서 분해되지 않고 소장에서 소화 흡수되도록 처리한 것이다. → 우회지방(by pass fat).

복교배 複交配 옥수수의 육종에 가장 많이 사용되는 방법으로서 4자식계(自殖系) 간의 교배, 즉 (A×B)×(C×D)이다. 복교배·3계교배의 목적은 자식(自殖) 계통이 일반적으로 생산량이 적으며, 결국 직접 종자 생산에 영향을 주어 재배 소요량을 채울 수 없으므로 잡종 강세를 나타낸 생산력이 강한 F_1끼리 교잡시켜 소요되는 종자를 생산하는데 있다.

복막 腹膜 peritoneum 복강 내부에 있는 막이다.

복합단백질 複合蛋白質 conjugated protein 단백질과 다른 비단백질 분자(탄수화물·지방·색소·인산)와의 화합물로서 다음과 같이 5종류로 분류된다. 핵단백질(nucleprotein), 당단백질(glycoprotein), 인단백질(phosphoptein), 색소단백질(chromoprotein), 지질단백질(lipoprotein) 등이 있다.

복합지방 複合脂肪 compound lipid 단순지방에 다른 성분이 결합한 화합물을 뜻하며, 인지질(phosphatide, phospholipid), 당지질(glycolipid)이 여기에 포함된다.

볶은 콩가루 toasted soybean flour 생대두를 볶은 다음 분쇄한 것이다. 수분은 5% 정도로 적지만 건물로서의 성분은 대두와 거의 같다. 볶은 콩가루는 풍미가 좋고 기호성이 우수하므로 영양가가 우수한 사료로서 이용될 수 있지만 보통은 식용으로 이용된다. 이것은 미국에서 만들어진 건열 전지대두(roasted full fat soybean)와 영양가가 비슷하다. → 건열 전지대두.

본선 취급 本船取扱 on board custom clearance 수입검사는 보세지역에서 이루어지는 것이 통례이지만 화물의 성질 등에 따라서 수입화물을 본선에 적재된 그대로 세관에 신고해서 검사를 받고 즉시 수입의 허가를 받는 것을 뜻한다. 이를 본선 취급 또는 본선 검사라 하며, 간단하게 통관수속을 마칠 수가 있다. 이러한 수속을 받을 수 있는 품목으로는 원칙적으로 다른 품목의 화물과 혼재되어 있지 않은 대량이고 또 균질의 화물이어야 하며, 수량의 인정상 지장이 없는 것으로서 구체적으로는 쌀 · 보리 · 옥수수 · 석탄 · 원목 등이 이 검사대상 품목이다.

봄브 열량계(熱量計) Bomb calorimeter → 열량계.

부갑상선 副甲狀腺 parathyroid gland 목의 갑상선 부근에 있는 4개의 선이며, 갑상선의 기능과는 직접 관계가 없다. 부갑상선호르몬(parathormone)을 분비하며, 혈중의 Ca 농도 및 뇨중의 인산 배설을 조절한다. 이 호르몬의 분비가 과잉이면 뼈의 Ca이 감소되고, 혈중의 Ca량이 증가되며 뇨중에 배설된다. 혈청 Ca의 농도가 감소하면 부갑상선은 혈중의 인(P)을 뇨중에 배설하여 감소시킨다.

부갑상선호르몬 parathyroid hormone(PTH), parathormone 부갑상선(parathyroid gland)에서 생성되는 호르몬이며, 혈중 칼슘농도가 떨어지면 분비되어 비타민 D와 더불어 혈중 칼슘농도를 정상으로 만든다. 특히 비타민 D와 같이 신장에서 Ca의 배설을 줄이고 Ca의 재흡수를 촉진하며, 뼈에서 Ca을 용출하여 혈중 Ca 농도를 높인다.

부리자르기 斷嘴 debeaking 육추시에 흔히 보는 카니발리즘(cannibalism)을 방지하기 위해 어린병아리 때에 윗부리를 끝에서 약 1/3 정도를 전열기구가 부착된 예리한 칼(cutting blade)로 순간적으로 자르는 것을 뜻한다. 절단면은 고열로 자를 때에 지져지므로 지혈이 되고 적절하게 하면 오랫동안 재생이 안 되지만 8주령경까지에 재생하는 경우가 많아 채란계나 종계의 경우는 큰병아리 시기에 또 한 번 부리를 자르면 좋다. 또 적절히 했을 때는 사료의 섭취량이나 병아리의 발육에 지장이 없고 오히려 편식하는 습성 등을 줄일 수 있으며, 싸우지 않아서 에너지의 소비가 적어지는 여러 가지 유리한 점이 많아 평사 다수 사육농가에는 필수적으로 행한다.

부분건조 部分乾燥 partially dry 일반적으로 60℃의 송풍건조기 내에서 사료의 수분함량을 가축에게 급여되는 정도의 수분함량까지 건조시킨 상태를 뜻한다. 보통 부분건조는

12% 정도의 수분을 함유하며, 일반 분석용 시료는 부분건조 상태에서 채취·분석되어야 한다. 단, 부분건조 상태에서 분석된 시료는 완전건조시의 분석치를 알기 위해 수분함량이 분석되어야 한다.

부산물사료 副産物飼料 by-product feed 농산물 제조의 공정에서 부산물로서 얻어지는 것 중에 유박류와 강류 이외의 것을 총칭해서 부산물사료라고 한다. 여기에 속하는 것은 종류가 많으나 크게 나눠서 전분제조 부산물(전분박·글루텐피드 등), 제당 부산물(당밀·비트 펄프 등), 발효공업 부산물(맥주박·알코올박·장유박 등) 및 기타 부산물(두부 비지·감귤박 등)이 있다. 부산물사료는 원료로부터 식용부분을 제외한 나머지이며 사료가치가 낮은 것이 많다. 생것은 수분이 많으므로 저장하기 어렵고 운반과 취급도 어렵다. 건조한 것은 배합사료의 원료로 사용된다.

부상사료 浮上飼料 expanded feed 사료내 전분이 호화되도록 수분, 온도, 압력을 조절하여 가공하기 때문에 밀도가 낮아지거나 팽창하므로 수면에 뜰 수 있는 어류용 사료이다. 주로 익스트루라는 특수한 기계를 이용하여 제조한다.

부셀 bushel 건조물 용적의 한 가지 척도로서 80 lbs(파운드)의 증류수가 62 °F, 기압계 30 inch 하에 있는 용적과 같은 용적을 뜻한다. 즉 8 gallon 또는 4 peck(1 peck = 약 9 ℓ)이다. 곡류·감자 등을 재는 데 쓰인다. 1 bushel의 중량은 품목에 따라 달라진다. 예로서 밀 27.22 kg, 옥수수 25.40 kg, 라이맥 25.40 kg, 보리 21.77 kg, 귀리 14.52 kg, 벼 20.41 kg이 표준으로 되어 있다. 미국에선 winchester bushel이라고 하며, 영국의 것보다 3% 크다.

부신 副腎 adrenal gland 좌우 신장의 상부에 있는 내분비선이며, 외부측의 피질과 여기에 둘러싸여 있는 내부측의 수질 두 부분으로 되어 있다. 수질은 아드레날린(adrenaline)과 노르아드레날린(noradrenaline)을 분비하며, 피질은 스테로이드 호르몬류(steroid hormone)를 분비한다. 스테로이드 호르몬류에는 스테로이드성 호르몬, 글루코코르티코이드(glucocorticoid)-탄수화물 대사에 관련하며 항염증성이 있다. 알도스테론(aldosterone)-나트륨 및 수분 대사에 관여하는 것이다.

부신피질자극호르몬 adrenocorticotropic hormone(ACTH) 뇌하수체 전엽으로부터 분비되는 호르몬으로서 부신에 작용하여 코르티코스테롤류(corticosterols)의 분비를 촉진시킨다. 류머티즘성 관절염, 기관지 천식, 네푸로제 등의 치료에 사용된다.

부신피질호르몬 adrenalcortical hormone 부신피질(adrenol cortex)에서 분비되는 호르몬이며 저혈당, 추위, 홍분, 배고픔 등의 스트레스를 극복하도록 한다.

부영양화 富營養化 eutrophication 수중에 인(P)이나 질소(N)와 같은 영양 염류가 과다하여 일어나는 현상으로 산소의 결핍과 함께 수중 생물의 생존에 지대한 영향을 미치는 형상을 뜻한다. 특히 축산 분뇨가 인(P)과 질소(N)가 과다하여 그대로 하천으로 배출되었을 때 부영양화의 주원인이 되기도 한다.

부유물질 浮遊物質 suspended solid(SS) 배수 중에 부유하는 미세한 섬유질이다. 하천이나 해역에 있어서 침전 퇴적하고 뻘죽을 형성한다. 수질오염 방지법에는 환경 항목의 일률 기준으로 해서 최대 200 ppm, 일간 평균 150 ppm의 기준치가 정해져 있다. 배수 중의 부유물질을 제거하는 처리법은 물리학적 처리법에 의한 것이 많고, 큰 입자는 스크린으로 제거하고 미세한 입자는 응집제를 사용하여 응고물이 형성되게 해서 스크린으로 제거하는 스크리닝 방식이 있으며, 침전이나 침강방식 및 청징여과법, 부유법 등이 있다.

부전각화증 不全角化症 parakeratosis 널리 알려진 돼지의 피부염인데 파라케라토우시스라고도 한다. 자돈(仔豚) 시기에 발생하기 쉽고 증상은 아랫발굽, 내복부, 하복부에 흑갈색의 부스럼딱지 같은 것이 생겨서 전신으로 퍼진다. 부전각화증의 발생은 사료 중의 아연함량과 관계가 있으며, 아연을 사료에 첨가함으로써 예방과 치료에 효과적이라는 것이 제시되고 있다. 더욱이 이 질병은 사료 중의 칼슘함량이 높고 또 피틴태의 인이 많은 경우에 발생하기 쉬운데 그것은 아연을 부활성화해서 이용되기 어렵게 하는 결과라고 간주하고 있다.

부종 edema 세포 밖에 잉여의 체액이 쌓이는 것이다.

부타놀박 butanol by-product feed 발효법에 의하여 전분질 원료에서 아세톤, 부타놀을 제조할 때 생기는 증류 폐액인데, 보통 여과한 고형분의 입자로 건조하여 시판되고 있다. 수용성 부분도 사료로 이용된다.

부틸 히드록시 아니솔 butylated hydroxyanisole(BHA) BHA는 항산화제로서 유지 또는 지방성 식품에 사용된다. Phenol 유도체인데, 가열로 파괴되지 않으며 0.01~0.1% 농도로 유효하다.

부틸 히드록시 톨루엔 butylated hydroxytoluene(BHT) BHT는 항산화제로서 유지와 지방성 식품의 산패를 방지하기 위하여 사용된다.

부패균 중독 腐敗菌中毒 poisoning by putrefactive bacteria 물질을 부패시키는 세균을 모두 포함하고 있기 때문에 분류학적으로는 여러 가지의 세균을 포함하고 있으며, 대장균・고초균 등이 있다. 물질 특히 단백질이 부패할 때는 우선 분해되어 아미노산이 되고, 이것이 탈탄산작용을 받아서 아민(amine)류를 생성한다. 아민 중에는 유독한 것이 있고, 그 때문에 중독증상을 나타낸다. 증상은 보통 고열을 나타내고 장염과 뇌증상을 유발한다. 치료법은 구토나 설사에 따라 빨리 독물을 제거하는 것이 중요하며, 기타 대중요법을 필요로 한다.

부형제 賦形劑 excipient 의약품을 섭취하는 데 더 용이하게 하기 위하여 첨가하는 불활성물질이다. 예를 들면 calcium carbonate를 첨가하며 용량을 늘려 환(tablet)을 만드는 경우이다.

부화 孵化 hatching 부화에는 모계에 의한 자연부화와 부화기에 의한 인공부화가 있으며, 주로 인공부화가 전업으로서 대규모로 실행하고 있다. 자연부화의 경우에는 알을 품는 성질이 있는 모계를 이용하는데, 대체로 12～16개 정도의 알을 품게 해서 부화시킨다. 인공부화를 하는 기술은 많이 발달해서 보통 부화라고 하면 인공부화를 지칭한다. 이 경우 부화기의 온도를 37～38℃ 정도, 습도를 48～60℃ 정도 보존 유지되도록 하면 좋지만 발생시에는 습도를 약간 높게 하고 있다. 이와 같이 해서 부화기에 입란(入卵) 중에는 전란(轉卵, turnng)해 가면서 21일이 되면 부화된다. 닭 이외의 가금에는 종류에 따라 부화 일수가 다르다.

부화율 孵化率 hatchability 수정란에 대한 부화된 병아리 수의 백분율을 부화율이라고 한다. 또 경우에 따라서는 입란(入卵) 수에 대한 비율로 나타내기도 한다. 난질(卵質)과 부화율과의 사이에는 밀접한 관계가 있으며, 난의 무게가 특히 무거운 것이라든지 가벼운 것은 부화율이 낮다고 한다. 일반적으로 53～65 g 정도의 무게가 좋다고 한다. 다음으로 종란(種卵)의 모형으로서는 형태가 고른 것이 좋고 뚜렷하게 둥글든지 긴 것은 부적당하다. 종란(種卵)의 저장온도와 부화율과의 사이에도 밀접한 관계가 있다. 고온인 여름철이나 저온의 겨울철에는 부화율이 저하된다고 한다. 사료 중의 영양소 함량과 부화율과의 사이에도 밀접한 관계가 있으며, 가장 부족하기 쉬운 것에는 리보플라빈(B_2)과 망간(Mn)이 있다. 이밖에 종란의 저장기간을 7일 이내로 하고 부화기의 적절한 조작 등이 부화율의 저하를 방지할 수 있기 때문에 중요하다.

부화장 부산물 孵化場副産物 hatchery by-product 가금의 부화장에 있어서 부산물로서 식용이 되지 않는 무정란, 중지란 등의 미부화란 이외에도 육성에 부적절한 불량 병아리, 산란계 숫병아리, 사롱란이 얻어진다. 미부화란의 성분은 신선란과 거의 같고 단백질·지방·칼슘 등이 많으며, 삶은 것을 분쇄해서 사료에 혼합하든지 건조하여 분란(粉卵)으로 한 것을 사료에 배합해도 좋다. 병아리의 사체는 단백질이 많으므로 삶아서 그대로 또는 분쇄해서 양돈사료로 이용하면 좋다.

분 糞 feces 사료 또는 음식의 불소화물과 재흡수되지 않고 잔존하는 소화액으로서 장내세균, 장관내벽의 세포나 점질물, 장관의 분비물 등으로 구성되어 있다.

분광광도계 分光光度計 spectrophotometer 어떤 특정한 파장에서 흡수된 광량(光量)을 측정하는 광학기계를 뜻한다. 적외선 혹은 자외선 영역에 있는 특정 흡수를 가진 물질, 혹은 착색물질이 생성되도록 반응할 수 있는 물질 등을 측정하는 데 널리 사용된다. 이 방법과 똑같은 것이 흡수계(absorptiometer)이다.

분뇨 액체 糞尿液體 manure liquid 가축의 배설물로부터 흘러나오는 즙액을 뜻한다.

분당 粉糖 icing sugar 분말이 된 자당을 뜻한다.

분리과정 bleaching process 빛에 의해 안구에서 로돕신의 수준이 낮아지는 과정으로 눈이 밝은 빛에 적응되는 과정이다.

분말지방 粉末脂肪 dry fat 지방을 분말형태로 만든 것으로 제품에 따라 구성성분이 다르나 일부 제품은 지방함량이 80%이고, 나머지가 부형제이다. 분말지방은 사료배합 공정시 갖추어야 할 지방 용해와 분무시설 없이도 배합할 수 있어 편리한 점이 있으나 가격이 경제적이지 못한 점이 있다. 젖소나 모든 사료에 열량 보충사료로 사용된다.

분무건조기 噴霧乾燥器 spray dryer 건조시킬 물질이 곱게 안개로 되어 열풍실 중에 분무되어 건조분말로서 밑에 떨어지는 장치이다. 가열시간이 대단히 짧으므로 영양가와 색소, 향기의 손상을 피할 수 있다. 많은 식품(예를 들면, 우유)과 약품 제조용으로 널리 이용된다.

분무열건 噴霧熱乾 spray dehydrated 수분을 진공저온 건조기에서 고형물이 30% 정도가 되도록 한 후 가열건조된 송풍장치 내에 분사시켜서 수분을 8% 이하로 하는 공정을 뜻한다.

분문 噴門 cardia 식도의 아래 부위에서 위의 상부까지의 확장부위이다.

분산분석 分散分析 analysis of variance(ANOVA) 각종의 실험계획에 있어서 측정치의 변동이 각 요인의 변동의 총화라고 하는 선형 모형을 적용시킨다. 그리하여 전체 변동을 각각의 요인 효과에 대응하는 부분변동으로 분할해서 그것을 자유도로 나누어 대응하는 분산을 구한다. 이 분산비를 비교하는 F-검정을 하여 각 요인 효과의 유의성을 판단하게 된다. 이와 같은 방법을 분산분석이라 한다.

분쇄 粉碎 grinding 일반적으로 곡류 등의 농후사료를 분쇄하는 것을 뜻하며, 분쇄의 정도는 가축의 종류에 따라서 다르다. 소 같은 것은 너무 미세한 입자의 것보다 조금 입자가 큰 것을 좋아한다. 볏짚류나 건초같은 것을 분쇄할 경우는 길다란 상태 그대로 또는 적당한 길이로 세절한 것보다 소화율이 떨어지는 경향이 소 등에서 확인되고 있다. 또 이와 같이 분쇄한 건초 등의 조사료는 가축의 기호성을 현저하게 떨어뜨릴 우려가 있다.

분쇄기 粉碎機 grinding machine 사료를 분쇄하는 기계 중에서 원료의 입자를 크게 부수는 것을 파쇄기(crusher)라고 한다. 파쇄한 원료 또는 옥수수 같은 입상원료를 몇 mm 또는 그 이하로 분쇄하는 것을 중쇄기(secondary crusher)라 하며, 해머 밀(hammer mill)이나 로울러 밀(roller mill) 같은 것이 대표적이고 원료 분쇄용으로서 많이 사용되고 있다. 원료를 200 mesh까지 미분쇄하는 것을 미분쇄기(fine grinder)라고 하며, 링 로울 밀(ring roll mill), 펄버라이저(pulverizer) 등 많은 종류가 있다. 어린 동물용 사료라든지 양어용 사료 혹은 펠렛트사료의 제조시에 사전 분쇄용 등에 널리 사용되고 있다.

분얼경 分蘖莖 tiller 목초에 있어 가지(새끼)를 치는 줄기를 말하며, 분얼경이 많은 초종일수록 재생하는 힘이 강하고, 다소 낮게 예취해도 재생에는 큰 영향을 미치지 않는다.

분유 粉乳 driedmilk, milk powder 전지분유는 우유에서 수분을 제거한 것인데 우유의 가열건조법으로서는 분무식 건조가 널리 이용되고 있다. 전지분유의 조성은 수분 1.5～6.0%, 지방 23～28%, 단백질 23～27%, 회분 5～6%, 유당 38～44%이다. 그밖에 우유의 지방성분을 제거한 탈지분유, 설탕을 15% 가미한 가당분유 및 용해하면 인유(人乳)와 비슷한 성분이 되도록 유당과 비타민 등을 배합한 조제분유 등이 있다.

분자 分子 molecule 두 개 또는 그 이상의 원자(atoms)의 화학적 결합이다.

분지 분류 分枝分類 hierarchical classification 실험에 제공되는 표본은 몇 개의 부표본(副標本)으로 나누어지고, 부표본은 다시 저차(低次)의 부표본으로 나누어지는 것과 같은 실험을 말한다. 예를 들면, 어떤 품종의 아비축 a두에 어미축 b두씩 교배해서 자축(새끼) c두씩을 얻어 그의 성적(예 ; 체중)을 비교하는 것과 같은 실험으로서 성적에 영향을 주는 인자로서는 아비축의 능력, 어미축의 능력 및 자축간의 개체차를 들 수 있다. 이들 인자는 어느 것이나 성적에 일정한 크기의 영향을 미친다고 하는 성질의 것이 아니라 어느 것이나 우연에 의한 것이고, 변량모형 인자이다. 이러한 표본은 nested sample이라고도 한다.

분지(分枝) 아미노산 branched-chain amino acid 류신(leucine), 이소류신(isoleucine), 발린(valine)이 여기에 속하는 아미노산이다. 이들 아미노산은 골격근(skeletal muscle)에 다량 들어 있다. Aminotransferase라는 효소에 의해 아미노산으로부터 아미노기($-NH_2$)가 제거되어 피루빈산에 아미노기가 부착되어 알라닌이 된다.

분할구법 分割區法 split-plot design 난괴법, 1원배치법, 2원배치법 등 각종의 실험계측법에 의한 실험에 있어서 각 시험구(plot)를 다시 세분해서 별종의 인자를 나누는 실험을 계획할 수가 있는데 이것이 분할구법이다. 최초의 실험계획을 1차 시험 또는 주시험이라 하고, 여기서 잡아내는 인자를 1차 인자라 한다. 그의 각 구를 세분해서 나눈 실험을 2차 시험 또는 부시험이라 하고, 나눈 인자를 2차 인자라 한다. 분할구법에서는 2차 인자의 주효과 및 1차・2차 교호작용 효과를 정밀도가 높게 검출하는 특징이 있으며, 사료에 관한 실험에도 특히 몇 개의 연구기관이 협동연구를 할 경우에 활용되고 있다.

불감지 수분손실 insansible water loss 호흡시의 수분 손실처럼 감지되지 않는 수분손실이다.

불량화 不良和 adulteration 식품에 불량물질을 첨가하여 용량을 늘리고 경제적 이익을 얻으려는 행위이다.

불소 弗素 fluorine(F) 염소(Cl)・바륨(Br)・옥소(I)와 같은 할로겐 원소이다. 보통 동・식물 중에 소량 존재하지만 인체에 필수적인 물질이라고는 생각되지 않고 있다. 결핍증도 알 수 없으며, 음료수는 0.05～14 ppm의 범위에서 불소를 함유시킨다. 약 1 ppm으로서 충치를 예방하며, 다량을 첨가하면 이의 표면에 백색의 반점 물질이 생긴다. 인체에 과량 투여하면 독성이 있다.

불소인석회 fluorapatite 뼈와 치아가 성장할 때 생성되는 불소 함유 결정체로 산성에 강하며 충치를 예방한다.

불소처리수 弗素處理水 fluoridated water 건강한 치아 또는 충치를 방지하기 위해서 불소(F)를 첨가하거나 또는 자연적으로 불소가 포함되어 있는 음용수이다. 식수에 1ppm 이하로 첨가 시 충치 예방에 효과가 있으나 불소가 과량 첨가된 물(3 ppm 이상)을 마시면 이가 반상치가 생길 수 있다.

불완전단백질 incomplete protein 필수아미노산이 한 개 또는 그 이상 결핍된 단백질이며, 주로 식물성 식품에 해당된다. ↔ 완전단백질.

불용성 섬유질 insoluble fiber 물에 녹지 않으며, 대장에서 박테리아에 의해 대사되지 않는 셀룰로오스, 일부 헤미셀룰로오스, 리그닌 등의 식이섬유질이다.

불응성 구루병 不應性佝僂病 refractory ricket 비타민 D의 정상량 투여보다 많은 양을 필요로 하는 구루병이다. 불응성 구루병은 유전성이며 대사 이상으로 오는 구루병이다.

불포화지방산 不胞化脂肪酸 unsaturated fatty acid 지방산의 분자 중에 이중결합을 하나 또는 그 이상 가진 것을 불포화지방산이라고 한다. 불포화지방산에는 올레인산 계열의 것, 즉 CnH_2n-_1COOH로 표시되는 이중결합 1개를 가진 것, 리놀산 계열의 것, 즉 CnH_2n-_3COOH로 표시되는 이중결합 2개를 가진 것, 리놀렌산 계열의 것, 즉 CnH_2n-_5COOH로 표시되는 이중결합 3개를 가진 것, 그리고 이중결합 4개 이상을 가진 고도불포화지방산 등이 있다. 영양적으로 중요한 지방산인 올레인산, 리놀산, 리놀렌산 및 아라키돈산은 모두 불포화지방산이다.

불해성 단백질 不解性蛋白質 rumen undegradable protein(UDP) 반추가축에서 급여한 사료단백질 중에서 반추위 내에서 분해되지 않고 소장으로 이전되는 단백질을 불해성 단백질이라 하며, 이 중에는 소화가능 단백질과 소화불능 단백질로 구분된다. 능력이 우수한 젖소 또는 비육우의 반추위 내에서 합성되는 미생물 단백질만으로는 부족하므로 상당량의 사료단백질이 소장에서 소화 흡수되도록 하여야 한다. 이와 같이 소장에서 소화 흡수되는 불해성 단백질 함량을 증가시키기 위해서는 ① 불해성 단백질 함량이 높은 단백질원을 선택하든가 또는 ② 단백질을 적당한 열처리 또는 화학약품(formaldehyde 등) 처리를 하여야 한다. 특히 능력이 좋은 젖소의 산유 초기에도 불해성 단백질 급여효과가 뚜렷이 나타난다. → 우회단백질, 보호단백질.

붉은고기 살코기 red meat 생고기일 때 붉은색을 띠는 고기이다. 여기에는 쇠고기, 송아지고기, 돼지고기, 양고기, 새끼양고기가 포함된다.

붉은곰팡이병 scab 보리와 같이 화본과 작물의 출수기에 고온 다습의 기상조건이 겹쳐지면 붉은곰팡이병이 발생되기 쉽다. 이러한 피해를 입은 벼나 보리밀(米麥) 등의 곡류는 푸사리움(Fusarium)속의 곰팡이 균사의 번식 때문에 적자색으로부터 보라색을 띠고,

사료로서 가축에 급여하면 소화기 장해 등의 중독증상을 일으키는 경우가 있다. 붉은곰팡이균의 독소의 본체는 베타인(betaine) 또는 코린(choline) 등의 물질이라고 하는데 확실한 원인은 분명하지 않다.

붕사 硼砂 borax, sodium borate, sodium tetraborate 붕산의 나트륨염이다. 붕산과 같이 약한 살균작용이 있어 방부제로서 외부용으로 사용되며, 배설이 늦고 축적작용 때문에 현재로서는 내복용으로는 사용되지 않는다. 함수제(含漱劑) 또는 외부용 방부제로서 응용된다.

붕산 硼酸 boric acid H_3BO_3의 조성을 지닌 대단히 약한 산이다. 살균력이 약하지만 반포화액(半飽和液)은 안과용의 세정액으로서 사용되며, 혹은 연고로서 피부질환의 치료에 사용된다.

붕소 硼素 boron 식물에는 필수이나 동물에는 불필요한 원소이다. 붕소(붕산의 Na염)로 널리 알려져 있다. 붕산은 방부제로 paste류에 사용되고 있으나 배설이 비교적 더디기 때문에 체내에 독성을 나타낼 정도까지 축적된다.

뷰불 요오드 용액 Bubl's iodine solution 요오드와 염화 제2수은의 용액이다. 불포화화합물의 요오드가(價) 측정에 쓰인다.

뷰우렛 시험 buret test 단백질을 측정(펩티드 결합에 대해)하는 데 사용된다. 단백질의 가성소다 용액에 황산구리 한 방울을 가하면 자색으로 변화된다.

브라마종(닭) brahma 원산지는 동인도 브라마의 브트라 지방으로 육용 종계에서 가장 큰 품종이다. 브라마라는 품종명은 1850년 보스톤에서 개최된 박람회에서 최초로 쓰여진 이름으로, 우모가 많이 발생하여 발육이 늦고 사료를 너무 많이 먹어 실용적인 가치보다는 애완용으로 기르고 있다. 평균 체중은 ♂ 5.2 kg ♀ 4.5 kg로서 모든 품종 중 최대형이다. 육질은 우수하며, 특히 골격은 가늘고 비육성이 좋으며, 연 100~120개의 산란능력을 지녔으며, 난(卵)의 무게는 52~53 g이다. 볏은 3매관이며, 귓부리는 빨간색이고 부리는 황색이다. 다리에는 다리깃털이 발끝까지 나 있다. 털색은 담색의 것과 검정색의 두 종류가 있다.

브라이트병 Bright's disease 단백뇨와 부종을 수반하는 신장질환이다. Bright(1789~1858)가 처음 발견 당시 만성 사구체 신장염으로 생각하였던 질환이지만, 현재로서는 신장 동맥경화증성과 만성 신우신염을 포함시키고 있다.

브로일러 肉鷄 broiler 브로일러라 함은 보통 6~10주령의 체중 1.5~3.0 kg 정도의 고기용 닭을 뜻한다. 이것은 식용으로 하기 위하여 공급되어지는 경우가 많기 때문에 이와 같이 브로일러라고 부르게 되었다. 이밖에 육용으로는 프라이어(fryer)가 있어 옛날에는 브로일러와는 구별되어 있었지만, 현재에는 fryer도 broiler라고 하는 경우가 많기 때문에 확실한 구별은 하고 있지 않다. 또한 로스터(rooster)라고 불리우는 경우도 있지만, 이것은 20주령 이상의 수탉으로서 특히 고기가 연한 것을 말한다. 그러나 이를 사육하는 일은 거의 없다.

브루셀라병(소) cattle brucella 소의 브루셀라병은 브루셀라균(*Brucella melitensis*)의 감염으로 발생하는 병으로서, 소에게 전염성 유산을 초래시키고 염소나 돼지 등의 가축에도 전염되는 법정 전염병이다. 또한 사람에게도 전염되며, 높은 열이 올랐다 내렸다 하므로 파상열이라고 한다. 임상증상으로서는 암소에게 유산을 초래시키는가 하면 만성일 때는 활액낭염(滑液囊炎)을 일으키는 수도 있다. 숫소에게 감염되면 고환 괴사(壞死)의 원인이 된다. 브루셀라균의 감염을 탐지하기 위해서는 세균학적·면역학적인 진단에 의존해야 하며, 예방법으로는 백신, 항생제 등이 유효하다.

브리더적 낙농 breederal dairy farming 우유생산이 아니라 젖소 또는 종모우 생산을 주된 목적으로 하는 것을 브리더(breeder)라고 한다. 자질이 높은 종축을 집약적으로 관리하므로 경영자의 기술적 능력이 우선 뛰어나야 한다. 경제적으로 여유가 있어야 가능하며, 노동력이 많이 필요하므로 가족 노동력만으로 경영하기도 곤란하여 이러한 낙농은 기업적 성격을 지닌다. 일반적인 우유생산 낙농가도 두수가 많아지고 사양기술이 향상되어 경영이 안정됨에 따라 브리더적 성격을 띠게 된다. 그러나 품종 개량은 국가적인 차원에서 강력한 시책으로 시행하는 것이 바람직하다.

브릭스 Brix Balling 표를 기준으로 하여 20℃ 100 g 용액 중 설탕의 양과 비중을 나타낸 표이다. 즉 당밀과 통조림과일에 쓰이는 시럽(syrup)의 당(sucrose)을 표시하는 용어이다.

Brix 도(度) = 설탕(%)

브릭크 brick 고형상태로 압축되어 성형된 무게가 약 1 kg 이하의 사료덩어리를 뜻한다.

블록 block 블록은 사료를 커다란 덩어리로 압축한 것인데 그 형태를 충분히 유지할 수 있는 점착력이 있고, 보통 900 g 이상의 무게가 되는 것을 뜻한다.

블록인자(因子) block factor 실험의 정밀도를 높이기 위해서 실험장소의 국소(局所) 관리에 응용되는 인자이다. 예를 들면 사료에 관한 실험을 하는 경우 1회의 실험 규모가 작고, 채택된 인자(예를 들면, 사료의 종류)의 각 수준에 1구(區) 또는 1두씩 밖에 실시할 수 없는 경우라도 시기나 장소를 바꾸어서 동일 실험계획에 의한 실험을 반복할 수가 있다. 시기나 장소에 따라서 성적이 변동되지만 동일 시기나 동일 장소에서는 각 시험구의 조건을 매우 균일하게 관리할 수 있고, 사료간의 차를 정밀도가 높게 검출할 수 있다. 이 예에서는 시기와 장소를 블록인자로서 취급하고 있는데 시기나 장소가 달라도 사료효과의 상대적인 관계는 일정하다. 즉 블록인자와의 교호작용은 없다고 생각된다.

블루치즈 blue cheese *Penicillium*속의 곰팡이로 숙성시킨 치즈이다. Roquefort는 *Penicillum roquefortii*로, Camembert는 *Penicillium camemberti*를 사용하고 있다. 청록의 색소가 있는 것은 공기와의 접촉 부분에 생긴 곰팡이의 균사 때문이다.

비검화물 非鹼化物 unsaponifiable matter 강알칼리와 완전 반응 후에 추출되는 에테르 용해성 물질, 즉 조지방 중 비누화되지 않은 물질로서 지방의 품질을 저하시킨다.

비교사양시험 比較飼養試驗 comparative feeding trial 사양시험의 기본적인 것이며, 대조사료를 설정하여 가축 또는 가금의 성장・산란・비유・비육 등의 생산에 대한 효과와 가치를 비교 시험하는 시험방법을 뜻한다. 이 시험에서는 일정량의 생산물을 얻는 데 소요되는 사료의 양, 경제적 가치 등도 비교할 수가 있다. 이 비교는 정상적(定相的)인 것으로서 차의 유무를 검정할 수 있지만 그러한 사료가 왜 우열을 낳게 하는지에 관한 원인을 규명하는 것은 불가능하다. 이 밖에 사료의 기호성이라든지 유해성 등도 알 수가 있다.

비구조탄수화물 非構造炭水化物 nonstructural carbohydrate(NSC) 식물체에 함유되어 있는 탄수화물 중 세포 내에서 존재하는 것을 비구조 탄수화물이라고 한다. 단당류로서 포도당 및 과당이 비구조 탄수화물이고, 2당류로서 자당(설탕)이, 다당류로서 북방형 화본과(禾本科) 목초에는 프럭토산(fructosan)이, 두과(荳科) 목초 및 남방형 목초(옥수수, 수수도 포함)에는 전분이 비구조 탄수화물이다. 멜비로스, 라피노오스, 스타치로오스 등의 과당류도 포함되지만 그 양은 극히 적다. 프럭토산(fructosan)은 과당이 중합한 것(한쪽의 말단은 1개의 글루코오스)이다. 비구조 탄수화물의 총량을 total nonstructural carbohydrate(TNC)라고도 한다. 이것은 가축에 의해서 거의 모두가 소화되고, 한편 사일리지 제조 시에는 유산발효의 기질로서 이용되므로 유효 탄수화물(available carbohydrate) 또는 발효성 탄수화물(fermentable carbohydrate)라고도 한다. 또한 수용성 탄수화물(water soluble carbohydrate, WSC)에는 단당류, 과당류 및 프럭토산이 포함되지만 전분은 물에는 완전히 추출되지 않는다. 따라서 북방형 화본과 목초에서 TNC는 WSC와 같이 생각해도 좋다. 가용성 탄수화물(soluble carbohydrate)도 대개는 WSC와 같은 뜻으로 쓰여진다.

비글리세리드태 지방산 fatty acid with nonglyceride ester 글리세롤 이외의 에스테르 형태로 지방, 왁스 및 천연적으로 존재하는 포화지방산을 뜻한다.

비누화(반응) saponification 알칼리와 지방의 글리세롤이 반응하여 비누(soap)를 만드는 것이다.

비늘 scale 동・식물의 체외부를 감싸는 작고, 얇고, 굳은 껍질이다.

비닐백 사일리지 vinyl bag silage 청예사료 작물을 비닐백에 넣어 사일리지를 조제하는 방법이 보급되고 있다. 이 사일리지 조제는 20～30 kg 들이 용기이므로 운반과 급여에 있어서 기계적 방식이 아닌 소규모 농가에서 편리하고, 사일리지 저장시설을 별도로 하지 않아도 되고, 저장장소가 크게 제한을 받지 않는 등 많은 이점을 지니고 있다.

비닐사일로 silo fitted with vinyl film 흙을 파내고 구덩이가 된 사일로에 비닐포막을 피복한 것이다. 땅이 점토질 같은 경우에는 표면만을 덮어도 좋지만 보통은 표면, 측면,

주위, 밑바닥이 모두 둘러싸여진다. 두께 0.2 mm 정도의 농업용 비닐포막(착색)이 쓰여지지만 비닐포막은 2～3년이 지나면 경화되어 찢어지기 쉽게 되므로 갈아끼울 필요가 있다.

비단백태 질소화합물 非蛋白態窒素化合物 non-protein nitrogen compo-und(NPN) 단백질로부터 오지 않은 질소이다. 즉 단백질 침전제로써 침전하지 않는 부분에 함유되는 질소화합물을 총칭해서 비단백태 질소화합물이라고 한다. 이것은 단백질은 아니지만 조단백질 중에 함유되는 것인데, 이의 주요 부분은 암모니아, 요소, 아미노산 및 아미드 등이다. 사료 중의 비단백태 질소화합물의 조성은 그 사료의 종류에 따라서 다르다. 반추동물의 1위내에서 미생물이 암모니아로 분해되어 이용하고 미생물체 단백질을 합성하여 반추동물의 단백질원으로 전환시켜 단백질사료를 절약해 준다.

비대 肥大 hypertrophy 조직 또는 기관의 크기가 커져 가는 상태, 즉 골격근 또는 좌심방의 크기가 증가될 때 사용한다.

비등점 boiling point 액체가 끓는 온도이며 비중과 위도에 따라 다르다.

비만증 肥滿症 adiposity 비만 또는 체지방의 과다한 축적을 뜻한다.

비소 砒素 arsenic(As) 동・식물 모두 조금도 필요치 않은 원소의 하나이다. 사실 소량만으로도 독성이 있으며, 식품 중의 함유량에 관해 법률로서 인정되는 상한선이 있다.

비소 중독증 砒素中毒症 poisoning by arsenilats 아비산(AS_2O_3)계의 것과 비산(H_3ASO_4)계의 것으로 나누어진다. 중독의 원인은 살서제로 독사료를 먹었거나 농약을 먹는 일 등에서 일어난다. 중독증상은 구토, 점막의 충혈, 설사, 심장쇠약 등을 볼 수 있다. 급성 중독에 대한 요법으로서는 우선 위세척을 하고 해독제로서 수산화철 등의 철분제를 투여한다. 만성 중독의 경우에는 이뇨제에 의해 배설을 촉진시킨다.

위 도	물의 비등점	
표고(해발) 수준	212°F	100℃
2,000 피트	208°F	98℃
5,000 피트	203°F	95℃
7,500 피트	198°F	92℃
10,000 피트	194°F	90℃

비소화합물 첨가제 砒素化合物添加劑 arsenic compound additive 비소를 포함하는 유기화합물인 비산(arsenic acid)의 유도체로서 미량으로 주면 병아리의 성장이 촉진되는 것이 발견된 후 새끼돼지 등 유축의 성장에 대한 효과가 연구되고 있지만 그 성적은 각기 다르다. 이 목적으로 사용되는 것은 arsenilic acid, sodium arsenilate, 3-nitrohydoxy-phenylarsenic acid가 있다. 사용 적량은 1톤당 전자의 2종류는 90 g, 그리고 후자는 45 g으로 되어 있다. 이들 비소 첨가제는 첨가량의 5배 정도 급여하면 중독을 일으키고 또 가축의 체내에 남아서 식품으로서 유해할 위험성도 있기 때문에 이를 사용하려면 더욱 연구를 거듭한 뒤에 사용하는 편이 안전하다고 한다. 그러나 일부 선진국가에서는 비소화합물의 식품내 잔유물 검출로 인하여 가축에 급여하는 것을 식품위생법으로 금지하고 있다.

비스코미터 점도계(粘度計) viscometer 액체의 점도를 측정하는 기계이다.

비스킷 사료(飼料) biscuit 미국의 규격에 의하면 비스킷은 가루를 반죽한 것을 성형해서 구운 것이다. 본래 빵을 먹는 국가의 보존식으로서 발달한 것이지만, 우리나라에서는 과자로 되어 있다. 이 제조 중의 반제품, 부서진 조각, 부스러기 등이 재차 건조・분쇄되어 사료용 원료로서 유통되고 있으나 그 양이 적으므로 양축농가가 직접 구입하여 사용하고 있다.

비스포스포네이트(이인산) bisphosphonate 뼈 무기질에 결합한 탄소와 인으로 구성된 복합물로써 뼈의 분해를 감소시킨다.

비실린 vicilin 완두와 렌즈콩에 존재하는 globulin(단백질)이다.

비에스테르화 지방산(脂肪酸) non-esterified fatty acid(NEFA) 혈액 중의 유리지방산(free fatty acid, FFA), 즉 triglyceride로부터 분리된 지방산이며, 혈액 중의 전 지방산 양의 약 10%(보통 0.5∼1.0 μmol/ℓ)를 차지하고 있다. 분해속도가 빠르기 때문에 근육 운동시의 에너지원으로 쓰인다. 급격하고 심한 운동의 에너지원은 glycogen이지만 장기간 지속되는 운동에는 이 유리지방산이 에너지원으로 이용된다. Free fatty acid(FFA) 등으로도 불리어진다.

비 에치 티(BHT) butylated hydroxytoluene 합성된 항산화제이다. BHA는 부틸 히드록시아니솔(butylated hydroxyanisole)의 약자인데, BHT와 같이 항산화제이다. 이것은 항산화제로서 사료에 첨가되고 그 첨가량은 150 ppm 이하이다.

비열 比熱 specific heat 어떤 물질이 흡수하는 열의 용량을 물의 열 흡수용량과 비교한 것이다. 칼로리로 나타낸 열은 1 g의 물질이 1℃ 높이는 데 소요되는 칼로리이다.

비영양성 감미료 非營養性 甘味料 non-nutritive sweetener 당류가 아니고 식품가치가 없는 감미료를 뜻한다. 즉 칼로리가가 설탕(sucrose) 기준으로 2% 미만인 것이다. 예를 들면 사카린, 사이크라메이트 등이 있다. → 사카린.

비오디(BOD) → 생화학적 산소요구량.

비유곡선 泌乳曲線 lactation curve 젖소가 비유하는 유량은 분만 후 일수, 즉 비유기의 추이에 따라 또 임신의 진행에 따라 변화한다. 이 사이의 관계를 표시한 것이 비유곡선이다. 비유곡선에 의하면 젖소의 경우 가장 비유량이 높아지는 것은 분만 후 약 1~2개월의 시기이고, 그 후는 최유(催乳)호르몬의 작용이 점차 약해져서 5개월이 지나면 태아발육의 관계로 유량은 감소된다. 또 유지율에 대하여는 유량과 반대의 경향이 있는 것을 알 수 있다. 비유곡선은 개체에 따라 고유의 비유곡선을 나타내므로 연구자에 따라서는 각기 다른 공식이 발표되고 있다.

비유렛 biuret 요소를 130℃ 이상으로 가열해서 얻어지는 일종의 비단백태 질소화합물이다. 시중에 판매한 분말상(粉末狀) 또는 입상(粒狀)의 요소에는 이런 것이 미량 함유되어 있는 경우가 있다. 가축에 급여한 정도가 소량일 경우에 조금도 유해작용을 미치지 않고 단백질원의 대용으로 사용될 수 있지만, 요소와 비교하면 질소의 이용효과가 약간 떨어진다.

비유시험 泌乳試驗 lactation trial 산유사료(產乳飼料)로서의 사료가치를 비교하기 위해서 하는 사료시험의 통칭이다. 조건이 고루 갖추어진 젖소를 많은 두수로 사용하는 것은 어려우므로 동일 개체를 되풀이해서 공용하는 반전시험법・라틴방각법 등의 실험설계법이 적용되는 예가 많다. 보통 최고 유량기에 도달한 뒤 1~2개월 경과해서 유량이 일정해진 소를 이용한다. 또 시험기간은 최단 9주간 정도로 하는 경우가 많다.

비육 肥育 fattening 비육(fattening)이란 식육을 목적으로 가축・가금을 살찌게 해서 그 고기를 이용하는 데 있다. 그 경우 체내에 지방의 축적이 많이 일어나며 도체 비율이 증가한다. 그러나 비육은 단순히 지방조직의 증대만이 목적이 아니며, 중요한 목적은 육질을 좋게 해서 근육 사이에 알맞은 지방을 혼재시켜서 풍미를 높이는 데 있다. 비육에 의해 증대하는 성분은 그 대부분이 지방이며, 그 비율은 60~70%에 달한다. 또 단백질이나 회분도 약간은 증가하며, 1 kg의 증체에 대해서 6,000~7,000 kcal의 열량이 축적된다. 각종 가축에 증가한 성분의 비율을 나타내면 다음과 같다.

	비육에 의해 증가되는 성분				증가 체중
	수 분	회 분	단백질	지 방	1 kg당 열량
소	24.6%	1.5%	7.7%	66.2%	6,780 kcal
돼지	22.0%	0.1%	6.4%	71.5%	7,215 kcal
양	20.1%	2.3%	7.1%	70.4%	7,151 kcal

비육시험 肥育試驗 fattening trial 사료나 사육법의 비육효과를 검토하는 것을 주목적으로 하는 시험을 뜻한다. 이것은 성장시험의 일종이라고도 할 수 있지만 성적의 판정에 대해서는 체중의 증가뿐만 아니라 육질의 변화, 지방 축적량, 또는 지육(枝肉)이나 정육수율(精肉收率) 등을 측정해서 비교하는 일도 있다.

비육용(肥育用) 소 feeder cattle 비육을 시작하기 전의 소를 feeder cattle이라 하고, 그 연령은 품종과 비육방식에 따라 다르다. Feeder cattle에 따라서 비육방법도 다르다.

한우로서 자질이 좋은 2～3살의 미경산(未經産) 또는 1～2산 정도의 3～4세의 암소는 로수구이용의 최상육을 목표로 하여 비육하고, 5～6산(產) 이상의 노폐우는 3～5개월 단기 비육, 또한 거세송아지는 생후 24개월간 육성-비육 등의 과정을 거쳐 고품질 육을 생산하게 된다.

비육우 肥肉牛 fattening cattle　비육한 소를 총칭해서 비육우라고 한다. 우리나라에 있어서 육용우에 주요한 비육방식은 육성비육, 보통비육, 노폐비육, 이상비육 등이 있다.

미국 등지에서는 비육의 연령에 따라 다음과 같이 부르고 있다.

① Heifer : 36개월령 이하로서 미경산의 젊은 암소
② Steer : 성성숙(性成熟) 전에 거세한 숫소(雄牛)
③ Short-yearling : 13～18개월령의 비육한 소
④ Long yearling : 18～24개월령의 비육한 소
⑤ Two year old : 2세의 비육한 소
⑥ Canner : 번식이나 비육에도 쓸 수 없는 통조림용 노폐우
⑦ Veal calf : 유용종 숫송아지를 비육한 3～4개월령의 소
⑧ Baby beef : 6～9개월령의 비육한 소 등이 있다.

비육 한우 肥肉韓牛 fattening korean native cattle　비육방법에는 육성비육, 큰소 비육 및 노폐우 비육으로 나누는데, 육성비육은 젖을 뗀 직후부터 농후사료 위주로 사육하여 생후 18개월 이내에 생체중 550 kg 정도 되도록 한다. 암소비육은 조사료 위주로 사육하던 체중이 350 kg 내외의 소를 3～5개월간 단기비육을 한다. 노폐우 비육은 불임우 또는 너무 늙어서 번식에 쓸 수 없는 소를 2～3개월간 단기 비육하는 것이다. 암소는 6세 이상 또는 불임우가 선택조건이다. 육성비육에서 입식 초 일주일 간은 충분한 물과 조사료를 주고, 비타민제와 항생제를 주사하여 안정시키고, 농후사료 급여량을 점진적으로 늘리고 구충제를 먹이는 육성 개시 전 적응관리를 한다. 육성비육은 생체중이 100～300kg 일 때가 일당 증체량이 많고 사료효율이 높을 때이므로 조사료와 농후사료를 충분히 주고 피부손질을 잘 해 준다. 체중을 30일 간격으로 측정하여 증체량을 검토하고 사료 급여량을 조절한다. 생체중 300 kg 이상이 되면 살코기 증가로부터 지방의 축적으로 바뀌는 시기이므로 조사료 급여량을 낮추고 농후사료 급여량을 점진적으로 증가시킨다.

비이츠 비(比) Vieth's ratio　우유 중의 무수(無水) 유당 : 단백질 : 회분의 비율을 뜻한다. 보통 13 : 9 : 2이다.

비장 脾臟 spleen　관이 없는 기관으로서 횡경막 바로 밑 상복부인 위의 뒤쪽에 있는 정동맥으로 되어 있다. 비장은 혈액을 비축하는 저장소이며, 활동적인 순환에 있어서 적혈구를 정상으로 유지해 주기 위해 크기를 확대시키거나 수축시킬 수 있다.

비중 specific gravity　어떤 액체의 중량을 동일 용량의 물의 중량과 비교한 것이며, hydrometer로 측정한다.

비지사료 bean curd dregs 콩을 원료로 하는 두부의 찌꺼기인 비지를 가축사료로 이용할 경우 수분함량이 높아서 저장 중 불량발효를 일으키기 쉬운 단점이 있다. 비지는 소화율이 높지만 무기물과 비타민류가 모자라는 사료이기도 하다.

비(鼻) 카타르 nasal catarrh 우사 내의 환기불량, 감기, 사료의 변질, 감염(인후두염, 폐렴, 전염성 비강 기관지염, 유행열, 점막병) 등에 원인이 있다. 급성일 경우 비점막이 홍조되고 물 같은 코를 많이 흘리며, 미열과 기침을 수반하는 경우가 많다. 만성으로 진행하면 점막 비후(肥厚)를 보이고, 회백색의 끈끈하고 고름 같은 코를 흘린다. 경증일 경우 흡입(중조액) 또는 비강 세척을 한다. 중증일 경우에는 항생제(페니실린, 스트렙토마이신 등), 칼슘제의 주사를 놓아 주는데 만성으로 진행되지 않도록 주의해야 한다.

비타머 vitamers 특정 비타민과 구조적으로 유사한 물질로서 생물학적 활성을 가지고 있으나 순 비타민보다는 못하다. 그러나 특정 비타민의 결핍증은 완화시킬 수 있다.

비타민 vitamin 사료에 함유되어야 할 필요한 유기태의 미량영양소인데, 이것이 없으면 정상적인 성장, 번식, 생명의 유지가 되지 않는 것을 비타민이라고 한다. 비타민 요구량은 사료의 성질, 동물의 종류, 성장 및 성숙의 단계에 따라서 다르다. 종래 비타민의 명명은 특정의 생리작용을 나타내는 물질에 대해서 비타민 A, B… 라고 명명되었지만, 오늘날에는 같은 성질의 생리작용을 나타내는 물질이 많이 발견되기도 하고 합성되기도 하기 때문에 특정의 물질명으로서는 비타민 A, B…라고 하지 않고 구조나 성질에서 명명된 물질명을 쓰는 일이 많다.

비타민 결핍증(缺乏症) avitaminosis 비타민이 부족할 경우 생체에 생기는 그 비타민의 특유한 병변을 뜻한다. 예를 들면 avitaminosis A때는 야맹증·안구 건조증 등이 발병하고, avitaminosis B_1때는 각기, avitaminosis C때는 괴혈병, avitaminosis D때는 구루병 등이 발병한다.

비타민 과다증(過多症) hypervitaminosis, vitamin overdoses 비타민 과잉 섭취에 따른 과다증인데, 특히 비타민 A(hypervitaminosis A)와 D (hypervitaminosis D)에서 이 증상이 나타난다. 니코틴산의 경우에는 얼굴과 목이 빨갛게 되는 경향이 있다.

비타민 과소증(過少症) hypovitaminosis, avitaminosis 하나 또는 그 이상의 비타민이 결핍되어 있는 것이다.

비타민 단위(單位) unit of vitamin

① 비타민 A : 비타민 A의 요구량은 국제단위(international unit, I.U)로 표시하는데 1 I.U는 다음과 같다.

1 I.U = 1 USP 단위 = 비타민 A 알코올(retinol) 0.3 mcg =
비타민 A 아세테이트(acetate), 0.334 mcg = 비타민 A 팔미테이트
(palmitate), 0.55 mcg = β 카로틴(carotene) 0.6 mcg

② 비타민 D : 비타민 D의 단위는 주로 I.U 또는 I.C.U(international chick unit)를 사용한다.

1 I.U = 비타민 D_3 결정체 0.025 mcg
= 에르고스테롤(ergosterol) 1 mg
= 1 USP unit = 1 A.O.A.C. unit = 11/3 I.C.U
3 I.C.U = 4 A.O.A.C. unit 또는 4 I.U

③ 비타민 E : 비타민 E는 I.U 또는 직접 mg(mcg)을 단위로 표시하는데, 근래에는 mg를 더 많이 사용한다.

1 I.U = 1 mg dℓ - α tocopherol acetate
1 I.U = 0.909 mg dℓ - α tocopherol alcohol

④ 그 밖의 비타민들 : 비타민 B군, 비타민 K 등의 비타민은 mg 또는 mcg을 단위로 표시한다.

1 g = 1,000 mg = 1,000,000 mcg

비타민 A vitamin A, all-trans-retinol 지용성 비타민의 하나인데 성장, 건강한 상피세포, 시력에 필수적이다. 부족하면 건성안염, 야맹증 등을 일으키고 시력이 떨어진다. 또 표피조직의 각질화를 일으키고, 세균의 감염을 쉽게 받아 전염성에 대한 저항력이 감퇴된다. 소에는 번식력이 약해지고, 닭에는 산란율과 부화율이 저하된다. 병아리에는 보행장애를 일으키고 식욕이 없어지며, 야위어 쇠약해지고 깃털이 거꾸로 서는 것 같이 된다. 점막조직에 장해가 일어나고, 요관(尿管)과 신장에 요산염(尿酸鹽)이 침착해서 유백색으로 부어오르는 일이 있다. 식물성의 사료 중에는 비타민 A는 없지만 가축의 체내에서 비타민 A로 전환되는 카로틴(carotene), 즉 프로비타민 A(provitamin A)가 함유되어 있다. 비타민 A와 카로틴 어느 쪽에도 이성체가 있어서 그 효과는 조금씩 다르다. 결정비타민 A, 아세테이드 0.344 ㎍의 생리적 효과를 1국제단위(I.U.)로 하고 있다. 비타민 A는 간유에 많이 함유되어 있고, 카로틴은 녹엽·황색옥수수에 많이 함유되어 있다. 우리나라에서는 비타민 A의 사료첨가물로서 비타민 A 유(油) 및 비타민 A 분말(비타민 A 피복립이 많다)이 쓰여지고 있다.

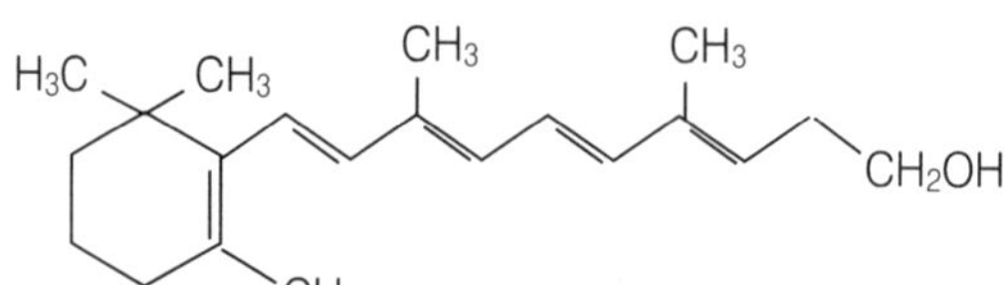

Vitamin A(retinol)

비타민 A 결핍증 hypovitaminosis A　비타민 A의 결핍으로 나타나는 질병으로서 빈혈, 야맹증, 어린이의 성장 저해, 거친 피부, 눈의 건조, 호흡기 및 소화기관의 감염 등을 나타낸다.

비타민 A · D제(劑) vitamin A · D additive　비타민 A · D의 공급원으로서 종전에는 간유(肝油)가 중요한 위치를 점유하고 있었지만 최근에는 합성품이 많이 사용되고 있다. 비타민 A 및 D는 다 같이 산화되기 쉬우므로 항산화제를 첨가한다든지 혹은 미립자로 해서 이것을 젤라틴(gellatin) 같은 적당한 기제(基劑)로 피복하고 소위 분말 간유 혹은 드라이 A · D의 형태로 해서 산화를 방지하고 안정화시키고 있다. 더욱이 비타민 E는 주로 합성법에 의해서 만들어지는 것인데, 비타민 E제는 비타민 A · D제에 배합해서 산화방지를 목적으로 비타민 A · D · E제(vitamin A · D · E additive)로서 분말(많이는 피복립)이 쓰여지고 있다.

비타민 B군의 용어 vitamin B group terminology　많은 비타민은 명칭과 번호를 같이 가지고 있으나 명칭을 사용하는 것이 바른 명기법이다.

바른 명칭	기타 흔히 사용되는 명칭
티아민(thiamin)	비타민 B_1
리보플라빈(riboflavin)	비타민 B_2
나이아신(niacin)	니코틴산, 니코틴아미드, 나이아신아미드
비타민 B_6	피리독신, 피리독살, 피리독사민
엽산(folacin)	폴산(folic acid), folate
비타민 B_{12}	코발라민(cobalamin)
판토텐산(pantothenic acid)	pantothenate
바이오틴(biotin)	없음

비타민 B_1 vitamin B_1, thiamin　보조효소, 즉 cocarboxylase의 일부로서 pyruvic acid의 산화, 즉 탈탄산에 필요하다. 결핍되면 탄수화물 대사에 지장을 가져오며 임상적으로는 각기를 일으킨다. 성인의 1일 필요량은 산화되어야 할 탄수화물(지방이 아닌 칼로리)의 양과 관계되지만 보통 1 mg 이상이다. 수용성이며 거의 체내에 저장되지 않는다. 특별히 많이 함유된 식품은 없지만 곡물의 배아, 효모, 고기, 콩 종류, 계란에 존재한다. 정제된 쌀이나 빵에는 거의 존재하지 않으므로 미국에서는 흰밀가루에 비타민 B_1을 강화하기도 한다. 정식명은 thiamine이고, 별명은 aneurine이다.

비타민 B_2 vitamin B_2, riboflavin　리보플라빈(riboflavin)이라고 불리운다. 단백질과 결합하여 플라보단백질(flavoprotein)이라고 불리우는 1군의 보조효소를 만든다. 이 보조효소는 탄수화물의 산화에 필수적인 물질이다. 플라보단백질은 중간의 수소 운반체로 작용하며, 수소원자를 받아들여 수소원자를 전달한다. 비타민 B_2 결핍은 세포산화를 손상시켜 임상적으로는 ariboflavinosis로서 알려진 일련의 증후를 가져온다. 필요량은 산화

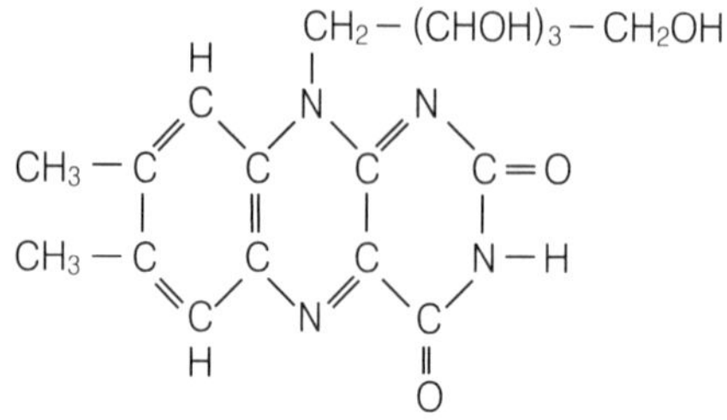

Riboflavin

되어야 할 탄수화물량과 관계되지만 약 1.5 mg이다. 효모, 우유, 곡물 배아, 계란, 치즈, 콩 종류에 함유되어 있다.

비타민 B_6 vitamin B_6, pyridoxine 비타민 B군의 하나인데, 아데르민(adermin)이라고도 한다. 화학구조에서 피리독신(pyridoxine)이라고 불려지고, 이밖에도 피리독살(pyridoxal), 피리독사민(pyridoxamine)도 유효하다. 체내에서 비타민 B_6는 조효소로서 작용하고 가장 활성화된 조효소는 pyridoxal phosphate(PLP)이며, α-amino acid의 NH_2기를 α-keto acid에 전달하며 새로운 아미노산과 keto acid를 만든다. 이것이 부족하면 돼지에는 빈혈, 성장저하, 보행장해를 일으키고, 닭에는 이상한 흥분과 경련을 일으키고, 쓸데없이 돌아다니며 날개를 텁석거리다가 폐사한다. 성장저해, 식욕부진도 일어나고 산란율, 부화율도 저하한다. 생체 내에서는 인산과 결합해서 보조효소가 되고, 아미노산의 대사에 중요한 역할을 하고 있다. 효모, 곡류 및 강류에 많으며, 보통은 결핍하는 일이 좀처럼 없지만 겨류가 적은 고열량 사료에서는 부족할 염려가 있다. 사료첨가물로서는 염산 피리독신이 이용된다.

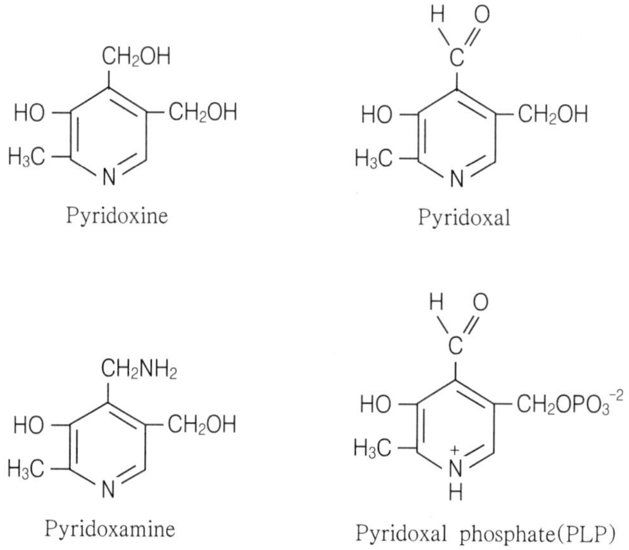

Vitamin B_6의 여러 형태

비타민 B_{12} vitamin B_{12}, cyanocobalamin 비타민 B군의 하나인데, 이의 구조 안에 있는 '시아노'기 대신에 수산기나 초산기가 들어 있는 $B_{12}a$ 및 $B_{12}c$ 등도 유효하다. 이것이 부족하면 빈혈을 일으키고 어린동물의 성장이 지연된다. 성계(成鷄)의 경우 산란율에는 영향이 없지만 부화율이 저하되고, 부화된 병아리는 다리에 이상을 일으킨다. 비타민 B_{12}는 코발트(Co)를 함유하고 있으며, 반추가축에는 코발트가 부족하면 제 1위에서의 합성이 저해되고 비타민 B_{12}의 결핍이 일어난다. 생체 내에서는 보조효소로서 아미노산 대사, 핵산 대사에 중요한 역할을 하고 있다. 이것은 어분(fishmeal), 어즙(fish soluble) 등에 많고 발효부산물, 알팔파분말 등에 함유되어 있다.

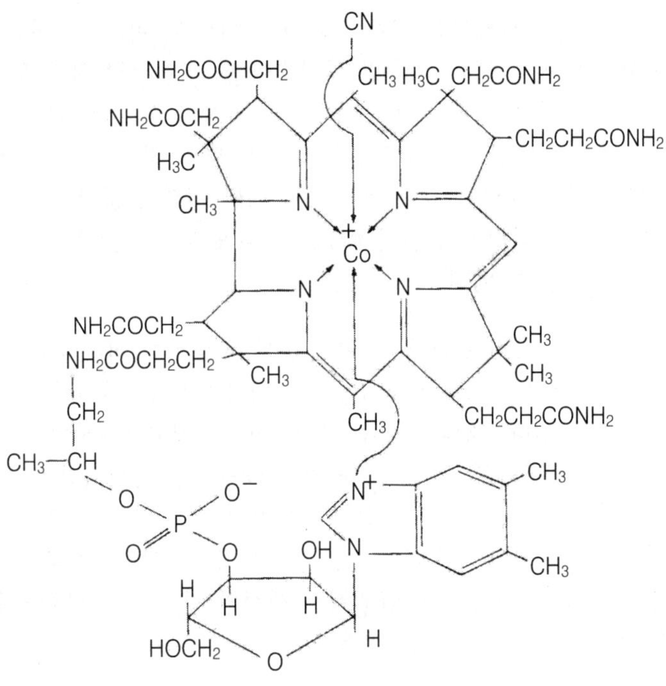

Vitamin B_{12}

비타민 B 복합체(複合體) vitamin B complex 이들 비타민은 보조효소의 기능을 가지고 있으며, 곡류의 배아, 효모에 함유되어 있다. → B-vitamin terminology

비타민 B제(劑) vitamin B additives 사료에 부족하기 쉬운 비타민 B군, 예로서 지아민(B_1), 리보플라빈(B_2), 판토텐산, 니코틴산, 콜린(choline), 엽산(foliic acid) 등을 적량 배합한 것인데, 양계·양돈 사료에 사용되고 있다. 더욱이 비타민 B_{12}의 보급용에는 별도로 비타민 B_{12} 사료첨가물이 있다.

비타민 C vitamin C, ascorbic acid, dehydroascorbic acid 아스코르빈산(ascorbic acid)이라고 불려지는 수용성 비타민인데, 인간의 경우 부족하게 되면 괴혈병이 된다.

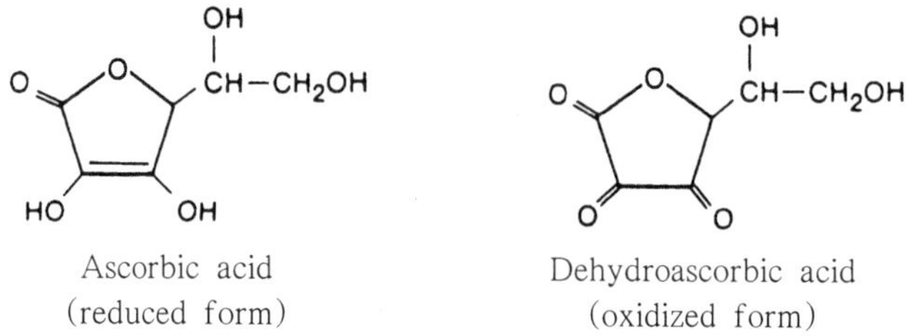

Vitamin C의 활성화 형태

천연으로는 환원형으로서 존재하지만 쉽게 산화형(디히드로, 아스코르빈산)으로 변하는데, 산화형은 환원형으로 전변(轉變)되지만 산화형이 또 다시 산화하면 무효로 된다. 비타민 C는 열과 알칼리에 의해 분해가 쉽고 가공이나 저장에 의한 손실도 크다. 반추가축은 체내에서 합성되므로 비타민 C의 필요성은 그다지 많지 않다. 또 신선한 경엽류, 순무같은 근채류 등에 많이 함유되어 있다. 닭에는 급여할 필요가 없다고 하지만 산란계의 경우 비타민 C를 급여하면 하절기에 난각(卵殼)이 얇게 되는 현상을 방지할 수 있다는 보고가 있으나 확인되어 있지 않다.

비타민 D vitamin D, cholecalciferol(D_3) 여러 종류의 물질이 비타민 D의 활성을 가지고 있다. 중요한 것은 비타민 D_2와 비타민 D_3이다. 비타민 D_3는 자연적으로 햇빛의 영향하에 피부 내에서 만들어진다. 비타민 D_2는 상업적으로 엘고스테롤의 자외선 조사(照射)로 합성된다. 정확한 생화학적 기능은 알려지지 않았지만 장에서의 칼슘흡수를 돕고, 골격 구성의 칼슘 침착(沈着)을 돕는다. 비타민 D 결핍(또는 칼슘, 인의 결핍)은 어린이와 유축(幼畜)의 경우 구루병을 일으키며, 성인의 경우는 골경화증이다. 비타민 D는 식품에 널리 분포되어 있지 않다. 중요한 급원체는 생선의 간유이고, 난황・우유・버터・치즈에 소량 존재한다. 마가린・영아식・우유에 첨가하며, 우유에 자외선 조사(照射)를 하기도 한다. 1일 필요량은 영아 400～800 I.U., 어린이 400 I.U.이고, 성인은 충분한 햇볕을 쬐면 피하에서 합성된다고 본다.

비타민 E vitamin E, α-tocopherol 토코페롤(tocopherol)이라고도 불리며, 부족할 경우 쥐의 번식능력을 저해한다. 소・면양 등에서 근육 위축증을 일으키고, 닭에서는 근육 위축증, 삼출성(滲出性) 소질로 되고, 보행장애, 경련을 일으킨다. 이외도 뇌연화증을 일으킨다. 이성체가 많은데, 그 중에서 가장 효력이 강한 dℓ-α-토코페롤 1 mg을 비타민 E의 1국제단위(I.U)로 하고 있다.

일반적으로 사료에 많이 함유되고 특히 알팔파, 곡류의 배아 등에 많다. 우리나라의 경우 사료첨가제로서는 초산 토코페롤의 형태로 쓰여진다. 또 비타민 E는 항산화작용이 있고, 사료 성분의 산화에 의한 파괴는 어느 정도 방제된다고 한다. 또 비타민 E는 생리적 기능의 일부가 셀레늄(Se)에 의해서 대체되고, 그 요구량은 사료 중의 셀레늄 함량과 관련이 있다.

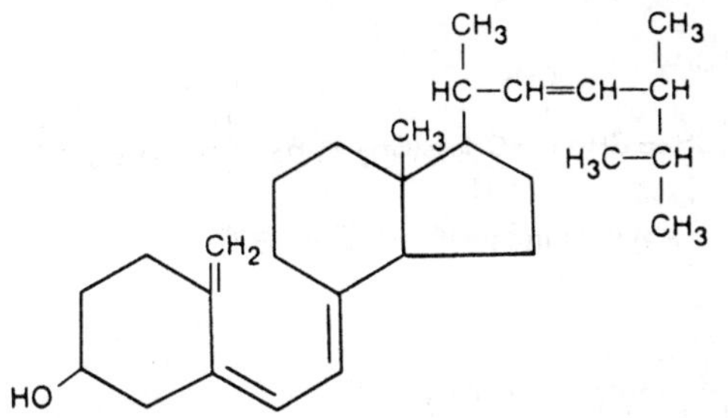

Vitamin D2(calciferol or ergocalciferol)

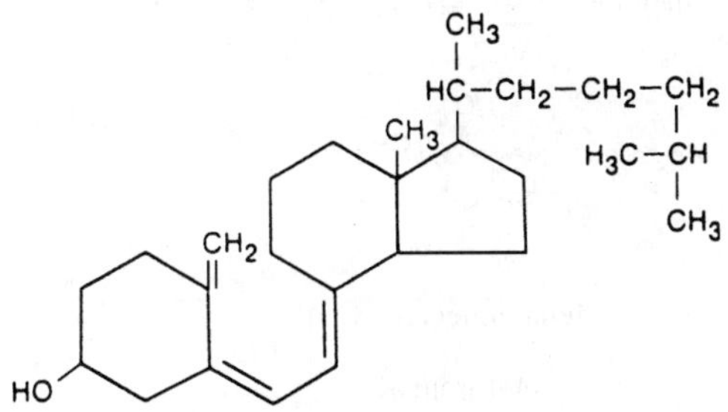

Vitamin D3(cholecalciferol)

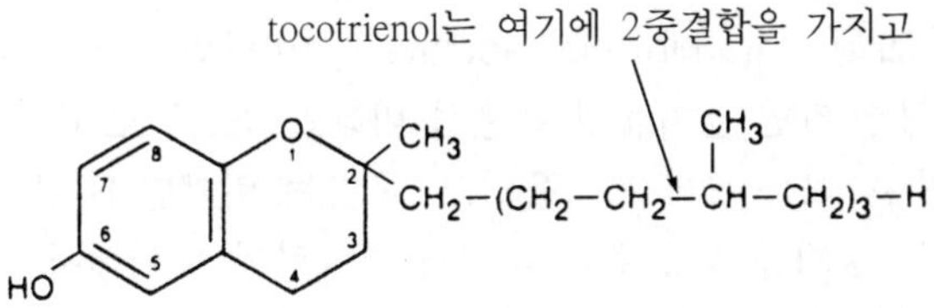

α-tocopherol, α-tocotrienol는 5,7,8위치에 methyl기를 가지고 있다
β-tocopherol, β-tocotrienol는 5,8위치에 methyl기를 가지고 있다
γ-tocopherol, γ-tocotrienol는 7,8위치에 methyl기를 가지고 있다
δ-tocopherol, δ-tocotrienol는 8위치에 methyl기를 가지고 있다

Vitamin E의 구조

비타민 K vitamin K 혈액의 응고에 필요한 비타민인데 부족하게 되면 혈액 중의 프로트롬빈이 감소해서 혈액이 응고되기 어렵게 된다. 천연의 2 -메틸-3-피틸-1.4-나프토퀴논(2-methyl-1.4-naphtoquinon)을 비타민 K_1이라 하고, 합성품의 2-메틸-1.4-나프토퀴논을 비타민 K_2, 또는 메나디온(menadion)을 K_3이라 하는데 양자의 효력은 거의 같다고 한다. 가축에는 장내세균이 합성하므로 결핍은 일어나지 않지만 닭에는 결핍에 의해 피하, 근육 등에 출혈이 중지되지 않고 폐사하는 일이 있다. 또 종계에서 결핍되면 병아리에 결핍이 생긴 예도 있다. 생초에 많고 알팔파 분말이나 건초에도 많다. 우리나라의 경우 사료첨가물로서 메나디온 아황산 수소나트륨 또는 메나디온 아황산 디메틸피리메티놀의 두 종이 있다.

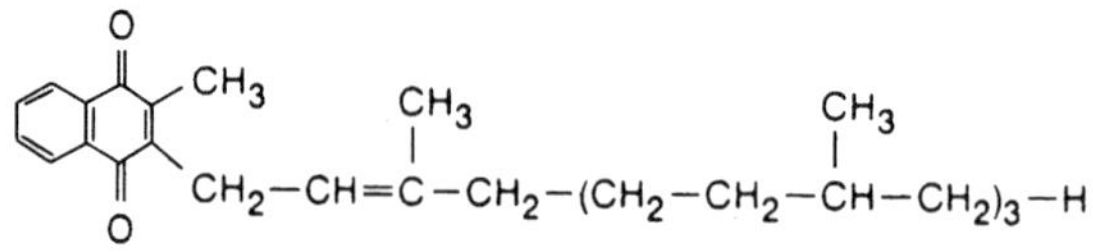

Phylloquinone(K_1, 식물에 존재)

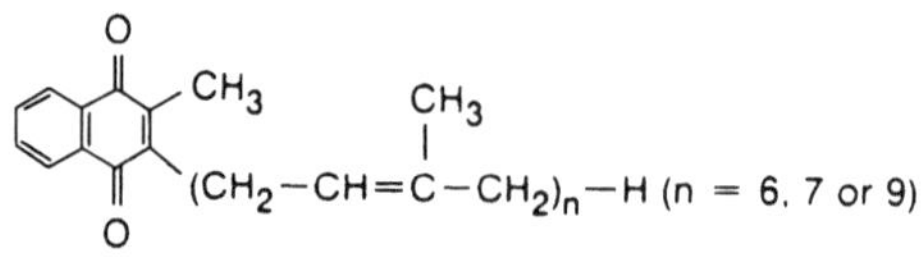

Menaquinone(K_2, 박테리아에 의해 생성)

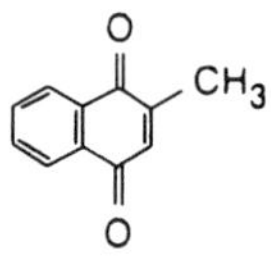

Menadione(K_3, 합성)

Vitamin K

비타민 사료첨가제(飼料添加劑) vitamin feed additive 비타민을 공급할 목적으로 만들어져 있는 것인데, 지용성 비타민 첨가물과 수용성 비타민 첨가물로 대별된다. 전자는 비타민 A・D제 및 비타민 A・D・E제가 사용되고, 후자는 비타민 B제가 사용되고 있다. 어느 쪽이나 모두 급원을 강피류 등으로 희석해서 소정량의 범위에서 사료에 첨가되고 있다. 현재 우리나라에서는 가축・가금의 사내사육이 증가하고, 또 곡류를 주체로 한 고열량 사료의 이용에 따른 비타민 사료첨가물의 필요성이 인정되고 있다.

비타민 저해물질(阻害物質) antivitamin 동물 체내에 있어서 비타민의 작용을 방해하고 또 불활성화한다든지 분해하는 물질을 비타민 저해물질이라고 한다. 티아민(thiamine)의 작용을 방해하는 것으로 피리티아민(pyrithiamine), 티아미나제(thiaminase) 등이 있다. 양치식물류, 특히 고사리에는 아뉴리나아제(aneurinase)가 있고, 이것을 섭취한 소가 티아민 결핍증을 많이 일으킨다. 바이오틴에 대해서는 아비딘(avidin) 등의 저해물질이 있고, 나이아신(niacin)에 대해서는 피리딘-3-썰폰산(pyridine-3-sulfonic acid) 등의 저해물질이 있다. 그러나 이들 저해물질은 약간의 가열처리에 의해서 쉽게 파괴되거나 불활성으로 변한다.

비타민 첨가제(添加劑) vitamin supplement 비타민을 공급하는 목적으로 만들어져 있는 것으로 간유 등의 지용성 비타민 첨가제와 수용성 비타민 첨가제로 대별할 수 있다. 20세기 초기에 간유가 첨가제로서 사용되기 시작하였으며, 그로 인하여 겨울철에 청초가 부족한 조건에서 젖소를 사육하는 일이나 닭을 옥내에서 사육할 수 있게 되었다. 한편으로는 가축이 필요로 하는 비타민 양이 점차 명확하게 되었고, 이에 따라 사료의 비타민

함량이 명확하게 되어 왔기 때문에 비타민 첨가제의 역할이 점점 중요시 되었으며, 각종 제품이 제조 시판되고 있다.

비트 톱 beet top 사탕무우에서 사탕을 제조할 때에 나오는 폐기물로서 잎과 뿌리의 상단부로 되어 있다. 수분은 77~91% 정도나 있지만 사료가치는 높다. 젖소·육우·면양의 사료로서 많이 이용된다. 이 경우 생것을 그대로 주는 일도 있고, 사일로에 잠시 저장해 두면서 급여도 하고 혹은 사일리지로서 이용하며, 후자는 압축하여 사용하고 있다. 비트 펄프에는 탄수화물이 많고 섬유도 20% 전후이며, 소화율이 높다. 이것은 비유효과가 높아 젖소사료로서 흔히 단미 또는 배합사료 원료로 사용되고 있다.

비특이반응 非特異反應 nonspecific 항원 항체반응에 있어 주로 사용되는 용어이다. 항원은 그에 대응하는 항체에 대해서만 반응하며, 그 이외의 것과는 전혀 반응하지 않는다. 이 경우 그 반응을 특이적 반응이라고 한다. 이에 반해 결핵에 걸린 일이 없는데도 투베르쿨린 반응에서 양성이 되거나, 매독에 감염되지 않았는데도 바세르만 반응이 양성이 되는 경우가 있다. 이와 같은 것을 비특이반응이라고 한다.

비팔로 beefalo 미국의 들소(bison), 즉 버팔로와 비육우와의 교잡종이며, 육색은 흑적색이고 소고기보다 다소 강한 향기와 감미를 띠고 살코기가 많다.

비필수아미노산 nonessential amino acid(NEAA) 세포내에서 이미 존재하는 영양소로부터 충분양을 합성할 수 있는 아미노산이다. 불필요하거나 중요하지 않다는 의미는 아니고 단지 음식으로부터 직접 섭취하지 않아도 된다는 뜻이다. 사람에게 있어서 비필수아미노산은 alanine, asparagine, aspartate, cysteine, glutamate, glutamine, glycine, proline, serine이며 tyrosine과 arginine, histidine도 때로는 포함된다.

비헴철 nonheme iron 식물 급원과 동물의 원소 성분으로 존재하는 철분이며, 헴철보다 흡수가 느리다.

빈 bin 사료 원료를 일시 저장하는 사일로를 빈이라 하며, 분쇄한 원료를 여기에 넣어 두었다가 다음 공정에서 꺼내 사용하도록 되어 있다.

빈맥 頻脈 tachycardia 비정상적으로 심장박동이 빠른 것으로 분당 100회 보다 빠르다. 운동 중이거나 발열상태 또는 질병에 걸렸을 때 나타난다.

빈혈증 貧血症 anemia 혈액 중의 적혈구 감소 또는 혈색소의 감소를 뜻한다. 적혈구 생성에 필요한 물질 중(단백질·철·비타민 C·B_{12}·엽산 등)에 어떤 것이 부족하면 빈혈증이 발생한다. 철 결핍은 혈색소가 적은 적혈구를 생성하지만 혈구 수는 정상과 다름없으며(영양성 빈혈), 흡수상의 결함으로 일어나는 비타민 B_{12} 결핍은 악성 빈혈(pernicious anemia)을 일으킨다.

빌리루빈 bilirubin 담즙의 주된 색소로서 헤모글로빈으로부터 유래되며 담즙과 더불어 소장으로 배설된다. 헤모글로빈은 분해되어 그 일부가 빌리루빈이 되며, α-글로불린과

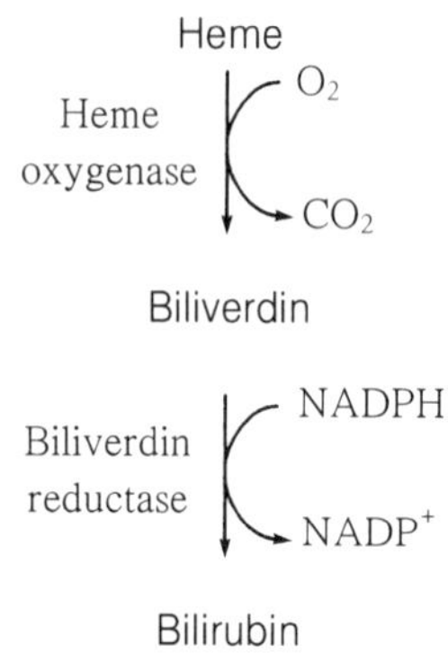

결합하여 혈장을 통해 간으로 운반되고 담즙으로서 분비된다. 대량의 용혈(溶血), 간기능 부전, 담도 폐색 등에 의한 빌리루빈의 체내 축적은 황달을 초래한다.

빌리베르딘 biliverdin 담즙색소의 하나이며(녹색, greenish pigment) hemoglobin의 분해생성물이다. 간에서 bilirubin으로 전환된다.

빌리키닌 vilikinin 유미죽(chyme)이 소장에 들어오면 이에 따라 상부 소장점막에 있는 선에서 분비되는 호르몬으로서 융모(villi)를 수축 및 확대시켜 음식물을 교반 및 섞어주고 흡수를 촉진한다.

뼈 骨 bone 뼈를 증기로 collagen과 끓이면 gelatin으로 되는 세포간질(細胞間質)과 결합조직으로 구성되어 있으며, 이곳에 칼슘염인 무기혼합물이 포함되어 있다. 이 무기혼합물은 hydroxyapatite의 결정구조($Ca_{10}(PO_4)_6(OH)_2$)를 가지고 있으며, 주로 인산칼슘, 탄산칼슘, 인산마그네슘으로 되어 있다.

뼈단백질 콜로이드 bone protein colloid 뼈를 증기처리하여 추출해낸 젤라틴성 물질을 뜻한다.

뼈의 아교부산물 bone glue residue 뼈로부터 아교를 만드는 데 필요한 부분을 제외하고 남은 뼈의 부분(주로 인산칼슘)이다.

뼈의 재 骨灰 bone phosphate 뼈를 공기중에서 태우고 남은 흰색의 다공질성 잔여물을 뜻한다.

뼈인산 骨燐酸 bone phosphate 뼈를 부식액과 염산용액에 차례로 처리하여 석회를 침전시키고 남은 착유물을 건조시킨 것을 말한다.

뽕잎 桑葉 mulberry leave 뽕잎은 단백질 함량이 높고 조섬유가 적어서 누에에게 사료가치는 높지만 다른 동물에게 사료로서 이용되는 일은 적다. 가을에 낙엽이 지기 전의 잎은 야건초 정도의 사료가치는 있지만 봄의 뽕잎에 비교하면 사료가치가 낮다. 생것을 그대로 또는 건초나 사일리지로 만들어 소나 면양에 급여할 수 있다.

뿌리 착유부산물 根搾油副産物 root oil residue 뿌리로부터 기름을 짜내고 남은 나머지 부분을 뜻한다. 근괴류 등의 액즙은 식용으로 이용하고 잔사는 반추동물 사료로 이용된다.

ㅅ

사고야자 sago palm　사고야자는 습지를 좋아하는 열대성의 야자과(椰子科) 식물인데 높이는 10 m 정도가 된다. 15년 정도 되면 처음으로 개화하며, 개화기 때 전분량이 가장 많으므로 그 시기를 택해서 전분을 채취하여 식용 또는 사료로 이용한다. 타피오카와 거의 같은 사료가치를 지니고 있다.

사과박 apple pomace　착즙한 사과를 압착해서 사과즙을 채취할 때 나오는 찌꺼기인데, 생것 그대로 또는 사일리지 혹은 건조해서 사료로서 이용된다. 생것은 수분함량이 많아서 80%이고, 사일리지로 된 것은 옥수수 사일리지와 같은 정도의 사료가치가 있으므로 젖소사료로 쓴다. 건조한 것은 비트 펄프의 대용으로서 이용할 수가 있고, 비트 펄프의 75%에 상당하는 혹은 그 이상의 사료가치가 있다. 이것은 가용무질소물이 주요한 성분이고, 조섬유 함량도 15% 정도 있지만 단백질과 지방함량은 적다.

ㅅ

사과산(酸) malic acid　사과・토마토 등 많은 식물에서 볼 수 있으며, 유기산이다. 구조는 COOH・CH(OH)・CH_2・COOH, 즉 hydroxy-succinic acid이다.

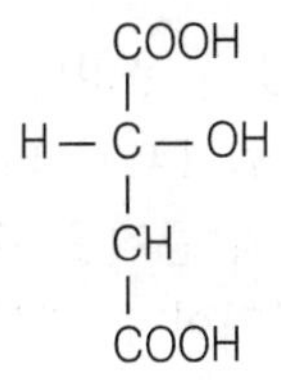

Malic acid

사구 斜尻　요각(腰角)에 대해 천골(薦骨)・미근(尾根)이 수평을 이루지 못하고 좌골 끝이 현저히 낮은 것을 사구라고 한다. 사구인 소는 후방에서 바라보아도 좌골 폭이 좁고 후구의 발육이 나쁘며 빈상이다. 사구인 소는 유방의 형상을 나쁘게 하는 결정적 소인을 지니고 있으며, 생산성이 떨어지므로 종축 도입을 할 때 충분한 주의를 기울여야 한다.

사례-대조군 연구 case-control study　문제의 증상이 있는 사람을 그 증상이 없는 사람과 비교하는 연구이다.

사료 飼料 feed, ration　가축에게 먹여서 영양소를 공급하는 것을 사료라고 한다. 사료는 영양소 함량에 따라 조사료, 농후사료, 무기물사료, 특수사료 등으로 분류된다. 또한 일반적으로 사료라고 하는 경우는 'feed'를 쓰고, 단미사료 또는 배합한 1일분의 전체 사료를 말하는 경우는 'ration'이라고 한다. 「사료의 안전성의 확보 및 품질 개선에 관한 법률」에는 사료를 가축 등의 영양소로 제공할 것을 목적으로 사용되는 것으로 정의하고 있다.

사료가치 飼料價值 feed value 사료의 영양 가치와 더불어 기호성, 취급의 양부(良否), 외관 등을 포함하여 모든 가치를 포함해서 말하는 것이다. 사료가치의 가장 중요한 것은 영양 가치이기 때문에 때로는 사료의 영양 가치(feeding values)와 혼동되어 사용되지만 정확히 구별해서 사용해야 한다.

사료감정 飼料鑑定 judgement of feed 사료의 양부(良否)을 판별하는 것을 감정이라고 하며, 넓은 의미로는 분석도 감정의 한 수단이다. 이 감정방법을 분류하면 다음의 네 가지로 구분된다.

① 경험에 의한 방법 : 이른바 5가지 감각에 의한 방법
② 생리적 방법 : 선별해서 분류하는 방법, 용적중칭량법(容積重秤量法), 비중선별법(比重選別法), 유수도태 선별법(流水淘汰選別法), 현미경에 의한 방법 등
③ 화학적 방법 : 화학반응 또는 성분을 이용해서 감정하는 방법
④ 생물에 의한 방법 : 가축의 사양시험에 의해 감정하는 방법

보통 감정은 위의 각 수단을 종합해서 실행하지만 동물시험에 의한 방법은 경비・시간의 측면에서 곤란한 점이 있으므로 특별한 경우가 아니면 실시하지 않는다.

사료검사 飼料檢查 inspection of feed 우리나라에서 유통하는 사료의 품질을 보장하기 위해서 사료검사 제도를 1963년 8월 14일부터 실시하였다. 이것은 사료품질에 관한 법률로 되어 있는데, 정부가 유통사료의 품질을 보장하여 농가가 안심하고 영양가 있는 사료를 사용하게 하는 것이 검사의 목적이다. 정부는 지정된 사료공장에서 제조되는 배합사료는 반드시 검사를 실시하며, 또한 희망에 따라 등록하게 하였다. 사료의 검사는 주로 등록된 사료로서 그 품질이 저하되지 않았나 하는 등의 필요사항을 조사하며, 등록이 되지 않은 사료라도 이물질의 유무, 허위선전, 불량포장 및 부정사용 등을 취급하게 된다.

사료곡물(飼料穀物)의 비축 stock of feed grain 우리나라에서는 사료원료가 주로 해외수입에 의존하고 있고, 수출국의 흉작 등에 의한 국제 공급력의 변화, 항만파업 등 예측못한 사태의 발생에 대비함으로써 안정적 공급을 확보하고 축산경영의 안정을 지원할 목적으로 사료 곡류의 비축을 실시하고 있다.

사료단위 飼料單位 feed unit 사료단위는 사양시험의 결과를 근거로 하여 사료가 갖는 에너지의 가치를 상대적으로 정하고 특정의 사료를 기준으로 하여 수치로 나타낸 것이다. 스칸디나비아 사료단위(Scandinavian feed unit)는 젖소의 우유생산에 대한 각종 사료의 효과를 보리 1 kg을 단위로 해서 나타내고 있다. 이 단위는 단백질 함량이 높은 사

료에는 실제의 에너지가보다 높은 수치를 나타내고 있다. 이밖에도 핸슨(Hanson)의 사료단위, 멜걸드의 사료단위(FU) 등이 있다.

사료배합 飼料配合 feed mixing 사용목적에 따라서 몇 종류의 사료를 섞는 것을 사료배합이라 하고, 섞기 전의 단일 원료를 단미사료(單味飼料) 혹은 배합원료라고 한다. 배합에 따라 완성된 사료를 배합사료(mixed feed)라고 한다. 또 사양표준에 일치하고 가축이 요구하는 영양소를 완전히 포함하도록 설계된 사료를 완전배합사료(formula feed)라고 하며, 단미사료를 혼합하는 중량비를 배합비율(formula)이라고 한다. 옥수수와 어분, 당밀과 어분 혹은 탈지강, 밀기울 등과 같이 2종 혹은 3종의 단미사료를 혼합한 것을 혼합사료라고 한다.

사료배합기 飼料配合機 feed mixer 배합하는 원료를 소정 양식에 의하여 무게를 측정해서 배합하여 1회마다 일정량 생산되는 형식의 배합기는 회분식 배합기(batch mixer)라 한다. 비교적 정확하게 소량씩 배합하는 데는 편리하지만 능률은 연속식 배합기보다 못하다. 연속식 배합기(continuous mixer)는 원료를 연속적으로 이동 교반하는 장치로서 배합원료를 소정 양식에 따라 연속적으로 배합하는 데 여러 가지 고안이 되어 있다. 사료 중에 액체의 당밀이나 유지류를 배합할 경우에는 특히 당밀배합기(molasses mixer)를 사용해서 균일하게 배합해 놓고 사료 전체에 균일하게 첨가할 수 있도록 하는 목적으로 예비로 배합하는 것을 프리믹스(premix)라고 한다.

사료분석 飼料分析 feed analysis 사료에 함유된 일반 성분, 즉 수분, 조단백질, 조지방, 가용무질소물, 조섬유, 조회분이라든지 미량의 미네랄, 비타민 또는 사료에 첨가된 사료첨가제의 분석, 이밖에 오염물질의 분석 등 사료를 대상으로 하는 분석을 사료분석이라 한다. 분석법으로서는 AOAC법, 농업화학 분석법 등이 있다.

사료선택성 飼料選擇性 feed palatabity 특정 사료에 대한 가축의 기호성을 나타내는 하나의 척도이며, 두 종류 이상의 사료를 동시에 나란히 놓아 채식할 수 있도록 하고, 먼저 먹는 두수와 횟수 또는 각각의 채식량을 비교치로서 나타내는 경우가 많다.

사료성분 飼料成分 composition of feedstuff 넓은 의미로는 사료의 화학성분을 말하지만 좁은 의미로는 사료의 일반분석에 의해서 구분된 성분을 말한다. 수분, 조단백질, 조지방, 가용무질소물, 조섬유, 조회분을 '사료의 6가지 성분', '사료의 일반성분' 혹은 단순히 '사료성분'이라고 한다. 여기에 대해서 비타민, 미량 무기염류 등과 에너지원, 단백질 이외의 영양소 또는 호르몬, 항생물질 등이 사료에 함유되어 어떤 사료가치가 있는 경우에 이들을 일반성분과 대비해서 '특수성분'이라고 한다.

사료요구율 飼料要求率 feed conversion 가축・가금의 일정한 생산량에 대해서 소요된 사료의 수량을 사료요구율이라고 하며, 다음과 같은 식으로 나타낸다.

이 경우 사료의 수량은 풍건물(風乾物) 중량을 사용한다. 이 값은 언제나 1 이상이고, 낮을수록 사료의 효율이 좋은 것을 나타낸다. ↔ 사료효율.

$$\text{사료요구율} = \frac{\text{생산에 소요된 사료의 수량(중량)}}{\text{생산물의 수량(중량)}}$$

사료용 飼料用 feed grade 식용으로 이용하기에는 부적합하고 동물의 사료로서는 이용될 수 있는 저등급의 물질을 뜻한다.

사료용(飼料用) 무 fodder beet 사료용 비트라는 것은 슈가 비트(sugar beet) 또는 이것과 맨골드(mangold, mangel)의 교잡종에서 유래하는 일군(一群)의 사료용 근채류를 뜻한다. 따라서 슈가 비트와 맨골드는 동일한 야생의 원종에서 유래한 것이다. 사료용 비트는 단위 면적당 수량이 다른 근채류보다 많고 또 한발과 서열(暑熱)에 강하고 또 겨울철의 저장이 순무 같은 것과 비교해서 쉬운 편이다. 다만 미숙한 것 또는 수확 직후의 것을 급여하면 설사를 일으키기 쉬우므로 주의가 필요하다. 사료용 비트에는 많은 품종이 있지만 실질적으로 건물함량(乾物含量)에 의해서 분류된다. 예를 들면 영국에는 건물 18% 이상의 것을 fodder sugar beet, 15～18%의 것을 fodder beet, 15% 이하의 것을 mangels라고 분류하고 있다.

ㅅ

사료용 소맥 飼料用小麥 utility wheat 캐나다 농무성은 생산자로부터 소맥을 매입할 때에 혹은 수출용 판매 또는 국내에 판매하는 경우에 적용하는 것으로서 설정해 놓은 규격 명칭의 하나이다. 캐나다에는 1960년대에 있어서 고단백질의 제빵용의 양질 소맥의 생산이 수요를 상회하는 반면 사료용 곡물의 수요가 증가한다는 세계적 곡물수급 경향을 계기로 단위 면적당 수량이 많은 사료용을 주 용도로 한 품종의 개량·연구를 추진해 왔는데, 이러한 목적의 소맥을 untility wheat라고 총칭되고 있다. 현재 실용 품종으로 등록된 것으로서 Pitic종, Glenlea종, Norquay종이 있다. 더욱이 일반 제분용의 보통 소맥으로서 기후조건 등으로 생산장해를 받는 낮은 품위의 소맥도 이 사료용 소맥으로서 등급이 매겨지도록 되어 있다.

사료용 인산 飼料用燐酸 feed grade phosphoric acid 가축이 먹는 물에 용해하여 급여하거나 당밀 등과 함께 혼합하여 급여해 주는 인산나트륨이나 수용성 인산염과 같은 인산 공급제이다.

사료용 지방 飼料用脂肪 fat for animal feed 유통되고 있는 사료용 지방은 다음과 같다.

① 사료용 동물성 지방(feed grade animal fat) : 여러 가지 축종의 부산물로부터 생산될 수 있기는 하지만, 주로 비육유와 돼지에서 나온 것을 정제한 것이다.
② 가금지방(poultry fat) : 가금 부산물에서 나온 지방이다. 다량의 가금지방은 애완동물 사료용으로 팔리고 있다.
③ 고급 백색 그리스(choice white grease) : 주로 돼지고기 조직에서 뽑아낸 지방이다. 우지, 돈지 및 가금지방을 섞어서 비누업체의 규정에 맞도록 하여 choice white grease로 팔리는 것도 있다.

④ 우지(tallow) : 주로 쇠고기 조직에서 나온 것이다. 그러나 다른 동물의 지방이 들어 있을 수도 있다. 대부분의 화학업체나 비누업체에서는 응고점이 40.5% 또는 41.0%가 될 것을 요구하고 있다. 생산된 제품이 이 규격에만 맞으면 100% 우지로 구성되어 있지 않아도 tallow로 유통되고 있다. 소비자가 요구하는 규격에 맞추기 위하여 대부분의 정제업자들은 100%의 우지를 구매하여 응고점이 낮은 지방을 섞어서 제품으로 만든다.

⑤ 황색 그리스(yellow grease) : 주로 식당에서 나온 기름으로 만들어진다. 그러나 여기에는 저장기간이 오래 된 지방, 색깔이 짙은 것, 여러 형태의 정제공정 중에서 나온 것으로서 유리지방산 함량이나 MIU (moisture, insoluble matter, unsaponification) 치가 높은 기름이 섞여 있을 수도 있다. 색깔이 짙고 유리지방산 함량이 높은 tallow가 yellow grease로 팔리는 때도 자주 있다.

⑥ 동・식물성 지방의 혼합물(blended animal and vegetable fat) : 여기에는 각종 동물의 지방, 식물성 지방, 산성화된 식물성 유지, 비누용 지방 또는 식당 그리스 등이 섞여 있을 수 있다.

ㅅ

사료용 효모 飼料用酵母 feed yeast 효모를 당밀・아황산펄프 폐액(廢液) 등에 배양, 이를 건조시킨 것을 사료로 사용한다. 효모는 단백질이 풍부하며, 그 함량은 40% 이상에 달하고, 비타민 B군의 공급원일 뿐만 아니라 UGF(미지성장인자)도 지니고 있다. 효모는 사료에 2～3% 배합하는데 성장촉진 효과, 산란율 향상 등이 인정된 바 있다.

사료의 보증 성분량 飼料保證成分量 guaranteed content level of feed 사료의 제조업자가 제조, 수입 또는 판매하는 사료의 성분에 대해서 보증하는 수단을 말하는데 최소량(～% 이상) 또는 최대량(～% 이하)으로 나타낸다. 조섬유나 조회분과 같은 성분량은 필요 이상으로 함유하게 되면 사료의 품질이 저하하게 되는데, 이러한 성분은 최대량을 보증하고, 조단백질・조지방과 같은 영양성분에 대해서는 최소량을 보증하는 것으로 정해져 있다. 또 사료의 성분량이란 사료 중에 함유되어 있는 성분량을 백분율로 나타낸 것이며, 대사에너지는 1 kg 중의 kcal로서 표시된다. 사료의 경우 성분량의 보증은 대상 사료의 평균치로서 보증하게 된다.

사료의 성분 비교와 환산 飼料成分 比較, 換算 feed comparison and calculation 가축・가금에게 급여할 사료의 상호 비교는 동일한 조건에서 비교하여 평가하여야 할 필요가 있다. 왜냐하면 수분함량이 다르기 때문에 성분표만 가지고는 정확히 비교하기가 어렵기 때문이다. 성분을 비교하는 데는 수분함량이 동일한 것으로 환산하는 것과 건물(dry matter)로 환산하는 방법이 있으나 건물(DM) 함량으로 환산 비교하는 것이 더욱 널리 사용되고 있다. 그 공식은 다음과 같다.

$$\text{성분함량}(\%) \times \frac{1}{100 - \text{수분}(\%)} \times 100$$

예를 들면, 수분이 13.5%, 가소화조단백질이 5.4%, 조지방 1.8%, 조섬유 30.5%, 조회분 7.9%, 가용무질소 41.9%인 사료의 DM 기준으로 각 성분을 계산하면 다음과 같다. 먼저 각 성분량에 곱하는 계수를 계산한다.

$$\frac{1}{100-13.5}\times 100 = \frac{100}{86.5} = 1.156 \rightarrow \text{성분량에 곱할 계수}$$

∴ 가소화조단백질 = 5.4 × 1.156 = 6.2%
조지방 = 1.8 × 1.156 = 2.1%
조섬유 = 30.5 × 1.156 = 35.3%
조회분 = 7.9 × 1.156 = 9.1%
가용무질소물 = 100 − (6.2 + 2.1 + 35.3 + 9.1) = 47.3%이다.

모든 사료의 수분함량 차이에 의한 성분이 각기 다르므로 DM으로 환산하여 사료 간의 성분 비교와 사료 배합시와 급여시도 응용하는 것이 정확하다.

ㅅ

사료의 수분함량에 의한 분류 classification of feeds

① 건조사료 : 농후사료 건초 등과 같이 수분함량이 13～15%의 풍건상태에 있는 사료를 뜻한다.

② 다즙사료 : 수분 70% 이상 되는 사료를 다즙사료라고 하는데, 생목초・야생초・청예작물・사일리지 등이 이에 속한다.

사료의 양이온-음이온 차 dietary cation-anion difference(DCAD) 혈액의 pH는 혈액내로 유입되는 양이온(cation)과 음이온(anion)의 양에 의해 결정된다. 소화기관을 통해 혈액으로 양이온보다 음이온이 더 많이 들어오면 혈액의 pH는 떨어진다. 적정 DCAD는 특히 젖소의 경우 분만 전후와 유기(乳期)에 따라 다르며, 다음 공식이 주로 이용된다.

DCAD = meq [(Na + K) − (Cl + S)] / 100 g 사료(DM 기준)
적정 DCAD는 분만 직전 0～ −10, 비유초기 + 50,
비유중기 + 27.5 ～ + 40 meq / 100 g 사료(DM 기준)이다.

사료의 유통 여부에 의한 분류 classification of feeds

① 유통사료 : 시장 등에서 사고 팔리는 사료를 뜻한다.

② 자급사료 : 농가가 생산하여 자신의 가축에게 먹이는 사료로서 곡류・서류・강피류・농산 부산물 등이 이에 속한다. 여기에는 사료작물・목건초 등의 조사료도 포함된다.

사료의 조리(調理) preparation of feed 사료를 가공처리하면 그 풍미(風味)와 소화흡수를 좋게 하고 유해물질을 제거하여 보존을 좋게 하는 것과 같은 효과가 있다. 그러나 조리는 경제적으로 유리해야 하며, 효과보다 경비가 지나치게 든다든지 노력이 많이 드는 방법은 실제로는 불리하다. 조사료의 세절(細切), 건초나 사일리지로서의 저장, 농후사료의 증자, 침지(浸漬), 분쇄, 그밖의 발효처리, 약품처리 등이 자주 쓰여지는 방법들이다.

사료작물 飼料作物 forage crop 가축의 사료로 쓰기 위해 재배되는 작물을 총칭해서 사료작물이라고 한다. 가장 넓은 의미로서 사료용의 곡실작물도 포함하는 일도 있다. 보통으로 청예작물·목초·근채·엽채류 등의 경엽(莖葉) 또는 근부(根部)를 사료로 쓰기 위해 재배하는 작물을 가리킨다. 좁은 의미로는 목초류를 제외하고 청예작물 및 근채류, 엽채류를 사료작물이라고 한다.

사료첨가제 飼料添加劑 feed additive 사료첨가제에 대한 명확한 정의는 없지만 일반적으로 가축과 가금의 영양소 보급, 성장촉진과 더불어 건강 유지 및 증진, 사료효율의 향상, 축산물 상품가치의 향상, 사료의 변질방지 등을 목적으로 하며, 사료에 미량(보통 0.5~1%) 첨가하는 것이다. 사료에 첨가되는 첨가제를 크게 영양적 첨가제와 비영양적 첨가제로 나눌 수 있다. 영양적 첨가제는 일반 배합사료에 요구되는 첨가제로서 비타민제·무기물제·아미노산제제 등이 있으며, 비영양적 첨가제는 사료의 섭취와 소화를 도와 주는 항생제·비소제·니트로 후란제·항콕시듐·항균제·기생충약 및 항산화제 등이 있다. 그리고 생산물의 질을 향상시켜 주는 사료의 착색제·아스피린·레저펀·갑상선 호르몬 외에도 환우나 산란을 중지시키는 데 필요한 제제 등이 있다. 이러한 첨가제는 주로 수입되어 국내에서 시판되고 있다.

사료첨가제 공정서 飼料添加劑公定書 feed additives standard(FAS) 사료첨가제는 동물용 의약품 등 취급규칙 제2조 6항에 따라 사료에 첨가하여 질병의 예방, 결핍물의 보충, 사료효율의 증진 및 성장촉진 등을 목적으로 사용하는 동물의약품(비타민제, 항생물질, 항균제, 항산화제, 항곰팡이제, 효소제, 생균제, 아미노산제 및 미량광물 제제 등)을 뜻한다. 일반적인 의미로는 가축의 생명유지와 축산물 생산을 최대화하기 위하여 에너지와 단백질 공급을 주로 하는 가축사료에 소량을 첨가 보충하여 줌으로써 사료의 효과를 높여 주기 위하여 사용하는 물질을 사료첨가제(feed additives)라고 하여 질병의 예방과 치료를 목적으로 하는 동물약품과 구분하고 있다. 1960년대부터 이러한 물질들의 인체나 식품에 미치는 영향을 세계 각국은 엄격한 평가제도를 도입하여 사용을 제한하기 시작하였으며, 우리나라에서는 약사법과 수의사법에 의한 동물약품의 규정에 따라 관리되고 있었으나(1998. 8) 비타민·아미노산·미량광물질·항산화제·방미제·효소제·생균제를 보조사료로 하여 동물용 의약품에서 제외시켜 사료관리법에 편입되어 있다.

사료(飼料) **컨베이어** feed conveyer 사료공장에서 배합사료의 원료를 부선(艀船)이나 수송차에서 받아들이고, 그것을 제품으로 해서 출하할 때까지 여러 가지 운반장치를 이용해서 사료를 이동시키는 기계이다. 공기식 컨베이어(preumatic conveyer)에는 흡인식(suction conveying system)과 압송식(fluid-left conveying system)이 있다. 다 같이 파이프라인(pipe line)을 통해서 사료를 유체의 형태로 이동시킨다. 또 기계적인 반송장치에는 체인 컨베이어(chain conveyer), 여기에 사료를 수직으로 이동하는 버킷 엘리베이터(bucket elevator) 등이 있다.

사료효율 飼料效率 feed efficiency 육(肉)·난(卵) 등의 생산량과 그 생산에 소요되는 사료의 소비량과의 비율을 사료효율이라고 한다. 결과의 표시방법으로서는 일정량의 사료에 의해서 생산된 생산물의 수량을 표시하는 경우와 일정량의 생산물을 생산하는 데 소요되는 사료의 수량을 표시하는 경우가 있다. 이 양자를 구별하기 위해서 전자를 사료효율(feed efficiency), 후자를 사료요구율(feed conversion)이라 한다. 이 경우 사료의 수량을 표시하기 위해서는 보통 사료의 풍건물량이 사용되고 있다. 증체량의 경우 사료효율은 단위사료 섭취량에 상응한 증체량이고, 이것을 검토하는데 따라서 어떤 범위 내에 있어서는 사료섭취량의 차이에 의한 영향을 무시하고 증체량을 비교할 수가 있다.

사료효율과 사료요구율 飼料效率, 飼料要求率 feed efficiency and con-version 가축의 생산에 대한 사료 전체의 효과를 나타내는 척도의 하나이다. 넓은 의미로는 사료와 산육·산유·산란 등 가축의 생산 전반과의 양적 관계를 나타내는 데 쓰이지만, 특히 고기생산에 대해 쓰이는 경우가 가장 보편적이다. 일반적으로 가축이 일정기간 안에 섭취한 사료의 중량에 대한 그 기간 내의 증체량(체중 증가분의 중량) 비율을 사료효율(feed efficiency)이라고 한다.

$$\text{사료효율} = \frac{\text{체중증가 중량}}{\text{사료섭취 중량}}$$

즉, 이 값이 클수록 가축은 일정량의 사료를 보다 효율적으로 이용한 것이 된다. 또 이 표현방법과는 반대로 일정한 증체 중량에 대해 사료가 어느 만큼 필요했는가를 나타내는 것이 사료요구율(feed conversion rate)이며, 이 경우 수치가 작을수록 사료의 이용성이 보다 좋다는 것을 나타낸다. 사료효율, 사료요구율은 모두 가축의 사료이용 능력과 아울러 사료의 질적인 양부(良否)를 나타내는 척도로서 알기 쉽고 산출도 간단하기 때문에 실용 면에서 널리 사용되고 있다.

사망률 死亡率 mortality rate 특정 지역의 전 인구에 대한 전 사망자의 비를 뜻한다. 보통 인구 천 명, 만 명, 10만 명에 대한 사망자 수로 나타낸다.

사모광 思牡狂 nymphomania 발정 징후가 비정상적으로 강하며 또한 장시간 지속되는 경우를 말하는데 성욕이상항진증 또는 화풍병(花風病)이라고도 한다. 이전에는 말의 장기 이상발정에 사용된 낱말인데 요즘은 소의 난소낭종에 의한 전형적 증상으로 알려져 있다. 부신피질의 이상에서 그 원인이 있다고도 한다.

사사 舍飼 barn feeding 축사 내에서 가축을 사양하는 것을 사사라고 한다. 사사를 하는 경우는 축사의 채광·환기·배수 등에 주의하여 여름은 시원하게, 겨울은 따뜻하게 되도록 해서 가축에게 편안하고 위생적이어야 하며, 사육자의 작업능률을 높일 수 있도록 설계되어야 한다. 또 사사한 경우는 급여하는 사료의 종류가 단순해지기 쉬우므로 영양소의 균형에 주의할 필요가 있다. 또 나지사양(裸地飼養, drylot feeding)이란 사사

뿐만 아니라 일반적으로 풀이 없는 장소에서 사양하는 것을 가리킨다.

사산 死産 still birth 태아가 생명을 지니게 되는 시기에 도달하여 사망한 채로 분만되는 경우를 일컫는다. 흔히 축산에 있어서는 사산을 유산과 구별하지 않고 다루는 수가 많다.

사양시험 飼養試驗 feeding experiment 사료의 가치를 비교 검토하는 목적으로 실제적 조건에서 가축·가금을 사양하는 실험을 뜻한다. 대조구를 설정하여 평행해서 사육하는 비교사료시험법, 보열시험법(普列試驗法), 반교시험법(反較試驗法) 등으로 구분되지만 정제사료에 의한 성장시험, 생화학적 측정을 겸한 사료의 실험 혹은 도살시험 등도 총칭해서 사양시험이라고 한다. 이것을 다시 그 목적에 따라서 성장시험, 산란시험, 비육시험(肥育試驗), 비유시험(泌乳試驗) 등으로 구분할 수 있다. 사양시험은 동물·사료·환경 등의 조건을 가급적 엄밀히 규정할 필요가 있고, 이것에 의해 오차분산을 적게 해서 실험 정밀도를 높일 수가 있다.

사양표준 飼養標準 feeding standard 가축의 종류와 사양목적에 따라서 급여해야 할 영양소의 수준과 양을 정해 놓은 것이 사양표준이다. 영양소 중 에너지의 단위로는 사료단위, 전분가, TDN, 정미에너지 등 여러 가지가 쓰여지고, 또 영양소의 종류로는 오래전부터 에너지와 단백질뿐이었지만 최근에는 아미노산, 비타민, 무기물까지 상세하게 규정하게 되었다. 지금까지 실용되었던 표준으로서는 켈네르(Kellner), 모리슨(Morrison) 등의 사양표준, 최근에는 NRC 사양표준, ARC 사양표준, 일본사양표준(Japanes feeding standard), 한국사양표준(Korean feeding standard) 등이 이용되고 있다. 실제로 가축의 영양소 요구량은 가축의 품종, 기상 등에 영향을 받으므로 북유럽, 영국 등지에서는 그 지방에 적합한 독자적인 사양표준이 쓰여지고 있다. 일본에서도 일본가축에 적합한 사양표준이 만들어져 실용되고 있으며, 우리나라도 온대지역을 기준으로 한 각 가축의 영양소 권장량이 있다.

사이클릭 AMP cyclic adenosine monophosphate(cAMP) Adenosine 3', 5'-cyclic monophosphate이며, 아데닌(adenine)의 탄소 3과 5번이 연결된 AMP이다. 근육에서

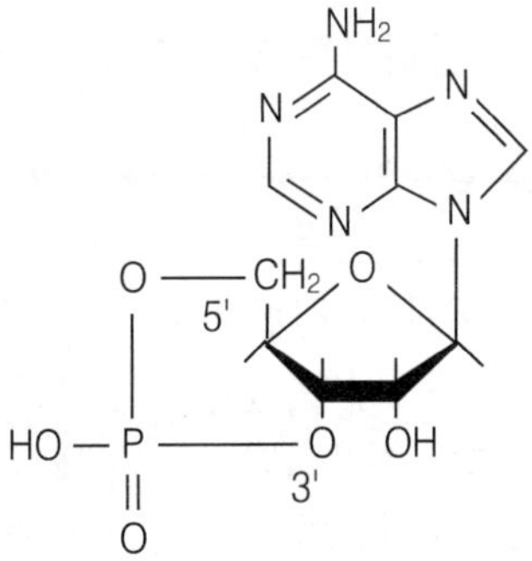

Cyclic AMP

adenylate cyclase 효소에 의해 ATP로부터 생성되고, phosphorylase kinase 효소를 활성화하며, 글리코겐의 분해를 촉진하고, 지방세포에서 hormone sensitive lipase(HSL)을 활성화하여 지방분해를 촉진한다.

사일로 silo 사일로의 크기와 종류는 사일로를 건설할 토지의 조건, 젖소의 마리수, 저장할 재료 등에 따라 결정되어져야 한다. 사일로를 건설할 장소는 지하 수위가 낮고, 토지가 건조하여 재료저장 및 사일리지 급여에 편리한 곳이어야 한다. 사일로의 모양에는 원형, 방형(方形) 등이 있다. 방형의 사일로는 시공이 손쉽고, 2기 이상을 나란히 건설할 경우에는 원형보다 벽 면적이 적어지지만 한냉지에서는 사일리지의 동결피해를 줄여 준다. 또한 평면계획에 있어서 축사와 접하거나 또는 축사 내부에 편입되어 짓기에도 손쉽다는 이점이 있다. 그러나 재료를 고르게 압착시켜 저장하지 않으면 사일로 옆 벽면에서 받는 압력이 균등하지 못하는 결점이 있으나 4각형이 아닌 8각형으로 짓는다든지 하여 이러한 결점을 보완할 수 있다. 사일로의 크기는 젖소의 사육 마리수, 1일당 급여량과 급여기간 등에 따라 사일리지의 총량이 결정되고, 그 단위 용적당 중량에 따라 사일로의 용적이 결정된다. 체중 600 kg쯤 되는 젖소일 경우 1일 1두당 사일리지 급여량은 25 kg 정도가 적당하며, 사일리지의 중량은 수분, 가압의 정도에 따라 다소 차이가 나지만 1m^3 당 540～790 kg쯤 된다. 사일로를 대규모로 짓거나 혹은 지하 수위가 높은 곳에 건설할 경우에는 지상식으로 하는 것이 유리하다.

일반적으로 지상식은 건설이 용이하며, 저장작업이 곤란한 반면에 사일리지를 끄집어낼 때는 편리하다는 장・단점이 있다. 지하식 사일로는 이와 정반대의 장・단점을 지녔지만, 외기에 의한 악영향을 막는다는 점에서는 지하식이 우수하다. 반지하식 사일로는 지상식과 지하식의 중간 형식이다. 사일로의 건설재료로는 콘크리트 벽돌, 시멘트 블록이 쓰이는데, 최근에는 FRP나 알루미늄재료 등이 사용된다. 사일로는 아래쪽으로 내려갈수록 주변 벽에 대한 압력이 늘어나므로 이에 견디도록 하부층에 대한 보강이 필요하다. 대형 사일로는 철근 콘크리트로 건설하는 편이 좋으며, 원형 사일로일 경우 그 깊이는 직경의 2～2.5배로 잡는 것이 보통이다. 이상의 탑형 사일로 이외에도 수평 사일로라 할 수 있는 트렌치 사일로와 벙커 사일로가 있다. 후자는 콘크리트나 목조로서 높이 2.5～2.8 m의 측벽을 지니는데 폭은 5～6 m가 적당하다. 수평 사일로는 피복(被覆)과 가압(加壓)이 완전하지 못하면 사일리지의 소모량이 커진다는 결점을 지녔지만 건설비가 싸고 저장작업이 용이하여 대량의 사일리지를 필요로 하는 경영규모에는 적합하다.

사일리지 silage, ensilage 수분함량이 많은 생초류, 청예류, 작물의 경엽류, 근채류, 제조박 등 건조하기 곤란한 것을 사일로 또는 적당한 용기에 담아서 주로 유산발효를 일으켜 부패되지 않도록 저장한 사료이다. 유산발효에 의한 식물성 식품의 보존은 고대 이집트에서 실행되었지만, 이 원리를 사료에 이용한 것은 지금부터 약 100년 전에 유럽에서 시작되었고 프랑스, 독일, 영국에서 이용하다가 미국에서 현저히 진보하게 되었다. 사일리지는 엔실리지(ensilage)라고도 불려지며 엄밀하게 보면 재료가 발효에 의해 사일리지로 되는 과정을 엔실리지라 하고, 그 결과로 된 생산물이 사일리지이다. 사일리지는 유우・육우・면양의 겨울철 사료로서 중요하며, 또 일정한 시기에 다량으로 생산된 초류(草類)의 저장법으로서 기후조건이 건초조제에 적합치 않은 우리나라에 있어서 없어서는 안 될 중요한 사료이다. 좋은 조건에서 조제된 사일리지는 재료와 거의 동일한 정도의 사료가치를 갖지만 조제법이 적절치 못하면 영양소의 손실이 크다.

사일리지용 첨가제(添加劑) silage additives 높은 수분의 목초처럼 그대로는 양질의 사일리지 조제가 곤란한 경우에 품질을 높이기 위해서 채워 담을 때에 첨가하는 것을 말한다. 젖산발효를 촉진하기 위해서의 첨가물로서는 당밀이 대표적인 것이며, 당밀 흡착물・분쇄곡류・건조 비트 펄프・건조 전분박・탈지쌀겨・밀기울 등도 이용된다. 이것들은 수분을 어느 정도 조절하는 역할을 한다. 한편, 불량 세균을 억제하기 위해서 산류(염산, 개미산(蟻酸) 등), 그 밖의 약제 등도 쓰여진다. 이 밖에도 오래 전부터 수많은 약제・유산균 등이 시험되어 왔고 항생물질 같은 것도 연구된 일이 있다. 젖산발효를 촉진시키기 위한 탄수화물원이나 불량 발효를 억제하기 위한 첨가제를 preservative라고 하고, 재료의 수분을 조절하기 위해서의 흡수성이 강한 재료, 즉 세절(細切)한 짚이나 건초 등을 conditioner라고 말한다.

ㅅ

사일리지의 고온발효(高溫醱酵) warm fermentation of silage, over hea-ting silage 수분함량이 비교적 적은 재료(대체로 70% 이하), 또는 성숙이 지나친 재료를 써서 답압(踏壓), 밀봉을 충분히 하지 않고 사일리지를 조제하면 공기의 배제(排除)가 잘 되지 않고 또한 외부에서 공기의 침입도 용이하게 되므로 식물의 호흡작용 또는 호기성 세균의 생육이 왕성하게 일어나서 사일로 내의 온도가 높게 되며, 때로는 50℃를 넘는 일도 있는데, 이와 같은 현상을 고온발효라고 한다. 고온발효를 일으킨 사일리지는 갈색 내지 흑색을 나타내고, 담배냄새 또는 설탕을 태운 냄새가 나며, 영양소 특히 단백질의 소화율이 현저히 저하된다.

사일리지의 품질(品質) quality of silage 사일리지의 사료가치는 채워 담는 재료 그대로의 사료가치와 매장과정에 있어서의 발효상태 이 두 가지에 의해서 규정된다. 이 가운데 후자, 즉 발효의 상태에 의해서 정해지는 사일리지의 좋고 나쁨이 사일리지의 품질이라 할 수 있다. 불량한 발효(낙산발효)에 의해서 낙산・암모니아 등이 생긴 것은 품질이 떨어지는 것이고, 반대로 좋은 발효(유산발효)에 의해서 젖산함량이 높아지고 낙산・암모니아가 적은 것은 품질이 우수한 것이다. 이 경우에 pH는 낮은데, 일반적으로 4.2 이하이다. 한편, 수분함량을 적게 해서 채워 담은 것은 유산발효가 왕성하게는 일어나지 않지만 낙산・암모니아 함량이 적어 품질은 좋다. 또 공기의 혼입이 많고 고온발효를 일으킨 것은 소화율이 낮아지고 품질이 낮은 것이 된다. 사일리지의 품질을 판정하는 데는 화학분석에 의해서 유기산의 조성, 암모니아 태질소(態窒素)의 비율, pH 등을 조사하는 방법과 색・냄새・맛・촉감 등의 관능검사(sensory test)에 의한 방법이 있다.

사일리지의 호기적 변패(好氣的變敗) aerobic deterioration of silage 일반적으로 사일리지가 만들어질 때는 채워 담은 후 비교적 짧은 시간 내에 식물의 효소작용 및 미생물의 작용에 의해서 재료의 성분이 현저한 변화를 받게 되어 안정한 상태로 된다. 이것은 밀봉이 잘 되기 때문에 혐기적 상태가 보장되어 있기 때문이다. 그러나 사일로를 열었을 경우 또는 피복(被覆)이 뚫어졌을 경우 등에는 외부에서 공기가 침입해서 이제까지의 평형상태가 교란되고 효모·곰팡이 같은 호기성 미생물의 증식에 의해서 온도가 높아지고 성분이 재차 변화하는 일이 있다. 이것을 호기적 변패 또는 2차발효라고 하며, 산화작용에 의한 낙산균이 발생하여 부패 발효된다. 이것을 방지하기 위해서는 한번에 꺼내는 양을 될 수 있는 대로 많이 하든가 꺼낼 때마다 피복을 잘 해서 될 수 있는 대로 공기의 침입을 막아야 한다. 프리피온산 같은 곰팡이 방지제를 적당량 첨가해도 효과가 있다.

사일리지 제조(製調) ensiling 사일리지 제조의 원리는 당류의 젖산 생성에 이은 젖산발효로서 첫째로 혐기적 조건을 가지고 호기성 미생물에 의한 소모를 방지하고, 둘째로 혐기적 조건에 증식하고 낙산균(*Clostridium* spp.)에 의한 영양소의 소모 및 변패를 방지한다는 두 가지 점이다. 따라서 먼저 완전 밀봉이 대단히 중요하다. 낙산균을 억제하기 위해서는 예건처리를 해서 수분함량을 70~50%로 낮추어서 사일로에 채우는 것이 하나의 방법이다. 이렇게 하면 발효는 전체적으로 미약해지지만 낮은 수분활성에서 특히 저항성이 없는 낙산균이 억제되고 양질의 사일리지가 만들어진다.

이 방법에 따르면 재료의 가용성 탄수화물(당)이 적어도 지장이 없다. 다음은 수분이 많은 재료를 가지고 유산발효를 촉진해서 pH를 낮게 하고(pH 4.2 이하), 이에 따라 낙산균의 증식을 억제할 수도 있다. 이 경우에는 발효의 기질이 되는 당분이 충분히 존재해야 하고 옥수수 같은 재료라면 첨가물을 사용하지 않아도 양질의 사일리지가 된다. 당분이 적은 재료를 쓸 때는 당밀, 기타의 당원을 첨가하면 좋다. 제 3의 방법으로서는 수분이 많은 재료에 개미산(蟻酸 ; formic acid)과 같은 산을 사용해서 pH를 낮추어 낙산균을 억제하든가 또는 직접 낙산균을 억제하는 약제를 사용할 수도 있다. 이와 같이 불량한 발효가 일어나지 않도록 조제하면 저장 중에 영양소의 손실을 최소로 할 수가 있다. 그러나 사일리지의 사료가치는 결코 원료의 사료가치 이상으로 되는 일은 없다.

사일리지 제조용 기계(製調用機械) ensiling machinery 목초를 수확 후 즉시 고수분의 상태 그대로를 채워 담는 경우에는 포리지 하베스터(forage harvester)로써 예취(刈取)와 동시에 세절(細切)하고, 이것을 트레일러(trailer) 또는 왜건(wagon)에 실어서 사일로 위치까지 운반하여 탑형 사일로 송풍기(flower)로 불어 올려서 사일로에 투입한다. 포리지 하베스터에는 flywheel을 붙인 회전칼과 고정칼에 의해서 절단되는 플라이휠형(flywheel type), 원통형 회전칼과 고정칼에 의해 절단하는 실린더형(cylinder type), 수평한 축에 부착시킨 칼로 절단하는 플레일형(flail type) 등이 있다.

포장(圃場)에서 예건한 목초를 채워 담는 경우에는 모아(mower)로 예취 후 예건의 효율을 높이기 위해 헤이 컨디셔너(hay conditioner)로써 압쇄(壓碎)하고 테더(tedder)로써 뒤집어서 균일하게 빨리 시들도록 한 다음 어느 정도 수분함량에 도달하면 레이크(rake)로 집초(集草)한다. 이것은 픽업 하베스터로써 주워 올려 가면서 세절하고 트레일러(또는 왜건)로 사일로 장소까지 운반한다. 소규모의 경우는 길다란 그대로의 목초를 사일로까지 운반하고 거기서 사일리지 캇터(silage cutter)로 세절해서 송풍기로 불어 올리는 일도 있다. 대형 탑형 사일로에 있어서는 재료를 사일로 내에 균등하게 채우기 위해서 사일리지 디스트리뷰터(silage distributer)를 사용한다. 완성된 사일리지를 기계적으로 꺼내는 경우에는 언로우더(unloader)를 사용한다. 통상의 탑형 사일로에서는 상부에서 끄집어내는 톱 언로우더(top unloader)가 사용되지만 기밀사일로에서는 보톰 언로우더(bottom unloader)로써 하부에서 꺼내게 된다.

사카라아제 saccharases 당류를 분해하고, 효소의 종류에 따라 포도당 혹은 과당을 해리(解離)하는 1군의 효소를 말한다. → 인버어타제.

사카로마이세스 *Saccharomyces* 발효에 이용되는 효모이다. *Saccharomyces cerevisiae* 는 포도를 발효해서 포도주를 만들 때 쓰는 주요 효모이다.

사카린 saccharin 1800년도에 발견된 비영양성이고 칼로리가 없는 인공감미료로서 설탕의 300~500배의 감미를 가지며, 뒷맛이 약간 쓴맛을 나타내며 식품가치는 없다. 주로 음료나 과자 등의 가공식품에 사용되며, 때로는 염(ammonium saccharin, calcium saccharin 또는 sodium saccharin) 형태로 쓰인다. 비교적 무해하나 방광암을 일으킨다는 설도 있다. → 감미료.

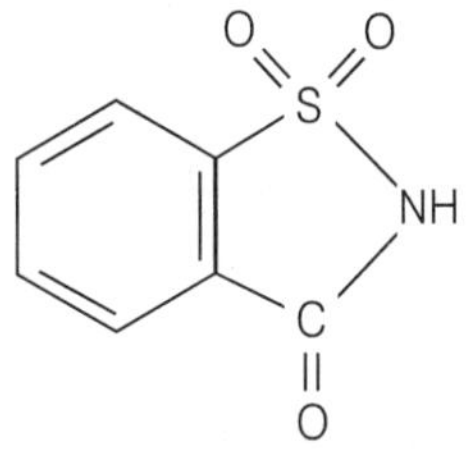

Saccharin

사탕수수당 甘蔗糖 cane sugar 사탕수수로 만든 설탕인데 다른 원료(사탕무우 등)로 만든 것과 성분은 같다.

사탕수수류 sorgo, sweet sorghum 본래는 중국의 사탕수수를 미국에서 도입한 품종을 가리켜 사탕수수(sorgo)라고 했는데, 현재는 일반적으로 스위트 수수(sweet sorghum)를 사탕수수라고 한다. 경우에 따라서는 종실용 수수(grain sorghum) 중에서도 청예용으로 이용되는 것을 포함해서 청예수수 전체를 사탕수수라고 하기도 한다. 이것은 강우량이 적고 더운 지방에서 옥수수를 대신하여 재배하기에 적합하다. 또 이들은 다소의 청산이 함유되어 있으므로 방목지용으로 이용하기에는 위험하다. 특히 어린 시기에는 청산(KCN) 함량이 많으나 유숙기(乳熟期)에 이르면 안심하고 사용할 수 있다. 가뭄과 서리 등에 의해서 시들은 것은 특히 위험하다. 가축의 기호에 적합하고 수확량이 많은 좋은 사료작물이다.

사탕수수 잔사 sugar cane bagasse 사탕수수로부터 사탕을 만들 때에 재료를 잘라서 분쇄해서 압착기에 넣어 당즙을 충분히 짜낸 찌꺼기를 사탕수수 잔사라고 한다. 이것은 영양가가 높지 않은 조사료에 속하는데, 그대로를 사료로 이용하는 일도 있으나 당밀을 첨가하여 소의 사료로 이용하는 일도 있다. 잔사 중 주로 '수(髓)'의 부분을 분리한 것을 미국에서는 sugar cane pulp 또는 pith라고 한다. 이것은 잔사와 같이 조섬유가 45% 정도로 높고, TDN은 잔사 전체보다 높아진다.

사포닌 saponin 사포닌은 트리터페노이드(triterpenoids) 또는 스테로이드(steroides)의 배당체의 총칭인데, 식물체 즉, 두과류(legume) 특히 사포톡신속(屬)의 식물에 많이 함유되어 있다. 사포닌의 아글리콘(aglycon, 배당체의 비당분)은 사포니겐(saponigen)이라고 하고 sugar와 steroid로 분해된다. 사포닌은 표면활성이 강하고 물과 함께 진탕하면 강하게 기포가 발생하고 계면활성제이다. 또 일반적으로 미량이라도 용혈성이 있기 때문에 정맥 내에 주사하면 적혈구가 파괴되어 유해하다. 사포닌은 쓴맛이 있고 점막을 자극하지만 경구투여하는 경우는 무독하다고 한다. 알팔파 중에도 함유되어 있지만 보통 급여하고 있는 경우는 문제가 없다. 사포닌은 비누처럼 지방과 기름의 유화제로 사용된다.

ㅅ

사플라워박(粕) safflower meal 사플라워는 홍화꽃이며, 예전에는 그 꽃에서 심홍색의 염료를 얻기 위해 재배되었다. 구미(歐美)에서는 사플라워가 유료작물(油料作物)로서 꽤 많이 재배되고 있다. 사플라워의 종실에서 기름을 짜고 남은 것이 사플라워박(粕)이다. 사플라워의 종실은 두꺼운 껍질이 있으므로 유지를 짜고 난 박(粕)은 30% 이상이나 되는 섬유를 함유하고 있다. 그러나 반면에 약 20%의 단백질을 함유하고 또 기호성도 그다지 나쁘지 않으므로 반추가축의 사료로서 이용된다. 에너지가 낮으므로 돼지·닭의 사료에는 부적당하다. 미국에는 특수한 방법으로 사플라워박도 생산되고 있는데 이것은 섬유함량이 10% 이하, 단백질 함량이 40% 이상이나 되므로 대두박 대신 쓰여진다. 그러나 메치오닌 및 리신 함량이 낮으므로 돼지·닭 사료로 사용할 경우에는 양질의 어분과 섞어 사용하는 것이 좋다. → 홍화박, 잇꼬박.

사후경직 死後硬直 rigor mortis 근육을 지닌 동물이 죽은 뒤에 일어나는 근육의 경직을 말한다. 사망할 때 근육은 부드럽고 유연성이 있다. 혈류가 정지하면 조직의 대사는 혐기적으로 되어 유산이 생성되고 pH가 저하된다. ATP 농도가 저하되므로 근육은 경직되는데 이것을 사후경직이라고 한다. 이 단계에서 먹으면 고기는 질기지만 수일간 냉장실(cooler)에 넣어 보관하면 효소의 작용으로 부드러워져 먹기 좋다. 이 방법을 conditioning이라고 하며, 고기맛은 도살 후 즉시 먹는 고기보다 좋다.

산 酸 acid 수용액 상태에서 수소이온(hydrogen ion)을 방출하는 물질이며, pH 7 이하를 나타내며 금속과 반응하여 염(salt)을 만들고 염기(base)를 중화시킨다. 레몬, 토마토, 식초와 같이 신맛(sour taste)을 내게 한다.

산가 酸價 acid value(AV) 중성 지방은 분해의 제1단계로서 이것을 구성하고 있는 글리세롤과 지방산으로 분해된다. 따라서 그 중에 유리지방산을 많이 함유하는 지방일수록 분해가 진보된 것으로 생각된다. 산가(酸價)라는 것은 지방 중에 함유되는 유리지방산의 양을 나타내는 것인데, 유지의 양부(良否)를 나타내는 수치로서 중요하다. 산가는 1 g의 유지에 함유되는 유리지방산을 중화하는 데 소요되는 수산화칼륨(KOH)의 mg수로서 표시된다.

산란 産卵 egg production 닭에는 같은 사료를 급여해도 품종 · 계통 · 월령 · 계절 등에 따라서 산란수가 달라진다. 산란수를 표시하는 방법은 몇 가지가 있다. 즉 검정해야 할 기간 내의 총 산란 개수를 검정 개시시의 수수(首數)로 나누어서 구하는 헨 하우스드 산란수(hen housed egg production), 또 총 산란 개수를 검정 개시시의 수수(首數)에 검정기간의 일수를 곱한 연수수(延首數)로 나누어서 이것을 백분율로 나타내는 헨 하우스드 평균(hen housed average)이 있다. 다시 검정기간의 전 산란 개수를 1일 단위로 한 연사양(延飼養) 수수(首數)로 나누어서 구하는 헨 데이 산란율(hen day egg production), 또는 이것을 백분율로 나타내는 헨 데이 평균(hen day average) 등이 있다.

산란계 産卵鷄 laying hen, layer 닭은 부화 후 약 4～5개월 전에 산란을 개시하는 것이 많다. 이와 같은 산란 중의 닭을 산란계라 한다. 산란은 산란 개시 후 약 1년간은 초산계라 하고, 그 이후 해가 더해 갈수록 2년계, 3년계 등으로 분류한다. 산란계는 연령이 더해 감에 따라서 산란율 및 사료효율이 저하하므로 최근에는 초산 후부터 다음 털갈이 기간까지 약 1년간 산란시킨 뒤 도태해서 갱신하는 사양체계가 많다.

ㅅ

산란시험 産卵試驗 egg production test 산란 중의 가금의 1군을 단위로 해서 산란에 대한 사료의 영양가, 효율, 혹은 독성 등을 알기 위해서 실시하는 시험인데, 일정 기간의 산란 개수, 난중(卵重), 사료요구율 및 폐사율 등을 비교한다. 단지 계통에 의한 산란능력의 차이를 검토하는 경우에는 산란능력 검정이라고 한다.

산란지수 産卵指數 hen-house egg production 일정 기간 내의 총 산란수를 그 기간의 최초 입추한 수수(首數)로 나눈 값으로서, 일반적으로 1년을 단위로 계산될 때가 많다. 즉 1군의 1년간 총 산란수를 그 군의 산란 개시 때의 수수로 나누어 1수당 연간 평균 산란수를 산출한다. 이 지수는 산란 능력 뿐만 아니라 생존력, 건강성 등의 요소가 가미되어 있으므로 닭의 육종에 많이 이용되고 있다.

11월 중 총 산란수 : 2,240개
산란개시 최초의 수수 : 100수

$$\frac{\text{1군 총 산란수}}{\text{산란개시 최초 수수}} = \frac{\text{2,240개}}{\text{100수}} = \text{22.4개}$$

1군의 1수당 연간 평균 산란수 : 22.4 × 12 = 268.8개

산물수송 散物輸送 transportation in bulk 사료 유통의 합리화와 사료공급의 성력화(省力化)를 목적으로 최근 급속히 배합사료의 산물 수송이 보급되고 있다. 그 수단으로

서는 400～500 kg이 들어갈 플렉시블 컨테이너(flexible container), 2～3톤을 실을 수 있는 전용차(bulkcar), 30톤 적재의 전용 적재차량 등이 있다. 산물(散物) 수송은 사료 제조공장에서 직접 벌크차에 의해 소비자의 인수탱크에 수송되는 것과 사료공장에서 하치장(stock point)을 경유해서 벌크차에 의해 농가에 배송되는 두 가지 예가 있다. 산물 수송에서 가장 주의할 점은 벌크차에 싣기, 수송 혹은 하치장의 탱크에 있어서 원료 분리에 의한 품질의 균형이 깨어지는 것과 수송 중에 이물의 혼입 등을 들 수 있다.

산성세제 불용성 섬유 酸性洗劑不溶性纖維 acid detergent fiber(ADF) 조사료의 세포벽 물질 중에서 헤미셀룰로오스를 제외한 나머지에 해당하는 물질, 즉 사료를 산성세제 용액으로 1시간 동안 끓인 후 여과해서 남는 물질 중 lignocellulose 물질로서 소화율과 관계가 있다. → 애시드 디터전트 화이버.

산성식품과 알칼리성 식품 acid foods and basic foods 무기성분 중 Na・K・Mg・Ca는 체내에서 염기를 형성하며, P・S・Cl은 산을 형성하게 된다. 이 두 가지 중 어느 편이 많은가에 따라 식품은 산성 또는 알칼리성 무기물 등을 체내에 남기게 된다. 고기・생선・달걀・치즈・곡류는 산성 무기물를 남기고, 우유・채소・과실류는 알칼리성 무기물를 남기게 된다. 지방과 당류는 무기물이 없으므로 중성이다. 귤은 산미가 강하나 체내에서는 염기를 생성한다. 귤에는 구연산과 Na염이 있으나 산은 산화되어 CO_2와 H_2O로 되며, Na이 알칼리성으로 남기 때문이다.

산성아미노산 acidic amino acid 아미노산의 측쇄(side chain)에 여분의 카르보닐(-COO-)군을 가지고 있는 아미노산이다. 여기에는 아스파르트산(aspartic acid)과 글루탐산(glutamic acid)이 포함된다. 이들 아미노산이 세포의 pH 하에 존재할 때는 이온화된 상태로 존재하며, 이를 aspartate와 glutamate로 표시된다.

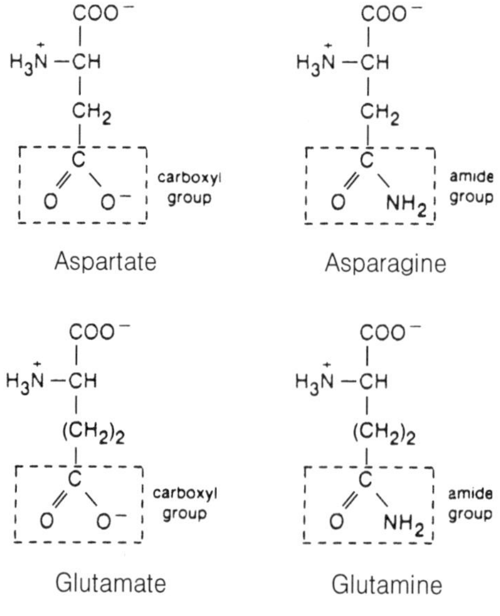

산성아미노산의 아미드 amides of acidic amino acids 아미드기(amide group)를 가지고 있는 아미노산은 측쇄(side chain)에 있는 카르복실기(carboxyl group)를 다른 아미드와 결합한다. 즉 aspartate는 asparagine으로, 그리고 glutamate는 glutamine이 된다.

산성유(乳) acidophilus milk *Lactobacillus acidophilus*를 배양한 우유이며, 유당이 젖산으로 변하기 때문에 신맛이 있다. 특히 유당을 소화시키지 못하는 사람(lactose in tolerant)이 이용한다.

산성 유청(乳淸) acid whey 산처리에 의해서 카제인을 침전시켰기 때문에 산성화된 우유의 액상 잔유물을 뜻한다.

산성혈액증(酸性血液症), **산독증**(酸毒症) acidosis 혈액의 pH가 정상보다 낮은 상태(산성의 증가)이며, 신체가 이 같은 변화에 대응하지 못했을 때 나타난다. 대사성 산성혈액증(metabolic acidosis)은 혈장 내에 중탄산염 농도의 변화를 의미하며, 호흡성 산성혈액증(respiratory acidosis)은 탄산가스 분압의 변화를 의미한다. 영양과 관련된 대사성 산성혈액증은 특히 어린아이의 탈수(dehydration), 단식(starvation), 신경성 식욕부진(anorexia nervosa), 당뇨(diabete)에 의한 케토시스(ketosis) 또는 저탄수화물식(lowcarbohydrate diet) 또는 황산염과 인산염 같은 강유기산 이온의 축적에 기인된다. 호흡성 산성혈액증은 탄산가스의 축적으로 혈액 pH가 떨어져서 발생되며 이는 폐렴, 천식(asthma), 기도가 막혀서 탄산가스가 제대로 배출되지 않을 때 생긴다.

산성 회분 酸性灰分 acid ash residue 총 무기산성 음이온 함량이 높은 식품이며, 주로 염화물(chloride), 인산염(phosphate), 황산염(sulfate)으로 구성되어 있다.

산양 山羊 goat 산양은 반추가축이고 면양과는 극히 가까운 인연이 있다. 품종으로는 자아넨(Saanen)종·토겐버그(Toggenburg)종 등의 유용종(乳用種)과 앙고라(Angora)종·캐쉬미어(Cashmere)종 등의 모용종(毛用種)으로 분류된다. 우리나라에서 사육되는 산양은 재래종을 누진교배(累進交配)에 의해 자아넨종으로 개량한 한국 자아넨종이 대부분을 점유하고 있다. 한국 자아넨종의 비유능력은 비유기간 270~350일, 유량(乳量) 500~1,000 kg이다(축시). 사료는 소나 면양과 같으며, 척박지와 암석이 많은 황무지의 풀도 잘 먹는다.

산-염기평형 酸鹽基平衡 acid-base balance 체액내의 산성이온(acidic ion)과 염기성이온(basic ion)의 농도의 최적 평형상태, 즉 체액의 pH는 매우 좁은 범위 내에서 유지되어야 생명이 유지될 수 있다. 호흡과 신장체계에 의해 산 및 염기이온을 배설 또는 보존함으로써 산-염기평형이 유지된다. 모든 대사과정에서 조직이 반드시 제거 또는 다루어져야 산이 생성된다. 휘발성 가스인 탄산가스(carbon dioxide)는 에너지 생성 영양소의 산화에 의해 생성되는 주요 최종 산물이며, 물에 용해되어 탄산(carbonic acid, CH_2CO_3)이 된다. 극소량의 탄산가스가 탄산을 형성하여 체액의 pH를 낮추는 기능을 한다. 탄산은 곧 수소이온(H^+)과 중탄산(bicarbonate, HCO_3^-)으로 이온화된다.

$$CO_2\ (\text{탄산가스}) + H_2O\ (\text{물}) \rightleftharpoons H_2CO_3\ (\text{탄산})$$

$$H_2CO_3\ (\text{탄산}) \rightleftharpoons H^+\ (\text{수소이온}) + HCO_3^-\ (\text{중탄산})$$

중탄산은 염기인 나트륨(Na^+)과 칼륨(K^+)과 결합된다. 세 번째 탄산가스를 운반하는 것은 단백질, 즉 원칙적으로 헤모글로빈(hemoglobin)과 결합되는 것이다. 혈액의 pH를 최적수준으로 유지하기 위해서는 탄산과 중탄산이온이 1 : 20으로 유지되어야 한다. 혈액 내로 들어가는 탄산가스가 증가 또는 감소함으로써 이 비율이 변하고, 이로 인해 pH가 상승 또는 감소된다. 이를 보상작용(compensatory action)이라고 한다. 탄산가스의 증가에 의한 보상작용은 폐를 통해 더 많은 탄산가스를 배출하거나 신장을 통해 수소이온을 배설하는 것이다. 이 같은 작용으로 pH는 정상으로 상승된다. 또한 탄산가스의 감소로 pH가 상승하면 폐를 통한 탄산가스의 배출이 감소되고, 신장은 중탄산이온의 재흡수를 줄인다. 정상상태에서의 보상작용은 탄산과 중탄산이온의 비율을 1 : 20으로 유지하고 정상 pH를 유지한다. 젖산(lactic acid), 피루브산(pyruvic acid)과 기타 산과 같은 유기산과 인산(phosphoric acid, 인지질의 대사), 황산(sulfuric acid, 함유황아미노산의 대사) 같은 무기산도 산화과정에서 생성된다. 신장에서 나트륨이온과 수소이온의 상호교환으로 오줌의 pH를 떨어뜨리고 세포내의 양이온을 비축한다.

신장의 또 다른 작용은 알칼리성을 나타내는 아미노산 대사에 의해 생기는 암모니아를 생성하고 산의 생성이 높을 때 이를 배설시킨다. 세포의 pH를 최적상태로 유지시켜주는 화합물질을 완충제(buffer)이라 하고, 혈액의 완충제는 혈장단백질, 헤모글로빈과 옥시헤모글로빈과 더불어 중탄산염, 인산염 등이다. 이 같은 완충제에 의해 생체는 체내에서 산 및 염기가 평형상태를 유지할 수 있으며 이 상태를 산-염기평형이라 한다. 산-염기평형이 정상보다 산성으로 되면 산성혈액증(acidosis)이라 하고, 알칼리성으로 되면 알칼리혈액증(alkalosis)이라 한다. 체액의 정상 pH는 7.35~7.45이다.

산육능력 검정 産肉能力檢定 progeny test of meat production 우량한 종축을 선발하기 위해서는 육용가축의 경우 육(肉)의 생산능력을 조사하는 일은 대단히 중요하다. 이를 위해서는 번식능력이 충분하다고 인정되는 종축을 대상으로 해서 그 종축에서 태어난 자축을 일정한 방법에 따라서 육성하고 그 증체량, 사료요구율, 도체의 형질, 도육의 품질 등을 간접적 또는 직접적으로 검정할 필요가 있다. 이와 같은 검정을 산육능력 검정이라 하며, 각국에서 시행되고 있다.

산전·산후 기립불능증 産前·産後 起立不能症 별다른 이유 없이 임신 말기 또는 산후에 일어서지 못하는 증상이다. 국소적인 동통과 식욕·체온·원기 등에 전혀 변화가 없는 것이 특징이다. 확실한 원인, 병변부위는 분명치 않으나 노령, 영양불량 또는 태수과다증에 의한 과도한 복부팽만, 분만 지연, 난산 후에 자주 발생한다. 골반 주위의 신경손상 또는 병변이 원인인 것으로 생각되는데 탈구(脫臼), 골반 골절, 유열 및 케토시스 등과의 구별이 필요하다.

산(酸) 첨가 사일리지 acid treated silage 사일로에 재료를 넣을 때 산을 살포해서 pH를 낮추면 식물의 효소작용이 억제되는 동시에 사일리지의 품질을 저하시키는 잡균의 번식을 방지할 수가 있다. 이 방법은 그라스 사일리지를 만들 때에 많이 사용된다. 사용하는 산은 희염산(약 0.2%), 염산과 인산의 혼합액 등이 있으며, 그밖에 유명한 것으로는 핀랜드의 A. I. Virtanen이 고안한 A.I.V액(염산과 소량의 황산 혼합액)이 있다. 이밖에 개미산, 유산, 기타의 유기산 또는 이들의 염(鹽) 형태의 것도 고려되었지만 현재는 개미산 이외는 거의 보급되지 않고 있다. 산을 첨가하는 경우에는 사일로의 내벽을 내산성으로 할 필요가 있다.

산패 酸敗 rancidity 불포화지방산의 산화(부패)로 인해 불쾌한 향미와 냄새가 나며, 이 과정은 서서히 그리고 즉시 일어난다. 지방산패에는 방향성(aroma)이 있는 것과 향이 없는 것이 있다. 불포화지방산은 빛과 산소에 쉽게 산화되고, 산패에 의해 영향을 받는 필수지방산은 가치가 낮아진다. 산패의 진행과정은 비타민 A의 retinol과 carotene, 그리고 비타민 E를 파괴시켜 식품의 영양 품질을 경감시킨다. 산패과정은 빛, 열과 어떤 무기물에 의해 촉진된다. 그러나 적정한 저장과 항산화제의 첨가에 의해 산패를 방지할 수 있고, 어떤 지방은 자체의 비타민 E가 들어 있어 스스로 방지한다.

산포도 散布圖 scatter diagram 2변수 X와 Y와의 사이의 상관관계를 분석하고, 또한 회귀직선을 유도하는 데는 먼저 1조(組)의 데이터(X, Y)를 평면도상에 하나의 점으로 해서 데이터의 관계를 도시(圖示)해 놓으면 X, Y의 관계를 직감적으로 파악해서 이해할 수가 있고, 또 그 이후의 수학적인 해석을 하더라도 기본적인 실수를 범할 염려가 적게 된다. 이와 같은 그래프를 산포도라고 한다.

산혈증 酸血症 acidosis 근육의 운동에 의해 생기는 젖산이나 지방의 대사과정에서 생기는 초산과 β-히드록시부틸산의 산성물질이 혈중에 많은 경우 예비 알칼리(alkali reserve)라고 하는 혈액 중의 중탄산소디움의 양이 감소한다. 이 상태를 대사성 산혈증(metabolic acidosis)이라 하고, 또 호흡장해로 인한 혈액내 CO_2가 증가하는 상태를 호흡성 산혈증(respiratory acidosis)이라 한다. 동물성 사료는 일반적으로 인과 유황 등의 산성 원소를 많이 함유하고 있으므로 다량 급여하면 산혈증을 일으킬 위험이 있다. 반추가축의 케토시스(ketosis) 경우에는 산혈증을 유발한다.

산화 酸化 oxidation 분자 중에 산소를 받아들이는 것이 산화이다. 모든 산화반응은 반대 반응인 환원반응을 동시에 수반한다. 수소가 산화되어 물이 되는 것도 산화반응으로 아울러 산소는 환원된 것이다. 식품이 산화될 때 최종적으로 탄산가스, 물 그리고 에너지가 생성된다. 식품 중의 탄소와 수소는 산화된 것이고, 산소는 환원된 것이다. 산화는 반드시 산소가 있어야 되는 것은 아니다. 수소가 제거되는 것도 산화이다. 즉, 포화지방산이 불포화지방산으로 전환될 때 수소가 제거되므로 산화된 것이다.

산화마그네슘 magnesium oxide(MgO) 무색 분말로서 물에는 약간 녹으며, 알칼리성을 나타내고 산에는 쉽게 녹는 성질이 있다. 산화마그네슘은 마그네슘의 주요 공급원이며, 마그네슘 함량에 따라 저순도 산화마그네슘과 고순도 산화마그네슘으로 분류한다. 또한 산화마그네슘은 버퍼제로 작용하여 반추가축의 반추위내 pH 저하로 인한 제 1위 산독증(rumen acidosis), 제 1위염(rumenitis) 및 간농양(肝膿瘍, liver abscess) 등의 발생을 방지한다. 그리고 청초(青草)의 다량 섭취로 인하여 발병되는 초식성 강직증(grass tetany)을 방지하여 준다. 젖소의 유선(乳線) 내에 초산의 흡수를 증가시키며, 지방산이 유지방 합성에 많이 이용되게끔 유도하는 역할을 하여 젖소의 유지율을 향상시킨다.

산화성 아미노기 이탈(반응) oxidative deamination　어떤 물질로부터 아미노기(amino group)가 이탈되어 암모니아와 이에 해당되는 α-keto acid가 생성되는 반응이다. 이 반응은 한 물질로부터 수소가 조효소, NAD^+ 또는 FAD^+로 이전된다.

산화성 카르복시 이탈(반응) oxidative decarboxylation → decarboxylation.

산화적 인산화(반응) 酸化的 燐酸化 oxidative phosphorylation, respiratory chain phosphorylation　호흡과정에서 전자가 방출될 때 생성된 에너지가 ADP와 무기인산염으로부터 ATP가 합성되는 미토콘드리아에서 일어나는 과정이다. 산화과정에서 유리된 자유에너지(free energy)가 세포에 이용될 수 있도록 탄수화물과 지방산이 산화되는 주요 기능이며, 이 과정에서 ATP가 생성된다.

ㅅ

산화질소 nitric oxide　체내에서 이완요인으로 작용을 보이는 아미노산 arginine으로부터 생성된 물질이다. 즉 산화질소는 조직의 이완(relaxation)을 증가시키고 심장기능과 혈압과 같은 신체작용에 영향을 준다.

산화/환원 酸化還元 oxidation, reduction　한 물질에서 잃어버린 전자(환원된 것)와 다른 물질에서 얻은 전자(환원된 것) 간의 반응이다. 전자를 잃은 화합물은 환원제(reducing agent, 또는 reductant)이고, 전자를 얻은 화합물질은 산화제(oxidizing agent, 또는 oxidant)이다.

산화효소 酸化酵素 oxidases　수소를 빼앗아 그것을 산소와 화합시켜서 물을 만들어 화합물을 산화하는 효소이다. 즉 뺏은 수소를 직접 산소에 줄 수 없는(중간체에는 줄 수 있다) dehydrogenase(탈수소효소)와는 다르다.

살균우유 殺菌牛乳 pasteurized milk　우유의 살균에는 저온살균, 고온살균, 순간살균유 등이 있으며, 살균온도와 살균시간 등의 고저는 우유성분과 맛에 영향을 미치고 있다.

살균제 殺菌劑 bactericide　하나 또는 그 이상의 박테리아를 사멸시키는 물질을 뜻한다.

살리노마이신 salinomycin　일본에서 개발된 폴리펩티드 항생물질인데, *Streptomyces albus*를 배양해서 생산된다. 닭의 항콕시듐제로서 동물용 의약품의 승인을 얻었으며, 이의 사료 첨가량은 3주령까지의 유추에는 20～30 ppm, 4주령 이상의 중추에는 50 ppm으로 되어 있다.

살모넬라 salmonella 장내세균의 일종인데, 종류가 많고 각종의 가축・가금에 널리 존재해 있다. 병원균이 되는 것과 감염해도 질병을 일으키지 않는 것으로 크게 나누지만 대부분은 후자에 속한다. 병원균으로서는 장염균, 쥐티푸스균, 돼지콜레라균, 닭파라티푸스균, 추백리균(雛白痢菌) 등이 포함되어 있다. 사람의 티푸스균도 이의 한 종류이다. 닭에 있어서는 병아리 시기에 감염되기 쉽고, 성계(成鷄)에 있어서는 감염해도 발병하지 않고 보균계(保菌鷄)로 되는 경우가 많으며, 분(糞)을 통해서 살모넬라의 감염원으로 된다. 사료에 살모넬라가 번식해서 병원균으로 되는 일도 있으며, 또한 난(卵)・육제품 등에 번식해서 사람에게 식중독을 일으키는 원인이 되므로 주의할 필요가 있다.

살충제 중독 殺蟲劑中毒 poisoning insecticide 파라티온(parathione) 등의 유기 인(P)에 의한 중독과 DDT나 BHC에 의한 것 등으로 크게 나눌 수 있다. DDT나 BHC의 경우에는 어느 것이나 신경에 자극하여 마비시키는데, 벼룩・이 등을 구제할 경우에 피부를 거쳐서 중독을 일으키는 경우와 잘못 살포하여 농작물이나 사료에 살포한 것을 먹어서 중독을 일으키는 경우가 있다. 경피(經皮) 중독의 경우 분말제는 거의 해가 없지만 기름액체 제제의 경우는 독성이 강하다. 중독증상은 신경계통이 마비되고 식욕감퇴, 경련, 신체마비 등을 일으킨다. 해독법에 대해서는 아직 알려져 있지 않았다.

살코기 flesh, lean 소, 가금 및 물고기에서 얻어지는 고기로서 100 g당 지방함량이 10 g 미만, 포화지방산이 4 g 미만, 그리고 콜레스테롤이 95 mg 미만인 근육조직이며, 일반적으로 흰색이다.

삼투몰 농도, 오스몰 농도 osmolality, **몰**/kg kg 용매당 녹아 있는 물질(삼투압적으로 활성입자)의 농도로 결정되는 용액의 특징이다. 다시 말하면 삼투몰 농도는 중량당 중량기준에서 용질(solute)의 농도를 의미한다. 성인 혈액의 정상 삼투몰 농도는 280~320milliosmole(m Osm/kg)이다. 1 mole은 물질의 1 g 분자량이고, 1 millimole은 1/1000 osmole이다.

삼투몰 농도, 오스몰 농도 osmolarity, **몰**/ℓ 용매의 ℓ(liter)당 용해된 물질 또는 삼투압적으로 활성입자의 농도에 의해 결정되는 용액의 특징을 나타내며 m Osm/ℓ로 표시한다. 다시 말하면 용질 농도를 부피(volume)당 중량으로 나타낸다. 즉 용매 ℓ당 용질 mole로 나타낸다.

삼투성 滲透性 osmosis 용액 중 용질의 농도에 따라 반투막을 통과하는 것을 뜻한다. → 반투막, 삼투압.

삼투압 滲透壓 osmotic pressure 용액의 물분자에 대한 흡인력을 말한다. 보통의 염용액을 반투막(돼지의 방광 등)으로 순수한 물과 분리된 용기에 넣어 표시한다. 물은 막을 통과하여 용액의 삼투압이 물에 대한 용액의 흡인력과 같아질 때까지 염용액은 희석된다. → 반투막.

상강 上糠 polishings 곡류의 도정공정에서 생산되는 부드러운 겨로서 일반적으로 보리를 도정할 때 생산되는 대맥상강(大麥上糠)을 말한다. → 정강(精糠).

상관 相關 correlation 몇 개의 변수 상호간에 어떤 관계가 있을 경우 상관이 있다고 한다. 예를 들면 가축에게 주는 사료의 양과 가축의 체중이 두 개의 변수 X와 Y와의 사이에 직선적인 관계가 있을 경우 상호 상관성의 강도를 나타내는 것으로서 상관계수(correlation coefficient)가 계산되고, γ로서 나타낸다. X의 증가에 따라서 Y도 증가할 때에 γ의 부호는 '+'이고, Y가 감소할 때는 '-'로 된다. γ의 수치는 1과 -1의 사이에 있고, X와 Y가 완전히 직선관계일 때는 1 또는 -1이 된다. γ가 2변수의 직선적 관련성의 강도를 나타낸다고 생각하는 것은 수학적인 해석이고, γ가 유의성이 있어도 그것이 곧 양자간의 어떤 인과관계를 나타내는 것이라고는 말할 수 없다.

상대습도 相對濕度 relative humidity 미생물은 생존에 수분을 요구하므로 식품 보존과 관계가 깊다. 어느 조건, 예를 들면 설탕의 고농도 용액에서는 수분이 이용되지 못한다. 즉 곰팡이는 잼(수분 30%)에서는 생육되지 않으나 곡물(수분 10%)에서는 생육된다. 유효 수분은 편의상 상대습도로 강조되고 있다. 세균은 효모보다 더 많은 수분을 필요로 하므로 위험성이 적다. 효모에 대한 최소 상대습도는 75～95%인데 온도가 높을수록 커진다.

상번초 上繁草 top grass 목초에 있어서 키가 크고 잎이 위쪽에 많은 초종을 말하며, 예취(刈取) 후에는 성장이 대체로 늦은 편이다. 예취 시에는 약간 높게 베어 주는 것이 재생력에 도움을 주게 되는데, 약간 높게 예취한다고 전체 수량 변화에 큰 차이는 없다. 화본과 목초의 오차드 그라스, 이탈리안 라이그라스, 톨페스큐, 티모시, 리드카나리 그라스와 두과의 레드클로버, 알팔파, 괴근이나 뿌리로 번식하지 않는 풀이 여기에 속하는 초종(草種)이다.

상온 통풍건초 常溫通風乾草 ban cured hay 인공건초 중에서 송풍기에 의해서 상온의 공기를 통과시켜 수분의 증발을 빠르게 하기 위하여 만들어진 것을 상온 통풍건초라고 한다. 이와 같은 건초를 만들려면 원동기, 송풍기, 건조실 등의 설비가 필요하다. 원동기로서는 전동기나 발동기가 보통으로 이용되지만 수차(水車)를 이용할 수도 있다. 송풍기는 프로펠라형이 주로 이용된다. 건조에는 소규모의 경우는 커다란 상자형의 것을 이용하면 좋지만 재료가 많은 경우에는 창고 전체에 다 맞추도록 설계하는 것이 좋다. 상온 통풍건초는 날씨에 관계없이 만들 수가 있고, 또 비교적 단시간에 끝나지만 그 능률은 재료의 종류나 양, 예건(豫乾)의 정도, 기계의 설비능력 등에 따라서 크게 다르다.

상표명 商標名 brand name AAFCO(미국 사료품질관리위원회)가 정의한 바에 의하면 상표명이란 특정 공급자의 시판 사료를 타 공급자의 시판 사료와 구별할 수 있게 하는 모든 어휘, 이름, 상징, 수단 또는 이들의 통합체라 한다.

상품금융공사 商品金融公社 commodity credit corporation(C.C.C) 1930년대 초기의

세계적인 경제 불황 때 미국 의회와 루우즈벨트 대통령이 농업소득 및 농산물 가격을 안정시키고 또 적정한 공급을 유지하여 농산물 등의 질서 있는 배분을 촉진할 목적으로 설립된 농무성의 기관이다. C.C.C는 자체의 사업계획도 갖고 있지만 그 실시 및 행정적 이행은 농무성의 농업안정 보전국이 하고 있다. 주요한 업무는 융자, 구입, 매각, 저장, 수출 및 특별 활동이다. 이것은 당시 간접적으로 세계에 영향을 주는 커다란 사업이었다. 특히 1973년 소련의 흉작 등을 배경으로 한 일련의 곡물 대량 매수를 계기로 C.C.C가 대량의 재고를 방출한 때문에 세계의 곡물 수급 불안정의 주역을 해서 일시에 유명해졌다.

상피조직 上皮細胞 epithelial tissue 호흡기, 소화기, 비뇨기, 생식기와 같은 여러 가지 체관(body tract)과 피부 표면을 싸고 있는 세포이다.

상한섭취량 tolerable upper intake level(UL) 인구집단내 거의 대부분의 사람에게 건강에 유해한 영향이 관찰되지 않는 1일 최대 섭취량이다. 이 값은 장기간 섭취에 적용된다.

새우분(粉) shrimp meal 식용에 부적합한 새우의 전부 또는 새우 가공 시에 나오는 머리 부위, 껍질 같은 먹지 못하는 부분을 건조한 것으로서 성분은 원료에 따라서 상당히 다르다. 새우분(粉)의 주성분은 단백질과 회분이지만 단백질의 일부는 키틴질 질소이며, 영양가는 어분과 비교하면 상당히 뒤떨어진다. 그러나 돼지나 닭 사료의 단백질원으로서 대두박 같은 다른 양질의 단백질원과 병용하면 좋고, 또 유우용 사료로서는 10% 정도까지 배합할 수 있다. 새우분은 원료가 불량하든지 가공방법이 좋지 않으면 변질되기 쉬우므로 주의해야 한다.

색맹 色盲 colour blindness 색을 식별하는 데 비정상적이며, 또한 그러한 증상의 사람을 뜻한다. 선천적 소질의 결함으로 모든 빛깔을 식별하지 못하고 명암만을 분간하는 전색맹과 일정한 빛깔만을 식별하지 못하는 부분색맹이 있는데, 부분색맹에는 홍록(紅綠)을 분간 못하는 홍록색맹과 청황(靑黃)을 분간 못하는 청황색맹이 있다. 색맹보다 정도가 가벼운 것을 색약(色弱)이라 하는데 여자에게는 극히 드물다.

색소 강화제 色素强化劑 carotenoid fortifier 백색옥수수나 수수 같은 것을 주로 한 사료를 급여하는 경우 브로일러는 피부가 퇴색, 산란계는 난황의 색깔이 퇴색한다. 이와 같은 경우에 색을 띠게 할 목적으로 사용하는 첨가물을 색소 강화제 또는 카로티노이드 강화제라고 한다. 색깔의 주체는 크산토필(xanthophyll)로서 이것은 카로티노이드 색소이고, 천연 카로티노이드에는 β-카로틴, 아포카로틴산 에스테르, 칸타크산틴, 시트라나크산틴 등이 있다. 최근 사료 첨가제로서 ① β-아포-8'-카로틴산 에스테르(ethyl β-apo-8'-carotenoate), ② 칸타크산틴(canthaxanthin) 및 시트라나크산틴(citranaxanthin) 등의 제제가 이용되고 있다. 사료에의 첨가량은 종류에 따라 각각 다르지만 약 0.3~3.0 ppm이다.

생(신선, 미건) 生(新鮮, 未乾) fresh 수확, 생산, 제조 또는 채집된 지 시간이 얼마 경과하지 않았거나 건조, 보존 또는 가공되지 않은 상태를 말한다.

생검, 생체조직 검사 生檢, 生體組織檢査 biopsy 진단, 특히 현미경적 진단을 목적으로 생체조직 일부를 적출 검사하는 법을 뜻한다.

생균류 生菌類 live microbes 가축의 정장(整腸)이라든지 성장촉진을 목적으로 활성이 있는 세균 제제가 사료에 첨가되는 일이 있다. 이것은 생균제이고, 특수한 세균을 건조하거나 또는 45℃ 이하의 저온에서 건조하고, 여기에 희석제로서 유당, 옥수수 전분 또는 α-화 소맥분 등을 가해서 분말화한 제제이다. 현재, 돼지 특히 자돈의 하리 예방 혹은 성장촉진 등을 목적으로 사용되는 것으로서 유포자성 유산균(*Lactobacillus sporogenes*), 바실러스토요이(*Bacillus toyoi*), 비피도균(*Bifidobacterium*) 및 미야리균(*Clostridium butyricum miyairi*) 등의 제품이 있다.

생물가 生物價 biological value(BV) 영양소의 진정한 가치를 파악하기 위해서는 생물학적 가치를 아는 것이 중요하다. 그러나 단백질의 경우를 제외하면 측정방법은 통일되어 있지 않다. 단백질의 경우는 소화 흡수된 질소에 대한 체내에 축적된 질소의 비율을 단백질의 생물가라고 한다. 토마스 미첼법(Thomas mitchel)의 생물가는 다음과 같은 식으로 구한다.

$$\text{생물가} = \frac{\text{섭취 질소} - (\text{분 질소} - \text{대사성 질소}) - (\text{요 질소} - \text{내인성 질소})}{\text{섭취 질소} - (\text{분 질소} - \text{대사성 질소})} \times 100$$

또한 이의 측정에 있어서는 에너지를 비롯해서 다른 영양소의 부족이 없어야 하며, 질소 출납은 부(負) 또는 평형의 조건하에서 실시하여야 한다. 이와 같이 하여 측정된 값을 특정 단백질의 생물가라고 한다. 전란(全卵)의 단백질은 생물가가 100이 된다.

생물학적 검정 生物學的 檢定 biological assay 약품 혹은 특정 물질의 활성도를 동물에 대한 효과로서 측정하는 것을 뜻한다. → bioassay.

생물학적 산소요구량 生物學的 酸素要求量 biological oxygen demand(BOD) 미생물은 호흡으로 산소를 소비한다. 예를 들면 하수 오물, 물, 축산 분뇨 등에서 오염물질에 의한 산소의 부족량이 미생물 활성의 척도가 된다. 생물학적(biological)을 생화학적(biochemical)이라는 말로 쓰기도 한다. → 생화학적 산소요구량.

생물학적 산화 生物學的 酸化 biological oxidation 생체 내에서 일어나는 산화작용 혹은 산화현상을 가리킨다.

생물학적 현미경검사 生物學的 顯微鏡檢査 biomicroscopy 생체조직에 대한 현미경적 검사를 뜻한다.

생미강 生米糠 rice bran 벼를 도정할 때 생산되는 부산물로서 기름이 추출되지 않은 쌀겨이다.

생사료 生飼料 live foods 부화된 새끼 어류의 먹이 공급용으로 생산된 클로렐라이다. 로리퍼, 알테미아(artemia)와 같은 동·식물성 플랭크톤을 말한다.

생산에너지 productive energy 생산을 목적으로 사용하는 경우 사료의 에너지가에는 여러 가지 표시법이 있지만 프랩(Fraps, 미국)의 생산 에너지가는 닭 성장의 경우에 쓰인다. 단위는 사료 섭취량과 사료에 의한 축적 체성분의 총 에너지를 측정하고 사료 1kg 당의 축적 체성분의 칼로리가로서 나타낸 것이다. 따라서 이 수치는 사료의 조성과 동물의 조건에 의해서 변동하는 것이므로 다른 가축과 산란계의 경우에는 적합하지 않은 경우가 많다.

생산을 위한 정미에너지 net energy for production(NEp) 유지를 위해 쓰여지는 이외의 정미에너지는 생산을 위해 사용되는데, 예를 들면 작업(노동), 증체, 태아 성장, 유(乳) 생산, 육(肉) 생산, 알(卵) 생산, 털(毛) 생산 등 여러 부분에 쓰여진다. 따라서 생산을 위한 에너지도 그 용도에 따라서 NEegg, NEgain, NEmilk, NEpreg, NEwool, NEwork 등으로 표기한다.

생시체중(生時體重)**과 성숙체중**(成熟體重) birth weight and maturation weight 출생 직후에 체중을 측정한 것을 생시체중이라 하는데, 그 후 발육상태의 양부(良否)를 검토하는 데 있어 중요하다. 젖소의 경우 어미 체중의 7% 전후이며, 홀스타인은 42 kg 안팎이다. 또한 단태동물(單胎動物)은 일반적으로 출생 시 체중의 약 15배 정도 성장한 후 멈춘다. 홀스타인 수컷은 1,200 kg, 암컷은 600～700 kg까지 성장하며, 이 때를 완숙한 것으로 일컫는데, 홀스타인 암소의 경우 약 400 kg에 도달하면 체중이 증가하는 도중이지만 생식능력은 이미 완성된 것으로 보고 첫번 교배를 맞이하게 된다. 성숙체중이란 엄밀히 따져 완숙 시 또는 낙농 경영상으로 번식 비유의 상태에 도달했을 때의 체중을 말한다.

생식선자극호르몬 gonadotropic hormone 뇌하수체전엽에서 분비되고 생식선 기능을 조절하는 두 종류의 호르몬, 즉 여포자극호르몬(folliclestimulating hormone)과 황체형성호르몬(luteinizing hormone)이다.

생식선자극호르몬 분비촉진호르몬 gonadotropin-releasing hormone(GnRH) 뇌하수체전엽(anterior pituitary)에서 생식선자극호르몬(gonadotropin)의 분비를 촉진하는 뇌하수체자극호르몬이다.

생육 전기 生育前期 early vegetative 식물체가 줄기 성장을 하기 이전까지의 시기로서 체조직이 매우 연한 시기이다. 즉 새로운 성장을 하는 시기로서 출수기 이전, 개화 이전, 미성숙, 꽃눈이 생기는 시기 등의 유초기에 해당하는 시기를 말한다.

생육 후기 生育後期 late vegetative 줄기가 성장하는 시기에서부터 꽃이 피기 직전까지의 시기로서 꽃눈이 형성되는 시기부터 첫 꽃이 피는 시기까지를 말한다.

생체검사 生體檢査 biopsy 진단의 목적으로 조직의 작은 부위를 잘라내어 검사하는 것을 말한다.

생체 이용도 生體利用度 bioavailability 섭취한 영양소가 체내에서 흡수되는 정도를 나타낸다.

생체(生體) **임피던스** bioimpedonce 저강도 전류를 사용하여 총 체지방을 평가하는 데 사용되는 기술이다. 체지방이 많으면 전류에 대한 저항이 크다.

생체정량법 生體定量法 bioassay 동물반응의 강도와 사료 중의 어떤 물질, 즉 단백질, 아미노산, 비타민, 무기물, 호르몬, 약제 또는 에너지 등의 함량과의 회귀관계를 이용해서 미지(未知) 물질 중에 포함된 어떤 물질의 함량이라든지 역가를 측정하는 방법을 말한다. 쥐나 병아리가 주로 이용되고 있고, 또 효모나 유산균 등도 이용되지만 이러한 미생물을 이용하는 방법은 미생물 정량법(microbioassay)이라고 한다. 표준물질 양과 생물반응의 크기에 근거한 검량곡선을 작성해서 이용하지만 사양조건에 따라 검량곡선이 변동하므로 측정할 때마다 검량곡선을 작성할 필요가 있다. 생물의 반응으로서는 체중 증가, 뼈와 같은 각 기관의 성장도, 유산(乳酸) 생성량, 탁도(濁度) 등이 목적에 따라서 적절하게 이용된다.

생태학 生態學 ecology 생물의 생활상태 및 생물과 환경과의 관계를 과학적으로 연구하는 생물학의 한 부문이다.

생화학 生化學 biochemistry 생물체를 이룬 물질의 화학적 구조를 밝히고, 생물체 안에 있어서의 그들의 분포・합성 및 생리학적 의의에 관한 연구를 비롯하여 생물체에 관계되는 모든 물질을 화학적으로 연구하는 학문이다. 즉 생물체에서 일어나는 화학과정을 연구하는 것이다.

생화학 장애 biochemical lesion 영양결핍으로 인한 생화학적 기능(예 : 혈중 또는 소변 중의 영양소 부산물이나 효소작용)의 감소현상이다.

생화학적 산소요구량 生化學的 酸素要求量 biochemical oxygen demand (BOD) 수중의 오염원이 되는 물질이 호기성 균의 작용에 의해 분해되고 안정화되는 데에 요구되는 산소량이다. 이것을 검토하려면 일정량의 희석한 시수(試水)를 5일간 20℃ 항온기에서 유지하여 생물을 육성시키는 것인데, 소비된 산소량(BOD ppm)은 희석수와 희석수의 용존(溶存) 산소량의 차에 의해서 구해진다. 생화학적 산소 요구량(BOD)은 하수나 폐수 등에 의한 물의 오염도를 조사하는 데에 중요하다. 하수도법에 의하면 방류하는 물의 BOD는 50 ppm 이하여야 하는 것이 하나의 기준으로 되어 있다. 더욱이 펄프공장의 제조폐액을 효모를 배양하여 이의 사료화를 도모하는 일이 실행되고 있는데, 이것은 BOD를 낮추게 하는 효과가 있다고 한다.

생화학적 전구물질 生化學的 前驅物質 biochemical precursor 생체에 따라 목적으로

하는 최종 생성물로 변할 수 있는 물질을 뜻한다. 전구물질은 최종 생성물의 기성 부분이라 할 수 있다.

서경(鼠徑) **헤르니아** inguinal hernia 장관(腸管)이 서경관(鼠溪管) 내에 진입한 증상을 말한다. 돼지·말 등에 많이 발생하며, 소의 경우는 드물다. 장관이 다시 음낭 내부까지 도달한 경우 음낭 헤르니아라고 부르며, 선천적으로 서경관이 넓은 경우에 발생한다. 되돌리기 어려운 경우에는 수술에 의해 치료하는 방법밖에 없다.

서머 사일리지 summer silage 사일리지는 일반적으로 겨울철을 대비한 저장사료로서 겨울철의 생초 결핍시기에 급여하는 일도 있고, 또 저장사료의 연간 급여방식에 의하면 이듬해 여름철에 사일로를 열어서 사일리지를 급여한다. 이와 같이 여름철에 급여하는 사일리지를 서머 사일리지(summer silage)라고 한다. 사일리지로서는 보통의 사일리지와 특별한 차이는 없지만 기온이 높은 시기에 사일로를 열어서 급여하기 때문에 2차 발효의 위험성이 높다. 따라서 1회의 반출량을 될수록 많이 방목 대용 조사료 공급방법으로 장마기간, 고온의 하절기에 사용하는 것이 바람직하다.

서섹스 Sussex 겸용종의 닭으로서 도킹종에 가까운 것으로 영국산 이태리계 품종이며, 영국 서섹스 지방이 주원산지로서 오래된 개량종이다. 내종은 담색, 적색 등이 있는데 담색종이 많이 사육되고 있다. 머리는 크고, 중간 크기의 단관을 가지고 있으며, 목(頸)은 중등이다. 약간 만곡되었으며, 등은 길고 펴져 있으며 경사졌다. 몸통의 폭은 넓고, 체구는 넓고 깊다. 피부와 정강이(脛)는 백색이며, 체중은 ♂ 4.1 kg, ♀ 3.2 kg이며, 성질은 온순하고 취소성이 있다. 체질은 강건하고, 육추는 용이하다. 중숙성이며 난은 담갈색이고, 난(卵)의 무게는 56 g으로서 연산(年産) 130～140개 정도이며, 육질이 좋다.

석고 石膏 gypsum 폐분이나 석회석에서 공급되는 탄산칼슘 대신에 함황산칼슘의 형태로 칼슘을 공급한다. Calcium sulfate, 천연석고, 화학석고, 석고, 소석고라고도 하며 칼슘 및 무기태 유황 공급원이다.

석유증(**젖소**) 惜乳症(乳牛) 정상적으로 비유(泌乳)하던 젖소가 정신적인 원인에 의해 반사적으로 갑자기 비유를 중지하는 경우를 일컫는다. 원인으로는 유두·유방 등에 동통이 있는 경우와 놀랐을 때와 고민 등의 정신적인 스트레스 원인을 들 수 있다. 거칠은 관리나 미숙한 착유기술 등이 원인일 경우도 있다.

석유효모 石油酵母 petroleum yeast 석유 성분인 탄화수소, 특히 가파라핀을 주로 이용하는 효모를 배양한 것을 탄화수소 효모(일명 석유효모)라 한다. 효모로서는 캔디다(Candida)속이 많이 사용되고 사료 등에 이용되고 있는데, 그 조성은 제품에 따라 많은 차가 있지만 건물 중 조단백질은 약 55～70%, 조지방은 2～20%이다. 아미노산 조성은 함유황아미노산이 부족되는 것을 제외하고는 어분과 맞먹는다. 돼지나 닭에는 사료 중 10% 정도의 배합이면 대두박과 거의 같은 사료가치가 있다. 또 양어사료로서도 성적이 좋고, 어분의 50%를 대치할 수 있는 것으로 알려져 있다.

석유효모 부산물 石油酵母副産物 oil yeast residue 석유에 배양된 효모의 찌꺼기를 말한다.

석탄산(소독용) 石炭酸(消毒用) carbolit acid 콜타르와 목(木)타르에 함유된 무색의 결정으로 햇빛과 공기에 접촉하면 흑갈색으로 변한다. 가축 피부와 점막의 방부, 소독작용을 지니므로 보통 2～3%액을 사용한다. 축사나 기구의 소독에는 5%액을 사용하며, 평상 기온 조건에서는 결정상태로 있으므로 석탄산 9에 물 1의 비율로 혼합한 석탄산액으로 하여 사용하면 편리하다.

석회(石灰)짚 lime-treated straw 짚류, 특히 볏짚을 알칼리로써 처리하여 리그닌류를 용출시키고 그 영양가를 높인 것을 알칼리짚(alkalitreated straw)이라고 하는데, 그 일종으로 석회짚이 있다. 석회짚은 간이 석회짚과 자비(煮沸)짚으로 구분되고 있으며, 보통은 소석회액에 약 2일간 짚을 담가 두는 간이 석회짚이 이용되고 있다. 석회짚으로 만들면 사료가치는 향상된다고 하지만 단백질, 비타민류가 낮게 함유되어 있으므로 이것을 급여할 때는 이들의 영양소를 보급할 필요가 있다. 그러나 석회짚을 제조하려면 많은 시설과 노동력을 필요로 하므로 널리 이용되지는 않는다.

석회화 石灰化 calcification 유기조직이 칼슘염의 축적으로 단단하게 되는 과정이다.

선단세포막 先端細胞膜 apical membrane 체강(body cavity)의 내강(lumen)에 접해 있는 상피세포 쪽의 막이다.

선모충병 旋毛蟲病 trichinosis, trichiniasis Trichinella spiralis의 감염으로 생기는 병이다. 이것은 돼지의 근육 속에 있는 기생충으로서 가열과 동결로 사멸된다. 인체 감염은 불완전하게 조리된 돼지고기 또는 소시지 고기를 먹는 데서 감염된다.

선발지수 選拔指數 selection index 몇 가지 형질에 대해서 동시에 유전적 개량을 실시할 경우 종합적으로 빠르고 정확한 효과를 올리는 방법이다. 각 형질의 유전율, 각각의 경제적 중요성, 형질간의 유전 상관, 각 형질의 외모 상관, 각 형질의 표준편차의 조합으로 지수와 육종가와의 상관이 최대가 되도록 선발지수를 결정한다. 따라서 독립도태 수준법 등 다른 방법보다 이론적으로 효과가 높은 방법이다.

선천성 대사장애증 先天性 代謝障碍症 inborn error of metabolism 효소를 만드는 과정이 없거나 DNA를 변화시켜서 발생하는 유전적 결함이다. 화합물 A를 화합물 B로 전환시키는 효소가 결핍 또는 이상이 있으면 화합물 A의 양이 증가되고 화합물 B는 감소된다. 어떤 경우이든간에 심각한 결과를 초래한다. Phenylketonuria(PKU)가 여기에 해당된다.

선천성 색소결핍증 환자 先天性 色素缺乏症患者(白子) albino 선천적으로 피부, 머리털 및 눈의 흑색소가 결핍되어 있는 환자를 뜻한다.

선하증권 船荷證券 bill of lading(BL) 해상운송을 맡은 화물의 재산권을 표시한 유가 증권이다. 송하인의 청구에 의해서 선주 또는 그 대리인이 발행하는 것인데, 이것은 선적화물의 수취증권이고 아울러 운송계약 증거의 증권이며, 선화(船貨)와 인환(引換)이 되는 인환증권이다. 일반적인 형태로는 본선에 선적이 끝난 뒤에 발행되는 선적 선화증권이다.

선형계획법 線型計劃法 linear programming(LP) 가장 합리적이고 경제적으로 사료의 배합비율을 결정하기 위해서 응용되고 있는 방법이다. 이 방법으로 배합비율을 검토하기 위해서는 ① 영양소의 요구량과 기타의 필수조건, ② 각 단미사료의 성분조성, ③ 가격을 주어서 그의 조건을 만족시키고, 더욱이 가장 경제적인 비율을 검토하지 않으면 안된다. ①의 필요조건을 1차 부등식으로 주어지므로 선형계획법이라 한다. 조건이 복잡하게 되면 계산이 어려워지므로 보통 컴퓨터가 이용된다. 이 밖에도 선형계획법을 사료와 같은 합리적인 수송계획의 입안(立案) 등 여러 방면에 이용되고 있다.

설탕 雪糖, **자당** 蔗糖 sugar, sucrose 설탕은 동량(同量)의 전분과 비교해서 영양가는 약간 떨어지지만 가축에게는 기호성이 좋고, 사료에 소량을 첨가하면 식욕이 증진된다. 특히 자돈(仔豚)은 설탕을 좋아하므로 사료 중에 5~10%를 배합하면 초기사료(starter)나 이유사료(離乳飼料)의 섭취량이 증가해서 성장이 빨라진다. 원당(原糖)은 설탕보다 영양가는 떨어지지만 독일 등지에서는 사료로서 이용되고 있다. 포도당도 사료로서 설탕과 같은 효과가 있다.

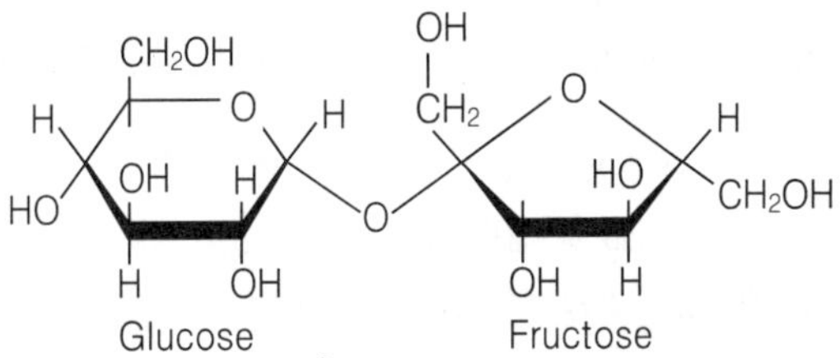

Sucrose

설탕즙 부산물 雪糖汁副産物 bagasse 설탕을 함유하는 식물(사탕수수, 사탕무우)로부터 즙액을 짜낸 줄기의 잔여물을 뜻한다. → beet pulp.

설파제 sulpha drugs 설파닐아미드에서 유도되는 유황이 함유된 예방 및 치료약품으로서 세균감염을 치료하는 데 사용된다. 설파닐아미드 자신은 필수영양소인 p-amino benzoic acid의 흡수를 저해하므로 세균에 대해서 항비타민제의 기능을 갖고 있다.

설파제 중독 poisoning of sulfa compound 설파제에는 수 종류가 있으나 설파퀴녹사틴(sulfaqunoxatin)이 독성이 가장 크다. 중독증상으로는 채식량의 감소, 소화불량, 악성빈혈 같은 증세가 나타난다. 산란계에서는 산란을 중지하고 연란(軟卵)을 낳는 경우도 있다. 이러한 증상은 축적에 의해 나타나므로 오랫동안 계속 사용하는 것은 피해야 한다. 이러한 경우에는 바로 투약을 중지하고 직사광선을 피해서 사육하고 소다수(1.0%) 메치오닌을 투여하면 효과를 얻을 수 있다.

설파히드릴기 sulfhydryl group 화합물에서 고에너지결합을 하는 SH radical이며, 이는 ATP와 같이 화합물에서 인산염(phosphate)에 의해서 생기는 고에너지 결합과 유사하다.

섬유가공 부산물 纖維加工副産物 fiber process residue 식물 전체로부터 섬유를 제거하고 난 잔여물이며, 열풍건조 또는 태양건조를 실시한다.

섬유상 단백질 纖維狀蛋白質 fibrous protein, albuminoids, scleroproteins 동물을 유지 또는 보호하는 섬유상 단백질은 다음과 같은 세 가지 형으로 분류한다. 즉 ① 펩신과 트립신에 소화가 잘 안 되고, 물에 끓이면 수용성 젤라틴으로 전환되는 피부의 콜라겐, 건(腱, tendon)과 뼈, ② 젤라틴으로 전환이 안 되는 건(腱)과 동맥에 있는 엘라스틴(elastin), ③ 산과 알칼리에 불용성이고 소화효소에 의해 소화가 안 되는 뿔·발굽·깃털·비늘·손톱을 구성하는 세라틴(ceratin)으로 구분된다.

섬유소 纖維素 fiber 사람은 소화효소를 가지고 있지 않은 다당류(polysaccharide)이며 cellulose, hemicellulose, pectin, mucilage와 gum이 여기에 속한다. Lignin은 다당류는 아니지만 섬유에 포함된다. 섬유는 주로 식물성 식품, 즉 과일, 채소, 곡물과 콩 등에 포함되어 있다. 섬유는 수용성과 불용성으로 구분된다. 뜨거운 물에 용해되거나 수용성인 섬유(soluble fiber)는 일부의 hemicellulose와 pectin, gum과 mucilage이며, 불용성 섬유(insoluble fiber)는 cellulose, lignin 그리고 일부의 hemicellulose이다.

섬유소 분해박테리아 cellulolytic bacteria 반추동물의 반추위에서 섬유소를 분해하는 박테리아이며, 가장 중요한 섬유소 분해박테리아는 *Fibrobacter succinogenes*, *Ruminococcus albus*, 그리고 *Ruminococcus flavefaciens*이다.

섬유소 분해효소 cellulolytic enzymes 반추위 섬유소 분해박테리아가 생성한 섬유소 분해효소(cellulase)는 체외효소(extra cellular cellulase)로서 다음 3가지로 분류된다.

① Endo-1.4-β-glucanase(endogluconase): cellulose 내부의 β-1.4 결합을 가수분해시켜 가용성인 cellulodextrin을 생성한다.
② Exo-1.4-glucanase: cellulose의 비환원 끝 부위를 분해하여 cellobiose를 생성한다.
③ β-D-glucoside glucohydrase(β-glucosidase): 박테리아 체내에 존재하며, 체내로 유입된 cellobiose를 가수분해하여 2분자의 glucose를 생성한다.

섬유질 사료 纖維質飼料 fibrous feed 조섬유 함량이 많은 사료를 총칭해서 섬유질 사료라고 하는데, 근채류나 고구마와 같이 수분함량은 많고 에너지 함량이 적기 때문에 조사료로 분류되어 있는 것을 제외하고는 조사료는 모두 다 섬유질 사료에 속한다. 반추가축은 섬유를 소화할 수 있으므로 이러한 사료를 잘 이용할 수 있을 뿐만 아니라 섬유질은 반추위의 활동을 좋게 한다.

성(생식)성숙 性(生殖)成熟 sexnal maturity 생식기가 완전히 발육하여 암소의 경우 발정이 나타나는 것을 말한다. 그 시기는 가축의 종류·개체·기후·풍토·사양관리 등에 따라 일정하지 않지만 소의 경우에는 생후 약 8～12개월이며, 대체로 소형 종(種)이 대형 종(種)에 비해 조숙한 편이다. 또한 영양이 좋은 소가 영양불량인 소에 비해 성성숙(性成熟) 시기가 빠르다.

성숙인자 成熟因子 maturation factor 간(肝) 중에 있는 적혈구의 성숙을 돕는 물질이다. 비타민 B_6 또는 비타민 B_{12}와 위(胃)에서 만들어지는 내인자(intrinsic factor)가 결합된 것으로 생각된다.

성장시험 成長試驗 growth test 사료 또는 특정의 사료성분, 첨가제 등의 가치 판정을 위해서는 각종의 실험계획법에 따라 동물의 체중 증가를 측정해서 판정의 기준으로 하는 시험을 성장시험이라 한다. 성장 중의 가축은 성숙한 가축에 비하면 사료 중의 영양소의 과부족, 질(質) 또는 약물 등에 예민한 반응을 나타내므로 가장 널리 이용되는 동물시험의 하나이다. 다만 가축의 성장은 사료의 영향 이외에 환경조건, 가축의 유전적 인자 등에 의해서도 크게 영향을 받으므로 실험계획 및 성적의 해석에 세심한 주의가 필요하다.

성장촉진제 成長促進劑 growth promoting agent 미생물의 발효에 의해 얻어지는 항생제나 화학적 합성에 의해 얻어지는 물질로서 동물사료에 급여하였을 때 증체율과 사료효율을 높여 주는 제제이다. → antibiotics, antibacteria agents.

성장호르몬 growth hormone 뇌하수체 전엽에서 합성되는 펩티드계 호르몬으로서 동물의 성장을 조절하고 근육과 지방조직간의 영양소 분배에 중요한 역할을 한다. 최근에는 유전공학적 기법에 의해 미생물로부터 생산되고 있다.

성주기 性周期 estrus cycle 성숙에 도달한 암소에게는 난소에서 난포의 발육·성숙·배란·황체형성·퇴행이 생기며, 이에 따라 자궁 또는 질 등에도 변화가 나타난다. 이와 같이 일련의 성(性)의 현상이 일정한 간격으로 나타나는 것을 성주기라고 한다. 소의 경우 1주기가 21일이며, 이 기간을 발정 전기(2일), 발정기(2일), 발정 후기(10일) 및 휴지기(7일) 등 4기로 나눈다.

성형건초 成型乾草 compressed dried grass 건초를 세절 혹은 분쇄해서 압축 가공하여 제조한 것을 성형건초라고 한다. 헤이 큐브(hay cube), 웨이퍼(wafer), 펠렛트(pellet) 등이 여기에 포함된다. 자세한 정의는 지역에 따라서 약간씩 다른데, 예로서 영국에서는 분쇄해서 성형한 것을 펠렛트, 세절해서 다이(die)를 거쳐 성형한 것을 코브(cob), 같은 방법으로 피스톤에 의해서 성형한 것을 웨이퍼(wafer)라고 한다. 한편 제품의 형상을 기준으로 해서 원주 또는 원판상의 것을 웨이퍼(wafer), 각형(角型)의 것을 큐브라고 한다. 어느 것이든 큐브, 웨이퍼, 코브 등은 재료가 분쇄되지 않은 것이 공통점이고 펠렛트와는 달리 조사료로서의 물리적 특성(섬유의 길이)을 가지고 있다.

원료로서는 두과·화본과 등이 이용된다. 제조용의 기계, 즉 헤이 큐버(hay cuber)에는 정치식(定置式)의 것과 이동식(移動式)의 것이 있다. 어느 것이든 그 주요 부분은 열풍에 의해서 풀을 건조하는 기구와 건조된 것을 압축 성형하는 기구로서 구성되어 있다. 수확한 목초를 즉시 열풍으로 처리하는 경우에는 어느 정도 포장에서 일건(日乾)해서 예건된 것을 처리하는 것도 있다.

성(性)**호르몬** sex hormones 남성호르몬, 즉 안드로겐에는 테스토스테론과 안드로스테론이 있으며, 여성호르몬, 즉 에스트로겐에는 에스트라디올 · 에스트론 · 프로게스테론 등이 있다. 화학구조는 모두가 스테로이드 화합물이다. 여러 가지 합성 여성호르몬이 있는데, 임상적 용법 이외에 여성호르몬을 수탉의 화학적 거세제 또는 가축의 성장 촉진제로서 널리 사용된다. → 에스트로겐, 호르몬.

성(性)**호르몬제**(劑) hormone supplement 가축의 비육 또는 생산의 증가를 목적으로 호르몬제가 사용되는데, 비육용으로 합성품이 시판되어 사용되고 있다. 투여방법으로는 피하주사, 근육내 이식, 사료에 첨가하거나 음료수에 타서 급여하는 방법 등이 있다. 이러한 고깃소, 돼지, 양 등에 성장을 촉진한다는 보고가 많지만 산란이나 우유생산에는 별다른 효과가 없다고 한다. Stilbestrol, estrogen, thyroxine, thyroprotein, thiouracil, bovine somatotropin(bST), porcin somatotropin(pST) 등의 제품이 시판되고 있다. → 소마토트로핀.

세균 細菌 Bacteria 현미경적 단세포 식물로서 엽록소를 함유치 않는다. 대부분은 0.5 ~3μ의 크기이다. 식품의 변패, 질병의 원인이 되지만 생물학적 산화 혹은 발효시키는데 유용하다(예; 침채류 · 발효유의 과정 등). 질병을 일으키는 세균은 독소를 생성하며, 질병의 원인이 된다. 어떤 균은 포자를 형성하며, 포자의 형태에 따라서 열 또는 살균제에 대한 저항성이 크다.

세균내 독소 細菌內毒素 bacterial endotoxin 세균을 붕괴시켰을 때 세포로부터 분리되는 박테리아 내부에 존재하는 독성물질이다.

세균단백 細菌蛋白 bacterial protein 세균을 구성하고 있는 단백물질로서 세균에 대한 항원이 되며, 따라서 항체 생성의 자극 요소가 된다.

세균성 중독 細菌性中毒 poisoning by bacteria 주로 육류에 번식된 세균의 독소에 의한 것이며, 살모넬라균 · 포도상구균(葡萄狀球菌) · 부패균 · 보툴리누스균 등에 의해 중독을 일으킨다. 중독은 돈단독균(豚丹毒菌), 장염균(腸炎菌) 등의 체내 증식에 의한 경우와 기타의 세균 독소에 의한 경우로 구분된다. 독소의 예로서는 부패균에 의한 변질된 protein 중독인 프토마인(ptomaine)이나 포도상구균에 의한 엔테로톡신(enterotoxin) 등이 있다.

세균외 독소 細菌外毒素 bacterial exotoxin 특정 박테리아의 성장 중에 배출하는 중독물질이다. Botulism은 세균외 독소에 의해 생긴다.

세도헵툴로오스 sedoheptulose 7탄당을 세도헵토오즈라고도 한다. → 육탄당 인산회로.

세동맥경화증 細動脈硬化症 arteriolosclerosis 지질대사의 장애에 의하여 동맥의 탄력성이 소실되고, 두터워지고 또는 단단하게 되어 혈압의 변화에 대응하지 못한다. 혈관벽에 칼슘이 축적될 때는 더욱 부서지기 쉽다. 세동맥경화증은 결국 동맥경화증(atherosclerosis)으로 연결된다.

세동맥, 소동맥 細動脈, 小動脈 arteriole 혈액을 동맥에서 모세혈관으로 운반하는 혈관이며, 혈관의 직경이 동맥보다는 적고 모세혈관보다는 크다.

세레브랄 cerebral 인간 두뇌의 가장 큰 부위인 대뇌(cerebrum)를 뜻한다. 소뇌는 cerebellum이다.

세레브로시드류 cerebrosides 신경과 기타 조직에 들어 있는 지방이며 sphingolipid이다. 갈락토오스와 결합하여 이루어진 지방산의 acid amide를 총칭하여 일컫는다. 이는 kerasin, phrenosin이 그 주요 대표물질이다.

세렐로오스 cerelose 시중에서 판매되고 있는 포도당인데 9%의 결정수(結晶水)를 갖는다.

세로살 serosal 장(腸)에 있어서 내부 혹은 점막과 구별하여 장(腸)의 외측 벽을 의미한다.

세로이드 ceroid 막힌 동맥, 장벽, 불포화지방산의 비정상적인 산화로 인해 야기된 여러 형태의 문제로 인해 발견되는 갈색색소(brownish pigment)이며, 셀레늄과 비타민 E의 결핍과 연관이 있다.

세로토닌 serotonin, 5-hydroxytryptamine 트립토판 유도체인 5-hydroxytryptophan(5-HT)로서 중추신경계에서 tryptophan으로부터 합성된 신경전달물질이며 혈청과 소화기관, 혈소판 뇌 및 뇌신경 조직을 포함하는 여러 종류의 조직에서 발견된다. 세로토닌은 강력한 혈관 수축제이며 뇌와 신경기능, 위액 분비 및 장의 연동운동에 영향을 미친다.

tryptophan
↓
5-hydroxytryptophan
↓
5-hydroxytryptamine
(serotonin)

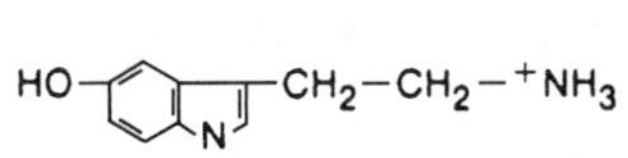

Tryptophan으로부터 serotonin의 합성과정

세룰로플라스민 ceruloplasmin 혈장 중의 96%의 동(銅)을 수송하고 있는 청색을 띤 동(銅) 운반 단백질로서 혈중의 α-2-globulin을 뜻한다. Wilson 질환의 진단에 도움을 준다. 항산화제의 기능을 하며, 혈액 내와 세포막에서 ferroxidase로 알려진 oxidase의 기능을 한다.

세린 serine(Ser, S) Glucogenic hydroxyl기를 가지고 있다. 비필수아미노산인데, 화학명은 아미노 히드록시프로피온산이다.

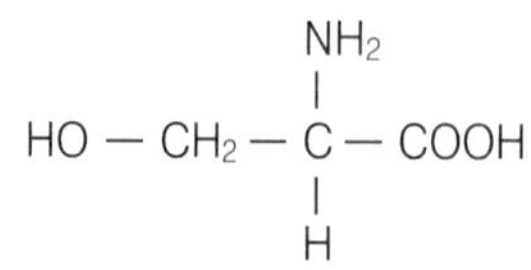

Serine

세망내피조직 細網內皮組織 reticulo-endothelial system, RE system 식세포의 성질을 가지고 체내에 분포되어 있는 세포의 계(系)로서 비장・골수・간장・임파절에 존재하고 조직과 혈류 중에 이동한다. 조직의 조각이나 세균을 청소하는 생물로서 행동하고 있다. 세망내피조직은 적혈구가 120일의 수명이 끝났을 때 적혈구를 제거하고, 철은 더욱 이용되며, 헤모글로빈의 나머지는 담즙색소, 대변 중의 sterocobilin, 소변 중의 urobilin으로 변한다.

세븐-디히드로콜레스테롤 7-dehydrocholesterol 비타민 D 결핍증의 예방과 치료에 쓰이는 복합체이며, 피부에서 햇빛을 받으면 비타민 D_3로 된다.

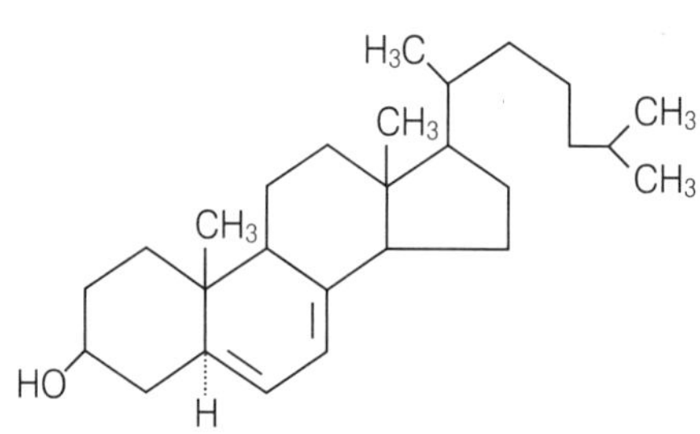

7-Dehydrocholesterol

세절 細切 chopping 생초・건초・볏짚류・근채류 등의 조사료를 짧게 절단하는 것을 뜻한다. 이것은 가축에게 사료 전체를 손실이 없게 채식시키는 효과가 있지만 소화율의 개선은 되지 않는다. 세절(細切)하는 길이는 소에게는 3∼5 cm, 말과 면양에는 3 cm 정도가 좋다. 돼지나 닭에는 근채류(根菜類)를 세절하는 대신 마쇄해서 주는 일도 있다.

세크레틴 secretin 위(胃)내의 산과 단백질의 자극에 의해서 십이지장과 공장(空腸)에서 분비되는 호르몬이며, 혈류를 통하여 췌장으로 가서 췌액의 분비를 촉진한다. 위액분비와 위 운동을 저해하고, 특히 위에서 산성화된 음식물을 중화시킬 수 있는 중탄산염이 많이 포함된 액의 분비를 촉진한다.

세틸알코올 cetyl alcohol　고체・납상(蠟狀)이며, 탄소수 16의 직쇄상(直鎖狀)인 알코올이다. 경랍(鯨蠟) 또는 목랍(木蠟)에서 얻어진다. 물통의 수면에 부으면 얇은 층(단분자막)으로 퍼져 물의 증발을 줄일 수 있다.

세팔린 cephalin　포유동물의 뇌, 신경조직, 난황에 들어 있는 lecithin과 유사한 인지질(phospholipid)이다.

세포 細胞 cells　가장 작은 살아 있는 단위(living unit)이며 독립적으로 스스로 기본 생명과정을 수행할 수 있다. 우리 신체에는 200여 종류의 세포가 있으나 이 중에서 가장 중요한 것은 다음 4가지로 대변할 수 있다. 즉 ① 신경세포(neuron), ② 근세포(muscle cell), ③ 상피세포(epithelial cell), 그리고 ④ 결합조직세포(connective tissue cell)이다. 세포는 원형질막(plasma membrane)으로 되어 있다. 세포간액으로부터 분리되어 있다. 세포내에는 2종류의 주요 성분이 있다. 즉 ① 세포의 유전전분을 가지고 막으로 결속구조를 한 핵(nucleus)과 ② 핵 이외의 모든 것을 포함한 세포질(cytoplasm)이다. 세포질은 세포액(cytosol)과 세포소기관(organelle)으로 구성되어 있다. 세포액은 겔 같은 액이며, 세포소기관은 여러 가지 생물분자(biomolecule)로 이루어진 구조로서 세포 내에서 특수기능을 수행한다.

세포간질액 interstitial fluid　세포와 세포 사이에 존재하는 유체이다.

세포내 수분 細胞內水分 intracellular water　세포외 수분에 대하여 세포내의 모든 수분을 의미하며, 체중의 약 40%를 차지하고 있다. 몸무게 60 kg 되는 성인에게는 약 24 ℓ 정도가 된다.

세포내액 intracellular fluid　세포 내부에 존재하는 액체로서 대략 총 체액의 2/3 정도이다.

세포 내용물 細胞內容物 cellular contents　식물체의 성분은 중성 세제액(neutral detergent solution)으로 처리하면 여기에 용해되는 세포 내용물과 불용의 세포벽 물질로 분리된다(NDF). 세포 내용물은 수용성 탄수화물・전분・펙틴・단백질・비단백태 질소화합물・지방질・기타의 가용성 물질을 함유하며, 이들은 가축에 의한 소화율이 98%로 높다.

세포막 細胞膜 cell membrane　세포와 세포내의 기관을 보호하고 유지하기 위해 보호장벽을 형성한 세포조직이며, 주로 지방 이중막과 단백질로 구성되어 있다. 지방 이중막(lipid bilayer)은 물은 통과시키고 Na^+, Cl^- 또는 H^+ 등의 이온은 통과시키지 않는다. 지방층막을 쌓고 있는 단백질은 수용성 물질을 운반하는 등의 세포의 특수기능을 한다.

세포벽 물질 細胞壁物質 cell wall, cell wall constituents(CWC)　식물과 동물세포의

바깥층이다. 식물의 세포벽은 펙틴, 헤미셀룰로오스, 셀룰로오스, 리그닌에 의해 구성되어 있지만 시료를 중성 세제액(neutral detergent solution)으로 처리할 때의 불용 부분에는 앞의 구성물질 중 펙틴은 함유되지 않고 나머지 3가지 성분만 함유된다. 그러나 중성 세제액에 불용 부분을 세포벽 물질로 하고 있다. 구성물질 중 리그닌은 가축에 의해서 거의 소화가 안 된다. 헤미셀룰로오스 및 셀룰로오스는 단위동물에 의한 소화율은 낮지만 반추가축에는 상당량이 소화된다. → NDF.

세포분화 cell differentiation 비특이세포가 특이세포로 전환되는 과정이다.

세포외강 extracellular space 세포 외 공간이다.

세포외 수분 細胞外水分 extracellular fluid 세포내 수분에 대하여 세포외의 모든 수분을 의미하며, 전체 체수분의 1/3을 차지한다. 여기에는 혈장·조직액·림파액(淋巴液) 뇌척수액·눈물·소화기관내 수분 등이 포함된다. 세포외 수분량은 대체로 체중의 20%를 차지하며, 몸무게 60 kg의 성인에게는 약 12 ℓ 정도가 된다.

세포외액 extracellular fluid 세포 외부에 있는 액체로서 혈액과 세포간질액이 이에 해당하며, 체액의 약 1/3 정도이다.

셀레노 메치오닌 selenomethionine 유황 대신에 셀레늄이 포함되어 있는 methionine이다.

셀레노 시스테인 selenocysteine 유황 대신 셀레늄을 포함하고 있는 systeine이다.

셀레노 프로테인 피 selenoprotein p 혈액 내의 운반단백질이며, 셀레늄의 저장단백질일 수도 있다.

셀레늄 selenium(Se) 유황(S)과 여러 가지 성질이 비슷한 필수 미량무기물이다. 음식에 포함되어 있고, 체내에서 아미노산인 methionine 또는 cysteine에 유황 대신에 들어있는 경우가 흔하다. 셀레늄 포함 아미노산은 selenomethionine과 selenocysteine으로 알려져 있다. 음식물 중의 셀레늄 함량은 식물이 자라는 토양과 단백질 함량에 달려 있다. 식물성 식품보다는 육류와 동물성 식품에 더 많이 들어 있고, 특히 간, 신장, 심장, 비장에 높은 농도로 들어 있다. 셀레늄은 주로 신장을 통해서 뇨로 배설되고 혈액을 통해서 lipoprotein 또는 selenoprotein 형태로 조직으로 운반된다. 셀레늄은 효소 glutathione peroxidase에서 보조인자로 작용한다. 이 효소는 세포의 세포질과 미토콘드리아에 들어있으며 hydrogen peroxide와 lipid peroxide를 제거하는 데 작용한다. 셀레늄은 iodide 대사와 기초대사를 조절에 중요한 효소(5' iodothyronine deiodinase)의 보조인자로서도 작용한다. 셀레늄의 결핍은 근육통증과 심장기능 이상을 초래하고 케산증(Keshan disease)과도 관계가 있다. 지나친 섭취는 중독을 일으킨다. 즉 dimethylselenide의 생성으로 폐를 통해서 배출되고 호흡에서 마늘 냄새가 난다. 미량 무기물로서 결핍되면 동물의 꼬리부위(尾部)와 기타 부위에 탈모가 일어나고 발굽이 탈락해서 걷기가 불편하게 되며, 또 식욕이 없어지고 마침내는 폐사한다. 동물은 셀레늄을 과급(過給)하면 중독을 일으킨다. 중독량은 사료 중 5～10 ppm이다. 특히 식물은 토양 중의 셀레늄을 흡수해서 조직 내에 축적하므로 토양 중에 셀레늄이 많은 지방에서는 셀레늄 중독이 일어나는 경우가 많다. 또한 셀레늄은 돼지에서 비타민 E의 부족을 보충하는 효과가 있다.

셀로비오스 cellobiose 셀룰로오스의 가수분해에 의해 얻어지는 2당류로서 글루코오스 2분자가 β-1.4의 위치에서 결합된 것(α-1.4로 결합된 것은 말토오스)을 뜻한다. 셀룰로오스 구조의 반복단위이다.

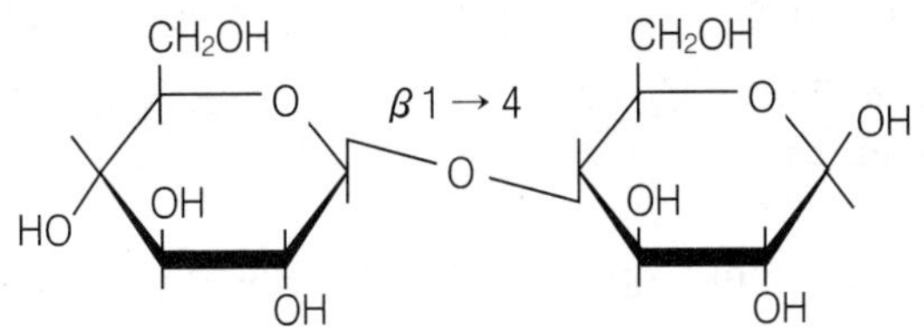

Cellobiose

셀루화이버 cellufiber 암모늄염-아황산 처리에 의해 펄프제조 할 때 생기는 부산물이다.

셀룰라아제, **섬유소 분해효소**(纖維素分解酵素) cellulase 셀룰로오스와 기타 β-D-glucan을 가수분해하는 endo-1.4-β-glucase 효소이다. 식물 세포벽의 주성분인 섬유는 물, 알코올, 에텔에 불용이지만 달팽이의 간장, 췌장 혹은 세균 등에 존재하는 셀룰라아제에 의해서 분해된다. 가금에는 이와 같은 효소가 없으므로 섬유는 거의 소화를 못 하지만 반추가축은 제1위내에 서식하는 미생물이 지니고 있는 셀룰라아제에 의해 섬유를 분해하고 소화작용을 한다. 조섬유의 함량이 높은 사료를 인공적으로 셀룰라아제로 처리하는 시험은 오래 전부터 실시하고 있지만 아직은 실용되지 않고 있다.

셀룰로오스, **섬유소**(纖維素) cellulose 다수의 글루코오스가 β-1.4 결합으로 연결된 다당류의 대표적인 것의 하나이다. 약산이나 알칼리에는 거의 용해되지 않고 강산에 의해 가수분해 되어서 글루코오스로 된다. 이것은 리그닌, 헤미셀룰로오스와 함께 식물체의 골격이 되고, 세포벽 등을 형성하고 있다. 셀룰로오스는 소·말·토끼 등의 초식가축에는 중요한 영양소로 이용된다. 그러나 일반 가축의 소화액에는 셀룰로오스를 분해하는 효소가 없으므로 장내의 미생물에 의해서 분해된다. 셀룰로오스는 화학적 성질에 의해서 17～18%의 NaOH 용액에 불용성의 것을 α-셀룰로오스라고 하고, 가용성의 것 중에서 산에 침전하는 것을 β-셀룰로오스, 산에 침전하지 않는 것을 γ-셀룰로오스라고 한다.

셀룰로플라스민 ceruloplasmin 혈액 내에 존재하는 푸른색의 구리 함유 단백질로서 Fe^{2+}를 Fe^{3+}으로 전환시킨다. Fe^{3+}은 트랜스페린 같은 이동 단백질이나 저장 단백질과 결합한다.

셀리악 celiac　복강(abdomen)을 뜻한다.

셀프 라이프 shelf life　가공식품 또는 의약품이 안전하게 유지되는 시간을 의미한다.

소 牛 cattle　소는 대표적인 반추동물이다. 섬유질이 많은 풀 등에서 다량의 영양소를 섭취하고, 또 단백질의 대체로서 요소 같은 비단백태 질소화합물을 이용할 수 있는 점 등 단위동물과 비교해서 유리한 면을 갖고 있다. 소는 용도에 따라서 유용종·육용종·겸용종으로 나누어질 수 있다. 유용종으로는 홀스타인종이 사육되고, 져어지종·건지종·육용종으로는 샤로레이, 에버딘앵거스 한우가 주로 사육되고 있다. 최근에는 홀스타인종의 숫송아지를 거세하여 비육을 실시해서 육우로 이용된다. 홀스타인종의 비유능력은 연간 5,000～6,000 kg, 유지율은 3.3～3.5% 정도이며, 소는 성별과 성숙 정도에 따라 다음과 같이 구별하고 있다.

① 종빈우(종웅우, 種雄牛) bull : 성숙해서 번식에 공용될 수 있는 암소를 뜻한다.
② 성빈우(성자우, 成雌牛) cow : 성숙한 암소를 총칭한다.
③ 건유우(건고우, 乾涸牛) dry cow : 암컷으로서 비유 중지된 암소를 뜻한다.
④ 육성빈우(약자우, 若雌牛) heifer : 미성숙한 발육 중의 처녀 암소
⑤ 거세우(steer) : 거세한 숫소
⑥ 송아지(자우, 仔牛) calf : 새끼소의 총칭이며, 유우에서의 숫송아지는 bull calf, 암송아지는 heifer calf 라고 불려진다.

소금 鹽 salt　보통 NaCl를 뜻한다. Na와 Cl의 비율이 4 : 6인 소금 혹은 식탁염(table salt)을 말하지만 산과 알칼리로 된 화합물을 염이라고도 한다.

소낭 嗉囊 crop　조류에서 식도의 일부가 주머니 모양으로 되어 있는 부분이다. 이것은 섭취한 사료를 일시적으로 모아서 수분을 주어 연하게 하는 작용이 있다. 이때 화학적인 변화는 별로 일어나지 않는다. 보통 사료가 소낭 내에 멈추는 시간은 평균 2시간 정도이다.

소다 soda　알코올이 들어 있지 않고 향료, 색깔 그리고 탄산가스를 주입한(carbonated) 음료를 가리킨데 팝(pop)이라고도 하며, 미국 북동부에서 주로 사용하는 지방어이다. → 탄산음료.

소득 탄력성 所得彈力性 income elasticity　일반적으로 소비재의 수요는 가격 변화가 없는 것으로 가정할 때 소비자의 소득 증감에 따라 증가 또는 감소한다. 이와 같이 소득 변화에 대한 수요 변화의 정도를 나타내는 개념이 소득 탄력성이며, 농업정책 등을 세울 때 극히 중요한 근거가 된다. 1인당 국민소득이 증가하고 있는 우리나라의 현실로서, 특히 시유 등의 소비가 대폭 증가할 것이 예상되므로 이와 같은 미래의 소비동향에 부응한 낙농대책이 필요하게 된다. 흔히 "성장 농축산물"이라고 불리는 것은 이 소득 탄력성이 큰 것을 말한다. 또한 소비재의 소득 탄력성은 같은 상품이라도 국가와 시대에 따라 다르다. 예를 들어 북미와 유럽에서는 음용유의 소득 탄력성이 우리나라보다 훨씬 작다. 그

러나 우리나라에서도 우유의 소비 증가에 따라 그 탄력성은 점차 저하하고 있다. 또한 같은 용도를 지닌 상품, 예컨대 버터와 마가린에서는 각각의 소득 탄력성이 다르다. 일반적으로 버터와 같은 고급 재화의 탄력성은 크지만 마가린 같은 하급재의 탄력성은 작으며 마이너스가 될 경우도 있다. 즉 국민소득이 급격히 성장하고 있는 경우에는 소비자의 소득 증가에 따라 고급재의 수요는 증대하지만 하급재는 오히려 감소하는 경향이 있다.

소디움 sodium(Na) 음식의 맛을 내기 위하여 필수적으로 필요한 것이다. 인체에는 약 100 g의 Na이 함유되어 있으며, 평균적으로 음식에 3～6 g의 Na(10 g의 소금에 해당한다)을 함유하고 있다. 섭취량은 개인차에 따라 매우 다르므로 따라서 배설량도 다르다. 식물은 비교적 Na 함량이 적고 K가 풍부하며, 동물성 식품은 Na량이 풍부하다. 땀에 의한 소금의 유실이 크므로 땀을 많이 흘리면 근육의 경련을 일으키기도 한다. 이 때에는 소금의 섭취가 필요하다.

소디움 시클로헥실 설파메이트 sodium cyclohexyl sulphamate 영양가가 없는 감미제인데, 설탕의 30배의 단맛과 Ca염을 지니고 있다. 1937년에 합성되었으며, 저칼로리 식품에 이용되어 왔다. 상품명으로 cyclamate라 불리었으며, saccharin과 달리 열에 안정한 장점이 있어 많이 사용되었으나 1969년 FDA에서 발암성 물질로 규정되었다.

소렌슨 적정법(滴定法) Sorenson titration 아미노산류, 암모늄, 염류에 포름 알데히드를 첨가하여 적정하는 방법이다. 포름 알데히드가 아미노기와 결합하여 카르복실기(혹은 암모늄 염의 산성기)가 적정된다.

소르베이트 sorbate → 소르브산.

소르브산 sorbic acid 효모와 곰팡이의 생육을 선택적으로 저해하는 데 사용되는 식품첨가제이다(세균은 아니다). 천연에 존재하는 카프론산과 같은 경로로 대사되며, 일반적으로 사람에게는 무해하며 보존제(preservative)로 쓰인다. 마가린(0.05%), 과즙(0.02%), 소스, 치즈, 잼, 과자(0.1%)에 사용되는데 어육·식육제품·성게젓·땅콩버터는 2 g/kg 이하, 된장·고추장은 1 g/kg 이하가 허용되고 있다. 주로 sodium sorbate와 potassium sorbate 형태로 사용한다.

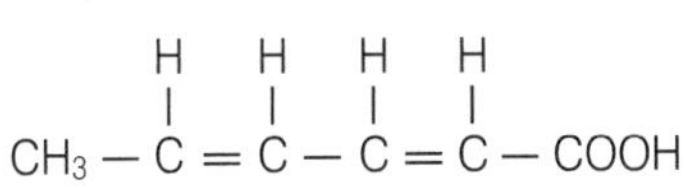

Sorbic acid

소르브산 칼륨 potassium sorbate → 소르브산.

소르비톨 sorbitol($C_6H_{14}O_6$) 6탄당 알코올이며, 과당(fructose)의 환원으로 만들어진다. 이것은 체내에서 대사되며, 3 kal/g의 열량을 지고 있다. 당뇨병에도 허용되어 당뇨병 환자 음식의 감미료로 사용된다. 자당(sucrose)의 60%의 감미도를 지니고 있다. 자두·살구・앵두・사과에는 함유하지만, 딸기・베리 등에는 없다.

소마토스타틴, 성장억제호르몬 somatostatin, growth hormone inhibiting hormone (GHIH) 뇌하수체에서 분비되는 자극호르몬이며 뇌하수체 전엽에서 성장호르몬(growth hormone) 분비를 억제한다.

소마토트로핀 somatotropin 성장호르몬과 동의어인데, 근래에 와서 유전공학적 기법에 의해 미생물이 생산한 합성 성장호르몬이 사용됨에 따라 일반 대중에게 미치는 문제를 고려하여 성장호르몬 대신 소마토트로핀으로 부르는 경향이 있다. 소의 성장호르몬은 bST(bovine somatotropin)이라 하고, 돼지의 성장호르몬은 pST(porcine somatotropin)이라고 한다. → 성장호르몬.

소시지 sausage 주로 돼지고기와 쇠고기, 닭고기, 어육 등을 다진 것을 소금과 향신료와 조미하여 가끔 곡물가루(옥수수・쌀・감자・밀가루 등)를 혼합하여 동물의 장(腸)의 결체조직으로 만들어진 주머니(natural casings) 혹은 셀룰로오스로 만든 주머니에 채워서 만든 것이다. 생것, 훈연, 삶아 익힌 것, 훈연과 자열(煮熱), 반건조・건조시킨 것, 발효시킨 것 등의 7～10종류가 있다. 프랑크푸르트(frankfurts)・볼로냐(bologna)・풀리시(polish)・베를리너(berliner) 등을 소금에 절인 고기에서 만들어 훈연・자열(煮熱)시킨 것이다. 투링거(thuringer)・소프트살라미(soft salami)・모오타델라(mortadella) 등은 반건조 소시지 페페로니(peperon)・초리조스(chorzos)・드라이 살라미(dry salami) 등을 굳어질 때까지 천천히 건조시킨 것이다.

소시지 케이싱 sausage casings 생 fry용 소시지를 위한 것으로는 돼지의 장(腸)을 사용하고, chipolatas와 frankfurt는 양의 장으로 만든다. 껍질이 없는 소시지는 셀룰로오스 케이싱으로 만들며, 이 케이싱은 껍질을 벗겨낼 수 있다.

소아성 각기 小兒性脚氣 infantile beriberi 각기병에 이환(罹患)된 모체의 모유로 자라는 소아질환을 말한다.

소아지방변증 celiac disease 곡류에 함유된 글루텐 단백질에 대한 면역학적 또는 알레르기 반응이다. 그 결과 소장세포가 파괴되어 융모가 편평해지면 표면적이 훨씬 감소된다. 문제의 곡류를 식사에서 제외시킴으로써 원상 복귀할 수 있다.

소액(疎液) 콜로이드 colloids lyophobic 분상(分相)의 입자와 분상매(分相媒)와의 사이에 친화성이 없는 콜로이드이다. 입자는 전하(電荷)를 가지고 있어 전해질로 불가역적으로 응집하며, 서스펜소이드(suspensoids)라고도 한다. 예를 들면 금속 또는 무기염의 콜로이드 등이 있다.

소의 겸용종(兼用種) dual purpose breeds of cattle 소의 겸용종에는 유육(乳肉) 겸용종, 유육역(乳肉役) 겸용종, 역육(役肉) 겸용종의 3종이 있다. 유육(乳肉) 겸용종의 대표적인 것은 영국이 원산인 소로서 데어리 쇼트혼종(dairy shorthorn), 데본종(devon),

적색 무각종(red poll) 등이 있다. 유육역(乳肉役) 겸용종에는 스위스가 원산인 브라운 스위스종(brown swise), 심멘탈종(simmenthal) 등이 있다. 유럽의 소로는 역육(役肉) 겸용 또는 역용종(役用種)은 거의 존재하지 않는다. 우리나라에서는 한우가 역육(役肉) 겸용종으로서 개량되어 왔지만 농업의 기계화에 따라서 이제는 육용종(肉用種)으로서 자리잡게 되었다.

소의 임신 징후 牛姙娠徵候 pregnancy symptom of cattle 소가 임신하였을 때 신체상에 나타나는 변화를 차례로 열거하면 다음과 같다.

① 발정(發情)의 정지 : 임신의 징후 중에서도 사육자가 판별할 수 있는 중요한 요소이다. 때로는 임신하지 않았으면서도 발정이 정지되는 경우(황체유잔증, 黃体遺殘症), 또는 반대로 임신하였으면서도 발정이 나타나는 경우(임신 발정) 등이 있으므로 발정의 정지가 곧 임신이라고 속단할 수는 없지만, 교배 후 60일 이상 발정이 정지되는 소의 90~95%는 임신하였다고 볼 수 있다.

② 내부생식기의 변화 : 질점막(膣粘膜)의 빈혈, 건조, 자궁질부의 긴축, 호상(糊狀) 점액에 의한 자궁외구(子宮外口)의 전색(栓塞), 한쪽 난소에 유연한 대황체(大黃体)의 존재, 같은 쪽의 자궁각(子宮角)의 종대(腫大), 파동성(波動性)의 존재, 태막의 촉지(觸知), 중자궁 동맥의 특이한 진동 등과 같은 징후가 미경산우의 경우에는 40일, 경산우의 경우에는 50일쯤에서부터 감지된다.

③ 영양상태와 동작의 변화 : 임신 2~3개월 이후가 되면 영양상태가 좋아지고 성질이 온순해지는 경우가 많은데, 평소에 늘 소를 세심하게 관찰하지 않으면 그 변화를 발견하지 못 하는 수가 많다.

④ 유방의 변화 : 초산우의 경우에는 분만 2~3개월 전부터 유방이 팽창하게 되지만, 경산우인 경우에는 분만일이 임박해서야 그 징후가 나타난다.

소의 체온(體溫) temperature of cattle 건강한 소의 체온은 어린 소(幼牛)가 38.5~40.0℃, 성우(成牛)가 37.5~39.3℃의 범위이다. 체온은 생리적 범위에서 변동을 나타내며 하루 동안 아침이 가장 낮고, 저녁이 가장 높다. 체온 차는 1℃ 이내이며, 이를 일교차라고 한다. 또한 운동, 채식, 축사 내의 고온 등으로 체온이 상승하는 수도 있다. 가축의 체온검사는 직장 내에서 측정한다.

소장 小腸 small intestine 소장은 십이지장(duodenum)·공장(空腸, jejunum)·회장(回腸, ileum)의 3부로 나누어지며, 매우 길고 사료의 소화 흡수상 가장 중요한 역할을 하고 있다. 소장에는 내면에 다수의 융모(villi)가 있어서 흡수 면적을 넓게 하고, 그 융모 안쪽에는 모세혈관이든지 유미관(乳糜管)이 있다. 흡수된 영양소는 곧바로 혈액 또는 임파액 속으로 들어가는데 먼저의 것은 문맥(門脈)을 통해서 간장으로 운반되지만, 후자는 흉관(胸管)을 거쳐 정맥 내로 유입된다.

소적혈구성 microcytic 적혈구 크기가 정상보다 작은 증상이다.

소적혈구성저색소성빈혈 microcytic hypochromic anemia 적혈구 크기가 작고 색이 옅은 특징을 보이는 빈혈이다. 철분 결핍에 의해서도 일어난다.

소정맥, 세정맥 小靜脈, 細靜脈 venule 모세혈관에서 정맥으로 혈액을 운반하는 혈관이다.

소주박 燒酒粕 alcohol residues 곡류(주로 옥수수)를 원료로 해서 소주를 제조할 경우 원료를 당화(糖化)한 후 또는 발효한 뒤에 여과한 잔사(殘渣)이며, 원료에 따라서 고구마 소주박, 곡류 소주박이라고 한다. 고구마 소주의 경우 증류하고 난 뒤의 폐액은 고형부(固形部)와 액상부(液狀部)로 나누어지는데 전자를 소주박이라고 하며, 후자는 농축해서 디스틸러즈 솔루블이 얻어진다. 곡류 소주의 경우 증류폐액은 죽상태(粥狀態)로 되는데 그대로를 소의 사료 등으로 이용된다. 소주박의 사료가치는 원료에 따라 다르지만 알코올박과 거의 같다. 생것 그대로를 소·돼지에 급여할 수 있고, 또 건조한 것은 배합사료의 원료로 이용된다. → 주정박.

소포제 消泡劑 antifoaming agent Octanol(카프릴 알코올), sulphon화 유지, silicon oil 같은 것을 뜻한다. 단백질 기타의 유화 안정력을 가진 물질이 용해되어 있는 액체는 거품(泡)을 만들기 쉽기 때문에 이와 같은 거품을 감소시키는 데 사용된다.

소프트 다이어트 soft diet 병원식으로서 소금과 후추만이 첨가되어 있고 기타 양념은 전혀 들어 있지 않다.

소프트 드링크 soft drink 알코올이 포함되어 있지 않은 음료이며, 일반적으로 탄산가스 향료, 감미료 및 색깔이 들어 있다.

소형 압괴사료 bricks Blocks와 같은 의미이나 주로 그 크기가 1 kg 미만인 경우의 통칭이다.

소화 消化 digestion 가축이 사료로서 섭취한 영양소는 그대로의 형태로는 이용이 되지 못하므로 이것을 가축이 흡수할 수 있는 형태로 소화관 내에서 변화시키는 작용을 소화라고 한다. 소화작용은 물리적인 것과 화학적인 것으로 구분될 수 있다. 물리적인 것으로는 입에서 사료를 저작하는 작용, 위장 내에서 섞는 작용, 수송작용 등이 있고, 화학적인 것으로는 소화효소 등에 의한 가수분해 등이 있다. 즉 각종 소화효소의 작용에 의해서 단백질은 아미노산으로, 탄수화물은 단당류로, 지방은 지방산과 글리세린으로 분해 흡수된다.

소화기관 消化器官 digestive tract, alimentary canal 구강으로부터 시작해서 식도, 위, 소장, 대장을 거쳐 항문(anus)에 이르는 소화에 관여하는 기관이다. 이 구조는 가축에 따라 다르며, 반추가축에는 반추위가 있고, 다른 초식가축에는 커다란 맹장이 있다. 또 닭은 부리(beak)에서 시작하여 소낭(嗉囊), 전위(前胃), 근위(筋胃), 소장(小腸), 대장(大腸)을 거쳐 총배설강(cloaca)에 이르러 항문에 도달한다.

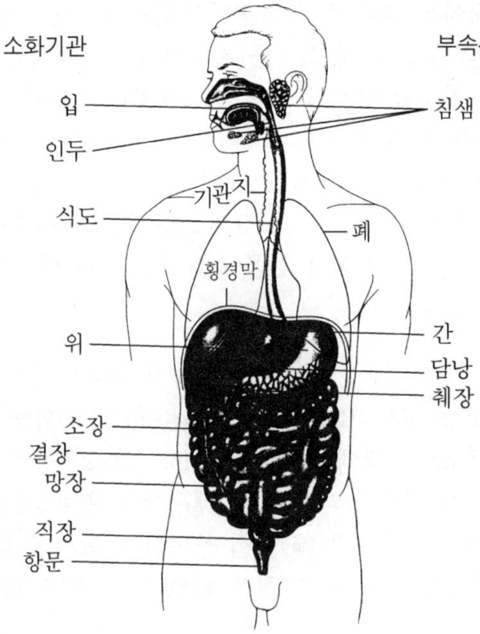

소화불량 消化不良 dyspepsia 소화능력 또는 기능의 장해를 뜻한다. 식이(食餌)를 섭취하였을 때에 여러 가지 불쾌감·통감(痛感) 등을 동반하게 되며, 위염·위궤양·담낭병(膽囊病) 등의 소화기계질환 이외에도 전신질환의 한 증상으로 나타난다. 장관 내면에 구조상의 병변이 없을 때 기능적 소화불량이라 한다.

소화시험 消化試驗 digestion trial 사료의 소화율을 측정할 목적으로 실행하는 시험을 소화시험이라고 한다. 사료의 소화율은 가축에 따라서 다르므로 사료를 급여한 각각의 가축을 사용해서 측정할 필요가 있다. 그러나 소와 같은 대가축에 대해서는 많은 노력과 경비를 필요로 하므로 소 대신에 면양 또는 산양을 사용하는 일도 있다. 닭에 대해서는 분(糞)과 요(尿)가 함께 배설되므로 인공항문 닭을 사용하는 방법과 요산과 암모니아를 정량해서 수식으로부터 구하는 방법 및 분뇨 혼합물 중에 순단백질을 구하는 방법 등이 있다. 보통은 분(糞) 중의 성분을 측정하여 차감해서 소화율을 구하지만 이것은 외견 소화율(apparent digentibility)이다. 분(糞) 중에는 내인성(endogenous)의 성분이 함유되어 있으므로 이것을 제외하고 불소화 부분만을 차감해서 구하는 것이 순소화율(true digestibility)이다.

소화시험법 消化試驗法 method of digestion trial 소화시험법에는 급여한 사료에 대응하는 분(糞) 중의 성분량을 측정하여 이것을 불소화부분이라 하고, 급여한 사료 성분량과의 차이를 소화부분으로 해서 소화부분의 전체 사료성분에 대한 백분율을 측정하는 방법이 있다. 이것은 크게 나누어 전 분(糞) 채취법(total collection method)과 지시제법(indicator method)으로 구분된다. 전자는 일정 기간 중에 배설하는 분(糞)의 전량을 채취하고, 후자는 소화관 내에서 전혀 소화 흡수되지 않는 물질을 지시제(indicator)로 사용하여 사료 중의 지시제의 농도와 분(糞) 중 지시제의 농도에서 소화율을 산출한다. 이 방법은 노력과 장치 등을 절약할 수가 있으며, 지시제로는 리그닌·크로모겐·산화크롬 등이 널리 쓰인다. 어느 것이든지 일정한 예비시험 기간을 두고서 배설물이 급여한 사료에 대응한 것으로 되었을 때에 분을 채취한다. 이밖에 직접 가축을 사용하지 않는 인공 소화시험법이 여러 가지 고안되어 있지만 사료의 소화율 그 자체를 구하는 적당한 방법이라고 할 수가 없기 때문에 생체시험과 인공 소화시험 간의 상관관계와 회귀식을 구하여서 보정하여 이용되고 있다.

소화액 消化液 digestive juice　소화액은 소화관의 각 부위에서 분비되며, 각종의 소화효소를 함유하고 소화작용을 한다. 소화액에는 타액(saliva)·위액(gastric juice)·췌액(pancreatic juice)·담즙(bile)·장액(腸液, intestinal juice) 등이 있다. 타액(唾液)은 이하선(耳下腺)·설하선(舌下腺)·악하선(顎下腺)에서 분비되고, 위액은 분문선(噴門腺)·위저선(胃底腺)·유문선(幽門腺)에서 분비된다. 췌액은 췌장(膵腸)에서, 담즙은 담낭에서 모두 십이지장으로 분비되고, 장액(腸液)은 장선(腸腺)에서 소장으로 분비된다.

소화율 消化率 digestibility, digestion coefficient　사료의 소화 흡수되는 비율을 소화율이라고 한다. 사료는 소화 흡수되어서 비로소 가축의 영양원이 되므로 사료의 소화율은 사료의 가치를 결정하는 중요한 인자이다. 소화율은 섭취한 성분량에서 분(糞) 중의 성분량을 차감해서 섭취한 성분 중의 흡수된 성분의 비율을 백분율(%)로 표시한 것이다. 이것은 다음과 같은 식으로 표시된다.

이때, 보통 방법에서는 불소화물(不消化物)과 함께 소화액, 소화관벽의 박탈된 것, 재배설된 것, 장내미생물의 성분 등이 함께 측정되므로 이렇게 측정한 소화율을 외관 소화율(apparent digestibility)이라 하고, 사료에 기인되지 않은 것들을 공제한 불소화물만을 측정해서 구한 것을 순 소화율(true digestibility)이라 해서 구별하기도 한다. 단백질의 경우에는 무단백질 사료 급여시의 분(糞) 중의 질소를 구해서 공제하는데, 이것을 대사성 분질소(糞窒素, metabolic fecal nitrogen)라고 한다. 소화율을 구하려면 소화시험을 할 필요가 있고, 경비와 노력을 필요로 하므로 인공 소화시험법이 개발되어서 그 일부는 실용되고 있다.

$$\text{소화율} = \frac{\text{섭취한 성분량} - \text{분 중의 성분량}}{\text{섭취한 성분량}} \times 100(\%)$$

소화효소 消化酵素 digestive enzyme　소화액에 함유되어 있는 각종 효소를 말하며 그 종류는 많다. 주요한 것을 예를 들면, 타액에는 프티알린(ptyalin)이 있고, 위액에는 펩신(pepsin)·렌닌(rennin)·리파아제(lipase) 등이 있으며, 췌액에는 아밀라아제(α-amylase)·트립신(trypsin)·키모트립신(chymotrypsin)·카르복시펩티다아제

(carboxypeptidase)·리파아제(lipase) 등이 있다. 또한 장액에도 수크라아제(sucrase)·락타아제(lactase)·에렙신(erepsin)·아밀라아제·말타아제 등이 함유되어 있다. 이들의 소화효소는 사료의 각 성분에 작용해서 이용 가능한 성분으로 만든다.

속대파편 cob fraction 옥수수 알곡을 떼어낸 속대의 고갱이를 뜻하며, 가장 많은 hemicellulose 함량을 지닌 식이섬유(dietary fiber)이다.

속실렛 Soxhlet 고체시료 지방의 추출용 장치이며, 주로 지방 추출에 사용된다. 고체시료를 원통에 넣어 신선한 용제(溶劑)인 ethylether로써 연속적으로 추출시킨다. 60~80℃를 유지하면서 지방을 추출한 용제가 플라스크에 syphon 환류되어 또 다시 재침출(再浸出)을 위하여 반복하여 끓여진다(8~16시간). 한편 지방은 플라스크에 남는다.

솔라닌 solanine 감자와 특히 새싹에서 발견된 유독한 배당체를 말한다. 포도당·갈락토오스·만노오스와 알칼로이드 solanidin에서 생성된다. 많은 부분이 껍질을 벗기면 없어지고, 일부는 조리할 때 용출된다. 솔라닌은 신경충격 전달에 관여하는 효소인 acetylcholinesterase를 저해함으로써 신경계에 영향을 미친다.

솔라닌 중독(中毒) solanine poisoning 싹이 난 감자껍질에 함유된 솔라닌(solanin)·제프신 등의 유독 성분에 의해 식욕상실, 발열, 심장쇠약, 위장염, 신경증상(침울·마비), 습진(유방·목·미근부) 등이 발생한다. 소의 경우는 발생이 드문데 중독의 완화제로는 타닌제 또는 하이포액(10%)을 대량 투여한다.

솔질(털빗기기) brushing cattle 솔질은 소의 신진대사를 좋게 하며, 착유중인 젖소에서는 유량이 증가된다. 또한 소의 성질을 유순하게 하는 데도 효과가 있다. 솔은 쇠솔, 나무솔, 털솔의 3종류를 갖추어 놓는다. 일상의 솔질에는 쇠솔과 털솔만 있으면 된다. 우선 오른손에 털솔을, 왼손에 쇠솔을 들고 심장을 중심으로 하여 그곳에서 점차 멀리 어깨에서 머리로, 가슴에서 등으로 배로, 허리에서 엉덩이 넓적다리, 뒷다리의 비절을 중심으로 유방 주위, 음부와 항문의 주위에서 꼬리로, 앞다리 무릎을 중심으로, 그런 다음 얼굴에 솔질을 해 준다. 솔질 요령은 처음에 털솔에 힘을 주어 먼지를 떨고 3~4회에 한 번씩 해 주고 솔에 묻은 털이나 먼지 등을 쇠솔로 떨어낸다. 일부분의 솔질이 끝나면 털이 난 방향으로 가볍게 마무리 솔질을 해 준다.

이 동작을 차례대로 정성껏 되풀이해 나가면 된다. 봄부터 가을에 걸쳐서는 소의 털갈이 시기인데, 이 때에 소는 가려움을 느껴 혀가 닿는 한 온몸을 핥는다. 이 시기에는 빠진 털을 제거해 주는 것도 필요하지만 이럴 때는 손가락으로 몸을 긁어 주면 된다. 배설물이 말라붙었을 경우에는 딱딱한 배설물을 쇠솔로 긁어 내면 소가 아파하므로 나쁘다. 이럴 경우 물로 씻어 주는 것이 좋다. 여름에는 우물물도 좋지만 겨울에는 섭씨 20℃ 정도의 따뜻한 물을 사용한다. 이럴 경우 솔은 나무솔이 좋다. 배설물이 물러지면 다시 한번 물을 적셔 솔로 떨어낸다. 겨울에는 씻은 후 마른 헝겊으로 잘 닦아 준다.

송과선 松果腺 pineal gland 뇌에 위치한 내분비선으로 호르몬 melatonin을 분비한다.

송아지고기 仔牛肉 veal, white veal 9개월 이내(주로 8～16주)에 도살한 송아지고기이며, 연핑크색을 띠고 특이한 향기와 조직이 연하다. 그리고 21일령 이내의 송아지고기를 bob veal이라고 한다. 자우(仔牛)에게 전유(全乳)나 양질의 대용유만을 급여하여 비육한 고기를 '화이트 빌(white veal)'이라 하여 가장 고급의 식육으로 치는 것이다. 그리고 등급(veal guality grade, USDA)은 prime, choice, good, standard, utility 및 cull로 구분된다. → 미국 농무성 육질 동급.

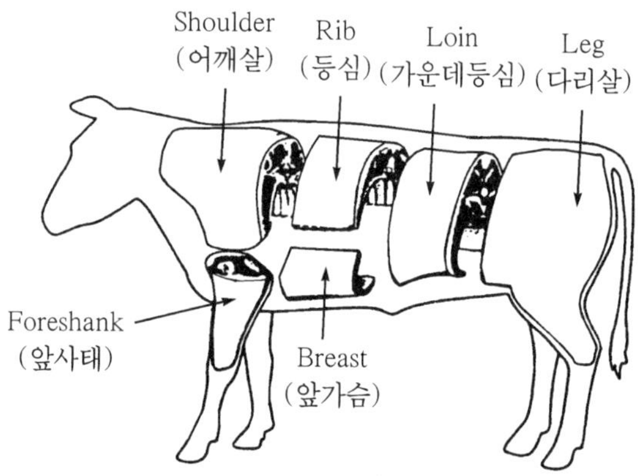

쇄실 碎實 broken kernel 부서진 알곡으로서 정상 알곡보다 입자의 크기가 작기 때문에 정선(screening) 과정에서 분리되어 사료로 사용된다.

쇠고기 牛肉 beef 쇠고기는 적갈색으로서 조직이 단단하여 탄력이 있고 맛이 좋다. 쇠고기의 조성은 대략 수분 75%, 단백질 20%, 지방은 소의 연령과 영양상태에 따라 차이가 있어서 3～10% 정도 된다. 우리나라에서 소비되는 쇠고기의 상당량이 젖소 숫송아지를 비육우와 젖소(乳牛)의 노폐우에 의해서 공급된다. 북미와 유럽에서는 비프스테이크나 굽기용으로는 지방이 붙지 않는 것을 선호하는데, 아울러 육색이 엷고 지방이 적으며, 섬유가 부드러운 송아지 고기(veal)도 이용되고 있다.

① 쇼트혼종(Short horn) : 잉글랜드가 원산이며, 적갈색 또는 백색의 반점이 있는 소로서 암소가 650 kg 정도이다.

② 애버딘 앵거스종(Aberdeen angus) : 스코트랜드가 원산이며, 털은 검고 뿔은 없으며, 체질은 강건하고 탐식성으로 육질은 우수하고, 암소 체중은 650 kg 정도이다.

③ 헤어포드종(Hereford) : 잉글랜드가 원산이며, 황적색과 백색의 반점이 있고 암소가 680 kg 정도이다.

④ 샤로레종(Charollaise) : 프랑스가 원산이며, 털은 크림백색이고 대형으로서 700～800 kg이나 된다. 정육률과 육질은 좋지 않은 편이다.

우리나라에서는 미국의 loin과 sirloin 부위를 채끝과 안심으로 분류하고, 미국의 short plate와 flank를 갈비와 양지로 분류하고 있으며, 미국의 round는 우둔, 설도, 사태의 3부분으로 분류되어 있다.

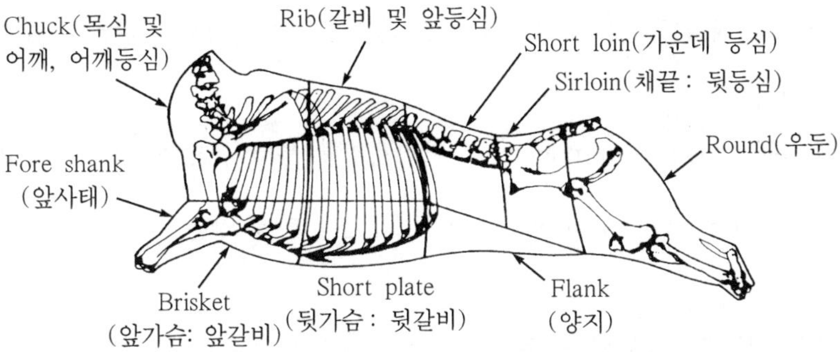

〈도체의 미국식 도매 부분육〉

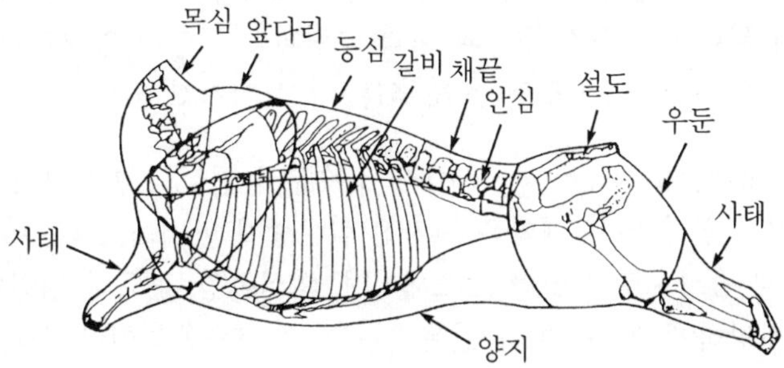

〈한국식 소매 부분육〉

쇠고기 품질 등급 beef quality grades 미국 USVA 품질 등급으로서 prime, choice, select standard, conmercial, uatility, cutter 그리고 canner가 있다. 그러나 우리나라에서는 고기 양과 질에 따라 A_1 A_2 A_3와 B_1 B_2 B_3, C_1 C_2 C_3로 등급화한다.

쇼트 shorts 겨, 배아, 호분층의 작은 입자와 거친 가루가 혼합된 제분 부산물이다.

수경재배 水耕栽培 hydroponics 흙 대신 여러 가지 영양소가 들어 있는 액상용액에 뿌리를 담그고 잘 조절된 온도와 습도 하에서 식물을 재배하는 것이다.

수단그라스 Sudan grass 아프리카가 원산이며, 추위에 약한 1년생의 화본과 사료작물이다. 따뜻한 지역의 건조한 땅이 적합하고 재생력이 왕성하다. 수확량은 많지만 개화기가 지나면 목질화가 빠르고 사료가치가 떨어진다. 생초 상태로 급여해도 좋고 건초나 사일리지도 이용할 수 있다. 또, 어린 식물 중에는 청산(KCN) 배당체가 있어 질산중독이 우려되므로 청초로 이용하려면 어느 정도 성숙된 후 이용해야 한다.

수돈 水豚 pig with soft fat 단백질이나 지방이 풍부한 사료 또는 다량의 생초류를 장기간 급여하면 근육 및 지방이 단단하지 못한 돼지가 되기 쉽다. 이와 같은 돼지를 통칭 물돼지라고 한다. 수돈은 황돈처럼 근육과 지방의 성상(性狀)에 변화를 일으킨 것이 인정되는 것인데, 생육이나 가공 육용으로서의 가치는 떨어진다. 그러나 이것에 비교해서 근육이 단단하고 지방이 야물며 백색인 돼지고기는 이용 가치가 높다. 이러한 물돼지는 출하 전 약 1~2개월간 맥류나 밀기울 같은 것으로 사양방법을 변경하는 것이 바람직하다.

수동면역 受動免疫 passive immunity 면역체계를 통하지 않는 면역보호이다.

수동수송 受動輸送 passive transport 에너지를 요구하지 않는 세포막을 통한 분자의 운반이다.

수량 과부족 인정조건 數量過不足認定條件 more or less clause 무역계약에 있어서 수량에 관한 조건의 하나인데, 수량의 과부족을 용인하는 조건이다. 계약 수량보다 과부족이 생기면 어느 정도의 과부족을 인정하고, 이것을 크레임의 문제로 하지 않겠다는 조건이다. 대량 화물의 취급에서 송출 수량과 도착 수량과를 완전히 일치시키는 것은 곤란한 일이기 때문에 이와 같은 용인조건(容認條件)이 쓰여지고 있다.

수분중독 水分中毒 water intoxication 체내에서 수분과 염분의 손실이 일어날 때 수분에 비해서 염분 손실이 심한 경우 체액은 저장성 탈수증에 빠지게 된다. 이 과정이 급속하게 진행되면 신경계 증상으로서 불안 초조해지며, 의식불명, 근육의 경련이 온다. 심하면 전신경련 또는 사망하게 된다. 이와 같은 경우를 수분중독증이라 한다.

수분평형 水分平衡 water balance 체내에서 수분의 섭취와 배설간의 평형을 말한다. 사람의 경우 수분 섭취량을 살펴보면 음료로서 섭취한 양은 하루 평균 1~1.5 ℓ, 음식 중에서 오는 수분의 양은 0.5 ℓ, 식품 성분의 산화 과정중 체내에서 생성되는 수분량은 300~500 mℓ로서 모두 합하면 2~3 ℓ가 된다. 배설량은 폐를 통한 손실이 400~500mℓ, 피부에서의 손실은 400~500 mℓ, 대변 중에는 80~100 mℓ, 소변량은 1~1.8 ℓ이다. 신체 중의 총 수분은 40~44 ℓ(80파인트)로 혈액은 2~3 ℓ, 세포외 수분은 10~15 ℓ, 세포내 수분은 27~30 ℓ이다. 신장은 수분을 배설시킴으로써 세포외 수분의 용량을 조절한다. 소금의 섭취는 세포외 수분의 삼투압을 상승시켜 갈증의 원인이 된다.

수분활성도 水分活性度 water activity 박테리아가 자라는 데 필요한 수분의 양을 측정하는 것으로서, 주로 Aw로 표시한다. 물의 Aw는 1.0이며, 어떤 음식물 또는 사료의 Aw가 0.85 또는 그 이상일 때는 잠재적으로 미생물 오염의 위험성을 지니고 있다.

수산 蓚酸 oxalic acid, oxalate 2염기성 산(酸) 중에서 가장 저급인 것이다. 칼슘, 철분, 마그네슘 등과 불용성 염을 형성하여 흡수를 저해한다. 유독하지만 소량으로는 문제되지 않으나 다량 섭취하면 해롭다. 어린 시금치, 초콜릿, 차, 코코아와 기타 야채 중에도 들어 있다. 체내에서의 생화학적 기능은 알려져 있지 않으며 체내에서 합성된 양은 요(尿)로 배설된다. 경우에 따라 요석(尿石, kidney stone)의 구성성분이 되기도 한다. 수산은 일반인 요(尿) 중에 1일에 15~20 mg 정도 배설되는데, 당뇨병 또는 간장 질환에서는 배설되는 양이 증가한다. 수산은 비타민과 glycine의 최종 대사물질로서 요(尿) 중에 들어 있는 정상 배설물이다.

수산뇨증 蓚酸尿症 oxaluria 오줌에 수산이 많은 양이 나타나는 것을 뜻한다.

수산염 가혈액 蓚酸鹽加血液 oxalated blood 혈액에 칼슘과 결합하는 수산염을 첨가하여 응혈을 방지한 것이다. 160 mg의 수산화나트륨은 100mℓ의 혈액응고를 방지하며 수혈 때 사용된다.

수산화 인회석 蓚酸 hydroxy apatite 주로 칼슘과 인산염으로 구성된 화합물이며, 뼈와 치아의 석회화의 기능을 한다. 이론적 구조식은 Ca_{10} (PO_4) $(OH)_2$이다.

수소이온 hydrogen ion → 수소이온지수.

수소이온농도 hydrogen ion concentration 용액 중에 존재하는 수소이온의 농도이며, 용액의 산도·알칼리도의 강약의 척도로 된다. → 수소이온지수.

수소이온지수(指數) pH 물질의 산도를 표시하는 데 사용되는 활성수소 potential hydrogen의 약자이다. pH의 수치는 0에서부터(1 ℓ 중에 1 g의 수소이온) 14(10^{-14}g의 수소이온)까지 있으며, 7 이하는 산성이고, 7 이상은 알칼리성이다. 순수의 pH는 7이며, 중성이다.

수소첨가 水素添加 hydrogenation 어떤 물질에 수소원자를 첨가하는 과정으로서 물리적 또는 화학적 변화를 가져온다. 불포화지방산을 내포하고 있는 triglycerol에 수소를 첨가하는 것은 흔히 일어나는 일이다. 불포화지방산의 완전 수소첨가로 포화지방산이 된다. 이같은 변화는 융점(melting point)을 상승시켜 실온에서도 지방이 고체상태가 된다.

수소첨가 유지 水素添加油脂 hydrogenated oil 액상유는 수소첨가에 의해서 단단해진다. 니켈(Ni) 촉매 하에서 수소첨가 처리하면 지방산의 이중결합이 수소로 포화되며, 융점이 상승된다. 면실유·옥수수유·생선유 등은 경화되어 마가린 또는 조리 유지(쇼트닝)로 쓰여진다.

수소화(반응) hydrogenation 탄소의 이중결합에 수소를 첨가하여 단일결합을 형성하는 반응이다. 식물성 기름의 불포화지방산에 수소를 첨가하면 경도가 증가하여 액체 기름이 단단한 고체지방으로 전환되므로 마가린과 쇼트닝 제조에 사용된다. 이 과정에서 부산물로 트랜스 지방산이 생성된다.

수수 milo 수수(grain sorghum)의 일종인데 고량(高粱, kaoliang)이라고도 한다. 미국에서 대량으로 생산되고 있으며, 우리나라에도 상당히 많은 양이 배합사료의 원료로서 수입되고 있다. 수수는 주성분이 전분이고 에너지가는 옥수수보다 약간 낮으며, 단백질 함량은 9~10%이다. 수수의 특수한 성분인 탄닌(tannin)을 함유하고 있으므로 이것을 다량 배합하게 되면 기호성이 저하된다. 또한 수수는 옥수수보다 카로틴(carotene) 및 난황이나 피부의 착색을 좋게 하는 크산토필(xanthophyll) 함량이 적은 것도 특징이다. 수수는 젖소에서는 옥수수와 거의 같은 사료가치가 있고, 육우·돼지에 있어서도 옥수수의 90~95% 가치가 있다. 닭에 있어서는 사료 중의 25% 정도까지 배합하더라도 생산에는 나쁜 영향이 없지만, 난황이나 피부의 색을 엷게 하므로 알팔파 분말 등의 배합률을 높이는 것이 필요하다. 수수는 다른 주요한 사료용 곡물보다 알곡이 작지만 전립 그대로는 소화가 좋지 못하므로 분쇄해서 사용할 필요가 있다.

수수겨 milo bran　이것은 수수를 정백(精白)할 때 나오는 것인데, 정백의 정도와 껍질의 혼입 정도에 따라서 사료가치가 다르다. 일반적으로 껍질의 혼입이 적고 입상부(粒狀部)가 많은 것이 가치가 높다. 보통의 수수겨는 조단백질 함량은 13～15% 정도로서 밀기울과 같다. 또 조섬유 함량은 밀기울보다 낮아서 약 5% 정도이다. 따라서 그 사료가치는 밀기울 정도로 생각해도 좋다. 수수겨는 젖소・육우・닭 등의 사료에 밀기울, 쌀겨의 대용으로 일부 이용될 수 있다.

수수류(類) sorghums　수수류는 품종이 많은데 아시아・아프리카에서는 식용으로 이용되고, 미국에서는 사료로서 널리 이용되고 있다. 사료용의 품종은 곡실(穀實) 채취용과 청예사료용 양면으로 사용되는 것과 채실(採實) 전용의 것으로 대별된다. 전자에는 darro・hegari・kafir・freed・grohoma 등이 있고, 곡실 전용의 것으로는 milo・durra・feterita・schrock・schallu 등의 품종이 있다. 이밖에도 실용적인 품종으로는 kafir・milo 등과 다른 품종과의 잡종이 사료용으로 널리 이용되고 있다. 우리나라에서는 수수의 일종인 고량(高粱)이 이용되었지만 국내에서는 생산이 아주 적고, 최근 미국에서 마일로(milo)의 수입이 증가되고 있다. 껍질을 제거한 것은 옥수수에 가까운 사료 성분이 있는데 조단백질 함량은 10% 정도, 가용무질소물 함량은 70% 정도이다. 단백질은 양질이 아니고 사료가치는 옥수수의 90～95% 정도인데 가축의 종류에 따라 다소 다르다. 이것은 보통 분쇄해서 주는 것이 좋다.

수수시럽 sorghum syrup　사탕수수(sugar cane)와 비슷한 수수의 착즙액을 뜻한다.

수실류 樹實類 nuts　침엽수, 졸참나무, 떡갈나무, 상수리나무, 너도밤나무 등 많은 종류의 수실은 모두 다 사료로 이용할 수 있다. 그러나 수실은 딱딱한 껍질을 갖고 있고 탄닌과 사포닌을 많이 함유하고 있으므로 그대로는 소화가 잘 안 되고 기호성도 좋지 않다. 따라서 가축에게 급여할 경우에는 껍질을 제거하고 석탄수에 침지(浸漬)하여 탄닌과 사포닌을 제거해서 주는 것이 좋다. 수실의 생것은 수분이 30～60%이고, 전분이 주성분이지만 껍질이 붙은 것은 섬유함량이 10% 이상이나 된다. 수실은 수확이나 탈곡 등 가공에 손이 많이 가고 기호성과 사료가치도 그다지 높지 않으므로 거의 이용되지 않고 있다.

수엽류 樹葉類 tree leaves　우리나라는 산이 많고 수목도 많으므로 수엽의 생산량과 종류가 많다. 수엽은 다소의 탄닌을 함유하고 있으므로 가축의 기호에는 적합치 않은 것이 많다. 그러나 뽕, 아카시아, 자작나무, 벚나무, 포플러, 느릅나무, 너도밤나무, 싸리 등의 잎은 사료로서 이용할 수 있다. 이 중에 가시 없는 아카시아, 족제비 싸리 등의 사료목의 잎은 산지(山地)에서 사료를 생산하는 데 쓰여진다. 수엽은 영양가치가 높은 것도 있지만 보통은 사료가치가 낮은 것이 많다.

수용성 단백질 水溶性蛋白質 water soluble protein 단백질은 그 용해성에 따라서 수용성 단백질, 식염수 가용성 단백질, 희(稀) 알칼리 가용성 단백질, 열 알칼리·알코올 가용성 단백질 등으로 나눌 수가 있다. 또한 단백질은 열, 기타에 의해 성질이 변한다. 따라서 단백질 사료에는 수용성 단백질의 함량에 의해서 그 사료의 처리 정도를 파악할 수가 있고, 품질을 나타내는 하나의 척도로서 쓰여지는 일이 있다. 특히 대두박에서는 수용성 단백질의 함량에 의해서 가열처리에 의한 유해물질의 분해지표가 되고 있다.

수용성(水溶性) **비타민** water soluble vitamin 비타민 B 복합체군(thiamin, riboflavin, niacin, pantothenic acid, pyridoxin, biotin, folic acid, paraamino benzoic acid, cholice, inositol)과 비타민 C가 이에 속한다. 간(肝)에는 비타민 A·D의 저장과 달리 수용성 비타민의 저장을 위한 특별한 장소가 없다. 이것은 혈액과 조직의 용액 중에 단순히 분산되어 있다.

수용성 섬유질 soluble fiber 물에 녹거나 팽윤되어 대장에서 박테리아에 의해 대사되는 섬유질로 펙틴, 검, 뮤실리지 등이 해당된다.

수용체 受容體 receptors 화학적 메신저(chemical messengers)를 인식하고 또 결합하는 표적세포(farget cell)에 있는 단백질이다.

수은중독 水銀中毒 mercury poisoning 수은성 농약에 의한 반추가축의 중독은 대부분의 원인이 염화수은의 유독작용에 의한다. 소의 경우 8～12g, 양은 1～2g 섭취할 경우에 증상을 나타낸다. 증상은 침을 흘리거나 궤양성 구염(口炎)을 나타내며 피부습진, 위장 카타르, 산통(疝痛), 출혈성 설사, 발열, 신장장해(단백뇨·출혈뇨·무뇨), 운동장해, 호흡곤란, 경련, 폐사 등 실로 광범위하다. 완화요법은 포섭제(녹말풀·계란흰자 등)의 다량 투여, 치오황산소다의 투여 또는 주사가 좋다.

수인성 전염병 水인性傳染病 water borne disease 오염된 음식으로부터 발병되는 많은 질병과 동일 전염병으로 오염된 식수로에 의해서 발병되는 것이다. 여기에 속하는 주요 질병은 아메바성 이질(amebic dysentery), 세균성 이질(bacillary dysentery), 콜레라(cholera), 장유행성 감기(intestinal flu), 전염성 간염(infectious hepatitis), 회백척수염(poliomyelitis), 살모넬라증(salmonellosis)과 장티푸스(typhoid fever) 그리고 기생충 감염 등이다.

수입할당제도 輸入割當制度 import quota system(I.Q.) 수입공포에 의해 비자유화 품목으로서 규정된 품목의 화물을 수입하고자 하는 경우에는 상공부에 신청해서 수입할당을 받은 뒤가 아니면 외환은행에 수입 승인을 신청할 수가 없게 되어 있다. I.Q.제도에 속하는 품목은 우리나라의 농림수산업의 기간(基幹)으로 되는 것, 장래 우리나라의 중점 산업으로 육성하고자 하는 것, 수입을 자유화하면 중소기업자나 농민에게 큰 타격을 주는 것 등이고, 사료관계에서는 탈지분유, 육류 분말 등이 여기에 속한다. I.Q. 품목에 대해서는 품목마다 매년 상반기와 하반기에 할당 수량 한도가 정해져 있으며, 그 한도 내에서 실행이 가능하다. 또 각 품목의 특성에 따라 각각 신청 자격, 할당 기준 등이 정해져 있었지만 최근에는 모든 농산물의 수입 개방이 이뤄지고 있다.

수정률 受精率 fertility 동물의 체내에서 성숙한 난자가 정자를 받아들여서 배(胚)의 발육이 시작된 것을 수정이라고 한다. 닭의 경우 종란으로서 생산된 알을 부화기에 넣고 1~2일째에 배(胚)의 발육의 유무 검사에 의해 수정란인지 무정란인지를 판별할 수 있다. 이 경우 부화기에 입란(入卵)한 개수에 대해서 수정되어 있는 난수(卵數)의 백분율을 수정률이라고 한다. 수정률에 영향을 주는 주요한 것은 수탉의 교배수수(交配首數), 수탉의 월령, 기온(하절기 고온), 사료, 종계의 관리를 들 수 있다. 교배수수는 난용종(卵用種)에서는 수탉 1수에 암닭 15수, 겸용종·육용종에서는 12~13수가 적당하다. 높은 수정률을 얻기 위해서는 특히 미량 영양소의 함량에 주의하고, 이들을 충분히 함유하는 사료를 급여할 필요가 있다.

수축기 收縮期 systole 심장주기(cardiac cycle)에서 심실의 수축기간이다.

수축기혈압 收縮期血壓 systolic pressure(SP) 심장주기에서 나타나는 최고 동맥압이며 수축기때 나타난다.

수크라아제 sucrase, invertase, saccharase 장세포에서 만들어진 효소로서 2당류인 sucrose를 소화시켜 glucose와 fructose로 분리시킨다.

수크랄로오스 sucralose 서당의 수산기 대신 염소기를 대체하여 만든 대체 감미료, 서당보다 600배 더 달다.

수크로오스, **설탕**, **자당** sucrose Glucose와 fructose가 glycosidic bond로 결합된 2당류이다.

수탉 roaster 수탉을 뜻하며 cock이라고도 한다.

수퇘지 Boar 거세하지 않는 수퇘지를 뜻한다.

수퍼옥시드 디스뮤타아제 superoxide dismutase(SOD) 세포의 세포질에 들어 있는 구리와 아연 의존효소이고 또한 세포의 미토콘드리아에 들어 있는 망간(Mn) 의존효소이다. 이 효소(SOD)는 superoxide(초과산화물)을 hydrogen peroxide와 산소로 전환시키는 촉매작용을 한다.

수퍼옥시드 라디칼 superoxide radical(O_2) 호흡기, 식세포작용(phagecytosis) 또는 기타 대사작용에서 체내에서 발생된 산소가 포함된 자유라디칼이다. Superoxide dismutase (SOD)와 비타민 C와 같은 수용성 항산화제에 의해 superoxide를 제거시킬 수 있다.

수혈증 水血症 hydraemia 혈액 중에 수분이 증가한 상태인데 여기에는 2종류가 있다. 단순성 수혈증은 혈액세포와 혈청단백질이 함께 감소하여 혈액에 수분이 많아진 상태이고, 다혈성 수혈증은 혈액 중에 수분이 늘어남과 아울러 전신의 혈액량도 증가한 상태이다.

숙사 熟飼 steamed(cooked) ration(mash) feeding 사료의 일부 또는 전부를 익혀서(자숙 : 煮熟) 급여하는 방법을 뜻한다. 이것은 주로 소와 돼지에게 실행되는데, 익히는 정도에 따라 전분의 알파(α)화에 의한 곡류의 이용성의 향상, 원료에 병원체 같은 것이 함유되는 경우의 살균소독, 급여하는 사료 전체의 기호성 향상에 효과가 있다. 그러나 이들 효과는 급여 사료의 특성과 혼합 및 가축의 조건 등에 따라서 같은 양상으로는 나타나지 않으며, 또 처리에 소요되는 연료, 설비 등의 경비도 고려해 볼 필요가 있다.

숙성육 熟成肉 aging meat 고기가 연해지고 향미가 나도록 하는 처리과정이다. 연화과정은 도살 직후에 시작되고 온도 3～4℃(38～40°F)와 습도 85～90%에서 점진적인 공기유입으로 신선한 환경을 유지한다.

숙신산 succinic acid Succinyl・CoA로부터 합성되는 TCA 회로 중간 대사물질이다.

숙신코앤라인 A succinyl・CoA α-Ketoglutarate로부터 합성되는 TCA 회로 중간 대사물질이다.

순 筍 browse 관목, 나무 또는 목질성 덩굴의 눈・잎・새싹・작은 줄기 및 꽃 등이며, 건조한 지역에서 나는 식물 등을 동물이 먹을 수 있는 리그닌화(lignification) 되지 않은 부분과 동물이 먹을 수 있는 어린 나무와 관목의 부분도 이에 포함한다.

순간살균 瞬間殺菌 flash-pasteurization 일반적인 살균보다 고온으로 단시간 살균하는 방법으로서 시간이 짧으므로 가열취(臭)의 발생이 적다. 우유의 경우 통상 살균은 60℃, 30분이지만 순간살균에서는 74℃, 2～3분 또는 130℃로 2초 처리한다. → 파스튜리제이션.

순간증발 瞬間蒸發 flash evaporation 매우 짧은 시간 내에 액체를 가열하여 증발 농축하는 방법이다. 물 이외의 휘발성 물질도 동시에 증발되나 증류액에서 휘발성 물질을 별도로 분리해서 농축물에 다시 첨가한다. 과즙제조에 많이 이용된다.

순계 純鷄 pure line(PL) 닭의 육종 또는 원종계를 생산할 목적으로 사육되는 닭으로서 계통 고유의 형질이 고정되었다고 인정되는 닭을 뜻한다. 우리나라에서는 순계의 확보가 많지 않으며, 육종의 역사가 짧아서 외국으로부터 원종계(grand parent spray, GPS)와 종계(parent spray, PS)를 도입하여 실용계(commercial chick, CC)를 종계장과 부화장에서 생산하여 양계농가에 분양하여 사육되고 있는 실정이다.

순단백질 純蛋白質 true protein 사료 중 뜨거운 물에 녹지 않는 질소화합물과 뜨거운 물에 가용의 질소화합물 중에서 각종 단백질 침전제를 사용하여 침전시키는 질소화합물을 순단백질이라고 한다. 조단백질 함량에서 순단백질 함량을 뺀 것을 비단백태 질소화합물이라고 한다.

순무 turnip 사료용으로 이용되는 순무류는 2종이 있다. 하나는 Brassica rapa에 속하는 보통 순무이고, 다른 하나는 Brassica napus에 속하는 식용 순무이다. 수분함량이 대단히 높고, 건물 중의 주성분은 탄수화물이다. 순무류는 젖소의 기호성이 높기 때문에 사료의 섭취량이 많아지며 유량 및 유지량을 증가시키는 효과가 있다. 그외 육우, 면양, 돼지에도 잘 이용된다. 다만 재배와 수확에 노력이 많이 드는 어려움이 있다.

순무잎 turnip leaves 사료용의 순무와 식용의 순무도 근부(根部)는 식용으로 하고, 경엽(莖葉)은 사료로서 이용할 수가 있다. 순무잎은 수분함량이 매우 많아서 90% 이상이지만 건물 중의 조단백질, 가용무질소물의 함량은 높다. 단지 어린 것은 특히 질산태질소가 많이 함유되므로 주의를 요한다. 보통 식용 순무의 경엽부 수량은 뿌리와 비슷하며, 생채로 그냥 급여하기도 하고 건초나 사일리지로 저장해서 이용되기도 한다.

순수번식 純粹繁殖 pure breeding 순수종이란 모든 유전자형에 있어 완전히 같다는 것이 아니라 특정의 특징적인 것에 대해서만 다른 종류와 구별되며, 세대를 통해 그것이 유전적으로 이어지는 경우에 사용되는 상대적 명칭이다. 어떤 경우에는 근교(近校)계를 의미하고, 또 어떤 경우에는 품종 또는 계통을 의미한다. 순수종 안에서는 다형(多型) 현상을 수반하는 경우가 많고, 유전적으로는 혼합된 가축의 집단이다. 이와 같은 순수도의 집단(품종내・계통내) 안에서 교배하여 유전적으로 특유한 형질을 유지, 선발을 병행하여 능력 향상을 기하는 것이 순수번식이다.

순수 알코올 absolule alcohol 순수 에틸알코올(200 proof 또는 100%)을 뜻한다.

쉐아 너트 미일 shea nut meal 아프리카가 원산인 쉐아라는 수목의 열매에서 채유하고 난 찌꺼기이다. 이것은 사료가치가 낮아 볏짚과 비슷한 것으로 짐작된다.

쉬프터 shifter 분쇄기에 부착된 중요한 부분으로서 쉬프터, 즉 체이다. 분쇄된 원료를 여러 가지 필요한 입자의 크기로 분류하기 위한 목적으로 쓰여지는 수평으로 된 체를 수평 쉬프터(plane shifter)라고 하고, 같은 목적으로 쓰여지는 육각형의 회전체를 리일(reel)이라고 한다.

스쿠알렌 squalene 탄수화소($C_{30}H_{50}$)로서 상어와 쥐의 간(肝)에서 발견된다. 체내에서의 콜레스테롤 합성에 있어 전구체로서 중간 생성물질로 추정되고 있다.

스크랫치 곡물(穀物) scratch grain, scratch feed 미국의 규격에 의하면 스크랫치는 전립(全粒) 또는 거칠게 분쇄한 곡류이다. Scratch grain이나 scratch feed는 스크랫치와 같은 것을 의미한다.

스크리닝 screening 미국의 사료공정 규격에 의하면 스크리닝은 곡류・유실류 및 기타의 작물 종자를 정선하는 과정에서 얻어지는 부산물로서 충실(充實)하지 못하든가 파손된 곡립, 다른 작물 종자, 짚대류, 잡초씨, 토사(土砂), 먼지 등이 포함되어 있다. 그러나 보통 스크리닝이라고 하면 소맥 스크리닝(wheat screening)을 의미하는 경우가 많다. 스크리닝은 잡초의 종자를 포함하고 있으므로 그대로 가축에 먹이면 종자는 소화관을 거쳐서 분(糞)에 배설되고, 이것이 다시 무성하게 자라나게 되므로 분쇄를 해서 급여하도록 하고 있다.

스타키아제 stachyase 4당류 스타키오스(stachyose)를 가수분해하여 과당과 포도당 2분자의 갈락토오스를 만드는 효소이다. 갑각류와 연체동물의 소화액에서 발견된다.

스타키오스 stachyose 비환원성 4당류로 1분자의 과당, 2분자의 갈락토오스, 1분자의 포도당으로 구성되어 있다. 동물에 따라 제한된 범위에서 이용되고 메주콩, 기타 콩류(stachys tuberifera)의 괴경(塊莖)과 사탕무, 근채류 등의 식품에 있다. 소장 내의 소화효소에 의해 소화가 안 되고 박테리아에 의해 소화되며 가스가 생긴다.

스타터 이유용 사료(離乳用飼料), **초생 이유용 사료**(離乳用飼料) starter 가축이나 가금에 최초로 급여하는 사료를 뜻하는데, 가축의 경우는 젖먹이 사료(이유용 사료)에 해당하고, 가금의 경우는 어린 병아리용 사료에 해당하는 것이다. 가금에서는 부화 후 2일째부터 먹일 수 있지만 가축은 출생 후 얼마 동안은 젖을 필요로 하므로 급여의 개시는 송아지에는 생후 4주, 자돈에는 생후 3주 이후가 적당하다. 자축(仔畜)의 육성 초기부터 모유 또는 대용유와 병용해서 급여하는 것이 좋다. 스타터는 어린 가축(幼畜)과 어린 병아리에 급여하는 것이므로 가급적 소화가 잘 되고 또 기호성이 좋아야 한다.

스타피로코커스 락티스 *Staphylococcus lactis* 버터 밀크(butter milk) 중에 있는 박테리아로서 유당(lactose)의 소화를 돕는다.

스타피로코커스 아리우스 *Staphylococcus aureus* 식품중독을 일으키는 박테리아이며, 전분식품, 찬 고기, 낙농제품 등에 주로 오염된다.

스타피로코커스 피로젠스 *Staphylococcus phyogenes* 목을 심하게 아프게 하고 scalet fever를 일으키는 박테리아이며, 주로 오염된 식품(특히 우유)이나 물에 의해서 오염된다.

스탄촌 우상 stanchion stall 이 우상은 젖소 개체별로 매거나 풀도록 되어 있는 것이 보통이나 자동으로 잠궈지도록 하고, 한 번에 열리도록 고안할 수 있다. 우상을 깨끗하게 유지하기 위해서는 우상의 크기를 알맞게 하고 몸을 움츠리는 것을 방지하는 제어장치를 설치하여 관리하는 것이 바람직하다. → 스톨반.

스태그 stag 성숙한 후에 거세한 수소이며, 주로 동물용 사료생산에 이용된다.

스택 사일리지 stack silage 목초 같은 것을 간이로 지상에 쌓아올려서 조제한 사일리지이다. 사일로의 건축비가 필요 없고 또 시기와 장소와 수량에 있어서도 제한받는 일이 없으며, 임의로 조제할 수 있다는 이점이 있지만 단지 쌓아올린 것만으로는 답압(踏壓)을 하기가 거의 불가능하므로 공기의 영향을 받아서 고온발효를 일으키기 쉽고 영양소의 손실이 크다. 최근, 비닐 등을 이용해서 완전하게 덮어씌우고 다시 쌓아올린 후 진공펌프로 공기를 뽑아내는 것으로 답압효과를 발휘하게 되어 위에서 열거한 결함을 극복하는 방법이 개발되어 있다. → 진공사일로.

스테로이드류(類) steroids Cyclopentenophenanthrene환(環)을 가진 화합물이다. 비타

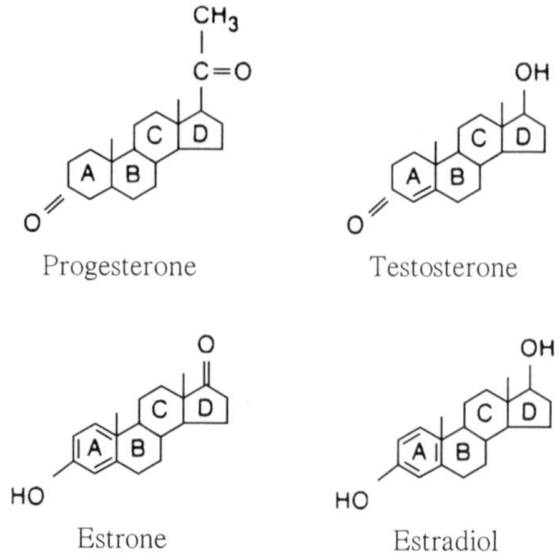

Steroids

민 D, 여성 및 남성호르몬, 부신피질호르몬, 콜레스테롤, 담즙산과 같은 스테롤류 등으로 되어 있다. 스테로이드 알코올, 즉 알코올기(-OH)를 가진 스테로이드류가 스테롤류이다.

스테롤 sterol　스테로이드 구조와 수산기 그룹(-OH)을 포함하는 화합물이다.

스테롤류 sterols　스테로이드에서 유도된 알코올・콜레스테롤을 함유하며, 뇌와 난황을 비롯한 동물 조직에 널리 분포되어 있다. 효모 중의 에르고스테롤은 합성・비타민 D_2의 전구물질이다. → 스테로이드류.

스테르코빌린 stercobilin　대변 중의 갈색 색소의 하나로서 담즙 색소에서 만들어진다. 반대로 담즙 색소는 적혈구 헤모글로빈 분해산물로서 형성된다.

스테비오시드 stevioside　천연 식물체에 있는 영양적 감미제로서 자당(蔗糖)의 300배 정도 단맛을 지니고 있으며, 가장 단 천연화합물이다. 스테로이드 구조를 지닌 스테비올의 배당체로서 파라과이의 관목(灌木), Stevio rebaudiana의 잎에 함유되어 있다. 식품에 사용하는 것은 적당치 않으나 음료수에 첨가가 허용된 국가도 있다.

스테아르산(酸) stearic acid　전부 18개의 탄소원자를 가진 긴사슬의 포화지방산 (octadecanoic acid, $CH_3(CH_2)_{16}COOH$)이다. 많은 동・식물의 지방 중에 트리글리세리드로 존재한다. 약품과 화장품에 사용된다.

스테아린 stearin　글리세롤과 3분자의 스테아르산의 에스테르이다.

스테펜 steffen　칼슘과 당의 복합체를 침전시켜 사탕무 당밀로부터 설탕의 수율을 높이는 특수 공정을 뜻한다.

스테펜 여과액(濾過液) steffen filterate　스테펜 제조과정에서 칼슘 sucrate 침전에 의해 얻어지는 여과액으로서 주로 아미노산 공급원으로 사용된다.

스테플 식품 staples, staple food 매일 주식으로 먹는 식품을 뜻한다.

스토킹 stocking 기계를 사용하지 않고 가축의 과방목에 의해 우점(優占) 야초를 억압하고 초지조성을 실시하는 방식으로서 가축의 채식 및 제상(蹄傷), 제압(蹄壓)으로 목초 종자상(種子床) 조성을 한다. 이 방식은 기계를 넣을 수 없는 토지조건에 적합하며, 사용 가축은 소 · 말 · 면양 등이다. 가축에 의한 스토킹 이용 방식의 간이 초지 조성에 있어서는 여러 가지 문제점이 많지만 경제적인 초지 조성법의 하나이다. 이 방식에서 고려해야 할 것은 야초의 재생 스토킹의 시기, 사용하는 가축의 종류 및 표준 두수, 야초 제거를 위한 첫 번째 방목시기, 지표처리 조건, 영속성과 경신법 등이다. → 제경법 초지 조성.

스톨반 stall barn 이것은 일명 스탄촌 반(stanchion barn)이라고도 하며, 국내의 대다수 목장에서 사용하고 있는 방식으로서 젖소를 계류장치(스탄촌, 쇠사슬 등)에 고정시켜 관리하는 계류식 우사를 뜻한다. → 계류식 우사.

스티어(거세우) steer 성숙되기 전에 거세한 수소이며, 주로 소고기 생산을 위해 사육한다.

스틱워터 stickwater 어분의 제조 중에 증기처리된 생선을 압축하여 얻은 수용액 부분을 뜻한다. 아미노산 · 비타민 · 무기질을 함유하고, 동물의 사료에 첨가되며, 또 어분과 혼합 건조된다. 어즙으로 알려져 있다.

스틸베스트롤 stilbestrol 합성된 여성호르몬의 일종인데, 화학명은 디에틸 스틸베스트롤(diethyl stilbestrol, DES)이다. 이것은 육용가축의 피하에 주입 또는 이식하든지 사료에 첨가하여 이용해 왔다. 사료에 첨가하는 경우에는 소는 1일 1두당 10 mg 이하, 면양은 2 mg 이하가 적당하다. 이식하는 경우에는 1두당 소는 24～30 mg, 면양은 3 mg 정도이다. 이것은 육우나 면양의 성장을 촉진하고 사료를 절약하는 효과가 있다. 또 브로일러에 주입할 경우에는 닭고기에 잔존하는 것으로 인해 인체에 유해한 것으로 생각되므로 미국에서는 주법(州法)에 의해 사용이 금지되고 있으나 쇠고기나 양고기에는 잔존하지 않으므로 문제가 없다고 되어 있다. 그러나 현재는 발암물질로 판명이 되어 사용이 전면 금지되고 있다.

스페니쉬 Spanish 지중해 연안의 스페인이 원산지인 닭으로서 영국의 필립왕 때 영국에 수입되어 개량되었으며, 1930～1950년경에 대성황을 이루었다. 외모의 검정색 때문에 체질 능력이 나빠져서 현재는 거의 없어져 가는 듯한 느낌이다. 단관(single comb)이고, 안면에 늘어져 있는 귀뿌리는 백색으로 볏과 같이 치밀한 질로 되어 있다. 성질이 활발하고 방사에 적당하여 취소성이 없다. 조숙성으로 연 130～150개의 유색란을 낳는다.

스펙 specs 구매 시에 이용되는 물품에 관한 구체적인 정보이다. 즉 품질 · 모양 · 중량 · 상태 · 크기 · 가공에 대한 지시사항 등이며, 구매정보(purchase specifications)라고도 한다.

스펠트 spelt 거친 형의 밀로서, 주로 소의 사료에 사용된다.

스포츠 드링크 sports drink 음료 중에 탄수화물, 무기물(소금 포함), 비타민과 기타 첨가제가 포함되어 있으므로 운동할 때 잃었던 수분과 영양소를 보충할 수 있는 음료수이다.

스피라마이신 spiramycin 1952년 Cosar(프랑스) 등에 의해 발견된 항생물질이다. *Streptomyces ambofaciens*를 배양해서 생산되고, 엠보네이트염(embonate)으로서 농축 건조한 것이 스피라마이신 엠보네이트(spiramycin embonate)이다. 마크로라이드계 항생물질에 속하고, 그 항균은 다른 마크로라이드계 항생물질과 거의 같다. 사료첨가제로서 지정되어 있다.

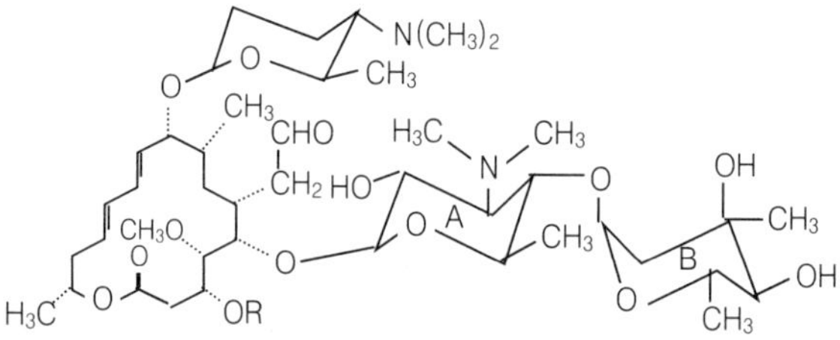

Spiramycin

스피룰리나 spirulina 남조류(藍藻類)의 일종인데, 나선형을 한 비교적 큰 형태의 다세포조(多細胞藻)이다. 염분함량이 높은 알칼리성이며, 호수 같은 데에 성장하고 있다. 그러나 해수에서는 마그네슘 함량이 높아서 성장이 안 된다. 멕시코에는 인공호수에서 스피룰리나가 생산되고 있다. 스피룰리나는 건물로서 60~70%의 다량의 조단백질을 함유하고 카로틴이나 비타민의 함유량도 높다. 멕시코에서는 스피룰리나는 양계사료의 단백질 및 카로틴의 급원으로서 이용되고 있다. 스피룰리나는 클로렐라와 마찬가지로 생산비가 높다.

스핑고미엘린 sphingomyelin 뇌와 신경조직, 척추, 신장 및 난황에 들어 있는 복합인지질이며, 염기 스핑고신・지방산・인산・콜린으로 되어 있다.

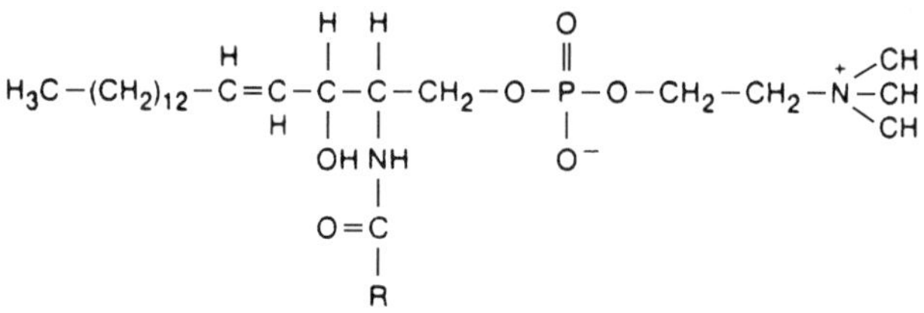

Sphingomyelin(R= 지방산)

스핑고신 sphingosine 스핑고미엘린으로 알려진 인지질의 구조를 이루는 복잡한 알코올 형태이다.

슬러지 sludge 폐수처리에서 얻어지는 것으로서 생것은 수분이 99% 정도이지만 건조한 것은 주로 원생동물이나 세균 등의 미생물의 균체로서 되어 있다. 따라서 조단백질이나 비타민 B_{12} 함량이 많지만 회분이 많은 것이 특징이다. 그러나 성분은 폐수의 종류, 처리법에 따라서 변화가 매우 심하고, 조단백질의 이용률도 낮으며, 기호성도 좋지 않다. 또한 건조 시에는 많은 경비를 요한다. 이 때문에 현재에는 생슬러지를 어느 정도 탈수해서 깻묵형으로 한 뒤에 소각하든지 매립해서 토양 개량제 등으로 사용되고 있지만 사료로서는 그다지 이용되지 않고 있다.

습관성 유산 習慣性流産 habitual abortion 임신할 때마다 거의 같은 시기에 유산하는 경우를 뜻한다. 원인은 황체(黃體)호르몬의 분비 부족에 의한 것으로 판단되어 있으나 그 밖에도 자궁의 기형, 발육부진, 경관열상(頸管裂傷) 및 불명확한 원인에 의한 것 등이 있다.

습식도정 濕式搗精 wet milled 알곡 낱알을 여러 부분으로 분리하는 것을 용이하게 하기 위해 물(SO_2를 용해시킨)에 침수시켜 처리하는 것을 뜻한다.

습식사료 濕式飼料 moist feed 수분이 약 30% 이상으로 함유된 사료로서 oregen 습사료에서 그 기원을 찾을 수 있으나, 일반적으로 뱀장어나 넙치 사육시 급여하는 사료의 형태가 이러한 범주에 속한다. → paste, wet feed. ↔ 건식사료.

습식용출 濕式湧出 wet rendered 밀폐용기 내에서 압력을 가하여 증기를 처리함으로써 조리·가공하는 것을 뜻한다.

습식제분 濕式製粉 wet-milling 곡물을 가공 전에 수침시켜 그 이후 제분과정에서 목적 성분의 분리를 증대시키는 제분법으로서 주로 곡류의 전분 분리에 널리 이용된다.

시냅스 synapse 한 신경세포 말단과 다른 신경세포 사이의 공간이다.

시데로필린 siderophilin 철분 결합, 비헴(nonheme) 단백질로서 척추동물 혈액 중의 트랜스페린(transferrin), 유즙 중의 락토페린(lactoferrin), 가금 혈액 중의 콘알부민(conalbumin), 그리고 계란 중의 오보트랜스페린(ovotransferrin)이 이에 속한다. 철분을 혈장 중에 수송하는 Fe-탄산-단백질 복합체이다.

시럽 syrup Maple·옥수수와 같은 여러 가지 원료에서 만들어진 당의 용액으로서 정제(精製) 시럽, 당 시럽과 같은 정제의 각 단계가 있다. 정제시럽의 제품은 물 20%, 당 79%, 단백질 0.3%, 지방은 없고, 100 g당 297 kcal., Fe 1.5 mg, 비타민류는 미량 함유한다. 통조림 과실에 사용되는 당 용액도 시럽이다.

시멘트질 cementum 치아의 뿌리를 감싸고 있는 석회화된 부분이다.

시상하부 hypothalamus 뇌의 하부에 있는 핵이며 여기에는 ① 식욕 조절센터와 ② 항이뇨호르몬(antidiuretic hormone)을 생산하는 세포가 있다.

시스타치오닌뇨증 cystathioninuria 선천성 대사장애로 인해 cystathionine이 혈액과 뇨중에 다량 포함된 것이며, 함유황아미노산의 대사장애로 나타난다. 비타민 B_6의 보충으로 치유되는 경우도 있다.

시스테인 cysteine 함유황아미노산의 일종이다. 2-Amino 3-mercaptopropicnic acid이며, 특히 케라틴(keratin) 중에 많이 들어 있다. Glycogenic 아미노산이다.

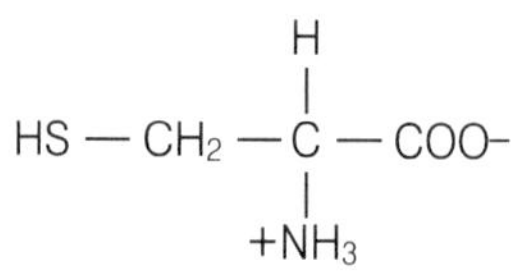

Cysteine

시스-, 트랜스-결합 cis-, trans-bonds Cis와 trans는 2중결합(double bond)의 각 측면의 치환기(substituent group)의 위치를 나타낸 것이다. Cis 배열에서는 2중결합이 같은 쪽에 위치하고 trans 배열에서는 치환기가 2중결합의 반대쪽에 위치한다. 단지 2중결합의 배열이 다른 두 화합물을 상호 기하 이성질체(geometric isomer)라고 한다. 예를 들면 fumaric acid와 maleic acid의 경우이다. 이 두 화합물은 화합적 구조가 동일하지만 생물학적 반응은 독특하고 상호 대체할 수 없다. 즉 fumaric acid는 트랜스 이중결합(trans-double bond)을 가지고 세포내, 특히 TCA 회로에서 활성을 나타내지만 fumaric acid의 이성체인 maleic acid는 생물학적 활성이 없다.

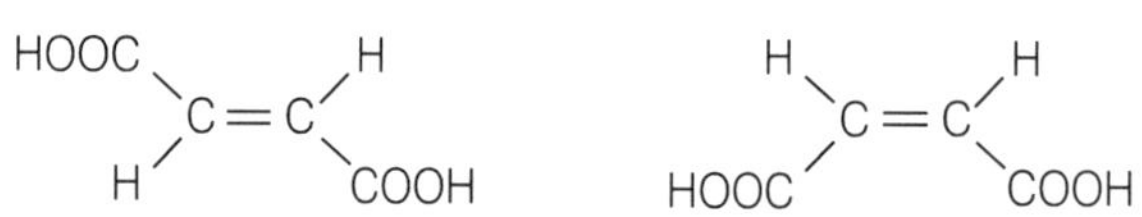

Fumaric acid(trans-) Maleic acid(cis-)

Cis-trans 이성질 현상

식물과 동물체에 존재하는 자연상태의 불포화지방산(ansaturated fatty acid)은 2중결합의 치환기가 trans 보다는 cis 형이지만, 식품의 가공에 따라 cis를 trans로 바꿀 수 있다.

시스-트랜스 이성(異性) cis-trans isomerism 같은 분자식·구조식을 가진 화합물이라도 두 종류의 기하학적 형이 있는데, 이것을 시스-트랜스이성체라 한다. 2개의 기(基)가 분자의 동측(同側)에 위치하고 있는 것을 시스형이라 하고, 대측(對側)에 있는 경우에는 트랜스형이라 한다. 이들은 화학적 및 물리적 성질이 다르다.

시스틴 cystine 메치오닌과 함께 황을 함유하는 비필수아미노산에 속하며 methionine의 요구량을 일부 보충한다. 시스틴은 2분자의 시스테인(cysteine)의 sulfhydryl(SH)이 결합하여 한 개의 -S-S-군으로 연결되어 형성된 것이다. 시스틴은 필수아미노산은 아니지만 이것이 적게 함유 시에는 메치오닌의 요구량이 증가되므로 일정량이 보충되어야 한다. 시스틴은 동물성 단백질에 많이 함유되어 있다.

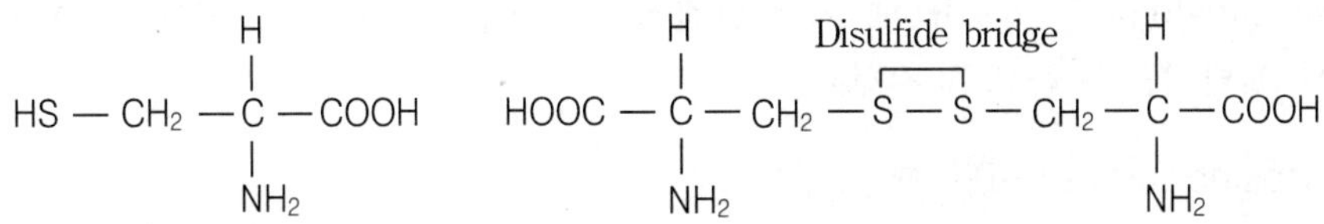

Cysteine(Cys) Cystine

시아노코발라민 cyanocobalamin 비타민 B_{12}를 뜻한다.

시유 市乳 city milk 직접 소비를 위해 음용유로서 판매되는 우유를 시유라고 한다. 시유는 시유 공장에서 원유의 검수, 검사, 저장, 살균, 포장, 냉동보관의 각 공정을 거쳐서 제조·판매된다. 원유는 목장 또는 낙농가로부터 수거되고, 우유회사에서는 이것을 일부 가공해서 균일한 품질로서 신선하게 처리한 다음 비타민 등의 강화제를 첨가한 제품이다. 시유는 식생활의 개선이나 신도시 인구의 증가 등으로 인해 소비량이 증가되어 가고 있다.

시자홍색소 視紫紅色素 visual purple, rhodopsin 비타민 A를 함유하고 있는 눈의 망막에 있는 색소를 뜻한다. 빛이 망막에 들어오면 또 다른 색소인 retinalaldehyde (visual yellow)로 되고 시신경을 통해 뇌에 영상이 전달된다. 비타민 A가 rhodopsin의 재생에 필요하다.

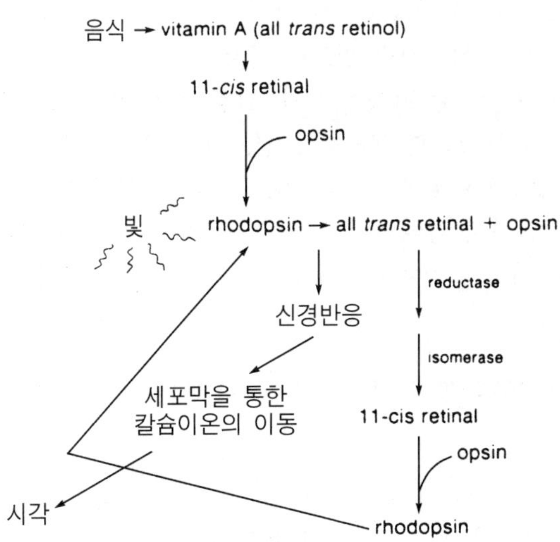

눈에서의 시각반응 요약

시퀘스트란트 sequestrant 금속 이온 혹은 산기(酸基)와 결합하여 그것을 불활성화시킬 수 있는 물질이다. 예를 들면 염산 · 주석산 · 인산 · 여러 가지 칼슘염 등을 뜻한다.

시클라메이트 cyclamate 체내에서 열량을 내지 않는 대체 감미료, 서당보다 30배 더 달다.

시토스테롤 sitosterol 식물유(油)에서 발견되는 중요한 스테롤이다. 콜레스테롤과 같은 구조로서 에틸기를 여분으로 지닌다.

시토신 cytosine → 피리미딘 핵산.

시토졸 cytosol 고원심분리에 의해서 세포소기관(organelles)과 기타 물질들을 제거한 후의 세포질(cytoplasm)의 액상부분이다. 이것은 주로 세포의 가용성 단백질의 콜로이드상 현탁액이다.

시토크롬 cytochrome 편성(偏性) 혐기성 세균 이외의 모든 종류의 물질의 세포 중에 존재하는 색소이다. 기질에서 최종적 수소 수용체인 산소까지 일련의 수소 전달계에 있어서 중간적 수소 수용체로서 작용한다. 수소를 수용하면 시토크롬은 환원형으로 되며, 효소인 시토크롬 옥시다아제에 의하여 산화된다. 이것이 반복되면서 수소를 전달한다.

시토플라즘, **세포질** cytoplasm 핵(nucleus)을 제외한 세포내의 물질이다. 여러 가지 구성물, 세포소기관(organelles), 색소 입자, 분비선과 단백질과 탄수화물 등의 영양소를 포함하고 있다.

시트랄 citral, $C_{10}H_{16}O$ 레몬 · 오렌지 등에 들어 있는 성분이며 α-, β-의 양형(시스와 트랜스 이성체)으로 있다. ionon(합성향료)의 합성의 출발 물질이며, 이것을 통해 비타민 A를 합성한다.

시트러스 펄프 citrus pulp 시트러스 펄프는 감귤류의 주스, 통조림 등을 만들 때 생기는 부산물이다. 이것은 과실의 껍질(皮), 종자, 과실 속의 엷은 껍질 등을 혼합한 것이고 건조 · 분쇄한 것이다. 시트러스 펄프는 비트 펄프와 같은 성분인데 사료가치도 큰 차이가 없다. 이것은 주로 젖소사료로 이용되며, 또 육우나 면양의 사료로도 이용될 수 있다. 돼지나 닭에는 섬유가 많아서 급여하지 않는 것이 좋다. 또한 시트러스 펄프는 당밀을 첨가한 후 건조한 것이 미국 등지에서 사용되고 있는데, 이것은 기호성이 좋고 에너지가도 높다.

시트로보룸 인자(因子) citrovorum factor Leuconostoc citrovorum의 성장인자, 엽산의 활성형이다. → 엽산.

시트로크산틴 citroxanthin Mutachrome이라고도 한다. 황색의 carotenoid 색소로서 오렌지의 과피(果皮)에 있으며, 비타민 A 활성이 있다.

시트룰린 citrulline 요소 사이클에서 오르니틴(ornithine)으로부터 합성되는 비필수아미노산이며, 식품의 단백질 중에는 없으므로 영양상의 중요성은 없다.

시티딘 cytidine　Cytosine(pyrimidine)과 ribose로 구성된 nucleoside이다.

시티딘 삼인산(~三燐酸) cytidine triphosphate(CTP)　Cytosine, ribose와 3개의 phosphate로 구성된 nucleotide이다.

시티딘 이인산(~二燐酸) cytidine diphosphate(CDP)　Cytosine(pyrimidine), ribose와 2개의 phosphate로 구성된 nucleotide이다.

시판사료 市販飼料 commercial feed　AAFCO에 의하면 최종 구매자 또는 양축가의 특정 요구에 따라 배합된 시판사료를 뜻한다.

식균성 세포 食道 phagocyte　박테리아 또는 이물질을 잡아먹는 세포이다.

식도 食道 esophagus　인두(咽頭)와 위(胃) 사이의 소화기관이다. 반추가축에는 식도가 연장되어 식도구(食道溝, oesophageal groove)를 형성하고 있다.

식도경색 食道梗塞 obstructio esophagi　순무・무・고구마 같은 커다란 덩어리를 섭취해서 식도가 막혀 일어난 현상이다. 이것은 소에 많이 발생하며, 급성 고창증을 유발하고, 방치하면 질식해서 죽는 일도 있다. 증상은 식도의 덩어리를 제거하면 낫는데, 예방법으로서는 순무・고구마・감자 등을 어느 정도 세절해서 먹이면 좋다.

식란벽 食卵癖 egg eating habbit　산란계의 나쁜 버릇인데, 스스로 낳은 알 또는 다른 닭이 낳은 알을 쪼아서 껍질을 깨고서 내용물을 먹어 버리는 버릇이다. 이유는 확실하지 않지만 어떤 기회에 알이 깨진 것을 먹어 본 습관에서 기인된 것으로 생각된다. 이런 개체는 발견 즉시 도태해 버리는 것이 필요하며, 그대로 두면 다른 닭도 이것을 모방하는 경우가 있다.

식물방역법 植物防疫法 plant quarantine law　식물에 유해한 동・식물의 구제(驅除)와 만연방지에 의해 농업생산의 안전 및 조장을 도모할 목적으로 제정된 법률이다. 이 법률에서 뜻하는 식물이란 현화식물, 양치류(羊歯類) 또는 선태류(蘚苔類)에 속하는 식물(종자와 과실을 포함)이므로 옥수수・수수・알팔파 등의 사료도 이 법률의 대상이 된다. 이들 식물은 농수산부령으로 정해진 항구 및 공항에서만이 수입되는 것이 인정된다. 식물 전반을 수입할 수 있는 항구를 지정항이라 하고, 한정된 품목만을 수입할 수 있는 항구를 특정항이라 한다.

식물 방역업무를 실행하기 위해서는 식물검역소가 설치되어 있다. 그 사항을 식물검역소에 신고해서 식물 검역관의 검사를 받고 그 명령에 따라야 한다. 가령 유해한 동・식물로 인정된 경우에는 그 식물 및 용기, 포장을 미리 지정된 창고나 사일로 등에서 소독한 후에 수입이 인정된다. 또한 식물방역은 한 국가만으로 될 수 있는 일이 아니므로 국제식물방역 조약이 100여 개 국의 사이에 체결되어 방역에 협력하고 있다.

식물성 생리활성물질 phytochemical 식물에 존재하는 화합물로서 규칙적으로 섭취할 경우 암이나 심혈관질환의 위험을 줄일 수 있는 생리활성물질이다.

식물성 유지 植物性油脂 vegetable oil 콩・채종・깨와 같은 종자에서 식용을 목적으로 추출된 유지(油脂)인데 주성분은 지방산과 글리세롤의 에스테르이다. 이들 식물성 유지는 동물성 유지에 뒤떨어지지 않는 훌륭한 사료가치가 있지만 값이 비싸서 식용으로만 쓰여지고, 사료용으로는 거의 쓰여지지 않는다.

식물위석 phytobezoar 위장에서 발견되는 식이섬유질 덩어리이다.

식분 食糞 coprophagy 분(糞)을 먹는 습성이다. 비타민 B류는 장내세균이 합성하므로 분(糞)을 먹는 설치류와 토끼는 이것들을 섭취하므로 비타민 B군을 이용할 수 있다. → 자기식분성.

식세포작용 食糞 phagocytosis 혈액과 조직에 존재하는 미생물, 비정상세포, 이물질을 삼켜서 소화시키는 과정이다.

식염 食鹽 salt 염화나트륨(sodium chloride)이며, 나트륨 및 염소의 급원으로서 널리 사용되고 있다. 보통 가축, 가금의 배합사료에는 0.25～0.50% 정도 첨가된다. 시판의 식염에는 정제염(염화나트륨 99.5% 이상), 가정용 식탁염(99% 이상) 및 상질염(99% 이상)이 있지만 보통 사료용에는 상질염(上質鹽)이 사용된다. 이 밖에도 탄염 또는 식염을 벽돌모양으로 성형한 것, 식염에 다른 미네랄・당밀 등을 섞어서 성형한 미네랄 블록(mineral block)도 제조되어 방목우 등에 자유 급여시키고 있다. 식염은 타액분비를 촉진하고 소화효소의 작용을 증진시키지만 식염을 과잉 급여하면 식욕부진, 기립불능, 장기(臟器)에 출혈이 일어나서 마침내는 폐사한다. 이른바 식염중독(salt poisoning)은 돼지나 닭에 더 걸리기 쉽다.

식염중독 食鹽中毒 salt poisonig 장유박, 소금에 절인 생선 등의 급여로 식염을 과잉 섭취했을 경우 중독이 일어난다. 가금사료 중에 1% 정도 식염이 함유하게 되면 음수량이 증가한다. 임상적으로는 어떤 변화가 없으나 1～2% 수준으로 체중이 감소되고, 1일 8g 이상이 되면 식욕감퇴, 쇠약, 마비가 일어나 죽게 된다. 해부 소견으로는 소화관 상부에 심한 출혈과 장염으로 진행된 것을 볼 수 있다.

식욕 食慾 appetite 식욕이란 동물이 사료를 채식하고자 하는 의지를 뜻한다. 식욕을 조정하는 중추는 시상(視床)의 하부에 존재한다. 시상하부 복내측부(腹內側部)에 식물 섭취를 억제하는 작용을 가진 부분이 있고, 시상하부 양쪽 외측부에 사료 섭취를 촉진하는 부분이 있다. 이들 중추에 대한 자극의 전달은 시각 또는 촉각에 의해 유기(誘起)된다. 이밖에도 영양소의 대사물인 포도당・아미노산・초산 등의 혈중 농도도 식욕 중추에 대한 자극작용이 있다.

식욕감퇴제 食慾減退劑 anoreticor anorexigenic drugs 식욕을 감퇴시키는 약제로서

체중의 감소를 가져오기 위해서 사용된다. 예로서 amphetamine(혹은 dexedrine), preludin(phenmetrazine hydrochloride), tenute(diethlpropin) 등이 있다.

식욕부진 食慾不振 anorexia 음식에 대한 식욕의 감퇴 또는 식욕손실이다. 그리고 식욕을 감퇴시키고 또 체중 감소를 위해 사용하는 약품을 anorectic(anorexigemic) drug이라고 한다.

식이섬유 dietary fiber 셀룰로오스, 헤미셀룰로오스, 리그닌과 펙틴 등의 탄수화물로서 사람이나 단위동물에서 소화가 안 되고, 다량의 수분을 흡착하여 부피를 제공하고, 분(糞)의 양을 증가시켜 배변을 좋게 한다. 또한 식이섬유는 불용성 식이섬유(Insoluble dietary fiber, IDF)와 수용성 식이섬유(Soluble dietary fiber, SDF)로 분류되고, 수용성 섬유는 혈청 콜레스테롤치를 낮추는 기능성을 지니고 있다.

식초발효 부산물 食醋醱酵副産物 vinegar fermentation grains 식초균에 의한 발효 후 남은 곡류 잔사를 뜻한다.

식탁란 食卓卵 table egg 보통 가정의 식탁에 일상으로 쓰여지는 것인데, 액상란(液狀卵)이라든지 건조란 같은 가공란과 구별하고 있다. 식탁란으로서의 필수요건은 신선도와 난황의 색이다. 가급적 신선한 것이 좋지만 난황의 색은 수요자의 취향에 따라 다르다. 우리나라와 유럽 등지에서는 비교적 농후한 것을 좋아한다. 또 식탄란의 경우 알 내용물의 품질, 특히 육반(肉班), 혈반(血班) 같은 것이 있는 것은 좋아하지 않는다.

식품매개성 질병 食品燐 foodborne disease 식품에 의해서 매개되는 질병을 뜻한다. 이는 ① 식품이 박테리아, 기생충, 바이러스, 곰팡이 등에 오염되었을 때 ② 자연상태의 중독물질(toxicant), ③ 중독성 산업적 화학물질 또는 방사성 폐기물에 의한 식품의 오염, ④ 식품 알레르기 등에 기인한다. 식품매개성 질병으로 잘 알려진 것은 장티푸스(typhoid), 촌충(tapeworm), 보툴리즘(botulism), 불루셀라(brucellosis), 결핵(tuberculosis), 살모넬라(salmonella), 간염(hepatitis)과 박테리아, 기생충 및 바이러스 감염에 의한 여행설사(tourist diarrhea) 등이다.

식품의 열효과 食品 熱效果 thermic effect of food(TEF) 음식을 먹을 때 나타나는 대사율의 증가이다. 즉 음식 섭취 시에 기초대사율이 5~15% 증가된다. 대사의 증가는 음식의 섭취로 인해서 뿐만 아니라 흡수, 운반, 대사, 섭취 후 에너지 저장 등과 관계가 있다. 이는 음식에 기인된 열 발생(dietinduced thermogenesis)으로 알려져 있다.

식품 인산계수 食品燐酸係數 food phosphate factor 세균의 가열 사멸에 대한 저항성을 나타내는 계수이다. 식품 중에 존재할 때와 인산 완충용액(pH 6.89) 중에 존재할 때의 내열성의 비율로 표시된다. 식품의 성분은 세균을 보호하는 작용이 있으므로 그 값은 보통 1보다 크다. 계수 360은 분리된 clostridium botulinum의 가장 저항성이 큰 균주의 100℃에서의 가열살균 시간의 계수이다.

식품첨가제 食品添加劑 food additive FDA가 정의한 바에 의하면 식품첨가물이란 과학적인 훈련과 경험을 통해 공인된 식품 전문가에 의해서 사용 결과가 안전하지 않은 것으로 인정된 것을 제외한 사료와 식품에 첨가하여 그의 구성성분이 되거나 식품의 특성을 변화시키는 물질의 총칭이다. 그러나 안전하지 않은 것이라도 특별한 경우 식품첨가물로 사용될 수는 있다.

신경계 神經系 nervous system 신경계는 크게 두 해부학적 부위로 나눈다. 즉 중추신경계(central nervous system)와 말초신경계(peripheral nervous system)이다. 중추신경계(CNS)는 뇌(brain)와 척수(spinal cord)로 구성되어 있으며, 기관으로부터 정보를 받고 또 주어진 역할을 하도록 기관으로 정보를 보낸다. 그리고 중추신경계는 배우고(learning), 기억하고(memory), 감정(emotion)과 기타 복잡한 기능을 한다. 말초신경계(peripheral nervous system)는 중추신경계와 전신의 기관과의 연락을 제공하는 신경세포로 구성되어 있는 2부위, 즉 구심성(求心性, afferent)과 원심성(遠心性, efferent) 신경세포로 나눈다. 원심성 신경세포는 기관으로부터 중추신경으로 정보를 전달하며, 여기에는 감각정보(sensory information)와 내장정보(visceral information)가 있다. 구심성 신경세포는 중추신경계에서 말초기관, 즉 근육과 기관으로 정보를 전달한다.

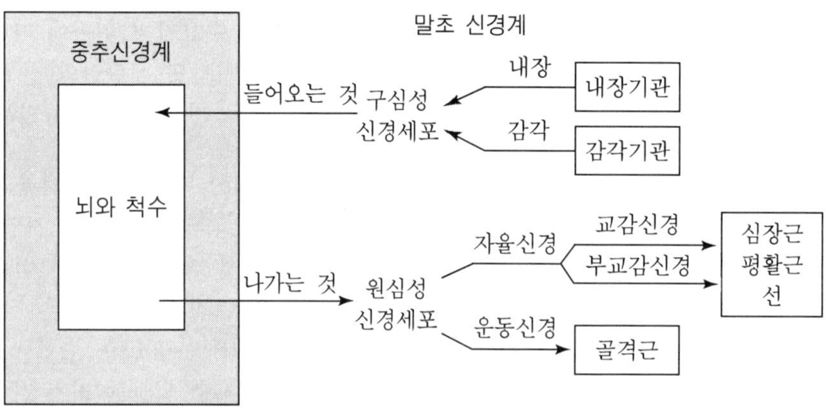

신경계

신경관 결손 neural tube defect 태아기 초기에 일어나는 신경관 합성의 결합으로 이분척추와 같은 신경계 기능장애가 일어난다. 임신부의 엽산 결핍시 신경관 결손의 위험이 증가한다.

신경근육 접합부 neromuscular junction 운동신경과 근섬유 사이의 화학적 접합부이다.

신경병 神經病 neuropathy 신경계의 퇴화로 인해 생기는 질병이다.

신경성 식욕부진(증) anorexia nervosa 주로 사춘기에 왜곡된 신체 이미지나 사회적 압력으로 인해 발생하는 심리적인 식욕상실 또는 거식 등의 섭식장애이다.

신경염 神經炎 neuritis 근육, 피부, 기관과 신체의 기타 부위와 더불어 뇌와 척추를 연결하는 신경인 말초신경의 화농이다.

신경전달물질 神經傳達物質 neurotransmitter 신경세포에서 분비되어 다른 신경세포 또는 목적기관 막에 영향을 미쳐 그 작용을 촉진 또는 저해하는 화학물질이다.

신경화(증) 腎硬化(症) nephrosclerosis 고혈압과 동맥경화증으로 신장의 동맥이 굳어지고 좁혀진 상태이며, 세뇨관의 퇴화와 여과가 일어나는 사구의 섬유화가 원인이다. 이는 연령의 증가에 의해 증가되고 외부증상이 없이 진행된다. 이런 경우 나트륨과 단백질의 제한섭취가 필요하다.

신뢰구간 信賴區間 fiducial interval 모평균(母平均)이 존재한다고 추정되는 범위이고 표본 평균 X, 표본 표준편차 S, 측정수(例數) n일 때 모평균 μ은 $X \pm t(n-1, a)\, s\sqrt{n}$의 범위 내에 있다고 추정된다. 여기서 t는 자유도 $n-1$, 위험률 a일 때 t-표의 수치이다. 예를 들면 14두의 자돈(子豚)의 평균치 31.85 kg, 표준편차 7.37 kg일 때 모평균의 95% 신뢰구간은 위험률 5%, 자유도 13의 t가 2.160이므로 $31.85 \pm 2.160 \times 7.37\sqrt{14}$, 즉 36.10～27.60 kg라고 추정된다.

신생아 神經 neonate 갓 태어난 아기이다.

신용장 信用狀 letter of credit, L/C 수출업자는 선적이 완료되는 즉시 어음에 선하증권, 보험증권, 송장 등의 선적 서류를 첨부하여 수출지의 외환은행에서 매수해 주도록 의뢰하고 수출대금을 받는다. 매수은행은 수입지의 은행에 어음을 보내고, 수입지의 은행은 수입업자로부터 대금을 받아들인다. 이 경우 지불을 확보해 두기 위한 수단으로서 수입업자로부터 신용장을 개설하도록 하는 것이 통례이다. 신용장은 수입업자의 의뢰에 따라서 수입지의 은행이 수출지의 은행에 대해서 개설하는 것인데, 신용장 중에 기재된 조건 대로 어음이 발행되었을 때에는 수출업자에게 반드시 대금을 지불한다는 보증장이다.

신장 腎臟 kidney 암적갈색의 내장기관인데 좌우에 한 쌍이 있다. 신장은 요(尿)를 생성하고 혈액 중의 쓸모없는 노폐물을 배설한다. 피질(皮質)과 수질(髓質)로 구별되고, 신소체(腎小體)와 세뇨관(細尿管)으로 구성되어 있다. 신소체 중에는 혈관구(血管球)가 있고, 혈액이 혈관구를 통과할 때 혈장 성분과 수분과 결정질(結晶質)이 여출(濾出)된다. 이때 단백질과 지방은 나오지 않는다. 결정질의 여출은 무선택이고, 체내에 필요한 성분은 세뇨관을 지날 때 혈관으로 재흡수된다.

신장염 腎臟炎 nephritis 신장에 생기는 염증으로서 급성・만성 및 위축 신장 3가지가 있다. 급성 신장염과 만성 신장염은 부종 및 오줌의 변화가 그 증후이며, 위축 신장은 요량(尿量)의 증가를 그 증후로 한다.

실리엄 psyllium 질경이 종자에 있는 수용성 섬유질이다.

실뱀장어 白子鰻 elver, glass eel 뱀장어의 치어(稚魚)인데 검은 색소가 거의 없는 반투명 상태의 것을 뜻한다. 뱀장어 이외의 어종에서도 그 치어가 반투명의 백색을 나타내는 때가 있지만 뱀장어의 경우 전장(全長) 5~7 cm, 체중 0.15~0.18 g 정도이다. 실뱀장어의 인공적 생산은 현재 난(卵)의 수정, 부화까지는 실험 실적으로 성공한 일이 있지만 실뱀장어의 생산까지는 아직 성공하지 못하고 있다. 12월 엄동설한에 주로 하천을 따라 이동하는 자연의 실뱀장어를 잡아서 뱀장어 양식의 종묘로 하고 있다. 해에 따라 포획량의 차가 있어 시세의 폭이 크다.

실버 캠파인 silver campine 실버 캠파인은 산란계로서 내종으로는 골든 캠파인과 실버 캠파인이 있는데 실버 캠파인이 보편화 되었다. 성계 체중은 레그혼 종과 비슷하며, ♀ 2.1 kg, ♂ 2.51 kg 정도로 연간 산란수는 180개 정도이며, 난(卵)의 무게는 56 g 정도이다. 단관이며 육수는 2개이다. 실버 캠파인은 목부분이 희고 몸은 경쾌하며 흑백 횡반무늬로 되어 있다.

실험동물 實驗動物 experimental animal, laboratory animal 연구 또는 약물의 검정(檢定), 진단, 백신, 기타 약제제조 등의 목적으로 사육되며, 이 목적에 알맞도록 육성, 번식, 생산된 동물을 뜻한다. 생쥐・흰쥐・모르모트・토끼・개・고양이 등이 주종이다. 실험동물은 유전 통제면에서 보면 근친교배에 의해 근교계수를 높인 근교계(近交系) 근교계수를 낮게 한 크로스트, 칼러니, 그리고 유전 통제를 취하지 않은 몽그럴(잡종)로 나눌 수 있다. 근교계(近交系)로는 발암실험에 많이 쓰이는 C3H, C57BL 등의 쥐가 널리 쓰이고 있으며, 크로스트・칼러니는 넓은 유전분포에 의해 다양한 감수성 개체를 전부 수용하고 있으므로 약물의 안전성 시험 등에 빈번히 사용된다. 이와 같은 실험동물에 급여하기 위해 여러 가지로 특별히 연구된 사료가 실험동물 사료(experimental animal diet, laboratory animal diet)이다.

실험수치(實驗數値)의 변환(變換) transformation 1원배치법이라든지 2원배치법 등의 실험계획법에서는 각 요인효과가 가법성(加法性)을 갖고 있고, 또 오차는 정규 분포한다는 모형을 적용하고 있다. 그러나 자료에 따라서는 이 모형이 적용될 수 없는 경우가 있고, 이 경우의 대책의 하나로서 본래의 자료를 변환시키는 방법에 의해서 모형이 적용되도록 하는 일이 있다. 변환은 자료의 평방근을 취하는 평방근 변형법(square root transformation), 자료의 대수를 취하는 대수 변형법(logarithmic transformation) 등이 있다. 각도수 변형법(angular transformation)은 처리에 의해 영향을 받은 비율로 표시되는 자료의 경우에 적용되는 것으로서, 그 비율의 평방근의 아크사인(arcsin)으로 변환시키는데 아크사인 변형법, inverse sine 변형법이라고 한다.

심근경색 myocardial infarction 심장근육의 부분적 괴사이다.

심멘탈 simmenthal 소의 한 품종으로서 스위스가 원산이다. 유(乳)・육(肉)・역(役) 겸용종으로 원산지에서 이용목적은 유 55%, 육 25%, 역 20%로 되어 있다. 털빛은 황갈색 흰 반점이며, 체격은 암놈이 생시체중 45 kg, 성숙체중 650~800 kg, 체고 136~142cm의 대형이다. 만숙종으로 성질이 온순하며 비유능력은 연간 3~4톤, 우유의 평균

지방함량 4%, 고기는 양이 많지만 질은 별로 좋지 않다. 스위스 소의 약 반수를 점하며, 이웃 여러 나라에도 분포하고 있다.

심방 心房 atria 정맥에서 심장으로 운반된 혈액을 받는 심장의 2개의 위쪽 방이다.

심혈관질환 心血管疾患 cardiovascular disease 심장과 혈관에 영향을 미치는 많은 장애이며 가장 흔한 것이 동맥경화증(atherosclerosis), 심장병, 고혈압과 뇌졸중(stroke)이다. 이들 질환은 나쁜 식생활에서 기인되며, 그 외의 요인도 많다.

십이지장 十二指腸 duodenum 소장의 최초 부분 또는 근위 부분이며, 위(胃)로부터 공장(空腸)에 이르는 중간이다. 그 길이가 12개 지폭(指幅)에 해당된다 하여 십이지장이라 하며, 췌액과 담즙이 여기에서 분비되고, 소화의 주요한 부분이 이 곳에서 이루어진다.

싱글 셀 프로테인, **단세포 단백질**(單細胞蛋白質) single cell protein(SCP) 효모·박테리아·곰팡이 및 조류(藻類) 등의 단세포로서 이루어지는 생물의 체단백질을 단세포 단백질이라고 한다. 이들의 미생물류는 일반적으로 사람이나 가축이 직접 이용할 수 없거나 이용하기 어려운 질소원 및 에너지원을 이용해서 증식하며 체단백질을 합성하는 능력이 있다. 그러나 효모, 박테리아, 곰팡이 같은 것 중에는 병원성을 가진 것과 유해물질을 생산하는 것도 있으므로 실용화 할 때는 이런 점을 충분히 검토할 필요가 있다.

쌀 米 rice 쌀은 특히 아시아 지역에서 널리 재배되고 있으며, 그 지역 사람의 주식으로 되어 있다. 수확된 벼(paddy rice)를 탈곡한 것이 현미(frown rice)이고, 현미를 도정한 것이 백미(polished rice)이다. 도정할 때에 부산물로서 쌀겨(미강)가 얻어지는데 보통 사료로 쓰여지는 것은 도정할 때에 부숴진 싸래기(碎米)와 반쭉정이 쌀(미숙미)이다. 또 배아와 싸래기와 미강을 섞은 것도 있다. 싸래기 등은 현미나 옥수수와 거의 같은 사료가치가 있으므로 모든 가축·가금의 사료로서 이용할 수 있다. 반쭉정이 쌀은 왕겨가 많아서 사료가치가 낮으므로 닭·돼지에는 많이 급여하지 않는 것이 좋다.

쌀겨 米糠 rice bran 현미를 다시 도정하는 공정에서 나오는데 그 영양가치는 도정 정도에 의해 달라지는데, 보통 원료 쌀의 5~7.5% 정도 생산된다. 단백질 15%, 지방 18%, 비타민 B군, 인(P) 등을 많이 함유하는데, 지방은 육류의 체지방을 연화하는 성질을 지녔다. 또한 저장 중 변질하여 품질이 현저히 떨어지는 경우도 있으므로 탈지한 것이 안전하며 저장성도 증가한다. → 미강.

쌍구흡충증 雙口吸蟲症 amphistomiasis 소의 제1위, 제2위 또는 드물게 제3위 점막에 흡반으로 흡착하는 황적색의 작은 곡옥(曲玉) 형태의 기생충이다. 다수 기생하면 궤양이 발생하기도 하는데 대부분 증상은 없는 경우가 많다. 그러나 녹쌍구흡충(鹿雙口吸蟲)과 소구쌍구 흡충(小溝雙口吸蟲)은 해롭다. 특히 후자의 유약충은 십이지장 점막에 흡착하여 설사·혈변·빈혈·부종의 원인이 되며, 쇠약하고 수척하여 마침내 소가 죽게 되는 경우도 있다.

아

아교 阿膠 gelatin　콜라겐(collagen) 혹은 뼈에 물을 넣고 끓여서 만드는 수용성 단백질이며, 사용목적에 따라 여러 가지 등급이 있다. 40 mesh의 것은 제과용으로 쓰이고, 분말 gelatin은 고기통조림용으로, 판상(板狀)의 gelatin은 table jelly용 등으로 쓰인다. 트립토판(tryptophan)이 들어 있지 않으므로 단백질의 영양가는 낮은 편으로 소화가 거의 안 된다.

아교부산물 阿膠副産物 glue by-product　기름이 많지 않은 동물성 뼈로부터 아교를 생산할 때 나오는 분해되지 않은 잔여물을 뜻한다.

아나필락시스 anaphylaxis　쇼크(shock) 또는 때로 사망에 이르는 극심한 알레르기 반응이다. 극심한 경우 과다한 histamine의 분비로 혈관이 확장되고 혈압이 떨어진다.

아네르기 anergy　체내에 침입하는 외부 물질에 대항하는 면역반응이 부족한 상태이다.

아뉴리나아제 aneurinase　조개(貝類), 양치식물, 고사리류, 장내세균 등에 의해서 생산되고, 비타민 B_1을 생체 내 및 생체 외에서 피리미딘부와 티아졸부로 분해하는 효소인데 티아미나아제(thiaminase)라고도 한다. 소는 필요로 하는 티아민(thiamine)을 제1위내의 미생물이 합성하므로 일반적으로 티아민 결핍증이 일어나는 경우는 없지만 방목 시에 양치류를 다량 섭취한 경우라든지 목초와 함께 세절한 양치류를 급여하는 경우에는 티아민 결핍증을 일으키는 일이 있다.

아데노신 adenosine　아데닌(염기)과 리보오스(당)가 결합한 것이다. 아데노신 3인산(ATP)으로서 근육 중의 에너지 방출의 주역을 담당하고 있다. → 아데노신 2인산, 아데노신 3인산, 고에너지 인산염 결합, 포스포키나아제.

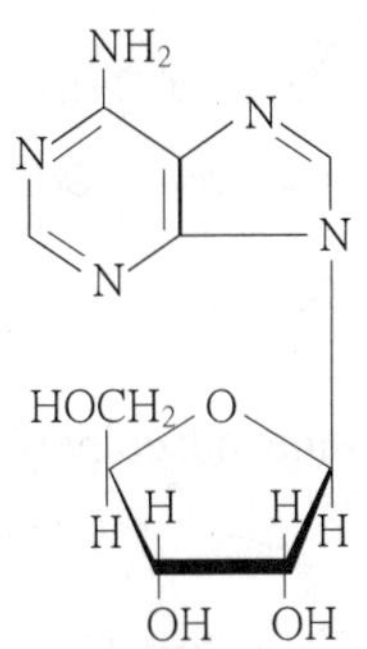

Adenosine

아데노신 3인산, 아데노신 2인산, 아데노신 1인산(adenosine triphosphate, ATP ; adenosine diphosphate, ADP ; adenosine monophosphate, AMP) 식물과 동물 등 모든 살아 있는 생물에게 에너지를 비축, 이전 및 사용하는 데 쓰이는 nucleotide이다. 이들 3종의 화합물은 purine base(adenine)와 5탄당(ribose)으로 nucleoside(adenosine)을 구성하고 여기에 1개(AMP), 2개(ADP) 및 3개(ATP)의 인산염이 ribose의 5번째 탄소에 연결되어 있다. 인산염간의 결합이 가수분해될 때 생기는 자유에너지(free energy)가 이용된다. ATP의 끝 2개의 인산염 결합과 ADP의 끝의 1개의 인산염 결합은 고에너지 결합(high energy bond)이라 하며, 가수분해 시에 −7.3 kcal/몰의 에너지가 발생한다.

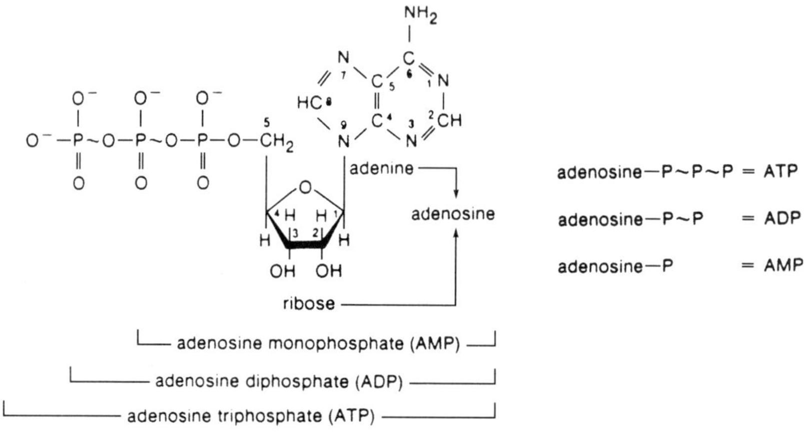

ATP, ADP, AMP

아데닌 adenine 핵산을 구성하는 중요한 퓨린기 중의 하나이며, 아데노인산염으로 근육운동에 에너지를 공급한다.

아드레날린 adrenaline, epinephrine 부신(副腎)교질에서 분비되는 호르몬으로서 호르몬 중 최초로 발견되었다. 신경계를 자극하고 혈압·혈당량 및 대사 수준을 상승시켜 체내에 저장된 열량을 사용하기 쉽게 하는 작용을 가진다. 근육에서 glycogen을 분해하여 glucose를 만든다. → epinepherine이라고도 한다.

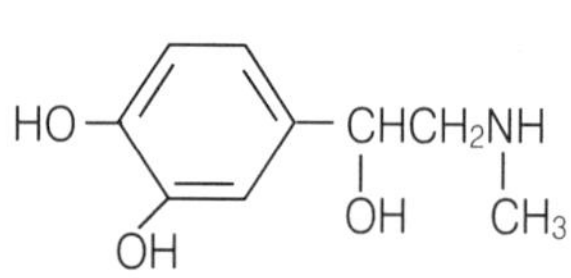

Adrenaline

아드레날린성 adrenergic Noradrenaline(norepinephrine)과 동일한 효능을 가진 약품, 신경전달물질 또는 유사물질이다.

아라키돈산 arachidonic acid 2중결합(−CH=CH−) 4개를 가진 탄소 20개의 다불포화지방산이며, 모든 동물지방에 들어 있고 사람에게 필수지방산이다. 분자식은 $CH_3(CH_2)_3$

$(CH_2CH{=}CH)_4(CH_2)_3$ COOH이며 5, 8, 11, 15-eicosatetra enoic acid이다. 이것은 어유(魚油), 식물성 기름 등에 많이 함유되어 있고, 레시틴의(lecithin) 구성 지방산으로서 존재한다. 이것은 어떤 종류의 동물에는 리놀산(linoleic acid)과 같이 필수지방산이고, omega 6 지방산으로서 영양소적인 첨가를 위해 식품첨가제로도 이용된다. Eicosanoid로 알려진 prostaglandin, thromboxane과 leukotriene의 생물학적 전구물질이다.

아르기나아제 arginase 간에서 아르기닌(arginine)을 요소(尿素)와 ornithine으로 가수분해하는 효소이며, 요소회로(urea cycle)의 가장 중요한 효소이다. 아미노산의 아미노기로부터 요소를 합성하는 최종 단계에서 작용하며, 대부분의 동물세포 중에 존재한다.

아르기닌 arginine(Arg, R) 디아미노-모노카르복시산(diamino monocarboxylic acid)에 속하는 염기성 아미노산(dibasic amino acid)이며, 히스톤(histone)과 프로타민(protamine)과 같은 염기성 단백질(basic protein) 중에 다량 들어 있다. 성장기의 병아리에 있어서 글리신(glycine)과 더불어 필수아마노산이다. 가축의 체내에서는 요소의 합성에 중요한 역할을 하며, 정자의 형성에도 필요한 것으로 알려졌다.

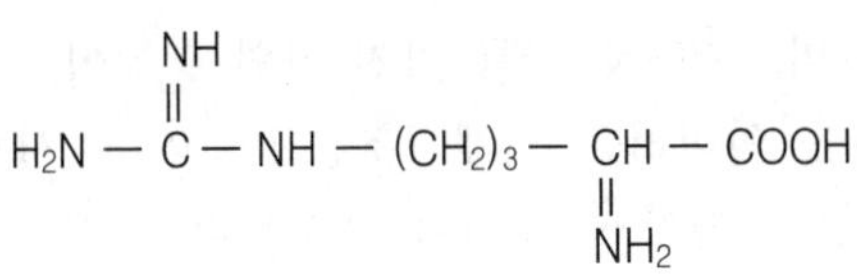

Arginine

아마인 亞麻仁 linseed 아마인은 아마의 종실인데(flaxseed), 아마의 섬유 외에도 아마인유를 채유하기 위해서 재배되고 있다. 아마인은 조지방 함량이 35% 정도로서 높고, 조단백질 함량은 25% 정도이다. 일반적으로 아마인 그대로를 사료로 이용하는 일은 드물고 아마인에서 기름을 짜고 난 아마인 잔사를 사료로서 이용하고 있다.

아마인박 亞麻仁粕 linseed meal 아마의 종실에서 기름을 채유하고 난 깻묵인데 적갈색이다. 단백질 함량은 35% 정도이고 영양가는 비교적 높다. 아마인박은 젖소, 육우, 면양 및 말의 정장효과가 있는 사료로서 우수하다. 소화도 잘 되고 기호성도 좋다. 돼지에 급여 시는 메치오닌(nethionine)과 리신(lysine)이 부족하므로 다른 단백질원과 함께 사용할 필요가 있다. 닭에 다량 급여하면 성장과 건강에 좋지 않으며 연변(軟便)의 원인이 되고, 또 피리독신(pyridoxine)의 요구량이 높아져서 성장이 저해된다고 한다.

아몬드박(粕) almond meal 아몬드의 종실에서 채유한 깻묵으로서 조단백질 38~48%, 조지방 5%, 조섬유 5.5%로서 젖소 및 육우 등의 사료로서 이용된다. 또 아몬드의 껍질(almond hull)은 섬유가 많고 영양가가 극히 낮지만 소의 사료로 이용된다.

아미노기전이(반응) ~基轉移(反應) transaminotion 한 화합물로부터 다른 화합물로 아미노기(NH_2)를 전이시키는 대사과정이다. 이러한 과정으로 비필수아미노산을 합성하게 된다. 이때 필요한 탄소골격은 탄수화물대사의 여러 중간대사물을 통해 생성된다. 따라서 한 아미노산의 아미노기가 다른 탄소골격에 이전됨으로써 새로운 아미노산이 생성

아미노기전이 반응과정

되고, 아미노기를 이전시킨 아미노산의 탄소골격은 에너지원으로 쓰인다. 이같은 과정을 촉진시키는 효소가 transaminase이며, 이때 반드시 비타민 B_6가 필요하다.

아미노당 aminosugar　아미노기를 가지고 있는 당이며, 결체조직의 구성성분으로 중요하다.

아미노리피드 aminolipid　아민계 질소와 지방산을 함유하고 있는 지방물을 aminolipid 이라고도 한다.

아미노산 amino acid　아미노기(-NH_2)를 가진 산의 총칭이다. 영양학에서는 천연물 중에 존재하는 α-아미노산을 의미하고 입체구조는 L형이다. 사료 중의 단백질은 섭취된 후 소화작용에 의해 아미노산까지 분해되어 흡수된다. 아미노산에는 지방족 아미노산(aliphatic amino acid)과 방향족 아미노산(aromatic amino acid)이 있으며, 황을 함유하는 것을 함황아미노산(sulfur-con-taining amino acid)이라 칭한다. 또 구조에 따라서 산성 아미노산, 염기성 아미노산 등으로 나눈다. 화학적으로 합성된 아미노산은 보통은 입체구조가 DL형이고, 천연아미노산과 영양가가 다른 경우가 많다.

단백질은 20여 종의 아미노산으로 구성되어 있으며 α-아미노산은 단백질을 구성하고 있는 유일한 아미노산이며 알파(alpha)는 4종류의 상이한 기가 부착되어 있는 중심탄소이다. 이중 3가지 군은 모든 아미노산에 존재한다. 즉 수소원자(hydrogen atom, H-), 카

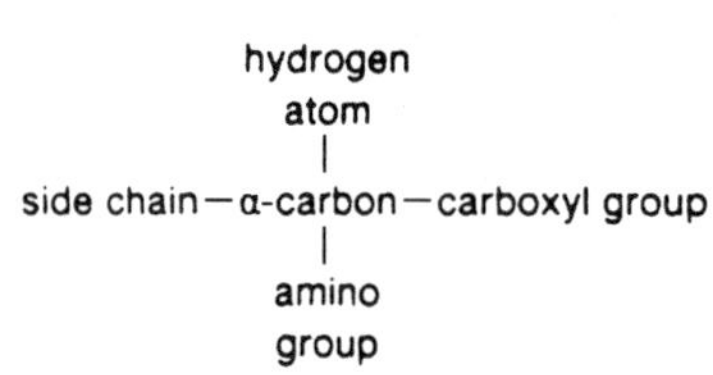

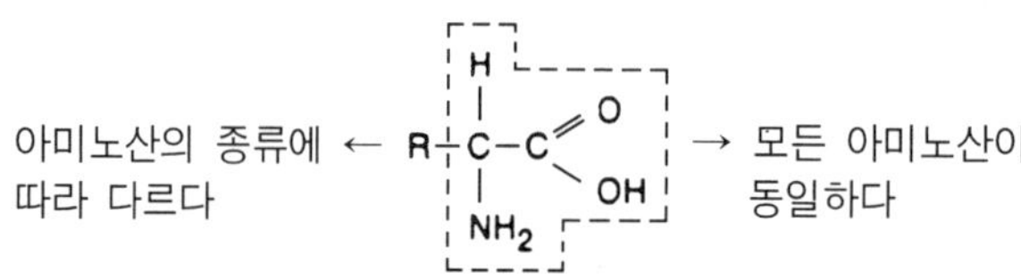

α-amino acid의 일반구조

르복실기(carboxylgroup, -COOH, -C-OH 또는 -COO-), 그리고 아미노기(aminogroup, $-NH_2$, $-NH^+_3$)이다. 네번째 기(R)는 측쇄(side chain)이며 각 아미노산에 따라 상이하다.

아미노산 길항작용 amino acid antagonism 어떤 아미노산의 이용을 이와 화학적으로 유사한 다른 아미노산이 저해하는 것이다.

아미노산 발효부산물(醱酵副産物) amino acid fermentation by-product 발효에 의해 글루타민산과 리신 같은 아미노산을 제조하는 경우 배양액에서 아미노산을 분리한 후에 남은 잔여물이다. 균체가 주체이므로 단백질 함량이 높아 사료로서 충분히 이용될 수 있다.

아미노산 사료첨가제(飼料添加劑) amino acid feed additives 사료 중의 단배질이 가축에게 충분히 이용되려면 아미노산 조성이 좋아야 하며, 어떤 아미노산이 결핍되면 그 이외의 아미노산은 이용할 수 없게 된다. 이런 경우 부족한 아미노산을 보충해 주면 다른 아미노산도 유효하게 활용되어 사료가치가 높아진다. 이런 목적을 위해 사용하는 것을 총칭해서 아미노산 첨가제라 한다. 최근에 많이 쓰여지고 있는 것은 옥수수와 대두박을 주로 한 어린 가금사료에는 함황아미노산이 부족되기 쉽고, 성장 중의 돼지에서는 리신이 부족되기 쉽다. 이런 아미노산은 비교적 싼값으로 합성되므로 DL-메치오닌 히드록시 아나록(methionine hydroxy analog(MHN), L-리신 등의 첨가물이 실용화되고 있다.

아미노애시두리아 aminoaciduria 비정상적으로 다량의 아미노산이 요(尿)로 배설되는 상태이다.

아미노펩티다아제 aminopeptidase 췌액 중에 함유되어 있으며, 폴리펩티드를 디펩티드로 분해하는 효소이다. 폴리펩티드의 아미노기가 유리(遊離)되고 있는 열(列)의 말단부터 디펩티드를 절단한다.

아미누리아 aminuria 오줌에 아민기(amine)가 배설되는 것을 뜻한다.

아미드 amide 화학적으로는 아미드기($-CO \cdot NH_2$) 화합물 또는 암모늄의 수소를 금속이온으로 치환한 화합물을 뜻한다. 글루타민(glutamine), 아스파라긴(asparagine) 등이 여기에 속한다. 사료에서 특히 조사료의 경우는 비단백태 질소의 대부분이 아미드이므로 비단백태 질소를 아미드 질소라 하는 경우가 많다.

아미드결합 amide bond 카르복실산(carboxylic acid)의 히드록시기(OH)가 아미노기(NH_2)에 의해 대치됨으로써 생기는 결합의 일반적인 명칭이다.

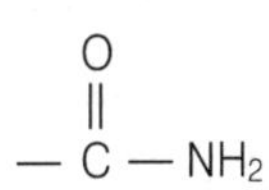

An amide bond

아밀라수리아 amylasuria 오줌 중에 아밀라아제(amylase) 효소가 배설되는 것을 뜻하며, 특히 급성 췌장염(pancreatitis)에 걸리면 더욱 증가된다. 또는 디아스타수리아(diastasuria)라고도 한다.

아밀라아제 amylase 전분, 글리코겐과 1.4-α-glucan을 말토오스까지 가수분해하는 효소(amylalytic enzyme)이다. 알파-아밀라아제(α-amylase)는 1.4-α-glucan에 임의로(random) 작용하여 α-glucose와 말토오스를 생산하는 효소이며, 베타-아밀라아제(β-amylase)는 1.4-α-glucan의 비환원 끝(nonreducing end) 부위에서부터 β-말토오스를 생산하는 효소이다.

아밀로-1.6-글루코시다아제 amylo-1.6-glucosidase 전분의 α-1.6-포도당 결합을 가수분해하는 효소이다.

아밀로리틱 amylolytic 전분을 분해하여 가용성 산물을 생성하는 효소에 주어진 일반적인 용어이다.

아밀로오스 amylose Glucose가 직선으로 연결(α-1,4 glucosidic liukose)되어 있으며, amylopectin과 더불어 전분을 구성한다.

아밀로인 amyloin 여러 비례로 말토오스가 섞여 있는 덱스트린 혼합물인 탄수화물이다.

ㅇ

아밀로펙틴 amylopectin 전분의 20~25%는 아밀로오스이고, 나머지는 아밀로펙틴으로 되어 있는 것이 많다. 아밀로오스는 글루코오스가 α-1.4 결합으로 연결되어 있으며, 요오드 반응시 순청색을 나타낸다. 아밀로펙틴은 α-1.4 결합으로 20~24개의 글루코오스가 연결된 것을 단위로 하여 α-1.6 결합을 한 분기형의 구조를 지니고 있으며, 요오드의 반응시 자색을 나타낸다. 아밀로펙틴은 옥수수, 쌀, 보리의 주요 구성 전분이고 전분입자의 바깥층을 이루고 있다.

아밀롭신 amylopsin 췌장액(pancreatic juice) 중에 들어 있는 아밀라아제(amylase) 효소이며, 전분을 maltose로 분해한다. 또 다른 이름은 pancreatic amylase이다.

아베날린 avenalin 귀리류에 있는 globulin 단백질이다.

아베닌 avenin 귀리와 여러 가지 두과류에 들어 있는 25%의 glutamic acid를 가지고 있는 프로타민(protamine) 단백질이며, 영양가가 높은 것으로 평가되고 있다. 일명 legumin 또는 plant casein으로도 알려져 있다.

아비딘 avidin 달걀의 난백에 들어 있는 당단백질(glycoprotein)로서 소장에서 biotin과 결합력이 매우 높으므로 biotin의 흡수를 저해한다. 일명 항바이오틴(antibiotin) 물질이라고 한다. 그러나 달걀은 가열조리 함으로써 불활성화되어 체내 biotin 이용에 영향을 주지 않는다.

아사닐산(酸) arsanilic acid → Arsenic acid. 가금류 성장촉진제로서 사용된다. → 비소첨가제.

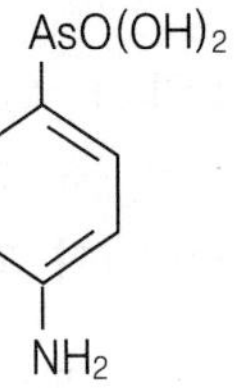

Arsanilic acid

아세설팜-K acesulfame-K 체내에서 열량을 내지 않는 대체 감미료, 서당보다 200배 더 달다.

아세톤 acetone 소량이 정상적으로 혈액에 존재하는 케톤체(ketone bodies)의 하나이다. 그러나 oxaloacetate의 부족으로 TCA 회로가 제대로 기능하지 못하면 축적되어 중독을 일으킨다(케토시스 참조).

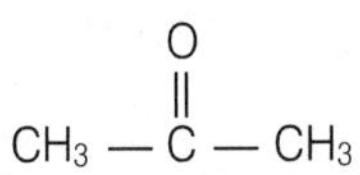

Acetone, a ketone body

아세트알데히드 acetaldehyde 에타놀(ethanol)의 산화에 의해 생성된다. 알코올(ethanol)의 산화과정에서 생성된 아세트알데히드는 체내에서 농도가 증가되면 중독을

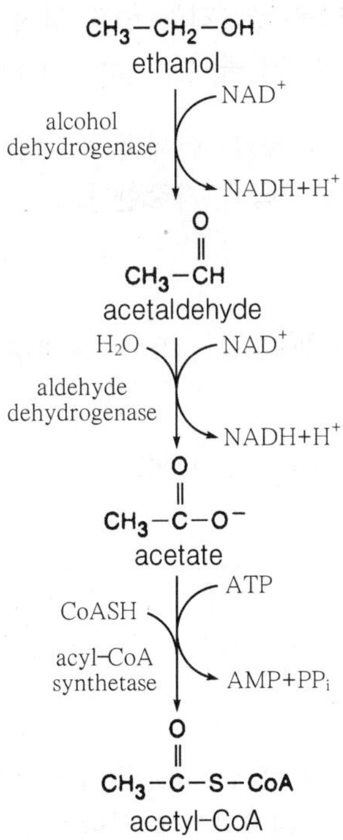

Ethanol의 분해과정

일으킨다. 에타놀의 분해(산화)는 간에서 일어나며, 산화과정에서 생성된 2분자의 NADH+H^+는 acetyl CoA가 TCA 회로로 들어가는 것을 방해하므로 acetyl CoA가 지방으로 전환되기 때문에 지방간(fatty liver)이 되기 쉽다.

아세틸살리칠산(酸) acetylsalicyclic acid 독일의 바이엘사에서 아스피린이라는 상품명으로 판매하는 약으로서, 진통해열제로서 탁월한 약효가 인정되고 있다. 살리칠산의 자극적이고도 고약한 맛을 제거하였고 독성이 적은 편이다. 온중추(溫中樞)의 마비, 피부혈관의 확장, 발한(發汗) 등에 의해서 해열작용을 할 뿐만 아니라 항류머티즘제로서 효과가 있다. 가축의 골연증상(骨軟症狀) 질환으로 인한 파행(跛行)에 진통제로서 칼슘・요오드칼리와 병용하여 정맥주사한다. 소・말에게 25～50 g, 정맥주사에는 20%액을 사용한다.

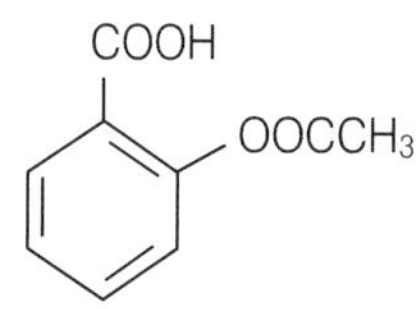

Acetylsalicyclic acid

아세틸코엔자임 A acetyl CoA 조효소 A(coenzyme A)와 결합되어 활성화되어 있는 2개의 탄소분자(acetyl)이며, 열량 영양소(fuel nutrient)로부터 에너지를 생성하든가 또는 지나친 영양소의 섭취 시에 지방을 생성하는 주요 위치에 있다. Acetyl CoA의 바로 전단계 물질은 glycolysis 과정의 최종산물인 pyruvic acid이다.

아세틸콜린 acetylcholine 콜린(choline)의 아세틸 유도체이다. 일정한 신경 cholinergic nerves의 말단에서 유리(遊離)하여 근육을 자극한다.

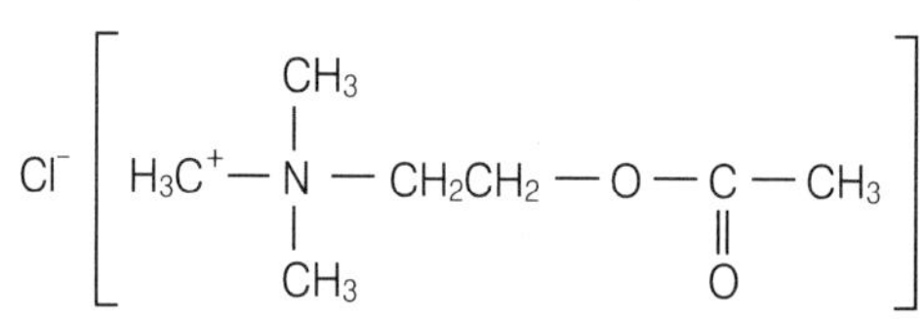

Acetylcholine chloride

이것은 ① 화학전도 물질로서 ㉠ 심박동에 대한 미주신경작용(迷走神經作用), ㉡ 자율신경의 synaps에서 생겨 뉴우론(neuron)에 충격을 전하며, ② 호르몬으로서 장운동에 관여하며, ③ 약물로서 모든 부교감신경의 말단을 자극한다. → 콜린.

아세트산 acetic acid 당 및 당과 관련되는 성분의 대사과정에서 흔히 생성되는 유기산이다. 아세틸 CoA로서 여러 중요한 대사과정에 참여한다.

아세트산균 *Acetobacter* *Acetobacteriaceae*과에 속하는 세균의 무리이며, 알코올로부터 산화적으로 아세트산이 생성된다. *Acetobacter pasteurianus*(*Mycoderma aceti* 또는 *Bacterium aceti* 또는 *Pasteurianum* 등으로도 부른다)는 이 종류의 하나인데 식초제조시 쓰인다. 맥주발효즙, Pickle즙, 과즙 등의 표면에도 막을 형성하며 생육한다. 동양의 쌀식초에 이용되는 것은 *Acetobacter aceti*가 대표적인 균이며, 단시간에 많은 양의 식초를 제조하기 위해 고안된 속성식초에는 *Bacterium schutzenbachi*와 *Bacterium curvum*이 이용된다. 산도는 4～6%의 것이 많고, 10%를 넘는 것도 있다. 증류초(distilled vinegar)는 식초를 증류하여 산도를 높인 것이다.

아스코르브산(酸) ascorbic acid, vitamin C 강한 환원제(reducing agent)이며, 식품 중에서 항산화제로 작용한다. 비타민 C 결핍으로 생기는 괴혈병(scurvy) 예방에 쓰인다. 일명 antiascobutic vitamin이라고도 한다. → 비타민 C.

Ascorbic acid

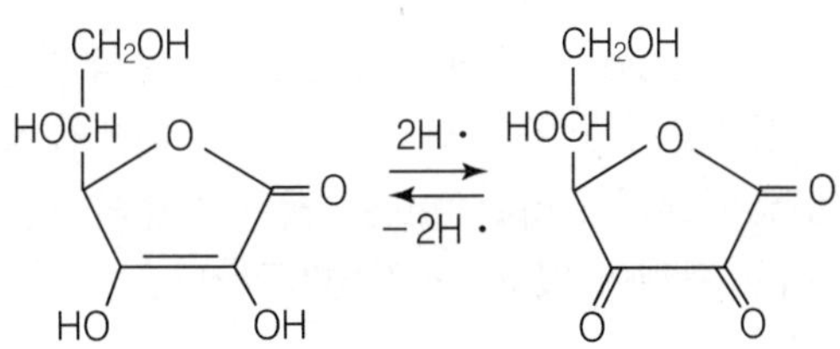

Dehydroascorbic acid

아스코르빈 스테아르산(酸) 에스테르 ascorbin stearate ester 아스코르브산(vitamin C)과 스테아르산의 에스테르이다. 비타민 C가 지용성으로 된 것이며, 0.1% 전후의 농도로서 항산화제로 쓰인다.

아스코르빌 팔미트산(酸) 에스테르 ascorbyl palmitate ester Ascorbic acid와 palmitic acid의 ester이며 의약용 보존제로 쓰인다. 항 staleing제로 빵제품에 사용하는데, 밀가루 중량에 0.1～0.4%를 사용하여 경화(硬化)를 2～4일간 연장시킨다.

아스타크산틴 astaxanthin 카로티노이드 색소의 하나인데, 연어 근육의 분홍색 성분이기도 하다.

아스파라긴 asparagine(Asn, Asx, B, N) 아미노산의 하나이며, 아스파르트산의 amide이다. 식물 중에서 암모니아의 저장형태로서 사용된다. 싹이 자라 성장하는 동안 케토산이 광합성으로 생기는데, 이것들은 asparagine의 암모니아를 사용하여 아미노산으로 된다.

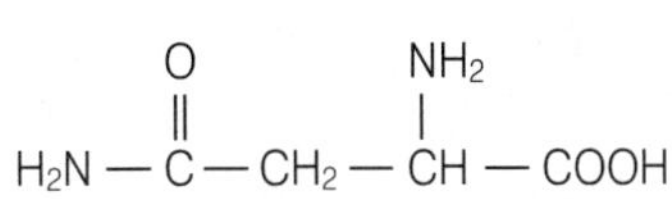

Asparagine

아스파르테임 aspartame FDA의 허가를 받은 저칼로리인 인공감미제이며, aspartic acid와 phenylalanine이 결합된 dipeptide이다. 설탕에 비해 180배의 감미효과가 있으며 치아가 상할 염려가 없다.

아스파르트산(酸) aspartic acid(Asp, B) 2염기 염기성 비필수아미노산의 하나이다.

$$HOOC-CH_2-\underset{}{\overset{NH_2}{\overset{|}{CH}}}-COOH$$

Aspartic acid

아스파탐 aspartame 2개의 아미노산과 메타놀로 만들어진 대체 감미료, 서당보다 200배 더 달다.

아스피린 aspirin, acetylaselicylic acid 초산 무수 salicylic산의 작용에 의해서 흰 결정형 고체물질이다. 진통과 해열제로서 고통을 완화시켜 주기 위해서 널리 사용되는 3가지 중의 한 성분이다. Acetaminophen과 ibuprofen은 다른 것 중의 2종류이다. 아스피린은 프로스타글란딘 합성의 저해와 관련이 있고, 프로스타글란딘은 발열・무좀・홍반증・통증 과민을 완화시킨다고 한다.

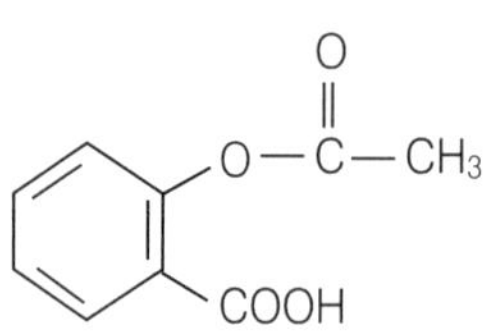

Aspirin

아연 亞鉛 z inc(Zn) 동물 체내의 아연함량은 극히 미량이 피부와 털 등에는 비교적 많이 함유되어 있다. 아연의 필요성은 오래 전부터 알려지고 있었지만 일반적으로 사료 중에는 가축의 필요한 양을 충족하는 데 충분한 양이 함유된 것으로 생각되었다. 그러나 돼지에는 아연의 결핍으로 부전각화증이 발생되는 것이 밝혀졌고, 병아리에서는 아연이 결핍되면 발육이 떨어진다. 사료 중에 탄산염 또는 황산염의 형태로 첨가된다.

아이코사노이드 eicosanoid 아라키돈산(arachidonic acid)과 같은 불포화지방산으로부터 합성된 prostaglandin, thromboxane과 leucotrien을 포함한 화합물군이다.

아이코사펜타에노산 eicosapentaenoic acid(EPA), omega-3 fatty acid 시험관 내에서 혈소판 응집을 막아 주고 3가 계열의 프로스타글란딘의 전구체인 지방산이다. 아라키도닉산과 달리 EPA는 사람의 혈장에서 혈소판 응집을 방해하지 않는다. 아마도 아라키돈산으로부터 thromboxane A_2 성분이 혈소응집이 일어나지 않고 thromboxan A를 형성하기 때문이다. 따라서 높은 수준의 EPA는 식이 중의 낮은 수준의 아라키돈산과 협력하

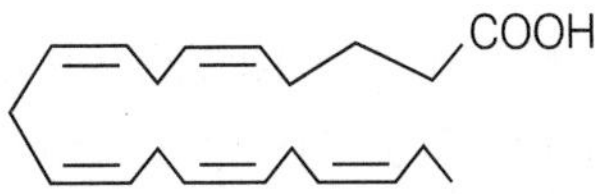

△5, 8, 11, 14, 17-Eicosapentaenoic acid

여 관상동맥증(atherosclerosis)이나 혈소응집(thrombosis)을 예방해 준다는 것이다. EPA는 그린랜드의 에스키모인에게 섭취되는 많은 식품에 풍부하고, 따라서 이 지역인들은 심장질환에 걸리지 않는 것으로 알려져 있다. 또 다른 omega(ω)-3 지방산으로는 dihomo-γ-linolenic acid가 있고, 이는 EPA가 prostaglatin합성에 전구물질로서 협력하고 있다.

아임상의 subclinical 질병이나 장애가 있지만 감지되거나 진단 가능한 정도로 충분한 정도의 증상이나 징후는 보이지 않는 상태이다.

아조토박터 *Azotobacter* 공기중의 질소(空中窒素)를 이용하여 단백질을 합성할 수 있는 azotobacteriaceae과에 속하는 세균의 일종이다. 근립균(根粒菌)은 두과식물의 뿌리에 공생(共生)하면서 질소를 고정시키는데, 아조토박터는 단독으로 질소를 고정시킨다. 대체로 유기질소가 있는 경우에는 별로 질소를 고정시키지 않고, 아울러 질소 고정에는 철이나 몰리브덴이 중요한 작용을 한다는 것이 밝혀졌다.

아질산염 亞窒酸鹽 nitrite 질산염은 육류의 염지(鹽漬)에 첨가되면 아질산염(salt of nitrous acid)으로 환원된다. 이 두 가지의 혼합물이 때로는 사용된다. 아질산염은 육류의 색소, 미오글로빈과 결합해서 염지한 육류는 붉은 니트로소헤모글로빈으로 된다. 또한 이 염은 혈액의 헤모글로빈을 메트헤모글로빈(methemoglobin)으로 산화하기 때문에 다량을 투여하면 유독하다. 육류에 대한 사용농도는 200 ppm이다. → 질산염.

아카시아잎 분말 robinia pseudo-acacia leaf meal 아카시아의 잎을 건조・분쇄한 것인데, 사료 성분은 알팔파 미일과 비슷해서 단백질은 20% 이상 함유된다. 크산토필 함량이 많으므로 난황과 피부 등의 착색을 좋게 할 목적으로 알팔파 미일의 대신으로 쓰인다. 그러나 다량을 주면 좋지 않으므로 5% 이하로 제한하는 편이 좋다.

아코니타아제 aconitase 구연산과 이소구연산과의 상호 교환을 시스아코니틱산을 중간체로서 촉매하는 효소이다. 반응은 가역적이며, 3종의 산(酸) 중 어느 것이든 이 효소에 의하여 평형 혼합물로 변한다. TCA 사이클에 포함된다.

아코니트산(酸) aconitic acid 구연산(citric acid)에서 물(H_2O) 1분자가 떨어져나간 3염기성 산의 일종으로서, TCA 사이클의 중간대사물의 일종이다.

아크로덱스트린 achrodextrin 전분을 효소(아밀라아제)로 분해할 때에 생기는 저분자의 덱스트린이다. 요오드로 정색(呈色)되지 않은 덱스트린이다(achro는 무색의 뜻). 일명 amylodextrin, erythrodextrin라고도 한다.

아크롤레인 acrolein 아크로 알데히드(CH_2CHCHO)이며, 글리세롤을 고온으로 가열하면 생기며, 유지를 과열시켰을 때 발생하는 자극성 및 최루성 휘발물의 주체이다. 지방을 가열했을 때 나타나는 쓴맛을 내는 물질이다. 많은 양을 먹으면 위와 장을 자극한다.

아포레그마 aporrhegma 세균이 단백질을 분해할 때에 아미노산의 일부가 절단되어 생긴 독성물질을 뜻한다.

아포지단백질 ~蛋白質 apoprotein 지방단백질(lipoprotein)의 외곽 층에 있는 단백질 군이다. 지방단백질은 혈액과 림프계를 통해 지방과 지용성 비타민을 운반하는 작용을 한다. 아포단백질은 지방단백질이 혈액에 용해되도록 돕고 조직 내에 흡수되도록 한다. 아포단백질은 A, B, C, D 또는 E로 구분하고 기관 또는 조직의 세포 표면에 있는 수용체가 인식해서 특수 아포단백질과 결합하여 지방단백질이 기관 내로 흡수되어 대사되도록 한다. 어떤 아포단백질은 효소의 활성을 촉진한다. 예를 들면 아포단백질 C-III은 지방단백질 리파아제(lipase) 활성을 촉진한다.

아포페리틴 apoferritin 소장 점막세포에 있는 단백질이며, 철분과 결합하며 ferritin(장점막 세포)을 형성하여 철분을 흡수하는 데 중요한 역할을 한다. Apoferritin은 철분의 저장형태이다.

아포효소, **주효소**(~酵素) apoenzyme 보조인자(cofactor)를 제거한 후에 남아 있는 효소의 불활성 단백질 부분이다. 조효소(coenzyme)나 금속이온으로 보조인자를 대체하면 효소의 활성이 회복된다.

아플라톡신 aflatoxin *Aspergillus flavus, Aspergillus parasitus, Aspergillus oryzae* 등의 곰팡이 균주에 의해 생산되는 발암성의 독소(toxin)로서 4종류의 유도체(즉 B_1, B_2, G_1, G_2)가 있다. 이들의 유도체 중 아플라톡신 B_1은 가장 독성이 강하고, 이에 따른 동물의 감수성은 종류・성별・성장단계 등에 따라 다르다. 이 곰팡이는 곡류・땅콩・면실 등에 널리 기생하므로 사료곡물 도입시 주요 규제 대상이 되며, 이런 것을 원료로 한 사료는 이 독소의 오염빈도가 높다. 암 특히 간암을 일으킨다.

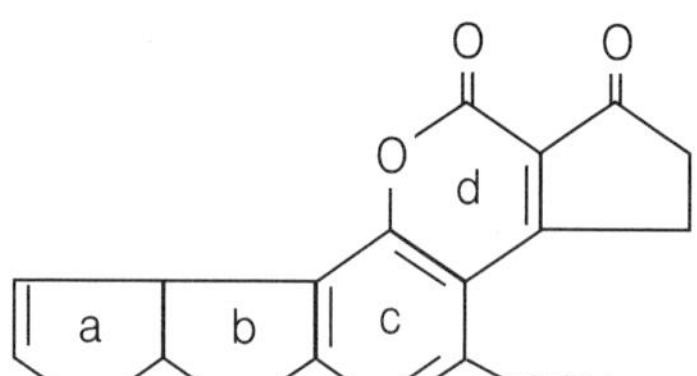

Aflatoxin

아플라톡신 중독(中毒) posisoning of aflatoxin 아플라톡신 곰팡이(*Aspergillus flavus*)에 의해서 생성되는 독소에 의해 난황 성분의 합성을 저해하여 산란 저하, 간에 지방이 지나치게 축적하여 지방간 등을 일으킨다. 독성은 아플라톡신 B_1이 가장 강하고 G_1, B_2,

G_2의 순서이다.

악성빈혈 惡性貧血 pernicious anemia　내인자(intrinsic factor)의 결핍으로 비타민 B_{12}의 흡수가 안 될 때 나타나는 증상이며, 정상보다 비대해진 적혈구를 나타낸다. 즉 만성의 경과를 거치는 중증의 빈혈이다. 일반 빈혈증상을 동반함은 물론 특유한 점은 적혈구의 파괴가 일어나고, 혈구의 생성은 태생기형(megaloblast)으로 되어 있어 특수한 혈액상을 보인다. 위액(胃液) 결핍증 등을 가져오기 때문에 이것은 위점막에서의 내인자(intrinsic factor) 분비 결여로 위장에서 B_{12} 흡수능력이 저하된다. → 빈혈증, 내인자.

악액질 惡液質 cachexia　일반적인 영양결핍으로 극심한 체중 감소와 체조직의 손실을 나타내는 용어이다. 암과 같은 만성질병에서 나타난다.

악어형 피부 鰐魚形 皮膚 alligator skin　특정 영양소의 결핍(특히 비타민 A)과 간기능 악화, 비위생 그리고 덥고 건조한 환경 때문에 나타나는 거칠은 피부이다.

악토미오신 actomyosin　근수축 단백질로서 actin과 myosin으로 형성되어 있으며, 근육수축에 필수적이다. 악토미오신은 ATP를 분해해서 ATP의 에너지를 유리(遊離)시킨다. 효소 ATPase와 동일하며, 이 과정으로부터 근육은 그 동물에 필요한 에너지를 얻는다.

악틴 actin　횡문근(striated muscle)의 가는 필라멘트에 들어 있는 수축단백질이다. 즉 근육단백질의 일종으로서 근육단백질의 약 30%를 차지하여 미오신과 결합하며, 근수축 단백질 악토미오신을 형성한다. 즉 악토미오신이 분리될 때 생성되는 근육단백질이며, 섬유성 악틴(F-actin)과 구상 악틴(G-actin)이 있다.

안구건조증 眼球乾燥症 xerophthalmia　비타민 A 결핍증에 의해 일어나는 병이다. 눈의 각막상피와 결막루선(結膜淚腺)이 손상을 받아 악화되고, 더욱 궤양화를 일으켜 매우 건조한 상태이다.

안달루시안 Andalusian　스페인의 안달루시안 주가 원산인 닭으로서, 표준 체중은 ♂ 3.2 kg, ♀ 2.5 kg이다. 피부는 황색이고 정강이는 연필색인데, 산란능력은 60 g 정도의 백색란을 연간 130개 정도 낳는다. 볏은 홑볏으로 귀뿌리는 희고 성질은 활발하며 몸은 보통보다 큰편으로, 잿빛 또는 하늘색 털을 가지고 있어 외관상 매우 화려하다. 이 품종의 특징인 잿빛 또는 하늘색은 유전적으로 흑색과 하늘색이 합한 인자형으로 암놈・숫놈의 교잡으로 생기는 제 1대에는 2(청회색) : 1(흑색) : 1(백색)로 분리된다.

안드로겐, **남성호르몬**(男性～) androgen　고환에서 분비되는 호르몬으로 남성 성징의 발달을 유도하고, 근육과 뼈와 같은 조직의 발달을 촉진한다.

안세린 anserine　β-alanyl methyl histidine인데, 거위의 근육에서 최초로 분리된 dipeptide이다. 포유류・조류・어류의 근육 중에 있으며, 그 기능은 알려져 있지 않다.

안식향산 安息香酸 benzoic acid　벤젠으로부터 유도된 carboxyl산이다. 유리산과 나트륨 및 칼륨염은 효력이 높은 방부제이며, 일반적으로 커피 방출물(放出物), 피클소스 및 소프트 드링크에만 허용되고 있다. 미생물의 억제력을 지니며, 특히 산성용액 중에서 강하여(pH 5 이상에서는 별로 효과가 없음) SO_2의 절반의 효력을 지닌다. Hippuric acid 형태로 오줌을 통해서 빨리 배설된다.

안심고기, 등심살 tenderloin 소, 어린 양과 돼지고기의 가장 연한 근육으로서 허리를 따라 길게 안쪽에 있다.

안전지수 安全指數 safety index 어떤 영양소, 특히 첨가제를 다량 섭취했을 때 안전성을 표시하는 숫자적 지표이다. 즉 안전지수 3은 영양소 권장량(RDA)에서 안전하다고 인정하는 양보다 3배를 더 섭취했다는 뜻이다.

안정도(安定度) 테스트 active oxygen method(AOM) 유지(油脂)의 특성을 조사하는 시험법의 하나로서 어떤 유지가 얼마만큼의 산화에 견디는가를 알기 위한 시험이다. 즉 유지 속에다 효소를 불어넣어서 인공적으로 산화를 촉진하여 유지의 산화(oxidation)에 견디는 정도를 측정한다. 일반적으로는 유지 20 g을 취하고, 매분 2.33 mℓ의 청결한 공기를 통과시키면서 유지를 넣은 일정 규격의 시험관을 98.7℃의 유용(油浴)에 넣고 일정 시간마다 POV(peroxide value)를 측정하고, POV가 100에 도달하는 데 소요된 시간을 AOM가(價)라고도 한다. 따라서 AOM가(價)가 큰 유지일수록 안정된 유지라고 할 수 있다.

ㅇ

안정화 安定化 stabilized 안정제를 첨가하여 화학적 변화를 덜 받게 하는 공정을 뜻한다.

안지오텐시노겐 angiotensinogen 간에서 합성되어 혈액을 타고 순환하는 단백질이다. Angiotensin으로 전환되어 혈관을 수축하고 혈압을 높인다.

안지오텐신 angiotensin 간에서 합성된 단백질인 angiotensinogen으로부터 간에서 형성되는 물질이며, 혈관을 수축하고 혈압을 높인다.

안지오텐신 II angiotensin II 부신피질에서 aldosterone 분비를 자극하고, 혈액량의 증가와 혈압을 조절하는 등의 생리반응을 하는 안지오텐신 I이라 부르는 전구물질로부터 온 단백질이다.

안코나 Ancona 이탈리아 안코나 지방이 원산지인 닭의 품종으로서 중부 이탈리아의 안토니 지방에서 1880년경에 영국과 미국으로 수출되었다. 본 품종은 원산지 고유의 품종을 개량하여 성립시킨 것으로서 단관 혹은 장미볏을 가지고 있으며, 귀뿌리는 흰색이며 다리는 황색이다. 형태는 레그혼과 비슷한 모양이며, 날개색은 흑색에 하얀 반점이 섞여 있다. 능력도 레그혼과 비슷하여 연간 약 200여 개의 알을 낳는다. 난(卵)의 무게는 55～60 g이며, 가을・겨울・봄에 다산하는 편이다. 체중은 성숙한 수탉이 2.7 kg, 성숙한 암탉이 2.0 kg이다. 성질은 온순하고 백색 알을 낳으며, 취소성은 거의 없다. 조숙종의 초산 일령은 4~5개월이다.

알곡 분진 穀類粉塵 grain scouring 도정과정에서 기계바닥에 남은 미세한 먼지와 같은 잔여물이다.

알곡 세립(細粒) grain fines 깨어진 알곡으로부터 체로 쳐낸 작은 입자들을 뜻한다.

알곡 싸래기(細實) grain screenings 정선과정에서 알곡으로부터 분리되는 것으로서 사료가치가 있는 물질(부서진 알곡, 외피, 잡초 씨, 덜 여문 알곡, 기타 이물질)이다.

알곡 전분당밀(澱粉糖密) grain starch molasses 옥수수나 수수로부터 분리한 전분을 효소나 산으로 가수분해하여 포도당을 생산하는 데서 나오는 부산물이다.

알곡 정선폐기물(精選廢棄物) grain screening refuse 알곡 싸래기에 비해 질이 불량한 것이며 잡초 씨, 깍지 및 먼지를 포함하는 모든 찌꺼기이다.

알곡 착유 부산물(搾油副産物) grain oil residue 알곡으로부터 지방을 착유한 잔유물을 뜻한다.

알곡 타작 부산물(打作副産物) grain clipped by-product 외피의 끝에서부터 떨어져 나온 가벼운 껍질로서 빈 외피, 미숙한 알곡 및 먼지를 포함한다.

알긴산 alginic acid($C_6H_8O_6$) 해초에서 얻은 산이며, 식품산업에서 유화제와 점중제(thickener)로서 사용된다.

알데히드 aldehyde 유기화합물 중의 한 종류이다. 제 1급의 알코올(primary alcohol) 산화에 의하여 생기며 -CHO기를 가진 것이다. 예를 들면 포름알데히드(formaldehyde), 아세트알데히드(acetaldehyde), 벤즈알데히드(benzaldehyde) 등이다. 쉽게 알데히드(CH=O)는 알코올(CH_2OH)로 환원되고, 또 carboxylic acid(COOH)로 산화된다.

알도스테론 aldosterone 신장의 부신피질로부터 분비되는 호르몬이다. 신장의 가는 요관(尿管)에서 나트륨(Na) 및 수분 재흡수와 배설을 조절하는 중요한 호르몬이다. 일명 mineralcorticoid 라고도 한다. 알도스테론의 과다분비는 고혈압을 초래하기도 한다.

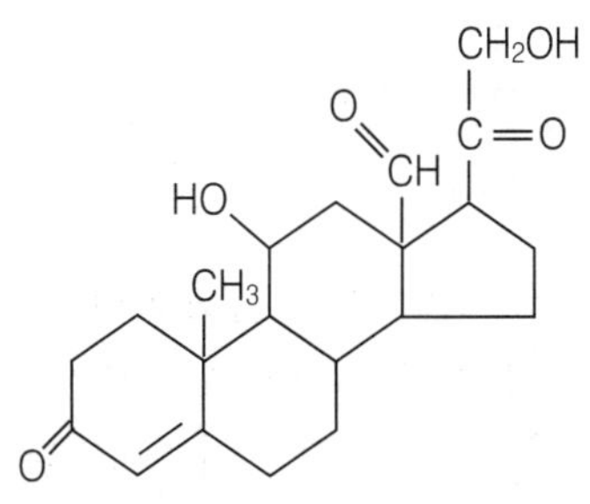

Aldosterone

알도오스 aldose　단당류는 그것을 구성하는 기(基)의 차이로서 알도오스와 케토오스로 나눈다. 전자는 알데히드기를, 후자는 케톤기를 지닌 점이 다르다. 즉 알도오스는 알데히드(CHO)를 가진 단당류이다.

알도헥소오스 aldohexose　분자 중에 알데히드(aldehyde)기를 가지고 있는 6탄당이며, 글루코오스(glucose)와 갈락토오스(galactose)가 여기에 속한다.

알라닌 alanine(Ala, A)　비필수아미노산이다. α-알라닌은 모든 단백질 중에 있지만 β-알라닌(아미노기가 두번째 탄소상에 있는)은 보통 단백질 중에는 없으나 판토텐산(pantothenic), 카르노신(carnosine), 안세린(anserine) 분자의 구성요소를 이루고 있다.

$$CH_3 - \underset{\underset{NH_2}{|}}{CH} - COOH$$

Alanine

알란토인 allantoin　퓨린대사의 최종 산물로서 요(尿) 중에 배설되는데 포유류의 대부분은 퓨린류를 알란토인형으로 배설하지만, 조류(birds)는 예외적으로 요산(尿酸)의 형태로 배설한다. 기타 포유류는 유리카제(uricase)를 가지고 있어 요산을 알란토인으로 처리하지만 사람은 이 효소를 가지고 있지 않다.

알레르겐, 알레르기 유발항원 allergen　천식(asthma), 발진(hives), 콧물(runny nose)과 같은 알레르기 반응을 유발시키는 여러 종류의 물질 또는 환경상태이다.

알레르기 allergy　인체 또는 동물이 일정한 질환을 경과하거나 또는 항원이 일단 체내에 도입되었을 때 생체가 그 후 그 항원에 대하여 이상반응을 표시하는 것을 말하며, 이상반응에는 면역현상과 과민증이 있다. 대체로 이종(異種) 단백질(알레르겐, allergen)과 감수성이 높은 체조직과의 접촉으로 나타나고 있다. 식물 알레르기는 어린이에게 많으며, 계란(卵)·우유·소맥·어류·과실류 등이 원인이 되고 있다. 두드러기, 고엽열(hay fever), 천식증 등도 이 현상으로 설명되고 있다.

알레르기반응(反應) allergy reaction　동물이 세균·바이러스·진균·기생충 등 병원체의 감염을 받으면 동물체 조직은 이들 병원체 또는 그 구성성분, 그 대사산물에 대해 이상적으로 민감하게 되어 다시 이들이 체내에 도입되면 각종의 반응을 나타낸다. 이 반응은 아주 특이하므로 이것을 이용하여 질병의 진단을 한다. 결핵의 경우 투베르쿨린반응, 간질의 피내(皮內) 반응 등이 그것이다.

알록산 alloxan　요산의 산화물, 즉 피리미딘 유도체인데, 경구적 또는 주사로 투여하면 당뇨병을 일으킨다. 이것은 랑게르한스섬(췌장의 일부로서 인슐린을 분비하는 부분)을 손상하기 때문이며, 저혈당에 이어 곧 고혈당을 야기시킨다.

알록산 당뇨증(糖尿症) alloxan glycosuria　알록산 투여에 의하여 생기는 당뇨증을 뜻한다. 알록산은 요산의 산화물인 mesoxyl urea로서 췌장의 랑게르한스섬(Langerhans섬)을 파괴함으로써 요(尿)에 포도당이 검출되는 현상이다.

알루미늄 aluminuum(Al) 원소의 하나이며, 동·식물의 조직 중에 미량으로 존재하지만 필수적인 것은 아니다. 위산과다증의 제산제(制酸劑)와 위점막 보호제로서 수산화알루미늄이 투여된다. 'Alum' 베이킹 파우더는 황산나트륨 알루미늄이 산 성분으로서 사용된 것이다. 과자를 장식하는 데 사용되는 은색은 은박 또는 알루미늄 동합금으로 피복된 것이다.

알류론층(層) aleurone layer 곡립배유(穀粒胚乳)의 외측과 겨 층의 아래쪽에 큰 세포가 단층을 형성하고 있는데 이 곳을 알류론층이라고 한다. 곡립 중량의 약 3%를 차지하고 단백질이 많다. 식물학적으로 배유의 일부이지만 제분할 때 겨의 내층에 붙어 있다. 곡립에 있는 thiamine의 약 20%, riboflavin의 약 30%, niamine의 약 50%를 이 층에서 지니게 된다.

알리신 allicin 마늘의 독특한 냄새 성분인 유황화합물($CH_2:CHCH_2SO \cdot S \cdot CH_2 \cdot CH:CH_2$)이다. 마늘즙에 B_1를 첨가하면 마늘 속의 allicin이 B_1과 결합해서 allithiamine이라는 B_1유도체가 된다. Allithiamine은 B_1과 같은 생리작용을 가질 뿐만 아니라 B_1보다 흡수가 더 빠르다. 혈액 중에 머무는 시간이 길며 aneurinase의 작용을 받지 않는다. 마늘을 짓이기면 allin이 효소 allinase의 작용을 받아 allicin으로 된다.

알부민 albumin 단백질의 일반적 명칭으로도 흔히 쓰이지만 엄밀하게는 단순 단백질의 일종으로서 물에 녹여 가열하면 응고하는 특성을 지니고 있다. 난(卵)의 오브알부민(ovalbumin), 혈청의 알부민, 유즙 중의 락토알부민(lactoalbumin) 등이 그 대표적인 알부민이다.

알부민 계수(지수) albumin index 알의 품질과 신선도를 나타내는 한 가지 지표로서 알을 깨어 평면상에 두었을 때의 난백알부민의 높이를 폭의 길이로 나눈 수이다. 알이 오래 묵게 되면 이 수치는 작아지게 된다. Egg white spreade(계란 흰자질이 많이 퍼진다)도 같은 뜻이다.

알부민 글로불린 비(比) albumin/globulin ratio(A/G) 혈액 중의 알부민 농도와 글로불린 농도의 비율로서 정상인의 혈청에서는 1 : 3 전후이며, A/G비의 변화는 질병 진단에 이용된다.

알부민류(類) albumins 수용성이며, 열로 응고되는 단순 단백질로서 오브알부민(ovalbumin)은 난백(卵白) 중에 혈청 알부민은 혈액 중에, 락토알부민(lactoalbumin)은 우유 중에 들어 있다. 알부민이란 명칭은 단백질과 동의어로 종종 사용되는데, 알부민 요(尿)라 함은 요(尿) 중에 단백질이 있는 것을 의미한다. 실제로 대부분 혈청 알부민인 경우가 많지만 반드시 그렇지 않아도 사용한다.

알부민 제거 저유당 유청(低乳糖乳淸) whey without albumin low lactose 알부민을 완전히 제거하고 유당을 일부 제거한 유청을 뜻한다.

알비노 albino 동물의 색깔을 나타내는 데는 색원체와 어떤 산화효소가 관계하고 있으며, 색소의 본체는 멜라닌이다. 유색 유전자가 있더라도 색원체를 지배하는 유전자가 없으면 백색이 된다. 이것을 알비노라 하며, 유전적으로는 열성이다.

알비니즘, **백화현상**(白化現象) albinism 선천성 대사장애로 눈, 모발, 피부의 색소부족이다. 이 같은 현상을 가진 사람을 백색종(albino)이라고 부른다. 머리카락과 피부는 흰색깔이고 눈은 분홍색이다.

알츠하이머병 Alzheimer's disease, senile dementia 정신적 명료도가 감소되는 특징을 가진 질환이며, 망각, 판단력 저하, 간단한 계산능력 감소, 시간과 장소를 잊어버린다. 남자보다도 중년여성에 많으나 70세에 이를 때까지 나타나지 않는 경우가 허다하다. 현재는 치료방법이 없다. 그러나 niacin이 뇌에 혈액순환을 촉진하는데 도움이 된다. 그리고 음식물 중의 choline이 도움을 준다는 보고도 있으며, 소극적인 삶보다도 적극적인 삶이 크게 도움이 된다.

알칼로이드 alkaloid 식물계에 함유하고 있는 함질소 비단백질성의 염기성 화합물을 뜻하며, 동물에 해로운 생리작용을 갖는다. 일반적으로 강한 알칼리성이며, 산과 결합하여 염류를 만들고, 물에 녹는 성질을 갖는다. 넓은 의미로 알칼로이드는 식물 중에 함유하고 있는 질소를 함유하는 염기성 물질의 총칭이지만, 현재는 협의로서 주로 질소가 헤테로환(環)의 일부를 이루는 물질을 알칼로이드라 하고 있다. 알칼로이드는 식물의 질소대사의 최종 생산물의 하나인데, 동물에 대해서는 특색이 있는 생리작용이 있다. 알칼로이드로는 카페인, 몰핀, 아트로핀, 키닌, 아드레나린 등 많은 것이 알려져 있다.

알칼로시스, **알칼리혈증** alkalosis 알칼로시스란 애시도시스(acidosis)와 반대로 체액 중에 지나친 수소이온의 손실이나 알칼리 성분의 과다의 경우(대사성 알칼리혈증, metabolic alkalosis)와 호흡촉진에 의한 혈액 중의 CO2가 감소한 경우(호흡성 알칼리혈증, respiratory alkalosis)와 구토 등에 의해 나타난다. 혈액 중의 pH의 변화와 알칼리 양과는 병행되지 않고 오히려 반비례적이다. 알칼로시스나 애시도시스와 같이 체액의 산・염기 평형에 변화를 가져오는 원인은 여러 가지 있으나 칼슘, 마그네슘, 나트륨, 칼륨과 같은 염기성 원소를 다량 함유하는 사료를 과잉으로 급여하면 식이성 알칼로시스에 따른 위험이 있다.

알칼리 alkali, base 산을 중화시키는 물질이다. 산(acid)과 반대되는 염기성 화학물질이며, 산과 결합해서 염(salt)을 만들고 지방산과 작용해서 비누(soap)을 만드는 화합물이다. 알칼리는 수소이온(H^+)을 받아들여 산을 중화시키며, 전자쌍(electron pair)을 공여하는 화합물이다.

알칼리뇨(尿) alkalinuria 알칼리성을 나타내는 오줌으로 식물성 음식의 다량 섭취, 알칼리성 약제의 복용, 위액의 다량 배출, 세균성 분해 등의 경우에 검출된다. 인산염이 많이 검출되고 아울러 탄산염 · 수산염 · 유기성분 등도 검출된다. 일명 alkaluria라고도 한다.

알칼리파도 alkaline tide 음식 섭취 후에 위에서 다량의 위산분비 자극으로 일어나는 일시적으로 혈액 및 요(尿) 중에 알칼리성이 증가되는 것이다.

알칼리 회분 alkaline ash residue 나트륨(Na), 칼륨(K), 칼슘(Ca), 마그네슘(Mg) 함량이 높은 식품의 회분이며, 물에서 알칼리 반응을 나타낸다.

알칼린 · 포스파타아제 시험 alkaline-phosphatase test 뼈 질환, 전립선암, 폐색성 황달을 검사하기 위해 혈액을 가지고 행하는 효소시험이다.

알캅톤뇨(증) alcaptonuria, alkaptonuria 사람에 있는 드문 선천성 대사장애로 tyrosine과 phenylalanine이 완전 분해되지 않고 homogentisic acid 형태로 요(尿)로 배설되는 것이다. Homogentisic acid는 검은 멜라닌 색소로 산화되기 때문에 요(尿)가 점차 검은 색을 띤다. 그러나 이 증상은 해롭지는 않다.

알코올 alcohol 탄소(carbon)에 부착되어 있는 수소(H)가 수산기(OH)와 대체된 여러 종류의 유기화합물이다. 당 · 전분과 기타 탄수화물이 효모에 의해서 발효되면 에틸알코올(CH_3CH_2OH)이 생성되고, 또는 에틸렌(ethylene), 아세틸렌(acetylene)으로부터도 합성할 수 있다. 알코올은 음료(beverage), 용매(solvent), 연료(vehicle) 및 의약용으로 방부제(preservative)로도 이용된다.

알코올 건조효모(乾燥酵母) distiller's dried yeast 알코올 또는 증류주(蒸溜酒) 제조공정 중에서 알코올 발효액을 증류하는 과정에서 분리하는 효모(시카로미소스속)를 건조한 것이다. 미국에서는 발효원료의 종류에 따라서 곡류 알코올 효모(grain distiller's dried yeast), 당밀 알코올 효모(molasses distiller's dried yeast) 등으로 분리하고 있다. 이들 효모의 사료성분은 토룰라 효모(torula yeast)나 맥주 효모(beer yeast)와 같으며, 단백질사료로 이용된다. 최근 알코올 특히 메타놀을 원료로 한 메타놀 효모(methanol yeast)가 생산되고 있으며, 이것은 탄화수소 효모와 유사한 성분과 사료가치를 가지고 있다.

알코올박(粕) alcohol by-product feed 곡류(주로 옥수수)를 원료로 해서 알코올을 제조할 경우에 원료를 당화(糖化)시킨 뒤 또는 발효가 끝난 뒤에 여과하고 남은 찌꺼기를 곡류 알코올박이라고 불려진다. 여과하지 않은 곡류 알코올 증류액 중에는 고형분도 상당량 함유되므로 액상부분과 분리되어서 이것도 알코올박이라고 불려진다. 알코올 증류액의 폐액은 보통 농축해서 '디스틸러즈 솔류블(distiller's soluble)'로 만들어진다. 당밀을 원료로 해서 알코올을 제조할 경우에는 여과하는 공정은 없고 부산물로서 '디스틸러즈 솔류블'만이 얻어진다. 알코올박의 성분은 그 원료에 따라서 차이가 있지만 곡류 알코올박의 경우 맥주박에 가까운 사료성분을 갖고 있다. 알코올박은 생것 그대로 소나 돼지에 급여될 수 있을 뿐만 아니라 건조한 것은 배합사료의 원료로서도 이용된다. → 주정박.

알코올 음료 alcoholic beverage 에틸알코올이 0.5～80% 포함된 용기에 든 음료이다.

알코올 중독환자 alcoholism, alcoholics 알코올을 상습적으로 마시기 때문에 이미 중독이 되어 건강상의 문제는 물론 사회적으로 또는 직장 생활에도 제대로 기능을 수행하지 못하는 사람이다.

알코올 탈수소효소 alcohol dehydrogenase 알코올 대사효소; 알코올 농도가 낮을 때 간에서 작용하는 주요 효소이다.

알코올 테스트 alcohol test 우유에서 착유 후의 처리나 취급이 좋지 않아서 산도가 높게 된 것이라든지 탄분(炭分) 평형이 좋지 않은 것, 초유·말기 우유·유방염 우유 같은 이상우유를 검출하기 위해서 70%(용량 %)의 알코올에 같은 온도와 같은 양의 우유를 섞어서 응고물 발생의 유무를 검사하는 방법이다. 이 시험은 우유의 열에 대한 안정성을 간접적으로, 그리고 알코올에 의한 탈수에 대한 카제인의 안정성에 의해서 판정하는 것으로서 주로 우유공장에서 원유를 수납하는 과정에서 실시하고 있다. 이 검사에서 양성으로 나타나는 우유는 2등유로 거래된다. 착유(搾乳) 직후의 산도가 낮은 우유라도 젖소의 선천적 또는 생리적 변화에 의해서 카제인의 상태가 정상이 아니기 때문에 양성으로 되는 것을 저산도 2등유라고 한다.

알파 결합 alpha-bond C–O–C로 그려지며 소장내 효소에 의해 분해가 가능한 결합이다.

알파-리놀렌산 α-linolenic acid 탄소 18개, 이중결합 3개를 지닌 오메가-3 지방산(C18 : 3, ω-3)이다.

알파-지방단백질(～脂肪蛋白質) alpha-lipoprotein 간에서 생성되어 지방을 운반하는 단백질이며, 일명 high density lipoprotein(HDL)이라고 부른다. 일반적으로 5～8%의 triglyceride, 17～30% cholesterol, 21～29% phospholipid와 33～57%의 단백질을 함유하고 있다.

알파-케토산 alpha keto acid 몇 가지 단백질의 분해산물(일부 아미노산의 분해산물)이다.

알파 프로테인 alpha protein 메주콩에서 분리된 단백질의 상품명으로서 종이의 코팅(coating), 수용성 도료, 가죽제품의 완성, 접착제 등으로 사용된다. 성분은 단백질 88.7%, 수분 8.5%이다.

알팔파 lucerne(영국), alfalfa(미국) 원산지는 서아시아 지방으로 알려져 있지만 그 재배 역사는 기원전 2,000～3,000년 전부터이고, 이집트와 페르시아인들이 이 풀을 재배했다고 한다. 이 목초는 단백질을 비롯 카로틴, 무기 미량성분, 미지성장인자 등을 포함한 영양가 높은 풀로서 '사료의 여왕'이라고도 불린다. 다년생으로 약간 건조한 기후에 알맞으며 건조지에서는 적응력이 강하지만 습윤지에서는 습도와 더위로 병해 발생 등의 피해를 입기 쉽다. 내한성은 품종에 따라 현저한 차이가 있으며 배수가 잘 되는 알칼리성 토양에 가장 알맞다. 지하수위가 높고 배수가 나쁜 습지나 그늘진 곳에는 맞지 않는다. 또한 이 목초는 보라·잡색·황색의 3종으로 구분되며, 그 각각에 많은 품종이 있다. 품종에는 듀퓌(dupuits), 윌리암버그(williamsburg), 그림(grimm), 나라간세트(narragansett), 버널(vernal), 리이조마(rhizoma) 등이 있다. 파종은 산파(散播) 또는 조파(條播)를 하는데, 생육 초기에 잡초에 생육이 저해받는 경우가 있으므로 일반적으로 조파를 실시한다. 파종량은 10a당 단파 시 3～4 kg, 혼파 시 1～2 kg이 적당하다. 혼파의 경우에는 오처드 그라스, 티머디, 브롬 그라스 등을 많이 이용하며, 알팔파를 파종할 때는 근류균(根瘤菌)의 접종이 필요하다. 근류균은 클로버 종류의 것과 다르다. 풋베기·방목·사일리지·건초·펠렛트 등 다양한 이용방법이 있지만 흔히 사일리지와 건초로서 이용된다. → 루선.

암 癌 cancer 악성 종양이다. 즉 암은 크게 암종(carcinoma)과 육종(sarcoma)으로 구분되는 광범위한 악성 종양을 의미한다. 특히 carcinoma는 상피조직에 악성 종양을 일으키고 다른 조직으로 확산된다.

암모노텔릭 ammonotelic 암모니아 형태로 질소를 배설하는 생물이다. 물고기는 암모노텔릭 생물이다.

암모늄 이온 ammonium ion(NH^+_4) 아미노산과 기타 질소화합물의 분해에 의해서 생성되는 중독성 물질이다. 단백질 대사과정에서 생성된 단일 양이온이다. 알칼리 상태에서는 암모니아 가스로 전환되고 산성에서는 염을 형성한다. 암모늄 이온은 신장이 과다한 산을 배설시키는 비중독성 수단이다.

암모니아 ammonia 아미노산 또는 요소가 ① 장박테리아 또는 ② 세포의 대사작용에 의해서 생성된 중독성 알칼리성 가스이다. 정상적으로 체내에서 생성된 암모니아는 안전한 물질인 요소 또는 아미노산으로 전환시키는 효소의 작용에 의해서 축적이 되지 않는다. 그러나 간질환 때문에 암모니아 중독이 때때로 나타난다.

암모니아 처리(處理) ammoniated 저질 조사료의 섭취량, 소화율, 질소 함량, 저장성을 증가시키기 위해서 암모니아 또는 암모니아 화합물과 결합 또는 주입시키는 공정을 뜻한다.

암소 cow 첫 분만 이후의 암소를 뜻한다.

암 적응 暗適應 dark adaptation 밝은 빛에서 어두움으로 변할 때 사람의 눈이 적응하는 정도이다. 정상보다 느리면 비타민 A의 결핍을 의미한다. 어두컴컴한 곳에서 볼 수 있는 것은 망막 중에 시홍(visual purple)이 있기 때문이다. 이 물질은 일정한 단백질과 결합한 비타민 A 알데히드이다. 일명 레티넨(retinene)이라고 한다. 밝은 빛에 쬐이면 퇴색하여 시황이라는 물질로 변하는데, 암소에서는 다시 시황(視黃)으로부터 시홍(視紅)이 생긴다. 이와 같이 시홍의 복원을 암 적응이라 한다. 비타민 A 결핍의 하나의 지표로서 암 적응이 약한 것은 야맹증이다.

암종 癌腫 carcinoma 주위 조직을 침범하는 생체조직의 악성 성장이다.

암탉 hen 부화 후 1년 미만의 어린 암탉을 pullet이라 하고, 1년 미만으로 산란을 하는 암탉을 layer이라고 한다. 일반적으로 암탉을 hen이라고 하는데, 엄밀하게는 부화 후 1년 이상의 암탉을 hen이라 한다. → 닭(chicken).

암페타민 amphetamine 자극제와 식욕 억제제로 사용되는 약품이며, 습관성과 풍만감을 유발시켜 사용량을 증가시키고 이에 의존하게 된다. 동시에 여러 가지 부작용을 초래할 수 있다.

압연 壓延 rolled 가열 또는 열처리 없이 압연기(roller)를 통하여 압착함으로써 형태 또는 입자도를 바꾸는 공정이며, 압편보다는 덜 납작하고, 압편보다 적은 수분을 사용한다.

압착 壓搾 pressed 기계적 처리에 의해서 용액을 제거하는 공정을 뜻한다.

압축추출액 壓縮抽出液 presswater 원심분리 등의 방법으로 유지를 제거한 어류나 육류를 유압으로 압착할 때 나오는 추출물(용액, 즙)을 뜻한다.

압출 壓出 extruded 압력을 가하여 구멍으로 밀어내는 사출공정을 뜻한다.

압편대맥 壓片大麥 flaked barley 압편대맥은 1.5 mm 이하의 두께로 가열압편에 의하여 함유한 전분이 약 35% 정도 α화됨으로써 미처리된 것보다는 가축의 소화흡수가 좋고 사료가치가 높다. 가열은 ① 예열통에 의한 가열증기 이용과 ② 마이크로나이저에 의한 적외선 이용의 두 가지 방법이 있다. 또한 이 압편대맥은 가축의 종류 혹은 그 사양(飼養) 관습상 외피를 제거한 것과 외피를 벗기지 않은 압편대맥 두 가지가 있다. → 납작보리.

앙금 dregs 맥주공장의 용기 밑바닥에 남은 대부분 효모로 구성된 입자들이다.

애버딘 앵거스 aberdeen angus 스코트랜드가 원산인 뿔이 없는 검은 고깃소이며, 주로 쇠고기 생산용으로 사육하고 angus 또는 black angus로 알려져 있다.

애시도시스, 산성혈증(酸性血症) acidosis 동물이 소화장해, 설사, 비타민 결핍, 구루병 또는 골연증 외에 다량의 산성 사료 섭취 등에 의해 전반적으로 혈액의 산성이 높아지는 경우를 말한다. 소화장해를 일으키는 탄수화물, 단백질 중간대사물의 축적, 설사에 의한 체내 알칼리(Na, Ca, Mg 등)의 결핍, 인산의 과잉, 탄산가스 배출부전(호흡곤란 또는 운동부족), 유기산(초산·황산 등)의 체내 증가 등이 원인이 된다. 증상은 눈결막, 심장 계항진, 저질유 또는 응고유, 사지 등의 부종으로 나타난다. 치료에는 10% 중조수 100~200 ㎖ 정맥주사, 링게르액의 투여 등이 효과적이다.

애시드 디터젠트 화이버 acid detergent fiber(ADF) 분쇄시료에 acid detergent solution(cethylmethyl thrimethyle amomoium bromide을 1N 황산에 용해)을 하고 1시간 동안 끓인 후 여과해서 얻은 잔사로부터 그의 회분을 차감한 것을 ADF라고 한다. 세포벽 물질 중에 헤미셀룰로오스를 제외한 부분, 즉 셀룰로오스 및 리그닌에 해당한다. 따라서 ADF + 헤미셀룰로오스 = NDF라는 관계가 대략 성립한다. → 산성세제 섬유소.

애완동물 사료 愛玩動物飼料 pet food 개・고양이・금붕어 같은 관상어, 캐너리어・구관조(九官鳥) 같은 관상조(觀賞鳥), 그밖에 다람쥐・햄스터・모르모트 같은 애완을 목적으로 사육되고 있는 동물을 애완동물(pet)이라고 한다. 이와 같은 애완동물에 각각 특수 가공되어 급여되는 사료를 '애완동물 사료'라고 한다. Dog food, cat food, fish food, bird food 등이 주체이고, 형태별로 건조형태(dry type), 연이형태(wet type : 통조림, 소시지), 세미 모이스트형(semi-moist type, 수분 25～35%)으로 분류되고 각각 제조 공정 및 사용원료가 다른 경우가 많다. 이 중에서 건조형태가 주류를 이루고 있고 거의 모두가 익스팬디드 페트 후드(expanded pet food)이다. 미국에서 페트 후드 산업은 대기업화 되어 있다. 우리나라에서도 닭내장 부산물과 잡어가 가공처리되어 생산되며, 장래 페트 후드 산업이 크게 진전할 것으로 기대되고 있다.

액상란 液狀卵 liquid egg, egg pulp 생란을 깨어 껍질을 제거하고 난 다음 난황과 난백을 스크류식의 쵸퍼 등을 사용해서 난(卵) 조직을 파괴하여 균일하게 한 것을 전난액(全卵液, whole egg liquid)이라고 한다. 또 난황과 난백을 별도로 나누어서 각각을 균일하게 한 것을 액상 난황 및 액상 난백이라고 한다. 가장 많이 제조되는 것은 전난액이다. 이러한 액상란(液狀卵)은 주로 제과원료 등의 가공용으로 이용된다. 저장하는 경우에는 스테인리스통 등에 넣어서 냉동한다. 액상란은 사용목적에 따라 난황 색이 농후한 것을 선호하는 경우가 많다.

앰프롤리움 amprolium 1960년, Rogers(미국) 등에 의해서 보고된 항(抗)지아민화합물(antithiamine compound)의 항콕시듐제이다. 화학명은 1-(4-amino-2-n-propyl-5-pyrimidinylmethy)-2-picolinium chloride hy-drochloride이다. 앰프롤리움은 주로 맹장 콕시듐병에 효과를 나타낸다. 1962년에는 소장 콕시듐병에 효과가 있는 에토파베이트(etho-

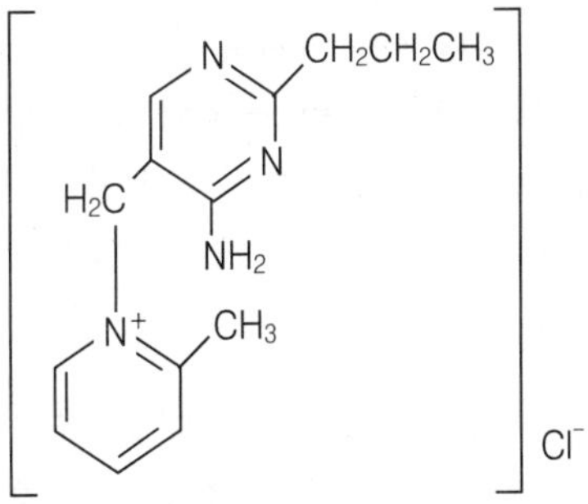

Amprolium

pabate, 화학명 : methy1-4-acetamido-2-ethoxybenzoate)가 발견되었는데, 이 둘을 조합한 제제(製劑)인 앰프롤리움 에토파베이트가 사용되고 있다. 또한 앰프롤리움 에토파베이트 및 설퍼퀴녹살린(sulfaquinoxaline, 화학명 : 2-sulfa-nilamido-quinoxaline)의 3종의 항콕시듐제 합제(合劑)인 앰프롤리움 에토파베이트 설퍼퀴녹살린도 사용되고 있다. 이들 모두 사료첨가제로서 지정되어 있다.

앵속실박 罌粟實粕 poppy seed meal 앵속은 원래 아편제조를 목적으로 아시아 지역에서 재배되었으며, 그 종실에 아편이 함유되지 않고 유지함량이 많은 것을 유료작물(油料作物)로서 인도, 중국, 유럽, 러시아 등지에서 재배되고 있다. 종실에서 채유한 나머지가 앵속실박이며, 단백질은 35% 정도로 높지만 조섬유가 많고 에너지가가 낮다. 시판의 앵속실박 중에는 아편을 함유하는 다래껍질의 파편이 혼입되어 있는 것도 있는데, 이것은 유독하므로 이러한 다래껍질이 혼입되지 않은 양질의 것만을 사료로서 이용해야 한다. 가금 및 어린 가축에게는 사용하지 않는 것이 좋다.

야건초 野乾草 wild grass hay 야초를 가지고 만든 것이 야건초이다. 겨울철 사료로서 사일리지와 함께 급여되고 있다. 일반적으로 단백질 함량은 낮고 TDN 함량도 낮다. 따라서 야건초를 가축에 급여시는 영양소 보급을 고려해서 주는 것이 좋다.

야뇨증 夜尿症 nocturia 밤에 자주 배뇨하는 것이다.

야맹증 夜盲症 night blindness or nyctalopia 비타민 A 결핍 때문에 어두운 곳에서 물건을 보지 못하는 현상이다. 비타민 결핍의 최초의 증상은 야맹증이며, 어두운 곳에서 볼 수 있는 여부의 시험이 비타민 A 결핍의 지표로 사용되고 있다. → 암적응.

야생미 野生米 wild rice Zizania aquatica, 지자니(zizanie), 타스카라라(tuscarara) 쌀, 또는 인디언쌀이라고도 알려져 있다. 길고 납작한 쌀알은 푸른색을 띠고 있으며, 미국의 남부 주(洲)에 넓게 퍼져 있다. 적은 양이 재배되고 있는데 미식가들이 즐겨 먹는다. 단백질 14%, 지방 0.7%, 섬유 1.5%, 탄수화물 74% 함유되어 있다.

야자박 椰子粕 coconut meal 코프라 밀(copra meal)이라고도 하는데, 코코야자 열매의 과육을 건조한 코프라에서 기름을 착유한 깻묵인데 엷은 황갈색과 독특한 좋은 향기가 있다. 흑갈색을 띠고 있다든지 악취가 나는 것은 오래 되고 변질된 것이므로 좋지 않다. 조단백질 함량은 20% 정도 되나 사료가치도 특별하게 좋은 것은 아니지만 종래 젖소용 사료로서 중요한 것으로 알려졌다. 또한 육우나 면양의 단백질원으로서도 이용할 수가 있으며, 돼지·닭에 있어서도 10% 정도까지는 사용해도 좋다. 젖소나 돼지에 다량의 야자박을 급여하면 체지방과 버터가 굳어지기 쉽다. 야자박은 당밀의 흡착력이 좋으므로 당밀 흡착에 쓰여지는 일도 있다.

야채류 菜蔬類 vegetables 채소류는 2군으로 대별된다. 즉 단백질·지방·전분을 소량 함유한 잎, 줄기, 꽃류와 20%까지의 전분을 함유하는 종자, 뿌리류로 구분할 수 있다. 제1군에는 아스파라거스·캐비지·컬리 플라우어·브로커리·셀러리·상추·버섯·

파슬리(오이 · 무 · 토마토) 등이 속하고, 제 2군에는 사탕무 · 당근 · 콩 종류 · 고구마 등이 속한다. 모두 소화기관의 기능을 돕는 셀룰로오스원이며, 많은 무기질 · 비타민을 함유하고 있다. 종자는 단백질원으로서 유용하다.

야초 野草 wild grass 산, 들, 둑, 논밭두렁, 길가에 자생하는 풀을 야초라고 하는데, 일반적으로 사료가치가 낮은 화본과의 야초가 많다. 그러나 야초는 종류에 따라서 사료가치가 다른데, 두과(荳科) · 국과(菊科)의 것은 단백질 함량이 많고 사료가치도 높지만 화본과의 것은 이것보다 가치가 낮다. 또 풀이 자라는 토양에 따라서도 사료가치를 달리한다. 이 밖에도 성숙도에 따라서 성분 함량에 차가 있고, 어린 것은 수분 · 단백질의 함량이 높지만 성숙함에 따라 조섬유가 많아지고 소화율이 저하하며 사료가치가 저하한다. 또한 야초에는 독초(毒草)도 있으므로 주의할 필요가 있다. 미국에서는 평원에 자생하는 야초를 프레리 그라스(prairie grass)라 하고, 습지에서 자생하는 야초를 마쉬 그라스(marsh grass)라고 한다.

약물 藥物 drug 일반적으로 약품이지만 사료용의 약물은 인간 및 가축의 질병의 치료, 진정(鎭靜), 예방을 위해서 쓰여지는 물질 혹은 몸의 구조 또는 기능에 영향을 주는 물질이라고 되어 있다. 우리나라의 약사법에는 의약품이라고 해서 다음과 같이 규정되어 있다. 즉 우리나라 약국법에 수록되어 있는 것, 아울러 인간 또는 동물의 질병 진단, 치료 또는 예방에 사용되는 것을 목적으로 하는 것, 그리고 인간 또는 동물의 몸의 구조 또는 기능에 영향을 미치는 데 목적으로 되어 있으면서 어느 것이나 기구 · 기계가 아닌 것이 의약품이다.

약제내성 藥劑耐性 drug resistance 설파제 · 페니실린제 등의 약제에 대해 병원균이 저항력을 획득하는 현상으로서 이러한 균주를 약제 내성주라고 하며, 치료 면에서 큰 문제가 되고 있다. 이는 균주가 그 약제에 순응하는 결과로 생긴다는 설과 원래 존재하는 저항력 있는 변이개체가 약제에 의해 선택되어 남는 결과라는 설이 있다.

약품처리 藥品處理 treatment by chemicals 짚류나 저질 건초 등은 가축에 급여 전에 약품처리를 하면 효과가 있다. 이 경우 일반적으로 약한 알칼리성 용액을 사용한다. 약품처리에 의하면 리그닌(lignin) 등의 불용성 물질은 제거되거나 또는 변성시켜 소화가 좋아지고 사료가치를 높이는 이익도 있다. 이를테면 톱밥 같은 것은 암모니아나 알칼리성 용액으로 처리하면 가축의 사료가 된다. 그러나 우리나라에서는 수산화나트륨이나 수산화칼륨의 처리 대신에 짚을 암모니아 가스로 처리하는 방법이 보통 사용되고 있다. 이 외에 염산(HCI)이나 황산(H_2SO_4) 등으로 가수분해하여 소화하기 쉽도록 하는 방법도 있지만 많은 경비와 자재를 요하므로 우리나라에서는 거의 시행되고 있지 않다. → 암모니아 처리 볏짚.

약품첨가 사료 藥品添加飼料 medicated feed 질병 예방과 치료의 목적으로 여러 가지 약품을 첨가한 사료를 약품첨가 사료라고 한다. 가축의 질병치료, 진정(鎭靜), 처리 또는 예방 혹은 가축의 몸 구조와 기능에 영향을 주는 약품을 함유하는 사료이다. 약품첨가 사료는 사용목적, 사용방법 및 약품의 함량 또는 특수한 것에 있는 그의 사용 정지의 시기 및 오용(誤用)에 대한 주의사항 등을 표시하도록 되어 있다. 더욱이 약품첨가 사료를 제조·판매하는 경우에는 미리 약품첨가 사료제조 공장으로서의 자격과 매년 등록 갱신의 승인을 얻은 연후에 규정에 정해진 약품의 사용법과 사용량 범위 내에서 처방을 작성하고 신청하여 승인을 받으면 약품첨가 사료의 제조·판매가 가능하도록 되어 있다.

양고기 羊肉 mutton 성면양(成緬羊)의 고기를 머튼(mutton)이라 하고, 자면양(仔緬羊)의 고기를 램(lamb)이라 한다. 양고기는 선적색 내지는 벽돌 같은 암적색인데, 근섬유는 섬세하고 조직은 거칠며 고기는 부드럽다. 지방은 가축육 중에서 가장 야물어 따뜻한 음식에 알맞다. 적당히 비육된 어린 양의 고기는 특히 맛이 좋다. 양고기는 특이한 냄새가 있어 돼지고기를 싫어하는 회교국에서 즐겨 먹는데, 우리나라에서는 가공육으로 사용하는 것 이외는 그다지 좋아하지 않으므로 머튼(mutton)은 가공 원료육으로서 이용되는 일이 많다. 그러나 재래산 양고기는 건강식품 또는 정력 증강제로서 비싸게 소비자에게 거래되고 있으며, 사육농가도 점점 증가하고 있다. → 재래산양.

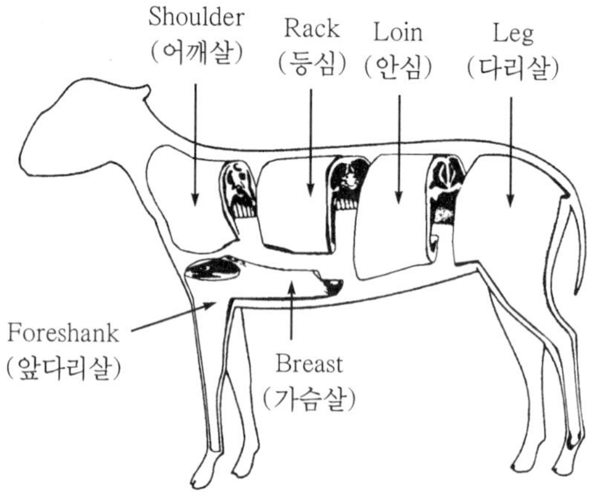

양륙수량 揚陸數量 landed weight 화물을 본선(本船)에서 부선(艀船)에 옮겨 싣고서 육상의 일정한 보관장소로 운반해 놓는 것을 양륙이라 하며, 그 수량을 양륙수량이라 한다.

양막 羊膜 amnion 태아 주변에 액체로 채워진 주머니로 된 막이다.

양성(兩性)의 amphoteric 산과 염기의 성질을 가진 화합물이며 어느 쪽으로도 작용할 수 있다. 아미노산과 단백질이 이 같은 성질을 가진 화합물이며, 이는 산성을 띄는 carboxyl기(COOH)와 염기성을 띄는 아미노기(NH_2)를 가지고 있기 때문이다.

양성이온 zwitterion 용액에서 양전기와 음전기를 다 같이 가지고 있는 이극성 이온을

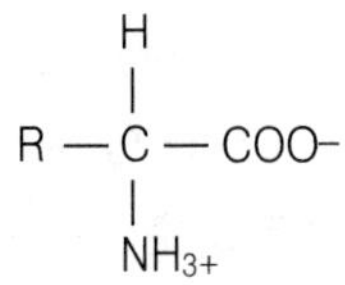

Zwitterion

뜻하며, 자체는 중성이다. 모든 아미노산은 양성이온을 가지고 있다. 즉, 산성기인 카복실기(COOH)와 알칼리성인 아미노기(NH_2)를 가지고 있기 때문이다.

양어사료 養魚飼料 fish feed 미국에서는 오래 전부터 자원보호의 관점에서 연어(salmon), 송어(trout) 등의 치어의 영양에 관한 연구가 시작되었고, 1940년대 중엽에는 이미 펠렛상의 양어사료가 제조되었다. 우리나라에서도 양식산업에서 무지개송어(rainbow trout), 잉어(carp), 은어(sweet fish), 뱀장어(eel), 방어(young yellow tail), 붉은 돔(red sea bream) 등의 양어사료가 제조되고 아울러 연구되고 있다. 이와 관련해서 물고기에 관한 연구가 진전되어 있고 비타민류의 필요성에 관한 새로운 식견이 얻어지고, 종래 미지인자라고 생각되어 왔던 것 등도 점차 해명되어 가고 있다.

양이온 cation 양전기(positive charge)를 띄는 이온이다. 금속과 수소는 양이온이다. 예를 들면 칼슘(Ca^{++})은 양이온이다.

양자돈 養仔豚 nursed pig 어미돼지가 폐사 또는 사고를 당했을 경우나 산자수(產仔數)가 너무 많은 경우에 새끼돼지를 다른 어미돼지에 붙여서 기르는 일이 있다(乳母豚). 이 때의 새끼돼지를 양자돈(nursed pig)이라 한다. 양자돈으로서의 포육(哺育)은 생후 가급적 빠른 시기에 시작하는 것이 좋고, 또 유모돈(乳母豚)은 양자돈의 모돈(母豚)에 분만일이 거의 같은 것이 좋다. 다만 이 경우 모돈은 냄새에 의해서 자기 새끼 양자돈을 식별하는 일이 있으므로 유모돈의 배설물을 양자 새끼돼지에게 묻혀서 양자로 보내는 것이 식별이 안 되어 받아들이는 데 용이하다. 양자돈으로서 자돈의 육성은 암퇘지를 다수 사양하고 있든가 근처에 적당한 유모돈이 있을 경우에는 가능하지만 보통은 곤란하므로 인공포유를 하는 경우가 많다.

양잠 養蚕 sericulture 양잠산업으로서 누에를 사육하는 것을 뜻한다. 고치실(견사)을 목적으로 사육되는 누에는 정부의 지정을 받은 1대 교잡종이고, 사육의 단위는 상자(1상자는 잠종 2만립(粒)을 쓰며, 1상자당 약 30 kg의 고치가 얻어진다. 또 고치 100 kg에서 약 18 kg의 생사(명주실)가 생산된다.

양지 羊脂 mutton tallow 면양의 체지방(体脂肪)으로서 융점은 44～51℃이며 백색이다. 탄소수 18의 스테아르산이 약간 많고 융점이 다소 높은 것 외는 우지(tallow, 융점 40～47℃)와 비슷하고, 우지처럼 사료에 이용될 수 있다.

어병 魚病 fish diseases 어류의 질병이나 양식업의 보급에 따라서 어병으로 인한 피해량은 증대되고 있다. 주로 기생충, 곰팡이, 세균 및 바이러스 등의 병원체에 기인하지만 비타민이나 미네랄 결핍 등의 영양성의 것도 있다. 각 어종의 대표적인 예로서 연어・송어류의 IPN, IHN(이상바이러스), 비브리오병(이상세균), 뱀장어의 기저병, 적점병(이상세균), 신염(불명), 잉어의 아가미병(세균), 은어의 비브리오병(세균), 수생균병(기생충), 방어의 유결절증(類結節症), 연쇄구균병(세균) 등이 있고, 기타 백점병, 트리코모나증 및 닥틸로 길루소증 등의 기생충 질병이 염수어(炎水魚) 전반에 공통으로 볼 수 있다. 이들의 예방 및 치료대책으로는 설파제・후란제・항생물질 등의 약제를 사용하고, 밀식(密植)을 방지하며, 신선한 물의 공급과 가온(加溫) 등의 사양관리를 개선하는 방법이 있다.

어분 魚粉 fish meal 고등어, 정어리, 청어 그밖에 잡어류를 삶아 압착하여 유지를 제거한 고형부(케이크)를 건조해서 분쇄한 것이 보통의 어분이다. 우리나라는 북양(北洋)에서 어분제조를 전문으로 한 조업을 하고 있으며, 그 어분을 북양어분이라고 한다. 또 페루에서 안쵸비(멸치 종류)를 원료로 한 어분이 수입되고 있는데, 이것은 페루어분이라고 부른다. 보통 어분은 단백질이 60% 이상 함유되고, 함유황아미노산・리신・트립토판 등의 모든 필수아미노산이 균형있게 함유되어 있으며, 지방・무기물 및 비타민 함량이 높다. 미지성장인자도 함유되어 있다고 한다. 따라서 어분은 특히 닭, 돼지의 단백질원으로서 5~10% 배합하면 좋다. 그러나 시판의 어분 중에는 기름이 변질된 것이라든지 곰팡이가 낀 것이 있으므로 그 품질에 대해 면밀히 검토하고 사용하여야 한다.

어분에 어즙을 흡착시킨 후 건조한 제품이 있으며, 이것을 whole meal enriched meal, full meal이라고 부른다. 한편으로 어류의 가공부산물로서 얻어지는 생어(生魚) 골(골, 머리, 내장 등)과 이것을 삶아서(증기처리) 압착한 어골분(魚骨粉)도 사료로서 이용된다. 이들은 특히 품질이 가지각색이므로 충분히 주의해서 사용할 필요가 있다.

어유 魚油 fish oil 어류에서 추출한 기름으로서 지용성 비타민과 ω-3 지방산 공급제로 이용된다. 그러나 생선냄새에 의한 축산물에서 어취란(fishery egg) 등은 상품가치가 저하된다.

어즙 魚汁 fish solubles 생선통조림 또는 어육가공 공장에서 불가식 부위나 비식용 생선으로부터 어분을 만들 때 생기는 끈끈하고 냄새가 나는 액체를 어즙이라 하며, 이를 농축시킨 것을 농축어즙(濃縮魚汁, condensed fish solubles), 그리고 농축어즙을 건조시킨 것을 건조어즙(乾燥魚汁, dried fish solubles)이라 한다.

어취란 魚臭卵 fishery egg 난 중에서 생선과 유사한 냄새를 내는 것을 보통 어취란이라고 한다. 이 원인에 대해서 많은 실험을 하고 있지만 아직 불분명한 점이 많다. 산란계에 어유 또는 다량의 어분 같은 어류 제품을 급여해도 한결같이 어취란을 낳는다는 것이 아니라 닭의 개체, 계통, 품종 등에 따라 어취란을 낳기 쉬운 것이 있다고 한다. 또한 일반적으로 갈색의 알이 백색의 알에 비해서 어취란의 발생이 많다.

억제(抑制)호르몬 inhibin 생식선에서 분비되는 단백질호르몬이며, 뇌하수체 전엽에서 여포자극호르몬(FSH) 분비를 억제한다.

에너지가 energy value 사료에 함유되는 화학적 에너지(산화에 의한 발열에 따라서 측정됨) 중에는 가축에 의해 생리적으로 이용될 수 있는 형태의 것은 일부분이며, 또 그 비율은 가축의 생리적 조건과 사양목적 등에 따라 변화한다. 사료에 함유되어 있는 생리적으로 유효한 에너지를 여러 가지 방법으로 얻어낸 것을 사료의 에너지가라 한다. 사료의 에너지를 표시하는 단위는 여러 가지 있지만 그것들은 일정한 약속에 따라 측정된 수치이다. 현재는 수치의 변동이 적고 측정하기 쉬운 것, 또 실용적으로 편리하게 쓰여질 수 있는 점 등을 고려해서 소, 돼지에 대해서는 가소화영양소 총량(TDN)이 널리 쓰여지고 있다. 또 닭에 대해서는 대사에너지(ME)가 쓰여지고 있다.

에디슨병 Addison's disease 부신피질호르몬의 과소분비로 일어나는 만성질병이며 저혈당, 감염, 탈수와 추위 등의 스트레스를 극복하는 능력이 떨어진다.

에루식산 erucic acid 이중결합을 1개 가진 불포화지방산($C_{21}H_{41}COOH$)으로 13-docosenoic acid이며, 채종, mustard 등의 종실에 들어 있고 심장근육에 독성을 나타낸다.

에르고스테롤 ergosterol 식물에서 발견되는 비타민 D의 형태이며, 자외선을 조사(照射)하면 비타민 D_2, 즉 에르고칼시페롤(ergocalciferol)로 된다. Ercalciol이라고도 알려져 있다.

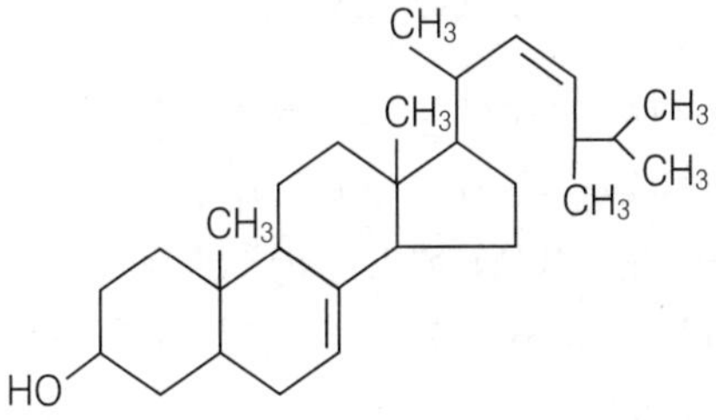

Ergosterol

에르고칼시페롤 ergocalciferol, vitamin D_2 식물에 들어 있는 ergosterol이 자외선을 받으면 ergocalciferol, 즉 vitamin D_2로 된다.

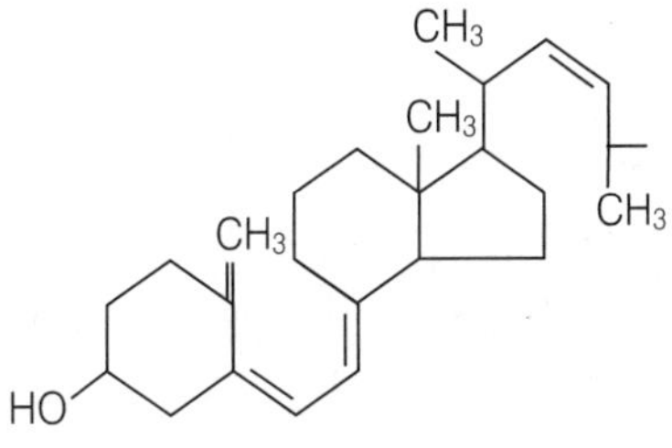

Ergocalciferol

에스테르 ester 산과 알코올의 결합체를 일반적으로 에스테르라고 한다. 방향성이 있으므로 낙산(酪酸) 이소브틸, 유산(乳酸) 브틸, 유산(乳酸) 에틸 등의 향미료로서 이용되는 경우도 있다. 천연의 지방은 지방산과 알코올의 일종인 글리세롤과의 에스테르이지만 글리세롤 이외의 알코올, 예를 들면 메틸 알코올과 지방산의 에스테르도 에너지급원으로서 이용되고 있다.

에스테르, 사료용(飼料用) ester, feed grade 이것은 동물성의 유지에서 얻어지는 지방산의 메틸에스테르 및 에틸에스테르 등이다. 미국의 사료공정 규격에는 사료용 에스테르는 전 지방산 함량 85% 이하, 불검화물 6% 이하, 불용성 물질 1% 이하로 규정하고 있다. 예를 들면 원료의 종류에 따라서 동물성 지방산의 메틸에스테르(methyl ester of animal fatty acid) 등으로 불려진다. 사료 중의 에스테르는 우지(tallow)와 같은 유지에 비교하면 사료가치는 떨어지지만 에너지원으로서 브로일러 사료에 이용하면 유효하다.

에스테르 교환(交換) interesterification 지방은 여러 가지 지방산이 글리세롤(glycerol)과 에스테르화한 triglyceride의 혼합물이다. 45~95℃로 건열하면 글리세롤 분자 간에 지방산의 교환, 즉 에스테르 교환이 일어난다. 그 결과 지방의 물리적 성질이 변화한다. 예로서, 라아드는 그대로는 크리밍성이 좋지 못하기 때문에 이 처리가 가해진다.

에스테르화(반응) esterification 지방산이 글리세롤 분자에 부착하여 에스테르 결합을 형성하고 물을 방출하는 반응이다. 지방산이 제거되면 탈에스테르 반응이라 하고, 지방산이 다시 부착되면 재에스테르 반응이라 한다.

에스트로겐 estrogen 난소에서 분비되는 여성호르몬을 뜻하며, 크게 2개로 구별할 수 있다. 에스트론 및 에스트라디올은 난소(卵巢)를 자극하고, 프로제스테론은 난소 황체에서 만들어지며 자궁을 자극한다. 에티닐 에스트라디올(ethinyl estradiol), stilbestrol 등은 합성호르몬이다. 후자는 피하주사로서 수탉의 화학적 거세(去勢)에 사용되며, 또한 도살 전 3개월간 주사하면 소의 성장속도를 증가시킬 수 있다. 에스트로겐 유사물질은 봄철의 풀 속에서도 볼 수 있다.

에이 디 피(ADP), **아데노신 2인산** adenosine diphosphate(ADP) 아데닌 + 리보오스 + 인산이다. 근육 중의 에너지 변환에 관한 대사계에 포함되어 있으며, 한 개의 인산과 결합하거나(아데노신 인산으로 된다) 또는 떨어지면서 에너지를 포착 또는 방출한다. → ATP.

에이 아이 브이법 A.I.V process 사일리지 첨가제의 일종으로서 핀란드의 A. I. Virtanen씨의 고안에 의한 A.I.V액(염산 소량에 유산을 혼합한 것으로서 특허가 되어 있다)을 사일리지에 첨가해서 재료를 산성으로 하고 양질의 발효가 생기도록 한 사일리지 제조방법의 일종이다. 이 방법은 북부 유럽지역에 있어서 그라스 사일리지(grass silage)를 만드는 경우에 이용되고 있지만 우리나라에서는 일반적으로 사용하지 않는다.

에이 에이 에프 시 오(미국 사료검사관협회, AAFCO ; Association of American feed control official)　미국에서 생산되는 모든 단미사료의 정의, 성분 공정규격 등을 심의 결정하고 여기에 의한 사료의 검사를 관장하고 있는 공공 단체이다. 미국 각 주(洲)에 사무실을 두고 있으며, 세계적으로 인정받고 있는 공무원 단체이다. → 미국 사료검사관협회.

에이 에이제(制)(A. A制), **수입자동 승인제** automatic approval system　수입자동 승인제도라고 하며, 수입제도를 완화하는 목적으로 지정된 품목을 자유로이 수입할 수 있는 제도로서 수입사료의 거의 모두가 A.A 품목으로 자유화되어 있다.

에이 오 에이 시, AOAC **미국 공인 농예화학자협회**　미국 공인 농예화학자협회(Association of official agricultural chemists)를 약칭해서 AOAC라고 한다. 이 협회는 1884년에 주 및 연방 정부의 농예화학자에 의해서 설립되었고 비료, 사료, 식품, 기타에 대해서 분석법을 정하고 있다. 이것이 AOAC에 의한 공정분석법(Official methods of the association of official agricultural chemists)이다. 대략 5년마다 개정을 하고 있으며, 1995년에 16판이 공표되어 있다. 또 이 협회로부터 학술잡지 Journal of the AOAC가 발행되고 있다. 또한 AOAC는 1966년 Association of official analytical chemists(미국 공인 분석화학자협회)라고 개칭되었다.

에이 엠 피(AMP), **아데노신 1인산**(一燐酸) adenosine monophosphate(adenylate)　염기로서 아데닌, 당으로서 리보오스 및 인산이 결합된 물질이다. 아데노신 1인산(Adenosine monophosphate, AMP)이라고도 하며, 근육대사에서 중요하다. → ATP. 그리고 ribose 대신에 deoxyribose와 결합하면 deoxyadenosine mono phosphate(dAMP, deoxyadenylate)라 한다.

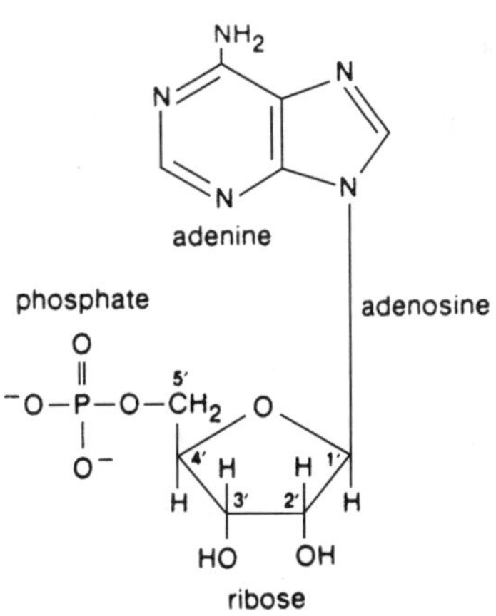

Adenosine 5'-monophosphate
(adenylate, AMP)

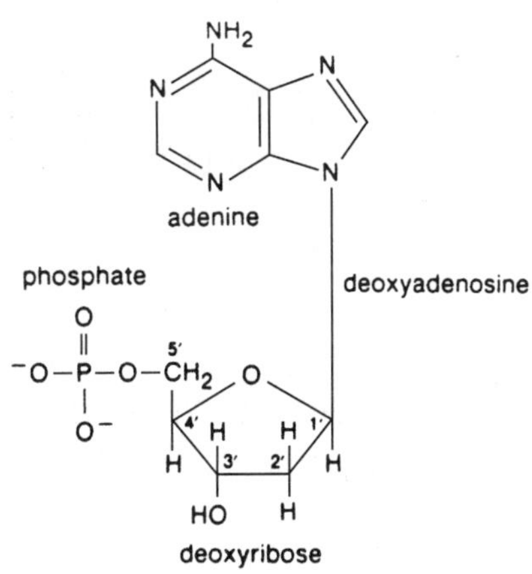

Deoxyadenosine 5'-monophosphate
(deoxyadenylate, dAMP)

에이 티 피 생성효소(生成酵素) ATP synthase 내부 미토콘드리아막에 있는 효소로서 산화적 인산화 반응에서 ATP를 합성한다.

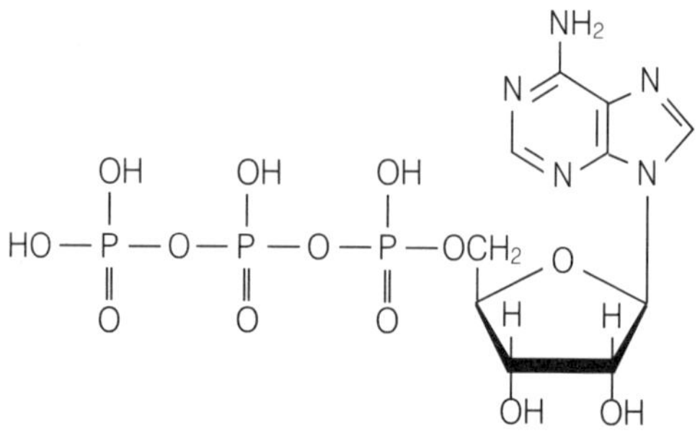

ATP

에이 티 피(ATP), **아데노신 3인산**(三燐酸) adenosine triphosphate 아데닌 + 리보오스 + 인산 + 인산 + 인산이다. 영양소에서 에너지를 방출시키는 과정에서 중심적인 중요성을 갖고 있는 화합물이다. 최종 2개의 인산은 이른바 고에너지 인산 결합으로 되어 있다. 이들 결합이 가수분해되는 경우에 근육 운동에 필요한 에너지가 방출되며, 또한 탄수화물・지방・아미노산이 산화되어 생기는 에너지는 이 결합으로 저축된다.

에탄올 ethanol(C_2H_5OH), ethylalcohol 포도당의 알코올발효에 의해서 생성된 알코올(alcohol)이다. 알코올음료는 에탄올이 두 종을 이룬다.

에토시퀸 ethoxyquin 사료첨가용의 항산화제로서 에토시퀸이 사용되고 있다. 콜로이드 규산 같은 것에 흡착시켜 분말상으로 한 것을 사료첨가제로서 배합사료, 알팔파밀, 어분, 유지 등에 첨가된다. 첨가량은 150 ppm 이상이다.

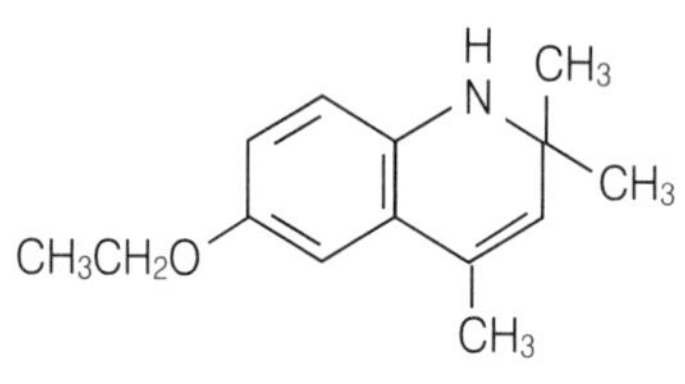

Ethoxyquin

에틸렌 ethylene $CH_2 = CH_2$의 구조의 기체로 과실의 숙성을 조절한다. 예를 들면 0.4%로 배의 숙성을 촉진하고, 0.05%에서는 30～40℃, 1주간으로 청색 레몬을 황색으로 만든다.

에틸렌 디아민 테트라 아세테이트 ethylene diamine tetra-acetate(EDTA) 에틸렌 디아민 테트라 아세테이트는 이온과 안정한 수용성의 화합물을 만드는 특수한 성질이 있으므로 완충작용이 있는 킬레이트(chelate)를 만드는 시약으로 널리 알려져 있다.

F-검정(檢定) F-test 모분산(母分散)이 같은 2개의 정규 모집단에서 크기 n_1, n_2의 표본을 무작위로 추출하여 그의 표본분산 S^2_1과 S^2_2을 계산한 비를 F라고 한다. 이 F-비는 표본을 추출하는 작업을 되풀이할 때마다 변동하지만 그의 분포는 자유도 $f_1 = n_1-1$, $f_2 = n_2-1$에 의해서 규정되는데, 이것을 F-분포라고 한다. 이 F-분포를 이용해서 2개의 모집단 분산의 상위(相違)를 검정한다든지 분산분석의 경우 각 요인의 분산의 유의성을 검정하는데, 이것을 F-검정이라고 한다.

에프솜염(鹽) epsom salt 황산마그네슘이며, 삼투압 효과에 의하여 장내의 수분흡수를 억제하여 분(糞)의 용적을 증대시키는 효과가 있으므로 하리 촉진제로서도 사용된다.

에프 에이 에스(FAS), **수출항 선측도** 輸出港 船側渡 free alongside ship 외국 무역상의 거래조건의 하나로서 수입사료 등의 가격을 결정할 때에 구매자에게 사료의 인도 장소를 명확히 나타낸 것으로서 수출항 선측도라고도 한다. 판매주가 부선(艀船)이 근해에 있는 본선(本船) 선측까지 도착할 때 화물이 판매주의 책임이 완료되는 인도방법이며, 여기까지의 일절의 비용과 위험은 판매주가 진다. FOB(出發巷本船乘渡)와 다른 점은 화물을 선상이 아닌 선측에서 인도하는 점에 있다.

에프 오 비(FOB), **출발항 본선승도** 出發港 本船乘渡 free on board 외국 무역상의 거래조건의 하나로서 수입사료 등의 가격을 결정할 때에 구매자에게 사료의 인도 장소, 운임의 분담방법 등을 명확히 나타내고 있다. 출발항 본선승도(本船乘渡), 선적도(船積渡)라고도 하며, 수출항에서 본선상(本船上)에다 인도할 때까지의 비용과 위험은 판매주가 부담토록 계약하는 인도방법이며, 수출품을 판매주의 항구에서 상대국의 구매주에게 매도하는 경우 또는 수출품을 판매주의 항구에서 구입하는 경우의 거래방법이다. 단지 미국의 관습에는 간단히 FOB라고 하며, 철도 또는 화차도(貨車渡)를 의미한다. 본선상(本船上)에서의 인도의 경우는 FOB Vessel이라고 한다.

에프 피 시(FPC), **농축정제 어분** 濃縮精製 魚粉 fish protein concentrate 저장성이 좋은 고단백질로 값이 싼 어류제품을 만들기 위해 미국・캐나다 등지에서 개발된 식용 정제어분을 뜻한다. 제조법은 화학적, 생물학적, 물리적 방법이 있다. 탈지・탈취・탈수가 주요한 공정으로 되어 있다. 화학적 방법으로는 어분 또는 선어(鮮魚)를 적당한 유기용제로 탈지하고 용제(溶劑)를 제거해서 건조 분쇄한다. 생물학적 방법으로는 효소, 세균, 효모, 곰팡이를 사용해서 단백질의 일부를 분해한 상태로 지질을 추출한다. 물리적 방법으로는 전기, 압력 등으로 물과 기름의 분리 효과를 높인다. 제품은 무취, 백색의 입상(粒狀) 또는 분말인데 수분 7～9%, 단백질 85～92%, 지질 0.2～2.0%, 회분 1.3～1.9%이다. Lysine의 함량이 많다.

에피네프린 epinephrine, adrenalin 부신피질에서 생성되는 호르몬으로 세포내의 cyclic AMP의 생성을 촉진하여 대사조절에 영향을 미친다. 근육과 간에서 글리코겐 분해(glycogenolysis)를 촉진하고 지방세포에서 지방분해(lipolysis)를 활성화한다. 따라서 혈중 포도당과 지방산 수준을 높인다. Epinephrine과 norepinephrine은 catecholamine으로 알려져 있으며 둘 다 아미노산인 tyrosine으로부터 합성된다.

엑소톡신 exotoxin 어떤 종류의 그람양성 또는 그람음성 박테리아에 의해서 생성된 특수한 가용성·항원성 독성물질이다. 박테리아 세포 내에서 생성된 후 체외(주위 환경)로 배출되며, 소량이라도 강한 독성을 나타내는 단백질이다. 분자 중 독성부위는 열에 의해 파괴되고 또 오래 저장하거나 화학약품에 의해서도 파괴된다. Ectotoxin, extracellular toxin이라고도 한다.

엑소펩티다아제 exopeptidases 단백질의 펩티드 결합의 아미노기 말단 부근을 절단하는 효소로서 이전에는 펩티다아제라고 하였다. 소화액 중의 아미노 펩티다아제(peptidase), 카복시 펩티다아제(carboxy peptidase), 디펩티다아제(dipeptidase)가 이에 해당한다.

엑폭시 expoxy 분자 중에 2개의 다른 탄소원자가 결합된 화학구조를 나타내는 접두어이다.

엔도톡신 endotoxin 엑소톡신(exotoxin)과는 달리 체외(주위 환경)로 배출되지 않고 박테리아의 내부에 있는 박테리아 톡신(bacteria toxin)이다. 독소를 생성하는 그람음성 박테리아의 세포벽에 부착되어 있는 복합 인지질-다당류 거대분자이며, 비교적 열에 강하지만 엑소톡신과는 달리 독성이 강하지 않다. 설사와 발열 및 백혈구 감소(leucopenia)를 가져온다. *E. coli*, 살모넬라 등은 엔도톡신을 가지고 있다. 따라서 박테리아를 기계적 또는 화학적으로 파괴했을 때 특성을 나타낸다.

엔도펩티다아제 endopeptidases 단백질 분자의 내부(말단 부근이 아니라) 펩티드 결합을 절단하는 효소로서 이전에는 proteinase라 했다. 펩신, 트립신, 키모트립신이 여기에 속한다.

엔돌핀 endorphins 중추신경계에서 생성된 모르핀 유사(morphinlike) 신경 펩티드(neuropeptide)이다.

엔라마이신 enramycin 1964년 일본에서 분리 발견된 항생물질이다. *Streptomyces fungicidicus* No. B5477을 배양해서 생산된다. 펩티드계의 항생물질에 속하며 사료첨가제로서 지정되어 있다. 호기혐기 조건하에서 그람양성균에 강한 항균력을 나타내고 성장촉진, 사료요구율의 개선에 효과가 있다. 종래의 인체 및 동물에 사용되는 항생물질과 교차 내성이 없으며, 내성의 획득도 매우 완만하다고 한다.

엔알시(NRC) **사양표준** 美國飼養標準 NRC Feeding standard NRC 사양표준이란 미국 국립연구회의(National research council) 내에 있는 가축영양위원회에서 1944년에 모든 가축에 대한 영양소의 급여 적량(recommended nutrient allowance)을 발표했으며, 그 후 1953년에 영양소의 급여 적량을 영양소 요구량(nutrient requirement)으로 표시하기로 개정하고, 이후 정기적으로 계속하여 개정·증보되고 있는데, 이 표준은 가축의 최소 영양소 요구량을 가장 과학적으로 설정한 것이다.

엔 에이 디(NAD) nicotinamide adenine dinucleotide 니코틴아미드 아데닌 디뉴클레오티드(nicotinamide adenine dinucleotide)의 약자로서 coenzyme I 또는 DPN(diphosphopyridine nucleotide)이라고도 하며, 세포 내에서 산화환원에 관여한다.

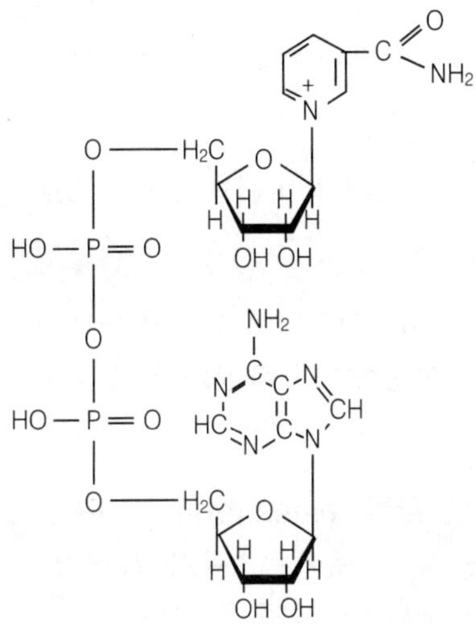

Nicotinamide adenine dinucleotide(NAD)

엔 에이 디 피(NADP) Nicotinamide adenine dinucleotide phosphate Nicotinamide adenine dinucleotide phosphate의 약자로서, coenzyme II 또는 TPN(triphosphopyridine nucleotide)이라고도 한다.

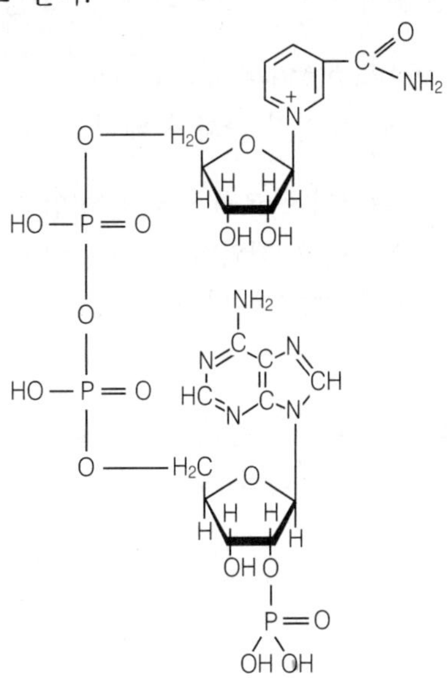

Nicotinamide adenine dinucleotide phosphate(NADP)

엔 에프 이(NFE), **가용무질소물** nitrogen free extract 가용무질소물(nitrogen free extact)의 약자이며, 식품 또는 동물의 사료분석에서는 여기에 당류 또는 전분과 그 외에 소량의 다른 물질을 함유한다. 가용무질소 물은 100에서 수분, 조단백질, 조지방, 조섬유, 조회분 성분을 차감하여 계산에 의해서 얻어진다.

엔테로가스트론 enterogastrone 소장에서 분비되는 호르몬으로서 위(胃)의 수축활동과 분비활동을 저해한다. 이 호르몬의 분비는 소장의 지방에 의해 촉진되므로 지방이 많은 사료는 위의 기능을 약화시킨다.

엔테로크리닌 enterocrinin 장벽에서 분비되는 호르몬으로 장에서 소화액의 분비를 촉진한다.

엔테로키나아제 enterokinase 십이지장액에 함유된 단백질 소화효소로서 췌액 중의 트립시노겐과 키노트립시노겐을 활성화하여 활성화된 트립신과 키모트립신으로 전환시킨다. Enteropeptidase라 한다.

엔테로톡신, **내열성 독소** 耐熱性 毒素 enterotoxin 병원 포도상구균이 생산하는 내열성 독소이며, 자연상태에서는 식품·유제품·우유 등에서 이러한 균이 증식하게 되면 형성된다. 오심(惡心)·복통·구토·설사 등을 일으키는데 새끼 고양이가 이 독소에 대해 민감하게 반응하므로 함유 여부를 가리는 데 이용된다.

엘라스틴 elastin 탄력성 있는 결체조직(대동맥, 건 : tendon, 인대 : ligament 등)에 있는 섬유성 점액 단백질(mucoprotein)로서 불용성이고, 가열하여도 변화하지 않는다. 엘라스틴은 콜라겐과 유사하며 glycine과 lysine 함량이 높으며, 콜라겐과 달리 proline이 거의 들어 있지 않다. 엘라스틴은 탄력이 있어 동맥의 벽을 구성하는 데 큰 의의가 있다.

엠덴 마이어호프 경로(經路) embden-Meyerhof pathway 글리코리시스(당분해)의 호칭으로 glucose가 pyruvate나 lactate까지 산화 분해되는 과정이다. → 글루코오스 대사.

엠프티 칼로리 empty calorie 에너지 칼로리 이외의 어떤 영양소도 공급하지 않는 물질을 뜻한다. 즉 비타민, 단백질, 무기물을 제외한 것이다. 예를 들면 설탕은 순수한 탄수화물이므로 칼로리 이외는 공급하지 않는다. 이 용어(empty calories)는 감량식에 관련하여 사용된다.

여과잔사(濾過殘渣) **케이크** filter cake 전분질 식품을 생산하기 위해서 곡류, 고구마, 감자를 가공하는 데 사용되는 물을 여과할 때 얻어지는 고형물질을 뜻한다.

여포성 과각질증 follicular hyperketosis 단백질의 일종인 케라틴이 모발여포에 축적되는 현상이다.

역내 관세 域內 關稅 shore custom duties 정치적·경제적으로 밀접한 관계에 있는 두 개 이상의 국가가 결속하여 상호의 관세를 철폐하고 무역을 자유로이 하는 것에 반하여 기타의 제국에 대해서는 경제상 하나의 단위를 형성하여 동일의 관세를 적용하는 것을 관세동맹이라고 한다. 정치적・경제적으로 밀접한 관계에 있는 두 개 이상의 국가가 상호 관세 및 무역량 제한을 철폐하고 상호 관세를 촉진하는 한편, 기타의 제국(諸國)에 대해서는 각국이 독자의 관세를 적용하는 것을 자유무역 지역이라고 한다. 이 관세동맹 또는 자유무역 지역을 구성하는 각국이 다른 구성국에 대해서 관세를 적용하는 일이 있는데 이것을 역내 관세라고 하며, 구성국 이외의 제국에 대해서 적용되는 관세를 역외 관세(off shope customs duties)라고 한다. 관세동맹의 전형은 유럽 경제공동체(EEC)이고, 자유무역 지역의 전형은 구주(歐洲) 자유무역 지역(EFTA)이다.

역학 epidemiology　인구집단 간에 질병 발생률이 얼마나 다른지를 연구하는 학문이다.

연골 軟骨 **물렁뼈** cartilage　뼈의 끝 부위에 있는 결체조직이다. 주로 콜라겐, chondromucoid(단백질과 황산 콘드로이틴), 콘드로알부모이드(엘라스틴에 유사한 단백질)로 구성된다. 뼈의 성장은 연골에 칼슘염이 침착하여 뼈로 변화된다.

연란 軟卵 soft shelled egg, shelless egg　연란에는 난각이 전혀 없는 것부터 난각이 얇은 것까지 여러 가지가 있다. 원인으로서는 닭의 월령, 유전적 요인, 사료의 결함, 환경온도, 약제 및 질병 등을 들 수가 있다. 특히 여름철 고온 시에는 닭의 사료 섭취량이 감소되는 일도 있고, 알 껍질이 얇게 되기 쉽다. 그러므로 사료 중의 칼슘과 인의 함량이 부족하지 않게 하는 것이 중요하다. 또한 약제 중에는 설파제와 같이 알 껍질의 형성을 저해하는 것도 있으므로 조심해야 한다.

연료계수 燃料係數 fuel factor　세 가지의 주요 영양소(탄수화물, 지방, 단백질)의 평균 칼로리가를 뜻한다. 즉 1 g의 탄수화물은 4 kcal, 1 g의 지방은 9 kcal, 그리고 1 g의 단백질은 4 kcal이다.

연맥 燕麥 oat　연맥은 종피가 30%나 되고, 따라서 조섬유 함량도 약 11% 정도로서 곡류 중에서는 많은 편이다. 단백질 함량은 약 12% 정도로서 소맥과 거의 같지만 에너지는 약간 떨어진다. 연맥은 유우・육우 사료로 적합하여 널리 쓰여지고 있다. 돼지 및 닭의 사료에는 곡류의 일부 대체는 가능하지만 다량을 배합하면 성장과 사료효율이 떨어진다.

연맥강 燕麥糠 oat bran　연맥의 곡실로부터 식용의 오트밀을 제조할 때 부산물로서 분리되는 껍질부분 및 겨 층에 상당하는 부분이 혼합된 것으로서, 미국에서는 oat meal byproduct라고 한다. 미국의 공정규격에는 조섬유 함량은 32% 이하로 규정하고 있다. 이것은 미국 등지에서는 소・말・양 등의 사료로 이용되고 있다.

연속방목 連續放牧 continuous grazing　같은 초지에 연속적으로 방목시키는 방식을 뜻한다. 주로 산림초지(山林草地), 자연초지와 같은 개량되지 않은 초지에 적용되며, 일반적으로 초지로부터의 축산물의 생산은 낮고 가장 원시적인 방목방식이다. 이것에 비하여 생산성이 높은 방목방식으로는 초지를 작은 구역으로 나누어 목초를 집약적으로 재배해서 윤환방목(rotational grazing)을 하는 방법이다. 방목에는 가축관리의 성력화(省力化)와 유축(幼畜)을 건강하게 육성시킬 수 있는 이점이 있다. 방목하는 초지를 외부와 막고, 또한 내부를 세분하기 위해서는 간이목책이나 전기목책 등이 필요하다.

연속 송아지 생산 連産性 continuous calving 젖소의 임신기간은 약 9개월 반 정도, 분만 후 첫 발정까지의 기간은 약 1.5개월이므로 1년이 채 못 되는 간격으로 새끼를 낳을 수가 있다. 분만 후 5~6개월은 산유량이 많지만, 그 이후는 유량이 격감하므로 해마다 한 번씩 분만하는 소는 총 산유량이 많아져 유리하다. 이와 같은 소를 연산성(連産性)이 높은 소라고 하며, 반대로 연산성이 낮은 소는 번식기능의 결함으로 분만 간격이 길어짐으로써 비경제적이다.

연수 soft water 비교적 나트륨(Na) 농도가 높은 물을 뜻한다. Ca, 무기물 등이 녹아 있지 않은 순한 물이다. 경수를 가열처리하면 연수로 전환된다.

연유 練乳 condensed milk 우유를 농축해서 반유동(半流動) 상태로 한 것을 연유라 하며, 19세기 후반에 운반과 저장을 편리하게 하기 위하여 고안되었다. 우유에 약 16%의 설탕을 가미해서 1/3 정도로 농축한 가당연유와 무당연유로 대별할 수 있다. 그러나 보통 condensed milk라고 하는 것은 가당연유만을 가리킨다. 또 무당연유의 대부분은 우유를 1/2~2/5로 농축해서 살균하여 통조림 한 evaporated milk인데 그밖에 탈지유, 버터밀크, 훼이 등을 농축한 제품도 있다.

연이 練餌 wet mash 사료를 물에 반죽하든지 수분이 많은 사료와 혼합한 것을 연이(練餌)라고 하며, 이것을 주어서 사양하는 방법을 연이법(wet feeding)이라 한다. 이 방법에 의하면 배합한 각종의 맛이 혼합되어 풍미가 좋고 또 먹기 쉽게 되는 이점이 있다. 그러나 경비와 노동력이 들고, 여름철에는 부패하기 쉬운 점, 그리고 많은 물을 첨가한 경우에는 소화율을 저하시키는 경향이 있는 등의 결점도 있다. 돼지 사육시 돈사의 먼지를 줄이고, 여름철에 물과 사료를 동시에 급여하기 위해서 유동상(流動狀)이 되도록 물을 첨가한 상태의 것이다. 혹은 원료나 첨가물의 성상(性狀)으로 인하여 액상으로 되어 있는 사료를 액상사료(liquid feed)라고 한다. 이러한 사료는 기계 같은 것에 의하여 자동적으로 급여를 하기 쉬운 이점도 있지만 가수(加水)는 필요한 만큼만 최소 한도량으로 해야 하고, 겨울철에는 얼지 않는 시설이 필요하다.

열가수분해 熱加水分解 heat hydrolyzed 열 작용에 의해서 가수분해시키는 공정을 뜻한다.

열경련 hear cramp 열 탈진의 합병증으로 더운 환경에서 장시간 운동을 함으로써 땀을 많이 흘리고 무염수를 다량 섭취한 사람에서 주로 발생한다. 경련은 골격근육이 1~3분간 수축되는 현상을 보인다.

열공(裂孔) 헤르니아 hiatus hernia 횡경막 내의 구멍(열공)을 통해서 위(胃)의 상단부가 약간 돌출되어 있는 상태이다.

열교환기 熱交換器 heat exchanger 표면적을 크게 하고 난류(亂流)가 되어 열전달의 효율을 높여 액체의 가열, 냉각을 단시간에 할 수 있도록 만든 기계이다. 연속살균 후의 급냉(急冷)에 이용된다.

열대류 convection 더운 지역에서 더 찬 지역으로 공기, 물 또는 지방 중의 분자가 자연 이동에 의한 열의 전도를 뜻한다.

열대성 목초 暖地型牧草 tropical grass 남방형 목초라고도 한다. 여름철에 왕성한 생육을 나타내다가 10℃ 이하의 저온에서는 생육을 중지한다. 아프리카 및 아메리카 대륙에서 발견되어 미국에서 재배종으로서 육성된 것이 많으며 내한성이 부족하다. 분류학적으로는 panicoidea아과 및 eragrostsidea아과에 속하며, 대표적인 것으로는 버뮤다 그라스 · 존슨 그라스 · 바히아 그라스 · 수단 그라스 · 네프아 그라스 · 달리스 그라스 · 로오드 그라스 등이 있다. 또 청예옥수수 · 청예수수 · 억새 · 왕바랭이 등도 panicoidea아과 속해 있다.

열량 밀도 energy density 식품의 열량을 중량과 비교한 값이다. 열량 밀도가 높은 식품은 열량은 높고 중량이 적은(튀긴 식품) 반면, 열량 밀도가 낮은 식품은 열량은 낮고 중량은 크다(오렌지).

열량 증가 熱量增加 heat increment 동물이 사료를 섭취하게 되면 소화작용과 더불어 산소 소모가 높아지고 생산, 노동 등에 사용할 수 없는 열에너지의 발생을 동반한다. 루브너(Rubner)는 이것을 특수 동적작용(specific dynamic action, SDA)이라 하고, 암스비(Amsby)는 열량 증가라고 지칭했다. 사료의 에너지원으로서의 효과를 평가하는 경우에는 이런 부분의 에너지를 차감해서 생각하는 것이 편리하므로 사료의 에너지가의 단위는 이것을 고려하여 얻어진 것이 많다. 열량 증가의 원인은 충분하게 해명되어 있지 않지만 사료성분 중에는 특히 가금에 있어서 아미노산 및 단백질에 이 단위 성분당 열량 증가가 크고, 지방에 열량 증가가 낮기 때문에 효과적으로 에너지를 이용할 수 있다.

열량 필요량 estimated energy requirement(EER) 특정 연령, 성, 기타 조건에서 개인의 평균 열량 필요 추정량이다.

열매기름 果實油 fruit oil 올리브, 도토리, 과피 · 종피를 포함한 모든 견과 열매로부터 짜낸 액상의 유지를 뜻한다.

열매제거 지상부 果實除去地上部 aerial without fruit 지상의 열매를 맺는 식물로부터 열매를 제거한 식물의 지상부를 뜻한다.

열사병 熱射病 heat stroke 여름철 기온이 30℃를 넘어서 습도까지 높은 날에는 가축이 더위와 땀에 의한 체온의 방산(放散)을 저해 받아 체온조절 불능상태에 빠지는 수가 있다. 그 원인은 ① 고온과 함께 고습한 때, ② 급수 · 급염 부족에 의한 발한 부족, ③ 피모(被毛)가 지나치게 자랐을 때, ④ 과로와 쇠약한 때 등이다. 열사병의 증상은 ① 일시적인 발열이 나타나고, ② 식욕이 완전히 없어지며, ③ 온몸에서 땀이 나고, ④ 입에서 거품을 흘리며, ⑤ 호흡이 가빠져 심계항진(心悸亢進) 현상이 나타나고, ⑥ 기립불능 상태에 빠지거나 급사하는 수도 있다. 그 치료법은 ① 전신의 점진적인 냉각(찬물을 끼얹어 주고, 머리 윗부분을 식혀 주며, 사지의 냉수욕 등), ② 냉수와 소금의 급여, ③ 사혈(瀉血) 2～4 ℓ 후에 링게르액 또는 생리식염수(0.9% 식염수) 각각 2 ℓ 정도를 정맥 내 주사하는 방법 등이 있다.

열적중성권 熱的中性圈 thermoneutral range 열전도 가축·가금이 체온을 유지하면서 그의 생산을 가장 효율성 있게 실행하기 위한 적당한 온도의 범위를 뜻한다. 이 적당한 온도에서 벗어나면 가축·가금은 체온을 유지하기 위해서 에너지의 손실이 크게 되어 생산이 저하한다. 이 적온에 대해서는 범위가 넓으며, 예로서 산란계에는 15～25℃ 정도이고, 젖소는 5～15℃ 정도이다.

열전도 熱傳導 conduction 직접 접촉에 의한 열의 전달을 뜻한다.

열처리 熱處理 heat processed 가압하거나 가압하지 않은 상태에서 가열하는 과정이며, 일반적으로 영양가치를 향상시키게 된다. 특히 곡물을 60～80°의 온도로 가열하면 전분이 비가 역적으로 젤라틴화되고, 가축에 대한 소화율 및 이용성이 증가된다.

열탈진, **열피로** heat exhaustion 탈수로 인해 혈액이 감소하여 나타나는 발열증세의 초기 증상이다.

염 salt ① 산(acid)과 알칼리(base)의 중합반응에 의해서 생성되는 물질을 뜻한다. ② 짠맛을 내는 무색의 천연 광물질로 조미료와 방부제로 쓰인다. → 소금(NaCl).

염기성(鹽基性) **아미노산** basic amino acid 아미노산의 측쇄가 아미노기(NH_2)에 의해 양이온을 띄는 아미노산이다. 즉 아르기닌, 히스티딘 및 리신은 염기성을 나타내는 아미노산으로서 통괄해서 염기성 아미노산이라고 한다. 즉 아미노산 분자 중에 2개의 amino 군과 1개의 carboxyl군을 가진 아미노산이다.

염기혈증 鹽基血症 alkalosis 알칼리(정확하게는 염기 base)의 이상(異常) 축적 또는 산의 이상(異常) 상실상태를 알칼로시스(염기혈증)라 한다. 이때 체액의 pH는 증가한다 (7.45 이상). 과호흡으로 탄산가스가 이상하게 많이 배출되면 호흡성 염기혈증(respiratory alkalosis)이 생기며, 구토나 소장의 상위부에 폐색(閉塞)되어 위액 상실이 심할 때에는 대사성 염기혈증(metabolic alkalosis)이 발생한다. → 알칼리혈증.

염산 鹽酸 hydrochloric acid(HCl) 위의 위선(gastric gland) 내의 벽세포(parietal cell)에서 생성되는 수소원자(H^+)와 염소원자(Cl^-)로 이루어진 산이다.

염산 과소성(鹽酸過少性) **알칼리혈증** hypochloremic alkalosis 혈중에 비정상적인 염소의 감소로 초래되는 알칼리혈증이며, 위산의 지나친 손실을 가져온다. 지나친 구토가 원인이다.

염색체 染色體 chromosome 세포의 여러 가지 작용을 최종적으로 조절하는 유전정보(DNA)가 들어 있는 세포핵 내의 가늘고 실 같은 구조를 가지고 있다.

염소 鹽素 chlorine(Cl) 염소는 산을 만드는 원소이고 혈액 중에 염화나트륨으로서 존재하며, 또 세포의 내외에 유기화합물의 형태로 존재한다. 이밖에 위액 중에 유리(遊離)의 형태든지 무기염으로 존재하고, 펩신의 작용을 활성화해서 소화와 살균 등의 중요한 작용을 한다. 이 때문에 염산이 결핍되면 위액의 분비도 저하된다. 천연사료에는 일반적으로 염소가 적으므로 이것을 식염의 형태로 보충한다.

염소이동 鹽素移動 chloride shift, Hamberger shift 혈장과 적혈구 간에 중탄산과 염소의 상호 교환과정을 의미하며, 일명 Dutch 생리학자의 이름을 딴 Hamberger shift라고도 한다.

염화(鹽化)**나트륨** sodium chloride(NaCl) 식염의 주성분이다. Na을 공급하는 가장 일반적인 것이다. → 식염(table salt).

엽농축단백질 葉濃縮蛋白質 Leaf protein, Leaf protein concentrate(LPC) 식물의 잎으로부터 추출한 단백질 원료를 뜻한다. 현재는 주로 알팔파 잎에서 주스를 짜서 농축하여 만드는 데 단백질 함량이 40～50%에 이르며 xanthophyll, 비타민, UGF의 함량이 높다. 가공비용이 높아 아직 널리 이용되지 못하고 있다.

엿밥 candy cake 엿밥의 원료는 맥류가 대부분이고, 따라서 엿밥의 성분도 원료의 종류에 따라 다르다. 생밥은 수분함량이 50% 이상이나 된다. 조를 원료로 하여 만든 엿밥은 생것 수분이 56%, 조단백질 약 14%, 저지방 약 3.6%, 가용무질소물 약 21.2%, 조섬유 약 3.5%로 되어 있다. 엿밥은 젖소의 사료로서 좋고 또 돼지의 사료로서도 이용된다.

영국 열량단위 英國 熱量單位 british thermal unit(BTU) 영국 열량단위는 1파운드(454g)의 물을 1°F 올리는 데 필요한 열량으로 252 kcal에 해당된다.

영양 nutrition 식품에 들어 있는 영양소와 성분이 건강과 질병에 미치는 상호작용 또는 균형을 이룬다. 신체가 식품성분을 섭취, 소화, 흡수, 이동, 이용, 배설하는 과정을 포함하는 식품과학의 한 분야이다.

영양가 營養價 nutritive value 사료가 동물에 이용될 수 있는 형태로 영양소를 함유하는 것을 영양가가 있다고 한다. 유지・성장・번식 등 가축의 사용목적에 따라서 이들에 대한 사료의 효과를 측정한 수치를 영양가의 척도로 한다. 보통 쓰이는 수치는 성장속도(증체량), 단백질의 소화량・축적량, 에너지가(정미에너지, 전분가, 대사에너지, TDN 등) 등이다. 영양가는 가축의 사양조건, 사료의 조성 등에 의해 변화한다.

영양가에 의한 사료의 분류 classification of feed by feeding value 사료의 분류방법에는 여러 가지가 있다. 가공형태, 배합상태, 수분함량, 주성분 등에 의한 분류가 있는데 흔히 쓰는 영양가에 의한 분류를 하면,

① 조사료(粗飼料, roughage) : 섬유소의 함량이 높아 거칠고 용적이 많으며, 값은 비교적 싸나 가소화영양소가 적게 들어 있는 각종 사료작물, 즉 볏짚, 야초, 목초 사일리지, 건초 등을 뜻한다.
② 농후사료(濃厚飼料, concentrates) : 조사료와 반대되는 특성을 지닌 것으로서 부피가 적고 조섬유 함량은 적으나 단백질 가용무질소물 등의 함량이 많은 사료를 뜻한다. 가축의 성장에 좋은 효과를 줄 수 있는 것으로 곡류, 강피류, 박류(粕類), 어분 또는 이들을 배합하게 되면 균형된 배합사료가 된다.
③ 보충사료(補充飼料, supplementary feeds) : 소량의 사용으로 특수 영양소나 성분을 공급할 수 있는 사료로서 때로는 과학사료(scientific feeds) 또는 특수사료(special feeds)라고도 한다. 향미제, 광물질 사료(인·식염 등), 비타민제, 아미노산제 또는 항생물질, 호르몬제, 효모 등이 모두 포함된다.

영양 과잉 overnutrition 영양소 섭취가 신체 필요량을 훨씬 초과하는 상태이다.

영양권장량 營養勸奬糧 recommended dietary allowances(RDA) 특정 연령과 성별에 따른 건강한 사람의 약 97.5%에 해당되는 영양소 요구량을 충족시키는 평균 1일 섭취량이다. RDA는 평가 평균 요구량(estimated average requirement, EAR)에 표준편차 2를 더한다. 즉 RDA = EAR × 1.2이다.

영양률 營養率 nutritive ratio(NR) 사료 중의 에너지가와 단백질 함량과의 비율을 영양률이라고 하며, 이것은 다음과 같은 식으로 구할 수 있다.

$$\text{영양률(NR)} = \frac{\text{가소화조지방} \times 2.25 + \text{가소화가용무질소물} + \text{가소화조섬유}}{\text{가소화조단배질}}$$

$$= \frac{\text{가소화영양소 총량}}{\text{가소화조단배질}} - 1$$

사료의 가소화영양소 총량(TDN)에서 가소화조단백질량(DCP)을 차감한 수치를 가소화조단백질 양으로써 나눈 수치로서도 계산할 수 있다.

$$\text{영양률(NR)} = \frac{\text{가소화영양소 총량(TDM)} - \text{가소화조단백질(DCP)}}{\text{가소화조단배질(DCP)}}$$

영양률이 4 이하이면 좁다고 하고, 5~7이면 중등이라고 하며, 8 이상이면 넓다고 한다. 가소화조단백질 함량이 많고 영양비의 수치가 작은 것은 영양률이 좁고, 가소화조단백질 함량이 적고 영양률의 수치가 큰 것은 영양률이 넓다. 에너지원과 단백질원이 좋은 균형을 이루고 있는 것이 효율이 좋고 사료 급여에 중요한 요인이므로 이 양자의 균형을 나타내는 수치로서 사용된다.

영양 부족 undernutrition 오랫동안 식사 섭취가 영양 필요량보다 부족하여 건강이 쇠약해진 상태이다.

영양 불량 malnutrition 오랫동안 식사 섭취가 영양 필요량에 적합하지 못해 건강이 쇠약해진 상태이다.

영양상태 nutritional status 영양적 측면에서 개인의 건강상태를 인체계(신장·체중·둘레 등), 혈중 또는 소변 중 영양소 및 대사산물 등의 생화학 판정, 임상검사, 식사력 및 경제적 상태 등으로 평가한다.

영양섭취기준 dietary reference intake(DRI) 미국 식품영양위원회가 최근에 제시한 영양소 섭취 권장사항을 총괄하는 용어(평균 필요량, 영양권장량, 충분섭취량, 상한섭취량 등)이다.

영양성 감미료 nutritive sweetner 설탕(sucrose), 옥수수시럽(corn syrup), 꿀 또는 당밀과 같이 칼로리와 영양소를 제공하는 감미료를 뜻한다.

영양소 營養素 nutrient 생물이 체외로부터 물질을 받아들여서 생화학적 과정에 의해 대사와 생리학적 기능을 통해 생명을 유지하고 성장·번식 등의 생활작용을 영위하는 것을 영양(nutrition)이라고 하며, 신체를 지탱하기 위해서 이용되는 물질을 영양소 또는 양분이라고 한다. 수분도 영양소이지만 영양소로서 포함시키지 않는 경우가 많다. 영양소로는 단백질·지방·탄수화물·무기물·비타민 등이 포함된다. 필요한 영양소의 종류와 양을 밝히는 일은 영양학의 주요한 목적의 하나이다.

영양소 밀도 營養素密度 nutrient density 식품의 칼로리당 영양소 함량을 뜻한다. 영양소 밀도가 높은 식품은 칼로리당 영양소 함량이 높으며, 주로 다이어트 식품을 선택하는 데 이용된다.

영양장해 營養障害 nutritional disturbance 영양소 급여의 과부족에 의하여 일어나는 장해를 총칭하여 영양장해라고 한다. 다만 보통은 이미 알려진 특정 영양소만의 과부족에 의해 일어나는 장해와 영양소 전체의 급여 부족에 의한 저영양(undernutrition)과 영양실조(malnutrition)는 제외하는 경우가 많다. 번식장애, 유량의 저하, 유질의 저하 등은 그 원인 중의 하나로 영양장해가 있다고 보여진다.

예건(豫乾) 사일리지 wilted silage 예취(刈取)한 목초를 잠시 예건(wilting)해서 수분 함량을 70% 전후로 하여 조제한 사일리지를 뜻한다. 미생물의 발효가 고수분(高水分)의 경우와 비교해서 저하되지만, 특히 낙산발효가 억제되므로 양질의 사일리지로 된다. 따라서 전체 산에 대한 젖산의 비율이 높아지고 젖산의 절대량은 그다지 많지 않은 양질의 사일리지이다. 재료는 가용성 탄수화물이 적은 경우라도 이 방법에 의해 양질의 사일리지를 얻을 수가 있다. 예건의 정도가 더 진행된 것이 저수분 사일리지이다.

예비배합 사료첨가제 豫備配合 飼料添加劑 feed additive premix 주 배합기에 직접

사용하기에는 적합하지 않기 때문에 예비 배합한 첨가제를 뜻한다. 일반적으로 premix 앞에 활성물질의 이름을 붙여 "○○○ 프리믹스"라고 부른다.

옐로 그리스 yellow grease Dark grease 중의 하나로서 품질에 따라 white, yellow, brown으로 구분하는데, 이 중 2번째 품질이다. 최고 융점 40℃, 최고 유리지방산 15%, MIU(수분, 불용성 물질, 비검화가) 2～4%로서 가축사료용으로 많이 사용된다. → 황색 그리스.

오디괄약근(～括約筋) sphincter of Oddi 12지장에 담즙과 장액분비를 조절하는 환형 평활근이다.

오레오마이신 aureomycin 항생물질의 일종으로서 chloroteracycline의 상품명이다. 이 항생물질은 토양미생물의 일종인 *Streptomyces aureofaciens*가 생산하는 것이다. 병아리와 유축의 생장촉진제로서 사료에 첨가하여 사용되고 있다.

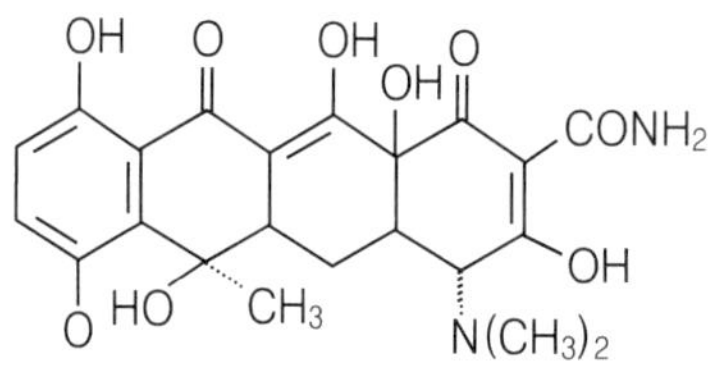

Aureomycin

오렌지(감귤) orange Citrus sinensis의 과실로서 영양가는 주로 비타민 C에 있으며, 과즙도 같은 조성을 갖는다. 단백질 0.6%, 지방 0.1%, 100 g당 32 kcal, Ca 24 mg, Fe 0.3 mg, 비타민 A 120 I.U., 비타민 B_1 0.06 mg, 비타민 B_2 0.02 mg, niacin 0.1 mg, 비타민 C 36 mg(FAO)이며, 과즙소포(果汁小胞) 중의 anthochanin이 있기 때문에 착색이 된다.

오르니틴 ornithine 요소회로(尿素回路, urea cycle)의 일부를 이루고 있는 아미노산이다. 단백질 식품 중에는 함유되어 있지 않기 때문에 영양적으로 중요하지 않다.

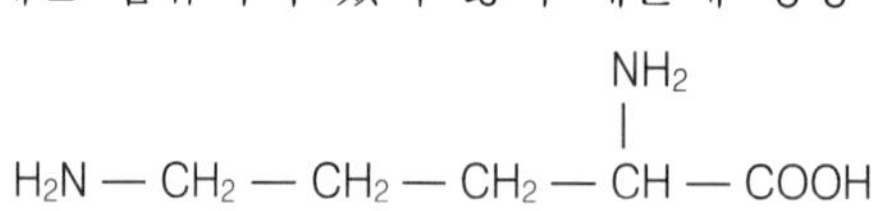

Ornithine

오르니틴 회로(回路) ornithine cycle 요소회로(尿素回路, urea cycle)에서 일어나는 일련의 반응으로서 ornithine이 한 분자의 암모니아와 탄산가스와 결합하여 citrulline이 된다. Citrulline은 다시 암모니아와 결합하여 arginine이 되고, arginine의 가수분해로 urea와 ornithine이 다시 생성되는 과정이다. → 요소회로.

오리 duck 오리는 대체로 야생오리에서 개량된 것인데, 이것은 육용으로 사육되는 경우가 많지만 산란용으로 사육되는 것도 있다. 육용종은 부화 후 3개월 정도 사육하면 사료 요구율이 좋다고 한다. 품종으로는 킹종, 카어키캔벨, 루우언종 등이 있다.

오리제닌 oryzenine 쌀의 주요한 단백질로서 글루텔린(glutelin)의 일종으로 분류되어 있다.

오메가 지방산 omega fatty acid 불포화지방산의 methyl group에서부터 세 번째 탄소에 이중결합이 있는 다가불포화지방산으로서 어류(EPA, DHA)와 어떤 식물성 기름(linolenic)에 들어 있는데, 관상혈관 질환의 예방에 좋다. → EPA = eicosa pentaenoic acid, DHA = docosa hexaenoic acid.

오메가-3 지방산 ω-3 fatty acid 메틸기($-CH_3$) 끝에서 3번 탄소에 첫 번째 이중결합이 있는 불포화지방산이다.

오메가-6 지방산 ω-6 fatty acid 메틸기($-CH_3$) 끝에서 6번 탄소에 첫 번째 이중결합이 있는 불포화지방산이다.

오보뮤코이드 ovomucoid 난백의 단백질이며 전 고형분의 12%를 차지하고 있다. 소화 효소인 트립신(trypsin)에는 특이적인 저해인자로 작용하지만 위(胃)의 효소인 펩신(pepsin)에 의하여 분해된다.

오보플라빈 ovoflavin 난(卵)류에서 분리되어 리보플라빈과 동일한 것으로 알려진 물질에 붙여진 명칭이다.

오사존 osazone 당(글루코오스・갈락토오스・프럭토오스)과 히드라진(hydrazine)이 반응해서 생긴 유도체이다. 당은 서로 다른 결정형을 갖기 때문에 당의 식별에 이용된다. 단 glucose와 fructose는 똑같은 오사존을 만든다.

오세오뮤코이드 osseomucoid 뼈 구조의 일부를 형성하고 있는 유점액질(mucoid)이다.

오스테오칼신 osteocalcin 뼈에서 만들어지며, 칼슘과 결합하는 단백질로서 그 합성에 비타민 K가 필요하다.

오스트라롭 Australorp 닭의 품종으로서 이름 그대로 Australian orpington이다. 이 품종은 호주가 영국에서 오핑톤종을 수입하여 개량 육종한 것으로서 1930년에 오스트라롭으로 명명되었다. 호주의 주요 산란계는 백색 레그혼 수탉과 오스트라롭 암탉의 1대 잡종이 주류를 이루고 있다. 이 품종은 세계 연례 행사인 산란계 콘테스트에서 1등을 한 적도 있을 정도로 매우 좋은 능력을 가지고 있으며, 호주에서는 다른 품종의 수입을 막아 질병, 외화유출 등의 손실을 막고 있다.

오심(惡心), **구역**(嘔逆) nausea 구토가 일어나는 위장장애이다.

오존 ozone(O_3) 화학적으로는 3개의 산소원자로 되어 있다. 발생기 산소(O^-) 발생에 의한 강력한 살균제이며, 물의 멸균 또는 생선 저장용인 방부성 얼음에 사용되기도 하고, 난(卵)의 저장을 위하여 대기 중에 수 ppm의 농도로 사용되고 있다.

오징어 烏賊魚 cuttle fish 오징어과(doryteuthis bleekeri)에 속하는 연체동물이다. 원주형으로 길이 30~40 cm 가량이고, 적갈색의 작은 무늬가 많다. 머리는 크고 삼각형의 지느러미가 있으며, 다리는 10개인데 그 중 2개는 커서 먹이를 잡는 데 쓰인다. 한국의 동해, 남해, 일본 등에 분포되어 있다.

오차드 그라스 orchard grass 유럽이 원산인 다년생 화본과 북방형 목초로서 세계의 온대지역에 널리 분포해 있고, 우리나라에도 현재 전국적으로 가장 넓게 분포되어 있는 대표적인 목초이다. 내한성(耐寒性)은 티머시에 뒤지지만 내서성(耐暑性)은 강하고, 특히 온기가 있는 비옥한 토지에 잘 생육한다. 두과, 특히 클로버와 혼파해서 좋은 성적을 올리고 있다. 생육시기가 지나치면 질이 거칠어지고 사료가치가 급격히 저하된다. 방목, 예취, 건초, 사일리지로서 이용된다.

오퍼 賣買者提示 offer 매매 당사자의 한쪽이 상대 쪽에 대해서 가격조건을 주로 한 제시조건으로 한 것을 오퍼라고 한다. 판매자의 제시(selling offer)와 구매자의 제시(buying offer)가 있다. 무역거래에서는 전자의 경우를 가리키는 것이 통례이다. 이 때의 제시조건으로는 상품명, 품종, 품질, 명칭, 수량, 적기 출하기 및 하적지 그리고 결제방법 등이 표시된다.

오페크-2콘 opaque-2 corn 개량 옥수수 품종으로서 보통의 hybrid(교잡)종에 비해 단백질 구성에 있어서 glutelin의 함량이 zein의 함량보다 상대적으로 높다. Glutelin은 zein보다 lysine 함량이 높아 결과적으로 opaque-2 corn은 hybrid corn보다 리신 함량이 두 배나 된다.

옥살로아세트산 oxaloacetic acid(OAA) TCA 회로의 탄수화물 중간대사물질이다.

옥살산 oxalic acid, oxalate 시금치나 엽채류에 존재하는 유기산으로, 식품에 함유된 일부 무기질의 흡수를 감소시킨다.

옥수수 玉太 corn, maize 옥수수는 세계 각지, 특히 미국에서 널리 재배되고 있으며, 여러 가지 용도에 따라서 이용되고 있다. Corn fodder란 사료로서 재배된 옥수수의 총칭이며, 생것 그대로 또는 건조한 것, 종실이 붙은 것, 종실을 제거한 것 모두 다 corn fodder라고 한다. 종실을 딸 목적으로 재배하는 것을 shock corn이라고 하며, 여기에서 종실을 따낸 나머지를 corn stover라고 한다. 또 외피(husk)가 붙어 있는 그대로의 종실을 snapped corn이라고 하고, 외피를 벗겨낸 것을 ear corn, 종실 낱알을 따낸 속 부분을 corn cob, 낱알의 종실을 shelled corn이라고 한다.

옥수수 玉蜀黍 corn 영국에선 곡류에 주어지는 총괄적인 명칭이고, 미국에선 옥수수를 뜻한다. 열매의 모양과 성질에 따라서 다음의 종류로 구별된다.

① Flint corn(경립종, 硬粒種) : 열매가 타원형이며 대부분이 각질로 되어 있다. Dent corn 보다 조숙(早熟)하므로 더 북쪽까지 분포한다.
② Dent corn : 가장 많이 재배되고 있는 옥수수의 품종이며 마치종이라고도 하는데, 열매가 굵고 만생성(晩生性)이지만 식물체가 크고 수량이 많으므로 사료 · 공업원료 등으로 널리 재배된다.
③ Pop corn(폭렬종, 爆裂種) : 열매가 잘고 끝이 뾰족한 쌀형과 둥근 pearl형이 있다. 튀기면 폭렬하여 배유부가 노출한다. 만숙이며 간식용으로 이용된다.
④ Sweet corn(감미종, 甘味種) : 열매 전체가 반투명인 각질이며, 감미가 강하고(건물중 포도당 9.3%, 설탕 및 호정 7.81%) 조직이 연하다. 조숙성이며 식용, 통조림용, 요리용 등에 이용된다.
⑤ Soft corn(연립종, 軟粒種) : 함유 녹말이 연질이다. 입색(粒色)은 청색 · 백색 등이 있고 분쇄하기 쉽다.
⑥ Starchy sweet corn(연감종, 軟甘種) : 연립종과 감미종의 중간성으로서 열매의 밑은 연질이고 끝은 경질이다.
⑦ Waxy corn(나종, 糯種 · 밀질종, 蠟質種) : 열매가 밀질상이고 외관이 반투명이다. 중국 · 필리핀 등에 분포하며, 공업원료로 이용된다. 떡을 만들어 식용으로 하기도 한다.
⑧ Pod corn(유부종, 有稃種) : 열매가 씨 껍질(부, 稃)에 싸여 있고 경질이다.

옥수수겨 玉皮 corn bran 옥수수를 도정할 때에 분리되는 것인데 종피, 일부의 속껍질 및 극히 소량의 전분층이 혼합된 것이다. 이것은 조섬유가 약 10%로서 비교적 많지만 보리의 정맥당과 같은 정도의 에너지가(價)가 있으며, 소의 사료로 이용된다. 돼지나 닭에 대해서는 밀기울이나 탈지미강 대신 이용될 수 있지만 다급(多給)하지 않는 것이 좋다.

옥수수 글루텐 밀 corn gluten meal 옥수수에서 전분과 시럽을 제조하기 위한 습식가공(wet milling) 공정에서 대부분 전분과 배아를 뽑아내고 옥수수 겨를 분리시킨 후에 남는 것으로서, 단백질(35～65%)과 크산토필(xanthphyll : 200～400 mg/kg)의 함량은 높으나 lysine과 tryptophan 함량은 낮다. → 콘 글루텐 미일.

옥수수 글루텐 피드 corn gluten feed 옥수수에서 전분과 시럽을 제조하기 위한 습식가공(wet milling) 공정에서 대부분의 전분, 글루텐 및 배아를 뽑아내고 남은 찌꺼기를 건조시킨 것으로서 단백질 함량이 약 23% 정도이다.

옥수수 당밀(糖蜜) corn sugar molasses 옥수수 전분을 산 또는 효소로 가수분해하여 포도당을 제조한 후에 얻어지는 당밀이다.

옥수수대(稈) corn stover 옥수수의 종실을 따고 난 경엽을 옥수수대라고 한다. 이 옥수수대의 사료가치는 잎의 잔존 비율에 따라 다르지만 대체로 볏짚보다는 TDN 함량이 높다. 양질의 옥수수대는 유우·육우·말 등에 급여할 수가 있다.

옥수수 배아박 玉太胚芽粕 corn germ meal 옥수수 배아박에는 옥수수를 분쇄 또는 그리트(grit) 등을 제조하는 건식가공 공정에서 분리되는 옥수수의 배아에 소량의 가루 같은 것이 혼합된 것을 기름을 짜고 난 찌꺼기인 이른바 건식 옥수수 배아박(corn germ meal, dry milled)과 옥수수 전분(corn starch)을 제조하는 습식가공 공정에서 분리된 배아에서 기름을 짜고 난 습식 옥수수 배아박(corn germ meal, wet milled)이 있다. 이것들은 단백질 함량이 20～25%, 섬유가 7～10%로서 영양가는 비교적 높지 않고 또 기호성도 그다지 좋지 않다. 미국 등지에서는 글루텐 피드(corn gluten feed)와 혼합해서 이용되고 있다.

옥수수 사일리지 corn silage 청예옥수수를 이용해서 조제한 사일리지로서 가용성 탄수화물이 많이 함유되어 있으므로 젖산 발효가 왕성하게 일어나서 품질이 우수한 사일리지를 제조하는 것이 비교적 쉽다. 그러나 생육기가 너무 이른 것은 부적당하며, 황숙기의 것이 좋지만 최근에는 성숙기가 지난 것을 이용하여 이른바 '호울 크롭 사일리지(whole crop silage)'를 제조하는 경향이 많아지고 있다. 더욱이 옥수수 사일리지는 조단백질이 적으므로 요소를 재료의 0.5%(70% 수분기준) 첨가해서 제조하면 좋다.

옥수수 속대(芯) corn cob 옥수수 속대의 사료적 가치는 조섬유가 많고(32% 전후) 조단백질도 2.3%로 극히 낮으나 당밀 등의 흡착용으로 사용된다. 미국에서는 껍질 채로 옥수수(snapped corn)를 분쇄하거나 속대와 옥수수를 한꺼번에 가루로 하여(ground ear corn) 사료로서 이용되고 있다.

옥수수 자루 corn ears 옥수수의 낱알과 낱알이 맺히는 옥수수 속대(옥수수를 싸고 있는 잎)를 뜻한다.

옥수수 종실(種實) corn grain, maize 사료로서 가장 중요한 곡류이며, 모든 가축 특히 닭의 사료로서 많이 이용되고 있다. 이것은 전분가가 높고 섬유의 함량이 적기 때문에 에너지 함량이 높다. 조단백질 함량은 8～10%이다. 옥수수는 품종이 많은데 황색·갈색·자색·백색 등이 있다. 널리 재배되고 있는 황색종은 다른 유색의 것이나 백색의 것과 비교해서 카로틴의 함량이 많고 비타민 A의 효과가 크지만, 그 밖의 성분은 품종별로 큰 차이가 없다. 옥수수는 가축 특히 닭의 사료에 적합하기 때문에 다량 이용할 수가 있다. 황색옥수수는 크산토필(xanthophyll)이라는 색소를 함유하고 있으므로 산란계에 급여하면 난황의 색이 좋아진다. 그러나 사료나 알팔파밀은 카로틴 외에도 이 색소를 함유하고 있으므로 무리하게 황색옥수수를 다량으로 사용할 필요는 없다. 최근에 육종 개량에 의해 opaque-2 corn과 같은 리신(lysine) 함량이 높은 옥수수가 생산되고 있다. 이것을 배합하면 대두박 같은 단백질을 절약할 수 있으나 다만 수량이 적은 것이 결점이다.

옥수수 포피포함 자루 ears with husks 옥수수의 열매 전체를 뜻한다.

옥시다아제, 산화효소(酸化酵素) oxidase 전자수용체(electron acceptor)로서 산소를 사용하는 산화/환원반응에 활성을 띠는 효소이다.

옥시미오글로빈 oxymyoglobin Oxyhemoglobin과 구조가 같은 산화된 상태의 미오글로빈(myglobin)이다. 미오글로빈은 산소의 저장 역할을 하는 근육 중의 착색된 단백질로서 산소를 흡수하면 선홍색의 옥시미오글로빈으로 된다(미오글로빈 자신의 적자색이다). 신선한 고기의 표면은 산소를 흡수해서 선홍색의 옥시미오글로빈으로 되지만, 고기의 내부는 미오글로빈이 산소와 결합되어 있지 않기 때문에 색깔이 더 짙다.

옥시칼로리미터 oxycalorimeter 사료를 연소(燃燒)했을 때 소비되는 산소와 생성되는 탄산가스의 양을 측정하는 장치(생성되는 열을 측정하는 bomb calorimeter와는 전혀 다르다)로서 소비된 산소의 양으로 물질의 에너지 함량을 측정한다.

옥시테트라사이클린 oxytetracycline 1950년, 미국의 Finlay 등에 의해서 발견된 항생물질이다. *Streptomyces rimosus* 또는 *Streptomyces capuensis*를 배양해서 생산되며, 염산염으로서 제조된 것이 염산옥시테트라사이클린이다. 테트라사이클린계 항생물질에 속하며, 그람양성균 등에 대해 항균작용을 갖는 광범위한 항생물질이다. 사료첨가제로서 지정되어 있고 또 동물용 의약품으로서 각종 감염증의 예방과 치료에 널리 사용되고 있다. 옥시테트라사이클린을 모노알킬트리메칠 암모늄, 칼슘염으로서 제조한 것이 옥시테트라사이클린 제4급 암모늄염이다. 이것은 테트라사이클린계 항생물질에 속하며, 사료첨가제로서 지정되어 있다.

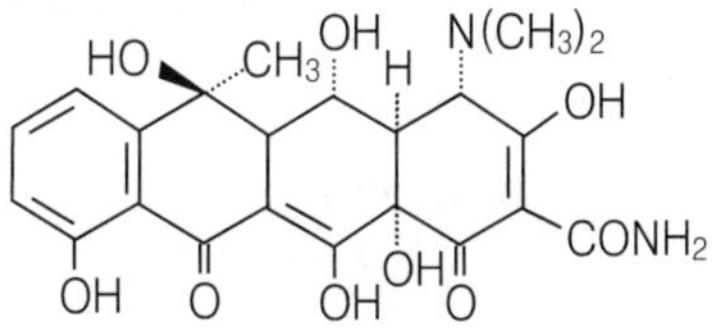

Oxytetracycline

옥시톡신 oxytocin 자궁 수축을 촉진하고 산모 또는 어미가축의 비유를 자극하는 폴리펩티드 호르몬이다. 시상하부(hypothalamus)에서 분비되고, 자궁의 강력한 수축으로 태아를 분만하게 하고, 유선 내의 유선포 근상피세포를 수축하여 유즙의 방출을 촉진한다.

옥시헤모글로빈 oxyhemoglobin(H_6O_2) 동맥에 있는 헤모글로빈처럼 산소와 결합된 헤모글로빈이다. 폐에서 조직으로 산소가 운반될 때 이러한 형태로 행하여진다. 산소가 가볍게 헤모글로빈과 결합된 것이며 쉽게 분리되기도 한다.

옥신 auxin 생장중인 싹, 배유(胚乳), 어린잎에서 만들어지는 식물호르몬이다. 많은 곰팡이와 세균에 의해서도 만들어진다. 유기산이며 indol acetic acid, indol butyric acid, naphthyl acetic acid 등이 여기에 속한다. 발근촉진(發根促進), 성장조절 등에 사용된다.

옥외 급사식 우사 free stall openlot　이 방식은 젖소가 휴식과 수면을 취하는 휴식처와 운동장 및 야외사조로 구성된다.

온도수용체 溫度受容體 thermoreceptors　온도를 감지하는 감각수용체이며, 온열수용체(warm receptor)는 30℃와 43℃ 사이의 온도에서 반응하고, 냉열수용체(cold receptor)는 35℃와 20℃의 온도에서 반응한다.

온열중성대 溫熱中性帶 thermoneutral zone　신체가 피부 혈액순환의 변화를 통해 서서히 온도를 조절할 수 있는 환경온도의 범위이다.

올레산(酸) oleic acid　18개의 탄소원자로 되어 있는 장쇄불포화지방산으로서 1개의 이중결합을 가지고 있는 cis-9-octadecenoic acid이며 많은 지방 중에 있다. 특히 버터 및 사람의 체지방에는 함량이 높다. 불포화지방산 중에서는 가장 풍부하게 존재한다. 또한 불포화지방산을 수소 첨가하여 경화유 제조시는 elaidic acid인 trans형으로 변한다. 이것은 혈청 cholesterol을 높인다고 알려져 있다.

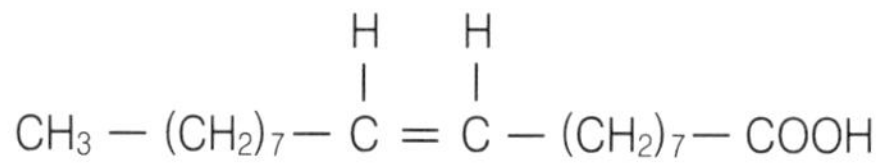

Oleic acid

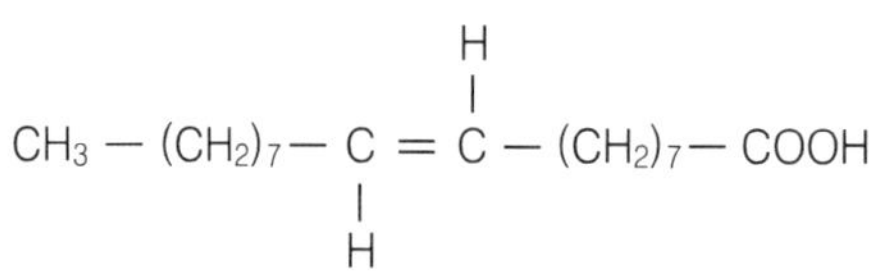

Elaidic acid

올레안도마이신 oleandomycin　1954년, 미국의 Sofin 등에 의해서 발견된 항생물질이다. *Streptomyces antibioticus*를 배양해서 생산되고, 염기염으로 수지(樹脂)에 흡착시켜 제조된 것이 사료첨가제로서 지정되어 있다. 마이크로라이드계 항생물질에 속하고, 동물용 의약품으로서는 테트라사이클린계 항생물질과의 복합으로 사용되는 경우가 많다.

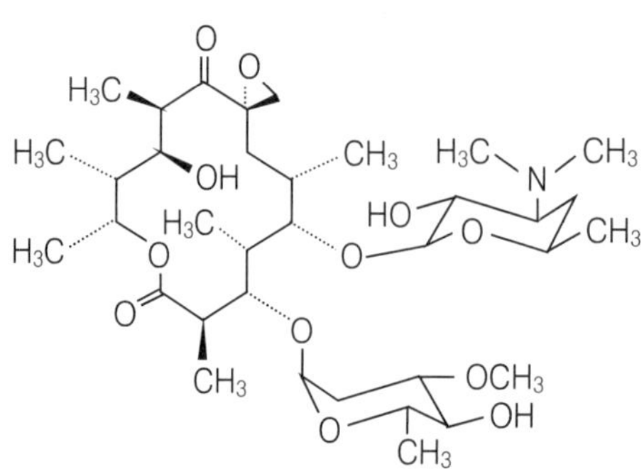

Oleandomycin

올리고당 oligosaccharides 단당류가 여러 개 결합된 과당류(寡糖類)를 말한다. 최근에 산업적으로 관심을 끌고 있으며 fructooligo당(FOS)과 대두올리고당이 있다. 이들은 인체나 가축의 소화효소에 의해 분해되지 않고 장내미생물, 특히 유산균이나 비피더스균에 의해 이용됨으로써 정장(整腸) 효과가 있는 것으로 보고되고 있다.

올리고펩티드 oligopeptide 수개의 아미노산이 결합된 펩티드이며, 대개 20개까지의 아미노산이 결합되어 있다. 올리고펩티드 20(oligopeptide 20)은 20개 이내의 아미노산이 결합되어 있는 펩티드이다.

올리브박(粕) olive pulp 이것은 올리브의 과실에서 유지를 착유할 때 부산물로서 얻어진다. 핵이 붙은 올리브박(粕)은 조섬유가 36%나 되므로 사료가치는 극히 낮아 소나 돼지의 사료로서도 좋지 않다. 핵을 제거한 것은 약간의 사료가치가 있으며, 조섬유가 19% 정도나 되어 양질의 사료라고는 할 수 없다.

올인 올아우트 방식 all in all out system 산란계는 장기간 사양해서 충분한 달걀을 얻는 것이 바람직하지만 도중에서 질병, 사고계(事故鷄) 또는 생산이 저하된 닭은 도태할 필요가 있다. 일반적으로 닭은 연령이 증가될수록 산란율은 저하하고, 결국에는 환우(換羽) 때문에 일시적으로 휴산(休産) 한다. 이러한 경우 그 계군(鷄群)을 유지하는 것은 경제적으로 불리하다. 이 때에 일정한 프로그램에 따라 예를 들면 초산 15개월령에서 전계군(全鷄群)을 일시에 도태하고 신계군(新鷄群)을 바꾸어 넣는다. 이와 같이 일정한 계획에 따라서 실행하는 닭의 도태·갱신을 올인 올아우트 방식이라고 한다.

옵신 opsin 비타민 A(retinal)와 rhodopsin(visual purple)과 결합된 단백질이다.

옹스트롬 단위 angstrom unit(Å) 밀리미터의 1,000만분의 1 또는 미크론의 만분의 1로서 빛의 파장을 나타내는 데 사용되며, 기호는 Å이다.

와 窩 fovea 시력의 정확도가 가장 큰 부위로서 눈의 망막 중심점이다.

와이안도트 Wyandotte 원산지는 미국이며 겸용 닭이다. 본종은 은색반점이 있는 햄버그종과 코친종, 브라마종 등의 교잡에 의해서 성립되었으며 7종의 내종이 있고, 내종 중에서는 실버 레이스드(silver laced) 와이안도트가 역사가 가장 깊다. 체구는 길이가 짧고 충실하며, 부드러운 털이 많고 장미볏을 가지고 있다. 이 닭은 적색이고 피부와 다리는 황색이다. 산란능력은 연간 140개 정도이며, 난중은 55~60 g이다. 난각색은 담(淡) 또는 농갈색이고, 우리사육(柵飼)에 적당하며, 프리머스록보다는 조숙성이나 취소성도 강하다. 관은 적은 것이 두부에 밀착하여 있으므로 동상의 피해가 적다.

와파린 warfarin Dicoumarol과 더불어 비타민 K의 길항물질(antagonist)로서 쥐를 중독시킬 때(rat poison) 상업적으로 쓰인다. 이들은 혈액응고 단백질의 카르복실화를 저해하여 혈액응고에 필요한 단계인 칼슘결합을 막는다.

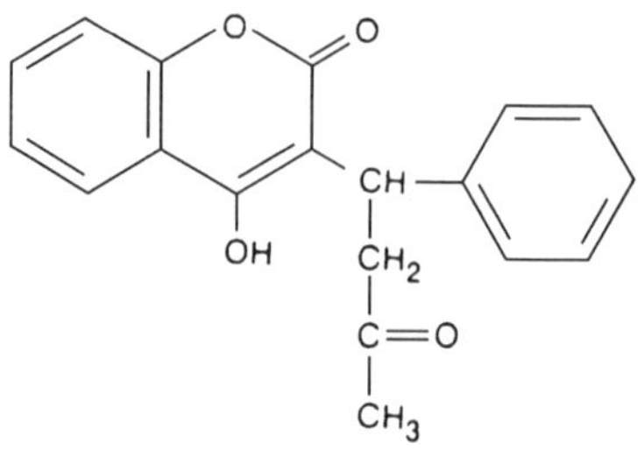

Warfarin

왁스 waxes 가수분해되지 않는 단순지질로서 지방산과 특정 알코올의 에스테르화합물이다. 고등동물이나 사람에는 주요한 작용은 없으나 동・식물체를 보호하는 기능이 있어 수분 증발이나 침투작용을 억제하는 기능이 있으며, 왁스 중에는 밀납・말향고래 기름・가르나무바 기름 등이 있다.

완두 豌豆 pea 완두는 비교적 많이 재배되고 있지만 사료로서는 거의 이용되고 있지 않다. 미국 등지에서는 등외품의 완두(cull pea)가 사료로 쓰여지고 있다. 이것은 단백질 함량 23% 정도이고, 지방과 조섬유 함량은 적으며 지방은 겨우 1% 정도에 지나지 않는다. 완두는 유우・육우・면양・말・돼지 등의 사료로서 충분히 이용될 수 있다. 닭에 있어서는 대두박의 일부 대체로서 이용할 수가 있지만 메치오닌이 낮다.

완전단백질 完全蛋白質 complete protein 정상적인 성장과 몸 유지를 위해 충분한 양의 모든 필수아미노산을 함유하고 있는 단백질을 뜻한다. 이러한 단백질을 높은 생물가(biological value, BV)를 지녔다고 한다. 난류, 우유, 치즈 그리고 어육류는 완전단백질 식품(complete protein foods)이다. ↔ 불완전 단백질(incomplete protein).

완전사료 完全飼料 complete feed, total mixed ration 미국의 공정규격에 의하면 완전사료란 동물에 대해서 영양적으로 충분한 사료이다. 이 완전사료는 음수 이외의 다른 물질은 첨가하지 않더라도 동물의 생명유지와 생산을 촉진할 수가 있다. 미국의 사료업계에 있어서는 완전사료는 때로 레이션(ration)이라고 불려진다. 조사료와 농후사료(또는 상업용 배합사료)를 영양소 요구량에 맞도록 적절한 비율로 배합한 축우사료, 통상 단위동물사료는 시판 배합사료 그 자체가 완전배합사료이나 축우사료의 경우는 조사료와 농후사료의 급여비율이 적절히 계산되어야 한다. → 배합사료, 완전혼합사료, complete ration, all-in-one 사료. → TMR사료.

완전정맥영양 total parenteral nutrition(TPN) 정맥으로 모든 필수 영양소(단백질, 탄수화물, 지질, 비타민 및 전해질 등)를 공급하는 방법이다.

완전효소(完全酵素), **전효소**(全酵素) holoenzyme 완전 활성효소이다. 단백질 부분인 주효소(apoenzyme)와 촉매부분인 보조인자(cofactor) 또는 보조효소(coenzyme)가 생물학적 활성을 가진 완전효소를 이루고 있다.

완충제 緩衝劑 buffers 약산과 그 염류의 용액에서는 산 또는 염기를 첨가해도 그 수소 이온 농도[H^+]가 변화하기 어렵다. 이와 같은 액을 완충제라 한다. 산염기 평형(acid-base balance)에 주요 역할을 하며, 생체에서는 $H_2CO_3NaHCO_3$, 단백질 및 혈색소가 대표적인 것이라 할 수 있다.

완하제 緩下劑 laxative 사료가 장관(腸管)을 통과하는 것을 가속시키는 물질이다. 소화관의 근활동력을 자극 또는 저하시키는 것을 하제(下劑)라고 한다.

외견 가소화(外見可消化) **에너지** apparent digestible energy 사료로서 섭취된 총 에너지에서 분뇨로서 손실되는 에너지를 뺀 값으로서 외견상으로 흡수된 에너지 또는 소화된 사료가 갖는 에너지의 총량이다.

외견 가소화에너지 = (단위 건물 사료당 총에너지 × 건물섭취량) -
(단위 건물 배설량당 총에너지 × 건물 배분량)

외견상 소화율 外見上消化率 apparent digestibility 사료 섭취량과 분 배설량과의 단순한 차이로서 계산하며, 사료에 유래되지 않고 분 중에 혼재한 것을 고려치 않는 값이다. → 소화율.

외분비선 外分泌腺 exocrine gland 신체의 내부에서 소화기관의 내강을 포함한 외부로 물질을 운반하는 특수선이다.

외인성 인자 外因性因子 extrinsic factor 식품에 포함된 물질로서 현재는 비타민 B_{12}로 판명되었지만 항빈혈인자로서 알려진 것이다.

요결석(尿結石), **요석**(尿石) urinary calculi, water belly, kidney stone, urolithiasis 요관(urinary tract)에 일어나는 무기물 축적상태이다. 때문에 요(尿)의 배설이 지장을 받고 방광이 터져 결국 사망하게 된다. 심한 경우에는 하복부가 물 때문에 부어오르는 현상이 나타난다.

요꼬하마 Yokohama 일명 장미계(長尾鷄)로서 원산지는 일본 사구(四口)이다. 꼬리 길이가 7 m에 달하는 것도 있어 폴리쉬, 오골계, 잉글리쉬게임 등 애완용 품종 중 세계적으로 가장 유명하다. 일본에서는 천연기념물로 지정되어 보호받고 있다. 우모색은 은백색이며 백등색 · 갈색 · 백색 등의 3종이 있다. 꼬리는 1년에 거의 1 m나 자란다. 체중은 수컷이 1.7 kg, 암컷이 1.1 kg이며, 벼슬은 단관이고 발가락 수는 다섯 개이다.

요도결석 尿道結石 urethal calculi, urinary calculi(water belly, kidney stone) 요관(urinary tract)에 일어나는 무기물 축적상태이다. 때문에 요(尿)의 배설이 지장을 받고 방광이 터져 결국 사망하게 된다. 심한 경우에는 하복부가 오줌 때문에 부어오르는 현상이 나타난다. 소나 면양에 발생하며, 가벼운 것은 음모에 회백석의 결석이 부착하는 정도이지만 심한 것은 요도에 요결석(urinary calculi)이 생기고, 다시 더욱더 심하면 배뇨가 곤란하게 되는 요석증(요도결석증의 약칭)이 된다.

일반적으로 비육우에 발생하는 요결석의 성분은 인(P) 등이 많고, 그 발생기구는 단순하지 않고 요인이 중복되어 일어난다고 보고 있다. 그 원인으로서는 비육우 등에 농후사료를 과다 급여한 경우에 인(P)의 과다 또는 인(P)과 칼슘(Ca)의 불균형에 의해 불용성의 인산염을 만들고, 급수제한에 의해 요량이 적게 되고, 요(尿)의 염류의 농도가 높아져서 침전물이 많게 되며, 요(尿)의 pH가 저하하고, 염류의 용해도가 낮아져서 침전물이 많게 되며, 숫송아지의 조기 거세에 의해 요도의 발달을 저해해서 요석증을 일으키게 되는 것을 들 수 있다. 요석증의 예방에는 인(P)과 칼슘비의 균형을 도모하고 또 생초, 식염, 비타민 A제의 적량 급여가 탁월한 효과가 있다고 한다. 치료에는 소 1두에 대해 하루에 염화암모늄 30～35g을 물에 희석하여 투여하면 효과가 있다.

요독증 尿毒症 uremia 혈액 중에 요(尿) 성분이 축적되어 중독증세를 보이는 것이다.

요돕신 iodopsin 망막에 들어 있는 주요 색소이며, 비타민 A를 함유하고 있다.

요량감소증 尿量減少症 oliguria 수분섭취에 비해 소량의 오줌을 배설하는 것을 뜻한다.

요산 尿酸 uric acid 혈액 중에 요산(尿酸) 수준이 높은(hyperuricemia) 사람의 경우 요산결석(uric acid stone)이 나타나기도 하고, 요산의 배설량이 증가된다. 요산은 퓨린대사의 최종산물이므로 퓨린함량이 높은 식품을 섭취하지 말아야 된다. 오줌의 pH가 낮으면 배뇨관에 요산결석이 축적된다.

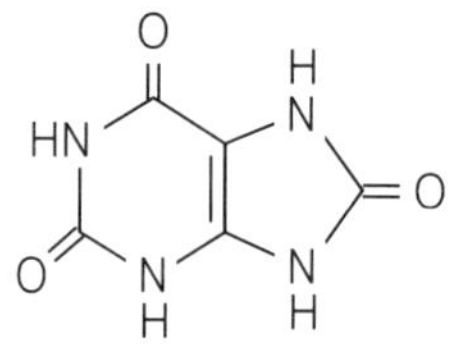

Uric acid

사람, 새, 파충류의 퓨린, 즉 adenine, guanine과 xanthine의 주요 최종 분해생성물이며 요(尿)를 통해 배설시킨다. 요산은 음식으로 섭취한 퓨린 또는 핵산의 분해로 생긴 체내 퓨린으로부터 생성된다. 사람을 제외한 기타 포유동물은 요산을 allantoin까지 분해해서 요(尿)로 배설한다. 그러나 사람은 orate oxidase가 없기 때문에 요산을 allantoin으로 전환시키지 못한다. 사람은 1일 0.5～1.0 g의 요산을 요(尿)로 배설하고, 혈중 요산이 높으면 통풍(gout)에 걸리기 쉽다. 그리고 요산은 신결석(kidney stone)을 만들고, 특히 통풍환자는 신결석에 걸릴 가능성이 높다.

요산 신결석 尿酸腎結石 uric acid kidney stone 신결석(kidney stone)은 사람의 경우 purine의 최종 배설물인 요산으로부터 형성된다. 신결석은 ① 혈중 요산 수준이 증가했을 때, ② 요(尿) 중으로 요산 배설량이 증가했을 때, ③ 요(尿)가 산성화(acid urine)되었을 때 생성된다. 통풍환자는 요석과 신결석이 걸릴 가능성이 수천 배나 높다. 신결석은 수분 섭취량을 높여 요(尿)를 알칼리(alkali urine)로 만들든가 purine 섭취를 줄이면 최소화 할 수 있다. 대부분의 과일과 야채는 알칼리뇨를 만들고, 육류와 생선은 산성뇨(acid urine)를 만든다. 멸치, 아스파라거스, 육류, 연어와 같은 퓨린 함량이 높은 음식을 배제하면 상태의 악화를 막을 수 있다.

요소 尿素 urea　아래와 같은 구조식을 가진 비단백태질소화합물이다. 포유동물의 간에서 urea cycle 과정에서 생성된 아미노산의 최종 분해산물이며, 요(尿) 중에 배설된다.

① 현재에는 공업적으로 대량 생산되고 있으며 비료 등에 이용되고 있다. 이것을 반추가축에 급여하면 제1위내의 미생물에 의하여 단백질이 합성되므로 질소원으로서 사료에 첨가해서 이용되고 있다. 그러나 돼지·닭에는 거의 이용되지 못하고, 반추가축에도 급여방법이 적절하지 못하면 중독의 원인이 된다. 우리나라의 사료공정 규격에는 소 사료(생후 6개월 이후의 소사료에 한함)에 요소의 첨가한계는 2%이다. 요소를 급여하는 경우에는 발효하기 쉬운 탄수화물이라든지 무기물을 충분히 사료로서 급여해야 된다.

② 오줌 중의 주요 질소 성분으로 1일 배설되는 총 질소의 60～90%를 차지한다. 요소 배설량은 단백질 섭취량과 비례하며 단백질이 탄산가스, 물 그리고 에너지로 완전 산화되지 못한다. 따라서 요소는 단백질의 불완전 산화산물이라고 볼 수 있다. 즉 간 또는 신장에서 요소회로(urea cycle)를 거쳐 생성되고, 거의 모두가 오줌으로 배설된다.

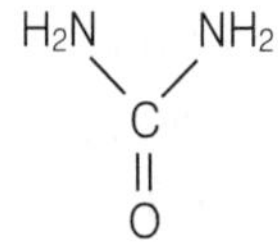

Urea

요소회로 尿素回路 urea cycle　혈액을 거쳐서 온 중독성 암모니아를 비중독성인 요소로 만들어 신장에서 배설시키는 간에서 일어나는 대사회로이다. → 오르니틴 회로.

요오드 沃素 iodine(I)　가축·가금에 미량으로 필요한 필수 무기물이다. 생체 내의 함량은 적지만 그 반량 이상은 갑상선에 존재한다. 따라서 요오드와 갑상선 기능과는 밀접한 관계가 있고, 이 곳에서 요오드를 함유하는 티록신(thyroxine)이라는 호르몬을 분비하고 있다. 사료 중에 요오드가 결핍한 경우에는 티록신의 분비가 불충분하고, 자돈은 무모(無毛), 병아리는 허약하게 된다. 그러나 요오드의 결핍은 토양에 요오드가 부족한 지역에서 일어나므로 그렇게 중요시 할 필요가 없다. 요오드는 어분이나 해초 등에 많이 함유되어 있다. 사료첨가제로서는 각종 형태의 것(KI, KIO_3 등)이 있다.

요오드가(價) iodine number　지방의 불포화도를 측정한 양이다. 구성 불포화지방산의 이중결합에 의한 요오드 흡입량으로 나타내며, 지방 100 g당 요오드 그램수로 표시한다.

예로서 버터 22~38, 라아드 54~70, 면실유 104~114, 아마인유 170~202의 순위로 분포도가 크다. 따라서 아마인유와 같은 건성유는 불포화도가 높고 요오드가가 크다.

요오드첨가 식염 iodized salt Potossium iodide(KI)가 포착된 식염(sodium chlorde)으로서 필수영양소인 요오드의 공급원으로 쓰인다. 대개 식염에 0.01%의 KI를 혼합하여 1일 2 g의 소금을 섭취하면 152 mcq의 옥도를 섭취한다.

요오드화식염 沃素化食鹽 iodized salt 소금에다 약 0.007%의 요오드를 균일하게 혼합한 것인데, 소금의 보급과 동시에 요오드를 주는 것을 목적으로 하고 있다. 젖소 같은 경우는 덩어리로 해서 주어 자유로이 핥아먹도록 하고 있다. 우리나라에서와 같이 바다에 가까운 입지조건 하에서는 요오드식염을 줄 필요가 없다. 그러나 농후사료의 대부분을 수입에 의존하고 있는 형편에서는 요오드의 보급에 대해서는 충분히 주의할 필요가 있다.

요인 要因 factorial 통계적 방법에서는 자료의 편차의 구성요소를 요인이라고 하고 변동인, 변인 등으로 불려지는 일도 있다. 각 인자 단독의 효과(주효과, main effect), 두 개 이상의 인자를 조합한 효과(교호작용 효과의 항 참조), 혹은 반복 측정치간의 오차분산 등 자료에 흐트러짐을 가져다 주는 효과를 총칭해서 말한다. 모든 요인에 대해서 검토될 수 있는 실험계획을 요인계획(factorial design) 또는 요인실험(factorial experiment)이라 한다.

요인수준 要因水準 level of factor 실험성적에 영향을 끼친다고 생각되는 원인이 되는 인자의 상태를 지정하는 조건을 요인수준이라고 한다. 예를 들면 사료의 인자로서 A_1, A_2, A_3, A_4의 4종류에 대해서 실험을 할 때 A_1…을 각각 수준이라고 하고, 이 실험은 사료인자에 대해 4수준으로서 실시하는 것이 된다. 성별이라면 암컷(雄)과 수컷이 수준이 되고, 단백질 함량의 시험에서는 15%, 20%와 같이 수준을 지정한다. 어떤 인자에 대해서 설정한 수준의 수를 수준수(水準數)라고 한다.

요인실험 要因實驗 factorial experiment 실험계획에 있어서 집어낸 인자 수준의 모든 조합에 대해서 실험하는 경우 요인실험이라고 한다. 에너지 인자에 대해서 3수준, 단백질에 대해서 2수준을 생각해서 실험을 계획하는 경우 3 × 2 = 6 종류의 사료 모두에 대해서 실험을 하는 것이다. 이 실험계획에는 각 인자의 주 효과에 대해서 분석할 수가 있다. 이것은 요인분석(factorial analysis)이라 하고, 자료에서 효율이 매우 좋게 각종의 정보를 끌어낼 수가 있다. 두 종류 이상의 인자를 집어낼 경우에는 반드시 요인실험이라 할 수 있지만 실험규모가 크게 되면 그 실시에 있어서 여러 가지 곤란이 있으며, 이를 극복하기 위해 각종의 실험계획법이 연구되어 있다.

요질 尿膣 urovagina 배뇨의 일부가 질 내로 역류하여 머무르는 증상으로서 운동부족, 영양불량 또는 노령우에 가끔 나타난다. 또한 발정 시에 외음부 또는 질이 팽창하거나 이완함으로써 오줌이 괴는 경우도 있다. 이 증상은 별로 수태에 장해가 되지 않는 것으로 알려져 있지만 교배 시에는 괴어 있는 오줌을 완전히 제거하고 생리식염수, 5% 포도당액 또는 10% 자당액 등으로 질 세척을 한 후에 교배시키면 된다.

요크셔 Yorkshire 영국이 원산인 백색의 대형 돈(豚)이다. 베이컨형(bacon type)에 속하고, 세계 각국에서 널리 사육되고 있다. 라아지 화이트(large white)라고도 부르며, 약자로 W종으로 표시된다. 중구(中軀)는 늘씬하게 뻗고 뒷부분도 발달해 있다. 체중은 350 kg까지도 자란다. 이 품종의 번식 및 포육능력은 매우 높고, 또 육질은 적육과 지방육의 비율이 적당하고 풍미가 좋다. 잡종 생산을 목적으로 하여 기초 종돈으로서 각국에서 널리 이용하고 있다.

용골세포(容骨細胞), **파골세포**(破骨細胞) osteoclast 뼈로부터 칼슘을 용출시킴으로써 뼈를 파괴시키는 세포이다.

용매 溶媒 solvent 어떤 물질을 용해시키기 위해서 사용되는 물질이다.

용매추출 溶媒抽出 solvent extraction 지방이나 기름을 유기용매를 사용하여 추출해 내는 공정을 뜻하며, 보통 입자도는 작게 처리한다.

용액 solution 가스, 액체 또는 고체가 다른 가스, 액체 또는 고체 중에 균일하게 용해되어 있어 어떤 화학적 변화을 일으키지 않는 상태를 뜻한다.

용존산소 溶存酸素 dissolved oxygen(DO) 일반적으로 액상 중 또는 수중에 용해되어 있는 분자상 산소를 뜻한다. 용존산소의 양은 수온이나 기압, 다른 용질의 영향을 받아서 수온의 상승과 함께 감소하고 대기 중의 산소분압에 비례해서 증가한다. 수온의 급격한 상승, 조류의 번식이 현저한 경우 등에서 과포화로 되는 일이 있지만, 순수한 물 20℃ 1기압 하에서의 포화 용존산소량은 약 9 ppm이다. 하천의 상류에서는 포화에 가까운 용존산소가 함유되지만 하수나 공업폐수 등에 의해 오염되고, 유기 부패물질과 기타의 환원성 물질에 의해 생화학적 산소요구량(BOD)이나 화학적 산소요구량(COD)이 증대하고 용존산소는 소비된다. 따라서 DO의 양이 물의 오염형태를 나타내는 것이라고 할 수가 있다.

용질 溶質 solute 용액 중에 용해되어 있는 물질을 뜻한다.

용해도 溶解度 solubility 용액 중에 용해되어 있는 물질의 질 또는 성질을 뜻한다.

용혈작용 溶血作用 hemolysis 혈구가 파괴되는 것이며, 적혈구 파괴 현상으로 세포 내용물이 혈장으로 용출된 결과로 용혈성 빈혈(hemolytic anemia)이 생긴다.

우라실 uracil 핵산의 구성성분으로 pyrimidine base에 속한다.

우레아제 urease 결정체로 만든 최초의 효소이며, 요소(urea)를 암모니아와 탄산가스로 분해시키는 효소이다. 사람의 소화기관 내의 소화액 중에 들어 있다.

$$H_2O + H_2N-\overset{\overset{O}{\|}}{C}-NH_2 \xrightarrow{\text{urease}} 2NH_3 + CO_2$$

물 요소 암모니아 탄산가스

우레오텔릭 ureotelic 요소(urea) 형태로 질소를 배설하는 생물이다. 사람은 ureotelic이다.

우로빌리노겐 urobilinogen 우로빌린(urobilin)의 전구물질이다. 주로 오줌 가운데 존재하지만 극히 미량으로 병적상태에 의해 증감된다. 예를 들어 경미한 증가는 간 질환, 용혈성 질환, 장폐색 등의 경우이고, 결여는 항생제의 투여나 담도(膽道) 폐색의 경우에 나타난다. 따라서 우로빌린의 대사경로를 살핌으로써 간접적으로 질병의 원인 탐색이 가능하며, 임상검사 항목으로서 널리 응용되고 있다.

우로빌린 urobilin 담즙색소로서 분비된 빌리루빈(bilirubin)은 장내세균에 의해 환원되어 우로빌리노겐(urobilinogen)이 된다. 이 중 일부는 재흡수되어 간장에서 빌리루빈으로 재형성되거나 신장으로 운반되어 오줌 중으로 배설된다. 오줌으로 배설된 무백의 우로빌리노겐은 산화되어 녹색의 형광성을 지닌 우로빌린이 된다.

우리딘 uridine RNA의 일부로서 존재하는 uracil(pyrimidine)과 ribose로 구성된 nucleoside이다.

우리딘 삼인산(三燐酸) uridine triphosphate(UTP) Uracil(pyrimidine), ribose와 3분자의 phosphate로 구성된 nucleotide이다.

우리딘 이인산(二燐酸) uridine diphosphate(UDP) Uracil(pyrimidine), ribose와 2분자의 phosphate로 구성된 nucleotide이다.

우리딘 이인산(二燐酸) 글루코오스 uridine diphosphate glucose(UDP-glucose) Uracil, ribose와 2분자의 phosphate로 구성된 nucleotide이며, glucose가 결합된 것이다. Glucose로부터 glycogen 합성에 이용되고 galactose 대사에도 이용된다.

우리딘 일인산(一燐酸) uridine monophosphate(UMP, uridaylate) Uracil, ribose와 1분자의 phosphate가 결합된 nucleotide이다.

우리카아제, 요산분해효소(尿酸分解酵素) uricase 사람과 원숭이를 제외한 모든 포유동물이 가지고 있는 구리함유 효소이며, 요산(尿酸)을 allantoin으로 전환시킨다.

우리코텔릭 uricotelic 제한된 수분의 섭취로 인해 농축된 요산(uric acid) 형태로 질소를 배설하는 생물이다. 새는 uricotelic이다.

우모분 羽毛粉 feather meal 도계장에서 나오는 가금의 우모를 고압증기 등으로 처리한 뒤에 건조 분쇄한 것인데, 가수분해 우모분이라고도 불려진다. 가공처리의 방법에 따라서 제품의 사료가치는 다르지만 조단백질 함량은 약 70%나 된다. 우리나라에서는 그 공정규격에서 조단백질의 펩신 소화율(pepsin digestibility)이 70% 이상이 되도록 규정하고 있다. 우모분은 리신, 트립토판 및 메치오닌이 부족하므로 다른 양질의 단백질사료와 병용하는 것이 필요하다. 양질의 우모분은 닭·돼지 사료의 대두박을 대신으로 5% 정도까지 사용해도 좋다. → 가수분해 우모분(hydrolyzed feather meal).

우식유발 요인 齲蝕誘發要因 cariogenic agent 식품 또는 식품의 성분으로서 충치(dental caries)를 일으키는 것이다.

우유 牛乳 milk 우유는 영양소가 가장 잘 조정된 식품으로서 12% 전후의 고형분을 함유한다. 우유는 평균해서 3%의 단백질, 3.5%의 지방, 4.5%의 유당을 함유하고 있다. 이밖에 우유에는 칼슘과 인의 함량이 많고 또 비타민 A 등이 풍부하다. 우유 단백질의 대부분은 카제인이고 알부민, 글로불린도 소량 함유하고 있다. 우유 중의 지방은 미세한 둥근 모형을 하고 있으며, 구성하고 있는 지방산의 종류는 대단히 많다. 우유 중에서 가장 잘 변화되는 성분은 지방이고, 유당은 비교적 일정하다. 한편으로 유량의 변동은 주로 품종·연령·유기 등의 유우(乳牛) 자신에 관한 원인과 사료·착유(搾乳) 등의 사양관리 등의 차이에 의한다.

우유빙점검사 牛乳氷點檢查 milk freezing test 우유에 특히 물을 첨가하는 등의 부정우유 검사에 응용된다. 모든 우유는 -0.530~-0.550℃(31.01~31.05°F)에서 응고한다. 우유에 1%의 물을 첨가하면 빙점이 0.006℃(0.011°F) 이상 증가된다.

우유세균 牛乳細菌 bacteria in milk 건강한 젖소의 젖샘(유선)에서 분비된 직후의 우유는 무균상태이지만 젖샘이나 착유자, 기구, 우사 안의 공기를 매개로 하여 세균의 침입을 면하기 어려우므로 통상 우유 속에는 세균이 존재하는 것이다. 그리고 그 수는 우유를 다루는 청결도에 비례하는데, 생유의 일반 세균수는 직접개체 검경법으로 1 cc 중 400만 이하로 제약된다. 또한 살균을 한 음용우유에서의 일반 세균수는 표준평판 배양법으로 1 cc 중 5만 이하, 인간이나 동물의 분변에 유래하는 대장균군은 음성이어야 한다. 메틸렌 블루 등의 환원시험에 의해 세균의 다과를 추측할 수 있다.

우유 알칼리증후군(~症候群) milk alkali syndrome 많은 양의 우유를 마시고 오랜 기간 동안 알칼리 과다흡수로 칼슘과다증(hypercalcemia)을 보이는 위궤양 증세이다. 주로 구토, 소화기 출혈, 고혈압 등의 증세를 나타낸다.

우유의 영양가 牛乳營養價 nutritive value of milk 우유는 단백질·지방·유당·무기질과 비타민류를 포함하고 있다. 총 열량은 67 kcal/100 g, 단백질은 생물가 90, 소화율 96%로서 영양적으로 아주 뛰어난 것이다. 지방은 저급지방산 함량이 높고 미세한 지방구가 유화(emulsion) 상태로 존재하기 때문에 리파아제의 작용을 받기 쉽고 소화 흡수율이 좋다. 유당은 에너지원으로서 뿐만 아니라 대장에서 부패균의 방지, 칼슘 흡수를 좋게 하는 작용도 한다.

무기성분은 체액의 삼투압, pH의 조절, 조직의 형성, 대사촉진 등에 필요한 것을 다량 포함하고 있다. 우유 속의 비타민은 사료·계절·처리법에 따라 함량이 변하지만 인유에 비해 대체로 비타민 B1·B2는 많고 비타민 A·C, 니코틴산은 적다. 요컨데 우유는 동물 및 사람에게 필요한 모든 영양소를 함유하고 소화율도 높으며, 단일식품으로서는 거의 완전에 가까운 영양식품이라고 할 수 있다. 따라서 연령·성별을 불문하고 인류는 우유를 많이 마시는 것이 바람직하다. 다만 젖먹이 어린이에게 급여할 경우에는 우유와 인유의 성분에 차이가 있으므로 되도록 모유에 가까운 상태로 하여 급여할 필요가 있다.

우유 탁도시험 牛乳濁度試驗 turbidity test of milk 살균유(pasteurized milk)와 멸균유(sterilized milk)를 구별하기 위해서 하는 시험이다. 우유를 104~150℃로 20~40분간 유지하고 모든 albumin을 침전시킨다. 이 시험에선 황산암모늄(ammonium) sulfate, $(NH_4)_2SO_4$로 침전시킨 후의 여과액이 가열해도 투명한가를 조사하고, 투명하면 albumin이 없는 증거이므로 멸균유임을 아는 것이다.

우회지방 迂廻脂肪 by-pass fat 반추위 내에서 용해되거나 분해되지 않고 그대로 통과해서 소장에 도달하면 용해되어 소화 및 흡수되는 지방이다. → 보호지방.

운동 수행능력 ergogenic 운동 수행능력 향상제는 기계적·영양적·심리적·생리적·약물적 제제나 조치로서 운동 수행능력을 직접 향상시키기 위한 목적으로 사용된다.

운동실조증 ataxia 수의근의 활동이 무력해지는 증상이다.

운임보험료 포함가격 運賃保險料包含價格 cost insurance and freight(C.I.F) 외국무역상의 거래조건의 하나로서 가격을 결정하는 과정에서 구입자와 판매자 간에 사료를 도착시키는 장소와 시간을 명확히 표시한 것이다. 운임보험료 포함 가격도(價格渡), 도착항 본선상도(本船上渡)라고도 하며, C&F 가격에 해상보험료를 가산한 것을 구매자의 부담으로 하여 도착시키는 방법으로서 물질이 본선의 하치시설을 떠날 때까지의 위험은 판매자 책임이 된다.

울체 鬱滯 stasis 신체의 기관 또는 혈관에서 액상 또는 반죽상태의 물질의 정상흐름은 천천히 또는 정지시킨 것이다. 즉 ① 동맥과 정맥에서 혈액의 흐름은 느리게 하거나 ② 장운동을 늦추어 분의 정체시간을 늘리는 것과 같다.

원료사료 原料飼料 ingredient 영국의 규격에 의하면 배합사료 제조에 있어서 사용되는 각 구성원료를 뜻한다.

원반식 분쇄기 圓盤式粉碎機 disk mill 원형 회전반으로 분쇄하는 기계로 원반은 방사상으로 이가 붙어 있어 이것이 서로 맞닿게 되어 있다. 곡물·과실·설탕·초콜릿·paste 등의 분쇄에 가장 많이 사용된다.

원소 element 화학반응으로 더 이상 쪼갤 수 없는 물질로서 탄소·산소·수소·질소·칼슘·인·철분 등이 있다.

원심분리기 遠心分離器 centrifuge 회전에 의하여 동력의 몇 배의 인력을 작용시키는 기계로서 액체 중의 무거운 고체를 수분의 밑바닥에 침전시켜 위의 물을 분리시키는 데 사용한다. 또한 두 종류의 밀도가 판이한 액체를 분리하는 데 사용한다(예를 들면 우유로부터 크림의 분리).

원심성 신경세포 遠心性 神經細胞 efferent neuron 중추신경계에서 반응기관(effector organ)에 정보를 전달하는 신경세포이다.

원자 atom 원소를 구성하는 최소 결합 단위로서 양성자, 중성자, 전자를 지닌다.

원통형(圓筒型) **사일로** cylindrical silo 콘크리트, 블록, 벽돌 등의 재료를 사용하며 원통형으로 구축한 사일로이다. 건축비가 많이 들지만 사일리지의 밀봉저장 효과가 우수하므로 품질이 좋은 사일리지 제조가 용이하고 매장(埋藏) 중의 영양소 손실도 적다. 용량은 소량 중량에서 대량 중량까지도 가능하고 대형의 것은 매장재료의 자체 중량에 의해서 답압효과가 있다. 지상식의 것은 탑형사일로(tower silo)이고, 이밖에 지하식 사일로, 반지하식 사일로도 있다. 지상식 사일로는 원료를 채워 넣을 때에 불도저, 엘리베이터 등을 사용할 필요가 있지만 꺼낼 때에는 비교적 간단하다. 지하식은 반대로 채워 넣을 때에는 쉽지만 꺼낼 때에는 노력이 많이 든다.

원핵생물 原核生物 procaryote, prokaryote 한 개의 막을 가진 세포이며, bacteria와 blue-green algae가 여기에 속한다.

월년생 목초 越年生牧草 winter annual grass 가을에 파종하여 다음 해에 수확하는 목초를 뜻한다.

월동사료 越冬飼料 winter feed 주로 목건초・사일리지・근채류를 이용한다. 이들 배합을 어떻게 하는가는 단순히 영양적인 면뿐만 아니라 경영・경제적 관점에서도 고려해야 한다. 일반적으로는 재배・조제에 노력이 덜 들고 영양적 효율이 높은 것이 좋다. 목건초・목초사일리지가 가장 좋으며, 근채류는 재배에 많은 노력이 필요하여 불리하다.

웨이퍼러 waferer 알팔파를 주원료로 한 헤이퍼(hayfer) 또는 웨이퍼(wafer)를 제조하는 기계이다. 알팔파를 적당한 수준으로 예건하여 이것을 5～8 cm 길이로 절단하고, 헤이퍼 제조기에 걸어 직경 약 10 cm에 두께 약 2.5 cm의 원반상으로 압착 성형한다. 고정식과 운반식이 있으며, 후자는 트랙터로 견인하면서 제조한다.

위궤양 胃潰瘍 gastric ulcer 식도와 위의 아래부위의 위벽에 염증이 생겨서 음식을 먹을 때 위에 고통을 느끼는 것이다. 주로 위가 비어 있을 때 심하고 구토를 하기도 한다. Peptic ulcer라고도 한다. 식사 후 1～4시간에 주로 상복부에 통증을 느낀다.

위산과다증 胃酸過多症 hyperchlorhydria, hyperacidity 위(胃) 내의 염산이 과잉으로 분비되는 질병이며, 위액농도가 높아지는 것은 아니다. 따라서 식사 후 통증을 느끼고 십이지장궤양, 담낭의 화농, 공복고통 등을 수반한다.

위산과소증 胃酸過少症 hypochlorhydria 위의 세포에서 염산분비가 감소된 상태이다.

위스키(박) whisky by-product feed 위스키는 원료에 따라서 몰트 위스키(malt whisky)와 그레인 위스키(grain whisky)로 나누어진다. 원료로서 전자는 맥아만이 사용되고, 후자는 많은 경우 옥수수 약 80%에 맥아 약 20%의 비율로 혼합한 것이 사용된다. 원료는 당화한 후 몰트 위스키의 경우는 항상 여과되고, 그레인 위스키의 경우는 여과하지 않고 다음의 발효를 시행하는 경우가 많지만 일부의 공장에서는 여과되고 있다. 이 여과에서 얻어지는 찌꺼기가 위스키박이다. 여과액은 발효한 후 증유해서 위스키를 만들고 찌꺼기는 농축해서 디스틸러즈솔루블이 만들어진다. 위스키박은 맥주박과 유사한 사료성분을 가지고 있고, 생(生) 그대로 소에게 급여할 수 있으며, 또 건조한 것은 배합사료의 원료로서도 이용될 수 있다.

위액 胃液 gastric juice 위벽에서 분비되는 맑은 액이며 염산(HCI), 효소인 rennin, pepsin과 gastric lipase가 들어 있다.

위액 분비 胃液分泌 gastric secretion 위액은 효소인 펩신, 레닌, 리파아제와 기타 뮤신(mucin)과 염산을 함유한다. 염산은 위벽세포에서 분비되는데 그 농도는 0.16 N(0.5~0.6%)이다. 펩신은 위의 주세포(chief cell)에서, 뮤신은 점막세포에서 분비된다. 펩신은 산성 중에서 활성화된 후 단백질을 분해하여 프로테오스(proteose)로 만든다. 지방질은 소화작용이 매우 약하다. 어린 송아지에서 분비되는 레닌의 기능은 젖(milk)을 응고시켜 위 속에 머무는 시간을 길게 하고, 소화효소의 작용을 잘 받게 하는 데 있다.

위약, 플라세보 僞藥 placebo 실험 참여자의 역할을 속이기 위해 위장약품 및 시술(sham operation)하여 심리적 효과를 주기 위한 거짓처리이다.

위축성 비염 萎縮性鼻炎(**돼지**) atrophic rhinitis(AR) 접촉감염에 의해 만연되는 만성병으로서 AR이라고도 불려지고 있다. 이 병의 원인은 여러 가지 설이 있지만 볼데테라균이 주원인으로 되어 있다. 돼지에 있어서의 이 증세는 재채기가 코막힘으로 시작해서 콧구멍(鼻部)이나 안면의 변형으로 이행하지만 경미한 경우는 육안적으로 변형을 알 수가 없다. 또 이 증세에 의한 실제의 피해는 발정의 정체 및 사료효율 저하에서 오는 경제적 손실이고, 폐사까지는 이르지 않는다. 또한 돼지 중에서도 어린 돼지는 이환율이 가장 높으며, 이런 점은 모돈이 병돈 또는 보균돈일 경우에 감염하는 기회가 많아진다. 현재 예방백신은 있지만 치료약은 발견되지 않았다.

윈드 성분분석 組成分分析 Weende analysis 1865년에 창립된 독일의 Weende 실험실의 이름을 따서 명명한 것으로 일반 분석과 같다. 조섬유, 에테르 추출물(조지방), 회분, 질소를 측정하고 전체에서 이들의 총량을 빼서 가용성 탄수화물을 산출 정량하는 방법이다.

윌슨병(~病) Wilson's disease 구리가 간 등의 기관에 축적되어 나타나는 열성 유전적 증상이다. 뇌・신장・망막 등에도 구리가 축적된다.

유글로불린 euglobulin 혈청을 증류수로 투석할 때에 침전되는 혈청글로불린을 뜻한다. 물에 불용성인 전형적인 글로불린인 까닭에 이 이름을 붙였다.

유기 有機 organic 화학적 구조에서 분자 중에 탄소원자를 가지고 있는 것(carbon containing compound)을 말한다. 단, 탄산염과 시안화물은 예외이다. 동・식물에 유래한 물질은 유기적인 것이며, 광물에 유래한 것은 무기적인 것이다.

유기농업 organic farming 합성살충제나 화학비료를 사용하지 않는 자연농법을 뜻한다.

유기비소제 有機砒素劑 arsenicals Arsanilic acid, arsonic acid, arseno benzene 및 sodium arsanilate와 같은 물질로서 사육환경이 좋지 못할 때 단위동물에 사용하면 성장 촉진효과가 있다. 도축 전 휴약기간이 필요하다.

유기산제 有機酸劑 organic acids 카르복실기(COOH)를 가지고 있는 유기화합물이다. 즉 formic acid, propionic acid, ascorbic acid, fumaric acid 및 citric acid 등과 같은 물질이며, 에너지 공급효과도 있다. 장내(腸內)의 산도를 높여 pH를 낮추어 줌으로써 자돈(仔豚)에 있어서 성장촉진 및 사료효율 개선효과가 있다.

유기식품 organic food 전통적으로 화학비료, 농약 등을 사용하지 않고 재배한 식품을 뜻한다.

유기염 有機鹽 organic salt 알칼리(염기)에 의해 중화될 때 생성되는 유기산 염(salt)이며 그 물질의 끝에다 '-ate'를 붙인다. 예를 들면 citric acid(구연산)과 acetic acid(초산)의 염을 citrate 및 acetate라고 부른다. 용액에서의 유기산(organic acid)과 그의 염은 완충제(buffer)이다.

유기영양소 有機營養素 organic nutrition 분자 중에서 C-C와 C-H 결합과 같은 탄소원자를 가진 영양소로서 탄수화물, 지방, 단백질 및 비타민이 여기에 속한다.

유단백 乳蛋白 milk protein 젖 속에 함유되어 있는 질소함유 물질이다.

유당뇨증 乳糖尿症 lactosuria 요(尿) 중에 유당이 나타나는 것을 뜻하는데, 임신 및 포유기 때 자주 볼 수 있으며 갓난아기도 나타난다.

유당 소화불능 lactose intolerance Lactase 효소가 없기 때문에 우유 중의 유당을 소화할 수 없는 것을 뜻한다.

유도기간 誘導期間 induction period 지방관계의 용어로 쓰여질 때가 많다. 지방이 산화에 대하여 안정성을 유지하는 기간을 말하며, 지방의 안전성에 대한 척도가 된다. 천연 혹은 인공적 항산화제를 가하면 지방산화의 유도기간이 커진다. 이 기간을 지나면 지방은 급격히 다량의 산소를 소비하기 시작해서 산패된다.

유독식물 중독 有毒植物中毒 poisoning by poisonous plants 가축에 있어서 중독의

원인은 유독식물에 의한 것이 가장 많다. 식물의 종류에 따라서 alkalloid(리드카나디 그라스·양귀비 등), 배당체(네지게·개살구 등), 유독단백질(아주까리·가짜 아카시아 등), 기타 식물의 성분이 독성을 일으키므로 이러한 유독성분을 함유한 식물을 잘못해서 먹는다든지 건초, 청초 같은 데 혼입되어 있는 것을 섭취했을 경우에 중독이 일어난다. 이 중독증상은 각각 유독식물에 따라 다르며, 또 가축의 종류에 따라서도 내성이 다르므로 해독법·치료법도 각각 달라진다.

유루 乳漏 lactorrhea 젖꼭지로 유즙과 같은 흰 물질이 계속 새어나오든가 또는 아기에게 젖을 먹인 후 또는 이유 후에도 유즙이 계속 나오는 것을 말하며, 유두 괄약근의 이완으로 발생하는데 이는 대부분 유두 손상에 기인한다. 즉 유관이 상하면 유즙의 분비 때문에 치료가 늦어지며, 결국은 수술요법에 의존하게 된다. 이를 또한 galactorrhea라고도 한다.

유리지방산 遊離脂肪酸 free fatty acid(FFA), nonesterified fatty acid (NEFA) 혈액중에 순환되는 바로 에너지원으로 이용되는 지방산이며, triglyceride로부터 효소의 작용에의 해서 생성된다. 즉 지방은 글리세롤에 3분자의 지방산이 결합된 에스테르이지만 저장 중에 어느 정도의 가수분해가 생겨서 유리된 지방산이 생성되는 수가 있다. 유리지방산(FFA)의 양은 지방의 품질 평가의 한 척도로 되어 있다.

유문 幽門 pylorus 위와 십이지장의 좁은 통로이다.

유미 乳糜 chyle 소화의 결과로 소장에서 형성되는 유화된 지방의 구성이며 chylomicron으로 임파선을 통해 흡수된다. 이것은 또한 흉선에 의하여 정맥으로 유입되어 혈액과 혼합하게 된다. 이와 같이 유즙처럼 보이는 것은 림프에 있는 킬로미크론(chylomicron) 때문이다.

유미관 乳糜管 lacteal 소장 점막층과 같은 조직에 들어 있는 적은 관이다. 소장 점막층에 있는 유미관은 지방단백의 일종인 chylomicron 형태로 지방을 흡수한다.

유미즙 乳糜汁 chyme 위에서 일부 소화된 음식과 위액의 혼합물이며, 이 상태로 십이지장으로 넘어간다.

유미지립 乳糜脂粒 chylomicron 소장 상피세포에서 합성된 지방구(직경 0.8～5 mm)이며, 트리글리세리드(triglyceride), 콜레스테롤 에스테르, 인지질, 지용성 비타민과 얇은 단백질 피막으로 구성되어 있다. 지방운반 기능을 하는 지단백(lipoprotein) 중에서 비중이 가장 낮은(0.95 g/mℓ 이하) 유화된 지방이다.

유박류 油粕類 oil meal 유실류 등에서 채유 후에 얻어지는 것인데, 대두박·아마인박(亞麻仁粕) 등 그 종류는 많다. 채유방식은 압착, 추출 및 수압법 등이 있다. 유박류는 일반적으로 조단백질 함량이 높으며, 사료가치는 유실류의 종류 및 채유방법에 따라 차이가 있다.

유방 乳房 udder 보통 피부로 싸여 있는 두 개 이상의 유선으로 구성된 커다란 매달린 기관이며 각각 한 개씩의 유두를 가진다.

유방 보호대 乳房保護(附着)帶 udder cover 유방 부착이 약한 소나 고능력우 등이 출산을 거듭함에 따라 유방이 관절보다 밑으로 처지거나, 분만 전후 유방이 비정상적으로 팽대한 젖소가 누웠다 일어날 때 스스로 뒷발로 유두나 유방 등에 상처를 입히거나, 방목 중에 나무 그루터기나 장애물 등에 걸려 외상이 생긴다. 그 결과 착유 시에 통증 때문에 착유가 곤란하거나, 그 외상 부위로부터 세균이 침입하여 유방염이나 패혈증 등의 질병을 일으키는 수가 있다. 특히 이런 위험으로부터 유방을 보호하기 위해 두꺼운 천으로 만든 udder supporter를 말한다.

유방염 乳房炎 mastitis 유방 내에 포도상구균, 연쇄상구균 등이 번식되어서 일으키는 염증이다. 원인으로서는 유방의 상처, 착유하다가 남은 젖이 많은 것, 우사의 불결 같은 것 등이 있다. 또 착유기(milker)에 의한 과착유와 공착유는 유두에 해를 끼치게 되고 유방염의 유인(誘因)이 된다. 따라서 유방염은 착유관리의 실패에 의해서 발생되는 질병이라고 할 수 있다. 소가 유방염에 걸리면 유량이 감소하고 2등유로 된다. 또 통증 때문에 소는 젖 짜는 것을 거부하게 된다. 유방염에 걸린 젖소의 우유는 증상이 진전되면 점도를 더하고 응고된 것이 나오는 경우도 있다.

유방염의 판정에는 우유의 pH가 6.7 이상의 것, 또는 우유 1 ㎖ 중에 50만 이상의 백혈구를 함유하게 된다. 치료에는 유방 중의 우유를 완전히 착유한 후 항생물질 또는 설파제를 주입한다. 다만 항생물질을 주입한 경우에는 치료 종료 후 5일~1주간은 그 소에서 생산된 우유는 시판해서는 안 된다. 가벼운 증상 또는 잠재성(潛在性)의 유방염은 우유의 무지고형물 함량이 저하되는 한 원인으로 보고 있다.

유방염 진단 乳房炎診斷 California mastitis test(CMT) 유방염 진단법의 한 가지 방법으로서 화이트 사이드 테스트를 개량한 것이다. 시약은 3~5%의 중성 음이온성 표면활성제, 1.5%의 가성소다, 1만 배의 BCP로 만든다. 이것을 샤레에 넣고 같은 양의 우유를 넣어 조용히 회전시키면서 섞는다. 유방염이 있는 우유는 전체가 응고하거나 덩어리진다.

유비퀴논 ubiquinone 천연적으로 널리 분포하는 1군의 색소에 주어진 일반명이다. 비타민 A가 결핍된 쥐의 간장(肝) 중에서 처음 발견되었다. 식이적으로 필수는 아니다. 화학적으로는 polyisoprene 측쇄를 가진 benzoquinone의 유도체이다. Polyisoprene 측쇄는 길이나 쇄중(鎖中)의 탄소수로 구별된다. 즉 ubiquinone 50, 45 등 보효소 Q와 같다.

유사물질 analog 자연적으로 존재하는 화합물질과 화학구조가 조금 다른 물질이다. 일반적으로 화학군이 부가되거나 변형되어 대사기능이 유사하게 되거나 반대로 되는 것을 뜻한다.

유산(젖산) 乳酸 lactic acid 유당을 발효시켜서 만들며(CH_3-CHOH-COOH), 유산음

료의 풍미성분이다. 유산은 유해균의 번식을 억제하는 효과를 가지고 있다. 포유류의 근육대사에서는 glucose가 분해하여 pyruvate가 생기지만, 과격한 근육운동에 의해서 환원되어 유산으로 되고 근육 속에 축적된다. 도살 후의 육류도 곧 glycogen의 분해가 시작되어 유산(乳酸)이 생긴다. 과자 · 청량음료 · 소스 등에는 구연산, 호박산 등과 함께 유산이 산미제(酸味劑)로 쓰여진다.

유산균 乳酸菌 lactobacillus 당류를 발효하여 다량의 유산을 생성하는 세균을 유산균이라고 총칭한다. 버터 · 치즈 · 사일리지 · 주정음료 등의 제조에 널리 이용된다. 그 대표적인 것은 다음과 같다.

① 스트렙토코쿠스 락티스(*Streptococcus lactis*) : 연쇄상 유산구균으로 유당을 발효하여 유산을 발생시켜 우유를 산패시킨다. 정상 유산발효를 진행시키며 치즈의 스타터로 사용된다.

② 락토바실러스 불가리커스(*Lactobacillus bulgaricus*) : 통칭 불가리아균이라고 부른다. 유당을 발효하여 유산을 생성하며 요구르트 제조에 사용된다.

③ 락토바실러스 애시도필러스(*Lactobacillus acidophilus*) : 장내 안에서 잘 번식하여 장내의 이상발효를 방지함으로써 이용된다.

④ 락토바실러스 플란타룸(*Lactobacillus plantarum*) : 사일리지, 김치류 등의 유산발효에 관계하는 유산균이다. 정상 유산발효를 진행시킨다.

⑤ 락토바실러스 델브류키(*Lactobacillus delbruekii*) : 유당은 발효시키지 않지만 포도당에서 정상 유산발효로 95% 이상의 수량으로 유산을 산출하므로 공업적으로 유산을 제조하는 데 쓰인다.

⑥ 류코노스톡 메센테로이데스(*Leuconostoc mesenteroides*) : 연쇄상구균으로 이상 유산발효균에 속하며, 당류에서 40～50%의 유산을 생산한다. 인공혈장으로서 덱스트란 제조에 이 균이 이용된다.

유산발효 乳酸醱酵 lactic acid fermentation 유산균(*Lactobacillus, Streptococcus, Pediococcus, Leuconostoc*)에 의한 발효인데 글루코오스와 같은 당에서 유산을 생산하는 것이다. 유산발효에는 소비한 당의 전부를 유산으로 변환하는 '호모발효'와 당을 발효해서 유산뿐만 아니라 탄산가스 · 에타놀 · 초산 등을 동시에 생성해 내는 '헤테로발효'가 있다. 유산발효는 식품 분야에서 많이 이용되고 있지만 사료관계에서는 다즙질 사료의 저장법으로서 이용되고 있다. 청예사료 등을 사일로에 채워 넣으면 유산균은 가용성 당과 발효온도에 의해 대단히 짧은 시간에 유산을 생성하고, 이들 유기산에 의해서 사료의 pH는 저하된다. 그 결과 낙산균은 억제되고, 다즙질 사료일지라도 보존이 된다. 유산발효를 좋게 되도록 하기 위해서는 이용되기 쉬운 탄수화물이 충분히 들어 있어야 하며, 여린 목초나 두과목초에 이용되기 쉬운 탄수화물을 첨가하면 좋다.

유산율 流産率 rate of abortion 유산의 발생 두수와 수태를 확인한 두수의 백분비를 말한다. 이 수치에 의해 유산의 발생상황을 알 수 있는데, 임신 초기의 유산은 발견하지 못하는 수가 많으므로 주의할 필요가 있다.

유석 乳石 milk stone 우유를 60℃ 이상으로 가열한 경우에 생성하는 Ca와 Mg의 인산염류와 단백질 등의 앙금이다.

유숙기 幼熟期 milk stage 종자의 형태가 거의 완전하게 갖추어졌으나 내부 물질이 아직 유연하여 덜 익은 종자에서 우유 같은 액체가 나오는 여물지 않는 시기이다. 수잉기 이후의 시기로서 종실형성 초기, 열매가 맺기 시작하는 시기, 개화 후 종피가 형성되는 시기, 수잉기 이후의 시기, 종실 발육시기, 종실 형성기 등이 이에 해당하는 시기로서 종피 내용물이 매우 부드러운 상태에 있는 시기를 말한다.

유실류 油實類 oil seed 면실, 아마인, 채종씨, 해바라기 및 참깨 같은 유지함량이 많은 주로 채유원료로서 사용되는 것을 뜻한다. 넓은 의미로는 콩·땅콩 등도 유실류에 포함되지만, 보통 이런 것은 두류로서 구별하고 있다. 유실류는 일반적으로 단백질 및 지방이 많아 그대로도 사료로 이용되는 경우가 있지만 이것보다 채유한 뒤에 나온 유박류가 주로 단백질사료로서 이용되고 있다. 또 유실류에서 채유한 유지는 식용 또는 공업용으로 이용되지만 일부는 사료용으로 이용되는 것도 있다.

유열 乳熱 milk fever 젖소가 분만을 한 직후부터 72시간에 발생하기 쉬운 경련과 실신의 증상을 말한다.

① 원인 : 초유시의 완전착유, 지나친 착유에 의한 Ca의 과다 분출에 따라 혈중 농도가 감소하고 자극에 따른 부갑상선 기능의 장애가 원인이 된다.
② 증상 : 경련에 이은 중증의 혼수나 실신증상, 체온저하를 가져오는 한편 허리가 어깨위로 기우는 외에 기립불능 등의 증상으로 나타난다.
③ 치료 : 유방송풍법(乳房送風法 ; 유두를 통하여 고무관으로 청정한 공기를 충만시키는 방법), 글루콘산 칼슘액 200 ㎖의 정맥주사, 초산 코티존 500 mg의 근육내 주사, 프레드니솔론 또는 덱사메사존제의 피하 또는 근육주사를 실시한다.
④ 예방 : 분만 직후의 완전착유를 피해야 된다.

유육 겸용종 乳肉兼用種 milk and meat type of cow 우유와 고기를 같은 정도의 비중으로 이용할 수 있는 소의 품종을 뜻한다. 유용종에서도 숫송아지 대부분과 노폐우는 육용으로 이용하는데, 일반적으로 유용종은 산육성과 육질이 떨어진다. 한편 육용종에서도 어느 정도의 우유 이용이 가능한 경우도 있지만 보통 산유능력이 낮으며 착유를 하지 않는다. 유육 겸용종은 두 가지 능력 모두 양자의 중간에 속하는 것이며, 자급형 농업에 알맞고 우유와 쇠고기 가격 변동에 대체하기 쉬운 이점을 지니고 있다. 영국이 원산인 데본·레드폴종 등이 이에 속하며, 유용단각종(乳用短角種)도 이에 포함시키는 경우가 많다. 또한 브라운 스위스, 시멘탈종은 원산지에서 유·육·역 세 가지 겸용이지만 역용이 적어진 현재는 유육 겸용종으로 고려하고 있다.

유의차 有意差 significant difference 통계적인 견지에서 의미가 있는 차를 말한다.

A・B 두 종류의 사료를 몇 마리씩 또는 수군씩의 가축에 급여해서 그 성적을 비교하는 경우 각각의 평균치의 차가 문제가 된다. A・B가 같은 사료인 경우 그 차는 우연에 의한 것이고, 의미가 있는 차라고는 할 수 없지만 우연에 의한 차가 있는 이상 대단히 큰 차가 된다는 것은 드물다. 따라서 시험의 결과 어떤 크기 이상의 대차가 얻어졌다고 하면 이것은 우연에 의한 것이 아니고 의미가 있는 차, 결국 사료의 상위에 의한 차가 있다는 것을 판단한다.

유잔황체 遺殘黃體 retained corpus luteum　자궁 안에 이물(고름, 점액, 수양액, 태)이 잔류하면 연속자극으로 황체가 퇴화하지 않고 존속하는 것을 유잔황체라고 불린다. 이 결과 난포의 발육이 억제되어 발정이 정지하고 불임의 원인이 된다.

유전공학식품 genetically engineered food, bioengineere food　동・식물로부터 유전인자를 보유한 DNA를 추출해서 다른 동・식물에 주입하여 모양, 조직, 기능, 고품질 향기 또는 질병에 강한 품종을 만들어 얻는 식품을 말한다.

유전자 발현 gene expression　DNA의 특정 부위가 활성화됨으로써 유전정보의 표현이 활성화되거나 억제되는 것을 말한다.

유제품 乳製品 dairy products　우유는 시유(市乳)로서 직접 음용으로 제공되는 것 이외에 각종의 유제품으로 가공된다. 우리나라에서는 그 중에서 탈지분유의 생산량이 제일 많고, 기타 조정분유, 치즈, 버터, 가당연유, 전지분유의 순서로 생산되고 있다. 가격관계에서 학교급식용 및 송아지의 사료용 같은 탈지분유 이외에 우유카제인, 치즈, 버터 같은 유제품이 수입되고 있다.

유지 油脂 oil and fat　중성지방의 유지, 글리세리드(glyceride) 또는 단순히 지방이라 불려진다. 유지는 글리세롤 1분자와 지방산 3분자가 결합한 것이고, 지방산의 종류나 성질에 따라서 그 성질과 영양가가 다르다. 상온에서 고체의 것을 지방(fat), 액상의 것을 기름(oil)이라 한다. 일반적으로 버터는 저급지방산을 많이 함유하고 있는 어유는 고급불포화지방산을 많이 함유하고 있다.

유지를 위한 정미에너지 維持正味 net energy for maintenance(NEm)　동물이 에너지 균형상태에 있을 때 소요되는 에너지를 뜻하며, 동물이 에너지의 균형상태에 있게 되면 체중의 증감이 없게 된다. 유지를 위한 에너지 요구량은 동일 체중이라도 생산의 여부에 따라서 달라지게 되는데, 이는 호르몬의 분비량 또는 자율활동 증가의 차이에 기인한다. 이러한 차이는 유지 요구량의 차이를 가져오기도 하지만, 실제로는 생산을 위한 요구량에 영향을 미치는 것이다.

유지방 乳脂肪 milk fat　우유 중에는 3～5%(평균 3.5%)의 지방이 함유되어 있다. 비중 0.931, 융점 31～36℃로 미세한 구상을 이루며 이멀션(emulsion)의 형태로 존재한다. 지방구는 피막 단백질로 둘러싸였으며 그 표면에는 인지질 또는 카제인의 일부도 흡착되어 있다. 에테르, 아세톤, 클로로폼에 잘 녹지 않는다. 우유지방은 체지방과 달리 저급지방산을 많이 포함하는 것이 특징이며, 그 성분은 계절·사료지방·유기·착유시간에 의해 영향을 받는다. 유지방은 주로 에너지원으로서 역할을 하며 유(乳) 총열량(59 cal/100 g)의 약 50%를 차지한다. 저급지방산 함량이 높고 입자가 미세하기 때문에 소화가 양호하다. 인유(人乳)와 비교하여 낙산(酪酸)이 많으며 고급불포화지방산이 적다.

반추동물의 유선에서의 유지방 지방산 합성은 C18까지 초산 및 히드록시 낙산으로 이루어지고 그 이상의 고급지방산은 사료지방에 유래하며 또한 일부 지방산은 혈당에서 합성되는 것으로 믿어지고 있다. 유지방은 비유기간 중 변화하며 비유 초기 및 비유 말기에 높고, 비유 최성기에 낮다. 비유량과는 -0.2～-0.3의 부(負)의 상관이 있으며 무지고형분, 유단백질과는 +0.5～+0.9의 정(正)의 상관이 있다. 변이계수는 12～13%로 무지고형분, 유단백질의 2배 이상이다. 유즙을 착유개시부터 4단계로 구분하면 1구간 1.60%, 2구간 3.20%, 3구간 4.10%, 4구간 8.10%로서 착유 종료기의 유지방이 높다. 유지방은 사료의 영향을 많이 받으며 지방을 급여하면 일시적으로 상승한다. 또한 제 1위의 저급지방산이 유지방의 주된 전구물질이며, 이 생성된 상태에 의해 유지율이 변화한다.

유지방보정유 乳脂肪補正乳 fat corrected milk(FCM) 젖소의 비유능력을 나타내는 경우라든지 사료에너지의 이용효율을 비교하는 경우에 생산된 우유의 열량, 지방량을 가미한 유량의 표시가 필요하게 된다. 이와 같이 유지율에 의해서 에너지가를 수정한 유량의 단위를 유지보정유 또는 FCM이라고 한다. 이것은 1928년에 게인스(Gaines) 씨의 제안에 의한 것인데, 지방률이 4.0%인 우유를 표준으로 해서 계산된다. 즉 M을 유량(kg), F를 지방량(kg)이라고 하면 유지보정유는 0.4M+15F로서 표시된다. 이 식은 우유의 조성이 정상인 경우에 에너지가와 비교적 잘 일치하지만 유지율이 낮고 무지고형물이 많은 우유에서는 적합하지 않는 결점이 있다. 예를 들면 유지율 3%인 우유 200 kg을 FCM으로 환산하면 170 kg이다.

$$\mathrm{FCM} = 0.4\mathrm{M} + 15\mathrm{F} = 0.4 \times 200 + 15(200 \times \frac{3}{100}) = 80 + 90 = 170\ \mathrm{kg}$$

유지방은 유량과 함께 비유능력의 지표로서 중요시되고 있다. 유지방은 소의 품종에 따라 다르며 홀스타인 3.4%, 에어셔 4.0%, 건지 4.95%, 저지 5.37%이다.

유지사료 維持飼料 maintenance ration 가축이 안정상태로 건강을 유지하고 체중을 일정하게 보존하고 있는 것을 유지(maintenance)라고 한다. 유지에 필요로 하는 영양소 요구량은 각각의 생물학적 반응에 대해서 이론상 필요로 하는 최소량에 다소의 안전율을 예상한 수치가 제시되어 있고, 그에 상응한 영양소를 보급할 수 있는 사료를 유지사료라고 한다. 또 가축에 따라서의 생산물을 얻기 위해서 생산량에 비례해서 급여할 필요가 있는 영양소를 함유하는 사료를 생산사료(feed for production)라고 한다.

유지율 乳脂率 milk fat percentage 유즙의 지방함량을 백분율로 표시한 것을 유지율이라고 한다. 현재 우리나라에서의 유지율은 우유가격의 기준이 되므로 우유성분 중에서 실용상 가장 중요시되고 있다. 유지율은 소의 품종, 개체, 아침에 짠 우유(朝乳)와 저녁에 짠 우유(夕乳), 착유간격, 비유기 및 사양방법 등에 따라 다르다. 홀스타인종의 유지율은 3.4~3.5% 정도의 것이 많지만 건지종이나 저지종은 5% 이상으로서 매우 높다. 보통 유량이 증가함에 따라서 유지율은 감소하는 경향이 있지만 우유지방의 함량과 무지고형물의 함량에는 명확한 비례적인 관계는 없다. 유지율의 측정은 겔베르방법 또는 밥콕방법 등에 의한다. 또 돈유(豚乳)의 유지율은 우유보다 높고 면양유 또한 매우 높다.

유지종자 油脂種子 oil seed 면실・깨・낙화생・해바라기씨・대두(大豆) 등 유지의 원료로 재배되고 있다. 유지를 추출한 나머지는 중요한 단백질원이며, 이른바 seed cake 또는 oil cake이라고 한다.

유청 乳淸 whey 우유에서 casein과 지방의 대부분이 제거된 후의 나머지(치즈제조에서와 같이)를 말한다. 약 1%의 단백질(락토알부민, 락토글로불린), 유당, 수용성 비타민, 무기물을 함유한다. 또 92%는 수분이지만 어느 정도 식품적인 가치는 있다. Whey 치즈는 단백질의 가열응고로 만들어지며, whey 버터는 소량의 지방(0.25%)으로 만들어진다. 건조 whey는 프로세스 치즈(process cheese)에 첨가된다. 대부분의 whey는 액체의 형태로서 돼지사료에 쓰인다.

유청발효즙액 乳淸醱酵汁液 whey fermentation solubles 유청을 발효시킬 때 생산되는 가용성 물질과 유청의 혼합물을 뜻한다.

유청알부민 whey albumin 유청단백질 중의 한 가지이다.

유추 幼雛 chick 부화 후 6주령 정도까지의 어린병아리를 유추라고 한다. 유추의 사양에는 보온설비가 있는 육추(育雛) 배터리가 널리 쓰이고 있다. 보온은 부화 후 3주간 정도로서 좋지만 겨울에는 특히 보온이 중요하다. 육추기의 온도는 부화 후 1주간은 35℃ (95°F) 전후로 하고, 그 뒤부터는 서서히 낮게 해 주는 것이 좋다. 또 보온과 동시에 충분한 환기를 해 줄 필요가 있다. 유추에는 CP-ME(조단백질-대사에너지)가 20-2850 kcal/kg 정도의 사료로서 이것을 입도가 직경 1mm 정도의 매쉬(mash)로 해서 부화 후 2일째부터 자유 섭취시킨다. → 어린병아리.

유치 乳齒 deciduous teeth 유아의 치아이며, 생의 초기에 빠지고 영구치로 교체된다.

유카 추출물(抽出物) yucca extract 열대성 식물인 Yucca schidigera의 추출물로서 사료에 첨가시 암모니아 발생을 줄임으로써 축사의 환경을 개선한다. 유카추출물 중 수용성 부분이 장내에서 암모니아성 질소를 결합하는 능력이 높은 것으로 보고되고 있다.

유통사료 流通飼料 commercial feed 가축과 가금에 영양소를 공급하는 것을 목적으로 판매되는 사료를 뜻하는데, 목초와 같은 조사료가 주체인 자급사료와 비교해서 용적이 작고, 조섬유 함량이 적고, 가소화영양소가 많으며, 통상 유통 거래되고 있는 농후사료가 주로 해당된다. 그러나 조사료 중에서도 성형건초와 같이 유통되는 것이 있고 단순히 사료의 종류에서 보면 명확히 분류하기 어렵다. 미국 사료검사관협회(AAFCO)가 규정하고 있는 유통사료(시판사료라고도 한다)는 다음의 3가지의 것을 제외하고 있다.

① 미배합, 미처리의 전립의 종자
② 다른 재료와 혼합하지 않은 미분쇄의 건초, 짚류, 줄기, 사일리지, 까락, 가죽, 껍질
③ 다른 물질과 혼합하지 않은 개개의 화학약품

유폐사육식 우사 free stall confinement 이 방식은 모든 시설을 과학적으로 허용하는 최소 공간에 옥내시설을 한 것으로서 완전 유폐식일 경우 젖소는 평생을 실내에서 생활하게 된다. 개방우상식 우사는 모두 별도의 착유실이 필요하며, 시설비가 다소 들더라도 생산효율과 관리능력이 우수하기 때문에 대규모(60두 이상)일 경우 바람직하다.

유화제 乳化劑 emulsifier, emulsifying agent 자연산 또는 합성제로서 유화시키기 위해서 식품에 첨가하는 식품첨가제이다. Glycerol monostearate, mono-와 diglyceride, gum, 난황, 알부민, alginate, 레시틴 등이 일반적으로 사용하는 유화제이다. 이들을 사용할 때 나타내는 이점은 ① 균질성을 나타내고, ② 지방을 보다 경제적으로 이용할 수 있고, ③ 용량의 균일성, ④ 품질의 향상 등을 가져올 수 있다.

유황 sulfur(S) 유황의 대부분은 함유황아미노산인 methionine과 cysteine 그리고 taurine의 구성성분으로서 체내의 단백질 중에 존재하고 있다. 또한 mucopolysaccharide와 sulfolipid의 구조 성분이기도 하다. 돼지나 닭에 대한 유황의 공급은 아미노산의 형태라면 유효하지만 유리의 유황이라든지 무기태의 것은 단백질합성에 있어서 거의 모두 효과를 인정할 수 없다. 단지 소와 같은 반추위내 미생물에 의해서 각종의 유황원으로부터 함유황아미노산의 합성이 가능하므로 무기태의 것도 효과가 있다.

유효영양소 有效營養素 available nutrient 화학실험에서 입증된 사료 중의 영양소라도 동물에게 이용되는 경우가 있고, 그 일부만이 이용되는 일이 있다. 예를 들면 phytin과 결합된 칼슘, 당과 maillard 반응으로 결합된 리신(lysine) 등은 소화효소로서 유리(遊離)되지 않으므로 이용되지 않는다.

유효온도 有效溫度 effective temperature 작물의 생장 및 생육에 효과적으로 작용하는 온도 범위를 뜻하는데 작물의 종류, 생육단계, 생리작용의 종류 등에 따라서 달라진다.

유효 인 有效燐 available phosphorus 사료 중의 인(燐) 가운데 가축에 의해서 이용되는 부분을 유효 인이라 한다. 무기태 및 동물성 인의 많은 것은 이용률이 높지만 식물성 인의 이용률은 사료의 종류에 따라서 현저히 다르고 잘 이용되는 것, 거의 이용되지 않는 것이 있다. 병아리의 경골이나 지(趾)의 회분함량을 측정해서 표준의 무기태인을 급여한 처리구의 회분함량과 대비해서 인의 이용률을 측정하는 방법이 있다. 자료의 해석은 경사비법에 따른 것으로서 결과의 신뢰성, 재현성이 높다.

유효 조사료 有效粗飼料 effective forage 조사료의 절단 길이, 비중, 섬유의 종류,

반추위내 분해속도 등을 고려할 때 반추가축에게 조사료로서 유효한 것을 가리킨다.

육계의 분류 clasiffication of meat chicken broiler 우리나라에서 유통되고 있는 육계의 종류를 보면 다음과 같다.

① 하이브로(highbro) : 미국에서 사육되고 있는 broiler와 동일한 것으로 6～7주에 2～2.5 kg 정도이며, 고기는 연하고 뼈는 굳지 않다. 암수 구별 없이 시판되고 있으며, 주로 통닭구이용으로 많이 소비된다.

② 세미브로(semibro) : 겸용종의 암탉에 육용종 수탉을 교배하여 생산된 병아리로서 8주시에 1.5 kg 내외가 되고 highbro보다 살붙임이 빈약하다. 통닭구이와 삼계탕용으로 소비된다.

③ 산란 노폐계(old layer) : 산란계가 경제적인 연령이 지나고 채산성이 맞지 않을 때 갱신키 위해서 출하하는 닭인데 식용닭의 1/3～1/4 정도 점유한다. 양계농가에서는 전용 육용계의 1/4 정도 가격으로 출하하나 소비자들의 상품지식이 없기 때문에 동일한 가격으로 구매하여 식탁에 오르지만 고기질이 질기고 맛이 없다.

육골분 肉骨粉 meat and bone meal 도축장이나 육가공장에서 나오는 뼈가 붙은 육편 등을 가압증기 처리한 후 압착해서 기름을 제거하고 고형분을 건조해서 분쇄한 것이다. 이것은 단백질을 약 50% 함유하고 그 품질도 양호하다. 또 무기물의 함량이 많고 칼슘(Ca)은 10% 이상, 인(P)은 약 5% 함유되어 있다. 미국의 규격에는 인함량 4.4% 이상으로 규정하고 있다. 이것은 미국 등지에서는 대량으로 생산되고 있고, 특히 닭·돼지사료의 동물성 단백질원 및 인(P)의 공급원으로서 사용되고 있다.

육돈 肉豚 pork pig, growing fattening pig 육생산을 목적으로 해서 사육된 돼지를 육돈 또는 비육돈이라 한다. 육돈은 살코기의 이용법에 따라 3종의 체형으로 대별될 수 있다. 베이컨 타입(bacon type)은 양질의 베이컨을 생산하고 살코기의 수율도 크다. 라드 타입(lard type)은 비교적 소형이고 단기 비육에 알맞다. 그러나 지방의 축적량이 많아서 살코기의 수율도 적다. 미트 타입(meat type)은 생육의 이용에 알맞은 품종인데 먼저 말한 2종의 체형의 중간형에 속한다. 육돈은 생후～5～6개월, 체중 100～110 kg 정도에서 완성시키는 것이 보통이다. 수돼지는 이유시에 거세해서 육성하는데 이것을 거세돈(barrow, hog)이라 한다.

육류의 저장(냉장과 냉동) meat storage 육류 저장에 가장 널리 응용되는 방법은 냉장과 냉동이다. 냉각처리에 의해 육류의 빙결점 -1.7℃보다 약간 높은 0～1℃로 유지한 것을 냉장육, 그보다 훨씬 낮은 -18～-23℃로 냉각한 것을 냉동육이라고 한다. 냉동할 경우 -1℃까지는 육류의 온도가 강하고 비교적 급속하지만, 최대 빙결정 형성대(-1～-5℃)에서는 육류의 수분 중 80%가 빙결하여 그 잠재적인 열 때문에 강하속도가 현저히 완만해진다. 이때 얼음 결정이 크게 되어 물리적으로 육질이 손상된다.

최근 송풍동결법, 콘택트동결법, 2차냉매액 동결법 등 효율적인 냉각법이 실용화되어 -30～-40℃에서 위의 온도범위까지 급속히 통과시켜 얼음 결정이 크게 되는 것을 억제함으로써 해동법의 연구와 더불어 양질의 냉동육을 손상시키지 않고 그 표면만을 -2~-5℃로 낮추는 방법이 있는데 이것을 칠드육이라 한다. 저장기간은 냉장육보다 길고 변질은 냉동육보다 덜하다 하여 한때 칠드육이 성행했지만 이 온도 범위는 위의 최대 빙결정 형성대에 상당하며, 또한 단백질의 변성이 가장 심한 온도 범위라는 것이 입증되어 현재는 이용하지 않고 있다.

육분 肉粉 meat meal, meat scrap 도축장이나 육가공장에서 나오는 고기 부스러기를 절단해서 가압증기 처리한 뒤에 압착해서 지방을 제거하고 고형분을 건조, 분쇄한 것이다. 육분은 단백질 함량이 약 70%나 되고 품질도 우수하므로 양질의 단백질사료 대신에 이용될 수 있다. 그러나 육분의 생산량은 극히 적고 육골분(meat and bone meal)이 대량 생산되어 가축사료에 널리 사용되고 있다.

육분(肉粉) **탱키지** meat meal tankage 육분과 유사하나 증기를 사용하는 재래식 습식 제조 공정에 의하여 제조된 것이다. 습식 가공중 생기는 즙액(soup)을 농축시키면 끈적한 물질이 되는데, 이를 건조 전의 육골분에 다시 환원 첨가시킨다.

육성 育成 raising 가축이 태어나서 생산을 하기 위해서 정상적으로 발육할 수 있도록 되기까지의 기간을 육성기간이라고 하고, 성축이 되기까지 기르는 것을 육성이라고 한다. 육성기간 중 어린가축은 급속히 증체하므로 이에 필요한 영양소로서 양질의 단백질, 에너지, 비타민류, 무기물, 특히 인과 칼슘을 풍부히 급여할 필요가 있다. 육성의 초기에는 양질의 사료를 급여하고 설사를 일으키지 않도록 주의해야 한다. 육성기간에 영양소의 부족이나 설사 등으로 발육이 불량한 경우에는 그 뒤의 관리를 잘 하더라도 능력을 충분히 발휘할 수 없으므로 주의하지 않으면 안 된다. 그러나 유전형질에 따라서는 산란과 같이 개체발육에 의한 영향이 별로 없는 것도 있고 오히려 개체의 크기라든지 성성숙(性成熟) 등을 억제한 쪽이 육성 후의 생산과 관리에 있어 성적이 좋은 경우도 있다.

육성률 育成率 viability 가축·가금을 육성하는 경우 질병, 상해 등의 원인에 의해 폐사하든지 또는 도태를 필요로 할 때가 있다. 이 경우 육성 종료시의 마리수와 육성 개시시의 마리수의 비율을 육성률이라고 한다. 가축·가금의 육성에 있어서 육성률을 높게 유지하는 것은 대단히 중요한 일이다. 그러기 위해서는 좋은 환경에서 영양소의 균형이 맞는 사료를 급여할 필요가 있다. 이밖에 소독, 예방접종 및 질병의 예방약 등의 사용도 육성률을 높이는 데 중요하다.

육성 비육우 育成肥肉牛 steer(heifer) fattening 육용우의 비육양식의 일종이다. 한우의 경우 생후 5~6개월에서 이유한 송아지를 육성과 동시에 비육해서 500~550 kg로 완성시키는 방법인데 1일당의 증체량은 0.6~1.0 kg이다. 주로 포유 중에 거세한 소를 사용하지만 유용종일 때는 산유 자질이 나쁜 암송아지도 사용되는 경우도 있다. 또 유용종인 홀스타인종의 숫송아지 또는 거세우를 사용하는 경우에는 이유사료에 의해 조기 이유하고 농후사료를 많이 급여해서 생후 17~18개월령으로 570~600 kg으로 완성한다. 육성비육의 특성은 비육효율이 높고 관리가 용이하며, 지육의 크기와 지육률이 비교적 높다. 결점으로는 비육기간이 길어서 많은 자본을 필요로 하는 것이다.

육용계 肉用鷄 meat breed chicken 고기생산을 목적으로 한 닭의 품종인데, 최근에는 코오니쉬종이 널리 이용되고 있다. 그러나 일반적으로 육용종계는 산란수가 적은 결점이 있으므로 산란수가 많은 품종과의 1대 잡종이 육용닭으로서 이용되는 경우가 많다. 육용종으로서는 코니쉬(Conish)종 외에도 브라머종, 서섹스종, 코친(Cochin)종 등이 있다. → 브로일러(broiler).

육용우 肉用牛 meat type cattle 고기생산을 목적으로 하는 가축은 앞뒤에서 보거나 또는 옆으로 보아도 한결같이 키가 작고 중후한 느낌을 주는 장방형의 체형이 바람직하다. 그러나 젖소의 체형은 육용종의 체형으로서 적합하지 않다.

육우 肉牛 beef cattle 소 가운데서 주로 고기를 생산하는 것을 목적으로 하는 품종이다. 체형은 충실한 장방형을 하고 있는 보통 조숙・조비(早肥)하고 방목에 의한 조사료의 이용성이 탁월하다. 지육률은 60～65% 정도이며, 육우의 원산지는 영국이 많다.

육제품 肉製品 meat products 육제품으로서 가장 많이 생산되고 있는 것은 햄(ham)이지만 근년에 소시지(sausage)의 소비가 급격히 증가되어 햄과 거의 동등한 양으로 생산되고 있다. 베이컨은 아직 수요가 적으며, 통조림 육제품의 소비도 아직은 높지 않다. 부산물로서의 라아드라와 텔로우를 가축사료로서 이용된다. 가공육의 원료는 돼지고기가 대부분이지만 소시지 같은 데에는 특수한 가축의 살코기와 어육을 원료로 한 것도 있다.

육즙 肉汁 meat solubles 가축을 도살한 후 도체와 장기를 뜨거운 물로 탈지시키고, 이때 생기는 액체에서 지방을 분리하고 남은 액상물질을 말한다. 이 액상물질에서 수분을 제거한 것이 건조육즙(乾燥肉汁, dry meat solubles)이다.

육추 育雛 raising chick 병아리를 건강하게 길러서 성장시키는 것을 육추라고 하며 양계의 중요한 기술의 하나이다. 일반적으로 부화 후 3～4주령까지는 보온설비가 있는 육추기(brooder)를 사용한다. 이 육추기는 배터리, 케이지, 평사 등이 있다. 사료는 병아리의 성장단계에 따라서 유추・중추・대추의 사료를 급여한다. 육추를 잘 하자면 육추사(育雛舍)의 환경, 특히 온도조절과 환기를 적절히 하고 더욱이 위생관리에 주의해야 한다.

육축의 수송 肉畜輸送 transfortation of cattle 육축의 수송에는 열차, 트럭 등에 의존하는 방법과 가축 스스로 걸어가도록 하는 수송이 있다. 우리나라에서는 거의 전자에 의한 방법이 이용되고 있는데, 이것은 곧 '생체수송'이라 하여 지육수송과는 구별되고 있다. 장거리 수송에는 동승자가 함께 따라가면서 수송 도중의 가축관리 등 뒷바라지를 하게 된다. 수송중인 가축은 대부분 불안, 공포에 휩싸여 몹시 피로를 느끼게 된다. 특히 체고가 낮은 돼지의 경우 차체의 흔들림에 대한 평형 유지의 노력과 상호간의 투쟁 등으로 많은 에너지를 소모시키므로 소에 비하여 피로가 쌓이며, 이것은 특히 열차편보다 그 흔들림에 심한 트럭수송에서 현저하다. 그러므로 수송 전에 포식시킨 돼지는 폐사하는 일조차 있기 때문에 주의하여야 된다.

또 피로와 함께 체온이 상승하는데, 이것을 곧 도살하면 빛깔이 퇴색한 물기 많은 고기가 된다. 이러한 지육을 수돈(PES)이라고 하며, 상품가치도 현저히 낮다. 이와 같은 고기에는 장내의 세균이 침입하고, 근육의 국부적인 변성 등이 일어나 가공・조리를 하여도 질이 몹시 떨어진다. 이와 같은 폐단을 방지하기 위해서는 수송중 차내의 환기, 도착 후의 안정, 약간의 사료 급여, 냉기욕 또는 냉수욕 등의 방법이 있다.

육탄당 六炭糖 hexose Glucose, fructose, galactose, mannose가 주요 육탄당이다. 모두 6개의 탄소골격을 가진 단당류이다.

육탄당 인산경로 六炭糖燐酸徑路 hexose monophosphate shunt 글루코오스 대사의 항에 기술된 경로 이외의 글루코오스 대사경로이며, 글루코오스가 glucose-6-phosphogluconic acid로 되고, 다음에 pentose phosphate, sedoheptulose-7-phosphate를 거쳐 통상적인 해당경로에 다시 들어간다. 이 경로 중 pentose가 생기기 때문에 5탄당 인산염회로(pentose phosphate cycle)라고도 부른다.

윤환교잡 輪換交雜 rotational crossing 유전적으로 다른 개체・계통・품종 등을 잡종강세를 이용하기 위해 순회적으로 교배하여 집단을 유지하는 방법인데 윤번교배법이라고도 불린다. 십자(十字)교배법은 2계통 또는 2품종 사이에 A×B, 다음에 B를 되돌려 교배(AB×B)하고, 다음에 A를 되돌려 교배(ABB×A)하는 방법이다. 이 방법은 3계통 또는 4계통에는 응용할 수 있다. 일반적으로 육용 돼지(肉豚)에 응용하여 성공한 방법으로서 고기생산을 목적으로 하는 가축에 이용하며, 젖소에서는 근교계수가 높아지는 것을 막기 위해 계통간의 교배는 고려되지만 품종간 교배는 혈통등록 등의 문제로 보통 실시되지 않는다.

윤환방목 輪換放牧 rotational grazing 방목법의 일종으로서, 일반적으로 방목지를 3～8구로 구분하여 초지상태에 따라 차례로 윤환하면서 연간 3～6회의 방목을 되풀이한다. 목구의 면적은 방목 두수, 초지 생산성에 따라 달라지지만 생산량이 연간 4～5 t/10 a에서 5두 정도가 적당하다. 방목일수는 1회 3～10일간이 보통이며, 이것은 물론 초지상태에 따라 조절되어야 한다.

율무 pearl barley 두꺼운 껍질을 둘러싸고 있으므로 섬유질이 많아서 15% 정도나 있다. 조단백질 함량은 8%, 조지방 함량은 약 6%, 가용무질소물은 약 50%이다. 탈각한 것은 조섬유 함량이 적고 사료가치는 비교적 높다. 현재 우리나라에는 그다지 많은 양이 생산되고 있지 않고 있으며, 또 사료로서도 거의 사용되고 있지 않으나 소・돼지의 사료로서 상당히 많이 이용할 수가 있다. 또 탈각한 것은 양계사료로서도 이용될 수 있다. 한편 우리나라에서는 식용으로 율무차와 율무를 건강식이라 하여 높은 가격에 거래되고 있다.

융모 絨毛 villus 소장점막의 일부로서 손가락과 같이 생긴 구조이며, 영양소의 흡수효율을 높이고 점액분비를 촉진한다.

융점 融點 melting point 특정 화학약품의 고유의 수치이며, 불순물이 혼재하면 융점이 저하되기 때문에 특히 순도의 지표로서 중요하다.

은 銀 silver(Ag) 대체로 화학반응에 안정된 금속으로 식품에 별로 사용되지 않는다. 모든 식물과 동물조직에 미량으로 존재하지만 기능은 없고 유독할 정도로 충분히 흡수되지도 않는다.

음고 陰睾 : **잠복정소**(潛伏精巢) cryptorchidism 정소의 음낭내로의 하강(정소 하강)이 여러 원인으로 장애를 받아 하강 도중에 정류하는 것이며, 음고는 정모세포의 발육불량으로 정자를 만들지 못하지만 간세포(間細胞)는 오히려 많아져 교미욕이 왕성하다. 모든 가축에서 음고현상이 왕왕 발생한다.

음문협착 陰門狹窄 vulva contraction 외음부가 지나치게 작아 수컷의 성기를 질에 삽입조차 곤란한 것을 뜻한다. 이와 같은 소는 생식기가 선천적으로 발육이 불량하든가 기형인 경우가 있으므로 도태시켜야 한다.

음용수 飮用水 drinking water 정부에서 관리하는 수원(水源)으로부터 얻은 물로서 여러 가지 처리를 거치며, 사람이 마실 수 있도록 용기에 담아서 공급한다.

음이온(陰～) anion 음전하(negative charge)를 나타내는 이온이다. 염화물(chloride)은 음이온의 한 예이다. 그리고 hydroxyl(OH^-), carbonate (CO_3^-), phosphate(PO_4^-) 등이 음이온에 속한다.

응결점 凝結點 titer 지방의 가수분해 산물인 지방산이 냉각과정 중에 응결이 일어나는 온도이다.

응고 凝固 coagulation 단백질이 불용성으로 되는 과정을 말한다. 열, 강산, 강알칼리, 금속, 기타약품에 의하여 발생되며 변성(變性)이라고도 한다. 단백질의 펩티드 또는 중간의 수소결합이 개입되는 것을 말하는데, 이 과정이 진행하여 불가역적 상태에 달하면 측쇄가 풀어져 서로 당기어 굳어지는 작용을 한다. 그리하여 단백질이 모인 덩어리가 커져서 침전하게 되며, 즉 응고를 일으키게 된다.

응유장력 凝乳張力 curd tension 소화효소의 작용으로 우유에서 만들어진 curd의 강도를 나타내며, 우유의 소화 가능도가 되는 것이다. Rennin으로 응고된 우유에 일정 조건하에 나이프를 통과시키고 잡아 뺄 때의 힘을 그램 단위로 잰 양이다. 이 값은 0이 이상적이나 20 이하이면 좋은 것이다. 예를 들면 우유 46, 우유를 같은 양의 물로 희석한 것 20, 분유에서의 재생유 spray dry 10, roller dry 5, 증발건조 3, 모유 1이다.

응집반응 凝集反應 agglutination, aggregation 세균감염을 받은 동물혈청 중에 응집

소라 불리는 일종의 항체가 출현하여 그 원인이 되는 세균을 특이하게 응집시킨다. 이런 현상을 증명함으로써 질병의 진단이 가능하다. 티푸스·파라티푸스·브루셀라 등의 진단에 널리 이용된다.

의료원성 질환(醫療原性 疾患), **의원성 질환**(醫原性 疾患) iatrogenic disease 의료 또는 병원에서 원인이 되어 일어나는 질병이다.

이기 異嗜 allotriophagy(pica) 소처럼 흙과 같은 사료 이외의 것을 즐겨 먹고 또 혀로 핥은 증상을 이기(異嗜)라고 한다. 원인은 무기물이나 비타민의 결핍 또는 불균형으로 인한 것으로 생각되는데, 소에 있어서 인의 결핍 징후가 이기(異嗜)로 나타난다.

이노시톨 inositol 세포막 구조에 들어 있는 인지질의 일부인 알코올(탄수화물)이다. 미생물과 많은 동물의 필수영양소이며, 비타민의 일종이다. 인체에 대한 필수 여부는 확인되어 있지 않으나 그 결핍증으로선 쥐의 탈모증과 spectacle eye가 있다. 화학구조는 hexahydrocyclohexan$(CHOH)_6$이다. 9개의 입체이성체가 있지만 그 중 메소이노시톨(미오이노시톨)이 가장 대표적이다. 동·식물 조직에는 인지질과 결합해서 널리 분포되어 있으며, 6인산 에스테르는 phytic acid이다. 옛 용어로서 이노시트와 육당(meat sugar)이 있다.

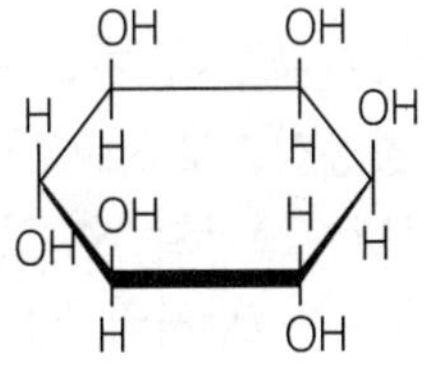

Inositol

이뇨 利尿 diuresis 지나친 뇨량의 증가이며 이는 과다한 음료수, 커피, 알코올 섭취와 신경불안이 원인이다. 이뇨(利尿)라 함은 두 가지 의미가 있다. 하나는 요(尿)량 자체의 증가를 뜻하며, 다른 하나는 용질과 수분이 체내로부터 실질적 손실을 말하기도 한다.

이뇨제 利尿劑 diuretics 요(尿)량 형성을 증대시키는 물질로서, 여기에는 삼투성 이뇨제(osmotic diuretic)·산형성 염(acid forming salts)·수은 이뇨제(mercurial diuretics)·벤조티아디아지드제(benzothiadiaxides)·에타크린산(ethacrynic acid)·호르몬 이뇨제 등이 있으며, 부종(浮腫)을 가진 환축(患畜)에게 부종을 제거하기 위하여 쓰여진다.

이눌린 inulin 프락토오스로 된 다당류의 일종으로서 다알리아구근 또는 돼지감자(jerusalem artichoke) 속에 들어 있는 다당류이며, 탄수화물의 저장형태의 하나이다. 가수분해하면 fructose가 생성된다. 정맥내로 주사하여 신장기능의 시험에 쓰이고 당뇨병 환자의 식사에도 이용된다.

이당류 二糖類 disaccharides, diose, disaccharose 2개의 단당류가 물분자 하나를

잃고 화학적으로 결합된 당류이다. 예를 들면 글루코오스($C_6H_{12}O_6$)와 프락토오스($C_6H_{12}O_6$)가 자당($C_{12}H_{22}O_{11}$)이 된다. 반대로 이당류가 산 또는 효소로 가수분해되면 물 분자가 첨가되어 두 개의 단당류가 생긴다. 다이오스 또는 다이사카로오스라고도 한다.

이 디 티 에이(EDTA) ethylene diamine tetraacetic acid 금속류와 안정한 착염을 만드므로 금속 은폐제(隱蔽劑) 또는 chelate제라고도 한다(Versene이라는 상표도 있다). 식품의 변질 원인이 되는 미량금속 불순물을 은폐하든가 특별한 세균의 번식을 방지하기 위해 식품에 첨가하기도 하는데 허용량은 500 ppm이다. 영국에서는 허가되지 않고 있다. 바타민 C의 산화는 Cu를 은폐함으로써 억제할 수가 있다. 통조림 과실의 off-flavor, asparagus, cauliflower, 감자제품 등의 흑변이나 수산물 통조림의 struvite 형성도 EDTA의 첨가로 억제시킬 수 있다.

이론 theory 어떤 현상을 설명하는 이론으로서 그 설명을 지지하는 수많은 증거를 가진다.

이류교배 異類交配 disassortative mating 이계교배(異系交配)라고도 하는데, 속이 다른 것끼리의 교배를 뜻한다. 예를 들면 말과 나귀, 소와 물소 간의 교배 등이다. 이러한 교배에 의해서 생산된 동물은 번식력을 발휘하지 못한다.

이물 異物 adulterant 사료에는 그 품질이 저하되는 이물을 혼입하여서는 안 된다. 여기서 이물이라는 것은 동물에게 영양적으로 가치가 없는 것, 또는 유해작용을 끼치는 것이며, 일반적인 개념으로는 사료로서 생각할 수 없는 것 등을 뜻한다. 예를 들면 흙, 모래, 톱밥, 왕겨분말, 합성수지나 포르마린 처리물질 등, 그리고 유독성분이 함유된 피마자, 깻묵 등도 이물이라고 한다. 다만 사료의 품질을 보존하기 위한 특정한 목적을 가지고 첨가하는 항산화제, pellet 접착제 등은 이물에 속하지 않는다.

이삭(식물) head(plant)

① 식물의 종실이나 알곡을 포함하는 부분(해바라기는 제외)
② 양배추의 지상부, 일반적으로 외엽을 포함한다.

이산화질소 중독 二酸化窒素中毒 poisoning by nitrogen dioxide 이산화질소는 22℃ 이하에서는 N_2O_4의 형을 가진다. 무색이고 불쾌한 냄새를 내며 유독하다. 156℃에서는 모두 NO_2의 형태가 되는데 그 중간의 온도에서는 이 두 개가 혼합된 것으로 되어 있다. 이것은 사일리지를 제조할 경우에 발생하기 쉽고, 이러한 질소로 충만된 사일로에 들어갈 때 질식사 할 수도 있기 때문에 주의해야 한다. 사일로 속에는 이 밖에 CO_2가 충만할 때도 있기 때문에 들어갈 경우에는 충분히 환기를 시키고 필요하면 등불을 들고 가는 등 조심해야 한다.

이삼산화철 二三酸化鐵 armenian bole 산화제 1철(Fe_2O_3)인데, 적철광으로서 자연계에 존재한다. 황산제 1철 등을 가열해서 만들기도 한다. 야금, 연마제, 페인트, 안료, 식품

색소로 사용된다.

이상감각증 paresthesia 작열감, 찌르는 듯한 느낌, 무감각과 같은 비정상적인 감각이다.

이상단백질 理想蛋白質 ideal protein 필수아미노산의 요구량을 lysine 요구량 기준(100)으로 하여 비례적으로 결정해 놓은 것이다. 성장에 있어서 어떤 필수아미노산의 요구량은 사료내 다른 아미노산들과 일정한 비율을 유지한다는 개념하에 처음에는 근육을 분석하여 조성아미노산 비율을 정하는 기준으로 하였으나, 성장단계에 따라 일부 아미노산은 상대적 요구량에 차이가 있음이 밝혀졌다.

이상란 異常卵 abnormal egg 난황이나 난백에 질적으로 변화가 일어난 달걀로서 기형란(奇形卵), 연란(軟卵), 소란(小卵) 등도 이상란이라고 한다. 식물성 유박 중에서 면실박과 같은 것을 다량 급여하면 그 달걀은 저장 중에 내용물이 올리브색 또는 흑갈색으로 변하든지, 다시 난황이 스폰지 형상으로 경화하는 것도 있다. 이 원인은 유지 중에 함유된 사이클로프로펜 지방산(cyclopropenoid fatty acid)이며, 이것은 쟈바올리브유, 카폭크유 및 면실유 등에 함유되어 있다. 그러나 면실유 중의 유해지방산 함량은 2%이므로 충분히 지방을 제거한 면실박이라면 실용상 문제는 없다. 이상란은 상품가치는 물론 부화율도 현저히 떨어진다.

이상유 異常乳 abnormal milk 알코올 테스트에서 양성을 나타내기 때문에 2등유로 취급되는 이상유는 오래 되어 산도가 높아져 응고되는 것과 신선유로서 산도는 정상이지만 양성을 나타내는 것이 있다. 후자를 저산도 이상유 또는 저산도 2등유라고 한다. 저산도 2등유도 유방염에서 유래하는 것과 그 이외의 원인에 의한 것 등 두 가지로 구별된다. 후자의 원인에 대해서는 비타민류의 부족, 산혈증, 잠재 질병, 운동 부족, 미량성분과 칼슘 등의 부족, 인 과잉, 카제인의 결합수 함량 등으로 고려되고 있지만 분명하지는 않다. 따라서 후자의 원인에서 오는 2등유의 예방법은 현재로는 확실한 것이 없다.

이상지혈증 dyslipidemia 혈액내 중성지방, LDL 또는 HDL 같은 여러 지질이 현저하게 높은 증상이다.

이성체 異性體 isomer 분자식은 동일한데 성질이 다른 화합물을 이성체라고 한다. 이성체는 연쇄이성체, 위치이성체, 기하이성체, 광학이성체로 분류된다. 이들 중 영양상 가장 중요한 것은 광학이성체(optical isomer)이다. 이것은 편광면을 회전하는 방향에 따라서 d형(우족)과 l형(좌족)으로 분류되지만 지금은 기준 물질의 구조와의 관계에 의해서 D형과 L형으로 명명되어 있다. 천연의 아미노산은 모두 다 L형이지만 합성한 아미노산은 D와 L를 혼합한 DL형이다. D형의 아미노산에는 영양적으로는 전혀 가치가 없는 것도 있다.

이소류신 isoleucine(Ile, I) 류신과 유사한 구조와 기능으로 대사되는 필수아미노산으로서 모노아미노모노카르복시산에 속한다. 카제인과 대두박 등에 많이 함유되어 있다.

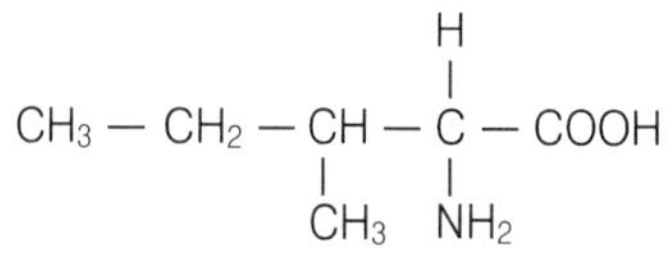

Isoleucine

이소리보플라빈 isoriboflavin　리보플라빈의 2개의 메틸기가 7, 8위에 있는 대신 6, 7위에 있는 물질이며, 비타민과 길항적(拮抗的)으로 작용하며 발육을 저해한다.

이소아스코르브산(酸) isoascorbic acid　에리토르빈산(erythorbic acid)이라고도 한다. 아스코르브산의 기하이성체이며 비타민 C 활성은 아주 적다.

이소자임 isozyme　이소엔자임(isoenzymes)이라고도 한다. 분자구조는 다르지만 같은 생물활성을 가진 몇 개의 상이한 효소를 뜻한다. 예로서 조직의 유산(乳酸) 탈수소효소에는 적어도 5개의 이소자임이 있다. 여러 가지 생물분자를 합성하는 데 중요한 5탄소 단위 화합물이다.

이소프렌 isoprene　터펜류 또는 카로티노이드류의 구조 일부를 형성하는 단위이다.

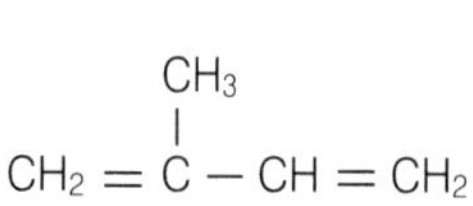

Isoprene

이스클린 aesculin, escalin　배당체(dihydroxy cumarin 배당체)의 일종이다. 밤(栗) 속에 들어 있으며, 비타민 P의 활성이 있다. 특히 햇빛에 타는 것(sun burn)을 방지하기 위해 사용한다.

이식증 異食症 pica　흙 · 모래 · 진흙 · 종이 등에 대한 이상식욕을 말한다. 대체로 빈혈증이 있을 때 볼 수 있는 증상이다.

이온 ion　전기를 띠고 있는 원자(atom) 또는 한 개 또는 그 이상의 전자(electron)가 상실되거나 보충된 상태의 원자이다. 양이온(cation)은 양전기(예 Na^+)를 띠고, 음이온(anion)은 음전기를 띈다. 염, 산 및 염기가 물에 용해되어 형성된다.

이온교환수지(交換樹脂) ion exchange resin　퍼어무팃(permutit), 앰버라이트(amberlite), 다우엑스(dowex) 등 여러 수지가 있으며, 일정한 조건에서 이온을 흡착하였다가 다른 조건에서 이것을 분리하는 성질이 있다. 가장 잘 알려진 예로는 물의 연화이며, 수지는 우선 경수로부터 Ca^{++}을 흡착하여 물을 연화한다. 흡착된 Ca^{++}은 염의 첨가에 의하여 수지에서 제거되어 수지는 재생된다. 이온교환수지는 화학물질의 정제, 금속의 회수와 분석에 사용된다.

이온화 ionization 염화나트륨을 물에 용해하면 NaCl은 양전하인 Na^+이온과 부전하인 Cl^-이온으로 해리(解離)한다. 염은 쉽게 이온화되지만 많은 유기화합물은 이온화되지 않는다. 산의 이온화의 정도를 측정하면 그 산의 강도를 알 수 있다. 이온화방사란 X선 또는 감마선에 의하여 공기·물 등을 이온화하는 것을 뜻한다.

이완기혈압 diastolic blood pessure 심장박동으로 인한 동맥혈관의 이완기 압력이다.

이용가능 탄수화물 利用可能 炭水化物 available carbohydrate 사료 중의 탄수화물의 어떤 것은 단위동물에서는 소화되지 않는데 이것들을 이용불능 탄소화물(셀룰로오스 등)이라고 한다. 덱스트린·전분·당류 등은 이용 가능한 탄소화물이다.

이용불능 탄수화물 利用不能 炭水化物 unavailable carbohydrate 펜토산·펙틴·헤미셀룰로오스·셀룰로오스 등 단위동물에서는 소화되지 않지만 반추동물에서는 소화되는 것을 뜻한다. → 구조탄수화물.

이원배치법 二元配置法 two-way layout 두 종류의 인자를 동시에 집어 올려서 각각의 수준을 바꾸어 조합한 시험구에 대하여 실시하는 실험계획법이다. 예를 들면 사료의 에너지 함량과 단백질 함량을 인자로 사용하여 에너지에 대해서는 3단계, 단백질에 대해서는 2단계로 해서 조합한 합계 6종류의 사료에 대해서 실험하는 방법이 2원배치법의 예이다. 이 경우 인자의 수준 수를 조합해서 3×2형 실험계획이라고 하기도 한다. 각 사료마다 수구씩 할당하는 경우에 반복이 있는 2원배치법이라 한다. 1원배치법의 경우와 같이 집어낸 요인의 조건 이외는 모두가 동일한 조건이고 서로 독립해서 사육할 필요가 있으며, 이 조건에 벗어난 부분은 모두가 오차로 되어서 정밀도가 떨어진다.

이유 離乳 weaning 어린가축을 어미젖으로부터 떼어서 모유나 탈지유, 대용유 등을 급여하지 않고 육성하기 시작하는 것을 이유(離乳)라고 한다. 이유의 시기는 젖소는 생후 2개월, 한우는 생후 4개월, 돼지는 3~4주, 면양은 3개월 정도로 보고 있다. 그러나 이유는 자축(仔畜)이 모유 이외의 동·식물 사료에서 발육에 필요한 영양소를 섭취 이용될 수 있도록 되는 것을 뜻하며, 최근에는 영양학의 진보와 더불어 조기이유(early weaning)가 가능하게 되었다. 우리나라에 있어서는 동·식물성 사료를 주체로 하는 젖먹이사료(離乳飼料)를 사용함으로써 자돈(仔豚)은 생후 3~4주, 송아지는 생후 6~7주 정도로서 완전히 이용될 수 있도록 되었다.

이유식 離乳食 creep feed, prestarter 어린동물에서 모유에 대한 보충을 목적으로 하거나 또는 젖 뗀 후의 영양공급을 위해 제공하는 사료이다. → 입질사료.

이중 맹검연구 double-blind study 연구에 참여하는 사람이나 연구자 모두 개인이 속한 군(실험군과 위약군)이나 연구 결과에 대해 실험 종료 시까지 알지 못하는 실험 설계. 실험 종료 시까지 독립적인 제 3자가 자료를 보관한다.

2차 발효 二次醱酵 secondary fermentation 사일로를 개봉한 뒤에 사일리지가 호기상태에 노출 또는 접촉되어 효모 및 곰팡이의 급속한 번식에 의해서 온도의 상승을 나타내는 현상을 2차 발효라고 한다. 이 현상은 엄밀한 의미에서는 발효가 아니므로 정확하게는 호기적 변패(aerobic deterioration)라고 한다. 또 이와는 별도로 사일리지의 저장과정에서 당초의 젖산발효가 미약했기 때문에 잇따라 일어나는 낙산균에 의한 부패발효를 2차 발효라고 하는 일도 있다.

2차성 빈혈 二次性 貧血 secondary anemia 조혈장기 이외의 변화에 의해 빈혈이 일어나는 경우를 말하는데 속발성(續發性) 빈혈이라고도 한다. 결핵, 영양불량, 신장염, 방광, 출혈, 파이로플라즈마, 위장내 기생충, 간질 등에 의해 발생한다.

이초산염 二醋酸鹽 diacetate, sodium and calcium 곰팡이 생육방지에 사용한다. 미국에서는 허가되고 있으나 영국에서는 허가하지 않고 있다. 화학식은 CH_3COONa, CH_3COOH, $1/2H_2O$인데 초산나트륨의 동(同) mol 화합물이다.

이탈리안 라이그라스 Italian rye grass 1년생(월년)의 화본과 목초이며, 지중해 지방이 원산으로 북이탈리아에서 처음으로 재배되었고, 지금의 세계의 온대에서부터 아열대지역까지 널리 분포되어 있다. 비옥 및 습윤한 토지에 알맞고 온화한 기후에서 잘 되며 추위에도 조금 강하다. 다비재배(多肥栽培)에서 탁월하게 높은 생산량을 나타내고, 답리작(畓裏作)으로서도 알맞다. 사료가치는 높고 생초, 건초 다 같이 가축이 즐겨 먹고 사일리지로도 많이 이용된다.

이필이필 미일 ipil-ipil meal 이필이필은 필리핀의 명칭이고, 이밖에 지역에 따라서 은자기나무, 바이카친 등으로 불려지기도 한다. 열대성의 두과 관목으로서 동남아시아에 널리 분포해 있다. 이 잎을 건조한 것이 이필이필 미일이다. 이것은 25% 정도 단백질을 함유하고 있으며 카로틴 함량도 많아 알팔파 미일과 같은 정도의 사료가치가 있다. 이것은 양계사료 등에 알팔파 미일을 대신해서 5% 정도 배합될 수 있다. 그러나 대량 급여는 중독의 위험성이 있으므로 피해야 한다.

이화작용(異化作用) **분해대사** catabolism 동화작용에 의해 합성된 전분・단백질・지방 기타 유기물질은 합성과정에서 체외로부터 주어진 에너지, 즉 태양에너지를 화학에너지로 축적하는 것이 되지만, 한편 식물체 내에서는 이들 물질이 분해하여 마지막에는 물, 탄산가스, 암모니아 가스 등이 된다. 이 과정을 이화작용이라고 한다. 일반적으로 이화작용은 처음에 분자량이 큰 동화물질의 가수분해로 시작되며 가수분해된 물질은 호흡작용에 의해 다시 분해되지만 일부는 재차 다른 유기물로 동화된다. 이화작용 가운데 중요한 부분을 차지하는 것이 호흡작용이며, 탄소 동화작용에 의해 탄수화물 중에 축적된 화학적 에너지가 호흡작용으로 분해되고 그때 방출되는 에너지에 의해 각종 생활현상이 영위된다.

익스트랙팅 extracting 익스트랙팅에는 기계적(mechanical)인 방법과 용매(solvent)에 의한 방법이 있다. 전자를 가열 및 기계적인 압력에 의해 원료로부터 유지를 추출하는 것으로서 구식의 방법이다(이것은 expeller extracting 또는 hydraulic extracting이라고 부른다). 후자의 용매에 의한 추출은 유기용매에 의해서 원료로부터 유지를 추출하는 방법이다.

익스팬딩 expanding　익스팬딩은 곡류의 전분 부분을 젤라틴화(gelatinization)하기 위해서 압력 및 온도를 가하는 것을 뜻한다. 이 경우에 제품은 원료보다 용적이 증대된다. 이 경우 수분 및 온도의 조절이 중요하다.

인 燐 phosphorus(P)　인은 칼슘(Ca)과 함께 가축·가금이 비교적 다량으로 필요로 하는 무기물이다. 체내에서는 대부분이 칼슘과 결합해서 골격을 형성하고 있다. 또 인은 각종 효소의 일부를 형성하고 생체 내에서 반응에 중요한 역할을 하고 있다. 사료로서 가축이 섭취하는 것으로는 인산칼슘이나 골분의 인과 같은 무기태의 인과 피틴(phytin)과 같이 유기태의 인이 있다. 가축의 피틴태인의 이용률은 무기태의 것보다 떨어진다. 또 식물의 종실에는 일반적으로 유기태인의 함량이 많지만 목초류에는 적다. 가축에 인을 급여하는 경우에는 그 요구량을 충족시켜 주는 것이 필요하지만 또한 칼슘과의 비율을 알맞게 하는 것도 중요하다.

인공건초 人工乾草 dried grass　자연 건조하여 제조된 건초에 비교해서 인공적으로 만든 건초, 즉 인공건초는 단시간에 완성되므로 재료의 호흡에 의한 영양소 손실이 적고 기계적인 손실도 적다. 따라서 품질이 좋은 건초를 얻을 수 있지만 열원 기타 특별한 장치가 필요하고 경비가 많이 든다. 인공건초 제조시 열원으로서 화력, 전력 등을 사용하고 있으며, 시렁식·벨트식·회전식에 의해서 건조하는 방법과 송풍(상온통풍 또는 열풍)을 주로 사용하는 방식이 있다. 이러한 인공건초법을 사용할 경우 기후에 관계없이 잘 만들어지는 이점이 있고, 재료를 어느 정도 예건(豫乾)하게 되면 능률을 훨씬 올릴 수 있다.

인공반추위 人工反芻胃 artificial rumen　반추위에서 사료의 분해, 합성 등을 연구하는 것은 반추가축의 영양학적 연구상 중요한 일이다. 그러나 실제로 가축을 사용해서 연구를 하는 것은 조건의 설정, 가축의 관리, 기타 곤란한 일이 많다. 그렇기 때문에 여러 가지 인공반추위가 고안되어서 연구에 이용되고 있다. 인공반추위는 제1위미생물을 시험관 내에서 산소 없이 배양하고, 그 기질의 분해와 생산물의 수량과 성질 및 미생물상의 구성 등을 검사하는 생체외(*in vitro*)의 실험에 응용된다. ↔ 생체내 시험(*in vivo*).

인공수정 人工授精 artificial insemination　자연교배가 아니고 인공적으로 수컷의 정액을 채취해서 이것을 희석하든지 또는 냉동 보관했다가 암컷의 자궁경 또는 질 내에 기계적인 방법으로 주입해서 수정시키는 방법을 인공수정이라고 한다. 인공수정의 장점으로서는 한 마리의 수컷의 정액으로 많은 암컷에게 수태시킬 수가 있으므로 수컷을 많이 필요로 하지 않고 우량한 수컷을 선택할 수가 있다. 또 교배를 시키기 위해서 가축을 운반하는 번거로운 일이 필요가 없다. 간접적으로는 사료비를 절약하고 질병의 예방 같은 것도 들 수 있다. 결점으로는 어느 정도의 기술과 설비를 필요로 한다. 고의 또는 부주의에 의해서 혈통상의 과오, 기술의 미숙, 소독의 불완전에 의한 질병의 감염 등을 들 수 있다. 소나 돼지뿐만 아니라 닭에게도 인공수정이 가능하다.

인공위 소화시험법 人工胃消化試驗法 *in vitro* digestibility test 보통, 동물을 사용하지 않은 인공적인 방법으로 소화율을 측정하는 방법을 인공위 소화시험법이라고 한다. 펩신에 의한 동물성 단백질의 소화시험, 인공반추위 방법 등이 있다. 이 중에서 펩신에 의한 펩신 소화율시험법(pepsin digestibility test)은 미국 A.O.A.C에서도 공정법으로서 채택하고 있고, 어분・육분・우모분・혈분 등에 적용된다. 이것은 탈지한 시료에 일정량의 펩신용액(0.01～0.1%)을 가해서 45℃에서 16시간 동안 흔들어 가열하고 남은 것을 여과시킨 다음 그 잔사를 현미경으로 이물질 등을 검사한 뒤에 질소함량을 측정해서 소화율을 산출하는 방법이다.

인공포유 人工哺乳 artificial nursing, suckling 어미의 젖 생산과 번식에 대한 경제적인 관점에서 또는 어미의 사고 등의 경우 어미로부터 새끼를 격리시켜서 모유를 이용하지 않고 대용유나 젖먹이 사료를 이용해서 포유기의 어린가축을 사육하는 것을 뜻한다.

인공항문 설치계 人工肛門設置鷄 fowl with artificial anus 닭에서는 분뇨가 혼합해서 함께 배설되므로 닭을 이용하여 대사시험 등을 실시할 경우에는 분뇨를 분리해서 정량적으로 채취할 필요가 있다. 이러한 목적으로 대장의 하부에 인공적으로 항문을 설치한 닭을 인공항문 설치계라고 한다. 사료의 영양소 이용률 측정시 산란계에 이 수술을 해서 정상적인 산란을 계속하고 있는 상태의 분(糞)과 요(尿)를 채취할 수 있게 되었다. 또 비교적 나이 어린병아리에 대해서도 인공항문을 설치하여 분뇨의 분리가 가능하다.

인과다혈증 燐過多血症 hyperphosphatemia 혈청 중에 과다한 인이 포함된 것이며, 이는 신장이 인을 적절히 배설시키지 못하든가 또는 부갑상선호르몬의 과소분비(hypoparathyroidism) 때문이다. 혈청 인 수준이 높아지면 혈청 칼슘수준은 떨어지고 테타니(tetany)를 일으킨다.

인광석 분말 燐鑛石粉末 ground rock phosphate 인의 공급제로 사용하기 위해 인광석을 분말화한 것으로서, 보통 불소함량이 높기 때문에 장기간 가축에 급여하는 경우 불소중독 현상을 일으킨다. 따라서 불소를 제거하고 생산되는 탈불인광석이 주로 사용된다.

인단백질 燐蛋白質 phosphoprotein 인산염을 함유하고 있는 복합단백질을 뜻한다. 우유의 casein, 난황의 ovobittelin 등이 이에 속한다.

인독실 indoxyl 배설물(뇨)의 일종이며, tryptophan이 장내미생물에 의해 분해된 대사유도체를 뜻한다. 이것을 일반적으로 인더칸이라고 하며, 황산의 체외배설의 한 형태이다.

인디언 라이스 그라스 Indian rice grass 미국에 야생하는 다년생 식물 oryzopsis

hymenoides이며 가뭄에 잘 견딘다. 종자는 좁쌀과 비슷한데 소립·원형·회색이며, 흰 털로 싸여 있다. 북미 인디언들이 그 분말을 식용하였는데 현재는 말의 사료로 쓰인다.

인버타아제 invertase 자당을 가수분해하여 전화당으로 만드는 효소이며 saccharase라고도 한다. 식물조직 또는 동물의 소화액 중에 들어 있다.

인보이스 invoice 수출무역에서는 송장, 수입무역에서는 매입장이라고 번역되지만 계산서라든지 청구서라는 기능도 있으므로 원어 그대로 상용되고 있다. 무역상의 인보이스는 공급하는 하물(荷物)에 대한 안내장으로서의 기능과 아울러 송화(送貨)의 내용명세서이며, 거래계산을 명백하게 한 계산서겸 대금청구서이다. 매입자 측에서는 매입장으로서 세관에 제출하는 서류이고, 또 선적·보험·송하증권 등의 계약이행을 명시한 거래문서이기도 하다.

인 비보 *in vivo* 이것은 라틴어로 생체 내를 의미하고 있다. 동물 자체를 사용해서 실시한 시험은 모두 다 *in vivo*의 시험이고 *in vitro*와는 반대의 의미로 쓰여진다. 예를 들면 펩신(pepsin) 같은 효소를 사용한 인공위 소화시험은 *in vitro*의 시험인 반면에 시험동물을 가지고 실시하는 소화시험은 *in vivo*의 시험이라고 한다. ↔ 생체외 시험(*in vitro*).

인 비트로 *in vitro* *In vitro*는 라틴어로 시험관을 의미한다. 생체를 그대로 사용하지 않고 생체 외에서 생체와 비슷한 조건을 만든다든지 생체의 일부를 적출해서 배양하여 실험하는 것을 일반적으로 *in vitro*의 조건 또는 실험이라 한다. 생체를 그대로 실험에 사용하는 것은 여러 가지 균일하게 하는 것이 곤란하기 때문에 기초적인 생체내의 반응 또는 기타의 연구에 널리 쓰여지고 있다. 그러나 *in vitro*에 의한 연구성적 및 이것으로부터 유추되는 사항은 꼭 가축에 그대로 적용된다고는 할 수 없는 경우가 있다. 따라서 *in vitro*에 의해서 얻어진 성적은 최종적으로는 *in vivo*로 시험하는 것이 중요하다.

인산제 3칼슘 燐酸第 3石灰 tricalcium phosphate 사료용 인산칼슘으로서 인산2칼슘(dicalcium phosphate)과 함께 일반적으로 가장 많이 쓰여지는 것은 인광석을 탈불해서 만든 것인데 탈불인산3칼슘(defluorinated tricalcium phosphate)라고도 한다. 이것은 제법에 따라서 3종류의 형태가 있는데, 가장 많이 생산되고 있는 것은 인산나트륨법에 의한 것이며 그 형태는 $2CaNaPO_4 \cdot Ca_3(PO_4)_2$이다. 이것은 인광석에 탄산나트륨과 인산액을 가해서 고온에서 태워서 불소(F)를 제거하고 분쇄한 것이다. 불소제거법에 의한 인산3칼슘은 회백색 또는 다갈색의 분말인데 인(P) 함량은 15% 또는 18% 이상, 칼슘(Ca) 함량은 30% 이상, 불소(F) 함량은 0.05% 이하이다. 인산3칼슘은 칼슘함량도 높으므로 칼슘 급원으로도 사용된다.

인산제 2칼슘 燐酸第 2石灰 dicalcium phosphate 인광석을 황산으로 분해한 인산액을 불소를 제거하여 정제한 것에 석회유 또는 탄산칼슘을 가해서 제조한 것인데, 사료용 인산2칼슘으로서 시판되고 있는 것은 무수염의 인산2칼슘($CaHPO_4$)에 소량의 인산1칼슘(CaH_2PO_4) 및 미반응의 탄산칼슘 등이 함유되어 있다. 이것은 백색 또는 회백색의 분말 또는 입상물질인데 인(P) 함량은 15% 또는 18% 이상, 칼슘(Ca) 함량은 21% 이상이다.

인산화반응 燐酸化反應 phosphorylation　Phosphate기가 기질에 부착되는 반응이다. 예를 들면 glycolysis 과정에서 fructose-1-phosphate가 fructose 1,6-diphosphate 되는 것이다.

인산(화)크레아틴 phosphocreatine(PCr)　ADP에서 ATP로 재생성될 때 이용될 수 있는 고열량 결합체이다.

인슐린 insulin　탄수화물대사의 조절호르몬으로서 췌장의 β-cell에서 분비된다. 당뇨병(diabetic mellitus)은 인슐린의 분비 저하에 의해서 생긴다. 이 호르몬은 단백질의 일종이며, 경구투여하면 소화되기 때문에 주사투여한다. 합성은 아직 불가능하며, 동물의 췌장에서 추출된다.

인슐린 비의존형 당뇨병 type 2(non-insulin-dependent) diabetes　비만과 관련이 있으며, 케톤증은 볼 수 없고 인슐린 치료가 필요치 않은 당뇨병을 말한다.

인슐린 유사성장인자(~類似成長因子) insulin-like growth factor, somatomedin　성장호르몬에 의해서 간에서 분비되는 펩티드 호르몬이며, 단백질 합성과 성장을 촉진한다. 일명 somatomedin이라 한다.

인슐린 의존형 당뇨병 type 1 diabetes　케톤증이 일어나기 쉽고 인슐린 치료가 필요한 당뇨병을 말한다.

인자 因子 factor　실험설계에서 인자란 실험결과의 특성치에 영향을 미친다고 생각하는 원인계(原因系)로서 그 실험으로 조건을 바꾸어서 비교 검토되는 것을 뜻한다. 예를 들면 4종류의 사료 A_1, A_2, A_3, A_4를 수컷과 암컷에 별개로 급여해서 그 성적을 비교하는 실험에서는 사료와 성별이 인자가 된다. 사료와 같이 그 조성을 마음대로 조절할 수 있어서 그 최적조건을 알기 위한 것을 목적으로 하는 제어인자, 성별과 같이 최적조건을 알려고 하는 것이 주목적이 아니지만 제어인자에 영향을 미칠 염려가 있기 때문에 채택하는 표시인자, 실험정밀도를 높이기 위한 목적으로 국소관리에 사용하는 블록인자 또는 환경인자 등으로 분류된다.

인지질 燐脂質 phospholipid　인, 지방산 및 질소염기를 가진 지질이며 세포의 기본 구성성분이다. Glycerol 또는 sphingosine에 지방산이 연결되어 있고 또 phosphate가 함유된 지방이다.

인체계측 anthropometric　체중, 신장 및 신체 특정 부위의 둘레와 두께를 측정하는 방법이다.

인터페론 interferons　바이러스 복제를 억제하는 단백질군이다.

일가(一價)의 monovalent　한 개의 원자가(valence, 한 원자와 다른 원자와의 결합력)

를 가진 것이다. 예를 들면 나트륨(Na^+)은 한 개의 원자가를 가지고 있으며, 염소(Cl^-)와 결합하여 염화나트륨(NaCl)을 이룬다.

일계 산란율 日計 産卵率 hen-day egg production 일정기간 동안의 총 산란수를 매일 생존한 암탉 총수로 나누어 얻은 값이다. 예를 들면 11월 중 총 산란수: 2,240개이고, 도태 및 폐사를 제외한 11월 말 현재의 수수(일계 합): 2,800수일 경우

$$\text{즉, } \frac{\text{총 산란수}}{\text{총 수수(1일 현재 100수 + 2일 현재 99수 + 3일 현재 98수 + …)}}$$

$$= \frac{2{,}240\text{개}}{2{,}800\text{수}} \times 100 = 80\% \quad \text{따라서}$$

11월 중의 hen-day 산란율은 80%이다.

1대 잡종 一代雜種 hybrid, heterosis 유전학에서 F_1이라고 일컫는 것이다. 교잡을 실시할 때 F_1이 양친과 비교하여 현저히 왕성한 생육양상을 보이는 경우가 있는데 이 현상을 잡종강세(heterosis)라고 한다. 잡종강세의 현상은 양친의 유전자 차이가 클수록 현저하다. 따라서 동일계 내에서의 교배는 강세가 두드러지지 않고 다른 계통·품종 간의 교배에 있어 현저하다. 잡종강세를 나타낸 F_1의 성질을 그대로 F_2에 전할 수는 없다.

일란성 쌍태아 一卵性雙胎芽 identical twin 한 개의 수정란으로부터 특수한 태내조건에 의해서 2개의 개체로 분리되어 발생한 것인데, 유전형은 전적으로 동일하다. 일반적으로 소를 이용해서 시험할 경우 공시우(供試牛), 사료, 관리노력 등에 많은 경비를 필요로 하지만 일란성 쌍태아를 사용하면 그 결과는 비유전적인 조건을 규명할 수가 있다. 따라서 유의차를 얻는 데에 필요로 하는 개체수가 적을지라도 일란성 쌍태아가 상용된다. 그러나 소에게 쌍태아가 출생되는 비율은 출생 두수의 1~4%에 불과하며, 일란성 쌍태아는 더욱 적어서 출생 두수의 약 0.1%이다.

일리페 너트 Illipe nut 보르네오섬의 북부 및 서부에 자생하는 높이 6~20 m, 직경 15~90 cm에 달하는 큰나무의 종실로서 착유해서 보르네오 씨로부터 유지를 채취한 찌꺼기가 사료로서 이용된다. 이 찌꺼기를 건조한 것은 수분 10%, 단백질 10~16%로서 그렇게 높지는 않으나 섬유질이 적고 값이 싼 에너지원으로서 배합사료 원료로서 이용된다. 지금까지 생산량의 반 이상이 영국에 수출되고 있다.

일반분석 一般分析 proximate analysis 주성분에 관한 분석으로 수분, 질소(단백질을 산출), 지방, 섬유, 회분(무기염을 산출)을 측정하고 가용무질소물은 이 5가지 성분을 100으로부터 차감해서 산출한다.

일반사료 첨가제 一般飼料 添加劑 feed additive supplement 일반사료 첨가제란 FDA가 정의한 바에 의하면 1종 이상의 첨가물질을 함유하며, 동물에게 급여 시 희석 또는

타 사료와 혼합 병용하여 동물에게 직접 투여도 가능한 첨가제이다. 즉 일반사료 첨가제는 처방에 따라서 직접 동물에게 투여하여도 해를 끼치지 않으며, 동물체내 잔유물로 인한 피해가 사람에게는 없는 수준의 첨가제이다.

일본뇌염 日本腦炎 Japaness encephalitis 한여름에 사람이나 가축에 걸리는데 모기에 의해 매개되는 바이러스성 질병이다. 말・돼지가 주로 걸리며 소도 드물게 이환된다. 발열에 이어 침울, 흥분, 마비 등의 신경증상이 나타나며 치명률은 20～30%이다.

일본 사양표준 日本飼養標準 Japanese feeding standard 세계의 축산 선진국은 옛부터 자국에 적합한 사양표준을 설정해서 사용하고 있었지만 일본은 오랫동안 이들 외국의 사양표준을 사용하고 있었다. 그 뒤 1964～1970년에 일본의 가축에 적합한 사양표준이 유우(乳牛)・육용우(肉用牛)・돈(豚)・계(鷄) 등에 대해서 설정되고, 이것을 일본 사양표준이라 하였다. 다시 이 사양표준은 개정되어 유우(乳牛)・가금(家禽)은 1974년판, 육용우・돈은 1975년판의 일본 사양표준으로서 공인되고 있다. 이 일본 사양표준은 일본에 있어서 가장 대표적인 사양표준으로서 실용상・산업상 널리 응용되고 있다. 그러나 우리나라에서는 일본 사양표준보다는 미국의 NRC 사양표준과 영국의 ARC 사양표준을 주로 사용하고 있으며, 현재 축산시험장에서 사료급여표준 등을 작성하여 보급되고 있으며, 멀지 않아 사양표준이 우리 실정에 맞도록 제정 준비 중에 있다.

일본소 日本牛 Japanese cattle 현재 일본에서 사육되고 있는 육우의 주체를 이루고 있는 일본소는 명치시대(주 ; 약 100～70년 전)에 실행된 외국종과의 교배에 의한 영향을 받아 가면서 오랜 기간 동안에 걸친 선발과 도태에 의해 일본의 사정에 알맞는 역육겸용종(役肉兼用種)으로서 고정된 것이다. 여기에는 흑모(黑毛) 일본우, 갈모(褐毛) 일본우, 무각(無角) 일본우, 일본 단각종의 각 품종이 있다. 일본소는 외국종에 비하여 육질이 극히 우수하지만 발육, 지육성, 조사료의 이용성, 균일성 등에 있어 뒤떨어진다. 현재는 이러한 단점을 개량하는 방향에서 육용으로서의 개량이 진행되고 있다. 개량목표로는 성숙시의 암소에 대해서 체중이 530～600 kg, 체고(體高) 127～130 cm, 흉위 195～208 cm를 내세우고 있다. 흑모 일본우(Japanese black cattle)는 일본 재래종으로서 데번종, 브라운 스위스종, 쇼어트호언종 등을 교배해서 개량한 고깃소이다. 이것은 뿔이 있고 육질은 다른 품종보다 우수하지만 증체능력에 개량이 필요하다.

전국적으로 널리 사육되고 일본의 육용우의 약 80%를 점유하고 있다. 갈모 일본우(Japanese brown cattle)는 태본현과 고지현에서 옛부터 사육되고 있었던 한우에다 심멘털종을 교배해서 흑모 일본우보다 사역능력에 중점을 두고 개량한 소이다. 뿔이 있고 육질은 흑모 일본우보다 떨어진다. 뿔이 없는 일본우(Japanese polled cattle)는 야마구치현(山口縣) 지방의 재래종에 애버디인 앵거스종을 교배해서 개량한 것인데, 주로 이 현에서 사육되고 있다. 뿔이 없으며, 조숙하고 비육성이 우수하고 지육률이 높지만 육질은 떨어진다. 일본 단어종(Japanse shorthorn)은 동북지방의 재래종에 쇼트혼종을 교배해서 개량한 갈색모의 소인데, 주로 암수(岩手), 청삼(靑森), 추인(秋因)의 3현과 북해도의 일부에서 조방적인 방목과 겨울철에는 사사(舍飼)를 해서 사육되고 있다. 육용으로서는 조숙하고 사료이용성이 좋지만 육질이 거칠고 지육률(技肉率)도 떨어진다.

일사병 heatstroke 심부온도가 섭씨 40℃를 넘으면 나타나는 증상으로 조치하지 않으면 발한작용이 멈추고, 혈액순환이 급격히 감소하여 신경계 손상, 죽음을 초래하는 증세를 말한다.

일사병(젖소) 日射病 cattle insolation 가축의 머리에 강렬한 햇볕이 쪼인 결과로 의식장애와 운동장애를 나타내는 것을 말한다.

① 원인 : 한여름에 강한 햇볕 아래 장시간 방치하는 데서 오는데, 특히 늙은 가축, 발열 등 질병을 앓고 있는 가축, 음수 부족인 경우, 저단백혈증인 경우 등에 일어나기 쉽다.
② 증상 : 무열(無熱), 식욕과 되새김질의 장기간 감퇴, 햇빛의 기피, 유량의 감소, 전위운동의 감퇴 등이 나타난다.
③ 치료법 : 야간 또는 그늘진 곳을 택한 방목, 저녁나절 등 신선한 때의 운동, 하제 투여, 링게르액이나 구르콘산 칼슘액 200～500 mℓ를 몇 차례 정맥주사하는 방법 등이 있다.

일산화탄소 중독 一酸化炭素中毒 poisoning of carbon monoxide 과거에 연탄 열원에 의하여 병아리를 기를 때 흔히 일산화탄소 중독에 의한 피해가 많았는데 이는 불완전연소와 불량한 환기시에 기인된다. 공기중에 0.04～0.05% 이상의 일산화탄소가 함유되어 있으면 일산화탄소가 혈액 중의 산소와 결합하여 산소공급이 안 되어 중독이 일어나는데, 급성인 경우에는 불안・혼수・호흡곤란이 되며, 폐사 직전에 경련증상이 나타난다. 일산화탄소 중독의 특징은 폐와 혈액이 선홍색을 띈다.

일원배치법 一元配置法 one way layout 한 종류의 인자만을 채택해서 그 수준을 바꾸어서 실험을 실시하여 그의 효과를 비교하는 실험을 일원배치법이라고 한다. 예를 들면 사료의 에너지 함량을 고・중・저의 3수준으로 설정하고 n두씩의 가축에 급여하는 실험계획이 일원배치법이다. 이 경우 성적의 변동을 일으킬 요인은 사료의 에너지 차와 동물개체의 우연적인 차이 뿐이라고 보아서 선형모델을 적용해서 해석한다. 따라서 공시동물은 급여하는 사료가 다른 것 이외에는 모두 똑같은 사료조건 하에서 서로 독립적으로 사육하는 데에 주의할 필요가 있다.

임간초지 林間草地 pasture in forest 초지개량 대상지의 나무를 그대로 두거나 목초가 자랄 수 있을 정도로 50% 가량 햇빛이 투과되도록 나무만을 베어 내고 조성한 초지이다.

임계온도 臨界溫度 critical temperature 온혈동물의 체온 유지는 생명의 유지에 필요한 조건의 하나이다. 체온은 대사에 의한 발생열량과 체표면에 의한 생리적 조절작용에 의해서 일정하게 유지하게 되지만, 기온 혹은 온도가 일정 수준 이하로 되면 물리적 조절만으로는 모자라게 되고 체성분의 분해에 의해 발생열량을 증가해서 체온 유지에 필요한 열량을 확보(유지)하려고 한다. 이와 같은 작용을 화학적 조절작용이라고 하고, 화학적 조절작용을 필요로 하는 온도의 한계를 임계온도라고 한다. 임계온도 이하에서는 에너지원의 요구량이 증가되므로 유지사료(維持飼料)를 증가할 필요가 있다. 임계온도의 소는 15.5~18.3℃, 돼지는 20~23℃, 닭은 16~20℃로 알려지고 있다.

임신발정 姙娠發情 estrus in gestation 임신 중의 발정을 뜻한다. Gilmore는 임신우의 8~17%는 1회 또는 그 이상 발정을 보인다고 했는데, Williams는 1~2%라고 했다. 또한 Donoho와 Rickard는 1,454두의 임신우 중 6%에 발정이 있었으며, 그 시기는 평균 78일이었다고 했다. 임신발정은 흔히 주기에 관계없이 나타나며, 또한 그 징후는 약하고 지속시간도 짧다.

임신장애 clinical lesion 영양결핍으로 인해 신체검사에서 나타나는 징후나 환자가 인지하는 증상이다.

임자박 荏子粕 perilla meal 들깨로부터 기름을 짜고 난 찌꺼기로서 흑갈색을 나타내고 독특한 들깨 향기가 있다. 이것은 단백질 함량이 30~40%이며, 단백질의 영양가도 높으므로 양질의 단백질사료로 이용된다. 젖소와 돼지뿐만 아니라 닭사료로서 충분히 이용할 수 있다. 젖소는 1일 1두당 1.5~2.0 kg, 돼지와 닭은 사료 중에 20% 정도 섞어 주면 좋다.

임파 淋巴 lymph 혈액과 조직 사이를 중개하는 유동체이다. 이 매체를 거쳐 영양소가 혈액으로부터 직접 조직에 운반되기도 하고, 노폐물은 혈중으로 되돌려진다. 화학적으로는 혈장과 동일하며 염류, 혈청알부민, 글로불린, fibrinogen, prothrombin, 백혈구를 함유하고 응고도 된다. 사료 중의 지방질의 일부는 가수분해되지 않고 그대로 임파에 흡수되어 흉부임파관에 운반되고 그 곳으로부터 혈류 중에 방출된다. 유화된 지방이 많이 들어 있는 임파는 chylomicrons라고 불리어지는 지방의 작은 입자가 있기 때문에 밀크상태(유화)로 되는 것이다.

임파관 淋巴管 lymphatics 임파가 흐르는 관을 뜻한다.

임파구 淋巴球 lymphocyte 백혈구의 일종으로서 임파선 및 비장의 망상조직에서 생기며, 면역에 관계되는 항체 생성 세포이다. 정상 성인은 혈액 중 백혈구 수가 22~28%를 차지한다.

입분이 粒粉餌 grain mash 입자사료(粒餌)와 가루사료(粉餌)가 혼합된 것인데, 입자사료와 가루사료의 양자의 이점을 갖고 있지만 입자를 가루 중에서 가려서 먹을 염려가 있으므로 전부를 먹도록 해야 할 필요가 있다.

입찰 入札 tender 입찰하는 일인데, 일반 경쟁입찰과 지명 경쟁입찰 등이 있다. 현재 정부에서 취급하는 사료의 매입 또는 매도는 일반 경쟁입찰 또는 지명 경쟁입찰에 의해서 시행되고 있으며, 입찰형식을 취하고 있는 수의계약을 포함해서 이것을 모두 입찰(tender)이라고 통칭되고 있다.

입체이성체 立體異性體 stereoisomerism 화합물이 동일한 분자식, 같은 구조식을 가지고 공간의 배치가 다른 부제원자(不齊原子)를 가질 때 일어난다. 두 개로 구분되어 있는데, 즉 광학활성(optical activity)과 기하이성(cistransisomerism)이 있다. 즉 아미노산의 경우 D-와 L-아미노산이다.

입체화학적 특이성 立體化學的 特異性 stereochemical specificity 효소에서 사용되는 용어이다. 하나의 입체이성체에만 작용하고 다른 이성체에는 작용하지 않는다. 이렇게 하여 L-과 D-아미노산 산화효소가 구별된다. 이들은 해당되는 이성체에만 작용하고 다른 것은 그대로 남겨 놓는다.

잉글리쉬 게임 English game Silky fowl과 polish 그리고 장미계(yokohama)와 더불어 세계의 애완용 닭으로 손꼽히고 있는 품종으로서 원산지는 영국이며, 기원은 야생계인 뱅키바(G. Bankiva)에 두고 있다. 이 닭은 지금은 투계(싸움닭)로 쓰고 있다. 고기와 피부는 백색이나 크림색이다. 체형은 Bankiva계 형으로 흑적・갈적・청적・백색 등이 있다. 난각은 갈색이고, 육질은 매우 우수하다.

잉어 鯉魚 carp 잉어의 양식방법은 유수식 양식이 주체이고, 일부 하천수를 이용한 유수양식(流水養殖)도 하고 있다. 사료는 배합사료가 주로 사용되고 있다. 배합사료는 어분・대두박 등의 단백질원과 소맥분을 주체로 한 것인데, 저수온기용의 저단백질 사료(30%), 고효율 단용사료(單用飼料)로서의 고단백질 사료(39%)가 있다. 형태는 체중 10g 이하에 급여하는 치어 육성용은 처음에는 크럼블로, 조금 큰 다음에는 펠렛으로 급여될 수 있도록 만들어졌다.

ㅈ

자가배합 사료공장 自家配合飼料工場 자가가축에 적합한 사료를 급여할 수가 있고, 자가노동력을 활용할 수가 있으며, 원료가 명확하므로 사료의 품질을 스스로 납득할 수 있다는 점 등에서 최근 자가배합을 실시하고자 하는 젖소농가가 늘어나고 있다. 미국에는 상당히 많은 양축가들이 자가배합하고 있다. → TMR 사료공장(total mixed ration).

자가영양생물 自家營養生物 autotrophes 자기의 조직을 단순한 무기염으로부터 합성할 수 있는 생물을 뜻하는데, 복잡한 기성(既成)의 물질을 필요로 하는 타가영양생물(heterotrophes)과 구별된다. 식물은 자가영양생물이며, 동물은 타가영양생물이다. 세균에는 두 가지가 있는데 자가영양의 것은 식품 손상에 관여하지 않지만, 타가영양적 세균에는 병원균과 식품 손상성의 균이 포함된다.

자궁염전 子宮捻轉 myoma 자궁이 그 장축에 따라 뒤틀려진 상태를 말한다. 주로 분만 중 또는 임신 중기에 발생하며, 소에게 많고 그 밖의 가축에서는 드물다. 임신 중기의 경우는 불안・식욕부진・가벼운 고창증 증상을 보이며, 다른 질병과 감별하여야 한다. 가벼운 것은 자연히 회복되는 경우도 있다. 분만 경과 중의 것은 강한 진통이 장시간 계속되지만 분만하지 못하며, 마침내 진통이 그친 이후 뒤늦게 발견하는 경우가 있다. 응급대책으로는 모체를 눕히고 염전(捻轉) 방향과 반대의 방향으로 회전시키는 방법이 있고, 개복수술로 처리하는 방법이 있다.

자궁하수 子宮下垂 metroptosis 자궁은 미경산우의 경우 자궁각 일부가 골반 전방에 늘어져 있으며, 분만횟수가 증가함에 따라 그 정도가 심해지는데 분만횟수가 적음에도 불구하고 자궁이 전하방(前下方)으로 신장하여 직장검사로써 자궁 전체를 만지기 어려운 경우를 자궁하수라고 한다. 이와 같은 소는 발정시 자궁에서 나오는 점액이 안에 고이는 경우가 많아 자궁 내부에서 세균이 번식하기 쉬워 수태가 어렵게 된다. 체격이 큰 소 또는 미근부가 올라간 소는 자궁하수의 경향이 강하며, 이런 체질은 유전되기 쉬우므로 주의를 해야 한다.

자기분식성 自己糞食性 coprophagy 맹장(盲腸)과 대장(大腸)에서 미생물에 의해 합성된 영양소(예 : 비타민 B_{12})를 섭취하는 수단으로 스스로의 분(糞)을 먹는 습성이며, 토끼와 쥐는 밤에 배설하는 똥을 주로 섭취하여 비타민 B군과 단백질을 보충하는 습성을 지닌 동물이다. 이러한 동물들은 맹장과 대장에서 미생물에 의해서 합성된 영양물질을 흡수할 수 없기 때문에 자기 분(糞)을 섭취하게 된다. → 식분.

자기살균작용 自己殺菌作用 germicidal action 우유는 착유 후 수 시간은 실온에 방치하더라도 세균이 증가하지 않고 오히려 감소하는 경우가 있는데, 이 작용을 우유의 자기살균작용(germicidal action)이라고 한다. 우유의 자기살균작용은 20℃ 전후가 가장 현저하며, 가열하면 이 성질을 상실한다. 이 작용은 주로 우유 속에 포함된 락테닌(lactenin)이란 물질에 의한 것으로 알려져 있으며, 살균작용보다는 오히려 번식 억제력으로 작용한다고 믿어지고 있다. 착유 후 급속히 냉각시켜 자기살균작용의 시간을 연장시킴으로써 보존력이 보다 증가하지만 이 작용만으로 오랜 기간 저장할 수는 없다.

자기소화 自己消化 autolysis 조직 중에 자연으로 존재하는 효소에 의하여 자기 자신을 소화하는 과정을 말한다.

자당 蔗糖 sucrose 비환원성 2당류이며, 사탕수수(cane sugar)와 사탕무(beet sugar)에서 얻는 1분자의 D-glucose와 1분자의 D-fructose로 구성되어 있다. 자당은 탄수화물 97%, 수분 1%, 단백질 0.2%, 100 g당 Fe 2 mg, 비타민 B_1 0.02 mg, 비타민 B_2 0.1 mg, niacin 0.3 mg을 함유한다. 정제당은 거의 100% 가까이 순수하여 무기질이나 비타민을 함유하지 않는다.

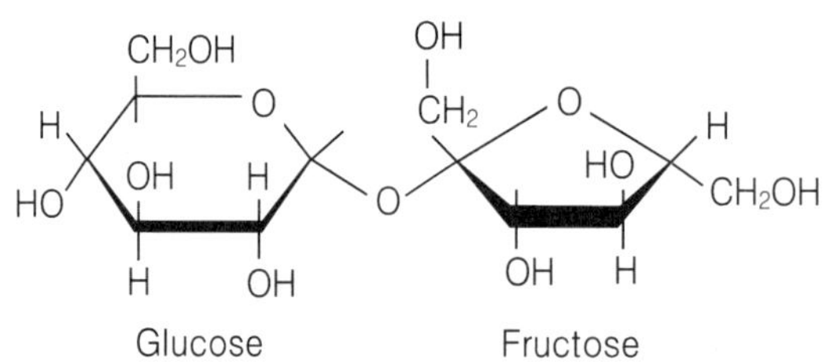

α−D−glucosyl−(1→2) β−fructoside

Sucrose

자당(蔗糖) 에스테르류 sucrose esters Sucrose의 di 또는 trilaurate와 mono 또는 distearate를 뜻하며, 유화제・습윤제・계면활성제로 쓰인다. 즉 과실이나 채소를 씻을 때 항비산제, 항발포제와 빵 속이 굳어지는 것을 방지하는 항노화제로 이용된다.

자돈 仔豚 pig, pigling 보통 자돈은 출생 시의 체중이 1.0～1.5 kg 정도이지만, 그 이후의 성장은 다른 가축보다 빨라 7～10일이 지나면 생시체중의 2배, 2주에는 3배, 4주에는 4～5배, 7주가 지나면 10배나 자란다. 자돈은 종래 생후 2개월까지 포유가 필요했지만, 최근에는 인공유의 이용으로 35일 이내에 이유하고, 그 후 약 2개월 사육해서 체중 40 kg 전후에서 거래되고 있다. 자돈은 일반적으로 봄철에 태어나는 봄새끼와 가을철의 가을새끼로 구별된다. 그밖에 동일의 모돈에서 난 자돈을 동복자(litter), 또 포유 중의 자돈을 포유돈(suckling pig) 또는 간단히 유돈(baby pig)이라고 한다.

자돈대장균증 仔豚大腸菌症 colibacillosis in neonatal piglet 특정의 혈청형을 가진 병원성 대장균의 감염에 의해 일어난다. 조발성(早發性) 대장균증은 생후 2～3일간에 나타나고, 자돈은 허탈에 빠져 급사하지만, 이 경우 하리는 일어나지 않는다. 지발성 대장균증은 백리(白痢)라고 하는데, 생후 10일경에서 2~3주령에 걸쳐서 발병하고 황백색의 수양변(水樣便)을 배설한다. 그 후 백색의 점조변(粘稠便)으로 되고 만성화되는 일이 많다. 치료에는 항생물질이나 설파제를 주사 또는 경구투여로 3~4주간 계속하면 좋다. 또한 부종증도 대장균증의 하나의 형이지만 유효한 치료법은 발견되지 않았다.

자동급이기 自動給餌器 automatic feeder 사료통에 저장된 사료를 자동으로 가축에게 전달하는 장치이며, 일반적으로 사료는 축사 외부에 설치된 사료빈으로부터 스크루컨베이어를 타고 축사내로 운반된 후 벨트컨베이어, 스크루컨베이어, 체인컨베이어 또는 이동식 hopper feeder를 통하여 자동으로 급여된다.

자동포장기 自動包裝機 automatic packer 이것은 배합사료 공장에서 시행되는 공정중 최종 공정으로서 배합사료를 포장하는 자동장치이다. 자동칭량기에 의해 일정량의 배합사료를 계량해서 사료포대에 넣고 이것을 재봉기(sewing machine)에 보내서 사료포대를 꿰매도록 되어 있다. 자동칭량기(automatic weigher)에는 대소(大小)가 있어서 원료가 반입되면 배합원료를 계량하여 제품인 배합사료의 포장 등에 이용되고 있다.

자보 Japanese bantam 약 350~100년 전 초기에 베트남 중부의 차페로부터 일본에 들어온 소형의 닭인데, 그 뒤에 개량이 거듭되어서 현재 일본 내에 있는 이 종류의 대부분이 성립되었다. 대표적으로 계(桂)자보, 백자보, 오색자보, 흑자보 등이 있는데 이들의 대부분은 애완용으로 사육되고 있다.

자연건초 自然乾草 sun-cured hay 햇볕이나 바람을 이용해서 건조된 건초를 자연건초라고 한다. 자연건초는 가열의 경비가 필요 없지만 완성되기까지는 많은 시일이 걸리고 또 기후에 의해 지배되는 결점이 있다. 자연건초의 제조에 있어서 보통 들에서 햇볕(태양열)을 주로 이용해서 건조하는 방법에 의하면 여름철과 같이 조건이 좋은 시기에는 2~3일 내에 완성되지만, 비나 이슬이 많은 계절에는 이 방법은 좋지 않다. 또 시렁(架)을 사용해서 주로 바람으로 건조하는 방법도 기후에 좌우되는 결점이 있다. 풀을 모아서 발효로 인한 열을 이용하여 만드는 방법은 영양소의 손실은 약간 많지만 기후에는 비교적 영향을 적게 받으면서 만들 수가 있다.

자외선 紫外線 ultra violet ray 태양광선 중 파장 2,900~3,200Å을 원자외선 또는 화학선이라 하고, 3,200~4,000Å을 근자외선이라 한다. 특히 전자는 동물세포의 원형질에 활성을 부여하여 신진대사를 왕성하게 하고 혈구의 증가를 촉진하는데, 연구자의 이름을 따서 도르노 선이라고 한다. 일반적으로 동물의 발육이나 근육운동을 왕성하게 하고 혈압을 낮추며, 호흡을 완만하게 하고 살균성이 있으며 비타민 D를 생성케 한다. 따라서 축사의 창을 통해 채광할 경우 바닥면적에 대해 적어도 말은 1/10, 젖소는 1/5, 닭은 1/3의 창 넓이가 필요하다.

자운영 紫雲英 milk vetch 월년생 식물이다. 원래는 따뜻한 지역에 알맞은 식물이지만 내한(耐寒)·내설성(耐雪性)의 품종이 보급되어 차가운 냉지(冷地)에서도 재배할 수 있다. 이것은 수분을 87~91%나 함유하고 있지만 건물 중 단백질 및 가용무질소물의 함량이 많아 영양소가 풍부하며 가축에게 기호성도 좋다. 이것은 생것 그대로 주는 경우도 있지만 사일리지로 제조해서 많이 이용하고 있다.

자웅감별 雌雄鑑別 sexing 병아리를 부화 직후에 자웅을 감별해서 숫놈을 분리하는 것은 양계경영상 대단히 중요한 일로서 널리 실행되고 있다. 자웅감별은 일본에서 개발되어 발달한 것인데, 우리의 기술 수준도 세계적으로 높이 평가되고 있다. 자웅감별은 부화된 직후의 병아리의 배설강(排泄腔)을 손으로 벌리고 그 하벽 점막부의 중앙에 담배씨 크기의 특별한 소돌기의 유무를 조사하는 것이며, 숫놈은 발생 당시의 교미기가 퇴화한 것이 있고, 암놈은 거꾸로 오목하게 꺼져 있는 것 같이 되어 있으므로 이것을 기준으로 자웅이 감별된다. 또 병아리 테스터(chick tester)를 사용해서 직접 고환 또는 난소를 조사해서 자웅을 감별하는 방법, 또는 계종(鷄種)에 반성유전자를 이용한 우모감별법(羽毛鑑別法)으로서 우모의 색에 의해 구별하는 방법도 있다.

자유기(自由基), **자유라디칼** free radical 바깥 전자계도에 하나 또는 그 이상의 홀전자(unpaired electron)를 가지고 있는 화합물이다. 자유라디칼은 다른 화합물로부터 전자를 취하고 세포막, 단백질과 DNA에 큰 손상을 입힌다. 자유산소(유리산소)를 포함하고 있는 라디칼은 superoxide, hydroxy와 hydroperoxyl radical 등이며, nitric oxide는 질소함유 자유라디칼이다.

ㅈ

자유선택 급여 自由選擇 給與 free choice feeding 가축에게 사료를 급여하는 방법의 일종인데, 각종의 사료를 단미사료 그대로 또는 적당히 배합한 사료를 별도의 급이기(給餌器)에 넣어서 급여하고 가축이 자유롭게 선택해서 섭취하도록 하는 방법이다. 이 방법에 의하면 가축은 스스로 사료를 충분히 섭취하는 이점이 있지만 섭취하는 사료가 편향(偏向)되는 경우에는 영양소 섭취량의 균형이 무너지기 쉽고 또 경제적인 것이 못된다.

자유에너지(自由~) free energy 생화학적 작용이 평형을 유지하도록 진행되는 과정에서 일(work)을 수행하도록 이용될 수 있는 에너지이다. 이 과정은 표준 자유에너지 변화($\Delta G^{\circ\prime}$)가 부(負)일 때는 즉시 일어난다.

자율적 사료섭취량 飼料攝取量 voluntary feed intake, voluntary feed consumption 동물 스스로 섭취하는 사료량이다. → 임의 사료섭취량.

자일리톨 xylitol 5탄당 크실로오스의 알코올 유도체이다. → 크실리톨.

작물부산물 경엽류 作物副産物 莖葉類 crop by-product 주로 식용으로 공급할 목적으로 재배하는 작물의 부산물인 경엽류를 작물부산물 경엽류라고 한다. 여기에는 고구마덩굴, 감자 경엽, 무 및 순무의 잎, 채소의 외엽, 사탕무우 잎, 땅콩 경엽, 완두덩굴, 동부덩굴 등이 포함된다. 이들의 사료가치는 높은 것이 많고 닭의 사료(綠餌)로 사용하기도 한다. 또한 소나 말의 사료로서 적합하므로 이용이 기대된다.

잔류사료 殘留飼料 weighback 동물의 사양시험, 소화시험 및 균형시험 중에 섭취하지 않고 남긴 사료를 말한다. → orts.

잔반류 殘飯類 garbage 주방에서 나오는 밥이나 반찬 같은 찌꺼기 등의 동물성·식물성 식품의 잔류물인데, 유해한 물질 이외에도 도기(陶器)·유리·금속의 파편·종이 등의 위험물이 포함되지 않은 잔반류는 사료로서 이용될 수 있다. 이것을 이용하기 위해서는 될 수 있는 대로 신선한 것을 모아서 부패하지 않도록 자비(煮沸)하고, 또 이때 떠오르는 지방분을 제거하면 좋다. 품질과 성분은 잔반류(殘飯類)를 입수하는 장소, 곧 급식장소·요리점·식당 등에 따라 다르고 또 계절에 따라서 상당히 다르다. 우리나라에서는 그대로 돼지 또는 오리사료로 이용되고 있는 경우도 있지만, 이것을 건조한 가공잔반(processed garbage)으로 만들면 더욱 좋다.

잔효 殘效 residual effect 시험실시 전에 가축에 먹인 사료의 각종 처리효과가 남아 있어서 시험성적에 영향을 미치는 경우 이것을 잔효라고 한다. 동일 개체를 반복해서 공시하는 것과 같은 예로서, 라틴방각법이나 반전시험법의 경우에는 전처리(전식)의 영향이 잔류하면 자료 해석을 잘못하는 일이 되므로 적당한 기간의 예비사육 기간을 둠으로써 잔효를 줄이는 것이 중요하다.

잠두 蚕豆 horse bean 잠두는 horse bean의 별칭으로 캐나다 등지에서는 faba bean이라고 부르는데 식용 외에도 일부는 가축, 특히 말의 사료로 이용되고 있다. 잠두는 조단백질 함량이 25% 이상으로 비교적 많고, 조섬유 함량은 5% 이하, 조지방 함량은 1~2% 정도로 낮다. 잠두는 단백질사료로서 이용할 수가 있지만, 이것만으로는 충분하지 못하므로 어분과 대두박을 함께 사용한다.

잠분 蚕糞 silkworm excreta 이것은 양잠을 할 때 얻어지는 누에의 배설물이다. 보통 누에는 섭취한 뽕잎 고형물의 40% 밖에는 소화하지 못하므로 잠분 중에는 가축이 이용할 수 있는 영양소가 비교적 많이 남아 있다. 이것은 특히 면양·소와 같은 반추가축의 사료로서 이용되고 있다. 생잠분은 수분함량이 50% 정도 되고, 건조한 것은 단백질은 매우 많지만 소화율은 그렇게 높지 않다. 건조 잠분의 사료가치는 양질의 야건초 정도로 보면 된다. 이것은 사일리지로서도 이용된다.

잠사 蚕渣 silkworm manure 누에가 먹고 남은 뽕잎, 잔가지, 잠분(蚕糞) 등이 섞여 있는 것이다. 양잠의 시기에는 많은 양이 나오므로 이것을 건조하든지 사일리지로 해서 이용하면 좋다. 잠사는 조단백질은 약간 많지만 소화율은 아주 낮으므로 야건초 정도의 가치로 보면 된다.

잠생활 潛生活 anabiosis 동결 또는 동결과 건조에 의하여 생명활동이 일시 정지되는 것(호흡 및 심장의 정지를 동반한다)을 말한다. 예를 들면 알라스카 또는 시베리아의 곤충류가 동면 중에 이 생활을 한다.

잡종 雜種 crossbred, hybrid 일반적으로 품종 또는 계통이 다른 암수 사이에서 태어난 새끼를 잡종 또는 교잡종이라고 한다. 보통 F(filial)로 나타내고, 1대째의 잡종을 F_1, 2대째를 F_2라고 한다. 잡종은 품종개량, 잡종강세(heterosis)의 이용 등을 목적으로 실행하고 있고, 품종 간 교잡종 외에 계통 간 교잡종도 포함한다. 또 잡종에는 과간잡종(科間雜種), 속간잡종(屬間雜種)도 포함되지만 축산에서는 실용화되고 있지 않다.

잡종닭 雜種鷄 hybrid poultry 최근 실용계(實用鷄)에 있어서는 순종보다 잡종이 많이 이용되고 있다(닭의 경우에는 교잡종이라고 하는 일이 많다). 산란계에 있어서는 계통 간 교잡종, 톱교잡종(top cross), 3원교잡종(three way cross), 4원교잡종(four way cross) 등이 주류이다. 육용계(브로일러)에 있어서는 품종 교잡종으로서 백색록크종 ♀(W.R.)×백색코니쉬종 ♂(W.C.)이 널리 사양되고 이것이 주류로 되어 가고 있으며, 이 경우 교배에 이용된 백색록크종에는 수없이 많은 계통이 이용되고 있다.

잡종(雜種) 돼지 hybrid swine 잡종의 돼지가 양친의 순수종으로서의 능력이 평균 이상의 능력을 나타내는 경향이 있는 경우 그 우수한 효과는 잡종강세(heterosis)에 의한 효과이다. 1대 잡종돈(F_1, first cross pig)은 두 품종의 교잡에 의한 것이고, 잡종강세 효과는 강건성과 번식능력에서 나타나기가 가장 쉽다. 한편 잡종의 이용방식에는 역교잡이나 순환교잡도 있지만 잡종돈을 만드는 경우 기초의 품종, 계통, 교잡의 방법 등에 의해서 우수한 것이 꼭 될 것이라고는 단언할 수 없다. 또 잡종돈의 표식에는 1대 잡종돈의 경우, 예로서 L.W(랜드레이스 암컷 × 요크셔 수컷)와 같이 나타내고, 3원 잡종돈의 경우도 L.W.H(L.W의 암컷 × 햄프셔)와 같이 나타낸다. 이 예에서 각 품종의 혈액의 비율은 1대 잡종에서 L와 W가 같이 1/2이 되고, 3원 잡종에서 L.W는 1/2, H는 1/2이 된다.

장 腸 intestine 위장 전체를 포함시키는 경우도 있지만, 특히 위의 다음 부분, 즉 소장(십이지장 · 공장 · 회장)과 대장을 합해서 말한다.

장닭 雄鷄 cock 1년 미만의 수탉을 cockerel, 1년 이상의 장닭은 cock라고 한다. → 수탉.

장막 漿膜 serosa 대부분이 결체조직으로 구성되어 있는 소화기관의 4개의 주요 층 중에서 가장 바깥층이다.

장미볏 백색 미노르카 rose comb minorca 꼬리로 향한 등의 경사와 커다란 꼬리털, 커다란 발, 볏모양과 털색에 따라서 7개의 내종이 있는 미노르카는 스페인의 미노르카섬이 원산지로서 표준 체중은 4.1 kg, 암탉 3.4 kg으로서 육질은 레그혼보다는 우수하고 고기맛도 좋으나 산란능력은 레그혼보다는 못하여 연 150개 정도이며 대란성(大卵性)이다. 초산일령은 210일로서 특징은 피부 빛깔이 백색, 정강이 빛깔이 흑색이고, 고기 수염이 길고 귀뿌리는 희고 크다. 7개의 내종에는 흙색 털빛, 갈색, 황반, 난색 등이 있다.

장변비 腸便秘 intestinal constipation 위장 카타르의 전후에 발생하는 경우가 많으며,

장의 내용물이 내벽에 정체되어 수분을 잃고 배분되지 않음으로써 장을 폐색시켜 일어나는 증세이다. 배분이 없거나 현저히 감소, 채식 및 반추의 중단과 감소, 고창(鼓脹), 신음소리를 내고 아픔과 괴로운 표정 등을 나타낸다. 치료에는 하제(下劑)를 투여하고 정장제의 내복도 실시한다.

장쇄 지방산 long-chain fatty acid 탄소 12개 이상의 지방산이다.

장액 腸液 intestinal juice Succus entericus라고도 한다. 소장의 내벽에 있는 장선(腸腺)에서 만들어지는 소화액이다. 소화효소인 aminopeptidase, dipeptidase, amylase, maltase, lactase, sucrase, lipase, esterases, nucleases 등이 있으며, 또한 췌장에서 온 trypsinogen과 chymotrypsinogen을 활성형인 trypsin과 chymotrypsin으로 변화시켜 주는 activator인 enterokinase가 들어 있다.

장액 漿液 serum 단백질이 응고된 후에 남는 투명한 액체이다. 우유에서의 장액은 때로는 유청이라고 하며, 이것은 whey를 뜻한다.

장유박 醬油粕 soy sauce cake 간장을 제조할 때에 얻어지는 부산물인데, 담아 놓는 메주를 압착해서 간장을 채취하고 남은 찌꺼기이다. 그 성분은 사용원료, 제조방법 등에 의해 다르지만 식염을 많이 함유하고 있는 것이 특징이다. 생것은 수분함량이 25% 정도이고 변질되기 쉽다. 건조한 것은 단백질함량이 23~30% 정도로 비교적 많지만 단백질의 질은 좋지 않다. 또 섬유가 많고 에너지가도 높지는 않다. 특히 식염함량이 7% 정도나 되므로 많이 급여하면 연변이 된다. 건조 장유박은 젖소의 농후사료에 10% 정도 배합할 수 있고, 양돈사료에는 5% 정도, 그리고 양계사료에는 거의 쓰지 않는다. 또 장유박을 사용할 때는 사료 중에 식염이 지나치지 않도록 주의할 필요가 있다.

장융모 腸絨毛 intestinal villi 소장의 표면을 덮고 있는 손가락 모양의 돌기(突起)를 말한다. 이들은 소화된 음식 또는 영양소를 흡수하기 위해서 넓은 표면적을 가지고 있다.

재생 전기 再生前期 regrowth early vegetative 그루터기에서 재생이 되는 시기 또는 가을에 흩어진 씨에서 싹이 나와 자라는 시기로서 아직 줄기 생장이 이루어지지 않은 매우 연약한 시기를 말한다. → 재생유 초기.

재생초 再生草 aftermath 채초(採草) 또는 방목 후에 곧 바로 재차 생육된 목초를 재생초라고 한다. 즉 2번초, 3번초 …가 그것이다. 재생은 최초 뿌리나 잘려져 남은 포기에 존재하는 저장 영양소를 소비해서 새로운 잎이 형성되고 광합성에 의한 생장이 이루어진다. 따라서 예취의 높이, 예취의 시기 및 시비방법에 따라서 재생량이 좌우된다. 북방형 목초에서는 기온이 낮은 편이 재생에 좋고, 남방형 목초에서는 기온이 높은 편이 재생에 좋다. 또 북방형 목초의 경우 재생초는 1번초보다 비구조성 탄수화물 함량이 적은 것이 보통이다.

재생 후기 再生 後期 regrowth late vegetative 재생이 시작된 뒤 줄기 생장이 이루어지

며, 꽃이 다시 피기 이전까지의 시기이다. 재생기로서 줄기 생장이 이루어지며 배동이 형성되는 시기를 말한다.

저글루타민산 글루텐 gluten low glutamic acid　글루텐으로부터 글루타민산의 일부를 제거한 것이다.

저단백질혈증 hypoproteinemia　혈장에 총 단백질 함량이 비정상적으로 낮은 것이다.

저마그네슘혈증 hypomagnesemia　혈중에 비정상적으로 낮은 마그네슘 수준이다.

저밀도 지방단백질 low density lipoprotein(LDL)　체내에서 용액상태로 지방을 운반하는 지방단백질의 일종이다. 저밀도 지방단백질은 VLDL(very low density lipoprotein)를 분해하여 간에서 합성되고 많은 양의 콜레스테롤을 함유하고 있어 이를 사용 또는 저장하기 위해 조직으로 운반한다. 혈청 중에 LDL이 높을 때는 동맥경화증에 걸릴 위험이 높다.

저색소성 hypochromic　철분 결핍으로 인해 적혈구에 헤모글로빈 색소가 부족한 증상이다.

저수분(低水分) 사일리지 low moisture silage　저수분 사일리지는 일명 헤일리지(haylage)라고도 한다. 건초와 사일리지의 중간적 성격을 지닌 것으로 보통 원료초의 수분함량을 40～50%로 예건하여 조제한 것이다. 이 사일리지의 이점은 일반 목초사일리지에 비하여 약 30% 많은 원료초를 저장할 수 있으며, 젖소의 영양섭취량을 많게 할 수 있다. 사일리지 제조는 기밀사일로(air-tight silo harvestoa)를 이용하여야 된다.

ㅈ

저온세균 低溫細菌 psychrophilic bacteria　저온성 세균(psychrophiles)에 속하는 것은 냉장 중의 우유・아이스크림 등의 유제품에서 문제가 된다. 또한 최근에는 식품의 냉동보관에서도 저온성 세균이 문제가 되고 있다. 저온 보관중인 버터・아이스크림 등의 향기 변질도 이 균에 의한 것으로 알려져 있다. 저온성 세균이라도 발육적온은 15～25℃이며, 최고 30℃에서 발육하기도 하므로 중온성 세균(mesophilies)과 구별이 되지 않는 것도 있다. 대장균도 가정에서 냉장 중인 살균우유 속에서 발육한다. 저온이라도 장기간 저장한다면 저온성 세균이 발육할 가능성이 있다.

저장성 탈수 低張性脫水 hypotone dehydration　세포내 수분은 증가되고 세포 외액은 감소되는 것이다.

저지종(種) Jersey　젖소로서는 소형에 속하는 것으로 영국 해협의 저지섬이 원산지이다. 모색(毛色)은 보통 회갈색인데 농도는 여러 가지이다. 외관은 우아하고 성질은 온순하며, 비교적 조숙하지만 체질은 원칙적으로 강건하다고는 말하기 어렵다. 1년간의 유량은 2,300～2,700 kg이고, 유지율은 5% 정도이다. 유지방이 높고 지방구가 크므로 버터 제조용의 원료유로서 알맞다.

저칼로리 식품(食品) low energy food 살찌기 위한 것이 아니라 만복감을 주는 식품으로 탄수화물과 지방함량이 낮고 수분과 섬유함량이 높다. 즉 과일·야채가 여기에 속하고, 체중 감소를 위한 다이어트식으로 이용된다.

저칼륨과소혈증(血症) hypokalemia 혈중 칼륨 수준이 정상 이하로 낮은 상태를 뜻한다. 즉 3.5 mEq/ℓ 이하이다. 칼륨이온의 지나친 손실(소화기관, 신장)에 의해서 야기되며, 경련 또는 근육의 쇄약을 가져온다. → hypopotassemia.

저칼슘혈증(血症) hypocalcemia 혈액 중에 칼슘(Ca) 수준이 정상 이하로 낮은 것을 뜻한다. 칼륨(K) 이온의 지나친 손실(소화기관, 신장)에 의해서 야기되며, 경련 또는 근육의 쇠약을 가져온다. 주원인은 부갑상선에서 분비되는 호르몬인 부갑상선호르몬(parathormone)의 분비부족 때문이다. → hypopotassemia.

저키 jerky 주로 소고기를 엷게 잘라서 햇빛 또는 오븐에서 건조한 것으로 약간 짜고 씹기에 좋게 만든 말린 고기를 뜻한다.

저혈당제 低血糖劑 hypoglycemic agent 혈중 당의 수준을 떨어뜨리는 것이며, 췌장에서 분비되는 insulin은 저혈당제이다. 또는 당뇨병에 설파제 약품(sulfa type drug)을 저혈당제로 사용하며, 이 약품은 insulin 분비를 촉진한다.

저혈당증 低血糖症 hypoglycemic 혈당 농도가 정상 이하, 즉 40～50 mg/dℓ 이하일 때이다.

ㅈ

적산온도 積算溫度 integration temperature 어떤 작물의 발아에서부터 성숙을 완료하기까지의 기간 중 그 작물의 최저 생육온도와 평균 기온과의 차를 생육기간 일수로 누적 계산한 총 합계 온도로서 이것은 작물이 정상적인 일생을 끝맺는 데는 일정한 온도량이 필요하다는 견지에서 생긴 개념으로 작물의 온도 특성을 단적으로 파악하는 데 또는 작물의 온도입지를 구명하는 데 이용된다.

적아구성 빈혈 sideroblastic anemia 빈혈의 일종으로 적혈구 내부 고리에 철분입자를 함유한 것이 특징이다.

적조현상 赤潮現狀 red tide 적조 미생물의 과잉 번식으로 인해 해수 중 용존 산소량이 지극히 부족한 상태로서 해수면이 적갈색을 띠는 현상이다. 이들 미생물로부터 분비되는 물질은 해수생물 또는 인체에 유해로운 독소이다.

적혈구 赤血球 red blood cell 혈색소 헤모글로빈을 운반하며, 헤모글로빈은 산소와 탄산가스를 혈류 중에 운반하는 역할을 한다. 이 세포는 8.8 μ의 직경과 1.9 μ의 두께를 갖는다. 혈액 1mℓ 중에 약 500만 개 있으며, 생존기간은 120일이고, 체내에서 파괴된 후 철분은 재이용된다.

전구물질, 선구물질 前驅物質, 先驅物質 precursor 다른 화합물로 전환될 수 있는 화합물질이다. 예를 들면 β-carotene은 retinal의 전구물질이다.

전기목책 電氣牧柵 electric fencer 가축을 방목하기 위한 목책의 일종인데 전기목책을 약해서 전목기(電牧器)라고도 한다. 전목기는 철사에 고압(5,000V)의 전기를 통하게 해 놓고 이 철사에 가축의 몸이 접촉하면 충격을 주도록 한 목책이다. 이것은 설치하기가 간단하지만, 다만 가축에게 처음으로 전목기를 사용하는 경우에는 다소의 훈련이 필요하다. 이 장치에는 전등선용의 펄스형(콘덴서에 축전해 놓고 순간적으로 0.5~1초마다 고압의 전기가 흐른다)과 전기용의 정량형(계속 통전식으로 일정 시간마다 회로를 연속시켜서 충격을 준다)의 두 종류가 있는데 전격의 상태, 사용 가능의 범위, 전원 등과의 관계로 보아서 펄스형이 널리 사용되고 있다.

전기영동 電氣泳動 electrophoresis 단백질 분자는 등전점보다는 산성 측에서는 정(正)의 하전을 가지며, 알칼리성에서는 부(負)로 하전되어 있으므로 그 수용액의 양단에 정·부의 전극을 넣어주면 분자가 이동한다. 이 현상을 전기영동이라 한다. 그 이동속도에 따라 단백질을 분리 분석할 수 있다.

전뇌 前腦 forebrain 뇌의 상부의 가장 큰 부위이며 절반씩 좌우로 분할되어 있고, 대뇌(cerebrum)와 간뇌(diencephalon)로 구성되어 있다.

전달 RNA(傳達) transfer RNA(tRNA) 단백질합성 과정에서 특수 아미노산을 운반하는 분자이다. 각기의 아미노산은 적어도 1개의 전달 RNA을 가지고 있다.

ㅈ

전당 全糖 total sugar 사료 중의 당분 전체를 일괄해서 정량한 값을 전당이라고 한다. 화학적으로는 사료를 염산으로 가수분해해서 생긴 환원성 물질을 정량해서 구한다. 생긴 당의 종류에 따라 전당을 구하는 계수는 각각 다르지만, 일반적으로 글루코오스로서 구하는 경우가 많다. 전당의 양에 0.9를 곱한 것을 조전분(crude starch)이라고도 한다.

전립선 前立腺 prostate gland 요도로 액체를 분비하는 남성 생식기에 있는 부속선이다.

전방목 全放牧 whole grazing 말을 방목하는데 주야 연속으로 하는 방식으로서 가장 많이 이용되고 있다. 전방목할 경우 말은 자유로이 풀이나 물을 찾아 돌아다니며 적당히 채식·휴식·수면을 취하는데, 하루 3회의 채식주기가 있다. 일반적으로 오전 8시~오후 4시, 오후 4시~오후 12시, 오전 0시~오전 8시로 나누어지는데, 오후 4시~오후 12시 사이에 가장 채식량이 많다.

전분 澱粉 starch 식물의 저장 탄수화물로서 포도당으로 구성되어 있는 다당류이며, 향(flavor)이 거의 없고 주로 곡류나 괴경류에 들어 있으며, 가축사료의 에너지원으로서 중요하다. 이것은 포도당이 α-1.4결합과 α-1.6결합으로 연결된 다당류이다. 산 또는 효소에 의해서 가수분해하게 되면 덱스트린(dextrin)이 되고, 이어서 말토오스(maltose)로 되어서 최후에는 포도당(glucose)으로 된다. 식물체 중에서는 전분립상으로 되어 있고, 식물의 종류와 있는 부위에 따라서 전분립의 크기라든지 형상이 다르다.

전분입의 외각(外殼)을 구성하는 것을 아밀로펙틴(amylopectin)이라 하며, 그 내용물을 아밀로오스(amylose)라고 한다. 아밀로오스는 아밀로펙틴에 비교하면 효소에 의한 분해가 용이하다. 또 그 결정구조의 차이에 따라서 α-전분, β-전분으로 나누는 경우도 있다. β-전분은 결정구조가 단단하고 α-전분은 결정구조가 허물어져 있는 것인데, β-전분을 가열하면 α-전분(어류는 이 α 전분만이 소화됨)으로 된다. 보통 종실 중의 전분은 근괴류 중의 전분에 비교하면 소화되기가 쉽다. 이것은 전분의 결정구조의 차이에 의한 것으로 생각된다.

전분가 澱粉價 starch value, starch equivalent 켈너(Kellner)가 제안한 사료의 에너지를 표시하는 하나의 단위이다. 소의 지방생산에 대한 사료의 효과를 전분의 효과를 기준으로 해서 나타낸 것인데, 사료 100 kg에 상당하는 전분의 kg수로서 표시한다. 각 가소화 성분마다 전분가를 산출한 것을 부분전분가라 하고, 부분전분가의 총합을 총 전분가라 한다. 사료의 조성에 의한 전분가의 저하를 고려해서 보정하는 계수를 사료의 종류별로 나타낸 것을 당가율(當價率)이라 하고, 전분가에 당가율을 곱한 것을 정미전분가(正味澱粉價)라 한다.

① 전분가(SV) = [(가소화순단백질 × 0.94) + (가소화가용무질소물 × 1.0)
(농후사료)　　+ (가소화조섬유 × 1.0) + (가소화조지방 × 1.91～2.41)]
　　　　　　× 당가율(유효율)

② 전분가(SV) = [(가소화순단백질 × 0.94) + (가소화가용무질소물 × 1.0)
(조사료)　　+ (가소화조섬유 × 1.0) + (가소화조지방 × 1.91)]
　　　　　　- (조섬유 함량 × 조섬유계수)

보통 전분가라고 하는 것은 조사료의 경우 종류마다 조섬유의 함량에 의해서 차감해야 할 전분가의 양이 결정된다. 전분가는 동물실험에 의해서 직접 구해진 것이지만, 위에 나타낸 바와 같이 사료의 성분표와 소화율표에서 유사한 것을 계산에 의해서 구할 수가 있다.

전분당밀 澱粉唐蜜 starch molasses 옥수수・수수와 같은 곡류로부터 뽑아낸 전분을 효소나 산으로 가수분해하여 포도당을 생산하는 과정에서 생기는 부산물이다.

전분박 澱粉粕 starch pulp 고구마(薯類 : 서류)와 같은 전분원료에서 전분을 채취하고 난 잔사(殘渣)인데, 우리나라에서는 고구마 및 감자의 전분공장에서 고구마전분박(sweet potato starch pulp) 및 감자전분박(potato starch pulp)이 생산되고 있다. 생전분박은 수분이 80～90% 정도 함유되어 있는데, 일부는 그냥 그대로를 돼지나 소에게 급여하고, 일부는 건조해서 사용되는데 건조전분박은 섬유가 약 15%로 많으며 에너지가가 낮다. 또 단백질・비타민・칼슘・인 등도 적고 영양가도 적으며, 기호성도 좋지 않다. 따라서 이것은 소의 사료로서는 어느 정도 이용될 수 있지만 돼지・닭의 사료에는 5% 이하의 배합으로 하는 것이 좋다. 다른 전분박으로서는 동남아시아 등지의 타피오카 전분공장에서 타피오카전분박[tapioca(cassava) starch pulp]이 생산되고 있으며, 주로 그대로 돼지 등에 급여되고 있다.

전분분해효소 澱粉分解酵素 amylase 전분 등을 가수분해해서 덱스트린(dextrin)이나 말토오스(maltose)로 분해하는 효소인데 동·식물계에 널리 분포되어 있다. 이 효소의 작용은 차이에 따라서 알파(α) 및 베타(β) 아밀라아제로 나누어질 수 있다. α-아밀라아제는 전분을 덱스트린과 α-말토오스로 하고, β-아밀라아제는 전분을 주로 β-말토오스로 하는 점에서 차이가 있다. → 아밀라아제.

전분소화 감퇴 澱粉消化 減退 depression of digestibility by starach 반추가축에 전분·자당·포도당과 같은 속효성의 탄수화물을 많이 급여하면 조섬유의 소화가 떨어지게 되는 것으로 알려져 있다. 이것을 전분소화 감퇴라고 한다. 이 원인은 반추위 내에서 속효성의 당류를 이용하는 미생물이 많이 증식해서 섬유소분해 박테리아의 증식을 억제하여 조섬유의 소화가 잘 이루어지지 않기 때문이다. 이 밖에도 단백질(N) 함량이 낮은 사료에 질소화합물을 첨가하게 되면 조섬유의 분해가 촉진되는 것 등 사료의 종류 또는 그 조합에 따라서 반추가축에서는 소화율의 변화가 생긴다.

전분제조 부산물 澱粉製造 副産物 starch process residue 전분을 추출할 때 남는 찌꺼기를 뜻한다.

ㅈ

전분질사료 澱粉質飼料 starchy feed 사료를 주성분에 의해서 분류하는 경우 전분이 주성분인 것을 총칭하여 전분질사료라고 한다. 여기에는 옥수수·수수와 같은 곡류, 고구마와 같은 서류(薯類)가 포함된다.

전분채취법 全糞採取法 total collection method 소화율의 측정은 급여한 사료에 대응하는 분(糞)을 분석해서 불소화분을 구하고, 이것을 차감해서 가소화 부분의 비율을 구한다. 이 경우 급여한 1회분의 사료에서 엄밀히 분을 채취하는 것은 곤란하므로 통상적으로 예비사육 기간을 두고 매일 일정량의 시험용 사료를 주어서 먼저 급여한 사료의 영향을 해소시킨 상태에서 일정기간의 본시험 중의 배설분의 전량을 채취·분석하고, 그 기간 중에 주어진 사료성분의 급여량에서 차감하여 가소화 양을 구한다. 따라서 시험기간 중의 사료의 급여량을 정확히 기록하여 전량을 먹도록 하고, 또한 분(糞)은 전량을 정확하게 오염되지 않도록 수집하는 데 주의할 필요가 있으며, 이 방법을 전분채취법이라 한다.

전위 前胃 proventriculus 조류 특유의 소화기이며, 근위의 직전에 위치해서 위액을 분비한다. 이것은 또한 선위(glandular stomach)라고도 한다. 전위는 염산과 펩신을 분비해서 소낭(素囊)에서 오는 사료와 잘 혼합해서 이것을 근위로 보내는 작용을 한다. 따라서 이 곳에 사료가 긴 시간 머물러 있는 일은 없다.

전이효소 mutase 분자에서 기능기를 재배치하는 효소이다.

전자계산기 電子計算機 electronic computer 전자의 기민한 동작을 이용하는 계산기인데, 디지탈 전자계산기(digital computer)와 아날로그 전자계산기(analog computer)가 있다. 현재에는 아날로그는 특수한 목적에 사용되기 때문에 거의 모두 디지탈형을 가리키고 있다. 최초의 전자계산기 ENIAC은 미국에서 1946년에 만들어져서 사격의 탄도계산을 목적으로 하고 있었지만, 현재에는 온갖 종류의 계산에 사용되고 있다. 사료공업의 분야에도 사료배합 설계, 재고품 관리, 저장수송의 합리화, 회계업무, 급여계산, 인사관리 등 광범위하게 활용되고 있으며, 또한 연구 자료의 처리에도 이용되며, 고도의 계산능력에 힘입어서 종래에 생각하지 못했던 대규모의 연구계획이 실시될 수 있도록 되었다. 대형화해서 성능이 향상되는 것과 함께 소형화해서 주산 대신으로 간단하게 쓰여지는 방향으로 발달되어 가고 있다. 아날로그형은 숫자를 마지막 자리까지 정확하게 읽을 필요가 있는 계산에는 적합하지 않지만 대국적으로 또 직관적으로 결과를 판단하는 데에 알맞고 선형계획법(linear programming)에 의한 사료배합 설계의 연구에도 이용된다.

전자계산기는 계산기구 뿐만이 아니라 일정한 program에 따라서 자동적으로 계산이 될 수 있도록 되어 있다. 그래서 인력장치, 연산장치, 출력장치 이외에도 제어장치, 기억장치가 있으며, 이들의 유형부분을 하드웨어(hard ware)라고 한다. 계산순서는 사람이 테이프라든지 카드를 사용해서 가르쳐 줄 필요가 있으며, 이것을 프로그램이라고 한다. 이와 같은 무형부분을 소프트웨어(soft ware)라고 한다.

※ Soft ware : 사용자가 목적으로 하는 결과를 얻기 위하여 직접 program을 구상하여 입력시키는 것을 말한다.

ㅈ

전지대두 全脂大豆 whole soybean, full-fat soybean 단백질 함량이 39% 정도이며, 육우·말·면양·젖소 사료원으로 적합하다. 고능력 젖소에 있어서 보충사료로 적합하지만 과다 사용시 soft butter가 생산된다. 가금이나 양돈용으로는 충분히 cooking 되지 않으면 소화율 및 단백질 이용률이 낮아진다. 이는 생대두 내의 trypsin innibitor가 원인으로 열처리를 하여 파괴시킨 후 사용한다. 양돈 사료용으로 10% 이상 사용할 때는 soft carcass를 생산한다.

전지면실 全脂棉實 whole cottonseed 단백질 함량은 22% 수준이며, 면화는 소화가 용이한 섬유소를 공급해 주고, 지방은 높은 열량을 공급해 주기 때문에 고능력 젖소에 있어서 보충사료로 적합하다. 육우와 말 및 면양용으로도 쓰인다. 섬유질이 19%로 높고, gossypol의 독성으로 인해 가금이나 양돈 사료용으로는 적합하지 않다.

전청예(全靑刈)**사일리지** whole crop silage 소위 청예작물, 즉 옥수수나 맥류를 사일리지로서 저장하는 경우 종전에는 곡실이 성숙되기 이전에 경엽을 원료로 하는 것이 대부분이었다. 그러나 근년에 와서는 성숙이 진행된 단계, 즉 호숙기·황숙기·완숙기가 되면서부터 전체를 사일리지로 하는 방법이 자주 사용하게 되었다. 이와 같이 성숙한 작물의 곡실과 경엽을 합해서 조제한 것을 호울크롭 사일리지라고 한다. 숙기가 이른 것보다 건물함량 및 건물수량은 높아지지만 조단백질 함량은 떨어진다. 그러나 에너지 함량은 떨어지지 않는다. 특히 옥수수의 경우에는 성숙이 진행되면 곡실의 전분이 많아지고 더욱 품질이 좋은 사일리지가 얻어지므로 최근에는 호울크롭 사일리지로 조제하는 농가가 증가하고 있다.

전키트 junket 유단백질(casein)이 응집되어 지방으로 둘러쌓인 앙금인데, 후에 투명한 유청(whey)이 남는다. 이 앙금은 rennin 효소로 생성된다.

전해질 電解質 electrolyte 물에 용해되거나 해리된 음이온과 양이온으로 구성된 물질이다. 용액에서 전류를 전도하고 전화된 입자로 이온화시키며 염(salts), 산(acids), 염기(basis) 등이다. 그러나 요소(urea), 포도당(glucose) 등은 분자들이 전하를 띄고 있지 않기 때문에 비전해질이다. 체내에서 양이온에는 sodium(Na^+), potassium(K^+), calcium(Ca^{+2}), magnesium(Mg^{+2}) 등이 있다. 음이온은 chloride(Cl^-), bicarbonate(HCO^{-3}), phophate(PO_4^{-3}), 그리고 sulfate (SO_4^{-2}) 혹은 유기산으로는 유산, 낙산, acetoacetate가 있다. 단백질은 다가전해질(polyelectrolytes) 음·양이온을 동시에 지니고 있다. Na^+는 혈장과 장액에서 주요 양이온이고, Cl^-은 음이온이다. 세포 내액에서 주요 양이온은 K^+이고, PO_4^{-2}는 주요 음이온이다. 다른 이온들은 여러 곳의 체액에서 다양하게 존재한다.

전해질 공급제 電解質 供給劑 electrolyte supplements 삼투압 및 산·염기 균형의 조절 등을 위해 첨가시켜 주는 물질로서 Na^+, Cl^-, K^+ 등이 주된 구성성분이다.

ㅈ

전해질 균형 電解質 均衡 elestrolyte balance 체내의 산·염기 균형은 전해질들의 균형에 의해서 유지된다. 가축영양 면에서 현실적으로 중요한 전해질 균형은 Na^+, K^+, Cl^-이다. 일반적으로 닭과 돼지에서의 사료 kg당 적정 meq(Na^+, K^+, Cl^-)는 100~250이다.

전호화전분 前糊化澱粉 pregelatinized starch 생전분은 냉수로 풀을 만들지 못한다. 따라서 식품을 농후화하는 용도로 사용될 경우에는 조리를 하여야 한다. 전호화전분은 거의 옥수수 전분으로 만들어졌으며 조리 후에 건조된 것이다. 인스턴트 푸딩, 파이속, 스프믹스, 샐러드 드레싱, 사탕, 과자 등에 사용되며 육류제품의 결착제에도 사용된다. 영양가는 원래의 전분과 같다.

전화 轉化 inversion 자당(sucrose)을 가수분해하여 글루코오스와 프럭토오스로 만드는 것이다.

전화당 轉化糖 invert sugar 자당(sucrose)을 invertase(sucrase) 또는 산으로 가수분해하여 생긴 글루코오스와 프럭토오스의 혼합물이다. 자당의 1.3배의 감미를 가지며 50% glucose와 50% furctose의 혼합물이다. 과자제조에 중요하며, 10~15%의 전화당을 첨가해 놓으면 자당의 결정석출이 방지된다.

절간생장 節間生長 intermodal growth 화본과 목초의 성장기에 불리어지는 용어로서 줄기가 형성되어 마디와 마디 사이가 성장하면서 키가 커지는 것을 뜻한다. 특히 화본과 목초에 있어서 이러한 절간생장 초기에는 저장된 영양소가 많이 소모되는 기간이므로 예취나 방목을 하게 되면 재생과 성장에 좋지 못한 영향을 미친다.

절제 moderation 무리하지 말고 적당히 운동하라, 좋은 체력을 기르기 위해 힘겨운 운동을 할 필요는 없다는 등을 표현한다.

점도 粘度 viscosity 액체의 흐름에 대한 저항을 정의하는 데 사용되는 술어이다.

점등 點燈 artificial lightning 장일성인 닭에 단일성 계절인 가을부터 초봄에 걸쳐서 일조시간이 짧아진 시기에 인공적으로 전등의 조명을 사용해서 시간을 연장시킴으로써 산란을 촉진하는 사양방식이다. 이 경우에 낮의 일조시간과 점등시간을 합해서 12~16 시간을 갖게 하는데, 초년 닭은 비교적 짧게, 2년 닭은 비교적 길게 전등을 켜 주고 있다. 이와 같이 하면 사료의 섭취량이 증가되고, 이 사이에는 환우(換羽)도 거의 일어나지 않고 높은 산란률이 유지된다.

점막(粘膜), **점막층** mucosa 입(구강점막), 장관, 호흡기계의 내면과 같은 습한 조직을 뜻한다. 장벽은 두 개의 면을 가지고 있는데 내면은 점막층이며, 외면은 장막층이다.

점막 粘膜 mucous membrance 소화기관, 호흡기, 비뇨기관 등의 많은 체관의 내부를 덮고 있는 세포이다.

점상출혈 點狀出血 petechiae 괴혈병의 한 증상으로서 바늘로 찌른 것 같이 피부에 발생하는 출혈을 뜻한다.

점액 粘液 mucus 소화기관에서 분비되는 분비물이며, 소화기관의 표면을 덮어서 위액 및 장액으로부터 소화기관을 보호하는 역할을 한다.

점액질 粘液質 mucilage 어떤 식물체에서 발견되는 물질로서 단백질과 다당류를 포함하는 젤라틴 같은 형태의 물질을 뜻한다.

점액수종 粘液水腫 myxodema 갑상선의 기능 저하(갑상선 기능부전)때 생기는 일종의 부종(浮腫)을 뜻한다.

접합자 接合子 zygote 수정란을 뜻한다. 즉 2개의 생식세포(gamete)가 융합하여 형성된 이배체세포(diploid)이다.

정강 精糠 polishing 벼를 도정할 때 왕겨와 겨가 제거된 다음에 깎이어 나오는 미세한 분말을 모은 것이다.

정규 기선 定規期船 liner 특정의 국역(國域) 또는 상항간(商港間)을 출항부터 착항까지의 일정한 운송로를 개설하고 미리 그 중간의 기항지, 발착기일(發着期日), 운임률 등을 정하고 규칙에 따른 항해를 하는 선박을 정규 기선이라 하는데, 통상적으로 라이너(liner)라고 한다. 정규 기선은 항로, 대상화물 탑재에 따른 최적의 선형(船型), 성능을 가지고 있으며 또한 하역설비, 특수 화물설비 등을 완비하고 있다. 또 외국 항로에 취항하는 정규 기선은 유력한 선박회사에 의해서 소유・운영되고 있으며, 직・간접으로 국가의 관리를 받고 있다.

정규분포 正規分布 normal distribution 연령・성별 등이 일정한 가축의 모집단을 생각하고 횡축에 체중을 잡고 종축에 그 체중을 가진 가축의 개체수를 잡아서 나타내면 체중의 변화에 대응하는 개체수의 분포는 체중의 모평균 μ를 중심으로 해서 좌우 대칭으로 엎어 놓은 종 같은 그림이 된다. 이와 같은 분포에 가장 적합한 이론분포가 정규분포이다. 정규분포는 모평균 μ와 모표준편차 σ가 정해지면 규정될 수 있는데, $\mu \pm 2\sigma$의 범위 내에 95%의 개체가 포함되고, $\mu \pm 3\sigma$의 범위 내에 전체의 99%가 포함되어 있다. 근대 통계학의 많은 이론은 모집단으로서 정규분포를 하고 있는 것을 전제로 하고 있는 경우가 많다.

정맥류 靜脈瘤 varicosity 혈액 장애 또는 혈관벽의 병변으로 정맥이 비정상적으로 확장된 것을 뜻한다. 소의 유정맥류(乳靜脈瘤), 말의 비절맥류(飛節脈瘤), 정계정맥류(精系靜脈瘤) 등을 들 수 있는데, 대개의 경우 일상 사양관리에 지장이 없지만 말의 질강(膣腔) 내 정맥류의 경우에는 교배 시 대출혈을 하는 수가 있다.

정미단백질비 正味蛋白質比 net protein ratio(NPR) 다음과 같이 시험하고자 하는 단백질을 급여한 동물의 체중 증가(W_p)에서 무단백질사료를 급여한 동물의 체중(Wo)을 뺀 다음 단백질 섭취량(P_I)으로 나눈 것이다.

$$정미단백질비(NPR) = \frac{W_P - Wo}{P_I}$$

정미단백질 이용률 正味蛋白質 利用率 net protein utilization(NPU) 단백질의 생물가는 흡수한 질소가 체내에 축적된 것을 나타낸 것으로서 소화율을 고려하지 않으며, 정미단백질 이용률(net protein utilization, NPU)은 사료 중의 질소가 축적되는 비율을 나타낸 것이다. 즉 실험동물을 두 군으로 나누어 한 군은 실험하고자 하는 단백질을 급여하고, 다른 한 군은 무단백질사료(protein free diet)를 급여하여 일정기간 후에 도체 중의 질소를 측정하여 다음과 같이 구한다.

$$정미단백질\ 이용률(NPU) = \frac{C_P - Co}{P_I} \times 100$$

또는 NPU = 생물가 × 소화율

위의 식에서 C_P는 시험하고자 하는 단백질을 급여한 동물의 도체 중 질소를 뜻하며, Co는 무단백질사료를 급여한 동물의 도체 중 질소이다. P_I는 사료 중 질소 섭취량을 뜻한다.

정미(正味)**에너지** net energy(NE) 정미에너지는 암스비(Armsby)에 의해 제안된 에너지의 단위로서 대사에너지에서 특이 동적작용(動的作用)에 쓰여진 에너지(열량 증가)를 제한 것이다. 특이 동적작용에 쓰여진 에너지는 체온의 유지 이외에는 이용되지 않으므로 가축의 생산을 목적으로 하는 경우에는 다른 에너지 단위보다도 합리적인 경우가 많다. 그러나 정미에너지는 사료의 종류, 급여방법, 가축의 종류, 생산목적 등에 의해 그 수치가 변동한다.

정밀급식 精密給食 precision feeding 닭에서 진정대사 에너지(TME)를 측정할 때 위내로 사료를 공급하는 방법으로서, 처음에는 강제급식(force feeding)이라고 하였으나 어감이 좋지 않다는 여론에 따라 precision feeding이라고 수정하였다. → 강제급식(force feeding).

정선 精選 screened 체를 사용하여 입자도가 서로 다른 물질을 분리하는 공정을 뜻하며, 일정 규격의 체를 통과한 부분보다 입자도가 큰 부분에 사용한다.

정선잔사 精選殘渣 screening refuse 곡류의 알곡이나 채유용 종실의 혼합물을 체로 쳐서 걸러낸 것을 뜻한다.

정액희석 보존액 精液稀釋 保存液 semen dilutor 인공적으로 채취한 정액은 이것을 수배로 희석하여 발정한 암소가 나올 때까지 냉암소(4℃)에 보존해 두지 않으면 안 된다. 이러한 목적으로 쓰이는 것이 난황 구연산소다 용액이다. 이것은 2～3%의 구연산소다 용액 100 mℓ 중에 난황 20～40 g을 함유하고 있으며(난구액, 卵枸液), 또는 페니실린 5～10만 단위와 스트렙토마이신 50～100 mg(희석정액 1 mℓ당 페니실린 500～1,000 단위, 스트렙토마이신 500～1,000 mcg)가 정액 보존 중 세균이 번식하지 못하도록 들어 있다. 대개 소의 정액은 이와 같은 난구액으로 5～10배쯤 희석하여 4℃로 보존하면 4～5일 가량은 인공수정에 유효하다.

정어리 鰯魚 sardine 정어리 통조림의 분석치는 다음과 같다. 단백질 20%, 지방 22.6%, 탄수화물은 없다. 100 g당 294 kcal., Ca 400 mg, Fe 4 mg, 비타민 A 100 I.U., 비타민 D 300 I.U., 비타민 B_2 0.2 mg, niacin 5 mg이다.

정육 精肉 dressed meat 가축 도체의 지육(枝肉) 중 뼈와 벗겨 낸 지방 및 기타 물질을 제외한 식용으로 사용되는 부분을 정육이라 한다. 정육은 적육(赤肉)과 지방으로 되어 있으며, 부위에 따라서 그 점유하는 비율이 다르다. 적육은 수분을 제외하면 대부분은 단백질이지만 성숙함에 따라 지방의 함량도 매우 많아진다. 식품으로서 가치는 적육(赤肉)의 비율이 많을수록 높지만 적당한 지방분포는 풍미를 돋구어 주기 때문에 필요하다. 정육은 각 부위에 따라 가격이 다르지만 영양가가 높다고 가격이 반드시 높은 것만은 아니다. 정육의 기호도는 맛 이외에도 색깔과 부드럽기, 수분 등에 의해 영향을 받는다.

정제 대두단백 精製 大豆蛋白 isolated soy protein(ISP) 탈지한 대두 후레이크로부터

단백질을 추출하여 침전시킨 다음 농축 가공한 것으로서 건물기준 단백질 함량이 90% 이상이다.

정제사료 精製飼料 purified diet 동물실험에 사용하기 위해서 순수한 물질을 배합해서 만들어진 사료인데, 영양성분의 혼합 비율을 정확하게 하기 위해 가급적 단일 영양성분으로 되어 있는 물질을 배합한다. 단백질원으로서는 카제인·아미노산 등이 사용되고, 탄수화물로서는 전분·글루코오스 등이 사용되고 있다. 또한 지방원으로서는 대두유·라드 등이 사용되며, 무기물로서는 순수 광물질 및 순수한 비타민 등이 사용되고 있다. 이것은 여러 가지 영양소의 요구량 혹은 영양소의 가치를 엄밀하게 비교하는 경우에 쓰여지고 있으며, 쥐나 병아리에는 적당한 정제사료가 만들어져 있다.

젖먹이사료 離乳飼料 calf starter, pig starter 포유기의 송아지나 새끼돼지에 급여하는 사료로서 개발된 것인데, 분상 또는 펠렛트상으로 급여하는 점이 대용유와 다르다. 젖먹이 사료는 모유의 성분을 근거로 해서 소화가 좋고 영양가가 높은 원료를 배합한 것에 미량영양소를 강화한 것인데, 송아지용과 새끼돼지용이 있다. 송아지용 젖먹이 사료는 생후 10일경부터 우유 또는 대용유와 병용하기 시작해서 6~7주령부터는 우유를 떼고 젖먹이 사료만 급여한다. 자돈용 젖먹이 사료는 생후 15일경부터 급여하기 시작하는데 대용유와 병용하는 일은 없다. 젖먹이 사료는 대용유보다 값이 저렴하기 때문에 널리 사용되고 있으며, 어린 가축이 순조롭게 육성되고 동시에 사육비의 절감, 모돈의 소모방지와 번식 횟수의 증가 등에 효과가 있다.

ㅈ

젖산 lactic acid 포도당의 혐기적 대사산물로서 3개 탄소를 가진 유기산이다.

젖소 乳牛 dairy cattle 소 중에서 젖의 생산을 목적으로 한 품종이다. 젖소의 대표는 홀스타인종(Holstein)이고, 이 밖에도 에어셔종(Ayrshire), 저지종(Jersey), 건지종(Guernsey), 브라운 스위스종 등이 주요 품종이다. 현재 우리나라에서 사육되고 있는 젖소의 대부분은 홀스타인종이다. 젖소의 일반적인 특징은 쐐기형의 체형으로 전구·중구·후구의 비율이 3:5:4로서 야윈 형이 대부분이다.

젖소의 내용년수(耐用年數) milk production duration 우유 생산비 중 젖소 감가상각비의 크기는 사료비, 사육 노동비에 이어 약 10%를 차지하고 있다. 젖소의 내용년한을 연장하는 것이 이 비용을 절감하는 가장 유효한 방법인데, 원래는 6~7산차의 내용년한이 실제로는 3~4산차에 끝나고, 가장 비유량이 많은 4~5산차에는 이미 도태되는 경우가 많다. 젖소 도태의 주된 이유는 소화기장해와 번식장해이며, 이 두 원인으로 전체의 2/3가 도태되고 있으며, 노령에 의한 도태는 10%에도 이르지 못한다. 보통 젖소는 그 산유량으로 보아 6산차까지는 경제적으로 사양할 수 있으며, 양질의 조사료 급여에 의한 사양관리의 향상으로 내용년한의 연장이 바람직하다.

젖소의 미약발정(微弱發情) 난소에는 소란포(小卵胞)가 나타나지만 성숙·배란에는 이르지 못하고 외부적인 발정 징후도 약한 경우를 가리킨다. 생리공태기(生理空胎期)라든지 사양관리에 결함이 있는 사사(舍飼)의 경우에 흔히 볼 수 있다.

젖소의 번식 적기(繁殖適期) optimum age of mating 성성숙(性成熟)에 도달했을지라도 미처 신체의 발육이 불충분하여 교배를 행하지 않고 어느 정도 발육을 기다려 교배시키는 시기를 일컫는다. 홀스타인종 빈우인 경우 생후 15개월(체중 350 kg)을 표준으로 삼고 있다.

젖소의 식욕(食慾) milk cow appetite 사료에 대한 젖소의 욕구는 몸의 크기, 영양소 요구량, 건강상태, 육성시의 사양법, 사료의 종류와 질 및 그 구성, 그리고 그 밖의 여러 요인에 따라서 달라진다. 사양표준에 있어서는 체중에 대한 사료건물량으로 표시하며, 체중의 1.8～3.2%, 즉 평균 2.5%를 식욕에 알맞는 급여 적량으로 본다. 사양관리에 있어서 실제적으로 관련되는 문제로서 먼저 비유기가 있다. 비유 최고기에서 중기에 걸쳐 식욕은 가장 높으며, 비유 말기에서 건유기까지는 가장 낮다. 사료의 종류에 있어서는 기호성이 높은 것이라든지 생풀(生草)처럼 소화관 통과의 속도가 빠른 사료에 대해서는 식욕이 높다. 육성시의 사양방법도 식욕과 관련이 깊은데, 어릴 때부터 조사료를 주로 하는 사육에 길들여지면 사료요구량도 많아서 먹성이 좋은 소가 된다.

젖소의 조기육성 비육(早期育成肥育) early raising of cattle 젖소의 조기육성 비육은 14～15개월령, 생체중 530～550 kg에서 출하하는 것인데, 이유 후의 육성・비육 기간에는 농후사료를 주로 급여하고 여기에 다소의 건초 또는 볏짚을 급여하여 비육한다. 젖소의 육성비육(育成肥育)은 시장에서 크기가 큰 지육이 유리한 경우라든지 육질・육색을 좋게 하기 위해 생후 17～18개월령, 생체중 570～600 kg 이상까지 비육을 연장한 것이다. 이 경우에는 농후사료를 많이 주어서 비육한다. 육성비육에 있어서 조사료를 많이 주든지 또는 방목을 하는 것도 가능하지만 비육기간이 연장되고, 20～30개월령에서 출하하게 되어서 사료효율도 저하한다. 또 이와 같이 해서 생산된 젖소고기를 dairy beef라고 한다.

ㅈ

젖소의 조숙성(早熟性) early maturation of cattle 육성기간이 길어지면 그에 따르는 비용이 증가하고 생산활동에 들어가는 시기 역시 지연되므로 가축의 조숙성은 중요하다. 조숙성의 기준이 되는 것은 ① 성숙 체중에 도달하는 연령(또는 월령), ② 번식개시 연령 등이다. 유우의 번식개시 월령(빈우의 첫 교배 월령)은 ㉠ 홀스타인종 14～16개월, ㉡ 저지종 15～17개월, ㉢ 브라운 스위스종 20～24개월이다.

제각분 蹄角粉 hoof and horn meal 이것은 가축의 발굽 및 뿔을 가수분해처리 후 미분상(微粉狀)으로 분쇄해서 혼합한 것이다. 닭에는 일부가 소화되므로 양계용 사료의 단백질원의 일부로 사용되는 일도 있지만 영양가가 낮고, 더욱이 그 사료가치의 변동 폭이 심하므로 단백질 자원이 풍부한 지역에서는 그다지 이용되지 않고 있다.

제과부산물 製菓副産物 bakery by-product 제과공장에서 부산물로서 얻어지는 빵부스러기이며, 비스켓 등의 과자부스러기는 가축・가금의 사료로서 곡류 대신 이용될 수 있다. 빵 부스러기는 수분이 20% 이상이나 되어 높지만, 비스켓 부스러기는 10% 이하로서 적다. 또 두 가지 다 곡류보다 지방이 많고 조섬유가 적으므로 곡류 이상의 사료가치가 있다.

제로 그레이징 zero grazing 그레이징이란 방목지에서 풀을 가축에게 채식시키는 것을 일컫는 말이며, 제로 그레이징은 풀을 가축에게 직접 채식시키는 것이 아니라 풀을 기계로 짧게 절단하여 수확한 후 급여하는 방식을 말한다.

제로효소(酵素) Z-enzyme Amylase와 결합되어 발견된 효소로서 amylose에 존재하는 미량의 1 : 3-β 결합을 공격한다. 순수결정을 한 β-amylase는 amylose의 70%를 maltose로 변화시킬 뿐인데 완전히 변화시키려면 제로효소가 필요하다.

제분 製粉 milling 보통 소맥에서 소맥분을 만드는 공정을 뜻한다.

제분기 製粉機 mill 보울밀, 해머분쇄기, 원반식 분쇄기, 맷돌, 로울러밀 등이 있다.

제분부산물 製粉副産物 flour by-product 제빵용 가루를 만들기 위하여 곡류를 도정하는 동안 생산되는 부산물을 뜻한다. 완두와 대두의 경우에는 배유와 약간의 외피가 포함된다.

제분율 製粉率 extraction rate 밀을 분쇄하는 데 밀가루가 어느 정도의 비율로 만들어지는가를 나타내는 양이다. 100% 제분율이란 밀입자를 모두 분쇄한 것으로서 straight run flour라고 한다. 제분율이 약간 떨어지는 것에는 반백분(半白粉)이 있는데 비교적 많은 기울과 배아가 들어 있으며, 72% 제분율이 보통 상품화되어 있다. Patent flour란 제분율 30～50%의 것으로서 완전히 밀의 배유만으로 구성되어 있다. 분석치 72% 제분율은 단백질 8～12.5%, 섬유 0.1～0.2%, 100 g당 비타민 B_1 0.1 mg, 비타민 B_2 0.06 mg, niacin 0.8 mg, Fe 1.5 mg이고, 80% 제분율은 단백질 9～12.5%, 섬유 0.2～0.3%, 100 g당 비타민 B_1 0.25 mg, 비타민 B_2 0.07 mg, niacin 1.6 mg, Fe 1.7 mg이다. 100% 제분율(전립과 동일)은 단백질 10～14%, 섬유 1.5～2.0%, 100 g당 비타민 B_1 0.4 mg, 비타민 B_2 0.13 mg, niacin 5.5 mg, Fe 3.0 mg이다. 70～72% 제분율의 밀가루는 80% 제분율의 것과 같은 정도가 되게 성분을 강화시키고 있다.

제분잔사 製粉殘渣 mill run 제분공정에서 생산되는 부산물로서 곡류나 씨앗의 내배유 분말을 제조할 때 완전히 분말로 되지 않고 남아 있는 알곡의 모든 부분을 뜻한다. 흔히 등급이나 검사대상이 되지 않으며, 겉껍질을 제거한 대두박과 그릿트를 생산할 때에는 배아와 외피가 생긴다.

제산제 制酸劑 antacids 체내의 산을 줄이는 약물로서 화학적으로 모두 알칼리에 속한다. 위산을 일부 중화하기 위하여 쓰이며, 탄산마그네슘・중탄산나트륨・수산화마그네슘 등이다.

제이 메신저 second messenger 체외 메신저(제일 메신저)가 수용체와 결합함에 따라 생성되는 체내 메신저 분자이다.

제인 zein 옥수수 알곡에서 얻는 단백질이며, 알코올에 용해되지만 물 혹은 희석알칼리에는 불용이다. 리신(lysine)이 결핍되어 있으며, 트립토판(tryptophan)도 부족하여 영양가는 낮다. 상업적으로는 옥수수 글루틴을 알코올로 추출하여 얻는다. 식품산업에서는 고기나 캔디 등의 가식코팅제로 쓰인다. 그리고 플라스틱, 종이코팅, 풀, 인쇄 등에도 쓰인다.

제1위, 반추위 第一胃, 反芻胃 rumen 소·양·염소와 같은 반추동물은 사람·돼지·개·쥐와 같은 단위동물과 달라 4개의 위를 가지고 있다. 이들 4개의 위는 다음과 같다. 루멘(rumen) 혹은 제1위에서 미생물발효로 휘발성 지방산이 생성되고, 제1위에서 사료는 다시 재저작을 위해서 입으로 돌아온다. 즉 반추를 한다. 그 다음에 제2위, 제3위가 있고, 또 제4위 혹은 진위(眞胃)가 있다.

제1위내의 사료대사 第一胃內 飼料代謝 feed metabolism in rumen 반추동물의 제1위는 사료의 저장, 소화 및 영양소의 흡수장소로서 역할을 하는 기관으로서 여기에는 제1위 내용물 1 mℓ당 1천억에 가까운 박테리아와 1백만의 프로토조아가 서식하고 있다. 섭취한 사료를 분해하고 또 비타민 등의 영양소를 합성하며 또 고급 단백질인 미생물단백질을 합성한다. 탄수화물은 분해되어 휘발성 지방산으로 변하고, 이것은 체내에 흡수되어 에너지원, 지방합성, 또는 포도당 합성에 이용된다. 단백질도 상당량이 암모니아로 분해된 후 다시 미생물단백질 합성에 이용되며, 불포화지방산은 미생물의 작용으로 포화지방산으로 변하기 때문에 반추동물의 고기 및 우유는 포화지방산의 함량이 높다. 뿐만 아니라 제1위에서는 모든 비타민 B군과 비타민 K를 합성하므로 사료에 공급하지 않아도 자체의 필요량은 충분히 충당된다.

제1위 미생물 第一胃 微生物 rumen microorganism 제1위내에는 박테리아(rumen bacteria)와 프로토조아(rumen protozoa), 그리고 곰팡이(fungi)를 주로 하는 미생물군이 형성되어 사료 중의 조섬유의 분해, 탄수화물에서 휘발성 지방산(V.F.A)의 생산, 단백질의 질적 전환 등 반추가축의 영양상 중요한 작용을 정상적으로 실행하고 있다. 제1위내의 미생물상과 활성은 일정한 사양조건 하에서 유지되고, 사료의 질과 양 등의 영양인자에 의해서 영향을 가장 크게 받는다. 일반적으로 조섬유나 전분의 분해에 대해서는 주로 박테리아가 담당하고, 프로토조아는 질소원의 전환에 주로 관계하고 있는 것으로 보인다.

제1위 박테리아 rumen bacteria 소의 제1위 내에는 내용물 1 g 또는 내용액 1 mℓ당 $10^9 \sim 10^{11}$의 박테리아가 존재하고 있다. 이들 박테리아는 셀룰로오스 분해작용, 사료단백질의 질적 전환, 탄수화물로부터 휘발성 지방산으로의 전환 등을 하며, 반추가축의 영양상 중요한 역할을 하고 있다. 박테리아의 활동·증식에는 일정량의 질소가 필요하며, 저단백질사료로써 사육하는 경우 박테리아의 활동은 활발하지 못하고 제1위 내에서의 소화작용은 저하된다.

제1위 부전각화증 第一胃 不全角化症 rumen parakeratosis 소나 양에 농후사료를 많이 급여하든지 조사료를 분쇄 또는 펠렛트로 해서 급여할 경우에 제1위 발효에 이상이 생기고, 특히 젖산의 증가와 pH의 저하에 의해서 제1위내에서 섬모상피세포가 젤라틴화, 유핵화 등을 일으켜 섬모가 딱딱하게 되고 팽대화하여 엉겨 붙은 것과 같은 증상을 제1위 부전각화증(rumen parakeratosis)이라 한다. 정상적인 제1위의 상피는 길이 1～2 cm의 섬모가 밀생하고, 융모는 제1위벽에서 휘발성 지방산 등을 흡수하기 위해서는 중요한 조직이므로 이 증세가 발생한 경우에는 제1위의 기능이 감퇴되고 만성 제1위염을 유발하며 간농양을 복합적으로 발생케 하는 경향이 있다. 중증의 제1위 부전각화증은 비육성적이 나쁘고 증체량이 저하하는 경향이 있다. 대책으로서는 양질의 건초 같은 조사료를 급여사료 전체(건물)의 10～15%을 긴 그대로 급여하여야 한다.

제1위에서의 비타민대사 vitamin metabolism in rumen 제1위의 기능이 완전히 발달하지 못한 송아지의 경우는 반드시 사료 중에 모든 비타민을 충분히 공급하여야 한다. 그러나 정상적인 경우 미생물이 활동할 수 있도록 제1위의 기능이 충분히 발달된 반추동물에서는 비타민 B군을 사료 중에 급여하지 않아도 전혀 결핍증상이 일어나지 않는다. 이것은 제1위에서 충분한 양의 비타민 B군이 합성되므로 반추동물이 이것을 흡수하여 이용할 수 있다는 뜻이다. 특히 전분분해 미생물은 전분을 이용해서 모든 비타민 B군을 합성할 수 있으나 섬유소분해 미생물은 이것을 합성하지 못한다. 그러므로 제1위 내용물을 채취하여 분석하면 사료 중의 비타민 B군의 함량보다 제1위 내용물 중에 몇 배나 높은 비타민 B군을 내포하고 있다. 비타민 B_{12}의 경우는 이 자체의 비타민을 공급할 필요는 없고 대신에 비타민 B_{12}의 구성성분인 코발트만을 공급하면 미생물에 의해서 비타민 B_{12}가 합성되고, 이것을 반추가축이 이용하게 된다. 지용성 비타민은 반드시 사료 중에 충분한 양을 공급하여야 하지만 비타민 K는 제1위에서 합성되어 이용된다.

전 분, 코발트 —(반추위 내에서 합성 / 전분분해 미생물)→ 모든 비타민 B군, 비타민 K

제1위 프로토조아 第一胃 原生動物 rumen protozoa 제1위내에 서식하는 다수의 프로토조아는 섬모충류(infusoria)에 속해 있고 섬모충류와 편모충류로 크게 구분된다. 특히 이 중에서 섬모충류에 속하는 엔토디니움(entodinium)과 디플로디니움(diplodinium)이 그 대부분을 차지하고 있다. 프로토조아의 소화 역할에 대해서는 최근 많은 연구발표가 있지만 그 대사라든지 사료이용에 대한 효과에 대해서는 불명한 점이 많다.

제한급여 制限給與, 制限給餌 controlled feeding, Restricted feeding 가축・가금의 종류 혹은 생산에 따라 사료를 적량 또는 그 이하의 수량으로 제한해서 급여하는 방법이다. 제한급여 방법으로는 매일 일정량의 사료를 급여하는 양적 제한법과 영양소의 불균형에 의한 질적 제한법이 있다. 돼지는 지방이 과잉 축적되는 것을 막기 위해서 이러한 사양법을 채택할 때가 많다. 닭의 경우 매일 일정량의 사료를 측정하여 급여하는 것은 노동력이 많이 든다. 이러한 경우 일정 시간부터 다음 날까지 24시간 동안 사료를 급여하지 않고 제한하는 방법이 있는데 이것을 격일제 사양(skip a day feeding)이라고 한다.

제한아미노산 limiting amino acid 식품내 체내 요구량보다 상대적으로 적은 양이 들어 있는 필수아미노산을 말한다.

젤라틴 gelatin 동물의 뼈, 결체조직과 조류(藻類, algae)로부터 얻는 무색·무취 및 향기가 없는 단백질이다.

젤라틴화(化) gelatinization 동물의 피부에 많이 들어 있는 단백질인 콜라겐을 삶거나 부분적으로 가수분해하면 젤라틴이 된다. 곡류에 들어 있는 전분을 가수분해하면 중간산물로 풀과 같이 점성을 띄는 dextrin이 생성된다. 따라서 곡류를 가수열처리하면 수분을 흡수하고 팽창되고 부드러워져 덱스트린화(dextrinzation)가 되는데, 젤라틴과 같은 물성을 띄게 되므로 속칭 '젤라틴화'라고도 한다. → 호화(糊化).

조 millet 조는 소립의 곡물로서 품종이 많다. 도정해서 식용으로 이용되기도 하지만 그냥 그대로 사료로서 이용된다. 조의 종실의 주성분은 전분이고 조단백질 함량은 10% 전후, 조섬유는 5~6% 정도이다. 조는 다른 곡류와 같이 소·돼지·닭의 사료로서 사용되지만, 닭 이외의 가축에 급여할 경우는 분쇄해서 먹이는 것이 좋다. 또 닭에 급여할 경우는 껍질을 제거해서 먹이는 것이 더욱 좋다.

조골세포 骨芽細胞 osteoblast 무기질과 뼈기질로 구성된 뼈세포이다. 섬유아세포(芽細胞)에서 기원하며, 뼈를 만드는 미숙세포를 말한다. 즉 뼈조직을 만드는 세포이다.

조단백질 粗蛋白質 crude protein 사료의 일반 성분 중의 하나이다. 사료의 질소함량을 켈달법에 의해서 정량한 질소함량에 6.25를 곱한 것을 조단백질 함량이라고 한다. 보통 사료의 질소 형태는 대부분이 단백질이므로 조단백질 함량에 따라서 대략의 단백질 함량을 추정할 수 있다. 조단백질에는 단백질 이외의 질소화합물, 즉 암모니아·아미드·아미노산·키틴 등 모든 질소화합물이 포함된다. 조단백질의 질소함량을 16%로 가정해서 그 계수를 정해 놓았다.

조당 粗糖 raw sugar 정제하지 않은 갈색 설탕인데 96~98%의 순도로 정제하기 위해 수입되고 있다. 곰팡이의 포자, 세균, 사탕수수, 섬유, 흙 등으로 오염되어 있다.

조류 藻類 algae 여러 종류의 해초(seaweed)를 포함한 진핵생물(eukaryote)에 속하는 광합성을 하며, 꽃을 피우지 않는 미생물이다. 조류 중 식품으로서는 대규모 배양이 가능한 클로렐라(chlorella)가 있다. 클로렐라는 충분한 열·광선·무기염·탄산가스를 공급하면 급속히 증식하여 지방, 단백질과 탄수화물의 대규모 공급원이 될 수 있다. 해조류는 irish moss나 미역(dulse), 김(laver) 등과 같이 오래 전부터 여러 나라에서 식용하고 있는 것이 많다.

조리 調理 cooking 식품을 보다 맛있게 혹은 보다 소화가 잘 되게 하기 위하여 조리를 한다. 고기는 결체조직(結締組織)의 분해가 일어나며, 식물조직은 셀룰로오스의 연화가 일어난다.

① 브로일(broling) : 불 위에서 직화로 조리한다.
② 팬브로일(pan broiling) : 직화로 뜨겁게 한 금속판 위에서 조리한다.
③ 소테(sauteing) : 소량의 기름이나 버터로 조리된다.
④ 시머(simmering) : 100℃ 바로 아래의 온도에서 물을 끓인다.
⑤ 스튜우(stewing) : 장시간 끓여 졸이는 것을 말한다.
⑥ 프리카세(fricassée) : 소테와 스튜우를 같이 한 것이다.
⑦ 찌는 것(steaming) : 증기열로 조리한다. 직접 쪄서 끓인 것, 혹은 이중냄비의 찜솥을 이용하거나 압력냄비로 100℃ 이상에서 찔 때가 있다.

조리가공 調理加工 preparation 사료를 가공처리해서 조리하면 그 풍미가 증가하고, 소화흡수를 좋게 하며, 유해물을 제거하고, 보존을 좋게 하는 등의 효과가 있다. 그러나 조리가공은 경제적으로 채산이 맞아야 하는데, 그 효과에 비해 경비가 너무 들거나 노동력이 많이 가는 방법은 실제로 시행되고 있지 않다. 조사료의 세절, 건초나 사일리지로서의 저장, 농후사료의 증자(蒸煮), 침지, 분쇄, 기타 발효처리와 약품처리 등이 흔히 사용되는 방법이다.

조리, 영양소의 손실 調理, 營養素損失 cooking, loss of nutrients 일반적으로 수용성 비타민류와 무기물은 조리에 사용된 물에 용해되어 나가지만, 지용성 비타민류는 프라이한 경우만 제외하면 변화하지 않는다. 그리고 단백질은 극단적인 조건이 아니면 파괴되지 않는다. 채소는 비타민 C가 손실되기 쉬우며, 대부분은 물에 용해되어 손실되나 산화에서 오는 손실도 있다. 조리용 물의 양을 줄이는 방법으로 영양소 손실을 줄일 수 있으나 조리 후 뜨거운 상태로 두면 많은 손실을 가져온다. 비타민 B군은 약간 파괴된다. 프라이하면 비타민 B_1의 10%, 비타민 B_2의 10%, 니코틴산의 15%가 파괴되고, 스튜에서는 75%, 30%, 50%가 파괴된다.

조면 부산물 繰綿副産物 gin by-product 조면할 때 목화 섬유와 종실을 분리하고 남은 잔여물을 뜻한다.

조사 照射 irradiation 식품산업계의 용어로서는 자외선 조사(ultraviolet irradiation)가 아니고 여러 가지 미생물의 멸균, 즉 이온화조사를 뜻한다. 완전멸균에는 높은 선량(線量)의 조사가 필요하지만 식품의 풍미・색・조직의 손실을 일으킨다. 소량의 조사는 난(卵) 중의 살모넬라 또는 식육 중의 기생충을 죽이며, 곡물의 해충을 구제한다. 또한 감자 또는 근채류의 발아를 억제하기 때문에 저장기간을 길게 하는 데 유용하다.

조사료 粗飼料 roughage 가축의 사료 중 부피가 크고 가소화영양소의 함량이 낮은 것을 일반적으로 조사료라고 한다. 이것은 가축에 만복감(滿腹感)을 주고 배변을 좋게 하는 효과가 있으며, 또 반추가축에 있어서는 제1위의 활동을 좋게 한다.

조사료는 다음과 같이 크게 두 가지로 나눌 수 있다.

① 수분함량이 낮고 조섬유가 많은 짚류·각류·건초류 등이 있다.

② 수분함량이 높은 생초류·청예작물·사일리지·근채류 등이 있는데, 이런 것은 다즙사료(succulent feed)라고 한다.

조사료 상대가치 粗飼料 相對價值 relative feed value(RFV) 조사료의 상대적 사료가치 평가방법으로 개화만기의 알팔파의 사료적 가치를 100으로 할 때 조단백, ADF, NDF를 근거로 한 조사료의 상대적 가치를 구한다. 따라서 RFV가 높을수록 조사료의 품질이 우수하고, 그 사료적 가치도 우수하다.

조사우유 照射牛乳 irradiated milk 자외선으로 조사한 우유를 뜻하는데, 우유 내에 있는 7-dehydro cholesterol은 일부가 조사에 의해 비타민 D로 변한다.

조산아 preterm 임신 37주 이전에 태어난 신생아이며, 미숙아라고도 한다.

조섬유 粗纖維 crude fiber 사료의 일반 성분의 하나인데, 사료를 약산(1.25% H_2SO_4)과 약알칼리(1.25% NaOH)로써 차례로 끓인 뒤 알코올 및 에테르로서 차례로 씻어낸 후의 잔류물질로부터 회분을 제거한 것이다. 이렇게 해서 얻어진 조섬유는 셀룰로오스 외에도 키틴, 리그닌, 펜토산 등의 일부가 섞여 있다. 키틴을 함유하는 경우에는 별도로 조섬유의 질소함량을 측정해서 조단백질을 보정한다. 조섬유의 함량과 사료의 영양가와는 밀접한 관계가 있는데, 보통 조섬유의 함량이 많을수록 사료의 영양가치는 떨어진다.

조제분유 調製粉乳 modified milk powder 유아용 식품으로서 우유를 모유의 조성에 가깝게 하고 건조 가공해서 보존에 알맞도록 한 것이다. 우유는 인유(人乳)보다도 농후하고, 특히 지방과 단백질이 많고 당분이 적어서 그대로는 모유의 대용품으로서 불완전하므로 우유에 각종 당류, 비타민류, 무기물류, 그 밖의 영양소를 적당히 배합하고, 다시 소화·흡수되기 쉬운 상태로 하는 등의 가공을 한 것이다. 첨가하는 영양소, 처리방법의 세부 사항에 대해서는 유업회사에 따라 다르며, 경쟁적으로 개량이 더해지고 있다. 현재 시판되고 있는 분유는 온수에 용해시키는 것만으로 유아에 먹일 수 있도록 조제되어 있다.

조지방 粗脂肪 ether extract, crude fat 사료의 일반 성분의 하나이다. 사료를 건조시켜서 에테르로 추출한 후 추출된 성분을 조지방이라고 한다. 조지방에는 글리세리드 외에도 지방산, 고급 알코올, 밀납, 스테로이드, 카로티노이드(carotenoid), 수지류(樹脂類) 등 여러 가지를 함유하고 있다. 비누화된 고급지방산은 에테르에 의해서 추출되지 않으므로 이런 물질을 많이 함유하는 경우에는 산으로 가수분해한 후 추출한다.

조직간액, 간질액 interstitial fluid 임파계(lymphatic system)에 주로 존재하는 액이며 체세포와 조직간에 들어 있다. 조직간액이 세포외액(extra-cellular fluid)을 구성한다.

조혈 hematopoiesis 골수(bone marrow)에서 만들어지는 혈구(혈액세포)의 생산이며 엽산, 비타민 B_{12}와 철분과 기타 영양소가 요구된다.

조회분 粗灰分 crude ash 사료의 일반 성분의 하나이며, 도가니에 넣어서 550℃에서 연소시켜 일정량에 이른 재를 조회분이라고 한다. 조회분은 소량 탄소의 잔존 또는 알칼리 염류의 증발 등으로 인해 무기염 총량과 어느 정도는 다를 수도 있다. 또 토사(土砂)를 함유하는 경우에도 사료가 본래 가지고 있던 무기염류 총량과는 차이가 생긴다. 토사 및 잔존 탄소를 제거한 것을 순회분이라고 한다.

조효소 coenzyme 불완전효소와 결합하여 완전효소로 전환시키는 유기화합물이다.

졸 sol 콜로이드상 용액으로서 보통 분자(용액과 같은)와 조립(粗粒) 사이의 중간 크기의 현탁액이다. 젤리모양의 졸이 gel이다.

종계 種鷄 breeding hen 양계의 목적은 계란과 고기 생산이므로 각각의 목적에 맞는 계통의 것을 사육하지 않으면 안 된다. 이와 같이 좋은 계통의 닭을 사육해서 이들로부터 종란을 채취하는 닭을 종계라고 한다. 종계로서 중요한 것은 건강해서 생존율이 높고, 성장이 빠르며, 산란율이 높아야 하고, 또한 그 성능을 유지하고 질병에 강하며, 나쁜 습관이 없는 것이라야 한다.

종돈 種豚 breeding pig 번식을 목적으로 사양하는 돼지를 종돈 또는 번식돈이라고 하며, 자돈과 웅돈(boar)이 있다. 암돼지는 다시 초산까지를 미경산돈(gilt)이라 하고, 제2산 이후를 성자돈(sow)이라 한다. 미경산돈과 성돈과는 영양소의 요구량이 많이 다르다. 암돼지의 번식개시 적기는 생후 약 8개월, 체중 120 kg 정도가 시점으로서 6산(産) 정도까지 사용하는 것이 경제적으로 유효하다. 또 암돼지의 체중은 임신기간 114일 동안 점차 증가해서 분만 시의 체중은 교배 시보다 평균 30% 정도 증가된다. 산자수는 품종과 산차 등에 따라 다르지만 평균 10두 전후이다. 또 암돼지의 발정주기는 21일이고, 발정은 약 2일간 지속된다.

종란 種卵 hatching egg 종계로부터 얻어진 알을 종란이라고 하며, 종란으로서 이용될 경우는 수정률과 부화률이 중요하다. 보통 평사(平飼)에서는 암컷 10~15수 정도에 대해 수컷 1수를 배치하는 자연교배를 실시하고, 또한 케이지에서는 수컷에서 인위적으로 채취한 정액을 암컷 1수당 약 0.02 mℓ를 주입하는 인공수정이 실행되고 있다.

종란으로서는 다음과 같은 것이 중요하다.

① 품종 고유의 난중(卵重)을 가질 것
② 기형란이 아닐 것
③ 난각(卵殼)이 고를 것
④ 저란(貯卵) 온도가 10~13℃ 정도로서 저장기간이 가급적 짧고 1주일 이상을 넘기지 않은 것 등이다.

종려핵박 棕櫚核粕 palm kernel cake 주로 열대지방에서 생산되는 oil palm 열매의 핵으로부터 기름을 짜고 남은 박으로서 착유 전 핵의 지방함량은 약 49%, 단백질 함량은 약 8.5%이다. 착유 후 성분은 조단백질 13%, 지방 8%, 조섬유 20%, 회분 3.5%, NFE 55%, GE 840 kcal/kg으로 반추가축 사료로 이용된다. → 팜박.

종부방법 種付方法 mating method 자유교배와 지도교배의 두 가지로 나뉜다. 자유교배는 사람이 개입하지 않고 가축의 암·수가 자유로이 교배하는 것으로서 수태율은 높으나 수컷 한 마리의 교배능력에는 한도가 있으므로 많은 수컷을 필요로 하기 때문에 가축 개량상 바람직한 방법이 못 된다. 지도교배 발정한 암컷의 최적기에 한 해 교배시키는 방법으로서 여기에는 자연교배와 인공수정 두 가지가 있다. 그러나 이것은 교배적기를 정확하게 알아내지 못하면 수태율이 저하할 우려가 있다.

종실유 種實油 seed oil 지질을 함유한 종실을 추출시킬 때 얻어지는 기름을 뜻한다.

종피 種皮 seed coat 두과류 등의 식물에서 꼬투리 속에 있는 종실을 싸고 있는 껍질을 뜻한다.

좋은 소 choice of excellent cattle 늑골 사이를 두드려 보아서 건조한 소리가 나면 피부가 팽팽한 건강하고 능력 있는 소이고, 탁한 소리가 나면 피부가 늘어져서 건강하지 못하며 능력이 떨어지는 소인 것이다. 그런데 이렇게 건조하고 맑은 소리가 들리는 소는 좀처럼 만나기 어렵다. 좋은 소를 분명하게 고를 줄 알아야 한다. 능력 있는 소만이 좋은 소이기 때문이다. 좋은 소란 혈통만으로 따져서도 안 된다. 좋은 혈통이란 능력 있는 소를 많이 출산하는 소를 말한다. 그러므로 젖소는 「유전과 환경의 합작」이라고 할 수 있다. 그래서 '능력 있는 소'라는 것은 이 합작된 개체가 지니는 잠재적인 에너지인 것이다. 이것은 몸집과 개체의 능력으로서 좋은 소를 고르는 비결이다.

죠라이트 zeolite Tectosilicate에 속하는 함수규산염(含水硅酸鹽)으로서 흡착작용과 염기치환 용량이 높다. 가축에게 급여 시 장내(腸內) 수분을 흡수하고 연변을 방지하며, 사료의 장내 통과시간을 지연시켜 소화율을 향상시킬 수 있다. → 규산염 광물질.

졸린 zoalene 1955년 미국에서 발견된 니트로벤자마이드 화합물의 항콕시듐제으로서 화학명은 3.5-dinitro-o-toluamide이다. 넓은 범위의 닭콕시듐병의 예방을 목적으로 사용되고 있다. 졸린의 사료 첨가량은 브로일러 및 산란용 병아리에 40～125 ppm이 사용되고, 사료첨가제로 지정되어 있다.

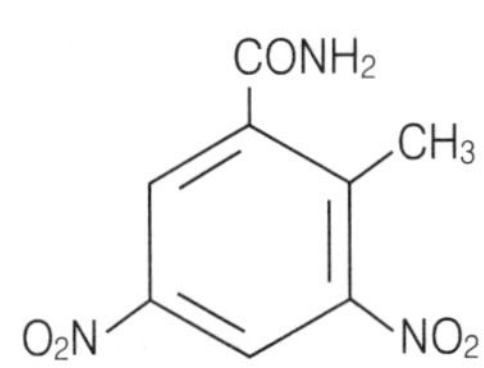

Zoalene

주객섬망 delirium tremens 알코올 중독자(alcoholics)에게서 나타나는 증상이며 정신 혼란(mental confusion), 전율(trembling), 식욕감퇴나 오심 등의 증세를 나타낸다.

주문 배합사료 注文配合飼料 customer formula feed 미국의 규격에 의하면 특정의 수요자(customer)의 지정에 의해서 또한 특수성에 따라 생산되는 배합사료이며, custom feed 또는 custom mix라고도 한다. 우리나라에서도 특수하게 주문하여 사용하는 양축가가 늘어나고 있다.

주산기 perinatal period 분만 직전부터 분만 후 100시간 이내의 기간이다.

주세포 主細胞 chief cell 위(胃)에 있는 특수화된 세포로서 단백질 소화효소인 pepsinogen을 분비한다. 그리고 지방분해효소인 lipase를 분비한다.

주스 juice 과일 또는 야채의 즙액을 추출한 액이다.

주정박 酒精粕 distiller's dried grain 주정박은 알코올 생산 후 잔류하는 곡물찌꺼기를 분리하여 말린 것이다. 기호성이 좋고 단백질의 1위 우회 통과율(by pass protein)이 높아 주로 유우에 있어 단백질(약 28%) 및 에너지원으로 사용하며, 육우나 면양의 단백질원으로도 중요하다. 고섬유질(11～13%) 성분으로 인해 단위동물용으로는 이용도가 낮다. → 디스틸러즈 드라이드 그레인.

주정잔액박 酒精殘液粕 distiller's dried soluble 곡물을 효모로 발효시켜 알코올을 증류한 후 남은 부산물을 스크린에 통과시켜 굵은 곡류 찌꺼기를 분리해 내고 남은 잔액을 원심분리로서 용액 속의 미립자를 분리하여 건조시킨 것이다. → 디스틸러즈 드라이드 솔루블.

주정혼합박 酒精混合粕 distiller's dried grain with soluble 주정박과 주정잔액박을 적당한 비율로 혼합한 것이다. → 증류잔액.

죽 gruel 분쇄한 것을 뜨겁거나 또는 찬물과 섞은 음식이다.

줄 joule(J) 에너지의 단위이며, 1 kg을 1뉴톤(newton)의 힘으로 1미터 옮기는 데 필요한 에너지이다. 영양학자와 생리학자들은 많은 양의 에너지를 나타내기 위해서 킬로줄(KJ = 10^3J)과 메가줄(MJ = 10^6J)을 주로 사용한다. 과거에는 에너지를 언제나 킬로칼로리(kcal)와 같은 열량(heat)의 단위로 풀이했으며, 이것은 1 kg의 물을 14.5℃에서 15.5℃까지 1℃ 높이는 데 소요되는 열량으로 정의된다. 칼로리를 줄로 바꿀 때는 4.184를 곱해 주면 된다.

1 newton = 10만 dynes
1 다인(dyne) = 1 g의 물체에 작용하여 1초에 1 cm의 가속도를 일으키는 힘
1 cal = 4.184 J 또는 1 kcal = 4.184 KJ

중간뇌 midbrain 뇌간(brain stem)의 상부이며, 전뇌(forebrain)와 연결되어 있다.

중간사슬 지방산 medium-chain fatty acid 6～10개 탄소로 구성된 지방산이다.

중력분리 重力分離 gravity separation 크림으로부터 무게 또는 비중의 차이에 의해서 분리해 내는 것이다.

중병아리 中雛 growing chick, 7～12 weeks old 7～12주령 정도의 병아리를 중병아리라고 한다. 중병아리는 보온의 필요가 없어지므로 배터리나 케이지에서 사양하는 것 이외에 평사(平飼)하는 경우도 많다. 이 시기는 병아리의 육성 중 성장률이 높은 시기이므로 영양소의 균형이 잡힌 사료를 급여해서 체질의 충실을 도모하는 것이 중요하다. 사료의 단배질 함량은 16～17%, ME 2,800 kcal/kg 정도로 하는 것이 요망된다. 또 중병아리, 특히 봄에 부화한 경우에는 콕시듐 및 기타 질병에 감염되기 쉬우므로 위생관리에도 충분한 주의가 필요하다.

중복방형법 重腹方形法 nest quadrate method 식생(植生) 조사법의 일종으로 작은 방형틀을 기초로 하여 더욱 큰 방형틀을 이에 겹쳐 조사한다. 보통 한 변이 25 cm · 50cm · 100 cm인 것을 기본틀로 하고, 단초형(短草型)의 경우 한 변이 12.5～100 cm 정도로, 장초형(長草型) · 관목형의 경우 200～500 cm 정도로 측정한다. 측정 항목은 일반적으로 밀도 · 피복도(被覆度) · 초장은 25 cm구와 50 cm구로, 생초 중량은 100 cm 구로 측정한다.

중복자궁외구 重腹子宮外口 double cervix 자궁경관의 말단이 둘로 갈라져 외구가 두 개 있는 것을 뜻하며, 소에게서 가끔 발견되는 생식기 기형의 일종인데 수태에 장해는 되지 않는다.

중분 中粉 middling 밀가루를 만들 때 나오는 부산물로서 상이한 비율의 배유(endosperm), 겨(bran), 배아(germ)를 포함한 여러 가지 크기의 입자를 가지고 있다.

중성백혈구 中性白血球 neutrocyte, neutrophils 식세포 기능을 가진 백혈구이다.

중성세제 불용성 섬유 中性洗劑 不溶性 纖維 neutral detergent fiber(NDF) 중성세제 용액으로 1시간 동안 끓인 후 여과했을 때 용해되지 않고 남는 섬유질을 뜻하는데, 이는 세포벽을 구성하고 있는 hemicellulose, cellouse, lignin이 주성분이다. 따라서 NDF-hemicellulose = ADF의 관계가 성립된다. 또한 NDF는 건물사료 섭취량(DM, intake)과 관계가 깊다.→ neutral detergent fiber, NDF.

중성지방 中性脂肪 neutral fat, triglyceride, triacylglycerol 트리글리세리드를 뜻하며, 글리세롤 분자에 3개의 지방산이 에스테르결합을 한 지방이다. 다른 지방과 구별하기 위하여 사용된다. 예를 들면 혈액의 지질을 분류하여 중성지방, 콜레스테롤, 인지질로 나누고 있다. 고농축에너지를 함유하며 지방세포에 축적된다. 세포막의 주요 구성성분인 당지질과 인지질의 구성성분이다.

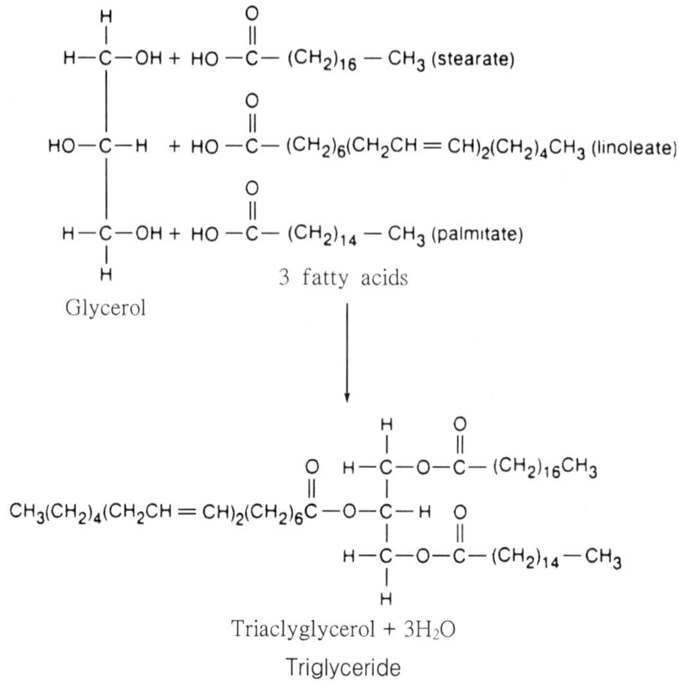

중수소 重水素 heavy hydrogen Deuterium을 뜻한다. 수소의 동위원소이며, 수소폭탄의 원료로서 원자량이 1이 아니고 2이다.

중요크셔종 middle yorkshire 소형 요크셔종(small yorkshire)과 대형 요크셔종을 교배해서 개량한 백색의 돼지인데, 약자로 Y종이라고도 불려진다. 원산지는 영국이다. 미트타입(meat type)에 속하는 중형종인데, 성돈(成豚)의 체중은 200~250 kg 정도이고 조숙한다. 본 종은 산자수가 많고 모돈의 포육능력도 높지만 체질은 비교적 허약하다. 또 살코기의 수율은 우수하고 풍미도 좋지만 지방육의 비율이 많아지기 쉬운 결점이 있다. 종래 우리나라의 돈육 생산의 중심 품종이었지만 현재는 거의 사육되지 않는다.

중위수 中位數 median 1군의 자료의 중심적 경향을 나타내는 것으로 가장 보통의 것은 평균치(mean)이다. 중위수도 중심적 경향을 나타내는 것인데, 이것은 1군의 측정치의 크기의 순서대로 나열하였을 때 중앙에 오는 측정치의 평균을 구한다. 중심적 경향을 나타내는 것으로서 평균치, 중위수 이외의 최빈수(mode), 즉 1군의 측정치 가운데서 최대의 도수를 가진 측정치 등이 있으며, 각각 특징이 있어서 이용되고 있다.

중탄산염 重炭酸塩 bicarbonate(HCO_3) 체내에서 산·염기평형을 유지하는 탄산(H_2CO_3)의 해리에 의해 생성되는 화합물이다.

$$H_2CO_3 \rightarrow H^+ + HCO_3^-$$

(탄 산) (수소이온) (중탄산이온)

중탄산염은 소장으로 분비되는 췌장액(pancreatic juice)에도 들어 있으며, 소장내 소화효소의 활성을 위한 적정 pH를 유지한다.

중화 中和 neutralization 충분한 양의 산과 알칼리 물질을 첨가함으로써 중성이 되도록 산성 용액 또는 알칼리 용액의 반응을 변화시키는 것이다.

쥐약중독 殺鼠劑中毒 poisoning by rat-poison 가축이 인간의 실수로 인해서 쥐약(殺鼠劑)을 먹어서 일어나는 중독이다. 쥐약에는 인화아연, 황산타리움, 쿠마린계제 등이 사용되고 있다. 중독 증상은 가축의 종류, 쥐약의 양, 위의 상태 등에 따라서 다르며, 치료는 위세척・토하제 등에 의해 독물을 제거하는 것이 가장 효과적이다.

즙액 汁液 soluble 어류나 박테리아 또는 대두박편 가공에서 생긴 가용성 물질이 들어 있는 액체부위(약간의 미세한 고형물 함유)이다.

즙액포함 발효고형물(醱酵固形物) fermentation solids with solubles 발효 후에 얻어진 것으로서 건조되지 않은(추출된) 미세입자와 배지를 뜻한다.

증기처리 蒸氣處理 steaming, steamed 미국의 규격에 의하면 증기처리는 사료의 물리적・화학적 성질의 어느 한쪽 또는 양쪽을 변화시키기 위해서 증기로써 처리하는 것을 뜻한다.

증류수 蒸溜水 distilled water 증류에 의해서 모든 무기물과 불순물을 제거한 순수한 물이며, 주로 의학용으로 많이 쓰인다.

증류잔액 蒸溜殘額 distiller's feed 알코올 발효공장에 있어서 발효공정이 끝나고 증류에 의하여 발효생산물을 뺀 나머지의 잔액을 건조한 것의 총칭이다. 단백질・비타민・광물질・미지성장인자(U.G.F) 등이 포함되어 있기 때문에 사료로서 유효하게 이용할 수 있다. 미국에서는 증류잔액을 체로 쳐서 불용성 고형분과 가용성분 내지 미립자상의 성분으로 나누고 있다. 고형분 쪽을 distiller's dried grain라고 부르고, 가용성분 쪽을 distiller's dried soluble이라고 부른다. 증류잔액을 그대로 건조한 것 또는 건조한 고형분에 농축한 가용성분을 혼합한 것을 distiller's dried grain and soluble이라고 한다. 우리나라에서 주정박(알코올 박)이라고 불리우는 것에는 이와 같은 구별은 없다. → 증류박, 주정박.

증자 蒸煮 cooking 일반적으로 사료를 증자(蒸煮) 또는 삶는 경우 가축의 소화율과 사료효율의 개선에 대한 효과는 거의 없지만 사료의 풍미를 증진시키고 기호성을 개선해서 먹기 쉽도록 하는 효과가 있다. 보통 곡류나 고구마같이 전분질 사료에서는 증자에 의해서 전분이 일부 호화(糊化)하므로 돼지・닭 같은 단위동물에는 소화를 좋게 하는 효과가 있다. 그러나 실용적으로 증자를 하는 경우에는 그 효과와 경비를 자세히 검토할 필요가 있다. 이 밖에도 증자(蒸煮)나 삶는 것은 해충과 잡초의 종자 같은 것을 죽이고 살균, 유독물질의 해를 방지하는 무독화 등의 효과가 있으며, 또한 추운 계절에는 가축에게 열을 주는 효과도 있다. 이 때문에 잔반, 도축장 폐기물, 도계장 폐기물 등을 사료화하기 위해서는 증자 등이 응용된다. 이 경우에는 뼈 같은 것이 혼입되어 있는 재료의 증자에는 압력가마를 사용하면 효과가 있다. 그러나 너무 장시간 증자 또는 삶으면 단백질 소화의 저하, 비타민의 파괴, 풍미의 저하 등이 일어나므로 필요 이상의 가열은 피해야 한다. 우리나라에서도 오래 전에는 한우에게 삶아서 급여하는 일이 있었지만, 최근에는 노력과 경비의 부담으로 이와 같은 처리를 하지 않고 있다.

증체량 增體量 body weight gain　성장 또는 비육중의 가축・가금이 일정 기간에 증가한 체중을 증체량이라고 한다. 1두(수)의 1일 증체량을 일당 증체량(daily gain)이라고 한다. 또 발육의 정도를 비교하는 데는 증체율(rate of weight gain)을 구하는 일도 있다. 증체율은 증가한 체중을 개시시의 체중으로 나누어서 백분율로 나타낸다.

지간부란 腐蹄病 foot rot　소의 발가락 사이에 발생하는 화농성 염증이다. 처음에 발굽 부근에 생겨 피부의 발적(發赤)・종창(腫脹)이 나타나는데, 소의 발굽은 깔짚이나 흙탕에 오염되기 쉬우므로 환부는 삽시간에 심부에까지 이르며 광범위하게 파괴된다. 이 때문에 플레그몬(phlegmon)이 발생하여 연화 부위가 궤사(潰死)하고 농즙을 배출함과 아울러 육아성염(肉芽性炎)으로 전환되며, 괴저(壞疽)로 이어진다. 소는 동통 때문에 다리를 절며 부하 중량의 불균형으로 발굽이 변형되고 식욕・유량이 감퇴한다. 괴저 부위의 조직을 제거, 세척 소독 후 청결을 유지하며, 수렴제(收斂劑)를 도포하고 항생제를 투여한다.

지단백 脂蛋白 lipoprotein　지방과 단백질이 결합된 화합물이며, 동물의 혈청이나 미토콘드리아의 전자전달계에 많이 존재한다. 지방단백의 지방 성분은 중성지방, 인지방, 콜레스테롤 또는 그 에스테르로 구성되어 있다. 혈중 지방단백은 비중에 따라 고비중(高比重) 지방단백(HDL), 저비중(低比重) 지방단백(LDL), 초저비중(超低比重) 지방단백(VLDL)으로 구분된다.

지 단백질 G protein　구아노신뉴클레오티드(guanosine nucleotide)와 결합하는 세포막 단백질로서 체외 메신저와 작용하여 내부 목표 세포에 반응하는 기능을 가진다.

지단백질 과다혈증 脂蛋白質 過多血症 hyperlipoproteinemias, hyperlipidemias　혈액 내에 한 가지 또는 그 이상의 지방단백질(lipoprotein)의 농도가 지나치게 높은 경우이다.

지단백질 분해효소 lipoprotein lipase　모세혈관 벽의 내피세포 표면에 부착된 효소로서 중성지방을 지방산과 글리세롤로 분해한다.

지라 脺臟 pancreas　췌장을 뜻한다. → 췌장.

지마아제 zymase　이스트에 들어 있는 혼합효소이며, 발효과정에서 당을 알코올로 변화시킨다.

지모겐 zymogens 어떤 효소가 kinase의 작용으로 해리되기 전에 존재하는 불활성의 형태이다. 예를 들면 trypsinogen, pepsinogen이 장 혹은 위에 분비된 후 그의 활성형 trypsin, pepsin으로 변화되는 것과 같은 것이다. → 효소원(proenzyme).

지방 脂肪 fat 지방이란 지방산과 글리세롤이 에스테르화된 것이며, 또 트리글리세리드, 중성지방 등으로도 불려진다. 지방에는 상온에서 액체상태의 것과 고체의 것이 있는데 액체의 것을 oil, 고체의 것을 fat라고 하고, 이 양자를 총칭해서 유지(oil and fat)라고 한다. 지방의 성질은 그의 구성 지방산 종류의 차이에 따라서 생긴다. 지방은 탄수화물보다 약 2.25배의 에너지를 함유하고, 가축에게 에너지를 공급하는 중요한 영양소이며, 동시에 필수지방산인 리놀산의 공급원으로서도 중요하다. 또 지용성 비타민류는 일반적으로 지방과 함께 사료 중에 존재한다.

지방간 脂肪肝 fatty liver 간장에 다량의 지방이 축적되는 경우에 이것을 지방간이라고 한다. 원인은 여러 가지가 있으나 주로 아미노산의 평균형, 저단백질 사료, 메치오닌 결핍, 콜린 결핍 등이 원인인 것으로 알려져 있다. 아미노산의 불균형이나 저단백질 사료에 의한 지방간은 사료 중의 칼로리와 단백질의 균형이 무너졌기 때문에 일어난 것이다. 닭의 경우는 체중이 증가하고 산란률이 저하하며, 해부하면 지방이 과다하게 침착되어 있다. 콜린, 비타민 B_{12}, 비타민 E 등의 적정량을 사료에 첨가하면 예방효과가 있다.

지방괴사 脂肪壞死 fat necrosis 지방분해효소의 작용에 의하여 지방조직의 가수분해가 일어남으로써 생기는 일종의 효소성 괴사이다. 이는 주로 췌장의 급성염에 의하여 췌관 밖으로 유출된 활성 지방분해효소의 작용에 의하여 지방이 지방산과 글리세롤로 분해되고, 지방산은 혈중 칼슘과 결합하여 비누화된다.

지방변증 脂肪便症 steatorrhea 여러 가지 지방의 흡수장애증으로 지방변이 특징이다.

지방분해로 인한 산패(酸敗) lipolytic rancidity 어떤 종류의 미생물은 지방분해효소인 리파아제를 생산하는데, 리파아제는 조직 중에도 존재한다. 식품의 저장 중에 이들은 지방을 가수분해하여 유리지방산을 만들어 내서 산패시킨다. 효소는 가열에 의하여 분해되기 때문에 이러한 산패는 조리가 안 된 식품이나 사료에서만 일어난다.

지방산 脂肪酸 fatty acid 지방을 가수분해할 때 생성되는 산(酸)이며, 말단 카르복실기를 가진 탄소쇄(炭素鎖)로 성립되는 유기산이다. 가장 간단한 것이 개미산(H・COOH), 다음이 초산(CH_3COOH)・프로피온산・낙산 등이고, 장쇄지방산에는 스테아르산・오레인산 등이 있으며 비누에 존재한다. 탄소가 모두 수소로 채워진 것을 포화지방산(saturated fatty acid)이라 하며, 수소가 결핍되어 부분적인 이중결합으로 이웃 탄소끼리 결합되어 있는 것을 불포화지방산(unsaturated fatty acid)이라 한다.

지방산물 脂肪産物 fat product 동물성 지방, 요리용 지방, 식물성 지방, 지방의 말린 생산물, 가수분해한 지방의 혼합물을 뜻한다.

지방산의 명명법(命名法) fatty acid nomenclature 지방산의 명명은 동일 탄소수를 가진 탄화수소(hydrocarbon)의 'e' 대신에 'oic'를 붙인다.

예 : octone(8탄소) → octonoic acid
octadecane(18탄소) → octadecanoic acid

그리고 포화지방산(saturated fatty acid)은 끝에 'anoic'을 붙이고,

예 : octadecanoic acid

불포화지방산은 'enoic'을 붙인다.

예 : 1 double bond = enoic(octadecenoic)
2 double bond = dienoic(octadecadienoic)
3 double bond = trienoic(octadecatrienoic)

tetraenoic, pentaenoic, hexaenoic 등이다.

그리고 단일 double bond를 가진 불포화지방산은 monounsaturated fatty acid라 하고, 2 또는 그 이상의 double bond를 가진 불포화지방산은 polyunsaturated fatty acid (PUFA)라고 한다. 지방산의 methyl 탄소를 omega(ω) 탄소 또는 1번 탄소라고 하고, omega 탄소로부터 몇 번째 탄소에 첫 2중결합이 있느냐에 따라 명명한다. 즉 linolenic acid(C18 : 3)는 3번째 탄소에 첫 2중결합이 있기 때문에 18 : 3ω3이다.

지방세포 脂肪細胞 adipocyte 주로 중성지방(triglycerol)과 같은 지방을 축적하는 체세포(body cell)이다.

지방속 脂肪屬 aliphatic 고리구조를 형성치 않은 유기화합물군(acyclic carbon compound)에게 주어진 명칭이며, 주로 지방산의 에스테르이다.

지방속 아미노산 aliphatic amino acid 아미노산 중에서 고리형(ring) 대신에 탄소의 측쇄연결을 가진 것으로 알라닌(alanine), 시스테인(cystein), 글리신(glycine), 이소류신(isoleucine), 류신(leucine), 메티오닌(methionine), 세린(serine), 트레오닌(threonine)과 발린(valine)이 여기에 속한다.

지방어 脂肪魚 fatty fish 청어・꽁치・장어・천도미 등 지방질의 함량이 높은 생선을 뜻한다. 대체로 10% 이상을 함유한다.

지방의 융점 脂肪融點 melting point of fat 고체상태의 지방이 녹아서 액체로 되는 최저 온도이다. 축산물은 지방의 성질에 의해 상품가치가 좌우되는 일이 많다. 살코기나 버터 등은 굳기(경도)가 문제가 된다. 융점이 낮은 지방은 연질이고, 융점이 높은 지방은 경질이다. 지방을 구성하는 지방산의 불포화도가 높을수록 융점이 낮아진다. 축산물의 지방 융점은 사료에 의해 영향을 받는다. 경질의 지방을 생산하는 사료로서는 옥수수를

제외한 전분질사료·전분박·면실박·건초·볏짚류 등이 있으며, 연질의 지방을 생산하는 사료로서는 옥수수·미강(米糠)·대두박·어분(魚粉) 등이 있다.

지방의 팽윤(膨潤) dilatation of fat 동일 온도에서 지방이 고체로부터 액체로 변화할 때 체적(體積)이 증가한다. 이 증가량을 측정하는 것을 dilactometry라 하며, 일정 온도에서 시료 중에 존재하는 고체지방의 양을 추정하는 데 사용한다. 지방 25 mg당 고체와 액체와 체적의 차를 마이크로 리터 단위로 측정한다.

지방조직 脂肪組織 adipose tissue 지방을 저장하며, 필요에 따라 열량을 공급하는 것을 기능으로 하는 결체조직이다. 상처, 열손실 방지, 기관을 붙들어매는 등의 기능을 한다. 신체 구성물의 1/5～1/4 에 해당되는데, 비만형의 동물과 사람에서는 더욱 많다. 지방 82.8%, 단백질 2.6%, 물 9.6%로 형성되어 있고, 열량가는 1 g당 6 kcal이다. 체지방의 주요 성분은 피하 및 복막후강에 저장되고 있다.

지방질 사료 脂肪質 飼料 lipid feed 지방의 함량이 15% 이상인 쌀겨·콩·누에번데기를 지방질 사료라 하며, 특히 지방함량이 높은 콩기름·옥수수기름·채종기름 등 식물성 유지와 텔로우(우지)·라드·그리스 등 동물성 지방을 총칭하여 유지사료라고 한다.

지방침윤 脂肪浸潤 fatty infiltration 특정 실질 조직 내에 비정상적인 지방침윤을 뜻하며, 간·심장·췌장 등이 그 중요한 장기이다.

지방침윤(脂肪浸潤) **반인자** lipotropic factor 간에 지방침착을 저해하는 물질이며, choline이 가장 중요한 물질이다. 따라서 choline을 합성하는 데 필요한 methyl기를 기증하는 화합물은 모두 여기에 속한다.

지방합성 脂肪合成 lipogenesis 지방을 합성하는 것이다.

지상부 地上部 aerial part 뿌리가 있는 식물의 지상부인데 나무와 관목은 제외한다(이들에 대해서는 '순'을 사용하고, 이끼와 말류에 대해서는 '전체'를 사용). 나무와 관목을 제외하고는 잎을 포함한 줄기에 대해서도 사용하며, 당시의 성숙기에 존재하는 모든 부분을 포함한다. 예를 들면 클로우버 지상부, 개화 초기, 해바라기 지상부, 호숙기(이삭이 나와 있는 상태임) 등이다.

지상부 착유부산물 地上部 窄油副産物 aerial part oil residue 에텔에 용해되는 기름을 제거하고 남은 식물의 지상부 잔여물을 뜻한다.

지상·지하 잎률(葉比) shoot root ratio(S/R ratio) 식물의 지상부와 지하부의 생장상관을 나타낸 것으로 S는 shoot, R는 root의 약어이며, 각각 지상부와 지하부를 의미한다. 지하부의 생장을 주체로 생각할 때는 그 역수, 즉 R/S율을 이용하는 경우도 있다.

지시약 指示藥 indicator 보통 pH 지시약을 뜻한다. 리트머스·메틸오렌지·페놀프탈

레인 등의 색소는 산성 혹은 알칼리성의 특정 영역에서 변색하기 때문에 이것을 pH의 지시약으로 사용한다.

지시제법 指示劑法 index method, indicator method 일반적으로 시행되고 있는 소화시험법(전분채취법)에는 사료와 분(糞)의 전량을 정확히 측정해서 분석에 사용할 필요가 있으나 시간·노력·필요한 장치 등의 관점에서 여러 가지 문제가 있다. 그래서 생물학적으로 불활성이고 전혀 소화되지 않는 물질을 지시제(index, 또는 indicator)로 해서 사료와 분(糞) 중의 지시제와 각 성분의 함량을 구해서 소화율을 측정하는 방법이 이용되고 있다. 지시제로는 셀룰로오스, 리그닌, 크로모겐, 산화크롬(chromium oxide), 산화철, 탄산바륨, 폴리에틸렌 글리콜(polyethylene glycol), 방사성 동위원소 등이 이용되고 있고, 이 방법에는 사료 급여량과 분의 배설량을 측정할 필요가 없는 이점이 있으며, 사양시험과 조합해서 실시하는 것도 쉽다.

지아크산틴 zeaxanthin 옥수수·난황(卵黃)·과일·종실 등에 존재하는 카로티노이드의 알코올형이다. 비타민 A 활성이 없고 착색료로서 사용된다.

지용성(脂溶性) **비타민** fat-soluble vitamin 비타민 A·D·E 및 K의 총칭이며, 사료 중에서는 지방에 용해된 상태로 존재한다. 수용성 비타민보다는 체내 저장성이 훨씬 좋아 과다하게 섭취하면 지방조직과 간에 축적된다. 지용성·수용성이라는 구별은 비타민류가 발견된 당시 편의적으로 한 것이며, 특별한 의미는 없다.

지육 枝肉 dressing of fattening stock 육축(肉畜)을 해체하려면 도살, 방혈(放血), 두부(頭部), 지단(肢端), 내장, 기타를 잘라 내고 가죽을 벗기지만 돼지는 뜨거운 물에 담구었다가 탈모하는 경우도 있다. 이것을 지육(dressed carcass)·도체(carcass)라 하는데 좌우로 이등분한 것을 2분체(half side)라 한다. 또 냉각한 지육의 중량을 지육량(dressed weight)이라 하고, 도살 전의 절식 후 생체 중에 대한 지육량의 비율을 지육률(dressing percentage)이라 한다. 지육의 분해에는 각종 방법이 있는데, 가축의 종류별로 각각의 관행적 방법에 따라서 분해육·부분육(cut)으로 한다. 시장에서의 고기 거래는 지육에 의해서 실행되지만 가격의 평가에는 지육의 중량 외에도 살코기, 지방의 부착 정도, 빛깔 등이 품질의 기초가 된다. 또 분해육은 부위에 의해서 등급과 용도가 다르다.

지정 검정실험실 指定 檢定實驗室 designated assay laboratory 외국산 땅콩유박의 검정 또는 공정규격이 정해져 있는 사료로서 공정규격에 적합한지 아닌지의 검정을 적정하고, 또한 확실하게 실행되도록 사료안전법에 의거하여 농림부장관이 지정한 민간의 검사 실험실을 말한다. 공익법인으로서 규칙에 정해진 기계기구, 기타의 설비, 검사에 종사하는 직원의 자격, 인원수 등이 규정한 조건에 적합하다고 인정되는 경우에 지정을 받게 되고 검정사항마다 정해진 수수료를 징수해서 검정을 실시할 수가 있다. 검정의 중요성에 비추어 결격사항, 지정의 기준, 검정의 의무, 검정시설 변경 등의 경우에 신고 의무, 업무 규정의 제정, 사업보고서의 제출, 임원 및 직원의 직위, 기타에 관하여 규정되어 있다.

지질 脂質 lipid 지질이란 생체 성분 중에서 물에는 불용성이고 유기용매인 에테르・클로로포름・벤젠 등에 용해되고, 지방산을 가지며, 생체에 이용되는 것의 총칭이다. 지질에는 중성지방 외에도 인지질, 당지질, 스테롤 등이 포함된다. 지질은 세포막의 구성성분, 농축대사 에너지원, 내부기관의 보호제로 매우 중요하며, 지용성 비타민, 스테로이드호르몬 합성 등의 주요 기능을 수행한다.

지질류 脂質類 lipids 지방류, 유류, waxes류, 복합화합물(인지질 또는 cerebrosides 등)을 포함하는 일반적인 술어이다. 즉 모든 천연산 지방산의 화합물을 말한다. Lipides 또는 lippins이라고도 하며, lipoid란 말은 이제는 그다지 사용하지 않고 있다.

지하경 地下莖 켄터키블루 그라스, 리드카나리 그라스, 부롬 그라스 등의 목초와 같이 땅 속으로 덩굴줄기가 뻗어 나가 새끼를 치는 것으로 경사진 초지에 표토(表土)를 보존하는 데 많이 이용된다.

직교표 直交表 tables of orthogonal arrays 요인실험에 있어서 각 요인효과를 계산하기 위한 계수를 배열한 표인데, 수학적으로는 각 열에 서로 '직교'한다고 말하는 특징을 가지고 있다. 예를 들면 2^3형 요인실험 계획에서는 L_8 직교표를 사용한다. 이 표는 실험번호 1～8의 각각에 나누어 붙은 인자의 수준이 7열로 줄지어 있고, 그 밑에 기본 표시가 되어 있다. 기본 표시에 의해서 각 열에 인자를 나누어 붙이는 경우에 그들의 교호작용은 어느 열의 계수를 써서 계산해야 하는가를 알 수가 있다. 교호작용을 모두 다 검토하기 위해서는 L_8 직교표에는 3인자까지 밖에 나누어 붙일 수가 없지만 교호작용이 무시될 수 있는 경우는 최고 7인자까지 나누어 붙여지므로 다인자(多因子)를 취급하는 탐색실험을 계획하는 데는 대단히 편리하다.

직매 直賣 direct sales 사료 거래의 한 방법인데, 구매자가 현물이 있는 장소에 가서 화물을 인수하는 방법을 말하며, 창고료・상차임은 판매자가 부담하고, 운임은 구매자 부담을 통례로 한다. 공장에 가서 매수하는 것을 공장직매라고 한다.

직접 열량측정 直接 熱量測定 direct calorimetry 열의 발생을 직접 측정하는 것이다. 인간의 경우 호흡칼로리미터(Atwater Benedict형) 속에서 측정한다. 피검자를 칼로리미터 속에 넣어서(작은 방에 벽은 단열되어 있음) 발생한 열은 벽을 돌고 있는 물에 흡수시켜 그 온도의 상승을 측정한다. 이런 형의 장치는 에너지대사 연구의 초기에 사용되었다.

진공사일로 vacuum silo 비닐 같은 플라스틱 포막을 가지고 완전히 밀봉해서 채워 넣을 때 진공펌프를 사용해서 공기를 빼내고 재료를 압착하는 방식의 사일로를 진공사일로라고 한다. 진공사일로 종류에는 비교적 소량의 재료를 자루에 채워 넣어서 조제하는 진공백사일로, 스택의 형태로 해서 만드는 진공스택사일로, 트렌치와 병용하는 진공트렌치사일로, 기타 진공벙커사일로, 진공타워사일로 등이 있다. 이 중 최근에 가장 관심을 갖고 있는 것은 진공스택사일로인데, 공기를 뽑아냄으로써 충분한 답압효과(踏壓效果)가 발휘되는 것과 동시에 완전한 밀봉을 실시하기 때문에 스택사일로의 결함이 극복되고, 한편으로는 경비가 적게 드므로 스택사일로의 장점이 되살아나게 되는 것이다.

진균 아밀라아제처리 주정제조 부산물(酒精製造副產物) fungal amylase process distillers with solubles 곡류를 원료로 주정을 생산하고 남은 고형물과 가용성 즙액을 혼합한 후 진균 아밀라아제에 의해서 전분을 가수분해 후 건조시켜 얻은 고형물을 말한다.

진드기 tick 여름철 초지에 가축을 방목하거나 계류할 경우 가축에 기생하는 해충으로 신경흥분, 식욕감퇴, 영양저하 등을 일으킨다. 진드기는 그 종류가 아주 많고 형태나 생활습성도 각양각색인데 목야지(牧野地)에 서식하는 진드기는 초지의 황폐화에 따라 더욱 증가하는 경향이 있다. 진드기의 기생을 한꺼번에 많이 당하면 가축은 영양저하, 빈혈을 일으키고, 때로는 폐사하는 경우가 있다. 또한 가축전염병으로 진드기가 매개하는 파이로플라즈마는 방목하는 가축에게 커다란 위협이 된다. 진드기 방제에는 약제(BHC · 크롤덴 · 앨드린 · 헵타크롤 등) 살포법이 효과적인 것으로 알려져 있다.

진정제 鎭靜劑 tranquilizer 선진 낙농국에서는 가축에 대하여 트란키라이저(tranquilizer), 즉 신경안정제를 사용한다. 이는 동물의 스트레스 완화, 소화작용의 촉진, 육우의 장거리 수송시 체중 감량의 방지, 고온에서의 산란율 저하방지 등에 효과가 있는 것으로 알려지고 있다. 트란키라이저는 사료에 첨가 사용함으로써 가축의 종류 및 환경조건에 따라 성장 및 생산에 효과적이나 경제적인 이유 때문에 아직은 널리 실용화되지 못하고 있다.

진핵생물 眞核生物 eukaryote, eucaryote 세포에 막으로 둘러싸인 핵을 가진 생물이다. 박테리아와 남조류(blue-green algae)와 같은 원핵생물(原核生物, prokaryote)을 제외하고 모든 살아 있는 생물은 eukaryote이다.

질산염 窒酸鹽 nitrate 질산(nitric acid)의 염이다. 연맥(燕麥) · 대맥(大麥) · 소맥(小麥), 그 밖의 화본과 초류(草類)와 순무 · 무잎 등에는 조건에 따라서 질산염이 축적되는 일이 있고, 이것을 다량으로 섭취한 가축은 중독을 일으킨다. 질산염 중독의 원인은 체내에서 분해되는 아질산(亞窒酸, nitrite)이 혈액 중의 헤모글로빈과 결합해서 메트헤모글로빈(methaemoglobin)으로 되고 산소운반 기능을 잃기 때문이며, 그 증상으로서는 떨며 비틀거리고, 호흡과 맥박의 증가, 코 · 혀 · 유방 등이 파랗게 변하는 것 등이 일어난다. 질산염의 치사량은 사료의 종류나 질산염의 함량 등에 의해 다르며 일정하게 정해진 것은 없다. 또 소는 면양 · 말 · 돼지보다는 중독을 일으키기 쉽지만, 동종의 가축이라도 개체차가 크다. 최근의 연구에는 질산염의 함량이 높은 사료는 비타민 A라든지 카로틴의 결핍을 일으키기 쉽고, 또 이것을 사일리지로 만들었을 때는 질산함량이 저하하는 것이 지적되고 있다. 또 질산염 중독의 치료에는 메틸렌블루를 주사한다.

질소 窒素 nitrogen 대기 중의 약 80%를 차지하고 있는 기체이다. 영양에서 질소라 하면 식물의 비료로서 암모늄염 및 질산염을 뜻하고, 동물의 영양소로서 단백질과 아미노산, 그리고 배설물로서 요소와 암모늄염 등을 뜻한다.

질소 과잉증 窒素 過剩症 azotemia 신장기능의 장애로 요(尿)로 배설이 안 되기 때문에 요소와 기타 질소화합물이 체내에 지나치게 축적되는 상태이다.

질소균형 대사에너지 nitrogen equilibrium metabolizable energy(MEn) 섭취한 총에너지에서 분(糞)·가스생성 등으로 손실된 에너지를 뇨에너지에서 내생질소 에너지를 보정하여 이 보정된 뇨에너지를 공제한 대사에너지를 말하는데, 조류나 단위동물에서 가스생산으로 손실되는 에너지는 거의 없으므로 무시해도 좋다. 내생질소를 정정하는 방법은 질소 음균형일 때는 대사에너지에 손실된 내생질소 1 g당 7.45 kcal씩 더해 주며, 질소 양균형일 때에는 감해 준다. 그러나 이 수치는 개를 이용한 실험에서 얻어진 값이므로 다른 동물에는 적용하기 곤란하다. 조류의 경우에는 8.73 kcal를 사용하는 것이 바람직하다. 질소균형 대사에너지는 다음과 같이 표시된다.

질소균형 대사에너지 = 총 에너지 - 분(糞) 손실 에너지 - 요(尿) 손실 에너지
- 가스생산 에너지 ± 질소보정 에너지

질소비료 중독 窒素肥料 中毒 poisoning by nitrogenous fertilizer 질산칼륨(KNO_3) 같은 질산염에 의한 중독과 석회질소($CaCN_2$)에 의한 중독으로 대별할 수 있다. 질산염을 식염인줄 잘못 알고 실수해서 먹이는 경우가 많은데, 질산칼륨의 치사량은 소·말은 250 g, 양·돼지는 30 g 정도이다. 소화관 점막을 자극해서 위장염을 일으키고, 그 뒤 급격한 마비를 일으킨다. 치료요법으로는 아마인유·갈근탕 등을 많은 양 물과 같이 주고, 마비에 대해서는 흥분제를 투여한다. 석회질소 중독은 석회질소를 핥든지 이것을 살포한 풀을 뜯어 먹음으로써 중독을 일으키는 예가 많다. 중독증상으로는 점막을 자극해서 호흡장애와 함께 심장장애를 일으킨다. 치료요법은 청산중독에 준해서 산화마그네슘의 내복용과 차아유산(次亞硫酸) 소디움액, 글루타치온, 아스코르브산 같은 것을 주사하면 효과가 있다.

질소출납 지수 窒素出納 指數 nitrogen balance index 질소출납(nitrogen balance)이 (-)이거나 약간 (+)를 유지하는 범위에서는 일반적으로 흡수질소(X)와 질소출납(Y) 사이에는 $Y = a + bX$의 관계가 성립되는데, 이것은 단백질의 가치에 따라 0~1 범위의 수치가 된다. 이것을 질소출납 지수(nitrogen balance index)라고 한다. 질소출납 지수는 단백질의 가치를 표시하는 데 사용되며, 직선의 정점이 클수록 질소의 축적량이 많고 단백질의 가치도 높다. 또한 질소출납 지수는 생물가와 원칙적으로 동일하며, 흡수한 질소량을 x축, 그리고 질소출납을 y축으로 했을 때의 직선의 기울기로서 구한다. 더욱 간단한 방법으로서 다음과 같은 식으로 계산할 수 있다.

$$\text{질소출납 지수(nitrogen balance index)} = \frac{B \sim B_0}{A}$$

B : 질소출납
B_0 : 질소를 섭취하지 않았을 때의 질소출납
A : 흡수한 질소량

질소를 섭취하지 않았을 때의 질소출납은 원칙적으로 대사성 질소를 뜻한다. 이 방법은 사료 중의 질소가 축적된 양을 측정하는 것이며, 일반적으로 많이 이용되지 않는다.

질소평형 窒素平衡 nitrogen balance　동물체에의 질소의 출입을 질소 밸런스라고 하고, 질소 출납이 0인 경우를 질소평형(nitrogen equilibrium)이라 한다. 질소 밸런스가 정(正)의 경우는 질소축적(nitrogen retention)이 있었다고 말한다. 보통 동물체 중의 비단백태질소량은 근소하므로 축적 질소량은 단백질의 축적으로 간주된다. 가축을 사용해서 질소의 출납을 구하는 시험을 질소 밸런스시험(nitrogen balance test)이라 한다. 이 시험에 의해 사료단백질의 영양가라든지 효율을 측정할 수가 있으며, 아울러 가축의 단백질 요구량도 구할 수 있다.

집약초지 集約草地 intensive grassland　집약초지는 인공적으로 목초지 조성을 하는데 있어서 지력이 높고 목초의 유지관리가 편리한 위치에 있어야 한다. 또한 경제적・기술적으로도 비배효과(肥培效果)가 있는 초지로서 이용가축은 젖소와 육우 등이 대상이 된다. 이 경우 생산목표는 1ha당 40～50톤 이상이며, 초지조성 사업에는 장애물 제거, 기토(起土), 시비(施肥), 목초도입, 방목시설, 목도, 관개, 배수, 축사 등이 있다.

집진기 集塵機 dust collector　이것은 분진(粉塵)에 의한 사료의 손실 방지, 공장 내의 폭발 방비, 위생 등의 목적으로 근대적 사료공장에 설치되어 있다. 공장 내의 사료가루라든지 먼지가 섞여 있는 공기를 모아서 석션 필터(suction filter) 또는 사이클론(cyclone)에 의해서 공기와 고형물을 포막을 통해서 분리한다. 사이클론은 집진기뿐만 아니라 공기 반송장치에서 공기와 사료를 분리하는 데도 이용된다.

짚섬 gypsum　함수황산칼슘을 말하며 calcium sulfate, 황산칼슘, 천연석고, 화학석고, 석고, 소석고 등으로 불리워지고 있다. 종류에는 dehydrated calcium sultate(2수석고 ; $CaSO_2 \cdot 2H_2O$), calcined calcium sulfate(반수석고 ; $CaSO_4 \cdot 1/2H_2O$), anhydrous calcium sulfate(무수석고 ; $CaSO_4$) 등이 있으며, 그 종류에 따라 유황함량과 결정수가 각각 다르다. 짚섬은 무기태유황 공급원으로서 가금사료에 있어서는 환우(換羽) 방지 및 함유황아미노산(methioine 등)의 절약작용과 상승 효과로 성장촉진 및 사료효율 개선을 가져오며, 반추가축에서는 필수 광물질인 유황 공급은 물론 단백질 및 요소 이용효율을 높이기 위해서 일반적으로 N : S ratio(질소와 유황비율) 10 : 1이 권장되고 있다. 짚섬의 가축 체내 이용효율은 가축의 종류에 따라 다르다. 일반적으로 메치오닌(methionine), 메치오닌 아날로그(methionineanalog)와 같은 유기태유황보다 낮으나 황산나트륨과 동일한 체내 이용효율을 나타내고 있다. 특히 짚섬은 메치오닌, 황산나트륨보다 값이 저렴하기 때문에 무기태유황 공급원으로서 많이 사용되고 있으며, 필수 미량광물질 단미사료로 공급되고 있다.

짧은 사슬 지방산 short-chain fatty acid 6개 이하의 탄소로 구성된 지방산에 메틸기 ($-CH_3$)와 카르복실기($-\overset{\displaystyle O}{\overset{\|}{C}}-OH$)를 가진 유기화합물이다.

찌꺼기 cull 선별 및 분류과정에서 열등품으로 구별되어진 것들을 뜻한다. → 도태.

ㅊ

착각화증 錯角化症 parakeratosis 부전각화증이라고도 한다. 돼지의 병이며 성장 정지, 홍진, 피부지루(皮膚脂漏) 및 각화증, 아연결핍에서 오며 필수지방산과도 관계가 있다. → 부전각화증.

착색제 着色劑 pigmentation additive 착색제는 주로 양계사료에 이용된다. 계란과 브로일러의 고기 빛깔은 사료 원료, 특히 황색옥수수·알팔파밀 등에 영향을 받는데, 이것은 사용하지 않을 경우 생산물의 색조가 엷어진다. 동물이 생산하는 생산물의 영양가치를 높이는 요소는 아니지만 시각적인 효과를 높이기 위해 사료에 첨가하는 색소제이다. 닭의 피부나 난황효과 그리고 물고기에 사용하는 착색제는 카로티노이드(carotenoids)인데, 카로티노이드는 크게 두 가지 그룹, 즉 carotenes와 xanthophylls로 나눌 수 있다. Carotenes 중 양적으로 많은 β-carotene은 비타민 A의 전구물질로 대사과정 중에 분해가 일어나므로 착색효율이 떨어지고, 반면 xanthophylls는 축적률이 높아 착색효율이 높다.

착염광물질 着鹽鑛物質 chelated mineral 금속이온과 한 분자 내에 있는 양이온 또는 음이온(polar group) 간에 이루어진 결합물질로서 사료산업 분야에서는 주로 Zn-methionine과 metal proteinate와 같은 금속이온과 아미노산 또는 가수분해한 단백질로 chelating 하여 만든 제품을 뜻하며, 금속이온의 흡수이용률을 높일 수 있다. 세퀘스터미네랄(sequestered mineral)도 일종의 착염광물질이다.

착유간격 搾乳間隔 milking interval 일란성 쌍태우(雙胎牛)를 대상으로 한 1일 2회 착유실험에 의하면 15시간 → 9시간의 경우 12시간 → 12시간에 비해 유량 1.8%, 지방 0.9%, 단백질 3.1%, 유당 2.4%가 감소했고, 16시간 → 8시간의 경우 유량 3.1%, 지방 1.1%, 단백질 3.1%, 유당 2.4%가 감소했다. 따라서 1일 2회 착유일 경우에는 12시간의 간격이 바람직하고, 3회 착유일 경우 8시간의 간격이 바람직스럽다. 그러나 심한 간격차가 없을 경우 큰 차이가 없으므로 착유간격에 지나치게 신경을 쓸 필요는 없다.

착유기 搾乳機 milker, milking machine 착유기는 진공펌프의 작용에 의해서 자동적으로 착유하는 기계이다. 착유기를 사용하면 손으로 짜는 것보다 착유시간이 짧고 노동력이 절감된다. 좋은 착유기를 기술적으로 사용하면 유질의 개선이 효과적이라고 한다. 보통 1두 착유에 소요되는 시간은 3~4분인데, 손으로 하는 후착유를 안 해도 좋다. 착유기를 사용하는 경우에는 기구를 잘 세척해서 청결하게 한 후 사용하도록 주의하지 않으면 오히려 유질을 저하시킨다든지 유방염에 감염되는 결과를 초래하게 된다.

착유법 搾油法 oil milling method 식물유지 원료에서 채유하는 방법은 수압기에 의한 수압법(hydraulic process), 스크류에 의해 원료를 압착하는 스크류 프레스법(screw press), 유지를 핵산 같은 용매를 이용하여 채유하는 직접추출법(direct solvent extraction process) 및 유지함량이 많을 때 먼저 압착한 다음 용매로서 추출하는 압착법(prepress solvent extraction process) 등이 있다. 스크류 프레스법에는 연속적으로 압착될 수 있는 익스펠러(expeller)가 이용된다. 동물의 지방을 채유하려면 원료에 물을 섞어서 자비(煮沸)하거나, 또는 원료에 직접 수증기를 불어넣는 습식법과 원료를 넣은 가마를 가열하는 건식법이 있다.

착유속도 搾乳速度 milking rate 착유속도란 곧 유즙의 단위 시간당 유출량을 뜻한다. 통상적으로 kg/min로 표시하며 초기 착유속도, 최고 착유속도 및 평균 착유속도 등으로 구분한다. 초기 착유속도는 착유 개시 후 처음 1분간의 유즙 유출량, 최고 착유속도는 착유속도 중의 최고 값, 평균 착유속도는 착유량을 착유에 소요된 시간으로 나눈 값이다. 착유속도는 주로 유량에 의하여 영향을 받으며, 최고 착유속도와 각 착유시의 유량 및 일유기(一乳期)의 유량과의 사이에는 +0.6의 상관(相關)이 있어 착유속도가 0.45 kg/min 증가함에 따라 365일 유량에서 180 kg 많아진다. 착유속도는 또한 유방, 내압, 유두관공, 유두괄약근의 강도 등에 의한 영향도 받는다. 최고 착유속도의 유전력은 0.6～0.7로서 상당히 높은 수준이다.

착유자극 搾乳刺戟 milking stimulus 착유자극은 유즙배출 및 비유 유지와 관계를 가진다. 착유자극은 뇌하수체후엽에서 '옥시토신'을 분비시킨다. 이 호르몬은 혈관을 통하여 유선포 및 도관에 다달음으로써 유즙배출을 촉진한다. 이와 같은 사실은 착유자극 직후의 혈액에는 유즙배출 작용이 있지만 자극이 있기 전의 혈액에는 이와 같은 작용이 없다는 것으로 알 수 있다. 또한 마취를 시켰을 때 유즙배출이 일어나지 않는다는 사실로도 착유자극은 신경로에 의하여 간뇌상하부계(間腦相下部系)에 도달하고 있음을 증명할 수 있다.

착유횟수 搾乳回數 milking frequency 1일간의 착유횟수가 늘어나면 비유량도 증가한다. 그 증가는 그때그때의 비유량 및 비유단계, 연령 및 기타 여러 가지 요인들에 의하여 달라진다. 그러나 주요한 요인은 유량으로서 유방 중의 유즙 저류량(貯溜量)이 많아지면 유방내압이 높아지고 유선(乳腺)의 유즙합성 능력이 억제되는 데에 있다. 일반적으로 1일 비유량이 19 kg 이상인 경우는 3회, 9～19 kg인 경우는 2회, 8 kg 이하에서는 1회 착유가 알맞은 것으로 되어 있다. 그렇지만 이것은 실제로 당시의 비유량, 유가(乳價), 노동력 부족 등에 의하여 결정되게 된다.

찰전분, 찰녹말 starch waxy 아밀로펙틴(amylopectin)이 높은 전분을 뜻한다. 호화할 때 gel은 만들어지지 않고 부드러운 풀이 만들어진다. 일반 전분은 amylose가 17～27%, 그리고 amylopectin이 73～83%인데 비해 찰전분은 거의 100% amylopectin으로 구성되어 있다.

참깨 白油麻 sesame 아시아에 생육하는 sesanum indicum의 씨앗이며, 크림색이고 독특한 향기를 갖는다. 터키과자, 빵, 비스킷에 사용되기도 한다. 기름을 짜서 식용유로 쓰며, 깻묵은 단백질이 풍부한 사료자원이다.

참깨박 sesame seed meal 참깨 종실에서 기름을 짜내고 난 찌꺼기이다. 조단백질 함량이 40~50% 정도로 높다. 참깨는 옛부터 주로 동양에서 재배되어 왔다. 깻묵은 단백질 외에도 칼슘과 인의 함량이 높고 모든 가축의 기호에 알맞으며 또 장기간의 저장도 가능하다. 그러나 다량의 참깨박을 젖소나 돼지에 급여하면 버터나 고기의 지방을 연하게 한다. 참깨박에는 메치오닌은 많지만 리신이 적으므로 돼지나 닭에 이용할 경우에는 리신 함량이 많은 대두박이나 어분 등과 병용해야 한다. 참깨박은 유우·육우·면양에 대해서 특히 훌륭한 단백질사료이다.

참도미 red sea bream 양식어의 일종이다. 이에 대한 사료는 선어(鮮魚), 냉동어(冷凍魚) 및 배합사료이다. 배합사료는 어분, 식물성 단백질원 및 소맥분을 주요한 조성(組成)으로 하고 있고, 조단백질 함량은 43% 이상이다. 형태는 크럼블 및 펠렛트이다. 참도미 양식에 있어서 최대의 문제점은 천연어보다 체색(体色)이 떨어지는 것인데, 그 결점을 보충하는 목적으로 새우·게 같은 갑각류를 급여하고 있다. 종묘는 천연채포(天然採捕)에 의존하고 있지만, 한편으로는 인공종묘 생산의 연구도 권장하고 있는데 상당한 성적을 거두고 있다. 양식방법은 망생책양식(網生簀養殖)이 가장 많다.

창상성 제2위염 創傷性 第二胃炎 traumatic reticulitis 못, 핀, 나뭇가지와 같이 날카로운 물체라든지 모래, 돌, 나무조각 같은 물체에 의한 제2위점막의 손상 또는 염증에 의해서 생기는 소화장애를 창상성 소화불량이라고 한다. 이것은 카우 텍터(cow tecter)라고 하는 기계로 쉽게 진단하여 반추위 절개수술에 의해 걸려 있는 이물을 집어낼 수가 있다. 방치해 두면 뾰족한 물체에 의해 점막에 구멍이 뚫리고 횡격막에 이르러서 화농(化膿)하는 일도 있고, 다시 심낭에 이르러서는 심낭염(pericarditis)이 되는 경우도 있다. 이러한 증세가 되었을 경우에는 도축하는 것이 좋다.

채식주의자 菜食主義者 vegan 엄격한 채식주의자(vegetarian)이다. 모든 육식, 즉 쇠고기, 닭고기, 생선, 계란 및 낙농제품 등을 일체 섭취하지 않는다.

채종대 菜種莖葉 rape straw 채종의 종자를 채취하고 난 경엽이다. 사료가치는 볏짚과 같은 정도이고 조사료로서 이용될 수 있다.

채종박 菜種粕 rapeseed meal 채종의 종자에서 기름을 짜고 난 깻묵이다. 근년, 유지자원(油脂資源)으로서 채종씨의 생산은 캐나다에서 현저히 증가하고 있으며, 우리나라에도 상당량이 수입되고 있다. 채종박의 단백질 함량은 35% 정도이고, 아미노산 조성도 매우 양호하다. 약 10%의 조섬유를 함유하고 있으나 에너지가는 그다지 높지 않다. 채종박을 사료로서 이용하는 경우에 주로 문제가 되는 것은 그 속에 함유된 갑상선 비대물질인 유리(遊離) 고이트린(free goitrin) 등의 글루코시노레이트(glucosinolate)인데, 이것을 많이 함유하고 있는 채종박을 다량 급여하게 되면 가축, 특히 가금에 나쁜 영향을 끼치게 된다. 최근 캐나다에는 유리(遊離) 고이트린 함량이 대단히 적은 채종 품종이 개발되어 이를 카놀라(canola)라고 하는데, 제유공정에서 적당한 가열처리를 하면 고이트린을 불활화(不活化) 할 수 있다. 유리고이트린 함량이 낮은 채종박은 육성기의 가축・가금에는 사료 중 10% 정도까지 배합할 수 있지만, 자돈・종돈・산란계에 대해서는 5% 이하로 배합하는 것이 좋다.

채종박에 의한 중독 採種粕 中毒 poisoning of goitrin 채종박에 효소(미로시나아제)가 작용하여 갑성선 비대물질인 goitrin으로 닭의 갑상선이 비대한다. 그래서 캐나다의 경우 goitrin 함량이 0.02% 이하의 채종박만이 닭의 사료로 이용된다.

채초지 採草地 meadow 풀을 예취(刈取)할 목적으로 풀을 재배하는 토지를 채초지라 한다. 초류(草類)의 종류에 따라 각종의 명칭이 있으며, 야초를 주체로 하는 것을 자연초지(natural meadow)라 한다. 채초지는 영년(永年) 채초지(permanent meadow)와 단년(短年) 채초지(temporary meadow)로 구분된다. 채초지는 주로 각 기간에 급여할 건초나 사일리지의 생산에 이용되고, 연간 2～3회 예취된다. 경사가 심한 초지는 예취작업상 채초지로는 부적당하다.

처녀소 heifer 첫 분만 이전의 소를 뜻한다.

척수신경 脊髓神經 spinal nerve 척수에서 시작해서 말초로 여행하는 총 31쌍의 신경을 말한다.

ㅊ

천식 喘息 asyhma 기관지가 막혀서 호흡곤란을 일으키는 상태이다. 일반적으로 알레르기 반응에 의해서 나타난다.

천엽 tripe 식품으로 조리되거나 가공할 때 쓰여지는 반추동물인 소와 면양의 제1위와 제2위를 가리키며, 조직이 연하고 풍미가 있다.

철도역 도착도(到着渡) 사료의 거래방법인데 가격을 결정함에 있어 매(賣)・매(買) 양측이 사료를 인도하는 장소, 운임의 부담 등에 대해서 명확하게 나타낸 것이다. 구매하는 사람에게는 가장 가까운 철도역에 도착되어 화차에 실린 그대로를 인수한다는 뜻이다. 구매자가 지정하는 도착역 화차도(貨車渡)이므로 도착역까지의 운임과 기타의 지불 및 도착까지의 위험부담과 비용은 매도자(賣渡者)의 부담이 된다. 일반적으로 사료의 도매가격에는 이런 방법으로 거래되고 있다.

철분 鐵 iron(Fe) 철은 동물체내에서 산소와 전기전달 기능을 수행하는 중요한 역할을 하는 미량무기물이다. 혈액의 헤모글로빈 중에 존재하고 간장・비장(脾臟) 등에도 소량이 함유되어 있다. 환원형태인 제1철(ferrous)은 Fe^{++}로 나타내고, 산화형태인 제2철(ferric)은 Fe^{+++}로 나타낸다. 철분은 heme, hemoglobin, myoglobin, cytochrome과 여러 효소의 구성성분이다. 유즙으로써 육성되는 어린가축(幼畜)에는 철이 부족하기 쉽고 영양성 빈혈(nutritional anemia)이 일어나는 일이 자주 있다. 이것은 적혈구의 조성이 충분하지 못하기 때문이다. 한편으로 초류나 곡류 등의 사료에는 비교적 다량의 철이 함유되어 있고, 토양 중에 철이 현저히 부족한 지역이 아니라면 일반 가축에는 철이 결핍되는 일은 없다. 단지 보통사료에는 황산철의 형태로 참가되는 일이 많다.

첨가제 添加劑 additive 미국의 규격에 의하면 특수한 요구를 충족하기 위해서 기초사료에 첨가되는 것을 첨가제라고 한다. 보통은 미량을 사용하므로 취급과 사용할 때는 주의할 필요가 있다.

청색증 靑色症 cyanosis 혈액의 산소화의 부족으로 피부와 점막이 검은 청색 또는 자주빛을 띠는 것이다.

청예(靑刈)**귀리** green oat 청예용으로 널리 쓰여지고 있는 밀・보리・호밀보다 내한성이 떨어지지만 수량은 많은 편이다. 청예용으로는 출수(出穗) 전에 예취하는 것이 좋고, 개화 후에는 줄기가 단단해지기 때문에 사료가치가 급격히 떨어진다. 또한 사일리지용으로도 이용된다.

청예(靑刈)**보리** green barley 보리는 그 종실을 사료로서 이용하는 일이 많지만 청예용으로서도 이용된다. 다만 청예용으로서의 수량은 한지(寒地)에서는 호밀보다 떨어지고, 난지(暖地)에서는 연맥보다 떨어진다. 내한성이고 서리에 강하므로 한지에서도 추파(秋播)로서 재배되고, 수량은 10a당 2,000~3,000 kg이다. 청예보리는 2~3회의 예취가 가능하고, 9월에 파종해서 연내에 한 번 그리고 다음 봄에 한두 번 예취한다. 1회의 종실수확도 가능하다. 생초로서 급여하는 한편 사일리지로서 저장하는 것도 가능하다.

청예(靑刈)**수수** sorghum soilage 수수(sorghum) 속(屬)에 포함되는 것은 농업상에서 다음의 4가지로 분류되고 있다. 즉 ① 소고(sorgho) 사탕수수, 스위트 수수(sweet sorghum), ② 자실(子實)용 수수, ③ 목초용 수수(grass sorghum), ④ 브룸콘(broomcorn)이다. ①에 속하는 것을 청예수수로서 이용하는데 이것을 소고(sorgho)라고도 한다. 벼과의 1년생 작물로서 비교적 더운 지역에서 알맞고 가뭄에 대한 저항도 강하다. 또 재생력도 강하고, 수량은 10a당 5,000~15,000 kg이다. 가축의 기호에 알맞고 청예용(청초용) 이외에도 사일리지용으로도 이용되고 있다. 다만 어린 경엽부에는 청산이 함유되어 있으므로 이 때의 방목 이용은 위험하다.

청예(靑刈)**옥수수** corn soliage 옥수수는 종실도 사료로서 대단히 중요하지만 청예용 및 사일리지용으로도 전 세계에서 널리 재배되고 있다. 비옥한 토지의 배수가 잘 되는 토양에서 잘 자라며, 품종은 대단히 많아 약 3,000종이나 된다. 청예용으로는 주로 마치종(馬齒種, dent corn)계가 이용되고, 그 품종으로서는 노스웨스턴 덴트콘・위스컨신 12호・앨로우 덴트콘・투우이어・매머스화이트 덴트콘・진교(眞交) 13호 등이 있다. 또 구주(九州)에서는 구주원산의 아소종(阿蘇種)이 이용되고 있다. 청예용이나 매초용 모두 황숙기 이후의 것이 좋다.

청예작물 靑刈作物 soiling crop 곡식이 익을 수 있는 작물로 그 줄기나 잎을 사료로서 사용할 목적으로 재배하여 익기 전에 베어서 생초 그대로나 혹은 건초 또는 사일리지로서 이용할 때에 이것을 청예작물이라고 한다. 청예작물은 단위 면적당 수확량은 많지만 재배이용에는 많은 노력과 종자를 필요로 한다. 이 경우 노력이 많이 들므로 반드시 유리하지는 않다. 청예작물에는 종류가 많아 화본과 종류로는 옥수수・연맥・호밀보리・피 등이 있고, 두과에는 대두・완두・소라콩 등이 있으며, 또 십자과 식물에는 유채가 있고, 국화과에는 해바라기가 있다.

청예(靑刈)**콩** green soybean 대두는 두과작물에 속하며, 청예용으로서 생육기간이 짧아 2～3개월 내에 최대 수량에 도달한다. 수량도 많으므로 논의 전작(前作)이라든지 밭의 조기 예취용으로 재배하는데 알맞다. 또 건물(乾物) 중에는 단백질 함량도 높으므로 사료로서 적당하다. 양질의 건초의 생산은 물론 옥수수와 함께 양질의 사일리지를 만들 수 있다.

청예(靑刈)**피** millet soilage 피는 아시아를 원산지로 하는 화본과 작물로서 동양에서는 옛날부터 식량작물로서 재배되어 왔다. 냉해(冷害)・습해(濕害)・건해(乾害) 등의 불량한 환경에 강하다. 청예용으로서는 생육이 빠르고 초장(草丈)이 1～2 m에 도달하는 것도 있다. 그러나 생산량은 많지만 조금만 지나치게 자라면 조강(粗剛)해지는 결점이 있다. 건초로서도 이용된다. 5～6월에 파종되고, 출수는 8월 초순～중순이 보통이다. 예취 후의 재생성은 좋지 않다. 재래품종이 많지만 일반적으로 파종기의 이동에 둔감한 조생종은 추운 지역에 많고, 민감한 만생종은 난지에 많다.

청예(靑刈)**호밀** green rye 호밀은 고온에는 약하지만 내한성은 지극히 강하고 수량도 많으므로 한냉지의 청예작물로서 이용되고 있다. 그러나 다른 맥류의 청예에 비하면 그 기호성은 떨어진다. 청예호밀을 다급하면 우유에 냄새가 이전된다고 하는데, 착유(搾乳) 2～3시간 전에는 급여하지 않도록 주의해야 한다. 이삭이 패면 영양가가 급격히 떨어지므로 출수 이전에 이용하는 것이 좋다.

청정화(淸淨化) **인자**, **투명화 인자** clearing factor 식사 후에 혈액으로부터 지방의 청정화를 돕는 효소이다. 식사 후 수 시간 후에 혈액의 우유색(milky color)이 없어지는데, 이는 청정화 인자가 heparin이라 부르는 탄수화물 복합체와 같이 작용해서 나타나며, 이 때 칼슘과 마그네슘이 활성제로서 필요하다.

청초 靑草 green forage 글자 그대로 생초를 뜻한다. 생초(生草)가 가축에 급여되는 형태는 예취급여(soiling)와 방목(grazing)의 두 가지가 있다. 전자는 토지의 이용이 집약적으로 되지만 노동력이 많이 들고, 후자는 성력적(省力的)이지만 토지의 이용이 조방적(粗放的)이다. 그러나 어느 방법이든 생초의 영양가는 그 초종의 생육시기와 재배조건에 따라서 달라진다. 같은 재료의 생초・건초・사일지리를 비교하면 보통 생초가 가장 영양가가 높다. 그러나 수분함량이 높고 변화가 심하기 때문에 급여 시에는 건물급여량(DM)을 염두에 둘 필요가 있다.

체액 體液 body fluid　체내의 액체를 총칭한다. 체액은 분포되어 있는 상태에 따라 세포내 체액(intracellular fluid)과 세포외 체액(extracellular fluid)으로 구분되며, 체내의 총 수분함량은 체중의 약 60%에 이른다. 세포내 체액 및 세포외 체액은 각각 체액의 40% 및 60%에 해당한다.

체중감소 식이 體重減少 食餌 reducing diet　칼로리 섭취를 줄이기 위한 것이지만 기본 영양소는 포함되어야 한다. 저칼로리 식이를 만들기 위해 탄수화물과 지방을 줄이고 무기물과 비타민은 적절히 포함되어야 한다. 주당 체중 감소는 0.45～0.91 kg이 이상적이고, 1일 560～1000 kcal씩 덜 섭취한다.

체질량 지수 體質量指數 body mass index(BMI)　체중(kg)을 신장의 제곱(m^2)으로 나눈 값으로, 25 이상일 때 체중과 관련된 건강 문제의 위험이 많다.

$$BMI = \frac{체중(kg)}{신장(m)^2}$$

체질량 지수는 총 체지방과 관계가 있으며, ≥ 25일 때는 건강상의 문제가 있다.

초고밀도 지단백질 超高密度 脂蛋白質 very high density lipoprotein (VHDL)　단백질의 수준은 높고 지방은 낮은 지방단백질(lipoprotein)이며, 여기에는 고밀도 지방단백질(high density lipoprotein)이 포함되어 있다.

초산 醋酸 acetic acid　당 및 당과 관련되는 성분의 대사과정에서 흔히 생성되는 유기산이다. 아세틸 CoA로서 여러 중요한 대사과정에 참여한다.

초산일령 初産日齡 age at first egg　육성된 병아리가 성성숙기(性成熟期)에 도달해서 최초로 산란한 일령을 뜻한다. 보통 채란용의 백색 레그혼종은 초산일령이 150～160일 정도의 것이 많으나 사료, 품종, 부화시기 및 광선관리 등에 의해서도 영향을 받는다.

초식동물 草食動物 herbivore　초식하는 동물을 뜻한다. 즉 소・면양(반추동물)・말・토끼(단위초식동물) 등이다.

초유 初乳 colostrum　분만 직후에 분비되는 유즙으로서 초생축(初生畜)의 유일한 영양원이며, 또한 질병에 대한 항체를 함유하고 있다. 젖소의 경우 황색을 띠고 맛이 쓰며 열에 응고하는데, 통상 분만 1주간을 초유기간이라 한다. 초유의 성분은 개체차가 대단히 크고 시간적 변동도 많다. 또한 단백질의 질과 비타민 함량도 상유(常乳)와 아주 다르다. 초유는 글로불린 8.40%, 알부민 0.89%, 카제인 4.77%, 비타민 A 150 μg/100 g, 카로티노이드 140 μg/100 g, 리보플라빈 500 μg/100 g, 니코틴산 100 μg/100 g, 판토텐산 220 μg/100 g, 지아민 60 μg/100 g을 함유하고 있다. 이에 대해 상유(常乳)는 글로불린 0.11%, 알부민 0.31%, 카제인 2.63%, 비타민 A 5.8 μg/100 g, 카로티노이드 4.9 μg/100g, 리보플라빈 1.77 μg/100 g, 니코틴산 0.91 μg/100 g, 판토텐산 3.67 μg/100 g, 지아민 0.38 μg/100 g을 함유하고 있다. 초유 조성은 분만전 급여사료에 의해 변화한다.

특히 비타민 A에 그 영향이 크며, 단백질 역시 사료에 의해 영향을 받는다. 따라서 영양가가 높은 초유를 얻으려면 임신 중 모우(母牛)의 영양에 주의해야 한다. 출생 직후 송아지 체내에는 비타민 A가 아주 적어 초유를 섭취함으로써 요구량을 충족시킬 수 있다. 또한 분만 직후의 송아지 혈청 중에는 글로불린과 면역항체가 존재하지 않으며, 초유 중의 글로불린과 면역항체가 소화기관에서 변화되지 않은 채 송아지 혈관으로 이행하여 질병감염을 방지한다. 송아지에게 초유를 먹이는 것은 태변을 배출시키고 질병감염을 방지하며, 또한 필요한 영양소를 공급하는 것으로 생명유지에 절대로 필요한 것이다.

초저밀도 지단백질 超低密度 脂蛋白質 very low density lipoprotein(VLDL) 간에서 합성된 지방단백질(lipoprotein)로서 지방, 특히 triglyceride를 말초조직으로 운반한다.

초지 草地 grassland 가축사료로서 제공하는 목초를 생산하는 토지를 초지라고 한다. 이것을 구분하면 자연초지(야생지, native grassland)와 인공초지(목초지, tame grassland)가 있다. 후자를 넓은 의미로 해석하면 경지의 목초전(牧草田)도 포함되지만, 일반적으로는 미경지에 조성된 초지를 말한다. 초지는 이용되는 기간에 따라 영년초지(永年草地, permanent grassland), 윤작초지(輪作草地, rotation grassland, ley) 및 일시적 초지(temporary pasture)로 나누어진다. 또 이용목적에 따라 방목지(放牧地, pasture)와 채초지(採草地, meadow)로 구별된다.

촉매제 觸媒劑 catalyst 화학반응의 속도를 변화시키는 물질이며, 대개는 반응을 촉진시키는 데 사용된다. 금속백금은 황산제조의 촉매에 사용되며, 금속니켈은 유지와 수소로 경화유를 만드는 촉매로 사용된다. 효소는 살아 있는 세포에서 만들어지는 유기촉매라고 정의된다.

촉진확산 促進擴散 facilitated diffusion 운반단백질에 의해 막을 통과하는 분자의 수동이동이다.

촌충류 寸蟲類 tapeworms 가금(家禽)에 기생하는 촌충에는 많은 종류가 있지만 모두 다 중간숙주를 필요로 한다. 촌충은 편평하고 유백색의 가늘고 긴 기생충으로서 작은 두부와 수개~수백 개의 체절(體節)로 되어 있고, 주로 소장에 기생한다. 이 기생충이 많아지면 식욕이 감퇴되어 발육이 저해된다. 또 만성의 장(腸)카타르, 황백색 점액성의 하리(下痢)를 일으키고 출혈 때문에 분은 황갈색으로 된다. 촌충의 감염을 방지하려면 중간숙주를 구제할 필요가 있으므로 계사(鷄舍) 등을 완전하게 소독하여야 한다. 또 약물에 의한 구충도 효과가 높지만 구제는 곤란하다. 구충제로서는 비티오놀제제가 가장 효과가 있으며, 케이지나 배터리사육의 경우에는 감염되는 일이 비교적 적다.

총단백질가 總蛋白質價 gross protein value 조단백질 함량이 8%인 기초사료를 섭취한 병아리의 체중 증가와 기초사료에 3%의 공시단백질(test protein)을 참가한 구(區)와 그리고 기초사료에 3%의 카제인(casein)을 급여한 구(區)의 병아리 체중을 비교하여 공시단백질 첨가량당 생체중 증가량을 카제인 급여량당 생체중 증가량과 비교하여 백분율로 표시한 것을 총단백질가(gross protein value ; GPV)라고 한다.

$$\text{총단백질가(GPV)} = \frac{A}{A_0} \times 100$$

A : 공시단백질 첨가량(g)당 생체중 증가량(g)
A_0 : 카제인 급여량(g)당 생체중 증가량(g)

총에너지 gross energy(GE) 봄베 열량계(bomb calorimeter)에서 25~30기압의 산소를 넣고 완전 연소시켰을 때 나오는 칼로리를 측정한 열량이다.

총에너지 소화율(消化率) gross energy digestion coefficient 소화・흡수된 총에너지의 백분율로서 다음과 같이 표시된다.

총에너지 소화율 =

$$\frac{(\text{단위사료건물당 총에너지} \times \text{건물섭취량}) - (\text{단위분건물량 총에너지} \times \text{분건물량})}{\text{단위사료 건물당 총에너지} \times \text{건물섭취량}} \times 100$$

최대이윤 배합사료 最大利潤 配合飼料 maximum-profit ration 농후사료 배합시 가축의 영양소 요구량 및 단미사료 단가만을 고려하지 않고 이 사료를 급여한 가축의 생산물 판매가격까지 고려하여 제조한 배합사료이다.

최소가 배합표 最小價 配合表 least-cost formula 규정된 영양소 요구량을 주어진 원료들을 이용하여 최소의 가격으로 충족시킬 수 있는 사료배합율표이다. 주로 선형계획법에 의해 컴퓨터로 작성한다.

최소 자승법 最小 2乘法 method of least square 추정치와 실측치 차의 2승(乘)의 총화(總和)가 최소로 되도록 추정치를 구하는 방법을 뜻하며, 회귀식을 유도할 때에 이용하는 방법이다. X와 Y와의 직선관계를 나타내는 Y = a + bX를 유도할 때 X의 측정치를 회귀식에 대입해서 얻어낸 추정치를 Y라 하고, 그 X에 대한 실측치를 Y라 하면 그 차 y - Y의 2승(乘)의 총화가 최소로 되도록 X와 Y의 실측치에서 계수 a 및 b를 구하는 방법이다. 이 방법은 직선회귀의 경우를 비롯해서 결측치의 추정 등 다방면에 적용된다.

최유(催乳)**호르몬** lactation hormone, prolactin 내열성의 단백질 호르몬인데, 뇌하수체 전엽에서 분비되고 유방의 성장과 분만 종료와 함께 유선에 작용해서 유즙의 분비를 촉진시키고 다시 비유를 계속하는 인자이다. 임신 중에는 황체호르몬(progesterone)에 의해서 그 작용이 억제되고 있다.

최적가 배합표 最適價 配合表 best-cost formula 사양가의 이윤이 최대가 될 수 있도록 영양소 요구량의 수준을 결정한 후 여기에 맞추어 작성한 최소가 배합율이다. → 최소가격 배합표(least cost formula).

추백리 雛白痢 pullorum disease 일종의 간균인 추백리균(*Salmonella pullorum*)이 병원체인데, 종계 사육가나 부화업자가 가장 경계하고 두려워하는 전염병의 하나이다. 전염은 추백리균에 감염한 성계의 알을 통해서 병아리에 병을 일으키게 된다. 이 병에 걸리게 되면 회백색의 연한 진흙모양의 하리(下痢)를 하며, 날개깃털을 드리우고 눈을 감고 쇠약해져서 폐사한다. 이 병에 대한 예방약은 없으므로 이 병균의 침입을 막는 것이 절대로 필요하다. 침입한 경우에는 보균계(保菌鷄)를 속히 도태하는 것이 최선의 방법이다. 특히 종계장에서는 이 병의 진단법이 확립되어 있으므로 이것을 정기적으로 실행하는 것이 바람직하다. 현재로서는 이 병을 완전히 치료할 수 있는 우수한 약제는 없다.

추적원소 追跡元素 tracer element 미립자나 전자기를 방사하면서 또 다른 원소로 변환되는 화학적 원소를 뜻한다.

추출비 抽出比 extraction ratio, extraction 곡물이 가루로 전환된 퍼센트이다. 밀의 경우 고추출분(95～100%)은 저추출분(80% 또는 그 이하), 즉 백분(white flour) 보다도 겨와 배아 등이 더 많이 들어 있다.

추출열건 抽出熱乾 extracted dehydrated 페니실린이나 스트렙토마이신 등을 제조하기 위해 배양물을 여과할 때 얻어지는 여과물과 건조된 미세입자들을 걸러내는 공정을 뜻한다.

추파 追播 over sowing 자연 식생지(植生地)에 목초를 도입하여 초지를 개량하는 방식 중에 하나의 추파법이 있다. 전면적으로 야초지를 개간하지 않고 간단한 지표처리로 시비(施肥)·파종을 일부분 실시하여 야초지의 영양소 생산성을 높이고, 아울러 초생들의 경합을 이용하여 전면 목초지화를 도모하는 것이다. 일반적으로 추파는 조성초지에 있어 초생에 균일성이 없을 때 실시하는데, 이 경우 가급적 인접 식물의 키가 크지 않은 시기에 해야 한다.

축산공해 畜産公害 pollution by livestock effluent 공해대책 기본법에 의하면 "인간이 사업과 기타 사회활동을 하는 것에 의해서 타인의 건강이나 재산에 피해를 주는 것과 같은 ① 수질오염, ② 대기오염, ③ 악취(惡臭), ④ 소음, ⑤ 진동, ⑥ 지반침하(地搬沈下)를 공해라고 한다"라고 정의되어 있다. 축산경영에 관계가 깊은 것으로는 ① 돼지·소의 분뇨(糞尿)에 의해서 바다, 하천, 호수를 오염시키고, 이 때문에 상수·공업용수에 영향을 주든지, 농업용수를 나쁘게 하든지, 또 내수면 어업(內水面漁業)이나 근해 어업에 피해를 주는 경우, ② 계분(鷄糞)이나 우분(牛糞)의 건조, 소각 혹은 가축의 분뇨나 사료같은 데서 발생하는 악취, ③ 돼지나 닭을 다두수(多頭首) 사육할 때 우짖는 소음 등이 있다. 수질오염·오탁(汚濁)은 먼 곳에 있는 주민에게까지 피해를 주고, 또 악취·소음은 인근 지역의 주민에게 피해를 끼친다. 축산농가가 공해대책을 강구하기 위해서는 지역환경을 충분히 이해하고 법적규제에 대응할 수 있는 적절한 방지설비를 선택하는 것이 중요하다.

축산물 생산비 畜產物 生産費 production cost of livestock products 축산물의 일정 단위를 생산하기 위해서 소비된 경제가치의 합계를 금액으로 나타낸 것인데, 가축경영의 수지 실태를 나타내는 지표의 하나이다. 축산경영에 있어서 비용의 내역은 사료비와 가축비가 대부분을 차지하고, 더욱이 사료와 가축의 시장성은 짧은 기간에도 심한 변동이 있는 것이 특징이다.

충분섭취량 adequate intake(AI) 영양권장량을 설정하는 데 필요한 정보가 충분하지 않은 경우 사용할 수 있는 영양섭취 기준이다. 정해진 영양 상태(예를 들면, 뼈 건강)를 유지하는 데 필요한 평균 영양소 섭취량에 대한 관찰적, 실험적 추정치에 근거하여 결정된다.

충치 蟲齒 dental, caries 입 안의 박테리아가 당을 분해하여 젖산(lactic acid)을 생성하고, 이 젖산이 치아의 에나멜층을 부식시켜 일어난다.

충치 유발성 carigenic 충치를 촉진하는 물질, 즉 캐러멜 같은 고탄수화물 식품이다.

췌장 膵臟 pancreas 췌장은 위장 근처에 위치한 크고 긴 선기관(腺器官)인데, 췌관을 통해 췌장액을 분비하며, 소화선과 내분비선의 두 가지 기능을 가진다.

① 소화선으로서의 기능 : 췌액을 분비해서 소화작용에 관계한다. 췌액에는 트립신(트립시노겐), 키모트립신 및 카르복시펩티다아제 등의 소화효소가 함유되고, 십이지장으로 분비되어 장액과 협동해서 소화작용을 한다.

② 내분비선으로서의 기능 : 췌장의 내부에는 랑게르한스섬(직경 0.1～0.3 mm)이라는

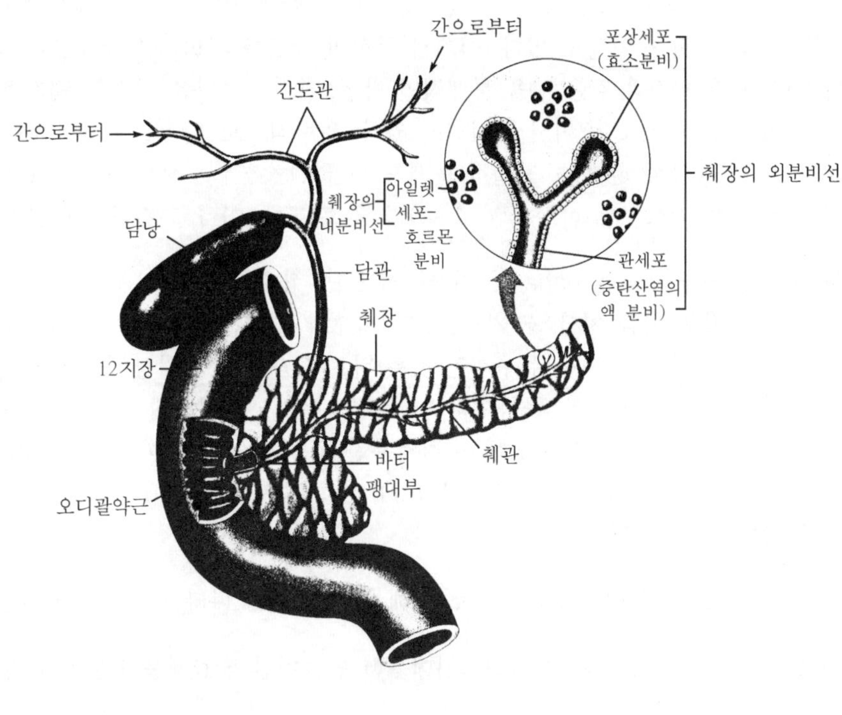

특수한 세포집단이 산재하는데, 이 속의 β 세포 내에서는 인슐린(insulin)이, α 세포 내에서는 글루카곤(glucagon)이라는 호르몬이 직접 모세혈관 중에 송출되어 혈액 중의 포도당 양을 조절하고 있다.

췌장액 膵臟液 pancreatic juice 췌장에서 만들어져 십이지장에 분비되는 소화액이며, 약알칼리성으로서 trypsinogen, chymotrypsinogen, carboxypeptidase, lipase, amylase 등의 소화효소를 함유하고 있다. 즉 탄수화물 소화효소(pancreatic amylase), 지방 소화효소(pancreatic lipase)와 단백질 소화효소(trypsin) 등의 3종류 소화효소를 분비한다.

취소성 就巢性 nesting, broodness 닭의 취소성에는 둥지 안에 들어가서 알을 품고 병아리를 부화해 내는 네스팅(nesting)과 알은 품지 않고 꾸욱꾸욱 울면서 산란을 중지하는 클럭킹(clucking)이 있다. 산란계가 알을 품으면 곧 산란을 중지하며, 둥지를 떠난 후에도 오랫동안 휴산(休産)하는 일이 많다. 따라서 산란계로서는 취소성이 없는 것이 좋다. 취소성은 유전적인 것이고, 생리적 기능은 확실하게 알려지지 않는다.

치매 癡呆 dementia, athymia 극심한 정신적 손상과 악화로 나타나는 정신적 장애이다.

치밀골 緻密骨 compact bone 뼈의 표면과 내부의 조밀하게 구성된 뼈로서 긴 뼈(long bone)의 외층을 이루는 단단한 뼈이다.

치사량 致死量 lethal dose(LD) 어떤 양의 약물을 주어서 그 개체가 죽는 최소량이 개체 치사량이다. 일반적으로 정확한 치사량을 구할 수는 없으며, 어떤 용량으로 죽었을 때 개체 치사량은 그 용량 또는 그 이하라는 것을 나타낼 뿐이다. 또 개채 치사량은 개체에 따라서 다르다고 하는 약점도 있다. 여기서 독성의 강도를 나타내는 척도로서 동물의 모집단의 50%가 죽는 것과 같은 양을 통계적인 방법으로 구한 다음 이것을 50% 치사량, 반수 치사량 또는 LD_{50}라고 줄여서 표시하고 있다. 일반적으로 반응을 나타내느냐 나타내지 않느냐 하는 정성적(定性的)·질적 문제를 취급하는 경우는 50%가 반응을 나타내는 양을 중앙 유효치(median effective dose)라 하고, ED_{50}이라고 간략하게 표시한다.

치사유전자 致死遺傳子 lethal gene 기능부진 또는 형태 이상에 의해 생존 불가능한 원인이 유전적일 경우 이를 치사유전자라 하고, 비교적 장기간 생존하는 것은 반치사유전자라고 한다. 이들 유전자 가운데 우성인 것은 바로 도태되므로 열성 유전자만 관찰된다. 치사유전자로서 유명한 것은 불독형의 연골 발육부전·장기재태(長期在胎)·태아 미이라 변성·선천성 수종(先天性水腫)·하악부전(下顎不全)·상피부전·무모(無毛)·사지 단소(短小)·말단 결손 등이며, 반치사유전자에는 선천적 백내장·반무모·선천적 곡계(曲繫) 등이 있다.

치아 침착증 mottling 과량의 불소 섭취로 인해 치아 표면에 나타나는 색소 침착증이다.

치즈 cheese 치즈는 포도주처럼 그리스시대부터 만들어진 발효제품인데, 우유의 카제인을 산 또는 렌넷으로 응고시켜서 커드를 만들고, 이 커드를 일정기간 숙성시켜서 미생물의 생화학적 작용에 의해 특유의 풍미와 방향(芳香)을 부여한 것이다. 치즈는 영양가가 높은 단백질이고 수분함량은 30~70%이다. 수분함량이 적은 것을 하드치즈, 수분함량이 많은 것을 소프트치즈라고 한다. 하드치즈는 체다치즈 · 스위스치즈 등이 있고, 또 소프트치즈에는 카테지치즈 · 카만베르치즈 등 많은 종류가 있다. 우리나라에서 시판되고 있는 치즈의 대부분은 프로세스치즈인데, 이것은 본래 내추럴치즈(natural cheese)로서 여러 종류를 배합처리한 재제품(再製品)이다.

치즈 스프레드 cheese spread 실온에서 스프레드(펼쳐 바름) 할 수 있게 만든 치즈제품이다. 일반적으로 체다치즈를 원료로 한 프로세스치즈에 농축유청을 첨가하여 지방과 물로 적당히 신장성을 지니게 한 것이다.

치즈 커드 cheese curd 보통 렌넷을 사용하여 응고시킨 우유의 응고물질로부터 만든 식품이며, 유청으로부터 분리한다.

치즈 크림 cheese cream 크림이나 크림을 가한 우유로 만든 부드러운 치즈를 뜻한다.

치질 hemorrhoid 직장 부근의 대정맥이 현저히 부풀어 오른 증상이다.

친수성 親水性 hydrophilic 분자가 극성(極性, polar)이고 물분자와 결합함을 나타내는 것이다.

친액(親液) **콜로이드** lyophilic colloid 에멀소이드(emulsoid)라고도 한다. 분산상의 입자와 분산용매에 높은 친화성이 있는 콜로이드 단백질이며, 고분자탄수화물 등이 여기에 속한다. 점도가 높고, 전하를 지니고 있다. 침전시키는 데는 다량의 전해질을 필요로 하며, 그 침전은 가역적이다.

친화성 親和性 affinity 기질분자가 효소의 활성자리(active site) 또는 배위자분자(配位子分子, ligand molecule)가 수용체에 얼마나 단단히 결합되어 있느냐의 척도이다.

칠면조 七面鳥 turkey 칠면조는 고기를 생산할 목적으로 구미(歐美) 등지에서는 널리 사양되고 있으나 우리나라에서는 일부에서 사육되고 있다. 칠면조에는 백색종 · 내러간셋트종 등 많은 품종이 있으며, 특징으로는 거친 사료로도 사육이 용이하다. 칠면조는 약 16주간 사육한 뒤 출하하는 경우가 많으며, 칠면조의 산란수는 40~60개이고, 부화에 필요한 일수는 약 28일로서 닭보다 1주일 정도 길다.

칡 kudzu 아시아 동부가 원산지로서 우리나라에서는 옛부터 이용되고 있는 두과작물이다. 덩쿨성의 다년생초로서 주근(主根)은 잘 발달하고 줄기는 목질화 된다. 커다란 잎이 번성해서 그 사료가치는 높다. 자연생의 칡을 예취해서 생초 또는 건초로서 이용한다. 돼지를 칡이 무성한 곳에 방목한다든지 칡잎 분말을 돼지나 닭 사료의 일부로 이용할 수 있다.

침강반응 沈降反應 precipitation 응집반응과 마찬가지로 질병의 진단이나 세균종의 결정에 이용되는 한편 육류의 감별이나 혈흔의 판정 등에도 이용된다. 이 반응에 관여하는 항체를 침강소라 하고, 항원을 침강원이라 한다. 실시방법에는 혼합법·중층법·확산법이 있다. 탄저의 진단에 쓰이는 아스코리 테스트는 유명하다.

침강사료 沈降飼料 submerging feed, dry pellet 물 속에 가라앉는 사료로서 일반적으로 양어사료의 펠렛공정을 거친 사료를 뜻한다.

침샘, 타액선(唾液腺) salivary gland 침을 분비하는 주요 침샘은 3쌍이 있다. 즉 귀 위치의 머리 양쪽에 있는 귀밑샘(이하선, parotid gland), 혀의 양쪽 밑에 있는 혀밑샘(설하선, sublingual gland), 아랫턱 밑 양쪽에 있는 턱밑샘(악하선, submandibular gland)이다. 이 외에도 입과 인두벽에 소형 침샘이 있다. 침의 성분 중에는 ① 침을 알칼리로 만들고 산을 중화시키는 중탄산염(bicarbonate)과 ② 음식이 통과하는데 윤활유 역할을 하고 입의 벽 마모를 방지하는 점액(mucus), ③ 전분을 소화시키는 효소인 아밀라아제(salivary amylase), 그리고 ④ 일부 박테리아를 사멸시켜 충치를 예방하는 라이소자임(용균효소, lysozyme)이 들어 있다.

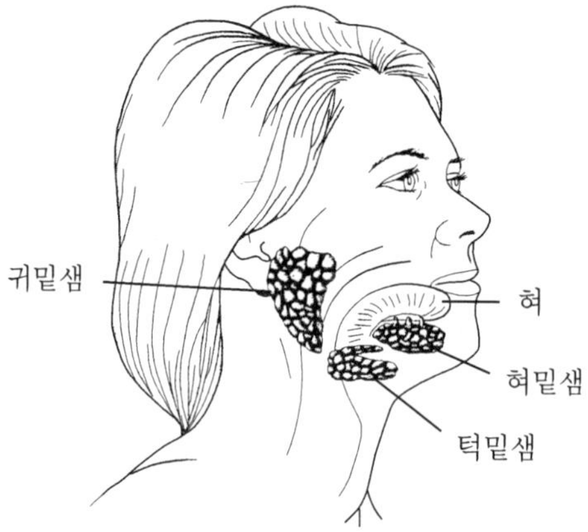

침지 浸漬 soaking 콩이나 옥수수와 같이 단단한 종실, 비이트 펄프, 보리와 같이 껍질이 있는 것 등을 분쇄하지 않고 이용하고자 할 경우에는 물에 담그는 것(浸漬)이 좋다. 담그면 수분을 잘 흡수해서 부풀어 연하게 되고 가축이 먹기 쉽게 되며 또 소화도 어느 정도 잘 된다. 침지한 사료는 여름에 기온이 높을 때는 부패하기 쉬우므로 주의가 필요하다. 또 침지한 물은 수용성의 영양소를 함유하므로 가급적 버리지 말고 이용하는 것이 좋다.

침출 浸出 extraction 사료 중에 유해물질이 존재하는 경우에는 일정 시간 동안 물 또는 수용액 등에 담가서 그 유해성분을 제거하고 그 용액을 폐기한다. 야생하는 종실류, 즉 도토리·침엽수 열매·갈참나무 열매·떡갈나무 열매는 탄닌(tannin), 사포닌(saponin) 등의 유해물질을 함유하고 있으므로 이런 것을 제거하지 않으면 가축에게 급여할 수가 없다. 이런 경우 장시간 흐르는 물에서 씻어내든지 NaOH용액 또는 탄산칼슘용액 등에 담그면 빨리 제거할 수가 있으나 보통사료에 대해서는 침출하는 일은 거의 없다.

ㅋ

카나마이신 kanamycin　1957년 우메자와(梅澤, 일본) 등에 의해 발견된 항생물질이다. *Streptomyces kanamyceticus*를 배양해서 생산되고, 황산염의 결정으로서 제조된 것이 황산카나마이신(kanamycin sulfate)이다. 아미노글리코시드계 항생물질에 속하고, 그람양성균・그람음성균 등에 대한 항균작용를 가진다. 사료첨가제로서 지정되어 있고, 또 동물용 의약품으로서 경구제・주입제・주사제로도 응용되고 있다.

카니발리즘 cannibalism　닭들이 항문이 있는 부분의 털을 쪼아 피를 내고 장(腸)까지 꺼내어 먹는 경우가 있다. 이는 생후 20일경부터 많이 발생되며, 한 마리가 발생되면 전체 무리에 파급되는 경우가 있다.

이것의 원인은

① 직사광선이 비치어 너무 밝을 때
② 과밀하게 사육되고 있을 때
③ 사료 중에 비타민・단백질・무기성분이 부족될 경우
④ 지나치게 농후사료를 많이 급여하여 섬유질이 부족할 경우
⑤ 습관적으로 발생하는 경우

방치책으로는

① 입부리를 잘라 준다. 요령은 윗부리를 1/3 정도 자르고, 아랫부리는 1/4 정도로 잘라 윗부리보다 아랫부리를 길게 한 후 잘 지져서 출혈을 방지한다. 시기는 4주령(25일령 전후)이 가장 효과적인데, 부리를 자른 후에는 물과 사료가 비워지지 않도록 충분히 주고, 비타민제와 항생제를 강화시켜 먹임으로써 스트레스를 방지한다.
② 쪼인 병아리는 바로 격리시키고 골탄 등을 발라 준다.
③ 실내를 넓혀 밀사되지 않도록 분산시킨다.
④ 직사광선을 차단하도록 커튼을 친다.
⑤ 부식토, 신선한 흙, 소금 등을 급여하여 무기질 성분을 보충시킨다.
⑥ 양질의 녹사료를 급여하여 비타민 등의 영양분을 충족시킨다.

카니틴 carnitine　동물조직에 있는 주요 조효소이다. 화학적으로는 γ-trimethylamine-

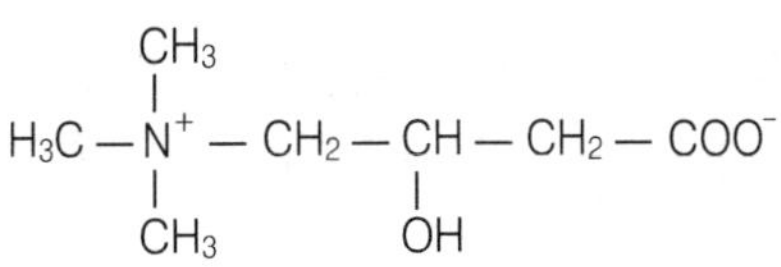

Carnitine

β-hydroxybutyrate이며 지방대사에 매우 중요하다. 즉 지방분해시에 지방산을 미토콘드리아 내로 옮기는 데 역할을 하며, 리신으로부터 합성된다. 정상상태에서는 체내에서 필요량을 전부 합성하므로 음식물로서 공급할 필요가 없다.

카드뮴 cadmium(Cd)　공기·식품·물 등으로 인체까지 오염되는 산업적으로 발생되는 금속이며 중독성이 강하다. 최근 말의 신피질(腎皮質)로부터 메탈로티오네인이 유리(遊離)되기까지는 생물학상 의의가 없었던 무기물이다. 메탈로티오네인은 단백질(복합체)로 2.9%의 카드뮴과 0.6%의 아연(단백질당)을 함유하고 있으나 그 존재 의의 등은 불명하다. 카드뮴은 독성이 강하여 카드뮴판 제품의 용기에서 유래되는 카드뮴중독 예가 많이 보고되고 있다. 셀레늄·아연과 같은 무기물이 카드뮴의 중독을 완화시킨다.

카로티날 carotenal　아포-8-카로티날이며 소장에서 발견되는 β-카로틴이 변화한 것이다. 카로틴이 비타민 A로 변환하는 제1 중간체의 것이며, 시금치·감귤류 등에 함유되어 있다. 양계사료로 사용하면 난황에 이행하여 색이 짙은 계란을 낳는다.

카로티노이드 carotinoid　비타민 A를 합성할 수 있으며, 과일과 채소에 함유된 등황색의 색소이다.

카로티노이드 색소 carotenoid　식물에 널리 존재하는 황색·적색 색소의 1군으로서 구조적으로 카로틴에 관련 있는 것을 뜻한다. 이 중의 카로틴·크리프트크산틴·아포카로티날은 체내 소장벽에서 비타민 A로 전환된다. 기타 칸타잔틴(canthaxantin)·라이코팬 등은 비타민 A로 전환되지 않는다.

카로틴 carotene　비타민 A와 비슷한 구조를 갖고 있고 생체 내에서 비타민 A로 되어

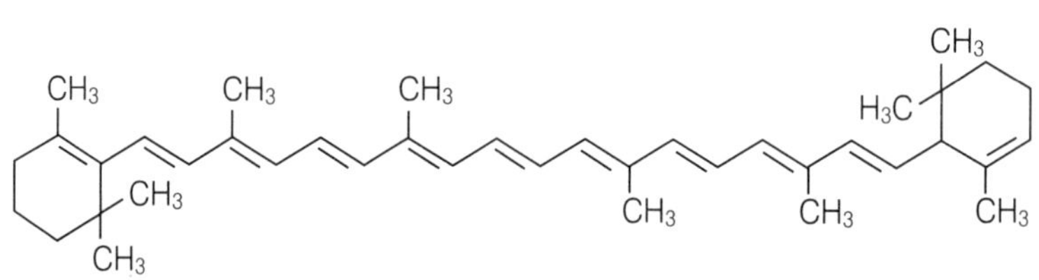

α-카로틴

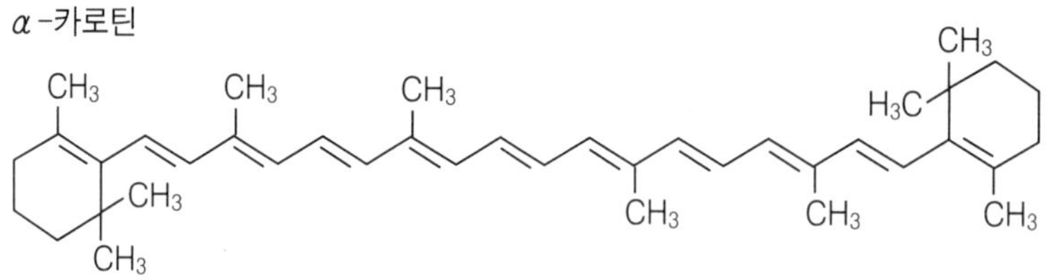

β-카로틴

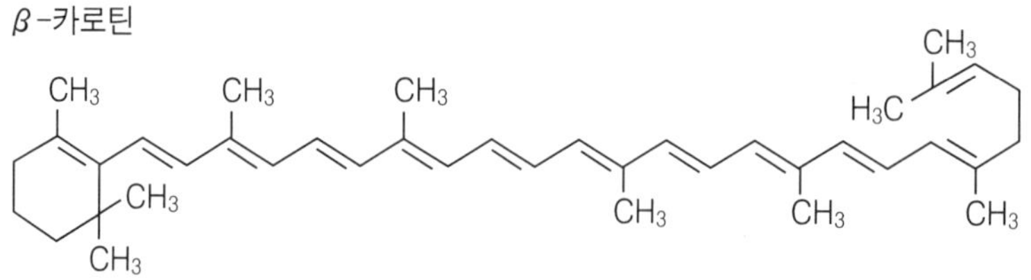

γ-카로틴

서 비타민 A의 생리작용을 나타내므로 프로비타민 A(provitamin A)라고도 불려진다. 카로틴에는 몇 개의 이성체가 있는데, 그 중 β-카로틴은 생체내에서 2분자의 비타민 A를 생성하므로 프로비타민 A으로서의 작용이 가장 크고 α-γ-카로틴·지아크산틴(zeaxantin) 등이 있다. 카로틴은 황색옥수수·알팔파 등의 녹색의 청초와 건초류에 많이 함유되어 있다. 카로틴은 비교적 불안정하고 사료의 제조조건과 저장조건에 따라서 파괴된다. β-카로틴의 0.6 μg이 비타민 A의 1국제단위(I.U)로 되어 있는데, 이것은 쥐에 의한 것이고, 돼지·소 등에서는 카로틴의 비타민 A로서의 효과는 낮다. 닭에는 쥐와 같은 정도이다.

카로필 carophyll Hoffman La Roche사 제품인 apo-8-carotenal에 대한 상품명이다. → 카로티날.

카르노신 carnosine 효소 carnosine synthetase에 의해 촉매되는 ATP 반응으로 β-alanine과 histidine으로부터 합성된 dipeptide이다. N-β-알라닐 L-히스티딘이며 뇌조직에 들어 있는 대부분의 비단백태질소화합물이다. 근육 중에도 비교적 많은 양이 들어 있고, 구리(Cu)와 착염을 이루어 미오신 ATPase을 활성화시킨다.

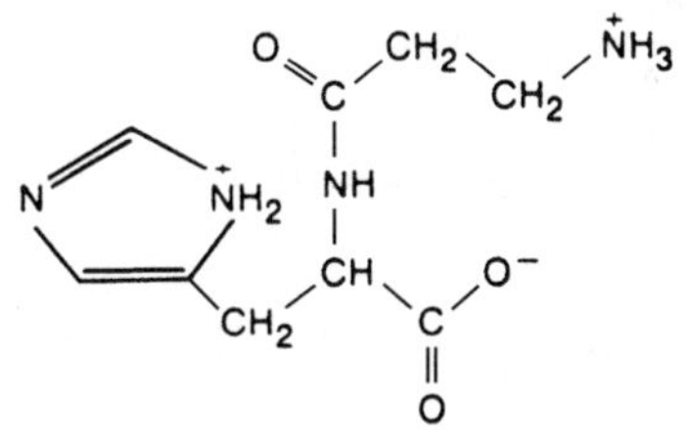

Carnosine

카르바독스 carbadox 1970년 미국에서 개발된 동물 전용의 합성항균제이다. 화학명은 2-(2-quinoxalinyl methylene) hydrazine carboxylic acid methyl ester N^1, N^4-dioxide이다. 돼지의 성장촉진 등을 목적으로 하고 있고, 사료첨가제로서 포유자돈에 20~50 ppm의 범위로 지정되어 있다.

카르보닉 안히드라아제, 탄산탈수효소 carbonic anhydrase 분자에 아연을 함유하고 있는 효소로서 여러 조직, 적혈구에 존재하며, 탄산가스로부터 탄산(carbonic acid)을 만들기도 하고, 탄산을 탄산가스와 물로 분해하기도 한다.

카르보닐기 carbonyl group 알데히드(aldehyde), 케톤과 당(saccharide)에 들어 있는 탄소-산소(carbon-oxygen)의 화학적 기이다. 즉, 모든 단당류는 카르보닐기를 가지고 있다.

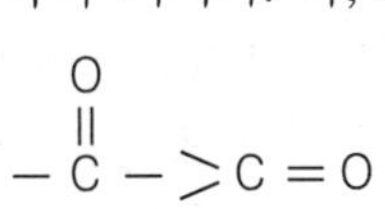

Carbonyl group

ㄱ

카르복시메틸셀룰로오스 carboxymethyl cellulose(CMC) 목화 또는 목재의 섬유소로 만들어진다. 50배 중량의 물을 흡수하여 안정된 colloid를 만들기 때문에 안정제와 병용함으로써 거품을 내기 위한 목적에 쓰이며(아이스크림 · 과자 · 젤리 등), 또 감량식용에서의 불활성 증량제로도 사용된다. 메틸셀룰로오스는 섬유소의 유도체인데, carboxymethyl cellulose나 그 외의 gum과 다른 점은 그 점도가 온도의 상승과 더불어 내려가지 않고 오히려 상승하는 것이다. 이는 냉수에 녹았던 것이 가열에 의해 gel화되기 때문이다. 증점제 · 유화제로 글루텐(gluten) 함량이 적은 식품 등에 쓰인다. 다른 섬유소 유도체로 이것과 비슷한 성질을 갖는 것에는 ethylmethyl cellulose, hydroxy ethylcellulose 등이 있다.

카르복시펩티다아제 carboxypeptidase 췌액 중에 있는 소화효소로서 폴리펩티드를 디펩티드로 절단하는 효소이다. 카르복실기가 유리(遊離)되고 있는 말단으로부터 절단해 가는 엑소펩티다아제(exopepfidase)이다.

카르복실기 carboxyl group 유기화합물의 산성기(acid group)이다. 즉, COOH는 용액 중에서 수소이온(H^+)으로 해리되므로 산(acid)이 된다. 카르복실기는 약산이므로 반응은 왼쪽으로 향하는 경향이 있다.

$$R-\overset{O}{\overset{\|}{C}}OH \rightleftharpoons R-\overset{O}{\overset{\|}{C}}-O^- + H^+$$

카르복실라아제 carboxylase 어느 화합물에 카르복실기(COO^- 또는 COOH)의 부착을 촉진하는 효소이다.

카르복실산 carboxylic acid 카르복실기(carboxyl group)를 지지고 있는 유기화합물이다.

카르복실화(반응) carboxylation 어느 화합물에 카르복실기를 부착하는 것이다. 예를 들면 지방산 합성과정에서 acetyl-CoA에 CO_2를 부착하여 malonyl-CoA가 되는 것이다.

카르 프라이스 반응(反應) carr-price reaction 비타민 A에 대한 시험법으로서 3염화안티몬의 클로로포름용액(카르프라이스 시약)에 의하여 청색을 나타낸다.

카사바 cassava tapioca, manioc, yucca Tapioca 또는 mandioca로도 불리우며, 열대지방에서 중요한 근괴류 전분 사료원이다. 연간 ha당 80톤 정도 생산되며 수분 65%, 단백질 1~2%, 섬유소 1.5%, 지방 0.3%, 회분1.4% 그리고 가용무질소물 30%를 함유한다. 건조시켜서 chip이나 pellet으로 유통되는데 전분함량이 높아 가금사료와 성장 · 비육돈 사료의 곡물을 대체할 수 있으며, 임신 · 비육돈 사료의 주에너지원으로도 좋다. 줄기 및 잎부분은 반추가축에서 좋은 에너지원이나 조섬유 함량이 높아 단위동물에는 적합하지 않다. 개량종을 sweet cassava라 하고, 재래품종인 bitter cassava에는 배당체인 linamarin 함량이 높아 가수분해에 의해 hydrocyanic acid(HCN) 독소가 생성된다. 70~80℃ 오븐

건조, 물에 끓이거나 천일건조 등으로 그 역가를 줄인다. → 타피오카(tapioca).

카세인 casein 산 또는 위효소인 rennin에 의해서 응고되는 유단백질이다. 즉 탈지유를 산 또는 렌넷트(rennet)를 가하여 응고시키고 그 응고한 부분을 분리해서 건조한 것인데, 값이 싼 것은 미국 등지에서는 어린동물이나 실험용 사료에 쓰이고 있다. 미국의 공정규격에 의하면 사료용 카세인은 조단백질 함량이 80% 이상으로 규정하고 있다. 카세인은 비교적 품질이 일정하고 아미노산 균형이 우수한 단백질이므로 실험용 사료의 기준 단백질로서 널리 사용되고 있다. 이밖에 카세인에 가성소다를 가하여 용해시키고, 이것을 건조한 sodium caseinate가 있으며, 일부 대용유로도 이용되고 있다.

카세인 철(鐵) caseinate iron 카세인과 철분이 결합한 염(salt)으로서 철 카세인제제 또는 뉴클레오 알부민철이라고도 한다.

카스가마이신 kasgamycin 1964년 우메자와(梅澤, 일본) 등에 의해 발견된 항생물질이다. *Streptomyces kasyaensis*를 배양해서 생산되며, 염산염으로서 제조된 것이 사료첨가제로서 지정되어 있다. 아미노글리코시드계 항생물질에 속하며, 벼의 도열병에 대한 농약으로서도 알려져 있다.

카올린 kaolin 벤토나이트와 마찬가지로 phyllosilicate에 속하며, 백색 내지 황백색의 분말로서 설사치료에 효과가 있는 것으로 알려져 있다. 광물질제제의 희석제로도 이용된다. → 벤토나이트(bentonite).

카우 데이 cow day 초지, 특히 방목지의 생산량(목양력)을 표현하는 단위로서 카우데이를 사용한 카우 데이법이 영국에서 장려되었다. 1 카우 데이는 체중 500 kg의 성우(成牛) 1두에 1일 먹일 수 있는 목초의 생산량이다. 이것은 큰 면적 규모에 있어서 대군두수(大群頭數)의 목양력을 파악하게 하기 위한 실천적인 방법이지만 산유량・증체량 등의 산출 기초에 들어가지 않는 조방적(粗放的) 척도이고, 사료 영양학적 연구 수법으로서 또는 집약적인 방목지의 생산량 파악법으로서는 부적당하다고 보고 있다. 이의 결점을 보완하기 위해서는 우군(牛群)의 조건에 의한 계수를 사용한 보정 또는 사양표준을 기초로 한 사료계산을 병용할 것 등이 권장되고 있다.

카우피이 cowpea 동부(두과작물)의 일종이며, 청예용 또는 녹비용으로 재배되는 것으로 종실 중 식용이 안 되는 것은 사료로서 이용된다. 이것은 단백질 23%, 가용무질소화합물 55% 이상을 함유하고 사료가치가 높다. 그러나 돼지나 닭에서는 다른 양질의 단백질사료와 함께 급여하는 것이 좋다.

카이스퀘어 검정(檢定) *chi*-square test(χ^2-test) 사료에 관한 실험에서 취급하는 자료에는 체중이라든지 비유량과 같은 계량치와 달걀을 낳았는지 낳지 않았는지 혹은 결핍증상을 나타냈는지 아닌지 하는 것과 같이 하나 둘 헤아려야 하는 계수치가 있다. 계수치의 경우 K조의 실측치가 이론치 또는 기대치와 적합했는지 아닌지를 조사하기 위해서 χ^2을 계산한다.

$$\chi^2 = \Sigma(\text{이론수} - \text{실측수})^2 / \text{이론수}$$

이 χ^2을 자유도 K-1의 χ^2 표의 수치와 비교해서 판단하며, 이것을 χ^2 검정이라고 한다. 이 방법은 기대치가 5 이하의 조가 있으면 적용하기 어렵게 되기 때문에 이 경우는 측정치가 우연히 얻어지는 확률을 직접 계산하는 방법에 따르면 좋다. 이것을 직접 확률 계산법이라고 한다.

카탈라아제 catalase　과산화수소(hydrogen peroxide)를 물과 산소로 분해하여 제거하는 기능을 가진 헴(heme)의 철분함유 효소로서 세포막에 해로운 영향을 미치는 위험한 과산화물(peroxide)이 축적되는 것을 막는다. Catalase가 작동하여 과산화수소가 분해되면서 알코올이 분해된다. 카탈라아제는 세포 퍼옥시솜(cell peroxisome)에 고농도로 들어 있다.

카테콜라민 catecholamine　Epinephrine(일명 adrenalin), norepinephrine(일명 noradrenalin)과 dopamine을 구성하고 있는 아민(amine)군이다. 이들 아민은 아미노산 tyrosine으로부터 합성되어 부신수질(adrenal medulla)에서 분비되며, 신경계와 밀접한 연관

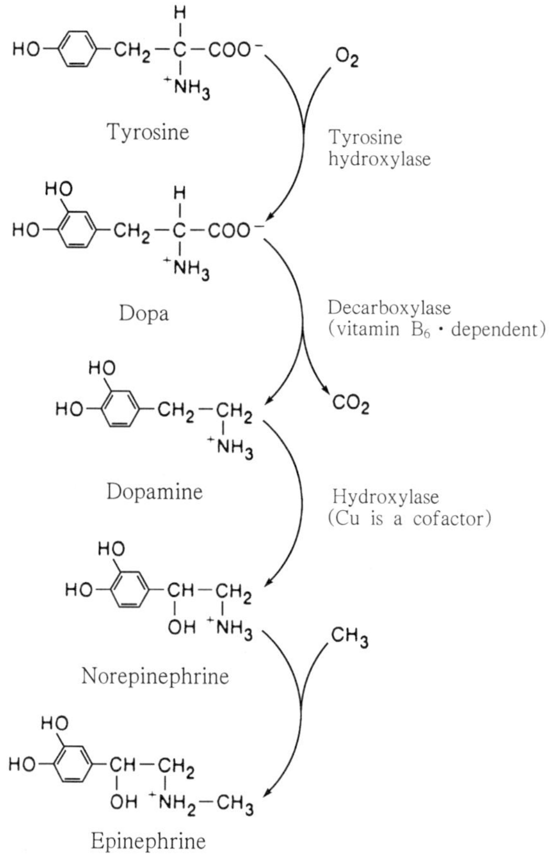

Catecholamine의 합성

ㅋ

을 가지고 있다. 카테콜라민은 교감신경계(sympathetic nervous system)를 자극하며, 가장 잘 알려진 작용은 생활에 영향을 주는 자극 또는 위험에 처했을 때의 보호작용이다.

카티지 치즈 cottage cheese 발효유의 단백질에 양념을 가하여 만든 부드러운 백색치즈를 뜻한다.

카페인 caffeine($C_8H_{10}N_4O_2$) 커피·차·초콜릿·콜라 등에 들어 있는 알칼로이드(alkaloid)이며 1, 3 ,7-trimethylxanthine이다. Xanthine 유도체로서 여러 종류가 있으나 그 중에 대표적인 것이 theophylline과 theobromine이다. 순수 카페인은 무색이고 쓴맛을 지니며, 주로 음료를 통해서 흡수하며 일의 능률을 높여 주는 것으로 알려져 있다. 200～300 mg의 카페인 섭취(3～4컵 커피)는 무해하고 피로를 회복시켜 주지만, 다량을 섭취하면 경련·구토 등의 해로운 증상을 나타낸다. 흥분효과를 나타내며 63종의 식물의 꽃, 종자 및 과일에 들어 있다.

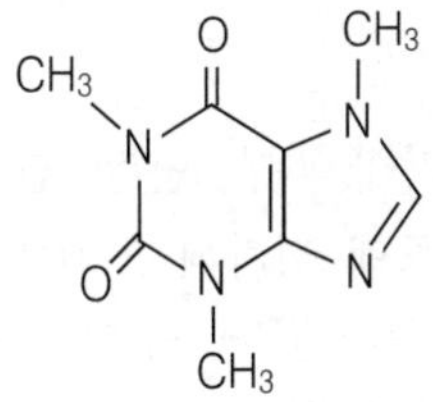

Caffeine

카페트 그라스 carpet grass 중미 및 서인도제도가 원산지인 화본과 목초인데, 미국의 남부에 옛부터 넓게 자생해 있다. 다습의 열대·아열대 기후를 좋아하고 척박한 사질지(砂質地)의 방목초로 쓰인다. 사료로서의 질은 좋지 않지만 과방목에 견디어 내므로 부드러운 풀의 이용을 지속할 수가 있다. 수량은 많지 않으며, 또한 잔디밭으로도 이용된다.

카프로산(酸) caproic acid 포화지방산의 일종 $CH_3(CH_2)_4COOH$이며, 양유(羊乳) 및 우유의 버터, 코코넛유에 트리글리세리드로서 존재한다. Hexanoic acid이다.

카프르산(酸) capric acid 포화지방산의 하나 $CH_3(CH_2)_8COOH$이며, 코코넛유·우유 및 우유로 만든 버터의 지방 중에 트리글리세리드로서 존재한다. Tecanoic acid이다.

$$CH_3 - CH_2 - CH_2 - CH_2 - CH_2 - COOH$$

Capric acid

카프리로히드록삼산(酸) caprylo-hydroxamic acid 장관 내에 있어서 우레아제의 활성을 저해하고 요소로부터 암모니아의 생성을 억제하는 물질로서 가축·가금의 성장을 촉진하고, 사료요구율의 개선을 목적으로 하는 동물용 성장촉진제이다. 카프리로히드록삼산의 사료 첨가량은 닭 및 돼지에 25～100 ppm이다. 사료첨가제로 지정되어 있다.

카프릴산(酸) caprylic acid 포화지방산의 일종 $CH_3(CH_2)_6COOH$이며, 양우 및 우유・버터・코코넛유・인체의 지방 중에 트리글리세리드로서 존재한다. Octanoic acid이다.

카플반응, 공역반응, 짝지어진 반응 coupled reaction 에너지가 한 반응물질에서 다른 반응물질로 전달될 때 운반수단으로 작용하는 일반 중간물질을 가진 2개의 화학반응이다. 예를 들면 creatine phosphate로부터 creatine이 생성되고 ADP로부터 ATP가 생성되는 화학반응이다.

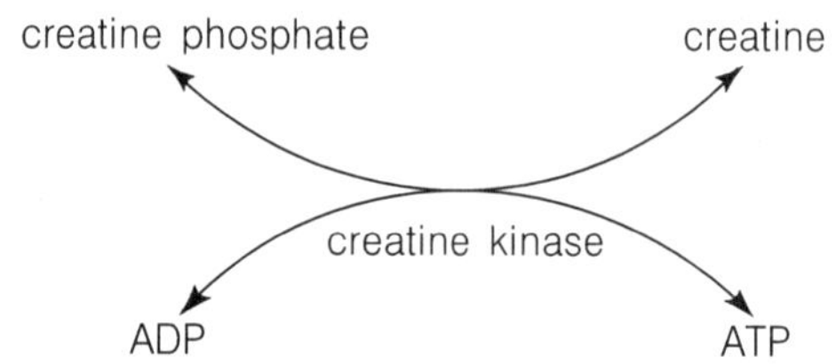

Coupled reaction

칸타크산틴 canthaxanthin 브로일러의 피부, 난황, 연어나 송어의 살코기, 잉어나 금붕어 등의 색조를 개선하기 위해서 사료에 첨가되는 색조 강화제로서 널리 쓰여지는 카로티노이드이고, 적색미를 강화하는 효과가 있다. 특히 난황 등의 색조는 이를 사료에 첨가함으로써 농후하게 된다. 이 첨가량은 사료의 종류나 난황 등의 색조 정도에 따라서 다르지만, 시판하는 사료첨가제는 0.5～3 ppm 정도를 첨가하도록 되어 있다.

칼로리 熱量單位 calorie(kcal) 열량을 나타내는 단위인데, 1g의 순수(純水)를 1기압하에서 14.5℃에서 15.5℃로 올리는 경우에 소요되는 열량을 '칼로리'라 하고 'kcal'로서 나타낸다. 4.186 joule에 상당한다.

① 1,000 cal를 1 kcal 또는 대칼로리라 하고 kcal로 표시한다. 영양학에서는 '대칼로리'를 단순히 '칼로리'라고 한다.

② 1,000 kcal를 1 *M*kcal(메가칼로리)라고 하며, 다음과 같은 등식이 된다.

$$1\ Mkcal = 10^3\ kcal = 10^6\ cal$$

칼로리는 가축사양상의 에너지 단위에도 자주 쓰인다. 사료의 총에너지(gross energy)를 측정하려면 칼로리미터(열량계)가 쓰여지고, 가축 등의 발열량을 측정하는 장치로서는 호흡칼로리미터(호흡열량계) 같은 것이 있다.

칼로리 단백비 熱量 蛋白比 calorie protein ratio(CPR) 사료 중의 단백질 함량과 병아리의 성장에 대한 대사에너지와의 비를 칼로리 단백비(calorie protein ratio, CPR)라고 하며, 이것은 양계사료에 많이 사용된다.

$$\text{칼로리 단백비(CPR)} = \frac{\text{사료(kg) 중의 대사에너지(kcal)}}{\text{사료 중의 단백질 함량(\%)}}$$

병아리의 주령(週齡)에 따라 성장에 적절한 칼로리 단백비를 산출할 수 있으며, 이 평가법은 미국을 비롯하여 많은 나라에서 사용하고 있다.

칼륨 potassium(K) 혈구나 기타의 세포의 성분으로서 동물체내에 있는 무기물이며, 그 함량은 나트륨보다 많다. 칼륨이 결핍하면 성장이 저하되거나 또는 번식장애를 일으키지만 식물성 사료 중에는 칼륨 함량이 많으므로 보통은 칼륨 결핍을 일으키는 일이 없다. 또한 칼륨이 많은 초류을 먹는 초식가축의 경우는 칼륨과 더불어 나트륨도 배설되므로 나트륨원으로서 식염을 많이 급여할 필요가 있다.

칼륨 과다혈증 hyperkalemia 혈액 중에 칼륨이온 농도가 정상 이상으로 높은 것을 뜻하며, hyperkaliemia 또는 hyperpotassemia라고도 한다. 즉 6mEq/ℓ일 때이다. 또 7 mEq/ℓ 이상일 때는 위험한 상태로 간주한다. 신장이상, 극심한 탈수, 충격이 원인이다.

칼모두린 calmodulin 세포질 내에 존재하며, 특정 효소에 영향을 미치는 칼슘결합 조절 단백질(calcium-binding regulatory protein)이다.

칼빈딘 calbindin 칼슘 흡수를 촉진하는 비타민 D에 의해 합성되는 칼슘결합 단백질(calcium-binding protein, CBP)이다.

칼슘 calcium(Ca) 동물체내의 무기물의 약 70%는 칼슘인데, 이 중의 약 99%는 뼈와 치아에 함유된다. 칼슘을 보급할 때는 다른 무기물, 특히 인과의 비율이 중요하다. 산란계용 사료 이외의 사료는 칼슘과 인의 비율이 2～1.5 : 1의 범위가 되도록 주의할 필요가 있다. 칼슘이 부족하거나 또는 인 등의 비율이 적절치 못하면 구루병이나 골연증을 일으키지만 그 이전에 유량의 감소, 연란(軟卵)의 발생, 부화율의 저하가 나타나고, 어린 동물은 성장이 저하한다. 칼슘은 어분과 두과(荳科)의 초류에 많이 함유되고, 또 무기물 사료로서는 탄산칼슘 · 인산칼슘 · 황칼슘 · 골분 등이 사용된다.

칼슘뇨증 hypercalciuria, hypercalcinuria 요(尿) 중에 비정상적으로 다량의 Ca를 배설시키는 것을 뜻하며, hypercalcinuria 등도 같은 뜻이다. 이는 부신피질호르몬의 과다분비(hyperparathyroidism) 또는 유전적인 요인도 작용한다.

칼슘 · 인 공급사료(供給飼料) calcium and phosphorus supplements 골분, 인산칼슘(monocalcium phosphate, dicacium phosphate, tricalcium phosphate), 탈불인광석 등과 같이 칼슘과 인을 동시에 공급할 목적으로 사용되는 사료이다.

칼슘 과다혈증(血症) hypercalcemia 혈액 중의 칼슘 과다의 질병으로서 어린가축에 많으며, 때로는 치명적이다. 즉 정상 수준인 11 mg/100 mℓ보다 높은 경우이다. 원인은 비타민 D의 과잉에 의한 칼슘의 혈액 중 과다에 기인한다. 증상은 식욕감퇴 · 구토 · 피로 · 변비 · 근육의 무력감 등이다. 신장에 이상칼슘 침착이 생길 수도 있다.

칼슘혈 calcemia, hypercalcemia 혈액 중에 비정상적으로 칼슘 수준이 높은 상태, 여러 연조직에 칼슘 축적을 가져오기 때문에 위험하다. 이 상태를 hypercalcemia라고도 한다.

칼시디올 calcidiol 1-hydroxy-vitamin D이며, 일명 1-hydroxy-cholecalciferol이라고도 부른다.

칼시토닌 calcitonin 체내에서 칼슘(Ca) 대사에 관여하는 갑상선의 소포곁세포(parafollicular cell) 또는 C세포에서 분비되는 갑상선호르몬이다. 칼슘대사에 있어서 칼시토닌의 주요 효과는 뼈이며, 칼슘 축적을 촉진하고 칼슘 용출을 방지하는 것이다. 따라서 혈액 중의 칼슘 수준을 떨어뜨린다. 칼시토닌은 부갑상선호르몬(parathyroid hormone)인 파라토롬(parathormone)의 작용을 방해한다. 칼시토닌의 생성은 Ca^{2+}에 의해 조절되고, 비타민 D 역이 칼슘의 흡수에 작용함으로써 이에 관여한다. 즉 혈액 칼슘수준이 정상 이상으로 올라가면 분비되어 뼈로부터 칼슘의 용출을 저해한다. 칼시토닌은 성장기에 주로 작용하고, 성인이 되면 그 효과가 크게 줄어든다.

칼시트리올 calcitriol 비타민 D의 활성화 형태이며, 1, 25 dihydroxyvitamin D 또는 1, 25 dihydroxycholecalciferol이라고도 한다. 피부의 7-dehydrocholesterol로부터 햇빛(자외선)을 받아서 간을 거쳐 신장에서 생성된다.

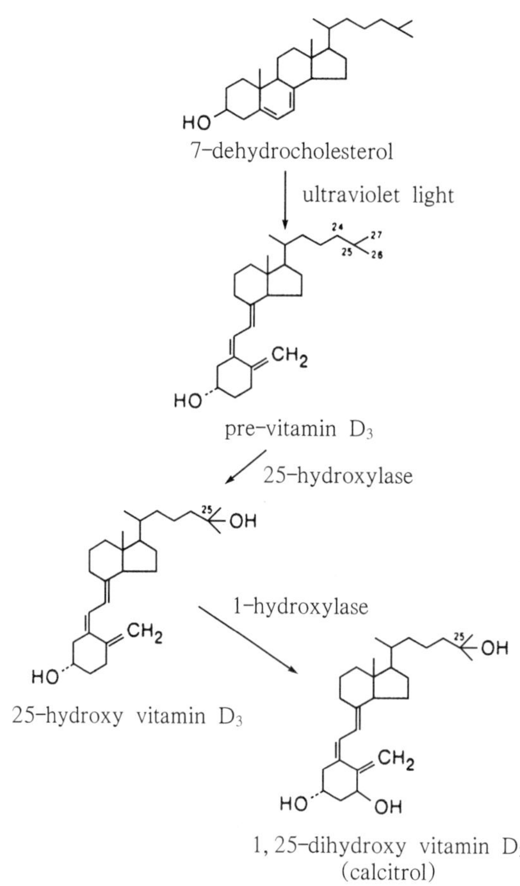

피부의 7-dehydrocholesterol로부터 활성 vitamin D_3 합성과정

칼시페롤 calciferol 비타민 D_2 또는 ergocalciferol의 또 다른 이름이다. 비타민 D_2와 D_3는 사람에 있어서는 동일한 역가를 나타내지만 닭·칠면조와 기타 조류는 비타민 D_3보다 D_2를 더 효율적으로 이용한다.

캄프리 Russian comfrey 원산지는 러시아의 코카사스 지방이며, 19세기 중엽에 영국에서 재배된 일이 있다. 다년초로서 초장은 1.5 m에 달하고 내한성이 있으며, 어떤 토양에도 적응하지만 비옥한 알칼리성 토양에 특히 적합하다. 엽부(葉部)는 건조하기 쉽지만 경부는 다즙질이므로 건조가 어렵고, 건초는 조강(粗剛)하다. 일반적으로 젖소(乳牛)의 기호성은 좋은 편은 아니지만 연한 것은 돼지·닭의 녹사료(錄飼料)로서 이용될 수 있다. 청예사료로 이용할 때는 줄기가 딱딱하기 전에 베는 것이 좋고, 1년에 5~6회의 예취(刈取)가 가능하다.

캐놀라박(粕) canola meal 채종(菜種, rapeseed) 또는 평지로 불리는 십자화과의 유채용 작물의 열매에는 글루코시놀레이트(glucosinolates)와 이루식산(erucic acid)과 같은 유독성분이 들어 있는데, 캐나다에서는 유독성분의 함량이 낮은 tower, regent(이상 B. napus), candle, tobin(이상 B. campestris) 같은 품종을 육종하여 캐놀라(canola)라고 명명하였다. 캐놀라 씨앗에서 기름을 짜고 남은 깻묵을 캐놀라박이라고 부른다. → 채종박, 유채박, 평지박.

캐틀 오일러 cattle oiler 주로 육우 방목지대에서 사용하는 기구인데, 젖소 방목지에도 이용할 수 있다. 소의 체표(體表)에 붙는 파리·진드기 등 외부기생충 구제를 목적으로 하며, 이것을 사용함으로써 소가 목책에 몸을 비벼 넘어뜨리는 일이 없어진다. 라체드식과 드롭식이 있는데, 약제를 담은 오일탱크로부터 로프 또는 케이블에 약제가 배어 나오도록 한 장치이다. 또한 롤러식도 있는데, 롤러 속에 약제를 담아 소가 몸을 비빌 때 롤러 표면으로 약의 액이 배어 나오도록 되어 있다. 1두용의 소형 한 벌로써 약 50두의 소에게 사용된다.

커어드 제조 부산물(製造副産物) curd process residue 대두를 사용하여 두부를 만들 때 생기는 부산물이다. → 두부박, 비지박.

커피박(粕) coffee bean pulp 인스턴트 커피나 커피 등을 제조할 때에 커피두(豆)를 가열 분쇄해서 열탕으로 추출한 잔사를 회수한 것이다. 건조한 것은 10% 이상의 조단백질을 함유하지만 소화율이 낮고 또 조섬유가 약 30%나 되어 사료가치는 낮으며, 기호성도 좋지 않으므로 일부가 소의 사료로 이용되는 이외는 각종 사료의 흡착제로서 쓰여지고 있다.

컨디셔닝 conditioning 미국의 규격에 의하면 다음의 가공처리를 하기 전에 사료원료 또는 그의 혼합물의 수분이나 온도의 어느 한쪽 또는 양쪽을 미리 정해진 적정치로 조절하는 것을 컨디셔닝이라고 한다. 이것은 tempering과 같은 의미가 있다.

컨쥬게이즈 conjugase 장에서 엽산 흡수를 증가시키는 효소계이다. Polyglutamate에서

glutamate를 제거하여 엽산을 형성한다.

컬 cull USDA의 최저질 양고기와 송아지 고기를 뜻하며, 주로 분쇄, 통조림 또는 가공품으로 이용된다. → 찌꺼기.

컴먼 레스페데자 common lespedeza 이는 매듭풀이라는 한국명이 있으며, 1년생으로서 초질(草質)이 연하고 만생종(晩生種)이다. 우리나라 종은 둥근매듭풀(Korean lespedeza)이고, 전자보다도 대형으로 건초에 알맞다. 초기 예취한 것은 사료가치가 높고, 개화 후기에 예취한 것은 소화율이 낮다. 이 건초는 젖소・육우・면양 등에 이용되고 또 돼지나 닭에도 이용될 수 있다. 세리시아종은 비수리라고 부르는데, 내서성(耐署性)이 뛰어나고 척박지에서도 생육하지만 탄닌함량이 많고 가축의 기호성은 좋지 않다. 싸리류(perennial lespedeza)는 산야에 자생하는 관목 또는 반관목성의 것인데, 그 품종은 Kobe, Tennessee 76, F. C. 31057, F. C. 31852, Climax, F. C. 312497 F. C. 31480, Harbin, Early Korean Lona 6, 39, 48 등이 있다.

케라틴 keratin 모발・뿔(角)・손톱・깃털 등의 주성분을 이루는 불용성 단백질이다. 소화효소로 가수분해가 안 되기 때문에 사료로선 가치가 없다. 토양 중에서는 세균에 의하여 서서히 분해되기 때문에 비료로 된다. 고압 증기처리나 가수분해 처리한 깃털 분립(粉粒)은 단백질로 쓰인다. 이들의 단백질은 proteases에 의하여 소화되지 않기 때문에 진정(眞正) 케라틴이라 부르며, 피부 또는 안구(眼球)와 같은 proteases에 의하여 소화되는 케라틴과는 구별된다. 후자는 cystine 함량이 적다.

케미칼 스코아 chemical score 단백질의 영양가를 아미노산을 분석한 성적으로써 추정하고자 고안된 방법이다. 전란단백질(全卵蛋白質) 중의 필수아미노산 함량과 사료단백질 중의 필수아미노산 함량의 비율을 비교해서 최소의 비율을 나타내는 필수아미노산을 제한아미노산(limiting amino acid)이라고 한다. 제한아미노산의 전란단백질(全卵蛋白質) 중의 함량과 사료단백질 중의 함량 비율을 퍼센트로 표시하고, 이것을 케미칼 스코아라고 한다. 케미칼 스코아와 단백질의 생물가는 통상 일치하는 경우가 많다.

케산증 keshan disease 셀레늄(Se) 결핍과 연관된 증상으로 심장이 비대해지고 정상 심장세포가 파괴된다. 이 증상은 중국의 어떤 지역(케산지방)에서 유래된 풍토병이다.

케이지 cage 가축이나 가금을 수용해서 사양하는 철사줄 또는 금속물로 된 철강・알루미늄강 등을 케이지라고 하고, 양계에 주로 많이 쓰여진다. 이때 1수씩을 수용하는 것을 단사(單飼) 케이지(individual cage), 2수 이상을 수용하는 것을 군사(群飼) 케이지(group cage) 또는 펜케이지(pen cage)라 한다. 케이지 사양의 이점은 관리가 용이해서 노력이 절약되고, 단위 면적당의 사양수수(飼養首數)를 많이 할 수가 있고 또 산란기록과 도태도 용이하다. 따라서 대규모 양계에 알맞다. 최근에는 케이지 양돈도 일부 보급되고 있는데, 이것은 분뇨의 분리처리를 용이하게 하는 것을 주목적으로 하고 있다.

케이지 피로(疲勞) cage fatigue 산란계를 케이지에 옮겨서 수개월 되면 특정한 증상은 나타나지 않지만 각약증(脚弱症)이 생기고 마침내 다리가 마비되어 서 있을 수 없는 경우가 있다. 이와 같은 증상을 보통 케이지 피로라고 한다. 케이지 피로의 원인은 산란계의 칼슘 균형이 부(負)로 되어 일종의 뼈의 칼슘 결핍증과 같은 것이다. 이러한 칼슘의 균형이 부(負)로 되는 원인은 분명치 않지만 운동제한과 여성호르몬과의 관계가 있다고도 한다. 이것은 사료 중의 칼슘부족에 의해서 생기는 원인이 아니므로 사료에의 칼슘보급 효과는 기대할 수 없다.

케이크 cake 미국의 공정규격에 의하면 케이크는 종자, 고기 또는 어분의 유지나 액상물을 제거하기 위해서 압착할 때 얻어지는 덩어리(塊)이다. → 깻묵, 잔사.

케이폭박(粕) kapok meal 케이폭 미일은 열대지방에 있는 케이폭나무의 종실(種實)에서 기름을 짠 깻묵이다. 단백질 함량은 30% 정도이지만 조섬유 함량이 15% 이상으로 많다. 기호성은 퍽 좋지 않지만 육우나 유우에 대해서는 면실박(綿實粕) 또는 대두박의 대신으로 이용할 수 있다. 돼지에서는 단백질사료의 1/3 정도는 케이폭박으로 이용될 수 있다. 또 닭에서는 사료 중의 5% 정도만 이용될 수 있으나 대량은 좋지 않다. 케이폭박은 돼지의 체지방이 경질이 되기 쉽다.

케일 kale 양배추와 동속(同屬)의 사료작물인데, 원래 영국과 구주(歐洲) 대륙의 해안에서 야생하고 있던 것이다. 케일은 긴 엽병(葉柄)을 가진 커다란 잎이 60 cm 이상이나 자란다. 보통 가을부터 늦은 겨울에 수확하도록 재배된다. 내한성(耐寒性)・내서성(耐暑性)이 강하고, 겨울철의 다즙질 사료로서 이용된다. 또 사일리지로 하는 경우도 있다.

케토시스, 케톤증 ketosis, ketoacidosis 케토시스는 영양성의 대사장애에 의해 혈액 중에 아세톤・아세토아세트・β-히록시뷰칠레이트 등 케톤체의 함량이 증가하고, 반대로 혈당 함량 및 간의 글리코겐 함량이 저하하는 질병이다. 케토시스는 반추가축에 발생하기 쉽고, 특히 분만 후 2～3주에 발병되기 쉽다. 유우(乳牛)에 케토시스가 발병되면 식욕과 비유량 감소 및 체중이 줄고, 중증(重症)의 경우에는 보행부전(步行不全) 등의 마비증상을 나타낸다. 반추가축에 있어서 본 증(症)의 발생원인은 복잡하고 또 정확하게는 알려져 있지 않지만, 체내에의 탄수화물원의 부족과 더불어 지방의 불완전산화로 인한 케톤체의 증가에 기인된다. 예방에는 산유량이 높은 고비유우(高泌乳牛)는 영양소요구량이 충족한 사료를 섭취하기가 곤란하게 되어 케토시스가 발생되기 쉬우므로 적정한 사양관리를 요한다. 또 낙산을 다량 함유하는 불량 사일리지 등의 급여가 케토시스의 원인이 되므로 이와 같은 사료의 급여를 지양해야 한다. 치료에는 합성호르몬인 코티손(cortisone)이나 ACTH의 주사가 유효한 경우가 있다. 프로피온산・글리세롤・메치오닌 등을 경구투여하는 것도 효과가 있다.

케토오스 ketose 분자 중에 케톤(ketone)기를 가지고 있는 당당류이다.

케토원성 아미노산 ketogenic amino acid 체내에서 대사되어 acetate 또는 acetoacetate(케톤체)로 되는 필수아미노산이다. 류신(leucine)・이소류신(isoleucine)・페닐알라닌(phenylalanine)·티로신(tyrosine)·트립토판(tryptophan)·리신(lysine) 등이 여기에 속한다.

케토헥소오스 ketohexose 분자 중에 케톤(ketone)기를 가지고 있는 6탄당이며, 프럭토오스(fructose)가 여기에 속한다.

케톤뇨증 hyperketonuria, ketonuria 요(尿) 중으로 다량의 케톤체를 배설하는 것을 뜻한다.

케톤생성 식품 ketogenic diet 단백질 함량이 높고 탄수화물 함량이 낮은 식품으로 체내에서 케톤체의 생성이 많은 식품이다.

케톤체(體) ketone body 지방산의 불완전대사에 의해서 생성되는 물질이다. Acetoacetic acid, β-hydroxybutytic acid 및 acetone을 말한다. 당뇨병 또는 기아(飢餓) 때는 생성속도가 매우 커지며, 혈액 중에 축적되어(케톤혈증) 요(尿) 중에 배설된다(케톤뇨).

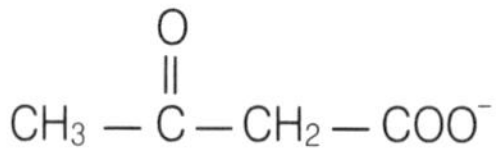

Acetoacetate

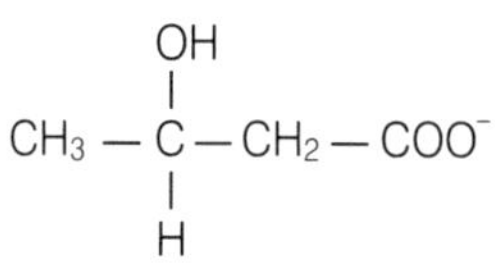

β-hydroxybutyrate

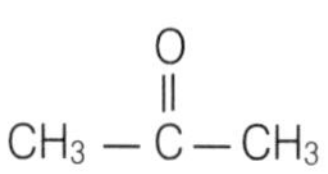

Acetone

Ketone bodies

케톤혈증 hyperketonemia, ketonemia 혈액 중에 케톤체(ketone bodies)가 정상 이상으로 높은 것을 뜻한다.

켄터키 블루그라스 kentucky bluegrass 다년생의 화본과 목초인데, 건조한 석회질의 토양을 좋아하고 지하경(地下莖)이 강하며, 발굽자국에 견디므로 영년방목지(永年放牧地)의 목초로서 적당하다. 방목지는 클로버류와 혼파하면 좋고, 또 한지에도 적합하다. 이 목초는 특히 말이 좋아하지만 소는 말에서 보다 덜하다. 줄기가 비교적 딱딱하므로 건초, 청초, 사일리지로서는 거의 사용되지 않지만 잔디밭용으로는 중요한 풀이다.

켈프 미일 kelp meal 다시마·미역류·모자반류 등의 해초를 총칭해서 켈프라고 하며, 켈프를 건조하여 분쇄한 것을 켈프 미일 또는 켈프 분말이라 한다. → 해조분.

코감기 coryza 코점막의 화농으로 콧물을 수반한다. 주로 알레르기 · 감염 · 고초열(hay fever) 등이 원인이다.

코니쉬종 Cornish 원산지는 말레이 · 샴 등지이며, 영국에 수입되어 개량된 닭 품종이다. 병아리의 초기 발육은 약간 늦으나 그 후부터 빠른 만숙종(晩熟種)이다. 체구는 똑바로 섰으며 앞가슴이 튀어나와 있다. 피부와 다리의 색깔은 노란색이며, 볏은 호도관과 삼매관이 보통이다. 이 품종은 오늘날 육계의 생산에 있어서 육질과 가슴 및 다리고기를 풍만하게 하기 위하여 교잡종용으로 사용되고 있다. 산란능력은 연간 약 100개 정도로서 달걀껍질 색깔은 진한 갈색이고, 체중은 수탉이 4.5 kg, 암탉이 3.5~4.0 kg 내외다. 내종으로서 흑색종 · 백색종 · 백색복륜 · 적색종 · 버프색종이 있다. 현재 우리나라에서도 브로일러 생산에 있어 수탉의 역할을 담당하고 있다.

코돈, 유전부호 codon 특정 아미노산의 순서를 특정짓는 메신저 RNA (messenger RNA)에 있는 세 염기(triplet) 배열순서이다.

코랄 시스템 corral system 비교적 기후가 온난하고 축군(畜群)이 대규모인 경우에 가장 적합한 사육방식이다. 우리를 여러 구역으로 나누고, 우사 대신 직사광선을 피할 수 있는 그늘만을 시설한 방사장을 뜻한다.

코르티코스테로이드 corticosteroid 부신에서 합성되는 스테로이드 호르몬이다.

코리 사이클 cori cycle 간(肝)이 근육의 수축활동 과정에서 생성된 젖산을 글리코겐으로 재합성하는 일련의 반응, 즉 간 글리코겐 → 혈중 글루코오스 → 근육 글리코겐 → 근육 젖산 → 혈중 젖산 → 간 글리코겐으로 가는 반응이다.

코리 에스테르 cori ester 글루코오스 1인산에 주어진 명칭이다. 이것은 글루코오스 대사의 중간물질이다. → 글루코오스 대사.

코발라민 cobalamin 비타민 B_{12}를 cyanocobalamin이라 한다. 동물이나 미생물의 생육에 필수적인 미량 영양인자의 하나이다.

코발트 cobalt(Co) 코발트는 가축에 필요한 미량 무기물이고, 비타민 B_{12}의 구성성분이다. 결핍되면 활력이 없어지고, 식욕 · 체중이 감퇴하며, 빈혈이 되어 마침내 폐사한다. 코발트의 필요성이 밝혀진 것은 세계 각지에서 일어나는 초식가축의 특이한 질환에 대한 연구의 결과이다. 가축의 코발트 요구량에 대해서는 사료 중 0.05~0.1 ppm으로 추정되고 있다. 코발트 결핍증이 인정되고 있는 것은 현재 반추가축이다. 또한 비타민 B_{12}는 그 일부가 코발트이므로 반추위내(反芻胃內) 미생물에 의한 비타민 B_{12}의 합성을 촉진하기 위해서는 코발트의 충분한 공급이 필요하다. 보통 사료 중에는 탄산염 또는 황산염의 형태도 첨가된다.

코신종(種) Cochin 일명 Cochin China라고도 칭하며, 아시아의 대표적 닭 품종으로 원산지는 북부 중국이다. 유전력이 명확하여 영국과 미국의 품종 개량에 이바지하였다.

수컷이 5.0 kg, 암컷이 3.8 kg으로서 Brahma종 보다는 다소 적으며, 살 부침이 좋고 비육성도 크다. 육색은 황색이며, 일반 체형은 몸이 깊고 넓으며, 수컷 깃털은 둥글게 되어 있다. 산란은 연 90개 정도로서 난각색은 적갈색이다. 연우(軟羽)가 밀생하여 추위에 강하고 또한 체질이 강건하며, 성질은 온순하나 취소성이 강하고, 너무 둔중하여 모계(母鷄)로 적당하지 않다. 발육 및 성숙은 늦은 편이다. 육관은 소형의 단관이고, 부리와 경(脛)은 황색이다. 황갈색 깃털을 가진 buff 색종이 가장 유명하다.

코아굴라아제 coagulase 유(乳) 중에 존재한다고 일컬어지는 효소에 주어진 명칭으로, 우유가 피브리노겐 용액을 응고시키는 능력이 있는 것은 이 효소 때문이라고 여겨진다.

코엔자임, **조효소**, **보효소** **補酵素** coenzyme 효소의 비단백태 구성성분이다. 어떤 효소는 그것을 돕는 물질을 필요로 하고 있다. 이들은 효소계의 일부이나 본질의 활성화의 일부가 아닌 점에서 activator와 구별된다. 코엔자임의 대부분은 분자의 일부에 비타민 B군의 하나를 가지고 있다. 코엔자임 I은 니코틴산, 코엔자임 A는 판토텐산, cocarboxylase는 비타민 B_1을 갖는다. → 조효소, 보조효소.

코엔자임 Ⅰ, **조효소** Ⅰ coenzyme Ⅰ 니코틴아미드, 아데닌, 2분자의 리보오스, 2분자의 인산으로 되어 있는 화합물이다. DPN(diphosphopyridine nucleotide) 또는 NAD (nicotinamide adenine dinucleotide)라고도 부른다. 많은 탈수소효소가 그 작용을 하기 위해서는 이 코엔자임 I을 필요로 하는데, 코엔자임 I은 세포 내의 산화에 중요한 부분을 차지하고 있기 때문이다. 비타민으로서 니코틴산이 필요한 것도 이 때문이다.

코엔자임 Ⅱ, **조효소** Ⅱ coenzyme Ⅱ 니코틴아미드, 아데닌, 2분자의 리보오스, 1분자의 인산으로 되어 있는 화합물이다. 코엔자임 I보다 인산이 1분자 더 많다. TPN(triphosphopyridine nucleotide) 또는 NADP (nicotinamide adenine dinucleotide phosphate)라고도 한다. 많은 탈수소효소가 이 코엔자임 II를 필요로 하며, 이것은 세포내 산화계의 중요한 부분을 차지한다.

코엔자임 A, **조효소 A** coenzyme A(CoA) 아세틸(acetyl)기의 이동에 필요한 조효소이

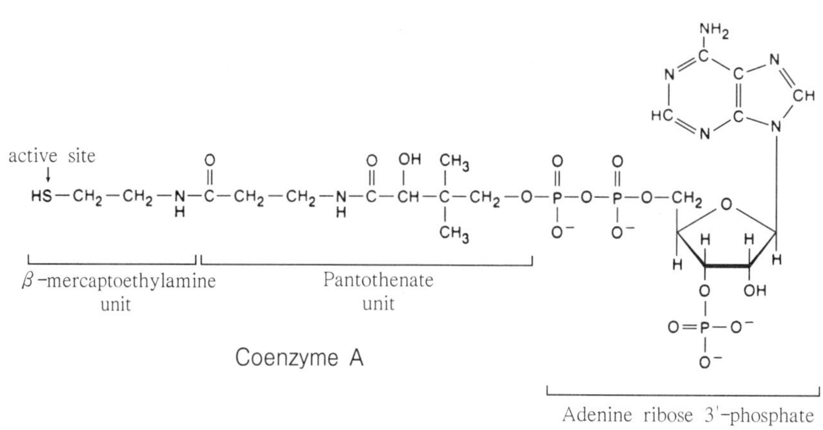

Coenzyme A

다. 비타민의 일종인 pantothenic acid를 함유하고 있다. 아세틸기와 결합하여 아세틸 코엔자임 A를 형성하고, 이것이 다른 화합물에 아세틸기를 붙여 준다.

코엔자임 Q, 조효소 Q coenzyme Q(CoQ) 호흡효소계에서 작용하는 하나의 물질이다. 세포내의 소립자(subcellular particles) 중에 있으며, 유비키논류와 일치한다. 또한 Q 275 또는 미토키논이라고도 한다.

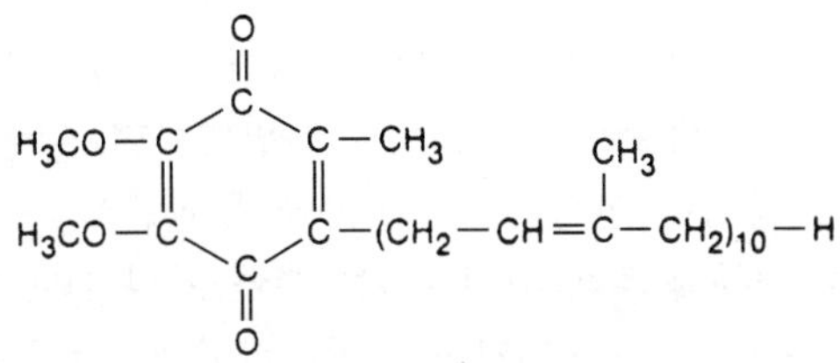

Oxidized form of coenzyme Q

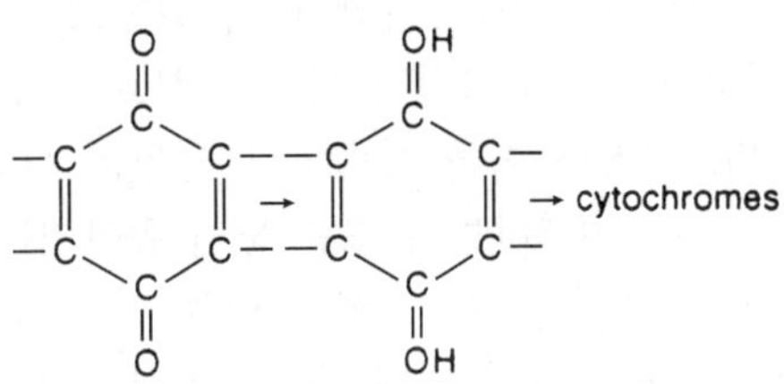

Oxidized form → Reduced form

Coenzyme Q

코카복실라아제 cocarboxylase Carboxylase가 여러 가지 화합물에서 탄산가스를 제거하는(탈카복실반응)데 필요한 티아민함유 보조효소이다. Carboxylase는 비타민 B_1의 2인산에스테르이며, 티아민 2인산이라고도 한다. Pyruvic acid는 탄수화물 대사의 중간물질로 비타민 B_1이 결핍한 때에는 산화하지 못하며, 혈액 중에 축적된다.

코코아 잔재물 cocoa residue 코코아 초콜릿의 제조부산물로서 얻어지는 것인데, 주로 카카오콩의 껍질 및 배아의 부분으로 구성되어 있다. 이밖에 소량의 과육부분이 혼입되어 있는 것이 많다. 코코아 잔재물은 조섬유가 많고 탄닌 및 테오브로민(알칼로이드의 일종)이 많으므로 다급하면 중독을 일으킬 위험이 있다. 이것은 유우(乳牛)에 1일 1 kg 정도 급여해도 좋지만 돼지나 닭에는 먹이지 않는 것이 좋다.

코티손 cortisone 부신피질호르몬으로부터 간에서 생성된 호르몬이며, 현재는 합성해서 여러 의약용으로 이용된다.

코티솔 cortisol Glycogen과 단백질을 glucose로 전환시켜 혈당을 높이는 기능을 하는 부신피질에서 분비되는 주요 호르몬이다.

코티코스테로이드 corticosteroid 굶거나 기타 스트레스에 의해서 부신피질에서 분비되는 유기화합물이다.

코티코스테론 corticosterone 부신피질에서 분비되는 스테로이드호르몬이며, 단백질로부터 탄수화물의 생성과 glycogen을 분해하여 glucose를 만든다.

코티코트로핀 corticotropin ACTH(adrenocorticotrophic hormone)의 또 다른 이름이며, 뇌하수체에서 분비되는 호르몬이다.

콕시듐병(病) coccidiosis 닭 및 기타 가축에도 발생하는 질병이며, 원생동물 중의 포자류에 속하는 원충이 장의 상피세포에 기생함으로써 발병하며, 발열은 없고 체온은 오히려 저하한다. 감염된 경우 증상은 만성(慢性)·아급성(亞急性)·급성(急性)으로 구분된다. 또 기생하는 원충의 종류에 의해서 기생하는 부위도 다르다. 닭에 있어서는 놀라운 병인데, 특히 부화 후 2주령부터 30～40일령의 병아리에 발생하는 경우가 많다. 최근에는 큰 병아리나 큰 닭에도 발생하는 빈도가 증가되며, 혈변(血便)과 식욕감퇴, 깃털이 거꾸로 서고, 날개를 드리우고, 눈을 감고 가만히 서 있기도 하다가 마침내 폐사한다.
최근 효과적인 콕시듐 예방약이 개발되어서 이것을 사료에 첨가해서 급여하면 이 질병은 완전히 방제할 수 있다. 그러나 이들 예방제의 사용은 사료안전법에 의한 규제를 받고 있다. 소의 콕시듐은 소장에 기생하는데 포유 중인 송아지는 거의 나타나지 않는다. 4개월 이상의 송아지와 육성우(2년 정도까지)에 감염할 경우 증상이 나타난다. 심한 경우 격렬한 설사를 일으키며 점액상 혈변을 배출하고 발열·식욕감퇴·빈혈·쇠약·미부의 오염이 특히 두드러진다. 발생 후 7～10일에 설사가 줄어들면서 회복되지만 대부분 세균의 2차감염을 일으키며, 특히 폐렴을 병발하여 폐사되는 경우도 있다.

콕시듐 예방제(豫防劑) coccidiostat 콕시듐병은 프로토조아의 일종인 콕시듐 원충의 기생에 의한 것이다. 닭에서 특히 중요한 것은 맹장콕시듐과 소장(小腸)콕시듐이다. 각종 예방제가 개발되어 있으며, 어느 것이든지 적량을 사용하면 유효하다. 이들 예방제는 사료안전법의 규제를 받고 있지만, 현재는 안프롤리움 등이 시판되고 있다. 그러나 브로일러에는 출하 7일 전, 그리고 난용계에서는 큰 병아리 및 큰 닭용 사료에 대한 첨가는 금지되어 있다.

콘 글루텐 미일 corn gluten meal 옥수수로 전분을 제조하는 과정에서 원료를 침지처리 후 탈배아한 종실을 미분쇄(微粉碎)하여 체로 쳐서 외피섬유질 부분을 제거하고, 원심분리기에 의해서 전분과 단백질을 분리해서 단백질을 탈수건조한 것이다. 주성분은 단백질이며, 35～65% 함유하고 있다. 그러나 리신(lysine)과 트립토판(tryptophan)이 적어서 양질의 단백질이라고는 할 수 없다. 따라서 다른 양질의 단배질원과 병용하면 좋다. 양계사료에 콘 글루텐 미일을 사용하면 난황과 피부의 착색을 좋게 하는 효과가 있다.

콘 글루텐 피드 corn gluten feed 옥수수를 습식법에 의해 전분을 제조하는 과정에서 원료를 침지처리 후 탈배아한 종실을 미분쇄하고 체(篩)로 쳐서 분리한 외피섬유질 부분을 건조하고 여기에 농축한 옥수수침지액(corn steep liquor), 옥수수배아박 및 콘 글루텐 미일(corn gluten meal) 등이 혼합된 것이다. 콘 글루텐 피드는 단백질 함량이 약

20%(15~25%), 섬유 함량이 6~10%이며 사료가치는 높지 않으나, 특히 소 같은 반추가축의 사료로서 이용하면 좋다. 양돈·양계 사료로는 10% 이하로 배합하는 것이 좋다. → 옥수수 글루텐 피드.

콘 비프 corned beef 앞가슴(brisket), 갈빗살(plate), 목과 어깨부(chuck)와 볼깃살(round)의 뼈 없는 고기이다. 소금을 사용한 쇠고기의 보존을 corning이라 한다.

콘알부민 conalbumin 난백의 고형분 중에 12% 함유되어 있으며, 붉은색의 철분-단백질 혼합체를 형성하고 있는 난백단백질이다. 계란을 녹슨 용기에 보관하였을 때 핑크색을 띠는 것은 이 이유 때문이다.

콘쥬가제 conjugase 식품 중의 엽산이 흡수될 수 있도록 글루탐산의 결합을 가수분해시키는 아연 의존 효소(zincdependent enzyme)이다.

콜드 체인 cold chain 육류 등 신선한 식료품에 대한 근대적 유통방식을 지칭하는 것으로, 예를 들어 육류의 경우 도축장에는 냉장·냉동고를 설치하여 이 곳에서 냉각된 지육 또는 부분육을 냉동화차·냉동자동차·냉동트레일러 등에 의해 도시의 도매시장으로 운반하고, 그 곳에서 다시 저온수송에 의해 소매상의 냉장고, 그리고 소비자의 냉장고로 이어지는 생산·유통·소비의 각 단계에 걸친 일련의 저온 유통시설과 그 기구를 말한다. 이렇게 함으로써 거래의 근대화, 수급 조절, 가격 안정, 식생활 개선을 도모하려는 것이다.

콜라겐 collagen 동물과 물고기 등의 뼈·힘줄·피부·각막·혈관벽 및 결합조직에 있는 주요 구조단백질로서 불용성이며, 전체 단백질의 50% 이상을 차지하고 있다. 물과 가열하면 가용성의 젤라틴으로 변화한다. Glycine, alanine, proline과 hydroxyproline 함량이 높으나 함유황아미노산 함량이 낮고, tryptophan은 전혀 들어 있지 않다. 특히 일반 단백질에는 포함되어 있지 않은 2종류의 아미노산, 즉 hydroxyproline, hydroxylysine이 들어 있다.

ㅋ

콜레스테롤 cholesterol 콜레스테린이라고도 불려지며, 최초로 담석에서 발견되었다.

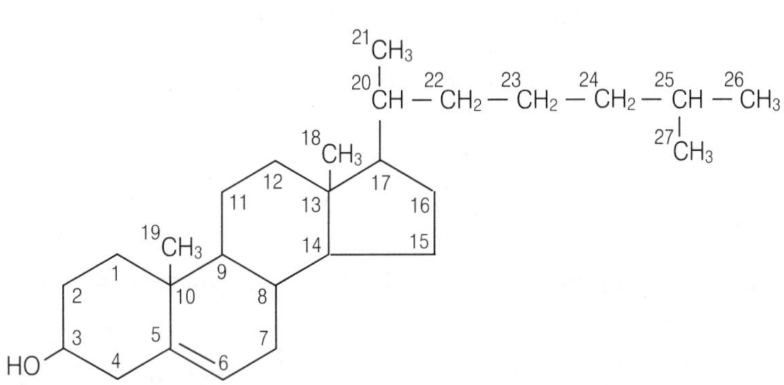

Cholesterol

백색의 결정으로 동물성 지방의 불검화화합물 중에서 얻어진다. 특히 뇌(腦), 신경조직 및 부신(副腎)에 많고, 피부에도 많이 함유되어 있다. 그러나 생리적 의의는 불분명하다. 콜레스테롤은 담즙산 · 성호르몬 · 부신피질호르몬의 모체이기도 하며, 동물체내에서 합성된다. 그러나 콜레스테롤의 과잉섭취 및 대사장애에 의해서 혈관에 다량으로 침착하게 되면 동맥경화증(atherosclerosis)을 유발한다. 콜레스테롤은 세포막과 혈장 지방단백질의 구성성분이며, acetyl CoA로부터 체내에서 합성된다.

콜레스테롤 수용체 경로 receptor pathway for cholesterol uptake LDL-콜레스테롤이 세포 수용체와 결합하여 세포내로 유입되는 경로이다.

콜레스테롤 제거 경로 scavenger pathway for cholesterol uptake LDL-콜레스테롤이 혈관에 존재하는 소거세포로 유입되는 경로이다.

콜레스티라민 cholestyramine 담즙산염과 결합해서 분으로 배설을 유도하는 약품이다. 따라서 담즙산을 생산하기 위해 더 많은 콜레스테롤이 필요하기 때문에 혈중 콜레스테롤 수준을 줄일 수 있다. 이 같은 작용으로 담석(gallstone)을 용해시키는 데도 도움이 된다.

콜레시스토키닌 cholecystokinin(CCK) 십이지장 및 공장(空腸)의 점막세포로부터 분비되는 호르몬으로서 혈류로 운반되어 담낭에 도달하여 이것을 자극 · 수축시켜 담즙을 분비시킨다. 그리고 위운동을 저해하고 장운동을 촉진하며, 혈액의 지방을 운반한다. 담즙, 스테로이드호르몬, 비타민 D의 구성성분이고, 건강한 조직을 유지하는 데 매우 중요하다.

콜레칼시퍼롤 cholecalciferol 동물체내의 sterol이다. 햇빛(자외선)을 받으면 피부 중의 7-dehydrocholesterol이 cholecalciferol, 즉 vitamin D_3로 된다.

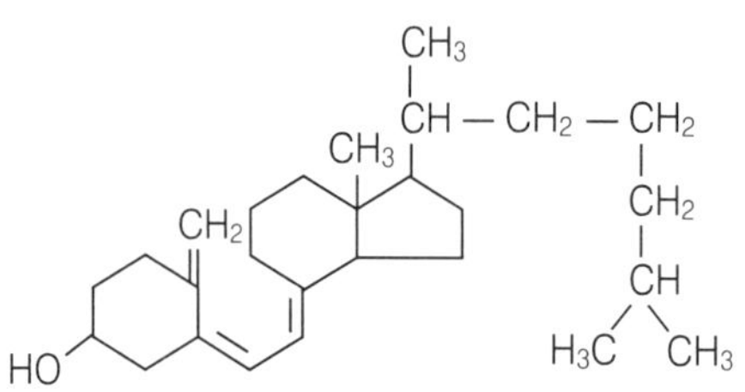

Cholecalciferol

콜로이드 colloid 10^{-5}～10^{-7} cm 크기의 입자가 분산매(分散媒)라고 불리는 매체 중에 분산해 있는 것을 콜로이드라고 한다. 고체 속에 분산질이 콜로이드상으로 분산해 있는 것을 '겔(gel)'이라 하고, 버터 등은 이의 예이다. 액체 중에 분산질이 콜로이드상으로 분산해 있는 것을 '졸(sol)'이라 하며, 이 예로서 겔라틴(gelatin) · 우유 · 비눗물 등을 들 수 있다. 또 기체 중에 분산질이 콜로이드상으로 분산해 있는 것을 '에어로솔(aerosol)'이라 하고, 연기와 안개가 여기에 속한다. 콜로이드는 용액과는 다른 특유의 성질을 갖고 있다. 그 대표적인 것으로서 브라운 운동이라든지 친달현상 같은 것을 들 수 있다.

콜리스틴 colistin 1950년 고야마(小山, 일본) 등에 의해 발견된 항생물질이다. *Bacillus polymyxavar colistinus*를 배양해서 생산되고, 황산염으로 제조된 것이 황산콜레스틴(colistin sulfate)이다. 펩티드계 항생물질에 속하지만 항생물질의 다수가 그람양성균에 대해서만 항균작용을 발휘하는데 비해 콜리스틴은 그람음성균에 대한 항균작용을 갖고 있는 항생물질이다. 사료첨가제로서 지정되어 있고, 다른 많은 항생물질과의 병용이 인정되어 있다. 또한, 동물용 의약품으로서 경구제 · 주사제로 사용되고 있다.

콜리형 세균(細菌) coliform bacteria 공기가 있든 없든 간에 살아가는 장내 박테리아를 말한다. 호기성 · 유당발효성의 세균군으로서 *Escherichia coli*가 그 중에서 가장 중요하다. 콜리형 균의 대부분의 것이 무해하다. 음료수나 식품에 동물의 배설물(便)이 섞였는가 여부를 시험하는 데 사용되며, 특히 오염을 조사하는 데 사용된다.

콜린 choline 비타민 B군에 속하는 콜린은 인지질인 레시틴(lecithin)의 구성성분이고 지질의 대사에 관계한다. 가축이나 가금에 이것이 결핍하면 지방간(脂肪肝)이 되고, 성장저하 등의 장해를 일으킨다. 닭에는 각약증에 걸린다고 알려져 있다. 콜린은 간장 · 어분 · 효모 · 대두박 등에 많이 함유되어 있고, 곡류나 초류에도 적지 않다. 병아리나 자돈(仔豚)은 콜린의 요구량이 많으므로 이들의 사료 중에는 보통 염화콜린이 첨가된다.

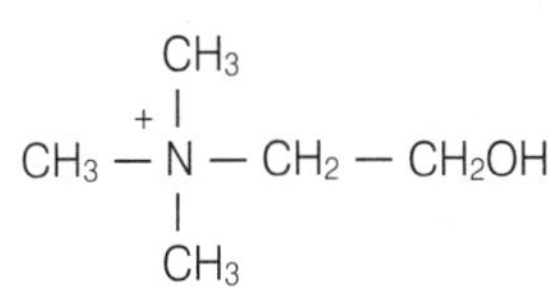

Choline

콜린 아세틸라아제 choline acetylase Acetylcholine을 합성하는 효소이며, choline acetyltransferase라고도 한다.

콜린산, 콜산 cholic acid($C_{24}H_{40}O_5$) 담즙산이며, 간에서 콜레스테롤로부터 합성된다. 아미노산인 glycine과 taurine이 화학적으로 결합된다.

콜린에스테라아제 cholinesterase 신경전달물질인 아세틸콜린(acetyl-choline)을 가수분해하는 효소이다. 아세틸콜린은 신경 말단에서 유리(遊離)되면 근육을 자극하는 작용이 있지만 이 효소에 의하여 분리되는 근육은 원상으로 돌아가며, 그 다음의 자극에 대비할 수 있다. 많은 물질(항콜린에스테라아제)이 이 효소를 저해하여 근육의 마비을 일으킨다. Acetyl-cholinesterase라고도 한다.

콩가루 大豆粉 soybean flour 탈피하여 분쇄된 콩이며, 가열이 안된 것은 amylase와 proteinase가 풍부하고 빵의 제조에 사용된다. 가열된 것은 효소의 활성은 없지만 가치 있는 식품이다.

① 전지대두분 : 단백질 39%, 지방 21%, 100g당 357 kcal., Ca 197 mg, Fe 6.2 mg, 비타민 A 140 I.U, 비타민 B_1 0.77 mg, 비타민 B_2 0.28 mg, niacin 2 mg, 비타민 C는 없다.

② 탈지대두분 : 단백질 46%, 지방 5%, 100 g당 261 kcal., Ca 247 mg, Fe 7.6 mg, 비타민 A 110 I.U, 비타민 B_1 0.7 mg, 비타민 B 0.3 mg, niacin 2 mg, 비타민 C는 함유되어 있지 않다. 콩의 약 25%는 탄수화물이며, 그 중 12%는 다당류로서 12.5%는 당분(6% 자당, 1.5% stachyose, 1.5% raffinose) 등이다.

콩비지박 豆腐粕 soybean curd cake 비지는 콩으로 두부를 만들 때에 두부가 될 콩물을 짜고 난 찌꺼기인데 식용으로도 이용된다. 생것은 수분이 83～85% 정도 들어 있다. 또 조단백질 함량이 약 5%, 조섬유 함량은 2.5% 정도 함유되어 있다. 비지는 유우(乳牛)·육우·양돈의 사료로서 아주 좋고, 대부분의 경우 생것을 그대로 사료로 이용한다. 그러나 닭의 사료로서는 거의 이용되지 않고 있다. 비지는 생것은 부패하기 쉬우므로 주의할 필요가 있다. 건조하면 저장성이 있지만, 건조는 비용이 많이 들기 때문에 현재는 실행되지 않고 있다.

쿠싱증후군 cushing's syndrome 부신피질에서 지나친 glucocorticoid의 분비로 단백질 손실, 피로, 골다공증, 지나친 모발성장, 피부의 탈색 등을 나타내는 증상이다.

콰시오커 kwashiorkor 질병에 걸리거나 단백질 섭취가 불충분하고 열량은 요구량 정도로 섭취하는 아동에서 나타나는 질병이다. 감염, 부종, 성장부진, 허약, 질병에 대한 민감성 증가 등의 증세를 보인다.

퀘베마이신 guebemycin 1956년 불란서에서 캐나다의 퀘벡주의 토양에서 분리 발견된 항생물질이다. *Streptomyces canadiensis*를 배양해서 생산되고, 나트륨산으로서 제조된 것이 퀘베마이신나트륨이다. 함인다당류계 항생물질에 속하고, 주로 그람양성균에 대한 항균작용을 가진 동물 전용의 항생물질이다. 사료첨가제로서 지정되어 있다.

큐브 cube 고형사료 중에서 각형(角形)으로 성형한 사료를 큐브라고 부르고 있다. 일반적으로 알팔파 등의 건초를 큐브로 만든다. 큐브로 만들면 건초의 섭취량이 증가되고, 펠렛트한 건초와는 달리 유지율의 감소를 야기시키지 않는다.

크레아티닌 creatinine Creatine phosphate가 분해될 때 근육세포에서 생성되는 creatine과 더불어 생성되는 대사물질이다. Creatine은 creatine phosphate로 재합성이 가능하지만, creatine으로부터 creatinine 생성은 불가역반응이며 요(尿)로 배설된다. Creatinine

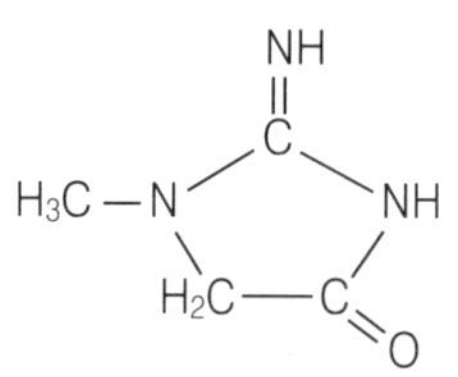

Creatinine

의 배설량은 일정하므로 요(尿) 중에 배설되는 기타 대사물질의 변화를 추정하는 데 이용된다.

크레아티닌 계수 creatinine coefficient 24시간 이내에 배설되는 요(尿) 크레아티닌 양을 체중(kg)으로 나눈 것이다. 크레아티닌(creatinine)은 근육에서 생성된 phosphocreatine으로부터 생성되고, 매일 일정량이 요(尿)로 배설된다. 따라서 일정상태에서 배설되는 요(尿) 크레아티닌 양은 총 근육량(total muscle mass)을 나타내는 지표로 이용된다.

크레아티닌 정화치 검사(淨化值檢査) creatinine clearance test 일정량의 크레아티닌을 먹은 후 크레아티닌이 제거되어 정화(爭化)된 혈장의 양을 측정하는 검사법이다. 이 검사는 사구체 여과치를 알 수 있는 신장기능 검사법의 하나이다.

크레아틴 creatine 간에서 생성된 질소화합물이며, 간에서 phosphocreatine으로 전환되어 근육수축을 위한 고에너지 인산염으로 작용한다. 초산의 메틸 구아니닌 유도체이다. 즉 N-(aminoiminomethyl)-N-methylglycine($H_2N-C(NH)-N(CH_3)-CH_2-COOH$)이며, 근육 중에 phosphocreatine으로 존재한다. 요(尿)로도 배설되며, 특히 근육 영양실조일 때에는 배설량이 증가된다. 크레아틴산, 즉 phosphagen으로서 근육의 에너지 방출에 중요한 역할을 담당하고 있다. 고에너지 인산결합을 가지고 있어 근육수축에 필요한 에너지를 공급한다.

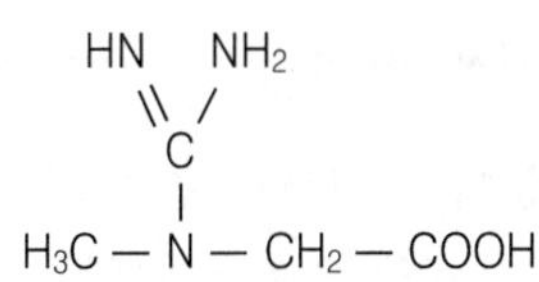

Creatine

크레아틴 인산 creatine phosphate, phosphocreatine 인산염기를 가지고 있는 고에너

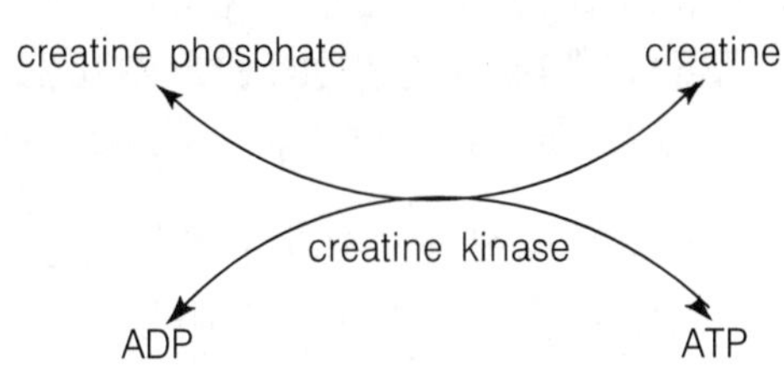

A coupled reaction

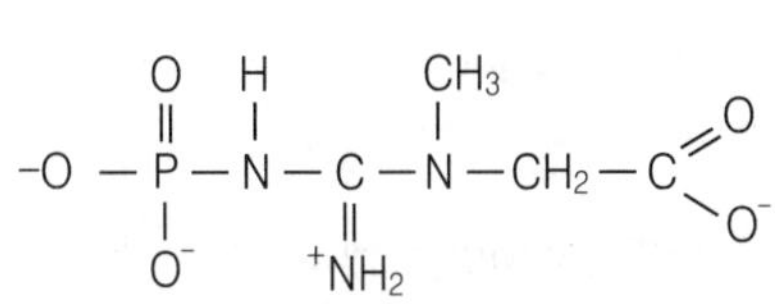

Creatine phosphate

지 인산염화합물이며, 신경과 근육수축에 필요한 에너지인 ATP를 공급하기 위해 인산염 에너지 형태로 비축해 두는 기능을 한다.

크레티니즘 cretinism 임신 또는 유아 초기에 신체 및 정신발달의 장애에 의해 나타나는 상태이며, 이는 극심한 갑상선호르몬의 부족이 원인이다.

크레틴병 cretinism 임신기에 요오드 결핍으로 태아기 또는 태어난 후 신체 성장과 정신발달이 지연되는 풍토성 질환이다.

크로마토그라피, **색층분석(色層分析)** chromatography 크로마토그라피는 분별흡착현상을 이용한 혼합물 분리법의 일종으로 여러 가지 혼합물의 정성정량에 널리 이용되고 있다. 여러 가지 형태의 것이 고안되어 있지만 원리는 어느 것이나 같다. 흡착제를 고정한 다공성(多孔性)의 상(고정상이라 불려지고, 대표적으로 column이 있다) 1단에 시료를 두고 이 위에서 액체나 기체를 스며들게 해서 사료 중의 각 성분을 움직여 준다(이 조작을 전개라 한다). 이 때에 흡착에 대한 피흡착성의 차에 의해서 각 성분의 이동속도가 다르므로 각각의 성분으로 분리할 수가 있다(고정상 위에 있는 각 성분의 존재 부분을 각각의 밴드라고 한다). 또 그 밴드(band)의 이동속도의 상대치에서 각 성분이 어떤 것인지를 추정할 수가 있다. 현재 페이퍼 크로마토그라프(paper chromatograph)법, 칼럼 크로마토그라프(column chromatograph)법, 가스 크로마토그라프(gas chromatograph)법, 이온화 가스크로마토그라프 및 박층(薄層) 크로마토그라프법(thin layer chromatograph) 등이 있으며, 미생물질의 분리·정제 및 정량 등에 널리 쓰여지고 있다.

크로모겐 chromogen 목초류 중에 천연으로 존재하는 색소로서 85% 아세톤에 의해 추출되며, 광학적으로는 파장 406 mμ에서 흡수 극대를 나타낸다. 반추가축 소화관에서 거의 흡수되지 않고 분(糞)으로 배설되는 사실을 발견하여 목초류의 소화율 측정 또는 채식량 측정 시에 지시물질(indicator)로서 사용할 수 있다.

크로모프로테인, **색소단백질** chromoprotein 금속을 함유하고 있는 보결분자족을 가진 단백질이다. 예를 들면 척추동물의 헤모글로빈은 철(Fe)을 함유하며, 무척추동물의 헤모시아닌은 동(Cu)을 함유하고 있고, 엽록소는 마그네슘(Mg)을 포함하고 있다.

크론병 Crohn's disease 주로 회장 끝에서 발생되기 쉬운 염증성 질병이다. 가족력이 중요 인자이며, 이 질병으로 소장의 흡수 능력이 감소된다.

크리아틴 포스포키나아제 creatine phosphokinase(CPK, CK) 근육, 심근육 및 두뇌에 들어 있는 효소로서 크리아틴(creatine)과 ATP 간 그리고 포스포크리아틴(phosphocreatine)과 ADP 간의 고에너지 인산염(highenergy phosphate)을 가역적으로 옮겨 주는 역할을 한다.

$$\text{Creatine} + \text{ATP} = \text{Creatine} \sim \text{phosphate} + \text{ADP}$$

크릴새우 antarctic krill, euphausia superba 남극 해역에 서식하는 크릴새우는 형태도

크고 분포밀도가 높아서 식량 또는 사료자원으로서 활용 가능성이 크므로 주목되고 있다. 남극대륙 주변에 서식하는 크릴새우류는 몇 가지 종류가 있는데 euphausia superba가 가장 많다. 그 수량은 수억 톤에서 20억 톤이나 되며, 이것을 포식하는 동물은 주로 고래라고 한다. 또 사람이 이용하는 경우의 적정 수확량은 3천~5천만 톤이라고 계산되고 있다. 일반적으로 수명은 2~3년이고, 2년생이 되면 5~6 cm가 된다.

성분으로는 껍질이 붙은 생체로서 수분 80% 이내 조단백질 10~14%, 지방 2~5%, 당질 1~2%, 키틴질 1.5~2%, 회분 3% 전후이다. 이용 면으로는 냉동·건조 가공이용, 단백질의 열 응고를 이용한 단백 페이스트(반죽해서 만들어진 것), 어육 농축단백(fish protein concentation) 제조법을 이용한 농축단백, 또는 효소분해를 이용한 액화단백 등에 의한 식품화를 시험하고 있다. 한편으로는 어분제조에 있어서와 같이 선상가공을 하여 사료원료로 이용하는 방법도 있다.

크림 cream 우유로부터 분리된 황색의 지방이 많은 부분을 말한다. 우유를 원심분리기에 걸면 지방이 많은 부분과 적은 부분으로 나뉘는데, 전자를 크림, 후자를 탈지지방이라 한다. 우유를 가만히 놔두어도 위쪽에 지방이 떠올라 크림이 분류된다. 크림의 비중은 0.947~1.017이지만 지방함량에 따라 다르다. 크림은 주로 버터·아이스크림제조 원료이지만, 제과·요리·커피에도 이용된다. 지방함량은 아이스크림용 18~25%, 버터용 35~40%, 커피용 18~20%, 제과용 40~45% 정도이다.

크립토크산틴 cryptoxanthin 황색옥수수·꽈리(physalis)·파프리카(paprika)·오렌지 등에 들어 있는 황색색소(carotenoid, 특히 xanthophyll)이며, 체내에서 비타민 A로 전환된다. 이 색소는 계란 난황의 색소와 닭의 피부착색을 진하게 하여 상품가치를 높여 준다. 그리고 1몰의 크립토크산틴당 1몰의 비타민 A가 생성된다.

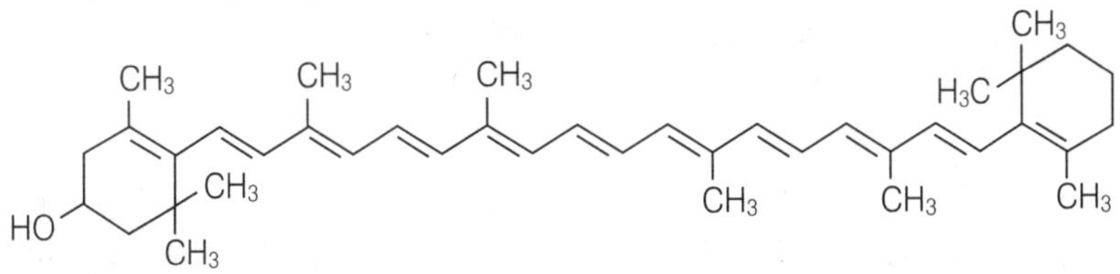

Cryptoxanthin

크산토프로테인 반응 xanthoprotein test 단백질에 대한 반응[거의 모든 단백질에 존재하는 티로신(tyrosine)과 트립토판(tryptophan)의 벤젠 핵에 활성이 있다]으로 질산과 같이 끓이면 황색을 띠고, 암모니아 첨가 시는 주황색으로 변화한다.

크산토필 xanthophyll 녹엽(綠葉)에 함유되는 카로티노이드계(系)의 노란색을 띠는 색소인데, 카로틴과 많이 닮은 구조를 갖고 있지만 프로비타민 A로서의 효과는 없다. 역시 카로티노이드계 색소로서 옥수수에 함유된 지아크산틴(zeaxanthine) 등과 같이 난황, 계육의 색을 좋게 하는 효과가 있다. 녹이(綠餌)를 먹이면 색이 진한 난황(卵黃)과 계육(鷄肉)이 얻어지는 것은 주로 크산토필의 효과에 의한 것이다.

크산토필류(類) xanthophylls 수산기를 가진 카로티노이드류 또는 카로티놀의 총칭이다.

크산틴 xanthine 조직 중에서 핵산이 분해될 때 생성되는 퓨린(purine) 대사의 중간산물이다. 크산틴 유도체가 식물 중에도 존재하는데, 3종류의 관련 크산틴 유도체는 카페인(caffeine), 테오필린(theophylline)과 테오브로민(theobromine)이다. → 카페인.

크산틴 옥시다아제 xanthine oxidase 우유와 간장 중에 존재하는 효소로서 두 개의 퓨린(puine)류 크산틴과 하이포크 크산틴(요산으로 산화된다)에 대하여 특이적이고, 또 1군의 알데히드에 상당하는 산으로 산화된다. 우유의 schardinger's enzyme과 동일하다.

크산틴 탈수소효소 xanthine dehydrogenase 몰리브덴과 철분을 함유한 효소로서 요산 형성과 간의 철분 저장 및 이동에 관여한다.

크실로오스 xylose, wood sugar 체내에서 대사되지 않은 5탄당이며, 단풍나무・벗나무・짚・면실껍질・옥수수속대・땅콩껍질 등에 많이 들어 있다. 식물의 세포벽 구성성분으로 크실란(xylan)이라고 불리는 중합체로서 나무 또는 식물 중에 들어 있다. 신체의 에너지원으로서는 중요하지 않다.

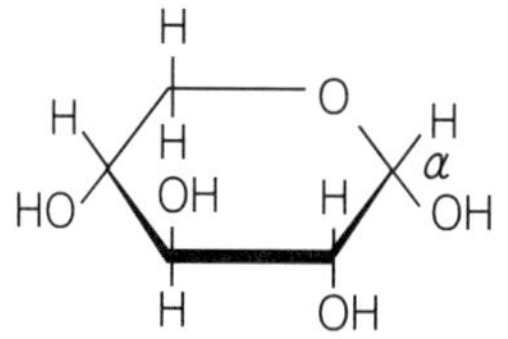

αD-xylose
(αD-xylosephyranose)

크실룰로오스 xylulose 리보오스(ribose) 합성과정인 펜토오스 사이클(pentose phosphate pathway)의 중간대사물인 5탄당이며, 크실로오스(xylose)의 케토오스형이다.

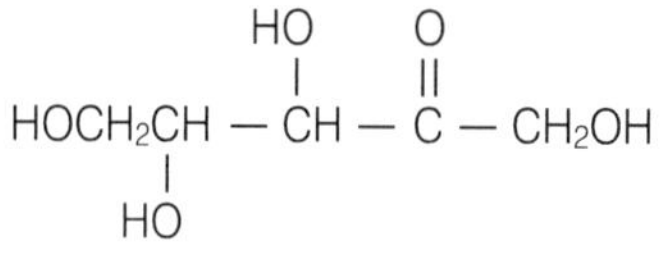

D-xylulose

크실리톨, 자일리톨 xylitol($C_5O_{12}O_5$) 당 알코올(sugar alcohol)이며, 5탄당인 xylose의 알데히드기(C = O)가 수산화기(OH)에 의해 대체된 것이다. 자작나무(birchwood), 딸기류(berries) 잎과 버섯에 들어 있고, 상업적으로도 자작나무 조각을 산으로 가수분해하여 xylose를 얻어 xylitol를 생산한다. 체내에서는 xylulose 생성과정의 중간산물로 xylitol이 생성된다. 섭취한 xylitol는 xylulose로 변하고 5탄당 인산염 회로를 거쳐 대사된다.

Xylitol은 설탕(sucrose)과 거의 동일한 단맛을 내고, 입 안에서 녹으면 용액의 마이너스열 때문에 시원한 맛(cool taste)을 낸다. 그리고 xylitol은 입 안의 박테리아에 의해서 충치(dental decay)의 원인이 되는 산(酸)을 생산하지 못하므로 충치 예방에 특별한 효과가 있어 감미제로서 검(chewing gum) 생산에 많이 쓰인다. 그러나 영국의 한 연구에서는 실험동물의 xylitol은 소장에서 서서히 흡수되므로 다량의 섭취는 삼투성 설사(osmotic diarrhea)의 원인이 된다고 하였다.

큰병아리(大雛, 12~20**주령**) develop pullet(12~20 weeks old) 약 12주령 이후부터 초산 시까지의 병아리를 큰병아리(大雛)라고 한다. 이 기간의 사양관리는 육성률(育成率), 초산일령, 초산 후의 산란율, 난중(卵重) 등에 영향을 미친다. 또 큰병아리는 사양기간이 길고 사료 섭취량도 많아지므로 적절한 사료급여와 관리에 의해서 가급적 적은 경비로 우수한 성계로 육성시킬 필요가 있다. 이 기간은 평사사육이 많지만 케이지에서 길러도 좋다. 사료는 조단백질 함량이 14%, ME 2,800 kcal/kg 정도의 것이 요망된다. 큰병아리 때에 있어서 사료비의 절약 혹은 종란의 생산율을 높일 목적으로 하는 제한급식은 육용종에서는 일반적으로 실행될 때 유효하다고 하지만 산란종에서는 거의 실행되지 않고 있다.

큰장어 market size eel, small or medium 판매규격에 도달한 뱀장어로서 100~200g 정도의 것을 뜻한다. 양태(養太)라고 쓰기도 하고 성품(成品), 큰장어 등으로 불린다. 실뱀장어(白子鰻)로부터 큰장어까지의 양성기간은 종래 널리 이용된 지수식(止水式) 양만법(養鰻法)에서는 월동기간을 포함해서 1년 반 이상을 소요했으나, 최근 일부 응용하게 된 가온에 의한 온수 양만법에서는 약 반년으로 단축된 예도 있다.

클램프 사일로 clamp silo 클램프 사일로라고 하는 용어는 주로 영국에서 쓰여지고 있다. 즉, 지면에 장방형의 얕은 구덩이를 파고 여기에 재료를 채워 넣어서 쌓아올리고 지상부에도 퇴적하는 형태로 해서 트랙터 등으로 답압(踏壓)하는 형의 것을 클램프 사일로라고 한다. 한편, 지하부분이 없더라도 길다란 구조로서 트랙터에 의한 답압을 하게 되면 클램프 사일로이라 하고, 여기 밑부위와 양측의 벽을 갖춘 것을 벽붙인 클램프 사일로(walled clamp silo)라고 불려지는 일이 있지만, 이것은 미국에서의 벙커 사일로(bunk silo)와 동일한 것이다.

클러치 clutch 가금(家禽)에서는 알을 연속 산란하는 경우가 적고 닭의 산란능력, 월령(月齡), 영양 및 환경조건의 영향을 받아서 1일간 또는 수일간 휴산(休産)하는 것이 많다. 이와 같은 산란일과 휴산일의 반복은 개체에 따라 정해져 있는 것이 많고, 이런 형식을 반복하면서 산란을 계속하게 된다. 2일 산란 1일 휴산형, 부정규적인 산란 1일 휴산형 및 부정규적인 산란 휴산형 등이 있으며, 이와 같은 연속 산란 일수와 휴산 일수의 합이 산란에 있어 1클러치라고 한다.

클로렐라, 조류 *Chlorella* 클로렐라는 담수에서 나는 녹색을 띠는 단세포 조류의 속명이다. 엽록소・카로틴・크산토필을 함유하며 광합성으로 자체 영양을 영위한다. 클로렐라는 증식이 빠르고 단백질 함량도 높으며, 아미노산 조성도 식물성 단백질에 비해 양호하고 비타민 함량도 풍부하므로 인간의 식품으로 잠재적 가치가 높다. 그러나 소화가 안 되는 섬유 함량이 높다.

클로로크루오린 chlorocruorin 환형동물의 혈류 중에서 산소를 운반하는 역할을 하는 동을 함유한 단백질로서 포유류의 헤모글로빈과 비슷한 것이다.

클로로페노탄 chlorophenotane 통칭 DDT(dichloro diphenyl trichloroethane)로서 백색이고 물에서 불용성 분말이지만, 알코올성・에테르・휘발유・석유・유류 등에는 녹는다. 벼룩・이・파리・모기・빈대・진드기 등의 구충에 뛰어난 효과가 있다. 유류(油類)에 5%, 아세톤・알코올・에테르 등에 2% 정도 용해시켜 분무한다. 일반적으로 인축(人畜)에는 무해하지만 대량으로 흡수하였을 경우에는 경련・운동마비 등의 중독증상을 나타낸다.

클로로필, **엽록소** chlorophyll 식물체에 함유된 녹색의 색소이고, 녹색소라 불려지는 식물의 광합성에 중요한 작용을 하고 있다. 클로로필은 클로로필 a와 클로로필 b라는 2개의 화합물로서 양쪽 모두 마그네슘을 함유하는 화합물이다. 탈취제 및 기타 여러 가지 공업용의 용도로 쓰이지만 사료용으로서의 영양가는 전혀 없는 것으로 생각되고 있다. 클로로필은 소화관 내에서 소화・흡수되는 일은 거의 없으므로 소화시험시 지시제로서 이용될 수도 있다. 이 경우 클로로필 및 그 부분분해물을 포함해서 클로모겐(chlomogen)이라고 불려지며, 방목 시에 채식량을 결정할 때 지시제로서 쓰여진다. → 글로모겐(chlomogen).

클로로필라아제, **엽록소 분해효소** chlorophyllase 녹색식물에는 모두 있는 효소이며, 엽록소를 피톨(phytol)과 클로로필리드(chlorophyllide)로 가수분해한다. 이 작용은 가역적이며, 엽록소의 합성도 촉매한다.

클로로필리드 chlorophyllide 어떤 종류의 채소를 삶았을 때에 물에 녹아나오는 녹색을 뜻한다. 지용성의 엽록소가 알칼리 또는 효소의 작용으로 피톨(phytol) 측쇄(側鎖)가 분리되어 수용성으로 변화된 것이다.

클로르테트라사이클린 chlortetracycline 1984년에 Duggar(미국) 등에 의해서 발견된 항생물질이다. *Streptomyces aureofaciens*를 배양해서 생산되고 염산염으로 제조된 것이 염산 클로르테트라사이클린(chlortetracycline hydrochloride)이다. 테트라사이클린계 항생물질에 속하고, 그람양성균・그람음성균 등에 대해서 항균작용를 갖는 광범위한 항생물질이다. 사료첨가제로 지정되고, 또 동물의약품으로서 각종 감염증의 예방과 치료에 널리 사용되고 있다.

클로버류 clovers 클로버류는 두과목초 중에서 가장 중요한 것의 하나로서 세계적으로 널리 이용되고 있다. 가장 널리 이용되고 있는 화이트 클로버 및 레드 클로버와 함께 Trifolium속에 속하는 것으로는 알사이 클로버, 크림슨 클로버, 서브 클로버, 이집트 클로버, 페루시아 클로버, 스트로베리 클로버, 라아지 호프 크로버, 스몰 호프 클로버, 클라라 클로버, 헝그리안 클로버 등이 있다. 이밖에 다른 속에 속하면서 클로버 명칭을 갖는 것을 알리스 클로버(Alysicarpus속), 스위트 클로버 및 사워 클로버(Melilotus속), 버 클로버 및 버어 클로버(Medicage속) 등이 있다.

클로스트리듐속(屬) clostrida　Bacillaceae과에 속하는 협기성 세균의 하나의 속(屬)으로 포자를 만든다. *Clostridium botulinum*는 중독성의 미생물 중 가장 내열성이다.

클로포돌 clopodol　1966년 미국에서 개발된 피리디놀화합물의 항콕시듐제이다. 화학명은 3, 5-dichloro-2, 6-dimethyl-4-pyridinol이다. 닭의 콕시듐 원충에 널리 작용하고 콕시듐병 예방제로서 사용되고 있다. 클로포돌의 사료에의 첨가량은 80～250 ppm이며, 브로일러에는 125 ppm이 권장되고 있다. 사료첨가제로서 지정되어 있다.

클리닝 cleaning, cleaned　미국의 규격에 의하면 클리닝은 풍력, 자력 및 기타의 방법으로 이물을 제거하는 것이다. 풍력에 의한 경우는 아스피레이팅(aspirating)이라고 한다.

키모트립신 chymotrypsin　췌장액 중에 있는 단백분해효소이다. 특히 소수성 아미노산(hydrophobic anino acid)의 카르복실 결합을 절단한다. 즉 tyrosyl, tryptophanyl, phenylalanyl, leucyl 결합을 절단한다. 불활성의 전구체인 카이모트립시노겐으로서 분비되어 트립신에 의해서 활성화된다.

키블링 kibbling, kibbled　미국의 규격에 의하면 단미(單昧) 또는 혼합한 사료를 반죽한 다음 구어서 분쇄한 것 또는 증자처리한 것을 추출하는 조작을 말한다.

키틴 chitin　생체의 외각을 구성하는 물질은 고등동물에서는 단백질이고, 식물에서는 셀룰로오스・헤미셀룰로오스 등의 탄소화물이지만 하등동물, 즉 곤충・갑각류・연체동물 등의 외각은 복잡한 질소함유 탄수화물인 키틴으로 되어 있다. 이를 가수분해하면 85.5%의 글루코사민과 22.5%의 아세트산이 생성된다. 글루코사민은 2-amino-2-deoxy-D-glucose이다. 키틴의 가축에 대한 이용률은 낮으므로 사료에 혼입된 경우에는 주의할 필요가 있다. 키틴은 인체의 소화기관에서 소화가 안 된다.

킬달 측정(測定) Kjeldahl determination　킬달 플라스크(목이 긴) 속에서 황산과 촉매제와 함께 사료를 분해하여 질소의 총 함량을 정량하는 데 널리 사용되는 방법이다. 질소는 암모니아로 변화되며, 그 NH_3를 측정한다. 사료 중의 대부분의 질소는 단백질이며, 조단백질은 킬달 질소 총량에 6.25를 곱한 것이다.

킬레이트 chelate　단백질의 극성 부위와 금속이온 간의 결합물로 금속이온을 단단히 흡착한다. 금속이온에는 그 금속 특유의 2～8개의 배위수가 있다. 보통 배위결합하는 능력을 가진 전자 공여체를 배위자(配位子)라고 한다. 하나의 배위자에 하나의 전자 공여기를 가지는 것을 일좌(一坐) 배위자, 그 이상의 전자 공여기를 가지는 것을 다좌(多坐) 배위자라고 한다. 금속과 일좌 배위자로써 되는 것을 금속착염, 금속과 다좌 배위자로써 되는 것을 금속킬레이트라고 한다. 넓은 의미로는 양자를 합쳐서 착염이라고 한다. EDTA는 이좌(二坐) 배위자를 가지고 금속과 배합해서 킬레이트를 만든다.

킬레이트는 적정 등의 정량에 쓰여지는 것 외에 금속이 킬레이트로 되면 금속의 촉매작용을 비약적으로 강하게 하든지 경우에 따라서는 반대로 약하게 하는 등 특이한 작용을 하는 경우가 있다. 자연상태의 킬레이트는 chlorophyll, cytochrome, hemoglobin과 비타민 B_{12}가 있다. 식품의 첨가와 EDTA(ethylenediaminetetraacetic acid)와 같은 킬레이트제의 무기물 첨가는 무기물의 이용률을 향상시킨다.

킬레이트 광물질 chelate mineral 광물질 원소에 유기질을 결합시킨 형태로서 광물질에 헤모글로빈을 결합시킨 물질과 같은 것이 있고, protein chelate는 특수한 광물질에 아미노산이나 특수 가수분해시킨 단백질을 결합시킨 용해성이 높은 것이 있다. 다당류 복합킬레이트(metal polysaccharide complex)는 다당류를 분해 결합시킨 것으로 용해도가 높다. 이 킬레이트 광물질은 소장 내에서 불용성으로 결합하는 것을 방지해 주고 광물질의 이용성을 높여 준다고 알려져 있다.

킬로마이크론 chylomicron 콜레스테롤, 인지질, 단백질에 둘러싸인 식인성 지질 지단백질의 일종으로, 소장의 흡수세포에서 합성되어 림프관을 거쳐 혈류로 이동한다.

ㅌ

타액 唾液 saliva 사료가 입 안에 들어가면 침샘인 이하선(耳下腺)·악하선(顎下腺)·설하선(舌下腺)에서 분비되는 액체를 타액이라고 하는데, 이는 사료를 습윤하게 함과 아울러 타액 중에 있는 점도가 강한 무틴(mutin)에 의해 연하를 쉽도록 한다. 또 타액 중에는 전분 분해효소인 α-아밀라아제가 존재하여 소화작용을 한다. 이 효소는 사람과 돼지에게 많고, 면양·소·토끼에게는 적게 있으며, 말과 산양에는 없다. 타액의 1일 분비량은 말은 40 ℓ, 소는 150 ℓ 가량이며, 또한 소의 타액에는 중탄산나트륨을 0.6% 함유하고 완충작용을 한다.

타우로콜린산 taurocholate Taurine으로부터 합성된 담즙산염이다.

타우린 taurine 여러 가지 대사활동에 관여하는 아미노산이며, 특히 중요한 기능은 다음과 같다. ① 신경전달기능 또는 신경조절 억제기능, ② 망막에서의 광수용체 기능과 심장에서 칼슘이온의 이동기능, ③ 포도당 수용기능, ④ 여러 호르몬 연관기능, ⑤ cholyl-CoA와 작용하여 taurocholate을 형성할 때 담즙산염으로서의 기능 등이다. 사람에 있어서 타우린 합성의 주요 경로는 methionine으로부터 시작되며, 비타민 B_6을 필요로 하는 여러 과정을 거쳐 타우린이 생성되고 신장을 통해 배설된다.

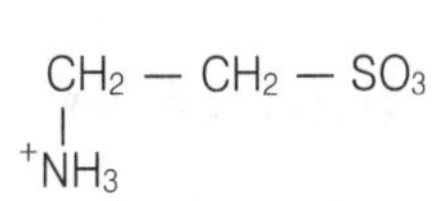

Taurine
(2-aminoethylsulfonic acid)

타이로신 tyrosin 1959년에 Hamill(미국) 등에 의해 발견된 항생물질이다. *Streptomyces fradiae*를 배양해서 생산하고 인산염으로서 제조된 것이 인산 타이로신(tyrosin phosphate)이다. 마크롤라이드계 항생물질(macrolide antibiotics)에 속하고, 그람양성균·마이코플라즈마 등에 대해 항생작용을 갖는 동물 전용의 항생물질이다. 사료첨가제로서 지정되어 있고, 또 동물 의약품으로서는 마이코플라즈마 감염병과 그람양성균에 의한 질병 등의 예방과 치료에 사용되며, 주석산염은 주사제로서 사용되고 있다.

타이 스톨 tie stall 이는 체인이나 끈으로 소를 고정하는 형식의 우상으로서 스타촌 우상보다 소에게 편안감을 주는 시설이다. 타이 스톨은 재래식·수평레일식·휴계식 등이 있으며, 우상의 길이는 젖소가 앉았을 때 유방이 우상 위에 놓일 만큼 길어야 한다.

너무 짧으면 유방에 상처를 입히기 쉽다.

타카디아스타아제 Takadiastase 곰팡이 *Aspergillus oryzae*를 밀기울에 번식시켜 만든 효소 조제품인데, 국(麴)이라고도 한다. 배양의 덩어리를 물로 추출한 후 알코올로 침전시킨다. 강한 당화성 효소의 혼합물을 함유한다. 전분을 가수분해할 때에도 사용된다.

타키스테롤 tachysterol 에르고스테롤(ergosterol)의 자외선 조사로 비타민 D_2(칼시훼롤)와 같이 생긴 화합물의 하나이다. 이것은 AT-10이라고 말하는 디히드로타키스테롤(dihydrotachysterol)로 환원될 때까지는 항구루병(抗佝僂病) 활성을 갖지 않는다. AT-10은 불완전한 부갑상선 기능의 치료에도 쓰인다.

타피오카 tapioca, cassava 열대지방에서 널리 재배되고 있는 것으로서 카사바(cassava)라고도 한다. 근괴(根塊)가 사료로서 이용된다. 생것은 수분이 70% 정도이지만 이것을 건조해서 분말로 한 것은 수분 15%, 가용무질소물 85% 정도로서 주성분은 전분이다. 타피오카는 유독한 청산을 함유하고 있지만 이 함량은 품종에 따라 많은 차가 있고, 가열 또는 건조한 것은 생것보다 적다. 타피오카 미일(tapioca meal)은 소나 돼지의 사료로서 30% 정도까지 배합해도 좋다. 양계사료로서는 청산이 적은 양질의 것이면 성계와 큰병아리의 사료로 20% 정도 배합해도 좋지만, 브로일러용 사료에는 10% 정도로 제한하는 것이 좋다. → 카사바.

탄닌 tannin 많은 식물의 세포즙액에서 발견된 떫은 맛이 있는 복합페놀성 화합물이며, 수수·유채박·커피·차·코코아·감·밤 등의 맛에 관계된다. 염색, 사진 및 맥주와 포도주를 맑게 하는 데 사용된다. 탄닌은 철분과 결합하여 흡수를 저해하며, 탄닌산(tannic acid)과 같이 혼용된다.

탄산 炭酸 carbonic acid(H_2CO_3) 탄산가스와 물이 반응하여 생기는 약산이며, 신체 내에서 중탄산염 완충제(bicarbonate baffer)의 기능에 매우 중요하다. 반응이 좌 또는 우로 진행됨에 따라 산 또는 알칼리로서 작용한다.

$$\underset{\text{탄산가스}}{CO_2} + \underset{\text{물}}{H_2O} \rightleftharpoons \underset{\text{탄산}}{H_2CO_3} \rightleftharpoons \underset{\text{수소}}{H^+} + \underset{\text{중탄산이온}}{HCO_3^-}$$

ㅌ

탄산칼슘 calcium carbonate($CaCO_3$) 칼슘의 급원으로서 가장 널리 사용되는 것인데, 칼슘의 함량은 38% 이상으로서 많다. 사료용의 탄산칼슘으로서는 일반적으로 양질의 석회석(lime stone)을 분쇄한 것이 사용되고 있다. 이밖에 석회석을 소성(燒成)해서 생석회로 하고, 이것을 수화(水和)해서 소석회로 한 것에 탄산가스를 작용해서 만들어진 탄산칼슘(침강탄산칼슘)이 있다. 탄산칼슘은 백색 또는 회백색의 분말이고, 시판제품의 탄산칼슘($CaCO_3$)의 순도는 95% 이상이다. 최근 분말 이외에 여러 가지 크기의 입상의 것이 만들어지고 있다.

탄수화물 炭水化物 carbohydrate 당류와 그 축합체로서 C·H·O의 3원소로써 되는 물질군을 탄수화물이라고 한다. 탄수화물은 식물의 동화작용에 의해 생산되고 식물체의 기본이 되는 물질이다. 탄수화물의 일반식 $Cn(H_2O)_n$로서 나타내고, 이는 마치 탄소와 물의 화합물과 같으므로 이 명칭이 생겼으며, 함수탄소라고도 한다. 사료에 함유되는 주요한 탄수화물은 전분(starch)과 섬유소(cellulose) 등이다.

탄저병 炭疽病 anthrax 탄저병에 의한 소·말·돼지·면양·사람에 공통인 전염성의 급성 패혈증인데, 급성인 경우에는 갑자기 폐사한다. 40℃ 이상의 발열, 흥분에 이어서 쇠약, 근육을 떨고, 식욕폐절(食慾廢絕), 가규점막(可規粘膜)의 출혈 등이 보인다. 탄저균이 효소에 접촉되면 아포를 형성하고, 이 아포(芽胞)는 건조나 소독약에 대해 강한 저항력이 있으며, 토양 중에서 20～40년간 생존한다. 세계 각국에 널리 분포하고, 이 질병의 상재지역에서 생산된 골분·원피·양모 등에 의해서 경구적으로 전염된다. 우리나라에서도 주로 소에서 매년 발생하는 것이 보고되고 있다. 또 환축(患畜)을 부주의하게 해체하여 폐기하면 아포에 의해 토지가 오염되고 사람·가축에 감염되는 법정전염병이다.

탄화수소 효모 炭化水素 酵母 hydrocarbon yeast 파라핀과 같이 탄화수소를 원료로 해서 배양한 것인데, 그 조성은 제품에 따라서 차이가 많다. 조단백질 함량은 건물 중에는 55～70%나 되어 높은 편이고, 아미노산 조성은 함황아미노산이 부족한 것 외에는 거의 어분에 대등할 정도이다. 돼지나 닭에 대해서는 사료 중의 10% 정도 배합하면 대두박과 거의 같은 사료가치가 있다. 또 양어용 사료의 경우 어분의 50%, 또는 사료 중 40% 정도까지 배합해도 양호한 성적을 나타낸다.

탈검제 脫檢劑 degumming agent 지방 중에는 고무질·수지·단백질·인산질 등으로 된 점액상 물질이 포함되어 있는데, 이들을 제거하여 지방을 정제하는 데 사용하는 물질로서 염산, 인산류 및 인산염이 있다.

탈불인광석 defluorinated rock phosphate 가축에 대한 불소중독 현상을 막기 위하여 인광석으로부터 열처리로 불소를 제거시켜서 만든 인산칼슘 공급사료이다.

탈섬유소 혈액 脫纖維素 血液 defibrinated blood 혈액은 유출된 후에 곧 응고하는데, 이때 가용성 단백질 피브리노겐은 불용성의 피브린으로 된다. 혈액을 막대기로 저으면 피브린이 생성되는데 곧 제거해 버리면 혈액은 세포(혈구)를 함유한 액체로 남는다. 이것을 defibrinated blood라 한다.

탈수 脫水 dehydration 물리화학적인 힘과 반응으로 건조를 의미하는 학술용어이다. 공업적 처리를 시행하여 이루어지는 건조에도 이 용어가 사용되지만, 공기건조(풍건)의 경우에는 탈수라고 하지 않는다.

탈수동결 脫水凍結 dehydrofreezing 과실이나 채소 보존법의 하나로서 동결에 앞서 함유수분을 1/2에서 2/3까지 증발시켜 두는 방법이다. 이 방법에 의하면 조직이나 풍미는 단순한 탈수법이지만 동결법에 의하는 경우보다 우수하며, 다시 물을 넣어 복귀시키는 데도 탈수법으로 건조한 것보다 빨라진다.

탈수소효소 脫水素酵素 dehydrogenase 기질로부터 한 쌍의 수소 이탈을 촉매하는 효소이다. 즉 생체세포 내에서의 산화반응에 관여되는 효소이다. 기질로부터 수소를 빼어 이것을 다른 기질, 즉 중간적 수소 수용체로 전달하는 역할을 한다. 수소는 최종적으로는 효소까지 전달되어 물이 생성된다. 기질에 따라 각기 특이한 탈수소효소가 있는데, 젖산 탈수소효소·글루코오스 탈수소효소 등은 그 예이다.

탈수효소 脫水酵素 dehydratase 물의 제거를 촉매하는 비타민 B_6 의존효소이다.

탈아미노반응 deamination 아미노산으로부터 효소 deaminase의 작용으로 아미노기($-NH_2$)를 제거하는 단백질 대사과정이며, 간과 신장에서 일어난다.

탈아미노효소, 아미노기 이탈효소 deaminase 아미노산으로부터 아미노기($-NH_2$)를 이탈시키는 작용을 하는 효소이다.

탈인산가수분해효소 脫燐酸加水分解酵素 phosphatase 기질로부터 phosphoryl group의 가수분해 이탈을 촉진하는 효소이다. 예를 들면 간에서 glucose-6-phosphatase는 glucose-6-phosphate의 탄소 6번에서 phosphate를 떼어내어 glucose로 전환시킨다.

탈이온수(水) demineralized water 무기염을 제거하는 이온교환수지(ion-exchange resin)를 통과시켜 모든 무기물을 제거한 정제한 물을 뜻한다. 탈이온수는 증류수보다 순수할 수가 있다.

탈지미강 脫脂米糠 defatted rice bran 쌀겨에서 기름을 짜고 남은 것인데, 미강유박이라도 한다. 탈지미강 중에 압착으로 기름을 짜고 난 것을 압착미강(壓搾米糠)이라 하고, 핵산 등 용매를 써서 추출하고 남은 것을 추출미강(抽出米糠)이라 한다. 추출한 쪽이 수분과 지방의 함량이 적다. 최근에는 일반적으로 추출미강이 많다. 탈지미강은 생쌀겨보다 단백질 함량이 높지만 지방함량은 2~3% 정도로서 낮다. 또 에너지가 낮으므로 다량을 급여할 수 없다. 옥수수·밀 등의 양질의 곡류와 배합해서 사용하면 유효하다. 또 쌀겨나 탈지미강에는 인·망간이 많지만 칼슘이 적고 비타민 B군은 비교적 많이 함유되어 있다. 비타민 A·D가 부족하므로 사용할 때는 주의할 필요가 있다.

탈지분유 脫脂粉乳 dried skim milk 우유에서 유지방(크림)의 대부분을 분리하고 남은 탈지유(skim milk)를 건조한 것이다. 탈지분유는 약 35%의 양질의 단백질을 함유하고, 또 50% 내외의 다량의 유당을 함유한다. 또 비타민 B군, 특히 리보플라빈(비타민 B_2)이 많고 양질의 무기물이 8% 정도 함유되어 있다. 탈지분유는 물에 녹기 쉽고 또 영양가도 높으므로 대용유 및 인공유로서 널리 사용되고 있다. 돼지사료의 단백질원으로서는 극히 양질의 것이지만, 일반적으로 가격이 다른 단백질사료보다 비싸므로 어린 가축용(돼지·소)으로 사용된다. 외국에서는 수분을 많이 제거한 농축탈지유(condensed skim milk)도 만들어진다.

탈지유 脫脂乳 skim milk 우유에서 크림을 분리한 후의 액상부를 탈지유라고 하며 버터의 제조부산물로서 얻어진다. 우유보다 지방함량은 적어서 0.03~0.10% 정도 된다. 탈지유는 유당이나 카제인의 제조원료로 쓰이고 또 송아지나 새끼돼지의 사료로서 사용된다. 이것은 소화율이 대단히 높고 비타민 B군도 풍부히 함유하고 있다. 탈지유를 건조한 것이 탈지분유이다.

탈취 脫臭 deodorization 어분 등과 같이 냄새가 강한 식품에서 취기(臭氣)를 제거하는 뜻으로 쓰이는데, 특히 유지의 정제공정에서 탈취를 뜻하는 경우가 있다. 후자의 경우 과열 수증기를 감압하에서 가열유지에 통과시켜 취기(臭氣) 물질을 제거한다.

탈칼슘반응 decalcification 뼈와 치아로부터 칼슘이 빠져 나가는 것이며, 이는 ① 요(尿)와 분(糞) 중의 칼슘 손실을 음식으로 보충하지 못했을 때, ② 부갑상선호르몬의 지나친 작용으로 광물질 용해가 클 때 나타난다.

탈탄산작용 decarboxylation 탄산으로부터 이산화탄소의 한 분자를 제거하는 작용이다.

탈탄소반응 脫炭素反應 decarboxylation 화합물로부터 카르복실기(-COOH)를 제거하는 반응이다.

탈탄소효소 脫炭素酵素 decarboxylase 기질로부터 카르복실기(-COOH)를 이탈시키는 효소이다.

탈피 脫皮 without hull 곡류나 종실의 외피가 제거된 상태이다.

탐색실험 探索實驗 exploratory experiment 사료에 관한 연구에 있어서 관여하는 인자가 다수인 경우는 많다. 이들의 인자를 동시에 탐색하는 다원배치법으로서는 실험규모가 크게 되고 실행상 여러 가지 곤란을 겪게 된다. 그러므로 연구의 제 1단계로서는 직교표 등을 이용하는 인자실험 계측에 의해 유효한 인자의 병출(迸出), 그 상대적 기여율의 평가, 최적 수준의 존재 범위의 탐색 등을 해서 문제의 범위를 찾아보면 능률이 좋아진다. 그리하여 제 2단계로서 확인실험, 제3단계로서 실용화 실험을 하면 좋다. 제1단계의 실험을 탐색실험 혹은 절분실험(節分實驗)이라고 한다.

태반 락토겐 placental lactogen 태반에서 분비되는 호르몬으로 유방 성장과 모체의 에너지 동원을 촉진한다.

태변 정체 胎便停滯 retention of meconium 태변이 생후 수 시간 이상 경과하여도 배출되지 않은 경우를 뜻한다. 식욕 절폐, 호흡·맥박 증가, 중독증상을 나타내는 경우가 있다. 직장검사로써 건조·견고한 태변이 차 있는 것을 확인할 수 있다. 하제(下劑)를 먹이거나 관장 또는 손가락이나 적당한 기구로 분괴(糞塊)를 제거한다. 원인으로는 초유의 흡유 불량, 자축(仔畜)의 선천적 발육부진 등이 있다.

태아침지 胎兒浸漬 죽은 태아가 부패균의 작용에 의하지 않고 융해하여 자궁 내부에 점조한 농양액과 골격을 지니고 있는 경우를 말하는데, 시간이 지나면 자궁경이 이완하여 세균이 침입, 부패하게 된다. 외음부에서의 농양(膿瘍) 분비물의 유출로 발견되는 경우가 많은데, 직장검사로 자궁내의 골편을 만지거나 자궁세척을 하면 골편(骨片)이 배출됨으로써 진단할 수 있다.

탤로우, **유지**(油脂) tallow 탤로우는 본래 소나 양의 도체처리(屠體處理) 부산물에서 얻은 유지(油脂)이고, 소에서 얻은 것을 우지(beef tallow)라고 한다. 원료에 따라 품질이 크게 다르지만 색깔·산도(酸度)·불순물 등에 의해 구분되고 있다. 양질부터 순서대로 edible, fancy, choice, prime, special, No.1, No.2, No.3 등으로 부르고 있다. 종래는 비누의 원료로 쓰였지만 최근에는 사료 특히, 브로일러용 사료에 첨가해서 사료의 칼로리를 높이는 데 사용되고 있다. 또한 동물성 유지 중에 응고온도 40℃ 이상의 것을 탤로우라고 한다. → 그리스.

탱키지 tankage 고기의 조각이나 부스러기를 수증기로 가열 압착하여 지방분을 분리하고 남은 액체를 농축처리하여 혼합·건조 분쇄한 것이다. 탱키지 중 양질의 것은 60%의 단백질을 함유하며 가축·가금·애완동물용 사료로 이용된다. 이 단백질은 아주 양질이며 필수아미노산인 리신(lysine)이 풍부하지만 트립토판(tryptophan)이 부족하고, 한편 비타민 B군의 공급원으로서 고려되지만 비타민 A·D의 공급원은 되지 못한다.

턴베르그 시험관(試驗管) Thunberg tube 반응물질의 하나를 유지하기 위해 사용하는 속이 비고 굽은 마개를 갖는 시험관으로서 산화반응을 연구하는 데 이용된다. 시험관 전체의 배기는 측관에서 하는데, 산소가 반응계에서 제거되기까지 반응물질을 분리해 둘 필요가 있기 때문이다.

테라마이신 terramycin 항생물질의 일종으로 oxytetracycline의 상품명이다. 이 항생물질은 *Streptomyces rimosus*라는 곰팡이가 생산한다. 성장촉진 효과가 인정되고 병아리나 어린가축의 사료에 첨가해서 사용한다.

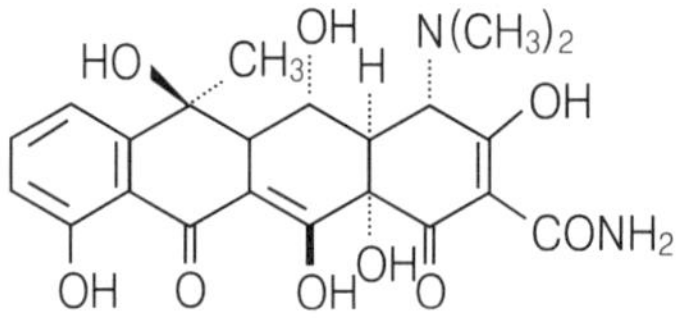

Oxytetracycline

테스토스테론 testosterone 콜레스테롤로부터 합성되는데, 고환의 라이디히 세포(leydigcell)에서 분비되는 고환 스테로이드호르몬이며, 남성의 2차 성장을 나타내게 한다. 프로게스테론(progesterone)은 테스토스테론의 전구물질이다.

테오신트 teosinte 수수와 비슷한 키 큰 여름작물로서 1년생이며, 생육에 비교적 높은 기온(20℃ 이상)을 요하고, 서리에는 극히 약하다. 생육기간이 비교적 길며, 절간신장(節間伸長)이 늦고 잎이 많아 청예용으로 적당하다. 멕시코가 원산지로 옥수수와 잘 교잡한다. 북위 30° 이남에서 채종이 가능하다.

테인 theine 카페인(caffeine)의 대체명이다.

테타니, 강축증(强縮症) tetany 부갑상선호르몬 분비부족으로 손목과 발목에 근육경련이 일어나고, 혈액내 칼슘수준이 떨어지는 반면에 인의 수준은 증가된다. 그리고 자극에 대하여 운동신경이 지나치게 민감해진다. 특히 얼굴・손・발에 영향을 준다. 혈류 중의 칼슘이온 농도의 저하에서 일어나며, 심한 구루병에서도 일어난다. 간헐적인 근육의 연축, 경련을 보이는 증후군으로 비정상적인 Ca 대사 및 비타민 D 결핍으로 부갑상선의 기능감퇴 등을 수반한다.

테트라사이클린류(類) tetracyclines Tetracycline・oxytetracycline(terramycin)・chlorotetracycline(aureomycin) 등이다. Terramycin과 aureomycin은 여러 나라에서 식품저장에 사용되고 있다. 또 톤당 mg의 비율로 동물사료에 첨가하면 성장을 증진시킨다. 내장을 뺀 닭에 대한 특별한 사용법은 닭고기를 19 ppm 용액에 담근 후 1～3℃로 저장하면 저장기간이 10～14일에서 17～21일로 연장된다. 2 ppm이 닭에 남게 되는데 조리하게 되면 더 줄어들게 된다. 신선한 생선의 저장일수를 2～3일간 연장하는 일은 실용가치 면에서 의의가 있다. 즉, 5 ppm의 항생물질을 얼음 또는 냉각수에 첨가하는데 5～20ppm의 항생물질을 함유한 얇게 절인 생선을 담가도 저장일수를 연장시킬 수 있다.

테트라히드로폴산 tetrahydrofolate(FH_4) 비타민인 엽산(folacin)으로부터 생성된 조효소이며, 한 개의 탄소단위(one-carbon unit)를 운반한다.

텍스처 texture 온도와 맛을 제외한 식품의 물리적 품질로서 주로 입술에서의 감촉에 따라 결정된다. 텍스처에는 거친 정도(roughness), 부드러운 정도(smoothness), 입상성(graininess), 씹는 맛(chewiness), 다즙성(succulence), 사상성(grittiness) 등이 있고, 밀도・점도・표면장력 등이 작용한다. 텍스처는 어떤 경우 외관이 관여하기도 하며, 제품의 평가에는 촉각법이 포함된다.

토끼 家□ rabbit 토끼는 옛적부터 사육되었으며, 희랍이나 로마 등에서는 일찍부터 식용으로 제공되고 있었으며 모피의 급원으로서도 이용되고 있다. 품종으로서는 벨점종・잉글리쉬 같은 육용종(肉用種), 뉴질랜드 화이트・일본백색종 같은 모피와 육용 겸용종(兼用種), 친칠라종 같은 모피용종(毛皮用種), 앙골라종 같은 모용종(毛用種), 기타 애완용종 같은 것이 있으며, 실험동물로서 에너지 대사시험에 많이 쓰여지고 있다.

토닉 tonic 건강과 신체 또는 기관의 활력을 증가시키는 약품이다.

토루라 효모 torula yeast 주로 torula utilis 등 torulopsis의 효모이고, 당밀・아황산・펄프폐액 등을 이용하여 공업적으로 배양 생산되고 있다. 조단백질 40% 이상 건물기준을 포함하고 있다. 인(P)의 함량이 많고 병아리에 대한 미지성장인자도 있는 것으로 알려져 있으며, 따라서 닭과 돼지에 이용된다.

토룰라로딘 torularhodin 적색의 효모이며, torula rubra의 카로티노이드 색소로서 비타민 A 활성을 갖는다.

토마토박(粕) tomato pomace 토마토주스 또는 케첩을 만들 때에 나오는 부산물인데, 토마토의 껍질·종자 같은 것이 섞여진 것이다. 건조한 것은 조단백질 함량이 23% 정도, 조지방 함량이 15%, 조섬유 함량은 30% 정도로서 높다. 또 티아민(thiamine) 함량이 높고, 리보플라빈(비타민 B_2)과 카로틴(carotene)도 많이 함유되어 있다. 이것은 외국에서는 주로 개나 밍크의 특수한 사료에 사용되며, 또 유우(乳牛)·돼지·닭 등의 사료에도 어느 정도 이용된다.

토식증 geophagia 흙을 먹는 증상이다.

토양병 土壤病 soil diseases 저항성이 강한 병원세균이 토양을 오염시켰을 경우 오랫동안 생존하여 간혹 피부에 창상이 있는 동물이 감염되는 경우가 있다. 탄저·기종저·파상풍·가스괴저 등이 대표적이며, 특히 탄저와 기종저의 피해가 많기 때문에 각각의 오염된 지방을 탄저 지방 또는 기종저 지방이라고 한다.

토양 영양소 土壤 營養素 soil nutrient 작물이 생육하는 데 많은 영양소를 필요로 하며, 대부분의 토양에는 작물을 계속 재배해도 부족되지 않을 정도로 영양소를 포함하고 있다. 다만 그 중에 질소·인산·칼리는 흔히 모자라기 쉬운데, 이것을 비료의 3요소라 하여 비료로서 시비하는 것이 통례이다. 이들 다음으로 토양 영양소로서 부족되기 쉬운 것이 석회분이며, 또한 토양 유기물이 부족하면 작물의 생육이 나빠진다. 이 유기물은 흙 속에서 썩어 감소되어 가기 때문에 석회·유기물과 함께 질소·인산·칼리를 비료의 5요소라고도 한다. 이밖에 토양의 종류에 따라서는 특수 영양소인 고토(苦土, 산화마그네슘) 또는 철·규산이 부족하거나 미량요소가 항상 모자라는 토양도 있다. 이와 같은 토양에는 미량요소나 특수 영양분을 비료로서 시비해야 한다. 또한 동물에 필요한 광물질과 식물에 필요한 광물질은 대체로 일치하나 Se와 As는 동물에서만 필요하고, 붕소(B)는 식물에서만 필요하다.

토코트리에놀 tocotrienol 토코페롤과 기본적인 화학구조는 같으나 곁사슬이 약간 다른 4가지 화합물이다. 해당 토코페롤보다 활성이 매우 낮다.

토코페론산(酸) tocopheronic acid α-토코페롤의 수용성 분해산물로 토코페롤을 먹인 동물의 요(尿) 중에는 tocopherolacetone과 같이 분리된다. 토코페론산은 2-pentyl, 3, 5, 6-trimethyl benzoquinone이다. → 비타민 E.

토코페롤 tocopherol 발견자의 이름을 따서 비타민 E를 가리키는 것이다. α-토코페롤은 비타민 E 활성이 가장 높고, 밀 배아유 또는 합성에 의해서 얻으며 햇빛에 의해서 파괴된다. 지방의 산패를 방지하기 위한 항산화제로 이용된다. → 비타민 E.

톡소플라즈마종 toxoplasmosis 사람 · 가축 공통의 원충병으로서 공중위생에서도 중요시 되고 있다. 일반적인 가축은 모두 이 해를 받지만, 특히 돼지의 톡소플라즈마병은 증가현상이 보이므로 주목되고 있다. 돼지에 대한 이 원충의 기생부위는 임파선이나 폐가 대부분이고, 급성의 것은 식욕부진 · 발열 · 호흡곤란 등을 동반하고, 수일 후에는 귀 · 하복부 · 내고부(內股部) 등이 적자색으로 변한다. 또 아급성(亞急性)의 것은 신경이나 호흡장해의 증상이 나타난다. 한편 만성인 것의 증상은 전혀 보이지 않으므로 주의를 요한다. 급성 · 아급성의 톡소플라즈마병은 3～5개월령의 자돈에 발생하는 일이 많고 폐사율이 상당히 높다. 그리고 이 질병은 내과(耐過)하더라도 발육부전이 되고, 소위 '늙은 돼지'로 되는 일이 많다. 치료에는 설파제, 기타 합성살균제가 사용된다. 특히 이 병의 백신은 아직 발견되지 않고 있다.

톡신류, 세균독소류(細菌毒素類) toxins 일반적으로 세균이 생산한 독소이며 세포 대사산물이다. 이들은 항원성이고, 체내조직을 자극하며, 특유한 중화물질 항체를 만든다. 세균에서 방출된 엑소톡신(exotoxin ; 외인성 독소)은 열에 불안정하다. 예를 들면 60℃, 1시간의 가열로 파괴된다. botulism · 파상풍(tatanus) · 디프테리아(diphtheria) 등의 toxin도 함유된다. 엔도톡신(endotoxin ; 내인성 독소)은 세포내에 존재하며 가열에 대해서 저항성이 강하다. 동물이 분비한 독소를 zootoxin이라고 한다. → 엑소톡신, 엔도톡신.

톤드 밀크 toned milk 지방함량을 줄이면서 전고형분을 유지시키기 위해 들소젖과 같은 지방함량이 높은 우유에 가하는 건조탈지우유이다. 단순히 물에 섞어서 지방이 희석되었으면 그 우유는 'toned up'된 것이 아니다.

톨 오트그라스 tall oatgrass 유럽이 원산인 다년생 화본과 목초인데, 오늘날에는 세계의 온대지대에 널리 분포되어 있다. 하계(夏季)에 비가 많고 배수가 잘 되는 토지를 좋아하고, 산성 토지는 좋아하지 않는다. 가축이 밟는 데는 약하고 또 생초의 기호성은 좋지 않으므로 주로 건초로서 이용된다. 또 알팔파와 레드 클로버와도 혼파(混播)할 수 있다.

톱퍼의 시약(試藥) Topfer's reagent Dimethyl aminoazo benzene으로 pH 2.9～4.0 범위의 지시약으로 빨간색에서 황색으로 변한다. 유리염산의 존재하에서만 변색을 보이므로 위내용물의 산도 적정에 사용된다.

통계량 統計量 statistics 일군의 자료를 요약해서 그 특성을 나타내기 위해서 계산하는 양을 통계량이라고 한다. 예를 들면 자료의 중심적 경향을 나타내는 것으로서는 평균치 · 중앙치 등이 있고, 또 변동을 나타내는 것으로는 평방화 · 분산 · 표준편차 등을 계산하는데 이들을 통계량이라고 한다. 상관계수 · t치 · F치 등도 통계량에 속한다. 통계량은 표본의 특성치를 나타내므로 모집단에 관한 모수 또는 모집단 특성치(parameter)에 상대해서 표본 특성치라고 하는 경우도 있다.

통풍 痛風 gout　대사성 질병으로서 핵산 중의 퓨린(purine) 대사의 이상에서 나타난다. 즉 퓨린이 정상적인 경우 요산(uric acid)으로 전환되어 배설되는데, 혈액 중에 요산 함량이 높으면 관절·신장·귀의 연골, 때로는 심장과 기타 내부기관에 요산의 나트륨염 결정체가 축적된다. 고기 중에는 핵산 함량이 높으므로 퓨린 함량도 높다. 통풍환자의 95%는 남자이다.

튀김 popped　건열에 의하여 알곡 내부의 수분을 가열함으로써 알곡을 팽창시키는 공정(수수·밀 등)을 뜻한다.

트라이프, 천엽 tripe　되새김동물(반추동물)의 위의 안쪽 부분을 뜻하는데, 보통 수컷의 것이 많다. Blanket honey comb, book·monk's hood, reed 등 여러 가지 종류가 있으며, 위의 부위에 따라 용도가 다르다. 많은 결체조직(結締組織)을 포함하는데, 이것은 가열시간을 오래 함으로써 gelatin으로 변화시킬 수 있다. 수분 75%, 단백질 16%, 지방 8.5%이다. → 천엽.

트랜스아미네이션 transamination　아미노기($-NH_2$)를 아미노산에서 다른 α-keto acid로 이동하여 새로운 아미노산과 α-keto acid로 생성하는 것을 뜻한다. 보통은 효소 transaminase의 작용으로 일어난다. 이와 같이 글루타민산(glutamic acid)은 glutamic-pyruvate-transaminase(GPT)의 작용으로 그의 아민기를 피루브산(pyruvic acid)에 옮겨 알라닌(alanine)을 생성하고, 스스로는 케토글루타릭산(ketoglutaric acid)이 된다. GOT(glutamate-oxaloacetate transaminase)는 oxaloacetate가 aspartic acid로 된다. 효소의 보결분자족은 pyridoxal(비타민 B_6)인데, 아미노기 운반체(career)의 중간체로서 작용한다.

트랜스알도라아제 transaldolase　Glycolysis와 pentose phosphate pathway와 연관된 가역반응에서 3개의 탄소단위(three-carbon unit)의 이전을 촉진하는 탄수화물대사 효소이다.

$$C_5 + C_5 \xrightleftharpoons{\text{Transketolase}} C_3 + C_7$$

$$C_7 + C_3 \xrightleftharpoons{\text{Transadolase}} C_4 + C_6$$

$$C_5 + C_4 \xrightleftharpoons{\text{Transketolase}} C_3 + C_6$$

트랜스지방산, 전이지방산 trans fatty acid　식품내 단일불포화 상태로 존재하며, 수소가 첨가될 때 이중결합이 위치한 탄소의 반대편으로 들어간다. 시스 지방산은 이중결합의 같은 편으로 수소가 첨가된다.

트랜스케토라아제 transketolase　Glycolysis와 pentose phosphate pathway와 연관된 가역반응에서 2개의 탄소단위(two-carbon unit)의 이전을 촉진하는 탄수화물대사에 관여하는 thiamin(TPP) 의존효소이다.

트랜스페린 transferrin 혈액에서 철분과 크롬 그리고 기타 무기물과 결합하여 운반하는 단백질로서 간에서 만들어진 것이다. 트랜스페린은 철분과 결합할 수 있는 부위를 가지고 있고, 약 1/3의 철분 결합부위는 철분을 함유하고 있다.

트랜스페린 포화도 transferrin saturation 무기물, 특히 철분과 결합되어 있는 트랜스페린의 결합부위의 결합정도를 측정한 것이다.

트랩 네스트 trap nest 산란상자의 출입구에 뚜껑을 만들어 붙여서 닭이 산란하기 위해서 들어가면 저절로 닫혀져서 자유로이 나올 수 없도록 되어 있는 산란상자를 말한다. 이것은 평사로서 개체별로 산란기록을 필요로 할 때에 사용하지만, 닭이 한번 들어가면 나올 수가 없으므로 관리인이 수시로 계사를 돌보고 닭을 트랩 네스트에서 내보내야 하는 불편이 따른다.

트레오닌 threonine(Thr, T) 1935년에 발견된 아미노산이며, 돼지나 닭의 영양상에 없어서는 안될 필수아미노산으로 되어 있다. 지방족의 옥시아미노산에 속하고 항지방간 작용이 있다. 카제인은 가장 좋은 공급원이다. Serine과 마찬가지로 hydroxyl기를 가지고 있으며 glycogenic 아미노산이다.

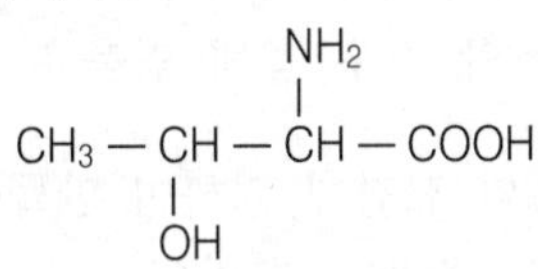

Threonine

트렌치 사일로 trench silo 지면에 구덩이를 파서 만든 사일로이다. 보통 장방형의 것을 트렌치 사일로라 하고, 원형인 것을 피트 사일로(pit silo)라로 한다. 땅을 파서 그대로 이용하는 트렌치 사일로는 흙과 접촉되는 부분이 변패와 물의 유입에 의한 사일리지 품질 손상이 일어나기 쉽다. 비닐을 이용하면 이 점은 약간 개선되는데, 품질이 좋은 사일리지를 만들려면 측면은 콘크리트로 하고 바닥면은 콘크리트에 배즙공(排汁孔)을 마련하든지 즙액이 배출되도록 하면 좋다. 탑형 사일로에 비교해서 표면적이 큰 것에 유의하여 재료를 채워 넣은 다음 표면을 비닐 같은 것으로 싸 덮어서 무거운 것으로 눌러 두거나 흙으로 덮도록 한다.

트로포닌 시스템 troponin system 근육수축을 하는 횡문근(striated muscle)에 있는 3개의 조절단백질이다. 즉 troponin T(TpT), troponin I(TpI)과 troponin C(TpC)이다. TpC는 칼슘결합단백질(calcium binding protein)이다.

트롬보키나아제 thrombokinase 이는 트롬보플라스틴(thromboplastin)이라고도 한다. 조직, 혈소판 및 백혈구에 존재하며 혈액응고에 관여한다. 이때 칼슘이 필요하며, 혈액응고 중에 프로트롬빈을 트롬빈으로 변화시킨다.

트롬빈 thrombin　혈액의 응고에 필요한 fibrinogen을 fibrin으로 전환시키는 효소(proteinase)이다.

트리요오드티로닌 triiodothyronine(T_3)　혈액과 갑상선에 있는 thyroxine보다도 소량이 존재하는 갑상선호르몬이며, 생물학적 기능은 thyroxine과 동일하지만 그 기능은 더 강하고, 더욱 빠르게 작용한다. 체내에서 티로신(thyrosine)과 요오드로부터 형성된다. → 갑상선.

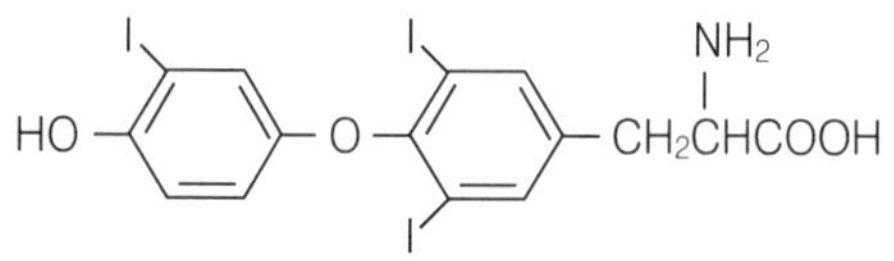

Triiodothyronine

트리코모나스증(症) trichomoniasis　Trichomomas속의 프로토조아에 의해 감염되는 질병으로서 소의 자웅 생식기에 기생하며, 특히 질액 중에서 증식하여 태아에 감염, 유산을 야기한다. 수소에서는 포피, 정소상체, 정관, 정낭에 기생하며 교배할 때 감염한다. 유산은 태반 장해와 태아에의 감염에 의한 경우와 화농성 자궁내막염에 의한 경우가 있다. 유산된 태아는 태막과 마찬가지로 담황색을 띠고 있다. 태아의 제4위, 기타 내장의 혈액중에 충체(虫體)가 검출되며, 수소의 경우 충체 검출은 곤란하다.

트리티케일 triticale　밀과 호밀과의 교잡에 의하여 만들어진 사료용 곡류인데, 양쪽의 학명에서 인용하여 이름이 붙여졌다. 단백질 함량이 15% 이상이나 들어 있어서 밀과 연맥에 비교해 보면 이것이 높은 것이 특징이다. 또 아미노산 조성도 옥수수와 같은 사료곡물에 비해 우수하고, 특히 메치오닌 함량이 높고 에너지가는 보리와 거의 같다. 닭 및 돼지에게는 곡류의 반량 정도까지 트리티케일을 사용해도 만족할 만한 성적을 얻고 있다. 그러나 기호성은 옥수수나 밀보다 떨어지므로 많이 주는 것은 좋지 않다.

트림반사(反射) eructation　반추가축이 섭취한 사료는 반추위내에서 미생물에 의해 소화작용을 받으면 주로 탄산가스 및 메탄가스로서 구성된 다량의 가스를 발생하며, 이것은 트림반사에 의해서 입 밖으로 배출된다. 트림반사는 제1위(반추위) 운동과 밀접하게 관계되고, 그 운동에 부수적으로 일어난다. 트림반사가 어떤 원인에 의해 정지하게 되면 고창증(鼓腸症)이 유발된다. 또 중증의 케토시스일 때는 트림에서 아세톤 냄새를 내고, 사료로서 단백질을 과급(過給)해서 제1위 발효에 이상이 생겼을 경우에는 트림에서 암모니아 냄새가 난다.

트립신 trypsin　펩신으로 분해되지 않은 단백질 분자에 작용하는 췌장액 중의 단백질 분해효소이다. 알칼리 불활성인 전구물질의 trypsinogen으로 분비되어 enterokinase 작용으로 활성화되어 trypsin으로 된다.

트립토판 tryptophan(Trp)　방향족 아미노산에 속하고, 세포단백질 중에는 반드시 포함

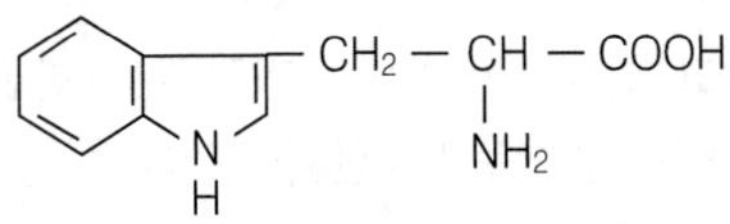

Tryptophan

되어 있는 glucogenic 및 ketogenic이며 필수아미노산이다. 체내에서는 니코틴산(niacin)이 트립토판으로부터 생성되므로 트립토판과 니코틴산의 요구량은 각각의 함량에 따라서 변한다. 트립토판은 동물성 단백질에 많이 포함되지만 젤라틴이나 제인(zein) 등의 단백질에는 포함되지 않는다.

특발성의 idiopathic 원인을 인지하고 있는 상태에서 일어나는 질병이다.

특수사료 特殊飼料 feed containing minor element 에너지 및 단백질 자원의 보급 이외의 목적으로 급여하는 사료를 특수사료라고 한다. 무기염류·아미노산·비타민 첨가제·호르몬제·항생물질 첨가제 등이 이에 속한다. 질병의 예방치료를 목적으로 하는 첨가제는 약제라 하고, 특수사료라고는 하지 않는다. 과학적인 연구의 결과 생산과 이용의 길이 열린 사료로서 공업적으로 고도의 기술을 사용하여 제조된 사료를 과학사료라고 하는데, 대부분의 과학사료는 특수사료에 속한다. → 사료첨가제.

특이 동적작용 特異 動的作用 specific dynamic action 음식의 소화·흡수·대사에 따른 열량 증대를 뜻하며, 음식의 형에 따라 변화된다. 단백질에 있어서는 기본 대사보다 30% 증대하고, 지방과 탄수화물에 있어서는 4～5% 증대한다. 칼로리 함량의 일부가 특이 동적작용에 소비되므로 단백질은 동종량(同種量)의 탄수화물보다 비육성이 적다고 알려져 있다. → 열량 증가(heat increasment).

특이성 特異性 specifity 효소반응에서 하나의 한정된 범위의 반응 혹은 단일 반응만을 촉매하는 효소의 활성에 관하여 사용된다. 특이성은 효소와 촉매의 주요한 차이로 촉매는 비특이성이다. 예를 들면 아지나아제는 L-아지닌만을 가수분해하지만 D-이성체를 가수분해하지 않는다. 에스트라아제는 에스테르 결합을 가진 모든 화합물을 가수분해하지만 다른 것은 가수분해하지 못한다.

특정 병원균 부재돈 特定 病院菌 不在豚 specific pathogen free pig → 무균돈.

티(t)-**검정**(檢定) t-test 모평균 μ의 모집단에서 크기 n의 표본을 무작위로 취하여 표본평균 $\overline{\chi}$, 표본표준편차 s를 계산하고 다음 식에 의해 t를 계산한다.

$$t = (\overline{\chi} - \mu) / s / \sqrt{n}$$

표본마다 t는 변동하지만 t의 분포는 자유도 f = n - 1에 의해서 규정되고, 이것을 t-분포라고 한다. 이 t-분포를 이용해서 이 표본이 모평균 μ의 모집단에서 채취된 표본이라고 간주할 수가 있는지 여부, 즉 $\overline{\chi}$와 μ이 같다고 하는 귀무가설(歸無假說)을 검정하는데, 이 검정법을 t-검정이라고 한다. 이밖에 t-검정의 고찰은 2개의 평균치 $\overline{\chi}_1$, $\overline{\chi}_2$의 차의 검정과 최소 유의차의 추정, 구간추정, 신뢰구간의 설정 등이 널리 활용되고 있다.

티로글로불린 thyroglobulin　Thyroxine과 triiodothyronine이 갑상선에 존재할 때 단백질과 결합된 형태이다. 뇌하수체의 갑상선 자극호르몬의 영향으로 분해하여 혈류로 운반되는 유리호르몬류를 해리(解離)한다. 혈류 중에서 이들 호르몬은 소위 단백결합요오드(protein bind iodine, PBI)로서 혈장단백질과 결합하여 이동된다. 이와 같이 혈액 중의 PBI의 농도는 갑상선 활성도의 지표가 된다.

티로시나아제 tyrosinase　티로신(tyrosin)을 흑색의 melatinin으로 전환시키는 구리함유 효소이다. 피부색은 melanin 농도에 달려 있다. Tyrosinase가 유전적으로 결핍되어 있을 때 백색증(albinism)이 된다. Tyrosinase는 과일과 야채의 짜른 부위의 색을 갈색으로 변하게 하는 효소이다. 그리고 생감자나 감자를 짠 액이 공기중에서 자동산화 될 때 일어나는 갈색색소의 생성에 관여한다. 일명 tyrosine phenol-lyase라고 한다.

티로신 tyrosine(Tyr, Y)　비필수아미노산이며 phenylalanine을 일부 보충하는 작용을 가진 비필수아미노산이다. 티로신은 카테콜아민(catecholamine)인 dopamine, norepinephrine, epinephrine의 전구물질이며, 멜라닌(melanine) 형성의 전구물질이다. 멜라닌은 모발·피부 중의 색소이며, 햇빛에 탔을 때 증대한다. 화학적으로는 amino hydroxyphenly propionic acid이다. Tyrosine는 cathecalamine인 dopamine, norepinephrine, epinephrine의 전구물질이다.

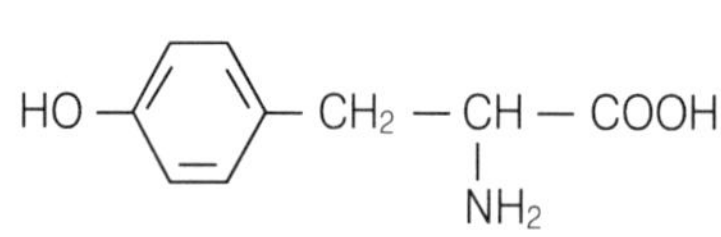

Tyrosine

티로신증(症) tyrosinosis　아미노산인 티로신(tyrosine)의 유전적 대사장애로서 혈액 중 tyrosine 수준이 증가되는 것이 특징이다. 간과 신장의 손상을 가져온다. 티로인으로부터 생성된 hydraxyphenyl pyruvic acid가 더 이상 분해되지 못하고 오줌으로 배설되는데, 이는 hydraxyphenyl pyruvic acid oxidase 또는 tyrosine transaminase의 결여 때문이다.

티로칼시토닌 thyrocalcitonin　칼시토닌(calcitonin)의 또 다른 이름이며, 갑상선에서 분비되어 혈중 칼슘수준을 낮춘다.

티로프로테인 thyroprotein　요오드화 카세인(iodized casein)이라고도 불리는데, 카세인에 요오드를 결합시켜서 만든 일종의 인공적 갑상선호르몬으로서 갑상선 기능을 촉진하는 작용이 있다. 어떤 조건하에서는 송아지나 자돈(仔豚)의 성장을 촉진하고, 젖소의 비유량 증가 등의 효과가 있다. 병아리나 브로일러에는 성장촉진 효과가 반드시 있다고는 할 수 없다. 미국의 유우용 사료에는 45 kg에 대해 0.5~1.5 g의 첨가가 인정되고, 육성오리의 사료에는 1톤당 100~200 g의 첨가가 인정되고 있다.

티록신 thyroxine(T_4) 갑상선(thyroid gland)에서 분비되는 요오드를 함유한 호르몬으로서 산화환원 과정에 관여하는 물질대사 호르몬으로 tetraiodothyronine(T_4)이다. 조직 중에서 보다 활성이 있는 triiodothyronine으로 변할 수 있다. 이 호르몬은 대사율 증가, 신경계 활성 증가, 단백질 합성촉진, 소화기관의 운동과 분비촉진 등을 행한다.

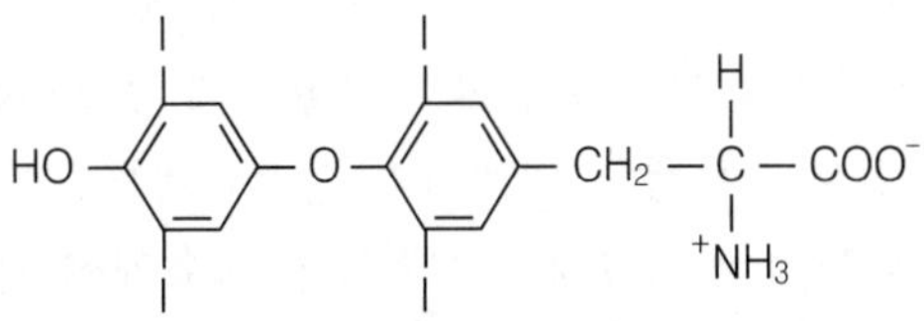

Thyroxine(T_4)

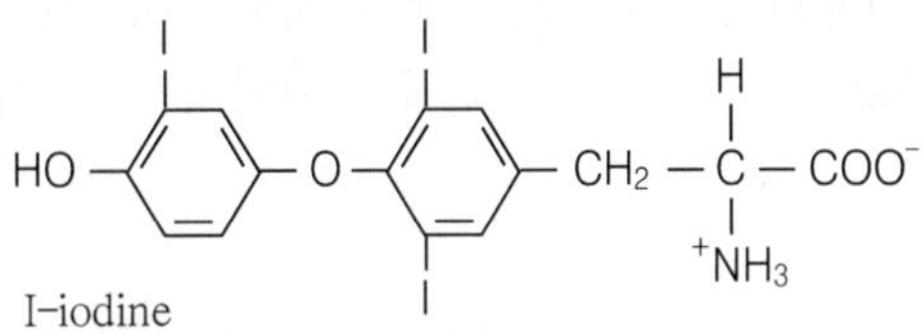

Triiodothyronine(T_3)

티머시 timothy 학명은 Phleum Pratense L., 영어로는 timothy herd's grass, cat's tail이며, 10a당 생초 수량은 4~6톤이다. 일반적으로 오처드 그라스보다 내한성과 내습성이 강하나 재생력이 비교적 약한 결점이 있다. 방목 및 채초용으로 이용되는데, 수확 적기로는 1번초가 출추기, 2번초는 1번초 수확 후 30~40일 전후이다. 수용성 당분 함량은 건물 중 5.5~12.7%(평균 10.4%)이며, 조단백질 함량은 풋베기 28%, 개화 후기에는 7%로 감소한다. 리그닌 함량은 방목시기에 4~5%, 미네랄은 P 0.27~0.36%(평균 0.32%), K 2.43~3.06%(평균 2.74%), Mg 0.10~0.15%(평균 0.13%)이다.

티미딘 thymidine Thymine(pyrimidine base)와 deoxyribose로 이루어진 nucleoside이다.

티미딘 삼인산 thymidine triphosphate(TTP) Thymine(pyrimidine base), deoxyribose와 3개의 phosphate로 구성된 nucleotide이다.

티미딘 이인산 thymidine diphosphate(TDP), thiamine pyrophosphate(TPP) Thymine (pyrimidine base)과 deoxyribose와 2개의 phosphate로 구성된 nucleotide이다. Thiamine의 조효소 형태이다.

티미딘 일인산 thymidine monophosphate(TMP, thymidylate) Thymine(pyrimidine base)과 deoxyribose와 1개의 phosphate로 구성된 nucleotide이다.

티미딜산 thymidylate(dTMP) Deoxythymidylate의 약칭이다. Thymine에 deoxyribose만이 연결되어 있다.

티민 thymine　DNA에 존재하는 pyrimidine base의 일종이다.

티세포 수용체 T cell receptor(TCR)　체세포에서 외부 항원을 가려내는 수용체이다.

TCA 회로(回路) tricarboxylic acid cycle, TCA cycle, citric acid cycle　세포내 미토콘드리아에서 피루브산을 완전히 산화해서 탄산가스와 물에너지로 생성하면서 하는 작용이며, 이 과정에서 각종의 중간대사 물질의 산화는 세포내에 분포되어 있는 관여 효소군에 의해서 원활히 회전되고 있다. 이 생체 내에서의 산화단계를 TCA 사이클이라고 한다. 이 대사과정에서의 물질 변화는 구연산에서 시작해서 초산에서 끝나게 되고, 또다시 구연산으로 옮겨 가는 하나의 회로를 형성하고 있으므로 구연산 사이클 또는 발견자의 이름을 따서 크렙스 사이클(Krebs cycle)이라고 불리는 일도 있다. 단백질·지방·탄수화물이 체내에서 연소해서 이용되는 것은 주로 TCA 사이클에 의한 것으로 되어 있고, 각종 아미노산이라든지 아세트초산 등도 각각 적당한 위치에서 이 회로에 개입되어 산화된다.

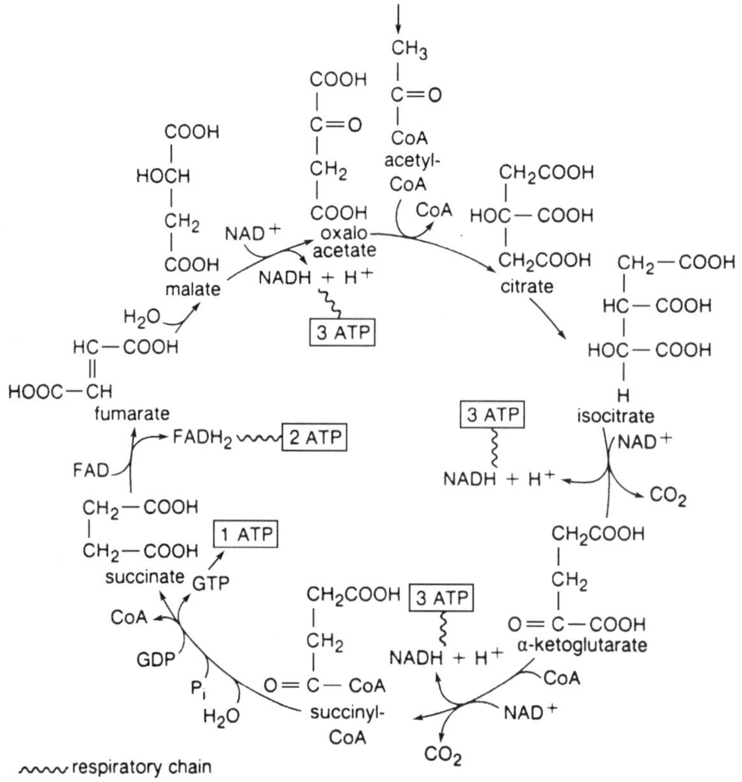

TCA cycle

티아미나아제 thiaminase　많은 종류의 생선 표면과 내장에 있는 효소이다. 티아민(thiamine)을 가수분해하므로 비타민 B_1 결핍증을 일으킨다. 병명은 Chastek's paralysis라고 한다.

티아민 thiamin, vitamin B_1 Pyrimiding ring과 thiazole ring으로 이루어진 수용성인 비타민 B군의 하나로서 비타민 B_1(vitamin B_1)이라고도 하며, 근육 · 심장 · 간 · 신장과 뇌에 소량이 비축된다. 이것이 부족하면 사람에게는 각기병을, 닭에는 다발성 신경염을 일으키고, 일반적으로 식욕감퇴 · 소화장애 · 성장저해 · 부종 등을 일으킨다. 닭의 증상으로는 머리를 등쪽으로 구부려서 위로 향하여 경련을 일으키는 것이 특징이다. 생체 내에서는 인산과 결합해서 thiamin pyrophosphate(TPP)의 보효소로 되고, 탄수화물의 대사에 중요한 역할을 하고 있다. 효모 · 탈지쌀겨 같은 곡류부산물, 어분 같은 동물성 사료, 양질의 건초 등에 많다. 음식의 조리과정에서 용해되어 나오며, 알칼리용액에서는 파괴되나 산성에서는 온도 변화에도 안전하다. 티아민은 소장에서 흡수되고, 최종으로 요(尿)로 배설된다. 반추가축에는 반추위내 미생물에 의해서 합성되므로 부족한 일은 없지만 돼지(豚) · 닭(鷄)에서는 부족한 일이 있다. 우리나라의 경우 사료첨가제로서 염산티아민 또는 초산티아민의 형태로 쓰여지고 있다.

티아민 이인산 thiamin diphosphate(TDP) Thiamin으로부터 온 조효소이며, thiamin pyrophosphate(TPP)라고도 한다.

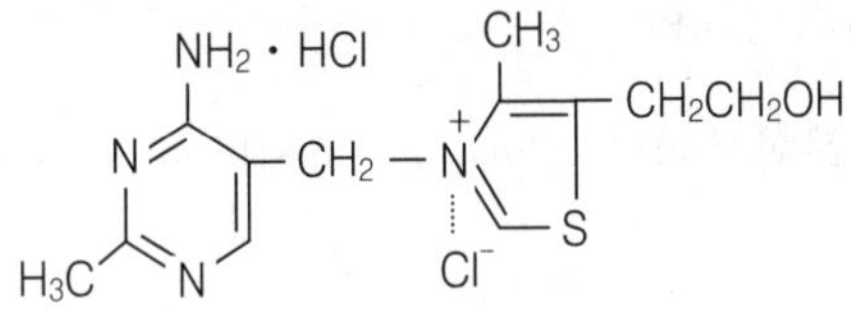

Thiamin

티아민 피로인산 thiamin pyrophosphate(TPP) Thiamin으로부터 만들어진 조효소이며, 일명 thiamin diphosphate라고도 한다.

티오에스테르 결합, 유화에스테르 결합 thioester bond 고에너지 결합이며 다음과 같이 나타낸다.

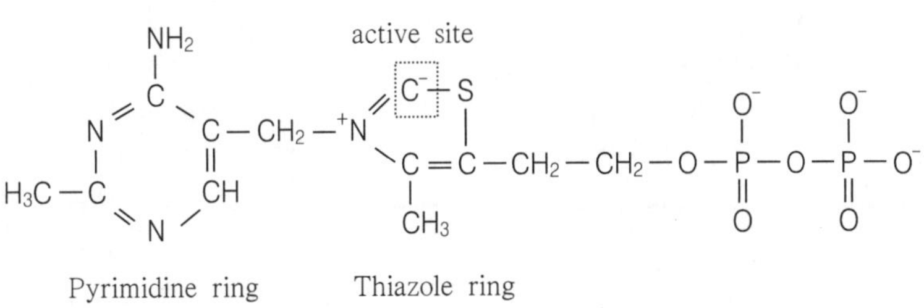

Thiamin pyrophosphate(TPP),
thiamin diphosphate(TDP)

R — S — C — R

Thioester bond

티오우라실 thiouracil 가축의 갑상선 호르몬의 분비를 감소시키고 그 기능을 억제하므로 이것을 적량 급여하면 동작이 완만하게 되고, 사료의 소비량이 감소하며, 증체량을 향상시키는 효과가 있다고 해서 돼지・소・면양 등의 비육에도 이용된 일이 있다. 그러나 티오우라실의 급여는 대단히 기술을 요하므로 투여량과 복용기간을 잘못하면 오히려 비육에 나쁜 영향을 미쳐서 유해작용을 일으킨다. 따라서 최근에는 거의 이용하는 일이 없으며, 미국 등지에서도 사료첨가제로서 인정되지 않고 있다.

티오크롬 thiochrome 티아민(비타민 B_1)이 산화되어 생긴 화합물로서 자외선에 강한 청색의 형광을 말한다. 이것은 비타민 B_1 정량에 사용된다.

티오펩틴 thiopeptin 1967년 일본의 도야마(富山)의 토양 표본에서 분리발견된 항생물질인데, *Streptomyces tateymensis*를 배양해서 생산된다. 펩티드계 항생물질에 속하고, 주로 그람양성균에 대해서 항균작용을 갖고 있는 동물 전용의 항생물질이다. 사료첨가제로서 시판되어 있다.

티옥트산 thioctic acid 여러 가지 미생물에 대한 필수 성장인자이다. 지금은 리포익산(lipoic acid)으로서도 알려져 있다.

티올 thiol SH기를 가진 화합물이다. Cysteine, methionine, lipoic acid, glutathione이 여기에 속한다.

티 임파구 T lymphocytes(T cell) 비정상적 또는 침입한 체세포를 죽이는 세포이다.

티티 밀크 T.T Milk, tuberculin test milk Tuberculin 시험을 마친 우유인데, 가축질병 검사관에 의해 결핵에 감염되지 않았다고 증명된 소에서 얻어진 우유에 적용한다.

ㅍ

파골세포 破骨細胞 osteoblast 백혈구에서 뼈세포로서 뼈의 침식을 일으키는 물질을 분비한다. 뼈 표면의 함몰 부위에 발견되는 큰 다핵세포이며, 뼈 조직을 용출시킨다.

파라아미노 안식향산(安息香酸) para-amino benzoic acid(PABA) 미생물의 성장촉진 인자로서 필수적인 것이며, 비타민의 일종이다. 고등동물의 결핍증으로서는 쥐에 있어서 털의 회색화(achromotrichia)만이 나타난다. 엽산(葉酸)의 분자구조의 일부이며, 엽산의 형성이 이 비타민의 역할이라고 생각된다. sulfanilamide는 이 비타민과 화학적으로 매우 닮았기 때문에 미생물이 이 비타민을 흡수하는 것을 막음으로써 살균효과를 내는 것이다. 효모・소맥배아에 존재하며, 또한 고기・간(肝)・채소 중에 약간 있다. 항백발인자(antigrey hair factor)라고도 불리어진다.

파라치온 중독(中毒) poisoning by parathion 파라치온(parathion)은 인을 포함하는 합성 유기화합물의 일반명이고, 여러 가지 상품명으로 판매되고 있다. 벼의 해충인 이화명충 등의 구제에 많이 사용된다. 이에 따라 파라치온에 의한 사람과 가축의 중독 증상으로는 불안, 초조상태가 되고 설사, 식욕부진, 경련 등이 일어난다. 아트로핀(atropine)이 해독제로서 유효하다고 되어 있다. 농작물이나 사료에 살포한 것은 대체로 3일 후에는 거의 독성이 없어지고, 이 때부터는 중독이 일어나지 않으나 잔류성 및 맹독성으로 제조 및 사용이 금지된 농약이다.

파라카세인 paracasein k-Casein에 renin이 작용해서 생성되며, 칼슘이온과 더불어 침전되어 불용성 물질이 된다.

파릴린 parillin 사루사파릴라 뿌리에서 얻는 매우 독성이 강한 배당체이며, 글루코오스(glucose), 람노오스(rhamnose) 및 파리게닌으로 되어 있다. 스밀라신(smilacin)과 동일하다.

파쇄 破碎 cracking 곡류를 브레이킹 로울(breaking roll, roll mill)에 거쳐 낸 것인데, 굵은 입자와 소량의 가루로 되어 있다.

파쇄 미곡 破碎 米穀 broken rice 쌀 싸라기이며 전분함량이 높고 조섬유(0.4%), 조지방(0.9%) 및 조회분(0.5%) 함량은 낮다. 단백질 함량은 7.7%이며, 수분은 평균 12.7% 정도이다. Arginine 함량은 0.59%로서 단백질 중 함량비로는 옥수수보다 50%가 높다. → 쇄미.

파수 破水 rupture of bag 소에 있어서 태포(胎胞)가 진통이 누적됨에 따라 긴장되어 마침내 파열, 대부분의 태수(4～8 ℓ)가 유출되는 것을 뜻한다. 남은 태수는 진통이 계속될 때마다 소량씩 유출되어 산도를 적시므로 태아가 쉽게 나오도록 한다. 파수는 흔히 태포가 음문 밖으로 사람의 머리 만하게 노출되어 발생하는데, 때로는 내부에서 발생하는 경우도 있다. 요막 파열에 의해 묽은 물상태의 요막수 유출을 제1파수, 양막 파열에 의한 끈끈한 양수(羊水)의 유출을 제2파수라고 한다. 통상 포막 파열에 이어 양막이 파열하지만, 소에서는 간혹 양쪽이 동시에 파열하는 경우가 있다.

파스튜라이제이션, 살균 pasteurization 질병 또는 손상을 가져오는 미생물을 박멸시키는 음식의 처리방법이다. 우유 중의 많은 박테리아는 어느 정도의 열처리로 살균되지만, 모든 박테리아 또는 포자류를 사멸(死滅)시키려면 더 높은 온도에서 장시간 열처리(즉, 감균처리)할 필요가 있다. 많은 식품은 이 살균조작 중에 바라지 않는 변성이 일어나기 쉽다. 살균은 보통 식품의 저장기간을 어느 정도 연장시킴에 불과한 것이다. 우유는 살균에 의하여 모든 병원균은 사멸되지만, 1～2일 지나면 산미를 나타내게 된다(이것은 병원균에 의한 것이 아니다). 우유의 살균은 63～66℃(145～150°F)에서 30분간 유지한 다음 급냉하도록 되어 있지만, 이른바 고온단시간처리, 즉 72℃(161°F)에서 15초간과 초고온 단시간처리인 131℃에서 1～2초로도 사용되고 있다.

파아보일 parboil 부분적으로 조리하는 것을 말한다. 특히 영양상 의의 있는 것은 현미를 벼 채로 증기열을 가하여 수용성 비타민 B류를 외각(外殼) 부분에서 미립(米粒) 내부로 이행시키는 처리법이다. 이와 같이 처리한 현미는 도정하여도 미처리의 백미와 비교하면 매우 많은 비타민을 함유한다.

파아보일드쌀 parboiled rice 쌀을 물에 담가 겨를 벗기기 전에 단시간 끓여 익힌 쌀을 뜻한다. 이 처리는 무처리된 쌀과 비교하면 상당한 양의 티아민(thiamine)과 나이아신(niacin)이 백미에 남게 된다.

파암핵박(核粕) palm kemel meal 파암핵박은 열대지방에 많이 나는 기름야자(oil palm)의 핵에서 기름을 추출한 찌꺼기이다. 사료성분은 단백질이 약 13%, 섬유소 11% 정도 있고, 밀기울과 비슷하다. 파암핵박은 주로 유럽에서 젖소의 사료로서 이용되고 있다. 파암핵박은 풍미가 좋지 않으므로 다른 기호성이 좋은 사료와 섞어서 주면 좋다. 특히, 돼지에서는 기호성이 나쁘고 또 체지방이 연해지므로 사료 중 20% 이하로 배합한다. 또 파암핵박은 닭의 사료로서도 밀기울의 대용으로 5% 정도는 이용된다.

파이로플라스마병(病) piroplasmosis 이 병은 혈액에 기생하는 파이로플라스마 원충에 의한 질환인데, 진드기에 의해서 매개되는 소 특유의 전염병이다. 이것은 2개로 분류되는데, 소형 파이로플라스마 원충에 의한 '소형 파이로'와 대형 파이로플라스마 원충에 의한 '진드기열(tick fever)'이 있다. 소형 파이로는 우리나라 제주도를 비롯해 남부지방에 많고 만성의 빈혈증상을 나타내는데 법정전염병은 아니다. 이것에 걸리면 발열(發熱), 고도의 빈혈, 황저(黃疸), 혈뇨(血尿) 등을 볼 수 있고 폐사율도 매우 높다.

파인애플박(粕) pineapple bran 파인애플 통조림을 만들 때에 부산물로서 얻어지는 것인데, 과실의 중심부 및 외각부가 섞인 것이다. 이것은 생것 그대로를 소나 돼지에 줄 수 있지만 보통은 건조된 것이 사료로서 이용되고 있다. 사료성분은 비이트 펄프와 비슷하지만 단백질 및 TDN 함량이 약간 떨어진다. 파인애플박은 당밀을 첨가하면 영양가가 높아지고 가축의 기호성도 좋게 된다.

파인트 pint 액량의 단위로서 16온스 또는 1/2 guart, 1/8 gallon이다. 미국에서 0.47 ℓ, 영국에서는 0.57 ℓ 에 해당된다.

파파인 papain, vegetable pepsin 파파야 과실(carica papaya)의 즙액으로부터 얻어지는 단백질 분해효소이다. 식육의 연화에 사용되며, 때로는 식물성 펩신이라고도 불리어진다. 실온 하에서의 반응속도는 늦지만 55～75℃에서는 반응속도가 증가되며, 80℃에서는 최대의 활성을 보이나 그 이상의 온도에서는 급격히 불활성화되기 때문에 파파인은 조리의 초기단계에서 식육을 연화시키는 것이다.

판크레아틴 pancreatin 동물(소・돼지)의 췌장에서 채취한 효소의 혼합물이며 상업적으로 생산한다. 췌장액에 들어 있는 효소류, 즉 단백질분해효소・전분분해효소・지방분해효소를 포함하고 있다. 소화제에 사용된다. 위장에서 이들 효소가 파괴되므로 코팅을 해서 보호제로 만들어 급여한다.

판크레오지민 pancreozymin 장내점막에서 만들어지는 호르몬이며, 일부 소화된 지방과 단백질에 의해 분비가 촉진된다. → 세크레틴.

판토텐산(酸) pantothenic acid Coenzyme A를 구성하는 생물학적으로 매우 중요한 비타민이다. 화학적으로는 β-알라닌과 판토인산이 결합된 것이며, 아세틸기의 전이(轉移)에 필요한 coenzyme A 구조의 일부이다. 따라서 지방 또는 탄수화물의 대사에 필수적인 물질이다. 모든 생체세포 중에 널리 분포되어 있기 때문에 사료에 의한 결핍은 별로 없지만 가장 좋은 공급원으로서는 간・신장・효모・로열젤리・신선한 채소류 등을 들 수 있다. 결핍증으로는 쥐의 경우 털의 회색화・피부염・부신손상 등을 들 수 있고, 병아리의 경우 피부염이 있고, 개에서는 위장증상이 생기지만 사람에게는 별로 병리학적인 병변이 명백하지 않다. 사람의 필요량은 1일당 6～8 mg 정도이다. 여과성 인자라고도 한다.

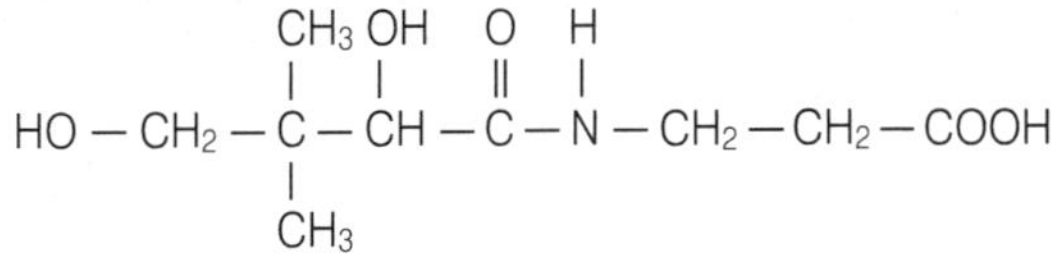

Pantothenic acid

팔미트산(酸) palmitic acid 직쇄 포화지방산의 일종이며, $CH_3(CH_2)_{14}COOH$의 화학식

을 지닌다. Triglyceride로서 많은 동·식물성 유지류에 함유되어 있다.

팜유(油) palm oil Elaeis guineensis 종자의 과육에서 추출된 기름으로서 β-카로틴을 100 g 중 40~80,000 I.U. 포함하고 있다. 리코펜, α-카로틴, γ-카로틴 등도 있기 때문에 보통 적색~주홍색을 나타내며 적색팜유(red palm oil)라고도 불리어진다. 이 적색은 비타민 A의 전구물질로서는 유용하지만 때로는 가열 또는 풀러 토(土)(Fuller's earth, 활성 백토)에 흡착시켜 탈색한다. 마가린 또는 조리용 유지로 사용된다.

팜핵유(核油) palm kernel oil Elaeis guineensis의 견과의 핵에서 추출한 기름으로서 동일 종자의 과육에서 얻는 기름은 팜유이다. 마가린 또는 조리용 유지로 사용된다.

팥, 소두(小豆) red bean 콩과의 1년생 초본인데 초장은 70~90 cm이고, 잎은 기수우상복엽(奇數羽狀複葉)이다. 꽃은 나비의 모양이고 황색이다. 열매는 백·적·흑 등 종류가 많다. 팥의 성분은 수분 15%, 단백질 21%, 당질 55%, 지방 0.7%, 섬유소 5%, 회분 3.3%, 비타민 B_1 0.5%, 종피(種皮) 7~8%이며, 92% 가량이 팥고물로 가공에 이용된다.

팥찌꺼기박(粕) red bean cake 팥에서 전분을 짜낸 후 찌꺼기로서 생으로 그냥 소나 돼지사료로서 급여할 수 있다. 건조한 것은 팥의 경우 조단백질은 17%, 조섬유는 28%나 되어 사료가치는 높지 않지만 소나 돼지사료에 배합할 수 있다. 그러나 닭 사료에는 조섬유가 많으므로 사용하지 않는 것이 좋다.

패분 貝粉 oyster shell 칼슘공급 사료로서 굴껍질(oyster shell), 대합껍질(clam shell), 일반 조개껍질, 산호(coral), 자개 부산물 등 여러 종류의 조개껍질을 건조·분쇄한 것이며, 이것의 주성분은 탄산칼슘($CaCO_3$)이다.

패스터라이저, 살균장치(殺菌裝置) pasteurizer 우유 또는 과즙 등의 액체의 살균에 사용되는 장치를 뜻한다. 실제로는 열교환기로서의 작용을 이용하고 있는 것이며, 살균할 액체를 적당한 온도로 가열한 열판상 또는 파이프 속에 연속적으로 통과시켜 규정 온도에서 일정시간 유지한 다음 급냉시키도록 되어 있다.

팽창가공 膨脹加工 expansion 수분·압력·높은 온도에 의하여 전분을 호화(糊化)시켜 원료의 체적을 팽창시키는 가공법이다.

퍼옥시다아제 peroxidase 과산화수소를 물과 산소로 만드는 식물성 효소이며, 그 때에 산소를 수용할 식물을 필요로 한다. catalase는 이것과는 달리 과산화수소를 물과 산소가스로 분해한다. 분자 중에 헤마틴을 가지고 있다. 혈액 자신도 퍼옥시다아제(peroxidase)와 같은 활성을 지니고 있기 때문에 혈액의 benzidine test에 이용된다.

펀치카드식 자동 사료제조장치(自動飼料製造裝置) automatic puched card system in the feed mill 명령을 펀칭한 카드를 제어장치에 삽입하는 것에 따라서 각각의 원료가 배합비율에 따라서 각각의 사일로부터 연속수평식 배합기 또는 벳치식 수직배합기에 순차 자동적으로 송입(送入)되고 배합되는 근대적인 사료공장의 설비이다. 또한 이 장치는 경우에 따라서는 수동으로 바꿀 수도 있다. 방식은 대별하여 아날로그식과 디지탈식이 있지만 정밀도 관계로 후자를 사용하는 경우가 많다.

펄프 pulp 기계적인 방법에 의해서 즙액을 추출해 내고 남은 나머지 물질이다.

페놀옥시다아제 phenoloxidase 과일이나 야채의 짜른 부위의 표면을 갈색으로 변화시키는 구리함유 효소(copper-containing enzyme)이다. 갈색 변화로 식품의 풍미와 질을 떨어뜨린다.

페니실린 penicillin 푸른곰팡이의 일종인 *Penicillium notatum* 및 *Penicillium chrysogenum*이 생산하는 항생물질인데, 최초로 발견된 항생물질이다. 구조식의 말단 부위의 차이에 의해서 6종류로 구분되지만, 그 중에서 페니실린 G가 결정체로서 페니실린 G・Na염 0.6 μg 중의 유효물질을 1국제단위(I.U)로 하고 있다. 보통은 프로카인염으로서 안정된 프로카인페니실린 G가 이용되고 있다. 사료첨가제로서는 오래 전부터 사용되어 왔지만 새로운 법률에서 사람과 가축의 공통 항생물질로서 사료첨가제의 지정에서 제외되었다.

페닐알라닌 phenylalanine(Phe, F) 필수아미노산의 일종이다. 사료 중에 있는 비필수아미노산인 티로신(tyrosine)은 일부 phenylalanine으로 전환될 수 있다. Phenylalanine의 대사부전(代謝不全)은 유전성 병으로 정신장애를 일으키며, 페닐케톤뇨증(尿症)이라고 한다.

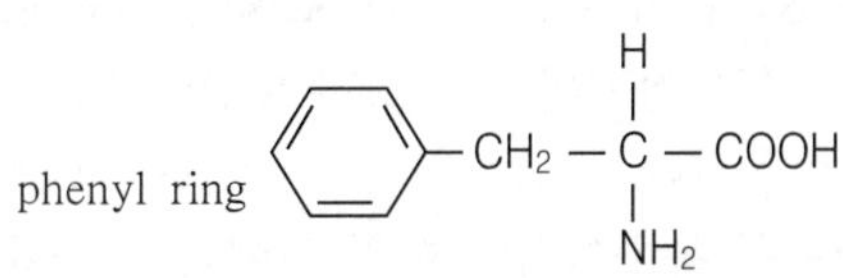

Phenylalanine

페닐케톤뇨증(尿症) phenylketonuria(PKU) 선천적으로 페닐알라닌을 티로신으로 전환시키는 효소(phenylalanine-4-monooxygenase)가 없기 때문에 페닐알라닌이 혈액 중에 증가되고, 페닐알라닌대사의 불완전으로 최종 대사물인 페닐피루브산이 소변에 배설되는 것을 뜻한다. 이 대사산물은 하뇌(下腦)를 침범하여 유아기의 지능에 심각한 장애를 가져온다. 이 병은 페닐알라닌의 섭취를 엄중히 제한함으로써 상당히 완화시킬 수 있다.

페레니얼 라이그라스 perennial ryegrass 이탈리언 라이그라스와 닮은 다년생의 화본과 목초이다. 온난한 겨울의 기후를 좋아하고, 여름의 고온・건조에 약하지만 내한성은 다른 라이그라스보다 강하다. 방목지용・생초용・건초용으로서 적합하고 가축의 기호성도 높다. 더욱이 이 목초는 겨울에는 푸르고, 이른 봄부터 생장하므로 풀이 없는 겨울의 목초로서도 좋은 것이다. 뉴질랜드・영국・네덜란드 등에서 가장 중요한 목초로서 널리 보급되고 있다.

페로시스, 각약증(脚弱症) perosis 성장이 활발히 진행되는 병아리에 발병하기 쉬운 각약증의 일종으로 그 증상은 관절의 한쪽 혹은 양쪽이 부은 것처럼 되고, 심한 경우에는 힘줄에 이상이 와서 관절에 상처가 생겨 보행이 곤란해진다. 일명 스립 텐돈(slipped tendon)이라고도 한다. 원인은 영양소의 보급과 관계가 깊고 망간, 코린, 비오틴 및 칼슘과 인의 비율이 문제가 되고 있다. 또 이 병에는 난용종인 백색 레그혼종보다 육용종이 걸리기 쉬운 경향이 있다.

페로옥시다아제 ferroxidase 혈액 내에서 철분의 운반을 위해 트랜스페린(transferrin)과 결합할 수 있도록 철분의 산화(ferrous → ferric)를 촉매하는 효소이다.

페리틴 ferritin 체내에서 발견되는 철분-단백질 복합물이며, 철분의 주요 저장단백질로서 특히 간, 비장, 골수세포에 들어 있다.

페브롤레스종 feverolles 겸용종의 닭으로서 프랑스의 육계 생산지인 후아브로루 지방에서 만들어진 것으로 후단종과 비슷한 종이다. 재래종에 아시아종의 육용종인 도킹종 등과 교잡하여 만든 잡종으로서 내종에는 물고기색과 백색이 있다. 체중은 ♂ 3.7 kg, ♀ 2.9 kg이며, 단관에 수염이 많은 것이 특징이다. 귓부리는 적색이며 5지(趾)를 가지고 있다. 체질은 강건하며 병아리의 발육도 빠르지만 우모 착생은 늦다. 다산(多産)은 아니지만 겨울에도 산란한다. 정강이나 피부는 백색이며, 비육성이 풍부하고 육질이 우량하다.

페스큐류(類) fescue 유럽주가 원산인 다년생 화본과 목초이다. 메도우 페스큐(meadow fescue)는 냉량다습(冷涼多濕)의 기후와 비옥한 토지에 적합하고 내한성이 강하다. 적지에서는 영속(永續)하게 되므로 장기의 윤작초지(輪作草地)라든지 영구 초지에 혼파되어서 방목과 건초용으로 이용된다. 토올 페스큐(tall fescue)는 세계의 냉습대에 널리 분포되어 있다. 전형적인 채초형 목초이지만 어릴 적에는 방목이용도 된다. 이의 개량품종으로서 켄터키31 페스큐(kenturky 31 fescue) 및 알타 페스큐(alta fescue)가 있다. 앞의 것은 강건성, 광범위한 적응성, 내한성 등으로 금후 육우・면양의 방목용 초종(草種)으로도 좋을 것이다. 이 밖에도 페스큐류로서는 쉬이프 페스큐(sheep fescue)・레드 페스큐(red fescue) 등이 있지만 수량이 낮고 기호성도 높지 않으므로 우리나라에서는 널리 재배되지 않고 있다. 여름의 고온현상에 강하므로 남부지방에서 재배하면 좋으리라 생각된다.

페포 alveoli 모든 가스 교환이 일어나는 호흡기의 화학구조에서 일반적으로 집단으로 존재한다.

페포환기 alveolar veutilation 매 분당 페포에 도달하는 신선한 공기의 양을 측정하는 것이다.

펙타아제 pectase 일종의 효소이며, 펙틴(pectin)에서 methoxyl기를 제거해서 물에 불용성인 펙틴산(pectic acid)으로 변화시킨다. 중간 생성물인 methoxyl기를 가지고 있는 것은 펙티닌산(pectinic acid)이라고 한다. 펙틴 에스테라아제(pectin esterase)・펙틴 메틸에스테라아제(pectin methylesterase) · 펙틴 메톡실라아제(pectin methoxylase 등으로 불리어진다.

펙티나아제 pectinase 일종의 효소이며, 펙틴류 또는 펙틴산 등을 저분자물질로 가수분해한다. 펙톨라아제라고도 한다.

펙틴 pectin 식물의 세포벽에 존재하는 다당류로서 다당류(sugar)와 galacturonic acid로 구성된 수용성의 섬유이다. 즉 식물조직은 세포벽을 결합하고 있는 protopectin(화학적으로는 hemicellulose)을 함유하고 있다. 과실이 성숙함에 따라 프로토펙틴(protopectin)의 함량은 증가되지만, 그 이후의 프로토펙틴은 효소의 작용으로 분해되어 펙틴 · 펙티닌산으로 된다. 최종적으로는 펙틴산이 되어 세포 간을 연결하고 있는 물질이 파괴되기 때문에 과실은 연화된다. 펙틴은 잼 중의 응고제이다. 딸기 같은 연한 과실은 펙틴 함량이 적으며, 사과와 같은 것은 함량이 많다. 잼 · 초콜릿 · 당과류에 첨가 사용되며, 또한 아이스크림에도 유화 및 안정제로서 한천 대신에 사용된다. 그밖에 젤리의 제조, 케이크의 고화방지제(固化防止劑)로도 사용된다.

펜토산 pentosan 5탄당(pentose)의 다당류[$C_5H_8O_4$)n] 및 과당류로서 araban · xylan 등이 이에 속하며, 식물계에 널리 분포되어 있다. 예로서 과실 · 수목 · 옥수수대 · 귀리의 외피 등에 있다. 체내에서는 소화되지 않지만 산에 의하여 오탄당(五炭糖)으로 분해된다.

펜토오스, 오탄당(五炭糖) pentose 분자내에 5개의 탄소원자를 가진 단당류이며, 리보오스(ribose) · 아라비노오스(arabinose) · 크실로오스(xylose) 등이 이에 속한다. 특히 D-ribose와 D-deoxyribose는 DNA와 RNA 합성에 매우 중요하다.

펜토오스 인산션트 pentose phosphate shunt → Pentose phosphate pathway.

펜토오스 인산회로, 오탄당 인산회로 pentose phosphate pathway Glycolytic 중간대사물인 glucose-6-phosphate 분해되어 NADPH와 pentose를 생성하는 경로이다.

펠라그라 pellagra Niacin 결핍으로 오는 결핍증으로 피부염증, 설사, 치매 등이 나타난다.

펠렛 결착제(結着劑) pelleting agents, pellet binder Lignosulphonate, bentonite, hemicellulose extract와 같은 펠렛팅하는 과정에서 구멍(die) 내의 마찰을 감소시키고 펠렛사료의 굳기를 단단하게 해준다. 사료제조 공정상의 에너지를 절약할 수 있고, 사료의 부스러기들이 먼지로 손실되는 것을 방지하기 위해 넣어 주는 제제이다.

펠렛트 밀 pellet mill 펠렛트를 제조하기 위해서 사용되는 장치인데, 배합된 사료에 고압 · 고온 수증기를 불어넣으면서 강한 압력을 걸어서 유출하여 성형한다. 펠렛트 밀의 형식은 일반적으로 CPM형(california pellet mill)과 SW형(sprout waldron)의 2종으로 대별된다. 성형된 펠렛트를 공기에 노출시켜 냉각하는 장치를 펠렛트 냉각기(pellet cooler)라 하고, 필요에 의해서 펠렛트를 파쇄해서 어린동물에 급여하는 소위 크럼블(crumble)로 하는 장치를 펠렛트 크럼블러(pellet crumbler)라고 한다.

펠렛트사료, 고형사료(固型飼料) pellet　펠렛트란 일반적으로 분말사료를 특수한 기계(펠렛터)를 사용하여 특정한 모양으로 굳힌 것을 뜻한다. 펠렛트의 특징은 제조·수송·급여시의 소모 방지, 가축의 선택채식의 방지, 저장장소의 절약, 급여시간·노력의 절약, 첨가사료의 안전, 확실한 급여 등에 적합하다는 점이다. 나아가 소화율 향상 등의 이점도 있는 반면 품질은 육안으로 식별하기가 곤란하며, 제조 가공비가 많이 든다는 등의 결점도 있다.

펠링시험(試驗) Fehling's test　환원당과 비환원당을 구별하는 시험이다. 청색의 수산화제2동을 알칼리 중에 가열할 때에 환원당은 이것을 황색의 산화제 1동으로 환원되는 것을 이용한 것이다. 펠링 A액은 황산동, B액은 알칼리성 주석염으로 변질을 피하기 위하여 사용 직전에 양쪽 액을 혼합해서 사용한다. → 베네딕트 시험.

펩시노겐 pepsinogen　위벽의 점막에서 생성되는 펩신(pepsin)의 불활성 전구물질이며, 위산(HCl)에 의해서 pepsin으로 전환된다.

펩신 pepsin　위액에서 분비되는 단백질 분해효소이며, 단백질의 어느 특정한 결합을 가수분해하여 펩톤(peptone)으로 만든다. 산성(pH 1.5～2.5) 하에서만 작용한다. 불활성인 전구체인 펩시노겐(pepsinogen)으로 분비되는데, 이것은 염산(HCl)에 의해 활성화된다.

펩톤 peptone　단백질을 효소나 산·알칼리 등 부분적으로 가수분해하여 얻어지는 단백질 소화의 중간 생성물이다.

펩티드 peptide　아미노산이 -CO-NH-결합인 펩티드 결합으로 연결되어 있는 화합물이

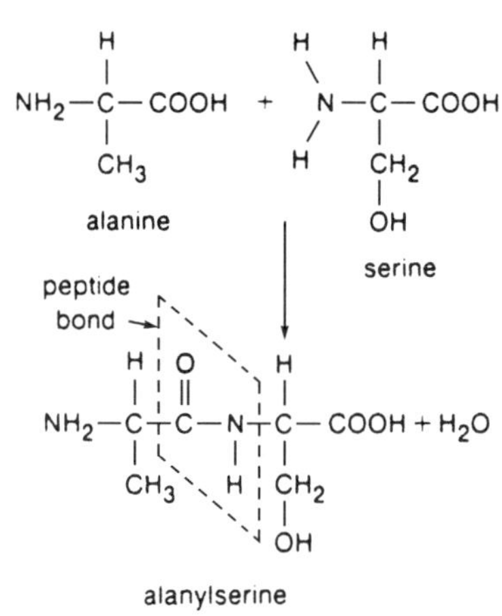

두 아미노산 간의 펩티드 결합

ㅍ

다. 2개의 아미노산이 결합되어 있으면 디펩티드(dipeptide), 3개의 아미노산이 결합되어 있으면 트리펩티드(tripeptide)라고 하며, 약 10개 이하의 펩티드 결합으로 된 것을 올리고펩티드(oligopeptide), 다수의 펩티드 결합으로 된 것을 폴리펩티드(polypeptide)라고 총칭한다. 단백질은 교차결합 crosslinkage에 의하여 연결되어 있는 여러 개의 장쇄(長鎖) 폴리펩티드의 중합체이다.

펩티드 결합 peptide bond 한 아미노산의 α-carboxyl기와 다른 아미노산의 α-amino기가 결합하여 한 분자의 수분을 잃고 디펩티드(dipeptide)가 되는 결합이다. 이 결합의 일반적인 용어는 아미드 결합(amide bond)이다. 아미드 결합은 한 아미노산의 카르복실기와 다른 아미노산의 아미노가 결합되어 디펩티드가 생성되는 결합이며, 이를 디펩티드 결합(dipeptide bond)이라고 한다.

편광 偏光 polarized light 광원으로부터 직사광처럼 편광방향(진동방향)과 세기가 불규칙적으로 변화하면서도 평균적으로 어느 방향에서든 같은 세기를 가지며, 편광면이 빛의 진행방향에 대칭인 것이 자연광이다. 이에 비하여 편광은 빛의 편광면(진동면), 즉 전기장과 자기장의 방향이 항상 일정한 평면에 한정되는 빛으로 직접 보아서는 두 빛을 구별할 수 없다. 그러나 특정한 편광면을 가진 빛만을 통과시키는 필터(偏光子)를 통과시키면 편광은 필터의 회전에 수반하여 투과되는 광의 밝기와 편광면을 바꾸는 성질인 광회전성이 생긴다. 그렇기 때문에 각종 당류를 함유하는 용액은 광학적 활성을 가지며, 그 회전각은 빛이 지나간 액의 두께와 액의 농도에 비례하므로 편광면의 회전으로부터 용액 속의 당량(糖量)을 알 수 있다.

편광기 偏光器 polaris cope 어떤 종류의 결정이나 액체 속을 직선편광이 통과하면 그 편광면이 회전하는 현상이 있다. 이와 같은 광회전의 정도를 측정하는 광학적 측정기기로서 회전 편광의 세기로부터 용액 중의 물질의 농도를 측정할 수 있다. 이 편광기의 중요한 부분은 자연광을 직선편광으로 만들기 위한 편광자와 이것으로 만들어진 편광을 물질에 투과시켰을 때 편광도를 검사하기 위한 검광자이다. 특히 사탕의 용액에 사용되는 편광계는 검당계(檢糖計)라 한다.

편기성 박테리아 facultative bacteria 산소를 좋아하지만 혐기상태에서도 살 수 있는 박테리아를 말한다. 대부분의 병원균은 혐기성이다.

편차 偏差 deviation 한 조(組)의 자료 개개의 측정치 xi와 그의 평균치 $\overline{\chi}$와의 차 xi-$\overline{\chi}$를 편차라고 하며, 측정치의 변동 정도를 나타낸다. 편차의 총화는 0이 되므로 평균적인 변동을 나타내기 위해서 편차의 절대치에 대해서 평균한 평균편차(mean deviation), 표준편차 혹은 편차를 2승해서 더해 가지고 자유도로 나눈 평균 평방(mean squares) 또는 분산(variance) 등이 이용되고 있다.

평균 필요량 estimated average requirement(EAR) 특정 연령이나 성별 인구집단의 50%에 해당하는 사람들의 영양 필요량을 충족시킬 수 있는 영양소 섭취 수준이다.

평방화 平方和 sum of square(S.S) 편차를 2승해서 합한 것인데, 편차 평방화라고도 한다. 평방화를 자유도, 즉 예수(例數) n에서 1을 뺀 n-1로 나눈 것이 평균평방(mean square) 또는 분산(variance)이고, 변동의 정도를 나타낸다.

평사 平飼 floor feeding 닭을 사양하는 경우 계사를 적당한 크기로 칸을 나누어 바닥은 콘크리트 또는 흙다짐 등으로 해서 그 위에 볏짚류·톱밥 등을 적당한 두께로 깔아서 닭을 군사(群飼)하는 방법이다. 이 경우에는 1구역에서 대수수(大首數)가 사양되며, 닭은 적당한 운동을 하고, 더욱이 종란을 받는 경우에는 수탉(雄鷄)을 자유교배시키는 이점은 있지만 비교적 비위생적인 환경이 되기도 하고, 또 도태가 곤란한 결점도 있다. 그러나 브로일러를 다수 사양하고 있는 곳에서는 대군평사의 사육법이 많아지고 있다.

평형 平衡 balance 사료에 있어 섭취와 배설의 평형을 뜻한다. 예를 들면 질소밸런스·칼슘밸런스 등이다. 부(負) 또는 정(正)의 밸런스라 함은 신체가 소비한 양 또는 획득한 양에 해당된다.

평형불완전 블록배치법 balanced incomplete block design 난괴법 실험계측에서는 각 구역(block)마다의 시험구는 수집된 인자의 수준수(水準數)와 같든지 그 배수가 될 필요가 있다. 그러나 여러 수준의 경우 시험구 수(혹은 공시동물 수)가 수준수보다 적은 경우에 두 수준 간의 비교라도 같은 정밀도로서 실행되도록 계획한 실험계측을 평형불완전 블록배치법(BIB)이라고 한다. 이 계획에서는 수준수 t_1, 블록수 b_1, 각 수준마다의 반복수 r_1, 각 블록마다의 시험구 수 k와 총 실험구 수 N와의 관계는 N = tr = bk로 된다. 대가축을 사용하는 실험에서는 1두를 1시험으로서 취급하는 경우는 각 블록마다 k두씩 사용하는 것이 된다.

평형상수 平衡常數 equilibrium constant(k′eq) 반응물질과 생성물질의 몰농도가 반응 및 역반응이 동일하여 어떤 화학반응이 평형을 이룬 점이다. 평형지수(k′eq)는 다음과 같이 계산한다.

$$k'eq = \frac{[C][D]}{[A][B]}$$

[A]와 [B]는 반응물질의 몰농도이고, [C]와 [D]는 반응에 의해 생성된 생성물질의 몰농도이다. 이것을 다시 A + B → C + D로 나타낸다.

평형습도 平衡濕度 equilibrium humidity 물질을 공기중에 방치하여 두면 그 수분함량과 공기중의 습도가 평형상태에 도달되는데, 이 때의 습도를 상대습도로 표시한 것을 말한다.

평활근 平滑筋 smooth muscle 내부기관, 혈관, 수의 조절하에 있지 않는 기타 조직에 있는 근육이며, 횡문(줄무늬)이 없다.

폐경(기) menopause 여자의 폐경은 보통 50세에 시작된다.

폐계 廢鷄 culled chicken 산란계 또는 닭이 경제적인 산란을 유지할 수 없게 된 경우에 이것을 도태해서 가공육이나 식용으로 제공한다. 이와 같은 도태계를 폐계라고 한다. 보통 2년계가 그 해의 산란기가 종료하고 환우기에 들어가서 산란이 감소 또는 정지하는 시기에 많은 폐계가 나오는 상황이 된다. 이 폐계는 보통의 식육으로서 쓰여지고 있지만, 고기가 야물기 때문에 소시지 같은 가공용으로 이용하는 것이 바람직하다.

폐당밀 廢糖密 molasses 원료당을 정백과정에서 생기는 당밀인데, 끓여서 되도록 많은 설탕을 결정화시킨다. 흑갈색을 띠는 끈적한 액체로서 수분 17.9%, 단백질 2.5%, 당질 69.6%, 회분 10.0%, 100 g당 277 kcal이다. 당질은 설탕 20～30%, 환원당 30～50%, 비타민 B_1 120 γ %, 주정제조 원료로 많이 쓰이며, 효모배양과 사료에도 쓰인다. → 당밀.

폐사율 斃死率 mortality 가축・가금 등이 사양 중에 사고 또는 질병으로 인해서 폐사했을 경우 이 폐사한 두(首)수를 최초의 사양두수(飼養頭數)에 대한 비율(%)로 나타낸 것이 폐사율이다.

폐포 肺胞 alveoli 모든 가스교환이 일어나는 호흡기의 최후 구조이며, 일반적으로 집단으로 존재한다.

폐포 환기 肺胞 換氣 alveolar ventilation 매분당 폐포에 도달하는 신선한 공기의 양을 측정하는 것이다.

포도당 glucose 혈중에 존재하는 탄소 6개인 단순당의 하나로 덱스트로스라고도 한다.

포도박(粕) grape pomace 포도의 과실에서 포도주 또는 포도주스를 만들 때에 과즙을 압착하고 난 찌꺼기이다. 과육과 과병이 20～30%, 과피가 약 50%, 종실 20～30%로서 구성되고, 생것은 수분함량이 약 70%나 된다. 건조한 것은 조섬유 함량이 80%나 된다. 이것은 생것 그대로를 젖소사료로서 이용되는데 사일리지 등의 일부를 대신해서 이용된다. 건조한 것은 소에는 1일 1두에 2.5 kg, 산양・면양에는 0.5 kg 정도 급여해도 좋다. 그러나 돼지・닭에는 섬유가 많으므로 급여하지 않는 것이 좋다.

포만감 satiety 섭식 욕구를 더 이상 느끼지 않는 상태이다. 만족감을 의미한다.

포말건조 泡沫乾燥 foam-mat drying 식품건조법의 하나이다. 액상 농축물에 발포제를 가하여 거품모양으로 하고, 이것을 상자나 tray 위에 흘려 보내면서 가열공기를 불어넣고 건조시킨다. 포말상의 미세구조를 가진 채로 건조가 되므로 물을 가하면 빨리 원상복구가 된다. spray 건조에 의한 제품보다 흡습성이 적으므로 단자(團子) 모양으로 안 되는 장점이 있다.

포미스 pomace 과일(열매)을 부수거나 갈아서 즙액을 짜낸 찌꺼기이다. 특히 사과・

오렌지 · 포도주스 등을 만들고 난 후 많이 생산된다. 이들은 설사 치료용 펙틴(pectin) 생산이나 또는 가축사료로 쓰인다.

포복경 匍匐莖 라디노클로버와 같이 땅 표면으로 덩굴줄기가 뻗어 나가는 것으로, 주로 이 포복경에 영양소가 저장된다.

포스파타아제 시험(試驗) phosphatase test 우유의 살균 여부를 조사하는 데 쓰이는 시험방법이다.

포스파티드 phosphatide, phosphatidic acid Phospholipid(인지질)라고도 한다. 인산과 함질소염기를 분자 중에 가지고 있는 지질로서 레시틴(lecithin) · 세파린 · 스핑고마이어린 · 세레브로시드 등에 함유되어 있다. 대뇌신경 및 신경조직 구조의 일부를 구성하며, 지질의 이동에도 관계되어 있다. 단백질과 결합하여 리포프로테인(lipoprotein)도 된다. 물과 지방에 부분적으로 용해되며 식품공업에서는 유화제로 사용되기도 한다. → 포스포리피드(phospholipid).

포스파티딜콜린 phosphatidylcholine Lecithin으로 불리는 인지질(phospholipid)이다.

포스포글리세리드 phosphoglyceride Glycerol 골격을 가진 지방으로 glycerol의 3개의 hydroxyl기에 하나 또는 2개의 지방산과 한 개의 phosphate기가 에스테르 결합을 한 것이다.

포스포리보실피로포스페이트 phosphoribosylpyrophosphate(PRPP) Purine과 pyrimidine nucleotide 합성과정에서 ribose의 기증자 역할을 한다. 또한 histidine과 tryptophan의 합성에 있어 주요 화합물이다.

포스포에놀피루빈산 phosphoenolpyruvate(PEP) 고에너지 인산화합물로서 glycolysis와 gluconeogenesis의 중간 대사물질이다. 가수분해될 때 ATP보다 높은 자유에너지($\Delta G°'$)를 나타낸다. 즉 PEP의 $\Delta G°'$은 −14.8 kcal /mol이며, ATP는 −7.3 kcal/mol이다.

포스포크레아틴 phosphocreatine → creatine phosphate.

포스포키나아제 phosphokinase ADP와 ATP에서 인산기와 에너지를 분리시키는 효소이다. Phosphotransferase 또는 kinase라고도 한다.

포어 밀크컵 fore milk cup 통칭 스트립컵(strip cup)이라고도 불리고 있다. 금속성 컵 내면에 검은 디스크가 수평으로 끼워져 있고 일부에 구멍이 뚫려 있다. 착유우는 유방염이 발생하기 쉽고, 착유 전에 4개의 유두에서 나오는 최초의 유즙은 세균에 의해 오염되어 있기 때문에 서너 방울 짜서 버리는 것이 원칙이다. 이 기구 위에 최초의 유즙을 짜고 유즙의 색이나 변화, 이상 등을 관찰하여 유방염 등 이상유의 조기발견에 이용한다. 또한 이상유의 혼입에 의한 우유등급 저하를 막는 뜻에서도 착유 전에는 이 기구의 사용이 바람직하다.

포유 哺乳 nursing, suckling 육우(肉牛)・돼지는 출생 후 모축에 의해 자연포유를 하는 것이 보통이지만, 젖소의 송아지는 어미소로부터 따로 떼어서 우유를 포유시킨다. 또한 젖소 이외의 돼지에도 자축을 모축에서 일찍 떼어서 대용유나 젖먹이 사료로써 인공포유(artificial nursing) 등으로 육성하는 일도 있다. 젖소의 송아지 포유량은 최초에는 하루에 체중의 약 10%에서 시작해서 최고기에는 탈지유와 함께 7~8 kg까지 급여한다. 송아지의 포유방법은 버킷포유와 유두포유가 있다. 버킷은 한꺼번에 많이 급여하게 되면 레닌(rennin)에 의한 응고가 좋지 않은 것으로 인해서 설사가 발생하는 일이 많다. 돼지는 자연포유의 경우에는 먼저 모돈의 능력・상태 등을 감안하여 포유두수를 8~10두로 제한한다. 보통 출생 후 수일간은 분만사를 이용해서 모돈에 의한 자돈의 압사를 방지하고 또 자돈의 보온, 더위 방지에 유의하는 것이 좋다. 생후 2주경부터 젖먹이 사료를 주기 시작한다. 인공포유에 의한 경우는 되도록 생후 3일경까지 초유를 먹이고 나서 어미로부터 떼어서 대용유를 주는 것이 좋다.

포타슘, **칼륨** potassium(K) 이것은 체내의 산・염기평형, 삼투압, 신경과 근육의 자극감수성을 지속 보유하는 데 필수적인 원소이다. 산・염기평형(acid-base balance)을 유지하고, 산성식품(acid food)에 관계가 있으며, 식물의 영양소로서 가장 중요한 것의 하나다. → 칼륨.

포화지방산 飽和脂肪酸 saturated fatty acid 이중결합이 없이 단일 탄소와 탄소결합을 이룬 지방산이다.

폴라로그래프 polarograph 전류의 변화에 따라 미량의 금속이온을 측정하는 장치이다. 시료 용액은 두 개의 수은 전극 사이의 전해질로 양극(陽極)에 연속적으로 증가하는 부전압을 걸어 전압에 의한 전류의 변화를 기록한다. 이 기록을 polarogram이라 한다. 특정 전압에 있어서 전류의 증가는 존재하는 금속이온 농도의 척도가 된다.

폴라신, **엽산**(葉酸) folacin, folic acid 엽산(folic acid)이다. 옛날에는 비타민 M이라고도 했다. Purine, pyrimidine 또는 특수한 아미노산의 생합성에 필요한 비타민이며, 기본적인 활성형태는 folinic acid이다. 결핍증은 여러 가지 있지만 가장 보편적인 것은 대적혈구성 빈혈이다. 간・효모・채소・과실・치즈 등에 많이 들어 있다. 결핍증은 사료 중의 부족보다는 오히려 그의 흡수 혹은 이용기구의 결함에 원인이 있다. 같은 생물활성을 가진 일군(一群)의 관련 화합물이 있다. Pteroylglutamic acid(PGA, 프테로일글루타민

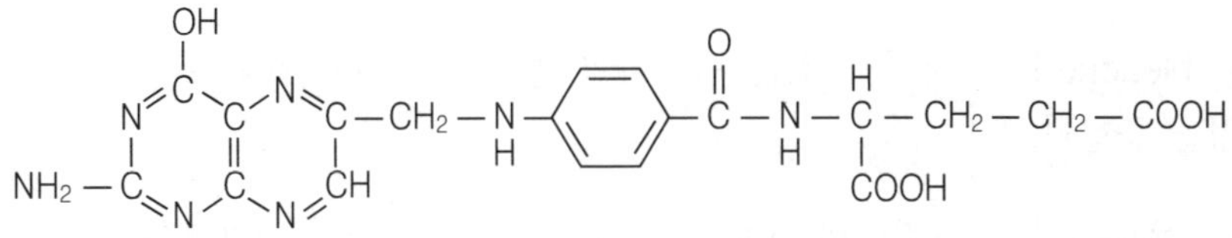

Folacin

ㅍ

산) · *Lactobacilus casein factor* · 시트로보룸 인자[루우코보린 또는 tetrahydroformyl (PGA)] 등이다.

폴리믹신 polymixin 1947년에 물 또는 토양 중에 있는 *Bacillus polymyxa*(*Bacillus serosporus*)에서 얻은 항생물질이다. 여러 종류가 있으나 그 중에 폴리믹신 A가 에어로스포린(aerosporin)이다. 이것들은 폴리펩티드로 대장균에 대하여 유효하다. 임상용 이외에 양조(釀造)에 있어서의 균오염을 조절하는 데도 유효하다.

폴리쉬 polish 원산지가 폴란드인 닭의 품종으로 모관(crest)을 가지고 있으며, 금색 · 은색 · 백색의 내종이 있고, 그 중에는 각상관(角狀冠)도 있다. 육수가 있고 모수도 있으며, 체중은 ♂ 2.6 kg, ♀ 2.2 kg 정도이다. 난각은 백색이고, 연간 120개 정도의 알을 낳으며, 체질은 약하다. 요꼬하마(장미계), silky fowl, english game 등과 같이 애완용종으로 손꼽히고 있다.

폴리아크릴산 나트륨 sodium polyacrylate 이것은 수용성의 고분자화합물인데, 이의 수용액은 고점성(高粘性)이므로 식품첨가제로서 증점제(增粘劑) 또는 결착제로서 이용되고 있다. 또 이 폴리아크릴산 나트륨은 양어용 사료의 증점제, 펠렛사료의 결착제, 대용유의 분산제 등으로도 이용되고 있다. 폴리아크릴산 나트륨을 돼지의 사료에 첨가하면 그 점조성 때문에 식욕이 증진되고 사료의 소화율이 향상되는 성적도 있다.

폴리에테르계 항생물질(抗生物質) polyether antibiotics 항생물질인데 그 화학구조 중에 많은 에테르(ether) 결합을 가진 것을 폴리에테르계 항생물질이라고 한다. 동물용으로 쓰여지는 것은 모넨신(monensin), 살리노마이신(salinomycin), 라살로시드(lasalocid) 등이 있다.

폴리펩티드 polypeptide 50～100개의 아미노산이 결합한 화합물이다.

폴리포스페이트 polyphosphate 식품, 특히 어육류 제품에 첨가되는 복합인산염으로서 소시지의 변색을 방지하고, 지방의 혼합을 도우며, 침지(curing) 중에 소금물의 침투를 빠르게 하고, 육류의 단백섬유의 보수성을 증가하고 팽창시켜 품질을 개량하는 데 도움을 준다.

폴린산 folinic acid($C_{20}H_{23}N_7O_7$) 엽산(folic acid)의 중요한 대사산물이며, 세포대사에 있어 활성화된 형태이다. 엽산이 폴린산으로 전환될 때 비타민 C와 비타민 B_{12}가 필수적이다.

표백 漂白 bleached 자연적 또는 인공적인 방법에 의해서 색깔을 제거하거나 엷게 하는 공정을 뜻한다.

표본 標本 sample 모집단의 상태를 추론하기 위해서 그 일부를 취한 것이 표본(sample)인데, 조사나 실험은 표본을 대상으로 해서 실시한다. 예를 들면 어떤 사료의 어떤 가축(모집단)에 대한 효과를 추정하기 위해서 몇 두의 가축(표본)에 사료를 주어서 그 성적을 대조구의 성적과 비교 검토한다. 이 경우 표본의 측정치로부터 모집단의 상황을 올바르게 추론될 수 있도록 하기 위해서는 표본을 선발할 때에 확률의 법칙이 적용될 수 있는 방법, 예를 들면 무작위 추출법에 따라 채취할 필요가 있다.

표준단백질 標準蛋白質 reference protein 우유・계란과 같이 영양가가 높은 단백질로서, 다른 단백식품에 대한 표준으로 사용되고 있다. 주로 계란단백질을 이용한다.

표준편차 標準偏差 standard deviation 자료 변동의 정도를 나타내는 하나의 측도인데, 분산(variance)을 평방근으로 한 것이다. 분산은 측정치 단위의 2승의 단위를 갖지만 표준편차는 측정치와 같은 단위를 갖는 것인데 목적에 응해서 사용된다. 표본을 몇 개 취하여 몇 개의 평균치를 잡아보면 역시 변동하므로 평균치의 표준편차를 구할 수가 있다. 이것을 표준오차(standard error)라고 한다. 측정치의 표준편차의 $1/\sqrt{n}$이 평균치의 표준편차(표준오차)에 상당한다. 다만 n은 그 표본의 측정예이다.

표지화합물 標識化合物 labelled substance 영양성분 또는 약제의 체내에서의 대사과정을 추적하기 위하여 쉽게 검출할 수 있는 표지를 붙인 화합물을 사용한다. 이 표지는 검출이 용이한 화학기를 사용한다든가(예로서 지방산이 페닐기를 도입) 또는 방사성 동위원소를 사용한다.

푸라졸리돈 furazolidone 푸란 유도체의 일종인데, 화학명은 N-(5-nitro-2-furfuryliden)-3-amino-2-oxazolidinone이다. 동물의약품으로서 그람양성・음성균에 널리 효과를 나타내고, 어린가축의 성장촉진용으로서도 쓰여지고 있다. 우리나라에서는 사료첨가제로서 지정되어 있으며, 광범위하게 세균에 작용하므로 배합사료 제조에 널리 사용되고 있다.

푸리머스록 plymouth rock 미국 원산의 겸용종 닭으로, 난육 겸용종의 대표적인 품종으로 손꼽히고 있다. plymouth rock 중에서 가장 대표적이라고 할 수 있는 것은 횡반(barred)으로서 색깔에 따라 barred・white・baff・silver・pardrige・columbia 등의 6종이 있다. 체중은 ♂ 4.7 kg, ♀ 5.3 kg으로 체형은 거의 육용종만큼 크다. 체질이 강건하고 모든 풍토에 적응하는 성질이 있다. 거친 사육에 잘 견디며, 병아리의 발육도 빠르고 육량이 우수하다. 피부의 색은 황색이고, 완숙종으로 초산월령은 6～7개월이며, 난중(卵重)은 57～60 g, 연 산란은 170개 정도이다. 산란능력 감퇴기에도 여전히 산란하는 것이 장점이다. 부화 당시의 병아리는 전신이 검고 두상과 복부에만 회색의 반점이 있다. 색깔은 자라면서 암컷이 진하고, 수컷은 좀 엷어서 쉽게 감별할 수 있다.

푸사리오톡신 poisoning of fusariotoxin 곰팡이(Fusarium속)에 의해 생성된 독소로 산란계의 식욕감퇴, 산란율과 난질에 악영향을 미치며, 브로일러에는 증체가 되지 않는다.

푸어푸랄 부산물(副産物) furfural residue 짚・옥수수 속대 등 펜토산이 풍부한 식물체로부터 furfural을 제조할 때 나오는 부산물을 말한다.

푸우낙 poonac　기름을 추출하고 남은 coconut의 찌꺼기이다.

풀 pool　필요시 체내에서 쉽게 이용할 수 있는 영양소의 양이다.

풍건 風乾 as fed, air-dry　풍건이란 동물에게 급여되는 사료가 지니는 수분함량 정도의 상태를 의미하며, 건초나 마른 곡류 사료는 수분이 15～10% 정도를 풍건사료라고 한다. 만약 분석시료가 부분 건조에 의하여 영향을 받을 때에는 풍건상태에서 분석을 실시하여야 한다.

풍건물 風乾物 air-dry matter(ADM)　대기 중의 수분농도와 평형을 이룬 상태의 건조물질이다.

풍미검사 風味檢査 flavor test　우유나 유제품을 입에 머금어 그 냄새와 맛을 검사하는 것을 풍미검사 또는 플래버 테스트(flavor test)라고 한다. 원유검사의 경우 이상풍미인 사일리지취·사료취·우사취(牛舍臭)·금속취·어취가 있으면 2등유로 떨어진다.

퓨린, 피리미딘 염기 purine, pyrimidine base　Nucleotide의 기본 구조단위인 질소염기이다. nucleotide는 유전물질인 DNA의 전구물질을 포함한 살아있는 모든 생물에 있어서 모든 화학반응에 중요한 역할을 한다. 예를 들면 adenine은 ATP, ADP, AMP, NAD^+, FAD^+과 조효소 A와 같은 nucleotide에 존재한다. Adenine과 guanine과 같이 2종류의 주요 purine base기가 있다. Xanthine과 hypoxanthine도 여기에 포함될 수 있다. Cytosine, thymine과 uracil과 같은 3종류의 pyrimidine base가 있으며, 이들 모든 염기는 DNA의 복제에 매우 중요하다.

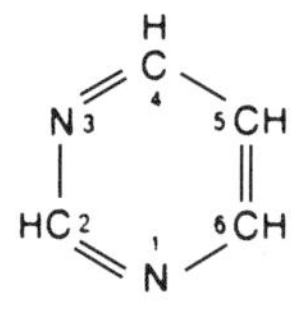

Purine

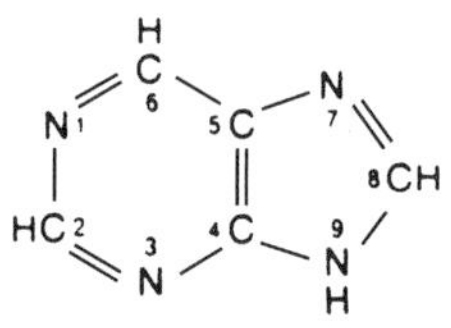

Pyrimidine

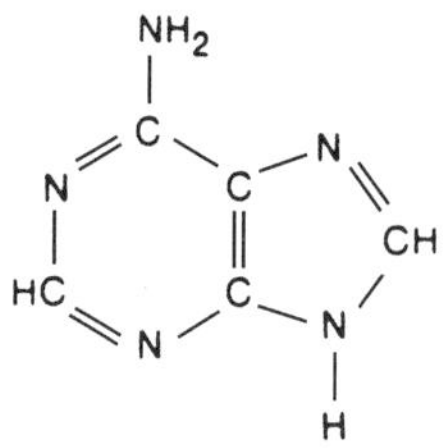

Adenine

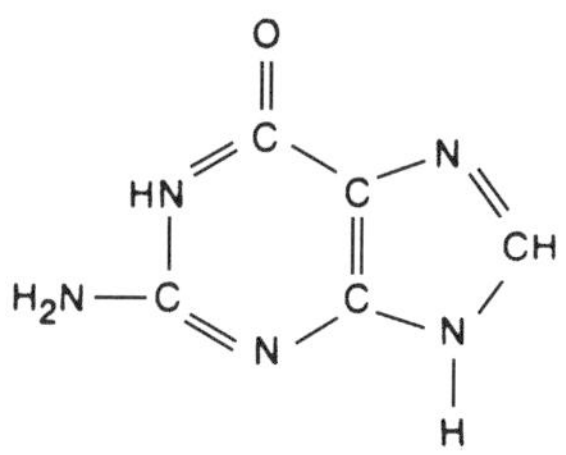

Guanine

Purine bases

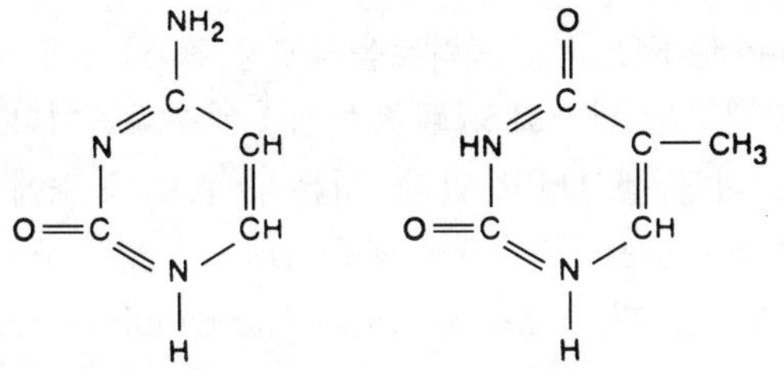

Cytocine Thymine Uracil

Pyrimidine bases

퓨우젤유(油) fusel oil 알코올 발효의 부산물이며 생성물의 약 5% 양을 차지한다. 유기산·알코올류(푸로필, 부틸 및 아밀)·알데히드·에스테르 등으로 되어 있다. 포도주 또는 맥주에는 저농도로 있으며, 주류의 숙성 기간중 퓨우젤유는 변화하여 독특한 풍미를 주게 된다.

프라디오마이신 fradiomycin 1984년 우메자와(梅澤, 일본) 등에 의해 발견된 항생물질이다. *Streptomyces fradiae*를 배양해서 생산된 것이며, 황산염으로서 제조된 것이 황산프라디오마이신(fradiomycin sulfate)이다. 아미노글리코시드계 항생물질에 속하고 그람양성균 등에 항균작용를 가진다. 사료첨가제로서 지정되어 있고, 또 동물용 의약품으로선 경구제·주입제로서도 응용되고 있다.

프라임 prime 미국 농무성 육질 등급으로 최상급인 쇠고기, 양고기 그리고 송아지고기를 뜻한다.

프럭토산 fructosan 프럭토오스 단위가 중합되어 만들어진 다당류이며, 예로서 이눌린(inulin)이 여기에 속한다.

프럭토오스, 과당(果糖) fructose, fruit sugar 6탄당의 일종이며, $C_6H_{12}O_6$의 분자식을 가지고 있다. 2위의 탄소가 케톤기인 것이 1위의 탄소가 알데히드인 글루코오스(glucose)와 다른 점이다. 과실·꿀 속에 유리형으로 많이 들어 있으나 대개는 글루코오스와 결합해서 자당으로 존재한다. 과당이라고도 하며, 1.73배의 감미를 가지고 있다. 프럭토오스는 편광(偏光)이 좌측이며, 글루코오스는 우측에 있다.

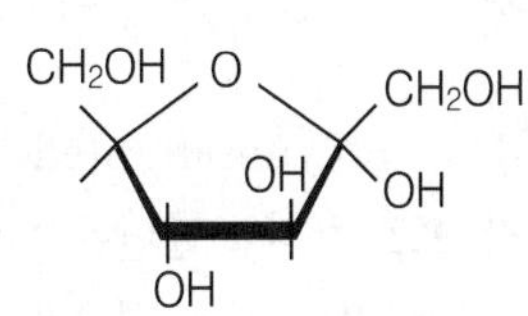

β-D-fructose(levulose)

프럭토올리고당 fructo-oligosaccharide(FOS) 프럭토올리고당(FOS)는 양파 · 식용 우엉 · 마늘 · 보리 · 밀 등에 널리 존재하는 난소화성(難消化性) 탄수화물이다. 근래에 와서는 발효공법에 의해 상업적으로 대량 생산되고 있다. 기본 sucrose 구조에 fructose가 1개 붙은 kestose(GF_2), 2개 붙은 nystose(GF_3), 3개 붙은 GF_4 등으로 구성되어 있다. *Bifidus*균이나 유산균의 증식효과가 있으며, *Salmonella*균과 Clostruidium perfringens를 억제한다.

프럭토피라노스 fructopyranose 6각형의 피란(pyran)환 구조의 프럭토오스(fructose)이다.

프레미어 주즈 premier jus 소와 양의 콩팥(신장)에서 얻을 수 있는 최상급의 지방으로서 이 지방을 냉각시킨 후 잘게 썰어 적당한 온도로 가열한 것을 말한다. 압축하면 용융(熔融)된 수지(獸脂, tallow)처럼 액체와 고체로 분리된다.

프로게스테론 progesterone 포유류에서는 임신유지 작용을 한다. 닭에서는 수란관(輸卵管)에 작용하여 스테로이드호르몬 수용체를 매개로 난백단백질 아비딘의 합성을 유도한다. 또한 양서류에서는 난세포막에 국부적으로 존재하는 막수용체와 결합하여 세포내 정보전달계를 매개로 난성숙을 유도한다. → 에스트로겐.

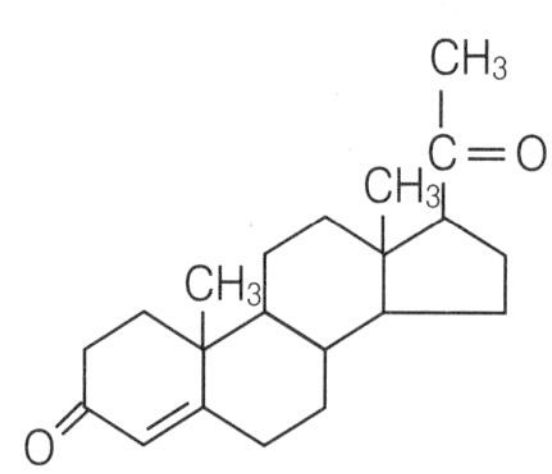

Progesterone

프로비타민 provitamin 체내에서 비타민으로 전환되는 물질을 뜻한다. 예를 들면 카로틴은 비타민 A로 변하고, 7-디히드로콜레스테롤(dehydrocholesterol)은 비타민 D가 된다.

프로세스 치즈 processed cheese Natural cheese는 좋은 풍미를 유지하기 어렵지만 processed cheese로 하게 되면 풍미가 줄어드는 것을 일시적으로 억제할 수가 있다. Processed cheese는 치즈를 살균하고 향신료(pimento, caraway 등)를 섞은 후 유화제를 가하여 재포장한 것이다. 영양가에는 별 차이가 없다. → 체다치즈.

프로스타글란딘 prostaglandin(PG) Polyunsaturated fatty acid로부터 합성된 생물학적으로 활성이 있는 화합물이며, 각 프로스타글란딘은 5개의 탄소환을 포함한 20개의 탄소를 가진 지방산이며 2중결합의 수에 따라 구조적으로 상호 구분된다. 현재는 30여 종의 프로스타글란딘이 알려져 있다. 아스피린(aspirin)은 효소 cyclooxygenase의 작용을

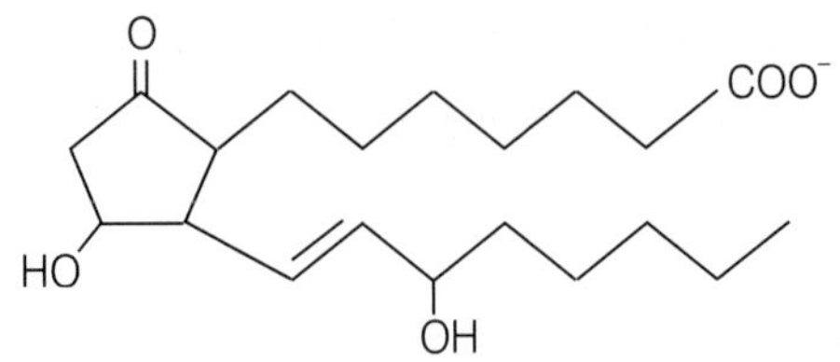

PGE$_1$(prostaglandin type E$_1$)

못하게 함으로써 프로스타글란딘의 합성을 저해한다. 프로스타글란딘의 일반적인 작용은 면역과 신경계 그리고 소화액의 분비에 영향을 미친다. 그리고 혈압을 떨어뜨리고 평활근의 수축과 이완을 촉진한다. 프로스타글란딘은 linoleic acid(18 : 2ω6), arachidonic acid(20 : 4ω6)와 α-linolenic acid(18 : 3ω3)로부터 합성되며 체조직에 널리 분포되어 있다. 프로스타글란딘의 치료상 용도는 수태방지, 임신 중단, 위궤양 방지와 치료, 고혈압의 조절, 화농 및 천식 치료에 쓰인다.

프로스타글란딘 prostaglandins 20개의 탄소로 된 지방산 14개를 지니는 호르몬 종류로 8~12번째의 탄소는 5각의 환상구조와 관련된다. 다가불포화지방산은 이 복합물의 전구체를 이룬다. 프로스타글란딘은 체내에서 여러 가지 기능 중 혈압 강하, 평활근 자극과 몇몇 호르몬에 대한 길항작용을 한다.

프로카인 procaine 국소 마취약으로 코카인 대용약이다. 코카인에 비해 거의 무해하며 표면마취에 2~5%, 침윤마취에 0.5~1%, 전달마취에 2~4%액을 사용한다. 아드레날린과 병용한다.

프로타민 protamine 천연의 가장 단순한 단백질로서 알부민과 글로불린보다도 더 간단한 구조를 가지고 있으며 알기닌(arginine) 함량이 높기 때문에 염기성 단백질이다. 물에 용해되며, 열에 의해서는 응고되지 않는다. 강한 염기성이므로 강산과 염을 만든다. 예를 들면 연어의 정자에서 얻을 수 있는 살민(salmine) 등이 있다.

프로토포리린 IX protophoryrin IX Chytochrome, hemoglobin과 myoglobin에 들어 있는 화합물이다.

프로트롬빈 prothrombin 혈장단백질로서 응고에 관여한다. 즉 thromboylasin과 칼슘의 존재 하에 thrombin으로 되어 fibrinogen을 fibrin으로 전환시켜 혈액을 응고시킨다.

프로티언 protean 약간의 변화를 받는 단백질을 뜻한다. 변성 초기의 것으로서 물에 풀리지 않는다.

프로포셔닝 proportioning 프러포셔닝이란 중량이나 용적의 어느 쪽이든가를 기초로 해서 배합사료의 원료 비율을 결정하는 것이다.

프로피온산 propionic acid 휘발성 지방산의 일종이다. 반추가축의 제1위(rumen) 내에

$$CH_3 - CH_2 - COOH$$

Propionic acid

서 미생물의 작용에 의해서 생성되고 제1위벽에서 흡수되어서 에너지원 또는 포도당 합성에 이용된다. 농후사료를 급여하게 되면 생성되는 휘발성 지방산 중에서 프로피온산의 생성비율이 증가되고, 반대로 초산의 생성비율은 감소된다. 몸의 유지나 비육의 경우에 에너지원으로서 프로피온산의 생체 내에서의 이용효율은 초산보다 높다.

프로피온산 나트륨 sodium propionate　프로피온산의 나트륨염인데, 사료 중의 곰팡이 발생을 방지하는 효과가 있다. 사료의 품질 저하를 방지하는 용도로서 사료첨가제로 지정되어 있다. 프로피온산 칼슘(calcium propionate)도 같은 효능이 있다. 사료에 첨가량은 프로피온산으로서 0.3% 이하이다.

프로피온산 염류(鹽類) propionates　프로피온산(CH_3CH_2COOH)의 염류 또는 에스테르이며 유리산과 그의 나트륨염・칼슘염은 곰팡이 방지제로 치즈의 표면에 이용되며, 또한 빵의 변질을 방지하는 데도 사용된다. 프로피온산은 소의 위속에서 초산・낙산과 함께 생성된다. 또한 프로피온산은 체내에서 대사되어 포도당으로 전환된다.

프로필 갤러트 propyl gallat → 항산화제.

프롤라민 prolamin　물・중성용매・무수알코올에는 녹지 않으나 70～80%의 알코올에서는 잘 녹는 단백질이다. 예를 들면 밀의 글리아딘(gliadin), 옥수수의 제인(zein), 보리의 홀데인(hordein), 맥아의 비닌(bynin) 등이 여기에 속한다. 리신(lysine)의 함량이 낮고, 프롤린과 글루타민의 함량이 높다.

프롤린 proline(Pro, P)　비필수아미노산의 일종이며 glucogenic이다. 콜라겐(collagen) 중에 많이 들어 있으며, 알코올에 녹으며 물에도 잘 녹는다. 콜라겐 등의 단백질에서는 프롤린의 일부가 수산화되어 히드록시프롤린이 된다.

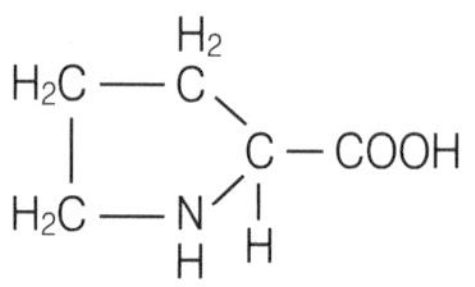

Proline

프리믹스 premix　비타민・항생물질 등 첨가량이 극히 미량인 첨가물 혹은 유지나 당밀 등을 직접 사료에 배합하기가 곤란하고 고루 섞여지기 어려운 것을 대두박・밀기울・탈지미강・옥수수 등을 곱게 분쇄한 적당한 희석제(carrier)에 미리 배합해서 사료 전체에 배합할 경우에 쉽게 고루 배합할 수 있다. 이것을 프리믹스라고 한다. 보통 우리나라에서는 앞에서 언급한 것보다 오히려 비타민 · 항생물질 · 미량무기물 등을 모두 배합해서 이들의 영양소가 모두 다 충분히 공급될 수 있도록 한 것을 프리믹스(premix)라고 하고 있다.

프리반(free barn) **또는 루즈반**(loose barn) 개체별 행동을 제약하는 일정한 시설을 하지 않고 공간만 배려한 우사 내에서 휴식과 수면을 취하며, 사료 섭취는 우사의 한쪽 측면 또는 야외 운동장에 시설된 사조에서 이루어지는 개방우사(무우상 우사)를 말한다.

프리비타민 D previtamin D 비타민 D의 전구체로서, 햇볕에 의해 피부에서 7-dehydrocholesterol의 고리가 열려서 형성된 구조이다.

프리 스톨반 free stall barn 계류식 우사처럼 우사 내에 칸을 나눈 우상(牛床)이 시설되어 있기는 하지만 젖소를 매어 두지 않고 행동의 자유는 부여하되 잠자는 동안만은 개체별로 자도록 하는 방식의 개방 우상식 우사(자유출입 우상식 우사)를 말한다.

프테로일 글루탐산(酸) pteroyl glutamic acid(PGA) → 엽산.

프토마인 ptomain 단백질의 분해과정 중에서 생성되는 화합물로서 어떤 것은 유독하다. 프토마인 중독의 원인이 된다고 이전에 잘못 알려졌던 것이다.

프티알린 ptyalin 타액 중의 α-amylase의 옛이름이다.

플라그 plaque 혈관내 축적된 콜레스테롤이 풍부한 물질로서 다양한 백혈구, 평활근세포, 결체조직(콜라겐), 콜레스테롤 및 기타 지질, 그리고 칼슘을 함유한다.

플라보노이드 flavonoid 꽃 · 과실 · 채소 · 수피의 색소로서 자연계에 널리 분포되어 있는 화합물이다. 구조를 보면 플라본 핵은 그림과 같이 벤젠환과 감마피론이 중축(重縮)되고 또 하나의 벤젠환이 붙은 것이다. 실제로는 수산기 등의 치환기가 여러 위치에 붙어 있기 때문에 그 종류가 매우 많다. 플라보노이드란 3 또는 7의 위치에 람노오스 또는 람노글루코오스가 붙은 플라본 배당체이다. 플라보노이드는 다음과 같이 분류된다. 플라보놀(플라본환의 수소를 수산기로 치환한 것), 플라바논(2, 3위의 이중결합이 단일결합으로 된 것), 플라바놀(4위에 수산기가 들어가 카보닐기가 없어져 2, 3위의 이중결합이 단일결합으로 된 것), 이소플라본(isoflavone, 벤젠환이 2위에는 없고 3위에 붙은 것) 등이다.

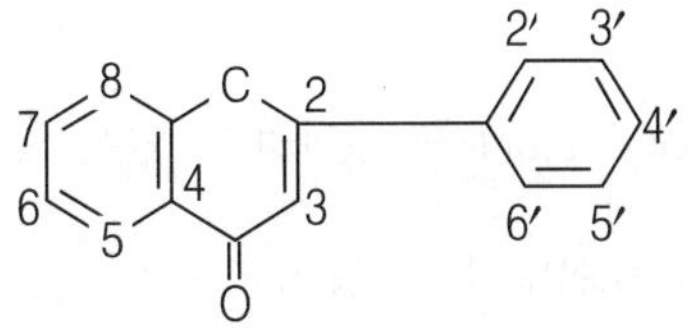

Flavonoid

플라보포스폴리폴 flavophospholipol 1955년 Lindner(독일) 등에 의해 발견된 항생물질인데 *Streptomyces bambergiensis*, *Streptomyces ghanaensis*, *Streptomyces geyseriensis* 또는 *Streptomyces ederensis*를 배양해서 생산된다. 함인다당계 항생물질에 속하고, 주로 그람양성균에 대해서 항균작용을 가진 가축전용의 항생물질이다. 사료첨가제로서 지정되어 있다.

플라빈단백질(蛋白質) flavoproteins 산화효소의 일군이며, prosthetic group으로서 리보플라빈(비타민 B_2)을 갖고 있는 복합단백질이다. 플라빈 모노뉴클레오티드(FMN)를 가지고 있는 것과 플라빈 아데닌 디뉴클레오티드(FAD)를 가지고 있는 것으로 대별하지만, 단백질의 성질은 효소의 종류에 따라 서로 다르다. 예로서 아미노산 산화효소(아미노산을 산화하여 keto산으로 한다), cytochrome reductase(세포 중의 산화계의 일원), 황색효소(같은 산화계의 일원) 등이다.

플라빈 모노뉴클레오티드 flavin mononucleotide(FMN) 아미노산의 탈아미노반응(deamination)에 관여하는 리보플라빈(riboflavin) 함유 조효소이다.

플라빈 아데닌 디뉴클레오티드 flavine adenine dinucleotide(FAD) 조효소의 일종이며, 세포 내에서 아미노산·포도당·지방의 산화에 관여한다. 리보플라빈(비타민 B_2)과 2개의 인산기와 아데노신으로 되어 있다.

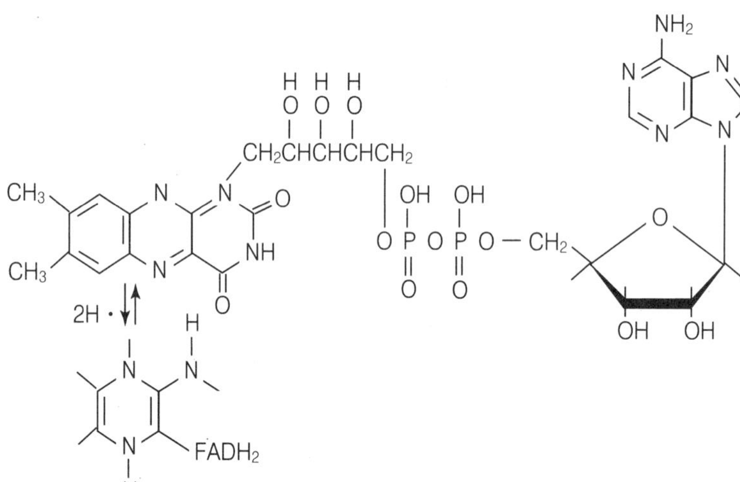

Flavin adenine dinucleotide

플라스민 plasmin 혈병(blood clot)을 용해하고 있는 혈장단백질이다.

플라스틱 비드법 plastic beads method 합성수지의 작은 구슬을 이용한 우유 비중의 간이측정법으로서 1958년 미국의 골딩(Golding)이 고안한 것이다. 우유를 비커에 취하고 비중이 다른 10개의 작은 합성수지 구슬(각기 다른 색으로 착색되어 있다)을 넣어

가라앉은 구슬의 수를 세어 봄으로써 우유의 비중을 측정한다. 우유의 거래, 가축개량 등의 분야에 효과적으로 이용되고 있다.

플라우어 콘 flour corn 옥수수의 일종인데, 입자는 대형이며 유연하고, 배유(胚乳)는 연해서 분말이 되기 쉽다.

플레이트 카운트 plate count 시료 중의 박테리아의 수를 세어서 아는 방법이다. 시료의 일부를 한천 plate 위에 넣으면 각 박테리아의 세포 혹은 세포군은 증식하여 육안으로 보이는 colony를 만든다. 이 colony의 수를 셈으로써 시료 중의 박테리아 수를 알 수 있다. 양질의 생우유는 1 mℓ당 500,000개 이하의 박테리아를 함유하며, 살균한 우유는 1mℓ당 약 100,000개의 박테리아가 있다.

플로리디언 녹말 floridian starch 홍조류의 일종에서 얻어지는 glycogen과 비슷한 다당류(glucan)이다.

플로리진 phlorrhizin, phloridzin, phlorhizin 식물에서 얻은 배당체로서 음식 중 다른 성분으로부터 포도당이 생성하는 것을 조사하는 데 사용된다.

플루오로 중독증, 불소침착증(弗素沈着症) fluorosis 치아와 뼈에 불소(fluorine)가 중독을 일으킬 수준으로 과잉 축적된 만성 질병이며, 뼈의 과다성장, 부러지기 쉬운 뼈, 뻣뻣한 관절, 연약, 체중 감소와 빈혈, 치아의 반점(갈색탈색)이 특징이다. 뼈・신장과 기타 기관의 기능에도 변화를 가져온다. 불소에 오염된 물과 음식이 원인이다.

플린트 콘 flint corn 곡립이 단단한 옥수수의 한 품종이다.

피 barnyard grass 피는 두꺼운 껍질로 덮여 있기 때문에 섬유소가 많아 약 7% 포함하고 있다. 사료가치는 곡류 중에서 그다지 높지 않은 편이며, 피는 알곡 그대로보다 분쇄해서 급여하거나 박피를 하여 급여하면 보다 유효하다. 특히 닭이나 돼지에 대해서는 이와 같은 방법이 상당히 유용하다.

피(P) 4000 합성감미료의 일종으로 화학적으로는 nitro amino alkoxybenzene류이다. 이 종류의 하나인 amino nitrobenzene은 자당의 4,100배, 사카린의 8배의 단맛을 지니고 있으며, 식품에는 사용이 허가되지 않는다. 이것에 대한 네덜란드 명칭은 aros이다.

피그 사이클 pig price cycle 돼지의 식육가격은 일정한 주기로 폭락과 폭등이 되풀이된다. 이것은 돼지의 번식력이 높고 더욱이 비육의 회전이 빠른 것 이외에 양돈(養豚)은 비교적 적은 자금으로 간단히 시작될 수 있다는 경영적인 특성에 의한 것인데, 결과적으로 생산과잉과 공급부족으로서 일어난다. 피그 사이클이란 돈가(豚價)의 변동주기를 말하는 것인데, 선진국에서는 3년이 정설로 되어 있다. 그러나 근년에는 이 정설대로는 되지 않고 또 과거와 비교해 보면 돈가의 변동 폭이 크다.

피니쉬 finish 도살용 가축을 비육시키는 것이다.

피드랏트 feedlot　주로 비육우를 수용하는 노천(露天)의 가축우리를 말하는데, 피드랏트 방식(feedlot system)이란 비교적 좁은 우리 안에 다수의 소를 수용하여 비육하는 방법이다. 조방적인 방목방식에 대비하면 집약적인 육우생산방식인데 미국에서 개발되어 왔다. 이 방식은 치밀한 기술의 기반 위에서 가능하며, 또한 이 방식을 채용하게 되면 대규모의 비육산업도 가능하게 된다. 우리나라에서도 일부 실시되고 있다.

피루브산(酸) pyruvic acid　Glucose, 일부 아미노산, glycerol로부터 에너지 생성과정에 있는 중간 대사물질이다. 즉, 포도당의 혐기적 분해는 피루브산을 생성하고, 피루브산은 TCA회로를 통하여 탄산가스와 물이 되어 산화된다. 비타민 B_1이 결핍할 경우에는 혈액 중에 축적되어 유산(乳酸)으로 환원된다. → glycolysis, gluconeogenesis.

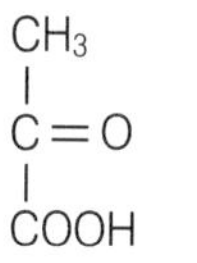

Pyruvic acid

피리독사민 pyridoxamine　비타민 B_6의 amine 형태이다.

피리독살 pyridoxal　비타민 B_6의 aldehyde 형태이다.

피리독살인산 pyridoxal phosphate(PLP)　비타민 B_6의 조효소 형태이다.

피리독신 Pyridoxine(PN)　비타민 B_6이며, 여기에 pyridoxal과 pyridoxamine과 함께 미생물의 성장인자로서 활성을 갖는다. 비타민 B_6 결핍동물에서는 단백질로부터 탄수화물이나 지방으로의 전이가 억제된다.

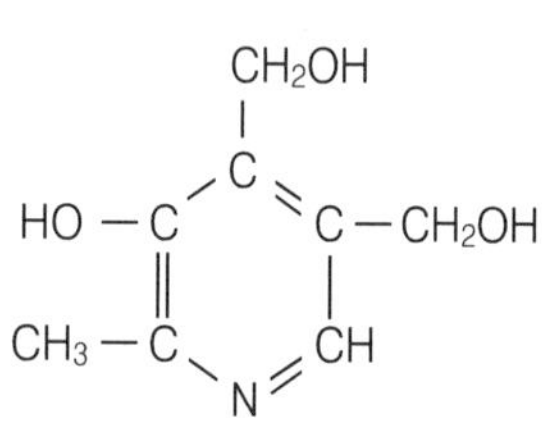

Pyridoxin

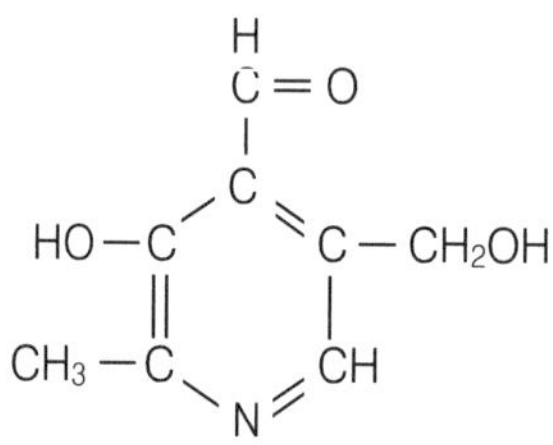

Pyridoxal

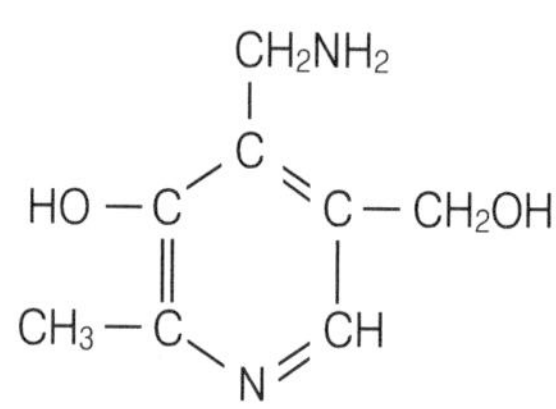

Pyridoxamine

피리딘 뉴클레오티드 pyridine nucleotide → 코엔자임 I. 코엔자임 II.

피리미딘 pyrimidine(Pyr)　아래와 같은 구조를 가진 핵산의 기본구조를 이루는 물질이다. Pyrimidine(thymine · pyrimidines · cytosine)과 nucleoside(thymidine · uridine · cytidine)으로 되어 있으며, 이들 화합물은 핵산 중에 있다. → 핵산.

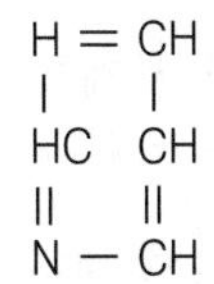

Pyrimidine

피리티아민 pyrithiamine　티아민(비타민 B_1)의 항대사물질(antimetabolite)이다.

피마자박(粕) castor meal　피마자는 열대 및 온대지방에 생육하는 유과작물(油科作物)인데, 인도 및 브라질에서 많이 재배되고 있다. 이의 종자는 약 50% 가량의 기름을 함유하고 있다. 피마자 종자에서 채유하고 난 깻묵은 약 36%의 단백질을 함유하지만 리신(ricin)·앨러젠(allergen)·리시닌(licinin) 등의 유독물질을 함유하고 있다. 현재로는 피마자박의 유독성분을 완전히 제거할 수 없으므로 이것을 사료로서 사용하는 것은 위험하다.

피마자유, 아주까리기름 castor oil　아주까리(castor bean)로부터 짠 설사성이 매우 강한 기름이다. 오래 전에 변비치료용으로 사용되어 왔다.

피브리노겐 fibrinogen　혈액응고에 필요한 단백질인 fibrin을 생성하는 데 이용되는 혈액단백질이다.

피브린 fibrin　Thrombin의 작용에 의해서 fibrinogen으로부터 생성된 흰색의 단백질이며 혈액응고에 작용한다.

피쉬 솔루블 魚汁 fish soluble　어류의 통조림공장에서 나오는 어류 내장의 소화단백질 또는 어분제조를 할 때 나오는 어즙을 농축해서 죽상태(paste)로 한 것인데 수분은 50% 이하, 조단백질 35% 이상, 회분은 10% 이하이다. 총 질소량의 80% 이상은 수용성 질소인데, 휘발성 염기태질소는 15% 이하로 되어 있다. 피쉬 솔루블은 그대로는 배합사료에 배합하기 어려우므로 우리나라에서는 이것을 강피류에 흡착시켜서 건조한 제품이 만들어지고 있다. 이것을 어즙흡착사료라고 하는데 조단백질은 40~55%, 조지방은 10~15% 정도이고, 또 비타민의 함량이 많다. 이것은 일반적으로 3~5%를 사료에 배합하는 것이 좋다. 피쉬 솔루블은 액체분무 시설이 갖추어진 배합기에서 그대로를 사료에 배합하든지 또는 어분에 흡착시킨 전체 어분(whole meal)의 형태로 사용되고 있다.

피스툴라 fistula　생체에 외과적 수술에 의해 장치한 자연의 배출구가 아닌 인공적인 배출구를 피스툴라라고 한다. 또 피스툴라에 삽입하는 기구를 캐뉼(cannule)이라고 하는데, 캐뉼의 목적에 따라서 여러 가지 형의 것이 고안되어 있다. 현재 일부에서는 피스툴라와 캐뉼을 혼동해서 사용하고 있는 경우가 많다. 피스툴라는 보통 소화관에 붙이는 것이 많고, 그의 대표적인 것에 제 1위 내용물을 채취하기 위해서 쓰이는 제 1위 피스툴라가 있다.

피신 ficin 무화과에 들어 있는 단백질 분해효소이며, 공업적으로 단백질 소화용으로 쓰인다.

피 에스 이(PSE) **돈육** PSE pork 육색이 창백하고(pale) 조직이 연약하며(soft) 물기가 많이 있는(exudative) 돈육을 뜻한다. PSE 돈육은 보수력(保水力)이 약해서 방치해 두면 많은 액즙이 스며 나온다. 따라서 조리 전의 손실이 많고 또 점착력(粘着力)이 부족하므로 식용 또는 가공육의 원료로서도 좋지 않다. PSE 돈육은 돈육 중에 젖산(乳酸)이 많이 생성되어서 pH가 낮아진 경우에 일어난다. 원인은 명확하지 않지만 감수성이 높은 돼지에 많이 볼 수 있고, 또 수송이나 도축의 방법이 적절치 못하기 때문이라고 한다. → 이상돈육.

피이넛 버터 peanut butter 볶은 땅콩을 짓이긴 것이며, 보통 Spanish peanut와 Virginia peanut의 혼합물을 사용해서 제조한다. Spanish peanut만을 원료로 한 경우에는 너무 기름지고, Virginia peanut만을 사용하면 너무 거칠기 때문이다. 기름의 분리는 유화제 첨가 또는 부분적 수소첨가로 방지한다.

피질 *皮質* cortex 선(腺) 또는 특수 조직의 바깥 층이며, 내부 층은 교질(medulla)라 한다. 예를 들면 부신피질(adrenal cortex)은 스테로이드호르몬이 분비되는 반면에 부신교질(adrenal medulla)에서는 catecholamine(adrenaline과 noradrenaline)이 분비된다. 그러나 가장 중요한 피질은 인간두뇌의 외층 또는 생각부위인 대뇌피질(cerebral cortex)이다.

피타아제 phytase 피틴산(phytic acid)을 가수분해하여 인산을 분리하는 효소이며, 이로 인해 인(P)의 소화흡수율이 증가된다.

피터슨의 사료가격 계산법 Petersen's method of valuing feed 대표적인 전분질사료와 단백질사료를 선정해서 기준으로 하고, 다른 사료의 TDN 및 가소화조단백질에 의한 상대적 가치를 산출해서 이를 기준으로 사료의 가격을 산출하는 방법이다. 무단백질 TDN 및 가소화조단백질 함량을 근거로 한 평가계수를 옥수수계수・대두박계수라 한다. 이 방법에 의해서 영양소 함량을 근거로 한 이론적 가격과 시장가격의 비교가 가능하므로 영양가로 보아서 시장가격이 싼 것을 가려서 급여하는 일이 가능하다. 기준이 되는 사료로서는 옥수수・대두박 등이 쓰여진다. 그러나 현재에는 이런 방법의 평가는 전자계산기에 의해서 실행되는 방향으로 바뀌어지고 있다.

옥수수와 대두박계수에 의한 공식은 다음과 같다.

$$X = S \times S' + C \times C'$$

X ; 구하고자 하는 적정가격
C ; 옥수수의 시가
C′ ; 구하고자 하는 옥수수의 계수
S ; 대두박의 시가
S′ ; 구하고자 하는 사료의 대두박 계수

이 공식에 의해서 사용될 수 있는 것은 소와 돼지에 이용 가능하지만 가금에는 큰 의미를 갖지 못한다.

피토케미칼 phytochemicals　생물학적 효과를 가진 식물성 물질이며, 필수영양소로서는 간주되지 않는다. 암이나 심장병 같은 질병의 예방에 잠재적 기능을 가지고 있다.

피트 peat　여러 해에 걸쳐서 물풀(水苔) 같은 것이 퇴적해서 된 초탄(peat)을 세척해서 섬유소를 분리하고 분말로 한 것을 파인 피트(fine peat)라고 한다. 이것은 흡착력이 강하고 피쉬 솔루블 · 당밀 등의 흡착제로 이용된다.

피트 pit　앵두 · 살구 · 복숭아 등의 과실류의 핵이다. 이들의 핵에서 추출된 기름은 화장품 · 약품 · 식탁용 기름으로 사용된다. 또한 나머지 압착 cake는 쓴맛(苦味素)을 포함하고 있다.

피틴 phytin　곡실류 혹은 그 부산물인 강피류 등에 많은 유기태의 인(P) 화합물인데, 칼슘 또는 마그네슘염으로 되어 있다. 피틴태의 인은 무기태의 인에 비교해서 이용되기 어렵고, 특히 병아리에는 그 이용이 떨어진다. 소 · 돼지에는 상당히 이용되지만, 이 경우 비타민 D를 보급하면 더욱 이용이 좋게 된다. 닭에는 비타민 D를 보급해도 피틴태 인의 이용률은 거의 개선되지 않는다.

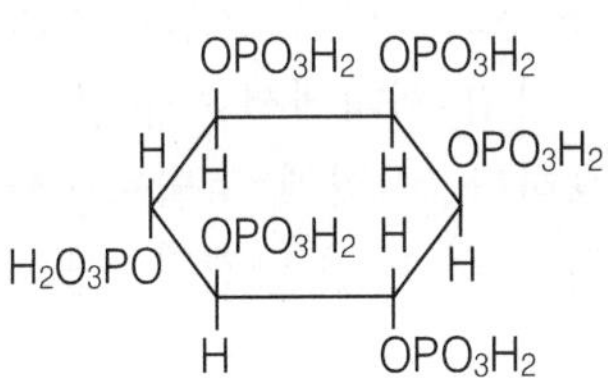

Phytin

피틴산 phytic acid　주로 곡류의 외피에 함유하며, 분자 중에 인산을 가지고 있으나 인의 급원으로는 이용되지 않는다. 일부는 칼슘과 피틴(phytin)으로 있고, 또 사료 중의 피틴산은 철 · 아연 · 구리 · 칼슘과 결합하여 어느 것이나 모두 소화가 불가능하여 체내에서 이용되지 못한다.

피피비(PPB) part per billion　10억분의 1이며, mcg/kg 1 mcg/ℓ에 해당하며 mg/ton에 해당된다.

피피엠(PPM) part per million　100만분의 1이며, 매우 저농도를 표시하는 데 사용한다. 1 mg/kg 또는 mg/ℓ도 ppm에 상당하고 g/ton에 해당된다. 보통 미량의 금속 불순물, 사료첨가제 배합시 사용된다.

피하기종 皮下氣腫 subcutaneous neoplasm　소의 앞가슴 및 발꿈치 부근의 상처로 유발되어 가축의 운동으로 인하여 피하에 공기가 흡입되어 기종이 생긴다. 또한 소의 제

1위 천공수술(穿孔手術) 후 위내의 가스가 피하에 침윤하여 생기는 경우도 있다. 자연 치유 또는 상처를 째어 줌으로써 치료된다.

피혁제조 부산물 皮革製造 副産物 skin fleshing 도살된 동물로부터 벗겨 낸 피부가죽으로 지방과 살코기가 붙어 있는 피하층 부위와 털이 나 있는 부위를 지방을 탈지시킨 다음 삶아서 건조 분쇄한 것이다. 사료가치는 살코기의 부착정도와 지방 제거시 사용하는 용제(solvend)에 따라 차이가 있다.

P 효소(酵素) P-enzyme 감자 속의 phosphorylase이며, α-1, 4 결합에 특이적으로 작용한다.

필로퀴논 phylloquinone 식물성 식품에서 유래된 비타민 K의 형태이며, 비타민 K_1으로 부른다.

필수무기물질 必須無機物質 essential mineral 동물체의 각 조직에는 많은 종류의 무기물질이 각기 상호 결합한 형태 또는 유기물과 결합한 형태로 존재하고 있다. 이들 무기물질은 체내에서 비교적 다량 존재하는 것과 미량 존재하는 것이 있으며, 그 상당 부분이 생리적으로 중요한 기능을 가지는 것으로 밝혀져 있다. 현재 동물이 생체기능을 건전하게 유지하는 데 필요불가결한 것으로 알려진 무기물질은 칼슘・인・나트륨・칼륨・염소・마그네슘・철・유황・요오드・망간・구리・아연 등으로서 이들을 필수무기물질이라 한다. 이들 무기물질은 각기 체내에서 특유한 생리작용을 하며 동시에 대사되므로 항상 체내로의 보급이 필요하다. 이밖에 코발트・규소・불소・붕소・브롬・알루미늄・비소・니켈 등이 체내에서 극히 미량 발견되는데, 코발트 이외는 그 생리적 중요성이 확인되지 않고 있다.

필수아미노산 essential amino acid(EAA) 동물은 체세포에 흡수된 아미노산으로 그 동물 고유의 체단백질을 합성한다. 여기에 이용되는 아미노산의 종류 및 아미노산 상호간의 비율은 합성되는 단백질의 종류에 의해 결정되며, 동물은 어떤 형태로든 그에 필요한 아미노산을 체세포에 공급되어야 한다. 이들 체단백질 합성에 필요한 아미노산 가운데는 동물이 자기 체내에서 다른 아미노산으로부터 합성할 수 있는 것과 할 수 없는 것이 있다. 체내에서 합성할 수 없는 아미노산을 동물영양상 필수아미노산이라 한다.

사료단백질 중의 필수아미노산 함유 비율은 단백질의 영양가를 결정하는 중요한 요소이다. 필수아미노와 필요량은 동물의 종류, 성장단계에 따라 다른데 각종 동물에 대한 체단백질 중 아미노산 조성의 분석, 동물의 발육시험, 질소 출납시험 등에 의해 실험적으로 구할 수 있다. 로스(rose)는 성장 중인 쥐에 있어 필수아미노산을 아지닌・히스티딘・이소류신・류신・리신・메치오닌・페닐알라닌・트립토판・티로신・발린의 10종으로 정하고 있다. 한편 인간・개・돼지・닭 등의 단위동물에 대해서는 필수아미노산이 명백히 밝혀져 있지만, 소의 경우는 그렇지 못하다. 성우(成牛)의 경우 제 1위내 미생물에 의한 단순한 질소화합물로부터 단백질이 합성되어 이것을 다시 우체(牛體)가 이용한다는 특이한 경로를 지녔기 때문에 정확한 필수아미노산의 종류, 필요량의 결정은 곤란하다.

어쨌든 미생물 체단백질에 의해 사료단백질에 부족되는 필수아미노산이 끊임없이 보급되고 있는 것은 분명하며, 고능력 젖소를 제외하고는 성우에 대한 사료 중 단백질의 필수아미노산 조성은 실제 사육에 있어서 별로 문제가 되지 않는다.

필수아미노산 지수(指數) essential amino acid index(EAA index) EAA index라고도 하는데, 단백질의 영양가를 필수아미노산에 의해서 나타내기 위해서 이 지수가 쓰여진다. 전 난단백질 중의 모든 필수아미노산 함량과 특정 사료 중의 필수아미노산 함량의 비율을 잡아서 다음의 식에 의해서 구하고 있다.

$$\text{EAA index} = n\sqrt{\frac{100a}{ae} \times \frac{100b}{be} \cdots\cdots \times \frac{100j}{je}}$$

다만, 여기서는 필수아미노산을 10종으로 하고 있다. 또 a, b, c ……j는 공시단백질의 필수아미노산(%)이고, ae, be, ce, ……je는 전 난단백질의 필수아미노산(%)을 표시하는 것으로 되어 있다. 단백질의 아미노산 분석의 성적에서 계산된 필수아미노산 지수와 동물실험에 의해서 측정된 생물가는 비교적 잘 일치하는 경향이 있다.

필수영양소 *必須營養素* essential nutrient 인체 또는 동물의 체내에서 합성이 불가능하거나 또는 충분량이 합성되지 않으므로 반드시 식품 또는 사료를 통해 공급해 주어야 하는 영양소이다.

필수의 obligatory 우리의 생명기능을 수행하는 데 필요한 최소량을 뜻한다. 예를 들면 필수 배설(obligatory excretion)은 몸에서 노폐물을 제거하기 위해 신장에서 만들어 배설하는 최소량의 요(尿)이다.

필수지방산 *必須脂肪酸* essential fatty acid(EFA) 건강을 유지하기 위하여 식이로 반드시 섭취해야 하는 지방산으로 최근 리놀레산과 알파-리놀렌산만을 필수로 분류한다. linoleic acid(탄소쇄 18, 이중결합 2개)과 linolenic acid(탄소쇄 18, 이중결합 3개), arachidonic acid(탄소쇄 20, 이중결합 4개)의 세 개의 불포화지방산이 동물체내에서 합성이 안 되므로 사료 중에 있어야 할 필수지방산이다. 결핍증은 동물에서는 발육저해, 피부체모 이상, 재생조직 손상, 혈청 및 조직지방산의 조성 이상 등이다. 그러나 인간에 대한 EFA의 필요성은 명확치 않다.

필차아드 pilchard 스칸디나비아에서 포루투갈에 이르는 대서양에서 잡히는 작은 물고기로서 정어리(sardine)와 유사하며 기름 함량이 매우 높다.

ㅎ

하고현상 夏枯現象 summer depression 온난지역에서 발생하는 현상으로 고온 및 기타의 원인으로 발생하는 북방형 초류의 생육장해 현상이다. 북방형 초종에 한하여 발생하는데, 한발이 겹치면 더욱 심해지므로 여름철 관개수(灌漑水) 시설이 필요하다. 또한 하고현상은 병해를 함께 수반하는 것이 통례이다. 콩과목초에서는 잎마름・잎썩음・탄저・백견(白絹)이 나타나고, 화본과 목초에서는 잎썩음・탄저병 등이 나타난다.

하기 불임증 夏期 不姙症 summer sterility 남부 지방같이 더운 곳에서는 여름철 고온다습으로 종모우의 조정 기능이 극단으로 저하하여 암컷의 수태가 현저히 나빠지는 것을 뜻한다. 대책으로서는 동결정액의 이용으로 인공수정이 권장되고 있다.

하드 사이다 hard cider 사이다는 사과를 압착해서 얻은 주스이다. 이것을 발효시키기 전의 것을 sweet cider라 하고, 발효시킨 후에 알코올이 포함되어 있는 것을 hard cider라고 부른다. 발효시킨 사이다는 포도주와 유사하다.

하리 下痢 diarrhea 설사는 소화관의 기능이상에서 생기는 현상인데, 분변의 횟수가 증가하고 이상(泥狀) 또는 수양변(水樣便)의 배출을 볼 수 있다. 변비(constipation)는 이와 반대의 증상을 뜻한다. 설사의 원인은 복잡하여 미생물 또는 바이러스의 감염에서 생기는 경우와 사료의 질과 양의 이상에서 생기는 경우, 신경성의 원인으로 생기는 경우 등이 있다. 송아지와 자돈(仔豚)의 조기이유에 있어서 어린가축의 설사가 문제로 되어 있다. 이 경우 치료법으로서는 항생물질과 설파제를 투여하든지 사료의 급여량을 줄이는 방법을 택하고 있다. 백리(白痢) 등의 악성설사의 경우에는 특히 주의하지 않으면 안 되지만 악성이 아닌 경우에는 너무 신경 쓸 필요는 없다.

하번초 下繁草 bottom grass 뿌리나 땅 속 줄기에 의하여 번식하는 초종으로서 예취 후 생장이 대체로 빠르며 재생력이 강하다. 화본과 목초로는 리드카나리 그라스・레드톱・켄터키블루 그라스가 있으며, 두과 목초로는 레드클로버・라디노클로버・버즈풋트레포일・레스페데자 등이 여기에 속한다.

하베스터 harvester 작물을 수확하는 기계인데, 가장 진보된 것으로서 콤바인(combine)이 있다. 기계는 포장을 스스로 한다든지 또는 트랙터에 연결되어 끌려가면서 탈곡에서 정선까지의 작업을 한다. 이 밖에도 밭에 있는 옥수수를 수확하는 기계로서는 옥수수의 이삭목을 따서 껍질을 벗겨서 수확을 하는 콘 픽커(corn picker)가 있고, 감자 재배용에는 포테이토 디거(potato digger)가 있으며, 사탕무용에는 비트 하베스터(beet harvester) 등이 있다. 또 청예사료를 수확하는 경우에는 포리지 하베스터(forage harvester)가 있다.

하이그로마이신 hygromycin *Streptomyces hygroscopius*라는 곰팡이가 생산하는 항생물질로서 회충 구제제로 사용되는 것 외에도 다소의 성장촉진 작용이 있어 사료첨가제로 사용된다.

하이그로마이신 B hygromycin B 1953년 Pittenger(미국) 등에 의해 발견된 항생물질인데, *Streptomyces hygrosepticus*를 배양해서 생산된다. 아미노글루코시드계 항생물질에 속하고 가축 전용의 항생물질인데 닭·돼지 등의 내부기생충의 구제를 목적으로 사료에 미량을 첨가해서 사용되며, 사료첨가제에 지정되어 있다. 하이그로마이신 B의 역가는 단위로서 나타내고, 1단위는 표준 하이그로마이신 0.94 μg 중에 함유되는 하이그로마이신 B의 양을 뜻한다.

하이드로라아제 hydrolase 어떤 화합물에 물분자의 첨가를 촉진하는 효소로서 결국 2개의 화합물로 분할시킨다. 하이드로라아제는 특수 결합을 가수분해시킨다. 예를 들면 혈액응고 효소인 thrombin은 피브리노겐 연결(fibrinogen chain)에 있는 arginine의 카르복실쪽과 glycine의 아미노기쪽 간의 결합을 가수분해한다.

하이드로포닉스, 수경재배 hydroponics 토양에서가 아니라 액상 영양용액으로 식물을 재배하는 것을 뜻한다.

하이 테스트 당밀 high test molasses Invert molasses 또는 invert syrup이라고도 하는데, 사탕수수나 사탕무의 착즙에서 설탕(砂糖)을 빼지 않고 그대로를 증발·농축한 것인데, 저장 또는 수송중의 설탕석출을 방지하기 위해서 황산 또는 효소를 작용시켜서 전화당(轉化糖)으로 전환시켜 놓은 것이다. 폐당밀(廢糖蜜)이라고 하기 보다는 일종의 전화시럽인데, 설탕의 과잉 생산의 경우 또는 당밀에 대한 수요가 정상의 당밀 생산량을 상회할 경우에 설탕 시세에 따라 제조된다. 이것은 당도가 70~80%나 높고, 보통은 알코올 원료로 사용되고 있다.

하이퍼트로피, 세포크기 증가 hypertrophy 세포 크기의 증가에 의해서 기관(organ)이 커지는 것을 뜻하며, 종양(fumor)의 경우는 제외된다.

하이퍼프라지어, 세포수 증가 hyperplasia 조직 또는 기관의 세포수가 증가되는 것을 뜻한다. 그러나 종양(fumor)의 경우는 제외된다.

한계(限界) 덱스트린 limit dextrin Glycogen 또는 amylopectin 등 분지된 다당류를 효소적으로 가수분해한 경우 glucose는 하나씩 분해되어 최후에는 분기점에 도달하여 가수분해가 중지되는데, 나머지 잔사(殘渣)를 한계 덱스트린이라고 한다. 그 이상의 가수분해에는 다른 효소가 필요하다.

한냉사육법 寒冷飼育法 cold adaptation feeding method 러시아의 일부 지방에서

시행되는 송아지 육성법의 일종으로 우사 내부 온도가 -15℃ 이하로 떨어지는 극한 시에도 특별한 보온을 고려하지 않고 그대로 사육하는 방법이다. 이런 방법으로 육성하면 감기에도 걸리지 않고 질병에 대한 저항력도 강한 소로 키울 수 있다고 한다. 한냉사육법을 소에 국한하지 않고 병아리에도 적용해 보려는 시도가 있다.

한우 韓牛 Korean native cattle　한우의 기원은 유럽 원우와 인도 원우와의 혼혈에서 출발하여 한반도 안에서 다른 소 품종과 교잡없이 동종 번식에 의하여 오늘에 이르렀다고 보여지며, 지방에 따라서 크고 작은 차이는 있으나 토질, 농업구조, 사양관리 방법 및 기후 등에 따라 오랫동안 순화된 우리나라의 고유한 소이다. → 비육한우.

한지형 목초 寒地型 牧草 cold temperate grass　북방형 목초라고도 불리우며, 추운 지방에 적합한 목초를 가리킨다. 분류학적으로는 모두 festucoidea 아과(亜科)에 속하며, 종래 우리나라에서 재배되어 온 주요 목초, 즉 티머시·오차드 그라스·페레니얼라이그라스·화이트클로버·레드클로버·알팔파 등은 모두 한지형 목초이다. 5℃ 전후에서 생육을 개시하고 생육 적온은 15~20℃이며, 25℃ 이상의 평균 기온이 계속되면 하고현상(夏枯現象)을 일으킨다. 연간 강수량이 1,200 mm 내외로서 강수분포가 고른 지대가 재배 적지이다. → 북방형 목초.

한천 寒天 agar　우뭇가사리 gelidum alagae 또는 gracilaria나 그외의 해초의 줄기에서 정제 건조한 것이다. 부분적으로 물에 녹으며, 팽윤(膨潤)하여 gel을 만드는데 gel 온도와 융해온도의 차이가 많다. 스프, 젤리, 아이스크림, 고기나 생선 paste, 세균 배양제, 견사의 풀칠, 접착제, 유화안정제 등에 이용된다. Agar-agar, macassar gum, vegetable gelaun 등으로도 불린다. 한천은 일종의 galactan, 즉 galactose가 결합한 물질인데 사람은 이것을 소화시키지 못한다. 성분의 76%가 탄수화물 galactan이다. 해초 중의 gel 성분을 꺼내어 동결해서 건조시키기 때문에 한천이라 부르게 되었다.

한천 寒天 agar-agar　여러 가지 종류의 해초 algae에서 추출된 건조성이고 친수성·교질성인 물질을 말한다. 이는 비누나 젤리 등을 만드는 데 쓰이거나 또는 세균배양 배지를 만드는 데 가장 흔히 이용된다.

함수물 含水物 wet　수분을 함유하고 있거나 물이나 다른 액체로 담그거나 적셔진 물질이다.

함유황아미노산 sulphur(sulfur) amino acid　두 개의 아미노산, 즉 cysteine과 methionine이 유황(S)을 함유하고 있으므로 함유황아미노산으로 분류된다.

합성(合成) **채종** hybridized rape　양배추와 배추를 교잡해서 청예사료 작물로서 육성된 품종인데, 보통의 채종에 비교하면 엽수(葉數)가 많고, 엽육은 두텁고 유연하며, 또 생육은 왕성하며 내한성 및 내건성이 강하고, 더욱이 다른 채종 품종보다 수량이 많다. 전국적으로 밭이나 답리작으로서 재배될 수 있다. → 사료용 유채.

합성향료 合成香料 synthetic flavours 주로 에스테르류의 혼합물이다. 바나나유는 낙산에틸・아세트산아밀이 주성분이고, 사과유는 낙산에틸・발레리안산에틸・살리실산에틸・낙산아밀・글리세린・클로로폼・에탄올이 주성분이다. 그리고 파인애플유는 낙산에틸・낙산아밀・아세트알데히드・클로로폼・글리세린・에탄올 등이 주성분이다.

항갑상선 물질 抗甲狀腺 物質 anti-thyroid substance, goitrogen ① 갑상선호르몬인 thyroxine의 분비를 억제하여 기초대사에 필요한 에너지량을 감소시키고 절약된 에너지를 체지방 증가에 이용하는 물질로서 thiouracil 등이 있다. ② goiter 유발물질로서 십자화과(cruciferae) 식물에 들어 있는 glucosinolates의 대사산물들 중 특히 goitrin은 강력한 항갑상선 물질로서 갑상선종(goiter)을 유발한다.

항곰팡이제 mold inhibitor 사료저장 중에 미생물(곰팡이)의 증식에 의하여 일어나는 사료의 변폐를 방지하기 위하여 사용하는 제제로서 프로피온산 칼슘(calcium propionate)・프로피온산 나트륨(sodium propionate)・sorbic acid 등이 있다.

항대사물질, 항길항제 抗代射物質, 抗拮抗劑 antimetabolite 정상물질 또는 효소와 구조상으로 유사하여 대사과정에서 상호 경합하는 물질이다. 어떤 항대사물질은 치료용으로 이용된다. 예를 들면 엽산(folacin)의 항대사물질은 엽산 부족을 초래하여 암세포의 성장을 지연시키는 물질로 이용된다.

항독소 抗毒素 antitoxin 체내에서 생성된 물질로서 독소(toxin)를 중화시킬 수 있는 물질이다. 때로는 소・말・토끼에서 생성된 항독소를 사람에게 주사하기도 한다.

항산화제 抗酸化劑 antioxidant 사료 성분이 공기중의 산소・과산화물・불포화지방산 등에 의해서 산화되는 것을 방지하는 목적으로 첨가하는 것인데, 천연의 항산화제로서는 α-토코페롤(비타민 E)이 있다. 사료 성분 중 특히 산화되기 쉬운 것은 지방, 비타민 A, 카로틴 등을 들 수 있다. 에속시퀸(ethoxyguin), BHT(dibutyl hydroxytoluene), BHA (butyl hydroxyanisol) 등의 항산화제가 쓰여지고 있다. 첨가량은 150 ppm 이하로 되어 있다.

항상성 恒常性 homeostasis 신체 내부환경이 평형을 이룬 상태, 즉 폐는 세포가 요구하는 산소를 공급하고, 신장은 배설과 재흡수를 통해서 정상 혈액 성분을 유지하는 것이다.

항생물질 抗生物質 antibiotic 생물, 특히 미생물에 의해서 생성되고 미생물 및 기타 살아 있는 세포의 기능을 저지하는 물질을 항생물질이라고 한다. 세균성 질병에 대해서 특효가 있는 약제로서 사용되고 있지만, 자돈이나 병아리의 성장을 촉진하는 효과가 있다는 것이 발견되면서 널리 사료에 첨가해 쓰고 있다. 성장촉진 작용에 대해서는 소화관내의 미생물을 억제시키고, 장벽(腸壁)이 얇게 되어 영양소의 흡수를 개선하며, 식욕을 높이고, 성장호르몬의 생산(生產)을 증강하기 때문이라는 여러 설이 있다.

항생물질 균체부산물 抗生物質 菌體副産物 antibiotic by-product meal 페니실린·클로르테트라사이클린 등을 발효법에 의해 제조한 배양액에서 항생물질을 추출한 뒤 얻어지는 것인데, 소량의 항생물질을 함유하고 있다. 또 단백질·무기물·비타민 등의 함유량도 비교적 많다. 페니실린 제조 부산물 균체를 영국에서는 페니실린 펠트(penicillin felt)라고 부르고, 사료로서 이용하고 있다. 페니실린 이외의 항생물질의 균체도 사료로서 이용된다.

항생물질 첨가제 抗生物質 添加劑 antibiotic feed supplements 항생물질은 미생물이 생산하는 물질로서 미생물의 발육을 억제하는 작용이 있다. 주요 사료 첨가제로서 다음의 각종 항생물질이 인정되고 있다. 괄호 내는 제제 100 g 중 최저 함유량이다. Penicillin (113 I.U), streptomycin(10 mg), chlortetrcyclin(10 mg), oxytetracyclin(10 mg), hygromycin(10 mg), bacitracin(44 I.U) 등의 항생물질을 첨가하면 병원균의 발육을 억제하는 효과 이외에도 성장을 촉진하고 발육을 고르게 하는 효과가 있다.

항열성 抗熱性 thermoduric 가열에 강하지만 호열성(thermophilic)이 아닌 세균으로 우유에서 발견된다. 이들 세균은 살균온도에서 살아남으나 그 온도에서는 번식이 안 된다. 병원균은 아니지만 비위생적 조건을 표시한다.

항온동물 恒溫動物 homoiotherm 외계(外界)의 온도에 좌우되지 않고 일정한 체온을 유지하는 동물을 뜻한다. 온혈동물이라고도 한다.

항원 抗原 antigen 면역반응을 끌어내는 박테리아 또는 조직세포의 표면에 유리 또는 결합된 이물질이다.

항응혈제 抗凝血劑 anticoagulant 혈액의 응고를 그 응고기구를 방해하여 저지시키는 물질을 뜻한다. 수산백연산(蓚酸柏櫞酸)을 응혈에 필요한 칼슘과 결합하여 응혈을 방해한다. 헤파린(heaparin)은 피브리노겐(fibrinogen)으로부터 피브린(fibrin)을 유리시키는데 필요한 프로트롬빈(prothrombin)의 형성을 저해한다. 히루딘(hirudine)은 thrombin을 불활성화한다.

항이뇨제 抗利尿劑 antidiuretics 요(尿)의 생성속도를 감소시키는 약제이다. 결국 신체로부터의 수분 손실을 감소시키는 것과 마찬가지이다.

항이뇨(抗利尿) 호르몬 antidiuretic hormone(ADH, vgasopressin) 승압과 항이뇨작용을 둘 다 하는 뇌하수체후엽 호르몬의 하나이며, 요(尿)를 통한 수분의 배설을 감소시켜 체수분의 손실을 방지한다. 승압작용은 전신동맥과 모세혈관에서 말초혈관이 수축되는 결과이다. 승압될 때에는 관상 및 폐혈관이 수축되고 뇌 및 신장 혈관이 확장된다. 항이뇨효과는 신장의 집합관에서 내며 Na, Cl 인산염 및 총질소 농도의 증가와 함께 소변량의 증가와 수분 재흡수율이 높아진다. 이 호르몬이 부족하면 요붕증이 발생된다. 요붕증의 증상으로는 지나친 신장의 수분 손실과 심한 갈증이 수반된다. 아르기닌 바소프레신(arginine vasopressin, AVP)라고도 하며, 바소푸레신(vasopressin)의 방출은 고통, 충격 및 감정적인 압박감 등과 같이 다양한 신경성 자극에 의하여 자극된다.

항진균제 抗眞菌劑 antimycotics 음식에 첨가했을 때 진균(mold)의 성장을 억제하는 화합물이며, sodium과 calcium propionate, methyl hydroxybenzoate, quarternary ammonium chloride, sodium benzoate, sorbic acid 등이 여기에 속한다.

항체 抗體 antibody 항원(antigen)으로 불리는 외부 물질의 침입으로부터 방어하기 위해 체내에서 생성된 특수단백질로서 동물혈청 중에 존재하며, 항원과 특이적으로 반응하는 물질을 뜻한다. 면역항체 또는 면역체(immune body)라고도 한다. 최근 단백질화학의 진보에 따라 항체는 혈청단백질 중에 γ-globulin 분획 내에 있음이 알려져 있다.

항케토성 아미노산 antiketogenic amino acids 대사과정에서 글루코오스로 되는 아미노산이며 글리신, 알라닌, 세린, 시스틴, 아스파라긴산, 글루탐산, 아지닌, 프롤린, 히드록시프롤린 등을 말한다.

항회발(抗灰髮) **비타민** antigray hair vitamin 비타민 B군의 하나인 pantothenic acid에 주어진 이름이다.

항효소물질 抗酵素物質 antienzyme 효소에 대하여 특이적인 저해를 하는 물질로서 소화기 내벽이 소화효소에 의하여 분해되지 않으며, 또한 기생충류도 생성한다. 혈액 중 항체로서도 존재한다.

항히스타민제 antihistaminic agent 히스타민은 조직이 장해를 받았을 때 세포로부터 유리되는 물질이다. 히스타민이 알레르기 발생과 불가분의 관계가 있다는 사실이 밝혀져 알레르기 치료를 위하여 히스타민의 작용을 저지하는 물질이 있으며, 이것을 항히스타민제라고 한다. 히스타민과 항히스타민제는 화학구조상으로 공통점이 있으며, 히스타민이 조직세포의 수용기구(receptor)와 결합하는 것을 저지하고 길항적으로 작용하는 것으로 알려져 있다. 심마진(蕁麻疹), 피부염, 혈관신경성 부종, 약물진(藥物疹), 비카타르 등에 유효하다.

해당(解糖), **당분해** glycolysis 글루코오스의 분해과정은 두 가지로 대별된다. 전반은 해당이라 하는데 혐기적(嫌氣的) 조건에서 일어나며, 최종 생성물은 pyruvic acid이다. 후반은 Krebs cycle 또는 TCA 회로라고 하며, 호기적 조건에서 일어난다. Pyruvic acid는 여러 대사경로를 거쳐서 최종적으로 CO_2와 물로 된다. → 글루코오스 대사.

해독 解毒 detoxication 독성물질을 분해하는 것을 뜻한다. 통상적으로는 화합물의 독성기를 변화시켜 무독성 물질로 만드는 의미로 사용된다. 체내에서의 해독은 독성물질의 산화, 환원, 가수분해, 메틸화 또는 글리신, 글루쿠론산, 글루타민, 시스틴 등과 결합에 의하여 이루어진다. 예를 들면 독성물질인 안식향산은 글리신과 결합하여 마뇨산(馬尿酸)으로 되어 요(尿) 중에 배설된다.

해리정수 解離定數 dissociation constant(pK′) 산(acid)의 1/2이 해리되었을 때의 pH

값이며, 각기 산의 pK′값은 일정하다.

해머분쇄기(粉碎機) hammer mill 한 쌍의 해머로 충격을 주어 재료를 분쇄하는 분쇄기로서 속도조절 조작기능이 용이하다.

해면골 海綿骨 trabecular bone, spongy bone 스펀지와 같은 형태로 뼈의 내부 기질로서 척추, 골반과 뼈의 말단에 주로 존재한다. 대부분의 짧은 뼈와 긴 뼈 끝을 형성하는 다공성 형의 뼈이다.

해바라기박(粕) sunflower meal 해바라기의 종실을 채유하고 난 깻묵인데, 중남미에서 매우 많이 생산된다. 해바라기의 종실은 껍질 부분이 35~45%나 되므로 해바라기박의 사료성분은 탈각(脫穀)의 정도에 따라서 매우 다르다. 탈각해서 양질의 것은 단백질 함량이 40% 이상이고, 조섬유 함량은 10% 이하이지만 탈각하지 않은 것은 단백질 함량은 약 32%이고, 섬유 함량은 20% 이상도 있다. 해바라기박은 반추가축, 특히 젖소의 사료에 알맞다. 또 돼지·닭에 있어서도 탈각한 해바라가박은 대두박 대신에 쓸 수가 있다. 이 경우 해바라기박은 리신(lysine)이 부족하므로 어분(魚粉) 등과 병용할 필요가 있다. 또 해바라기박을 급여하면 체지방과 유지방(버터)이 연질화(軟質化)하는 경향이 있다.

해바라기씨 sunflower seed 해바라기는 유료작물로서 중남미 등지에서 상당히 많이 재배되고 있다. 보통 사료에 쓰여지는 것은 종실에서 채유한 뒤에 남은 해바라기박이다. 그러나 해바라기의 종실은 입이(粒餌)로서 닭에 급여하는 경우가 있다. 해바라기의 종실은 두꺼운 껍질 부분이 35~45%나 있지만 탈곡한 것은 조섬유가 적고, 조단백질 함량이 40% 이상 있으며, 또 조섬유 함량은 약 10%나 있어서 사료가치가 높으므로 사료로서도 이용할 수가 있다.

해상운임 海上運賃 freight 보통 해상의 운임을 말하며, 따라서 FOB 가격에 해상운임을 가산한 것이 C & F 가격이 된다. 해상운임에는 동맹운임(conference rate)과 비동맹운임(nonconference rate)이 있다. 정기선 회사는 운임동맹을 형성하고, 운임의 단위(용적 ; 보통 40입방 feet, 중량 ; M/T당)도 소위 동맹 태리프(tariff, 운임표)로서 품목마다 규정되어 있다. 운임상의 제조건이 일정하며, 이것을 운임조건이라고 한다. 정기선 운임은 통례로 순수한 운임 이외에 선내 하역비(steve-dorage)를 포함하는데, 이것을 liner term(또는 berth term)이라고 한다.

해조류 海藻類 seaweed 해조 중에서 사료로서 이용될 수 있는 것은 개다시마·거머리말(감조)·강리·주름대망 등이고, 사료성분으로는 가용무질소물·조단백질·무기물 등의 함량이 높다. 무기물 중에는 요오드 함량이 높으므로 요오드가 결핍해 있는 지역에서 보급해 주면 좋다. 해조 중에 탄수화물로서는 독특한 다당류의 라미나린·알긴산·만난, 이밖에 섬유소도 포함되어 있다. 단백질 함량은 보통 풍건물 중 10~20% 정도이다. 해조는 해안지대에서는 생채 그대로 가축에 급여하는 경우도 있지만 대개 건조한 것을 사료로서 이용한다. 가축, 특히 유우 등의 기호성은 좋지 않다. 또 딱딱한 피막으로 덮여 있기 때문에 일반적으로 소화율이 낮으나 어떤 것은 야건초에 상당하는 가치를 가진 것도 있다. → 켈프밀(kelpmeal).

핵단백질 核蛋白質 nucleoprotein 동물 또는 식물의 세포핵에 있는 특별한 형태의 단백질로서 핵산과 단백질이 결합되어 있는 단백질이다. → 핵산.

핵산 核酸 nucleic acid Polynucleotide로 불리는 nucleotide이며, 유전정보를 보관 또는 전달하는 역할을 한다. 뉴클레오티드(nucleotide)는 하나의 퓨린염기(adenine 또는 guanine)와 하나의 피리미딘염기(cytosine, thymine 또는 uracil)와 1분자의 5탄당(D-ribose 또는 D-deoxyribose) 그리고 하나, 둘 또는 세 분자의 인산염($-PO_3$)을 가지고 있다. 세포의 핵을 구성하고 있는 핵단백질(nucleo-protein)의 구성성분인데, 유전정보의 전달, 에너지대사 등에 중요한 역할을 하고 있다. 사료 중에는 다소의 차이는 있지만 반드시 함유되어 있다. 인간에게는 핵산의 최종 대사산물은 요산(尿酸)이고, 핵산이 많은 식품을 다량 먹으면 산이 침착해서 통풍을 일으킨다. 따라서 핵산이 많은 효모 등을 사료로 이용하면 동물이 통풍을 일으킬 염려가 있지만, 소나 돼지는 효소 'urease'가 있어서 요산(尿酸)은 수용성의 아란토인(allantoin)이 되어서 요(尿)로 배설되고, 닭에 있어서는 질소 성분은 주로 요산으로 되어 요(尿)로 배설된다. 따라서 가축에서는 통풍을 일으키는 문제는 없다. 핵산이 어느 정도로 이용되는지는 앞으로의 연구 과제이다.

핵질 核質 chromatin 세포핵 중 염색이 더 잘 되는 부분이며, chromosome을 내포하고 있다. 이는 망상사(網狀糸)를 이루며, 또한 단백질 구조의 기저에 부착된 DNA로서 유전인자의 전달자 역할을 한다.

핼리벗 간유(肝油) halibut liver oil 북양가자미(halibut) 간에서 추출한 기름이며, 비타민 A・D가 가장 많은 천연급원의 하나로서 1온스(28.35 g)당 비타민 A 4,500,000 I.U., 비타민 D 70,000 I.U.를 함유하고 있다.

햄 ham 돼지 뒷다리 부위를 소금에 절여 훈제처리한 것이다. 처리하지 않는 것은 fresh ham 또는 pork ham이다. 제조법에 따라 york ham, suffolk ham, westphalia ham 등 종류별로 맛이 다르다. 익힌 것의 조성은 다음과 같다. 단백질 16%, 지방 40%, 탄수화물은 없고, 100 g당 435kcal., Fe 2.5 mg, 비타민 B_1 0.5 mg, 비타민 B_2 0.2 mg, niacin 3.5 mg이다. 재료를 절단 정형한 후 소금에 5～10%의 질산칼륨을 섞은 것을 묻혀서 1～3일간 5℃로 유지한 뒤 소금물에 절인다. 소금물은 물 100에 소금 20, 질산칼륨 1, 설탕 1, 향신료 0.5의 비율로 섞고 한 번 끓인 것을 5℃로 식혀서 사용한다. 고기와 세균의 효소는 질산을 환원해서 아질산염(亞窒酸鹽)으로 되며, 이것이 혈색소와 작용해서 고기의 색깔은 붉은색을 띠게 되어 상품성을 좋게 한다.

햄버그종 hamburg breed 영국의 햄버그가 원산인 햄버그종의 닭은 독일의 함부르크로부터 수입되어 영국에서 개량된 것이다. 특징은 외모가 아름답고 난용(卵用)일 뿐만 아니라 애완용으로서도 훌륭하며, 산란능력은 평균 난중 45 g 정도의 것을 연 150～200개

낳는다. 난각은 백색이고, 육색은 회색이며, 거동이 경쾌하고 활발하며, 온화한 기후를 좋아한다. 볏은 장미볏이고, 귀뿌리는 백색이다. 체중은 수탉 2.0~2.5 kg, 암탉 1.6~2.0kg이며, 날개색은 금색종과 은색종의 2종류이다. Right씨의 학설에 의하면 본 종의 내종인 반문종과 조내종은 그 기원을 달리한다고 한다. 즉, 전자는 폴란드가 원산인 것을 독일을 거쳐 영국에 수입한 것이고, 후자는 영국이 원산지라고 한다.

햄프셔종 hampshire 미국이 원산인 흑색돼지인데, 간략하게 H종이라고도 한다. 어깨로부터 앞다리에 걸쳐서 백색의 대상반(帶狀班)이 있다. 성숙 체중은 250~300 kg 정도인데, bacon type에 속하는 적육이 많은 돼지이다. 이 품종은 조사료의 이용력이 높고 다리도 튼튼하여 방목에 알맞다. 중구(中軀)는 폭·깊이에 풍부하고 몸체는 벌어져 강건하다. 또 이 품종은 산자수는 약간 적지만 자돈의 발육은 비교적 빠르다. 최근 우리나라에도 이 품종의 사육이 많아지고 있으며, 주로 잡종돈(雜種豚)의 생산에 이용되고 있다.

향미료 香味料 flovour 풍미를 좋게 할 목적으로 사료에 미량으로 첨가하는 향료 혹은 감미료(甘味料)를 향미료라고 한다. 이것은 가축·가금의 식욕을 돋구어 사료섭취량을 증가시키는 것을 목적으로 하는 것인데, 현재 애완동물 사료(개·고양이용 사료) 등에 많이 사용되고 있으며, 송아지·자돈·병아리 등의 사료에 첨가되는 향미료로 시판되고 있다.

향미 상승제 香味 上昇劑 flavor potentiator 자체가 가지고 있는 향미 외에 식품의 향미를 강화시키는 물질이다. 즉 monosodium glutamate(MSG) 같은 것이다.

허브 herbs 1년생 또는 다년생 식물로서 잎과 줄기 그리고 꽃을 건조 또는 생으로 향신료로 사용하는 식물을 뜻한다.

허용 최대 섭취수준 許容 最大攝取水準 toleroble upper intake level(UL) 특정 연령의 모든 개인과 성별에 따라 건강에 나쁜 영향을 미치지 않는 1일 최대 영양소 섭취수준이며, 특정 영양소의 최대 허용수준은 아니다.

허혈성 뇌졸중 ischemic stroke 뇌에 혈액이 흐르지 않아서 야기되는 뇌졸중이다.

허혈성 심질환 虛血性 心疾患 ischemic heart disease 관상동맥이 막히거나 수축되어 심근에 공급되는 혈액의 부족으로 일어나는 상태이다.

허혈증 ischemia 혈액 부족 증세로서, 주로 동맥협착에 의해 혈액공급이 기계적으로 막힌 증세이다.

헤마글루티닌 hemagglutinin 많은 콩과식물에 천연적으로 존재하는 독성물질이며, 적혈구를 응집시킨다. Phytoagglutinins 또는 lectins이라고도 한다. 콩에도 들어 있으며, 가열하면 분해되어 독성을 잃는다.

헤마토크리트, 적혈구 용적률 赤血球容積率 hematocrit 총 혈액 용량에서 적혈구가 차지하고 있는 용적이다.

헤마투리아 hematuria 혈액 또는 혈구(blood cell)가 요(尿) 중에 배설되는 것이다.

헤마틴 hematin 헤모글로빈의 비단백질 부분인 햄(haem)이 산화된 것이며, 철은 제1철에서 산화되어 제2철로 된다.

헤머랄로피아, 주맹증 晝盲症 hemeralopia 밝은 빛에서도 시력 감소로 나타나는 증상이며, day blindness라고도 한다.

헤모글로빈, 혈색소(血色素) hemoglobin 단백질인 글로빈과 철을 가진 색소인 헴으로 구성된 적혈구의 적색물질을 말한다. O_2 및 CO_2와 가역적으로 결합하여 O_2를 폐에서 조직으로, CO_2를 조직에서 폐로 운반해서 배출시킨다. 철결핍 빈혈환자는 이 헤모글로빈이 감소되며, 조직 중의 산화반응이 충분치 못하다. 헤모글로빈은 신선한 살색을 주며, 저장 중에는 분해하기 때문에 살색은 퇴색된다.

헤모글로빈계(計) hemoglobinometer 혈액 중의 헤모글로빈 양을 측정하는 계기이다. 헤모글로빈 그대로 또는 다른 물질로 변화시킨 것을 비색법으로 정량하는 장치이다.

헤모시데린 hemosiderin 간에 존재하는 불용성 철분단백질, 신체의 철분이 페리틴의 저장 용량을 초과할 때 여분의 철분을 저장하는 단백질이다. 페리틴(ferritin)의 분해로 생성되는 철분 저장 단백질이다. 즉 철과 단백질이 결합한 갈색의 입상색소이며 각 조직, 특히 간에 널리 분포되어 있는 황금색 또는 황갈색의 불용성 단백질이다. 헤모글로빈 합성을 위해 이용할 수 있는 철의 저장형태이며, 페리틴 분자보다 철분의 저장량도 많다(37%). 혈액의 파괴가 심한 환자의 경우에는 비장・간・골수에 축적된다. 다른 영양소에 비하여 다량의 철을 섭취하면 철침착증(鐵沈着症)이 된다.

헤모포이에틱 인자 hemopoietic factor → 내인자.

헤미셀룰로오스 hemicellulose Zylose, mannose와 galactose 당을 근간으로 하는 당분자에 arabinose 또는 glucuronic acid가 측쇄를 이룬 분지 이질적 당이다. 헤미셀룰로오스는 식이섬유로서 소화효소에 의해 소화되지 않으며, 겨와 전곡에 포함되어 있다. 대장에 있는 박테리아가 일부 발효시킨다.

헤민 hemin 헤마틴의 염산염이며 헤모글로빈에서 유도된다. 결정은 현미경으로 용이하게 감별되며, 혈액검사에 쓰인다.

ㅎ

헤스시험(試驗) hess test 괴혈병 환자의 모세관 허약성 시험법이다. 팔에 적절한 가압을 5분간 행하면 가압부에 점상출혈(點狀出血)이 생긴다.

헤이 레이크 hay rake 초지에서 건초 제조 시 건초를 모은다든지 뒤집기 위하여 사용되는 기계이다.

헤이 베일러 hay baler 목초를 운반하고 저장하기 쉽게 압축과 동시에 육면체 또는 원형으로 가공하는 작업기이다.

헤이 큐브 hay cube 목건초를 세절해서 압축성형기를 통하여 둥근 막대형이나 육면체로 성형한 것이다.

헤이퍼 hayfer 주원료가 되는 알팔파를 좋은 품질의 것으로 적기에 수확하여 미리 건조시키고, 이것을 5~8 cm 길이로 절단하여 헤이퍼 제조기에 넣어 직경 10 cm, 두께 2~3 cm의 원반모양으로 압착한 것이다. 즉, 건초의 상태로 고형화시킨 사료이다. 펠릿(pellet)과 헤이퍼(hayfer)의 차이점은 전자가 분말상태인 반면 후자는 섬유질이 그대로 존재한다는 점이다.

헤이퍼, **미경산우**(未經産牛) heifer 아직 첫 새끼를 낳지 않은 어린 암소를 말한다. → 처녀소.

헤일리지 haylage 저수분 사일리지(low moisture silage)라 부르는 것으로 수분함량을 40~60%로 다소 낮추어 조제한 사일리지를 말한다. 이러한 헤일리지의 조제 목적은 수분함량을 낮춤으로써 취급이 용이하고 건물섭취량을 증가시킬 수 있으며, 조제 과정중 단백질분해와 삼출액으로 인한 영양소 손실을 줄이기 위한 것이다.

헤테로시드 heteroside 2개 또는 그 이상의 탄수화물과 비탄수화물 간에 공유결합을 한 화합물이다.

헤파린 heparin 피브린(fibrin)의 생성을 억제함으로써 혈액응고를 방지하고 mucopoly saccharide이다. 즉 간 · 근육 · 심장 혈액에서 분리된 물질이며, 항 prothrombin 또는 항 thrombin 작용이 있기 때문에 혈액의 응고를 저지한다. 생체 내에서는 혈액으로부터 급속히 소실되지만, 시험관 안에서는 10 mg이 있으면 100 mℓ의 혈액의 응고를 방지한다.

헥사민산 hexamic acid, cyclamic acid 인공감미료로서 칼슘 또는 나트륨염이며, 설탕에 비해 30배의 감도를 갖는다.

헥소에스트롤 hexoestrol 합성 난포호르몬이며, 천연에는 존재하지 않는다. → 에스트로젠.

헥소산 hexosan 6탄당 단위로 구성된 복합다당류의 일반명이다. → 글루코산, 프락토산.

헥소오스, **6탄당**(六炭糖) hexose 글루코오스, 프럭토오스, 갈락토오스 등과 같이 탄소 6개를 갖는 단당류($C_6H_{12}O_6$)이다.

헥소오스 모노포스페이트 션트 hexose monophosphate shunt Phosphogluconate pathway → 5탄당 인산회로(pentose phosphate pathway).

ㅎ

헥스우론산(酸) hexuronic acid　6탄당의 6위의 탄소가 산화되어 생긴 산이다. 글루코오스에서 생긴 헥스우론산은 글루쿠론산(glucuronic acid)이다.

헬퍼 T세포 helper T cells　여러 상이한 시토키닌(cytokinin)을 분비하고 T세포이며, 다른 림프구(lymphocyte)의 작용에 영향을 미친다.

헴 heme　산소와 전자를 운반하고 또 방출하는 데 필요한 hemoglobin, myoglobin과 cytochrome의 일부이다. 철을 함유한 색소이며, 단백질과 결합해서 적혈구의 혈색소(헤모글로빈)를 만든다. 철은 제1철의 모양으로 되어 있다. 헴대사의 중요 기관은 간이며, 골수와 지라 역시 중요한 기능을 한다.

헴철 heme iron　동물조직 중 주로 헤모글로빈과 미오글로빈으로 존재하는 철분이다. 육류 속에 함유된 철분의 40%가 헴철이며 쉽게 흡수된다.

혀 舌 tongue　입 속에 있으며, 움직일 수 있는 근육기관으로서 씹고 삼키고 말하고 맛(taste)을 지각할 수 있도록 돕는다. 인간의 혀는 점막에 의해 덮여져 있고, 미뢰(taste)를 지니는 작은 돌기모양의 유두가 수없이 많아 여러 가지 맛을 감지한다.

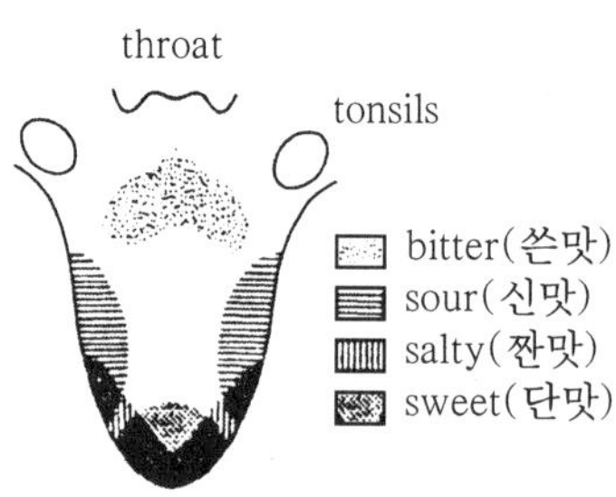

헨더슨-하젤바르 방정식 Henderson-Hasselbalch equation　pH, pK′, 약알칼리(양성자 수용체, A^-)와 약산(양성자 제공자, HA)와의 농도비율과 관계되는 방정식이다. 이 방정식은 혈액의 완충체계(buffering system)를 평가하는 데 쓰인다.

$$PH = PK' + \log\frac{[A^-]}{[HA]}$$

Henderson-Hasselbalch equation

ㅎ

현미 玄米 Loonzein unpolished rice　왕겨를 제거한 쌀로서 brown rice, hulled rice, cargo rice 등으로 불리운다. Oryza sativa L.의 씨앗인데, 고온다습 지대에서 잘 자라므로 아시아의 몬순(monsoon) 지대에 생산량이 많다. 전 세계 생산량은 2억 5,000만 톤이며, 90%가 아시아에서 생산된다. 현미의 구조는 과피·종피·조분층 등 겨층이라고 불리는 부분과 기부에 있는 배아와 중심부의 배유부로 구성된다. 배아부는 주로 녹말입자로 되어 있고, 백미로 식용된다. 현미에 대한 중량비는 겨층 5～6%, 배아 2～3%, 배유 92% 정도이다. 도정비율은 92%(백미)이고, 수분 15.5%, 단백질 7.4%, 지질 2.3%, 당질 72.5%, 섬유소 1.0%, 회분 1.3%, 비타민 B_1 0.36 mg%이며, 100g당 337 kcal이다.

현장도 現場渡(荷置現場) 현품이 존재하는 장소에서 화물을 인수도(引受渡) 하는 방법이다.

① 공장도 : 공장에서 생산된 현품을 그 공장 내에서 인수도하는 방법으로서 생산자 가격의 주요한 거래조건으로 되어 있다.

② 창고도 : 생산자·도매상·소매상 등이 자기의 창고 또는 영업용 창고에서 인수도하는 방법이다.

③ 항두창고도(港頭倉庫渡) : 보통 무역업자가 수입품을 도매업자 같은 구매주에게 매도할 때에 수입항 부두의 창고에서 인수도하는 방법으로서 수입사료 매도는 이 방법에 따른다.

④ 점두도(店頭渡) : 도매상·소매상이 점두에서 인수도하는 방법이다.

현탁액 懸濁液 suspensoid 소액(疎液) colloid 용액을 말한다. → 소액 콜로이드.

혈관내액 intravascular fluid 혈류 내의 유체(즉 동맥과 정맥, 모세혈관과 림프관 내부에 있는) 체액의 약 25%를 차지한다.

혈관 수축 血管收縮 vasoconstriction 혈관 확장의 반대이다.

혈관 확장 血管擴張 vasodilatation 혈관의 확장이며, 체온 상승에 따라 일어나는 몸에서의 열 손실을 돕는다. ↔ 혈관 수축.

혈구 血球 Blood cell 혈관 내에 순환하고 있는 세포를 말한다. 정상적으로 적혈구·백혈구·혈소판의 3가지로 구성되어 있으며, 혈장(plasma)에 들어 있다.

혈구 응집반응 血球 凝集反應 agglutination of blood cell 뉴캐슬·인플루엔자 등의 바이러스 가운데 어떤 것은 각종 동물의 적혈구를 응집시키는 성질이 있으므로 이것을 이용하여 재료 중의 바이러스 존재 여부를 조사하기 위해 실시되는 반응이다. 또한 이와는 달리 세균이나 기타 항생물질을 적혈구에 흡착시켜 응집반응을 실시하는 경우를 말하기도 한다.

혈구응집 억제반응 血球凝集 抑制反應 suppression of blood cellagglutination 인플루엔자나 뉴캐슬병과 같이 적혈구 응집반응을 가진 바이러스에 감염된 동물혈청 중에는 혈구응집 억제항체(HI항체)가 나타난다. 이 반응은 이것을 검출하여 진단을 실시하기 위해 이용된다.

ㅎ

혈뇨증 血尿症 hematuria 요(尿) 속에 통상 나타나지 않는 적혈구가 보이는 것으로, 정도의 차이는 있지만 요(尿)는 육즙처럼 홍색을 띠며 혼탁 불투명하고, 가만히 놓아 두면 적혈구와 작은 핏덩어리가 침전된다. 신장 이강(以降)의 출혈병변이 원인으로 신성

혈뇨(신염 · 신우신염 · 신외상)와 우발성 혈뇨(출혈성 방광염 · 방광종창 · 요석)로 나뉜다. 특히 세균성 신우신염과 방광종창이 중요하며 그 발생도 많다. 전자는 배뇨할 때 처음부터 끝까지 혈뇨의 농도가 일정(균질혈뇨)하고, 후자의 경우 종말에 갈수록 농후한 혈뇨(종말 혈뇨)를 나타내는 점으로 혈뇨를 감별할 수 있다.

혈당 血糖 blood sugar, blood glucose 혈액 중의 당으로서 비정상적인 당이 들어 있지 않는 한 포도당을 의미한다. 소의 정상 혈당치는 40～50 mg/dℓ로 사람의 약 1/2의 양이다. 반추동물은 주로 반추위 발효에 의해 생긴 프로피온산에서 포도당을 합성한다. 혈당치는 호르몬 지배를 받아 항상 일정한데 정상보다 낮을 경우 저혈당이라 하고, 높을 경우를 고혈당이라고 한다.

혈당과다증, **과혈당증** 血糖過多症, 過血糖症 hyperglycemia 혈중 당의 과다를 의미한다.

혈당부하도 glycemic load(GL) 식품 내에 함유된 탄수화물의 양을 그 탄수화물의 혈당 지수에 곱한 값이다.

혈당시험 血糖試驗 blood sugar test → 글루코오스 내성.

혈당지수 血糖指數 glycemic index(GI) 포도당(glucose) 50 g을 섭취 후 2시간 동안의 혈당량을 100으로 하여 각 식품을 섭취했을 때 나타나는 혈당치(blood glucose)의 상대 비교치이다. 포도당을 100으로 하여 맥아당 105, 수크로오스 59, 과당 20, 우유 34, 생당근 31, 사과 39, 바나나 62, 귤 40, 오렌지주스 46, 흰빵 69, 밀가루 59, 옥수수 59, 감자 80, 땅콩 13, 아이스크림 36, 소시지 28 지수를 나타낸다.

혈변 血便 blood feces 소화기관으로부터의 출혈이 원인으로 소에게 비교적 많이 발생한다. 혈변의 종류에 따라 출혈부위의 구별이 어느 정도 가능하다. 위 · 소장 등 소화기관 상부로부터의 출혈 경우에는 초콜릿색 또는 타르색의 혈분을 누며, 대장 출혈의 경우에는 선홍색 또는 암적색의 점액이 섞일 경우가 많은데, 정확한 진단을 위해서는 잠혈반응(潛血反應) 시행이 바람직하다. 소의 경우 중증의 위충증, 송아지 위장염, 중독성 장염, 장중적(腸重積), 콕시듐증, 전염성 하리증, 직장 검사시의 손상 등으로 혈변이 나타난다.

혈분 血分 blood meal 도축장에서 나오는 도축의 혈액을 가열해서 응고시켜 압착기로 수분을 제거한 잔재를 건조해서 분말로 한 것으로서 건혈(dried blood)로도 불려진다. 혈분은 조단백질 함량이 80% 이상이나 되고, 또 리신 · 아지닌 · 메치오닌 · 시스틴 등의 아미노산 함량이 높지만 이들의 소화율이 낮기 때문에 그 영양가는 육분 등에 비교해서 상당히 낮다. 또 칼슘과 인의 함량도 낮다. 혈분은 미국 등지에서는 송아지 · 돼지 · 닭 등의 사료에 배합되지만 육분보다 기호성이 떨어진다. 혈분보다 용해성이 높은 가용성 혈분(soluble blood meal)도 제조되고 있지만 그 영양가는 혈분과 큰 차이가 없다.

혈색소 뇨증 血色素尿症 hemoglobinuria 적혈구의 용해에 의해 유리된 혈색소를 간・비장에서 모두 처리할 수가 없기 때문에 요(尿) 중에 배설된 것을 말한다. 요(尿)는 반투명 또는 암갈색을 나타내고 단백질을 함유하지만 적혈구는 없다. 빈혈과 발열을 동반하는 경우도 있다. 소에는 진드기열・렙토스피라증・산욕성의 혈색소 뇨증이 있고, 또 육성반 특히, 3～4월령의 송아지에서는 다량의 냉수를 들이킨 뒤에 발생하기 쉬운데, 이로 인해 식욕이 약간 저하하지만 발육에는 영향이 없다.

혈색소침착증 血色素沈着症 hemochromatosis 철분이 체조직에 축적되어 나타나는 철분대사 이상질병이다. 간이 비대해지고, 피부가 청동색상(bronze hue)으로 되고, 또 당뇨병의 발병과 심장기능에 이상이 온다. 일반적으로 혈색소증은 40세 이후에 오고, 여성보다 남성에 빈번하다.

혈소판 血小板 blood platelet 모든 포유류의 혈액 내에서 관찰되는 작고 무색의 둥근 형태이다. 즉, 2～3μ 직경의 타원형 혹은 circular한 disc형이다. 이는 혈액응고 기전에 필요한 가장 중요한 성분이며, 그 파괴에 의해서 thromboplastin이 나온다.

혈압 血壓 blood pressure 동맥벽에서 받는 혈액압력이다. 이는 심박출력, 동맥벽의 탄력성, 모세혈관의 저항력, 혈액의 양과 점도 등에 의해서 좌우된다.

혈액량 血液量 blood volume 체내의 총 혈액량을 말한다. 평균치로는 남자 5.3ℓ, 여자 3.8ℓ이며, 측정은 기지량(既知量)의 색소(에반스 블루우)를 주입하여 혈액 중의 희석도를 조사하여 계산한다.

혈액 알부민 증가증(增加症) hyperalbuminosis 혈중 단백질, 특히 알부민의 양적 증가를 말한다.

혈액응고 血液凝固 blood coagulation, clotting of blood 혈액의 응고가 형성되는 과정을 말하며, 전액 또는 혈장에서 대체적으로 3단계를 거쳐 이루어진다. 첫 단계는 트롬보플라스틴 형성과정이며, 둘째 단계는 트롬빈 형성이며, 셋째 단계는 피브린을 형성하는 과정이다. 혈액응고의 기전을 보면 혈장 중의 프로트롬빈이 트롬보플라스틴에 의하여 트롬빈으로 변화하며, 트롬빈이 피브리노겐에 작용하여 피브린의 응고를 야기시킨다.

혈액 응고시간 血液 凝固時間 blood clotting time 혈관 밖으로 나온 피가 응고하는데 소요되는 시간이다. 정상인의 경우는 4분 30초이다.

혈액투석 血液透析 hemodialysis 신장 기능이 완전히 상실된 사람은 대사과정에서 생성된 노폐물을 혈액으로부터 제거해야 된다. 그렇지 않으면 요소・요산・크레아티닌의 농도가 높아진다. 또한 산성 혈액증(acidosis), 고칼륨증(hyperkalemia) 및 수종(水腫, edema)이 생긴다. 이를 조치하지 않으면 8～14일 이내에 사망한다. 인공신장을 이용한 혈액투석은 혈액에 들어 있는 노폐물을 제거하는 수단으로 쓰인다. 혈액투석을 받는 사람은 나트륨・칼륨과 물 섭취량을 제한해야 하고, 단백질도 제한하되 1일 30～60g 정도이다.

혈액희석(법) hemodilution　혈액 부피가 적혈구 합성보다 증가한 상태로서 적혈구가 부족한 것처럼 보이는 증세이다.

혈장 血漿 blood plasma　혈구를 침전시킨 후의 혈액의 액체 성분이다. 이는 혈청(serum)과 달리 혈액응고에 관여하는 섬유소원(fibrinogen)을 가지고 있다. 여러 가지 단백질이나 유기체・무기염류 특히 식염 같은 것을 함유하는데, 출혈하였을 때 혈소판과 함께 혈액을 응고시키는 역할을 한다.

혈장단백질 血漿蛋白質 plasma protein　혈장 중에는 주로 다음 3가지가 용액상태로 존재한다. 피브리노겐 0.2～0.4 g/100 mℓ, 알부민(albumin) 4.4～5.3 g/100 mℓ, 글로불린(globulin) 1.9～2.8 g/100 mℓ이다.

혈장반출법 血漿搬出法 plasma pheresis　채혈한 혈액에서 혈장을 분리하고 세포성분은 구연산을 가한 식염수나 적당한 용액에 섞어 재주입하는 방법으로, 적혈구는 보존하고 혈장을 제거할 목적으로 하는 실험적 방법이다.

혈전증 血栓症 thrombosis　혈관내 혈액응고에 의해서 혈관이 폐쇄되는 현상이며, 조직의 경색을 일으킨다.

혈중 지방 血中 脂肪 blood fat　혈장 100 mℓ당 약 590 mg의 지방이 들어 있다. 이 중 150 mg이 중성지방, 150 mg이 콜레스테롤, 200 mg이 인지질이다.

혈청 血淸 blood serum　모든 세포와 피브리노겐(fibrinogen)을 제거하고 남은 응고된 혈액의 액상 부분이다. 혈액이 응고할 때에 피브리노겐은 적혈구를 누르고 덩어리를 만드는 섬유로 되어 침전하는 피브린(fibrin)으로 변한다. 이 때 나오는 투명한 액체를 혈청이라고 한다.

혈청병 血淸病 serum sickness　이질혈청을 주입한 뒤에 오는 과민성 반응이다. 두드러기・부종・선염증・관절통・고열・피로 등이 특징이다.

혈청(血淸) 옥도결합 단백질 protein-bound iodine of serum(PBI)　혈액 검사시 혈청에 있는 단백질과 결합된 요오드 수준을 측정하는 것이며, 이는 갑상선 기능을 측정하는 지표이다. 사람에 있어서 정상은 혈청 100 mℓ당 4～8 mg 범위이다.

혐기성 대사 嫌氣性 代謝 anaerobic metabolism　산소가 없는 상태에서 일어나는 대사 과정이며, glycolysis와 젖산(lactic acid) 생성이 여기에 속한다.

혐기성 박테리아 嫌氣性菌 anaerobes, anaerobic bacteria　무산소 상태에서 생육하는 미생물을 말한다. 편성혐기성균은 산소의 존재하에서는 생육되지 않지만, 통성혐기성균은 산소의 존재 하에서도 정상으로 생육하고 무산소 상태에서도 생육된다.

혐기작용 嫌氣作用 anaerobic reaction　산소를 요구하지 않는 화학반응이다.

협정관세 協定關稅 conventional customs duties 한 나라가 타국과의 조약에 의해서 타국의 특정 생산품에 대해서 관세율을 정해 놓은 경우의 관세를 말한다. 이것은 2국간 또는 다국간의 조약에 근거하여 협정되는 것으로서, 협정국은 그 세율에 대해서 조약의 유효기간 내에는 일반적으로 변경하지 않는 의무를 가진다.

협착증 stenosis 혈(도)관 협착 또는 좁아진다.

형광 螢光 fluorsence 일정 파장의 광을 흡수하여 흡수광의 일부를 다른 파장의 광으로서 방출하는 현상이다. 화학분석에서는 형광을 발하는 물질의 양과 형광강도가 비례함을 이용하여 물질을 정량한다. 예로서 비타민 B_2 또는 비타민 B_1 유도체인 티오크롬은 이 방법으로 정량 분석한다.

형광분석 螢光分析 fluorimetry analysis → 형광.

형질세포 形質細胞 plasma cell 항체를 분비하는 B세포의 성숙한 형태이다.

호겟 hogget 한 살 된 숫양을 뜻한다. 즉 이유 시부터 털을 깎을 때까지의 숫양(male lamb)이다.

호고온성 세균 好高溫性 細菌 themophile 열을 좋아하는(heat lover) 박테리아이다. 이들 박테리아는 55℃(131°F) 내지 최고 75℃(167°F)에서도 성장한다. 일반적으로 모든 생물의 단백질은 이 같은 고온에서는 응고된다. 고온성 세균은 흔히 온천이나 퇴비더미에서 성장하며, 건강상의 문제는 일으키지 않는다. 그러나 집에서 만든 통조림의 무가스 산패(flat sour)를 일으킨다.

호그 vs 피그 hogs vs pig 어린돼지(pig), 암돼지(sow) 및 수돼지(boar)을 포함한 전체 돼지를 통칭하는 것이다. 그러나 약 24 kg 이상의 돼지는 hog이라 부르고, 24 kg 이하의 돼지는 pig라고 부른다.

호기성 好氣性 aerobic 세균 등이 산소가 들어 있는 공기를 좋아하여 이러한 환경 속에서 잘 생육하는 성질을 뜻한다.

호기성 대사 好氣性 代謝 aerobic metabolism 산소가 있는 상태에서 대사과정이 일어나는 것이며, 주로 TCA 회로, 산화적 인산화반응(oxidative phosphorylation)이다.

호기성 박테리아 好氣性細菌 aerobes, aerobic bacteria 생육에 산소를 필요로 하는 미생물이다. 편성 호기성균의 경우 무산소 상태에서는 생육하지 못한다.

호데인 hordein 대맥의 단백질로서 prolamine의 일종이다.

호도 胡桃 walnut 호도는 원산지가 그 품종에 따라 다르다. 우리나라와 중국에는 수타호도(手打胡桃), 일본산으로는 귀호도(鬼胡桃)와 알룩호도, 서양종(洋種)으로는 stuard, curtis가 있다. 9월 중・하순에 과실이 다 익으면 털어가지고 퇴적하여 젖은 가마니로 덮거나 흙 속에 묻어 두면 과육이 썩어 부드러워지는데, 이를 벗겨서 알맹이를 얻는다. 이것은 조금 태우면 쪼개지기 쉬워진다. 호도는 60% 내외의 지방을 갖는데 그 기름은 담황색이고, 투명의 이취미(異臭味)가 없는 매우 양질의 기름으로 비중 0.92, 고화점 -22℃ 이하, 옥소가 160으로서 건성유에 속한다. 그의 구성지방산은 73%를 linoleic acid가 차지하고, oleic acid는 18% 정도이다. 단백질은 전량의 약 60%가 glutelin이다. 그 구성아미노산은 각종의 diamino acid 및 tryptophan이 많아서 우량 단백질에 속한다. 동물실험의 결과로서는 우유의 casein보다 양호하다고 한다. 무기질은 인산이 가장 많아서 전 무기질의 58%에 이르고, 다음이 고토(17%), 가리(13%)이다. 비타민으로는 B_1은 500 γ% 있으나 그 밖의 것은 적다.

호도박(粕) walnut meal　이것은 호도종실에서 압착에 의해 채유할 때에 생산되는 것인데, 탈곡한 것과 안한 것과는 사료성분에 현저한 차이가 있다. 즉, 탈곡한 것은 단백질 함량이 높고 조섬유 함량이 낮으며, 탈곡 안한 것은 조섬유 함량이 높고 단백질 함량이 낮다. 호도박은 소의 사료로서 이용될 수 있는데, 호도종실은 보통 그냥 식용으로 이용되고 있으므로 채유해서 찌꺼기를 사료로 하는 일은 드물다.

호르몬 hormone　신체의 특수기관(organ) 또는 선(gland)과 기타 신체 부위에서 생산되어 직접 혈액 중에 분비되는 유기화합물로서 정해진 표적기관에 작용해서 반응을 촉진 또는 저해하는 메신저 역할을 하는 내분비물 특유의 생리작용를 하는 것을 호르몬이라고 하며, 동물의 정상적인 발육·성장·번식·신진대사를 촉진 또는 조절하는 작용이 있다. 따라서 호르몬 분비에 이상이 생기면 동물은 정상으로 생리작용을 영위하는 것이 곤란하게 된다. 현재 알려져 있는 호르몬에는 부신호르몬·신장선호르몬·여성호르몬·남성호르몬·췌유호르몬·성장호르몬·췌장호르몬·상피소체호르몬·뇌하수체전엽호르몬·뇌하수체후엽호르몬 등이 있다. 호르몬은 스테로이드(steroid), 단백질 또는 단백질 유도체이다. 혈액 내에 극소량, 즉 1 g의 ppm 또는 ppb 단위로 존재한다.

호르몬 사료첨가제(飼料添加劑) hormone feed additives　육용우 등의 육성비육을 증진시킬 목적으로 발정호르몬·황체호르몬 등을 사료에 첨가하는 것이 미국 등에서 인정되고 있다. 발정호르몬으로서는 스틸베스트롤(stillbestrol)·헥세스트롤(hexestrol) 등이 이용되고, 황체호르몬으로서는 멜렝게스트롤 아세테이트(melegestrol acetate) 등이 이용되고 있다. 투여법으로는 사료에 첨가하는 것 외에도 동물의약품으로서 피하주사 혹은 근육내 이식방법이 취해지고 있다. 육성우나 비육우에는 1일 1두당 10 mg의 스틸베스트롤의 첨가에 의해 체중 증가 및 사료요구율의 향상에 유효하다. 그러나 호르몬이 도체에 잔존해서 인체의 보건상 좋지 못한 이유 때문에 잔류하지 않을 정도를 사료에 첨가하도록 규제되어 있고, 또 육용으로서 출하하기 전에 일정의 휴약기간이 정해져 있다.

호모겐티스산 homogentisic acid　Phenylalanine과 tyrosine이 fumarate와 acetoacetic acid로 전환될 때의 중간 생성물질이다. 유전적으로 homo-gentisic acid oxidase가 없는 알캅톤뇨증(alkaptonuria)인 사람은 homo-gentisic acid가 요(尿)로 배설되고, 요(尿)가

알칼리성으로 되어 산소에 노출되면 검은색을 띤다.

호모시스테인 homocysteine 아미노산의 일종인 메치오닌이 탈메틸화한 것이다. 즉, SH・CH_2・CH_2・$CHNH_2$・COOH이고 식품 중에는 없으며, 영양상 중요하지 않으나 세포내 반응의 중간체로서 생화학적으로 흥미있는 물질이다. 예로서 비필수아미노산인 cystine은 필수아미노산인 methionine으로부터 homocysteine을 경유해서 생합성 된다. 호모시스테인이 대사되기 위해서는 엽산, 비타민 B_6, 비타민 B_{12}를 필요로 한다. 혈중 호모시스테인이 높을 때는 관상동맥질환(coronary artery disease)의 원인이 된다.

호미니 hominy 옥수수로 만든 것이다. rye hominy는 호밀의 표피와 배아를 NaOH에 담가 제거한 것이며, pearl hominy는 옥수수의 종피와 배아를 제거한 것이다. Corn grits는 거칠게 빻은 hominy를 말한다.

호미니 피드 hominy feed 옥수수 가공의 부산물인데, 식용 옥수수가루나 옥수수를 파쇄하는 과정에서 분리되는 배아・피・미분상의 전분 등의 혼합물이다. 미국의 공정규격에는 지방 함량은 5% 이상으로 되어 있지만 지방 함량이 낮은 것도 있다. 조단백질 함량은 10% 정도이고, 사료가치는 옥수수에 비교하여 큰 차이가 없다. 호미니 피드(hominy feed)는 옥수수의 건식가공의 부산물이지만, 옥수수 전분제조의 경우처럼 습식가공의 부산물은 글루텐 피드(gluten feed)라고 해서 구별하고 있다.

호밀 rye 호밀은 추위에 대해서 강하므로 한냉지의 자급사료로서 재배하는 데 알맞아 북구(北歐)에서 가장 널리 재배되고 있다. 호밀은 보통 사료가치는 소맥과 별 차이 없이 높고, 가축에 줄 때는 거칠게 분쇄해서 준다. 젖소에 대해서는 농후사료의 45～55% 정도까지 배합할 수가 있다. 자돈과 닭에는 다량의 호밀을 급여하면 성장과 사료효율이 떨어지므로 사료 중에 20% 이하로 하는 것이 좋다.

호밀겨 rye bran 호밀을 제분하는 경우에 분리되는 겨인데, 제분 부산물을 모두 혼합한 것을 라이 피드(rye feed)라고 한다. 라이 피드는 겨와 가루의 일부가 섞인 것인데 밀기울 대신으로 쓰여지고 있다. 라이 피드는 밀기울과 거의 같은 성분을 갖고 있으며, 미국의 공정규격에는 조섬유 함량은 9.5% 이하이다. 그러나 밀기울보다 기호성이 떨어지므로 사료로서의 배합률은 소・면양・돼지는 15～20%, 닭은 10% 이하로 제한함이 좋다.

호박 pumpkin 동인도 캄보디아가 원산이라 하는데 확실치는 않다. 우리나라에서는 일본 및 중원(중국)에서 선조때 임진 이후에 들어와서 처음에는 승니(僧尼)가 먹었다 하여 승소(僧蔬)라고 불리다가 일반에 널리 퍼졌다. 박과식물에 속하고, 봄에 파종하여 여름에 수확한다. 품종은 재래종(만생)・서울애호박(조생)・hubbard delicious・구로가와(조생) 등이 있다. 주성분은 탄수화물로서 고형물 중에 전분 12%, 환원당 12%, 비환원당 1%, dextrin 0.5%, pentosan 4%, galactan 2% 정도 있다. 황적색소는 주로 carotene으로 담황색종의 생과육(生果肉)에는 6.7 mg%, 담황색종에는 2 mg% 정도 있다. 또 xanthophyll이 있는데, 이것은 농홍색종에 12 mg%, 담황색종에 2 mg% 정도 있다.

비타민 C는 20 mg% 정도 있으나 동시에 C 산화효소가 있어서 C는 파괴되기 쉽다. 호박의 종자는 수분 26.3%, 단백질 22.9%, 지방 37.7%, 당질 10.6%, 섬유 1.3%, 무기질 1.2% 정도 있고, 단백질과 지방이 풍부한 농후식품이다. 단백질은 globulin을 많이 가지고 있으며, 아미노산 조성도 양호하다. 지방도 linoleic acid와 oleic acid를 주성분으로 하는 요오드가 125의 반건성유로서 양질의 기름이다. 이것은 착유하여 이용하기도 한다. 무기질로서는 인산 33%, soda 21%, 가리 20%, 석회 8% 등이 있다.

호분, 호분립 糊粉, 糊粉粒 aleurone 곡류의 종피(seed coat) 내에 있는 단백질 층이며, 곡물이 발아할 때 활성화되는 효소가 들어 있다. 활성화된 효소는 종자에 저장되어 있는 전분과 단백질을 소화하여 배아가 자랄 수 있도록 당과 아미노산을 공급한다. 발아된 곡물의 호분층(aleurone layer)의 효소작용은 알코올음료 생산에 매우 유익하다. 즉 효소분해로 생성된 당은 이스트에 의해 알코올로 발효된다.

호숙기 好熟期 dugh stage 종자 내부 물질이 반죽같이 찐득거리며 완전히 여물지 않은 상태의 시기이다. 종피 내용물이 거의 완전히 발육하여 있으나 아직 완전히 여물어 굳지는 않은 상태의 시기를 말한다.

호열성 세균 好熱性 細菌 thermophiles 55℃ 이상의 온도를 좋아하는 세균이다. 75℃～80℃까지의 온도에서 견디며, 어떤 균주는 비등점 24시간, pH 6.1에서 생존된다고 보고되어 있다. 이것은 탄수화물을 산으로 변화시키나 가스를 생성하지 않는 *Bacillus stearothermophilas*, H_2S를 생성하지 않는 혐기성균 *Clostridium thermossacharolyticum*, H_2S를 생성하는 혐기성균 *Cl. nigrificans* 등의 산패균이 포함된다. 호열성 세균을 말린 풀을 저장 중에 자연발화시킨다.

호염균 好鹽菌 halophillic bacteria 고농도(25%)의 염용액 중에서 생존 가능한 세균을 말한다. 장내세균은 8～9%의 염농도에서는 번식이 저해되지만 식중독 포도상균은 15～20%에서, 페니시륨속 곰팡이는 20%에서 번식이 저해된다. 또한 산막효모(產膜酵母)에는 24% 염수 중에서도 번식이 가능한 것이 있다.

호저온성 세균 好低溫性 細菌 psychrophillic bacteria 적온은 15～20℃(59～68°F)이며, 0℃(32°F) 또는 그 이하, 즉 냉장 중에서도 생육된다. *Achromobacter* · *Flavobacterium* · *Pseudomonas* 및 *Micrococus*속의 세균, *Torulopsis*속의 효모, 더욱이 *Penicillium* · *Cladosproium* · *Mucor* · *Thamnidium*속의 곰팡이 등은 저온에서도 증식한다. -10℃(13°F)에서 생육은 정지되나 사멸되지는 않아서 온도를 높이면 다시 생육을 시작한다.

호정당량 好精當量 dextrose equivalent value(D.E) 녹말이 가수분해를 받아 어느 정도 glucose syrup이 되었는가를 나타내는 양이다. 전 환원당량을 dextrose로 환산하여 건조 고형분당 백분율로 표현한다(D.E는 호정당량의 약자). 액상 glucose D.E 26에서 65의 범위의 것이 공업적으로 이용된다. 가수분해를 완전히 하게 되면 녹말은 모두 포도당으로 되지만 동시에 쓴맛을 가진 물질이 생기게 된다.

$$\text{D.E} = \frac{\text{직접 환원당(glucose)}}{\text{고형분}} \times 100$$

호중구 감소(증) 好中球 減少(症) neutropenia 말초혈액에 비정상적으로 적은 수의 중성백혈구 세포가 나타날 때이다.

호중성 백혈구활성 neutrophil activation 면역반응에 대비하여 백혈구 세포가 준비되는 현상이다.

호중온성 세균 好中溫性 細菌 mesophiles 25～40℃의 온도에서 가장 잘 생육하는 미생물이며, 5℃ 이하에서는 생육하지 못한다.

호티스 테스트 hotis test 젖소 유방염 진단법의 한 가지인데, 만연이 급격한 스트렙토코카스 아갈락티에(*Str. agalactiae*)에 의한 유방염을 검출하는 것이 목적이다. 0.5% BCP 용액 0.5 ㎖에 우유 9.5 ㎖를 섞어 37℃에 20～24시간 두면 이러한 연쇄균이 존재할 경우 색이 노랗게 변하거나 노란 박편이 시험관 바닥에 달라붙는다.

호프박(粕) spent hop 호프는 맥주에 쓴맛을 내게 해 주는 성분인데, 호프의 꽃에서 침출해서 만든다. 침출하고 난 찌꺼기가 호프박인데 건조해서 사료나 비료에 쓰여진다. 건조된 것은 조단백질 함량이 20% 정도 있지만 소화율이 낮으므로 사료로서의 가치는 낮고 조섬유도 20% 정도 있다. 또 쓴맛이 있어서 가축의 기호에 적당치 않으므로 유축, 임신축, 돼지에는 급여에 제한이 따른다.

호헨하임(hohenheim) **방목**(放牧) 독일에서 젖소의 농후사료 절약을 위해 고안된 윤환방목의 일종으로 단백질이 풍부한 어린 풀을 방목에 이용하기 위해 목구의 윤환을 빨리 하여 초지의 집약적 비배관리를 실시하는 것을 말한다.

호흡 呼吸 respiration 산소를 받아들이고 탄산가스를 방출하는 가스교환의 작용을 호흡이라 한다. 이것은 외기와 혈액 중의 가스를 교환하는 외부호흡과 혈액 조직세포 사이의 가스를 교환하는 내부호흡으로 나눠진다. 탄산가스를 생성하는 호기적 산화과정 전체를 호흡이라고 하는 경우도 있다. 배설된 탄산가스와 흡수된 산소의 몰비(또는 용량비)를 호흡상(respiratory quotient, RQ)이라 하며, RQ라고 표기한다. RQ는 체내에 있어서 실제로 산화된 물질의 종류와 양을 추정하는 데 중요한 수치이다. 각 영양소의 RQ는 다음과 같다.

① 단 백 질 ┬ 포유류 0.801
　　　　　 └ 조　류 0.705
② 지　　방 — 0.707
③ 탄수화물 — 1.000

호흡계 呼吸計 spirometer, respirometer 사용된 산소량에서 계산으로 에너지 소비를 측정하는 데 사용되는 장치, 즉 직접적인 칼로리 메터이다. Roth-Benedict형으로는 피험자가 가스용기에서 산소를 빨고 배출된 탄산가스는 소오다 라임(soda lime)에서 흡수된다. 사용된 산소량은 연속적으로 기록된다. 호흡계는 진단시 대사속도를 측정하는 데 임상적으로 사용된다. 예를 들면 갑상선 이상증 등이다. Kofranyi-Michaelis 호흡계는 휴대용으로 활동 중에 사용되는 에너지가 측정장치이다. → 직접 열량측정.

호흡상 呼吸商 respiratory quotient(RQ) 물질이 산화되었을 때 소비된 산소의 용량에 대하여 생성된 CO_2의 용량비이다. 사람의 호흡에 있어서 탄수화물의 산화는 1.0의 RQ를 가지고, 지방은 0.71, 단백질은 0.8의 RQ를 가진다.

호흡시험 呼吸試驗 respiration trial 가축이 섭취한 영양소의 생체 내에서의 이용과정을 조사하는 연구방법의 일종이다. 생체에 출입하는 고형부분, 즉 사료 섭취량과 분량을 측정하는 소화시험, 여기에 액상부분, 즉 뇨량을 가산하는 대사시험과 기체 및 열로서 방출되는 탄산가스와 물 및 일부 메탄가스 등을 합해서 물질 전체의 출납을 검토하는 방법을 호흡시험이라고 한다. 가축이 발생한 열의 총량을 직접 측정하는 것은 기술적으로 여러 가지 곤란한 점이 많지만 간접적으로 호흡 중에 배출하는 탄산가스 양과 소비한 산소량과의 비율인 호흡상(respiratory quotient)이나 또는 탄소와 질소의 출납을 이용해서 산출할 수가 있다. 전자를 RQ법, 후자를 C・N 밸런스법이라고 하고, 이를 위한 실험을 호흡시험이라고 한다. 호흡시험에는 마스크와 호흡대사실 및 부속설비로서 호흡시험장치를 사용한다. 마스크법은 단시간의 측정을 간편하게 실행하는 데 알맞다. 호흡실을 이용하는 방법은 개폐식・개방식・가스분석법・중량법 등 여러 가지 방법이 연구되어 있고, 장시간의 정밀한 실험을 하는 데 알맞다.

혼파 混播 mixture sowing 목초의 파종에는 단파와 혼파가 있다. 혼파는 흔히 두과 목초 1/4, 화본과 목초 3/4의 비율로 종자를 섞어 파종함으로써 두과 목초의 질소고정 작용과 이를 이용하는 화본과 목초의 상호작용으로 토양의 이화학성을 양호하게 한다. 그리고 토양 영양소 및 토지・공간의 합리적 이용, 초종 간의 협동작용에 의한 생산성 증가, 이용 연한의 증대, 기후・환경에 의한 재해의 경감, 영양 생산성・기호성을 증가시키는 이점이 있다. 혼파 초종은 기후조건, 입지조건, 이용목적 등에 의해 결정된다.

혼합 混合 blending 사료가공 용어로 미국의 규격에 의하면 혼합(blen-ding)은 2종류 또는 그 이상의 사료원료 혹은 사료를 혼합하거나 결합시키는 것이며, 균일하게 섞여지는지의 여부는 의미하지 않는다.

혼합목초 混合牧草 mixed grass 화본과 및 두과 목초를 2종 내지 수 종류를 조합해서 파종하여 생산한 것을 혼파목초라고 한다. 예로서 오차드 그라스와 라디노 클로버를 혼파한 것, 또는 여기에 페레니얼 라이그라스 및 레드 클로버를 더한 것, 그밖에 조건과 이용 목적에 따라서 많은 조합이 있다. 혼파의 이점으로는 ① 식물에 의한 토지의 영양소 이용을 합리적으로 하는 것(특히 두과에 의한 공중질소의 고정), ② 영양소의 균형과 기호성의 향상, ③ 생육시기가 다른 초종에 의해서 이용기간의 연장이 가능한 점, ④ 내한성・내병성 등이 다른 초종을 혼파하는 것에 따라 풍작과 흉작 차의 감소, ⑤ 건초・사일리지 조제를 위한 좋은 상태라는 점, ⑥ 잡초침입의 방제 등을 들 수가 있다. 한편 혼파의 결점으로는 초종에 의한 적응성의 차이와 초종 간의 경합, 초종에 의한 재생력이 다른 점 때문에 혼파 비율을 적정하게 유지하기가 곤란한 것과 또 채초지로서는 다수확을 기대하기 어려운 점 등이 있다.

혼합사료 混合飼料 mixed feed 행정상 및 유통상으로 보아서 어떤 특정 성분의 보급 또는 수입관세의 면세조치를 받는 것 등을 목적으로 해서 제조・판매되는 사료를 혼합사료라고 한다. 따라서 배합사료와 같이 가축이나 가금이 필요로 하는 영양소가 충분히 공급되도록 고려해서 제조되고 있는 것과는 달리 혼합사료를 사용할 때는 다시 다른 사료를 2차적으로 배합하고 가축・가금・양식어가 필요로 하는 영양소를 함유하도록 조정하는 것이 필요하다. 혼합사료 중에는 단백질 혼합사료, 2종 혼합사료(보통 옥수수 98%와 어분 2%를 혼합한 것을 말한다), 당밀 또는 흡착사료 등이 있다.

혼화성 액체 混和性 液體 miscible liquid 한 액체를 다른 액체에 용해하는 것, 즉 서로 섞이는 액체이다.

홀로시드류(類) holosides 가수분해를 받아 하나 또는 그 이상의 동일한 당만을 생성하는 당 복합체 또는 글리코시드의 총칭이다. 탄닌・안토시안・뉴클레오시드 등 당과 당 이외의 물질을 생성하는 것을 헤테로시드(heterosides)라고 한다.

홀로셀룰로오스 holocellulose 목재 중의 셀룰로오스와 헤미셀룰로오스의 혼합물이며, 리그닌 또는 회분성분을 추출해서 제거한 나머지 섬유물질이다.

홀스타인종(種) Holstein 원산은 네덜란드의 푸리잔(Friesian) 및 독일의 홀스타인(Holstein) 지방에서 사육된 흑백반(黑白斑)의 소인데, 원산지와 구미(歐美)에서 2,000년 이상 개량되어 온 가장 대표적인 젖소이다. 우리나라는 1902년 처음 들어와 사육되고 있으며, 현재의 99%(1980)가 홀스타인종이다. 암소의 특징은 쐐기형(설형)의 체형이고, 흑과 백의 얼룩무늬 모색(毛色)이다. 이 소는 보통의 사육방법에서 305일 유량이 5,000～6,000 kg이며, 자질이 좋은 개체에 따라 고도의 사양관리를 하면 12,000 kg을 넘는 고능력우도 드물지 않다. 또 지방률은 3.5%, 무지고형분율 8.3% 정도이다. 성성숙은 중간 정도로서 장령기는 6～7세이고, 암놈의 체중은 550～600 kg이 보통이다. 송아지의 생시 체중은 40 kg 내외이고, 활력이 왕성하며, 육용으로 황송아지(웅)의 조기육성 비육이라든지 송아지고기(veal) 생산에도 적당하다.

홀트벳 빙점시험(氷點試驗) Hortvet freezing test 우유에 물이 어느 정도 섞여 있는가를 빙점강하(氷點降下)의 측정으로 조사하는 시험법이다. 보통 우유의 응고점은 -0.53～-0.55℃이다.

홈통 수세장치(水洗裝置) riffle flume 물로 씻어야 할 제품이 흐르는 물 속을 통과하면서 씻기는 장치인데, 여러 층계의 홈통으로 이루어져 있다. 돌과 모래는 층계에 남게 된다.

화골 化骨 ossification 뼈나 뼈성분의 형성을 뜻하며, 발육기에 연골부와 골질부 간의 경계부나 골막부위 또는 기타 연조직의 화생에 의하여 뼈가 형성되는 것이다.

화공전분 化工澱粉 modified starch 식품 가공상 가치있는 특별한 성질을 갖도록 물리적·화학적 처리로 변화시킨 전분이다. 또 gel 강도의 변화, 유동성, 색, 투명도, 풀의 안정성 등 특별한 성질을 갖게 한 것을 말한다.

① 산화공 전분 : 산처리로 풀의 점도를 감소시킨 것이며, 사탕과자에 사용된다.
② 산화 전분 : 과산화물·과망간산염·염소 등은 풀의 점도, 투명도, 안정성을 변화시킨다.
③ 유도 전분 : 에테르·에스테르와 같은 화학적 유도체는 열수(熱水) 중에서 gel화가 감소된다든지 산과 알칼리에의 안정성이 증대(inhibited starch)되든지 하는 여러 성질을 갖는다. 식품이 통조림 속에서나 산성식품 속에서와 같이 가열처리에 저항이 필요할 때 유익하다.

화본과 목초 禾本科 牧草 grass 화본과 목초에는 그 종류가 많다. 수량이 많은 것과 가축의 기호성이 좋은 것이 특징이고, 젖소와 같은 반추가축의 사료로서 특히 훌륭하다. 생초(生草)로서 급여해도 좋고 건초나 사일리지로서 급여하기에도 알맞다. 화본과 목초는 두과목초에 비교해서 보통 단백질의 함량이 적고 칼슘함량이 낮으므로 주의를 요한다. 화본과 목초는 개화가 끝난 뒤에는 사료가치가 현저하게 저하되는 것이 많다. 주요한 것은 다음과 같다. 오차드그라스·라이그라스·티머시·훼스큐 등이 대표적인 화본과 목초이다. 건초제조는 두과목초에 비교해서 조제가 용이하지만 재료초(材料草)의 생육시기에 따라서 사료가치가 크게 좌우되고, 생육이 너무 지나친 경우는 사료가치가 낮은 목초가 된다.

화생 化生 metaplasia 한 성숙한 세포가 다른 형태의 성숙세포로 비정상적으로 바뀌어지는 가역적인 변화를 말한다.

화이트시드 테스트 whiteside test 유방염 진단법의 일종으로 화이트시드(W. H. Whiteside)에 의해 발견되었는데, 머피(W. H. Muphy) 등에 의한 변법(變法)이 널리 이용된다. 우유 5방울에 4% 가성소다 1방울을 가하고 유리판 위에서 잘 섞으면 유방염 우유는 응고하거나 덩어리가 생긴다. 소요시간은 20초밖에 걸리지 않는다.

화이트 클로버 white clover 화이트 클로버는 많은 품종이 있으며, 이를 분류하면 야생형·라디노형·중간형으로 나눌 수 있다. 이 작물은 추운 기후에 적합하고 북방형 목초이지만, 그 생육범위는 넓어서 온난한 지방에도 생육하고 레드 클로버(red clover)보다 내산성이 강하다. 보통 포복성이고 마디에서 많은 뿌리를 내려서 번식하고 초장(草丈)은 짧다. 매우 강건하므로 방목지의 목초로서 적합하다. 최근에는 라디노 클로버(ladino clover)가 수량이 많으므로 널리 재배되고 있으며, 라디노 클로버 이외의 다른 것은 수확량이 적다. 가축의 기호에 알맞고 단백질 함량이 높은 양질의 목초이다.

화입 火入 burning 초지를 조성할 때 잡목·관목·불량 야초 제거법의 하나이다. 잡·관목을 제거함과 아울러 지표에 퇴적된 낙엽 및 잡초를 없앰으로써 나지(裸地)를 조성하고 종자상을 정비하는 방법이다. 화입은 초지의 해충 발생을 방제하며, 양질의 초지를 만들고, 회분은 비료로서 이용되지만, 반대로 유기질 비료분의 소모 등 불리한 점도 있다.

화학적 등급 化學的 等級 chemical score 단백질의 동물에 대한 영양적 효과를 표시하는 방법의 일종이다. 미첼(Mitchel) 등에 의해 제창된 것으로 전란분(全卵粉) 단백질이 동물에 대해 거의 이상적인 필수아미노산 조성을 이루고 있는 점에 착안하여 여러 가지 사료 중 단백질의 각 필수아미노산 함량과 전란분의 것과 대비하여 모든 필수아미노산에 대해 양자의 비율(전란분 = 100)을 산출, 그 가운데 가장 낮은 비율을 보인 것을 그 사료단백질의 케미컬 스코어로 삼도록 규정하고 있다. 예를 들면 대두박의 케미컬 스코어는 56으로 산출되어 있는데, 이것은 대두박 단백질 중 메치오닌 함유비율이 전란분에 비해 가장 낮은 비율을 이루기 때문이며, 대두박에서는 메치오닌이 제한아미노산이 되어 대두박단백은 전란분 단백의 역가를 100으로 할 경우 56의 역가밖에 없다는 것을 나타낸다. → 케미칼 스코어.

화학적 산소요구량 化學的 酸素要求量 chemical oxygen demand(COD) 이 수치는 주로 오염된 물 중의 산화되기 쉬운 유기물의 농도를 나타내고 분뇨 처리중의 실험에도 중요한 측정항목으로 되어 있다. 곧 오염된 물, 황산성 또는 알칼리성으로 해서 산화제(과망간산칼륨·중크롬산칼륨 등 산소를 많이 함유하는 약품)와 섞어서 일정의 온도조건, 예로서 20℃ 4시간, 37℃ 1.5시간 등에서 산소가 얼마만큼 오물과 화합해서 감소했는가를 산소량의 ppm량으로 나타내고 있다. COD는 순화학적인 산화에 근거하는 것이므로 이들의 산소는 무기의 아산화물의 산화에도 사용된다. 따라서 유기물질의 총량을 나타내는 뜻은 아니다. → COD.

화학처리 化學處理 chemical treatment 산이나 알칼리 또는 다른 화학약품을 사용하여 구성분의 손실 없이 처리하는 공정으로서 열처리 공정이 필요에 따라 가감될 수 있다.

확장기 擴張期 diastole 심장이 혈액으로 차 있는 기간이며, 심장이 이완된 상태로서 혈압이 가장 낮다.

환기 換氣 ventilation 축사 내의 오염된 공기 속에서 가축을 사육하면 영양이나 조혈기능이 저하되어 생산력과 전염병에 대한 저항력이 현저히 감퇴하므로 환기장치가 필요하다. 환기장치로는 축사 내외의 온도차 및 바람을 이용하는 여러 방식이 있는데, 여름철에 바람이 불지 않을 때는 효과가 없어지므로 기동력을 이용할 필요가 생긴다. 소 1두의 1시간당 소요 환기량은 50～70 m^3 정도인 것으로 알려져 있다.

환우 換羽 molting 이 현상은 닭에 따라서 다소의 차이는 있지만 여름 늦게부터 초겨울에 걸쳐서 일조시간이 단축되는 시기에 경부(頸部)·흉부(胸部)·체구(体軀)·미부(尾部)·익부(翼部)의 순으로 우모(羽毛)가 바뀌어지는 것을 자연환우라 하며, 산란중인 경우 휴산하는 것이 보통이다. 초년계(初年鷄)의 경우에도 영양이 급격히 저하한 때는 휴산하고 부분환우를 일이키는 일도 있다. 또 1계군(鷄群)이 부분적으로 환우하게 되면 경제적으로도 손해가 되고 사양면에서도 불편한 점이 많다. 종계의 경우에는 일시에 다량의 종란이 요구되므로 수일간을 절식·절수시켜서 일제히 환우를 시켜 산란기를 맞춘다. 이것을 강제환우(forced molthing)라고도 한다.

환원 還元 reduction 산화(oxidation)의 반대되는 말로서 분자 중에 수소를 받아들이는 것이 환원이다. 모든 환원반응은 산화반응을 동시에 수반한다.

$$\underset{\text{수소}}{2H_2} + \underset{\text{산소}}{O_2} \rightarrow \underset{\text{물}}{H_2O}$$

여기에 산소는 환원된 것이고, 동시에 수소는 산화된 것이다. 식품의 생물학적 산화에서는 탄소와 수소는 산화되고, 산소는 환원된다. 일반적인 뜻으로는 분자 중에 전자(H^+)를 받아들이는 것이 환원이다.

환원당 還元糖 reducing sugar 알데히드 또는 케톤의 환원성 말단을 가진 당류·포도당·과당·락토오스 등과 같은 것인데, 이들은 페링·베네딕트 시약의 환원하는 힘에 따라 시험된다.

환원당량 還元當量 reducing equivalent 산화/환원 반응에서 한 화합물로부터 다른 화합물로 이전되는 전자에 대한 일반적 용어이다. 환원당량은 전자의 형태에는 상관없이 전자의 이전을 뜻한다.

환원철 還元鐵 reduced iron 산화철을 환원해서 만든 세분상(細粉狀)의 금속이다. 빵 등 식품에 철이 첨가될 때 사용된다.

활성산소류 reactive oxygen species(ROS) ATP 형성 중 만들어진 몇 가지 산소 유도체로서, 인체에서 끊임없이 만들어지며, 박테리아와 불활성 단백질을 제거하므로 질병 및 염증 과정에 깊이 관련되어 있다.

활성산소법 活性酸素法 active oxygen method 유지의 안정성을 측정하는 방법인데, 가열시료에 공기의 거품을 통과시켜 과산화물의 생성을 관찰하는 것이다. Swift's 안정시험이라고 한다.

활성오니 活性汚泥 active sludge 폐·하수를 처리할 때 얻어지는 부산물이다. 이것은 폐·하수 오물에 미생물을 사용해서 처리한 것이기 때문에 미생물의 균체 및 그 생산물을 포함하고 있다. 제품에 따라서 그 성분은 매우 다르지만 비타민 B_{12}의 함량이 높고, 양질의 것은 비타민의 급원으로서 이용된다.

활성제 活性劑 activators　다른 물질에 의해서 대사활동을 시작하게 하는 물질이다. 예를 들면 미량무기물이 비타민과 결합할 때 효소의 활성을 증가시킨다. 효소가 기질을 활성화시키는 계열의 일부를 차지하며, 기질 활성화에 앞서 필요한 물질이 activator이다. 반응계의 일부이지만, 기질의 활성에 역할을 하지 않은 물질이 코엔자임(보조효소)이다. 많은 무기질들이 activator가 된다. 예로서 타액 아밀라아제는 염소이온을 요구한다. 그밖에 칼륨・칼슘・마그네슘 등의 이온을 요구하는 효소도 많다.

황달 黃疸 jaundice　빌리루빈(bilirubin)의 축적으로 피부에 황색을 나타낸다. 즉 혈중 빌리루빈량이 증가하고 피부나 점막에 담즙색소가 침착하여 외양이 노랗게 보이는 증상이다. 이 색소는 헤모글로빈, 미오글로빈, 시토크롬의 헴의 파괴로 비장에서 생성된다. 빌리루빈의 중독은 뇌세포의 발달에 지장을 초래하고, 특히 신생아는 빌리루빈을 제거하는 과정이 잘 발달되어 있지 않으므로 뇌세포의 발달에 지장을 초래할 수 있다.

황돈 黃豚 pig with yellow fat　생선의 내장, 가축의 내장, 변질된 잔반 등을 다량 계속해서 급여하면 돼지 도체의 지방과 육이 황색을 띠고 연하게 되며 악취를 내기 쉽다. 이와 같은 돼지를 황돈이라 부르는데, 그 살코기는 식용으로서 가치가 낮다. 외관상으로는 황돈인지 아닌지를 알 수 없지만 생체진단용 채취기에 의해서 배지방층의 일부를 조사하면 판정될 수 있다. 황돈은 여름철에 사육한 것에 많고, 출하 전 1～2개월의 사료 개선에 의해 어느 정도는 개선된다.

황산염 黃酸鹽 sulphate, sulfate　무기질 유황은 식품과 체내에서 다음의 두 가지 주요 형태로 함유되어 있다. 즉, 황산염과 아미노산으로서 메치오닌(methionine)과 시스틴(cystine) 중에 존재한다. 이는 황산(sulfuric acid)과의 에스테르 또는 염(salt)이다.

황산콘드로이틴 chondroitin 4-sulfate　연골과 뼈의 기초물질로서 프로테오글리칸(proteoglycan)이다.

황숙기 黃熟期 yellow ripe stage　옥수수 등 낟알이 거의 완숙하는 시기로서 사일리지를 목적으로, 베는 시기는 원칙적으로 종자가 황숙기에 달했을 때가 적합하다. 이 시기에는 영양소가 거의 최고에 도달하며, 잎의 손실도 거의 없고, 수분함량은 양질의 사일리지 생산에 적당하다(65～75%).

황열병 黃熱炳 yellow fever　모기에 의해 전염되는 바이러스성 급성전염병이다. 고열・황달・단백뇨가 특징이며, 황달은 간의 괴사 때문에 나타난다.

황체형성(黃體形成) **호르몬** luteinizing hormone(LH)　성호르몬 분비를 자극하고, 기타 생식선을 조절하는 생식선자극 호르몬이다.

황체(黃體)**호르몬** corpus luteum hormone　난소의 황체에서 분비하는 호르몬으로서 progesteron이라고도 하는데, 자궁에 작용하여 임신에 필요한 준비적 변화를 일으키며 또한 임신 지속에 중요한 역할을 담당한다. 임신한 동물에서는 태반에서도 분비된다. 임신 중에 황체호르몬이 결핍되면 유산하게 된다. 소의 경우 임신성 황체가 약 7개월 존속하여 작용하는 것으로 알려져 있지만, 말에서는 2～3개월 전후하여 퇴화하고, 그 이후에는 태반에서 분비되는 황체호르몬에 의해 임신이 유지되는데, 이러한 이행이 원활치 않을 경우 이 시기에 유산이 많다.

회귀 回歸 regression 어떤 변수 Y가 1조의 변수 X_1, X_2, ……의 영향을 받아서 변화하는 경우 수학적으로 Y는 X_1, X_2,……의 관수(關數)라고 하지만 생물학에서는 회귀라고 한다. Y가 하나의 변수 X만의 관수로서 직선적 관계로 나타날 경우 직선회귀라고 하고, 측정치에서 최소 2승법에 의해 회귀식 $Y = a + bX$로 유도한다. a는 정수이고, b는 회귀계수(regression coefficient)이다. 이 식이 나타내는 직선은 X에 관계하는 Y의 회귀직선(regrsesion line of Y on X)이라고 한다. X와 Y 관계가 곡선적인 경우는 곡선회귀라고 한다.

회분 灰分 ash 유기물을 완전히 태워 제거한 후의 잔유물이다. 태우기 전의 물체 속에 있었던 무기염량을 표시하는 척도로서 사용된다.

회색야계 grey jungle fowl 닭은 조류 중 가장 먼저 인위적으로 개량된 가금으로서 지금은 난용종·육용종·겸용종 등으로 나누고 있는데, 관상용까지 포함한다면 이 지구상에는 약 300여 종 품종이 성립되어 있다. 닭의 조상은 남방에 야생하고 있는 야생계(jungle fowl)에서 출발했다는 것이 거의 확실하다. 지금까지 생존하고 있는 4종 중의 하나로서 남서인도에서 사육되는 야계인데, 수컷의 경우(頸羽)에는 굵은 삼본의 백선이 있다. 암컷의 부의우에는 첨반(尖斑)이 있다.

회장 回腸 ileum 소장의 최후 부분, 즉 소장이 결장(대장의 일부)과 연결되기 직전의 부분이다.

회충 蛔蟲(닭) fowl roundworm 닭의 소장에 기생하는 흔히 볼 수 있는 선충으로서 내부 기생물 중에서 가장 큰 피해를 주는 것 중의 하나이다. 다 자란 자충은 6～12 cm, 웅충은 3～8 cm이다. 병계(病鷄)로부터 분 중에 배설된 회충의 난은 자연계에서 커져서 감염능력을 가진 성숙란이 되고, 이것이 경구적으로 체내에 들어오면 소장 같은 곳에서 부화되어 거기에서 기생하게 된다. 성숙란이 체내에 들어와서 성충이 되기까지는 35～50일을 요한다. 회충의 기생은 여름에서 가을에 걸쳐 많고, 겨울에는 적다. 회충의 기생이 많아지면 병아리의 발육이 나쁘고 빈혈·각약증 등이 나타나며, 또 디프테리아·콕시듐증 등에 감염되기 쉽다. 산란계는 기생수가 적으면 외관상 큰 영향이 없지만 다수가 기생하면 산란율이 저하되든지 또는 휴산(休産)한다. 회충란은 약물이나 저온 등에 대해 저항력이 강하고, 겨울에도 사감(死減)하지 않고 월년한다. 그러나 고온·건조에는 비교적 약하다. 회충의 구충에는 헤노티아진 또는 피페라진 등이 유효하다.

회충구제약 蛔蟲驅除藥 ascaricide 회충에 의한 해독작용은 완만하게 발생하지만 매우 크기 때문에 적절한 구제약에 의한 예방이 중요하다. 구제약으로서 nicotin, phenoidazine, hygromycin B, piperazine 등이 있다. 비교적 소량의 구충제를 장기간 투여하는 것보다는 일시에 적량을 투여하는 편이 유효하다. 닭의 적량으로는 체중 1 kg당 nicotin은 50 mg, 그리고 piperazin은 200～300 mg이다. Phenodiazine과 hygromycin B은 사료 중 0.03% 정도 배합하고 장기간 급여하면 효과가 인정되어 있기 때문에 사료첨가제로서 투여하는 것이 좋다.

횡문근 橫紋筋 striated muscle 세포가 근섬유분절(筋纖維分節, sarcomere)의 존재로 인해 스트립모양을 나타낸 근육이며, 골격근과 심장근이 포함된다.

효모 酵母 yeast 이것을 대별하면 토롤라효모와 같이 적당한 배지(당밀 · 펄프폐액 등)에 효모를 배양해서 균체를 모아 건조한 것과 맥주효모와 같이 주 제품의 생산공정에서 부산물로서 얻어지는 효모가 있다. 이들 효모는 단백질을 40% 이상 함유하고 함유황아미노산이 적다는 것 이외는 필수아미노산이 균형이 잡혀 있으므로 양질의 단백질원이라 할 수 있다. 또 비타민의 함량도 많고 미지성장인자가 함유되어 있다. 효모에서 핵산계 물질을 제거한 것을 탈핵산효모라고 하고, 그 밖에도 자외선을 쬐인 조사효모가 있으며, 발효력이 남아 있는 활성효모 등도 있다.

효모(酵母) 엑스트랙트 yeast extract 자기소화된 효모의 수용성 부분의 조제품이다. 비타민 B군의 풍부한 공급원으로 또 강한 풍미가 있는 향미제로도 가치가 있다. 효모(상업적으로는 양조용 효모)를 자기소화하고 뜨거운 물로 추출하여 증발되면 농축한다.

효소 酵素 enzyme 생물체 내에서는 많은 화학반응이 원활히 행하여지고 있다. 즉 효소가 존재하여 화학반응을 진행시키고 있다고 할 수 있다. 이때 효소 자체는 변화하지 않으므로 효소는 생물체 내에서 만들어진 촉매라고 할 수 있다. 효소는 특수한 효소작용을 행하는 활성 원자단을 갖는 단백질이다. 활성원자단은 단순단백질 내의 어떤 아미노산 집단일 수도 있고, 단순단백질과 견고히 결합하여 복합단백질을 구성하는 저분자 성분인 때도 있으며, 또 단백질과 떨어지기 쉬운 결합을 하고 있는 저분자 화합물인 때도 있다. 이 제 3의 경우에 해당되는 활성 원자단을 조효소(coenzyme)라고 한다.

효소사료 첨가제 酵素飼料 添加劑 enzyme feed additive 효소는 가축의 체내의 모든 반응, 즉 영양소의 소화, 단백질 이외의 생합성, 생체에 필요한 에너지의 생성 등에 관여하여 반응속도를 높이는 작용도 하므로 효소가 없으면 살아갈 수 없을 정도로 중요한 역할을 한다. 사료첨가제로서 이용되는 효소는 용도에 따라 다르지만 디아스타아제 · 아밀라아제 등의 전분 분해효소가 있고, 펩신 · 트립신 등의 단백질 분해효소가 있으며, 섬유를 분해하는 셀룰라아제 등이 있다. 또한 생산 기원에서 본 경우는 곰팡이효소, 세균효소, 곰팡이와 세균 효소합제 등이 시판 유통되고 있다.

효소원 酵素原 proenzyme 효소의 불활성 전구체로서 zymogens라고도 불리운다. 예를 들면 pepsinogen, trypsinogen 등이다.

효소 전구체 酵素 前驅體 enzyme precursor 어떤 종류의 효소는 불활성인 전구체로 분비된 다음 어떤 반응을 거쳐야 비로소 정상적인 활성을 나타내게 된다. 예를 들면 트립신(trypsin)은 불활성인 트립시노겐으로 분비된 후 엔테로키나아제(enterokinase)와 반응하여 비로소 활성화되는 성질을 가지고 있다.

후각상실증 嗅覺喪失症 anosmia 후각신경(olfactory nerve)의 일부 손상 또는 완전 손상 여부에 따라 일시적 또는 영구적 후각 기능의 상실을 뜻하며, 이런 사람은 식사의 즐거움을 갖지 못한다.

후단종(種) Houdan 겸용종의 닭 품종으로서 원산지는 프랑스 후단지방이며, 이보다 먼저 성립된 크레브코에스(Crevecours)종과 폴리쉬(Polish)종과 5지(趾)를 가진 재래종을 교배시켜 하나의 독립된 품종으로 만들었다. 체중은 ♂ 4.1 kg, ♀ 3.0 kg이고, 각상관(角狀冠)과 모관(毛冠)을 가지고 있으며, 육수는 적고 귀부리는 백색이다. 등은 길고 넓으며, 체구는 잘 뻗어 있고 다리는 강하며, 다섯 개의 발가락을 가지고 있다. 우모는 백색 또는 설반(雪斑)이며 취소성은 거의 없다. 체질은 강건하고 생장은 빠른 편이며, 난각은 백색이고 정강이는 회색백이며, 피부는 담황갈색이다. 육량은 많으며, 육질은 우량하고 다산(多產)하는 편이다.

후물론 humulone 맥주의 전통적 냄새와 쓴맛을 내기 위한 호프(hop)의 두 종류의 수지(resin) 중 하나이다.

후민산 칼슘 calcium humate 고분자의 유기산인 후미산에 칼슘을 함유시킨 것인데, 이것은 가축의 장내의 유효미생물을 증식시키고 또 장내의 유해물을 고정해서 체내에의 흡수를 방지하는 작용이 있다고 한다. 이 후민산 칼슘을 가축의 사료에 0.3~0.5% 첨가함으로써 성장을 촉진하고 냄새를 완화하는 효과가 있다.

후산 後産 afterbirth 분만 후에 배출되는 태막과 제대(臍帶)를 말한다. 태아 분만시 제대가 끊어져서 모자와 태반 간 혈행이 끊겨 융모가 축소하고 또한 자궁도 내압의 급감과 후진통에 의해 급속히 축소하여 융모가 모체 태반으로부터 떨어져 나간다. 후산은 태아면을 외측, 자궁면을 내측으로 하여 배출되며, 중량은 2~16 kg이고, 평균 6.4 kg이다. 배출시간은 소에서는 일정치 않아 1~2시간에서 10시간이며, 평균 6시간을 요한다.

후숙기 後熟期 post ripe 황숙기 다음의 시기로서 종자가 지상으로 흩어지기 시작하는 시기이며, 식물체가 마르기 시작한다. 종자형성기 후기로서 과숙기가 이에 해당한다.

후천성 면역결핍증 acquired immunodeficiency syndrome(AIDS) HIV 바이러스가 특정 종류의 면역세포를 공격하여 후천적으로 체내 면역기능이 떨어지고 감염원에 대항할 수 없는 상태를 초래한다.

후추 胡椒 pepper 덩쿨풀 pipernigrum(동인도)의 장과(漿果)를 건조하고 분말로 한 것이다. 백후추는 성숙과(외피를 제거)에서, 흑후추는 말숙과에서 얻어진 것이다. 매운맛은 alkaloid류, piperlin, piperlidin, chavicin에서 유래하는 것이다. Red pepper(cayenne pepper)는 고추(capsicunm)의 성숙과를 건조한 것으로서 후추와는 직접 관계가 없다. 작은 고추에 관목성 고추 chillis가 있다.

훈연 燻煙 smoking 고기와 생선의 기호성을 좋게 하기 위하여 소금에 절인 후 훈연하여 방향(flavor)을 개량한다. 단단한 재질을 갖는 목재는 저장력이 있는 알데히드·페놀·산 등을 포함하는 연기를 내므로 표면의 탈수도 이루어져 저장을 돕는다.

훈제청어 燻製青魚 red herrings 충분히 소금에 절인 후 약 10일간 훈연한 것이다. Kippers는 소금에 조금 절이고 하룻밤 훈제한 것으로 yarmouth bloaters라고도 한다.

훼이 버터 whey butter Serum butter도 같은 것이다. 유장 whey 중에 남아 있는 소량의 지방으로 만든 것으로 지방산 조성이 일반 버터와 약간의 차이가 있을 뿐이다.

훼이, 유청 乳清 whey 전유 또는 지방유에 산 또는 렌닌을 가해서 커드(curd)를 응고시켜 제거한 나머지의 반투명하고 황녹색인 수용액을 훼이 또는 유청(milk serum)이라 한다. 훼이는 치즈와 카제인 제조의 부산물이고, 그 조성은 수분의 90% 이상인 것 이외에 유당(lactose)을 주로 하고, 다시 가용성 단백질인 락토알부민(lactoalbumin)과 락토글로불린(lactoglobulin) 및 무기물 비타민 B류와 비타민 C를 함유한다. 훼이에서 유당이 제조되고, 또 농축 혹은 건조해서 식품가공용 및 사료용으로 이용된다.

휘발성 염기질소 揮發性 鹽基窒素 volatile basic nitrogen 암모니아 및 아민 등과 같이 염기성 질소화합물이고 알칼리성으로서 통기하게 되면 휘발하게 되는 것의 총칭이다. 보통 단백질이 미생물 등의 작용으로 분해되어 생긴다. 이 때문에 어분·어즙 등의 단백질의 신선도 및 품질을 표시하는 지표에 쓰여지며, 또 사일리지에서는 단백질의 분해 정도을 알기 위한 수치로서 쓰여진다. 휘발성 염기질소의 함량은 시료 100 g의 추출액에서 단백질을 제거하고 알칼리성으로서 일정한 조건하에서 공기를 주입함으로써 얻어지는 질소의 mg수를 가지고 나타낸다.

휘발성 지방산 揮發性 脂肪酸 volatile fatty acid(VFA) 수증기 증류에 의해서 얻어지는 저급지방산의 총칭으로서 우유의 지방에는 카프론산과 카프릴산이 그 주성분이며, 버터의 영양가가 높은 주원인으로 되어 있다. 반추위내에서는 주로 탄수화물에서 미생물의 작용에 의해서 생성되고, 그 주된 것은 아세트산(acetic acid)·프로피온산(propionic acid)·낙산(butyric acid)이다. 이밖에 valeric acid, isobutyric acid으로 2-methylbutyric acid 등도 조건에 따라서 생산된다. 제1위내의 휘발성 지방산의 조성은 급여하는 사료의 질에 의해서 크게 영향을 받게 되고 또 휘발성 지방산의 조성에 의해서 사료의 에너지가도 영향을 받는다.

휘트 레드독 wheat red dog 제분공정의 종말에 나오는 식용이 되지 않는 가루 및 밀기울에 배아분말·밀가루 등이 섞여진 것이며, 보통의 제분공정에서 얻어진다. 미국의 공정규격에는 조섬유 함량은 4.0% 이하로 하고 있다. 휘트 레드독은 밀기울에 비교해서 전분이 많고 조섬유 함량이 낮으므로 돼지 또는 송아지의 사료 이외에도 양계사료로도 이용된다. 휘트 화이트 쇼트(wheat white shorts), 휘트 화이트 미들링(wheat white middlings)으로 불려지는 것은 모두 여기에 속한다.

휘트 미들링, 말분(末粉) wheat middling 밀기울의 분말, 휘트 쇼트, 배아분말 및 소맥분이 섞여 있는 것인데 보통의 제분공정에서 얻어진다. 미국의 공정규격에는 조섬유 함량은 9.5% 이하로 규정하고 있다. 이것은 우리나라에서는 밀기울보다 밀가루층이 많은 것으로, 사료성분도 밀기울과 거의 같은 것인데 밀기울 대신에 있으며, 보통 말분(middinn)이라 부르고 있다.

휘트 밀런 wheat mill run 밀기울의 조분(粗粉) 및 분말, 휘트 쇼트 및 소맥 배아분이 섞여 있는 것인데 보통의 제분공정에서 얻어진다. 미국의 공정규격에는 조섬유 함량이 9.5% 이하이다. 이것은 휘트 믹스드 피드(wheat mixed feed)라고도 불리고, 밀기울과 거의 같은 사료성분인데 밀기울 대용에 이용된다.

휘트 쇼트 wheat shorts 밀기울, 배아분말 및 밀가루로 된 것인데 보통의 제분공정에서 얻어진다. 이것은 밀기울과 비슷한 사료성분을 가졌고, 미국의 공정규격에는 조섬유 함량은 7.0% 이하이다. 휘트 그레이 쇼트(wheat gray shorts), 휘트 그레이 미들링(wheat gray middlings), 휘트 플라워 미들링(wheat flour middings)이라고 불리고 있는 것은 모두 여기에 속한다. 휘트 쇼트는 밀기울 대용으로 이용된다.

휘트 스크리닝, 소맥쇄 wheat screening 밀의 제분공정에 있어서 원료의 정선공정에서 분리되는 맥(麥)의 잡물인데 간단히 "스크리닝"이라고도 불리고 있다. 스크리닝은 부숴진 밀낟, 불충실한 밀낟, 다른 작물과 잡초의 종자, 밀대부스러기 등이 섞여 있는 것인데, 그 성분은 이들의 혼입비율에 따라서 상당히 다르다. 우리나라에서는 스크닝에 해당하는 것을 소맥쇄(小麥碎) 또는 세실(細實)이라고도 한다. 보통 스크리닝은 밀기울 또는 그 이상의 사료가치가 있으므로 밀기울 대용으로 이용된다. 스크리닝은 그 속에 함유된 잡초의 종자가 가축의 똥을 통해서 밭에서 무성해지는 것을 방지하기 위해서 분쇄해서 주도록 하고 있다.

휘트 피드 플라워 wheat feed flour 밀가루에 소량의 밀기울의 미분, 배아분말 및 제분공정의 종말에 나오는 기타의 부산물이 섞인 것인데 보통의 제분공정에서 얻어진다. 이것은 밀기울보다 분상부(粉狀部)가 많고, 미국의 공정규격에는 조섬유 함량이 1.5% 이하로 하고 있다. 따라서 소나 돼지 이외도 닭 사료로도 이용된다.

흉선 胸腺 thymus 고등동물의 목 주위에 있는 림프선(lymphoid organ)이며 분비관이 없는 내분비선을 말한다. 생육 초기에 면역기능의 발달에 필요하며, 출생 직후에 상대 크기가 가장 크고, 사춘기 때에 최고에 달했다가 그 후 퇴화되기 시작한다.

흑두병 黑頭病 black head disease 이 질병으로 죽으면 벼슬이 변색해서 청흑색으로 되기 때문에 흑두병이라고 불려지게 되었다. 그러나 이 병은 히스토모나스 멜라그리디스(histomonas melagridis)라고 하는 편모충이 칠면조 및 닭의 맹장이나 간에 기생하여 발병되므로 전염성 장간염(infectious enterohepatitis) 또는 히스토모나스병(histomonasis) 이라고 부르는 것이 옳다. 이 병은 세계적으로 산재하고 있으며 4계절을 통해서 볼 수 있는데, 특히 여름철 부화 후 1~3개월 정도의 중추에서 발생하기 쉽다. 병든 닭은 활기가 없고, 식욕이 저하하고, 우모가 거꾸로 서고 걸음이 주춤거린다. 수양(水樣) 또는 황백색의 점액변이 이 병의 특징이다. 이 병의 전염은 병계(病鷄)의 분 중에 배설된 충체(虫体)를 건강한 닭이 먹고 발병하므로 예방에는 철저한 위생관리가 필요하다. 병원충의 자연감염은 맹장 내에 기생하는 맹장선충으로부터 매개되므로 이 선충을 구제할 필요가 있다. 이 병의 예방은 페노다이아딘·나이사이아자이드 등이 유효하다.

흑색종 黑色腫 melanoma 멜라닌 색소를 만드는 세포에 생기는 악성 종양으로서 멜라닌이라 불리는 색소를 함유하고 있으며, 외관은 건조한 것 같지만 만지면 손에 검은 물이 든다. 신체의 어느 부위나 피부에 생기고 눈에도 생긴다. 흔치는 않지만 생식기, 항문, 입 및 기타 부위에도 생긴다. 소의 경우 주로 4지 주위에 발생하여 한계가 뚜렷한 종류(腫瘤)를 만든다. 고립적으로 발생하지만, 간혹 다발성으로 전이하는 것은 흑색종성 육종 또는 흑색종성 암종으로서 육종 가운데 가장 악성이다.

흑설증 黑舌症 black tongue 개에 니코틴산 결핍이 있을 때의 증상이며, 사람의 펠라그라(pellagra)와 유사한 영양성 증상이다. 니코틴산을 분리할 때에 사용된다.

흑혈증 黑血症 melanemia 혈액 속에 검은 과립성 불용성 색소가 나타나는 것이며, 일종의 혈색소증이다. 종증(腫症) 말라리아의 경우 적혈구 파괴에 의하여 생긴 흑색소가 혈액 중에 나타나는 증세이다.

흡수 吸收 absorption 섭취한 사료는 소화작용을 받은 후 소화관벽을 통해서 혈관 및 임파관 내로 이동하는데 이 이동을 흡수라고 한다. 흡수는 단순히 확산이라든지 삼투뿐만이 아니라 소화관벽의 세포에 의한 생화학적 작용이 관여해서 흡수된 물질의 종류나 속도가 조절되도록 한다. 흡수되는 물질의 주요한 형태는 단당류·아미노산·지방산·가용성 염류 등이다.

흡습성 吸濕性 hygroscopic 식탁염이 습기를 흡수하는 것과 같이 수분을 흡수하기 쉬운 것을 뜻한다. 염화칼슘 또는 실리카겔 등의 물질은 수분을 쉽게 흡수하기 때문에 건조제로 사용된다.

흡열 吸熱 endergonic 생체조직이 복잡한 분자를 합성할 때와 같이 에너지를 공급받아야 하는 화학반응을 뜻한다. 즉 단백질 합성의 경우가 그 예이다.

흡착사료 吸着飼料 slouble with bran 당밀·어즙·알코올발효 폐액 등과 같이 수분함량이 많거나 또는 점착도가 높은 액상의 것은 배합사료에 혼합할 경우 특수한 장치가 필요할 뿐만 아니라 자가배합을 실행하는 경우에도 이것을 원만하게 사용하기에는 기술적으로 곤란한 경우가 많다. 따라서 흡착성이 높은 사료와 미리 혼합해서 다른 사료에 배합하기 쉽고 저장하는 데도 지장이 없도록 한 것을 흡착사료라고 한다. 이 경우 흡착 자제(資劑)로 쓰이는 사료는 흡착력이 풍부한 것이 바람직하다. 보통 밀기울·탈지미당 등이 많이 쓰인다.

희석제 稀釋制 diluent 희석제는 특정 미량성분을 흡착하거나 물리적 성질을 변화시키지 않고 영양소의 농도를 희석한다든지, 또는 농도를 낮추기 위해 첨가하든지, 또는 가축에 대한 영양소의 섭취를 용이하게 하기 위해서 사료에 첨가되는 것을 말한다. 이것은 안전하게 사용될 수 있고, 사료와 균일하게 혼합될 수 있는 것으로서 캐리어(carrier)와 같은 의미가 있다. 동물에게 무해하고, 영양적으로 무효(無效)한 것이며, 주로 사용되는 희석제로는 인산칼슘·카올린·분쇄패분·소금·황산나트륨·설탕·대두분·말분 등이 있다.

흰강남콩 白菜豆 white butter bean Phaseolus lunatus인데, 미국에선 lima bean이라고 하며 curry bean·madagascar beans·sugar beans 등으로도 불리운다. 조리 후의 분석치는 수분 70.5%, 지방 극소량, 단백질 7%, 탄수화물 17%, 100g당 93 kcal, Fe 1.7 mg이다.

흰쥐 白鼠 white rat 실험동물로서 많이 사용되는 동물로서 무스 라투스나 무스 노르베지쿠스의 백색 쥐이다.

히드록시 라디칼 hydroxy radical(OH^0) 감마선(gamma ray)에 노출하거나 다른 자유라디칼 간에 반응할 때 체내에서 생성되는 자유라디칼(free radical)이다. 히드록시 라디칼은 가장 반응이 강한 자유라디칼이며, 세포·기관세포막·단백질 또는 DNA로부터 전자를 빼앗아 감으로써 세포 또는 세포 구성분을 파괴시킨다.

히드록시리신 hydroxylysine(Hyl) Lysyl hydroxylase의 작용에 의해 콜라겐 섬유에 부착된 후에 lysine으로부터 형성된 특수 아미노산이며, 단백질에는 거의 존재하지 않는다.

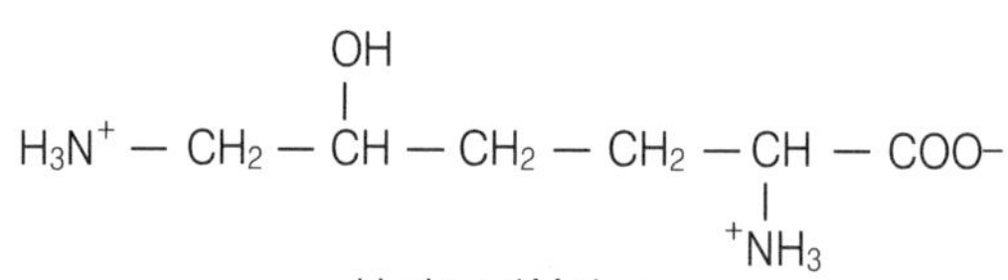

Hydroxylysine

히드록시 안식향산(安息香酸) 에스테르 hydroxybenzoic acid esters 메틸, 에틸, 프로필 및 부틸에스테르, 그리고 나트륨염이 여러 나라에서 500~1,200 ppm 범위에서 방부제로 쓰여지고 있다. 우리나라에서는 에틸, 프로필 및 부틸 등의 para-hydroxy-benzoic acid ester를 사용 허가하고 있다.

히드록시프롤린 hydroxyproline 콜라겐에 부착된 후에 히드록시화 반응(hydroxylation)에 의해 proline으로부터 형성된 비필수 특수 아미노산이다. 이 반응은 prolyl hydroxylase에 의해 촉매되며, 철분(제1철) 이온과 비타민 C가 필요하다. 히드록시프롤린은 단백질에 거의 들어 있지 않으며, 콜라겐 섬유의 조밀함을 도운다.

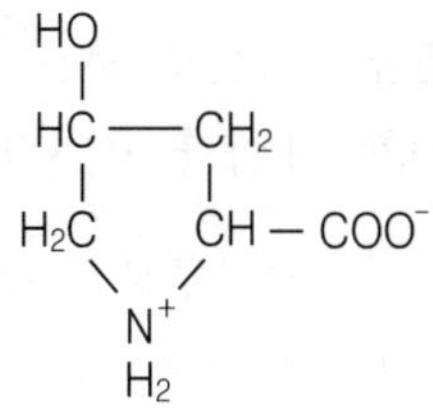

Hydroxyproline

히드록시화 반응 hydroxylation 유기화합물에 수산기(hydroxy group, OH)를 부착시키는 반응이다.

히루딘 hirudin 거머리의 침샘에 있는 혈액응고 저지물질로서 트롬빈(thrombin)을 불활성화시키는 작용을 갖는다.

히스타민 histamine 아미노산인 histidine이 탈탄산되어 생기는 화합물로서 신체에 강한 약학적 효과를 갖는다. 예로서 천식에 있어 기관지의 평활근을 수축시킨다. 이 때에는 항히스타민제가 사용되는데, 혈관을 팽창시켜 혈압강하를 일으키므로 위산의 분비를 강력히 촉진시킨다. 이를 이용하여 무산증성(無酸症性) 설사의 시험에 사용된다.

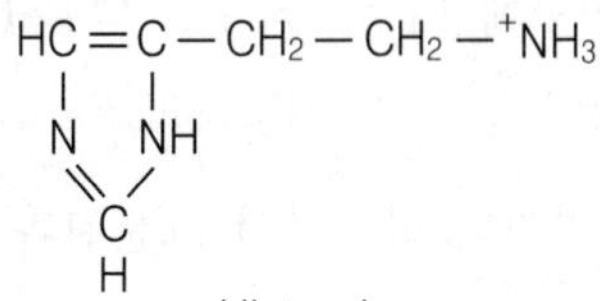

Histamine

히스톤 histone 세포핵에 들어 있는 단순단백질로서 염기성 아미노산함량이 높으며 물과 약산, 약알칼리 용액에 녹고 희(稀)암모니아에 녹지 않으며, 열에 의해 응고되지 않는 단백질이다. 식물 및 동물 세포핵에 핵산과 결합되어 있는 단백질로서 다른 단백질과 응집해서 침전하기 쉽다. 가수분해하면 다량의 arginine과 lysine이 생긴다. 예로서 고등어 정자 속의 scombrone · 흉선 histone 등이 있다.

히스티딘 histidine(His, H) 쥐에는 필수이지만 사람에게는 비필수염기성 아미노산이다. 그러나 성장기의 아동에게는 필수적이라고 한다. 탈탄산하면 히스타민(histamine)으로 된다.

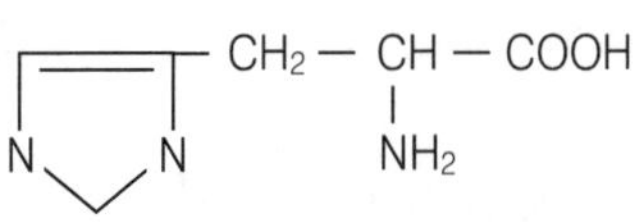

Histidine

히스티딘에미아 histidinemia 아미노산인 histidine이 비정상적으로 높은 혈액의 상태이다. histidine ammonia lyase라는 효소결핍으로 히스티딘(histidine) 대사의 유전적 장애에서 오며, 신경발달 지연과 불명료한 대화를 보인다.

히알루로니다아제 hyaluronidase ① 히알루론산 등의 점질다당류(mucopoly saccharide)를 분해하는 효소의 일군(一群)인데 carbohydrase이다. 초유・세균・원생동물 등에서 볼 수 있다. 피부 속에 있는 히알루론산을 분해하여 물질의 확산을 조장시키기 때문에 확산인자로 알려졌다. 이런 이유에서 임상적으로는 피하주사・근육주사의 흡수촉진에 이용되고 있다. ② 정자 두부 첨체 속에 존재하는 효소로서 수정 시에 정자의 진로를 열어 주는 작용을 한다. ③ 정자가 난자와 결합시 투명대를 뚫고 난자 내로 진입하기 위한 첨체반응을 해야 하는데, 이때 이 hyaluronidase 효소가 필요하다.

히알루론산(酸) hyaluronic acid 동물조직 중에 들어 있는 점질다당류(粘質多糖類)인 mucopoly saccharide인데, 동물조직 중에 분포되어 있다. 조직 사이에서 몸을 보호 유지해 주며 세포 간의 연결, 관절의 충격완화 등의 역할을 한다. Hyaluronidase에 의하여 분해되어 점성이 감소되며, 2당류와 4당류로 가수분해된다.

히포데미아, 체온저하 hypothermia 저온을 의미하며, 심장 또는 뇌의 외과수술을 가능케 하기 위하여 체온을 28℃로 낮추는 것을 뜻한다.

히포크로믹 hypochromic 적혈구에 비정상적으로 낮은 hemoglobin 수준이며, 정상 색깔을 나타내지 못한다.

히포크산틴 hypoxathine 퓨린염기의 하나로서 크산틴과 함께 동・식물체에 널리 존재한다. → 핵산.

기타

1차 예방 primary prevention　발병할 질병을 예방하는 방법으로, 심혈관질환을 예방하기 위해서 포화지방산과 콜레스테롤을 낮추기 위해 식이를 권장하는 방법이다.

2차 예방 secondary prevention　이미 알고 있는 질병의 진전을 예방하기 위한 중재로서, 이미 심장발작을 경험한 사람에게 금연시키는 방법이다.

butylated hydroxyanisole(BHA)　공통된 합성물질로서 식품에 첨가된 산화방지제이다.

butylated hydroxytoluene(BTA)　공통된 합성물질로서 식품에 첨가된 산화방지제이다.

docosahexaenoic acid(DHA)　탄소 22개, 이중결합 6개를 지닌 오메가-3 지방산(C22:6, ω-3), 어유에 다량 함유되어 있으며, 체내에서 알파-리놀렌산으로부터 합성된다. 특히 눈과 뇌에 존재한다.

eicosapentaenoic acid(EPA)　탄소 20개, 이중결합 5개를 지닌 오메가-3 지방산(C20:5, ω-3), 어유에 다량 함유되어 있으며, 체내에서 알파-리놀렌산으로부터 합성된다. 아이코사노이드로 전환된다.

international unit(IU)　동물의 성장률에 근거하여 측정된 비타민의 활성도를 나타내는 단위이다. 최근에는 mg이나 μg보다 정확한 측정치가 사용된다.

retinoic acid receptor(RAR), retinoid X receptor(RXR)　이 레티노이드 수용체는 레티노산과 결합한 후 DNA의 특정 부위에 결합하여 유전자를 발현시킨다.

R단백질 R-protein　침샘에서 합성되는 단백질로서 비타민 B_{12}가 위를 통과할 때 비타민을 보호하여 흡수를 증진시킨다.

부록

영양학의 발전단계 요약

영양학의 중요 발전단계는 지면 관계로 이 부록에서 모두 요약하지 못한다. 발전단계란 하나하나의 발견이 서로 상관이 없는 것이 아니라 하나의 발전과정으로 통합되는 것이 분명하다. 연구자 모두는 그것이 한 학설을 입증하거나 실패하거나 또는 해답의 극히 일부를 첨가하였다 하더라도 이들은 오늘날 우리들의 다채로운 지식을 발전시키는데 크게 공헌한 것이다. 또한 여기에 지적된 발견년도는 반드시 정확한 것은 아니다. 일부 연구과제는 수년간을 맴돌았는가 하면, 어떤 경우는 수일간에 완성하고도 발표를 지연시켰고, 어떤 경우는 바른 시험결과를 얻고도 잘못 결론을 낸 경우가 있었던 것이다. 영양학의 발전과정을 연대순으로 요약하면 다음 표와 같다.

영양학의 발전단계 요약 (Ensminger 등, 1990, 한국영양사료학회역, 1995)

연 도	영양학의 발전 단계
BC 3000	갑상선종이 중국문헌에 서술되어 있고, 환자에는 미역과 태운 해면을 권장하고 있는데 그 중에는 옥도함량이 높다.
2600	각기병이 기원전 2600년 중국에 알려져 있었으나 그 원인은 수세기 동안 밝혀지지 않음.
1550	괴혈병과 당뇨병이 ebers에 의해 thebes에서 발견된 에집트의 파피루스 의학편에 서술됨(파피루스 기초는 BC 2400 파피루스 제지공장에서 만든 첫 종이임). 독일의 에집트 학자이며 소설가인 G. H. ebers는 1874년 papyrus Ebers란 제목으로 의약품에 관한 역사소설을 엮은 바 있다.
1000	야맹증 치료제로 중국인들은 현재 비타민 A를 풍부히 함유한다고 생각되는 한약 조제를 사용함. 또 구루병 치료제로 그 원인을 알기 훨씬 전에 간유를 사용함.
1100～500	괴혈병에 관한 기록이 구약성서에 나옴.
460～364	의약의 아버지인 hippocrates가 야맹증 치료제로 간을 권장하고 괴혈병 증상을 서술하였음.
AD 1250	프랑스 의사인 jean sire de joinville은 1309년 "성루이스의 역사"란 책을 썼는데, 그 중에 괴형병에 관하여 기술하였음.
1497	포루투갈 항해사인 Vasco de Gama는 희망봉을 돌아 동인도에 식민지를 설정하였는데, 그의 선원 160명 중 100명이 괴혈병으로 항해 중 사망
1535	프랑스 탐험가 Jacques Cartier는 캐나다에서 겨울철 괴혈병으로 많은 사람이 죽었는데, 그들은 인디언으로부터 배운 치료예방제로 소나무순의 발효물질을 사용하여 효과를 보았다고 기록하고 있음. 발효물질 중에는 비타민 C가 함유된 사실을 당시는 알지 못함.

연 도	영양학의 발전 단계
1564	화란의 의사인 Ronsseus는 선원에게 괴혈병 예방으로 오렌지를 권장. 그러나 실제 사용까지는 200년이 걸림.
1601	선장인 James Lancaster는 레몬주스가 괴혈병에 효과적이라고 밝혔음.
1650경	Leeuwenhoek는 현미경을 이용 전분입자의 모양을 설명
1730	스페인 의사인 Gasper Casal은 페라그라를 처음으로 소개. 이 병은 옥수수를 유럽으로 처음 도입하자 발병
1747～1753	영국의 해군 군의인 James Lind는 12명의 괴혈병 환자를 대상으로 6가지 치료방법을 비교 설명하여 오렌지와 레몬이 효과적임을 발견, 1753년 "괴혈병의 치료"를 출판하였다. 이는 식품 중 필수성분이 결핍증을 치료할 수 있음을 보여준 첫 실험으로 평가됨. 그러나 항해 중인 영국해군이 레몬 또는 라임을 공급받는 것은 이로부터 50년 후이다.
1771	이탈리아 의사인 Francesco Frapoli는 페라그라병을 명명하였다(Pella : 피부, gra : 거칠고 적색화).
1768～1775	영국선장 James Cook는 3년에 걸친 두 번의 항해에서 긴 항해의 고질인 괴혈병을 해결할 수 있었음. 그는 언제나 농축한 야채스프와 절인 야채를 준비하여 항상 야채를 먹게 하였는데, 특히 절인야채는 저장이 가능하고 또 항괴혈병 물질을 함유한다고 생각했음. 그는 항구마다 선원을 상륙시켜 과일・야채를 충분히 먹게 한 결과 괴혈병에 걸리는 선원을 예방할 수 있었음.
1774	Priestly는 공기중의 산소를 발견
1783	프랑스의 화학자이며 영양학의 아버지인 Antoine Laurent Lavoisier는 호흡대사 시험성적을 출판함. 그는 guinea pig을 사용하여 체내 열발생량, 산소소비량, CO_2 배출량을 측정한 다음 인체는 식품을 이용하여 열과 에너지를 발생하는 난로와 같다고 결론지었음. 그는 또한 동물체내의 열발생량은 산소 소비량에 직접 상관하는 사실을 입증함. Lavoisier는 동물체열을 램프나 양초에서 나오는 열에 비교함.
1791	영국의 George Fordyce 박사는 처음으로 병아리 사양시험에서 대조구를 설정함. 그는 또 건강한 계란을 생산하기 위해서는 칼슘의 공급이 필요한 사실을 발견
1807	humphry davy는 Na・K・Ca・Mg・S・Bo를 분리
1810	독일 과학자 thaer는 건초가에 기초를 두고 처음으로 사양표준을 발전시킴. wollaston은 뇨결석에서 시스틴(Cystic oxide)을 분리하였는데, 이는 첫 아미노산의 발견으로 알려짐.
1821	하버드 대학 jhon gorham은 옥수수의 화학적 분석을 처음으로 실시
1822	프랑스 과학자 Jean Baptiste Boussingault는 남미 여행중 옥도함유 소금을 섭취하는 사람은 갑상선종에 걸리지 않는데, 보통 소금을 먹는 사람은 걸리는 사실을 발견함.
1824	오랫동안 민간 치료약으로 알려져 온 어간이 구루병 치료에 효과적임을 발견했음. 그러나 이 치료법은 그 원인을 설명하지 못함으로써 의학적 근거를 얻지 못함.

연 도	영양학의 발전 단계
1836	J. B. Boussingault(1807～1887)는 농장과 실험실을 병용 연구함으로써 과학적 농업의 기초를 세웠음. 그의 업적을 보면 ① 그는 일부 식물이 공기중의 질소를 이용하여 토양을 보강하는 사실, ② 음식의 소화 및 흡수에 관한 연구, ③ 골격성장을 위한 광물질 요구량에 관한 연구, ④ 뇨소 중의 질소와 오줌 중의 암모니아염의 구분 방법 개발, ⑤ 남미의 소금을 분석 갑상선종 치료 원인이 옥도임을 밝힘, ⑥ 소금・K・Ca・P은 모두 필수적인 영양소임을 증명, ⑦ 실험실의 화학분석과 더불어 동물과 가금을 처음으로 실험용으로 사용함.
1838	스웨덴 화학자인 berzelius은 헤모글로빈 중의 Fe가 혈액의 산소운반에 중요 기능을 하는 것을 발견함.
1840	독일 화학자 Von Liebig은 유기화학의 시조로 알려짐. 그의 공동연구자들은 식품분석법을 반전시키고 중요 유기영양소로서 탄수화물, 지질 및 단백질의 명명을 제시
1843	J. B. Boussingault은 동물에 대한 칼슘 균형시험을 실시, 칼슘의 중요성을 보여 줌. von liebig은 동물이 섭취한 지방보다 많은 지방을 축적하는 사실에서 동물체내의 탄수화물에서 지방을 합성하는 사실을 입증함. 이는 boussingault와 persoz에 의하여 추인됨.
1844～1846	N. T. gobley는 난황으로부터 한 물질을 분리하여 레시틴(lecithine)이라 명명했다(그리스어로 lekithos는 난황의 뜻). 이 물질은 글리세롤, 지방산, 인 및 질소로 구성되어 있다.
1846	justus von liebig은 아미노산인 티로신(Tyrosine)을 분리하고 명명함.
1849	독일 화학자 strecker는 돼지 담즙으로부터 한 화합물을 분리하고 콜린(choline)이라 명명함(그리스어로 chole은 담낭의 뜻).
1850	독일의 Henneberg와 Stohmann은 오늘날 사용하고 있는 식품과 사료분석법을 발전시킴.
1856	C. Bemard는 간 중에서 글리코겐이 합성되고 저장되는 사실을 발견함. Pasteur는 세균과 그들의 동물영양 및 건강과의 관계에 관한 실험을 시작함.
1866～1867	Baeger and Wurtz은 콜린의 구조를 밝히고 처음으로 합성하였으나 영양적으로 관심을 두지 않았음.
1867	독일화학자 Huber는 담배 중의 니코틴에서 니코틴산(nicotinic acid)을 발견하고 명명하였다. 그러나 당시 약 70년간은 이성분이 페라그라 치료제임을 알지 못함.
1869	F. Miescher는 DNA를 발견
1873	화란 해군의 Van Lent는 각기병의 원인이 식품과 관계 있음은 물론 그는 선원의 식단 중에서 쌀량을 감소할 때 각기병이 줄어드는 사실을 보고
1881	Nicholas Lunin는 Dorpat 대학 학생시절 우유와 같은 식품 중에서 생활작용에 필수적인 미량의 미지인자를 함유하며, 단백질・지질・탄수화물만을 함유하는 정제사료는 동물의 생명을 유지할 수 없음을 발견

연 도	영양학의 발전 단계
1882	일본해군의 장군인 Kanehiro Takaki는 선원에게 쌀 양을 감소하고 우유와 고기를 증가해 줌으로써 각기병을 치료하였다. 그러나 그는 고단백질 식품이 각기병 치료에 상관이 있다고 잘못 결론
1883	J. Kjeldahl은 오늘날 사용하는 질소(단백질) 분석법을 발전시킴.
1884	Hubl은 지방의 옥도 가측정방법을 발전시켰음. 독일 생리학자인 Rubner는 Voit의 시험자료를 근거로 탄수화물, 지질 및 단백질의 연소열가를 계산하였음. 그는 또 요소의 연소 열가를 공제함으로써 체내에서 단백질의 불완전대사 부분을 정정함.
1890	영국 의사인 Palm은 일광욕을 충분히 할 때 구루병이 감소하며, 반대 조건에서 구루병이 번번히 발생한 사실을 보고함. 미국 영양학자이며 잠시 Rubuer와 Voit와 같이 일한 일이 있는 Wilbur Atwater는 많은 동물 사양시험과 대사시험을 통하여 소화기관에서 손실되는 비율을 정정하여 줌으로써 Rubuer의 칼로리 환산기를 수정하였음.
1891	Von Liebig의 제자인 C. Voit는 대사시험의 기초를 이루었음. 그의 업적 중 하나는 포도당, 과당, 맥아당 및 서당은 모두 간에서 글리코겐으로 전환될 수 있는데 반하여 젖당과 갈락토오스는 크게 전환되지 않음을 밝힘.
1896	Wilbur Atwater는 식품의 영양적 가치에 관한 성분표를 출판하였다. 그는 탄수화물, 지질 및 단백질 1g당 각각 4, 9, 4 kcal로 추산함.
1897	동인도의 형무소 의무실에 근무한 네델란드 의사인 Christian Eijkman는 죄수에 각기병이 발생한 것을 관찰하고 닭을 이용 그 원인을 실험했다. 처음에 실험비를 절약하기 위해 환자가 남긴 음식, 주로 정미한 쌀을 닭에 급여할 때 일종의 신경마비가 나타남을 알았다. 병원 책임자가 밥찌꺼기의 급여허가를 철회했기 때문에 그는 정미하지 않은 쌀을 구입하여 닭에 급여한 결과 각 마비증이 급속히 회복하는 사실을 발견했다. 이 사건은 영양성 결핍에 관한 첫 시험으로 이끌게 되었다.
1897	Eijkman박사는 닭에서의 각 마비증은 각기병과 비슷한 사실을 발견하였으나 그는 그 원인으로 ① 쌀 중의 전분과다 및 ② 쌀 내배유 중에 신경중독물질이 존재하기 때문이며, 이들은 미정미한 쌀의 외층에 신경중독물질이 존재하기 때문이며, 이들은 미정미한 쌀의 외층에 의하여 중화되는 것으로 잘못 해석했음.
1900	미국의 옥수수 주식지역인 남부지방은 페라그라 발병률이 높다. 1915년 10,000여 명이 이 병으로 사망하고, 1917에서 1918년 사이에 페라그라 환자는 200,000여 명에 이르렀다. 1914년 미국보건성은 그 원인을 조사하기 위해 의사이며 연구가인 Joseph Goldberger를 파견했다. 그는 결국 이 병이 전염병이나 유독물질이 아닌 영양성 결핍증임을 밝히게 됨.
1901	G. Grijns박사는 Eijkman의 연구를 계속하여 그 원인이 쌀 중 한 필수성분이 결핍되었기 때문이라고 해석했음.
1902	Emil Fisher는 단백질의 구성성분인 아미노산의 화학적 구조와 그 결합체인 Peptide-bond의 성질을 밝힘.

연 도	영양학의 발전 단계
1905	독일 교수인 C. A. Pekelharing은 우유 중에는 생명유지에 필수적인 미지성분을 미량으로 함유함을 관찰
1906	캠브리지대학의 Frederick G. Hopkins경은 정제사료를 급여한 흰쥐는 폐사하며, 그러나 ① 소량의 우유나 ② 우유고형물의 알코올추출물이나 건조야채를 급여할 때 흰쥐는 정상으로 성장하며, 그러나 이들의 회분을 급여할 때는 효과가 없음을 관찰했음. 따라서 Hopkins는 일정한 식품 중에는 미지의 필수성분이 존재하며, 그것은 무기질이기 보다는 유기질임을 밝히고 이를 Accessory food factor라 명명했음.
1907	미국의 저명한 영양학자인 E. V. McCollum은 정제사료의 문제는 기호성에 있다고 생각하고, 다시 기호성 있는 정제사료를 배합 급여하였는데 역시 이 사료도 생명현상을 유지하는 데 실패 노르웨이의 Holst와 Frolich는 guinea pig을 이용, ascorbic acid가 부족한 사료를 급여하여 실험적으로 괴혈병을 유발
1909	미국의 코네티컬 시험장인 T. B. Osborne과 L. B. Mendel은 무단백 유청을 기초사료로 하여 단백질의 종류에 따라 그 질의 차이가 있음을 밝히고, 이를 기초로 하여 단백질의 생물가 측정법을 제시
1911	영국 Lister연구소의 폴랜드 생화학자인 Casimir Funk는 비타민 B군 중 결정체를 분리하고, 그는 라틴어 vita(생명)과 amine을 합쳐 vitamine으로 명명하고, 이를 항각기성 물질에 적용했음. 후에 이 물질엔 아민을 함유하지 않은 사실이 밝혀져 결국 vitamin으로 개명
1912	Funk는 쌀겨로부터 항각기병 비타민을 분리하려다 니코틴산을 분리하였다. 같은 해 일본의 Suzuki도 쌀겨에서 니코틴산을 분리함. 그러나 두 연구자는 이 산이 각기병에 효과가 없었으므로 나코틴산에 특별한 흥미를 갖지 못함.
1913	위스컨신의 McCollum과 Dayis, 코네티컬 시험장의 Osborne과 Mendel은 각각 독립적으로 버터지방, 난황 및 간유와 같은 지방질 사료에서 정제사료에 필요한 단 하나의 필수성분을 함유하며, 이들은 그것을 지용성 A로 호칭
1914	미시시피의 잭슨고아원을 방문한 Goldberger 박사는 211명의 아동중 68명이 페라그라병에 걸렸으나 고용원은 이 병에 전염되지 않은 사실을 보고 그는 페라그라가 전염병이란 당시의 정설을 의심했다. 비교적 잘 먹은 고용원이나 혹은 고기나 우유를 훔쳐 먹은 고아들에서 페라그라가 발생치 않는다는 사실에서 이는 고기와 우유 중의 어떤 물질이 있기 때문에 발생되지 않는다고 결론
1915	Goldberger 박사는 형무소에서 그의 연구를 계속, 12명의 지원자 중 5명이 페라그라에 걸렸는데 이들에게 효모를 급여하여 치료
1916	위스컨신대학의 E. V. McCollum은 각기병을 치료하는 물질이 단일인자로 생각, 수용성 B라 명명했음. 대부분의 의사들은 Goldberger의 페라그라 치료법을 믿지 않음. 따라서 Goldberger와 그의 제자인 G. A. Wheeler 박사는 그들 자신과 22명의 남녀에게 페라그라 환자의 혈액, 분뇨의 캡슐을 먹었으나 아무도 이 병에 걸리지 않는 사실을 입증

연 도	영양학의 발전 단계
1917	E. V. McCollum는 안구건조증(xerophthalmia), 일명 야맹증의 원인이 지용성 A 결핍인 사실을 밝힘.
1918	영국의 Edward Mellanby경은 강아지를 이용하여 구루병이 영양성 결핍증의 하나이며, 간유를 급여할 때 치료할 수 있음을 밝혔으나 치료효과가 새로이 발견된 지용성 A인자 때문이라고 잘못 보고
1919	R. J. Williams는 효모세포의 발효과정에서 판토텐산의 영양학적 중요성을 발견
1921	토론토 대학의 생리학자인 Banting과 Best는 개의 췌장에서 인슐린을 분리, 췌장 절제한 개의 당뇨병을 치료했음. 개에 대한 많은 실험을 한 다음 이 호르몬을 남성 당뇨병 환자에 투약, 현저한 효과를 얻음. 이 업적으로 Bentin은 1923년 노벨상을 수상하였음. Best는 당시 학사학위밖에 없어 공동수상자의 대상이 되지 못하였음.
1922	존홉킨스대학 McCollum은 간유 중 비타민 A를 전부 파괴한 다음에도 간유 중에는 구루병예방 효과가 있음을 발견했음. 그리고 이것을 제2의 지용성 비타민이 존재함을 나타낸다고 하였으며, 이를 칼슘축적 비타민이라 명명. 흥미있는 사실은 McCollum은 비타민 D의 존재를 발견하였음에도 훨씬 후 이 명칭이 보편화되기까지 이 이름으로 부르지 않았다. 캘리포니아대학의 Evans와 Bishop은 상치에서 식이성 지용성인자(당시 X factor로 호칭)를 발견하고, 밀배아에는 흰쥐의 번식에 필수적인 성분이 있음을 보고, 그 후 오랫동안 비타민 E는 항불임비타민으로 호칭
1924	아칸사스대학의 Sure는 상치와 밀배아 중의 항불임인자를 비타민 E라 명명했다. Harry Steenbock 박사와 A. Hess박사는 각각 독립적인 연구에서 식품이나 동물을 자외선에 조사할 때 항구루병 효과가 있음을 발견. Steenbock 조사법으로 알려진 이 치료법은 특허를 받아 위스컨신대학 동문회 연구기금으로 사용하였음.
1925	E. B. Hart는 Stephen Babcock과 더불어 위스컨신대학을 세계적으로 유명하게 만든 학자다. 우유만을 급여한 흰쥐는 빈혈에 걸리는데 이는 철분만으로 치료될 수 없으며, 동 함량이 높은 상치의 회분을 급여할 때 효과적으로 치료될 수 있음을 보고했다. 극히 미량의 동을 철분에 첨가할 때 철분부족으로 인한 빈혈을 치료할 수 있음을 발견 G. H. Whipple은 개에 대한 연구에서 간은 혈액 재합성에 중요하며, 출혈에 의하여 빈혈성이 되는 사실을 입증
1926	하버드대학 의학부의 Minot와 Murphy는 사람의 영양성 빈혈인 경우 생간을 급여할 때 적혈구 수준이 정상으로 회복되는 사실을 보고, 이 업적으로 그들은 G. H. Whipple과 더불어 노벨상을 수상
1926	네델란드의 B. C. P. Jansen과 W. P. Donath는 항각기병 비타민을 분리하여 이 인자가 신경계에 특이작용을 하기 때문에 anaurin이라 명명했음. Goldberger와 Wheeler는 사람의 페라그라가 개의 흑설병(black tungue disease)과 비슷함을 입증. 그들의 개에 흑설병에 효모가 치료효과가 있음을 발견, 이 인자를 P-P(pellagra preventive)라 부르고 후에 다른 연구자들은 비타민 C라 명명 Jansen과 Donath는 30년에 걸친 연구 끝에 쌀겨에서 비타민 B_1을 분리했음. 일리노이대학의 Mitchell과 그의 공동연구자들은 정미에너지 측정법으로 처음으로 비교도체 측정법을 응용

연 도	영양학의 발전 단계
1928	캠브리지대학 홉킨스연구소의 헝가리인 Albert Szent-Gyorgy는 암소의 부신과 오렌지 및 캐비지잎으로부터 한 인자를 분리하여 hexuronic acid(후에 아스코르브산으로 명명)라 불렀다. 그러나 실제 항괴혈병효과는 측정하지 않음. 캘리포니아대학의 George Oswald Burr 박사는 흰쥐사료 중 지방이 필수적임을 밝히고, 1929년 필수지방이 리놀레산임을 입증
1929	코펜하겐대학의 생화학자인 Carl Peter Hendrik Dam 교수는 일정한 사료를 급여할 때 병아리에 치명적인 출혈이 유발되는데, 이 출혈은 특히 알팔파나 어분 등의 사료를 급여할 때 예방되는 사실을 관찰, 그리고 이들 중 활성물질은 에텔에 의해 추출되는 사실에서 새로운 지용성 인자(후에 비타민 K라 호칭)를 발견. Frederick G. Hopkins경은 Chritian Eijkman과 더불어 비타민과 관련된 연구로 의학부문 노벨상을 수상했다. 하버드대학의 W. B. Castle은 빈혈환자에서 정상적인 위액과 함께 배양시킨 쇠고기를 급여함으로써 영양성 빈혈을 치료할 수 있으나 위액이나 쇠고기 단일 급여시엔 효과가 없음을 발견. 따라서 그는 사료 중에는 외인성 인자(extrinsic factor)가 존재하여 위액 중에는 내인성 인자(intrinsic factor)가 있어서 이들을 동시에 급여할 때 빈혈에 관계하는 적혈구 형성에 효과적이라 보고
1930	일리노이대학의 William C. Rose연구팀들은 흰쥐를 이용하여 각 아미노산의 필수성을 연구(1935～1955). 또 그는 사람에 대한 각 아미노산의 요구량을 측정. 이들 연구는 영양학 분야에 새로운 발전을 갖고 왔음.
1931	스위스 생화학자인 P. Karrer는 비타민 A의 화학구조를 처음으로 결정. 리보플라빈에 관한 그의 연구와 더불어 그는 이 공로로 노벨상을 수상
1932	인슐린의 공동연구자인 C. H. Best 박사가 콜린이 지방대사에 중요 작용을 하는 사실을 발견. 토론토대학의 Best연구팀들은 고지방사료를 급여한 흰쥐에서 콜린이 지방간을 방지하는 사실을 보고, 독일인 Windaus와 영국의 Askew는 자외선을 조사한 에르고스테롤에서 비타민 D_2(ergocalciferol)의 순수결정을 분리 피츠버그대학의 Charles Glen King과 W. A. Waugh가 레몬주스로부터 한 결정체를 분리하여 기니픽의 항괴혈병 효과가 있음을 입증. 이 연구로 결핍시 괴혈병의 원인이었던 비타민 C의 발견과 분리에 크게 공헌
1933	R. J. Williams가 효모로부터 한 화합물을 분리, 판토텐산이라 호칭 스위스의 Richstein가 비타민 C를 합성. 하이델베르크대학의 Kuhn은 우유로부터 순수한 리보플라빈(비타민 B_2)을 분리하고, 이들이 Warburg와 Christian이 분리한 것과 비슷함을 입증
1934	Paul Gyorgy는 Goldberger와 Lillie가 인위적으로 페라그라를 유발시킬 경우 결과적으로 발생하는 피부병에 대한 치료제를 발견. 그리고 이 치료제는 티아민, 나이아신 또는 리보플라빈이 아닌 사실에서 그는 비타민 B_6라 호칭

연 도	영양학의 발전 단계
1935	하이델베르크의 Kuhn과 스위스 P. Karrer는 리보플라빈(비타민 B_2)을 합성. Karrer는 이 인자는 플라빈과 같은 화합물에 펜토오스 측쇄인 ribitol을 갖고 있으므로 riboflavin이라 명명 Dam은 항출혈인자에 대하여 응고비타민(koagulation vitamin)이라 명명하였는데, 후에 비타민으로 개명. 일리노이대학의 W. C. Rose는 트레오닌을 발견하고, 이는 다음의 연구진전의 계기가 되었음. ① 합성 아미노산사료를 이용한 정밀 영양실험의 길을 열었고, ② 각 동물의 아미노산들의 필수 또는 비필수성 및 아미노산 불균형사료의 영양효과에 관한 연구를 성취. 여기서는 주로 흰쥐를 이용하였거니와 후에 박사과정 학생들이 각 아미노산의 요구 수준, 그리고 효율적 이용을 위한 사료단백질의 적정 아미노산 요구량 등의 실험을 통하여 재확인되었음.
1936	Szent-Gyorgy는 귤 외피에서 flavonoid의 혼합체인 한 성분을 분리 citrin이라 명명하였는데, 이는 아스코르브산과 공동 사용시 괴혈병을 치료하는 외에 체내 모세혈관을 강화하는 사실을 발견, 그러나 확인실험을 성공치 못했음. 그는 후에 비타민 C에 관한 연구로 의학부문 노벨상을 수상했음. Evans와 공동연구자들은 밀배아유에서 비타민 E 결정을 분리하고 토코페롤(tocopherol)이라 명명했다. 희랍어의 tocos는 offspring, pherein은 bear의 뜻으로 새끼를 임신한다는 어원임. 미국의 R. R. Williams는 항각기병 비타민의 화학구조를 결정하고 합성하여 여기에 유황이 함유되었으므로 thiamine(B_1)이라 명명(thio는 유황함유의 뜻). 캘리포니아대학의 Samuel Lepkovsky, Juke, Krause는 비타민 B_6 또는 피리독신을 분리, 거의 동시에 Keresztesy와 Stevens 그리고 Gyorgy도 이들의 분리를 보고했음. 1938년 독일의 Kuhn과 Wendt 그리고 일본의 Ichiba와 Michi도 독립적 연구결과로 비타민 B_6를 분리했음. 독일의 Kogl과 Tonnis는 오리알의 난황 중에서 한 성분을 분리하고 효모성장에 필요한 bios인자와 동일한 점에서 바이오틴(biotin)이라 명명. 독일의 Warburg와 Christian은 니코틴아미드가 NAD의 형태로 수소이온을 운반하는 데 필수성분임을 밝혔음.
1937	Paul Gyorgy는 한 성분을 미리 비타민 H로 호칭했음. 이 성분은 병아리나 흰쥐에 생난백을 급여할 때 발생하는 병리적 상태를 예방하는데, 그러나 그 후에 비타민 H가 바이오틴과 동일 물질임을 확인했음. 위스컨신대학의 총장을 역임한 Conrad Elvehjem 박사는 개의 흑설병 치료효과가 있는 나이아신(니코틴산 또는 니코틴산아미드의 형태로)을 발견했음. 얼마 후 나이아신은 페라그라예방 및 치료에 효과가 있으며, 사람·원숭이·돼지·닭 및 다른 동물사료의 필수 성분임을 밝혔다. 그는 또 동 및 철분과 아미노산의 상관관계에 관해서도 많은 연구를 수행
1938	P. Karrer과 공동연구자들은 알파-토코페롤(비타민 E) 합성에 성공하고 그의 생물학적 활성을 입증. 5개 연구소가 독립적으로 비타민 B_6(피리독신)을 결정체로 분리

연 도	영양학의 발전 단계
1939	Dam과 Karrer는 비타민 K를 순수형으로 분리하였는데, Almquist와 Klose도 같은 해 비타민 K를 합성. 1943년 Dam은 비타민 K의 화학적 성질을 연구한 Edward Doisy와 공동으로 생리 및 의약부문 노벨상을 수상. Williams는 간으로부터 판토텐산(비타민 B_6)을 분리했음. Merck와 공동연구자들은 피리독신(비타민 B_6)의 구조를 밝히고 S. A. Harris와 Folkers는 이를 합성
1940	위스컨신대학의 D. W. Woolley는 간으로부터 이노시톨(inositol)을 분리. Sure와 Gyorgy-Goldlatt는 각각 콜린이 흰쥐 성장에 필수성분임을 밝힘. 판토텐산은 R. J. Williams 및 다른 두 연구소에서 독립적으로 합성되었으며, 이 시기가 비타민 연구의 절정을 이루었음. D. W. Woolley는 이노시톨이 쥐의 탈모증(alopecia)을 예방할 수 있음을 입증. E. Nielson, Oleson 및 Elvehjem은 파라 아미노벤젠산의 존재를 입증
1941	텍사스대학의 Mitchell, Snell, Williams는 폴라신(folacin)의 전신이 폴린산(folic acid)을 명명. 이 비타민은 시금치 및 각종 녹색식물에 널리 분포하는 세균성장 인자임(folic은 라틴어 folium, 즉 사료작물 또는 잎이란 뜻). 위스컨신대학의 공동연구자들은 비타민 K의 길항물질 또는 항대사물질인 디커마롤(dicoumarol)을 발견.
1942	코넬의 V. du. Vigneaud와 공동연구자들은 바이오틴의 정확한 화학구조를 제시. Snell은 자연산물에서 밀접하게 관계하는 두 비타민 즉, 피리독살(pyridoxal)과 피리독사민(pyridoxamine)을 발견
1943	Merck 회사의 Harris와 그의 동료들은 바이오틴을 합성
1945	Angier와 공동연구자들은 폴라신을 분리, 합성했다. Tom Spies 박사는 같은 해 폴라신이 임신부의 악성빈혈이나 열대성 위장장애 치료에 효과가 있음을 입증. 위스컨신대학의 Willard Krehl 및 공동연구자들은 트립토판이 나이아신의 전구물질임을 밝혀 페라그라 원인을 해명했음. 즉 ① 트립토판이 높고 나이아신 함량이 낮은 우유가 페라그라병에 치료효과가 있다는 사실과, ② 단백질이 부족할 때 페라그라병에 걸리는 이유를 밝힘. 폴란드 생화학자인 A. I. Virtanen은 사일리지 보존을 위해 산성제인 AIV방법의 제시 등 농업 및 영양학적 업적으로 1945년 화학부문 노벨상 수상
1947	스위스의 Isler가 비타민 A 합성 성공
1948	Merck 회사의 Ricks연구팀과 Glaxo 연구소(英)의 Smith와 Parker 등이 간농축물에서 적색 결정체를 분리, 비타민 B_{12}로 명명 칼럼비아대학 R. West는 비타민 B_{12} 주사로 악성빈혈에 극적효과가 있음을 입증.
1952	하버드대학의 R. B. Woodward는 처음으로 전체 비타민 D_3를 합성하고, 이 업적으로 1965년 노벨화학상을 수상
1953	Francis Crick와 James Waston이 DNA분자 구조를 설명
1955	옥스포드대학의 Dorothy Hodgkin와 공동연구자는 비타민 B_{12}(cyanocobalamin)의 구조를 결정. 이 업적으로 1964년 노벨상을 수상. 하버드대학 Woodward연구팀이 비타민 B_{12} 합성, 그 후 특별한 메디아를 이용 저장조 내의 세균이나 곰팡이에서 비타민 B_{12}가 생산 가능함을 발견

연 도	영양학의 발전 단계
1957	독일 의학자 Klaus Schwarz는 당시 미국의 국립보건원(NIH) 객원교수로 연구중 세레늄(Se)이 필수성분임을 발견. 1951년 Schwarz는 미국형 양조용 효모에는 unidentified factor 3을 함유하는데, 이는 비타민 E 및 함유황아미노산과 같이 식이성 간손상을 방지하는 효과가 있음을 보고. 1957년 Factor 3에는 Se을 함유하며, 따라서 세레늄이 필수성분임을 밝힘. 1958년 오레곤주립대학 연구자들이 어린 반추동물의 백근중(White muscle disease)이 Se결핍에 기인하는 것을 입증.
1957	코넬대학 가금학과 Scott 연구팀과 NIH연구진이 병아리아 Se 첨가사료로 비타민 E 결핍증을 예방할 수 있음을 입증 1973년 위스컨신대학 Rotruck 연구진이 Se이 최근 발견된 효소 glutathione peroxidase의 조효소로 작용함을 보고했음. 이 효소는 불포화지방산 산화로 생기는 유독물질인 Peroxide를 분해하는 사실을 밝힘으로서 Se와 비타민 E의 연관성을 밝힘.
1959	크롬(Cr)이 필수영양소임을 독일 의학자 W. Mertz와 K. Schwarz가 보고. 즉 ① Cr은 흰쥐 혈당의 정상 대사작용을 위해 사료를 통해 공급필요가 있으며, ② 내당인자(Glucose Tolerance Factor, GTF)로서 Cr의 특이성이 있다고 보고했음.
1967	하버드대학 George Wald 박사는 비타민 A와 시각작용의 관계를 밝힌 업적으로 의약부문 노벨상 수상
1969	프로스타글란딘(prostaglandin)이 새로운 연구분야로 떠오름. 1930년대 초 사람 정액이나 양의 세정관에서 지방질 화합물이 추출되고, 1935년 프로스타글란딘이라 명명되었으나 당시 그 생리적 기능에는 관심을 기울이지 않음. Upjohn 회사의 Pharris 연구진은 Prostoglandin F_2 a가 흰쥐의 항체를 억제하는 사실을 보고. 프로스타글란딘은 동물체 여러 조직의 아라키돈산으로부터 합성되는 호르몬 유사물질임을 밝힘. 이 호르몬은 위액분비. 췌장기능, 뇌하수체호르몬 분비, 평활근 대사작용, 혈압조절 등 여러 반응의 조절작용을 하는 중요 성분이다. 현재 몇 가지 프로스타글란딘이 분리되고 있다.
1970	미국 록펠러재단의 과학자이며 녹색혁명의 아버지라고 불리우는 Norman Borlaug 박사는 새로운 다수확 소맥의 육종 공로로 노벨평화상을 수상. 필리핀의 국제 미곡연구소에서도 쌀을 대상으로 유사한 개발이 수행되고 있음.
1977	DNA 조작 기술 또는 유전자 융합기술 등 유전공학의 새로운 시대가 도래하고 있음. 캘리포니아 대학의 연구진들이 유전자 조작을 통하여 보통 세균으로부터 인슐린을 대량 생산할 수 있음을 보고. 그러나 유전공학, 특히 핵산의 DNA 및 RNA에 관한 오늘날의 지식은 단지 시작의 단계에 불과함. 바야흐로 생물공학의 시대가 도래한 것임.

Index

A

B

C

D

E

F

G

H

I

J

K

L

M

N

O

P

Q

R

S

T

U

V

W

X

Y

Z

저자 약력

맹 원 재

- 건국대학교 축산대학(학사)
- 캐나다 구엘프 대학교 대학원(석사)
- 미국 캘리포니아 대학교 대학원(Davis) 영양학 전공(박사)
- 건국대학교 축산대학 영양자원전공 교수
- 건국대학교 축산대학 학장
- 건국대학교 농축개발대학원 원장
- 미국 캘리포니아 대학교(Davis) 교환교수
- 건국대학교 총장
- 한국영양사료학회장
- (현재) 한국과학기술한림회 종신회원
- (현재) 대한민국학술원 회원
- (현재) 뉴트리션 뱅크리서치 연구소 이사장

(Tel : 02-3446-9973, Fax : 02-3446-9974)

저서 : 39여 권, 논문 : 320여 편

김 대 진

- 건국대학교 축산대학(학사)
- 건국대학교 대학원(석사)
- 경상대학교 대학원 영양학 전공(박사)
- 미국 일리노이대학교(Urbana-Champaign) 영양학부 교환교수
- 미국 캘리포니아 대학교(Davis) 교환교수
- (현재) 동아대학교 생활과학대학 식품과학부 교수

(Tel : 051-200-7532, Fax : 051-200-7535)

저서 : 22여 권, 논문 : 100여 편

홍 희 옥

- 상명대학교 가정교육학과(학사)
- 상명대학교 대학원(석사)
- 상명대학교 대학원 식품영양학(박사)
- 미국 캘리포니아 대학교 분자생물학전공 연구실 연구원
- 건국대학교 영양자원학 전임 연구원
- (현재) 상명대학교 외식영양학전공 겸임교수

(Tel : 02-2287-5129, Fax : 02-396-5705)

저서 : 8여 권, 논문 : 70여 편

영양화학 · 영양 · 사료 용어사전

2008년 1월 15일 초판 인쇄
2008년 1월 25일 초판 발행

저 자 : 맹원재 · 김대진 · 홍희옥
펴낸이 : 천승배
펴낸곳 : 도서출판 유한문화사

주소 : (157-801) 서울시 강서구 가양동 146-63
전화 : 2668-2055~6
팩스 : 2668-2565
http://www.yuhansa.com
E-mail : yuhansa@paran.com
등록 : 제 5-31호. 1979. 3. 6.

값 35,000 원

ISBN : 978-89-7722-626-5 91590